Gesamtverzeichnis des deutschsprachigen Schrifttums (GV) 1700 – 1910

Bearbeitet unter der Leitung von
Hilmar Schmuck und Willi Gorzny
Bibliographische und redaktionelle Beratung:
Hans Popst und Rainer Schöller

35

Es - Ez

K · G · Saur München · New York · London · Paris 1981

CIP-Kurztitelaufnahme der Deutschen Bibliothek

Gesamtverzeichnis des deutschsprachigen Schrifttums :
(GV). – München, New York, London, Paris : Saur.
Bd. 1 – 6 bearb. unter d. Leitung von Peter Geils
u. Willi Gorzny.
ISBN 3-598-30000-X

1700 – 1910 / bearb. unter d. Leitung von Hilmar
Schmuck u. Willi Gorzny. Bibliograph. u. red.
Beratung: Hans Popst u. Rainer Schöller

NE: Schmuck, Hilmar [Bearb.]

35. Es - Ez. - 1981.

Techn. Realisierung und Druck: Norbert Gärtner, Mainz-Kastel
Binden: Karl Schaumann, Darmstadt
Printed in the Federal Republic of Germany
ISBN 3-598-30000-X (Gesamtwerk)

Es bleibt bei'm Alten, nämlich bei'm Gebrauche der lateinischen Sprache in der abendländ. kathol. Kirche. gr. 12. Coblenz 832. Herat. 1/8 ₰

Es bleibt nicht wie gesagt! Oder Apologie der Geistlichkeit gegen die gewaltige Schrift des D. J. H. W. „der Prediger- und Schulstand" ꝛc. von C. F. W. Frankfurt a. M., Bock. 821. —

— bleibt nicht wie gesagt! Oder Apologie d. Geistlichkeit gegen d. gewaltige Schrift des Dr. J. H. V. „d. Prediger- u. Schulstand ꝛc." v. C. F. W. 8. Frkf. a. M. 821. (Müller in Lpz.) 6 gr

Es fehlt ganz wo anders! Zur süddeutschen Kriegführung. München 1866. 16 S.

Es fehlt ganz wo anders! Zur süddeutschen Kriegführung. München 867. Lentner. 8. (16.) 2 ngr

Es fiel ein Reif in der Frühlingsnacht. Aus meinen Bergen. Von T. S. Erlangen 1856. V: *Schott, Theod.* (Russell IV, 94)

Es fiel ein Reif in der Frühlingsnacht. Aus meinen Bergen. Von T. S. Erlangen 856. Deichert. 16. (VII, 102 S.) n. 9 ngr

Es geht wunderlich in der Welt zu oder der verkehrte Anfang. Lustspiel in 1 A. Frankf. a. M. 1779. V: *Meidinger, Johann Valentin.* (GGr)

Es geht wunderlich in der Welt zu; od. der verkehrte Anfang. Lustsp. 8. Frkft. Andreä. 779.

Es giebt doch noch eine Hochzeit. Schauspiel in drei Acten ... Heilbronn a. N. u. Rothenburg ob. d. T. 1827. V: *Wagner, Gottlieb Friedrich.* (GGr)

— giebt doch noch eine Hochzeit. Schauspiel in 3 Act. im schwäbischen Dialekte. Eine Fortsetzung des Handstreichs bis auf Spitz und Knopf. Von denselben Verf. gr. 8. Heilbr. 827. Claß. 4 gr

— giebt keinen Teufel. Eine Schrift zur Belehrung des Volkes. 8. Zürich 813, Literar. Compt. 1/8 ₰

Es ginge wohl, aber es geht nicht! (Lithographie, die Ueberreichung der Kaiserkrone an Friedrich Wilhelm IV. darstellend.) Verlag von L. Schlesinger. 1 Bl. Fol.
Flugblatt, Berlin, 2. April 1849.

Es ist der Herr Christ! s.: Grüß Gott.

Es ist die höchste Zeit. Der Erinnerung unserer edlen verewigten Kaiserin Elisabeth gewidmet. Wien 1899. V: *Kohn, Nathan.* (EB)

— ist die höchste Zeit. Der Erinnerung unserer edlen verewigten Kaiserin Elisabeth gewidmet u. ehrfurchtsvollst zugeeignet Ihrer k. u. k. Hoheit der durchlauchtigsten Frau Erzherzogin Marie Valerie vom Verf. (Nathan Kohn). 8. (20 S.) Wien 899. G. Szelinski. n. — 40

— ist d. letzte Stunde; es sind viele wieder Christen geworden. Ein Wort d. Ernstes an d. Christen dieser Zeit. (Treuttel u. W. in Straßb.) 12 gr

Es ist die letzte Stunde; es sind nunmehr viele Wider-Christen geworden. Ein Wort d. Ernstes an die Christen dieser Zeit. 8. Strasburg, Silbermann. (Leipzig, Kummer.) 815.

Es ist die Rechte nicht. Lustsp. von Fr. Rochlitz. 8. Züllichau Darnmann. 803. Rthlr.

Es ist ein Gott! eine republican. franz. Gottesverehrung. 8. Straßb. Zeßler. (a. Dietz in Frankf. a. M.) 796.
Schrbpp.

— ist ein Gott. Aussprüche grosser Geister üb. Gottes Dasein, Geistigkeit u. Persönlichkeit. Von e. aufricht. Freunde der lauteren Wahrheit. gr. 8. (8 S.) Konstanz 891. J. M. Schleyer's Weltsprache-Zentralbüro. n. — 10

— ist e. Gott. Aussprüche grosser Geister üb. Gottes Dasein, Geistigkeit u. Persönlichkeit. V. e. aufricht. Freunde d. laut. Wahrheit. 3. Aufl. 8. (8 S.) Erfurt 896. (Konstanz, J. M. Schleyer's Weltsprache-Zentralbüro.) n. — 10

Es ist ein köstlich Ding, daß das Herz fest werde, od.: Kann ein lutherischer Christ zur unirten Kirche gehören? gr. 8. (18 S.) Leipzig 818, Dörffling & Franke. 1 1/2 ngr

Es ist ein köstlich Ding, daß das Herz fest werde. Erzählungen f. d. christl. Haus. Lengerich i. W.: Bischof & Klein [1905]. (64 S.) 8° [F.]
— Hinauf die Herzen! No 7. [illegible] 6

Es ist ein köstlich Ding, geduldig sein. 4 Lichtkreuze v. Blumen umgeben. Chromolith. 12. Leipzig 883. (Baldamus.) n. 1. 30

— ist etwas faul im Staate Dänemark, s.: Betrachtungen e. Einsiedlers üb. kirchl. u. staatl. Dinge.

Es ist Friede. Ländliches Drama. Leipzig 1779. V: *Bock, Johann Christoph.* (Ky)

— ist Friede. Ein ländliches Drama. 8. Lpz. Schneider. (a. Linke.) 779.

Es ist Friede. Wien 179.. V: *Schilling, Joh. Friedrich.* (GGr VI/557, Nr. 40/3 »178..«) (WBL XXIX/326) (BiblPort)

Es ist Friede. Ein Zeitstück mit Gesang in 3 Aufz. Wien 1797. V: *Hensler (Henseler), Carl Frdr.* (GGr)

Es ist Friede. O. O. [ca. 1800]. V: *Schilling, Friedrich.* (MGT)

— ist Friede; od. die Zurückkunft des Fürsten. Gemälde in 3 Aufz. v. Gleich. 8. Wien, Wallishauser. 806.

Es ist hohe Zeit, ein Wort an Europa. 8. Frankf. Gebhard. 794.

— ist ihm alles recht. Lustsp. 8. Frkft. Fleischer. 789.

— ist ihm alles recht; Lstspl. 8. Frankf 789. (Fr. Fleischer in Leipz. 7 gr

Es ist in keinem andern Heil. Kindertraktat. 32. (16 S. m. 2 Bildern.) Stuttgart 887. Buchhandlg. der Evangel. Gesellschaft. n. — 4

Es ist nichts mit der Höllenfahrt! Eine Betrachtung im Herbst 1871 über 1 Petr. 3, 19. 7 Stn. 8. Bern, Druck v. Rieder & Simmen. 1871 —. 10

— ist noch Raum, s.: Edelweiß.

Es ist nöthig, jeden Missethäter durch Geistliche zum Tode vorbereiten ... zu lassen ... O. O. 1770. V: *Rasche, Johann Christoph.* (MGT) (Adel)

Es ist nur ein Gott! (Aus d. Engl.) O. O. 1831. 8º. Cart. Die ersten Bll. stockfl.

40 S. — Im Vorwort (S. 3) heisst es: „Als Gegensatz des unwürdigen Pamphlets: „das Treiben der Judenschaft, von e. guten kathol. Christen in Augsb. im J. 1831 verfasst" (cfr. no. 2482), legen wir ein Schriftchen eines jüd. Rabbiners aus Knoxwill (Nordamerika) dem denkenden u. gläubigen Publikum vor. Dieses Schriftchen, welches in der Mitte des vorigen Jahrh. erschien, hat durch mehr als 20 Aufl. durch Nord-Amerika, Frankreich u. England sich verbreitet."

Es ist rathsam das unverzinsliche dänische Reichspapier so schnell als möglich in verzinsliche Reichsschuldverschreibungen zu verwandeln. [Kiel] 1817. V: *Rüder, Frdr. August.* (LS)

— ist Weihnachten! s. Lehre u. Unterhaltung zc. e. Lesebuch.

Es ist zu spät. Politisches Trauerspiel. 1848. V: *Grieben, H.* (Gustav Fock-Leipzig, Antiqu.-Catalog 351, S. 29 sub 875.)

Es ist zu spät. Berlin o. J. 1 Bl. Fol.
Flugblatt. Berlin, 1848/49.

Es ist zu spät. (Es ist zu spät! Ihr wolltet nicht) Druck von Marquardt u. Steinthal. 1 Bl. Fol.
Flugblatt. Berlin, 1848/49.

— lebe das einige, freie deutsche Volk! Es lebe die Nordalbingische Republik! Aufruf aus Schleswigholstein an unsre Deutschen Brüder aller Stämme und zunächst an die Bewohner Hanvers, Braunschweigs und Mecklenburgs. br. 8. (15 S.) Hamburg 848. (Berendsohn.) n. 3 ngr

Es lebe der Arzt! Nieder m. dem Patienten!! Ein Vademecum in Briefen v. Prof. Kinkerlitz, Geheimrath Tistelmeier, Dr. Jungborn, Kreisphysikus Treff, Medizinalrath Giftmichel, Dr. Tattrich, Sanitätsrath Schmecksäbel, Kurpfuscher Olterzung u. a. gr. 8. (40 S.) Berlin 903. Herm. Walther. n. 1. —

Es lebe der Fruchtwechsel! gr. 8, Berlin, Lange. 804. Rthlr.

Es lebe der Kaiser! Eine Declamation ... [Bistritz 1832.] V: *Bertleff, Mich.* (Trausch) (KU)

Es lebe die Unsittlichkeit! Auf zur Revolution gegen die Heuchler-Moral. Aufruf an alle Ehrlichen v. e. Moral-Anarchisten. (29 S.) gr. 8. Leipzig 909. Reform-Verl. (Urspr. Pr. — 50)

Es lebe Jesus! Handbuch zum Gebrauche der frommen Mitglieder der Ehrenwache des heiligsten Herzens Jesu, von Sr. Heil. Papst Pius IX. mit Ablässen bereichert, von vielen Erzbischöfen u. Bischöfen gutgeheißen u. kanonisch errichtet in der Kirche der Klosterfrauen von der Heimsuchung Mariä zu Roselands-Walmer-Deal [Kent] England, ehedem zur Himmelsthür bei Hildesheim [Prov. Hannover]. gr. 16. (204 S.) Regensburg 877. Manz. 1. 20

Es lebe Jesus! Handbuch für die Mitglieder der Ehrenwache vom göttlichen Herzen Jesu ... Wien 1895. V: *Willim, Joh. Evangelist.* (EB)

Es leben die Prälaten! Beobachtungen auf einer kleinen Reise ... Ulm, 1782—83. V: *Gaum, Johann Ferdinand.* (MGT) (Ky) (AarF)

— leben d. Prälaten! Beobachtt. auf e. Reise in verschied. Prälaturen in Baiern u. Schwaben, (v. J. F. Gaum). 2 Hefte. gr. 8. Ulm 782 u. 83. Stettin. 9 gl.

— muß anders werden, s.: Schriften, kleine.

Es muss Tag werden. Vide: Tag.

— müssen doch schöne Erinnerungen sein. (Von Bertha v. Suttner u. A.) Mittheilungen der österreich. Gesellschaft der Friedensfreunde. gr. 8. (VII, 67 S.) Wien 892. (Berlin, A. H. Fried & Co.) n. 2. —

Es ruft die Ehre, es ruft die Pflicht: Rasch zur That! s. a. [Fischern, Carl August Friedrich Adolf von].

Es ruft die Ehre, es ruft die Pflicht: Rasch zur That! 1. u. 2. Aufl. Nürnberg 860. Geh. 8. (14 S.) nn. 2 ngr

— schickt sich nicht. Eine Sammlg. v. mehr od. weniger vorherrsch. Mißgriffen u. Fehlern in Umgang u. Sprache. Frei nach dem engl. Don't. 8. (59 S.) Budapest 886. Grimm. n. 1. —

— schickt sich nicht. Ein Handbuch der mehr oder weniger vorherrsch. Mißgriffe u. Fehler in Umgang u. Sprache. Frei nach dem Engl. „Don't". 2—25. Tausend. 12. (71 S.) Frankfurt a/M. 886. Koenitzer's Verl. In Leinw. cart. n. 1. —

— Verhaltungsmassregeln für Jung und Alt, um verschiedene Fehler und Missgriffe im Umgang und Conversation zu vermeiden. Frei nach dem engl. „Don't". 8º. (60 S.) Prag, Hynek. fl. —.25. 1886.

— schickt sich nicht. Ein Handbuch der mehr od. weniger vorherrsch. Mißgriffe u. Fehler in Umgang u. Sprache. Frei nach dem Engl. „Don't". 26.—30. Tausend. 12. (71 S.) Frankfurt a/M. 887. Koenitzer's Verl. In Leinw. cart. n. 1. —

— schickt sich nicht. Ein Handbuch der mehr od. weniger vorherrsch. Mißgriffe u. Fehler in Umgang u. Sprache. Frei nach dem Engl. „Don't". 31. Tausend. 12. (72 S.) Frankfurt a/M. 891. C. Koenitzer's Verl. Kart. n. 1. —

— schickt sich nicht. Ein Handbuch der mehr od. weniger vorherrsch. Mißgriffe u. Fehler in Umgang u. Sprache. Frei nach dem Engl. „Don't". 34. u. 35. Tauf. 8. (à 71 S.) Leipzig (902). Jaeger. n. 1. —

Es spukt, oder die Geisterbeschwörung. Neues Gesellschaftsspiel mit 12 color. Karten. — A. u. d. T.: La nécromance. Nouveau jeu de société avec 12 cartes. 32. Wien 812, Bermann u. Sohn. In Etui n. 11/24 rf

Es stehet geschrieben. Gedanken e. Mannes aus der heil. Schrift. Im brüderl. Kreise vorgetragen. 8. (15 S.) Basel 873. Spittler. n. — 10

«Es steht geschrieben!» Sammlung von Bibelworten zur Belehrung, Ermahnung und Tröstung der Christen. 1899 französisch hrg. von der «Société pour la lecture méthodique de la Bible» (Präsident: Alexandre Westphal) in Montauban. 1905 in modern deutschen Text übertragen durch Otto Rytz, Pfarrer in Kandergrund ⟨Bern⟩. Alttestamentliche Stellen nach der Übersetzung von Prof. E[mil] Kautzsch in Halle. Neutestamentliche St' nach der Ü' von Curt Stage. XII + 408 S. 8. Bern, A. Francke, 1906. [geb. fr. 2.50]

Es steht geschrieben! Sammlung von Bibelworten zur Belehrg., Ermahng. u. Tröstg. der Christen. 1899 französisch hrsg. v. der „Société pour la lecture méthodique de la bible" in Montauban. 1905 in modern deutschen Text übertr. durch Otto Ryß. Alttestamentliche Stellen nach der Uebersetzg. von E. Kautzsch. Neutestamentliche Stellen nach der Uebers. von Curt Stage. 2., durchges. Aufl. (XII, 408 S.) kl. 8. Bern 906. A. Francke. Geb. in Leinw. n. 3. —
1. Aufl. (XII, 408 S.) 906. Geb. n. 2.—.

— dasselbe. Sammlung v. Bibelstellen zu Lehre, Ermahng. u. Trost. Übertr. aus dem französ. „Il est écrit" des D. Alex. Westphal m. Benützg. der Luther'schen Bibelübersetzg. von Emilia v. Bunsen. Hrsg. im Auftrage J. k. Hoh. der Großherzogin Luise v. Baden. (X, 411 S.) kl. 8. Bielefeld 906. Velhagen & Klasing. In Leinw. kart. n. 2. —; Geschenkausg., geb. m. Goldschn. n. 3. —

Es taget! Es Volksgmäld i vier Ufzüge. Brugg 1904. V: *Werder, Hans.* (BBullschw 4, 1904)

Es thut Noth! Ein Blick auf die livländischen Rechtszustände. Berlin 863. F. Schneider. gr. 8. (24 S.) n. 5 ngr.

— war einmal. Ein Bilderbuch von dresdner Künstlern. br. 8. (93 S. mit eingedr. Holzschn.) Dresden 861, Richter. *

Es war einmal. Ein Bilderbuch von Dresdner Künstlern. Dresden 862. Richter. 8. (93 S. m. Holzschn.) n. 20 ngr.

— war einmal. Die schönsten Mährchen für brave Kinder. Mülheim a. R. 867. Bagel. 8. (IV, 224 S. u. 1 Holzschn.) 12½ ngr.

— dass. — Pracht-Ausg. Lex.-8. (IV und 176 S. mit 8 lithogr. Bildern in Buntdr.) Ebendas. 867. cart.

— — Pracht-Ausgabe. Mit 8 Bildern in Buntdruck. Ebend. 868. Lex. 8. (IV, 176 S.) 1 \

— — (Neue Aufl.) Mit 8 Holzschn. von deutschen Künstlern. Ebend. 869. 8. (IV, 208 S.) 12½ ngr.

— war einmal. Die schönsten Märchen f. brave Kinder. Mit (7) hübschen Bildern in Buntdr. 2. Aufl. Pracht-Ausg. Lex.-8. (IV, 170 S.) Mülheim a. d. R. 871. Bagel. geb. 3. —

— war einmal. Die schönsten Märchen für brave Kinder. Mit Holzschn. von deutschen Künstlern. 8. (208 S.) Mülheim 880. Bagel. cart. 1. 25

— war einmal". Märchen und Kinderlieder mit Bildern von Ludw. Richter, Osk. Pletsch und A. Zeh. (Neue verm. Aufl.) gr. 8. (94 S.) Leipzig 886, A. Dürr. cart. *

[H.] Es war einmal. Märchenbuch f. Knaben u. Mädchen. M. 6 feinen Farbendr.-Bildern. *Mülheim a. d. R.: J. Bagel [1895].* (207 S., 5 Taf.) 1 Bd 8.

— war einmal". Eine Sammlg. der schönsten Volks- u. Kindermärchen nach Gebrüder Grimm u. andern. Mit 6 feinen Aquarellen v. W. Zweigle u. zahlr. farb. u. schwarzen Textbildern. 4. (III, 80 S.) Eßlingen (901). J. F. Schreiber. Geb. n. 3. —

— dasselbe. Märchen u. Kinderlieder m. Bildern v. Ludw. Richter, Osc. Pletsch, A. Zeh u. a. (Neue Aufl.) gr. 8. (94 S.) Leipzig (902). A. Dürr. Geb. n. 2. —

— war einmal. Dem Andenken „unseres Prinzeßchens" in Liebe gewidmet G. L. N. A. Mit (farb.) Bildern geschmückt v. Jos. M. Olbrich. (24 S.) Lex.-8. Darmstadt (904). (H. Hohmann.) n. 1. —

— dasselbe. Märchenbuch f. Knaben u. Mädchen. — Märchenquell. Die schönsten Märchen f. brave Kinder. (208 u. 128 S. m. 11 Farbdr.) 8. Mülheim a/R. (905). J. Bagel. Geb. 3. —

— war so übel nicht gemeint; Lstspl. 8. Linz 786. Suara. 4 ß

— wartet Jemand auf dich. 16. (4 S.) Barmen 874 (Wiemann). n. — 5.

Es weiss Niemand, woher der Wind kommt: Der Freimüthige 1835, Nr. 74/90. V: *Alexis, Willibald (Gg. Wilh. Hch. Häring).* Vollständig in dessen Neuen Novellen. Berlin 1836. 2, S. 173/276. (DARP)

Es werde Licht! Eine Erzählung. Herausg. von dem Haupt-Verein für christliche Erbauungsschriften in den Preußischen Staaten. Berlin 860. (W. Schultze.) 8. (100 S.) n. 5 ngr.

— werde Licht! Eine Erzählung. 2. Aufl. Berlin 866. (Trowitzsch & Co.) 8. (96 S.) 1¼ ngr.

— werde Licht. Theosophischer Wegweiser zur Erlangg. der göttl. Selbsterkenntnis. Zeitschrift zur Verbreitg. e. höheren Weltanschaug. u. zur Verwirklichg. der Idee e. allgemeinen Menschenverbrüderung auf Grundlage der Erkenntnis der wahren Menschennatur. Organ der theosoph. Gesellschaft. Enth. Berichte aus dem Gebiete der Theosophie, occulten Philosophie, Religionswissenschaft, Metaphysik, Spiritualismus, der höheren Naturwissenschaften etc., nebst Nachrichten üb. die Thätigkeit der „Theosoph. Vereine" im In- u. Auslande. Hrsg. v. der Centralstelle der theosoph. Gesellschaft. Red.: Arth. Weber. 1. Jahrg. Oktbr. 1898—Septbr. 1899. 12 Nrn. gr. 4. (à ca. 12 S.) Leipzig (Inselstr. 25), Theosoph. Central-Buchh. n. 5. —
Fortsetzung s.: Wegweiser, theosophischer.

— dasselbe. Blätter f. Aufklärg., Fortschritt u. Versöhng. Begründet v. Carl Scholl. Red. v. Geo Rost. 34. Jahrg. Oktbr. 1902—Septbr. 1903. 12 Hfte. gr. 8. (à ca. 36 S.) München, O. Th. Scholl. n. 4.—
Vergl.: Scholl, Carl, es werde Licht.

— werde Licht! Blätter f. Aufklärg., Fortschritt u. Versöhng. Begründet v. Carl Scholl. Geleitet v. Geo. Rost u. seit Oktb. 1906 v. F. X. G. Schuster. 35.—38. Jahrg. Okt. 1903—Septbr. 1907. à 12 Hefte. (35.—37. Jahrg. IV, 388; IV, 384 u. IV, 384 S.) gr. 8. München, O. Th. Scholl. à Jhrg. n. 4. —

Es werde Licht! Blätter f. Aufklärg., Fortschritt u. Versöhng. Begründet v. Carl Scholl. Hrsg. v. Geo. Welker. 39—41. Jahrg. Oktbr. 1907—Septbr. 1910 à 12 Hefte. (à ca. 32 S.) 8. München, O. Th. Scholl. à Jahrg. 4.25

— dasselbe, s. a Blätter zur Pflege höheren Lebens.

Es werde Licht! Blätter zur Pflege des höheren Lebens. Hrsg. unter Mitw. zahlr. Freunde e. höheren Weltanschauung von Paul Frömsdorf. Jg. 1, No 1. *Schweidnitz: P. Frömsdorf 1903.* 4°

Es werden geschehen grosse Erdbeben hin und wider, theure Zeit und Pestilenz . . . [Teuf. 1869.] V: *Schoch, W. August & Georg Eberhard.* (Cat. d. Stadtbibl. Zürich. Zürich 1864—97.)

Es wird alles Neu werden. Strassb. [1802]. V: *Klein.* (DÖLL)

Es wird Alles neu werden; 1r Bd., od. 1s u. 3s Heft. A. u. d. T.: Was soll man von den Mystikern u. ihren Schriften halten? als Einleit. Straßb., (Treuttel u. W.) 1 ß (2s Heft: von d. Zustande nach d. Tode). 4r Bd. (od. 4s Heft) Versuchungen Jesu in d. Wüste; von Mad. B. aus d. Französ. Ebd. 16 ß 5r Bd. (Heft) zwölf Sendschreiben über Religion u. Theologie. Ebd. 12 ß 6r Bd. Offenbarungen d. Jane Leade, d. letzten Zeiten betreff. Ebd. 16 ß 7r Bd. Was ist Tod rc. Mit 1 Tab. Ebd. 810. 14 ß

— wird Alles neu werden ꝛc. 6r Bd. Offenbarungen des Jane Leade. Hat auch Kummer in Leipzig und ist der Pr. nur 1/2 ℛ

Es wird doch noch geschehen! od. üb. den Bayerschen Ländertausch. 8. Frankf. Beer. 786.

— wird Licht! Aussergn. österreich. Arzte in Sachen der wissenschaftl. Experimente an leb. Tieren (Vivisektion) aus neuester Zeit. Hrsg. v. Bund gegen die Vivisektion in Österreich (Sitz Graz). 4. stark verm. Aufl. (72 S.) kl. 8. Graz 910. (J. A. Kienreich.) — 20

Es, Ant. Henr. Ger. Paulus van den, Adnotationes ad Lycurgi orationem in Leocratem. (Specimen philologicum inaugurale.) 8maj. (VIII und 128 S.) Lugduni-Bat. 854, Brill. **

Es, A. H. G. P. van den, de jure familiarum apud Athenienses libri tres. Leiden 864. Brill. gr. 8. (VIII, 198 S.) nn. 1 ℛ 5 ngr.

van den Es, **H. G., Pauli ad Titum epistola, cum ejusdem ad Timotheum epistolis duabus composita. gr. 8. Leyden 825. (Hartmann in Leipz.) 21 gr.**

Esau, Graf. Ein komisches Heldengedicht. O. O. 1768. V: *Bretschneider, Heinrich Gottfried von.* (MGT) (Ky) (WBL)

Esau, Abraham, a. Tiegenhagen in Westpreußen: Widerstand und Selbstinduktion von Solenoiden für Wechselstrom. (Danzig 1908: A. W. Kafemann.) (54 S.) 8°
Berlin, Phil. Fak., Ref. Planck, Diss. v. 14. März 1908
[Geb. 7. Juni 84 Tiegenhagen (Kr. Marienburg); Wohnort: Danzig-Langfuhr; Staatsangeh.: Preußen; Vorbildung: Realgymn. St. Petri u. Pauli Danzig Reife O. 02; Studium: Berlin 7 S.; Rig. 13. Febr. 08.]

Esau, Hubert, aus Bergheim i. Waldeck: Die Benennung der wichtigeren Bestandteile der modernen französischen Tracht. Ein sprach- u. kulturgeschichtl. Versuch. *Kiel 1902: P. Peters.* (69 S.) 8°
Kiel, Phil. Diss. v. [21. Juni] 1902

Esau, Hub., die Benennung der wichtigeren Bestandteile der modernen französischen Tracht. Ein sprach- u. kulturgeschichtl. Versuch. Diss. gr. 8. (70 S.) Kiel 902. (Leipzig, Buchh. G. Fock.) n. 1. 50

Esau, Paul, approb. Arzt aus Oerlinghausen: Ein Fall von Milzabsceß nach Typhus abdominalis nebst Bemerkungen über Milzabscesse überhaupt. *Greifswald 1903: H. Adler.* (41 S.) 8°
Greifswald, Med. Diss. v. 4. Mai 1903

Esau ben Naphtali (Pseud.), s. Spitzer, Daniel

Esbach, F., die Heil Anstalt des Directors Lampe zu Goslar. Erinnerungen aus dem Kurleben. Leipzig 860. Fr. gr. 8. (24 S.) 5 ngr.

— der Director Lampe und seine Kräuter-Heilanstalt zu Goslar. Erfahrungen aus dem Kurleben im Jahre 1860. Goslar 861. Brückner. 8. (32 S.) 5 ngr.

Don Juan d'Austria. Von Friedrich-Carl **Esbach.** Breslau: Schles. Dr.-Genossensch. 1905. (22 S.) 8° [F.] [06. 3775]

— Lebensfluten. Gedichte. (VIII, 119 S. m. Bildnis.) 8. Breslau 906. P. Schweitzer Nachf. Geb. in Leinw. n. 3. —

Fürst Leopold von Hohenzollern. Ein Lebensbild. Von Friedrich Carl **Esbach.** Mit Abb., Bildern, e. Genealogie u. Stammbäumen. Den Hohenzollernschen Landen als Erinnerungsgabe von Hermann Schroedel. Sigmaringen & Friedrichstanneck, Sachsen-Altenburg; (Halle: Schroedel) 1906. 16, 96 S. 4° [10. 10121]

Das Weibliche Thronfolgerecht in den Deutschen Bundesstaaten. Von Friedrich-Carl **Esbach.** Coburg: A. Rossteutscher 1908. (100 S.) 8° [08. 17312]

— das herzogl. Haus Württemberg zu Carlsruhe in Schlesien. Mit Abbildgn., Bildnissen, Genealogien u. Stammbäumen. (XVI, 209 S.) gr. 8. Stuttgart 906. W. Kohlhammer. n. 6. 50

Esbach, Goswin. ab: Notae et additiones perbreves ad p. 1—4 jurisprudentiae forensis Bened. Carpzovii. Francofurti ad M. 1674. 76.

— Ed. nova. [u. d. Tit.:] Notae et additiones perbreves ad Bened. Carpzovii jurisprudentiam forensem. Ad calcem adjectus est: Discursus polit.-jur. de jure majestatico circa leges. 1703.

Esbeck, Max von. „Edesem." Walzer für die Zither. Klgft., v. Kleinmayr, (1893.) Folio. 4 S.

Esbeck, Platen, Ernst Ulrich von, Referendar: Die rechtliche Natur des Pachtabstandes. Greifswald 1907: H. Adler. (53 S.) 8°
Greifswald, Jur. Fak., Ref. Stampe, Diss. v. 4. Febr. 1907
[Geb. 12. Jan. 85 Capelle b. Gingst, Rügen; Wohnort: Capelle; Staatsangeh.: Preußen; Vorbildung: Pädagogium Putbus Reife O. 03; Studium: Bonn 3, Genf 1, Greifswald 2 S.; Rig. 5. Juli 06.]

Esbeer, G. H., Gedichte. 8. Hamburg 841, Hoffmann u. Campe. 1/2 ℛ

Esbensen, Andreas (Kopenhagen), De usu interno plumbi. Diss. med. Halle (Gebauer) Juni 1836. 40 S. mit Biogr. (M.: K. H. Nandrup.) (4.—) 8246

Esberg, M. Johannes (Upsala), Publicam ceremoniam qua urbes condebantur ex antiquitate Romana. Präs. Christoph Ludwig Crell. Wittenbg. (J. Ch. Gerdes) Juli 1731. 40 S. (5.—) 8247

Esbœufs d' s. Vergès d'Esbœufs.

Escadron, Die. Verfasst von L. v. T. Steinamanger 1893. V: *Tschebulz v. Tsebuly, Leop. Edl. v.* (EB)

Escadron, die. Verf. von L. v. T. 8. (XIV, 591 u. 11 S.) Steinamanger 893. (Wien, L. W. Seidel & Sohn.) n. 6. 20

Escadrons-Exerciren, Das, bei der Preussischen Kavallerie. Düsseldorf 1850. V: *Herstatt, C.* (Ky)

Escales, Ernst Richard [aus Zweibrücken]: **Ueber Verbindungen von Phenylmercaptan mit Ketonsäuren .... Würzburg, Becker's Univ.-Buchdr., 1886; 50 S. 8°.**
Würzburg, Phil. Fak., Inaug.-Diss. v. 1886.

Escales, Helene, Sigrune. Bühnenspiel. (VII, 24 S.) 8. Dresden (907). E. Pierson. — 60

Escales, Helene, Baldurs Tod. Dramat. Skizze. — Die schöne Königstochter. E. Märchen. 12. (46 S.) Karlsruhe 898. (Macklot.) Geb. in Leinw. m. Goldschn. n. 2. —

Escales, Rich., Bergbau, Hüttenwesen, Metallindustrie auf der Düsseldorfer Ausstellung. Chemische Plaudereien. gr. 8. (132 S.) München 902. Literarisch-artist. Anstalt. n. 2. —

Bergbau, Hüttenwesen, Metallindustrie auf der Düsseldorfer Ausstellung. Chemische Plaudereien von Dr. Richard **Escales.** *München: Th. Riedel 1902.* (132 S.) 8° [02. 11.4]

Escales, Rich., die Explosivstoffe. Mit Berücksicht. der neueren Patentliteratur. 1. Heft. Das Schwarzpulver u. ähnl. Mischgn. (VI, 114 S. m. Abbildgn.) gr. 8. Leipzig 904. (Buchh. G. Fock.) n. 2. —

— dasselbe, m. besond. Berücksicht. d. neueren Patente. 2. Heft. Die Schiessbaumwolle (Nitrocellulosen.) (VIII, 308 S. m. Fig.) gr. 8. Leipzig 905. Voit & Co. n. 10. —

Escales, Rich., die Explosivstoffe m. besond. Berücksichtg. der neueren Patente. 3—5. Heft. gr. 8. Leipzig, Veit & Co. 27. —
3. Nitroglyzerin u. Dynamit. Mit dem Bildnis v. A. Nobel u. zahlr. Fig. (VI, 338 S.) 908. 11. —
4. Ammonsalpetersprengstoffe. (VI, 239 S. m. Fig.) 909. 8. —
5. Chloratsprengstoffe. (VIII, 208 S. m. Fig.) 910. 8. —

— — Explosivstoffe. Stuttgart 1910. 27 S.

— s.: **Jahrbuch d. techn. Sondergebiete.**

— — Die Methoden zur Beständigkeits-Prüfung von Explosivstoffen in den verschiedenen Staaten. München 1910. 34 S.

— — Neuerungen an Trinitrotoluol-Sprengkörpern. München 1908. 7 S.

— — Prüfung von Nitrozellulose u. Nitrozellulosepulvern auf Haltbarkeit nach Albert P. Sy. Leipzig 1905. 8 S. 4°

— — Über Vigorit. München 1905. 2 Bl.

— s.: **Zeitschrift f. d. gesamte Schiess- u. Sprengstoffwesen.**

Escandon, Juan da. Geschichte von Paraguay. Frankf. u. Leipzig 1769. MV: *Nussdorfer.* (Ky)

d'Escandon, J., u. (Nußdorfer), Geschichte v. Paraguay. 8. Frkf. u. Lpz. 769. (Lindauer in Münch.) 9 gl

Escanor, s. Bibliothek des litterarischen Vereins in Stuttgart CLXXVIII.

l'Escarmoucheur politique. Par **Junius** jun. No. II. Discours de Jean Nicolas sur l'expédition napolitaine. Hambourg 850. Fr. Schuberth. gr. 8. (12 S.) 6 ngl
No. I. vgl.: **Skirmisher**, the political.

Escayrac de Lauture, Graf Stanislaus d'

d'Escayrac de Lauture, die Afrikanische Wüste, s. **Hausbibliothek** für Länder- u. Völkerkunde.

Escayrac de Lauture, Graf d'. Die afrikanische Wüste und das Land der Schwarzen am obern Nil. Nach dem Französischen. 8. Leipzig 1855.

d'Escayrac de Lauture, die afrikanische Wüste u. das Land der Schwarzen am obern Nil. Nach dem Französ. Neue Ausg. Leipzig 865. Senf. 8. (XI, 307 S.) 1 ₰

(d'Escayrac de Lauture, Graf Stanislaus): Die afrikanische Wüste und das Land der Schwarzen am oberen Nil. Nach dem Französischen des Grafen d'Escayrac de Lauture. Neue Ausgabe. Leipzig 1867. XI, 307 S. 8°.

d'Escayrac de Lautûre, Graf, die amerikanische Wüste und das Land der Schwarzen am oberen Nil. Nach dem Franz. 3. Aufl. gr. 8. (XI, 307 S.) Leipzig 874. L. Senf. 2. 50

Brunsbüttel in alter und neuer Zeit. Hrgg. von den Lehrern **Esch** und **Haack**. Brunsbüttel [nach 1894]. 8°

Die Schlacht bei Hemmingstedt im Jahre 1500. Von **Haak** und **Esch**. Meldorf. [1895.] 8°.

Esch, die **Stellung** des Arztes zur Naturheilkunde. (12 S.) Lex.-8. München (905). Verlag der ärztl. Rundschau. n. — 40

— die **Stellungnahme** des Arztes zur Naturheilkunde. Eine objektive Kritik von Naturheilkunde u. Schulmedizin nebst Beiträgen zu e. biolog. Heillehre. Mit e. Geleitwort v. Chr. Diehl. 2., umgearb. Aufl. (22 S.) gr. 8. Ebd. 906. n. — 40

Esch, Bernhard, s. Kolonien, Die deutschen.

Esch, C. W., s. Esch, Karl Wilhelm

Esch, Carl, s. Esch, Karl

Esch, Engelbert. (geb. Minkelfeld im Rheinl. 3. 8. 1838): De coxarthrocaces anatomia pathologica ac symptomatibus. Berolini 1866. (31 S.) 8°
Berlin, Med. Diss.
nachgeliefert v. dem am 13. Juni 1866 auf Grund gedruckter Thesen promov. Verf.

Esch, Ernst, F. Solger, M. Oppenheim, O. Jaekel, Beiträge zur Geologie v. Kamerun. Hrsg. im Auftrage u. aus Mitteln der Kolonialabteilg. des auswärt. Amtes in Berlin v. Ernst Esch. Mit 9 Taf., 83 Abbildgn. im Text, 1 grossen Panorama u. 1 Karte. (XIII, 298 S.) gr. 8. Stuttgart 904. E. Schweizerbart n. 8. —

Esch, Ernst, **Erlebnisse** e. Einjährig-Freiwilligen d. VII. (rhein.-westfäl.) Korps i. Feldzug 1870/71. 8. (V, 141 S.) München 898. C. H. Beck. n. 1. 60; kart. n. 2. 20

Esch, E., der Vulkan Etinde in Kamerun u. seine Gesteine. gr. 8. (41 S. m. Abbildgn.) Berlin 901. (G. Reimer.) n. 2. —
Sonderabdruck aus: „Sitzungsber. d. preuss. Akad. d. Wiss."

Esch, Ernst [aus Duisburg]: Die Gesteine der ecuatorianischen Ost-Cordillere. Die Berge d. Ibarra-Beckens u. der Cayambe ... (Erscheint in: W. Reiss u. A. Stübel, Reisen in Süd-Amerika. D. Hochgebirge d. Republik Ecuador. II.) Berlin, Druck v. J. Kerskes, 1896; 1 Bl., 60 S., 2 Bl., 3 Taf. m. je 1 Erl.-Bl. 4.
Berlin, Phil. Fak., Inaug.-Diss. v. 4. Aug. 1896

Esch, Ernst, Referendar in Cöln a. Rh.: Die Übertragung der Namensaktie. Borna-Leipzig 1907: R. Noske. (VII, 42 S.) 8° [J.]
Leipzig, Jur. Fak., Diss. v. 30. Juli 1907
[Geb. 30. Dez. 81 Cöln a. Rh.; Wohnort: Cöln; Staatsangeh.: Preußen; Vorbildung: St.-Apostelu-Gymn. Cöln Reife Juli 02; Studium: Freiburg i. B. 1, München 2, Bonn 2 S.; Rig. 30. Juli 07.]

Esch, Ferd. (geb. Duisburg 4. 11. 1811): De empyemate. Berolini (1839). (29 S.) 8°
Berlin, Med. Diss. v. 17. Jan. 1839

Geschichte der Familie Esch. Zsgest. von Fr. W. **Esch**, Mannheim. Görlitz 1910: Starke. XI, 410 S. 8° [11. 734

Esch, G., werum mer wache müeß. [Aus: „Heimat".] gr. 8. (16 S.) Straßburg 896. C. A. Bomhoff. — 80

Esch, Gustav (Hrsg.), s. Volks-Kalender, Schleswig-Holsteinischer illustrirter, für 1849.

Esch, H., Erklärung des Propheten Habakuk. Düsseldorf, Haude, 1733. 4°.

Esch, J., Frz. v. Fürstenberg, s.: **Bibliothek** der katholischen Pädagogik.

Esch, J., Klänge von Nah und Fern, s. a. **Klänge.**

Esch, J., und G. **Levinstein**, Klänge aus Nah und Fern. Stenographen-Lieder. Berlin 860. (Sagan, Crüsemann.) 32. (VIII, 120 S.) n. 7½ ngl

d'Esch, Jacques, s.: **Dex, Jalque.**

Esch, Ioannes: De Plauti correptione secundae syllabae vocabulorum polysyllaborum, quae mensura iambica incipiunt. *Monasterii Guestf. 1897: I. Bredt.* (116 S.) 8°
Münster, Phil. Diss. v. [28. Okt.] 1897

Esch, Joseph, Referendar: Die kriminalistische Deliktsfähigkeit der Körperschaften. Borna-Leipzig 1910: Noske. X, 42 S. 8°
Rostock, Jur. Diss. v. 10. Aug. 1910, Ref. Wachenfeld
[Geb. 30. Nov. 82 Bitburg; Wohnort: Cöln; Staatsangeh.: Preußen; Vorbildung: Kaiser-Wilhelms-Gymn. Trier Reife O. 03; Studium: Münster 1, Berlin 2, Bonn 3 S.; Rig. 4. Juni 10.] [U 10. 3836

Esch, Carl, u. Phil. **Krug**, die Besoldung der Volksschullehrer in der Rheinprovinz. (60 S.) 8. Düren 906. (W. Solinus.) n. — 75

Esch, Carl [aus Breslau]: Endresultate der Neurectomie bei Neuralgieen des Nervus Quintus. (Nach dem statistischen Materiale der Breslauer chirurg. Klinik zusammengestellt.)... Breslau, *Otto Gutsmann's Buchdr.*, 1889; 2 Bl. + 40 S. + 1 Bl. 8°
Breslau, Med. Fak., Inaug.-Diss. v. 29. Okt. 1889

Esch, Karl Wilhelm

Esch, C. W., Abschiedspredigt in d. Arbeits-Anstalt zu Brauweiler über Apostelgeschichte 20, V. 32. gehalten am 29. April 1825. 8. Bonn. Habicht. 3 gr.

Esch, Carl Wilh., die evangelische Landeskirche und der Baptistenprediger Ribbeck. Eine Beleuchtung der Ribbeck'schen Schrift: „Aus der Landeskirche in die Baptistengemeinde!" Elberfeld 854. Bädeker. gr. 8. (38 S.) n. 4 Ngr.

Esch, C. W., selig ist der Mann, der die Anfechtung erduldet. Predigt zum Gedächtniß Friedrich Wilhelm III. am 19. Juli zu Kronenburg. Als Anhang: der letzte Wille des Königs. gr. 8. Elberfeld 840. (Hassel.) n. 1/8 Thlr.

Esch, Maximilian, a. Homberg-Niederrhein: Ueber den Vorprozess und die Verzögerung bei der Funkenentladung. Homberg-Niederrhein 1908: E. Hadtstein. (59 S.) 8°
Münster, Phil. Fak., Ref. Heydweiller, Diss. v. 8. Mai 1908
[Geb. 11. April 84 Budberg; Wohnort: Münster; Staatsangeh.: Preußen; Vorbildung: Realgymn. Duisburg-Ruhrort Reife O. 03; Studium: Münster 2, Kiel 1, Münster 7 S.; Rig. 14. März 08.]

Esch, Pet., David u. Saul, s.: Theater, kleines.

Esch, Peter, approb. Arzt aus Minkelfeld bei Coblenz: Über Dystrophia musculorum progressiva. *Königsbrück i. S. 1900: E. Goldammer.* (22 S.) 8°
Leipzig, Med. Diss. v. 6. Dez. 1899

Esch, Pet., über Dystrophia musculorum progressiva. gr. 8. (22 S.) Leipzig 900. B. Konegen. n. 1.—
Sonderabdruck aus: „Der Kinderarzt".

Esch, Th., die beiden Brüder. Historische Novelle aus den Zeiten der Kreuzzüge. Mainz 858. Kirchheim. 8. (213 S.) 10 Ngr.

Esch, Theodor (Bearb.), s. Festschrift zur Einweihung des Rathauses der Stadt Recklinghausen.

Geschichte der Pfarre zum hl. Petrus in Recklinghausen. Festschrift z. Einweihungsfeier d. Rosenkranzkirche in Recklinghausen-Hillen im Okt. 1903. Von Theodor Esch, Oberpostsekr. *Recklinghausen (1903): J. Bauer.* (92 S.) 8° [F.]
[04. 50:1 8]

Esch, Thdr., das Seefräulein von Brest. Novelle. Luxemburg 865. Brück. 8. (329 S.) 12 Ngr.

Esch, Thdr., das Seefräulein v. Brest. Novelle. 2. Aufl. 8. (216 S.) Luxemburg 885. Brück. 1.20

Esch, Walter Georg [aus Bendorf]: Aus d. pharmakolog. Institut d. Univ. Bonn. Pharmakologische Studien über einige neuere chemische Körper ... Bonn, Druck v. E. Heydorn, *1893*; 32 S. 8.
Bonn. Med. Fak., Inaug.-Diss. v. [18. Juli] 1893

Esch, Werner (Hrsg.), s. Gummitechniker, Der.

Esch, W., Handbuch der Gummiwaren-Fabrikation, s.: Heil, Adf.

Esch, Werner, aus Duisburg a. Rh.: Über Polymethylenimine und -Diimine. *Berlin (1900): G. Schade.* (44 S.) 8°
Berlin, Phil. Diss. v. 12. März 1900

Eschard, Rud., gereimtes Ungereimtes. (54 S.) 8. Wien 910. C. v. Hölzl. Kart. 2.—

Eschasseriaux. Europa's politische Lage zu Anfang des XIX. Jahrhunderts und beim Schlusse des Definitivfriedens. 8. Leipzig 1802.

Eschasseriaux, ..., polit. Lage von Europa zu Anfang des 19ten Jahrh. u. bis Abschluß d. allgem. Definitivfriedens. 8. Leipz. 802. Hinrichs. 12 gr.

Eschatologie, Muhammedanische. ... Arabisch und deutsch mit Anmerkungen herausgegeben von M. Wolff. Leipzig 1872.

Eschbach, A., disputationes physiologico-theologicae tum medicis chirurgis tum theologicis et canonistis utiles. Ed. II. pluribus aucta. (XI, 590 S.) gr. 8. Rom 901. Desclée, Lefebvre & Co. n. 8.—

Eschbach, [Peter]: Die Feier der Einweihung. Ahrweiler (u. Neuenahr) 1908: (Plachner). S. 5—14. 4°
Ahrweiler-Neuenahr, PG P 1908 (554) [S 08. 81

Eschbach, Peter [aus Ratingen]: Die kirchliche Frage auf den Deutschen Reichstagen von 1378—1380.... Gotha, Druck v. Friedr. Andr. Perthes, 1887; 2 Bl. + 80 S. + 2 Bl. 8°.
Berlin, Phil. Fak., Inaug.-Diss. v. 12. Febr. 1887.

Eschbach, Peter, die kirchliche Frage auf den deutschen Reichstagen von 1378—1380. Diss. Berlin 1887, Mayer & Müller. 8°. 80 S.

[Umschlagt.:] [F.] **Eschbach**, *Peter* [Dr.]: Der Krieg des Kurfürsten Friedrich Wilhelm von Brandenburg gegen Pfalzgraf Wolfgang Wilhelm von Neuburg, 1651. Duisburg, gedr. bei F. H. Nieten, *1895*; 54 S. 8.
Duisburg, st. RG, OP 1895 (485)

Eschbacher, G., d. badischen Kreispflege-Anstalten, nach den Erfahrgn. u. Ergebnissen der Freiburger Anstalt dargestellt. gr. 8. (IV, 54 S.) Freiburg i/Br. 890. (Wagner.) n. —80

Eschbacher, Oscar [approb. Arzt aus Krozingen (Baden)]: Ein Fall von carcinomatöser Pfortaderthrombose bei Carcinoma ventriculi und geheilter Lungenphthise .... Freiburg i. B., Druck d. Fr. Wagner'schen Buchdr., 1888; 32 S. 8°
Freiburg i. B., Med. Fak., Inaug.-Diss. v. 1888

Eschbaum, Anton ⟨geb. am 23 Mai 1855 in Bonn⟩: Beiträge zur Statistik einiger acut entzündlichen und Infektions-Krankheiten ... Bonn, Univ.-Buchdr. v. C. Georgi 1880. 52 S., 3 Bl. 8.
Bonn, Med. Fak., Diss. v. 14 Okt. 1880

Eschbaum, Friedrich [aus Oberwesel a. Rhein]: Beitrag zur Kenntnis der Amidine und deren Condensationsprodukte.... Berlin, Druck v. M. Driesner (1889); 48 S. + 1 Bl. 8°
Erlangen, Phil. Fak., Inaug.-Diss. v. 1889

Eschbaum, Iosephus ⟨geb. am 10 Mai 1828 [nicht 1829] in Bonn⟩: De victu adiposo ... Bonnae, form. I. F. Carthausii 1853. VI, 25 S., 1 Bl. 8.
Bonn, Med. Fak., Diss. v. 18 Aug. 1853

Eschbaum, Otto, Arzt aus Oberwesel a. Rh.: Aus d. Kgl. chirurg. Universitäts-Klinik in Bonn. Ueber den diagnostischen Wert der Leukocytose bei eitrigen Processen. *Bonn 1902: C. Georgi.* (34 S.) 8°
Bonn, Med. Diss. v. 17. Dez. 1902

Eschborn, Ludwig, Auslegung und nützliche Betrachtungen über den 50. Psalm Davids, genannt Miserere, in unterschiedliche anmütige Andachtsübungen eingeteilt. Fulda, Mehnert, 1750, 8°, 192 S. Bamberg, Göbhard, 1770, 8°.

Eschborn, L., Auslegung d. 50sten Psalm Davids, gen. Miserere. 8. Bamb. 770. (Wesche in Frkf.) 8 gr.

Eschborn, Ludovicus, Explicatio s. Scripturae secundum sensum litteralem, allegoricum, anagogicum, moralem ex praestantissimorum ecclesiae patrum ac doctorum flore collecta novis iisque succinctis digressionibus aucta aspersis ultra citroque controversiis breviterque discussis ad usum cuiuscunque status ac ordinis hominum, inprimis concionatorum accommodata. Fulda u. Bamberg, Göbhardt, 1750—1752, 8°, 10 Bde.
Enthält nur das Alte Testament:
Explicatio libri Genes. 438 S.; Exodi 367 S.; Levit. 232 S.; Numer. 224 S.; Deuteron. 358 S., Josue 294 S.; Judic. 244 S.; Ruth 151 S.; I. Reg. 508 S.; II. Reg. 171 S.

Esche, Lydas, oder die 50jährige Gedächtnissfeyer der Schlesischen Regierungs-Veränderung. Breslau 1791. V: *Droop, G. K. H.* (MGT) (Ky)

Esche, d. Strafrichter gegenüber d. Wanderbettelplage u. Vagabundennot, s.: Bibliothek, kleine, f. inn. Mission.

Esche, Amtsrichter Dr. Vorschläge zur Schankstättenpolizei. Hildesheim 1807.

Esche, Alfred Eugen, Ref. in Leipzig: Das Recht des Empfängers aus dem Frachtvertrage. Borna-Leipzig 1905: R. Noske. (VII, 78 S.) 8° [F.]

Leipzig, Jur. Fak., Diss. v. 20. Dez. 1905

[Geb. 6. Juni 78 Chemnitz; Wohnort: Leipzig; Staatsangeh.: Sachsen; Vorbildung: Gymn. Chemnitz Reife O. 97; Studium: Lausanne 1, Berlin 2, Leipzig 4 S.; Rig. 16. Jan. 02.]

Esche, Arth., Arbeitsordnung u. Arbeiterausschuß, s.a. Zeit- u. Streitfragen, neue. XIII. 7.

Arbeitsordnung und Arbeiterausschuß. Vortrag geh. im Fortbildungskursus f. Verwaltungsbeamte ⟨1907⟩ von Prof. Dr. Arthur Esche. Dresden: v. Zahn & Jaensch 1907. (47 S.) 8° [F.]
= Zeit- u. Streit-Fragen, Neue, hrsg. von d. Gehestiftung. Jg. 4, H. 7. 07. 5676

Esche, Arth., der gesetzliche Arbeitsschutz der gewerblich beschäftigten Jugend, s.a. Zeit- u. Streitfragen, neue. II. 9.

Der gesetzliche Arbeitsschutz der gewerblich beschäftigten Jugend. Vortrag geh. zu Dresden ... ⟨1905⟩ von Dr. Arthur Esche. Dresden: v. Zahn & Jaensch 1905. (52 S.) 8°
= Zeit- u. Streitfragen, Neue, hrsg. von d. Gehestiftung. Jg. 2, H. 9.

Esche, A., s.: Bericht der XI. Kommission (des Reichstags) üb. den Entwurf e. Gesetzes betr. das Urheberrecht an Werken der Literatur u. Tonkunst.

— Jugendkraft u. Jugendfreude. Vortrag, geh. v. Schülern der höh. Schulen in Nürnberg. (14 S.) 8. Berlin 910. Mäßigkeits-Verlag. — 10
Sonderabdruck aus: „Bericht üb. die 20. Jahresversammlg. der deutschen Ver. gegen d. Mißbrauch geist. Getränke, Nürnberg"

— der Kampf gegen den Alkoholismus. (24 S.) gr. 8. Berlin 902. E. Nagel. n. — 30
Sonderabdruck aus: „Deutsche Stimmen".

— dasselbe, e. dringende Aufgabe der inneren Mission, s.a. Bibliothek, kleine, f. innere Mission. 21. Hft.

— u. Blank, Lebensglück u. Volkskraft. Ein Mahnwort an die deutsche Jugend höh. Lehranstalten. [Aus: „Bericht üb. die Jubiläums-Vers. (25. Jahresvers.) d. deutschen Vereins gegen d. Mißbrauch geist. Getränke, Cassel 1908".] (23 S.) 8. Ebd. 909. — 20

— Leitfaden zu dem Vortrage über Gewerbegericht und Einigungsamt. 8°. Dresden 1906.

Esche, Urheberrecht, s. Bericht.

— Urheberrecht u. Verlagsrecht, s.a. Bibliothek f. Politik u. Volkswirthschaft. 1. Hft.

Urheberrecht und Verlagsrecht. ⟨Gesetz vom 19. Juni 1901.⟩ Dargest. nach d. Verhandlungen d. Reichstags von Dr. A[rthur] Esche, Dresden, Mitgl. d. Reichst. *Berlin: W. Baensch 1901.* (48 S.) 8° [F.]
= Bibliothek f. Politik u. Volkswirthschaft. H. 1.

Esche, F. A. [Pseud.], s. a. Ziesche, Adolph Friedrich

Esche, F. A., Reise-Handbuch f. Wanderer, s.: Eisenbahnkarte, neueste, v. Mittel-Europa, im Anhang: Karten u. Pläne.

— Ritter der Landstraße. Nach den Tagebuchblättern e. Handwerksburschen. 4. Aufl. (VIII, 132 S.) 8. Kiel (905). R. Cordes. n. 1. —

Esche, F. A., Ritter d. Landstraße. Nach d. Tagebuchblättern e. Handwerksburschen. (75 S.) 8. Kiel (909). (Hamburg, Kramer's Sort.) — 20

— sind unsere Wanderarmen arbeitsscheu? s.a. Fortschritt, sozialer.

Esche F A, Sind unsere Wanderarmen arbeitsscheu? (16 S) (Sozialer Fortschritt 60) Leipzig 1905

— Tintenkleckse u. Fettflecke, s.a. Bibliothek gedieg. Unterhaltungs-Literatur.

— Tintenkleckse u. Fettflecke! Humoristisch-satir. Skizzen aus dem Bureaukratenleben u. Anderes. (123 S.) 8. Leipzig (905). F. Dietrich. n. 1. 50

— Vagabunden-Geschichten, s.a. Bibliothek gedieg. Unterhaltungs-Literatur.

— Vagabunden-Geschichten. I. 10 Hfte. 8. Ebd. 905. à n. — 15; in 1 Bd. (144 S.) n. 2. —; geb. n. 2. 75
1. Ein Lebensmüder! od.: „Die Liebe hat ihn soweit gebracht". Weibliche Handwerksburschen. Mit Einleitg. zu den „Vagabunden-Geschichten". (16 S.)
2. 3. Der schwarze Anton od. „Ein moderner keuscher Joseph". (32 S.)
4. Ich hatt' e. Kameraden .... (16 S.)
5. 6. Ein „gerlebener" Junge od. „'s Ende vom Lied". (24 S.)
7. Die Geschichte e. „Tippelschickse". (16 S.)
8. 9. Vergeltung od. Das Drama in der Scheune. (24 S.)
10. Wer war er? od. Des Bettlers Hinterlassenschaft. (16 S.)

Einführung in die Elektrizität und die praktische Verwendung des elektrischen Stromes. Allgemeinverständl. dargest. von Friedrich Esche, Ingen. Mit 130 Abb. Leipzig: H. Buschmann 1904. (VIII, 174 S.) 8° 04. 6743

Esche, Frdr., Einführung in die Elektrizität u. die praktische Verwendung des elektrischen Stromes. Allgemeinverständlich dargestellt. (VIII, 174 S. m. 130 Abbildgn.) 8. Leipzig 904. [H. Buschmann.] Berlin, Dr. W. Rothschild. Geb. in Leinw. n. 2. 50

Esche, Frdr., der praktische Installateur elektrischer Haustelegraphenanlagen. Eine Anleitg. zur Einrichtg. u. Reparatur elektr. Haustelegraphenanlagen jeder Art, nebst Beschreibg. der f. diese Anlagen in Anwendg. komm. Apparate, Batterien, Materialien, Schaltgn. etc. gr. 8. (XII, 226 S. m. Abbildgn. u. 4 Taf.) Leipzig 902. H. Buschmann. n. 3. —; geb. n. 3. 50

Esche, Frdr., der prakt. Installateur elektr. Haustelegraphen u. Telephone. Eine Anleitg. zur Einrichtg. u. Reparatur elekt. Haustelegraphen- u. Haustelephonanlagen jeder Art, nebst Beschreibg. der f. die Anlagen in Anwendg. komm. Apparate, Batterien, Materialien, Schaltgn. usw. 2. verm. u. verb. Aufl. (XI, 229 S. m. 231 Abb. u. 7 Taf.) 8. Leipzig 907. Hachmeister & Thal. 3.—; geb. in Leinw. 3. 60

Esche, Gustavus *(geb. Laskowitz bei Ohlau 3.9.1817)*: Specimen quoddam singulare atresiae intestini tenuis connatae. Vratislaviae (1846). (20 S., 1 Taf.) 8°

Breslau, Med. Diss. v. 29. Jan. 1846

Esche, Julius (Limbach) De veratriae effectibus in corpus animale. Diss. med. Lpz. (Fr. Rückmann) 4. XI. 1836. 43 S. (4.60) 8248

Esche, L., e. Stammes. Erzählung aus Westphalen. Mit e. Titelbild (Holzschntaf.) v. H. Bürkner. 8. (292 S.) Halle 874. Gesenius. n. 4. 50; geb. n.n. 5. 70

Esche, Louise, Hans Dellforst. 8. (122 S.) M.-Gladbach 879. Schellmann. 1. 80; geb. n. 3. —

Esche, Luise, Erzählungen für den Sylvesterabend, s. Wildermuth, O.

Esche, Louise, aus der Frauen- und Märchenwelt. Barmen 859. Langewiesche. (VIII. 165 S.) n. 18 ngr. — 2. Aufl. Mit Titelbild von Paul Thumann (in Holzschn.) Hamm 865. Grote. 16. (VII, 130 S.) 18 ngr.; geb. 27 ngr.

Gelegenheits-Gedichte. Ebend. 865. 16. (VII, 115 S.) 15 ngr.

— Gelegenheits-Gedichte. 12. (VII, 115 S.) Erfurt 881. Bartholomäus. — 75

Esche, Louise, Gelegenheits-Gedichte. 2. Aufl. 12. (VII, 114 S.) Erfurt 896. F. Bartholomäus. — 75

—— kleine Gratulanten und Komödianten. Gratulationsgedichte und kleine Aufführungen. 12. (VI, 150 S.) M. Gladbach 883, Schellmann. *

Haiderose. Eine Erzählung aus dem Frauenleben. Illustrirt von J. B. Sonderland. Barmen 864. W. R. Langewiesche jun. 16. (2 Bl., 153 S. u. 6 Holzschn.) n. 1 ℛ𝓅; geb. n. 1 ℛ𝓅 10 ngr.

Esche, Louise, Margareth. Erzählung. Barmen 860. Langewiesche. (91 S.) 16 ngr. — 2. Aufl. Mit Titelbild von Paul Thumann (in Holzschn.). Hamm 865. Grote. 16. (86 S.) 15 ngr.; geb. 25 ngr.

Esche, Viktor W.

Esche, V. W., s.: Aus den Sachsenlanden.

Esche, Victor (Hrsg.), s. Rundschau, Dresdener.

Esche, Viktor W. (Hrsg.), s. Sachsenlanden, Aus den.

Esche, V. W., aus d. Wunderlande d. Palmen. Skizzen. gr. 8. (IV, 257 S. m. Abb.) Dresden 896. Dresdener Verlagsanstalt V. W. Esche. n. 3.—; geb. n.n. 4.50

Eschebach, Aug., praktische Anweisung dem Mahagony-, Polysander-, Nuß-, Birken-, Ahorn-, Elsen- u. Eichen-Holz eine beliebige dunkle Färbung zu geben vermittelst einer wohlfeilen chemischen Beize 2c. Für Tischler, Drechsler, Bildhauer und Stockfabrikanten. Berlin 861. Eschebach's Selbstverlag. 8. (5 S.) n. 5 ngr.

—— aus der Buchbinderwerkstatt. Gedichte. gr. 16. (IV und 102 S.) Berlin 861, Eschebach's Selbstverlag. *

Eschebach, Aug., aus der Buchbinderwerkstatt. Gedichte. Berlin 870. (Loewenstein.) 16. (IV, 102 S.) n. 7½ ngr.

—— Gebrauchs-Anweisung zu einer neuen praktischen Blattvergoldekunst. 11., verb. und verm. Aufl. 8. (15 S.) Berlin 861, Eschebach's Selbstverlag. **

Eschebach, Erich, aus Rosslau a. Elbe: Die Beziehungen der niedersächsischen Städte (zwischen Magdeburg, Hildesheim und Erfurt) zur deutschen Hanse bis 1477 und 1478. *Halle a. S. 1901: C. A. Kaemmerer & Co.* (131 S.) 8°
Halle, Phil. Diss. v. 1901

Eschelbach, Hans, der Abtrünnige. Drama in 3 Akten. (158 S.) 8. Ravensburg (909). F. Alber. 1.80; geb. 2.40

Eschelbach, Hans, Antiochus, s.: Dilettantenbühne, katholische.

— Die Armen u. Elenden. Erzählungen. (III, 336 S.) 8. Paderborn (909). F. Schöningh. 4.—; geb. in Leinw. 5.—

Eschelbach, H., Ueber die poetischen Bearbeitungen der Sage vom ewigen Juden. Litt. Stud. Baden-Baden. Weber 1896.

— üb. d. poet. Bearbeitgn. d. Sage v. ewigen Juden. Litterarhistor. Studie. [Aus: „Dichterstimmen d. Gegenwart".] gr. 8. (24 S.) Baden-Baden 897. P. Weber. n. 1.—

Eschelbach, Hans, Professor Berger. Drama in 3 Akten. (133 S.) 8. Paderborn 904. Junfermann. n. 2.—

Eschelbach, Hans. Drei dramatische Bibelscenen. 12. (24 S.) Bonn 889, Hauptmann. * — 20

— leb. Bilder zu relig. Festen, s.: Theater, kleines.

Eschelbach, Hans, Erzählungen. Mit Bildern v. A. Sieberath, J. Schönbrunner, J. van Taak u. R. Ruckstäschl, hrsg. v. der deutschen Literatur-Gesellschaft. 8. (X, 391 S.) München (902). Allgemeine Verlags-Gesellschaft. n. 4.—; geb. n. 5.—

Ⓑ — Erzählungen. 902. (ABV 31.) Jetzt: Bonn, A. Ahn.

— dasselbe. s.a. Jugend- u. Volksschriften, neue. 3. Bd.

Erzählungen von Hans Eschelbach. Mit Bildern von A. Sieberach [u. a.]. 3. bis 5. Taus. Berlin, Köln, Leipzig: A. Ahn 1908. (350 S.) 8° [F.]
— Jugend- u. Volksschriften, Neue. Bd 3.

— Gelegenheits-Gedichte, s.: Dilettantenbühne, katholische.

Neue Gelegenheitsgedichte von Hans Eschelbach. Cöln: Ahn [1909]. 82 S. 8°

Eschelbach, Hans: In die Kaserne mit der Frau! Anregungen. — Berlin, Cöln, Leipzig: Ahn [1905.] 12 S. 8°

— in die Kaserne m. der Frau! Anregungen. (34 S.) 8. Köln (905). A. Ahn. n. — 50

— Künstler u. Herrenkind, s.: Roman- u. Novellen-Schatz. 2. Jahrg. I.

Liebe erlöst. Novelle von Hans Eschelbach. Berlin, Köln, Leipzig: A. Ahn [1904]. (152 S.) 8° [F.]

Die beiden Merks. Eine Schulgeschichte von Hans Eschelbach. *Berlin, Köln, Leipzig: A. Ahn [1903].* (90 S.) 8° [F.]

Die beiden Merks. Eine Schulgeschichte von Hans Eschelbach. 3. bis 6. Taus. *Berlin, Köln, Leipzig: A. Ahn [1903].* (90 S.) 8° [F.]

— die beiden Merks. Eine Schulgeschichte. 1.—6. Taus. (90 S.) 8. Ebd. (903). n. 1.—

Die beiden Merks. Eine Schulgeschichte von Hans Eschelbach. 7. bis 10. Taus. Berlin, Köln, Leipzig: A. Ahn [1908]. (97 S.) 8° [F.]

— modern! Drama in 5 Akten. 8. (105 S.) Köln 895. P. Neubner. n. 1.—

Im Moor. Novelle von Hans Eschelbach. *Berlin, Köln, Leipzig: A. Ahn [1903].* (151 S.) 8° [F.]

— Naturbilder aus allen Zonen, s.a. Für Mußestunden.

— Naturbilder a. allen Zonen. gr. 8. (141 S. m. Abb.) Münster 895. A. Russell. n. 2.—; geb. in Leinw. n. 2.60

Eschelbach, Hans, der Niedergang des Volksgesanges. Ein ernstes Mahnwort. Lex.-8. (14 S.) Neuwied (901). Heuser's Verl. — 60

Rettet das Volkslied! Von Hans Eschelbach. *Berlin: Boll & Pickardt 1901.* (30 S.) 8° [F.]

Maria Rex. Roman von Hans Eschelbach. Cöln, Berlin, Leipzig, Paris: Ahn [1910]. 340 S. 8°

— Maria Rex. Roman. (340 S.) 8. Cöln (910). Bonn, A. Ahn. 3.—; geb. 4.—

— Sommersänge. Gedichte. 12. (VIII, 171 S.) Paderborn 900. F. Schöningh. n. 2.40; geb. n. 3.60

— Sommersänge. Gedichte. 2., verm. Aufl. (VII, 168 S.) 8. Paderborn 906. F. Schöningh. n. 2.80; geb. n. 4.—

— Sommersänge. Gedichte. 3. Aufl. (VII, 168 S.) 8. Paderborn 908. F. Schöningh. 2.80; geb. 4.—

Das Tier. Roman von Hans Eschelbach. Berlin, Köln, Leipzig: A. Ahn 1908. (303 S.) 8° [F.]

— Das Tier. Roman. (303 S.) 8. Köln 908. Bonn, A. Ahn. 3.—; geb. 4.—

Eschelbach, Hans, Veritas, s.: Theater, kleines.

Der Volksverächter. Roman von Hans Eschelbach. Berlin, Köln, Leipzig: A. Ahn 1906. (680 S.) 8° [F.]

— der Volksverächter. Roman. (VII, 680 S.) 8. Köln 906. A. Ahn. n. 5.—; geb. n. 6.—

— leichte Vorträge in Poesie u. Prosa, s.a. Theater, kleines.

Leichte Vorträge in Poesie und Prosa. Gesammelt von Hans Eschelbach. 2. Aufl. Bd 1. *Paderborn: B. Kleine 1898.* 8° [F.]
— Theater, Kleines. 226.

— Der Wald u. seine Bewohner, s.a. Für Mußestunden.

— d. Wald u. s. Bewohner. gr. 8. (144 S. m. Abb.) Münster 895. A. Russell. n. 2.—; geb. in Leinw. n. 2. 60

Der Wasserkopf. Leidensgeschichte e. Kindes. Von Hans Eschelbach. Mit d. Bilde d. Verf. *Berlin, Köln, Leipzig: A. Ahn [1904].* (100 S.) 8° [F.]

— Wildbruchs. 2., verm. Aufl. 8. (VIII, 139 S. m. Bildn.) Köln (894). P. Neubner. Geb. in Leinw. m. Goldschn. n. 3.—

— Wildwuchs. Gedichte. 4. verm. Aufl. 12. (XI, 178 S.) Paderborn 901. F. Schöningh. n. 2. 40; geb. m. Goldschn. n. 3. 60

— Wildwuchs. Gedichte. 5. verm. Aufl. (XI, 190 S.) 8. Paderborn 906. F. Schöningh. n. 2. 80; geb. n. 4.—

— Wildwuchs. Gedichte. 6. Aufl. (XI, 190 S.) 8. Paderborn 909. F. Schöningh. 2.80; geb. in Leinw. 4.—

v. Eschelbach, Wolfram, s. Eschenbach.

Eschelbacher, Jos., das Judentum im Urteile d. modernen protestant. Theologie, s.a. Schriften, hrsg. v. der Gesellschaft zur Förderg. d. Wissenschaft d. Judentums.

Das Judentum im Urteile der modernen protestantischen Theologie. Ein erweit. Vortrag von Rabbiner Dr. Joseph **Eschelbacher**. Leipzig: G. Fock 1907. (64 S.) 8°
— Schriften hrsg. von d. Gesellschaft z. Förderung d. Wissenschaft d. Judentums. [5.]

— Das Judentum u. d. Wesen d. Christentums, s.a. Schriften, hrsg. v. der Gesellschaft zur Förderg. der Wissenschaft des Judentums in Berlin.

Eschelbacher, Jos., das Judentum u. das Wesen des Christentums. Vergleichende Studien. (Schriften, hrsg. v. der Gesellschaft zur Förderg. der Wissenschaft des Judentums in Berlin.) (VIII, 172 S.) gr. 8. Berlin 905. M. Poppelauer. n. 2. 50; geb. n. 3.—

Das Judentum und das Wesen des Christentums. Vergleichende Studien von Rabbiner Dr. Joseph **Eschelbacher**. 2. Aufl. Berlin: M. Poppelauer 1908. (XI, 170 S.) 8° [F.]
— Schriften d. Gesellschaft z. Förderung d. Wissenschaft d. Judentums. [2.]

Eschelbacher, J., zwei Reden über den Talmud, in der Synagoge in Bruchsal geh. gr. 8. (47 S.) Trier 892. S. Mayer. —75

Michael Sachs. Vortrag von Rabbiner Dr. Josef **Eschelbacher**. Festschrift z. Feier d. 100. Geburtstages von Michael Sachs 1908, überreicht v. Vorstand d. jüd. Gemeinde zu Berlin. Berlin 1908: (A. Alkalay & Sohn, Preßburg). (63 S.) 8°

— Michael Sachs. Vortrag. Festschrift zur Feier des 100. Geburtstages v. Michael Sachs am 7. IX. 1908, überreicht v. Vorstand der jüd. Gemeinde zu Berlin. (63 S.) gr. 8. Berlin 908. (M. Poppelauer.) 1.—

Eschelbacher, Ios[eph] • Versuch einer Geschichte der israelitischen Stämme, mit besondrer Berücksichtigung der im Segen Jakobs, im Segen Mosis und in dem Liede der Debora über dieselben enthaltenen Angaben. Th. 1 (Einleitung. Geschichte der Stämme Ruben, Simon, Levi, Juda). XXII, 162 S. 8° (4°)
Halle-Wittenberg, Phil. Diss. v. 28. April 1873
Geb. [Hainstadt (Baden) 12. 9. 1848]

Eschelbacher, Max: Das Recht auf die Gesellschafts-Einlagen. *(Berlin [1902]: M. Weinberg & Co.)* (32 S.) 8°
Rostock, Jur. Diss. v. [15. Mai] 1902

Eschels, Jens, Jak., s.a. Lebensbeschreibung e. alten Seemanns.

Lebensbeschreibung eines alten Seemannes, von ihm selbst und zunächst für seine Familie geschrieben. ([Verf.:] Jens Jacob Eschels.) — Altona 1835: Hammerich u. Lesser. XVI, 408 S. 8°

ESCHELS-KROON, AD., Beschreibung der Insel Sumatra, besonders in Ansehung des Handels und der dahin gehörigen Merkwürdigkeiten. Nebst einer neuen Original-Charte. Herausgeg. mit einer Vorrede von Gottl. Bened. v. Schirach. Hamburg. 1781.

Eschelskroon, Adlf., († d. 18. Oct. 1793.) Beschreib. d. Insel Sumatra, mit e. Vorrede v. G. B. Schirach. Mit 1 Karte. 8. Hamb. 781. (Campe). 12 gr.

Eschels-Kroon, A., Beschreibung der Insel Sumatra. gr. 8. Ist jetzt Verlag von Hoffmann und Campe in Hamburg und der Preis

Beschreibung des im Kreise Eckernförde belegenen adeligen Guts Eschelsmark. (Kiel. 1908.) Fol.

Eschen, Allerlei aus d. guten alten Zeit, s.: Vorträge, 5, geh. i. Rüstringer Heimathsbund.

Eschen, A., Beiträge zur Geschichte der Kirche u. Gemeinde zu Strückhausen. 8. (IV, 156 S.) Oldenburg 884. Hintzen. n. 2. 50

Eschen, Fr. Aug., († d. 7. Aug. 1800.), s. Horaz, lyr. Gedichte.

Eschen, M. v. [Pseud.], s. Eschstruth, Mathilde v.

ESCHEN, R. WAITZ VON. Ueber die chemische Constitution der Oberlausitzer Granite. Göttingen, 1863.

Eschenauer, Peter [app. Arzt aus Wirges (Nassau)]: Ein Fremdkörper im Sehnerven. . . . München, Buchdr. v. M. Ernst, 1891; 30 S. 8°
München, Med. Fak., Inaug.-Diss. v. 1891

Eschenauer, Richard, approb. Arzt aus Wirges (Nassau): Aus d. Universitäts-Augenklinik zu Gießen. Über die Unfallverletzungen des Auges im landwirtschaftlichen Betrieb. *Gießen 1903: v. Münchow.* (38 S.) 8°
Gießen, Med. Diss. v. 1903

Eschenbach, gez. 1826. grav. 1828. V. R. St. K. 1:2,500. 1 Bl.

Eschenbach, v., Sammlung neuester Polterabendscherze u. Kranzreden in hochdeutscher u. plattdeutscher Mundart. gr. 8. (VI, 246 S.) Wismar 872. Hinstorff. 2.—

Eschenbach: Stempel- und Wechselfragen im Genossenschaftswesen. Stettin 1897.

Eschenbach, A., zur Börsenreform. Lex.-8. Berlin 892. Puttkammer & Mühlbrecht. n. 1. 60

1. Termingeschäft u. Börsenreform. Vortrag, geh. in d. ökonom. Gesellschaft im Königr. Sachsen zu Dresden, am 29. Jan. 1892. — 2. Das Produktentermingeschäft u. seine Reform. Gutachten, erstattet dem deutschen Landwirthschaftsrath. Anh.: Der Fragebogen der Enquete-Kommission. (IV, 56 S.)

— das neue Börsensteuer-Gesetz vom 27. Apr. 1894 (Gesetz üb. die Reichsstempelabgaben). Textausg. m. Ausführungsvorschriften, Einleitg., Erläutergn., Tabellen u. Sachregister. Unter Benutzg. der amtl. Materialien f. den prakt. Gebrauch hrsg. 12. (84 S.) Berlin 894. Haude & Spener. Kart. n. 1. —

Eschenbach, A. Brausteuererhöhung und Genossenschaftsbrauereien. (Sonderabdruck aus den Grenzboten.) Leipzig 1906.

Eschenbach, [A.]: Landwirtschaftliche Provinzial-Genossenschaftskasse für Brandenburg e. G. m. b. H. zu Berlin. Denkschrift betreffend die Mitwirkung des landwirtschaftlichen Genossenschaftswesens bei der Entschuldungsfrage. Mit 4 Anl. o. O. u. J. 4°

Eschenbach, A., Denkschrift betr. d. Terminhandel in Kammzug, s. Entwickelg. u. volkswirthschaftl.-jurist. Bedeutg. J. Auftr. u. n. d. Archiv d. z. Zweck d. Bekämpfg. d. Terminhandels in Kammzug geschloss. Vereinigg. deutscher, österr., schweizer. u. russ. Kammgarnspinnereien, sow. i. Auftr. weit. Kreise d. Woll- u. Kammzughandels, d. Webereien u. Tuchfabrikanten ausgearb. gr. 4. (II, 22 u. 2 S. m. 1 graph. Taf.) Berlin 894. (J. Springer.) n. 1. —

— d. Dringlichkeit d. Börsenreform, bes. unt. d. Gesichtspunkte d. deutschen Landwirtschaft. Vortrag, geh. in d. ökonom. Gesellschaft i. Königr. Sachsen, Dresden, am 14. Dzbr. 1894. gr. 8. (23 S.) Dresden 895. G. Schönfeld. n. — 40

— Erbrechtsreform u. Erbschaftssteuer. Ein Beitrag zum bürgerl. Gesetzbuch u. zur Steuerreform. Mit Benutzg. amtl. Materialien. gr. 8. (VII, 104 S.) Berlin 891. C. Heymanns Verl. n. 2. —

Eschenbach, s. a. Erfahrungen, genossenschaftliche.

Genossenschaftliche Erfahrungen. Zugleich Geschäftsbericht d. Landwirtschaftl. Provinzial-Genossenschaftskasse f. d. Mark Brandenburg u. d. Niederlausitz e. G. m. b. H. (1.) Für d. J. 1902. Erstattet vom Dir., Rechtsanw. [A.] Eschenbach. *Berlin: J. Guttentag 1903.* (21 S.) 4° [Fr.]
[03. 11489]

— d. Fondsbörse u. ihre hauptsächl. Beziehgn. z. Landwirthschaft. Vortrag, geh. auf d. 18. General-Versammlg. d. landwirthschaftl. Provinzial-Vereins f. d. Mark Brandenburg u. d. Niederlausitz zu Frankfurt a. O. am 16. Novbr. 1894. gr. 8. (16 S.) Prenzlau 894. A. Mieck. — 60

— Die Fondsbörse u. ihre hauptsächlichsten Beziehungen zur Landwirthschaft. Vortrag. Prenzlau 895.

Eschenbach, A., die finanzielle Frage des Erbbaurechts, s.: Streitfragen, soziale. 11. Hft.

Eschenbach, A., die Lehren d. Bergwerksstrikes vom Mai 1889. Mit 12 Aktenstücken. 8. (76 S.) Berlin 889. Puttkammer & Mühlbrecht. n. 1. —

— dasselbe. 2. [erweit.] Aufl. Mit 16 Aktenstücken. 8. (87 S.) Ebd. 889. n. 1. 20

Eschenbach: Zur Revision des Börsengesetzes. Berlin 1904.
(S.-A. a.: Preußische Jahrbücher. Bd 116, H. 1.)

— Termingeschäft u. Börsenreform. Vortrag. [Aus: „Mittheilgn. d. Oekonom. Gesellsch. im Königr. Sachsen“.] gr. 8. (23 S.) Dresden 892. G. Schönfeld's Verl. n. — 60

Welche Maßnahmen sind erforderlich, um der Landwirthschaft einen billigen Personal-Kredit zuzuführen – unter besond. Berücks. d. Lombard-Kredits. Referat geh. 1898 in d. 23. Gen.-Versammlung d. Vereinig. d. Steuer- u. Wirtsch.-Reformer von [A.] Eschenbach-Berlin, Rechtsanw., u. [Wilhelm] v. Kardorff-Wabnitz. Berlin: Vereinig. d. Steuer- u. Wirtsch.-Reformer 1898. (19 S.) 8° [Fr.] 07. 13040 2

Eschenbach, A. C., Betracht. des Endes. 8. Nrnb. Stein. 729.

Eschenbachii, Dissertationes academicae. Norib. 729. 8.

Eschenbachii, A. C., Epigenes de poesi Orphica. Norimb. 702. 4. zu 1 rthl. 4 gr.

— Handleiter zum wahr. Christenth. üb. d. Evangelia. 4. Ebend. 712.

Eschenbach, Christian Ehrenfried

— Anfangsgründe der Chirurgie. m. K. 8. Ebendas. 746.

Eschenbach, Ch. E., Diss. phil. anima non corpore notior. Rost. 4°. 1754

— Bedenken von d. Schädlichkeit d. Mutterkorns u. von den Mitteln zur Rettung d. Ertrunkenen. 8. Rostock 771. Stiller. 4 gl.

C[hristian] E[hrenfried] Eschenbachs [Eschenbach] Gegründeter Bericht von dem Erfolg der Operationen des englischen Okulisten Ritter Taylors, in verschiedenen Städten Teutschlands bes. in Rostok. Rostok: Koppe 1752. 223 S. 8°

— Bericht von dem Erfolg d. Operationen d. engl. oculistischen Ritt. Taylor in Deutschland. 8. Rostock 752. Stiller. 5 gl.

Eschenbach, Christian Ehrenfried: Anatomische Beschreibung des menschlichen Körpers. 1066 S., gbd., Abb.

Rostock: Koppe 1750

JB 672

Eschenbach, Chr. Ehrh., († d. 23. Mai 1788.) anatom. Beschreibung d. menschl. Körpers. 2 Thle, mit Kpf. 8. Rostock 750. Stiller. 1 ₰

Chr. Ehrenfr. Eschenbach progr. de piscina Bethesda. Rostoch. 1769. 4. — *Redit in* Ejusd. Script. med. bibl. pag. 60 sq.

— Chirurgie, mit Kpf. 8. Rostock 754. Stiller. 16 gl.

—, De communicatione idearum. Rost. 4°. 1769

Eschenbach, C. E., De dolore seu morbo. Rost. 4°. 1772

Eschenbach, C. E., de effluxu sanguinis et aquae e latere Christi perfosso, miraculi defectu non laborante. Rost. 1775. 4.

Chr. Ehrenfr. Eschenbach progr. de affluxu sanguinis et aquae e latere Christi perfosso, miraculi defectu non laborante. Rostoch. 1775. 4. *Redit in* Ejusd. Script. med. bibl. pag. 82 sq.

— Grundlage zum Unterr. e. Hebamme. 8. Rostock 765. 2e A. 8. Ebd. 767. Stiller. 6 gl.

Christ[ian] Ehr[enfried] Eschenbachs [Eschenbach] Grundlage zum Unterricht einer Hebamme. 2., verm. Aufl. Rostock & Leipzig: Koppische Buchh. 1767. 160 S. 8°

Chr. Ehrenfr. Eschenbach progr. de lepra Judaeorum. Rostoch. 1774. 4. — *Redit in* Ejusd. Script. med. bibl. pag. 17 — 41.

— Mathematik. 1r Thl. d. Arithmetik. gr. 8. Rostock 761. (Enobloch in Leipz.) 16 gl.

Eschenbach, Chr. E., Mathematik. 1r Bd. gr. 8. 761. Sonst Röse in Greifsw. jetzt Enobloch in Leipzig.

Eschenbach, Christian Ehrenfried: Medicina legalis, brevissima comprehensa thesibus. Editio altera, priori emendatior. 212 S., gbd.

Rostochii: Kopp 1775

JB 5.259

— medicina legalis. 8. Rost. Stiller. 775.

— medicina legalis. 8. Rostock 776. Stiller. 5 gr

Eschenbach, Pr. de morbis supernaturalibus. Rost. 4°. Scripta med. bibl. n. 3.

1767

Eschenbach, Christian Ehrenfried: Observata anatomico-chirurgico-medica rariora. Editio altera, priori longe auctior. 448 S., gbd., 3 Taf.

Rostochii: Kopp 1769

JB 615

— observat. quaedam anatom.-chirurg.-medicae rar., cum fig. 4. Rostock 753. Edit. auct. 8. ibid. 769. Stiller. 20 gr

Chr. Ehrenfr. Eschenbach progr. de obsessis tempore Salvatoris obvenientibus. Rostoch. 1778. 4. — *Redit in* Ejusd. Script. med. bibl. pag. 41.

Chr. Ehrenfried Eschenbach progr. de gemellorum partu, Genes. XXXVIII. v. 27 — 30. Rostoch. 1771. 4. — *Redit in* Ejusd. Script. med. bibl. pag. 1 sq.

— quaestio, estne matheseos usus adeo universalis negativam proponens. 4. Rostock 761. (Cnobloch in Lpz.) 12 gr

Quaestionis: Estne matheseos usus adeo universalis negativam proponens Commentatio. Aut. Chr[istian] Ehr[enfried] Eschenbach. Rostochii 1761: Röse. 171 S. 8

— scripta medico-biblica. 8. Rostock 779. Stiller. 5 gr

Chr. Ehrenfr. Eschenbach progr. de sudore Christi sanguineo. Rostoch. 1766. 4. — *Redit in* Ejusd. Script. med. bibl. pag. 73 sq.

Chr. Ehrenfr. Eschenbach progr. de verbis Hebr. 13, v. 10 sq. medice consideratis. Rostoch. 1763. 4.

Chr. Ehrenfried Eschenbach progr. de verbis Jesaiae LIII. v. 10. medice consideratis. Rostoch. 1763. 12.

— **Christian Gotthold,** De glandularum mesaraicarum in chylum actione praefatus viro Johann Paul Langguth (Suhl) medic. baccal. summos in arte salutari honores nomine societ. disput. sub praes. Johann Christoph Pohl gratul. Lpz. (Walther) 16. III. 1777. 4 Bl. (3.50) 8251

— s. Auswahl d. besten Aufsätze f. Wundärzte.

— verm. medicin. u. chirurg. Bemerkk. über Krankheiten d. Brust u. d. Unterleibes. 3 Thle. gr. 8. Leipz. 784—86. Weygand. 2 rthl

— s. Boreux, Abbild. u. Beschreib.

— s. A. Brugmann, philosoph. Versuche.

— — De quibusdam auri calcibus et salibus mercurialibus observat. Lpz. (Klaubarth) 11. VI. 1785. 18 S. (3.80) 8256

— s. Crawford, Versuche.

Eschenbach, Christian Gotthold [Praes.], s. Demiani, Johann Gottlob Wilhelm: De equitationis usu medico.

— s. Duncan, Apothekerbuch.

— — Noxios quosdam neglecti corporis motus effectus recens. simulque viro Christian Friedrich Schubert doctoris in medic. grad. nomine collegii practici sub auspiciis viri Carl Christian Kraus gratul. Lpz. (Sommer) 5. III. 1779. 8 S. (3.—) 8253

Eschenbach, Christian Gotthold [Praes.], s. Engler, Ernst August: Amauroseos nosologiam et therapiam.

— — u. **Johann Christian August Heinroth,** Ammoniacae therapeuticis usibus recte accommodandae exempla quaedam et praecepta. Spec. med. Lpz. (Breitkopf & Härtel) 28. III. 1797. 32 S. (4.80) 8257

Eschenbach, Chr. Gotthold, (†...) ammoniacae therapeut. usibus etc. praecepta quaed. 4. Leipz. 797. Schmidt. 4 gr

— — u. **Carl Gottlob Kuehn,** De extractis vegetabilium Garayanis. Diss. phys.-chemica. Tl. I. Lpz. (Sommer) 25. IX. 1779. 32 S. (4.80) 8254
Gew.: Christ. Ehrenfried Eschenbach (Rostock).

— s. Fourcroy, System.

— s. B. Franklin'sche Oefen.

— s.a. Kunst-Magazin d. Mechanik.

• Eschenbach, Chr. G., Kunstmagazin d. Mechanik und technischen Chemie, od. Samml. v. Abbildungen u. Beschreib. erprobter Maschinen z. Vervollkommnung d. Ackerbaues, d. Manufakturen u. Fabriken. Mit Kupf. Ir 1—4. IIr 1—4. gr. 8. Leipz. Hinrichs. 802. (jed. Heft 1 Rthlr. 16 gr.)

— Kunst-Magazin der Mechanik und technischen Chemie od. Samml. v. Abbild. und Beschr. erprobter Maschinen zur Vervollkommnung d. Ackerbaues, der Manufakturen und Fabriken. m. K. 1r Bd. 1s bis 5s H. u. 2r Bd. 1s und 2s H. gr. 4. Lpz. Hinrichs. 802—7. (à 1 Rthlr. 16 gr.)

Monographiae de Labio leporino specimen 1. Lipsiae (1825:) Staritz. 8

Specimen 1: [Resp.:] Carolus Gottlob Franz. (1825)

Leipzig, Med. Diss. v. 29. März 1825

— s. de Lametherie, Theorie.

— — De liquoribus salinis officinarum eorumque medicis virtutibus. Spec. med. Lpz. (Klaubarth) 20. VI. 1783. 28 S. (4.60) 8255

Eschenbach, C. G., s. Ludwig, Chrn. Frdr.: Entwurf einer ökonomischen Zoologie

De Metastasibus inprimis lacteis. [Resp.:] Christianus Gottlieb Nitschel. Lipsiae (1798:) Bueschel. 34 S. 8

Leipzig, Med. Diss. v. 30. März 1798

— neue Methode, leinenes u. baumwollenes Zeug auf d. wohlfeilste, schnellste u. vollkommenste Art zu waschen. Mit 8 Kpf. gr. 8. Leipz. 806. Hinrichs. 1 rthl 12 gr (vergl. O'Reilly, Bleichkunst. Nachtr.)

Rhachitidis congenitae Observationes. [Resp.:] Christophorus Fridericus Sartorius [+ 1798]. Lipsiae (1826:) Staritz. 30 S. 4

Leipzig, Med. Diss. v. 21. Juli 1826

— s. Perrin-Parnajon, Handbuch.

— s. Person, Beschreibung.

— s. J. G. Peschel, Anleitung.

Eschenbach, Christian Gotthold (Übers.):

s.: Londner Apothekerbuch. (Pharmacopoea Collegii Regalis Medicorum Londinensis. Dt.) Leipzig: 1789

JB 1.649

— s. Priestley, Naturlehre.

— s. O'Reilly, Kunst zu bleichen.

— Diss. ... de reversione ..., s. Eschenbach, Hieronymus Christoph Wilhelm

— — (Leipzig), Viro Christian Gottlob Demiani summos in arte medendi honores gratul. collegii examin. sub auspiciis Ernst Gottlob Bose. — Spermatis ad sanguinem regressus negatur. Lpz. (Langenheim) 27. VI. 1777. 12 S. (3.50) 8252

De Typho eiusque praecipuis formis. [Resp.:] Joannes Augustus Erngstus Aehle. Lipsiae (1812:) Richter. 30 S. 8°

Leipzig, Med. Diss. v. 8. Mai 1812

— s. Tingry, neues Handbuch.

* Philosophische Versuche über die magnetische Materie und deren Würkung in Eisen und Magnet mit Verbesserungen und Zusätzen des Verfassers, durch D. *C. G. Eschenbach*. Leipz. 8. 20½ Bogen. 1784.

— s.a. Wässerungsmethode.

— Wässerungsmethode. m. K. gr. 4. Leipz. Hinrichs. 807.

— Christian Gottlieb Wolffgang (Leipzig), De actione depositi adversus tertium possessorem. Präs. Christian Rau. Lpz. (Langenheim) 24. IV. 1775. 16 S. mit Widm. v. Präs. (4.—) 8258

Eschenbach, Ernst, s.: Kalender f. d. bayer. Bahnmeister.

— Übersicht des bautechnischen Personals der kgl. bayr. Staatseisenbahnen nach dem Stande vom I. IX. 1904. Zusammengestellt nach amtl. Quellen. (V. u. A. Bl. der K. b. V. A.). Beilage zum „Kalender f. bayer. Eisenbahntechniker". (36 S.) kl. 8. Nürnberg (905). M. Edelmann. n. 1.—; f. Abnehmer des Kalenders n. —60

— der Wegebau unter besond. Berücksicht. der Trassirungsarbeiten. 12. (48 S. m. 4 Taf.) Nürnberg 900. (M. Edelmann.) n. 2.50

Eschenbach, Friedrich Heinrich

— — De emendando processu meditationes. Präs. Carl Ferdinand Hommel. Lpz. (Langenheim) Sept. 1768. 38 S. (4.50) 8260
Gewidm.: Jacob Heinrich Born (Wildenhayn, Suksdorf).

— Friedrich Heinrich (Leipzig), Utrum testamentum importunis sollicitationibus factum valeat. Diss. jur. Präs. Friedr. Gottlieb Zoller. Leipzig (Breitkopf) 12. II. 1768. 12 S. (3.50) 8259

Eschenbach, Georg *Friedrich Wilhelm* [aus Zanow in Pomm.]: Über das 4,5-Diphenyl-oktan-2,7-dion. E. Beitr. z. Kenntnis d. Reduktion ungesättigter Ketone ... Berlin, Buchdr. v. G. Schade, *1896;* 41 S., 1 Bl. 8.
Berlin, Phil. Fak., Inaug.-Diss. v. 8. Aug. 1896

Eschenbach, Herm. (geb. Bunzlau 27. 5. 1833): De germinibus humanis mutuaque eorum relatione. Berolini (1857). (29 S.) 8°
Berlin, Med. Diss. v. 3. Apr. 1857

Eschenbach, Hieronymus Christoph Wilhelm

— s. W. v. Barneveld, Elektricität.

Eschenbach, Hier. Cph. Wlh., († d. 7. März 1797.) Beschreib. u. Gebrauch d. Funkischen Erdkörpers, oder d. Erde nach ihren verschied. Zonen auf e. von d. Kugelgestalt wenig abweichenden Körper vorgestellt. 8. Berl. 789. (Maurers B.) 8 gl. (vergl. Beschreibung.)

— s. R. J. Boscovich, Astronomie.

— s. J. Cuthberson, Abhandl.
Dessen Beschreib. e. Elektrisirmaschine.

— s. Mart. Marum, Beschreib. e. Elektrisirmaschine.

— s. J. Meermann, Gesch. d. Grafen v. Holland.
Dessen Reisen d. Großbritannien.

— s. Mart. Müller II., Versuch rc.

— — Viro Christian Gottlieb Haubold summos in utr. jure honores amicorum nomine gratul. — Inest resolutio problematis geographici, quomodo, si datur objecti, duobus e locis dissitis visi, distantia a superficie terrae, alteriusque loci situs, determinari possit loci alterius et puncti, in cujus vertice fuit objectum, positio. Lpz. (Breitkopf) 10. VII. 1788. 34 S. mit Namen d. Gratulanten. (4.—) 8262

— — u. (Respond.) **Johann Michael Pflug** (Jüterbog), De serierum reversione formulis analyticocombinatoriis exhibita. Spec. philos. Lpz. (Breitkopf) 30. V. 1789. 36 S. (4.80) 8263

— Diss. de serierum reversione, formulis analytico-combinatoriis exhibita. 4. Leipz. 789. Müller. (Joachim). 8 gl.

— **Hieronymus Christoph Wilhelm,** Ad fratrem Christian Gotthold Eschenbach epistola. — Inest in locum Kaestnerianum de multipli angulorum tangentibus commentatio. Lpz. (Breitkopf) 1785. 20 S. (4.—) 8261

Ad fratrem *Ch. Ghld. Eschenbach* — epistola Hi. *Cp. W. Eschenbach*. Inest in locum *Kaestnerianum* de multupli angulorum tangentibus commentatio. Leipzig, auf Kosten des Verfass. und in Commission bey Schwickert. 4. 20 Seiten. 1785.

Eschenbach, Johann Christian

— Abhandl. d. Gen. Inquisition 1r Bd. s. Meister peinl. Prozeß, 6r Bd.

— Abhandl. vom Begriffe d. General-Inquisition. 4. Bützow 789. 1r Thl. N. Aufl. Schwerin 795. Böbner. 8 gl.

Eschenbach, J. Chr.: Vom Begriff der General-Inquisition. *Rostock*. 789. 8.

Eschenbach, Jh. Chr. II., († d. 12. Aug. 1823.) Annalen d. Rostockschen Academie von 1790 — 96. 7 Bde. 8. Rostock 796 u. 97. Stiller. 14 gl. 8r — 13r u. letzter Bd. 8. Ebd. 798—807.

— Beitrr. zum Mecklenburg. Rechte. 1s, 2s Heft. 8. Rostock 811, 12.

— commentationes juridicae. Vol. I. 8. Rostock 788. Koppe. 3 gl. (a. Stiller ebd.)

— Johann Christian, Conditio impossibilis non indistincte pro non scripta habenda, ad § 10 inst. de haered. instit. Diss. jur. Präs. Hermann Becker. Rostock (J. J. Adler) 5. XII. 1754. 32 Seiten. (4.80) 8265

Eschenbach, Jo. Chr.: Specimen epitomes decisionum responsorum atque observationum juris privati antiquiorum. Rostochii 1784.

— — De defensione pro avertenda confrontatione disserit. Rostock (Adler) 24. XII. 1784. 14 S. (3.—) 8268

— nova pathologiae delineatio. 8. Rostock 755. (Cnobloch in Leipz.) 15 ℳ

— demonstratio s. realitas monadum corporum. 4. Wism. Bödner. 750.

— — De dolo indirecto delinquentium inprimis homicidiarum. Rostock (Adler) 24. XII. 1787. 18 S. (3.50) 8272

— — Dubiam in applicatione art. CXVI. C. C. C. obvenientia. Rostock (Adler) 7. IV. 1787. 15 S. (3.20) 8271

— — u. **Walter Gustav Detloff** (Rostock), Effatum gen. IX. 6. Homicidio poenam capitalem decernens esse legem divinam positivam eamque universalem. Diss. philos. Rostock (Rösen) 15. IX. 1756. 28 S. (5.—) 8266
Widm. a. d. Respond. v.: Präs., C. L. J. Behm, Jührs.

Eschenbach, Johann Christian [Praes.], s. Eichfeld, Johann Friedrich: Meditationes quasdam jus principis circa sacra secundum ...

Eschenbach, J. Ch.: Einleit. zu e. Handb. d. Mecklenburg. Lehnrechts. *Rostock.* 816. 4.

— von den Eintheilungen u. Quellen d. Criminalprocesses. 4. Bützow 788.

— — Von den Eintheilungen und Quellen des Criminal=Processes. Rostock (Adler) 22. III. 1788. 28 S. (4.—) 8273

Eschenbach, **Jh. Chr. I., elementa logices. 8. Rostock 766. (Leipz., Cnobloch). 16 ℳ**

Eschenbach, Jo. Chr.: De expensis criminalibus stricte sic dictis commentatio. Rostochii (1781).

— Gedanken über d. Nominalprofessuren auf Academien. 4. Bützow 784.

— Gedanken über d. Vermehrung d. Academien in Deutschland. 4. Bützow 786.

— — De homicidio proditorio disserit. Rostock (Adler) 31. III. 1782. 19 S. (4.—) 8267

— — Comment. de inquisitione summaria. Rostock (Adler) 28. III. 1785. 19 S. (3.50) 8269

— — Logik. gr. 8. 736. Ebend.

Eschenbach, J. C., Logik, oder Denkungswissenschaft. 8. Rostock, Koppe. 756. Rthlr.

— Metaphysik, oder Hauptwissenschaft. 8. Rostock 757. Koppe. (Cnobloch in Leipz.) 1 ℛ 8 ℳ

— — De poena bigamiae commentatio. Rostock (Adler) 24. XII. 1786. 22 S. (4.—) 8270

— de probation. atque usu principii rationis sufficientis. 4. ibid. 753.

— Samml. der Schriftsteller, d. d. Wirklichkeit d. Körpers läugnen. 8. Greifsw. Röse. 756.

— comm. philos., universum non esse machinam. 4. Wism. Bödner. 752.

Eschenbach, Jh. Cph.

— erläuternder Beitr. zu Eichhorns u. Gablers Urgeschichte. 8. Bayr. 795. Grau. 12 ℳ

— näherer Beweis von d. Gewißheit d. Auferstehung d. Todten. 4. Bayr. 765. Grau. 4 ℳ

— beständige Priesterbibliothek. 8. Bayr. 755.

— neue Theorie von Himmel u. Erde, oder Erklärung d. Schöpfungsgeschichte. 4. Bayr. 767. Grau. 3 ℳ

— Vorschlag, wie dem Unglauben d. evangel. Kirche gesteuert werden möge. 8. Bayr. 766. Grau. 3 ℳ

Eschenbach, Jh. Cph., († d. 27. Jan. 1799.) Wort d. Warnung für Abendmahlsverächter. 8. Bayr. 793. Grau. 6 ℳ

Jo. F. Eschenbach epistola, qua defenditur anatome Aegyptiorum. Lips. 1776. 4. (Reges Aegypt. anatomen exercuisse etiam ante Ptolemaeorum tempora contra Schulzium, Boernerum, Grunerum aliosque male defenditur; cfr. *Isenflamm u. Rosenmüller Beiträge für die Zergliederungskunst.* 1801. *Bd.* 2. *H.* 1. *S.* 1. *fg*)

— **Johann Friedrich** (Leipzig), Epistola qua virum Christoph Matthaeus Scheuffelhut (Nördlingen / Schwab.) ex Lipsiensi academia decedentem votis prosequitur collegium disputatorium sub praesidio Joh. Carl Zeune. — Fides Livii defenditur adversus Joecheri aliorumque objectiones. Lpz. (Langenheim) Okt. 1773. 16 S. (4.—) 8274
Mich. Christ. Just. Eschenbach (Lpz.), Joh. Christ. Traug. Huebner (Langenbielau/Schles.), Christ. Gottfr. Lange (Spremberg), Christ. Gottfr. Breuer (Lpz.), Ludw. Gotthelf u. Joh. Wilh. Wildenhayn (Langenhennersdorf), Christ. Gottl. Haugk (Zwickau), Jac. Chph. Krochmann (Dissen/Osnabr.), Joh. Friedr. Bielitz (Schoenerstad/Misn.), Theoph. Friedr. Mueller (Roetha).

— — u. **Johann Wilhelm Linck** (Leipzig), Observationum botanicarum. Disp. physica. Lpz. (Klaubarth) 15. V. 1784. 40 S. (4.80) 8275
Gew.: Joh. Ehrenfr. Pohle, Joh. Carl Zeune.

— **Carl Moritz** (Bunzlau/Schles.), De risu. Dissert. phys.-med. Bln. (Feister & Eisersdorff) 11. III. 1826. 36 S. mit Biogr. (M.: Queissner.) (4.20) 8250
Oppon.: J. Sattig, B. Reich, A. Herkt.

Eschenbach, L. E., Bedenken v. d. Schädlichkeit des Mutterkorns. Rost. 8°. A. D. B. XVI, 367.
1771

Eschenbach, M. v., die Veilchen, s.: Theater-Repertoir, Wiener.

Eschenbach, Max [app. Arzt aus München]: Ueber Beeinflussung der Resorption der Fette im Dünndarm durch Arzneimittel ... München, kgl. Hof- u. Univ.-Buchdr. v. Dr. C. Wolf & Sohn, 1897; 18 S. 8.
München, Med. Fak. Inaug.-Diss. v. 1897

— **Michael Christian Justus,** Epistola ad virum Gotthelf Leberecht Wockaz qua summos in arte salutari honores collegium disputatorium sub praesidio Joh. Carl Zeune gratul. — De Celso non medico practico disseritur. Lpz. (Langenheim) 20. III. 1772. 16 S. (3.50) 8277

— — Viro Johann Carl Zeune, prof. Lips., profess. graecae linguae ordinariam Vitebergae demand. gratul. suo suique fratris nomine et de nimio linguae patriae cultu incremento disciplinarum nocivo disserit. Lpz. (Langenheim) 13. X. 1776. 8 S. (3.20) 8278

— — (Leipzig), De usu opii salubri et noxio in morbis inflammatoriis dissertatio prior. Präs. Johann Gottlob Haase. Lpz. (Langenheim) 5. XII. 1777. 32 S. (4.80) 8279
Widm. v.: Christ. Gotth. Eschenbach.

Eschenbach, Olga, s. a. Hering, Johanna

—— die Ansiedler in der Steppe oder: Wer Eltern ehrt, den ehrt Gott wieder. Mit Illustr. (in eingedr. Holzschn.) nach Originalzeichnungen von Hugo Bürkner. br. 8. (IV und 78 S.) Breslau 853, Hirt's Verlag.

— Bilder aus alter Zeit oder: Treue über Alles! Mit Illustr. (in eingedr. Holzschn.) nach Originalzeichnungen von Wilh. Schurig. br. 8. (IV und 84 S.) Breslau 853, Hirt's Verlag. *

Eschenbach, Olga, Erholungsstunden. Erzählungen und Novellen für die weibl. Jugend. Mit Bildern von Th. Hosemann. br. 8. (365 S. und 8 ill. Stnt.) Berlin 851, Winckelmann und Söhne.

— Gertrudens Erzählungen für d. weibl. Jugend. Mit 8 Bild. von Th. Hosemann. 8. Ebend. 846. geb. $1\frac{1}{3}$ ℛ

†Eschenbach, Olga, [Joh. Hering], Gertrud's Erzählungen für junge Mädchen. 4. durchges. Aufl. 8. (316 S. mit 4 Bildern in Holzschn. von W. Friedrich.) Berlin 877, Winckelmann und Söhne. geb. *

Eschenbach, Olga (Johanna Hering), Erzählgn. u. Novellen für die weibl. Jugend. Mit 8 (lith. u.) color. Bildern v. Th. Hosemann. br. 8. (365 S.) Berlin 850, Winckelmann & Söhne. $1\frac{1}{3}$ ℛ

†Eschenbach, Olga [Johanna Hering], fern von der Heimat. Eine Erzählung für junge Mädchen. 8. (214 S. mit 1 Farbendr.-Illustr. nach Orig.-Aquarell von Marie Koch.) Berlin (884)886, Drewitz Nachf. geb.

Eschenbach, Olga (Johanna Hering), fern v. der Heimat. Eine Erzählg. f. junge Mädchen. Mit (5) Farbendr.-Illustr. nach Orig.-Aquarellen v. O. Woite. 2. u. 3. Aufl. gr. 8. (III, 214 S.) Leipzig 893. 894. O. Drewitz Nachf. Kart. 4. 50

Eschenbach, Olga, Fern v. der Heimat. Erzählung f. junge Mädchen. 6. Aufl. 8. (303 S. m. Titelbild.) Leipzig (899). O. Drewitz Nachf. Geb. in Leinw. 3.—

— Festgabe. Erzählungen f. die reifere weibl. Jugend. gr. 16. (460 S. u. 1 Lith.) Königsberg 847, Theile. 1 ℛ

— Cousine Gänseblümchen. Eine Erzählung für junge Mädchen. 8. (III, 383 S.) Berlin 882. Winckelmann & Söhne. geb. n. 4. 50.

— Hoch und Niedrig oder: Liebe ist stärker als der Tod. Mit Illustr. (in eingedr. Holzschn.) nach Originalzeichnungen von Theod. v. Oer. br. 8. (V und 225 S.) Breslau 853, Hirt's Verlag. *

Eschenbach, Olga, (Joh. Hering), Aus dem Leben. Novellen für die weibliche Jugend. Mit 8 (lith.) illum. Bildern. Berlin (857). Winckelmann u. Söhne. gr. 16. (1 Bl., 399 S.) 1 ℛ 15 ngr

Eschenbach, Olga [Joh. Hering], aus dem Leben. Novellen f. die weibl. Jugend. 2. Aufl. Mit 6 illum. (lith.) Bildern. 8. (340 S.) Berlin 874. Winckelmann & Söhne. 3. 75

— aus dem Leben. Erzählungen f. junge Mädchen. 2. Aufl. 8. (340 S.) Berlin 883. Winkelmann & Söhne. geb. n. 3. —

— die Nachbarn oder: Sich selbst bezwingen ist der schönste Sieg. Mit Illustr. (in eingedr. Holzschn.) nach Originalzeichnungen von Theod. v. Oer. br. 8. (III und 96 S.) Breslau 853, Hirt's Verlag. *

Eschenbach, Olga (Johanna Hering), der Seele Schönheit. Erzählungen und Novellen für die weibl. Jugend. 2. (Titel-) Aufl. mit 8 (lith. u. color.) Bildern v. Th. Hosemann. br. 8. (VIII u. 216 S.) Berlin (845) 850, Winckelmann & Söhne. $1\frac{1}{4}$ ℛ

— mein Skizzenbuch für die Jugend u. deren Freunde. 2 Bde. Mit Illustrationen v. Hugo Bürkner, Theobald v. Oer und Wilh. Schurig. 8. (1: VI, 96 u. 78 S. 2: VIII, 114 u. 84 S. Mit eingedruckt. Holzschn.) Breslau (852), Hirt. n. $2\frac{2}{3}$ ℛ

— mein Skizzenbuch für die Jugend und deren Freunde. 3. Bd. Mit Illustr. (Holzschn. im Text) von Thbd. v. Oer. Breslau 853. Hirt. gr. 16. (5 Bl., 224 S.) n. 1 ℛ 10 ngr

— drei Sommertage oder: Wenn es Gott gefällt, wird es Tag. Mit Illustr. (in eingedr. Holzschn.) nach Originalzeichnungen von Hugo Bürkner. br. 8. (III und 114 S.) Breslau 853, Hirt's Verlag. Thlr. *

— verloren u. gefunden. Eine Erzählg. f. junge Mädchen. 8. (288 S.) Ebend. 884. geb. n. 4. 50

Eschenbach, Olga [Johanna Hering], Elisabeths Winter u. Frühling in Rom. Briefe eines jungen Mädchens in die Heimath. gr. 8. (IV, 187 S.) Leipzig 881. Hirth & Sohn. 3. 50; geb. n. 5. —

Eschenbach, Olga [Johanna Hering], Elisabeths Winter u. Frühling in Rom. Briefe e. jungen Mädchens in die Heimath. 2. illustr. Ausg. gr. 8. (IV, 187 S.) Leipzig 887. Hirt & Sohn. geb. 4. —

Eschenbach, Ulrich von, Alexander, s.: Bibliothek d. litterar. Vereins in Stuttgart. 183.

Eschenbach, Walter v., s. Eschenbach, Wolfram v.

Eschenbach, Wolfram von, s. a. Wolfram.

— Leben u. Dichten. Herausg. von San-Marte. A. u. d. T.: Parcival, Rittergedicht. Aus dem Mittelhochdeutschen zum ersten Male übersetzt von San-Marte. Lex.-8. Magdeburg 836. Creutz. $2\frac{1}{2}$ ℛ

— Leben u. Dichten, herausgeg. von San-Marte. 2. Bd. — A. u. d. T.: Lieder, Wilhelm von Orange und Titurel von Wolfram von Eschenbach, u. der jüngere Titurel von Albrecht in Uebersetzung u. im Auszuge, nebst Abhandlungen über das Leben u. Wirken Wolfram's von Eschenbach u. die Sage vom heiligen Gral. Mit 3 Abbild. (2 color.) gr. 8. (1 Geschlechtstaf.) Magdeburg 841, Creutz'sche B. (ä) $2\frac{1}{2}$ ℛ

— (Lieder, Parzival, Willehalm.) Herausg. v. Karl Lachmann. Lex.-8. Berlin 833. Reimer. $5\frac{1}{3}$ ℛ

v. Eschelbach, Wolfr., Parcival; e. Rittergedicht aus d. 13ten Jahrh.; zum zweiten Mal aus d. Handschr. abgedr., weil d. 1ste 1477 gemachte Abdr. so selten ist, herausg. v. Chph. H. Müller. gr. 4. Berl. 784.

v. Eschenbach (Eschelbach), Wolfram, Parcival. Rittergedicht. Im Auszuge mitgetheilt von San-Marte. 8. Magdeburg 833. Creutz. $\frac{7}{8}$ ℛ

Eschenbach, Wolfr. v., Parcival. Rittergedicht. Aus dem Mittelhochdeutschen zum ersten male übers. von San-Marte (Alb. Schulz). 2 Bde. 2., verb. Aufl. 8. (CL und 879 S.) Leipzig 858, Brockhaus. * 4 Thlr.; geb. *

— Parzival und Titurel, s. a. Classiker, deutsche, des Mittelalters.

Eschenbach, Walter von, Parzival und Titurel, s. a. Volksbibliothek, deutsche.

v. Eschenbach, Wolfram, Parzival und Titurel, Rittergedichte. Uebers. u. erläutert v. K. Simrock. 2 Bde. gr. 8. Stuttgart u. Tübingen 842, Cotta'scher Verlag. 5 ℛ

v. Eschenbach, Wolfram, Parzival u. Titurel. Rittergedichte. Uebers. u. erläut. v. K. Simrock. 2. wohlf. (Titel-)Ausg. 2 Bde. gr. 8. (515 u. 489 S.) Stuttgart (842) 849, Cotta. 2 ℛ

Eschenbach, Wolfr. v., Parzival und Titurel, Rittergedichte. Uebersetzt und erläutert von K. Simrock. 3., wohlfeilere Ausg. gr. 8. (III und 816 S.) Stuttgart 857, Cotta'sche Buchh. Thlr. *

— Parzival u. Titurel. Rittergedichte. Uebers. u. erläut. v. Karl Simrock. 5. verb. Aufl. gr. 8. (376 S.) Stuttgart 876. Cotta. n. 10. —

— Wilhelm d. Heilige, v. Oransee, herausg. (v. J. J. Bodmer). 4. Zürich 794. Ziegler; a. Steiner in Winterth. 6 Ꝁ

— Wilhelm v. Orange. Heldengedicht. Zum 1. Male aus dem Mittelhochdeutschen übersetzt v. San-Marte, (A. Schulz rc.) gr. 8. (XXII, 398 S.) Halle 873. Buchh. d. Waisenh. n. 6.

Eschenbach, Wolfram v., 2. Ausg. von Carl Lachmann. Lex.-8. (XLIV und 639 S.) Berlin 854, G. Reimer.

Eschenbach, Wolfram v. 3. Ausg. v. Karl Lachmann. gr. 8. (XLIV, 638 S.) Berlin 872. G. Reimer. n. 8. —

Eschenbacher, die Sprengtechnik im Dienste der Civiltechnik, s. Mahler.

Eschenbacher, Aug., die Feuerwerkerei od. die Fabrikation der Feuerwerkskörper. Eine Darstellg. der gesammten Pyrotechnik, enth. die vorzüglichsten Vorschriften zur Anfertigg. sämmtl. Feuerwerksobjecte, als aller Arten v. Leuchtfeuern, Sternen, Leuchtkugeln, Raketen, der Luft- u. Wasser-Feuerwerke, sowie e. Abriß der f. den Feuerwerker wicht. Grundlehren der Chemie. Für Dilettanten u. Pyrotechniker leichtfaßlich dargestellt. Mit 26 erläut. (eingedr. Holzschn.-)Abbildgn. 8. (VIII, 287 S.) Wien 876. Hartleben. 4. —

Eschenbacher A, die Feuerwerkerei oder Fabrikation der Feuerwerkskörper. 1. und 2. Auflage. (Bibliothek. Chemisch-technische 11) Wien 1876. 81

Eschenbacher, Aug., die Feuerwerkerei oder die Fabrikation der Feuerwerkskörper. Eine Darstellung der gesammten Pyrotechnik, enthaltend die vorzüglichsten Vorschriften zur Anfertigung sämmtl. Feuerwerksobjecte, als aller Arten von Leuchtfeuern, Sternen, Leuchtkugeln, Raketen, der Luft- und Wasserfeuerwerke, sowie einen Abriß der für den Feuerwerker wichtigen Grundlehren der Chemie. Für Pyrotechniker und Dilettanten leichtfaßl. dargestellt. 2. sehr verm. und verb. Aufl. 8. (IV, 327 S. mit 49 erläut. Abbild.) Wien 885, Hartleben. *

Eschenbacher, Aug., die Feuerwerkerei od. d. Fabrikation d. Feuerwerkskörper. E. Darstellg. d. ges. Pyrotechnik, enth. d. vorzügl. Vorschriften z. Anfertigg. sämmtl. Feuerwerksobjecte, als aller Arten v. Leuchtfeuern, Sternen, Leuchtkugeln, Raketen, der Luft- u. Wasser-Feuerwerke, sow. e. Abriß d. f. d. Feuerwerker wicht. Grundlehren d. Chemie. Für Pyrotechniker u. Dilettanten leichtfaßl. dargest. 3., sehr verm. u. verb. Aufl. 8. (VIII, 271 S. m. 51 Abb.) Wien 897. A. Hartleben. n. 4. —; geb. n. 4. 80

Eschenbacher, Jos. Ritter v.

Eschenbacher J; über moderne Artillerie. Weimar 1871

Eschenbacher, Jos. Ritter v., über moderne Artillerie mit besond. Berücksicht. der gezogenen Geschütze grossen Kalibers von künstl. Metallkonstruktion. Nebst einem Anh. über gezogene Wurfgeschütze und neuere Lafetten-Konstruktionen. gr. 8. (VIII, 158 S. mit 5 lithogr. Taf. in qu. Fol.) Weimar 872, B. F. Voigt.

Eschenbacher, Jos. Ritter v., üb. moderne Cavallerie m. besond. Berücksicht. der gezogenen Geschütze grossen Kalibers v. künstl. Metallkonstruktion. Nebst e. Anh. üb. gezogene Wurfgeschütze u. neuere Lafetten-Konstruktionen. Mit 5 lith. Taf. (in qu. Fol.) gr. 8. (VIII, 158 S.) Weimar 872. B. F. Voigt. 4. 50

Eschenberg [Schlagwort]

Eschenberg, s.: Forstkarten, Plan.

Eschenbrenner, Pantaleon

— Tyrocinium poeticum. 8. ibid. 763.

Eschenbrenner, Panthal., Tyrocinium lat. sermonis. 8. Ingolst. Krüll. 764.

Eschenburg. Topographische, archäologische und militärische Betrachtungen auf dem Schlachtfelde von Marathon. Berlin 1886. 4°.

Eschenburg, Bernhard: **Anwendung der ädilicischen Rechtsmittel auf den Gattungskauf nach gemeinem Recht.** *Kiel 1897: C. Paulsen.* (VII, 42 S.) 8°
Erlangen, Jur. Diss. v. 23. Okt. 1897

Eschenburg, B., Geschichte der öffentl. Religionsvorträge in der griech. u. lat. Kirche. Jen. 1785. 8.

Eschenburg, Bernh., das Liegenschaftswesen im lübeckischen Staatsgebiet. Historische u. statist. Beiträge. (III, 95 S.) gr. 8. Lübeck 904. Lübcke & Nöhring. n. 2. —

Eschenburg, Bernhardus (geb. am 17 Jan. 1843 in Lübeck): Observationes criticae in Propertium ... Bonnae, form. Carthausianis (1865). 2 Bl., 44 S. 8.
Bonn, Phil. Fak., Diss. v. 9 März 1865

Eschenburg. Metr. Untersuchungen üb. die Aechtheit der Heroides. Pr. 1874. 80 S. 4°.

Eschenburg, metrische Untersuchungen üb. die Aechtheit der Heroides d. Ovid. 4. (30 S.) Berlin 876. (Calvary & Co.) n. 1. 20

Eschenburg, Bhrd., Versuch e. Gesch. d. öffentl. Religionsvorträge d. griech. u. latein. Kirche. gr. 8. Jena 785. Schmid. 12 gr.

Eschenburg, *Bernhard* Wie hat Ovid einzelne Wörter und Wortklassen im Verse verwandt? Ein Beitrag zur Echtheitsfrage der Heroides des Ovid. 4 (39 S.).
Progr. Katharineum *Lübeck* 1886 (GG8)

Eschenburg, Bernh., wie hat Ovid einzelne Wörter u. Wortklassen im Verse verwandt? Ein Beitrag zur Echtheitsfrage der Heroides d. Ovid. gr. 4. (39 S.) Lübeck 886. (Berlin, Calvary & Co.) n. 2. —

Eschenburg, Fritz, approb. Arzt aus Lübeck: **Aus d. chirurg. Klinik zu Kiel. Revolverschuß in den Mund, Verletzung des Nervus cervicalis II, Entfernung der Kugel vom Nacken aus.** *Kiel 1904: Vollbehr & Riepen.* (21 S.) 8°
Kiel, Med. Diss. v. [30. Apr.] 1904

Eschenburg, (Joan.) Georg. (geb. Lübeck 1. 4. 1844): De delicto manifesto jure Saxonico. Berolini (1866). (67 S) 8°
Berlin, Jur. Diss. v. 24. März 1866

Eschenburg, Geo., de delicto manifesto jure saxonico. Dissert. inaug. Berlin 866. (Bonn, Cohen & Sohn.) gr. 8. (69 S.) n. 10 ngr.

Eschenburg, Georg, Referendar in Lübeck: **Die Rechtsstellung der Wirthe nach dem heutigen Privatrechte.** *Göttingen 1899: Dieterich.* (55 S.) 8°
Göttingen, Jur. Diss. v. [28. März] 1899

Eschenburg, Geo., die Rechtsstellung der Wirthe nach dem heutigen Privatrechte. Diss. gr. 8. (55 S.) Göttingen 899. (Vandenhoeck & Ruprecht.) n. 1. 60

Eschenburg, J. J.

— s. Graf und Luzinde. — Lukas und Hannchen.

Eschenburg, J. J., das gute Mädchen; Operette. 8. Leipz. 783. Schneider. 3 gr.

— s. B.-C. Rambach, Theseus auf Kreta. — Robert und Kalliste. — Sedaine, der Deserteur. — Shakespeare, Schauspiele. — Shakespeare, Macbeth. — Voltaire, Zayre. — Wahl, die, des Herkules.

Eschenburg, Joh. Joach., griech. u. röm. Alterthümer. 2. Aufl. gr. 8. (12½ B.) Berlin 836, Nicolai'sche Buchh.
Aus dess., Handbuch d. kl. Lit., besond. abgedruckt.

Eschenburg, Römische Alterthümer. S.-A. 1837. 188 S.

— s. Annalen d. brit. Liter.

Eschenburg, Jh. Joach., († d. 29. Febr. 1820.) Archäologie d. Literatur u. Kunst, (aus Dess. Handbuch rc. apart abgedr.) gr. 8. Berl. 787. Nicolai. 8 gr.

Eschenburg, J. J., Archäologie der Litteratur und Kunst. Ausgabe 2. Berlin 787. 8. 8 gr.

— Archäologie d. Literatur u. Kunst. 2. Aufl. gr. 8. (9 B.) Berlin 836, Nicolai'sche Buchh.
Aus dess., Handbuch d. kl. Lit., besond. abgedruckt.

— Auswahl einiger Fabeln ..., s. Waldis, Burkard

— s. Balladen u. Lieder.

— Beispielsamml. zur Theorie u. Literatur d. schönen Wissenschaften. 8 Thle. gr. 8. Berl. 788—95. (7r auch unt. d. T.: dramat. Bibliothek.) Nicolai. 12 ₰ 12 gr.

— dramat. Bibliothek, s. unt.: Beispielsamml. 7r Bd.

– s. Brown, Abhandl.

– s. C. Burney. Leben Händels.

Eschenburg, Johann Joachim. DENKMALER // ALTDEUTSCHER DICHTKUNST // BESCHRIEBEN UND ERLÄUTERT // VON // JOHANN JOACHIM ESCHENBURG // HERZOGL. BRAUNSCH. LÜNEBURG. HOFRATHE, // KANONIKUS DES STIFTES ST. CYRIACUS, UND // PROFESSOR DES COLLEGII CAROLINI // ZU BRAUNSCHWEIG. // BREMEN // BEI FRIEDRICH WILMANS // 1799. – 4 Blatt (nicht paginiert) Titelblatt, Widmung (an Gleim und Klopstock), Vorbericht und Inhalt. – 464 S.

B. S. T. 6°, 191b.

— Denkmäler altdeutscher Dichtkunst. gr. 8. Bremen 799. Fr. Wilmanns in Frankf. 1 ℛ 18 gr

– s. Ebert's Episteln.

— Boners Edelstein, in 100 Fabeln mit Varianten und Worterklärungen. gr. 8. Berl. Unger. 811.

– Dass., s. a. Boners Edelstein

Eschenburg, J. J.: Entwurf einer Geschichte des Collegii Carolini in Braunschweig. Berlin & Stettin 1812. 202 S.

— Entwurfe, Gesch. d. Collegii Carolini in Braunschweig. gr. 8. Berl. 812. Nicolai. 1 ℛ

— Entwurf e. Theorie u. Literatur d. schönen Redekünste. gr. 8. Berl. 783. 2e A. 789. 3e A. 805. 4e A. 817. Nicolai. 1 ℛ 4 gr

—— Entwurf einer Theorie u. Litteratur d. schönen Redekünste. 5., völlig umgearb. Ausg. v. Mor. Pinder. gr. 8. (25 B.) Berlin 836, Nicolai'sche Buchh.

— — Anhang z. Theorie u. Literatur d. schönen Redekünste, ist dess. Beyspielsammlung.

— Entw. e. Theorie d. schönen Wissensch. gr. 8. Berl. Nicolai. 789.

Eschenburg, Jh. Joach., über den vorgebl. Fund Shakespeare'scher Handschriften. 8. Leipz. 797. (W. Rauck). 14 gr

– s. H. Füßli, Vorlesungen.

– s. E. Gibbon, Versuch.

— Grundzüge d. röm. u. griech. Fabelgeschichte. gr. 8. Berl. 783. 2e A. ... 3e A. 806. 4e A. 822. Nicolai. 4 gr

– s. Hagedorn's, poet. Werke.

Eschenburg, J. J., Handbuch der alten Litteratur, oder kurzer Entwurf der Kenntniß der klassischen Schriftsteller, der Mythologie 2c. der Griechen und Römer. 6te sehr vermehrte Aufl. gr. 8. Berlin. Nicolai. 816.

Eschenburg, Johann Joachim, Prof. etc. Handbuch der classischen Literatur, enthaltend: 1. Archäologie. 2. Notiz der Klassiker. 3. Mythologie. 4. Griechische Alterthümer. 5. Römische Alterthümer. 8. Berlin 1783.

— Handbuch d. class. Literatur u. Alterthumskunde. (A. u. d. T.: Hederich, Anleit. zu d. histor. Wissenschaften. 2r Thl.) gr. 8. Berl. 783. 2e A. 787. 3e A. 792. 4e A. 801. 5e A. 808. 6e A. 816. 7e A. 825. Nicolai. 2 ℛ

— — dass. franz. v. Cramer. II Vol. 8. Strasburg, König. 802.

— Handbuch der klassischen Literatur. 8e verb. u. verm. Aufl., bearbeitet v. L. Lütke. gr. 8. Ebd. 837. 2 ℛ

– s. W. Hay, Religion.

– s. Horaz, Epistel.

— Hygiea; dem Herzog Ferdinand v. Braunschw. gewidmet. gr. 8. Braunschw. 787.

— über Shakespeare's Leben u. Schriften. 8. Zürich 787. N. A. 806. Orell. 1 ℛ 16 gr

— Leben F. W. Zachariä. gr. 8. Braunschw. 781.

— Lehrbuch d. Wissenschaftskunde. gr. 8. Berl. 792. 7e A. 825. Nicolai. 1 ℛ 6 gr

— Lehrbuch der Wissenschaftskunde. gr. 8. Ebendas. 808.

Eschenburg's, J. J., Lehrbuch der Wissenschaftskunde. Ausg. 3. Verb. u. verm. Berlin 810. 8. 1 rthl. 6 gr.

– s. G. E. Lessing, Collectaneen u. dess. Leben Sophocles.

– s. Meilhan, verm. Werke.

– s. Moritz, über d. Styl.

– s. Museum, dric.

—— Mythologie d. Griechen u. Römer. 5. Aufl. gr. 8. (4½ B.) Berlin 836, Nicolai'sche Buchh.
Aus dess., Handbuch d. kl. Lit., besond. abgedruckt.

– s. Priestley, Vorlesung.

— s. D. Schiebler, Gedichte.

— s. Stücke, auserles., d. besten Dichter. 3r Bd.

— s. Theodorus an Clemens.

—— Uebersicht d. klass. Schriftsteller d. griech. u. röm. Alterthums. 2. Aufl. gr. 8. (12 B.) Berlin 836, Nicolai'sche Buchh.

— s. Versuch über Shakespeare's Genie.

— s. v. Voght, über Hamburg. Armenanstalten.

— s. Webb, Betrachtt.

— s. F. W. Zachariä, Fabeln u. dess. Werke.

Eschenburg, Theodor (geb. am 8 Aug. 1853 in Lübeck): Ueber die Sehnennaht ... Bonn, Univ.-Buchdr. v. C. Georgi (1877). 26 S., 1 Bl. 8.
Bonn, Med. Fak., Diss. v. 31 Juli 1877

Eschenburg, Thdr., d. ärztl. Verein zu Lübeck während der ersten 100 Jahre seines Bestehens, 1809—1909. (IV, 115 S. m. 1 Abb. u. 7 Bildnissen.) Lex. 8. Wiesbaden 909. J. F. Bergmann. 3. —

Eschenburg, Wlh. Arnold, Abhandlung über die Intestaterbfolge der Ehegatten in d. Herzogl. Braunschweigschen Landen, s. Scholz dem Dritten, J.

Eschengrund, Frdr., siebzig Semester. Eine Studentengeschichte. 8. (132 S.) Hamburg 878. J. F. Richter. n. 2. —

Eschenhagen, Franz: Über den Einfluss von Lösungen verschiedener Concentration auf das Wachstum von Schimmelpilzen. ... Stolp, *Druck d. W. Delmanzoschen Buchdr.*, 1889; 56 S. + 1 Bl. 8°
Leipzig, Phil. Fak., Inaug.-Diss. v. 18. Nov. 1889

Eschenhagen, H., Album plattdeutscher Gedichte, s. a. Album plattdeutscher Gedichte.

Eschenhagen, H., Album plattdeutscher Gedichte. 1. u. 2. Aufl. 860. — 3. Aufl. Berlin 862. Schotte & Co. 16. (IX, 390 S.) 1 ℛ 5 ngr.

—— zur plattdeutschen Sprache und deren neue Literaturbewegung. 8. (64 S.) Berlin 860, Schotte und Comp. *

Eschenhagen, Max: Ueber die Ablenkungskonstante bei den absoluten Bestimmungen der Horizontal-Intensität des Erdmagnetismus mittelst des Lamont'schen magnetischen Theodoliten.
in: Beobachtungen aus dem Magnetischen Observatorium der Kaiserlichen Marine in Wilhelmshaven während der Polarexpeditionen 1882 und 1883. Anhang. S. 103—116. (Berlin 1886.) 14 S. 4°.

Eschenhagen, M., s.: Anleitung zur deutschen Landes- u. Volksforschung.

Eschenhagen, Max: Erdmagnetische Beobachtungen zu Wilhelmshaven am Kaiserlichen Marine-Observatorium und in der Nachbarschaft desselben zur Untersuchung des Lokaleinflusses. (Aus dem Archiv der Deutschen Seewarte. Jahrg. 16. 1893. No. 6.) Hamburg 1893. 12 S., 1 Krt. 4°.
Hammerich & Lesser in Altona

— Bestimmung der erdmagnetischen Elemente an 40 Stationen im nordwestl. Deutschland ausgeführt im Auftrage der kaiserl. Admiralität in den J. 1887 u. 1888. Hrsg. v. dem hydrograph. Amt d. Reichs-Marine-Amts. gr. 4. (III, 103 S. m. 3 Karten.) Berlin 890. Mittler & Sohn. n. 2. 50

Eschenhagen, Dr., Bestimmung der erdmagnetischen Elemente im Togogebiet 1892—93 durch Dr. Gruner. (Sonder-Abdruck.) Berlin 1894.

— Erdmagnetismus. (Sep.-Abdr. aus der Anleitung zur deutschen Landes- und Volksforschung.) Stuttgart 1889.

— Erdmagnetismus und Erdbeben. (Sitzungs-Bericht der Kgl. Preuss. Akad. der Wissenschaften zu Berlin.) Berlin.

Eschenhagen, Max: Über das Niveau einer Flüssigkeit, in welche zwei vertikale, parallele Platten getaucht sind. Halle a/S. (1880): Schneider in Eisleben. 35 S. 8°

Halle-Wittenberg, Phil. Diss. v. 29. Nov. 1880

Geb. Eisleben 22. 10. 1858. V.

Eschenhagen, M., Magnet. Untersuchungen i. Harz, s.a. Forschungen zur deutschen Landes- u. Volkskunde.

Magnetische Untersuchungen im Harz. Von Prof. Dr. M[ax] Eschenhagen in Potsdam. M. 2 Taf. *Stuttgart: J. Engelhorn 1898.* (20 S., 2 Taf.) 8.

— Forschungen z. deutschen Landes- u. Volkskunde. Bd 11. H. 1. (98. 36

Eschenhagen, M., Dr., Die säkulare Variation der erdmagnetischen Inklination zu Wilhelmshaven. (Aus dem Archiv der D. Seew. 1888. No. 4.) Hamburg 1888.

— Über schnelle period. Veränderungen d. Erdmagnetismus v. sehr kleiner Amplitude. [Aus: „Sitzungsber. d. k. preuss. Akad. d. Wiss. zu Berlin".] gr. 8. (9 S. m. 1 Taf.) Berlin 897. (G. Reimer.) n. — 50

— Ueber die Verbesserungen, welche ..., s. Neumayer, G.

Eschenhagen, Walther, aus Frankfurt a. O.: **Ueber das Zustandekommen cyanotischer Leberschwellungen bei Aorteninsufficienz.** *Berlin (1899): E. Ebering.* (29 S.) 8°

Berlin, Med. Diss. v. 30. Mai 1899

Eschenloer, Peter. Geschichten der Stadt Breslau oder Denkwürdigkeiten seiner Zeit vom Jahre 1440 bis 1479. Herausgegeben von J. G. Kunisch. 2 Bde. Breslau 1827—1828. 8°.

Eschenloer, P., Gesch. d. Stadt Breslau, oder Denkwürdigkeiten seiner Zeit v. J. 1440 bis 1779. Herausg. v. J. G. Kunisch. 2 Bde. gr. 8. Bresl. 827, 28. Max u. C. 3 Rthlr. Velinp. 4 Rthlr.

Eschenloer, P., historia Wartislaviensis, s.: Scriptores rerum Silesiacarum.

Eschenloher, Mark., s. Crasser, Betrachtt.

Eschenlohr, Franz Xav., Prinzipistenschule. 8. Augsb. Rieger. 788.

Eschenlohr, Val., Dora, od.: Die Töchter Bethlehems, s.: Ahle, J. N., geistlicher Christbaum.

Eschenlohr, Val., die hl. drei Könige, s.: Christbaum, geistl. 27.

— Sankt Nikolaus, s.: Christbaum, geistl. 82.

— konfessionelle Schulen, e. Erfordernis der pädagog. Grundsätze, s.a. Vorträge u. Abhandlungen, pädagogische. 88. Hft.

Eschenlohr, V., Confessionelle Schulen, e. Erfordernis d. pädagog. Grundsätze. (64 S.) Kempten 1900. J. Kösel.

Eschenlohr, V., beim Zahnarzt, s.: Theaterstücke, heitere.

Eschenmayer, Sendschreiben an den Reiseprediger, Hrn. Vikar Gustav Werner. gr. 8. (31 S.) Heilbronn 851, Scheurlen.

— rechtsphilosoph. Studien. Berlin 883.

Eschenmayer, A., s. Eschenmayer, Heinrich

Eschenmayer, Adam Carl August von, s. Eschenmayer, Karl August von

Eschenmayer, C. A., s. Eschenmayer, Karl August von

Eschenmayer, Cph. Ad., s. Eschenmayer, Karl August von

Eschenmay(e)r, Heinrich

Eschenmayer, A.: Anleit. zu e. syst. Einricht. des Staatsrechnungswesens u. zur Kenntniss der dahin einschlag. Rechte. *Heidelberg*, Mohr u. Zimmer. 806. 2 Bde. 8. (4 Gr.)

— Anleit. zu e. system. Einrichtung d. Staats-Rechnungswesens. 2 Thle. gr. 8. Heidelb. 807. Mohr. 4 Rthlr. Schrbp. 6 Rthlr.

Eschenmayr, Hnr., (Ph. Cp. H.), († d. 2. Juli 1820.) über d. Consumtionssteuer; e. staatswirthschaftl. Abhandl. 8. Heidelb. 813. Mohr. 16 Gr.

Ebend.: Lehrb. des Staats-Oekonomie-Rechts. *Frkf. a. M.*, Esslinger. 809. 8. (5 Thl. 16 Gr.)

— Lehrbuch über d. Staats-Oekonomierecht, 2 Thle. gr. 8. Frkf. 809. Schäfer. 5 Rthlr. 16 Gr.

Eschenmayer, Heinr.: „Ueber das formelle Princip der Staatswirthschaft, als Wissenschaft und Lehre", Heidelberg 1815 (Mohr & Zimmer).

— über Staatsaufwand u. dessen Bedeckung. 8. Heidelb. 805. Mohr. 14 Gr. Schrbp. 20 Gr.

Eschenmayr, Hnr. (Ph. C. H.). Ueber Staatsaufwand und dessen Bedeckung. 8°. Heidelberg, Mohr, 1806.

— Vorschlag zu einem einfachen Steuersystem. 4. Heidelb. 808. Mohr. 1 Rthlr. 4 Gr. Schrbp. 1 Rthlr. 18 Gr.

Eschenmayer, K. Adf. A., s. Eschenmayer, Karl August von

Eschenmayer, Karl August von

Eschenmayer, Cph. Ad., (richtiger K. Adf. A.), über d. Abschaffung d. Todesstrafen, aus Veranlassung d. Antrags d. Kammer d. Abgeordneten von Frankreich. 8. Tübing. 831. Laupp. 8 Gr.

Eschenmayer, Cph. Ad. (K. Ad. A.), die Allöopathie und Homöopathie verglichen in ihren Principien. gr. 8. Tübing. 834. Fues. 5/8 Rthlr.

— s. Archiv f. Magnetismus.

Eschenmayer, Kieser rc. Archiv f. d. thier. Magnetismus. s. Archiv.

— über Besessenseyn u. Zauber, s.a. Just. Kerner Geschichten Besessener rc.

Eschenmayer über Besessensein und Zauber. Karlsr. 834. 8.

v. Eschenmayer, (Adam Carl Aug.), († d. 17. Nov. 1852), Betrachtgn. üb. den physischen Weltbau, mit Beziehung auf die organ., moral. u. unsichtbaren Ordnungen der Welt. gr. 8. (VI u. 105 S.) Heilbronn 852, Scheurlen. n. 12 Ngr.

— Charakteristik des Unglaubens, Halbglaubens u. Vollglaubens, in Beziehung auf die neuern Geschichten besessener Personen. Nebst Beleuchtung der Kritik im Christenboten. 8. Tübingen 838. Zu-Guttenberg. n. 1/3 Rthlr.

— d. einfachste Dogmatik aus Vernunft, Geschichte u. Offenbarung. gr. 8. Tübing. 826. Laupp. 1 Rthlr. 16 Gr.

— Einleit. in d. Natur u. Geschichte. 14 Bdchen. gr. 8. Erlang. 806. Heyder. 16 Gr.

— Einleitung in die Natur und Geschichte. 18 Bdch. gr. 8. Erlangen, Walther. 806.

Eschenmayer, C. A., üb. die Enthauptung contra Sömmering. 8. Tüb. Heerbrand. 797.

— über d. Enthauptung contra Sömmerring. 8. Tübing. 797. (Osiander). 4 K

— d. Epidemie d. Croups, in d. J. 1807—10. gr. 8. Tüb. 812. N. A. (nur neues Titelbl.) 815. Osiander. 10 K

— d. Eremit u. d. Fremdling. Gespräch über d. Heiligen u. deren Geschichte. gr. 8. Erlang. 805. Heyder. 14 K

Eb.: d. Schellingsche Gottes- u. Freiheitslehre vor d. Richterstuhl d. gesund. Vernunft vorgefordert; d. 14e Betr. üb. mor. Freih., Unst. d. Seele u. Gott. *Eb.* 819. 8° 10 gl

Cp. Ad. **Eschenmayer's** Grundlinien zu e. allgem. kanon. Rechte. *Tüb.*, Laupp. B. 825. gr8° 21 gl

Cp. Ad. **Eschenmayer's** Grundriss d. Naturphilos. *Tüb.*, Laupp. B. 832. gr8° 1 ß 12 gl

—— Grundzüge e. christl. Philosophie, mit Anwend. auf d. evangel. Lehren u. Thatsachen. gr. 8. (11¼ B.) Basel 841. (Bahnmaier's Buchh.)

— der Ischariotismus unserer Tage. Eine Zugabe zu den jüngst erschien. Werke. Das Leben Jesu von Strauß. 1r Thl. 8. Tübingen 835. Fues. ½ ß

Cp. Ad. **Eschenmayer's** Conflict zw. **Himmel** u. **Hölle**, an d. Dämon e. besess. Mädchens beobachtet; nebst e. Wort an Dr. Strauss (u. e. Vorr. v. Ed. **Eyth**). *Tüb.*, Zu-Guttenberg. 837. 8° 22 gl Wom. zu verbinden: Amad. **Ottokar's** Entdeck. e. Complotts wid. Rel. u. Christenth., gemacht durch Eschenmayer's Schr.: Conflict u. s. w. *Nürnb.*, Bauer u. Raspe. 837. 8° 4 gl

— Mysterien d. innern Lebens; erläutert aus d. Geschichte d. Seherin v. Prevorst, mit Berücksichtigung d. bisher erschienenen Kritiken. gr. 8. Tübing. 830. Zu-Guttenberg. 1 ß

— Naturrecht. 1r Thl. Normalrecht. gr. 8. Stuttg. 819. v. Cotta. 1 ß 8 K 2r Thl. Naturrecht. gr. 8. Ebd. 820. 3 ß

Cp. Ad. **Eschenmayer's** Normalrecht. 2 Thle. *Tüb.* u. *Stuttg.*, Cotta. 819-20. 4 ß 9 gl

Eschenmayer, C[arl] A[ug.]: Normal-Recht. Stuttgart u. Tübingen.
Th. 1. Fundamental-Sätze. 1819.
„ 2. Anwendung der Fundamental-Sätze auf das Privat- u. öffentl. Recht 1820.

. Cp. Ad. **Eschenmayer**: d. Philos. in ihrem Uebergange z. Nichtphilosophie. *Erlangen*, Walter. B. 803. gr8° 10 gl

— d. Philosophie in ihrem Uebergange zur Nichtphilosophie. gr. 8. Erlang. 804. Heyder. 10 K

— principia quaedam disciplinae naturalis. 4. Tübing. 796.

— — Psychologie, in drey Theilen, als: empirische, reine und angewandte. gr. 8. Tübingen, Cotta. 816.

Cp. Ad. **Eschenmayer's** Psychol. in 3 Thln., als empir., reine u. angewandte, z. Gebr. sr. Zuhörer. *Stuttg.* u. *Tüb.*, Cotta. B. (817.) 2e A. 822. gr8° 2 ß 12 gl

— Reflexionen über den würtemberg. Landtag. 1e Abtheil. gr. 8. Stuttg. 817. v. Cotta. 6 K

Cp. Ad. **Eschenmayer's** Religionsphilos. 1r Th. Rationalismus. *Tüb.*, Laupp. 818. gr8° 1 ß 16 gl 2r Th. Mysticismus. 822. 1 ß 10 gl 3r Th. Supranaturalismus od. d. Lehre v. d. Offenbarung des A. u. N. T. 821. 2 ß 20 gl

Cp. Ad. **Eschenmayer**: d. Hegel. Religionsphilos. verglichen m. d. chr. Princip. *Tüb.*, Laupp. B. 834. gr8° 20 gl

— Sätze aus d. Naturmetaphysik auf chem. u. medicin. Gegenstände angewandt. 8. Erlang. 797. (Tübing.) Osiander. 8 K

Cp. Ad. **Eschenmayer's** System d. Moralphilosophie. *Stuttg.*, Cotta. 818. gr8° 3 ß 9 gl

— Versuch, d. Gesetze magnet. Erscheinungen aus Sätzen d. Naturmetaphysik zu entwickeln. 8. Tübing. 797. 2e A. 798. Heerbrandt. (Osiander). 20 K

Eschenmeier, C. A., Versuch die Gesetze magnetischer Erscheinungen aus Säzen der Naturmetaphysik mithin a priori zu entwikeln. 271 S. Tüb. 1798. 8°.

— Versuch, d. scheinbare Magie d. thier. Magnetismus aus physiolog. u. psychischen Gesetzen zu erklären. gr. 8. Tübing. 816. v. Cotta. 20 K

Versuch die scheinbare Magie des thierischen Magnetismus aus physiologischen und psychischen Gesetzen zu erklären. Von C[arl] A[ugust] v[on] Eschenmayer. Wien: Haas 1816. 136 S. 8

Eschenmayer, L. A. v., s. Eschenmayer, Karl August von

Eschenmayer, Ph. C. H., s. Eschenmayer, Heinrich

Eschenmeier, s. Eschenmayer

Eschenmoser, Joh. Gust., d. gute Paskal od.: Wie Knaben u. Mädchen beim Hüten gar fromm u. brav werden können. 12. (86 S.) Donauwörth 901. L. Auer. n. —50

Eschenmoser, Joh[ann] Gustav. Die verborgene Perle im christlichen Krankendienste. 136 S. 8. Ingenbohl, Kt. Schwyz, Druck u. Verlag der Erziehungsanstalt «Paradies», 1905. [geb. fr. 1.—]

Eschenmoser, Joh. Gust., des guten Paskals lehrreiche Winterabende. Ein Unterhaltungsbüchlein zur Bildg. des Geistes u. Herzens f. das Volk, vorab f. junge Leute. 2. Aufl. (170 S.) kl. 8. Ravensburg 909. F. Alber. 1.20; geb. 1.60

Johann Michael Eschenwecker, De eo quod iustum est circa campanas, Halle 1739.

Eschenwecker, **Johann Michael** (Nürnberg), De officio judicis circa peieraturum, vel otiose juraturum. Disp. jur. Präs. Jo. Samuel Stryk. Halle (Ch. Henckel) Nov. 1708. 42 S. (5.—) 8282
Widm. v.: Präs., Joh. Samuel Stryk (dtsch.), Jac. Fried. Ludwig, Joh. Phil. Schmidt, Lehr. Heinr. v. Wülcknitz (Anhalt; dtsch.), Samuel Faber (dtsch.), Hamilton (dtsch.).

— — Dasselbe. Oder: Von dem, was ein Richter bey Anhörung Derer, die vermuthlich falsch oder unnöthig schweren wollen, zu beobachten hat. Halle (Hendel) 1738. 47 S. (5.—) 8283

Escher. An Dr. Alfred E' zum 22. Mai 1882 s. [Kitt, Heinrich].

Escher, Alfred. Das Alfred Escher-Denkmal. Bericht der Centralcommission, nebst Beiträgen zu e. Biographie v. Alfred Escher. Mit Portr. u. 2 Ansichten des Denkmals (in Lichtdr.). gr. 8. (III, 134 S. m. 1 Tab.) Zürich 890. (Alb. Müller's Verl.) n. 2.50

(Escher. Heinrich E' [1626–1710].) Njbl. s. [Hirzel, Salomon *III*].

[Escher. Heinrich E'. 1713–1777.] Njbl. s. [Hirzel, Salomon *III*].

Escher, Heinrich. [Zürich 1835.] V: *Vögelin, Salomon.* (Cat. d. Stadtbibl. Zürich. Zürich 1864—97.)

Escher. Dr. Heinrich E'. Professor... (1781–1860). Njbl. Zürich s.a. [Tobler. Leonhard].

Escher, Dr. Heinrich, Prof. der Geschichte. Zürich 1882—83. V: *Tobler, Leonhard.* (Cat. d. Stadtbibl. Zürich. Zürich 1864—97.)

Escher. – Bürgermeister Joh. Caspar Escher (1678 bis 1762), s. Neujahrsblatt, 36., zum Besten des Waisenhauses in Zürich 1873.

(Escher. Johann Caspar E', Bürgermeister. Geb. 1678. Gest. 1762.) Njbl. s. [Wyss, Friedrich von].

Escher. Joh. Conr. als Gebirgsforscher. 1852.

Escher, Mathilde. Ein Lebensbild, s. Brandt, M. G. W.

Escher, Mathilde. Zürich 1883. V: *Meyer, Conr. Ferd.* (Zuwachsverz. d. Bibliotheken in Zürich 1898 ff.)

Escher, Mathilde, Eine Schweizer. Tabea. (16 S.) Stuttgart 1896. Buchh. d. Ev. Gesellschaft.

Escher, Mathilde. Eine schweizer. Tabea. 2. Aufl. 8. (16 S.) Stuttgart 896. Buchh. d. Evang. Gesellschaft. n. — 04

v. **Escher,** Materialien, s. Handbuch für schweizerische Artillerie-Offiziere.

Escher, Alb., schweizerische Münz- u. Geldgeschichte von den ältesten Zeiten bis zur Gegenwart. 1—5. Hft. Mit in den Text gedr. Münzabbildungen. gr. 8. (1. Bd. IV, 227 S.) Bern 877—80. Dalp. à n. 2. —

Escher, Albert. Schweizerische Münz- und Geldgeschichte von den ältesten Zeiten bis zur Gegenwart. 1. [einziger] Band. (5 Lieferungen.) Mit 123 in den Text gedruckten Holzschnitten. 8. Bern 1881.

Escher, [Alfred]. und Pioda, [Giovanni Battista]. Mündlicher Bericht der Herren E' und P' in der Freiburgischen Angelegenheit. ⟨Abschrift aus dem Protokoll des Nationalraths, vom 13ten und 14ten Dezember 1850.⟩ 8. Freiburg 1851.

Escher, Joannes Henricus Alfredus, Turicensis: De testium ratione, quae Romae Ciceronis aetate obtinuit. Tur. ex offic. Zürch. et Furr. 1842. 4 Bl., 159 S. 8°.
Zürich. Jur. Diss. v. 17. Sept. 1842.

Escher, J. H. A., de testium ratione quae Romae Ciceronis aetate obtinuit. Dissertatio. Lex.-8. Turici 843. (Orell, Füssli et Co.) n. 2/3 Thlr.

Escher. Alfr. Reden in Bern 1849—50.

Escher. Alfr. System des schweiz. Bundesrechtes. Zürich 1847. 4. Aut.

Escher, Alfr. Vortrag als Berichterstatter der in der Neuenburgerfrage niedergesetzten Commission. 1857. Auch franz. und ital.

Escher, Arnold [1807–1872] s. Escher von der Linth, Arnold.

Escher, Arnold, Beiträge zur Kenntnis des zürcher. Grundpfandrechts, s.a. **Abhandlungen zum schweizer. Recht, 8. Hft.**

Escher, Arnold, Privatdozent in Zürich: **Beiträge zur Kenntnis des zürcherischen Grundpfandrechts.** Bern 1905. 296 S. 8°. Ersch. gleichz. als Heft 8 der Abhandlungen z. schweizer. Recht.
Zürich. Jur. Hab.-Schr. 1904/1905.

Beiträge zur Kenntnis des zürcherischen Grundpfandrechts. Von Dr. Arnold **Escher,** Privatd. in Zürich. Bern: Stämpfli & Cie 1905. (XVI, 296 S.) 8°
— **Abhandlungen** z. schweizerischen Recht. H. 8. [05. 8994

Escher, Arnold [von Zürich]: **Der Einfluss des Geschlechtsunterschiedes der Descendenten im schweizerischen Erbrecht.** Zürich 1899. 114 S. 8°.
Zürich. Jur. Diss. 1899/1900.

Escher, Arnold, Dr. jur. Der Einfluss des Geschlechtsunterschiedes der Descendenten im schweizerischen Erbrecht. 8°. 114 S. Zürich, Fr. Schulthess. 1899 2 —

Escher, Arnold, der Einfluss des Geschlechtsunterschieden der Descendenten im schweizerischen Erbrecht. gr. 8. (114 S.) Zürich 900. Schulthess & Co. n. 1.60

Escher, Arnold, das Erbrecht, s.: Kommentar zum schweizer. Zivilgesetzbuch.

Escher, Grundpfandrecht, s. Abhandlgn. z. schweiz. Recht.

Escher, A., s. Kommentar zum schweizerischen Zivilgesetzbuch.

Escher, Arthur, von Zürich: Über Dilatation der Harnröhrenverengerungen. Zür. E. Kiesling Dr. 1853. 28 S. 8°.
Zürich. Med. Diss. v. 10. Sept. 1853.

Escher, Carl, s. Escher, Karl

Escher, Carl-August, s. Escher, Karl-August

Escher, Caspar, s. Escher, Kaspar

Escher, Conrad, s. Escher, Konrad

Escher, Dorothea, poetische Anklänge. Mit e. Vorwort v. Konr. Näf. 8. Zürich 831. Schulthess. 12 gr.

Escher, Eduard, von Zürich: Der accusativ bei Sophocles unter zuziehung desjenigen bei Homer, Aeschylus, Euripides, Aristophanes, Thucydides und Xenophon. Zür. Zürcher u. Furrer Dr. [Leipz. S. Hirzel] 1876. IV, 180 S. 8°.
Zürich. Phil. Diss. I. S. [v. 29. Juli 1876].

Escher, Ed., der accusativ bei Sophocles unter zuziehung desjenigen bei Homer, Aeschylus, Euripides, Aristophanes, Thucydides u. Xenophon. (Inaugural-Dissertation.) gr. 8. (IV, 180 S.) Zürich 876. (Leipzig, Hirzel.) n. 2. —

Escher, Ed. Die Lehrpläne der schweiz. Gymnasien und Progymnasien. Mit Tabelle. Gr. in-8°, 72 S. Aarau, Sauerländer. 1885

Escher, Eug., Beiträge zur Kenntniß der bürgerlichen Rechtspflege in Frankreich. Zürich 854. Orell, Füßli u. Co. 8. (5 Bl., 288 S.) 1 Thlr.

Escher, Eugen. Lebenslauf in ruhigen und bewegten Zeiten, 1831 bis 1898. Für Verwandte und Bekannte niedergeschrieben von Dr. E' E' [† 1900. Autobiographie]. ⟨Separatabdruck aus der Neuen Zürcher Zeitung.⟩ 188 S. 8. Zürich, Druckerei der N' Z' Z', 1907.

Escher, G., d. Marianischen Brüderschaften d. Jesuiten u. d. Conventikel d. Herrnhuther. Eine histor. Parallele. gr. 8. Zürich 822. Orell. 6 gl

– Dass., s. a. Escher, Heinrich

— Etwas an meine Freunde u. an meine Feinde. gr. 8. Stuttgart 827, Löfflund.

– Dass., s. a. Escher, Heinrich

Escher, G., Noth- u. Hülfsbüchlein für Mütter, die ihre Kinder selbst lesen lehren wollen. Nebst Fibel u. Buchstabentafel. 8. Wien 833, Gerold. 1/3 ℛ

Escher, Gottfried von

Escher. G. v.. und J. J. Siegfried. Denkschrift zur Feier des hundertj. Jubiläums der naturf. Gesellschaft in Zürich. Zürich 1846. 4.

Escher, Gottfried von s. Ebel, J[ohann] G[ottfried]. Anleitung... die Schweiz zu bereisen. Zürich 1840 u. ff.

v. Escher, G., neuestes Handbuch für Reisende in der Schweiz u. die angrenz. Thäler v. Oesterreich u. Sardinien. Mit den (lith.) Panoramen vom Rigi u. Faulhorn, nebst e. (lith.) Reiseroutenkarte (in Fol.) 8. (CVI u. 667 S.) Zürich 851, Orell, Füssli & Co. In Engl. Einb. 2 2/3 ℛ

Escher, Gottfried v[on]. Joh(ann) Kasp(ar) Horner (1774–1834). Der schweizerischen gemeinnützigen Gesellschaft gewidmet von G' v. E'.... [SA.] 8. Trogen 1836.

– Dass., s. a. Escher, Heinrich

– s. Hottinger, Johann Jacob *III*, und Escher, Gottfried von.

Escher, G[ottfried] v(on). Memorabilia Tigurina oder Chronik der Denkwürdigkeiten des Kantons Zürich (von) 1850 bis 1860. ([6] Hefte.) [Mit 6 Tafeln.] 4. Zürich (1868–)1870.

v. Escher, G., Memorabilia Tigurina oder Chronik der Denkwürdigkeiten des Kantons Zürich 1850 bis 1860. Zürich 870. Schultheß. gr. 4. (VIII, 742 S. u. 6 Stahlst.) n. 4 ℛ 12 ngr. Fortsetzung des von Frdr. Vogel hrsg. Bandes der Memorabilia Tigurina 1840—1850.

[Escher, Gottfried von.] (Die Mineralquellen der Schweiz. [Mit 1 Karte.]) Njbl. Naturf. Ges. Zürich 1855. 4. [Zürich.]

[Escher, Gottfried von.] (Die Quellen im Allgemeinen und die Bäder von Saxon. [Mit 1 Tafel.]) Njbl. Naturf. Ges. Zürich 1854. 4. [Zürich.]

Escher, G. v., und J. J. Hottinger, das alte und das neue Zürich, s. Hottinger, J. J.

Escher, Otthld., gründl. u. faßl. Anweisung zum höheren Kopfrechnen u. zu größt-mögl. Vereinfachung des gesammten Unterrichtes im Rechnen. gr. 8. Pesth 843, Hartleben. (Leipzig, Krebberger.) 5/8 ℛ

v. Escher, G., Aufgaben-Sammlung über die gewöhnlichen Brüche zum Gebrauch für Real- u. Sekundarschulen. gr. 8. Zürich 845, Meyer u. Zeller. n. 1/6 ℛ

— dass. Resultate. gr. 8. Ebend. 845. n. 6 ngl

— Aufgaben-Sammlung über die Decimalbrüche zum Gebrauch für Real- u. Secundarschulen. gr. 8. Ebend. 845. n. 6 1/2 ngl

— dass. Resultate. gr. 8. Ebend. 845. n. 6 ngl

Escher. G. v. Der Zeichnungs-Proportional-Zirkel und der Theilkreis. Zwei von H. Bräm erfundene Instrumente. Zürich 1840. 4.

Escher. H. Berechnung vom Flacheninhalt der Kugelzone. Zürich 1850.

– Dass., s. a. Escher, Paul

Escher, H. Die Dreitheilung des Winkels. In-8°, 16 S. Zürich, Druck von Zürcher & Furrer. 1865.

Escher, H. Der altpersische Farsang und das römische Jugum, die ursprünglichen Wege und Feldmaasse. Zürich 1868.

Escher, H. v., über d. angebornen gänzl. u. theilweisen Mangel d. Iris, besond. üb. d. Coloboma iridis. Inaug.-Abhandl. (M. 1 lith. u. ill. Taf.) gr. 4. (2 1/2 B.) Erlangen 830, (Heyder.)

Escher. H. Tafel der Grössen C² : S zum vollkommenern Gebrauche der Schusstafeln. Zürich 1871.

Escher. H. Die Trigonometrie und Einiges betreffend die Logarithmen. Zürich 1885.

— die mathematischen Verhältnisse der Kreislinie. gr. 8. (28 S. mit eingedr. Holzschn.) Zürich 860, (Meyer und Zeller's Verlag.) *

— die mathematischen Verhältnisse der Kreislinie. (Neue Ausg.) Ebend. 861. gr. 8. (22 S.) n. 4 ngr.

Escher, H., die mathematischen Verhältnisse der Kreislinie und der Parabel. gr. 8. (35 S.) Zürich 862, (Meyer und Zeller's Verlag.) *

Escher, H C. Ueber die fremdartigen Geschiebe und Felsblöcke, welche sich in verschiedenen Ländern vorfinden. (Aus Gilbert's Ann.) Leipzig. 1820. 8.

Escher, H. H.: „Die Gesetze des Verkehrs und ihre Konsequenzen für die Geldverhältnisse der Schweiz", Zürich 1849.

Escher, Hans [aus Zürich]: Schweizerisches Bundesbeamtenrecht. Zürich 1903. 204 S. 8°. Zürich. Jur. Diss. 1902/1903.

Escher, Hans. Schweizerisches Bundesbeamtenrecht. 204 S. 8. Zürich, Aschmann & Scheller, 1903. *Ausg. A:* Diss. Jur. Univ. Zürich. *Ausg. B:* [Komm. Ed. Raschers Erben, Zürich.] [fr. 2.60]

Escher, Hans, schweizerisches Bundesbeamtenrecht. (204 S.) gr. 8. Zürich 903. Rascher & Co. n. 2. —

Escher, Hs. Heinr., die Gesetze des Verkehrs u. ihre Consequenzen f. die Geldverhältnisse der Schweiz. gr. 8. (16 S.) Zürich 849, Meyer & Zeller. 3 ngl

Escher, Hans Heinr., Maß und Gewicht als Grundlagen der Geschichte. Zwei Abhandlungen. Zürich 858. Meyer u. Zeller. gr. 8. (126 S.) n. 20 ngl

— die Schweizerische Münzreform und ihr Schlußergebniß. Zürich 854. Meyer u. Zeller. 8. (12 S.) 5 ngl

— die neue Phönixperiode der Staatswissenschaft. gr. 8. 2 Hfte. (1. XII u. 83 S. 2. 124 S.) Zürich 848, Schultheß. (1. 11 ngl 2. 14 ngl) 5/6 ℛ

— das Privatrecht. gr. 8. (28 S.) Zürich 851, Meyer und Zeller. *

— das Privatrecht. (1. Thl.) 2. umgearb. u. verm. Aufl. gr. 8. (44 S.) Zürich 852, Meyer & Zeller. — 2. Thl. gr. 8. (27 S.) Ebd. 852. (à n. 1/6 ℛ) n. 1/3 ℛ

— des Privatrechts zweiter Theil. Ebend. 853. 8. (27 S.) n. 5 ngl

— das Recht und der Werth der Sachen. gr. 8. (27 S.) Ebd. 850. n. 1/6 ℛ

Escher, H., die schweizerische Scheidemünzfrage nach zehn Jahren. Zürich 859. (Meyer & Zeller.) gr. 8. (30 S.) n. 8 ngr.

— der Schweizerfranken. gr. 8. (16 S.) Ebd. 850. 3 ngl

Escher, H[an]s Heinrich. Der Zwinghof von Neerach. Ein Beitrag zur ältern Geschichte Helvetiens. ([Mit 1 Tafel und Anhang:] Die Römerstrassen über die Alpen nach Gallien. Zürich, den 9. März 1860.) 8. Zürich 1859.

(Escher, Hrch.) Zwinghof von Neerach. Schluss. Ste. 103—154. 8. Zürich. 1875

Escher, Hs. Karl, s. Escher von der Linth, Hans Conrad

Escher. Hans Kaspar E' [-von Muralt] vom Felsenhof (1775[–1859]). Biographische Skizze seinen Freunden, Gehülfen und allen seinen Arbeitern gewidmet. [Mit Porträt-Tafel.] 8. Zürich 1859.

Escher, Heinr.: Vier Abhandlungen üb. Gegenstände der Strafrechtswissenschaft, veranlasst durch die Bearbeitung des Entwurfes eines Strafgesetzbuchs für den Canton Zürich. *Zürich*, Orell., Füssli u. Comp. 822. 8. (1 Thl. 16 Gr.)

— urkundl. Belege hierzu. gr. 8. Ebend. 826.

[Escher. Heinrich I: 1781–1860.] (Erzherzog Albrecht von Oestreich [und die Tellskapelle. Mit 1 Tafel.]) Njbl. Stadtbibl. Zürich 1826. 4. [Zürich.]

Escher, Heinr., polit. Annalen d. eidgenöss. Vororte Zürich etc., s. Annalen, schweiz., 6. u. 7. Bd.

Escher, Hnr., politische Annalen der eidgenöss. Vororte Zürich u. Bern während der J. 1834—36, s. K. Müller v. Friedberg.

— s. 1) Archiv f. schweizer. Geschichte.

[Escher. Heinrich I. Beispiele der Eintracht unter den Eidgenossen. Mit 1 Tafel.] Njbl. Stadtbibl. Zürich 1827. 4. [Zürich.]

Escher, Heinrich. Die Marianischen Brüderschaften der Jesuiten und die Conventikel der Herrnhuter. Zürich 1822. 58 S. 8.

– Dass., s. a. Escher, G.

— geschichtl. Darstell. u. Prüfung der über d. denuncirte Ermordung Hrn. S. Keller, von Luzern verführten Criminalprocedur. gr. 8. Aarau 826. Sauerländer. 1 Rthlr. 8 gGr. Urkundl. Belege hierzu. gr. 8. Ebd. 826. 20 gGr.

Escher, Heinrich: Joh. Gottfr. Ebel. Nach seinem Leben und Wirken geschildert. Trogen 1835. 81 S.
in: Sammelband: Biographica. 1831—1853. No. 4. 8°.

Escher, Heinrich I. Joh(ann) Gottfr(ied) Ebel (1764–1830). Nach seinem Leben und Wirken geschildert. [SA.] 8. Trogen 1836.

Escher, Heinrich I. (Desiderius) Erasmus von Rotterdam. Ein Beitrag zur Gelehrtengeschichte des sechszehnten Jahrhunderts. [A.] 8. (Leipzig 1843.)

Escher, Heinr., Erinnerungen seit mehr als 60 Jahren. 8. (VIII und 358 S.) Zürich 866, Schabelitz'sche Buchh. *

Escher, Heinr., Erinnerungen seit mehr als 60 Jahren. Zürich 867. Schabelitz. 8. (VIII, 358 S.) n. 1 Rthlr. 15 Ngr.

Escher, Hch. Erörterung des zwischen den Ständen Zürich und Schaffhausen obwaltenden Streites über Rheinschiffahrt. Zürich 1835.

[Escher. Heinrich I.] (Hans Conrad Escher von der Linth [1767–1823].) [Mit 1 Tafel.] Njbl. Stadtbibl. Zürich 1828. 4. [Zürich.]

— etwas an meine Freunde u. an meine Feinde. gr. 8. Stuttg. 827. Löflund. 7 gGr.

– Dass., s. a. Escher, G.

—— Handbuch der praktischen Politik. 2 Bde. Lex.-8. Leipzig 863, 64, Engelmann. [1. Bd. 1. Abthl. (VIII und S. 1—280.) 1 Thlr. 22½ Ngr., 1. Bd. 2. Abthl. (VIII und S. 281—669.) 2 Thlr., 2. Bd. 1. Abthl. (IV und S. 1—336.) 1 Thlr. 22½ Ngr., 2. Bd. 2. Abthl. (VIII und S. 337—682.) 1 Thlr. 22½ Ngr.]

[Escher. Heinrich I.] (Einige Hauptzüge der Verfassung der ehemaligen Grafschaft Kyburg. [Mit 1 Tafel.]) Njbl. Stadtbibl. Zürich 1840. 4. [Zürich.]

Escher. Heinrich) I. Joh[ann] Jak(ob) Hess, Doktor der Theologie und Antistes der Zürcherischen Kirche (1741–1828). Skizze seines Lebens und seiner Ansichten. mit einem Auszuge aus seiner ungedruckten Auslegung der Apokalypse. 8. Zürich 1837.

— Joh. Jak. Heß. Skizze seines Lebens u. seiner Ansichten, mit einem Auszuge aus seiner ungedruckten Auslegung der Apokalypse. 8. Zürich 837. Höhr. 5/6 Rthlr.

Escher, Heinrich: Joh. Caspar Horner nach seinem Leben und Wirken dargestellt. Zürich 1834. 8 S.
in: Sammelband: Biographica. 1831—1853. No. 3. 8°.

– Dass., s. a. Escher, Gottfried von

[Escher. Heinrich I.] (Joh[ann] Jacob Hottinger, Professor, 1750–1819. [Mit 1 Porträt-Tafel.]) Njbl. Chorh. Zürich 1831. 4. [Zürich.]

– s. Jesuiten, die, im Verhältniß zu Staat u. Kirche.

Escher, Heinr., Kommentar zu dem im Kanton Zürich geltenden Gesetz, betreff. d. Druckerpresse. 8. (6 B.) Zürich 829, Orell, Füßli u. Comp.

(Escher. H[einrich] II. [1789–1870.]) Kritik des Rechtsgutachtens der Juristen-Fakultät in Zürich, in der Streitsache des Gotteshauses Einsiedeln... gegen die Regierung des Standes Aargau. (Zürich, den 1. November 1838.) 8. [Aarau.]

— die Lehre von dem strafbaren Betruge u. von der Fälschung nach Römischem, Englischem u. Französischem Rechte u. den neuern deutschen Gesetzgebungen. gr. 8. Zürich 840. Orell, Füßli u. Comp. 2⅓ Rthlr.

Escher, Heinrich II s. Müller von Friedberg, Carl. Schweizerische Annalen. Zürich

— s. H. G. Nägeli, das Recht aus d. Standpunkte der Kultur.

— Napoleon Bonaparte, geschildert nach d. Tagebuche d. Grafen Las Cases. 8. Zürich 824. Orell. 12 gGr.

Escher, Hnr. I., († d. 10. Sept. 1814.), s. Paraphrase d. vier Evangelisten.

Escher, H., Ueber die Philosophie des Staatsrechts mit besonderer Beziehung auf die Haller'sche Restauration und einem Vorwort über C. L. von Haller's Uebertritt zur römisch-katholischen Kirche und dessen Ausschliessung von den öffentlichen Aemtern der Stadt und Republik Bern. Zürich 1821. 8°.

Escher, Heinr.: Ueb. d. Philosophie d. Staatsrechts, mit besond. Bezieh. auf d. *Haller*'sche Restauration u. ein. Vorwort üb. Hrn. *C. L. v. Haller's* Uebertritt zur röm.-kathol. Kirche. *Zürich*, Orell, Füssli u. Comp. 821. 8. (1 Thl. 16 Gr.)

Escher, H[einrich] II. Rechtsgutachten in der Streitsache des Gotteshauses Einsiedeln... gegen die Regierung des Standes Aargau. (Zürich, den 13. November 1838.) 8. [Aarau.]

Escher, Heinr., die Rechtsverhältnisse, der Einfluss und die Sitten der Frauen in den Gegenden, welche jetzt das Gebiet der schweizer. Eidgenossenschaft bilden, in der 2. Hälfte des Mittelalters nach Urkunden. gr. 8. (III, 76 S.) Aarau 870, Sauerländer's Verlag. *

– s. Reflexionen. Einige R' über die beabsichtigte Veränderung der Zürcherischen Kantonal-Verfassung. (Zürich)

– s. Schriftlehre von d. Dreieinigkeit.

—— die Schwur-Gerichte in Strafsachen und bürgerlichen Rechtsstreitigkeiten. Geschichte derselben in England, Frankreich und Deutschland, vom wissenschaftl. Standpunkte, mit zahlreichen Beispielen aus der engl. Praxis erläutert. gr. 8. (VIII, 183 S.) Schaffhausen 868, Hurter'sche Buchh. [Baader.] (*M 2,40.) *

Escher. Heinrich I. Die Stiftung des Klosters Kappel und das Geschlecht der Freiherrn von Eschenbach. [Mit 2 Tafeln.] (Mittheil. Ant. Ges. Zürich.) 4. (Zürich 1842.)
Ausg A. Mittheil. ..., Band 2. Heft 1.)
Ausg. B. (Mittheil. ..., [Njbl.] 6.) — *Anonym.*

[Escher. Heinrich I.] (Johann Jacob Stolz. d. Theologie Doctor, geb.... 1753. gest.... 1821. [Mit 1 Porträt-Tafel.]) Njbl. Stadtbibl. Zürich 1830. 4. [Zürich.]

– s. Tagesgespräche über die Religionsgefahr. Zürich 1839.

– s. J. Taylor, Erklär. d. Br. Pauli.

– s. Tillotson, neue Samml. v. Predigten.

IKONOKLASTES, Bruder Thomas, ein Vetter des Pater Gerundio von Campaces und Hofpred. Sr. Majest. des Kaisers Gargantua (d. i. *Heinr. Escher*), Vademecum für Katholiken, welche ihre Augen zum Sehen gebrauchen wollen. Mit sonderlichem Fleiß zusammengetragen. Utopia im Jahre 1991 (Zürich, Orell, Füßli u. Comp., 1834). 17 Bog. 8°. (2/3 Rthl., Velinp.) Rar!
A. G. Schmidt, Gallerie etc. — Weller, fing. Druckorte, sub „1836".

— Versuch über die Zweckmäßigkeit u. Möglichkeit der Wiederherstellung der Volksgerichte in der Schweiz nach den Verhältnissen und Anforderungen unserer Zeit. gr. 8. Zürich 838. Orell, Füßli u. Comp. 5/12 ℛ

Escher, Heinrich I s. Vögelin, J[ohann] Conrad. Geschichte der Schweizerischen Eidsgenossenschaft. 3. Aufl. Zürich.

– Der Zwinghof von Neerach, s. Escher, Hans Heinrich

Escher, Hein[rich] H[ermann]. Zur Kenntnis des Carotins und des Lycopins. Promotionsarbeit Polyt. Zürich. [Mit 2 Figuren und 1 Doppeltafel.] 104 S. 8. Zürich; Druck von Val. Höfling, München, 1909.

[Escher, Hermann.] Bibliographie der Geschichte, Landes- und Volkskunde von Stadt und Kanton Zürich. Oktober 1900 bis November 1901. ([Ausschnitt aus:] Zürcher Taschenbuch 1902.) S. 271—303. 8. [Zürich, Fäsi & Beer.]

Escher, Hermann. Bibliothekwesen. Sonderabdruck [aus:] Handwörterbuch der Schweizerischen Volkswirtschaft, Socialpolitik und Verwaltung. Hrg. von Dr. jur. N[aum] Reichesberg.... Band 1. II + 16 S. 8. Bern, Verlag Encyklopädie, 1902.

Escher, Hermann. Die Feldzüge der Schweizer nach Ober-Italien 1500–1516. Zur Jubiläumsfeier des zürcherischen Artillerie-Collegiums. 1. Juli 1886. Besonderer Abdruck von Capitel 1 und 2 des ersten Buches. 8. Frauenfeld 1886.
Alles was erschienen.

Escher, Hermann. Die Feldzüge der Schweizer nach Oberitalien 1500—1516. Besonderer Abdruck von Kapitel I. u. II. d. ersten Buches. Frauenfeld. 1887
*** Nicht im Buchhandel.

Escher. Hermann s. (Füssli, Peter.) Warhafte reiß gen Venedig und Jerusallem

Escher, Herm., das schweizerische Fußvolk im 15. u. im Anfang des 16. Jahrh., s.a. Neujahrsblatt, 100. u. 101., der Feuerwerker-Gesellschaft in Zürich.

Escher, Herm., das schweizer. Fußvolk im 15. u. im Anfang d. 16. Jahrh., s.a. Neujahrsblatt, 102., der Feuerwerker-Gesellschaft in Zürich.

Escher, Hermann. Das schweizerische Fussvolk im 15. und im Anfang des 16. Jahrhunderts. [3 Teile. *je* Mit 1 Tafel.] 4. Zürich, Komm. Fäsi & Beer, Druckerei der Neuen Zürcher Zeitung. [*je* fr. 3. —]
... 1905 ⟨Teil 1.⟩ IV + 47 S. — ... 1906. ⟨Teil 2.⟩ IV + 45 S. — ... 1907. ⟨Schluss.⟩ S. 1 – 56.
100.—102. Neujahrsblatt der Feuerwerker-Gesellschaft ... in Zürich auf das Jahr 1905 - 1907.

(Escher, H[ermann].) Zum Schweizerischen Gesamtkatalog. Aus dem in der 8. Sektion des Internationalen Kongresses für historische Wissenschaften erstatteten Referate. (Separatabdruck aus dem Zentralblatt für Bibliothekswesen.... [Jahrg. 25].) II S. + S. 493–497. (Leipzig, Otto Harrassowitz, [1908].)

(E[scher], H[ermann].) Ein Gesamtkatalog der Wiegendrucke. Aus dem Bericht über die Vereinigung schweizerischer Bibliothekare in Freiburg 4./5. September 1910. ⟨[SA. aus der] N[euen] Z[ürcher] Z[eitung] vom 1. November 1910 Nr. 302 1. Morgenblatt.⟩ 7 S. 8. [Zürich, Druckerei der N' Z' Z'.]

Escher, Hermann, von Zürich: Die Glaubensparteien in der Eidgenossenschaft und ihre Beziehungen zum Ausland, vornehmlich zum Hause Habsburg und zu den deutschen Protestanten 1527–1531. Frauenfeld J. Huber Dr. [u. Verl.] 1882. XII. 326 S., 1 Bl. 8°.
Zürich, Phil. Diss. I. S. [v. 28. Dec. 1881].

Escher, Herm., die Glaubensparteien in der Eidgenossenschaft u. ihre Beziehungen zum Ausland, vornehmlich zum Hause Habsburg u. zu den deutschen Protestanten 1527—1531. gr. 8. (XII, 326 S.) Frauenfeld 882. (Huber.) n. 4. —

Escher, Hermann. Eine Karikatur auf Calvin. [Mit 1 Tafel.] Separat-Abdruck aus «Zwingliana» Nr. 2, 1909. II + 8 S. 8. Zürich, Zürcher & Furrer.

Zur Organisation der Centralbibliothek in Zürich. Von Dr. Hermann Escher. (*Zürich 1901: Aschmann & Scheller.*) (23 S.) 8° [Kopft.] [illegible]

– s. Schweizer, Paul, und Escher, Hermann.

— Die Staatsgefangenen auf Aarburg im Winter 1802/3. Aus den Aufzeichngn. d. Seckelmeisters Joh. Caspar Hirzel, s.a. Neujahrsblatt, 264., hrsg. v. d. Stadtbibliothek Zürich.

Escher, Hermann. Die Staatsgefangenen auf Aarburg im Winter 1802/03. Aus den Aufzeichnungen des Seckelmeisters Joh[ann] Caspar Hirzel. [Mit 1 Ansicht und 1 Tafel.] 48 S. 4. [Zürich,] Komm. Fäsi & Beer. [fr. 3. —]
Neujahrsblatt hrg. von der Stadtbibliothek Zürich auf das Jahr 1908. Nr. 264.

— Aus den Unterhaltgn. d. Staatsgefangenen auf Aarburg. Nach dem Tagebuch Joh. Caspar Hirzels, s.a. Neujahrsblatt, 268., hrsg. v. d. Stadtbibliothek Zürich.

Escher, Hermann. Aus den Unterhaltungen der Staatsgefangenen auf Aarburg. Nach dem Tagebuch Joh[ann] Caspar Hirzels. [Mit 2 Ansichten und 2 Tafeln.] 44 S. 4. [Zürich,] Komm. Fäsi & Beer. [fr. 3. —]
Neujahrsblatt hrg. von der Stadtbibliothek Zürich auf das Jahr 1909. Nr. 265.

(E[scher], H[ermann].) Die 9. Vereinigung schweizerischer Bibliothekare (am 1. und 2. Oktober [1909 in Solothurn. Bericht]. Separatabdruck aus dem Zentralblatt für Bibliothekswesen.... [Jahrg. 26, 1909, Heft 11]). II S. + S. 521—523. 8. (Leipzig, Otto Harrassowitz.)

(Escher, H[ermann].) Siebente Versammlung der Vereinigung Schweizerischer Bibliothekare (am 20. und 21. April [1907] in Genf). [Bericht.] (Separatabdruck aus dem Zentralblatt für Bibliothekswesen.... [Jahrg.] 24, [1907, Heft] 7.) II S. + S. 321—327. 8. (Leipzig, Otto Harrassowitz.)

(Escher, H[ermann].) Achte Versammlung der Vereinigung schweizerischer Bibliothekare (am 10. und 11. April 1908 in St. Gallen). [Bericht.] (Separatabdruck aus dem Zentralblatt für Bibliothekswesen.... [Jahrg.] 25, [1908, Heft] 7.) II S. + S. 316—321. 8. (Leipzig, Otto Harrassowitz.)

Escher, Herm., Georg v. Wyß, s.a. Schweizer, Paul.

(E[scher], H[ermann].) Georg von Wyss [1818–1893] als Geschichtsforscher. SA. 8. [Basel 1894.]

Escher, J., s.: Urkundenbuch der Stadt- u. Landschaft Zürich.

Escher, J. Bapt., Anweisung zur Fechtkunst auf Hiebe in verhängter und steiler Auslage. Mit 18 Steintaf. qu. gr. 4. Freiburg 833. (Groos. 1 ℛ

Escher, J. J., üb. Länder u. Meere od. e. Missionsreise um die Welt. 1. Lfg. 8. (64 S.) Bonn 886. (Schergens.) n. — 50

Escher, J. J., üb. Länder u. Meere od. e. Missionsreise um die Welt. 2.—10. (Schluß-)Lfg. 8. (XX u. S. 65—647 m. Bild.) Stuttgart 887. (Bonn, Schergens.) à n. — 50 (cplt.: n. 5. —; geb. n. 5. 50)

(Escher, Jacob II [geb. 1864].) Die Ergebnisse der neueren Ausgrabungen auf der Akropolis von Athen. ([Von] Jakob E. [SA.]) 8. [Aarau 1893.]

[Escher, Jacob I; geb. 1818.] (Johann Conrad Heidegger, Bürgermeister, geb. 1710, gest. 1778. [Mit 1 Porträt-Tafel.]) Njbl. Waisenh. Zürich 1861. 4. [Zürich.]

Escher, [Hans] Jakob. von Zürich Triton und seine Bekämpfung durch Herakles. Leipz. A. Pries Dr. [Fock Verl.] 1890. 3 Bl.. 139 S. 8°. Zürich, Phil. Diss. I. S. [v. 22. Febr. 1890].

Escher, Jak. Triton u. seine Bekämpfung durch Herakles. gr. 8. (VI, 139 S.) Lpz. 890, Fock. * 2 50

Escher, Jo. Friedr. (Caditz/Misn.), Capita juris controversa. Präs. Georg Stephan Wiesand. Wittenbg. (A. Ch. Charisius) 7. XI. 1794. 8 S. (3.—) 8284

Escher, Jo. W., Diss. de paralysi artuum inferiorum. 23 pp. Bas. 4°.

1753

Escher, Johann Heinrich Alfred, s. Escher, Alfred

Escher, Johann Jacob s. Ulrich, Johann Rudolf, und Escher, Johann Jacob.

[Escher, Johann Caspar, und Fischer, Beat Rudolf.] Gründliche Behauptung (*Ausg. A: Deß) Der Hohen Landes-Obrigkeit / Welche denen Löbl. Regierenden Eydgnössischen Orthen Über die in Der Graffschafft Baden ... belegene ... Privat-Aemter ... Unstreitig zustehet. ([Samt] Beylagen ....) o. O. 1713.
Ausg. A fol.
Ausg. B 4.

Escher, Jh. Casp., Einkünfte d. geistl. Pfründen d. Kantons Zürich; sammt einigen dahin einschlag. Notizen u. 1 ill. Karte. 8. Zürich 811.

Escher, Joh. Casp. Meteorol. Erörterungen. Nr. 1—21 Zürich 1816—20. 4.

[Escher, Johann Caspar, und Fischer, Beat Rudolf.] (Gründliche Informatio Von der Toggenburger Freyheitē Und Gerechtigkeiten..) s.a. Gegen-Informatio Über die ... Gründliche Informatio.... 1713.

[Escher, Johann Caspar, und Fischer, Beat Rudolf.] Gründliche Informatio Von der Toggenburger Freyheiten und (*Ausg. A: Und*) Gerechtigkeiten / Und daher Mit dem Herrn Abten von St Gallen Entstandenen Irrungen .... Der ohnpartheyischen Welt zur Beurtheilung vorgelegt. o. O. 1713.
Ausg. A Samt Beylagen .. fol.
Ausg. B. [Samt] Beylagen ...) fol.
Ausg. C [Samt] Beylagen ...) 4.

Escher, Joh. Casp., Zürich. Specimen inaugurale physico-medicum de unguibus et pilis.
Basel, med. Diss. 1733

Escher, Johann Conrad, s. Escher von der Linth, Hans Conrad

Escher, Joh. Wilh., Zürich. Specimen medicum inaugurale de paralysi artuum inferiorum.
Basel, med. Diss. 1753

Escher, Jos. Jak., Predigten, gehalten am 3ten Reformat.-Feste. 8. Winterth. 819. Ziegler in Zürich. 8 gr.

Escher, K. Das schweizerische Banknotenwesen und die zu gründende Bundesbank. Vortrag. (Zeitschrift für schweizerische Statistik. 24. Jahrgang. 2. Quartalheft. Bern 1888.)

Escher, K., Zürich u. die Ausgemeinden. Eine Betrachtung u. Anregung. 32 Stn. u. 1 Taf. 8. Zürich, Druck v. Zürcher & Furrer. 1874

Escher, Carl, von Zürich Das schweizerische interkantonale Privatrecht auf Grund des Bundesgesetzes betreffend die civilrechtlichen Verhältnisse der Niedergelassenen und Aufenthalter (vom 25. Juni 1891). Zür. J. Schabelitz Dr. A. Müller Verl. 1895. VI, 287 S. 8° Zürich, Jur. Diss. [v. 23. Febr. 1895].

Escher, Carl, d. schweizer. interkantonale Privatrecht auf Grund d. Bundesgesetzes betr. d. civilrechtl. Verhältnisse d. Niedergelassenen u. Aufenthalter (v. 25. Juni 1891). gr. 8. (VI, 287 S.) Zürich 895. A. Müller's Verl. n. 4.—

Escher, Carl August, appr. Arzt: Aus d. pathol.-hyg. Inst. d. Stadt Chemnitz. Zur Kenntnis der primären Geschwülste des Herzens. (Mit 1 Taf.) Leipzig 1909: Georgi. 29 S. 8°
München, Med. Diss. v. 17. Aug. 1909, Ref. v. Bollinger
[Geb. 29. März 83 Gelsenkirchen; Wohnort: Katernberg; Staatsangeh.: Preußen; Vorbildung: Gymn. Krefeld Reife O. 03; Studium: Marburg 2, Gießen 1, Marburg 2, Berlin 1, München 1, Berlin 1, München 2 S.; Coll. 17. Aug. 09; Approb. 15. Mai 09.] [U 10. 3498

Escher, Caspar [prakt. Arzt aus Zürich]: Zur Frage der angeborenen Rachitis. (S.-A. aus dem Jahrbuch f. Kinderheilkunde N. F. Bd. 56.) Berlin 1902. 28 S. 8°.
Bern. Med. Diss. 1902/1903.

Escher, Konr., Barock u. Klassizismus. Studien zur Geschichte der Architektur Roms. (VIII, 182 S. m. 22 Taf.) Lex. 8. Leipzig (900). Klinkhardt & Biermann. 12.—; geb. 14.—

— **Bilder aus dem Lazarettleben im deutsch-französ. Krieg 1870. Nach dem Tagebuch der Elise Rellstab verf., s.a. Neujahrsblatt, 109., der zürcherischen Hülfsgesellschaft.**

Escher, Conrad. Bilder aus dem Lazarettleben im deutsch-französischen Krieg 1870. Nach dem Tagebuch der Elise Rellstab von Wädenswil, verfasst im Auftrage der Zürcherischen Hülfsgesellschaft von Dr. K' E'. [Mit 3 Tafeln.] IV + 63 S. kl.-4. Zürich, Schulthess & Co. (Komm. Fäsi & Beer), 1909. [fr. 2. 50]
109. Neujahrsblatt der Zürcherischen Hülfsgesellschaft auf das Jahr 1909.

Biographie des Hans Konrad Escher, Zunftmeister (1743–1814). Verf. von C[onrad] E[scher]-Z[iegler] u. hrsg. durch d. Pfauen-Escher-Familie. Zürich 1896 Buchdr Berichthaus. 59 S. 8° A.u.gaa

Escher, Conrad. Die Emilie Linder-Stiftung. 4.
Oeffentliche Kunst-Sammlung in Basel. 62. Jahres-Bericht (1909). Neue Folge. 6. ... Mit einer Beilage [sowie 6 Illustrationen] und einer Tafel: Dr. K' E': Die E' L'-St'. Basel, Emil Birkhäuser, 1910. S. 19—46.

— **Dr. Jakob Escher-Bodmer, gew. Oberrichter, s.a. Neujahrsblatt, hrsg. v. d. Stadtbibliothek Zürich. Nr. 266.**

Escher, Conrad. Dr. jur. Jakob Escher-Bodmer, gew. Oberrichter (1818—1909). [Mit 2 Illustrationen und 1 Porträt-Tafel.] 49 S. 4. [Zürich,] Komm. Fäsi & Beer. [fr. 3.—]
Neujahrsblatt hrg. von der Stadtbibliothek Zürich auf das Jahr 1910. Nr. 266.

Escher, Conr., der Finanzhaushalt der Stadt Zürich. gr. 8. (41 S.) Zürich 901. (C. M. Ebell.) n. 1.—

Escher, Conrad. Der Finanzhaushalt der Stadt Zürich. 41 S. 8. Zürich, Art. Institut Orell Füssli, 1901. [fr. 1.—] O Zür

Escher, Conr., die Finanzlage der zürcherischen Gemeinden u. einige Vorschläge zu ihrer Besserung. gr. 8. (V, 108 S. m. 1 Tab.) Zürich 889. (F. Schulthess.) n. —80

Escher-Ziegler, Conr., eine schweizer. Garnison zur Beschützung der Neutralität der Reichsstadt Straßburg in d. J. 1673—1679, s.a. Neujahrsblatt, 103., der Feuerwerker-Gesellschaft (Artillerie-Kollegium) in Zürich.

Escher, Conrad. Eine schweizerische Garnison zur Beschützung der Neutralität der Reichsstadt Strassburg in den Jahren 1673—1679. Von C' E'-Ziegler. [Mit 5 Illustrationen und 3 Tafeln.] 41 S. 4. Zürich, Komm. Fäsi & Beer, Druckerei der Neuen Zürcher Zeitung. [fr. 3.-]
103. Neujahrsblatt der Feuerwerker-Gesellschaft ... in Zürich auf das Jahr 1908.

Escher, C[onra]d. Eine schweizerische Gesandtschaft an den französischen Hof in den Jahren 1687 und 1688. [SA] 8. [Zürich 1888.]

— **der Kriegszug der Berner, Zürcher u. Graubündner nach dem Veltlin in Aug. u. Septbr. 1620, s.a. Neujahrsblatt, 96., der Feuerwerker-Gesellschaft in Zürich.**

Escher, Conrad. Der Kriegszug der Berner, Zürcher und Graubündner nach dem Veltlin im August und September 1620. Hiezu ein Porträt und eine Karte [und eine Illustration]. 42 S. 4. Zürich, Fäsi & Beer. [fr. 2.50]
96. Neujahrsblatt der Feuerwerker-Gesellschaft ... in Zürich auf das Jahr 1901.

Escher, Conr., der Kriegszug der Eidgenossen nach Mülhausen i. J. 1587 (Finningerhandel), s.a. Neujahrsblatt, 99., der Feuerwerker-Gesellschaft in Zürich.

Escher, Conrad. Der Kriegszug der Eidgenossen nach Mülhausen i. J. 1587 ‹Finningerhandel›. [Mit 1 Plan und 1 Tafel.] IV + 23 S. 4. Zürich, Komm. Faesi & Beer, Druckerei d. N. Z. Ztg. [fr. 3. —]
99. Neujahrsblatt der Feuerwerker-Gesellschaft ... in Zürich auf das Jahr 1904.

Escher, Conr., Joh. Martin Usteri's dichter. u. künstl. Nachlaß, s.a. Neujahrsblatt, hrsg. v. d. Stadtbibliothek in Zürich.

Escher, Conrad. Joh[ann] Martin Usteri's dichterischer und künstlerischer Nachlass. [Mit 1 Facsimile und 4 Tafeln.] Njbl. Stadtbibl. Zürich 1896. 4. Zürich.

— Heinrich Thomann, Landvogt u. Seckelmeister, s.a. Neujahrsblatt, 261., hrsg. v. der Stadtbibliothek Zürich.

Escher, Conrad. Heinrich Thomann, Landvogt und Seckelmeister ‹1520—1592›. [Mit 1 Illustration und 1 Porträt-Tafel.] 40 S. 4. Zürich, Komm. Fäsi & Beer. [fr. 3.—]
Neujahrsblatt hrg. von der Stadtbibliothek Zürich auf das Jahr 1905. Nr. 261.

— der „Ueberfall v. Nidwalden" (9. IX. 1798), s.a. Neujahrsblatt 1899, hrsg. v. der Stadtbibliothek in Zürich.

Escher, Conrad. Der „Ueberfall von Nidwalden" ‹9. September 1798›, bearb. nach älteren handschriftlichen Aufzeichnungen (von Johann Heinrich Meyer, Kupferstecher). [Mit Illustrationen und 1 Tafel.] Njbl. Stadtbibl. Zürich 1899. 4. Zürich.

Escher, Konr., Untersuchungen zur Geschichte der Wand- u. Deckenmalerei in der Schweiz vom IX. bis zum Anfang des XVI. Jahrh., s.a. Studien zur deutschen Kunstgeschichte. 71. Hft.

Escher, Conrad. Untersuchungen zur Geschichte der Wand- und Deckenmalerei in der Schweiz vom IX. bis zum Anfang des XVI. Jahrhunderts. 8. Strassburg, J. H. Ed. Heitz, 1906.
Ausg. A: Diss. Phil. I. Univ. Zürich ... von K. E.... (Mit Vita.) VIII + 160 S.
Ausg. B: ... von K. E. Mit 11 Tafeln. VIII + 159 S. (M. 8. —.) — Studien zur Deutschen Kunstgeschichte. Heft 71.

Escher, C., Max Huber, A. Im Hof, Henry Fazy, A. Bauveller, Verfassung u. Verwaltungsorganisation der Städte der Schweiz, s.a. Schriften des Vereins f. Socialpolitik. 121. Bd.

Escher, C[onrad], und Huber, Max. Verfassung und Verwaltung der Stadt Zürich. [Sep.-Abdr. aus den] Schriften [des Vereins für Socialpolitik, Band] 121. 41 S. 8. (Altenburg, Hofbuchdr. Stephan Geibel & Co., [1906].)

[Escher, Conrad.] Die Waffenübungen der Zürcher Jugend. Eine geschichtliche Skizze. [Mit 1 Vignette und 2 Tafeln.] Njbl. Waisenh. Zürich 1887. 4. Zürich 1887.

Escher, Conr., die Winkelriedstiftung. Eine Betrachtg. üb. das schweizer. Militärpensionswesen. gr. 8. (60 S.) Ebend. 873. 1. —

— **Matthias** (Tigurinus), Porphyrisma, anno 1788 in Helvetia observatum cum epicrisi. Diss. med. Präs. Wilh. Gottfried Ploucquet. Tübing. (Fues) Aug. 1789. 24 S. (4.50) 8285

Escher, Nanny v., Gedichte. 12. (VI, 64 S.) Frauenfeld 895. J. Huber's Verl. Geb. in Celluloid n. 2. 80

Escher, Nanny von. Kleinkindleintag. Bilder aus der Untergangszeit der alten Eidgenossenschaft. [Gedichte, mit Vignetten.] VIII + 128 S. 8. Zürich, Schulthess & Co., 1906. [geb. fr. 3. —]

Escher, Nanny v[on]. Traumgestalten. [Szene in Zürcher Dialekt.] Aufführung zur Feier des 9. Februar 1911 [80. Geburtstag des Herrn Johann Caspar Escher-Hess in Zürich]. [Umschlag illustriert.] II + 9 S. 8. o. O.

Escher, Nanny v., u. Eug. Ziegler, auf Schloß Wülflingen. Ernstes u. Heiteres in zwei Gelegenheits-Dichtgn. (100 S.) kl. 8. Zürich 908. Schultheß & Co. Geb. 3. 60

Escher, Paul, gemeinfaßliche Anleitung zur praktischen Lösung der bei Kapitalien- und Renten-Versicherungen vorkommenden Rechnungs-Aufgaben. Wien 861. (Gerold.) Lex.-8. (XVI. 327 S.) n. 2 xf

Escher, Paul, leichtfaßliche Anleitung, durch Raisonnement, Münz-, Wechsel-, Maaß- und Gewichtsrechnungen, sowie andere complicirte Aufgaben der kaufmännischen Arithmetik, sicherer und schneller zu lösen, als nach den bisher üblichen Regeln. Stuttgart 857. Metzler. Lex.-8. (IV, 67 S.) n. 16 ngr

Escher, Paul, Begründung der wichtigsten Gesetze der allgemeinen Arithmetik. Ein Versuch. Stuttgart 857. Metzler. gr. 8. (IV, 58 S.) n. 10 ngr

— neue Behandlung desjenigen Theils der Geometrie des Raums, welcher die verschiedenen Lagen gerader Linien und Ebenen betrachtet. Eingeführt von G. S. Ohm. Mit 2 (lith.) Figurentaf. (in 4.). Stuttgart 853. Metzler. gr. 8. (V, 50 S.) n. 12 ngr

— die Berechnung vom Flächeninhalt der Kugelzone. Ein Beitrag zu jedem Lehrbuch der Stereometrie. Zürich 859. Schulthess. gr. 8. (36 S. m. Holzschn.) n. 8 ngr

— Dass., s. a. Escher, H.

Escher, P. Geometrie des Raumes. Stuttgart 1853. Auch 7789.

Escher P. die Notwendigkeit einer Reform des Unterrichts im praktischen Rechnen. Wien

— elementare Theorie der Differenzen briggischer und trigonometrischer Logarithmen. Wien 864. (Gerold.) gr. 4. (IV, 21 S.) n. 12 ngr

Escher, Rud., u. Aug. Vuilleumier-Schetty, Mitteilgn. auf d. Gebiete d. Maschinenwesens. Berichte d. schweizer. Delegierten üb. d. Weltausstellg. in Chicago, 1893. gr. 8. (40 S.) Bern 894. (Zürich, A. Raustein.) n. 1. —

Escher, Rud[olf]. Die Schaufelung der Francis-Turbine. Sonderabzug aus Band 41 Nr. 3 und 4 der «Schweizerischen Bauzeitung». [Mit 13 Figuren.] 6 S. 4. *Aufdruck:* Zürich, Ed. Rascher's Erben, [1903]. [fr. —. 50]

— dasselbe. 2. Aufl. (6 S. m. Abbildgn.) gr. 4. Ebd. (903). n. — 50

Escher, Rudolf. Ueber die Schaufelung des Löffelrades. [Mit Figuren.] Sonder-Abdruck aus der «Schweizerischen Bauzeitung» Band 45 Nr. 17. 4 S. 4. (Zürich, Typ. Jean Frey, 1905.)

Escher, Rud. Studien über die Aufwindevorrichtungen der Feinspinnmaschinen. 4.

— s.a. Tabelle, graphische, zur Bestimmung der Riemenbreite.

(Escher, Rudolf.) Graphische Tabelle zur Bestimmung der Riemenbreite. [Mit 1 Figur.] Sonder-Abdruck aus der «Schweizer. Bauzeitung» Bd. 43 Nr. 12. 5 S. 8. ([Zürich, Zürcher & Furrer,] 1904.) [fr. —. 25]

Escher, Rud. Mechanische Technologie. Nach Vortr. 1880—81. Aut.

Escher, Rud. Theorie der Ringspindel. 4.

Escher, Rud., die Theorie der Wasserturbinen. Ein kurzes Lehrbuch. (XII, 267 S. m. 242 Fig.) gr. 8. Berlin 908. J. Springer. Geb. in Leinw. 8. —

Escher, Theodor, aus Zürich: Ueber die Exstirpation des Mundbodencarcinoms. Zür. J. J. Ulrich Dr. 1874. 80 S., 1 Bl. Thesen. 8°. Zürich, Med. Diss. [v. 7. Nov. 1874].

Escher v. Berg, G. v., keltische Ansiedelung am Ebersberge unweit Berg am Irchel, s.a. Mittheilungen der antiquar. Gesellschaft in Zürich.

(Escher von Berg, Georg von.) Keltische Ansiedelung am Ebersberge unweit Berg am Irchel. [Mit 3 Tafeln.] (Mittheil. Ant. Ges. Zürich. Band 7, Heft 4.) 4. (Zürich 1852.)

Escher von Berg. Bemerkungen über die öffentl. Begräbnissplätze. Zürich 1819.

Escher von Berg. Über die landwirthschaftlichen Interessen des Kts. Zürich. 1836.

v. Escher von Berg, Motion, s. Verbrauchsteuern, mäßige.

Escher von Berg. Mässige Verbrauchssteuern, dagegen kein Salzregal und keine Vermögenssteuer mehr. Zürich 1844.

Escher von Berg. Über die Vertheilung des ländlichen Grundeigenthums. 1839.

Escher-Bodmer. H[an]s Caspar. Nachklang. zur Feier der 500 jährigen Einbürgerung der Familie Escher vom Glas in Zürich. Den 3ten September 1885. Manuscript. Den Abwesenden und dem kräftigen Nachwuchs der Familie zum Frommen. [Mit Wappenvignette.] 4. *o. O. Autographiert.*

E[scher-]B[ürkli], A[lbertine]. Erinnerungen aus dem Leben der Herren Generäle J[ohann] Ulrich von Orelli (1747[–1789]) und Baron Ulysses Anton von Salis-Marschlins (1732[–1812]). Verwandten und Freunden der Verstorbenen gewidmet von A. E. B. [Mit 2 Porträt-Tafeln.] 8. Zürich 1866.

E[scher]-B[ürkli]. A[lbertine]. Erinnerungen aus den letzten Lebensjahren von J(akob) H(einrich) Meister (1744–1826). Verwandten und Freunden des Verstorbenen gewidmet von A. E.-B. 8. Zürich 1855.

Escher-Bürkli, Jak., Lebensbild v. Dr. Arnold Bürkli-Ziegler, s.a. Neujahrsblatt, zum Besten des Waisenhauses in Zürich v. e. Gesellschaft hrsg. 68.

Escher-Bürkli, Jacob. Lebensbild von Dr. Arnold Bürkli-Ziegler, von Dr. Jakob E'-B'. Mit [Vignetten, 3 Porträt-Tafeln und] einem Übersichtsplane der Stadt Zürich von W[erner] Burkhard-Streuli. IV + 32 S. 4. Zürich, Berichthaus, Komm. Fäsi & Beer, 1905. [fr. 3. —]

Lebensbild von Dr. Arnold Bürkli-Ziegler von Dr. Jakob **Escher-Bürkli.** Mit e. Übersichtspl. d. Stadt Zürich von W. Burkhard-Streuli. Zürich: Fäsi & Beer in Komm. 1905. (32 S.) 4° [ℌ.]
— Neujahrsblätter d. Chorherrenstube. No 127.
— **Neujahrsblatt** z. Besten d. Waisenhauses in Zürich. St. 68. [05. 1060

Escher-Hess, C[aspar]. Mikroskopische Untersuchung einiger Sedimente: Trias–Lias. Mit [14] Tafeln und [6] Lichtdruckbildern. 28 S. 8. [Zürich, Orell Füssli,] 1903.

Escher-Hess, Martin: Festrede bei der letzten Versammlung der 1. Schützengesellschaft in ihrem alten Schützenhause. Zürich, 1849.

Escher-Hirzel, K., siche: *Taschenbuch, Zürcher.*

Escher von der Linth. Prof. Dr. Arnold E' von der L', geboren — 1807 ... *s.* (H[eim], A[lbert]).

(Escher von der Linth. Hans Conrad E' von der L'.) Njbl. *s.* [Escher, Heinrich *I*].

Escher v[on] d[er] Linth, A[rnold]. Geologische Bemerkungen über das nördliche Vorarlberg und einige angrenzenden Gegenden. [Mit 10 Tafeln und 3 Tabellen.] 4.
Ausg. A (N. Denkschr. Schweizer. Ges. für Naturwiss. Band 13. Zürich 1853.)
Ausg. B. [A.]

(Escher von der Linth, Arnold, [und] Dürler, Friedrich von.) Bericht über die Schatzungs-Revision des in den Kantonen Tessin und Uri am 27. August 1834 vorgefallenen Wasserschadens; angeordnet durch die im Februar dieses Jahres in Zürich gehaltenen Konferenz. ([Nebst] Beylage. August 1835.) 4. *o. O.*

Escher, Arn. Bericht über die bisherigen Verrichtungen der pyrotechnischen Gesellschaft in Zürich. Zürich 1840.

Escher, Arn., und B. Studer. Geologische Beschreibung v. Mittel-Bündten. ca. 1830. 4.

Escher [von der Linth], A[rnold], und Studer, B[ernhard]. Geologische Beschreibung von Mittel-Bündten. [Mit 3 Tafeln und 3 Karten.] 4.
Ausg. A. (N. Denkschr. Schweizer. Ges. für Naturwiss. Band 3. Neuchâtel 1839.)
Ausg. B. [A.]

Escher v. d. Linth, Arnold, geologische Beschreibung des Kantons St. Gallen, — geologische Beschreibung der Säntis-Gruppe, } s. Beiträge zur geolog. Karte der Schweiz.

Escher von der Linth. A. Brief von Leopold von Buch im Jahre 1850 an Herrn Professor Heer über dessen Abhandl. „Die Anthrazitpflanzen der Alpen". Zürich. 8.

Escher, A., et B. Studer, Carte géologique de la Suisse, s. Studer.

Escher von der Linth, Arnold *s.* Erlach, Robert von, und Escher von der Linth, Arnold

Escher von der Linth, Arn[old]. Erläuterung der Ansichten einiger Contact-Verhältnisse zwischen krystallinischen Feldspathgesteinen und Kalk im Berner Oberlande. [Mit 2 Tafeln.] (N. Denkschr. Schweizer. Ges. für Naturwiss. Band 3.) 4. (Neuchâtel 1839.)

Escher von der Linth, Arnold. Gebirgskunde [des Kantons Glarus. Mit Figuren, 1 Tafel und 1 Karte. SA.]. 8. [St. Gallen und Bern 1846.]

Escher v[on] d[er] Linth, Arnold, und Culmann, Carl. Gutachten über die Thermalquellen-Verhältnisse zu Baden und Ennetbaden und über die Fassung der im Limmatbette ausfliessenden Thermen. Verfasst von den berufenen Experten, HHerren Professor A' Escher v. d. L' und Professor C' C'.... Vom 23. Juni 1858. 8. *o. O.*

– s. Heer, Oswald, und Escher von der Linth, Arnold.

Escher v. d. Linth, Arnold: Geol. Karte der Schweiz, s. Studer, B.

— Geognostische Schilderung des Kantons Zürich. (Aus d. Gemälde d. Kantons Zürich von G. Meyer v. Kronau.) 1843. 8.

Escher v[on] d[er] Linth, Arnold. Die Sentis-Gruppe von A' Escher v. d. L'. Text zur Specialkarte des Sentis. Mit 144 in den Text gedruckten Holzschnitten, 6 Profiltafeln in Farbendruck und einem paläontologischen Anhange mit 3 Petrefacten-Tafeln. (Beitr. Geol. Karte Schweiz. Liefg. 13.) 4. Bern 1878.
Anhang *u. d. T.:* Zur Paläontologie des Sentisgebirges: Ueber einige neue und weniger bekannte Petrefacten aus der Kreide des Sentisgebirges, mit 3 Tafeln, von Dr. Casimir Moesch, 1878. Nachtrag zu Escher's Sentisgruppe.

Escher von der Linth, Arn(old), und Heer, Oswald. Uebersicht der geologischen Verhältnisse der Schweiz und über die Harmonie der Schöpfung; zwei Vorträge, gehalten bei der ersten Säcularfeier der naturforschenden Gesellschaft zu Zürich. 8. Zürich 1847.

– Geol. Übersichtskarte der Schweiz, s. Studer, B.

Escher von der Linth, A., u. O. Heer, zwei geologische Vorträge, s.: Heer, O.

Escher von der Linth, Arnold. und Bürkli[-Ziegler], Arnold. Die Wasserverhältnisse der Stadt Zürich und ihrer Umgebung. Bearb. von Dr. A' E' von der L'. Professor. und A' B', Stadtingenieur. Mit einer Karte in Farbendruck und 4 Tafeln. (Njbl. Naturf. Ges. Zürich 1871.) 4. Zürich 1871.

Escher v. der Linth, Arn., u. Arn. Bürkli, die Wasserverhältnisse der Stadt Zürich u. ihrer Umgebung, nebst Vergleichg. der Feuchtigkeits-Schwankgn. m. dem Auftreten der Cholera. Mit e. (chromolith.) Karte (in gr. Fol.) u. 4 (lith.) Taf. (in qu. Fol.) hoch 4. (51 S.) Zürich 871. Schulthess. n. 2. 70

Escher von der Linth, Hans Conrad

Escher, Joh. Conr. Einige geognostische Angaben über das Jura-Gebirge. 1820.

J. C. Beiträge zur Gebirgskunde der Schweiz. Aus den hinterlassenen Manuscripten mitgetheilt von seinem Sohn. (Aus den Mitth. aus d. Geb. d. theoret. Erdk. von Fröbel u. Heer.) 8.

Escher, Joh. Conr. Über einige Bergthäler der östlichen Schweitz. Zürich 1796.

Escher [von der Linth], H[an]s Conrad. Bericht über den Bergschlipf im Goldingerthal im Kanton St. Gallen. Der naturforschenden Gesellschaft in Zürich vorgelesen von Hs. K' E' am 2 Sept. 1816. [A.] 8. [Aarau 1816.]

Escher, Hs. Karl, († d. 9. März 1823.) über Bergschlipfe, mit besond. Hinsicht auf d. Bergschlipfe im Nollathale hinter Thulis u. im Pleßthale hinter Chur in Bündten. 8. ..., 181.. (Auch in K. C. Leonhard, mineralog. Taschenb. f. 1821.)

— s.a. Bericht über d. Verhältnisse d. Bagnethales.

Escher, Joh. Conr., Trechsel und v. Charpentier. Bericht über die Verhältnisse des Bagnethales, Wallis. Zürich 1821. Deutsch und franz.

(Escher [von der Linth], H[ans] C[onrad].) [Briefe an Carl Cäsar von Leonhard. 2 Theile. A.] 8. [Frankfurt a. M. 1809–1812.]

([Theil 1. Brief über] das Linththal. Mollis... den 29sten Novbr. 1807. [Fr' 1809.] — [Theil 2. Brief] über einige geognostische Verhältnisse der Gebirge der Linththaler. Schanis... im Dezemb. 1811. [Fr' 1812])

Escher v. der Lint, H. K., Briefwechsel m. J. R. Steinmüller, s.: Mitteilungen zur vaterländischen Geschichte.

(Escher [von der Linth], H[ans] C[onrad].) Etwas über Bergschlipfe, mit besonderer Hinsicht auf die Bergschlipfe im Nolla-Thal, hinter Thusis, und im Plessur-Thal, hinter Chur, in Bünden. [SA.] 8. Chur 1809.

Escher von der Linth, Hans Conrad s. (Geschichte der merkwürdigsten Bergfalle.) Njbl.

Escher von der Linth, Hans Conrad s. (Gletscher. Ueber die G' der Alpen.) Njbl. [Zürich] – (Reise auf den Gotthard.) Njbl. [Zürich.]

Escher, Joh. Conr. Zur Naturgeschichte der freyliegenden Felsblöcke in der Nähe des Alpengebirges. 1819.

Escher, Joh. Conr. Schreiben an Leonhard. 1811.

Escher, Joh. Conr. Schreiben über die Linthunternehmung und Beobachtungen über die Gebirge der Linth-Thäler. 1811.

– s. Steinmüller, Johann Rudolf, und Escher von der Linth, Hans Conrad — Verhandlungen und Beschlüsse, der Züricherischen Landeskommißion. Zürich 1798.

Escher, Joh Conr. Verhandlungen und Beschlüsse der zürcher. Landescommission. Zürich 1798.

Société anonyme des Ateliers de Constructions Mécaniques Escher Wyss & Cie, Zurich-Suisse & Ravensbourg-Wurtemberg. Spécialité des Machines à acide carbonique pour la production du froid et de la glace. [Prospectus illustré.] IV + 38 p. 4. Zürich, Art. Institut Orell Füssli, (November 1901).

Escher-Ziegler, Conrad, s. Escher, Konrad

Escherich, ..., Dr., ärztliche Vorschläge zur Milderung der gegenwärtigen Noth durch den Mangel u. die Theuerung der Nahrungsmittel. gr. 8. Erlangen 816, Enke. n. 4 ngl

Escherich, Vorschläge zur Milderung der materiellen Noth der untern Volksklassen. [Aus der deutschen Vierteljahrsschrift abgedruckt.] gr. 8. (70 S.) Stuttgart 850, Cotta. 9 ngl

Escherich, Emmy

— Fürstenminne. 8. (78 S.) München 891. Literar. Institut v. Dr. M. Huttler. Kart. n. 1. 50

Escherich, E., Isaria. Culturgeschichtliche Erzählgn. v. den Ufern der grünen Isar. 8. (XI, 268 S.) Augsburg 886. Literar. Institut v. Dr. M. Huttler. n. 2. —; geb. n. 3. —

— des Maßkrugs Lebensgeschicht'. Illustr. v. W. Schade-(Lux). (Ausgestanzt in Form e. Maßkrugs.) gr. 8. (15 S.) München 883. A. Ackermann's Nachf. n. 1. —

Escherich, E., s.a. Lieder der Minnesänger.

Lieder der Minnesänger ins Hochdeutsche übertr. von E[mmy] Escherich, in Bildern von Bernhard Wenig. *Berlin: Fischer & Franke [1900].* (24 Bl.) 8° [Umschlagt.]
— Jungbrunnen. 13. [01. 1490

Escherich, E., Runkelstein. Erzählung. gr. 8. (40 S.) München 881. Th. Ackermann. n. 1. —

— Saga. Geschichten aus alter Zeit. 8. (XI, 356 S.) Stuttgart 884. Bonz & Co. n. 4. —; geb. n. 5. —

— aus Münchens vergangenen Tagen. Culturgeschichtliche Erzählgn. 8. (154 S.) München 891. Literar. Institut v. Dr. M. Huttler. Kart. n. 1. 60

Escherich, E., was sich die Frauenthürme erzählen. Illustr. v. W. Schade-(Lux). (Ausgestanzt.) hoch 4. (15 S. m. farb. Bildern.) München 892. E. Scherzer. Kart. n. 1. —

Escherich, Ferdinand: Ueber die Electrolyse von Estersalzen der Tricarballylsäure. *München 1898: F. Straub.* (34 S.) 8°
Erlangen, Phil. Diss. v. 3. Mai 1898

Escherich, Fd., die Influenza, ein epidem. Katarrhalfieber. Inaug.-Abhandlung. gr. 8. Würzburg 833. (Stahel.) 1/3 ngl

Escherich, hygieinisch-statistische Studien über die Lebensdauer in verschiedenen Ständen auf den Grund von 15,730 nach den Geburtsjahren registrirten, gleichzeitig lebenden öffentl. Beamten (Aerzte, katholische u. protestantische Geistliche, Schullehrer, Forst- und Justizbeamte) des Königreichs Bayern nach dem Status 1852. Würzburg 854. Stahel. Lex.-8. (1 Bl., 66 S. u. 1 lith. Taf. in 4.) n. 10 ngl

Escherich, [Ferd.], die Volksbewegung, Fruchtbarkeit und Sterblichkeit im Königr. Preussen [nach seinem alten Bestande bis zum J. 1866] vom J. 1816 bis mit 1871 und im Königr. Bayern vom J. 1826 bis mit 1871. Fol. (12 S.) Würzburg 876, Stuber. *
Aus: Correspondenzblatt des niederrhein. Vereins für öffentl. Gesundheitspflege, besonders abgedruckt.

Escherich, Geo., Jagdreisen in Norwegen, in Bosnien-Herzegowina, in Abessinien. Mit 53 Abbildgn. nach photograph. Aufnahmen. (VII, 238 S.) gr. 8. Berlin 910. D. Reimer. Geb. in Leinw. 8. —

Escherich, Gust. v., Beiträge zur Bildung der symmetrischen Functionen der Wurzelsysteme u. der Resultante simultaner Gleichungen. [Aus: „Denkschr. d. k. Akad. d. Wiss."] Imp.-4. (24 S.) Wien 876. Gerold's Sohn in Comm. n. 1. —

— Beiträge zur Bildung der symmetrischen Funktionen der Wurzelsysteme und der Resultante simultaner Gleichungen. D 36. II. 51 . . . . 1 —
Separatabdruck

—— die Determinanten höheren Ranges und ihre Verwendung zur Bildung von Invarianten. Imp.-4. (12 S.) (Ebendas.) 880. *
Aus: Denkschriften der k. Akademie der Wissenschaften, besonders abgedruckt.

Die Determinanten höheren Ranges und ihre Verwendung zur Bildung von Invarianten D 43. II 1 . . . . vgr
Separatabdruck

— Einleitung in die analytische Geometrie d. Raumes. gr. 8. (VIII, 282 S.) Leipzig 881. Teubner. n. 5. 20

— dio rociproken linoaren Flächensystome. [Aus: „Sitzungsbor. d. k. Akad. d. Wiss.“] Lex.-8. (43 S.) Wion 877. Gorold's Sohn. n. — 60

— Die reziproken linearen Flachensysteme. S. 75. II. 523 . . . . —.60
Separatabdruck

Escherich, G. v., über dio Gemeinsamkeit particulärer Integralo boi zwei linearen Differentialgleichungen. Imp.-4. (22 S.) Wien 882. (Gerold's Sohn.) n. 1. —

— dassolbe. II. Imp.-4. (24 S.) Ebend. 883. n. 1. 20

— Über die Gemeinsamkeit partikularer Integrale bei zwei linearen Differentialgleichungen. 1. Teil. D 46. II. 61 . . . . 1.—
— — 2. Teil. D 47. II. 1 . . . . 1.20
Separatabdruck

Escherich, Gust. v., die Geometrie auf den Flächen constanter negativer Krümmung. Lex.-8. (30 S. mit 2 eingedr. Holzschn.) Wien 874, (Gerold's Sohn.) *
Aus: Sitzungsberichte der k. Akademie der Wissenschaften, besonders abgedruckt.

Escherich Gustav Ritter von, Dr., Die Geometrie auf den Flachen konstanter negativer Krummung (mit 2 Holzschnitten). S. 69. II. 497 . . . . vgr
Separatabdruck

Eschorich, Gust. v., die Construotion der algebraisohon Flöchon aus dor Anzahl der sie bestimmonden Punkto mittolst rociproker Flöchenbündel. [Aus: „Sitzuugsber. d. k. Akad. d. Wiss.“] Lex.-8. (8 S.) Wion 882. (Gorold's Sohn). n. — 20

Escherich Gustav Ritter von, Dr.: Die Konstruktion der algebraischen Flächen aus der Anzahl der sie bestimmenden Punkte mittelst reziproker Flachenbundel. S. 85. II. 528 . . . . K —.20
Separatabdruck

Escherich, G. v., dio Construction dor algobraischon Flächen aus der Anzahl sie bestimmendor Punkto. Lex.-8. (21 S.) Wien 885. (Gorold's Sohn.) n.n. — 50

— Die Konstruktion der algebraischen Flachen aus der Anzahl sie bestimmender Punkte. S. 90. II. 1038 . . . . —.48
Separatabdruck

Escherich, Gust. v., die Construction der algebraischen Curven u. Flächen aus der Anzahl sie bestimmender Punkto mittelst reciproker linearer Systome höheror Stufo. [Vorläufige Mittheilg.] [Aus: „Sitzungsber. d. k. Akad. d. Wiss.“] Lex.-8. (14 S.) Wion 882. (Gerold's Sohn.) n.n. — 30

— Die Konstruktion der algebraischen Kurven und Flächen aus der Anzahl sie bestimmender Punkte mittelst reziproker linearer Systeme hoherer Stufe. Vorlaufige Mitteilung. S. 85. II. 881 . . . . —.30
Separatabdruck

Escherich, G. v., s.: Monatshefte f. Mathematik u. Physik.

Escherich, G. v., üb. die Multiplicatoren e. Systems linearer, homogener Differentialgleichungen. (I. Mittheilg.) [Aus: „Sitzungsber. d. k. Akad. d. Wiss.“] Lex.-8. (26 S.) Wien 892. (F. Tempsky.) n. — 50

Escherich, G. v., Ueber die Multiplicatoren eines Systems linearer, homogener Differential-Gleichungen. (I. Mittheilung.) Gr.-8 (26 S.) Wien: Tempsky 1893 —.25

— Über die Multiplikatoren eines Systems linearer, homogener Differentialgleichungen. 1. Mitteilung. S. 101. IIa. 1322 . . . . —.50
Separatabdruck

— über Systeme v. Differentialgleichungen der I. Ordnung. gr. 8. (56 S.) Wien 899. (C. Gerold's Sohn.) n. 1. —
Sonderabdruck aus: „Sitzungsber. d. k. Akad. d. Wiss.“

— Über Systeme von Differentialgleichungen der I. Ordnung. S. 108. IIa. 621 . . . 1.—
Separatabdruck

— zur Theorie der linearen Differentialgleichungen. Imp.-4. (22 S.) Ebend. 885. n. 1. 20

Escherich, Dr. G. v., zur Theorie der linearen Differential-Gleichungen. (Besonders abgedruckt aus dem LI. Bde. der Denkschriften der mathem.-naturwissensch. Classe der k. Akad. der Wissensch.) Imp.-4°. (22 S.), Wien, Gerold's Sohn. In Comm. fl. —.60. 1886

— Zur Theorie der linearen Differentialgleichungen. D 51. I. 1 . . . . 1.20
Separatabdruck

Escherich, G. v., zur Theorie der 2. Variation. [Aus: „Sitzungsber. d. k. Akad. d. Wiss.“] Lex.-8. (26 S.) Wien 889. (Tempsky.) n. — 40

— dasselbe. Fortsetzung. [Aus: „Sitzungsber. d. k. Akad. d. Wiss.“] Lex.-8. (39 S.) Ebd. 890. n. — 60

— Zur Theorie der zweiten Variation. 1. Mitteilung. S. 97. IIa. 1416 . . . . . . —.40
— — 2. Mitteilung. S. 98. IIa. 1163 . . . . . . —.40
Separatabdruck

Die zweite Variation der einfachen Integrale. (I.—III. Mittheilung.) Von G. v. Escherich. Aus den Sitzungsberichten der kaiserl. Akademie der Wissenschaften in Wien. Mathem.-naturw. Classe; Bd. CVII. Abthlg. II. a. November. December 1898. Wien. 1898. In Comm. Gerold's Sohn. Gr.-8°. I. Mitth. 60 S. fl. —.55, II. Mitth. 60 S. fl. —.55, III. Mitth. 48 S. fl. —.45

Die zweite Variation der einfachen Integrale (IV. Mittheilung) von G. v. Escherich. (Aus den Sitzungsberichten der kaiserl. Akademie der Wissenschaften in Wien. Mathem.-naturw. Classe; Bd. CVIII. Abth. IIa. November 1899.) Wien. 1899. In Comm. Gerold's Sohn. Gr.-8°. 72 S. fl. —.65

Escherich, G. v., Die zweite Variation der einfachen Integrale. (V. Mittheilung.) [Aus: Sitzungsber. d. k. Akad. d. Wiss.] Gr.-8°. (67 S.) Wien: Gerold's Sohn 1902 K 1 20

— Die zweite Variation der einfachen Integrale. 1. Mitteilung. S. 107. IIa. 1191 . . 1.10
— — 2. Mitteilung. S. 107. IIa. 1267 . . . . 1.10
— — 3. Mitteilung. S. 107. IIa. 1381 . . . . —.90
Separatabdruck

— Die zweite Variation der einfachen Integrale. 4. Mitteilung. S. 108. IIa. 1290 . . 1.30
— — 5. Mitteilung. S. 110. IIa. 1355 . . . . 1.20
Separatabdruck

Escherich, Karl

Escherich, K., die Ameise. Schilderung ihrer Lebensweise. (XX, 232 S. m. 68 Abbildgn.) gr. 8. Braunschweig 906. F. Vieweg & Sohn. n. 7. —; geb. in Leinw. n. 8. —

Escherich, K[arl], Dr. med. et phil.: Zur Anatomie und Biologie von Paussus turcicus Friv. Zugleich ein Beitrag zur Kenntniss der Myrmecophilie. Mit 1 lithogr. Taf. u. 11 Abb. im Text. Jena: Fischer 1898. 46 S., 1 Taf. 8° ¶ Aus: Zoolog. Jahrbücher. Abt. f. Systematik, Geographie u. Biologie d. Tiere. Bd 12. 1899.
Karlsruhe Te. H., Hab.-Schr. v. 8. 8. 1898

Escherich, K., über die Bildung der Keimblätter bei den Musciden, s. a. Acta, nova, academiae etc. naturae curiosorum. 77. Bd.

Ueber die Bildung der Keimblätter bei den Musciden. Von K[arl] **Escherich.** (Aus d. Zool. Inst. Heidelberg.) Mit 3 Doppeltaf. u. 10 Fig. im Text. *Leipzig: W. Engelmann in Comm. 1900.* (69 S.) 4°
= Acta, Nova, Academiae Caes. Leopoldino-Carolinae. T. 77, No 4.

Escherich, K., eine Ferienreise nach Erythrea. Skizzen e. Naturforschers. (44 S. m. Abbild.) Lex. 8. Leipzig 908. Quelle & Meyer. 1. 20

Escherich, K., üb. die Gesetzmässigkeit im Abändern der Zeichnung bei Insecten. Beitrag zur Theorie v. der Entwicklg. aus constitutionellen Ursachen. [Aus: „Deutsche entomolog. Zeitschr.“] gr. 8. (S. 113—130 m. 1 Taf.) Berlin 892. (R. Friedländer & Sohn.) n. 1. 50

— Lepismatiden v. Madagaskar, den Comoren u. Ostafrika, s.: Reise in Ostafrika. II, 5.

— Meloidae. 2. Thl. Zonitidae, s.: Bestimmungs-Tabelle der europ. Coleopteren. 36. Hft.

. Rede bei Eröfnung des von der ger. und vollk. St. Joh. Loge zu[r] g[ekrönten] H[offnung] in [!] O. zu Wien im Jahre 1782 errichteten neuen Tempels, nebst einer zweiten am St. Johannistage. Gehalten von . . . F. Bruder [d. i. Karl Escherich]. Gedr. mit mrischen Schriften. o. O. [1790]. 38 S. 8° [Umschlagtit.]
Kl. 1044. Mahnung zur Weisheit und Tugend, Brliebe und Eintracht.

Escherich, Karl (aus Schwandorf): Anatomische Studien über das männliche Genitalsystem der Coleopteren ... M. 3 Textfig. (Aus: Zeitschr. f. wiss. Zool., Bd. LVII Heft 4. — M. e. Taf.) Leipzig, W. Engelmann, 1894; 23 S. 8.
Würzburg, Med. Fak., Inaug.-Diss. v. 1894

— das System der Lepismatiden, s.a. Zoologica. Hft. 43.

Das System der Lepismatiden. Von K[arl] Escherich, Privatd., Straßburg. Mit 4 Taf. u. 67 Textfig. *Stuttgart: E. Nägele 1904.* (164 S.) 4°
— Zoologica. Bd 18, Lfg 1. 2. [04. 16795]

— Die Termiten od. weissen Ameisen. Eine biolog. Studie. (XII, 198 S. m. Abbild. u. 1 farb. Taf.) gr. 8. Leipzig 909. Dr. W. Klinkhardt. 6.—; geb. 7.—

Escherich, M. J., ausführl. Vergleichungstabellen über d. gegenseit. Verhältniß d. altbaierischen, rheinbaier., würtemberg., preuß. u. hessendarmstädt. Münzen, Maße u. Gewichte, nebst den hierüber erschien. neuesten landesherrl. Verordnn., u. e. Anhange, mit kurzen geograph., statist. u. merkantil. Notizen von den vorzügl. Handelsplätzen in den oben genannten Staaten. Nach officiellen Quellen bearb. gr. 4. München 830. (v. Cotta). 1 ℛ︎ 12 𝔤𝔤

Escherich, Mela, das Kind in der Kunst. (117 S. m. 56 Abbild. auf 32 Taf.) 8. Stuttgart 910. Franckh. 2.—; geb. 3.—

— s.: Mechthild v. Magdeburg, das fließende Licht der Gottheit.

— Ludwig Richter, s.: Kunst, deutsche.

— Ludwig Richter u. seine Kunst, s.: Kunst-Hefte, deutsche. 8. Hft.

— Die Schule v. Köln, s.a. Studien zur deutschen Kunstgeschichte. 89. Heft.

Die Schule von Köln von Mela Escherich. Strassburg: J. H. E. Heitz 1907. (153 S.) 8°
— Studien z. deutschen Kunstgeschichte. H. 89. [07. 13941]

— Germanische Weltanschauung in der deutschen Kunst, s.a. Frauenarbeiten, wissenschaftliche. I, 3.

Germanische Weltanschauung in der deutschen Kunst. Von Mela Escherich, Wiesbaden. Berlin: A. Duncker 1906. (74 S.) 8°
— Frauenarbeiten, Wissenschaftliche. Bd 1, No 3. [07. 8308]

Escherich, Dr. Philipp Ritter v., Vicehofbuchhalter der k. k. Centralbuchhaltung etc. Grundzüge des Casse- und Rechnungswesens, mit besonderer Rücksicht auf die Einrichtungen der öffentlichen Verwaltung in Oesterreich. Als Leitfaden zu den Vorträgen über diesen Lehrgegenstand, dann zum Gebrauche behufs Vorbereitungen auf die hierüber abzulegenden Staatsprüfungen verfasst. 8. Wien 1857.

Escherich, Phil. v., Lehrbuch des Casse- und Rechnungswesens, mit besonderer Rücksicht auf die Einrichtungen der öffentlichen Verwaltung in Oesterreich. Ein Leitfaden zu den Vorträgen über diesen Lehrgegenstand und zur Vorbereitung auf die hierüber abzulegenden Staatsprüfungen. 2. umgearb. Aufl. Wien 860. Braumüller. Lex. 8. (XII, 279 S.) n. 2 ℛ︎

v. Escherich, Phil. Ritter, Lehrbuch des allgemeinen und des Staatsrechnungswesens. 1. Bd. 2 Abthlgn. gr. 8. (XXVIII u. 691 S.) Wien 851. (Braumüller.) n. 2⅔ ℛ︎

Escherich, Ph. von: „Lehrbuch des allgemeinen und des Staatsrechnungs-Wesens", Band I in 2 Abteilungen, Wien 1851, 1852. — Vorh.: Preuß. Staatsbibl. Berlin.

Escherich, Thdr., s.: Arbeiten aus der k. k. Universitäts-Kinderklinik in Wien.

Escherich, Thdr., Ätiologie u. Pathogenese der epidemischen Diphtherie. I. Der Diphtheriebacillus. Mit 2 Taf. u. 6 Holzschn. gr. 8. (XI, 206 S.) Wien 894. A. Hölder. n. 8.—

Escherich, Thdr., die Darmbakterien d. Säuglings u. ihre Beziehungen zur Physiologie der Verdauung. Mit 2 Taf. u. 3 in den Text gedr. Holzschn. gr. 8. (IX, 180 S.) Stuttgart 886. Enke. n. 6.—

Escherich, Th., Diphtherie, Croup, Serumtherapie. Nach Beobachtgn. an d. Universitäts-Kinderklinik in Graz. gr. 8. (X, 155 S.) Teschen 895. K. Prochaska. Geb. in Leinw. n. 4.—

Escherich, Th., Jahrbuch der Kinderheilkunde.

— u. Abraham Jacobi, der gegenwärtige Stand der Kinderheilkunde u. ihre Beziehungen zu den angrenz. Wissensgebieten. 2 Vorträge, geh. in der pädiatr. Sektion des internat. Kongresses f. Wissenschaften u. Künste in St. Louis am 23. IX. 1904. (70 S.) gr. 8. Berlin 905. S. Karger. n. 1.80

. Escherich, Th., Die Tetanie der Kinder. Gr.-8°. (ill. IX, 268 S. mit 2 Tafeln) Wien: Hölder 1908 K 8.40

— Die Tetanie der Kinder. (IX, 268 S. m. 15 Abbild. u. 2 Taf.) Lex. 8. Wien 909. A. Hölder. 7.20

— Die Therapie der Kinderkrankheiten, s. Therapie, Die klinische, der Gegenwart. 5. 6.

Eschermann, Johann Christian Hermenegild (Trier), Ad capitulum II de his, quae fiunt a praelato etc. Diss. canonica. Trier (Eschermann) 13. IV. 1772. 58 S. (5.—) 8286
Ab S. 47: Laymann, Paul (Dillingen), Jus canonic. praelect. illustr.

Escherny, de, fragmens de musique, extraits de mélanges de littérature, philosophie, politique etc. 12. Paris, Schoell.

(Escherny. [François-Louis d'].) Briefe eines Einwohners von Paris an seine Freunde in der Schweiz und in England: Ueber die Begebenheiten vom Jahre 1789, 1790, und bis zum vierten April 1791. aus dem Französischen (des Herrn v. Echerny) übersetzt, hrg. von E[berhard] A[ugust] W[ilhelm von] Zimmermann.... 8. Berlin 1791.

Eschert, Oskar (pr. Arzt aus Berlin): 120 Kolporaphien aus der gynäkologischen Universitäts-Klinik zu Königsberg i. Pr. 1884—1889. . . . Königsberg i. Pr., Hartungsche Buchdr. (1889); 2 Bl. + 48 S. + 1 Bl. 8°
Königsberg, Med. Fak., Inaug.-Diss. v. 27. Jul. 1889

Eschert, Osk. 120 Kolporaphien aus der gynäkologischen Universitäts-Klinik zu Königsberg i. Pr. 1884—1889. Diss. gr. 8. (48 S.) Königsberg 889, (Koch). * — 80

Eschert, Paul *Carl* [aus Danzig]: I. Beiträge zur Kenntniss der Linnemann'schen Reaktion. II. Ueber einige Derivate des Hydrastinins ... Berlin, Buchdr. v. Funcke & Naeter, *1892*; 1 Bl., 59 S., 1 Bl. 8.
Berlin, Phil. Fak., Inaug.-Diss. v. 23. Sept. 1892

v. Eschilbach, Wolfr., s. v. Eschelbach.

Eschke, Ed., d. Oybin u. seine Ruine. Eine Skizze. (Mit 3 Ansichten u. Titelvign.) 8. Zittau 832. Schöps. 8 gr Mit ill. Ansichten 12 gr

Eschke, Ernst Adolph

Eschke, Er. Ad., († d. 17. Juli 1811.) ABC-Buch für Taubstumme. 8. Berl. 803. W. Vieweg. 4 gr 4e Aufl. 811. (Maurers B.) 8 gr

— rechtl. Abhandl. vom Kusse d. Liebe. gr. 8. Berl. 786.

— prakt. Beitrag zum allgem. Unterricht für Kinder von 5 bis 15 Jahren. 1r u. 2r Versuch. 8. Königsb. 790. Univers.-Buchh. 12 gr

— kleine Bemerkk. über Taubheit. 8. Berl. 803. W. Vieweg. 6 gr 2e A. 8. Ebd. 806. (Maurers B.) 8 gr

Eschke, Ernst Adolf: Kleine Beobachtungen über Taubstumme. Mit Anmerkungen von J(ohann) E(rich) Biester und J(ohann) A(lbrecht) H(enrich) Reimarus, hrsg. von J(ustus) Arnemann. Th. 1, 204 S., gbd.

Berlin: Vieweg 1799

JB 4.345

— s. Briefsteller, Braunschweiger.

— s. a. Burgfriede, Der.

BURGFRIEDE, Der. Eine Rittergeschichte aus dem 13. und 14. Jahrhundert (von *Ernst Adolph Eschke*). 2 Bde. Braunschweig 1792. 8°.
Anon.-Lex. I. p. 290 (nach Meusel). — Kayser p. 20 hat „1794". (?).

Eschke, Er. Ad., u. H. W. Seyfried, preuß. Flora, od. Taschenb. f. Freunde d. Dichtkunst f. 1791. 16. Berl. 790. Reimer. 8 gr

— Kindermährchen u. Charaden. 8. Berl. ... 2e A. 805. Maurers B. 8 gr

ESCHKE, ERNST ADOLF. *Kindermährchen und Charaden*. Dritte geänderte Auflage. Berlin, 1805. Im Taubstummen-Institute ... 87 S. Kl.-8°. Sehr hübscher Hldr. d. Z. m. Rsch. — Selten. 14.—

— Lesebuch f. Taubstumme. 8. Berl. ... 2e A. 805. Maurers B. 8 gr

— s. Predigerkritik.

ESCHKE, E. A., Kleine Schriften. Berlin 1805. 8°. (3 Mk. Bernh. Liebisch, Lpzg., 1907.)
„Enthält meist erotische Gedichte."

— kleine Schriften. 8. Berl. 805. Maurers B. 20 gr

Eschke, Er. Ad., männl. Standhaftigkeit u. Wankelmuth. 8. Züllichau, Darnmann. 1 Rthlr

— männl. Standhaftigkeit u. männl. Wankelmuth in Begebenheiten. 8. Züllichau 802. Darnmann. 1 Rthlr

— über Stumme, e. Beihülfe zur Sprachkunde u. Seelenlehre. 8. Berl. 791. Belitz. 8 gr

— das Taubstummen-Institut in Berlin. 8. Berlin, Maurer. 806.

— das Taubstummen-Institut zu Berlin. Nebst einer Abhandlung von d. Zeichensprache d. Taubstummen. 2te geänderte Aufl. 8. Ebend. (in Comm.) 811.

TODTSCHLAG, Der, kommt an Tag, es sey auch so so spät, als es will, oder: Die Liebhaber ein paar Mörder, ein Schauspiel in zwei Aufzügen (von *Ernst Adolph Eschke*). Dresden 1783. (Im British Museum.)
Anon.-Lex. IV. p. 180 (nach W. v. Maltzahn u. dem Cat. genannten Museums). — Rar!

Eschke, Er. Ad., der Todtschlag kommt an den Tag, oder die Liebhaber ein paar Mörder; Schspl. 8. Dresd. 783. Gerlach. 3 gr

— Galvanische Versuche rc. 8. Berl. 803.

— mytholog. Vorlesungen für Damen, 8. Berl. 806. Maurers B. 20 gr

Eschko, E. Ad., Woburg. Abgerissene Scenen der Einbildungskraft, welche sich jedoch in mancher großen Stadt realisiren. 148 S. Halle. 8°.

1791

Eschke, Ernst Frz., Beiträge zur Vermessung, Taxation und Verwaltung der Forste nach 60jährigen Erfahrungen im königl. sächs. Staatsforstdienste. Leipzig 863. Arnold. Lex.-8. (VIII, 119 S. u. 9 lith. Taf. in 4. u. Fol.) n. 1 Rthlr 10 ngr

Eschke, Ernst Franz, über Messung und Cubirung der runden Nutzhölzer insbesondere in den kgl. sächs. Staatsforsten. Nebst einer Tabelle zur leichten Berechnung der Cilinder-, der Kegel-, der abgekürzten Kegel- und der Walzen-Inhalte. gr. 8. (40 S.) Chemnitz 851, (Ernesti.) **

Eschke, Ernst Frz., über Messung und Cubirung der runden Nutzhölzer insbesondere in den k. sächs. Staatsforsten. Nebst einer Tabelle zur leichten Berechnung der Cilinder-, der Kegel-, der abgekürzten Kegel- und der Walzen-Inhalte. 2., (wohlf.) Aufl. gr. 8. (40 S.) Chemnitz 852, (Ernesti.) *

Eschke, Carl Adolph (Berlin), **De auditus vitiis.** Diss. med. Berlin (J. F. Starck) 2. XI. 1819. 62 S. mit Biogr. (4.50) **8287**

Eschke, (Karl) Ed., s. Floraldin.

Eschle: Emilie: Die Mitarbeit der Hausfrau an den Aufgaben der Volksgesundheitspflege. — München: Gmelin 1904. 29 S. 8°

Eschle, Emilie, die Mitarbeit der Hausfrau an den Aufgaben der Volksgesundheitspflege. (29 S.) 8. München 904. Verlag der ärztl. Rundschau. n. — 50

Eschle, Emilie, die Mitarbeit der Hausfrau an den Aufgaben der Volks-Gesundheitspflege. 2., vollst. umgearb. u. verm. Aufl. m. 5 Illustr. im Text. (58 S.) gr. 8. München 909. Verl. der ärztl. Rundschau. — 90

— Zur Reform des Dienstbotenwesens, s. a. Kultur u. Fortschritt.

Eschle, Emilie, ⟨Sinsheim a. E.⟩: Zur Reform des Dienstbotenwesens. Referat f. d. Verein Frauenbildung-Frauenstudium, Abt. Heidelberg. — Gautzsch b. Leipzig: Dietrich 1908. 8° [Umschlagt.] (Kultur u. Fortschritt. 173/74.)

Eschle, Franz Kurt Reinhard, s. Eschle, Franz Kurt Reinhold

Eschle, Franz Kurt Reinhold

Eschle, kurzer Abriß der Gesundheits- u. Krankenpflege. 1. u. 2. Aufl. gr. 8. (à 64 S.) Freiburg i/B. 899. [P. Waetzel.] Berlin, Berlin. Verlagsanstalt. In Wachstuch n.n. — 70

— dasselbe. 4. Aufl. gr. 8. (64 S.) Berlin (902). Berlin. Verlagsanstalt. In Wachstuch kart. n. — 70

— das Arbeiter-Sanatorium. gr. 8. (26 S.) München 902. Verlag der ärztl. Rundschau. n. 1. —

Das Arbeits-Sanatorium. Von Dr. [Franz Kurt Reinhard] Eschle, Dir. d. Kreis-Pflegeanstalt Sinsheim i./B. München: Aerztl. Rundschau 1902. 20 S. 8° A 12.9783 2

Eschle, Frz. Curt Rhard., die geschlossene Armenpflege, s.: Buehl, Adf.

Eschle, die Aufgaben d. badischen Kreis-Pflegeanstalten im kommenden Jahrhundert. Eine Festschrift zum 25jähr. Bestehen der Kreis-Pflegeanstalt Hub. gr. 8. (24 S.) Freiburg i/B. 899. P. Waetzel. n. — 40

Eschle-Colmar, Frz., Beiträge zur Casuistik der syphilitischen Dactylitis. gr. 8. (25 S) Neuwied 894. Heuser's Verl. n. 1. —

Eschle, kurze Belehrung üb. die Ernährung u. Pflege d. Kindes im ersten Lebensjahr. gr. 8. (24 S.) Colmar 890. Lang & Rasch. n. — 50

Eschle, kurze Belehrung üb. die Ernährung u. Pflege des Kindes im ersten Lebensjahr. 2., neubearb. u. verm. Aufl. gr. 8. (VI, 51 S.) Leipzig 894. Verlag d. „Reichs-Medicinal-Anzeigers". B. Konegen. n. 1. 20

Eschle, kurze Belehrung üb. d. Ernährung u. Pflege d. Kindes im ersten Lebensjahr. 3., neu bearb. u. verm. Aufl. 12. (VIII, 86 S.) Leipzig 897. Verlag d. „Reichs-Medicinal-Anzeigers" B. Konegen. n. 1. 20; geb. n. 1. 60

— kurze Belehrung üb. die Ernährung u. Pflege des Kindes im ersten Lebensjahr. 4. m. der 3. neubearb. u. verm. Aufl. gleichlautend. 12. (VIII, 86 S.) Leipzig 901. B. Konegen. n. 1. 20; geb. n 1. 60

Eschle, Franz Cart Reinhard [pr. Arzt]: Über die Dactilitis [sic!] syphilitica. . . . Freiburg i. Baden, Univ.-Buchdr. v. H. M. Poppen & Sohn (1889); 20 S. 8°
Freiburg i. B., Med. Fak., Inaug.-Diss. v. 1889

— die Erkältung. Eine historisch-krit. Studie. gr. 8. (10 S.) München 902. Verl. d. ärztl. Rundschau. n. — 40

Eschle, Frz. C. R., Ernährung u. Pflege des Kindes m. besond. Berücksicht. des ersten Lebensjahrs. 5. vollst. umgearb. u. verm. Aufl. (IX, 198 S.) kl. 8. Leipzig 909. B. Konegen. 2.50; geb. in Leinw. 3. —

— Grundzüge der Psychiatrie. (X, 297 S.) Lex. 8. Wien 907. Urban & Schwarzenberg. 8.—; geb. n 10. —

— Heilkunde u. Spezialistentum, s.: Rosenbach, Ottom.

Eschle, Frz. C. R., die neueren Hypothesen üb. die Syphilisätiologie. Historisches u. Kritisches. (16 S.) 8. Leipzig 907. B. Konegen. 1. —
Sonderabdruck aus „Reichs-Medizinal-Anzeiger".

— 20 Regeln f. die Säuglingspflege. Auszug aus „Kurze Belehrg. über d. Ernährg. u. Pflege d. Kindes im ersten Lebensjahre". Plakat. qu. Fol. Freiburg i/B. 897. C. Troemer. n. — 20

— Das Sachverständigen-Gutachten im Entmündigungsverfahren u. bei der Einsetzung e. Pflegschaft. (24 S.) 8. München 910. Verlag der ärztl. Rundschau. — 50
Sonderabdruck aus „Aerztl. Rundschau".

— Funktionelle Therapie, s.a. Klinik, Berliner.

Funktionelle Therapie. Von Med.R. Dr. F[ranz] C[arl] R[einhold] Eschle. Berlin: Fischer (1910). 52 S. 8°
(Berliner Klinik. H. 250.) [illegible]

— die krankhafte Willensschwäche u. die Aufgaben der erziehlichen Therapie. (IX, 198 S.) gr. 8. Berlin 904. Fischer's medicin. Buchh. n. 4. —

— Zellularpathologie, Konstitutionspathologie od. Betriebspathologie? (117 S) gr. 8. München 905. Verlag der ärztl. Rundschau. n. 2. —

Eschle, P. Laurentius. Unsere Liebe Frau im Stein in Wort und Bild: Geschichte der Wallfahrt und des Klosters Mariastein. 8. Solothurn.
[1. Aufl. Mit Illustrationen, 11 Tafeln und 1 Karte.] 1896.
2., durchgearbeitete und vermehrte Aufl. [Mit Illustrationen, 1 Tafel und 1 Karte] (1897.)

Eschle, Laurent., O. S. B., unsere Liebe Frau im Stein in Wort u. Bild: Geschichte der Wallfahrt u. des Klosters Mariastein. 2., durchgearb. u. verm. Aufl. 8. (VIII, 224 S. m. 1 farb. Karte.) Solothurn (898). Buch- u. Kunstdr. Union. n. 1. 20; geb. n. 1. 60

Eschler, A. v. Die Schweizer Regimenter in fremden Diensten. Mit Abbildungen auf 25 Taf. (In deutscher und französischer Sprache) Fol. (1897.)

Eschler, Arnold. Ueber die Luxatio femoris supracotyloidea traumatica. ‹Diss. Nr. 257.› Diss. Med. Genf. 53 S. 8. Bern, W. Wälchli, 1910.

Eschler, Emil, Vorträge aus d. Artillerie-Lehre. Geh. a. k. u. k. höh. Genie-Curse u. a. Special-Curse f. Hauptleute d. Feld- u. Festungs-Artillerie. gr. 8. (X, 352 S. m, 13 Taf.) Wien 898. L. W. Seidel & Sohn. n. 8. —

Eschler, Franz —, Projekt zur Kultivirung und Bepflanzung der Leithen und Hutweiden im Deutsch-Konizer Gebiete von — —. 8. (16 S.) Znaim. Schnellpressendruck von Martin Hoffmann. 1854.

Eschler, J., Wiederholungsbuch der österreichischen Geschichte f. Abiturienten höherer Lehranstalten. 12. (VI, 76 S.) Reichenberg 887. Fritsche. n. 1. —

Eschler Jakob: Die Heirat zwischen Rudolf III. von Österreich und Blanca, der Schwester Philipp des IV. von Frankreich. (25). Wiener Neustadt R. 91.
Progr.

Eschmann, Ernst. David Hess (1770—1843) — *Ausg. A: ‹1770—1843› —. Sein Leben und seine Werke. 8. Aarau, H. R. Sauerländer & Co.
Ausg. A: Diss. Phil. I. Univ. Zürich. VIII + 290 S. 1910.
Ausg. B: Von Dr. E. E. [Mit 7 Tafeln.] VI + 290 S. 1911. [fr. 7.50]

Eschmann, Ernst, David Heß. Sein Leben u. seine Werke. (VI, 290 S. m. 6 [1 farb.] Taf.) gr. 8. Aarau 911. H. R. Sauerländer & Co. 6.40; geb. 9. 20

Eschmann, Ernst, I der Sprächstund, s.a. Sammlung schweizer. Dialektstücke. Nr. 58.

I der Sprächstund. Dialektlustspiel in 1 Akt von Ernst Eschmann. Zürich: C. Schmidt 1905. (13 S.) 8° [F.]
— Sammlung schweizer. Dialektstücke. No 58. [illegible]

Eschmann, Gust., Annette v. Droste-Hülshoff, s.: Forschungen u. Funde. I, 4.

Eschmann, Gustavus (geb. am 6 Okt. 1832 in Ibbenbüren Westf.): Ad linguae Germanicae historiam symbolae. Quaestiones grammaticae ... Bonnae, form. C. Kruegeri (1856). 1 Bl., 34 S., 3 Bl. 8.
Bonn, Phil. Fak., Diss. v. 16 Aug. 1856

Eschmann. J[ohannes].

Eschmann, J., s.a. Ergebnisse der trigonometr. Vermessungen der Schweiz.

Eschmann, J., Ergebnisse der trigonometrischen Vermessungen in der Schweiz. Nach Befehl der hohen Tagsatzung aus den Protokollen der eidgenöss. Triangulirung bearb. u. herausg. Imp.-4. Zürich 840. Orell, Füßli u. Comp. n. 4 ℳ

Eschmann, Julius Karl

Eschmann, J. Carl, ein Hundert Aphorismen. Erfahrungen, Ergänzungen, Berichtigungen, Anregungen, als Resultate einer 30jähr. Clavierlehrerpraxis. 8. (178 S.) Berlin 878. F. Luckhardt. n. 2. —

Eschmann, J. Carl, ein Hundert Aphorismen. Erfahrgn., Ergänzgn., Berichtiggn., Anreggn., als Resultate e. 30jähr. Klavierlehrerpraxis. 2. Aufl., durchgesehen u. m. e. Vorwort hrsg. v. Ernst Radecke. 8. (X, 179 S.) Berlin 899. Raabe & Plothow, Berl. n. 2. 40; geb. n. 3. —

Eschmann-Dumur, C., guide du jeune pianiste. Classification méthod. et graduée d'oeuvres div. pour piano. Aperçus, notes et conseils. 2. éd. revue et augmentée. 8. (XV, 346 S.) Leipzig 888. Eulenburg. n. 4. —

— Wegweiser durch die Clavier-Literatur. 3., umgearb. Aufl. v. A. Ruthardt. 8. (XVI, 204 S.) Leipzig 888. Gebr. Hug. n. 1. 20; geb. n. 1. 80

Eschmann, J. Carl, Wegweiser durch die Clavier-Litteratur. Zur Erleichterg. f. Lehrer u. Schüler zusammengestellt. 4., gänzlich umgearb. u. bedeutend verm. Aufl. v. Adf. Ruthardt. 8. (XX, 282 S.) Leipzig 893. Gebr. Hug & Co. n. 1. 50

— **Wegweiser durch die Klavier-Litteratur.** 5. Aufl., hrsg. v. Adf. Ruthardt. 8. (XVI, 336 S.) Leipzig 900. Gebr. Hug & Co. n. 2. 50

J[ulius] K[arl] **Eschmanns** Wegweiser durch die Klavier-Literatur. 6. Aufl. hrsg. von Adolf Ruthardt. Leipzig & Zürich: Gebr. Hug & Co. 1905. (XVI, 383 S.) 8° [u6. 1036]

Eschmann's, J. C., Wegweiser durch die Klavier-Literatur. Hrsg. v. Adf. Ruthardt. 7. Aufl. (XVIII, 376 S.) 8. Leipzig 910. Hug & Co. 2.50; geb. n 3. 50

Eschmann, Max: Über Bildung und Zersetzung von Calciumcyanamid. 1910. 83 S. 8° ¶ Ausz. in: Zeitschrift f. Elektrochemie. Jg. 17. 1911.
Karlsruhe, Dr.-Ing.-Diss. v. 27. 7. 1909

Eschmann, Max: Über Bildung und Zersetzung von Calciumcyanamid. Diss. Karlsruhe. Weida i. Th. 1910

Wilh. Eschmann, G. m. b. H., Eisen- und Kurzwaren-Großhandlung, Berlin. (Eine Schilderung unseres neuen Geschäftshauses) 'Der Eisenhof'. 1854—1904. — (Berlin 1904.) 12 Bl. 4° 1.

Eschmann-Abegg, J[ohann]. Das Verhaltniss der Gemeinde Wiedikon zur Kirchgemeinde St. Peter in Zürich während einem Jahrtausend (837–1882). Ein historischer Beitrag zur Beleuchtung der Ausscheidungsfrage. 8. (Zürich [1882].)

Eschmann-Dumur, C., s. Eschmann, Julius Karl

Eschmann-Ott, Margaretha, zur Erinnerung an. 1888.

Eschner. Plan von der Königl. südpreuss. Immediat-Stadt **Posen.** 1804. 1 Bl. c. Hz.

Eschner, Adele, unter schattigen Bäumen. Ein Idyll. 8. (III, 76 S.) Rostock 886. (Hinstorff's Verl.) n. 1. —

Eschner, E., s. Eschner, Max

E(schner), F. (Kadiz.), Quaedam de constituenda in furto simplici corporis delicti certitudine. Carolo Salomoni Zachariae summos in utr. jure honores in acad. Vitebergensi 30. VII. 1795 gratul. Lpz. (Sommer). 15 S (3.60) 8288

Eschner, Max, Bau u. Pflege d. menschlichen Körpers. Als Erläuterg. bez. Text zu d. Verf. anatom. Wandtafeln. gr. 8. (56 S. m. Fig.) Leipzig 890. Leipziger Schulbilderverlag v. F. E. Wachsmuth. n. — 60

— dasselbe. 2., verm. u. verb. Aufl. gr. 8. (56 S. m. 8 Textfig. u. 3 farb. Taf.) Ebd. 891. n. — 60

Eschner, Max, Bau u. Pflege des menschlichen Körpers, als Erläuterg. bezw. Text z. d. Verf. anatom. Wandtafeln, nebst e. Anh.: D. erste Hilfe b. Unglücksfällen, erläut. Text z. d. gleichnam. Ergänzungstafeln. 4., verm. u. verb. Aufl. gr. 8. (VIII, 115 S. m. Abb. u. 3 farb. Taf.) Leipzig 895. Leipziger Schulbilderverlag v. F. E. Wachsmuth. n. 1. 20

— **der Buchbinder.** E. Lehr- u. Lernbuch f. Fachschulen, Fortbildungsschulen u. z. Selbstunterr. M. 10 Abb. v. V. Hórvuz u. 1 Titelbilde. gr. 8. (VII, 161 S.) Stuttgart 898. Hobbing & Büchle. n. 1. 20; kart. n. 1. 50

(B) **Eschner, Max,** der Buchbinder. 898. (KBL 20.) — Illustr. Gewerbekunde. 899. 100. (LBL 31.) Jetzt: Minden, A. Hufeland.

— **Leipzigs Denkmäler,** Denksteine u. Gedenktafeln m. 81 Vollbildern. (200 S.) kl. 8. Leipzig 910. O. Wigand. In Pappbd. 1.—; geb. in Ldr. 3. —

— eine **Diamantgrube zu Kimberley.** Erläuterg. zu dem gleichnam. Anschauungsbilde. gr. 8. (32 S. m. 1 Abbildg.) Ebd. 901. n. — 40

— **die denkwürdigsten Erfindungen, s.: Thomas, Louis.**

— **Erläuterungen** zu E.'s Wandtafeln: Erste Hilfe bei Unglücksfällen. gr. 8. (28 S. m. 2 Abbildgn.) Ebd. 892. n. — 20

Eschner M, Erläuterungen zu den technolog. Tafeln. Heft 2. 2 Aufl Leipzig 1896

Eschner M, Erläuterungen zu den Technolog. Wandtafeln. 1-3. Leipzig 1897. 1900

Eschner, Max, Erläuterungen zu den technologischen Tafeln. 4. Hft. (Zu Taf. 26—30.) (VIII, 80 S. m. Abbildgn.) gr. 8. Leipzig 906. Leipziger Schulbilderverlag v. F. E. Wachsmuth. n. 1. 20

— **der zoologische Garten.** 60 Wandbilder in photograph. Vervielfältgg. Bearb. unter Mitwirkg. v. W. Marshall. Je 80,5×60 cm. Leipzig (905). K. G. Th. Scheffer. à n. 5. 60

— illustrierte Gewerbekunde f. Schulen u. zur Selbstbelehrung. 4 Tle. gr. 8. Stuttgart, Hobbing & Büchle. n. 4. 55; kart. n. 5. 70; in 1 Bd. n. 4. —; geb. in Leinw. n. 5. —; in 2 Bde. geb. 1: n. 2. 75; 2: n. 2. 25

1. Das Nahrungsgewerbe. Mit 250 Abbildgn., 10 Tab. u. 2 Übersichtskarten. (VI, 178 S.) 899. n. 1. 20; kart. n. 1.50
2. Das Bekleidungsgewerbe. Mit 160 Abbildgn., 5 Tab. u. 2 Übersichtskarten der Bodennutzg. u. der Industrieverteilg. in Deutschland. (IV, 119 S.) 900. n. 1. —; kart. n. 1. 25
3. Das Baugewerbe. Mit 197 Abbildgn., 4 Tab. u. 3 Übersichtskarten betr. die Gesteinarten, die Verbreitg. der Metallindustrie u. die Bodenbenutzg in Deutschland. (IV, 132 S.) 900. n. 1. 20; kart. n. 1. 50
4. Das Buchgewerbe. Mit 232 Abbildgn., 5 Tab. u. 1 Karte der Bodenbenutzung in Deutschland. (IV, 139 S.) 900. n. 1. 15; kart. n. 1. 45

— der Glockenguss. Ein Anschauungsbild. 60×83 cm. Farbdr. Leipzig 901. Leipz. Schulbilderverl. v. F. E. Wachsmuth. 3. —; Leinw.-Rand u. Oesen n.n.n. — 20

— dasselbe. Erläuterung. gr. 8. (62 S. m. 1 Abbildg.) Ebd. (901). n. — 80

— die erste Hilfe bei Unglücksfällen, unter v. Esmarchs Leitg. hrsg. als Ergänzg. zu E.'s anatom. Wandtafeln. 2 Blatt in Farbendr. m. eingedr. Text. 82×60 cm. Ebd. 892. à n. 1. 40; Leinw.-Rand m. Oesen à n.n.n. — 20

— erste Hilfe bei Unglücksfällen. Wandtafel. Zeichnungen v. Bruno Hèroux. Erläuterungen. 6. durchgeseh. Aufl. gr. 8. (45 S. m. 2 Taf.) Ebd. 900. n. — 40

Eschner, Max, Deutschlands Kolonien. Farbige Künstler-Skizzen-Steinzeichngn. f. Schule u. Haus v. Karl Saltzmann, Wilh. Kuhnert, Frz. Bukacz u. Frz. Würbel. Unter Benutzg. des v. der Kolonial-Abteilg. des kaiserl. auswärt. Amtes zu Berlin zur Verfügg. gestellten photograph. Bildermaterials. Text. gr. 8. (80 S. m. Abbildgn.) Leipzig (902). Leipziger Schulbilder-Verlag v. F. E. Wachsmuth. n. — 80

— dasselbe. (2. Hft. Die deutschen Schutzgebiete in der Südsee.) gr. 8. (124 S. m. Abbildgn. u. 6 farb. Karten.) Ebd. (902). n. 1. 20

— dasselbe. Ochsenzug in der Grassteppe v. Südwestafrika. 59,5×81,5 cm. Nebst Text. gr. 8. (11 S. m. 1 Abbildg.) Ebd. (902). n. 3. —; Leinw.-Rand u. Oesen n.n.n. — 20

— Natur u. Menschenhand im Dienste d. Hauses. Uns. wichtigeren Bedarfs- u. Gebrauchsgegenstände, nach ihrer Entstehg. u. Herkunft geschild. In 2 Bdn. 8. Ebd. 898. n. 10. —; geb. n.n. 12. —

1. Unsere Nahrung. Uns. Kleidg. M. 156 Bild., n. d. Natur u. d. Leben gezeichn. v. Bruno Héroux. (VIII, 248 S.) n. 4. —; geb. n.n. 5. —
2. Uns. Haus- u. Handgerät. Uns. Haus. M. 156 Bild., n. d. Natur u. d. Leben gezeichn. v. Bruno Héroux. (IX, 393 S.) n. 6. —; geb. n. 7. —

Natur und Menschenhand im Dienste des Hauses. Unsere wichtigeren Bedarfs- u. Gebrauchsgegenstände nach ihrer Herkunft u. Entstehung geschildert von Max Eschner. 2. verb. Aufl. Bd 1. 2. Stuttgart: Hobbing (2: Minden i. W.: Hufeland) (1910). 8°

1. Unsere Nahrung. Unsere Kleidung. 2. Unser Haus- u. Handgerät. Unser Haus.

A 12. 790 G

— Natur u. Menschenhand im Dienste des Hauses. Unsere wichtigeren Bedarfs- u. Gebrauchsgegenstände, nach ihrer Entstehg. u. Herkunft geschildert. 2. Bd.: Unser Haus- u. Handgerät. — Unser Haus. Mit 156 Abbildgn. nach der Natur u. dem Leben gezeichnet v. Bruno Héroux. 2. verb. Aufl. (VIII, 391 S.) 8. Minden 910. A. Hufeland. 5.—; geb. 6. —

— Die Söhne der Pampas. Die Pfahlmänner des Llano estacado, s.: Enslin's interessante Bibliothek.

— Illustrierte häusliche Stoff- u. Wirtschaftskunde. (In 2 Tln.) I. Tl. 1. Abtlg. 8. Darmstadt, [P. Hobbing], Minden, A. Hufeland. Kart. 1. —

Illustrierte häusliche Stoffkunde. (In 3 Abtlgn.) 1. Abtlg. Die Nahrg. Mit Abbild. 1—187. (XX, 85 u. 16 S.) (908.)

Eschner, Max, Wandtafeln. Erste Hilfe bei Unglücksfällen, 2 Tafeln. Wien. A. Pichler's Witwe und Sohn. (Min.-Erl. v. 18. December 1893, Z. 27110.) Zusammen 2.—, bei Abnahme einer größeren Anzahl von Exemplaren 1.50

1894

— anatomische Wandtafeln, f. den Schulunterricht hrsg. 4 Taf. in Farbendr. Imp.-Fol. Ebd. 890. n. 5. —; auf doppeltem Pap. m. Lnwd.-Rand u. Oesen n.n. 5. 80; Einzelpr. à n. 1. 40; bezw. n.n. 1. 60

1. 2. Menschliches Skelet in nahezu natürl. Grösse, dazu Einzeldarstellgn.: Wirbelsäule ap., Wirbel, Zähne, Handskelet etc. — Muskulatur: ganzer Mensch, Einzeldarstellgn.
3. Brust- u. Bauchhöhle, die Lagerung der innern Organe zeigend: Lunge m. Luftröhre, Herz, Zwerchfell, Magen m. Speiseröhre, Darm, Leber, Galle. — Apart: Herz m. Blutlauf, Lunge, Magen.
4. Sinnesorgane, Nerven, Haut.

— s.a. Wandtafeln, technologische.

Eschner M, Technologische Wandtafeln. Nach Zeichnungen von B Heroux. 1-31. Mit Erläuterungen 1-3. Leipzig

— technologische Wandtafeln. 17 Taf. in Farbendr. (mit Ausnahme der Taf.: Telegraphie u. Hydraulische Presse). Ebd. 892—894. n. 25. —; auf doppeltes Papier gezogen m. Leinwandrand u. Ösen n.n. 28. 40

1. Flachsbreche. Hechel etc. 88×66 cm. n. 1. —; aufgezogen n.n. 1. 20
2. Webstuhl. 88×66 cm. n. 1. 40; aufgezogen n.n. 1. 60
3. Hochofen. 88×66 cm. n. 1. 40; aufgezogen n.n. 1. 60
4. Eisengiesserei. 88×66 cm. n. 1. 40; aufgezogen n.n. 1. 60
5. Dampfhammer. Bessemern. Puddeln. 88×66 cm. n. 1. 40; aufgezogen n.n. 1. 60
6. Walzwerk. 88×66 cm. n. 1. 40; aufgezogen n.n. 1. 60
7. Lokomotive. 88×66 cm. n. 1. —; aufgezogen n.n. 1. 20
8. Hilfszeichnung zur Lokomotive. 88×66 cm. n. 1. —; aufgezogen n.n. 1. 20
9. Hydraulische Presse. 88×66 cm. n. 1. —; aufgezogen n.n. 1. 20
10. Kohlenbergwerk. 126×66 cm. n. 2. —; aufgezogen n.n. 2. 20
11. Leuchtgasgewinnung. 126×66 cm. n. 2. —; aufgezogen n.n. 2. 20
12. Glasbereitung. 126×66 cm. n. 2. —; aufgezogen n.n. 2. 20
13. Kochsalzgewinnung. Saline. 126×66 cm. n. 2. —; aufgezogen n.n. 2. 20
14. Papierbereitung. 126×66 cm. n. 2. —; aufgezogen n.n. 2. 20
15. Seeschiff. 126×66 cm. n. 2. —; aufgezogen n.n. 2. 20
16. Telegraph. 88×66 cm. n. 1. —; aufgezogen n.n. 1. 20
17. Brückenwage. 88×66 cm. n. 1. —; aufgezogen n.n. 1. 20

Hierzu 2 Thle. Erläuterungen:
1. Zu Taf. 1—9. (79 S.) n. — 80. — 2. Zu Taf. 10—17. (75 S.) n. — 80.

— technolog. Wandtafeln. Nr. 1—8. Farbendr. Leipzig 895. Leipziger Schulbilder-Verlag. n. 10. —; auf dopp. Papier m. Leinw.-Rand u. Oesen à Blatt n.n.n. — 20 mehr.

1. Flachsbreche, Hechel etc. 63,5×85,5 cm. n. 1. —
2. Webstuhl. (Neue Aufl.) 61,5×82,5 cm. n. 1. 40
3. Hochofen. (Neue verb. Aufl.) 82×61,5 cm. n. 1. 40
4. Eisengiesserei. (Neue Aufl.) 60,5×82 cm. n. 1. 40
5. Dampfhammer, Bessemern, Puddeln. (Neue Auflage.) 58×81,5 cm. n. 1. 40
6. Walzwerk. (Neue Aufl.) 61,5×82,5 cm. n. 1. 40
7. Lokomotive. 61,5×84,5 cm. n. 1. —
8. Hilfszeichng. z. Lokomotive. 61,5×84,5 cm. n. 1. —

Eschner M, technolog. Wandtafeln. 12: Glasbereitung mit Erläut. Leipzig (1895)

— dasselbe. Nr. 18—22. Ebd. n. 9. 40; auf dopp. Papier m. Leinw.-Rand u. Ösen à Blatt n.n.n. — 20 mehr.

18. Porzellanbereitg. 60,5×120,5 cm. 897. n. 2. —
19. Bierbrauerei. 60,5×121,5 cm. 897. n. 2. —
20. Die Mühle. 81,5×61 cm. 897. n. 1, 40
21. Buchdruckerei. 60,5×121 cm. 897. n. 2. —
22. Gerberei. 60×121,5 cm. 898. n. 2. —

— technologische Wandtafeln. 23.—25. Farbdr. Ebd. (900). à n. 2. —; auf dopp. Pap. m. Leinw.-Rand u. Ösen n.n.n. — 20 mehr.
23. Der Schieferbruch. 60×121,5 cm. — 24. Zuckergewinng. 60×119,5 cm. — 25. Hausbau. 60×120 cm.

— dasselbe. Erläutergn. 1. Hft. (zu Taf. 1—9). gr. 8. (V, 79 S. m. 9 Abb.) Ebd. 894. n. — 80; erh. Preis n. 1. 20

— dasselbe. Erläuterungen. 2. Hft. (zu Taf. 10—17). 3. Aufl. gr. 8. (111 S. m. Abbildgn.) Ebd. 902. n. 1. 20

— dasselbe. 3. Hft. (zu Taf. 18—25). Zeichnungen v. B. Hèroux. gr. 8. (150 S.) Ebd. 900. n. 1. 20

Eschner M, Technologische Wandtafeln. 2. Webstuhl. (1 T) Imp. Leipzig (1902)

Eschner M, Technologische Wandtafeln. 26. Diamantgrube zu Kimberley Leipzig

— dasselbe. 29 u. 30. Cacaobereitung. — Chocoladebereitung. à 80,5×58 cm. Ebd. (902). à n. 1. 40

— technologische Wandtafeln. Kohlenmeiler (Köhler u. Pichler). 57,5×81,5 cm. Farbdr. Leipzig (903). Leipziger Schulbilderverlag v. F. E. Wachsmuth. n. 1. 40; Leinw.-Rand m. Oesen n.n.n. — 20

— dasselbe. Sandsteinbruch. (Sächsische Schweiz.) 60,5×108,5 cm. Farbdr. Ebd. (904). n. 1. 40; Leinw.-Rand m. Oesen n.n.n. — 20
Fortsetzung. s.: Wachsmuth.

Eschner M, technol. Wandtafeln. 32. Strassendurchschnitt. 33. Elektr. Strassenbahn. Leipzig 1910

— s.: Zentralorgan f. Lehr- u. Lernmittel.

Eschrich, Felix, Redakteur: Das Vergehen des verantwortlichen Redakteurs nach § 21 des Reichspreßgesetzes. Plauen i. V. 1910: Wieprecht. 26 S. 8°
Leipzig, Jur. Diss. v. 22. Jan. 1910
[Geb. 10. Juni 78 Döbeln; Wohnort: Plauen i. V.; Staatsangeh.: Sachsen; Vorbildung: Gymn. Chemnitz Reife O. 97; Studium: Freiburg i. B. 1, Berlin 1, Leipzig 4 S.; Rig. 27. Okt. 06.] [U 10. 2692

Eschrich, J. C. H., s. Monatsschrift, schlesische, zur angenehmen u. nützl. Unterhaltung.

Eschrich, J. Chr., Erklär. des 55. Cap. Jesaiä. 8. Büding. 735.

Eschrich, Jos., kürzester Weg zu e. schönen Handschrift. Ein Lehr- u. Lernwerk f. Schul- u. Selbstunterricht. (1 Schrifttaf. nebst Paus- u. Schreibpap. u. 1 Linienbl.) qu. 8. Viersen (903.) W. H. Molls. n. 1. 50: m. Pausstift n. 1. 60

Eschricht, zur Hygiene in den Esswaren-Läden, s. a. Sammlung v. Abhandlungen a. d. Gebiete der Nahrungsmittel-Hygiene. 3. Hft.

Eschricht. Zur Hygiene i. d. Eßwaren-Läden. Leipzig 1900.

Eschricht, Daniel Friedrich

Eschricht, F., Cirroleuthis Mülleri, eine neue Gattung der Cephalopoden bildend. — Untersuchungen über die Bothryocephalen, s. Acta nova phys.-med. Acad. Caes. Leopold. Carol. XVIII. Prs. II et XIX. Supplem. I.

Eschricht, **Dr. Fr.,** de functionibus nervorum faciei et olfactus organi. 8. Kopenh. 825. (Reitzel). 11 Gr

Eschricht, Dan. Frdr., das physische Leben in populären Vorträgen dargestellt. 2 Hälften. Mit 208 Abbildungen meist in Holz geschn. gr. 8. (XVI u. 512 S.) Kopenhagen 852. Berlin, Hirschwald. (à n. 1½ Thlr) n. 3 Thlr In Engl. Einb. n. 3⅓ Thlr

Eschricht, Dan. Friedr., das physische Leben in populairen Vorträgen dargestellt. Mit 208 Abbildgn. (im Text) meist in Holz geschn. 2. (Titel-)Ausg. Berlin (852) 856. A. Hirschwald. gr. 8. (XII, 513 S. u. 2 Kpfrtaf.) 2 Thlr 7½ Ngr

Eschricht, Dan. Fred., de organis, quae respirationi et nutritioni foetus mammalium inserviunt. Prolus. acad. 4. Hafniae 837. (Reitzel.) n. ½ Thlr

— anatomische Untersuchungen über die Clione borealis. gr. 4. (Mit 3 Steintafeln.) Kopenhagen 838. (Reitzel; Berlin, Hirschwald.) n. ⅚ Thlr

Eschricht D. F.: Anatomisch-physiologische Untersuchungen üb. die Bothryocephalen. U. St. [1840]. 152 S. 3 Tvl. 4°.
(Acta Acad. Caes. Leop. Carol. Nat. Cur. Vol. 19. Suppl. 2).

— zoologisch-anatomisch-physiologische Untersuchungen üb. die nordischen Wallthiere. 1. Bd. Mit 15 (lith.) Taf. u. 48 Holzschn. Fol. (XVI u. 206 S.) Leipzig 849, Voss. n. 10 Thlr

— Unverstand und schlechte Erziehung. Vier populäre Vorlesungen über Kaspar Hauser. Berlin 857. Decker. 8. (VII, 170 S.) 15 Ngr

— Wie lernen Kinder sprechen? Ein Vortrag gehalten im wissenschaftlichen Vereine zu Berlin am 29. Jan. 1853. Berlin 853. A. Hirschwald. gr. 16. (33 S.) 7½ Ngr

— u. J. Müller, über die arteriösen u. venösen Wundernetze an der Leber des Thunfisches und einen merkwürd. Bau dieses Organes. Mitgetheilt von dem Letztern in der Akademie der Wissenschaften zu Berlin im Jahre 1835. Mit einigen neueren Zusätzen. Mit 3 Kpfrtaf. gr. Fol. (oder vielmehr gr. 4. mit breitem Rande.) Berlin 836. (Dümmler.) n. 2⅔ Thlr

Eschricht, E. [Autorname] s. a. Türck, Frau Dr. Emmy (aus Lübeck).

Eschricht, E. (Emmy Tuerk), Koljas Braut. Roman. 8. (250 S.) Leipzig 893. Dresden, E. Pierson. n. 3. —; geb. n. 4. —

Eschricht, E. (Frau Tuerk), reine Liebe. Geschichten a. d. fernen Osten. 8. (V, 303 S.) Berlin 896. F. Fontane & Co. n. 3. 50

— unter dunklen Menschen. Roman. 8. (167 S.) Ebd. 895. n. 2. —; geb. n. 3. —

Eschricht, E., Josephinens Schicksale, s.: Kürschner's, Jos., Bücherschatz.

— Pfarrer Streccius. Roman. 8. (222 S.) Berlin 898. Verein der Bücherfreunde. n. 3. —; geb. in Leinw. n. 3. 75

Eschricht, E. (Emmy Tuerk), Pfarrer Streccius. Roman. 2. Aufl. 8. (222 S.) Berlin (902). A. Schall. n. 3. —; geb. n. 4. —

— unter den Verschickten, s.: Verein f. Verbreitg. guter Schriften. Bern Nr. 42.

Eschricht, F., s. Eschricht, Daniel Friedrich

Eschricht, Carl [approb. Arzt aus Swinemünde]: Ein Fall von Hydrops genu intermittens .... Kiel, Druck v. A. F. Jensen, 1888; 23+1 S. 8°
Kiel, Med. Fak., Inaug.-Diss. v. 3. Febr. 1888

Eschricht, C., ein Fall v. Hydrops genu intermittens. Inaug.-Diss. gr. 8. (23 S.) Kiel 888. (Gnevkow & v. Gellhorn.) n. — 80

v. Eschscholtz, Jh. Fr., zoologischer Atlas, enthalt. Abbildd. u. Beschreibb. neuer Thierarten, während des Flottcapitäns v. Kotzebue zweiter Reise um d. Welt, auf d. kais. russ. Kriegsschluppe Predpriatie in d. Jahren 1823—26 beobachtet. 1—4 Heft; jedes mit 5 ill. Kpft. Fol. Berl. 829—31. Reimer. (à 2 Thlr 12 Gr) 10 Thlr

v. Eschscholtz, Jh. Fr., zoologischer Atlas, enthalt. Abbildd. u. Beschreibb. neuer Thierarten, während des Flottcapitains v. Kotzebue zweiter Reise um die Welt, auf der Russ.-Kaiserl. Kriegsschlupp Predpriantië in den J. 1823—1826 beobachtet. 5s (u. letztes) Hft., herausg. v. Mart. Hnr. Rathke. Mit 1 Bildn. u. 5 ill. Kpfrtaf. Fol. Berlin 833. Reimer. 2½ ₰
— Alle 5 Hefte 12½ ₰

— Diss. inaug. de hydropum differentiis. 8. Dorp. 817.

— Entomographien. 1e Lief., mit 2 ill. Kpf. (Aus d. naturwissenschaftl. Abhandl. aus Dorpat. 1r Bd. abgedr.) gr. 8. Berl. 824. Reimer. 18 gl

— Ideen zur Aneinanderreihung d. rückgrathigen Thiere, auf vergleichende Anatomie gegründet. 8. Dorpat 819. Schünmann.

— s. Quatember.

Eschscholtz, (Johann) Fr(iedrich): System der Acalephen. Eine ausführliche Beschreibung der medusenartigen Strahlthiere. 190 S. gbd., 16 Taf.

Berlin: Dümmler 1829

JB 107

— System d. Acalephen. Eine ausführl. Beschreib. aller medusenartigen Strahlthiere. Mit 16 Kpft. gr. 4. Berl. 829. Dümmler. 2 ₰ 8 gl

— Uebersicht d. zoolog. Ausbeute (auf d. Reise um d. Welt 1823—26), s. O. v. Kotzebue's Reise.

Eschstruth, A. v., Entscheidungen d. königl. Oberlandesgerichts zu Frankfurt a/M. u. d. Reichsgerichts in Nassauischen Rechtssachen 1879—1890. gr. 8. (XV, 413 S.) Wiesbaden 891. Ch. Limbarth. n. 6.—; geb. in Halbfrz. n. 7.50

v. Eschstruth, Hans Ad. Fr., († d. 20. April 1792.) musikal. Bibliothek f. Künstler u. Liebhaber. 1s, 2s Stck. 8. Marb. 783 u. 84. Krieger. 22 gl

— hessische poet. Blumenlese, mit Musik. 1r, 2r Jahrg. 8. Marb. 784 u. 85. Bayrhöfer. 1 ₰ 4 gl

— s. Journal von u. f. Deutschland. — Jh. Mt. Miller, Lieder.

Eschstruth, Mathilde v.

Eschen, M. v. (Mathilde v. Eschstruth), inmitten d. Bewegung. Roman. 2 Bde. gr. 8. (210 u. 309 S.) Dresden 895. E. Reißner. n. 7.—; in 1 Bd. geb. n. 8.—

Eschen, M. v. (Mathilde v. Eschstruth), zwei reiche Frauen. Roman. 8. (235 S.) Berlin 892. Verein d. Bücherfreunde. n. 3.—; geb. n. 3.75

— Frühling, s.: Jugend- u. Volksbühne 58. Heft.

Eschen, M. v., im Kampf. Roman aus der Gegenwart. 3 Bde. 8. (223, 205 u. 237 S.) Berlin 889. Janke. n. 10.—

Eschen, M. v., Kinderleben, s.a. Sammlung v. Kinderschriften.

Eschen, M. v. (Mathilde v. Eschstruth), Kinderleben. Erzählungen, Märchen u. Rätsel. Mit e. Vorwort von Otto v. Leixner u. 4 Aquarell-Bildern nach Originalen v. M. Nänike. 2. verb. u. verm. Aufl. gr. 8. (VII, 164 S.) Berlin (901). H. J. Meidinger. Geb. in Leinw. n. 3.—

— Mädchenschicksale. Roman. 2 Tle. in 1 Bd. 8. (169 u. 191 S.) Berlin (899). O. Janke. n. 5.—

— Menschen v. heute. Roman. 8. (262 S.) Dresden 895. E. Reißner. n. 3.50; geb. n. 4.50

— die Nichten d. Hauptmännin v. Weilar. Roman. 8. (336 S) Ebd. 898. n. 3.—; geb. n. 4.—

— Parcival u. Faust, s.a. Beiträge zur Literaturgeschichte.

Parcival und Faust. Eine Studie von M. v. Eschen [d. i. Mathilde v. Eschstruth]. Leipzig: Verl. f. Lit., Kunst u. Musik 1906. (56 S.) 8° [F.]
— Beiträge z. Literaturgeschichte. H. 17. [07. 4011

Eschen, Mathilde v., Pension u. Leben. Eine Erzählung für junge Mädchen. gr. 8. (III, 252 S. m. 1 Lichtdr.) Frankfurt a/M. (880). Diesterweg. n. 4.—; geb. n. 4.50

Eschen, M. v. (M. v. Eschstruth), Pension u. Leben. Erzählung f. junge Mädchen. 4. Aufl. Mit Titelbild in Heliograv. (III, 230 S.) gr. 8. Berlin (903). Meidinger's Jugendschriften-Verlag. Geb. in Leinw. n. 4.—; erm. Pr. 3.—

— meines Lebens Roman. Ein Zeitroman. 8. (263 S.) Breslau 887. Schlesische Verlagsanstalt. n. 4.—; geb. n. 5.—

— unter d. Tannen. Zur rechten Zeit, s.a. Kürschner's Bücherschatz.

[F.] Unter den Tannen. Z. rechten Zeit. Novellen v. M. v. Eschen. '(Mathilde v. Eschstruth.)' M. Ill. v. Oskar Herrfurth. *Berlin, Eisenach, Leipzig: H. Hillger [1897].* (127 S.) 1 Bd 8.
= Bücherschatz, Kürschners. No 63. [98. 4695

— Wandlungen e. Seele. Roman. 2 Tle. in 1 Bd. (148 u. 159 S.) 8. Leipzig 905. E. Polz. n. 3.—; geb. n.n. 3.50

Eschen, M. v., Wandlungen e. Seele. Jetzt: Leipzig, P. List. Erhöht. Pr. geb. n. 4.—.

— Wandlungen e. Seele. Roman. 2 Tle. in 1 Bde. 2. [Titel-]Aufl. (148 u. 159 S.) 8. Leipzig [905] (907). P. List. 3.—; geb. 4.—

Auf dem Wege nach Erkenntnis. Roman von M. von Eschen (M[athilde] v. Eschstruth). *Berlin: A. Schall [1902].* (408 S.) 8° [F.]
= Verein d. Bücherfreunde. Jg. 11, 7. [02. 11,44

— Auf dem Wege nach Erkenntnis. Roman. 4. u. 5. Taus. (407 S.) 8. Berlin (909). A. Schall. 3.50; geb. 4.50

Eschstruth, Max von, Oberleutnant im Reit. Feldjägerkorps: Der öffentliche Weg. Versuch einer Darstellung d. Begriffes nach d. heutigen preuss. u. französ. Recht. T. 1. *Berlin (1902): E. Ebering.* (VIII, 52 S.) 8° ¶ (Erscheint vollst. als: Rechts- u. Staatswiss. Studien, H. 17.
Berlin, Jur. Diss. v. 14. Juli 1902

Eschstruth, M. v., der öffentliche Weg, s.a. Studien, rechts- u. staatswissenschaftl. 17. Hft.

Der öffentliche Weg. Versuch e. Darstellung d. Begriffes nach d. heutigen preuss. u. franz. Recht. Von Dr. jur. M. v. Eschstruth, Forstass. *Berlin: E. Ebering 1902.* (XVI, 118 S.) 8°
= Studien, Rechts- u. Staatswissenschaftliche. H. 17. [02. 7756 10

Eschstruth, Nataly von [Mädchenname]

s.a. Knobelsdorff-Brenkenhoff, Nataly von [Frauenname]

— die Bären v. Hohen-Esp. Roman. 2 Bde. 8. (306 u. 252 S.) Leipzig 902. P. List. n. 10.—; geb. n. 12.—

Eschstruth, Nataly v. (Frau v. Knobelsdorff-Brenkenhoff), die Bären v. Hohen-Esp. Roman. 8. Aufl. 2 Bde. (VII, 306 u. 252 S.) 8. Leipzig (904). P. List. n. 5.50; geb. n. 7.50

Eschstruth, Nataly v. (Frau v Knobelsdorff-Brenkenhoff), die Bären v. Hohen-Esp. Roman. 2 Bde. 10. Aufl. (VII, 306 u. 252 S.) 8. Leipzig (908). P. List. 5.50; geb 7.50

Eschstruth, Nataly v., polnisch Blut. Roman. 1. und 2. Aufl. 2 Bde. 8. (VII, 285; 266 S. mit dem Bildniß der Verf. in Lichtdr. und Faks.) [Berlin 887, Dominik.] Jena, Costenoble. *ℳ 10.—.; geb. *

Eschstruth, N. v., polnisch Blut. Roman. 2 Bde. 3. Aufl. 3. u. 4. Tausend. gr. 8. (VII, 285 u. 266 S.) Jena 890. Costenoble. n. 10.—; geb. n. 12.—

Eschstruth, Nataly v., polnisch Blut. Roman. 2 Bde. 4. Aufl. 8. (VII, 285 u. 266 S.) Jena 894. H. Costenoble. n. 10.—; geb. n.n. 12.—

Eschstruth, Nataly v. (Frau N. v. Knobelsdorff-Brenkenhoff), Polnisch Blut. Roman. 2 Bde. 5. Aufl. 8. (VII, 285 u. 266 S.) Jena 898. H. Costenoble. n. 10.—; geb. n.n. 12.—

Polnisch Blut. Roman von Nataly v. Eschstruth. 7. (auf d. Umschl.: 5.) Aufl. Bd 1. 2. Leipzig: List [1901]. 8° 100. 14637

— polnisch Blut. Roman. 6. Aufl. 2 Bde. (VII, 285 u. 266 S.) 8. Ebd. (904). n. 5.50; geb. n. 7.50

— am Ende der Welt. 5. Aufl. (VII, 220 S.) 8. Ebd. (905). n. 2.75; geb. n. 3.75

— die Erlkönigin. Zauberwasser. 8. (407 S.) Ebd. 888. n. 6.—; geb. n. 7.—

Eschstruth, N. v., die Erlkönigin. 2. Aufl. 8. (V, 315 S.) Jena 890. Costenoble. n. 5.—; geb. n. 6.20

— die Erlkönigin. 3. Aufl. 8. (315 S.) Ebd. 893. n. 5.—; geb n.n. 6.20

— die Erlkönigin. 4. Aufl. 8. (315 S.) Ebd. 897. n. 5.—; geb. n.n. 6.20

— es spukt. — Wenn Zwei sich nur gut sind, s.: Büchersammlung f. Gabelsberger'sche Stenograph.

— Frieden. Roman. 2 Bde. 1.—6. Aufl. (Je VII, 318 u. 285 S.) 8. Ebd. (905). n. 5.50; geb. n. 7.50

— verbotene Früchte u. andere Erzählungen. 8. (387 S.) Ebd. 889. n. 6.—; geb. n. 7.20

— verbotene Früchte u. andere Erzählungen. 2. Aufl. 8. (VII, 302 S.) Ebd. 893. n. 6.—; geb. n. 7.20

— Frühlingsstürme. Roman. 2 Bde. 1.—4. Aufl. 8. (à VII, 303 u. 273 S.) Ebd. 899. n. 10.—; geb. n. 12.—

Eschstruth, Nataly v., Gänseliesel, s.a. Roman-Bibliothek der Deutschen Illustrirten Zeitung.

— dasselbe, s.a. Bibliothek, neue, f. das deutsche Theater.

— Gänseliesel. Eine Hofgeschichte. 2 Bde. 3. u. 4. Aufl. Wohlfeile Ausg. 8. (312 u. 295 S.) Ebd. 888. 889. n. 6.—; geb. n. 8.—

— Gänseliesel. Eine Hofgeschichte. 2 Bde. 5. Aufl. Wohlf. Ausg. 10.—13. Tauf. 8. (312 u. 295 S.) Ebd. 891. n. 6.—; geb. in Leinw. n. 8.—

— Gänseliesel. E. Hofgeschichte. 2 Bde. 7. Aufl. 8. (312 u. 295 S.) Ebd. 898. n. 8.—; geb. n.n. 10.—

— von Gottes Gnaden. Roman. 2 Bde. 8. (302 u. 325 S.) Ebd. 894. n. 10.—; geb. n.n. 12.—

— von Gottes Gnaden. Roman. 2. Aufl. 2 Bde. 8. (302 u. 325 S.) Ebd. 895. n. 10.—; geb. n.n. 12.—

— die Haidehexe u. andere Novellen. 8. (VII, 255 S. m. 10 Illustr.) Ebd. 894. n. 5.—; geb. n.n. 6.—

— Hazard. Roman. 1. u. 2. Aufl. 2 Bde. (285 u. 254 S.) Jena 888. 889. Costenoble. n. 10.—; geb. n. 12.—

— Hazard. Roman. 2 Bde. 3. Aufl. 8. (285 u. 254 S.) Ebd. 897. n. 10.—; geb n.n. 12.—

— Hofluft. Roman. 2 Bde. 8. (535 S.) Berlin 889. Schorer. n. 10.—

— dasselbe. 2. Aufl. 2 Bde. 8. (259 u. 287 S.) Ebd. 890. n. 10.—

— Hofluft. Roman. 2 Bde. 5 Aufl. 8. (259 u. 287 S.) Berlin 894. Leipzig, Paul List. n. 10.—; geb. in 1 Bd. 12.—

— Hofluft. Roman. 2 Bde. 8. Aufl. 8. (259 u. 287 S.) Leipzig 898. P. List. n. 10.—; in 1 Bd. geb. 12.—

— Hofluft. Roman. 2 Bde. 9. Aufl 8. (259 u. 287 S.) Ebd. 899. n. 10.—; in 1 Bd. geb. 12.—

— dasselbe. Mit Illustr. v. M. Flashar. 2 Bde. 8. (267 u. 288 S.) Ebd. (900). In 1 Leinw.-Bd. 12.—; m. Goldschn. n. 16.—

— Humoresken. 2. Aufl. 8. (187 S.) Jena 888. Costenoble. n. 3.—; geb. n. 4.—

— dass. — s.a. Roman-Bibliothek der Deutschen Illustrirten Zeitung.

— Humoresken. 3. Aufl. 8. (VII, 187 S.) Jena 893. H. Costenoble. n. 3.—; geb. n. 4.—

— Humoresken. 4. Aufl. 8. (VII, 187 S.) Jena 900. [H. Costenoble.] Leipzig, P. List. n. 3.—; geb. n.n. 4.—

— Humoresken u. andere Erzählungen. Mit Illustr. v. M. Flashar, Arno Grimm, Aug. Wandlick u. a. (279 S.) 8. Ebd. (908.) 2.75; geb. 3.75

— Jedem das Seine. Roman. 2 Bde. (239 u. 264 S.) 8. Ebd. (904). n. 10.—; geb. n. 12.—; erm. Pr. n. 5.50; geb. n. 7.50

— Johannisfeuer. 1.—3. Aufl. 8. (V, 248 S.) Ebd. 895. n. 5.—; geb. n. 6.—

— Johannisfeuer. Erzählungen. Mit Illustr. v. A. Wandlick u. G. Franz. 8. (413 S.) Leipzig (900). P. List. Geb. in Leinw. n. 6.—

— der Irrgeist des Schlosses. Roman. 2. Aufl. 8. (301 S.) Ebd. 888. n. 5.—; geb. n. 6.—

— dass. — s.a. Roman-Bibliothek der Deutschen Illustrirten Zeitung.

— Der Irrgeist des Schlosses. Roman. 3. Aufl. 4. u. 5. Tauf. 8. (301 S.) Jena 892, Costenoble. * 5 —; geb. * 6 —

— d. Irrgeist d. Schlosses. Roman. 4. Aufl. 8. (303 S.) Jena 898. H. Costenoble. n. 5.—; geb. n. 6.—

— Jung gefreit. Roman. 2. Bde. 8. (329 u. 296 S.) Leipzig 897. P. List. n. 10.—; geb. n. 12.—

— Jung gefreit. Roman. Mit Illustr. v. Wilh. Claudius. 2 Bde. 8. (347 u. 309 S.) Ebd. (900). In 1 Leinw.-Bd. 12.—

— Katz' u. Maus. 8. (214 S.) Berlin 886. Paetel. n. 3. —; geb. n. 4. 50

— Katz' u. Maus. 2. Aufl. 16. (214 S.) Ebd. 889. geb. n. 4. 50

— Katz' u. Maus. Erzählendes Gedicht. 3. Aufl. 8. (VII, 211 S.) Ebd. 893. n. 3. —; geb. n. 4. 50

— Comödie! Roman. 2 Bde. 1.—3. Aufl. 8. (294 u. 271 S.) Ebd. 892—894. n 8. —; geb. n.n. 10. —

— die Laune der Gräfin, s.: Gabelsberger-Bibliothek. 50. Bd.

— aus vollem Leben. Novellen u. Erzählgn. 8. (VII, 246 S.) Ebd. (900). n. 3. —; geb. 4. —

— d. Majoratsherr. Roman. 2 Bde. 8. (292 u. 280 S.) Ebd. 898. n. 10. —: geb. n. 12. —

— Mondscheinprinzeßchen. 8. (VII, 240 S.) Ebd. 898. n. 3. —; geb. 4. —

— der Mühlenprinz. Erzählung. 1. u. 2. Aufl. 8. (VII, 276 S.) Ebd. 891. n. 5. —; geb. in Leinw. n.n. 6. 20

— der Mühlenprinz. Roman. Mit Illustr. v. M. Barascudts. (311 S.) 8. Leipzig (904). P. List. n. 2. 75; geb. in Leinw. n. 3. 75

— Nachtschatten. Roman. 1. u. 2. Aufl. 2 Bde. 8. (à 263 u. 269 S.) Ebd. (900). n. 10. —; geb. n. 12. —

— sein erster Orden, s.: Büchersammlung f. Gabelsberger'sche Stenographen.

— die Ordre d. Grafen v. Guise. Schauspiel in 1 Act. 8. (30 S.) Berlin 884. Kruse. n. 1. —

— Die Ordre des Grafen v. Guise. Novellen. Inh.: Die Ordre des Grafen v. Guise. Symone. Mit Illustr. v. Aug. Mandlick u. M. Flashar. (148 S.) 8. Ebd. (910.) 1.—; geb. 1. 50

— Osterglocken. Novelle. (85 S.) schmal 12. Berlin (901). Berlin. Verlagsanstalt. Geb. in Leinw. n. 3. —

Osterglocken. Eine Novelle von Nataly v. Eschstruth. 1. Aufl. Berlin: Berlinische Verlagsanst. [1903]. (35 S.) 8° [05. 4381]

— Pirmasenz, s.: Kühlings, A., Volks-Schaubühne.

— Potpourri. 8. (361 S.) Dresden 887. Pierson. n. 3. 50; geb. n. 4. 50

— dasselbe. 2. Aufl. 8. (361 S.) Ebd. 887. 3. —

— Potpourri. 2. Aufl. 8. (VII, 330 S.) Ebd. 891. n. 4. 50; geb. in Leinw. n. 5. 70

— Potpourri. Novellen u. Erzählgn. 3. Aufl. 8. (VII, 354 S.) Ebd. (901). n. 5. —; geb. n. 6. —

Der verkannte Puttfarken. Humoreske von Nataly v. Eschstruth. In vereinf. deutscher Stenogr. (System Stolze-Schrey). *Berlin: F. Schulze 1899.* (16 S.) 8° [Text lith.]
= Zehnpfennigbücher, Schulzes. No 12.

— der verkannte Puttfarken, } s.a. Schulze's Zehnpfennigbücher.
— Regenwetter, }

Regenwetter. Von Nataly v. Eschstruth. (Berlin: F. Schulze [1901].) (16 S.) 8° [Umschlagt. Text stenogr.]
= Zehnpfennigbücher, Schulzes. No 15. [01. 7334]

— die Regimentstante. Roman. 2 Bde. 3. Aufl. 8. (281 u. 238 S.) Leipzig (899). P. List. n. 10. —; geb. n. 12.—

— Der kleine Rittmeister, s. Kühlings, A., Volks-Schaubühne.

— Die Roggenmuhme. Humoristischer Roman. (381 S.) 8. Ebd. (910.) 4.—; geb. 5. —

— illustrierte Romane u. Novellen. (1. Folge.) In 11 Bdn. 8. Ebd. à 2. 75; geb. in Leinw. à 3.75; auch in 75 Lfgn. à — 40
1. 2. Hofluft. Roman. Mit Illustr. v. M. Flashar. 2 Bde. (267 u. 288 S.) (899.)
3. Sternschnuppen. Erzählungen. Mit Illustr. v. Carl Zopf. (328 S.) (900.)
4. 5. In Ungnade. Roman. Mit Illustr. v. C. H. Küchler. 2 Bde. (282 u. 288 S.) (900.)
6. Johannisfeuer. Erzählungen. Mit Illustr. v. A. Mandlick u. G. Franz. (413 S.) (900.)
7. 8. Der Stern des Glückes. Roman. Mit Illustr. v. Fritz Bergen. 2 Bde. (325 u. 357 S.) (900.)
9. Spukgeschichten u. andere Erzählungen. Mit Illustr. v. Hans W. Schmidt. (411 S.) (900.)
10. 11. Jung gefreit. Roman. Mit Illustr. v. Wilh. Claudius. 2 Bde. (347 u. 309 S.) (901.)

Eschstruth, Nataly v. (Frau N. v. Knobelsdorff-Brenkenhoff), illustrierte Romane u. Novellen. 2. Serie. In 11 Bdn. 8. Leipzig, P. List. à n. 2. 75; geb. in Leinw. à n. 3. 75; auch in 75 Lfgn. à — 40
1. 2. Der Majoratsherr. Roman. Mit Illustr. v. M. Flashar. 2 Bde. (600 S.) (901.)
3. 4. Frühlingsstürme. Roman. Mit Illustr. v. K. Egersdörfer. 2 Bde. (621 S.) (901.)
5. 6. Die Regimentstante. Roman. Mit Illustr. v. Fritz Bergen. 2 Bde. (542 S.) (901.)
7. Verbotene Früchte u. andere Erzählungen. Mit Illustr. v. Wilh. Claudius u. M. Flashar. (475 S.) (902.)
8. 9. Polnisch Blut. Roman. Mit Illustr. v. Hans W. Schmidt. 2 Bde. (612 S.) (902.)
10. 11. Comödie. Roman. Mit Illustr. v. F. Schwormstädt. 2 Bde. (629 S.) (902.)

— dasselbe. 3. Serie. (In 11 Bdn.) 1.—3. Bd. gr. 8. Ebd. à n. 2. 75; geb. in Leinw. à n. 3. 75; auch in 75 Lfgn. à — 40
1. 2. Gänseliesel. Roman. Mit Illustr. v. G. Koberstein. 2 Bde. (651 S.) (902.)
3. Der Irrgeist des Schlosses. Roman. Mit Illustr. v. C. Münch. I. (316 S.) (902.)

— illustrierte Romane u. Novellen. 3. Serie. 4.—11. (Schluß-)Bd. 8. Leipzig 903. P. List. à n. 2. 75; geb. in Leinw. à n. 3. 75; auch in Lfgn. à n. — 40
4. 5. Von Gottes Gnaden. Roman. Mit Illustr. v. A. Mandlick. 2 Bde. (680 S.)
6. Die Erlkönigin. Roman. Mit Illustr. v. Carl Zopf. (284 S.)
7. 8. Nachtschatten. Roman. Mit Illustr. v. Wilh. Claudius. 2 Bde. (574 S.)
9. Potpourri. Novellen u. Erzählgn. Mit Illustr. v. C. Münch u. F. Bergen. (436 S.)
10. 11. Hazard. Roman. Mit Illustr. v. Ad. Wald. 2 Bde. (589 S.)

— dasselbe. 4. Serie. 11 Bde. 8. Ebd. à n. 2. 75; geb. in Leinw. n. 3. 75; kplt in Kassette n. 42. —; auch in 74 Lfgn. à n. — 40
1. 2. Die Bären v. Hohen-Esp. Roman. Mit Illustr. v. F. Schwormstädt. 2 Bde. (576 S.) (904.)
3. 4. Der verlorene Sohn. Roman. Mit Illustr. v. Osc. Bluhm. 2 Bde. (548 S.) (904.)
5. 6. Ungleich. Roman. Mit Illustr. v. Ad. Wald. (516 S.) — Wolfsburg. Erzählung. Mit Illustr. v. W. Flashar. (236 S.) (904.)
7. Der Mühlenprinz. Roman. Mit Illustr. v. M. Barascudts. (311 S.) (904.)
8. 9. Am Ziel. Roman. Mit Illustr. v. Hans W. Schmidt. 2 Bde. (637 S.) (905.)
10. 11. Im Schellenhemd. Roman. Mit Illustr. v. F. Schwormstädt. 2 Bde. (776 S.) (905.)

— Illustrierte Romane u. Novellen. V. Serie. 1—9. Bd. 8. Ebd. à Bd. 2.75; geb. in Leinw. 3.75; auch in Lfgn. à — 40
1. Frieden. Roman. Mit Illustr. v. Max Vogel. I. (348 S.) (907.)
2. Dasselbe. II. (S. 349—655.) (907.)
3. Am See. Erzählung. Mit Illustr. v. A. Wald. (368 S.) (907.)
4. Heidehexe. Novellen. Mit Illustr. v. M. Flashar u. A. Mandlick. (431 S.) (908.)
5. Jedem das Seine. Mit Illustr. v. Fritz Bergen. I. (287 S.) (908.)
6. Dasselbe. II. (S. 289—607.) (908.)
7. Humoresken u. andere Erzählungen. Mit Illustr. v. M. Flashar, Arno Grimm, Aug. Mandlick u. a. (279 S.) (908.)
8. Katz' u. Maus. Erzählend. Gedicht. Mit Illustr. v. F. Schwormstädt. (282 S.) (909.)
9. Aus vollem Leben. Novellen u. Erzählgn. Mit Illustr. v. M. Flashar u. Aug. Mandlick. (275 S.) (909.)

— im Schellenhemd. Roman. 2 Bde. 8. (IX, 274 und 484 S.) Jena 890. Costenoble. n. 6. —; geb. n. 8. —

— im Schellenhemd. Roman. 2 Bde. 2.—4. Aufl. 8. (IX, 274 u. 384 S.) Ebd. 891. 892. n. 6. —; geb. n. 8. —

— im Schellenhemd. Roman. 2 Bde. 5. Aufl. 8. (IX, 274 u. 384 S.) Jena 896. H. Costenoble. n. 6. —; geb. n. 8. —

— im Schellenhemd. Roman. Mit Illustr. v. F. Schwormstädt 2 Bde. (776 S.) 8. Ebd. (905). n. 5. 50; geb. n. 7. 50

— Scherben. Novellen. 8. (IV, 158 S.) Berlin 893 [J. H. Schorer.] Leipzig, Paul List. n. 2. —; geb. 3. 60

— Scherben. Novellen. 3. [Umschlag-]Aufl. 8. (V, 158 S.) Ebd. (899). n. 2. —; geb. 3. —

— Scherben. Mit Illustr. v. A. Mandlik u. G. Franz. (V, 161 S.) 8. Ebd. (906). n. 2. —; geb. n. 3. —

— am See. Erzählung. (112 S.) 8. Ebd. (903). n. 2. 75; geb. in Leinw. n. 3. 75

— der verlorene Sohn. Roman. 2 Bde. 1.—3. Aufl. (à 264 u. 229 S.) 8. Ebd. (902). n. 10. —; geb. in Leinw. n. 12. —

— der verlorene Sohn. Roman. Mit Illustr. v. Osc. Bluhm. 2 Bde. (548 S.) 8. Ebd. (904). n. 5. 50; geb. n. 7. 50

— Sonnenfunken. Novellen u. Erzählgn. 8. (VII, 211 S.) Ebd. (901). n. 3. —; geb. in Leinw. 4. —

— Spuck. 8. (XVI, 213 S.) Leipzig 897. P. List. n. 3. —; geb. 4. —

— Spukgeschichten u. andere Erzählungen. Mit Illustr. v. Hans W. Schmidt. 8. (411 S.) Ebd. (900). Geb. in Leinw. n. 6. —

— der Stern d. Glücks. Roman. 2 Bde. 1.—4. Aufl. 8. (307 u. 342 S.) Leipzig 896. 97. P. List. n. 10. —; geb. n. 12. —

— der Stern des Glücks. Roman. Mit Illustr. v. Fritz Bergen. 2 Bde. 8. (325 u. 357 S.) Ebd. (900). In 1 Leinw.-Bd. 12. —

— Sternschnuppen. Erzählungen. 8. (VII, 336 S.) Berl. 890. Schorer. * 3 —; geb. * 4 —

— Sternschnuppen. Erzählungen. 4. Aufl. 8. (V, 336 S.) Ebd. 894. n. 5. —; geb. n. 6. —

— Sternschnuppen. Erzählungen. 5. Aufl. 8. (VII, 336 S.) Ebd. (899). n. 5. —; geb. n. 6. —

— dasselbe. Mit Illustr. v. Carl Zopf. 8. (328 S.) Ebd. (900). Geb. in Leinw. n. 6. —

— Sturmnixe u. and. Dramen. 8. Ebd. 895. n. 5. —; geb. n. 6. —
Sturmnixe. Schausp. in 3 Akten u. 1 Vorsp. (102 S.) — D. Chotriten. Drama in 5 Akten. (122 S.) — D. kleine Rittmeister. Schausp. in 3 Akten. (106 S.) — Pirmasenz od. Karl Augusts Brautfahrt. Lustsp. in 3 Akten. (114 S.)

— Unerklärliches, s.a. Schulze's Zehnpfennigbücher.

Unerklärliches. See-Roman von Nataly v. Eschstruth. In vereinf. deutscher Stenogr. (System Stolze-Schrey). Berlin: F. Schulze [1902]. (10 S.) 8°
— Zehnpfennigbücher, Schulzes. No 23. (03. 7380)

— ungleich! Roman. 1. u. 2. Aufl. 2 Bde. 8. (V, 216 u. III, 248 S.) Jena 894. H. Costenoble. n. 8. —; geb. n.n. 10. —

— ungleich. Roman. 4. Aufl. 2 Bde. 8. (216 u. 248 S.) Jena 895. H. Costenoble. n. 8. —; geb. n.n. 10. —

— Ungleich. Roman. Mit Illustr. v. Ad. Wald. — Wolfsburg. Erzählung. Mit Illustr. v. M. Flashar. 2 Bde. (516 u. 236 S.) 8. Ebd. (904). n. 5. 50; geb. in Leinw. n. 7. 50

— in Ungnade. Roman. 2 Bde. 1. u. 2. Aufl. 8. (268 u. 269 S.) Berlin 891. [J. H. Schorer.] Leipzig, Paul List. n. 10. —; geb. n. 12. —

— in Ungnade. Roman. 2 Bde. 5. Aufl. 8. (268 u. 269 S.) Leipzig 898. P. List. n. 10. —; in 1 Bd. geb. 12. —

— in Ungnade. Roman. Mit Illustr. v. C. H. Küchler. 2 Bde. 8. (282 u. 288 S.) Leipzig (900). P. List. In 1 Leinw.-Bd. 12. —

— Wandelbilder. Novellen und Skizzen. 8. (284 S.) Jena 888, Costenoble. *ℳ 5.—; geb. *

— Wandelbilder. Novellen u. Skizzen. 2. Aufl. 8. (VII, 284 S.) Jena 894. H. Costenoble. n. 5. —; geb. n. 6. —

— Wegekraut. Gedichte. 12. (147 S.) Dresden 887. Pierson. n. 2. —; geb. n. 3. —

Eschstruth, Nataly v. (Frau N. v. Knobelsdorff-Brenkenhoff), gesammelte Werke. Illustrierte Ausg. 1.—24. Bd. 8. Jena [H. Costenoble]. Leipzig, P. List. à n. 4. —; geb. in Leinw. à n. 4. 50; auch in Halbbdn. à n. 2. —
1. 2. Gänseliesel. Eine Hofgeschichte. 8. Aufl. 2 Bde. Mit Bildern v. Hans W. Schmidt. (XIV, 312 S. m. Bildnis u. 295 S.) (899. 900.)
3. 4. Comödie! Roman. 4. Aufl. 2 Bde. Mit Bildern v. Hans W. Schmidt. (294 u. 271 S.) 900.
5. Wandelbilder. Novellen u. Skizzen. 3. Aufl. Mit Bildern v. Geo. Erler. (VII, 281 S.) (900.)
6. 7. Im Schellenhemd. Roman. 6. Aufl. Mit Bildern v. Rich. Starcke. 2 Bde. (IX, 274 u. 481 S.) 900.
8. 9. Von Gottes Gnaden. Roman. 3. Aufl. 2 Bde. Mit Bildern v. Rob. Falcke. (302 u. 325 S.) (900).
10. Der Irrgeist des Schlosses. Roman. 5. Aufl. Mit Bildern v. Rich. Starcke. (303 S.) (900.)
11. 12. Ungleich. Roman. 5. Aufl. 2 Bde. Mit Bildern v. C. Enderlein. (216 u. 248 S.) (900.)
13. Humoresken. Zauberwasser. 5. Aufl. Mit Bildern v. Rich. Starcke. (283 S.) (900.)
14. 15. Hazard. Roman. 4. Aufl. 2 Bde. Mit Bildern v. Geo. Erler. (285 u. 254 S.) (900.)
16. Wolfsburg. Erzählung. 3. Aufl. Mit Bildern v. A. Bavorowski. (212 S.) (901.)
17. Haidehexe. Novellen. 2. Aufl. Mit Bildern v. A. Bavorowski. (VII, 255 S.) 901.
18. Der Mühlenprinz. Erzählung. (Mit Bildern v. Ant. C. Baworowski.) 3. Aufl. (VII, 276 S.) 901.
19. Die Erlkönigin. Roman. 4. Aufl. (Mit Bildern v. Willy Werner.) (315 S.) (901.)
20. Verbotene Früchte u. andere Erzählungen. 3. Aufl. (VII, 302 S.) (901.)
21. Potpourri. Novellen u. Erzählgn. 3. Aufl. (VII, 354 S). (901.)
22. Katz' u. Maus. Erzählend. Gedicht. 3. Aufl. (VII, 211 S.) (901.)
23. 24. Polnisch Blut. Roman. 2 Bde. 5. Aufl. (VII, 285 u. 266 S.) (901.)

—— Wolfsburg. Erzählung. 8. (V, 266 S.) [Stuttgart 885, Bonz und Comp.] Jena, Costenoble. *ℳ 4.—; geb. *

— Wolfsburg. Erzählung. 2. Aufl. 8. (212 S.) Jena 889. Costenoble. n. 4.—; geb. n. 5.—

— Zauberwasser, s.: Bibliothek f. unsere Frauen.

— am Ziel. Roman. 2 Bde. 2. Aufl. 8. (272 u. 290 S.) Ebd. (901). n. 10.—; geb. n. 12.—

Eschwe, Aemil. (Henr. Guil.) (geb. Berlin 22. 7. 1837): De nonnullis sulfuro-brometis et seleno-jodetis. Berolini (1861). (30 S.) 8°
Berlin, Phil. Diss. v. 26. März 1861

Eschwe, F., Kammergerichts-Assessor. Ansprache an die Urwähler des 62. Bezirks. Druck von J. G. Brüschke. 1 Bl. Fol.
Flugblatt. Berlin, 18.Jan.1849.

Eschweege, s. Eschwege, Ludw.

Eschwege [Schlagwort]

Eschwege, s.: Deutschland. Kürschner-Pelp. — Preussen. Messtischblätter.

Eschwege, s.: Werrathal.

Eschwege [Verfasser]

Eschwege, v., Geschichte des hannoverschen Jäger-Bataillons Nr. 10, s.: Gottberg, v.

Eschwege, v., Geschichte d. Hannoverschen Jäger-Bataillons Nr. 10, s.: Krahmer-Möllenberg.

Eschwege, Ludw., zum Kampf um die deutschen Kohlenschätze, s.a. Zeitfragen, soziale. 21. 22.

Zum Kampf um die deutschen Kohlenschätze. Von Ludwig Eschwege. (2. Taus.) Berlin: 'Bodenreform' 1905. (45 S.) 8° [J. u. Ant.]
— Zeitfragen, Soziale. 21. 22. [o6. 3442

Eschwege, Ludw., privilegiertes Spekulantentum (Hypothekenbankfrage), s.a. Streitfragen, soziale.

Eschwege, privilegiertes Speculantentum. Berlin 898.

Privilegiertes Spekulantentum. Ein Beitrag z. Hypothekenbankfrage. Von Ludwig Eschwege. *Berlin: J. Harrwitz Nachf. [1899].* (23 S.) 8° [J.]
— Streitfragen, Soziale. II. 5. [00. 10375

Eschwege, N., Dass Jehudis. Religionsbuch f. jüd. Knaben. (In hebr. Sprache.) 8. (III, IV, 83 S.) Frankfurt a/M. 1898. J. Kauffmann. Geb. n.n. — 65

Eschwege, N., kolorierte Zahlenbilder m. Begleitwort. gr. 8. (16 S.) Höchberg b/Würzburg 893. N. Eschwege's Selbstverl. n. 3. —

Eschwege, Seligmann Bär, aus Höchberg [Bayern]: Der Kommentar des Immanuel ben Salomon zum Hohenliede (Wort- und Satzexegese). Ein Beitrag zur Geschichte der mittelalterlichen Bibelexegese. Nach einer Handschrift der Kgl. Hof- und Staatsbibliothek in München, verglichen mit Handschrift 117 der Kgl. Universitätsbibliothek in Berlin. [Deutsch und Hebräisch.] Frankfurt a. M. 1908. VI + 38 + II + 42 S. 8°. [17. XII. 07.]
Bern. Phil. Diss. 1908/09.

Eschwege, Seligmann Bär. Der Kommentar des Immanuel ben Salomon zum Hohenliede. ⟨Wort- und Satzexegese.⟩ Ein Beitrag zur Geschichte der mittelalterlichen Bibelexegese. Nach einer Handschrift der Kgl. Hof- u. Staatsbibliothek in München, verglichen mit Handschrift 117 der Kgl. Universitätsbibliothek in Berlin. Diss. Phil. Bern. VIII + 39 + IV + 40 S. 8. Frankfurt a. M., Louis Golde, 1908.

Eschwege, Wilh. Ludw. v., Beiträge zur Gebirgskunde Brasiliens. M. 4 petrograph.-geognost. Karten u. Profildurchschnitten (in gr. Fol. u. gr. Imp.-Fol.) gr. 8. (31½ B.) Berlin 832, Reimer.

von Eschwege, Wilhelm L.: Beiträge zur Gebirgskunde Brasiliens. Mit vier petrographisch-geognostischen Karten und Profildurchschnitten. Berlin 1832. XIV, 488 S. 8°.

— Brasilien, d. neue Welt in topograph., geognost., bergmänn., naturhistor., polit. u. statistischer Hinsicht, während e. 11jähr. Aufenthalts v. 1810—21, mit Hinweisung auf d. neuern Begebenheiten beobachtet. 2 Thle, mit 2 Kpf. gr. 8. Braunschw. 830. (822, 23.) Vieweg. 1 ℛ 16 gℊ

— geognost. Gemälde von Brasilien, u. wahrscheinl. Muttergestein d. Diamanten. Mit 1 Kpf. gr. 8. Weimar 822. Ind.-Compt. 12 gℊ

Eschwege, W. C. von, Journal von Brasilien. s.a. neue Bibliothek d. Reis. 14r und 15r Bd.

von Eschwege, Wilhelm C.: Journal von Brasilien, oder vermischte Nachrichten aus Brasilien, auf wissenschaftlichen Reisen gesammelt. Heft 1. Mit einem Plane und Kupfern. Heft 2. Mit Kupfern und Charten. Weimar 1818. 2 Bde. XVI, 220 S., 4 Tf., 1 Krt.; VIII, 304 S., 4 Tf., 5 Tb., 3 Krt. 8°.

— Nachrr. aus Portugal u. dessen Colonien, mineralog. u. bergmänn. Inhalts, herausg. von J. C. L. Zincken. Mit 1 Kpft. gr. 8. Braunschw. 820. Meyer. 1 ℛ 8 gℊ

von Eschwege, Wilhelm L.: Pluto Brasiliensis. Eine Reihe von Abhandlungen über Brasiliens Gold-, Diamanten- und anderen mineralischen Reichthum, über die Geschichte seiner Entdeckung, über das Vorkommen seiner Lagerstätten, des Betriebs, der Ausbeute und die darauf bezügliche Gesetzgebung u. s. w. Nebst lithographirten Karten und Zeichnungen. Berlin 1833. XXII, 622 S., 4 Tf., 12 Tb., 5 Krt. 8°.

v. Eschwege, Wlh. L., Pluto Brasiliensis. Eine Reihe von Abhandlungen über Brasiliens Gold- Diamanten- u. a. mineralog. Reichthum, über die Geschichte seiner Entdeckung, über das Vorkommen seiner Lagerstätten, des Betriebs der Ausbeute und die darauf bezügl. Gesetzgebung ꝛc. Nebst 8 Karten u. Zeichnungen u. 2 Tabb. gr. 8. Berlin 833. Reimer. 5½ ℛ

— Portugal. Ein Staats- u. Sittengemälde nach 30jährigen Beobachtungen u. Erfahrungen. 1r Thl. 8. Hamburg 837. Hoffmann u. Campe. 1⅓ ℛ

Eschweiler: Auszug aus ... v. Martius, über den dermaligen Stand unserer Kenntnisse v. den Flechten. 1826. [Rostr. Saml.].

Eschweiler, Haus- u. Schule. Ein Mahn- u. Trostbüchlein in Briefen an die Eltern unserer studier. Jugend. gr. 8. (79 S.) Bielefeld 892. A. Helmich. n. 1. 25

Eschweiler: Das ehemalige Neußer Jesuiten-Collegium und der Rechtsstreit der Stadt Neuß mit der churkölnischen Regierung über die Verwendung des Neußer Jesuitenfonds. 21 S. – Neuß, Progr. 1855.

Die Freimaurerei im Staate von einem frühern Ordensmitgliede. Nach d. Franz. von A. Eschweiler. Mit einem Vorw. von Alban Stolz. Aachen: Hensen 1863. 108 S. 8°.
Recens: FZ. 17 (1863) S. 278—279 (H. W. Gausse).
cf. L. 22 (1863) S. 107—199. 350—353.

Eschweiler, Alex.

Eschweiler, Namen u. Wesen des griechischen Heilgottes. Brühl 1885. 4°, 13 S., Progr. des Progymn.

Eschweiler, Alex., üb. das Wesen u. den Namen d. griechischen Heilgottes. 4. (13 S.) Leipzig 886. Fock. n. — 90

Eschweiler, C., rheinische Gesetz-Sammlung enth. die wichtigsten der in der preuß. Rheinprovinz gelt. Gesetze u. Verordngn. Chronologisch zusammengestellt. gr. 8. (V, 1038 S.) Köln 873. Du Mont-Schauberg. n. 10.—

Eschweiler, C. Rheinische Gesetzsammlung, enthaltend die wichtigsten der in der Preussischen Rheinprovinz geltenden Gesetze und Verordnungen: Cöln. 2. Auflage 1877. Nebst Supplementheft 1—9. 1888—1899.

— dasselbe. Supplementheft I—III. Chronologisch zusammengestellt. gr. 8. (107 S.) Ebend. 874. 75. n. 5. 40
1. (107 S.) n. 1. 50. — 2. (101 S.) n. 1. 50. — 3. (159 S.) n. 2. 40

Eschweiler, C., rheinische Gesetz-Sammlung, enth. die wichtigsten der in der preuß. Rheinprovinz [Bezirk d. Appellationsgerichtshofes zu Köln] gelt. Gesetze u. Verordnungen. Chronologisch zusammengestellt. 2. Aufl. gr. 8. (VII, 1310 S.) Köln 877. Du Mont-Schauberg. n. 15. —

— dasselbe. Nachtrag zum Suppl. III. zur 1. Aufl. gr. 8. (S. 167—216.) Ebend. 880. n. 1. —

— dasselbe. 2. Aufl. 1. Suppl.-Hft. [Zugleich Suppl. IV. der 1. Aufl.] gr. 8. (III, 140 S.) Ebend. 880. n. 2. 20

Eschweiler, C., rheinische Gesetz-Sammlung, enth. die wichtigsten der in der Preuß. Rheinprovinz [Bezirk d. frühern Appellationsgerichtshofes zu Köln] gelt. Gesetze u. Verordngn. Chronologisch zusammengestellt. 2. Aufl. Suppl.-Hft. II. u. III. [Zugleich Suppl.-Hft. V. u. VI. der 1. Aufl.] gr. 8. Köln, Du Mont-Schauberg. n. 3. 80 (1—3.: n. 6. —)
II. 25. Febr. 1880—18. Juli 1883. (III, 117 S.) 883. n. 1. 80
III. 20. Juli 1883—29. Juli 1885. (III, 132 S.) 885. n. 2. —

Eschweiler, C., rheinische Gesetz-Sammlung, enth. die wichtigsten der in der Preuß. Rheinprovinz [Bezirk d. früheren Appellationsgerichtshofes zu Köln] gelt. Gesetze u. Verordngn. Chronologisch zusammengestellt. 2. Aufl. Suppl.-Hft. IV. [Zugleich Suppl.-Hft. VII der 1. Aufl.] 27. Juli 1885—13. Juli 1887. gr. 8. (239 S.) Köln 887. Du Mont-Schauberg. n. 3. 20

— dasselbe. 2. Aufl. Suppl.-Hft. V. [Zugleich Suppl.-Hft. VIII der 1. Aufl.] 6. Aug. 1887 — 22. Juni 1889. gr. 8. (225 S.) Ebd. 889. n. 3. — (1—5.: n. 12. 20)

Eschweiler, C., rheinische Gesetz-Sammlung, enth. die wichtigsten der in der Preuß. Rheinprovinz [Bezirk d. frühern Apellationsgerichtshofes zu Köln] gelt. Gesetze u. Verordngn. Chronologisch zusammengestellt. 2. Aufl. Suppl.-Hft. VI. [Zugleich Suppl.-Hft. IX. der 1. Aufl.] 11. Juli 1889—Oktbr. 1891. gr. 8. (III, 274 S.) Köln 891. M. Du Mont-Schauberg. n. 3. 80 (1—6: n. 16. —)

— dasselbe. 2. Aufl. Suppl.-Hft. VII. [Zugleich Suppl.-Hft. X der 1. Aufl.] Novbr. 1891—August 1893. gr. 8. (283 S.) Ebd. 893. n. 4. —

Eschweiler, C., rhein. Gesetz-Sammlung, enth. d. wichtigsten d. in d. Preuß. Rheinprovinz (Bezirk d. früheren Appellationsgerichtshofes zu Köln) gelt. Gesetze u. Verordngn. Chronolog. zusammengest. 2. Aufl. Suppl.-Hft. VIII. [Zugl. Suppl.-Heft. XI d. 1. Aufl.] Aug. 1893—14. Dezbr. 1895. gr. 8. 337 S.) Köln 896. M. Du Mont-Schauberg. n. 4. 80 (I.—VIII.: n. 24. 80)

Eschweiler, C., rheinische Gesetz-Sammlung, enth. die wichtigsten der in der preuß. Rheinprovinz (Bezirk des frühern Appelationsgerichtshofes zu Köln) gelt. Gesetze u. Verordngn. Chronologisch zusammengestellt. Fortgesetzt v. H. Eschweiler. 2. Aufl. Suppl.-Hft. IX. [Zugleich Suppl.-Hft. XII der 1. Aufl.] 6. I. 1896—21. XII. 1898. gr. 8. (339 S.) Köln 899. M. Du Mont-Schauberg. n. 5. —; (I.—IX. n. 29. 80)

Eschweiler, Franziskus G.

— s. Charte géographique.

Eschweiler, F. G., de fructificatione generis Rhizomorphae commentatio. Accedit nov. genus Hyphomycetum. C. tab. aen. 4maj. Bonn 822. Habicht. 12 gr

— s. Litteraturblätter f. Botanik.

— Systema lichenum, genera exhibens rite distincta, pluribus novis adaucta. Cum tab. lap. inc. 4. Nürnb. 824. Schrag. 10 gr 26 S.

— J., De nomine mythologico Ποσειδῶν. Diss. 1869. 16 S.

Eschweiler, K. [appr. Arzt aus Köln a/Rh.]: Über die nach Blutextravasaten auftretenden Hautverfärbungen .... Leipzig, Druck v. J. B. Hirschfeld, 1885; 20 S. 8°.
Erlangen, Med. Fak., Inaug.-Diss. v. 1885.

Eschweiler, K., über die nach Blutextravasaten auftretenden Hautverfärbungen. Diss. Erlangen 1885, Th. Blaesing. 8°. 20 S.

Eschweiler, Karl: Die ästhetischen Elemente in der Religionsphilosophie des hl. Augustin. Euskirchen 1909: Euskirchener Volkszeitung. 56 S. 8°
München, Phil. Diss. v. 19. Juli 1909, Ref. v. Hertling, Lipps
[Geb. 5. Sept. 86 Euskirchen; Wohnort: München; Staatsangeh.: Preußen; Vorbildung: Gymn. Euskirchen Reife O. 06; Studium: Theol. Bonn 5, Phil. München 2 S.; Rig. 19. Juli 09.] [U 10. 3637

Eschweiler, Peter, approb. Arzt aus Caldauen: Aus d. Universitäts-Augenklinik zu Giessen. Zur Casuistik des Empyems der Stirnhöhlen. *Giessen 1899: v. Münchow.* (34 S.) 8°
Giessen, Med. Diss. v. 1899

Eschweiler, Rudolf

Eschweiler, R., Ohrenärztliche Diagnostik f. Ärzte u. Studierende. Mit therapeut. Anmerkgn. u. Anh.: Rhinologische Diagnostik. gr. 8. (X, 102 S. m. 41 Abbildgn.) Wien 901. Urban & Schwarzenberg. n. 4. —; geb. in Leinw. n. 5. 20

Eschweiler, Rud., die Erysipel-, Erysipeltoxin- u. Serumtherapie d. bösart. Geschwülste, s.a. Bibliothek, medicin., f. prakt. Ärzte.

Die Erysipel-, Erysipeltoxin- und Serumtherapie der bösartigen Geschwülste von Dr. Rudolf Eschweiler. Leipzig. Naumann [1898]. 138 S. 8°
(Medicinische Bibliothek f. praktische Ärzte. Nr 119. 120) Au 8941

Eschweiler, Rudolf [aus Brühl]: Aus d. Bonner chirurg. Univ.-Klinik. Drei Fälle von Pustula maligna beim Menschen ... Bonn, Druck v. E. Heydorn, *1893;* 32 S., 1 Bl. 8.
Bonn, Med. Fak., Inaug.-Diss. v. [4. März] 1893

— d. Schussverletzungen durch d. kleinkalibr. Gewehr. gr. 8. (27 S.) München 897. [Seitz & Schauer.] Verl. d. ärztl. Rundschau. n. — 75

Eschweiler, die Stauungshyperämie nach Bier in der Ohrenheilkunde. (71 S. m. 2 eingedr. Kurven.) gr. 8. Leipzig 909. F. C. W. Vogel. 3. —

Eschweiler, Th. Ueber die größte in ein gegebenes Dreieck und Viereck eingeschriebene und über die kleinste demselben umschriebene Ellipse. 30 S. . . . .

Progr. Cöln e. 1828.

Eschweiler, Th. J., u. C. Heis, Lehrbuch der Geometrie, s. Heis, E.

Eschweiler, Wilhelm [aus Euskirchen]: Beiträge zur Kenntniss des Formaldehydes.... Darmstadt, C. F. Winter'sche Buchdr., 1889; 30 S. 8°
Rostock, Phil. Fak., Inaug.-Diss. v. 27. Nov. 1889

Esclavage rompu ou la société de fr. peteurs. 8. Francf. Esslinger. 756.

Escobar, Al. de, opus posthum. de pontif. et regia jurisdictione in studiis general. fol. maj. Lugd. (Mayr. Salzb.) 737.

Escoffier, A., der Kochkunst-Führer. Handbuch der modernen Küche, unter Mitarbeit v. Philéas Gilbert, E. Fétu, A. Suzanne etc. Illustr. v. Vict. Morin. Uebers. v. Adf. Anker, Alex. Mathis, Emil Blankenburg, Wilh. Gross, Charles Halbheer u. M. C. Banzer. (XV, 807 S.) gr. 8. Frankfurt a/M. 904. (C. Blažek.) Geb. in Halbfrz. n. 12. —

Escoffier's, A., Kochkunst-Führer. Ein Hand- u. Nachschlagebuch d. modernen französ. Küche u. d. feinen internation. Küche. 3. völlig umgearb. u. verm. Aufl. d. deutschen Ausg. Autoris. Übersetzg. d. 2. französ. Ausg. (XIV, 840 S. m. Bildnis.) gr. 8. Frankfurt a/M. (910). (Blažek & Bergmann.) Geb. in Halbfrz. 14. —

Escolquiz, Don Juan. Wahrhafte Darstellung der Gründe, welche den König Ferdinand VII., im April des Jahres 1808, zur Reise nach Bayonne bewogen haben. Aus dem Spanischen übersetzt. 8 Wien 1814.

Escoiquiz, Don Juan, wahrhafte Darstell. d. Gründe, welche den König Ferdinand VII. im April d. J. 1808 zur Reise nach Bayonne bewogen haben. Aus d. Span. übersetzt. 8. Wien 816. (Schaumburg u. C.) 16 K

Escolquiz, Don Johann, conseiller d'état etc., und Don Peter v. **Ceballos.** Neueste spanische Staatsschriften. Deutsch herausgegeben etc. von Dr. Nikolaus Heinrich Julius. 8. Leipzig **1815.**

— neueste span. Staatsschriften. Deutsch herausg. u. mit e. Einleit. versehen v. N. H. Julius. gr. 8. Leipz. (Jena) 815. Bran. 21 K

Escott, Thomas Hay Sweet, England. Its people, polity, and pursuits, s.a. **Schulbibliothek französ. u. engl. Prosaschriften aus der neueren Zeit.**

England. Its people, polity, and pursuits by **Thomas Hay Sweet Escott.** Im Ausz. u. mit Anm. z. Schulgebr. hrsg. von Dr. Ernst Regel, Oberl. zu Halle a. S. [Nebst] Wörterb. *Berlin: R. Gaertner 1894 98.* 2 Bde 8° [Text.] 1894. Wörterb. Bearb. von Dr. H[einr.] Emecke. 1898.
— Schulbibliothek französ. u. engl. **Prosaschriften** aus d. neueren Zeit. Abt. 2. Bdch. 4.

England. Its people, polity, and pursuits. By Thomas Hay Sweet **Escott.** Im Ausz. u. mit Anm. z. Schulgebr. hrsg. von Prof. Dr. Ernst Regel, Oberl. zu Halle a. S. Rechtmäss. Ausg. 3. Aufl. Berlin: Weidmann 1907. (VI, 120 S.) 8°
— Schulbibliothek franz. u. engl. Prosaschriften aus d. neueren Zeit. Abt. 2. Bdch. 4.

Escott, Thomas Hay Sweet, England, its people, polity and pursuits, hrsg. v. Otto Hallbauer, s.a. **Authors, English.**

England, its people, polity and pursuits. By T[homas] H[ay] S[weet] **Escott.** In Ausz. mit Anm [+ Anhang] z. Schulgebr. hrsg. von Dr. Otto Hallbauer, Prof. zu Holzminden. Mit 7 Abb. [Nebst] Wörterbuch *Bielefeld & Leipzig: Velhagen & Klasing 1904.* 3 Bde 8°
— Sammlung. Velhagen & Klasings, franz. u. engl. Schulausgaben. English authors. Lfg 98 B.

Escott, Thomas Hay Sweet, Social transformations of the Victorian age, hrsg. v. Ernst Regel, s.a. **Schulbibliothek französ. u. engl. Prosaschriften. II. 36.**

Social transformations of the Victorian Age. By **Thomas Hay Sweet Escott.** Im Ausz. u. mit Anm. z. Schulgebr. hrsg. von Dr. Ernst Regel, Prof. zu Halle a. S. *Berlin: R. Gaertner 1900.* (VIII, 104 S.) 8°
— Schulbibliothek franz. u. engl. **Prosaschriften** aus d. neueren Zeit. Abt. 2. Bdch. 36.

Escrime à la baïonnette. (Extrait de l'instruction provis. sur l'exercice et les manoeuvres des bataillons de chasseurs à pied.) 32. Strasbourg 841, Ve. Levrault. 1/12 ₰

Escudier, Frères

— s. Wiest.

Escudier, L., aus dem Leben Paganini's, s. Bergson's Eisenbahnbilder.

Escursioni botaniche e studi fitogeografici nella Svizzera, s.: Exkursionen, botanische, u. pflanzengeographische Studien in der Schweiz.

ESCUYER, Ignas d' (Freiburg): Cogitata quaedam de morbo.- Bonerhill: Hübschmann 1827. 20 S. 22.8.1827 - Urk (Titel: Aliquae notae de morbo in genere.); F 59
Diss. Ingolst.-Landsh.-Mchn.

Esderts, A., s.: Lesebuch, deutsches, f. höhere Mädchenschulen.

Esdoum, Der Djebel. [Das Salzgebirge von Sodoma.] Wien 1873. V: *Ludwig Salvator Erzh. von Österreich.* (EB)

Esdras

Esdrae liber quartus arabico. E codico Vaticano nunc primum ed. Joannes Gildemeister. gr. 4. (44 S.) Bonn 877. A. Marcus. n. 3. —

Der Prophet Esra [**Esdras**] (IV Esra.) Uebers. von Hermann Gunkel. *Tübingen, Freiburg i. B. & Leipzig: J. C. B. Mohr 1900.* (XXXII, 100 S.) 8° [3.]

Esra [**Esdras**], Nehemia und Esther übers. u. erkl. von D. C[arl] Siegfried, Prof. in Jena. (Vorr.: B[runo] Baentsch.) *Göttingen: Vandenhoeck & Ruprecht 1901.* (175 S.) 8°
— Handkommentar z. Alten Testament ... Abt. 1, Bd 6, T. 2.

The Books of Ezra [**Esdras**] and Nehemiah. Crit. ed. of the Hebrew text printed in colors exhibiting the composite structure of the books. With notes by Hermann Guthe, Prof., Leipzig. Engl. transl. of the notes by B[enj.] W. Bacon, New Haven, and D[uncan] B[lack] Macdonald, Hartford. With Add. by L. W. Batten, Rector, New York. *Leipzig: J. C. Hinrichs 1901.* (71 S.) 4°
— Books, The sacred, of the Old Testament. P. 19.

Die Bücher **Esdras, Nehemias** und Esther. Übers. u. erkl. von Dr. Michael Seisenberger, Prof. Wien: Mayer & Co. 1901. (XX, 210 S.) 8°
— Kommentar, Kurzgefaßter wissenschaftl., zu d. heil. Schriften d. Alten Test. Abt. 1, Bd 4, Hälfte 1.

Esra, das 4. Buch. (Übers. aus dem Engl. v. J. C. Mann.) (40 S.) gr. 8. Niles, Michigan (905). (Ascona, C. v. Schmidtz.) n. 1. —

Die Bücher **Esdras** und Nehemias der Vulgata und des hebräischen Textes übers. u. erkl. von Dr. B[ernhard] Neteler. Münster i. W.: Theissing 1907. (VI, 105 S.) 8°

Esra-Apokalypse (IV. Esra), hrsg. v. Bruno Violet, s.a. **Schriftsteller, die griech. christl. der ersten drei Jahrhunderte. 18. Bd.**

Die Esra-Apokalypse (IV. Esra). [**Esdras IV.**] Hrsg. im Auftrage der Kirchenväter-Commission d. Kgl. Preuß. Akad. d. Wiss. von Lic. Dr. Bruno Violet. T. 1. Leipzig: Hinrichs 1910. 8°
(Die Griechischen Christl. Schriftsteller d. ersten 3 Jh. Bd 18.)

Ese die Wandlerin, oder die Geisterburg im Thale der Untreue. Schauersage der Vorzeit. 2 Bde. mit Kupf. 8. Wien 811, Hirschfeld. $1^3/_4$ ₰

Esebeck, Hans von

Esebeck, Frhr. H. A. v. (Flying), Demmin–Kopenhagen. Tagebuchblätter e. Distanzreiters, s.a. Pferde, unsere.

Esebeck (H. A. v.). Demmin-Kopenhagen. Tagebuchblätter e. Distanzreiters. (IV. 68 S.). Stuttg. 1909. M. 1.50

Festschrift zum 75jähr. Bestehen des Vereins für Pferderennen und Pferdeausstellungen in Preußen (E. V.) 1835–1910. Ein Rückblick verf. von Frh. H[ans] v. **Esebeck,** Rittm. Königsberg 1910: Ostpr. Dr. 15 S. 8°
[Umschlagt.:] Verein f. Pferderennen ... 1835–1910. Festschrift z. 75jähr. Bestehen. 10

Esebeck, Frhr. H. A. v., Jagdpferde, s.a. **Pferde, unsere.**

Esebeck (H. A. v.) Jagdpferde. Gedanken üb. Jagd u. Zucht. (47 S.) Stuttg. 1904. M. 1.--

— der Offizier als Reitlehrer der Rekruten. s.: Pferde, unsere.

die Parforce-Jagd auf Hasen, s.: Bibliothek f. Sport u. Spiel. 27.

— Reit-Erinnerungen, s.: Whyte-Melville, G. J.

— infanteristischer Reit-Unterricht. Ratschläge u. Winke f. Lehrer u. Schüler. (V, 80 S.) 8. Berlin 905. Deutsche Centrale f. Militärwissenschaft. n. 2.—

— „Wien-Berlin", die Distanzfahrt 1909, s.: Pferde, unsere.

— Aus alten Zeiten, s.: Apperley, Charles James.

Esel, Der, an den frevelhaften Verfasser der Schrift: Die konstitutionelle Monarchie der Thiere. Ulm 1824. V: *Wagemann, Benedict von.* (Mitth. M. Grolig.)

Esel, der, an den frevelhaften Verfass. d. Schrift: „d. constitutionelle Monarchie d. Thiere." A. d. Eselischen ins Deutsche übers. u. mit ganz besond. Anmerkk. begleitet. Von e. — der d. Eselsprache versteht. 8. Ulm 825. Ebner. 12 gr.

Esel, der blaue, e. Gesch., v. e. gelehrten Manne geschrieben, (v. Frz. Huber). 2 Thle. 8. Leipz. 786. v. Mösle in Wien. 2 rf

Esel, der blaue, eine Geschichte, von einem gelehrten Maulthiere beschrieben, 2 Theile. 8. Wien, 786. Mösle. 2 Rthlr.

Esel, Der blaue, eine Geschichte von einem gelehrten Maulthiere geschrieben. Wien und Leipzig 1789. V: *Huber, Franz Xaver.* (BGE) (MGT) (Ky) (GGr)

„Esel", der, als Erzieher. Vertrauliche vatikan. Briefe an e. deutschen Erzbischof. Hrsg. v. *.*. (63 S. m. 4 Abbildgn. u. farb. Titelbild.) gr. 8. Frankfurt a/M. 903. Neuer Frankfurter Verlag. n. 1.—

— d. goldne. 2 Thle. 8. Wien, v. Mösle Wwe. 1 rf 4 gr.

— d. goldene. Beitr. zur Gesch. d. Bettelordens. 8. Nürnb. 782. Grattenauer. 9 gr.

* — —, Der goldne. Beyträge zur Geschichte der Bettel-Orden, aus alten Urkunden gezogen. Von einem reduzirten Bettler. (Motto: 4 Versz.) Sulzbach (o. Adresse), 1782. 8°. 190 S. (incl. Tit. u. 3 Bll. Vorr. u. Inh. der 12 Cap.).

Esel, Der goldene. Berlin u. Leipzig 1789. V: *Apuleius, Lucius.* (EB)

Esel, der Hyperboräische, Lustsp. in 1 Akt v. Kotzebue. 8 Lpz. Kummer.

Esel, Der hyperboraeische, oder Die heutige Bildung. Ein drastisches Drama ... in Einem Akt. Leipzig 1799. V: *Kotzebue, August Friedrich Ferdinand von.* (GGr)

— der, als Sieger. Vertrauliche vatikan. Briefe an e. deutschen Erzbischof. Von *.*. Des „Esels" als Erzieher neue Folge. (61 S. m. farb. Titelbild.) gr. 8. Ebd. 905. n. 1.—

Esel, Der todte, und die guillotinirte Frau. Aus d. Franz. Stuttg. 1829. V: *Janin, Jules.* (EE)

Esel, der todte, u. d. guillotinirte Frau. A. d. Franz. (v. Janin.) 2 Thle. gr. 12. (12½ B.) Stuttgart 829, [Brodhag.]

—— dass. u. d. T.: Der todte Esel u. d. guillot. Mädchen. Frei n. d. Franz. (v. Janin) v. L. v. Alvensleben. 8. (10½ B.) Leipzig 829, [Hartmann.]

Esel, Der todte, und das guillotinirte Mädchen. Frei nach d. Franz. Lpzg. 1830. V: *Janin, Jules.* (EE)

— Dass. frei nach d. Französ. von L. v. Alvensleben. 8. Leipz. 830. W. Rauck. 18 gr.

— die neuern Zeit, in 5 Kap. 8. Salzb. Mayr. 795.

Eselritt, der, nach Holland. Wien; Wucherer.

Eselritt, Der, nach Holland. Ein Märchen fürs zwanzigste Jahrhundert. Goldbach 1785. V: *Huber, Frz. Xaver.* (Über Wiens Autoren 1785, S. 48) (BiblPort)

Eselsprocession in München. [Gera 1786.] V: *Bispink, Frdr. H.* (MGT)

Es-Em-Echo. Monatsschrift f. Hausfrau u. Familie. Hrsg. von Stratmann & Meyer in Bielefeld. Jg. 1, No. 1. Bielefeld: (Stratmann & Meyer) 1906. 4° (op. 60)

Esemplari di Calligrafia ad uso delle scuole popolari negl' I. R. Stati austriaci. 4. (33 tav.) Vienna. Presso di Leopoldo Grund. Car. 45 MC. Verlag der Schulbücher-Verschleiß- Administration 1855.

Esemplari di calligrafia ad uso delle scuole populari negli stati austriaci. (8 S Text und 13 T) qu 4° Wien (1872)

v. Esenbeck und Nöggerath, J. Giebt Tacitus einen historischen Beweis von vulkanischen Eruptionen am Niederrhein? Bonn, 1824.

ESENBECK, Ferdinand (Geilsheim): De gangraena et sphacelo.- Bonschil: Giesser 1838. 14 S. 1.6.1838 - Urk; F 64
Diss.Ingolst.-Landsh.-Mchn.

Esenbeck, Ferd., alphabetisches Repertorium zur Instruction bei der ärztlichen Untersuchung der Wehrpflichtigen. Beilage zum Kriegsministerial-Rescript vom 21. Februar 1868. Zur Erleichterung u. schnellen Uebersicht für die untersuchenden Aerzte beim Ersatzgeschäft zusammengestellt. Nürnberg 868. Korn. 16. (31 S.) 6 kr.

Esenbeck, G. C., Einweihung der Gumbert-Stiftskirche in Onolsbach. 4. Schwab. Enderes. 741.

Esenbeck, Geo. Sam., († d. 3. Aug. 1764.), s. Biblia, Schwab.

Esenbeck, Nees von, s. a. Nees.

Nees v. Esenbeck Ueber einige Gesichtspunkte des Unterrichts in der christlichen Religion auf Gymnasien. 33 S. . . . .
Progr. Saarbrücken 1839

Nees v. Esenbeck und Theodor Hofferichter, Zwei politische Glaubensbekenntnisse. Breslau, Graß, Barth u. Comp., 1848. 16 S. 8°.

. . . . Nees v. **Esenbeck**: d. Leben d. Ehe in d. vernünft. Menschheit u. ihr Verhältniss z. Staat u. z. Kirche. *Bresl.*, Trewendt. 845. gr8° 6 gl

Nees v. Esenbeck, Deputirter, Die demokratische Monarchie. Ein Gesetz-Vorschlag. Der National-Versammlung zu Berlin vorgelegt den 1. Juli 1848. Berlin, J. Springer, 1848. 26 S. 8°.

Esenbeck, C. G. Nees von, die Algen d. süßen Wassers nach ihren Entwickelungsstufen dargestellt. Bamb. Kunz. 814.

Esens [Schlagwort]

Esens, s.: Deutschland. Karte (Abt. Preussen).

Esens, s.: Deutschland. Kürschner-Pelp.

Esenwein, A., s.: Glaube, unser.

Esenwein, A., die Nationalsozialen u. die Bauern. Im Auftrag des nationalsozialen Vereins bearb. gr. 8. (16 S.) Berlin-Schöneberg (901). Verlag der „Hilfe". n. — 10

Esenwein, C. H.

— premiers élémens de la langue allemande. gr. 8. Stuttg. 832. Hoffmann. 6 gl

Esenwein, C. H., Elementarbuch d. französ. Sprache. 8. Stuttg. 831. Hoffmann. 12 gl

Esenwein, Erasmus Samuel (Duttlingo-Aldingensis), De origine atque generatione animarum humanarum ex principiis monadologicis stabilita. Diss. philos. Präs. Gottfried Ploucquet. Tüb. (Löffler) 11. VIII. 1753. 28 S. mit Widm. v. Präs. (5.—) 8289

Eser. Das Petrefaktenlager bei Ober- und Unter-Kirchberg an der Iller im Oberamt Laupheim. 1840.

Eser, Auguste, geb. Coppenrath, Regensburger Kochbuch. — 260 erprobte Rezepte z. Bereitg. v. Weihnachtsbäckereien, s.: Schandri, Marie.

Eser, Ch.

— — Tendenzprocess (Der erste politische).

Eser, Fr., zwei Monate in Italien. Reiseerinnerungen eines Kunstfreunds. Stuttgart 859. Ebner & Seubert. 8. (VIII, 374 S.) 1 ⅓ 6 ngr

Eser, Frider., aus meinem Leben (1798—1873). Hrsg. v. P. Beck. (XX, 708 S. m. Bildnis.) gr. 8. Ravensburg 907. F. Alber. 8.—; geb. 9. —

Eser, Carl. Untersuchungen über den Einfluss der physikalischen und chemischen Eigenschaften des Bodens auf dessen Verdünstungsvermögen. (Erlangen) Heidelberg, 1884.

ESER, Ludwig (Stadtamhof): Die Typhusepidemie im Jahre 1865/66 auf der II. medizinischen Abtheilung im städtischen allgemeinen Krankenhause zu München.- Regensburg: Demmler 1867. 30 S. 9.12.1865 - Urk (Titel: De febri typhosa anno 1865/66 regnante.); F 71

Diss. Ingolst.-Landsh.-Mchn.

Esersky, Thdr., gedrängter Cursus der Buchführung nach dem einfachen, dem doppelten italienischen u. dem dreifachen russischen System. Uebers. aus dem Russ. v. V. Ponomarow. (1.) Praktischer Thl. (In russ., deutscher, französ. u. engl. Sprache. gr. 4. (XVI, 123 S.) St. Petersburg. Leipzig 879. Brockhaus' Sort. in Comm. n. 6. —; geb. n. 8. —

— dasselbe. 2. Theoretischer Thl. 4. (88 Sp.) Ebend. 881. n. 2. —

Esersky, Theod. v., ausgeführte Multiplication u. Division bis zu jeder beliebigen Grösse. (Deutsch u. russisch.) 4. vergrösserte Ster.-Ausg. 4. (58 S.) Leipzig 874. Brockhaus in Comm. n. 2. —

— dasselbe. 5. Ster.-Ausg. 4. (86 S.) Ebend. 874. n. 4. 50

— dasselbe. 6. Ster.-Ausg. 16. (30 S.) Ebend. 874. n. — 75

— dasselbe. 7. Ster.-Ausg. 1 Bl. gr. Fol. Ebend. 874. n. 1. 50

Esersky, Thdr. v., Multiplications- und Divisions-Tabellen bis zu jeder beliebigen Grösse. 2. vergrösserte Ster.-Ausg. 4. (56 S.) Dresden 873. (Leipzig, Brockhaus' Sortiment und Antiquarium.) geb. *

— Multiplications- u. Divisions-Tabellen bis zu jeder beliebigen Grösse. 2. vergrösserte Ster.-Ausg. 4. (56 S.) Dresden 874. (v. Zahn.) geb. n. 4. —

— Polnaja nagladnaja praktika trogowaho schtschetowodstwa po nowiej sistemie. 2 Bde. gr. 8. (VIII, 228 u. 171 S.) Dresden 874. (Leipzig, Brockhaus' Sort. n. 15. —; Vel.-Pap. geb. n. 18. —

— Polnaja nagladnaja praktika tergowaho schtschetowodstwa po sistemam: prostoj, dwojnoj, anglijskoj i drugim. 2 Bde. gr. 8. (VI, 119 u. 191 S.) Ebend. 874. Vel.-Pap. geb. n. 18. —

Esher (Hrsg.), s. Victoria's, Königin, Briefwechsel und Tagebücher.

Eshusius, poésies françaises propres à être apprises par coeur dans les écoles allemandes choisies et arrangées. 1. et 2. partie. 8. Leipzig 871. Teubner. n. 3. —
1. (VIII, 244 S.) n. 1. 20. — 2. (VIII, 152 S.) n. 1. 80.

Eshusius, Julius Das Martineum zu Halberstadt unter der Leitung Dr. Hermann Spillekes in der Zeit von 1854 bis 1883. 18 S. Progr. Rg. *Halberstadt* 1884.

Eshusius, J. Specimen of an English School Grammar. Halberstadt. R.. 1871. Progr.

Esk, Joh., Heimat. Ein bunter Liederstrauß vom Nordseestrand. (153 S. m. Titelbild.) 8. Emden 904. W. Haynel. Geb. in Leinw. n. 3. —

Esk, Joh., was heißt leben? Dichtungen. (VIII, 150 S.) 8. Dresden (910). E. Pierson. 2.—; geb. n 3. —

Eska, eine Antwort auf Hrn. Frdr. Harkorts zweiten Bürger- und Bauernbrief. gr. 8. (23 S.) Schweidnitz 852, Heege. n. 1/6 ngl

— Konstitution und Institutionen. gr. 8. (23 S.) Schweidnitz 851, Heege in Comm. n. 3 ngl

Eska, ..., die Schlesische Landschaftsfrage. Beitrag zu d. neuern Verhandlungen über das Sachverhältniß. Nebst e. Anhange: die Literatur dieses Instituts. gr. 8. Breslau 837. Max u. Comp. 1/3 ngl

Eska (Schück): „Die schlesische Landschaftsfrage. Beiträge zu den neuen Verhandlungen über das Sachverhältniss; nebst einem Anhang", Breslau 1837 (Max & Comp.).

Die **Eskadron**. Verfaßt von L. v. T. Steinamanger 1893. 591 S.

Eskadron-Notizen, s. Eskadrons-Notizen

Eskradons-Exerziren, das, bei der Preuß. Kavallerie. Ein Handbuch f. Kavalleristen v. e. Preuß. Kavallerie-Offizier (E. Herstatt). 16. (IV u. 80 S. mit 2 lith. Bl. in 4., Signale enth.) Düsseldorf 850, Stahl. 6 ngr

— dass. Nebst einem Anh. enth. e. Anweisung zum Satteln u. Packen m. (6 Taf.) Abbildgn. in Holzschn. 16. (IV u. 100 S. m. 2 lith. Bl.) Ebd. 850. ⅓ ß

Eskadronskommandanten Freud u. Leid. Gesammelte Erfahrgn., den österreich. Kameraden gewidmet v. e. ehemal. österreich. Reiteroffizier. (VIII, 594 S. m. 22 Fig.) 8. Stuttgart 905. Schickhardt & Ebner. n. 9. —; geb. in Leinw. n. 10. —

Eskadrons-Notizen. Dienst-Notizbuch f. Eskadrons-Chefs d. Kavallerie. 2., verb. Aufl. 16. (204 u. Schreibkal. 32 S.) Wesel 899. C. Kühler. Geb. in Segeltuch n. 2. —

Eskadron-Notizen. Dienst-Notizbuch f. Eskadron-Chefs der Kavallerie. 4. verb. Aufl. (210 S.) 16. Wesel 906. C. Kühler. Geb. in Segeltuch n.n. 1. 75

Eskadron-Notizen. Dienst-Notizbuch f. Eskadronchefs. 7. verb. Aufl. (211 S.) 16. Wesel 911. C. Kühler. Geb. nn 1. 75

Eskari, Sabbath-Freuden. Humoristische Vorträge. 12. (75 S.) Berlin 901. M. Poppelauer. n. 1. —

Eske, Karl, appr. Arzt a. Schöneberg bei Berlin: **Aus dem Krankenhause des Kreises Teltow zu Britz. Dirig. Arzt San.-Rat Dr. H. Riese. Ueber Arrosionsblutungen großer Gefäße nach Tracheotomie. Leipzig 1906: B. Georgi. (72 S.) 8°**
Leipzig, Med. Fak., Ref. Sattler, Diss. v. 19. Mai 1906
[Geb. 3. Aug. 74 Swinemünde; Wohnort: Schöneberg; Staatsangeh.: Preußen; Vorbildung: Gymn. Friedeberg N.-M. M. 96; Studium: Berlin 9 S.; Coll. 19. Mai 06; Approb. 29. Juli 02.]

18 Märsche für Trommel und Flöte mit voraufgehenden, method. Anweisungen u. Übungen z. selbständ. Erlernung d. Trommel- u. Flötenspiels. Hrsg. von W. Eskon. *Minden i. W.: C. Marowsky [1895]* (57 S.) quer 8° [... 38..] 6

Eskens, Leitfaden durch das Dienstverhältniß in der Reserve, Land- und Seewehr für alle Chargen und Functionen bis incl. Compagnie-Führer, nebst einer Instruction über das Dienst-Verhältniß des Compagnie-Chefs zu den Offizieren u. Unterofficieren der Compagnie und einer solchen für den quartiermachenden Officier eines Bataillons. Wesel 858. Bagel. gr. 8. (VIII, 196 S.) n. 15 ngr
Hieraus abgedruckt:

— erster Abschnitt des Leitfadens durch das Dienst-Verhältniß in der Reserve, Land- und Seewehr für alle Chargen u. Functionen bis incl. Compagnie-Führer. Ebend. 858. gr. 8. (2 Bl., 84 S.) n. 5 ngr

Eskens, Franciscus (geb. am 13 Dez 1840 in Prüm). De typho abdominali ... Bonnae, form. F. Krugeri [1866]. 21 S. 8.
Bonn, Med. Fak., Diss. v. [12 Juni 1866]

***Eskes*, H. G., novum Manuale sacerdotum sive breve Enchiridion, continens preces et meditationes ante et post missam. 12. Köln, Fabricius. 3 ℳ**

Die Eskimo-Länder nördlich der Hudson-Strasse. 1 : 6 000 000. Gotha 1885. 1 Bl. c A.

ESKINJA, Johannes: De religione christiana apud Croates a tempore illorum conversionis usque ad extinctionem regum nationalium. — (1908) XI, 160 Bl. 4° (Handschr.) Diss. 878
Diss.Wien, Univ.

Eskimo's, die Mörder englischer Missionäre in Grönland. Laibach, 1856. Druck von Ignaz von Kleinmayr und F. Bamberg. (15 S. 8.)

Eskuche, Balth. Ldw.

— s. Dissertationes philologicae tres.

Eskuche, Balth. Ldw., († d. 16. März 1755.) Erläuterung d. heil. Schrift, aus morgenländ. Reisebeschreibungen. 26 Versuche od. 2 Bde, mit Beitr. v. W. L. W. Dohm. 8. Lemgo 745—55. Meyer. 1 ℔ 16 ℳ

***Eskuche*, Balth. Ldw., observationes philologico-criticae in novum instrumentum domini nostri Jesu Christi. 4. Rinteln 748—54.**

Eskuche, B. L., de oratione Pauli in Areopago habita. I—III. Rint. 1735. 4.

— sechs heil. Reden. 8. Ebend. 736.

— das kindliche Vertrauen des Volks Gottes, in Erklär. des 27n Psalms. 8. Ebend. 745.

Eskuche, Gustav [Hugo] S. 21—29. 4. Abschied des Direktors Geheimrat Prof. Dr. Lemcke und Amtseinführung seines Nachfolgers. Stadtgymn. ehemal. Ratslyceum *Stettin* 1907 (183). **Progr.**

Eskuche, Gustav: Deutsche Aufsatzlehre für Schüler, mit einem Nachwort über Deutsch in Tertia und Untersekunda. Stettin 1909: (Herrcke & Lebeling). S. 65—71. 4°
Stettin, Stadt-G OP 1909 (207) [S 09. 93

Eskuche, Gustav: Richard Wagners Bühnendichtungen im deutschen Unterricht. Stettin 1910: Herrcke & Lebeling). S. 94—99. 4°
Stettin, Stadt-G OP 1910 (211) [S 10. 99

[F.] **Eskuche**, Gustav [Hülfsl. Dr.]: Zur Geschichte der deutschen Idyllendichtung. Eine Stunde Litteratur. Siegen, Druck v. W. Vorländer, 1894; 27 S. 8.
Siegen, RG, P 1894 (378)

[F.] **Eskuche**, Gustav [wiss. Hülfsl. Dr.]: Heidentum und Christentum im Chattenlande. Freunden deutscher Kulturgeschichte dargest. Siegen, Druck v. W. Vorländer, 1896; 42 S., 1 Bl. 8.
Siegen, RG, P 1896 (384)

Eskuche, Gustav, Dr.: Deutsche Jugendbildung. Festrede am 18. Jan. 1901. *Siegen 1901: W. Vorländer.* (S. 3—8.) 4° [F.]
Siegen, RG, P 1901 (407)

Eskuche, Gust., hessische Kinderliedchen. In Kassel im Verein m. Joh. Lewalter gesammelt u. erläutert v. G. E. gr. 8. (95 S.) Kassel 891. E. Hühn, n. 1. —

Eskuche, Gust., Siegerländische Kinderliedchen. Aus Volksmund ges. u. erläut. gr. 8. (128 S.) Siegen 897. H. Montanus. n. 1. 50; geb. n. 2. 25

Melanchthon und das Siegener Realgymnasium. Zu Melanchthons 400-jähr. Geburtstage ein Gedenkblatt von Dr. Gustav Eskuche. *Siegen: H. Montanus 1897* (SA a. d. Siegener Zeitung.) (17 S.) 8° [F.] [... 351] 6

Eskuche, Gust., Sarcerius als Erzieher u. Schulmann. Progr. gr. 8. (74 S.) Siegen 901. (Leipzig, Buchh. G. Fock.) n. 1. 20

Eskuche, Gustav, Dr.: **Sarcerius als Erzieher und Schulmann.** *(Siegen 1901: W. Vorländer.)* (74 S.) 8° [F.]
Siegen, RG, P 1901 (407)

Eskuche, Gustav: Deutsche Satztrennung (Interpunktion). Stettin 1908: (Herrcke & Lebeling). S. 46—47. 4°
Stettin, Stadt-G OP 1908 (198) [S 08. 82

Eskuche, Gustav, Direktor Dr.: Schülergespräche in Versen, mit einem Nachwort über deutsche Schulfeste. Stettin 1907: (Herrcke & Lebeling). (S. 3—13.) 4° [F.]
Stettin, Stadt-G OP 1907 (183)

Eskuche, Gustav, Dr.: Schulmuseum des Siegener Realgymnasiums gesammelt u. beschrieben. *Siegen 1903: (W. Vorländer.)* (40 S.) 4°
Siegen, RG, P 1903 (434)

— deutsche Sprachlehre u. Literaturgeschichte f. höhere Lehranstalten. 1. Tl.: Unterstufe. Mit dem Bildnis der Brüder Grimm. (88 u. III S.) 8. Ebd. 905. Geb. n. — 80

— Deutsche Sprachlehre u. Literaturgeschichte f. höh. Lehranstalten. 2. Tl.: Mittelstufe. Mit d. Bildnis der Brüder Grimm. (120 S.) 8. Ebd. 900. Geb. 1. 20

Eskuche, Gust., deutsche Sprachlehre f. höhere Mädchenschulen m. besond. Berücksicht. des deutschen Lesebuchs v. Wacker. 1. Tl.: Für das 4., 5. u. 6. Schulj. Mit dem Bildnis der Brüder Grimm. (VIII, 70 S.) 8. Münster 905. H. Schöningh. Geb. n. — 80

Eskuche, Gust., deutsche Sprachlehre f. höh. Mädchenschulen m. literargeschichtl. Rückblicken. 1. u. 2. Tl. 8. Münster, H. Schöningh. Geb. 2. 20
1. Klasse VII, VI u. V. Mit dem Bildnis der Brüder Grimm. 2. Aufl. (VIII, 68 u. III S.) 910. Geb. — 80
2. Für Klasse IV, III u. II der höh. Mädchenschule u. f. Klasse VI u. V der Studienanstalten. Mit dem Bildnis der Brüder Grimm. (131 S.) 909. Geb. 1. 40

Eskuche, Gustav [Casselanus]: De Valerio Catone deque Diris et Lydia carminibus. . . . Marburgi Cattorum, typ. Ludovici Doell Casselani [sic!], 1889; 80 S. 8°
Marburg, Phil. Fak., Inaug.-Diss. v. 11. Okt. 1889

Eskuche, G[ustav], Dr.: Oberlehrer Schürmanns und Oberst v. Schönfeldts Verzeichnis der Münzen des Siegener Schulmuseums, mitgeteilt. *Siegen 1902: W. Vorländer.* (S. I—XI.) 4°
Siegen, RG, P 1902 (418)

Eskuche, Gustav: Vor Weihnachten. Stettin 1909: (Herrcke & Lebeling). S. 74—76. 4°
Stettin, Stadt-G OP 1909 (207) [S 09. 94

***Eskuchen,* H. F. G.,** de febre puerperarum. 8. Marb. 799. Krieger. 3 gr.

v. **Esleben,** Frhr., s. Eßleben.

Esler, E. Rentoul, the way they loved at Grimpat, s.a. Collection of British authors.

The Way they loved at Grimpat. Village idylls. By E. Rentoul **Esler.** - Copyright ed. Leipzig: Tauchnitz 1894. 278 S. 8°
(Collection of British authors. - Tauchnitz Ed. Vol. 3004.) [11. 8083

***d'Eslon,* observations, s. F. A. *Mesmer*, mémoire.**

— s. — Paulus, Br. an d. Epheser. — Praecepta maxime necessaria. — Ch. Specoli praxis. — Virgils Eklogen. — Virgils Georgicon, 3r Gesang. — Virgil, v. d. Landwirthschaft.

d'Eslon, Charl., Obs. sur le magnetisme animal. 151 pp. Londr. 12°. Par. 8°. Deutsch. 126 S. Karlsr. 1781. 12°. Philad., 31 pp. 1784. 4°. Amsterd. 78 pp. 1781. 4°. *Richter,* Chir. Bibl. VII, 430. (Unvollständig.)

1780

—, Beobacht. üb. den thier. Magnetismus. A. d. Franz. Carlsruhe. 8°. A. D. B. LXXVII, 93. J. de méd. LIV, 193. 289.

1781.

Esmann, A., Simulation u. Umlagen-Ausfälle. Ein Beitrag zur Wahrung der Interessen der Berufsgenossenschaften unter besond. Berücksicht. d. Baugewerbes. 2. Aufl. gr. 8. (40 S.) Berlin 889. W. Reimer Nachf., E. Kuhn (durch E. Mecklenburg [R. Mickisch]). n. 1. —

Esmann, Arnold, a. Berlin: Zwei stereoisomere Butentricarbonsäuren aus Natriummalonsäureester und den beiden α-Bromcrotonsäureestern. Leipzig 1905: O. Schmidt. (42 S.) 8°
Leipzig, Phil. Fak., Ref. Hantzsch u. Ostwald, Diss. v. 31. Jan. 1905
[Geb. 5. Okt. 71 Berlin; Wohnort: Naunhof b. Leipzig; Staatsangeh.: Preußen; Vorbildung: Falk-Realgymn. Berlin bis Prima Aug. 91; Studium: Charlottenburg T.H. 9, Berlin 5, Leipzig 12 S.; Rig. 9. Nov. 04.]

Esmann, Gust., die liebe Familie. Lustspiel in 3 Akten, übers. u. bearb. v. Jul. Koppel u. Jacques Burg. (Bibliothek moderner Dramen. Bd. Nr. 28.) (X, 117 S.) 8. Berlin-Ch. (908). Vita. 2. —

Das alte Heim [Det gamle Hjem]. Lustspiel in 3 Akten von Gustav **Esmann,** deutsch von J. Jakob Anders. (Vorr.: Rudolf Presber.) Berlin: Vita (1907). (X, 99 S.) 8° [F.]
(Bibliothek moderner Dramen.) [08. 4839

Drei Kammerspiele. 'Witwer'. 'Vor der Hochzeit'. 'Im Stift' von Gustav **Esmann.** Autor. Übers. aus d. Dän. von Henny Bock-Neumann. Berlin: Vita (1908). 121 S. 8°
(Bibliothek moderner Dramen.) [09. 6857

— Unsere Magdalenen. Volksschauspiel in 4 Akten. Für d. deutsche Bühne bearb. v. Rud. Presber. (212 S.) 8. Berlin (908). Concordia. 2. —

— Masken, s.a. Bibliothek moderner Dramen. 34. Bd.

Gustav **Esmann** Masken [Den store Maskerade]. Schauspiel in 3 Akten. Für d. deutsche Bühne bearb. von Walter Bloem. Berlin-Ch.: Vita (1909). 132 S. 8°
(Bibliothek moderner Dramen. Bd Nr 31) [10. 0027

Vater und Sohn [Fader og Søn]. Lustspiel in 3 Akten von Gustav **Esmann.** Für d. deutsche Bühne bearb. von Rudolf Presber. Berlin: Vita [1907]. 150 S. 8°
(Bibliothek moderner Dramen.) [09. 6856

— Der Wanderfalke. Schauspiel in 3 Aufzügen. Einzige deutsche autoris. Übersetzg. u. Bearbeitg. (Bibliothek mod. Dramen.) (96 S.) 8. Ebd. 907. 2. —

Weltkinder. Geschichten aus d. nordischen Paris von Gustav **Esmann.** Vorw. von Rudolf Presber. (Autor. Übers. von Henny Bock-Neumann.) Berlin-Ch.: Vita [1910]. 162 S. 8° [10. 13130

Esmarch, Frdr. v. Festschrift zur Feier seines 70jährigen Geburtstages am 9. Jan. 1893, Frdr. v. Esmarch überreicht v. Schülern, Freunden u. Verehrern. gr. 8. (X, 463 S. m. 115 Abbildgn., 1 Taf. u. Bildnis in Heliograv.) Kiel 893. Lipsius & Tischer. n. 12. —

Esmarch, B., die neuen Wunderdinge der Erfindung: Das Telephon, das Mikrophon u. der Phonograph, s.a. Sammlung gemeinnütziger Vorträge.

Esmarch, B., Die neuen Wunderdinge der Erfindung: Telephon, Mikrophon u. Phonograph. 8°. 16 S. m. Holzschn. Prag, Deutscher Verein. 1879. M. —.30
(Sammlung gemeinnütz. Vorträge.)

Esmarch, Bernh. K., die Kunst d. Stabrechnens. Gemeinfaßl. u. vollständ. Anleitg. z. Gebrauche d. Rechenstabes auf allen Gebieten d. prakt. Rechnens. F. d. Selbstunterr. zunächst v. Lehrern, Geschäftsleuten, Technikern u. Beamten, sow. f. gewerbl. u. höh. Schulen. M. 2 Taf, 148 Textfig. u. vielen ausgerechn. Beispielen u. Aufgaben. gr. 8. (192 S.) Leipzig 896. E. Günther. Geb. in Leinw. n. 4. —

Esmarch, E. v., s.: Speckter, Otto, neues Fabelbuch.

ESMARCH, Ernst (Koldenbüttel): Beiträge zur Anchylose und Contractur nach akutem Gelenkrheumatismus.- München: Wolf 1884. 23 S.
29.12.1884 - Urk (Titel: De anchylosi et contractura ex rheumatismo acuto orta.); Chr 1884/85,20
Diss.Ingolst.-Landsh.-Mchn.

Einige Nachrichten über das **Esmarch**'sche Geschlecht in Zeit- und Familien-Bildern, zusammengestellt v. Ernst Esmarch. Bredstedt. 1875. 8°.

Esmarch, Ernst Karl Christian Hieronymus (Hrsg.), s.a. A n z e i g e n , Schleswig-holsteinische. Repertorium f. d. Jge. 1837 - 1858.

Esmarch, Repertorium der Schleswig-Holsteinischen, jetzt Holsteinischen Anzeigen neuer Folge, für die Jahrgänge 1837—1858 incl. Glückstadt 860. (Fabricius.) gr. 4. (2 Bl., 124 S.) nn. 1 ₰ 15 ngr.

Die hygienischen Anforderungen an zentrale Heizanlagen. Referate von Prof. Dr. [Erwin] v. **Esmarch** (Göttingen) u. Prof. [Hermann Imanuel] Rietschel (Berlin) sowie Diskussion auf d. 29. Versamml. d. Deutschen Vereins f. öffentl. Gesundheitspflege zu Danzig 1904. Braunschweig: Vieweg 1905. 30 S. 8°
Aus: Deutsche Vierteljahrsschr. f. öff. Gesundheitspflege. Bd 37, H. 1.
A 18. 5687 7

Esmarch, Erwin v., s.: A n s c h a u u n g s t a f e l n f. Vorträge üb. die Schulbank.

— **Erläuterungen zu d. Subsellien-Modellsammlung.** (25 S. m. Abb.) kl. 8. Charlottenburg 910. P. J. Müller. — 50

Esmarch, Erw. v., die Milzbrandsporenbildung auf Fellen u. ihre Desinfektion, s.: F e s t s c h r i f t zum 60. Geburtstage v. Robert Koch.

Esmarch, Erwin (Hrsg.), s. R u n d s c h a u , Hygienische.

Esmarch, Erw. v., Schulärztliches. gr. 8. (24 S.) Hamburg 899. L. Voss. n. — 40
Sonderabdruck aus: „Zeitschr. f. Schulgesundheitspflege".

Hygienisches Taschenbuch für Medicinal- und Verwaltungsbeamte, Aerzte, Techniker u. Schulmänner. Von Dr. Erwin v. **Esmarch**, Prof. ... an d. Univ. Königsberg i. Pr. *Berlin: J. Springer 1896.* (VIII, 240 S.) 1 Bd 8.

Esmarch, Erwin v., Hygien. Taschenbuch f. Medicinal- u. Verwaltungsbeamte, Aerzte, Techniker u. Schulmänner. 2., verm. u. verb. Aufl. 12. (VIII, 267 S.) Berlin 898. J. Springer. Geb. in Leinw. n. 4. —

Esmarch, Erw. v., hygienisches Taschenbuch für Medicinal- u. Verwaltungsbeamte, Ärzte, Techniker u. Schulmänner. 3. verm. u. verb. Aufl. 12. (X, 295 S.) Berlin 902. J. Springer. Geb. in Leinw. n. 4. —

— **Hygienisches Taschenbuch f. Medizinal- u. Verwaltungsbeamte, Ärzte, Techniker u. Schulmänner** 4., verm. u. verb. Aufl. (XII, 324 S.) kl. 8. Berlin 908. J. Springer. Geb. in Leinw. 4. —

Hygienische Winke für Wohnungssuchende. Von Dr. Erwin v. Esmarch, Prof., Königsberg i. Pr. *Berlin: J. Springer 1897.* (VIII, 64 S.) 8° [A.]

Esmarch, Friedrich

Esmarch, F. Üb. Antiseptik a. d. Schlachtfelde. (S.-A.) Berlin 1879.

Die Aufgaben der Vereine vom Roten Kreuz im Kriege und im Frieden und ihr Verhältnis zum Deutschen Samariter-Verein. Vortrag gehalten am 27. März 1892 in der Aula der Universität Kiel v. Friedrich von **Esmarch**. Breslau. 1892. 8°.

Esmarch, Frdr., die Axen u. Ebenen d. Körpers gr. 8. (1 Taf. m. 1 S. Text.) Kiel 884. Lipsius & Tischer. n. — 20

Esmarch, F. D. Behandlg d. Gefäßverletzgn i. Kriege. (S.-A.)

Esmarch, Frdr., Beiträge zur praktischen Chirurgie. 1. u. 2. Heft. Kiel 859, 60. Schwers. 4. n. 1 ₰ 2 ngr.
Inhalt: 1. Beschreibung einer Resectionsschiene. Ein Beitrag zur conservativen Kriegsheilkunst. Mit 5 Holzschn. (14 S.) n. 12 ngr. — 2. Die Behandlung der narbigen Kieferklemme durch Bildung eines künstlichen Gelenkes im Unterkiefer. Mit 12 mehrfarb. Holzschn. (17 S.) n. 20 ngr.

— zur Belehrung üb. das Sitzen der Schulkinder. Für Lehrer u. Eltern schief u. kurzsichtig werdender Kinder. gr. 8. (8 S.) Ebend. 884. n. — 20

Esmarch, F., Beschreibung eines künstlichen Beines. [Abdr. aus v. Langenbeck's Archiv für klinische Chirurgie.] Mit 2 lith. Taff. (in 4. u. Fol.) Berlin 866. Hirschwald. gr. 8. (11 S.) 7½ ngr.

Esmarch, F., üb. künstliche Blutleere bei Operationen, s.: Sammlung klinischer Vorträge.

Esmarch, Frdr., chirurgie de guerre. Manuel de pansements et d'opérations. Traduit par Rouge [de Lausanne]. Ouvrage couronné. Illustré de 636 dessins gravés sur bois, et de 30 planches en chromolith. gr. 8. (XX, 315 S.) Hannover 879. Rümpler? n. 24. —

Denkschrift des Wirkl. Geh. Raths Prof. Dr. [Friedrich] v. **Esmarch** betr. d. Neubau d. medizin. Klinik. Kiel, 10. März 1900. Als Ms. gedr. *Kiel 1900: Schmidt & Klaunig.* (20 S.) 8°

—— **The first dressing on the Battle-field.** 8. (20 S. mit 1 Kpfrt. in gr. Fol. auf Leinwd. und 8 eingedr. Holzschn.) Kiel 871, Schwers'sche Buchh. *

Esmarch, Frdr., durch welche Arbeiten können sich im Kriege die Frauen nützlich machen? Ein Brief an die Vorsitzende e. Hülfsvereines vom rothen Kreuz. gr. 8. (14 S.) Kiel 887. Lipsius & Tischer. — 60

Durch welche Arbeiten können sich im Kriege die Frauen nützlich machen? Ein Brief an die Vorsitzende eines Hülfsvereines v. Friedrich Esmarch. 2. Aufl. Kiel und Leipzig. 1887. 8°.

— u. D. Kulenkampff, die elephantiastischen Formen. Eine umfass. Darstellg. der angeborenen u. erworbenen Elephantiasis, sowie aller verwandten Leiden. gr. 4. (X, 291 S. m. eingedr. Fig. u. 29 Taf.) Hamburg 885. J. F. Richter. geb. n.n. 60. —

— klinisches Fragebuch zur Unterstützung d. Gedächtnisses bei Abfassung der Krankengeschichten f. die chirurgische Klinik. Hierzu 12 Schemata zum Einzeichnen der Percussions-Ergebnisse. gr. 8. (8 S.) Ebend. 884. n. — 40

— über chronische Gelenkentzündungen. Ein Vortrag, gehalten in der 3. Versammlung baltischer Aerzte in Kiel, am 8. Juni 1865. [Abdr. aus dem Bericht über die 3. Versammlung balt. Aerzte.] Kiel 866. Schwers. gr. 8. (16 S.) 3 ngr.

— — 2. verm. u. mit 19 Holzschn. (im Text) versehene Aufl. Ebend. 867. gr. 8. (51 S.) n. 18 ngr; geb. n. 22½ ngr.

— über Gelenkneurosen. Mit 2 (eingedr.) Holzschn. gr. 8. (IV, 92 S.) Kiel 872. Schwers. n. 2. 25

— the surgeon's handbook on the treatment of wounded in the war. A prize essay. Translated by H. H. Clutton. With 536 wood-cuts and 30 coloured plates. gr. 8. (XV, 315 S.) Braunschweig 878. Wissmann'sche Buchh. n. 24. —

— the surgeon's handbook. A prize essay. Transl. from the 3. German edition by B. F. Curtis. With 647 woodcuts. gr. 8. (XVI, 366 S.) Kiel 888. Lipsius & Tischer. geb. n. 24. —

— Handbuch der kriegschirurgischen Technik. Eine gekrönte Preisschrift. Mit 536 (eingedr.) Holzschn. u. 30 Taf. in Farbendr. Neuer Abdr. gr. 8. (XV, 316 S.) Ebend. 877. n. 24. —

—— Handbuch der kriegschirurgischen Technik. Eine gekrönte Preisschrift. Mit 536 (in den Text gedr.) Holzschn. und 30 Taf. in Farbendr. (XV, 316 S.) 1877, und Neuer Abdr. gr. 8. (316 S.) Ebendas. 878. *

— Handbuch der kriegschirurgischen Technik. Eine gekrönte Preisschrift. 1. u. 2. Thl. 3. Aufl. 8. Ebend. geb. n. 18. —
1. Verbandlehre. Mit 289 Holzschn. (XIV, 166 S.) 883. n. 6. —
2. Operationslehre. (V—VIII u. S. 167—426.) 886. n. 12. —

Handbuch der kriegschirurgischen Technik. Eine gekrönte Preisschrift v. Friedrich Esmarch. Kiel. 1885. 8°
Th. 1. Verbandslehre. Mit 289 Holzschn.
Th. 2. Operationslehre. Mit 358 Holzschn. 3. Aufl.

— — 4. Auflage durchgehends neu bearb., verm. und verbess. von ..... und Dr. E. Kowalzig, vormals 1. Assistent der chirurgischen Klinik. 1. Bd. Verbandlehre. 2. Bd. Allgemeine Operationslehre. Operationen an den Extremitäten. Mit 505 Holzschnitten. (2 Bde.)
8. Kiel und Leipzig 1893—1894.

Esmarch, Dr. Friedrich, Prof. der Chirurgie. etc. Handbuch der kriegschirurgischen Technik. 3. verbesserte und vermehrte Auflage. (Fortsetzung.) 3. Bd. Operationen an Kopf und Hals. Mit 368 Abbildungen. 4. Bd. Operationen an Brust, Bauch und Becken. Mit 264 Abbildungen. (In einem Bande.)
8. Kiel und Leipzig 1899.

Esmarch, F. Handbch d. kriegschirurg. Technik. M. 536 Holzschn. n. 30 Taf. Hannover 1877. (1 Bd.) — 3. Aufl. 1885 in 2 Bdn. (Dopp.) — 4. Aufl. 1894. (2 Bde.) — 5. Aufl. v. Teil 2. 1901. 8 Bde.

—— die erste Hülfe bei plötzlichen Unglücksfällen. Ein Leitfaden für Samariter-Schulen in fünf Vorträgen. 1.—4. unveränd. Aufl. 8. (VIII, 81 S.) Leipzig 882, F. C. W. Vogel. cart. in Leinw. *

— die erste Hülfe bei plötzlichen Unglücksfällen. Ein Leitfaden f. Samariter-Schulen in 5 Vorträgen. 5. unveränd. Aufl. 8. (VIII, 81 S.) Leipzig 885. F. C. W. Vogel. geb. n. 1. 50

— die erste Hülfe bei plötzlichen Unglücksfällen. Ein Leitfaden f. Samariter-Schulen in 5 Vorträgen. 6. u. 7. unveränd. Aufl. 8. (VIII, 81 S.) Leipzig 888. F. C. W. Vogel. geb. n. 1. 50

— dasselbe. 8., verb. u. m. 90 Abbildgn. verseh. Aufl. 8. (VI, 84 S.) Ebd. 889. n. 1. 60; in Leinw. cart. n. 1. 80

Esmarch, Frdr. v., die erste Hülfe bei plötzlichen Unglücksfällen. Ein Leitfaden f. Samariter-Schulen in 6 Vorträgen. 9., verb. u. m. 119 Abbildgn. verseh. u. durch e. Anh. üb. Krankenpflege verm. Aufl. 8. (VIII, 103 S.) Leipzig 891. F. C. W. Vogel. In Leinw. kart. n. 1. 80

— dasselbe. 10. unveränd. Aufl. 35. Taus. 8. (VI, 103 S. m. 119 Abbildgn.) Ebd. 892. In Leinw. kart. n. 1. 80

Esmarch, F. D. erste Hilfe b. plötzl. Unglücksfällen. Dazu 5 Kartn. Leipzig 1882. — 12. u. 16. Aufl. 1895 u. 1900. (Je 1 Bd.) 3 Bde.

Esmarch, Frdr. v., die erste Hülfe bei plötzl. Unglücksfällen. Ein Leitfaden f. Samariter-Schulen in 6 Vorträgen. 14. Aufl. 55. Taus. 8. (VI, 120 S. m. 150 Abb.) Leipzig 898. F. C. W. Vogel.
Geb. in Leinw. n. 1. 80

Esmarch, Frdr. v., die erste Hülfe bei plötzlichen Unglücksfällen. Ein Leitfaden f. Samariter-Schulen in 6 Vorträgen. 17. vielfach verb. Aufl. Mit 151 Abbildungen im Text u. 2 Taf. 73. Taus. 8. (VIII, 129 S.) Leipzig 901. F. C. W. Vogel. Geb. in Leinw. n. 1. 80
15.—16. Aufl. (à VIII, 124 S.) Ebd. 899. 900. n. 1. 80.

Die erste Hilfe bei plötzlichen Unglücksfällen. Ein Leitfaden f. Samariter-Schulen in 6 Vorträgen von Dr. Friedrich v. Esmarch, Prof., Kiel. 19. verb. Aufl. Mit 151 Abb. u. 2 Taf. Leipzig: F. C. W. Vogel 1903. (VIII, 129 S.) 8° [03. 8] 5

Esmarch, Frdr. v., die erste Hilfe bei plötzlichen Unglücksfällen. Ein Leitfaden f. Samariterschulen in 6 Vorträgen. 21. verb. Aufl. Mit 150 Abbildgn. im Text u. 2 Taf. 97. Taus. (VIII, 128 S.) 8. Leipzig 906. F. C. W. Vogel. Geb. in Leinw. n. 1. 80

— — 23. Aufl. 1908. 128 S.

Esmarch, Frdr. v., die erste Hilfe bei plötzlichen Unglücksfällen. Ein Leitfaden f. Samariter-Schulen in 6 Vorträgen. 24. Aufl. Mit 193 Abbildgn. im Text u. 2 Taf. 115. Taus. (VIII, 140 S.) 8. Leipzig 909. F. C. W. Vogel. Geb. in Leinw. 1. 80

— die erste Hülfe bei Verletzungen. Ein populärer Vortrag. Mit 25 (eingedr.) Holzschn. gr. 8. (61 S.) Hannover 875. Rümpler. n. 2. —

— erste Hülfeleistung in Unglücksfällen. Hrsg. vom deutschen Samariter-Verein. Plakat m. 19 Abbildgn. 66,5 × 47,5 cm. Kiel 891. (Universitäts-Buchh.) n. — 40

Ueber den Kampf der Humanität gegen die Schrecken des Krieges. Ein Vortrag v. Friedrich Esmarch. Mit 5 Holzschnitten nach Zeichnungen v. J. Wittmaack. Kiel. 1869. 8°. (54 S.)

Ueber den Kampf der Humanität gegen die Schrecken des Krieges. Von Friedrich v. Esmarch. 2. umgearb. u. erw. Aufl. Mit e. Anh.: Der Samariter auf d. Schlachtfelde. Mit mehr. Abb. Stuttgart & Leipzig: Deutsche Verl.-Anst. 1899. 94 S. 8° [10. 16344] 5

— Katechismus zur ersten Hülfeleistung in Unglücksfällen. Eine Erinnerung an die Samariterschule. Mit 19 (eingedr.) Holzschn. 16. (24 S.) Kiel 882. Universitäts-Buchh. in Comm. cart. n.n. — 50

— Katechismus zur ersten Hilfeleistung in Unglücksfällen. Kiel 1889

— Katechismus zur ersten Hülfeleistung in Unglücksfällen. Eine Erinnerg. an die Samariterschule. Hrsg. vom deutschen Samariter-Verein. 69. Taus. (26 S. m. 19 Holzschn.) gr. 16. Kiel 904. (Universitäts-Buchh.) Kart. n.n.n. — 50; 10 Stück n.n. 5. —

— die Krankheiten d. Mastdarmes u. d. Afters, s.a. Chirurgie, deutsche.

Esmarch, Friedrich: Die Krankheiten des Mastdarmes und des Afters. Mit 103 Holzschn. u. 8 Taf. Stuttgart 1887. L, 211 S.
(Deutsche Chirurgie. Lfg 48.)

— die Methode d. Unterrichts an der chirurgischen Klinik der Universität Kiel, s.a. Mittheilungen aus der chirurgischen Klinik zu Kiel.

(Mitteilungen aus der chirurgischen Klinik zu Kiel. 3.)
Die Methode des Unterrichts an der chirurgischen Klinik der Universität Kiel. Ein Vortrag geh. v. [Friedrich] Esmarch. Mit 8 Beilagen. Kiel. 1884. 4°

— le premier pansement sur le champ de bataille. Traduit par M. Verneuil. Avec 1 gravure en taille-douce (auf Leinwand in gr. Fol.) et 3 gravures sur bois. 8. (19 S.) Kiel 871. Schwers. n. 2. —
Dasselbe ist auch in englischer Sprache unter dem Titel: „The first dressing on the battle-field" zu demselben Preise erschienen.

Dr. Fr[iedrich] Esmarch. Pirmoji pagelba nelaiminguose atsitikimuose [Die erste Hilfe bei plötzlichen Unglücksfällen, lit.]. Išvertė dr. A[lfred] V[angehr]. Tilžėje: (Saunus) 1903. 120 S. 8° [10. 7521] 10

— Rathschläge f. die Eltern scrophulöser Kinder. gr. 8. (4 S.) Kiel 884. Lipsius & Tischer. n. — 20

— Regeln f. die Chloroformnarkose. gr. 8. (4 S. m. 5 Fig.) Ebend. 884. n. — 20

— die Regionen der Körperfläche. Mit 2 lith. Taf. gr. 8. (2 S.) Ebend. 884. n. — 40

Esmarch, Frdr., über Resectionen nach Schußwunden. Beobachtungen und Erfahrungen aus den schleswigholstein. Feldzügen v. 1848 bis 1851. gr. 8. (VIII u. 136 S. mit 1 Tab. in gr. Fol.) Kiel 851, Schröder u. Co. n. 1 ℛ

—— Samariterbriefe. Lex.-8. (46 S. mit 44 Abbild. im Text.) Kiel 886, Lipsius und Tischer. *

Aus der Samariterschule. Welche Hülfe kann der Samariter bei Verbrennungen leisten. Von [Friedrich] Esmarch. (Abdruck aus der Gartenlaube. Leipzig.) o. J. 4°, in 8° geb.

Ueber Samariter-Schulen. Ein Vortrag gehalten im Käufmännischen Verein zu Hamburg am 30. Januar 1884 v. Friedrich Esmarch. Leipzig. 1884. Bei desselben: Über Samariter-Schulen. (Berlin.) 1883. 8°.

—— über Samariter-Schulen. Ein Vortrag, geh. im kaufmänn. Verein zu Hamburg am 30. Jan. 1884. gr. 8. (18 S.) Leipzig 884, F. C. W. Vogel. *

— dasselbe, s.a. Vorträge üb. Gesundheitspflege u. Rettungswesen.

Vorträge über Gesundheitspflege und Rettungswesen gehalten im Vortrags-Pavillon der Hygiene-Ausstellung zu Berlin 1882—83. Cyclus I. 1. Vortrag. [Friedrich] Esmarch über Samariter-Schulen. Hrgg. v. Paul Boerner. (Berlin.) 1883. 8°.

— Samaritertafeln. 10 (z. Th. farb.) Blatt. gr. Fol. Kiel 890. (Lipsius & Tischer.) n. 14. —

— Schema zur Physiologie der Harnentleerung. Mit e. Farbendr.-Taf. gr. 8. (4 S.) Kiel 884. Lipsius & Tischer. n. — 40

Die Schule und der Samariterdienst. Eine Aufgabe für unsre Schulen im neuen Jahrhundert v. Friedrich v. Esmarch. (Stuttgart. 1900.) 8° Sonderabdruck aus: Deutsche Revue. Mai 1900.

Esmarch, F. v., und E. Kowalzig: Chirurgische Technik. Kiel und Leipzig 1892

—— u. E. Kowalzig. Chirurgische Technik. Ergängzungsbd. zum Handbuch der kriegschirurg. Technik, enth. die übr. Operationen. 1. u. 2. Aufl. gr. 8. (VIII, 372 S. m. 520 Holzschn.) Kiel 892, Lipsius u. Tischer. * 12 — ; geb. * 13 —

— u. Ernst Kowalzig, chirurgische Technik. 1. u. 2. Bd. 8. Ebd. n. 16. — ; geb. in Leinw. n. 17. —
1. Handbuch der kriegschirurgischen Technik. Gekrönte Preisschrift v. Frdr v. Esmarch. 4. Aufl., durchgehends neubearb., verm. u. verb. v. Fr. v. Esmarch u. E. Kowalzig. 1. Bd.: Verbandlehre. (XII, 220 S. m. 324 Holzschn.) 893. n. 6. — ; geb. n. 7. —
2. — dasselbe. 2. Bd.: Operationslehre. (IX, 323 S. m. 505 Holzschn.) 894. n. 9. — ; geb. n. 10. —

— u. Ernst Kowalzig, chirurgische Technik. 2.—4. Bd. gr. 8. Ebd. n. 23. — ; geb. in Leinw. n. 25. —
2. Allgemeine Operationslehre u. Operationen an den Extremitäten. 5. verb. Aufl. des 2. Thls. der gekrönten Preisschrift „Handbuch der kriegschirurg. Technik". Mit 553 Abbildgn. u. 18 farb. Taf. (IX, 351 S.) 901. n. 11. — ; geb. n. 12. —
3. 4. Ergänzungsband zum Handbuch der kriegschirurg. Technik. Operationen an Kopf, Hals u. Rumpf. Mit 632 Abbildgn. 3. verb. u. verm. Aufl. (IX, 458 S.) 899. n. 12. — ; geb. in Leinw. n. 13. — ; in 2 Bde. geb. n. 14. —

—— der erste Verband auf dem Schlachtfelde. 1. Aufl. 1869, und 2. unveränd. Aufl. 8. (23 S. mit 1 Kpfrt. in gr. Fol. auf Leinwd. und 3 eingedr. Holzschn.) Kiel 870, Schwers'sche Buchh. *

— der erste Verband auf dem Schlachtfelde. 3. vielfach veränd. u. verm. Aufl. 12. (34 S. m. 33 Abbildgn.) Kiel 899. Lipsius & Tischer. n. — 50

— Verbandplatz u. Feldlazareth. Vorlesungen für angehende Militairärzte. Mit 4 (lith.) Taff. (in 8. u. 4.) u. 48 Holzschn. (im Text). Berlin 868. Hirschwald. gr. 8. (X, 137 S.) n. 1 ℛ 15 ngr

Esmarch, F., Verbandplatz u. Feldlazareth. Vorlesungen f. angehende Militärärzte u. freiwillige Krankenpfleger. 2. verm. Aufl. Mit 7 (lith.) Taf. (in gr. 8. u. 4.) u. 48 (eingedr.) Holzschn. gr. 8. (XII, 143 S.) Berlin 871. Hirschwald. n. 5. 60

— über Vorbereitung von Reserve-Lazarethen. Mit 9 (lith.) Taff. Abbildgn. (in 4.) Berlin 870. Th. Enslin. gr. 8. (24 S.) n. 25 ngr

Esmarch, H., personal-statistisches Handbuch für die Verwaltung der geistlichen und Unterrichts-Angelegenheiten im Königreich Hannover. Dannenberg 858. (Lüneburg, Herold u. Wahlstab.) gr. 8. (IV, 115 S.) 7½ ngr

Esmarch, Heinrich Karl, s. a. Esmarch, Karl

Schleswigs Aufnahme in den Deutschen Bund v. [Heinrich Karl] Esmarch. Schleswig. 1848. 8°

Praktische Darstellung des Strafverfahrens im Herzogthum Schleswig, v. Heinrich Carl Esmarch. Schleswig. 1840.
—— Ergänzende Zusätze; mit Rücksicht auf die durch die Verfügungen vom 27ten März 1843. eingetretenen Veränderungen in der Gesetzgebung. ebd. 1843. 8°.

Esmarch, (Heinr. Carl), die Forderg. Dänemark's an Schleswig u. die preuß. Gegenvorschläge, beleuchtet. gr. 8. (32 S.) Hamburg 850, Perthes-Besser & Mauke. n. 3 ngr

Esmarch, Heinrich Karl. Ueber den bevorstehenden Friedensschluß mit Dänemark. Frankfurt am Main, B. Krebs 1848. 16 S. 8.

Gründe für die Trennung der schleswig-holsteinischen Staats-Verwaltung von der dänischen. In der schleswigschen Ständeversammlung am 3ten November 1846 als Antrag gestellt vom Etatsrath [Heinrich Karl] Esmarch. Hamburg. 1846. 8°.

— Gründe f. die Trennung der schleswig-holstein. Stände-Verwaltung v. d. dänischen. In der schleswig. Stände-Versammlung am 3. Novbr. 1846 als Antrag gestellt. gr. 8. (16 S.) Hamburg 847, Hoffmann & Campe. 1/12 ℛ

Esmarch, H. C., Handbuch des Erbrechts im Herzogthum Schleswig. Mit 2 Tab. gr. 8. Schleswig 842. (Bruhn.) n. 3 ℛ

— Handbuch des Erbrechts im Herzogth. Schleswig. 2. Aufl. gr. 8. (X u. 432 S. m. 1 Tab. in Fol.) Schleswig 852, Bruhn. Subscr.-Pr. n. 2 ℛ 12 ngr Ladenpr. n. 3 ℛ

Das im Herzogthume Schleswig geltende bürgerliche Recht; von Heinrich Carl Esmarch. Schleswig. 1846. 8°.

⊙ Ueber die Reform der Gerichtsverfassung im Herzogthum Schleswig v. Heinrich Karl Esmarch. Schleswig. 1844. 8°

Sammlung der Statute, Verordnungen und Verfügungen, welche den bürgerlichen Proceß des Herzogthums Schleswig betreffen. Hrgg. u. mit Anmerkungen begleitet v. [Heinrich Karl] Esmarch. Schleswig. 1848. 8°

Esmarch, ..., s.a. Sammlung der Statute, Verordnungen u. Verfügungen etc., das bürgerl. Recht in Schleswig betr.

Sammlung der Statute, Verordnungen und Verfügungen, welche das bürgerliche Recht des Herzogthums Schleswig betreffen. Hrgg. u. mit Anmerkungen begleitet v. [Heinrich Karl] Esmarch. Schleswig. 1846. 8°.

Esmarch, (Heinr. Carl), das Herzogth. Schleswig u. die Landesverwaltung zu Flensburg im J. 1849. gr. 8. (IV u. 127 S.) Berlin 850, G. Reimer. 1/2 ₰

— das Herzogthum Schleswig und die Landesverwaltung zu Flensburg im J. 1850. [Fortsetzung v. „Das Herzogthum Schleswig u. die Landesverwaltg. zu Flensburg im J. 1849."] gr. 8. (IV u. 110 S.) Ebd. 850. 1/2 ₰

Esmarch, Heinrich Peter Christian

Esmarch, Hnr. Pt. Chr., Anfangsgründe d. Naturgeschichte für Schulen. 8. Flensb. 787. Hammerich in Altona. 1 ₰ 8 gl.

Esmarch's, H. P. C., Anfangsgründe der Naturgeschichte, zur Übung im Lateinischen, mit untergesetzten Wörtern. Flensb. und Leipzig 787. 8.

Anfangsgründe der Naturgeschichte, ...zusammengetragen von Heinrich Peter Christian Esmarch. Flensburg & Leipzig: Korte 1787. 751 S. 8°

— Anmerkk. zu d. Geschichte d. Livius, bis zum 26sten Buche; für Mitglieder d. ersten Klasse latein. Schulen. gr. 8. Schleswig 825. Koch. 1 ₰ 8 gl.

⊙ Von der Anwendung der gesunden Vernunft auf die Erklärung der heiligen Schrift und auf die Religion nach dem Beyspiele Martin Luthers. Eine Rede am 3. Jubelfeste der Reformation gehalten v. [Heinrich Peter Christian] Esmarch, und unter Genehmigung des Verfassers aus dem Lateinischen übersetzt, und mit einer Beylage gegen Pastor Ludewigs vorläufige Bemerkungen begleitet v. Christoph Heinrich Jebsen. Glückstadt. 1818. 8°.

Beschreibung der Gewächse, welche in einer Strecke von zwey Meilen um die Stadt Schleswig ohne Anbauung wild wachsen. Zum Nutzen bey botanischen Excursionen verfertiget v. Heinrich Peter Christian Esmarch. Schleswig. 1810. 8°.

Beschreibung der Gräser, rietartigen Gewächse, Schäftlinge und Kannenkräuter, welche in den Herzogthümern Schleswig und Holstein wild wachsen. v. Heinrich Peter Christian Esmarch. Schleswig und Leipzig. 1794. 8°.

— Beschreib. d. Gräser, rietartigen Gewächse, Schäftlinge ꝛc., welche in den Herzogth. Schleswig u. Holstein wild wachsen. 8. Schleswig 794. (Hammerich in Altona). 7 gl.

— Schleswigsche Flora. 1e—6e Fortsetz. 8. Schlesw. 789—95.

— Materialien zu rhetor. Ausarbeitungen in latein. u. deutscher Sprache. 8. Altona 822. (Aue). 22 gl.

— histor. Nachrichten über d. Flugsand in Nord-Jütland. 8. Kopenh. 817. Gyldendal. 12 gl. Schrbp. 16 gl.

– Dass., s. a. Esmarch, L.

— Naturgeschichte für Schulen. 8. Ebend. 777.

— s. Paulus, Br. an d. Ephefer.

– s. Praecepta maxime necessaria.

M. Christ. Speccii Praxis declinationum et conjugationum ganz umgearb. v. Heinrich Peter Christian Esmarch. 3. Aufl. Flensburg. 1785. 8°.

Den 16. März wird in allen Klassen zur gewöhnlichen Zeit die öffentliche Prüfung der hiesigen königlichen Domschule angestellet und den 17. März werden in dem Saale des Rathauses einige kurze Reden gehalten . . . Alle Gönner und Freunde der Schule werden gebeten, diese öffentlichen Handlungen . . . durch ihre zahlreiche Gegenwart feierlich zu machen v. H[einrich] P[eter] C[hristian] Esmarch. Schleswig. 1807. 8°

– s. Ch. Speccii praxis.

– s. Virgils Eklogen.

– s. Virgils Georgicon, 3r Gesang.

– s. Virgil, v. d. Landwirthschaft.

Esmarch, Karl, s. a. Esmarch, Heinrich Karl

Alsen frei! 1864. [Verf.: (Karl v. Alsen) d. i. Karl Bernhard Hieronymus Esmarch.] Zum Besten der Sonderburger. Hamburg. (1864.) 8°

Esmarch, Karl, Dirckinck-Holmfeld, Carl Vogt und Herrm. Müller als Widersacher Schleswig-Holsteins. Göttingen 861. Dieterich. gr. 8. (16 S.) n. 2 ngr.

Die Forderungen Dänemark's an Schleswig und die preussischen Gegenvorschläge beleuchtet v. [Karl] Esmarch. Hamburg. 1850. 8°.

Über den bevorstehenden Friedensschluss mit Dännemark v. [Karl] Esmarch. Frankfurt a. M. 1848. 8°.

Esmarch, Carl, Grundsätze des Pandekten-Rechtes zum akademischen Gebrauche. 2 Hefte. gr. 8. (XXXI und 312 S.) Wien 859. 60, Braumüller's Verlags-Conto. à Heft * 1 Thlr. *

Esmarch, Prof. Dr. Carl, Grundsätze des Pandekten-Rechtes, zum akademischen Gebrauche. II. Heft. (Familienrecht — Erbrecht — Anhang.) gr. 8. (S. 151—312.) Ebd. 1860 1 fl. 40 kr.
Dasselbe Werk complet in einem Bande. 3 fl.

Esmarch, Prof. Dr. — Grundzüge des heutig-römischen Familienrechts. Zusatz der Pandekten-Vorlesungen des — —. Krakau, 1836. In der k. k. Universitäts-Buchdruckerei. (43 S. 8.)

Der Hort der Dichtung. Eine Göttersage in 16 Gesängen v. Karl Bernhard Hieronymus Esmarch]. Leipzig. 1853. 8°

Knud Laward oder der Held von Schleswig v. Karl von Alsen [d. i.: Karl Bernhard Hieronymus Esmarch]. Hamburg. 1865. 8°.

Lebenswogen Regenbogen. Ein Nachlass von Karl B[ernhard] H[ieronymus] Esmarch [Karl Esmarch]. Ed. von Bernh. Esmarch. Berlin 1900: (L. Schneider). 84 S. 8° A 12. 10917

Esmarch, Karl, die Legitimität in Schleswig-Holstein. Gedrängte Darlegung der historischen Ereignisse, auf welchen das Staatsrecht und die Staatserbfolge der Herzogthümer beruhen. Prag 863. Dominicus. gr. 8. (12 S.) 3 ngr.

Die Legitimität in Schleswig-Holstein. Gedrängte Darlegung der historischen Ereignisse, auf welchen das Staatsrecht und die Staatserbfolge der Herzogthümer beruhen. v. Karl Esmarch. Prag. 1863.
—— 3. Aufl. Prag. 1863. 8°.

Esmarch, Karl, Pandekten-Exegeticum. Auswahl v. Pandektenstellen zum Gebrauch bei exeget. Uebgn. auf jurist. Seminarien. 8. (XII, 48 S.) Prag 875. Dominicus. n. 1. —

Esmarch, Carl, römische Rechtsgeschichte. 2 Hälften. gr. 8. (1. Hälfte: Vom Anfang bis zum Beginn der Bürgerkriege IV und 161 S.) Göttingen 855, Wigand. *

Esmarch, Karl, römische Rechtsgeschichte. Göttingen 856. Wigand. gr. 8. (XVI, 407 S.) n. 2 ₰

—— römische Rechtsgeschichte. 2. durchaus umgearb. Aufl. 1. und 2. Abthl. gr. 8. Kassel, Wigand. [1. Abthl. (VI, S. 1—158.) 877; 2. Abthl. (S. 159—290.) 879.] à Abthl. * M 3. *

—— römische Rechtsgeschichte. 2. durchaus umgearb. Aufl. 3. (Schluss-) Abthl. gr. 8. (X, S. 291—428.) Kassel, 880, Wigand. *
1. und 2. Abthl. Ebendas. 1877,79. à * M 3.

Esmarch, K., römische Rechtsgeschichte. 3., verb. Aufl. gr. 8. (XIII, 457 S.) Cassel 888. Wigand. n. 9.—

-- Friedrich Carl v. Savigny. Festgedicht zum 100-jähr. Jubelfest seiner Geburt am 21. Febr. 1879. gr. 8. (15 S.) Berlin 879. Puttkammer & Mühlbrecht. n. — 50

Der Sieg bei Bornhövd. Von einem Schleswig-Holsteiner [d. i.: Karl Bernhard Hieronymus Esmarch]. Kiel. 1847. 8°.

Aus alten und neuen Tagen v. Karl von Alsen [d. i. Karl Bernhard Hieronymus Esmarch]. Berlin. 1861. 8°

Esmarch, K., Vacuae possessionis traditio. Eine civilist. Untersuchung. gr. 8. (75 S.) Prag 878, Dominicus. *

Esmarch, K., noch e. Wort zur Construction d. zweiten Falles in L. 49. D. mandati vel contra. 8. (15 S.) Prag 883. Dominicus. n. — 60

Esmarch, Karl Bernhard Hieronymus
s. **Esmarch**, Karl. A 11.10918

Esmarch, L.

— Historische Nachricht üb. den Flugsand in Nord-Jütland. Kopenh. 1817. 108 S.

Esmarch, L., histor. Nachrichten über den Flugsand in Nord-Jütland. 8. Copenhagen, Gyldendal. 819.
Schreibp.

– Dass., s. a. Esmarch, Heinrich Peter Christian

Esmark, Jens, Beschreib. e. mineralog. Reise durch Ungarn, Siebenbürgen u. d. Bannat. (Aus d. bergmänn. Journal besond. abgedr.) 8. Freberg 798. Craz u. G. 12 ℊℊ

— Reise von Christiania nach Drontheim, durch Oesterdalen u. zurück über Dovre, nebst e. Abstecher nach Jemteland. Mit 1 Reise- u. Höhekarte. 8. Christiania 829. (Lpz., Kummer). 1 ₰ 8 ℊℊ

Esmenard à Buonaparte. An Bonaparte vom Dichter Esmenard, übersetzt v. J. T. Hermes. gr. 8. Berl. 802. (Braun). 3 ℊℊ Hinrichs in Leipz. 4 ℊℊ

Esménard, J. A., Fernand Cortez, s.: Mode's Opern-Text-Bibliothek.

Esop [Sachliches OW]

– s. a. Äsop.

Esop, der deutsche, welcher d. Ausg. der Menschen Leben beschauet. 8. Frankf. Fleischer. 735.

— **der deutsche**, in 524 Fabeln. 8. Königsb. (Frommann in Jena) 743.

— **d. weibliche**, od. 60 Mittagsstunden. 8. Dessau, Gelehr. Buchhdl. 785.

Esope au college. Drame comique en cinq actes ... Edenbourg 1772. V: *Geiger*, *Mathias*. (Jes)

Ésope, s. Aesopus u. Esopus

Esopicae fabulae, s. Aesopus u. Esopus: Fabulae.

Esopische Fabeln, s. Aesopus u. Esopus: Fabeln.

Esopo, s. Aesopus u. Esopus

Esopus [Sachliches OW]

– s. a. Aesopus.

Der Esopus. Ein Trauer-Spill, zu einer kurtzweilligen Faßnachts-Unterhaltung denen Röm. Kayserl. u. Königl. Majestätten wällisch gesungener vorgestellt. Mit der Music zu denen Worten Herrn Marci Antoni Ziani, ... zu denen Däntzen Herrn Johann Joseph Hoffer ... In das Tutsche übers. von Joseph Triller. — Wienn (1703): Cosmerov. 79 S. **300:4.619–A. 2.**
2.1409

Esopus opulans s. discurs. mensales inter fr. Patrinos. 4. Kraus. 770.

Esopus, d. italienische, od. Berthold's satyrische Geschichte. 8. Frkft. Brönner. 75?.

Esopus [Verfasser]

– s. a. Aesopus

Ezopa Bayki. Poprzedzone krótkim opisem życia tegoż. Z sensem moralnym cztero-wierszowym po każdéy Baycę. Nowe wydanie. (Esops Fabeln). Mit illuminirten Kupfern. 8. Breslau, W. G. Korn. 821.

Esop für Kinder rc., s. Ernesti.

[franz. u. deutsch] Ésope en belle humeur, ou l'élite de ses fables. Enrichies de fig., de discours moraux & de quatrains. Ausquelles on a joint les plus belles fables [Fabulae, franz. u. deutsch] de Phèdre [Phaedrus], de Pilpai & de [Antoine Houdart] de La Motte. Avec les devoirs de l'honnête homme, ou maximes politiques et morales, tirées des plus célèbres écrivains de ce siècle ... Nouv. éd., rev., corr. & augm. par Charles Mouton. — Hambourg: Kisner 1729. Getr. Pag.
Nebent.: Aesopus: Esopus in guter Laune, oder dessen auserlesenste Fabeln. Neue Aufl., verb. u. verm. von Carl [Charles] Mouton.
Sondert.: 1. Phaedrus: Les plus belles Fables morales [Fabulae, franz. u. deutsch] de Phèdre & de Philelphe [Francesco Filelfo]. Angenehmste sinn- und lehr-reiche Fabeln. Zagetr. von Carl Mouton. 1729.
Sondert.: 2. [Houdart] de La Motte, [Antoine]: Fables choisies [franz. u. deutsch]. Auserlesene Fabeln. Zagetr. durch Carl Mouton. 1729.
Sondert.: 3. Les Fables politiques et morales de Pilpai, ou la conduite des grands & des petits. Rev., corr. & augm. par Charles Mouton. 1729.
Sondert.: 4. Mouton, Charles: Les Devoirs de l'honnête homme. Ou maximes politiques, morales & critiques. 1729.
9.
2.1665

[franz. u. deutsch] Ésope en belle humeur, ou l'élite de ses fables. Enrichies de fig., de discours moraux & de quatrains. Auxquelles on a joint les plus belles fables [Fabulae, franz. u. deutsch] de Phèdre [Phaedrus], de Pilpai et de [Antoine Houdart] de La Motte. Avec les devoirs de l'honnête homme, ou maximes politiques et morales, tirées des plus célèbres écrivains de ce siècle ... Nouv. éd., rev., corr. & augm. par Charles Mouton. — Hamburg: Herold 1750. Getr. Pag.
Nebent.: Aesopus: Esopus bey der Lust oder dessen auserlesenste Fabeln. Neue Aufl., verb. u. verm. von Carl [Charles] Mouton.
Sondert.: 1. Phaedrus: Les plus belles Fables morales [Fabulae, franz. u. deutsch] de Phèdre & de Philelphe [Francesco Filelfo]. Angenehmste sinn- u. lehr-reiche Fabeln. Zagetr. von Carl Mouton. 1750.
Sondert.: 2. [Houdart] de La Motte, [Antoine]: Fables choisies [franz. u. deutsch]. Auserlesene Fabeln. Zagetr. durch Carl Mouton. 1750.
Sondert.: 3. Les Fables politiques et morales de Pilpai: ou la conduite des grands et des petits. Rev., corr. et augm. par Charles Mouton. 1750.
Sondert.: 4. Mouton, Charles: Les Devoirs de l'honnête homme. Ou maximes politiques, morales et critiques. 1750.
1: Vk 3894.

[franz. u. poln.] Ésope en belle humeur, ou l'élite de ses fables. Enrichies de discours moraux et de quatrains. Auxquelles on a joint les plus belles fables [Fabulae, franz.] de Phèdre [Phaedrus], de Pilpai et de [Antoine Houdart] de La Motte. Avec les devoirs de l'honnête homme, ou maximes politiques et morales tirées des plus célèbres écrivains de ce siècle ... par Charles Mouton. [1.2.] — Leipsic & Warsovie (2:Varsovie) 1769.

Nebent.: Aesopus: Esop w wesołym humorze.
Sondert.: 1. Phaedrus: Les plus belles Fables morales [Fabulae, franz. u. poln.] de Phèdre & de Philelphe [Francesco Filelfo]. Bayki moralne. 1769.
Sondert.: 2. [Houdart] de La Motte, [Antoine]: Fables choisies. 1769.
Sondert.: 3. Les Fables politiques et morales de Pilpai, ou la conduite des grands et des petits. Rev., corr. et augm. par Charles Mouton. 1769.
Sondert.: 4. [Mouton, Charles:] L'honnête homme (Les Devoirs de l'honnête homme). Ou maximes morales, politiques et critiques. 1769.

1.2 . . . . 7.
2 . . . . 10.
2.1674

— en belle Humeur, ou l'élite de ses fables enrichies de fig. etc. p. Mouton. 12. Hamb. (Voss, Berl.) 781.

Der wahre | und | Erneuerte Esopus, | Das ist: | Das ganze Leben | und | Fabeln Esopi, | So ihme pflegen zugeeignet | zu werden. | Alle | klärlich und nützlich zusammen getragen | und anjetzo an vielen Orten | verbessert. | Reutlingen, | bey Fischer, Lorenz und Heerbrandt.
o. J., 192 S., 160 × 94.
LBS d. D. Oct K 3269.

Der wahre | und | erneuerte Esopus, | das ist: | auserlesene Fabeln Esopi | (Fig.: *Gehörnter Mann und ?*, 56 × 76) Neueste verbesserte Auflage. | Reutlingen, | bey Justus Fleischhauer.
o. J., 95 S., 170 × 100, keine Fig.
StB Ulm BB 946h.

Ezop, Obnowený, aneb: Nowé Ezopowý Bágky. Z rozličných básnj sebrané, spolu s kratičkým wyprawowánjm Ezopowa žiwota, od Wácslawa R. Z. Kraméryusa. 8. Prag, Enders. 815.

Esop, (Aesop,) Fabeln, s. a. Fabeln.

— Fabeln, a. d. Griech. übers. u. m. erkl. Anm., nebst dessen Leben n. d. Meziriack. 8. Lpz. Schwickert. 794.

— — nebst Zügen aus Aesops Leben. 12. Hamburg. (Leipzig, Cnobloch.) 816.

— — etliche, aus Aesopo von Dr. Mart. Luther verdeutscht. 8. Tübingen, Laupp. 817.

Esop's Fabeln, in deutscher, latein., franz., italien. und engl. Sprache. 2 Bde. mit 92 Kupf. 2te Aufl. gr. 8. Wien, Müller. 820.

Esop's Fabeln. Mit einer Einleitung, grammatischen und erklärenden Anmerkungen und einem vollständigen Wörterbuche. Für Schulen herausgegeben von J. D. Büchling. Von neuem bearbeitet von Dr. G. F. W. Große. 3te Aufl. gr. 8. Halle, Hendel. 821. ½ Rthlr.

Esopische Fabeln, die erneuerten, nebst den hiezu geeigneten Lehren und Sittensprüchen zusammengetragen. Mit 100 Vignet. 12. München, Lindauer. 820.

— — für die Jugend, mit Aesops Leben und Schicksalen auch eingedruckten Kupf. 2te Aufl. von J. H. Ernesti. gr. 8. Nürnberg, Monath und K. 820.

Esop's, Fabeln f. d. Jugend. Mit 26 Kupf. gr. 12. Leipz. 821, Leo.

— les fables d', av. des remarques p. M. l'Abbé de Bellegarde av. fig. 8. Copenh. Proft. 784.

Esope, fables mises en françois. av. Est. 12. Paris, Leipz. Hinrichs. (a. Sommer,) 805.

Esope Fables, en grec, en latin et en français. 8. Paris. (Leips. Sommer.) 816.

– Fabulae.

— — s. Desbillons. s. a. Ernesti.

— — — dies. s. a. Ludwig.

— — v. Meißner. s. Meißner.

— — — s. a. Büchling.

— — mit Anm. u. griech.-deutschen Wort-Register v. J. D. Büchling. gr. 8. Halle, Hendel.

Esopicae fabulae. Edit. stereotyp. 12. Leipz., Tauchnitz. 6 gr. Fein Pap.

— — gr. et lat. 8. Strasb. Levrault.

— — m. Hatneccius deutsch. Erklärung. 8. Hamb. 703.

— — gr. et lat. 12. Basel, Thurneysen. 706.

— — in deutschen Reimen von Riederer. 8. Cob. 717.

— — c. not. Reineccii. 8. Lps. Weidmann. 734.

— — c. not. Hauptmann. 8. Lps. Fritsch. 741.

Esopus, fabulae, c. n. Camerarii et Daumii. 8. Lips. Dyk. 752.

— — gr. ed. Kriegel. 8. Lps. Langenheim. 768.

— — graece ed. Heusinger c. Klotz. 8. Eisenn. Wittekind. 776.

— — c. interpret. lat. 8. Basel, Schweighaeuser. 781. Schreibp.

— — gr. et lat. c. not. Ernesti. 8. Lps. Weidmann. 781.

— — n. d. Pl. d. Gieseck. Leseb. bearb. m. Wörterb. v. Ludewig. 8. Gött. Dieterich. 789.

— fabulae gr. c. adn. I. Hudson et Heusinger, cur. Schaefer. 8. Lips. Sommer. 810.

— fabulae, quales ante Planudem fereb. ex vet. cod. Abb. Flor. nunc prim. erutae una cum aliis partim ex codd. depromptis, lat. vers. et not. exorn. Stud. Fr. de Furia. 8. maj. Lips. Proclam. Weigel. 810.
Schreibp.
Velinp.

— — idem liber, graece c. not. Fr. de Furia. 8 maj. ibidem. 810.
Schreibp.

• — — id. lib graece c. not. Schneideri, in usum Scholarum. 8. Lips. J. A. G. Weigel. 810.

Esopi Fabulae graece cum notis Coray. 8maj. Paris. (Lips. J. A. G. Weigel in Comm.) 811.

— — — Ex recens. J. M. Heusingeri. Cum indice verbor. Edit. nova emend. in usum schol. Cura G. H. Schäferi. 8. Ibid. 818.

— — Fabulae Aesopicae graecae. Cum Io. Hudsoni, et I. M. Heusingeri notis et verbor. indice locupletissimo. Edit. emend. Cura G. H. Schaeferi. 8. Lipsiae, Sommer. 820.

— — I. aliae Esopi fabulae et XL Logographi in versus elegiacos fractos etc. editae ab Al. Unschuld. 8. Pragae, Barth. 819.

— — selectae. m. Anm. u. e. lat.-deutsch. Wörterb. 8. Leipz. Schwickert. 794.

Esopi Fabulae ex vernaculis selectae. 8. Landshut. Kopp.

— — LXX Esopicae fabulae, ex Soluta oratione in versus hexametros fractos, ad compositionem metricam adaptatae et ad exercendas prosodiae regulas editae ab Al. Unschuld. 8. Pragae, Barth. 819.

Esopo Frigio, Favole con un vocabulario ital. tedesco etc. oder: Esops Fabeln nebst e. ital. deutsch. Wörterbuche. 8. 801. Jetzt Eichhorn in Nürnberg.

— Leben und Fabeln m. l'Estrange Anm. 8. Leipz. Fritsch. 714.

— — m. K. gr. 8. Nrnb. Monath. 790. illum.

— — v. Bellegarde. 8. Kopenh. Proft. 782.

— — dasselbe in franz. Sprache. 8. Ebend. 784.

Esopus Leben und Fabeln, nebst den Fabeln des Philelphus, mit des Abt Bellegarde Anmerk. 8. Ist jetzt Verlag von Brummer in Copenhagen.
— — Dasselbe in franz. Sprache. 8. Ebendas.

— Mŭϑoι. Fabulae e codice Augustano nunc primum editae cum Fabulis Babrii Choliambicis. Ed. Joh. Gottlob Schneider, Saxo. 8. Bresl. J. Fr. Korn. 812. Rthlr.

— — id. lib. Die Fabeln des Esop. Zum Gebrauche d. Schulen mit zweckmäß. meist grammatischen Anmerk. und einem griechisch-deutschen Wortregister versehen, v. H. F. M. Volger. 8. Leipz. Weidmann. 811. Schreibp.

— Vie et les fables avec des réflexions morales en franç et allemand. 8. Paris et Strasbourg, König. 748.

Esor, Karl (Pseud.), s.a. R o s e , Dietrich Anton Karl

Esor, (K.) Hulda, od. das traurige Opfer eines unschuldigen Herzens. — Der Irthum, oder Freundschaft u. Liebe im Kampfe. Und einigen andern Erzählungen. 8. Halberst. 825, Vogler.

Esor, Karl, (Dietr. Ant. Karl Rose), Wiesenblumen, od. Erzählungen z. Veredlung des Herzens. 8. Halberst. 824. Bogler. 1 ₰ 12 g. Dann unt. d. T.: Hulda, od. das traurige Opfer eines schuldigen Herzens. — Der Irthum, od. Freundschaft u. Liebe im Kampfe. Und einigen andern Erzählungen. 8. Ebd. 825. Ebd. 1 ₰

Esoterica oder Ansichten der Verhältnisse der Menschen zu Gott . . . Zerbst 1817. V: *Wünsch, Christian Ernst.* (MGT) (KY) 1818. (WINER)

Esoterika, oder Ansichten d. Verhältnisse d. Menschen zu Gott. Nebst neuen Erörterr. unsrer heil. Urkunden d. Gesch. d. Menschheit. 2 Thle. 8. (Zerbst 818. Füchsel). 1 ₰ 12 g

Espagnac, d'

— s. auch Buimaret.

d'Espagnac. Die Geschichte Moritzens, Grafen von Sachsen, Herzogs von Kurland und Semgallen. A. d. Französ. 2 Bde. 8. Leipzig 1751.

d'Espagnac, ..., Geschichte Moritz, Gr. v. Sachsen; aus d. Franzöf. 2 Thle. gr. 8. Leipz. 774. Schwickert. 1 ₰ 8 g

d'Espagnac. Histoire de Maurice, Comte de Saxe, duc de Courlande et de Sémigalle. 3 v. 12. av. pls. Paris 1773. — 12. Lausanne 1774. — 2 v. 8. Leipzig 1774. — 2 v. 8. Berne 1774. — Paris 1774. 75.

— Histoire de Maurice, Comte de Saxe. 8. Leipz. 774. Schwickert. 1 ₰

— — II Tom. 12. Bern, Haller. 774.

Espagnac, Bar. v. Versuch über den großen Krieg oder Sammlung von Beobachtungen verschiedener Schriftsteller über die Art, denselben vollkommener zu machen. Bd 1. 2. Aus d. Franz. übs. Mit Taf. Kopenhagen 1763.

— Versuch über d. großen Kriege; aus d. Französ. 2 Bde. gr. 8. Kopenh. 763. (Brockhaus in Leipz.) 1 ₰ 12 g

Espagne [Schlagwort]

Espagne — Carte de l' — et du Portugal d'après Lopez. Publiée à Vienne chez Artaria et Comp. 1807. 1:950,000. 6 Bl.

Espagne — Carte d' — et de Portugal d'après Mentelle et Chanlaire, de Laborde et autres. Par C. F. Hammer, Major. Nüremberg chez Frédéric Campe. 1812. Gestochen von A. Cancrin in Nürnberg. 1:2,000,000. 1 Bl.

Espagne [Verfasser]

Espagne, J. d', gesammelte Schriften und Werke ec. 4. Zelle, (a. Helwing in Hannov.) 740.

Espagnie, d', Dominique, Comédie, s. Théâtre franç. mod.

d'Espagny, et Dupin, Dominique ou le possédé, s. Théâtre français les plus moderne S. II. Liv. 9.

España, la. Periódico para el estudio de la lengua española. Con notas para uso de los alemanes y de los extranjeros. Red.: J. O. Monasterios. 1. u. 2. Jahrg. 1893. 1894. à 24 Nrn. (1/2 Bog.) gr. 8. Zittau, Pahl. à Jahrg. n. 4. –

España, la. Periódico para el estudio de la lengua española. Con notas para uso de los alemanes. Red.: Ch. Grenell. 3.—4. Jahrg. 1895—1896. à 24 Nrn. (1/2 Bog.) gr. 8. Zittau, Pahl. à Jahrg. n. 4. —
D. 4. Jahrg. ist von O'Reyem, San Miguel redigiert.

— dasselbe. Se publica dos veces al mes. Red.: O'Reyem, San Miguel. 5. Jahrg. 1897. 24 Nrn. (1/2 Bog.) gr. 8. Ebd. n. 6. —
Kann auch vierteljährlich bezogen werden.

Espanet, Alexis, die Kaninchenzucht. Mit Bewilligg. d. Verf. u. d. Verlegers nach der 6. Aufl. in's Deutsche übertr. v. E. Sabel. Mit 11 (eingedr. Holzschn.) Abbildgn. 12. (VI, 152 S.) Wien 882. (Frick.) n. 2. –

Espanet, Alexis, Die Kaninchenzucht. Ins Deutsche übertr. von E. Sabel. kl. 8. (152 S. mit 11 Abbild.) Wien, Wilh. Frick. 1 fl. 1883 379

Espanet, Alexis, die Züchtung der Hühner u. Küken, Truthühner, Gänse u. Enten. Mit Erlaubniß d. Verf. u. Verlegers nach der 3. Aufl. aus dem Franz. übertr. u. m. Zusätzen u. Bemerkungen versehen v. E. Sabel. 8. (VII, 140 S. m. eingedr. Holzschn.) Kaiserslautern 883. Kayser. n. 1. 50

El Español en Alemania. Método sencillo y fácil para hablar el Aleman. Por medio de la pronunciacion figurada. Bonn: C. Georgi [1900]. (32 S.) 8° [Umschlagt.]
— Kuntzé, Méthode Polyglotte. [17.]

El Español en Francia. Método sencillo y fácil para hablar el Francés por medio de la pronunciacion figurada. Bonn: G. Georgi [1900]. (31 S.) 8° [Umschlagt.]
— Kuntzé, Méthode Polyglotte. [18.] [05. 189

El Español en Inglaterra. Método sencillo y fácil para hablar el Inglés por medio de la pronunciacion figurada. Bonn: C. Georgi [1900]. (32 S.) 8° [Umschlagt.]
— Kuntzé, Méthode Polyglotte. [19.] [05. 190

El Español en Italia. Método sencillo y fácil para hablar el Italiano por medio de la pronunciacion figurada. Bonn: C. Georgi [1900]. (32 S.) 8° [Umschlagt.]
— Kuntzé, Méthode Polyglotte. [20.] [05. 191

El Español en Portugal. Método sencillo y fácil para hablar el Portugués, por medio de la pronunciacion figurada. Bonn: C. Georgi [1900]. (39 S.) 8° [Umschlagt.]
— Kuntzé, Méthode Polyglotte. [21.] [05. 192

Esparron, ..., s. H. G. v. Spangenberg, üb. d. Luftjagd.

Espe, C. A., d. Hoffnung des Sieges des Protestantismus im erneuerten Kampf mit d. röm. Kirche. gr. 8. Leipz. 827. (Lehnhold). 3 gGr

Espe, Hans: Die Interjektionen im Altfranzösischen. Berlin: Trenkel 1908. X, 83 S. 8° ¶(Ersch. auch als Buch ebd.) Königsberg, Phil. Diss. v. 15. Dez. 1908, Ref. Schultz-Gora
[Geb. 8. Sept. 85 Königsberg i. P.; Wohnort: Königsberg; Staatsangeh.: Preußen; Vorbildung: Friedrichs-Koll. Königsberg Reife M. 03; Studium: Königsberg 8 S.; Rig. 22. Juli 08.] [U 09. 2393

Espe, Hans, die Interjektionen im Altfranzösischen. (VIII, 83 S.) gr. 8. Berlin 908. R. Trenkel. 3. —

Espe, Karl August

Espe, K. A., s.a. Bericht an die Mitglieder der deutschen Gesellschaft.

Espe, Karl Aug., s. Bericht von d. Jahren 1833, 1834 u. 1835 an die Mitglieder der deutschen Gesellschaft zur Erforschung vaterländ. Sprache u. Alterthümer.

— s. Bericht v. J. 1841 an die Mitglieder d. deutschen Gesellschaft rc.

Espe, Karl Aug., Bericht vom Jahre 1845 an die Mitglieder der Deutschen Gesellschaft zu Erforschung vaterländischer Sprache u. Alterthümer in Leipzig. gr. 8. Leipzig 845, Brockhaus. n. 12 ngr

— s. Bericht über vaterländ. Sprache u. Alterthümer.

Espe, Karl Aug., über d. Feste Grona, s.a. Bericht d. deutsch Gesellschaft v. J. 1834.

Über die Feste Grona in der slavischen Zupanie Hlomasi. Ein Beitrag zur Erforschung des vaterländischen Alterthums. Sr. Hochwürden Herrn Christian Ludwig Stieglitz, beider Rechte und der Philosophie Doctor, ... bei Seiner funfzigjährigen Promotionsjubelfeier als Doctor der Rechte am 22. Juli 1834 geweiht von den Mitgliedern der deutschen Gesellschaft zu Erforschung vaterländischer Sprache und Alterthümer zu Leipzig, durch deren zeitigen Geschichtsschreiber K. A. ESPE. s. l. & a. 8°.

Über die Feste Grona in der slavischen Zupanie Hlomazi. Ein Beitrag zur Erforschung des vaterländischen Alterthums. Von K. A. Espe. o. O. (1834.) 8°.

Espe, K. A. Über die Feste Grona in der slavischen Zupanie Hlomazi. 8. Leipzig 1834.

— s. Testament, das Neue. Jubelausgabe.

Espen, Zeger Bernh. van, Acta circa missionem Hollandicam, variaque huc spectantia, magnam partem Anecdota, ab an. 1703 ad 1731. Cur. T. W. Backhusio. Edit. nova, emend. Access. disquisitio histor.-crit. de gemino opusculo, circa Jura Belgarum, quod P. Stockmans adscribitur. 12 maj. (7½ B.) Mechliniae 827. [Moguntiae, Kirchheim, Schott et Thielmann.]

v. Espen, Zeger Bernh., Acta circa missionem Hollandicam, variaque huc spectantia, magnam partem anecdota, ab anno 1703 ad 1731. Cur. T. W. Backhus. Edit. nova ac emend. Access. disquisitio histor.-critica de gemino opusculo circa jura Belgarum, quod P. Stockmanno adscribitur. 12maj. Mechl. 827. Mainz, (Müller). 16 gGr

Ej.: Commentarius in canones et decreta juris veteris ac novi et in jus novissimum. Opus posthumum. *Colon.* 755. fol. (als Supplement der früheren Ausgaben.)

— commentar. in jus canonicum noviss. animadvers. ad statum Germaniae accomm. ed. Jos. v. Sartori. 4. Augsb. 782. Doll. 12 gGr id. lib. 4. Nördl., Beck. 12 gGr

— jus ecclesiast. univ.

— — idem l. II Tmi. 4. maj. Lips. Gräff.

— *Ej.*: Jus eccles. etc. (*Cöln.* 702—715.) *Cölln*, Metternich. 778. 5 T. gr. fol. (30 Thl.) c. add. et obss. *J. Sylvestri. Maynz*, Fischer. T. I—3. 791. 4. (9 Thl. 10 Gr.) In epitomen redact. a Bd. OBERHAUSER. *Madrid.* 795. 2 T. fol. (24 Thl.) — Cilli. (W. G. Korn. *Breslau.*) T. I—IV. 797. 8. (2 Thl.)

— jus ecclesiast. univ. V part. fol. Colon, Metternich. 729.

Espen, Zeger Bern. van: Jus ecclesiasticum universum. Cum suppl. ad varias collectiones operum. T. 1—5. Coloniae Agripp. 1777. 5 Bde fol.

— jus ecclesiast. in epitome red. a B. Oberhauser. IV Ptes in II Voll. 8maj. Augsb. 782. Wolff. 2 Rthlr 10 gGr id. lib. IV Ptes. 8. Cilli 797. (J. F. Korn in Bresl.) 2 Rthlr

— jus ecclesiast. universum additament. et observat. Sylvestri et Gilberti. II Tom. 4. Mainz 791. Fischer. 9 Rthlr 10 gGr (Wienbrack in Leipz.) 7 Rthlr

— Lehre vom Ablasse; aus d. Latein. 3 Stücke. 8. Wien 783. Hörling. 6 gGr

van ESPEN, Zeger. Bhd.: Opera ecclesiastica. Edit. noviss. ab autore auctior facta et emendata. T. I. II. in VII Partibus. *Lovan.* (715.) 721. fol. — *Colon.* 729. fol. — T. I—IV. *Lovan.* 753. fol. (Nachgedruckt:) *Colon. Agripp.* 777—79. fol.

— Opera omnia Canonica. X fol. Venet. Haslinger in Linz. 769. Franzb.

— *Ej.*: Opuscula varia s. Juris ecclesiast. universi P. IVa. Acc. tract. exhibens scholia in omnes canones concilior. *Colon. Agripp.* 708. fol.

Espen, Z. Bern. van: Opuscula varia, sive juris ecclesiastici universi pars 4. Coloniae Agripp. 1709. fol.

— scripta omnia. III Tom. 4maj. Mainz 791 et 92. Fischer. 9 Rthlr 10 gGr

— De . . . stabilitate . . .

v. Espen, B., Diss. canonica veterum canonum et in eis contentae canonicae disciplinae. 8 maj. Wien 776. (Heubner), 4 gGr

Espen, Zeger Bernard van (prof. in acad. Lovaniensi), De veterum canonum et in eis contentae canonicae disciplinae stabilitate, et legitimo eorum usu. Diss. canon. Wien (Jos. Kurzbök) 1776. 70 S. (4.80) 8291
Iv. Hauer, Dionys. Kaltner.

v. Espenberg, **Karl, († d. 19. Juli 1822.) Diss. inaug. de febris mercurialis efficacia in sananda lue venerea dubia. 4. Erlang. 796.**

Espenberger, Joh[ann] Nep[omuk], Doktor der Theologie und Philosophie: Die apologetischen Bestrebungen des Bischofs Huet von Avranches. Historisch und kritisch gewürdigt. Freiburg i. B.: Herder 1905. (VIII, 103 S.) 8°
München, Theol. Hab.-Schr. v. 1905
(Nicht für den Austausch)

— die Elemente der Erbsünde nach Augustin u. der Frühscholastik, s.a. **Forschungen zur christlichen Literatur- u. Dogmengeschichte.** V. 1.

Espenberger, Joh[ann] Nep[omuk], D. Dr.: Die Elemente der Erbsünde nach Augustin und der Frühscholastik. Mainz: Kirchheim & Co. 1905. (X, 184 S.) 8° ¶(— Forschungen z. Christl. Literatur- u. Dogmengeschichte, Bd V, H. 1.
München, Theol. Fak., Ref. v. Schmid, Diss. v. 10. März 1905
[Geb. 1. Febr. 76 Heining (Oberbayern); Wohnort: Passau; Staatsangeh.: Bayern; Vorbildung: Gymn. Passau; Studium: Lyceum Passau phil. 2, München theol. 4, Lyceum Passau theol. 2 S.; Rig. 18. Juli 03.]
(Nur in beschränkter Anzahl für den Austausch)

Espenberger, Joh. Nep., die Philosophie des Petrus Lombardus, s.a. **Beiträge zur Geschichte der Philosophie des Mittelalters. III. 5.**

Espenberger, Joh[ann] Nep[omuk]: Die Philosophie des Petrus Lombardus und ihre Stellung im zwölften Jahrhundert. *Münster i. W. 1901: Aschendorff.* (87 S.) 8° ¶(Aus: Beiträge zur Geschichte d. Philosophie d. Mittelalters, Bd 3, H. 5.)
— [Erschien vollst. ebenda.]
München, Phil. Diss. v. 1901

Die Philosophie des Petrus Lombardus und ihre Stellung im zwölften Jahrhundert. Von Joh. Nep. Espenberger. *Münster: Aschendorff 1901.* (XI, 139 S.) 8°
— Beiträge z. Geschichte d. Philosophie d. Mittelalters. Bd 3, H. 5.

Espenhahn, A., im Zeichen der Flügelfeder! Neue Sammlg. humorist. Vorträge, Prologe, Gedichte u. kleiner Aufführgn. f. Stenographenvereine aller Systeme. (80 S.) 8. Berlin (908). Frz. Schulze. 1.50

Espenhahn, L., Artilleristenstreiche. Feldzugsgeschichten. 8. (107 S.) Berlin 891. F. L. W. Laverrenz. n. 1.—

[F.] Artilleristenstreiche. Feldzugsgesch. v. L. Espenhahn, sr. Z. Einj.-Freiw. im Garde-Feld-Art.-Rgt. 2. Aufl. *Berlin: Neufeld & Henius [1896].* (142 S.) 1 Bd 8.
— Reise-Bibliothek, Neufelds. Bd 31.

Espenhain, s. Zeitung, Espenhain & Bartels Milwaukee'r.

Espenhain, Wilh., der Tausendkünstler od. neue auserlesene Sammlung v. erprobten haus- u. landwirthschaftl. Vortheilen u. Verbesserungen. 5. Aufl. 3 Thle. gr. 16. (600 S.) Graz 848, Ludewig. (à n. 1/3 ₰) n. 1 ₰

Espenmüller, Joseph (Memmingen)
Dissertatio inauguralis medica De nephritide. Giessae 7. April 1790: Braun. 28 S. 4°
pro dignitate ... medicinae et chirurgiae doctoris rite obtin.

Espenmüller, W., über operative Behandlung der Schwangerschaft ausserhalb der Gebärmutter bei lebendem Kinde. Diss gr. 8. (47 S.) Tübingen 899. F. Pietzcker. n n. 1. —

Espenschied, R., über das Stickstoffselen. Inaug.-Dissert. Göttingen 859. (Vandenhoeck & Ruprecht.) gr. 8. (36 S.) n. 8 ngr.

Espenschied, Robert: Ueber Misserfolge mit Laparatomie bei tuberkulöser Peritonitis. *Tübingen: (F. Pietzcker) 1898.* (73 S.) 8°
Tübingen, Med. Diss. v. 1898

Esper, Eugenius Johann Christoph

— de animalibus oviparis et sanie frigida etc. 4. Erlang. Breuning. 783.

— Progr. De animalibus oviparis et sanie frigida praeditis in cataclysmo, quem subiit orbis terrarum, plerisque salvis. 4. Erlang. 783. (Heyder). 4 gr

Esper, Eu. J. Ch., Anweisung, den Lauf eines Kometen rc. ohne astronom. Instrumente z. beobachten. m. K. gr. 8. Fol. Breuning. 770.

– Dass., s. a. Esper, Johann Friedrich

— Beobacht. an einer neuentdeckten Zwitterphaläne bei Bombix Crataegi. Mit 1 ill. Kpft. gr. 4. Erlang. 778. (Heyder). 8 gr

***Esper*, Eug. Jh. Cph., († d. 27. Juli 1810.) Icones fucorum, c. characteribus systematicis, synonymis auctorum etc. Oder: Abbildd. d. Tange, mit beigefügten systemat. Kennzeichen, Anführungen d. Schriftsteller u. Beschreib. d. neuen Gattungen. 2 Bde od. 7 Hefte, mit ill. Kpft. gr. 4. Nürnb. 797—808. Bauer u. R. 36 ₰ 4 gr**

— Lehrbuch d. Mineralogie in kurzem Auszuge d. neuern mineral. Systeme, zum Gebr. academ. Vorlesungen. 8. Erlang. 810. Palm. 1 ₰ 14 gr

Esper, Eug. Jh. Cph., Magazin d. neuesten ausländ. Insekten. 1s Hft. Erlang. 794.

— Nachr. v. d. neu entdeckt. Zoolithen unbekannter vierfüssiger Thiere. Fol. Nrnb. Knorr. 774. (m. deutsch. od. frz. Text u. illum. K.)

– Dass., s. a. Esper, Johann Friedrich

— Naturgeschichte im Auszug d. Linné'schen Systems, mit Erklärung d. Kunstwörter u. dem Verzeichnisse sämmtl. Geschlechter u. Gattungen rc. **Zum Gebr. academ. Vorlesungen. Mit 7 Kpft. gr. 8. Nürnb. 784. Bauer u. R. 2 ₰**

— d. Pflanzenthiere, in Abbildd. nach d. Natur, nebst Beschreibb. 3 Thle oder 15 Lieferr. (1r Thl., mit 68 ill. Kpf. 2r Thl., mit 106 ill. Kpf. 3r Thl., mit ... ill. Kpf.) gr. 4. Nürnb. 788—809. Bauer u. R. 45 ₰ 12 gr 16e u. 17e Lief. oder d. 3ten Thls 4e u. 5e Lief. gr. 4. Ebd. 830. 5 ₰ 8 gr Fortsetz. 1r u. 2r Thl., oder 1e—10e Lief., mit 137 ill. Kpf. gr. 4. Ebd. 795—806. 26 ₰ 8 gr

Esper E. J. C.: Die Pflanzenthiere in Abbildungen nach der Natur m. Farben erleuchtet nebst Beschreibungen. Th. 1-2. Nürnb. 1791-94. 176 kol. Tvl. 4°.
— — Fortsetzungen. Th. 1. Sst. 1797. 230 S. 104 kol. Tvl. 4°.

Esper, Eugenius Johann Christoph: Fortsetzungen der Pflanzenthiere in Abbildungen nach der Natur mit Farben erleuchtet nebst Beschreibungen. Th. 1 - 3, gbd., Abb.

Nürnberg: Raspe 1797 - 1809

JB 102

(Esper, Eug. Joh. Chrstph.), die Pflanzen-Thiere. 16. u. 17. Lfg. od. 3. Thl. 4. u. 5. Lfg. (Fortges. v. Hammer in Straßburg.) gr. 4. Nürnberg, Bauer u. Raspe. [16. (17½ B. u. 2 Kpfrt.) 829., 17. (15¼ B. u. 2 Kpfrt.) 830. à 2 Thlr. 16 Gr.]
1—15. Lfg. Ebendas. 1788—1809. 45 Thlr. 12 Gr. — Forts. 2 Thle. od. 10 Lfgn. (M. 137 ill. Kpfrt.) Ebendas. 1794—1806. 26 Thlr. 8 Gr.

— d. Schmetterlinge, in Abbildd. d. Natur, mit Beschreibb. 1s—54s Heft. gr. 8. Erlang. 775—805. u. 1s—9s Heft d. sogenannten Tagvögel. gr. 8. Ebd. 780—84. (Palm). 105 Thlr. Supplemente 1s—11s Heft. 792—8.. Ebd. 18 Thlr. 8 gr. Die ausländ. Schmetterlinge, 1s—16s Heft, mit ill. Kpf. gr. 4. 784—802. 28 Thlr. Das Ganze besteht aus 5 Thlen in 7 Bden. Neue Ausg. in monatl. Heften. 1s—114s Heft. gr. 4. Ebd. 795—805. 104 Thlr. N. Quartal-Ausg., herausg. mit Zusätzen u. fortgesetzt v. T. v. Charpentier. 1r Thl. (1e Lief.) die Tagfalter enthaltend. Mit 25 ill. Kpft. gr. 4. 829. Subscr.-Pr. 6 Thlr. 16 gr. 2e Lief. A. u. d. T.: d. ausländ. Schmetterlinge. Mit 16 ill. Kpft. gr. 4. Ebd. 830. Subscr.-Pr. 6 Thlr. 16 gr. 3e Lief., m. 24 ill. Kpft. 830. 6 Thlr. 16 gr. 4e—7e Lief. v. Fr. v. Charpentier u. Zusätze v. T. v. Charpentier. Mit 84 ill. Kpft. u. 1 ill. Steindruck 831. à 6 Thlr. 16 gr. gr. 4. Erlang., Palm. 46 Thlr. 16 gr.

Esper E. J. C.: Die Schmetterlinge in Abbildungen nach der Natur m. Beschreibungen. Europäische Gattungen. 5 Th., Th. 1 og 4 à 2 Bd. (7 Vol.). Erlang. 1777-94. 381 kol. Tvl. 4°.

Esper, Eugenius Johann Christoph: Die Schmetterlinge in Abbildungen nach der Natur mit Beschreibungen. Th.4 - 5 hrsg.mit Zusätzen von Toussaint de Charpentier. Th.1 - 5, gbd.

Erlangen: Walther 1777 - (1805)

JB 101

—— die Schmetterlinge in Abbildn. nach d. Natur, mit Beschreibn. (Neue Ausg.) Hrsg. mit Zusätzen v. Touss. v. Charpentier. 1—12. Lfg. M. 289 ill. Kpfr. u. 1 Stnt. gr. 4. ... Erlangen 829—34, (Palm'sche Vrlsbuchh.) à
Die Zusätze Charpentier's sind auf Druckpap., das Werk selbst ist auf Schrbpap. gedruckt.

Esper, Eugen Jh. Cph., die Schmetterlinge in Abbildd. nach der Natur, mit Beschreibb. N. Ausg. in monatl. Heften. 1s—120s Hft. 1795—1805. (à Heft n. baar 1 Thlr.) 120 Thlr.
Herausg. von F. v. Charpentier, mit Zusätzen von Touss. v. Charpentier. Quartal-Ausg. 8e Lfrg. Mit ill. Kpfrtaf. gr. 4. Erlangen 828. (833—39.) (Palmsche B.) à Lfrg. n. $6^2/_3$ Thlr.

— d. ausländ. Schmetterlinge, 1s—16s Hft. gr. 4. Eb. (à 1 Rthlr. 16 gr.)

—— die ausländ. Schmetterlinge in Abbildn. n. d. Natur m. Beschreibungen. Hrsg. m. Zusätzen u. fortges. v. Toussaint v. Charpentier. (16 Hfte.) 4. (S. 1—254., Zusätze S. 1—14. u. 60 f. ill. Kpfrt.) Erlangen (830). (Leipzig, Voß.) à H. * 2 Thlr. 1⅓ Gr. * :

— d. europ. Schmetterlinge in Abbild. n. d. Nat. m. Beschreib. 1s—54s Heft u. d. fortges. Tagvogel. 1—9s Hft. gr. 8. Erl. Walther. 775—805. (à 1 Rthlr. 16 gr.)

— — ders. Supplemb. 1—11s Hft. (à 1 Rthlr. 16 gr.)

— — ders. 5r Bd. 1—10s Hft. (à 1 Rthlr. 16 gr.)

— — dies. in d. monatl. Ausg. 1s—114s Hft. gr. 4. Erlang. Walther. 775—805. (à 1 Rthlr.)

— die europ. Schmetterling in Abbildungen nach d. Natur, mit Beschreibung 84 Hefte. gr. 4. Erlangen. 777—807, ist ebenfalls Verlag von Palm in Erlangen. In der monatlichen Ausgabe ist der Preis

Esper, Eug. Joh. Chrstph., die eupopäischen Schmetterlinge in Abbildn. n. d. Natur m. Beschreibungen. Hrsg. m. Zusätzen v. Toussaint v. Charpentier. 5 Thle. (6 Bde.) u. Supplementbd. zusamm. 84 Hfte. 4. Erlangen 829—39. (Leipzig, Voß.) à H. * 2 Thlr. 1⅓ Gr. * 17:
Thl. 1. Tagschmetterlinge. (2 Bde.) (75 B. u. 93 f. ill. Kpfrt.)
" 2. Abendschmetterlinge. (29 B. u. 36 f. ill. Kpfrt.)
" 3. Nachtschmetterlinge. (49½ B. u. 79 f. ill. Kpfrt.)
" 4. Eulenphalenen. 2 Bde. [1. (40½ B. u. 47 f. ill. Kpfrt.), 2. (52 B. u. 73 f. ill. Kpfrt.)].
" 5. Spannerphalenen. (S. 1—276. u. 52. f. ill. Kpfrt.)
Supplementbd. z. 1—3. Thl. (40½ B. u. 56 f. ill. Kpfrt.)
Diese neue Ausgabe unterscheidet sich von der ersten nur durch einige Bogen beigefügter Zusätze. Von dem Werke selbst wurden nur die Titel neu gedruckt. Da man übrigens in allen bibliographischen Hülfsmitteln eine vollständige Angabe dieses Prachtwerkes vermißt, so hielt ich es für angemessen sie hier zu geben.

— de varietate specierum etc. 4. Sect. I et II. Erl. Breuning. 801. 2.

— Diss. inaug. philos. de varietatibus specierum in naturae productis. Sect. I. II. 4. Erlang. 781, 82. (Heyder). 8 gr.

Esper, J. Fr., Claudii Angeli de Martelli, Röm. Kaiserl. General-Adjutanten u. Obrist-Lieut. Errettung in u. aus d. türk. Gefangenschaft. Mit e. histor. Einleit. v. G. H. Schubert. Neue, wohlf. Ausg. 8. (11 B.) Erlangen 832, Heyder. Thlr.

Esper, Johann Friedrich

Esper, Jh. Fr., († d. 18. Juli 1780.) Anweis., den Lauf eines Kometen u. and. Gestirne ohne astron. Instrumente u. mathemat. Rechnungen zu beobachten. Mit 2 Kpf. gr. 8. Erlang. 770. (Heyder). 12 gr.

– Dass., s.a. E s p e r , Eugenius Johann Christoph

Ausführliche Nachricht von neu entdeckten Zoolithen unbekannter vierfüsiger Thiere, und denen sie enthaltenden, so wie verschiedenen andern denkwürdigen Grüften der obergebürgischen Lande des Marggrafthums Bayreuth. Von Johann Friederich Esper. Nürnberg: Knorr 1774. 148 S. 2°

– Dass., s.a. E s p e r , Eugenius Johann Christoph

— ausführl. Nachricht von neuentdeckten Zoolithen unbekannter vierfüßiger Thiere, u. denen, sie enthaltenden, so wie verschied. andern Grüften d. obergebürg. Lande d. Markgrafth. Bayreuth. Mit 14 ill. Kpf. Fol. Nürnb. 774. Knorr. 4 Thlr. Dass. französ. v. J. F. Isenflamm: Description des zoolithes etc. Mit 14 Kpf. Ebd. 774. 4 Thlr.

— s.a. Schicksale reisender Personen.

Esper, (J. Fr.,) wahrhafte u. merkwürdige Schicksale reisender Personen, als Denkmale d. göttl. Versehung. 1s Bdchn. A. u. d. T.: Cl. A. de Martelli, Errettung in u. aus der türkischen Gefangenschaft. Mit einer histor. Einleitung von G. H. Schubert. 8. Erlangen 825, Herder.

Espérance, E. de, im Reiche der Schatten, Licht aus dem Jenseits. Autoris. Übersetzg. aus dem Engl. 8. (XVI, 332 S. m. 28 Vollbildern.) Berlin (901). K. Siegismund. n. 4.50; geb. in Leinw. n. 6.—

Esperanta biblioteco internacia. Nr. 1—13. 16. Berlin, Esperanto Verlag Möller & Borel. à Nr. — 20
Andersen, Fabeloj. I. Tradukis F. Skeel-Giörling. (43 S.) (909.) (Nr. 2)
Biblio, el la. Elektitaj ĉapitroj de la psalmaro, sentencoj de Salomono kaj predikanto, tradukitaj el la originalo de L. L. Zamenhof. (43 S.) (909.) (Nr. 6)
Cervantes Saavedra, Don Miguel de, Don Kiĥoto de la Manĉo en Barcelono. 5 ĉapitroj el la verko de C. S. Tradukis F. Pujulà y Vallès. (48 S.) (909.) (Nr. 5
Ibsen, Henrik, Reaperantoj. Familia dramo. Unuo akto. Tradukis O. Bünemann. (47 S.) (910.) (Nr. 12)
Legolibreto. Tradukis J. Borel. (44 S.) (909.) (Nr. 1.)
Mamin-Sibirjak, rusaj rakontoj. Fabeloj al Helenjo. (44 S.) (909.) (Nr. 4)
Matthias, A., praktika Frazaro. Dialogoj de la ĉiutaga vivo. (45 S.) (910.) (Nr. 9)
Orzesko, E., bona sinjorino. Novelo, tradukita el polo lingvo kun la permeso de l'autorino. (52 S.) (909.) (Nr. 3)

Rakontoj, japanaj. (71 S.) (910) (Nr. 10. 11.)
Vazov, Ivan Minĉev, bulgaraj rakontoj. En Pirin. Tra la montkurbaĵoj. Obstinulo. Perdita vespero. La bruligitaj garboj. Tradukis At. D. Atanasov. (47 S.) (910.) (Nr. 13)
Zamenhof, L. L., el dramoj, tradukitaj el germana lingvo. Fragmentoj de Ifigenio en Taŭrido de Goethe kaj de la rabistoj de Schiller. (44 S.) (909.) (Nr. 7)
— El Komedioj, Esperantigitaj. Fragmentoj el La Revizoro de Gogol kaj el Georgo Dandin de Molière. Tradukis L. L. Zamenhof. (44 S.) (909.) (Nr. 8)

Esperantisto, la. Monata internacia gazeto por Politiko, Scienco, Literaturo, Arto, Sporto, Komerco kaj Humoro. Red.: Fritz Stephan. 2. Jaro. 1910. 12 Nrn. (4 S.) 46×29 cm. Leipzig (Kochstr. 61). Fr. Stephan. 1. 50

Germana **esperantisto.** Esperantaj sciigoj por germanlingvanoj. Der deutsche Esperantist. Esperantistische Mitteilungen f. Deutschsprechende. Jg. 2. 1905. Berlin: Möller & Borel (1905). 8°
Jg. 1. s. u. d. T.: Esperantist. Mitteilungen. 1904. [06. 1996]

Esperantisto, germana. Esperantaj sciigoj por germanling-vanoj. Der deutsche Esperantist. Esperantistische Mitteilgn. f. Deutschsprechende. Red.: J. Borel. 2. u. 3. Jaro. 1905 u. 1906. à 12 Nrn. (à Jhrg. IV, 136 S. m. Abbildgn.) gr. 8. Berlin, Esperanto Verlag Möller & Borel. à Jhrg. n. 3. —

— **germana.** Oficiala organo de la germana esperanto-asocio. (G. E. A.) kaj de aliaj esperantistaj unuigoj. Der deutsche Esperantist. Offizielles Organ d. dtschn. Esperanto-Bundes E.V. u. anderer Esperantisten-Vereiniggn. Red.: J. Borel. 4—7. Jaro. 1907—1910. à 12 Nrn. (132, 148, 144 u. 272 S.) gr. 8. Berlin, Esperanto Verlag Möller & Borel. à Jahrg. 3. —

— **la saksa.** (Der sächs. Esperantist.) Sächs. Esperanto-Zeitg. Red.: Fritz Stephan. 2. Jaro. 1908. 12. Nrn. (à ca. 4 S.) Lex. 8. Leipzig (Kochstr. 61), F. Stephan. 1. —

Esperanto framasona. Alvoko al la tutmonda framasonaro. [Berno 1906: Büchler & Co.] 32 S. 8° [Kopftit.]
cf. BBurInt. 4 (1906) S. 57—58; 5 (1907) S. 77 bis 78; Acacia. (Paris) [10] (1907) S. 223—226 (Ch. M. Limousin).
Enth. Bericht üb. den 2. internationalen Kongress (Genf 1906), Statuten u. Mitgliederverzeichnis.

Esperanto, Die internationale Hülfssprache. Von Th. . . pf . . . Thun 1903. V: *Höpf, Theodor.* (BBullschw 3, 1903)

Esperanto, internationale Sprache. Vorrede u. vollständ. Lehrbuch. [Por Germano.] 8. (48 S. m. 1 Tab.) Warschau 887. (Gebethner & Wolff.) n. — 40

Germana Esperanto-Gazeto. Jaro 1, No. 1. Magdeburg: Wuttke (1908). 4° [09. 17285]

Esperanto-Gazeto, germana. Officiala organo de la saksa-turinga Esperantista liga, Leipzig, de la Germana instruista Esperanto-Unuiĝo kaj de la Esperantisto grupo Magdeburga. Mitarbeiter: Backheuser, Bauchwitz, Behrend u. a. Verantwortlich: E. Stark. 2. Jahrg. 1909. 24 Nrn. (à ca. 8 S.) Lex. 8. Magdeburg (Pionierstr. 21), H. Wuttke. 4. —

Esperanto-Leitfaden. Berlin: Möller & Borel (1906). (30 S.) 8° [F.] [07. 10817 9]

Esperanto-Leitfaden. Prakt. Einführung in d. Esperantosprache. 2. vervollst. Aufl. Berlin: Möller & Borel 1908. 33 S. 8° [09. 17061 11]

Esperanto Leitfaden. Prakt. Einführung in d. Esperantosprache. 3. Aufl. Berlin: Möller & Borel 1908. 33 S. 8° [09. 16691]

Esperanto-Leitfaden. Praktische Einführg. in die Esperantosprache. 4. Aufl. (32 S.) kl. 8. Berlin 910. Esperanto Verlag Möller & Borel. — 20

Esperanto-Poŝkalendaro (Esperanto-Taschenkalender) por 1910. Eldonita de Fritz Stephan. (84 S.) kl. 8. Leipzig, C. W. B. Naumburg — 75
Erscheint nicht mehr.

Esperanto-Schriften. 1. u. 2. Heft. kl. 8. Wolfenbüttel, Heckner. à nn — 25
Blachstein, Art., die Esperanto-Sprache im deutschen Munde. Für Freunde u. Gegner. (12 S.) 907. (Hft. 1)
— Das Grundgesetz des Esperanto. Für Freunde u. Gegner. (12 S.) 907. (Hft. 2)

ESPEUT, Germanus (Frankfurt a.O.): Ein Beitrag zur Lehre von den Nabelschnurbrüchen unter besonderer Berücksichtigung ihrer Genese.- München: Kastner & Callwey 1910. 32 S.
14.4.1911 - Chr 1910/11,26; U 11.3617
Diss. Ingolst.-Landsh.-Mchn.

Espeut, Johann Wilhelm (Potsdam), De typho abdominali. Diss. med. Bln. (Friedlaender) 5. V. 1837. 32 S. mit Biograph. (M.: C. W. John.) (4.20) 8293
Oppon.: R. Geisler, F. Loeffler, W. Kuhn. — Gew.: H. Kunzmann.

Espeut, Paul (geb. Spandau 9. 11. 1849): Ueber acute primäre Verrücktheit mit Anschluss zweier in der Charité in Berlin beobachteter Fälle. Berlin (1874). (38 S.) 8°
Berlin, Med. Diss. v. 20. Febr. 1874

Espey, A., Wandtafeln zur Normalwörter-Methode. Taf. 5. 10. 13. 16. 23. 25. 27. 30. 31. 36. 38. 42. 43. Mit eingeklebten Chromolith. (in gr. 4.). Imp.-Fol. Essen 882. Bädeker. à n. 1. 20; aufgez. auf Pappdeckel à n. 2. —; auf Shirting à n. 3. —; die chromolith. Bilder roh, ap. à n. — 80
5. Dach. — 10. Eule. — 13. Geige. — 16. Hut. — 23. Meise. 25. Nuß. — 27. Pike. — 30. Raupe. — 31. Rose. — 36. Scheune. — 38. Taube. — 42. Weide. — 43. Wein.

Espey, A., Wandtafeln zur Normalwörter-Methode. Taf. 2. 7—9. 14. 15. 17. 20—22. 29. 32. 34. 35. 37. 40. 44. Lith. Mit eingeklebten Chromolith. (in gr. 4.) Imp.-Fol. Essen 883. Bädeker. à n. 1. 20; aufgez. auf Pappdeckel m. Ringen à n. 2. —; auf Shirting m. polirten Stäben à n. 3. —; die chromolith. Bilder roh, ap. à n. — 80
2. Bär. — 7. El. — 8. Eiche. — 9. Eis. — 14. Hase. — 15. Haus. — 17. Jagd. — 20. Küche. — 21. Löwe. — 22. Maus. — 29. Rabe. — 32. Rübe. — 34. Säule. — 35. Schaf. — 37. Seil. — 40. Vogel. — 44. Zaun.

Espey, Alb., Gewitternachtstraum. Närrische Tragödie. (V, 90 S.) gr. 8. Bonn 906. (Oberhausen, F. Lafeld.) n. 2. 50

d'Espie, Graf, Abhandl. von unverbrennl. Gebäuden; aus d. Französ. v. Fr. Molter. Mit Kpf. 8. Frankf. u. Leipz. 760. Karlsr. 774. Macklott; (a. Gebhardt u. K. in Frkf.) 6 gr.

— Abhandlung von unverbrennlichen Gebäuden u. der Art u. Weise, wie solche vermittelst platter Gewölbe u. Dächer aus Ziegelsteinen u. Gips ohne Zimmerarbeit zu bauen sind. Aus dem Französ. Frankfurt u. Leipzig 1760. 8.

l'Espiègle. Avec 6 planches chromolith. gr. 8. (5 S.) Paris 873. (Leipzig, Opetz.) n. — 50

Espiegle-Bucht [Schlagwort]

Espiegle-Bucht, s.: **Seekarten.**

Espig, Franz. — Leitfaden zum Unterrichte und zur Ausbildung in den Geschäften der Steuerämter, für Steueramts-Praktikanten und Assistenten. 8. (346 S. und 2 Tab.) Wien. Druck und Verlag von A. Pichler's Witwe und Sohn. 1854.

Espig, Frz., Leitfaden zum Unterrichte und zur Ausbildung in den Geschäften der Steuerämter, mit besonderer Rücksichtnahme auf die mit h. k. k. Finanz-Ministerial-Erlasse vom 17. April 1856, Z. 11824/1178 angeordnete Steuer-Inspektors-Prüfung. 2., verm. u. verb. Aufl. Wien 857. Gerold. gr. 8. (2 Bl., 464 S.) 2 ℳ 8 ℊ

Espinas, Alfr., die thierischen Gesellschaften. Eine vergleichend-psycholog. Untersuchung. Nach der vielfach erweit. 2. Aufl. unter Mitwirkung d. Verf. deutsch hrsg. v. W. Schlosser. Autoris. Ausg. gr. 8. (XIII, 561 S.) Braunschweig 879. Vieweg & Sohn. n. 10. —

d'Espine, A., u. C. **Picot,** Grundriss der Kinderkrankheiten für praktische Aerzte u. Studirende. Deutsche, v. den Verf. durchgeseh. Ausg. v. S. Ehrenhaus. gr. 8. (XI, 522 S.) Leipzig 878. Veit & Co. n. 9. —

Espinel, Vicente, s. Leben u. Begebenheiten des E. M. Obregon.

Espinel, Vicente. Leben und Begebenheiten des Escudero Marcos Obregon. A. d. Span. Zum erstenmale ins deutsche übertragen und mit Anmerkungen und einer Vorrede hrsg. von L. Tieck. Breslau 1827. Ü: *Tieck, Dorothea.* (GGr)

d'Espiney, Karl, Don Bosco. Aus dem Leben e. berühmten Zeitgenossen. Nach der 5. Aufl. d. Franz. frei übertr. von Caroline Freiin v. K . . . . . Mit dem (Lichtdr.-) Bildniß Don Bosco's u. e. Vorwort d. Bischofs Thdr. Laurent. 16. (190 S.) Münster 883. F. Schöningh. n. 2. —

d'Espiney, Karl, Don Bosco. Aus dem Leben eines berühmten Zeitgenossen. Nach der neuesten Aufl. des Französ. frei übertragen von Caroline Freiin v. K. 2. verb. und verm. Aufl. 12. (178 S. mit dem Bildniß Don Bosco's und einem Vorwort des Herrn Johs. Thdr. Laurent.) Münster 886, F. Schöningh. *

Espinosa, José Modesto, Obras completas. 2 tomos. 8. Freiburg i/B. 899. Herder. Geb. in Leinw. 5. 60
1. Articulos de costumbres. Con en retrato del autor y un prólogo del editor. (XII, 240 S.)
2. Miscellánea. (VI, 332 S.)

Espinosa de los Monteros, F[ernando], Advokat an d. Univ. Madrid, Attaché b. d. Span. Gesandtsch. im Großherz. Sachsen: Die rechtliche Stellung der unehelichen Kinder nach dem deutschen Bürgerlichen Gesetzbuch und dem spanischen Código civil. Borna-Leipzig 1900: Noske. VIII, 103 S. 8°
Jena, Jur. Diss. v. 26. Sept. 1909, Ref. Danz
[Geb. 11. Sept. 84 San Sebastian, Spanien; Wohnort: Berlin; Staatsangeh.: Spanien; Vorbildung: Cardenal Cisneros-Gymn. Madrid Reif. Juli 99; Studium: Madrid 8. Berlin 4 S.; Rig. 4. Aug. 09.] [U 10. 2334

Espion

— ou l'Histoire du faux Baron de Maubert. 8. Jena 762. Fischer. 8 ℊ

Espion Americain en Europe, ou Lettres illinoises, qui renferment quantité d'anecdotes amusantes et instructives. 8. Stuttg. 750. Metzler. 10 ℊ

Espion, l', Américain en Europe, ou lettres Illinoises etc. 8. Lond. (Metzler, Stuttg.) 766.

— le, Anglois. X Vols. 12. Bern 784—86. Typogr. Soc. 5 ℳ 8 ℊ

— Chinois ou l'Envoyé de la Cour de Pekin. VI Tom. gr. 12. Leipz. 773. (W. Vogel). 2 ℳ 12 ℊ

L'Espion des cours ou Lettres ser. et badines. Frankfurt 1747.
Sehr selten. Enth. Briefe üb. d. Frmr.
[Catalog d. antiquar. Bücherlagers von H. W. Schmidt in Halle a. S. 565 (1891) Nr 109 d.]

— dévalisé. 8. Bern 782. Typogr. Soc. 12 ℊ

L'ESPION turc à Francfort, pendant la Diète & le Couronnement de l'Empereur (Charles VII, Albert, électeur de Bavière). (Ornem. typ.) A Londres, chez les Libraires associés. (Allemagne?) MDCCXLI. (1741.) 8°.

Esposizione, e supplica umiliata ai lodevoli Comuni delle eccelse tre Leghe... dai deputati delle provincie di Valtellina, e Chiavenna in Maggio 1790 = Unterthänigste Vorstellung, und Bitte... von Seiten der Deputirten der Provinz Veltelin, und Clefen. Im May 1790. [Con 2 appendici.] fol. *s. l.*

— universale a Parigi del 1867. Catalogo descrittivo dei prodotti del Regno di Württemberg. Stuttgart 1867

d'Espouy, H., Architekton. Einzelheiten d. Antike. Autoris. deutsche Ausg., durch Zusätze erweitert v. D. Joseph. Fol. (IV, 10 S. m. 100 Taf. in Heliograv.) Berlin 897. B. Hessling. In Mappe n. 136. —
Erschien auch in 10 Lfgn. à n. 13. 20.

— Fragments d'architecture. II. Série. Architekton. Einzelheiten d. Mittelalters u. d. Renaissance, aufgen. u. rekonstruirt v. d. hervorragendsten Architekten. 100 Taf. in Heliograv. gr. Fol. (7 S. Text.) Ebd. 898. In Mappe n. 136. —

Esprit, de l', d'Agitation des Republiques. 8. Londres, (Reinicke, Leips. a. Hinrich) 799.

Esprit de corps, Ueber den, und das coup-d'oeil militaire, nach systematischen Grundsätzen durch Studium und Erfahrungen gesammelt von einem preussischen Officier. Mit einem in Kupfer gestochenen Plane. 8. Stendal 1802.

— über den, de Corps u. den Coup d'Oeil militaire, (v.... v. Puttlitz). Mit 1 Kpf. u. Plan. 8. Stendal 802. Franzen u. Gr. 16 ℊ

— de la Correspondance française moderne, oder allgem. französ. Briefsteller f. deutsche Schulen rc. 2 Bde. 8. Leipz., Joachim. 2 ℳ 20 ℊ

— la dupe du coeur, ou histoire du philosophe Towler. II Vols. 12. Mainz, Kupferberg. 12 ℊ

— — le même. II Vol. 8. Lpz. Sommer. 790.

— de l', des économistes. 8. Braunschw. Pluchart.

— des meilleurs écrivains franç. ou extraits des ouvrages les plus approuvés, savoir: Bannier, Barthelémy, Bossuet etc., avec l'interprétat. allemande des mots et phrases à l'usage des Français. 8. Lpz. 808. (W. Nauck). 16 ℊ

— — le même, extraits de St. Evremond, la Bruyère, Rapin, St. Réal etc. 12. Lond. (Sommer à Leips.)

Esprit, L', égaré du monde. Das verkehrte Urtheil der Welt in geistlichen Dingen. Amsterdam [Frankfurt] 1710. V: *Becker, Otto Heinrich.* (Wr)

— du chevalier Folard, tiré de ses commentaires sur l'histoire de Polybe par Main de Maître.. av. fig. I Vol. gr. 8. Berl. (Flick, Basel.) 723.

Esprit du chevalier Folard, avec plans et fig. gr. 8. Leipz. 760. Weidmann. 2 ℳ

Esprit du chevalier Folard, tiré de ses commentaire sur l'histoire de Polybe. Berlin 1761. H: *Friedrich II, König von Preussen.* (EB) »Esprit, L'«. (BrMm)

l'Esprit des gens du monde ou causeries et lectures les plus intéressantes. Par de Custane, de Barville et Jehlemile. (4 livrs.) Wien 860. Lechner in Comm. Lex.-8. (VIII, 188 S.) n. 1 ℳ 18 ngr

Esprit, l', de l'histoire etc., voyez A. Ferrand.

L'ESPRIT des journaus (!); Oder Unpartheyische Gedancken Über die so häufig edirten und jetzo aufs höchste gestiegene Journale, Durch welche Dererselben Betrug gebührend entdecket, Der Nutzen und Schaden so sie bringen erwogen, Und Ob sie in wohlbestellten Republiquen zu dulden, Kürtzlich untersuchet. Berlin, Bey Johann George Fischern zu finden. Anno 1716. 8°. 78 S. Rarl (6 Mk. E. Frensdorff, 1908.)

Esprit de la langue Françoise, ou Recueil d'idiotismes, ... Leipzig 1795. V: *Beck, Johann Renatus Wilhelm.* (MGT) (Ky)

— de la langue française etc., (v. J. R. A. Beck). (A. u. d. T.: Geist d. franzöf. Sprache.) 8. Leipz. 795. 2e Aufl. unt. d. T.: Dictionnaire d'idiotismes françaises etc., oder Handwörterbuch rc. 800. Reineke in Halle. 1 ℳ 8 ℊ

Esprit, L', des monarques philosophes, Marc-Aurele, Julien, Stanislas et Frederic. Vienne 1765. V: *La-Porte, Joseph de.* (Milchs)

— des Monarques philosophes Marc. Aurèle etc. gr. 12. Wien 765. Trattner. 7 ℊ

— maximes et principes de Fontenelle. 12. Paris. (Kupferberg, Mayence.) 788.

— militaire. 8. Lond. et Dess. ch. les Savans. 783.

— des moralistes franç., anciens et modernes a l'usage de la jeunesse, voyez Murray.

— des Nations. II Tmi. 8. Frft. 755.

Esprit, L', de Saint Paul ou les pensées ... Paderborn 1797. V: *Elverfeldt, Franz Alexander von.* (MGT)

Esprit, L', de Saint-Evremont ... Vienne 1822. V: *Deleyre, Alexandre.* (EB)

— de la Marquise de Sevigne, od. Gedanken, Nachr., Erzähll. d. Marq. v. Sevigne an ihre Tochter, (v. K. H. Dörrien. 8. Frankf. 761. Brönner. 12 ℊ

— de Sully, s.a. Denkwürdigkeiten.

— de Sully. 8. Dresd. Walther. (Sommer, Leips.) 768.

— et le système du gouvernement de Saxe depuis la mort du Roi Auguste III. jusqu'a 1765. gr. 8. Leipz. 783. (W. Nauck). 8 ℊ

Esprit, L', et le systeme du Gouvernement de Saxe ... O. O. 1784. V: *Ferber, Friedr. Wilh. Freih. von.* (OL)

— militaire, le véritable, ou l'art de rendre les guerres moins funestes. II Vols. gr. 8. Leipz. 774. (W. Vogel). 1 ℳ 8 ℊ

— de Mr. de Voltaire. 8. Frankf. 789. (Schäfer). 16 ℊ

Esprit du voyage du jeune Anacharsis. 8. Regensb. 794. Montag u. W. 1 ℳ 12 ℊ

Esprit, Falschheit der menschlichen Tugenden. 8. Lpz. 710.

Esquirol, ..., Bemerkk. über d. Mord-Monomanie. Aus d. Französ., mit Zusätzen v. M. J. Bluff. gr. 8. Nürnb. 831. Stein. 14 ℊ

Esquirol, prakt. Handbuch z. Erkenntniß u. Kur d. Seelenstörungen. Aus d. Franz. frei bearb. v. Dr. Hille. Mit Zusätzen v. Heinroth. Mit 10 Abbildd. gr. 8. Leipzig 826, Hartmann.

— Pathologie d. Seelenstörungen, s. Bibliothek d. ausländ. Lit. f. Medicin. 6r Bd.

Esquirol, (Jean) E(tienne Dominique): Die Geisteskrankheiten in Beziehung zur Medizin und Staatsarzneikunde vollständig dargestellt. (Des Maladies mentales, considérées sous le rapport médical, hygiénique et médico-légal. Dt.) Übers. von W. Bernhard. Bd 1 - 2, gbd.

Berlin: Voss 1838

JB 4.543

Esquirol, E., die Geisteskrankheiten in Beziehung zur Medizin u. Staatsarzneikunde vollständig dargestellt. Ins Deutsche übertragen von W. Bernhard. 2 Bde. à 3 Hefte. gr. 8. Berlin 838. Voß. 4 ℳ

Esquiros, Ad., Lichtstrahlen aus dem unenthüllten Jenseits, s.a. Bibliothek geheimer Wissenschaften, 1. Bdchn.

— Lichtstrahlen aus dem unenthüllten Jenseits. Beweise für die Fortdauer des Menschen und der Seele nach dem Tode. Bekenntnisse eines römischen Priesters. Deutsch von P. H. Sillig. 2. (Titel-) Aufl. Leipzig 853. Stoll. 16. (2 Bl., 142 S.) n. 10 ngr

Esquiros, Alphonse, l'Angleterre et la vie anglaise. gr. 12. (388 S.) Leipzig 859, A. Dürr. *

—— le chateau d'Issy ou les mémoires d'un prêtre. Nouvelle édition. 16. (288 S.) Leipzig 860, A. Dürr. *

—— und E. Weil, der Jardin des Plantes und seine Sammlungen. Für Aerzte, Naturforscher und Gebildete aller Stände geschildert. gr. 8. (348 S.) Stuttgart 852. [Leipzig, Winter'sche Vrlgsh.]

— u. Ed. Weil, die öffentl. u. wissenschaftl. Institute zu Paris auf ihrem Höhenpunkte im 19. Jahrh. Nach eigener Anschauung u. den besten Quellen geschildert. Neue (Titel-)Ausg. 2 Bde. (in 1 Bd.) [Der Jardin des Plantes u. seine Sammlungen. — Die Irrenhäuser, Findelhäuser u. Taubstummen-Anstalten.] gr. 8. (VI, 348 u. 340 S.) Ebd. 850. 1 ℳ 12 ngr

—— die Irrenhäuser, Findelhäuser u. Taubstummen-Anstalten zu Paris. Für Aerzte, Naturforscher, Pädagogen rc. geschildert. (Titel-Ausg. von: Esquiros, Paris rc. 2. Bd.) gr. 8. (340 S) Ebd. 852. 24 ngr

Esquiros, Alph., das Schloß Issy oder: Memoiren eines Priesters. Aus dem Französ. übers. Königsberg 858. (Leipzig, E. F. Schmidt.) 8. (2 Bl., 179 S.) n. 1 ℳ

—— les moralistes anglais. Pensées, maximes, sentences et proverbes tirés des meilleurs écrivains de l'Angleterre recueillies et mis en ordre alphabétique. gr. 12. (359 S.) Leipzig 859, A. Dürr. *

Esquiros, Alph., Paris, oder die Wissenschaften, öffentl. Anstalten u. die Sitten im 19. Jahrh. (Aus dem Franz.) 1. Bd. Der Jardin des Plantes u. die naturhistorischen Sammlungen. — 2. Bd. Die Irrenhäuser. Die Findelkinder. Die Taubstummen. (348 u. 340 S.) Stuttgart 847, J. B. Müller. 2½ Thlr.

Esquisse de la guerre de Hongrie en 1848 et 1849. Traduite de l'almanach militaire autrichien. 8. (VI u. 144 S.) Vienne 850. (Gerold.) ⅔ Thlr.

Esquisse de l'histoire de Bavière. Courte description des Fresques historiques des Arcades du jardin de la cour à Munich. Avec des vignettes sur bois. gr. in-8. Munich 841, Franz. n. ½ Thlr.

Esquisse, de l' Histoire univers. p. les Enfans. p. I. H. Emmert. 8. Gött. Brose. 790.

Esquisse d'un tableau mouvant de Vienne. Vienne 1787. V: *Fekete von Galantha, Johann Graf.* (WBL)

Esquisse d'un tableau mouvant de Vienne. 8. Wien 787. Sammer. 8 Gr.

— d'un tableau des pétrifications de la Suède. Nouv. Ed. gr. 8. Stockholm 831. (Greifsw., Koch). 8 Gr.

Esquisses russes par un Russe. Formant le 2. vol. de l'ouvrage: Les Russes, peints par eux-mêmes. [Le commencement du règne d'Alexandre II. La noblesse russe. La police secrète, ou la 3. section.] 8. (186 S.) Würzburg 881. Kressner. n. 2. 40

Esra, s. Esdras

Esra, Rabbi Abr. Aben, Sepher Haschem, oder, das Buch über den vierbuchstabigen Namen Gottes. Zum erstenmal herausg. u. mit e. Commentar nebst Einleitung versehen v. G. H. Lippmann. Mit 1 Steintaf. gr. 8. Fulda 834. (Müller) ⅚ Thlr.

Esra-Apokalypse, s. Esdras

Die Relief-Photographie. Hrsg. von dem Erfinder dieses Verfahrens Julius Esrom in Kiel. 1. Aufl. Kiel: J. Esrom (1899). (16 S.) 8° [illegible]

van Ess, Dider. Hugo, Dissert. chirurg. de Cheiloplastica, observatione illustrata. 8maj. (Mit 1 Steintaf.) Trajecti ad Rhen., van der Post, jun. (Lipsiae 836. libr. Weidmann.) n. 11/12 Thlr.

Eß, E. van, s. Eß, Karl van

Ess, Franciscus Xaverius: Quaestiones Plinianae. De praepositionum apud C. Plinium Sec. usu. P. prior: De praepositionibus c. abl. coniunctis. Halis Saxonum 1883: (Liehner in Sigmaringen). 45 S. 8°

Halle-Wittenberg, Phil. Diss. v. [9. Okt.] 1883

Geb. Harthausen a. d. Scherr [vielmehr: Scheer] (Bez. Sigmaringen) 11. 12. 1836. V.

Vom Verf. ersch. später: Dissert II De praepositionibus cum ablativo apud Plinium Secundum usu. Karlsruhe (Lipsiae: Fock) 1888. 39 S. 4°

Eß, Karl van

— kurze Antwort auf Dr. W. Körte's Schr.: Dr. M. Luther, nicht Lutheraner, noch weniger Päpstler, sondern wahrhaft evangel. Christ. 8. Halberst. 818.

van Eß, (K.,) zweckdienlicher Auszug eines entwerf. kathol.-christl. Religions-Unterrichts, zum Gebrauch bei der Vorbereitung der Neukommunikanten. 8. Halberstadt 823. (Leipz., Barth.)

— Darstell. des kathol. christl. Religions-Unterrichts in Fragen u. Antworten für Schulen. Mit 1 Steindr. 8. Halberst. (822.) (Leipz., Barth). 5 Gr.

van Eß, Karl, Entwurf e. kurzen Geschichte d. Religion. 8. Halberst. 817. Vogler. 2 Gr.

* Eß, Karl van, kurze Geschichte d. ehemaligen Benedictiner-Abtey Huysburg, nebst einem Gemälde derselben u. ihrer Umgebungen, mit 3 illum. K. 8. Halberst. Büreau f. Literat. u. Kunst. 810. Druckp. Schreibp.

Eß, Leander van, Auszüge über das notwendige und nützliche Bibellesen aus den hl. Kirchenvätern und andern katholischen Schriftstellern, zur Aufmunterung der Katholiken. Sulzbach, v. Seidel, 1816, gr. 8°, 13 Bg., 2. Aufl., 75 Pf.

1. Aufl. Leipzig, 1808.

— Auszüge aus den heil. Vätern u. andern Lehren der kathol. Kirche über die nothw. Bibellesen. 8. Sulzb Seidel. 808.

—— Die Bibel nicht ein Buch für Priester nur, sondern für Fürst und Volk. Ein Wort zur rechten Zeit, wo mehr als je des heiligsten Buches die Thronen zur stärksten Stütze, und Fürst, Priester und Volk für Glaube, Liebe und Sitten bedürfen. Von einem nicht römisch-, sondern christkatholischen Priester herausgegeben. Breslau, Leipzig, Frankfurt, München, Wien, Darmstadt, 1818, 8°, 126 S., 1,50 Mk.

Recens. in Felders Litt.-Ztg. 1819, Bd. III, S. 123—126.
Erschien anonym; zugleich Verteidigung seiner heftig angefochtenen Bibelübersetzung. Vgl. § 65.

— s. Bibel, die, nicht wie viele wollen ꝛc.

— s. Biblia sacra vulgatae.

— d. heil. Chrysostomus, oder d. Stimme d. kathol. Kirche, über d. nützl., heilsame u. erbaul. Bibellesen. 8. Darmst. 824. Leske; (a. Sulzb., v. Seidel). 6 Gr.

van Eß, Leand. (Jh. Hnr.), Gedanken über Bibel u. Bibellesen, u. d. laute Stimme d. Kirche in ihren heil. u. ehrwürd. Lehrern, über d. Pflicht u. den Nutzen d. allgemeinen Bibellesens. gr. 12. Sulzb. 816. v. Seidel. 2 Gr.

Eß, Leander van, Pragmatisch-kritische Geschichte der Vulgata im allgemeinen u. zunächst in Beziehung auf das trientische Dekret. Oder: Ist der Katholik gesetzlich an die Vulgata gebunden? Eine gekrönte Preisschrift. Tübingen, Fues, 1824, 8°, 526 S., 8 Mk.

van Eß, (L.,) pragmat. krit. Geschichte der Vulgata im Allgemeinen, u. zunächst in Beziehung auf das Trident. Decret. Oder: Ist der Katholik gesetzlich an die Vulgata gebunden. Eine gekr. Preisschrift. gr. 8. Tübingen 824. (Lpz. Kummer.)

— Ihr Priester, gebet u. erkläret d. Volke d. Bibel! Das will u. gebietet d. kathol. Kirche. Nebst beigefügtem Generalrechnungs-Schlusse eines Bibelverbreitungs-Fonds. gr. 8. Darmst. 825. (Leske). (Sulzb., v. Seidel). 7 Gr.

— Plan eines christl. Bruderbundes z. Verbreitung d. heil. Schriften. gr. 8. Sulzbach, Seidel. 814.

— pragmatica doctorum catholicorum Tridentini circa Vulgatam decreti sensum, nec non licitum textus originalis usum testantium historia. 8maj. Sulzb. 816. (v. Seidel). 8 Gr.

van Eß, Leander, Die Psalmen aus dem Grundtexte übersetzt. Ebendas., 1827, 12°, 1½ Bg., 75 Pf.

Katholik 1828, Bd. 28, S. 126. Felder, Litteratur-Zeitung 1828, Bd. 2, S. 233—240.

— s. Rechtfertigung d. gemischten Ehen.

— s. Frz. B. Reinhard's Wesenlehren.

van Eß, Leander, s. Schriften, die heiligen, des Neuen Testaments.

— s. Testament, d. Alte u. d. Neue.

— — das neue Testament, s. Testament.

— s. Testamentum vetus graecum.

— was war d. Bibel den ersten Christen? mit welcher Gemüthsstimmung u. in welcher Absicht lasen sie dieselbe? u. warum sollten wir sie jetzt mehr als jemals, wie d. ersten Christen, lesen? gr. 12. Sulzb. 816. v. Seidel. 1 gl

Esz, Leander v., Zeugnisse der Kirchenväter f. das Lesen der heil. Schrift. 2. Aufl. 8. (16 S.) Basel 885. Spittler. n. — 8

Ek. Mich., Probemelkungen v. Allgäuer Kühen, s.: Teichert, Kurt.

Essäerbrief, I. Wichtige histor. Enthüllgn. üb. die wirkl. Todesart Jesu. Nach e. alten, zu Alexandrien gefundenen Mskr. v. e. Zeitgenossen Jesu aus dem hl. Orden der Essäer. 7. Aufl. Aus e. latein. Abschrift des Originals übers. (80 S.) gr. 8. Leipzig (910). Leipziger Verlags- u. Kommissions-Buchh. 1.50; geb. n 2.50

Essai sur Administration. II Vol. gr. 8. Paris. (Walther in Dresden). 786.

— sur l'amélioration de l'agriculture. av. fig. 8. Bern, Soc. Typ.

— sur l'amour. av. fig. 18. Paris. (Sommer, Leipz.). 799.

Essai d'Architecture militaire. Berlin 1755. V: *Nicolai, Ferd. Frdr. von.* (BrMm) »Essai sur l'«. (Ky) (MGT)

Essai sur les avantages que retireroient les femmes en cultivant les sciences et beaux arts ... Prague 1775. V: *Hartig, Franz von Paula Anton Graf von.* (MGT) (Ky) (ML)

— d'une Bibliothèque compl. des livres militaires en tous langues. II Vols. gr. 8. Dresd. 784—99. Walther. 1 ℛ 6 gl

Essai sur le bonheur. 1758, s.a. Beausobre, Louis de

Essai sur le Bonheur, ou Réflexions philosophiques ... Berlin 1758. V: *Beausobre, Louis de.* (BrMm)

— du Canton de Neufchatel, avec une carte, des vues et un costume. 12. Zürich 817. Orell. 2 ℛ

— sur le Casselet, ses environs etc. s. a. Cassel u. seine Umgebb.

Essai sur Cassel et ses Environs ... Cassel 1798. V: *Apell, David Philipp von.* (MGT)

— sur les catégories ou éléments de dialectique. Par G..., Dr. gr. in-8. Paris 845. Berlin, Asher et Co. n. 1/3 ℛ

— sur les causes de la révolution qui à rappelé Buonaparte. gr. 8. Hamb. 815. Perthes u. B. 12 gl

Essai sur un Code maritime général Européen, pour la conservation de la liberté de la navigation et du commerce des nations neutres en temps de guerre. *Leips.*, Schwickert. 782.
Uebers. u. d. T.: Versuch üb. e. allgem. Europ. Seerecht zu Erhalt. d. Seehandels neutraler Völker in Kriegszeiten. Aus d. Franz. *Leipz.* 783. 8.

Essai critique sur l'histoire de la Livonie ... Dorpat 1819. V: *Bray, Franç. Gabr. comte de.* (Ky)

— critique sur l'histoire de la Livonie, suivi d'un tableau de l'état actuel de cette province par L. C. D. B. (Comte de Bray). III Tom. gr. 8. Dorpat 819. (Kummer in Lpz.) 4 ℛ 12 gl

Essai sur les demelez de la République de Gènes et de l'Etat imperial de San Remo. Basle 1755. V: *Münsterer, Frans Benno von.* (ML)

— d'une Déscript. des châteaux et Jardins de Plaisance de Wilhelmshöhe près de Cassel. avec gravures. Cassel, Aubel. 805.

Essai sur la destination de l'homme ... Dresde 1752. V: *Chantrans, Girod de.* (Milchs)

— sur la déstination de l'homme. 8. Dresd. 752. Walther. 4 gl

Essai d'un Dictionnaire contenant la connoisance du monde ... Wesel 1700. V: *La Feuille, Daniel de.* (BrMm)

Essai sur la différence qui existe entre la souveraineté et la superiorité territoriale en Allemagne. 806. 4. — Deutsch unt. d. Tit.: Was ist Souverainetät u. was ist Landeshoheit? 806. 8.

— sur les dogmes enseignés pour les Bramins de l'Indostan. 8. Bern 771. Typogr. Soc. 10 gl

Essai sur les dogmes de la Metempsycose et du Purgatoire ... tiré de l'Anglois. Berne 1771. V: *Dow, Alexander.* Ü: *Sinner, Johann Rudolph.* (Ky) (MGT)

Essai d'économie politique. Bâle 1785. V: *Heinitz, Friedrich Anton Freih. von.* (MGT) (MS)

— d'économie politique, avec IV gr. tabl. gr. 4. Berl. 785. Rottmann. 1 ℛ 18 gl

Essai sur l'éducation publique. Berne 1765. H: *Sinner, Joh. Rud.* (ML) (Ky)

Essai des premiers élémens, des lettres, de la parole, de l'orthographe etc. 8. Berne, Sociét. typogr. Dithlr.

— de l'Eloquence sacrée. 8. Nürnb. 777. Bauer u. R. 16 gl

Essai d'employer les Instruments microscopiques avec utilité et plaisir ... Nürnberg 1764. Ü: *Harrepeter, Johann Conrad.* (ML) (will)

— sur les Garanties etc. p. Neyron. Gött. Dieterich. 777.

Essai général de fortification et d'attaque et défense des places. Par M. de B. (Berlin 1797.) 4°

— génér. de fortificat. et d'attaque et défense des places 2 Tom. av. 57 grav. gr. 4. Berl. (Grau. et. Leo à Leipz.). 802.

— — dasselbe Werk deutsch. 4. Leipzig. 803.

— de Géographie, de Politique et d'Histoire sur les possessions de l'Empereur des Turcs en Europe, (par de Verdi). III Prt. 8. Neufchatel 784.

— grammatical qui contient en abrégé les parties de l'Oraison etc. 8. Wien. Gerold. 776.

Essai sur les hieroglyphes ou nouvelles lettres sur ce sujet. Weimar 1804. V: *Bertuch, Frdr. Justin.* (Barbier) V: *Palin, Nils Gustaf.* (BrMm) (Jen. Litt. Ztg. 1818. 43)

Essai sur les hieroglyphes ou nouvelles lettres sur ce sujet. Weimar 1804. V: *Palin, Graf von.* (wolfstieg II, 478)

— sur les Hiéroglyphes ou nouv. lettres sur ce sujet, avec fig. 8. Weimar 804. Industr.-Compt. 1 ℛ

Essai, sur l'histoire ancienne et moderne de la nouvelle Russie, avec cartes, vues, plans etc. 3 Vol. in 8. Paris.

Essai sur l'histoire du Ban, ou, du vingtième article, de la Capitulation. S. l. [Jena] [ca. 1760]. V: *Schmidt, Joachim Ernst.* (ML) (Pütter, Litt. d. Teutsch. Staatsr. Gött. 1773—91. III, 343.)

Essai sur l'historie de l'économie politique des peuples modernes ... Paris et Londres. [Leipzig] 1818. V: *Bosse, Rudolph Heinrich Bernhard von.* (BrVV)

— sur l'histoire de l'économie politique des peuples modernes jusqu'au commencement de l'année 1817. II parties. 8. Leipz. 818. Brockhaus. 2 ℛ 12 gl

Essai sur l'histoire littéraire de Pologne ... Berlin 1778. V: *Dubois, Jean Bapt.* (BrMm)

— sur l'histoire littéraire de Pologne, par M. D**. 8. Berl. 778. Rottmann. 1 ℛ 16 gl

Essai sur l'histoire de Lorraine. [Vienne] 1789. V: *Erzherzog Carl v. Österr.* (MGT)

— sur l'Histoire naturelle, v. Gevo.

— sur l'histoire naturelle de quelques espèces de moin écrits à la manière de Linné, av. fig. gr. 8. Leipz. 784. (W. Vogel). 8 gl

Essai sur l'histoire naturelle de quelques especes de Moines décrits a La Maniere de Linnee. A Monachopolis 1784; 1790. A Paris 1798. V: *Born, Ignaz Edler von.* Ü: *Brousonet, P. M. A.* (pk 1/322; wr 223) (BiblPort)

Essai sur l'histoire de Russie. S. l. 1804. V: *Claussen, Heinrich Friedrich Christian.* (MGT)

— sur l'histoire universelle et recherches sur cette de la sarmatie. 4. Bresl. 792. W. G. Korn. 1 ℛ 16 gl

Essai sur l'histoire du violon, s. Luthomonographie.

— historique, (par Jh. v. Müller). 8. Berl. 781. Rottmann. 12 gl

— hist. sur les Arts et leurs progrès en Danemarc, s. a. Schlegel.

Essai historique sur les arts et sur leur progrès en Dannemarc; publié à l'occasion du Salon de l'académie royale de Charlottenbourg. Copenhague 1777. V: *Hennings, August Adolph Frdr.* (Kordes, Schlesw.-holst. u. eutin. Schriftst. Schleswig 1797.)

— hist. critique sur la Maréchaussée. 8. Th. Ehrenbreitst. 789. Gehra. 16 gl

Essai historique et politique sur les garanties ... Gött. 1777. V: *Neyron, Pierre Jos.* (OA) (Pütter, Litt. d. Teutsch. Staatsr. Gött. 1773—91. IV, 732.)

Essai historique, politique et moral sur les révolutions, s. Chateaubriand, François René Auguste de

Essai hist. sur la Vie privée de Marie Antoin. d'Autriche. 12. Basle. Flick. 789. Ritblr.

— sur l'Homme, poëme philos. p. Alex. Pope. angl., lat., ital., franç. et allem. 8. Strasb. König.

— sur le jeu des échecs. v. Stein, E.

— sur le jeu des Echecs p. un Natif d'Alep en Syrie. 8. Hamb. Buchenröder. 770.

— de quelq. Lettres franç. et allem. etc. 8. Nürnb. 727.

Essai d'une lithographie de Mločin, ... Dresde 1777. V: *Carosi, Jan Filipp.* (EB)

— de littérature musicale, conc. l'origine, les progrès et les révolutions de la musique italienne, avec des remarques crit. sur le nouv. style de Rossini. Trad. de l'Italien par Jos. de Valeriani. 8. Regensb. 820. (Reitmayr.) 1 ℛ

Essai lyrique sur la religion. Francfort 1753. V: *Frey v. Landres, Joh. Rud.* (MGT)

— sur les Maladies des personn. q. viv. à la Cour. etc. 12. Lausanne, Pott. 772.

— d'un Manuel littéraire à l'usage des voyageurs de l'Allemagne et de la Suisse. 16. (Lpz.) 797. Hartknoch. 16 gl

Essai sur la Mission actuelle de la Femme par un Diplomate. Paris (?) 1885. V: *Dumreicher, Alois Baron von.* (Hdschr. Mitth. Exc. Josef von Rodakowski-Meran.

Essai à la mosaique. [Königsberg] 1762. V: *Hamann, Johann Georg.* (schstr S. 6)

— à la Mosaique, (par J. G. Hamann). 8. Mitau 762. Hartknoch in Leipz. 1 gl

Essai sur les mœurs et l'esprit des nations. Genève 1769 s. [Voltaire, François-Marie Arouet de].

— sur les moyens de perfectionner les études de médecine. 12. Lusanne. (Haller à Bern). 785.

— sur les moyens de rendre les facultés de l'homme plus utiles à son bonheur. 12. Bern, Sociét. typogr.

Essai sur la necessité de conférer les emplois selon les talens ... Vienne 1760. V: *Locella, Aloisius Emmerich Freih. von.* (ML) (WBL)

Essai sur la nécessité de conferer les emplois selon les talens, par le bar. de Loc**. gr. 8. Wien 763. Trattner. 4 gl

Essai sur la necessité du rétablissement du Royaume des Pays-Bas, sous le Rapport du Système Politique, connu sous le Nom de Système de la Barrière. gr. in-8. La Haye 833. Frank. 2/3 rß

Essai sur les N. N. ou sur les Inconnus. [Berlin] 1777. V: *Gotter, Frdr. Wilhelm.* (SJL)

— sur les N. N. ou sur les inconnus, av. fig. 8. Jena 778. (Hennings in Neisse). 16 gl

— nouv. pour servir à l'éducation de la jeunesse. 8. Gött. 763. Dieterich. 12 gl

— nouv. du Projet de la Paix perpét. 8. Laus. Pott. 788.

Essai sur les Oblats, sur les Moines lais ... Panisbriefe ... Munich [Berlin] 1783. V: *Steck, Joh. Chn Wilh. von.* (Pütter, Litt. d. Teutsch. Staatsr. Gött. 1773—91. IV, 541.) (ML)

— sur les oblats, sur les moins-lais, sur les lettres de Pain. (Panis-Briefe). gr. 8. Berl. 784. Lange. 4 gl

Essai sur l'ordre de Malte ou de St. Jean ... Basle 1806. V: *Klüber, Joseph Ludwig.* (MGT) (Ky) (NN)

— sur l'ordre de Malte ou de St. Jean et sur ses rapports avec l'Allemagne en générale et avec le Brisgau en particulier, (par J. L. Klüber). gr. 8. Basel 806.

— sur l'origine des Arts mécaniques et libéraux etc. p. D. G. Ac. **. 8. Strasb. König. 785.

— sur l'origine de la gravure en bois et en taille-douce etc. II Vol. av. grav. 8. Paris. Schöll. 808.

Essai sur l'origine et les progrès de la prétendue independance Génoise. S. l. 1769. V: *Münsterer, Franz Benno von.* (ML)

— sur le dernier passage du Rhin, poëme. 8. Leipz. Sommer.

Essai de pensées morales sur les qualités d'une femme. Helmstedt ches Jean Drimborn 1751. 32 pp. In-8°. (8 Kr., maroquin brun, Halm & Goldmann, 1967.) Sehr seltenes Stück. — Hochzeitsgedicht für „J. J. Gerber et Mlle. Hedwig Marianne Prömsel".

—— sur la philologie slave et sur l'influence politique et religieuse qui l'a dirigée. Par M. D. S.......k, avec un avant-propos par H.-C.-L. Laudrin fils. (Avec un Tabl. lithogr. comparatif des différents alphabets slaves.) gr. in-8. (7 ½ B.) Paris 840. Franck.

— sur les Philosophes et la philosophie. 8. Bern, Sociét. typogr. 784.

Essai de Philosophie Morale. Berlin 1749. V: *Moreau de Maupertuis, Pierre Louis.* (BrMm)

— philosophique, concernant l'entendement humain etc. trad. de Locke. I Vol. 4. Amsterd. (Flick, Basel). 723.

Essai philosophique sur l'homme, ses principaux rapports et sa destinée ... Halle 1818. V: *Poletika, Michael de.* (Ky)

— de Physiognomonie par R. T.(öpffer) Lithogr. gr. in-4. Genève 845. (Kessmann.) n. 1 2/3 rß

Essai physique sur l'heure des marées dans la Mer Rouge ... Gottingue 1758. V: *Hardy, Pierre.* (BrMm)

Essai d'un nouveau Plan d'étude pour la Theologie ... Augsburg 1801. V: *Galura (Katzenschwanz), Bernhard.* (MGT)

Essai sur la poésie dramatique des Grecs. [Berlin 1831.] V: *Franceson, Charles Frédéric.* (BrMm)

— de poésies religieuses, par M. M. (Jak. H. Meister). 12. Paris 801. Ed. II. 12. Zürich 815. Nouv. Edit. 828. Orell. 8 gl

Essai de Poësies religieuses. 2. éd. Zuric 1815. V: *Meister, Jacob Heinrich.* (MGT) (Ky)

Essai sur la Police générale des Grains ... Berlin 1755. V: *Herbert, Claude Jacques.* (CBH) (BrMm)

Essai politique et historique sur le partage et la transmissibilité de la propriété territoriale ... Leipsic 1839. V: *Richter, Chph Melch. Alex. von.* (R-N)

— politique et historique sur le partage et la transmissibilité de la propriété territoriale d'après le principe de la stabilité en Russie, et dans quelques autres pays. gr. in-8. Leipsic 839. Fr. Fleischer. n. ½ rß

— sur le principe générateur des constitutions politiques et des autres institutions humaines. gr. 8. Braunschw. 815. Pluchart. 16 gl

Essai sur le Principe de Nationalité par un Diplomate. [Paris? 187?.] V: *Dumreicher, Alois Baron von.* (Hdschr. Mitth. Josef von Rodakowski-Meran.

Essai sur la Providence. Berlin 1768. Ü: *Erman, Johann Peter.* (MGT)

— de Psychologie. 8. Gött. 754.

— sur cette question: quand et comment l'Amérique a-t-elle peuplée d'hommes et d'animaux, (par Sam. Engel). V Vols. 12. Amsterd.

— sur la Récolte de la Soie. 8. Bern, Sociét. typ. 781.

— d'un Recueil de pensées chois. 8. Herborn. 758.

— ou réflex. relat. à la Chymie, l'économie et le Commerce, 8. Lausanne, Pott. 772.

— sur la religion des anciens Grecs. 2 Tom. gr. 8. Bern, Haller. (a. Pott à Lausanne).

— sur les Revenus de l'Etat, voyez de Meseritz.

— de Rowmford sur la construct. des cuisines publiques etc. trad. de l'Angl. av. Pl. Par. et Strasb. Treuttel et Würz. 805.

Essai sur la science. Zuric et Leipz. 1796. V: *Dalberg, Carl Theodor Anton Maria Reichsfreiherr von.* (MGT) (ErschDL) (HS)

— sur la Science. 4. Leipz. 796. Schmidt. 3 gr

— sur la secte des Illuminés. 8. Paris. (Leips. Fleischer). 789.

* Essai s(t)atistique sur le Canton de Berne. Zurich 1819 s.a. Wyss, Johann Rudolf *II*].

Essai s(t)atistique sur le Canton de Berne. 1re Div. [seule parue]: le Sud du Canton. ([Avec 7 planches et 1 carte. Précédé du Calendrier pour] 1819.) 8. Zurich 1819.

— statistique sur le Canton de Berne, le Sud de ce Canton. Trad. de l'Allem., orné de costumes, carte et vues. 12. Zürich 819. Orell. 2 ℔

— statistique du Canton de Genève, avec une carte et des vues. 12. Zürich 817. Orell. 2 ℔

Essai statistique sur le Canton de Neuchatel. Zurich 1818 s.a. [Sandoz-Rollin, Henri-Alphonse de].

Essai statistique sur le Canton de Neuchatel. Zürich 1818. V: *Sandoz de Rollin.* (EB)

— — statistique sur le Canton de Vallais etc. voyez Bridel, M. Ph.

— — sur le Canton de Vaud etc. s.a. Bridel, M. Ph.

— statistique sur le Canton de Vaud, avec 1 Carte exacte de ce Canton. 12. Zuric, Orell et Comp. 815.

Essai sur divers sujets de Jurisprudence et de Politique. Halle 1778. V: *Steck, Johann Christoph Wilhelm v.* (ML) (ADB)

Essai sur divers sujets de politique et de jurisprudence. 8. Halle 779. Gebauer. 3 gr

Essai sur quelques sujets intéressans pour l'homme d'Etat et de Lettres. S. l. 1784. V: *Steck, Joh. Chn Wilh.* (?) (Pütter, Litt. d. Teutsch. Staatsr. Gott. 1773—91 IV, 22.)

— sur quelques sujets intéressants pour l'homme d'état et de lettres. 8 maj. Halle 784. Gebauer. 6 gr

— sur le nouv. Système des ames des bêtes, voy. G. F. Meyer.

Essai sur un nouveau système de défense de places fortes, camps retranchés, lignes etc. 4. (Avec un Atlas de 4 Cartes.) Gand 813. (Leipzig, Michelsen.) n. 3 ℔

— sur la théorie du Somnambulisme magnétique. 12. London. (Sommer à Leipz.).

— sur l'Usage, l'abus et les Inconvéniens de la Torture etc. 8. Lausanne. Pott. 768.

— sur l'utilité de conserver les colléges de médecine et de santé dans le royaume de Westphalie. 8. Götting. 800. Vandenhöck u. R. 2 gr

Essai sur la Vie et la Règne de Frédéric II ... Berlin 1788. V: *Denina, Carl Johann Maria.* (Ky) (MGT)

— sur la vie et la règne de Fréderic II., (par K. J. M. Denina). 8. Berl. 789. Rottmann. 2 ℔ 8 gr Velinp. 3 ℔ 12 gr

— sur la vie privée de Marie Antoniette d'Autriche. 12. Basel 789. (Neukirch). 16 gr

Essaias, s. Jesaias.

Essais sur l'étude de la morale. Bern 1773. V: *Lerber, Siegmund Ludwig.* (Ky) (ML)

— et Fragments de Philosophie et de Théologie, publiés par plusieurs Professeurs du Séminaire protestante et de la Faculté de Théologie de Strasbourg. Tome I. Ire et IIe Partie. gr. in-8. Paris et Strasbourg 837. Levrault. (à n. $1^1/_3$ ℔) $2^2/_3$ ℔

Essais historiques. Berlin 1781 s.a. M[üller], J[ohannes von].

Essais Historiques ... Berlin 1781. V: *Müller, Johannes von.* (MGT) (GGr) (Milchs) »1787.« (Adel)

Essais de Morale. S. l. [ca. 1780]. V: *Le Roy de Lozembrune, Franz.* (MGT)

Essais, Moralpolitische. Prag 1872. V: *Szécsen, Anton Graf.* (EB)

Essais à la Mosaique ... [Mitau] 1762. V: *Hamann, Johann Georg.* (ML) (Ky) (R-N) (Hamann, Schriften. Hg. Roth II.)

— philosophiques sur l'homme, ses principaux rapports et sa destinée, fondés sur l'expérience et la raison, suivis d'observations sur le beau. Publiés par L. H. de Jacob, d'après les manuscrits confiés par l'auteur, (v. Michael de Poletika). 2 Thle. 8. Halle 818. Ruff. 1 ℔ Nouv. ed. augmentée. gr. 8. Petersb. 822. Pluchart. 2 ℔ 12 gr

— philosophiques, sur les prêtres et la prédication, (par J. O. de la Veaux). gr. 8. Berl. 786. (Köchly). 16 gr

Essais de Poësie ... à Cologne 1746. V: *Lerber, Siegmund Ludwig.* (ML)

— poetiques d'un ancien militaire. v. Parturnau, A. de.

— politiques sur quelques puissances et leur état actuel. 8. Lond. (Flick, Bas.) 770.

Essais sur divers sujets interéssans pour l'homme d'état et de lettres. Berlin 1785. V: *Steck, Joh. Chph Wilhelm von.* (?) (Pütter, Litt. d. Teutsch. Staatsr. Gött. 1773—91, IV, 23.)

Essais sur divers sujets intéressans de Politique et de Morale. [Aarau] 1761—63. V: *Schmid d'Auenstein, Georges Louis.* (BrMm)

Essais sur divers sujets de politique et de jurisprudence. S. l. 1779. V: *Steck, Joh. Chph Wilh. von.* (Oa)

— théosophiques, s. a. Ketzereien, metaphysische.

— théosophiques. 8. Regensb. Montag. 793.

Essart

— s. a. Des-Essart.

Essart, des, Abhandl. von Erziehung der Kinder. a. d. Franz. 8. Berlin. 763.

— historisch juristisches Wörterbuch. 2 Thle. 8. Breslau, Meyer. 780—81. (à 20 gr.).

Essay, An, on the public care for the sick . . . Hamb. 1825. V: *Julius, Nicolaus Heinrich.* (Schr) (A)

Essay on Man, by A. Pope, a new Edit., s. Pope.

Essay de Mumico-Graphic ou plutot description exacte et sincere d'une des plus rares et d'une des plus curieuses moumics qu'on ait jamais veues en Europe, qu'on trouve actuellement chés Christian Hertzog. Gothe 1718. V: *Hertzog, Christian.* (EB)

Essay, neuester militärischer. Ueber Märsche u. Kriegsmärsche. Nach vielgenannten Mustern bearb. v. B. R. gr. 8. (15 S.) Berlin 882. Mittler & Sohn. n. — 50

— poetical, containing partly original poëms, partly translat. of those of Schiller, v. Hnr. Orth. 8. Heilbr. 827. Drechsler. 8 gr

Essay on national pride, transl. from the Germ. of Zimmermann. 12. London. (Bauer in Leipz.). 785.

Essay, a short, on the natural Selters water, (in England called Seltzer water,) with extracts from the most authentic writers on its curative properties; abbreviated from the original. 6. edit. Wiesbaden (856). Roth. (26 S. mit Holzschn. im Text.) n. 4 ngr

Essay on vital suspension: being an attempt to investigate and . . . , s. Coleman, Edward: Abhandlung über das durch Ertrinken, Erdrosseln und Ersticken gehemmte Atemholen . . .

Essay and Treatises on moral, polit. and var. philos. subjects by Em. Kant. II Vols. gr. 8. Hamb. 798. (Campe). 2 rß 16 gr

Essays

— ausgewählte, hervorragender englischer Schriftsteller der Neuzeit, hrsg. v. Ph. Aronstein, s.: Authors, English.

— ausgewählte, hervorragender französischer Schriftsteller des 19. Jahrh., hrsg. v. M. Fuchs, s.: Prosateurs francais.

Essays, biographische, s. a. Bücherei, deutsche.

Biographische Essays. Reihe 1. Berlin: H. Neelmeyer [1905]. 8° [F.]
= Bücherei, Deutsche. Bd 29.

Essays, Biographische, Reihe 1—3. Berlin o. J. 8°.
1. *Treitschke*, Heinr. v., u. Erich *Schmidt*. Essays.
2. *Treitschke*, Heinr. v., u. Erich *Marcks*. Essays.
3. *Treitschke*, Heinr. v., Erich *Marcks* u. Karl *Hampe*, Essays.
(Deutsche Bücherei. Bd 29, 30, 68.)

Essays, English. Vol. I—III. Hamburg 869, 70. O. Meissner. 16. (322; 310; 319 S.) Jeder Bd. n. 15 ngr

Essays, english. Vol. IV. 16. (III, 312 S.) Hamburg 870. O. Meissner. n. 1. 50

Essays, kurzgefasste, über wichtige Kapitel aus der medicinischen Praxis v. Ad. Baginsky, Becker, Gaffky, C. Horstmann, L. Jacobson, Jürgensen, Lindow, Miller, S. Rabow, Rupprecht, L. Voigt. Sammlung der in den früheren Jahrgängen d. Reichs-Medicinal-Kalenders enthaltenen Abhandlgn. Hrsg. v. S. Guttmann. gr. 16. (122 S.) Leipzig 888. G. Thieme. n. — 80

— medizinische. Unter Mitwirkg. v. W. H. Becker, L. Blum, Ph. Bockenheimer u. a. hrsg. v. Karl Loening. I. Bd. 2 Tle. (VIII, VII, 384 S. u. S. 503—518 m. Abbildgn. u. 1 Taf.) Lex. 8. Leipzig 910. 11. B. Konegen. 7. —

Essays, militairische. I. Untersuchungen über den Werth der Cavallerie in den Kriegen der Neuzeit. Von R. B. gr. 8. (44 S.) Berlin 881, Dümmler's Verlagsh. *

—— dass. — II. Kriegseinleitungen und Aufmärsche insbesondere des Krieges 1870/71. Von R. B. gr. 8. (44 S.) Ebendas. 882. *

Essays, militairische. III. IV. gr. 8. Berlin, Dümmler's Verl. n. 3. — (I—IV.: n. 4. —)
III. Die Taktik der Neuzeit, an Kriegsbeispielen erläutert. Von R. B. Mit 6 Plänen. (103 S.) 889. n. 2. —
IV. Die Taktik der einzelnen Waffen, an Kriegsbeispielen erläutert. (68 S.) 890. n. 1. —

Essays, militairische. V. gr. 8. Berlin 894. F. Dümmler's Verl. n. 1. 20 (I—V.: n. 5. 20)
Die Festungen u. die Kriegführung. Von R. B. (75 S).

— militärische. (Hrsg.: Carl M. Danzer.) 1. u. 2. Hft. gr. 8. Wien, L. W. Seidel & Sohn. n. 3. —
1. Streiflichter auf die österreich. Wehrmacht, ihre Geschichte u. ihren Geist. Von e. k. u. k. Offizier. (30 S.) 904. n. 1. —
2. Lose Gedanken üb. den Infanterieangriff. Von Aladár Knebel Ritter v. Treuenschwert. (III, 69 S.) 904. n. 2. —

— moderne. Hrsg.: Hans Landsberg. 1., 2., 5.—7. u. 23.—56. Hft. 8. Berlin, Gose & Tetzlaff. à n. — 50
Bab, Jul., Ludwig Anzengruber. (62 S.) 904. (Hft. 37. 38.)
— Richard Dehmel. (60 S.) 902. (Hft. 23. 24.)
— Adalbert Matkowsky. 1. u. 2. Taus. (47 S. m. 1 Taf. (906.) (Hft. 55.)
Ernst, Paul, Friedrich Nietzsche. Veränderte 2. Aufl. (47 S.) 904. (Hft. 1.)
Gregori, Ferd., Josef Kainz. 2. Aufl. (19 S. m. 2 Taf.) (905.) (Hft. 2.)
Greve, Fel. Paul, Oscar Wilde. (46 S.) 903. (Hft. 29.)
Klaar, Alfr., Schiller u. Goethe. (53 S.) (905.) (Hft. 51.)
Klein, Rud., Arnold Böcklin. 3. u. 4. Taus. (2. veränd. Aufl.) (57 S.) (906.) (Hft. 7.)
— Max Klinger. (30 S.) 903. (Hft. 27.)
— Menzel. (33 S.) 904. (Hft. 44.)

Krause, Emil, Felix Weingartner als schaffender Künstler. (Mit Portr.) Eine Studie. (68 S.) 904. (Hft. 47. 48.)
Landsberg, Hans, Otto Erich Hartleben. (88 S. m. 1 Bildnis.) 905. (Hft. 50.)
— Ibsen. (135 S.) 904. (Hft. 42. 43.)
— (Eduard) Mörike. (55 S.) 904. (Hft. 46.)
— Arthur Schnitzler. (42 S.) 904. (Hft. 33.)
— Hermann Sudermann. 3. u. 4. Taus. (86 S.) (905.) (Hft. 5.6.)
Louis, Rud., Anton Bruckner. (45 S.) 904. (Hft. 49.)
Müller, Paul, Hugo Wolf. (51 S.) 904. (Hft. 34. 35.)
Remónyi, Elisab., Ellen Key. 3. u. 4. Taus. (55 S. m. Bildnis.) (906.) (Hft. 32.)
1. Aufl. (44 S.) 904.
Osborn, Max, moderne Plastik. (36 S. m. 2 Taf.) 905. (Hft. 45.)
— Porträtmalerei. (54 S.) (905.) (Hft. 54.)
Pflaum, „Eugen Dühring". (55 S.) (906.) (Hft. 56.)
Pissin, Raim., Frank Wedekind. (63 S. m. 1 Bildnis.) (905.) (Hft. 53.)
Plathoff-Lejeune, E., Paul de Lagarde. (38 S.) (903.) (Hft. 25.)
Poppe, Thdr., Friedrich Hebbel. (38 S.) 903. (Hft. 28.)
Poppenberg, Fel., Maeterlinck. (47 S.) 903. (Hft. 30.)
Specht, Rich., Gustav Mahler. (59 S. m. 1 Bildnis.) (905.) (Hft. 52.)
Tscherkoff, Wereschtschagin. (32 S.) 904. (Hft. 31.)
Usthal, Arth., Maxim Gorki. (35 S.) 904. (Hft. 36.)
Weigand, Wilh., Stendhal. (44 S.) 903. (Hft. 26.)
Wiegler, Paul, Französische Rebellen. Abriß e. Geschichte des Enthusiasmus in Frankreich. (98 S.) 903. (Hft. 39—41.)
Erschienen bis Hft. 27 unter d. T.: Essays, moderne, zur Kunst u. Litteratur.

Essays, moderne, zur Kunst u. Litteratur. Hrsg. v. Hans Landsberg. 1.—22. Hft. gr. 8. Berlin, Gose & Tetzlaff. à n. — 50

Inhaltsübersicht in alphabetischer Ordnung:
Achelis, Thom., Leo N. Tolstoi. (43 S. m. 1 Bildnis.) 902. (Hft. 15.)
Blennerhassett, Lady, Gabriele d'Annunzio. (65 S.) (901). (Hft. 8. 9.)
Brandes, Geo., Björnstjerne Björnson. Autoris. Uebersetzg. v. Ida Anders. (72 S. m. 1 Bildnis.) 901. (Hft. 11. 12.)
Ernst, Paul, Friedrich Nietzsche. (38 S.) 900. (Hft. 1.)
Gosse, Edm., Walt Whitman. Autoris. Uebersetzg. aus dem Engl. v. Berta Franz. (29 S. m. 1. Bildnis.) 902. (Hft. 16.)
Gregori, Ferd., Bernhard Baumeister (50 Jahre Burgtheater.) (44 S. m. Titelbild.) 902. (Hft. 18.)
— Josef Kainz. (24 S. m. 2 Bildnissen.) 900. (Hft. 2.)
Hermann, Geo., Wilhelm Busch. (47 S. m. 1 Bildnis.) 902. (Hft. 17.)
Jensen, Wilh., Wilhelm Raabe. (31 S. m. 1 Bildnis.) 901. (Hft. 10.)
Klein, Rud., Arnold Böcklin. (44 S. m. 1 Bildnis.) 901. (Hft. 7.)
Kühl, Gust., Liliencron. (23 S. m. 1 Bildnis.) 902. (Hft. 21.)
Landsberg, Hans, Christian Dietrich Grabbe. (37 S.) 902. (Hft. 13.)
— Hermann Sudermann. (58 S.) 901. (Hft. 5. 6.)
Lublinski, S., Multatuli. (Eduard Douwes Dekker.) (35 S. m. 1 Bildnis.) 902. (Hft. 14.)
Scheffler, Karl, Ludwig v Hofmann. (23 S.) 902. (Hft. 22.)
Servaes, Frz., Hans Thoma. (21 S.) 900. (Hft. 3.)
Strobl, Karl Hans, Arno Holz u. die jüngstdeutsche Bewegg. (38 S. m. 1 Bildnis.) 902. (Hft. 19.)
Urban, Erich, Richard Strauß. (37 S.) 901. (Hft. 4.)
Wolynski, A. L., die russische Litteratur der Gegenwart. Autoris. Uebersetzg. v. Jos. Melnik. (48 S.) 902. (Hft. 20.)

— moderne, zur Kunst, Literatur, Wissenschaft. kl. 8. Berlin, Gose & Tetzlaff. à Bd. — 50
Friedrich, Paul, der schwedische Anacreon (C. M. Bellmann). (31 S. m. 1 Bildnis.) (907.) (Bd. 57)
Gleichen-Rußwurm, Carl Alex. Frhr. v., Emerson. (55 S.) (907.) (Bd. 58)
Greve, Fel. Paul, Oskar Wilde. 2. Aufl. (57 S.) (907.)

— moralpolitische. Vom Verf. der Broschüre „Oesterreichisches." gr. 8. (III, 140 S.) Prag 872. Rziwnatz. n. 2. 40

Essays, poetical, containing partly original poëms. partly translat. of those of Schiller. 8. Hailbronn 827, Drechsler. Rthlr.

Essays and reviews, s. Collection of British Authors.

— and Treatises on moral, polit. and var. philos. subjects by Em. Kant. 2 Vol. gr. 8. Hamb. Hoffmann. 798.

Esse, C. H., das Augusta-Hospital u. das m. demselben verbundene Asyl f. Krankenpflegerinnen zu Berlin. Mit 12 (lith. u. chromolith.) Taf. Abbildgn. Fol. (29 S.) Berlin 873. Enslin. n. 20. —

Esse, C. H., das Baracken-Lazareth der königl. Charité zu Berlin in seinen Einrichtungen dargestellt. Mit 4 (lith.) Taff. Abbildgn. (in Fol.) Berlin 868. Th. Enslin. 4. (11 S.) n. 25 ngr.

Esse, C. H., das neue Krankenhaus der jüdischen Gemeinde zu Berlin in seinen Einrichtungen dargestellt. Mit 13 lith. Taf. Berlin 861. Th. Enslin. gr. Fol. (16 S.) n. 4 ℛ 20 ngr.

Esse, C. H., die Krankenhäuser, ihre Einrichtung u. Verwaltung. Mit 8 lith. Taf. (in Fol.). Berlin 857. Th. Enslin. Lex.-8. (VIII, 304 S.) n. 2 ℛ 25 ngr.

—— die Krankenhäuser, ihre Einrichtung und Verwaltung. 2. umgearb. Aufl. Lex.-8. (VIII, 352 S. mit einem Atlas von 30 lithogr. Taf. in hoch 4. und qu. Fol.) Berlin 868, Th. C. F. Enslin. *

Esse, C. H., geschichtliche Nachrichten üb. das Königl. Charité-Krankenhaus zu Berlin. Mit 1 (lith.) Abbildg. [Aus den „Annalen d. Charité-Krankenhauses, 1850. 1. Quartalhft." abgedr.] gr. 8. (45 S.) Berlin 850. (Th. Enslin.) n. 1/3 ℛ

— das Sommer-Lazareth und die Einrichtungen im älteren Charité-Gebäude zu Berlin. Mit 3 (lith.) Plänen (in Fol.). Aus den „Annalen des Charité-Krankenhauses" abgedr. Berlin 855. Th. Enslin. gr. 8. (1 Bl., 25 S.) n. 10 ngr.

— der Wäschereibetrieb in dem Königl. Charité-Krankenhause zu Berlin. Mit 2 (lith.) Taf. (in Fol. u. qu. Fol.) Aus den „Annalen des Charité-Krankenhauses" abgedr. Berlin 853. Th. Enslin. gr. 8. (27 S.) n. 10 ngr.

Essebar, Achille, Dódó. Roman. Autoris. Uebersetzg. aus dem Franz. v. Geo. Herbert. (240 S.) gr. 8. Leipzig 902. M. Spohr. n. 4.—; geb. in Leinw. n. 5.—

Essée, Fedor (Pseud.), s. a. Klein, Ernst

ESSÉE, Fedor (ps.), Birkenruten in Eros' Händen. Fünf Erzählungen in einem Bande. Mit Titelbild und Illustrationen. Privatdruck. O. O. (Budapest, Schneider) u. J. (c. 1906). (3 Mk. der Vorige, 1908.)

— — Birkentee und Rohrstockpflaster. Drei Erzählungen. Privatdruck. O. O. u. J. (1909). (Mk. 4—.)

— — Geschichten von der Birkenrute. (Rutenduell zwischen einer Gouvernante und einem Leutnant. — Hilde Majens geheime Passion.) Privatdruck. (190*.) (Mk. 3—.)
Confiscirt anfangs 1912.

— — Schlimme Mädchen. Mit Titelbild und einer Kunstbeilage. Privatdruck. O. O. (Budapest, Schneider) u. J. (c. 1906). (Mk. 1,50.)

— — Sadistische Novellen. (Privatdruck, angekündigt 1909.) (Mk. 7,50.)

— — Peitschen- und Liebesorgien. Roman. (Numer. Privatdruck.) O. O. (1909). 8°. 124 S. (Mk. 10—.) (6 Mk. Adolf Weigel, 1910.)

— — Ruten-Geschichten. Mit Illustrationen. Pressburg, Hartleb, o. J. (ca. 1906). 8°. Privatdruck. 52 S. (Mk. 2—.) (2 Mk. Adolf Weigel, 1908.)

Essée, F., Ruten-Geschichten. (52 S. m. 2 Vollbildern.) 8. Pressburg (908). H. Hartleb. 2.—
Im Deutschen Reiche verboten.

— — Ruten-Reigen. Familien-Szenen nach berühmtem Vorbild. Privatdruck. O. O. u. J. (c. 1909). (Mk. 6—.)

— — Strafgericht im Seebade (an „fünf allerliebsten Backfischen"). Mit Titelbild. Privatdruck. O. O. (Budapest, Schneider) u. J. (c. 1906). (Mk. 1—.)

— — Strenge Erzieherin wird gesucht. Geschichten von strengen Gouvernanten für junge und alte Leute. Illustriert. Privatdruck. (190*.) (Mk. 3—.)

Essegg, s.: Woerl's Reisehandbücher.

Affaire. L'affaire Esseiva devant le Tribunal correctionnel de la Sarine en l'audience du Vendredi 20 Février 1880. Plainte portée par les descendants des membres du Gouvernement provisoire de 1847 contre Pierre Esseiva .... (E.) 8. [Fribourg 1880.]

Esseiva, Pierre

Esseiva, Petri, carminum libri IX. gr. 8. (VII, 319 S.) Freiburg (Schweiz) 895. (Universitätsbuchh.) n n. 5. —

Esseiva, P., Freiburg, die Schweiz u. der Sonderbund 1846—1861. Nach dem französ. Originale deutsch bearb. v. C. A. Keiser. gr. 8. (XIII, 486 S.) Freiburg 884. (Luzern, Fößer Nachf.) n.n. 5. —

Esseiva, P. Freiburg, die Schweiz und der Sonderbund, 1846—61. Deutsch von *C. A. Keiser.* Gr. in-8°. Basel, Fösser's Nachfolger. 1885

Esseiva, P. Freiburg, die Schweiz und der Sonderbund (1846—61). Nach dem französischen Originale deutsch bearbeitet von C. A. Keiser. Gr. in-8°, 486 S. Freiburg, Buchdruckerei des heil. Paulus. 1893 5 —

Esseiva, Pierre. Fribourg, la Suisse et le Sonderbund (1846—1861). In-8°, 522 p. Bar-le-Duc, imprimerie de l'œuvre de St-Paul. 1882
*** Titre rouge et noir.

Esseiva, Pierre. Fribourg, la Suisse et le Sonderbund. 1846—1861. Hist. compl. des événements en Suisse spécialement à Fribourg, pendant la guerre du Sonderbund et le régime qui a suivi la défaite des cantons catholiques. In-8°, 540 p. Fribourg, Impr. cathol. suisse. 1882 5 —

Esseiva, Pierre. Le commandant Meyer. Episode de la campagne de Garibaldi contre le Saint-Siége en 1867. In-8°, 12 p. Fribourg, imprimerie catholique suisse. 1885 — 15

Esseiva, Petri, Musa. Elegia cui certaminis poetici instituti ex legato Jac. Henr. Hoeufft praemium adiudicatum est in consessu publico academiae regiae disciplinarum neerlandicae a. d. VII id. mart. anni CIƆIƆCCCLXXIV. gr. 8. (14 S.) Amsterdam 874, van der Post. *

Esselborn, Friedrich Wilh.: Die philosophischen Voraussetzungen von Schleiermachers Determinismus. *Ludwigshafen a. Rh. 1897: J. G. Biller.* (65 S.) 8°
Strassburg, Phil. Diss. v. 1897

Esselborn, Jac., Geschichte der Stadt Ludwigshafen am Rhein von ihrem frühesten Anfange bis zum J. 1886. Eine Erinnerg. an den Gründer der Stadt König Ludwig I. v. Bayern zu dessen 100jähr. Geburtstage. Nach handschriftl. u. anderen Quellen bearb. (In ca. 6 Lfgn.) 1. u. 2. Lfg. gr. 8. (S. 1—96 m. je 2 Taf.) Ludwigshafen 886. (Baumgartner.) à n. — 60

Esselborn, Jac., Geschichte der Stadt Ludwigshafen am Rhein von ihrem frühesten Anfange bis zum J. 1887. Eine Erinnerg. an den Gründer der Stadt König Ludwig I. v. Bayern zu dessen 100jähr. Geburtstage. Nach handschriftl. u. anderen Quellen bearb. 3.—5. Lfg. gr. 8. (S. 97—240 m. eingedr. Illustr. u. 2 Taf.) Ludwigshafen 888. (Baumgartner.) à n. — 60

Esselborn, Jac., unser Haushuhn, s.: Universal-Bibliothek f. Thierfreunde.

— Kenntnis d. Nötigsten üb. Bau u. Pflege d. menschlichen Körpers. Unter Mitwirkg. e. prakt. Arztes bearb. Mit 26 Abbildgn. 8. (54 S.) Ludwigshafen 885. (Neustadt a/d Hdt., Otto.) n. — 40

— Leitfaden der Naturlehre. Ausg. A. Nebst e. Anh. aus der Chemie. Mit 47 (eingedr.) Abbildgn. 8. (IV, 89 S.) Neustadt a. d. H. 887. Otto. n.n. — 40; Ausg. B. Mit 38 (eingedr.) Abbildgn. (IV, 60 S.) n.n. — 30

Die Rose, der Blumen Königin. Ursprung, Sagen, Legenden, Volksglauben, Poesie, Geschichte, Verwertung etc. nebst einem Anh.: Die See- und die Alpenrose. Gesammelt und bearb. von Jak. Esselborn. Kaiserslautern: Kayser 1890. 172 S., 1 Taf. 8°
Erwähnt auf S. 130—131 die Bedeutung der Rose im Ordenswesen (Rosenkreuzer, Rosenorden, Frmr).

Esselborn, Karl, Ahasver. (Gedicht.) 16. (52 S.) Leipzig 890. Mutze. n. — 50

Esselborn, Karl, Bleifederskizzen. 16. (64 S.) Darmstadt 881. Esselborn's Selbstverl. geb. m. Goldschn. n. 2. —

Esselborn, Karl (Bearb.), s. Ebel, Berthold: Meine Feuertaufe.

Esselborn, Karl, Elemente des Wasserbaues, s.: Sonne, Ed.

— Eudocia. Dramatisches Gedicht. gr. 16. (56 S.) Stuttgart 878. Levy & Müller. n. 1. —; cart. m. Goldschn. n. 1. 40

Esselborn, Karl, Ludwig v. Grolman. Ein Lebensbild. (80 S. m. 1 eingedr. Bildnis.) 8. Darmstadt 910. (H. L. Schlapp). 1. —
Sonderabdr. a. „Arch. f. hess. Gesch. u. Altertumskde."

Ludwig v. Grolman. Ein Lebensbild von Dr. Karl **Esselborn.** Darmstadt 1910: Winter. S. 337–416. 8°
Aus: Archiv f. hess. Geschichte u. Altertumskunde. N. F. Bd 7.

— Thdr. **Landsberg,** Eduard **Sonne** u. Leo **v. Willmann,** Grundbau, Brückenbau, Wasserversorgung u. Entwässerung der Städte, Wasserbau, s.: Lehrbuch des Tiefbaues. II.

Esselborn, C. Hilfstabellen zum Berechnen eiserner Brücken. Stuttgart 1876. 12.

— **Das Judithfest. Ein Beitrag zur Geschichte des hess. Beamtentums.** (50 S. m. 1 Taf.) gr. 8. Ebd. 909. nn — 50
Sonderabdruck aus „Darmstädter Zeitg., Wochenbeilage."

Esselborn, Karl, s.: Lehrbuch des Hochbaues.

– (Hrsg.), s. Lehrbuch des Maschinenbaues.

– (Hrsg.), s. a. Lehrbuch des Tiefbaues.

— **Lehrbuch des Tiefbaues,** s. a. **Landsberg, Th.**

Esselborn, Karl: Lehrbuch des Tiefbaues. Leipzig 1904

— **Landsberg, Wegele u. v. Willmann,** Lehrbuch des Tiefbaues. Hrsg. v. Karl Esselborn. 2., verm. Aufl. Mit 1581 Abbildgn. u. ausführl. Sachregister. (XXXII, 838 S.) Lex. 8. Leipzig 907. W. Engelmann. 20. —; geb. in Halbfrz. 23. —
Die 1. Aufl. erschien u. d. T.: Landsberg, Wegele u. v. Willmann.

Esselborn, K: Lehrbuch des Tiefbaues. 3. Aufl. Leipzig 1908
Bd 1. Erd-, Straßen-, Eisenbahn- und Tunnelbau, Stütz-, Futter-, Kai- und Staumauern.
Bd 2. Grundbau, Brückenbau, Wasserversorgung und Entwässerung der Städte, Wasserbau.

Esselborn, Karl: Lehrbuch des Tiefbaues. 4. Aufl. Leipzig 1910
Bd 1. Erdbau, Stütz-, Futter-, Kai- und Staumauern, Grund-, Straßen-, Eisenbahn- und Tunnelbau. Vermessungskunde. Bearb. von Otto Eggert u. a.
Bd 2. Brückenbau, Wasserversorgung und Entwässerung der Städte, Kanal- und Flußbau, Seebau, Landwirtschaftlicher Wasserbau. Bearb. von Otto Franzius u. a.

— s.: Luft, Aug., Leben u. Schicksale in meiner Schulmeister-Laufbahn.

Esselborn, Karl, Gerichtsaccessist: Die **Ministerverantwortlichkeit im Grossherzogtum Hessen.** *Leipzig 1902: O. Mutze.* (VI, 146 S.) 8° [J.]
Giessen, Jur. Diss. v. 1902

— s.: Peppler, Frdr., Schilderung meiner Gefangenschaft in Rußland.

— Das Recht der Pflichtexemplare im Grossherzogt. Hessen. Durch e. Einleitg. verm. Sonderabdr. aus dem „Zentralblatt f. Bibliothekswesen". (III, 77 S.) gr. 8. Leipzig 907. O. Harrassowitz. 2.50

Das Recht der Pflichtexemplare im Großherzogtum Hessen. Von Dr. iur. Karl **Esselborn**, Hilfsbibliothekar. Leipzig: O. Harrassowitz 1907. (77 S.) 8°
Erw. aus: Zentralblatt f. Bibliothekswesen. Jg. 24. H. 7, 10 u. 11. [07. 17105]

— s.: Röder, Geo., Notizen aus meinem Kriegstagebuch.

Sachregister zu den Jahrgängen 1846-1860 der periodischen Blätter der Geschichts- und Altertumsvereine und 1861-1800 der Quartalblätter des Historischen Vereins für das Großherzogtum Hessen. Zsgest. von Dr. Karl **Esselborn**, Hilfsbiblioth. Darmstadt: Hist. Verein 1908. 16 S. 8° [09. 11734]

— s.: Stelz, Johs., Selbstbiographie.

— des Pfalzgrafen Tochter. Ein episches Gedicht. 3. Aufl. 16. (64 S.) Darmstadt 881. Esselborn's Selbstverl. geb. m. Goldschn. n. 2. —

Esselbrügge, Albert *Arnold Ernst* [pr. Arzt aus Cöln-Deutz]: Ueber Behandlung der Carbunkel durch Excision ... Greifswald, Druck v. J. Abel, 1896; 23 S. 8.
Greifswald, Med. Fak., Inaug.-Diss. v. 20. März 1896

Esselbrügge, Oscar [aus Burgsteinfurt]: Über gonorrhoisch erkrankte Fussgelenke .... Berlin, Buchdr. v. Gustav Schade (Otto Francke) (1887); 30 + 1 S. + 1 Bl. 8°.
Berlin, Med. Fak., Inaug.-Diss. v. 6. Aug. 1887.

Esselen, M. F., s. Essellen

Essellen, C., Rienzi Cola. Ein Trauerspiel in 5 Akten. [Den Bühnen gegenüber Eigenthum des Verlegers.] gr. 8. (148 S.) Arnsberg 848, Grote. $^{5}/_{6}$ ß

Essellen, M. F., das römische Kastell Aliso u. Ort der Niederlage des römischen Heeres unter Q. Varus. Zwei Abhandlungen. 8. (47 S.) Hamm 878. Grote. n. — 60

Essellen, M. F., das römische Castell Aliso, der Teutoburger Wald und die Pontes longi. Ein Beitrag zur Geschichte der Kriege zwischen den Römern u. Deutschen in der Zeit vom J. 12 vor bis zum Frühjahre 16 nach Christus. Mit 4 (lith.) Karten (in 4. u. Fol.) u. einem Anh. „Ueber die alten Steindenkmäler, die sogen. Hünenbetten in Westphalen u. den angrenzenden Provinzen." Hannover 857. Rümpler. gr. 8. (VIII, 256 S.) n. 2 ß

Esselen, M. F., Anleitung zur Anwendung derjenigen Vorschriften der Deposital-Ordnung, welche sich auf die Berechnung, Einziehung und Vertheilung der Bankzinsen beziehen. Mit Zins-Berechnungs- u. Repartitions-Tabellen. 4. Arnsberg 835. Ritter. $^{3}/_{8}$ ß

Essellen, M. F.: Die Bestimmungen d. preuss. Gesetze üb. d. Kautionswesen d. Staatsbeamten. *Siegen*, Friedrich. 837. gr. 8. (12 Gr.)

Essellen, M. F., allgemeine Deposital-Ordnung, s. Deposital-Ordnung.

—— Ergänzungen zur Hypothekenordn., enth. Gesetze, Verordnungen ꝛc., welche ausschließl. d. Einrichtung d. Hypothekenwesens im Depart. d. k. Ober-Landesger. zu Arnsberg betreff., u. Zusätze u. Erläutn. z. Hypothekenordn. 4. (16 B.) Arnsberg 836, (Ritter.)

Esselen, d. westfäl. Fem- od. Freigerichte. Schwerte 878.

— vergl. Fischer, C. A.

Essellen, M. F., zur Frage, wo Julius Cäsar die beiden Rheinbrücken schlagen ließ. Eine Abhandlung. Hamm 864. Grote. gr. 8. (16 S.) n. 4 *ngr.*

— die westfälischen Frei- u. Femgerichte. 8. (IV, 61 S.) Schwerte 877. Braus. n. — 50

Essellen, M. F., Die westfälischen Frei- oder Femgerichte. Schwerte 1877.
——. —— 2. Aufl. Ebda o. J. 12. . . . . (1880.)

**Essellen, M. F., Gebühren-Taxe f. d. Gerichte ꝛc.,
—— Gebühren-Taxe f. d. Ober- u. Untergerichte ꝛc.,** | s. a. Gebühren-Taxe.

—— Gebühren-Taxe f. d. Gerichte u. Justiz-Kommissarien in d. Mandats-, d. summar.- u. d. Bagatell-Prozesse, m. Tabn. zur genauen Berechn. u. Vertheil. d. Pauschquanten u. e. Zusätzen u. Erläuterungen. 2., vervollständ. Aufl. 8. ($1^{1}/_{8}$ B.) Arnsberg 835, Ritter.

—für die Ober- u. Untergerichte, so wie für die Justiz-Kommissarien und Notarien in den Provinzen des Königl. Preuß. Staates, worin das Allgem. Land-Recht u. die Gerichts-Ordnung eingeführt worden. Mit Zusätzen u. Erläuterungen. 4. Arnsberg 832. (Ritter.) 1 ß — Nachtrag von Zusätzen und Erläuterungen. 4. Ebd. 834. $^{1}/_{6}$ **ß — 2r Nachtrag. 4. Ebd. 834.** $^{1}/_{6}$ **ß**

Gebühren-Taxe f. d. Ober- u. Untergerichte, so wie f. d. Justiz-Kommissarien u. Notarien in d. Provinzen d. Kön. Preuss. Staates, worin d. Allgem. Land-Recht u. d. Gerichts-Ordn. eingeführt. Mit Zusätzen u. Erläuterungen. Von M. F. E. Essellen. 2e verb. u. mit Zusätzen bis auf d. neueste Zeit vers. A. *Arnsberg*, Ritter. (832.) 837. 4. (2 Gr.)
(2r) Nachtrag von Zusätzen u. Erläuterungen. Von *dems. Ebend.* 833. 4. (4 Gr.)

— Gebühren-Taxe für die Ober- u. Untergerichte, so wie für die Justiz-Commissarien u. Notarien in den Provinzen d. Königl. Preuß. Staats, worin das Allgemeine Landrecht und die Gerichts-Ordnung eingeführt sind. Mit Zusätzen u. Erläuterr. 2e verb. u. mit den Zusätzen bis auf die neueste Zeit versehene Aufl. gr. 4. Arnsberg 837. Ritter. 2 ß

Essellen, M. F.: Gebühren-Taxe für die Ober- und Untergerichte, so wie für die Justiz-Kommissarien und Notarien, in den Provinzen des Königl. Preuß. Staats, worin das Allgemeine Land-Recht und die Gerichts-Ordnung eingeführt worden. Mit Zusätzen u. Erl. 3. Aufl. Arnsberg 1838. fol.

— 5. Aufl. ... u. Notarien in Mandats-, summarischen, Bagatell- und gewöhnlichen Prozeß- . . . Sachen [usw.]. 1841.

— Gebühren-Taxe für die Ober- u. Untergerichte, so wie für die Justiz-Kommissarien u. Notarien, in Mandats-, summarischen, Bagatell- u. gewöhnl. Prozeß-, in Konkurs- Untersuchungs-Sachen ꝛc. Mit Zusätzen u. Erläuterungen. 6. verb. u. verm. Aufl. kl. Fol. Arnsberg 843, Ritter. $2^{1}/_{3}$ **ß — 7. verb. Aufl. kl. Fol. Ebend. 841.** $2^{3}/_{8}$ **ß — 8. verb. u. verm. Aufl. Fol. Ebend. 846.** $2^{5}/_{12}$ **ß**

— Gebühren-Taxe in Untersuchungs-Sachen f. die Gerichtsbehörden, Staats- u. Polizei-Anwälte u. Vertheidiger. Lex. 8. (XXIV u. 56 S.) Hamm 850, Grote. 5/12 ß

Essellen, M. F., Gebühren-Taxe in Civil-Prozeß-Sachen für die Gerichte u. Justiz-Kommissarien, auf Grund der Allerh. Cabinets-Ordre vom 26. Juli 1847, nebst einem Nachtrag. Fol. (74 S.) Arnsberg 847, Ritter. 21 ngr

—— zur Geschichte der Kriege zwischen den Römern und Deutschen in den J. 11 vor, bis 16 nach dem Beginn unserer Zeitrechnung. Eine Abhandlung, worin besonders der Inhalt neuerer Werke über diesen Gegenstand besprochen wird. gr. 8. (141 S. mit Abbild. gefundener Antiquitäten auf 1 Stnt.) Hamm [Berlin] 862, Grote'sche Verlagsh. *

Essellen, M. F. Zur Geschichte der Kriege zwischen den Römern und Deutschen in den Jahren 11 vor bis 16 nach Chr. (141) 8. Hamm, Berlin 1863. 1.80.

Essellen, M. F., Geschichte der Sigambern u. der von den Römern bis zum Jahre 16 n. Chr. im nordwestlichen Deutschland geführten Kriege. Mit 2 Steindruck-Taff. (in 4.) u. e. Anhange: die Leichenfelder im Kreise Beckum betr. Leipzig 868. Grunow. gr. 8. (IX, 388 S.) n. 2 ß

Esselen, M. F., Anhang zu der Schrift: Geschichte der Sigambern u. der v. den Römern bis zum J. 16 n. Chr. im nordwestl. Deutschland geführten Kriege. gr. 8. (39 S.) Hamm 871. Grote. n. — 60 (Hauptwerk m. Anh.: n. 6. 60)

—— Geschichte der Grafschaft Tecklenburg. 8. (IV, 204 S.) Schwerte 877, Braus. *

— Handbuch zum Amtsblatte der Königl. Regierung zu Arnsberg, enthaltend alle 1816 — Ende 1843 in diesem Amtsblatte erschienenen, „ein bleibendes Interesse habenden" allerhöchsten Kabinets-Ordres, Ministerial- u. Provinzial-Verfügungen, nebst deren Erläuterungen u. Abänderungen, nach ihrem materiellen Inhalte, unter Zugrundlegung des Handbuchs von C. A. Fischer. gr. 8. Arnsberg 844, Ritter. Subscr.-Pr. n. 1 5/6 ß

—— das Hermannsdenkmal und der Ort der Varus-Schlacht. gr. 16. (31 S.) Hamm 875, Grote'sche Buchh. *

die Hohenburg bei Herringen an der Lippe und die Grabstätte auf derselben. (Aus der Zeitschrift für vaterländische Geschichte u. Alterthumskunde Westfalens abgedr.) Münster 861. (Hamm, Grote.) gr. 8. (30 S. u. 1 lith. Taf. in Fol.) n. 8 ngr

Essellen, M. F., über den Ort der Niederlage der Römer unter Varus. Eine Abhandlung. Hamm 853. Grote in Comm. gr. 8. (33 S.) n. 6 ngr

— Nachtrag zu der Abhandlung: „Ueber den Ort der Niederlage der Römer unter Varus". Ebend. 853. gr. 8. (15 S.) n. 2 ngr

— zweiter Nachtrag zu der Abhandlung: „Ueber den Ort der Niederlage der Römer unter Varus". Ebend. 854. gr. 8. (1 Bl., 66 S.) n. 10 ngr

über den Ort der Varusschlacht. Eine Zusammenstellung der wesentlicheren Gründe für die Annahme des Schlachtfeldes im südlichen Theile des Kreises Beckum. Mit 1 (lith.) Karte. Hamm 863. Grote. 4. (8 S.) n. 6 ngr

— Sammlung der Gesetze, wodurch die Vorschriften der preuß. Allgem. Prozeß-Ordnung in Beziehung auf den Mandats-, summar. u. Bagatellprozeß, die in Prozessen stattfindenden Rechtsmittel, die Exekution in Civilsachen u. den Subhastations- u. Kaufgelder-Liquidations-Prozeß abgeändert worden. Mit ergänz. u. erläut. Zusätzen. 4. Arnsb. 834. (Ritter.) 1/2 ß

— das Varianische Schlachtfeld im Kreise Beckum, s.a. Sammlung gemeinverständl. wissenschaftl. Vorträge.

Essellen, Hofrath. Das Varianische Schlachtfeld im Kreise Beckum. Mit einer lithographirten Karte. (Aus): „Sammlung gemeinverständlicher wissenschaftlicher Vorträge, herausgegeben von Rud. Virchow und Fr. v. Holtzendorff". IX. Serie, Heft 200. (Donation Liechtenstein.) 8. Berlin 1874.

—— das Stempelgesetz, s. Stempelgesetz.

M. F. Essellen, Das Stempel-Gesetz und der Stempel-Tarif. Essen, 1847.

—— Uebersicht der Geschichte der Grafschaft Mark. Zur Jubelfeier der Vereinigung der Grafschaft Mark mit dem brandenburg.-preuß. Staate. gr. 8. (84 S.) Hamm 859, Grote'sche Buchh. *

—— das Verfahren in Untersuchungssachen nach den Verordnungen vom 2. und 3. Jan. 1849 und den dieselben ergänzenden und erläuternden Verordnungen, Rescripten, Entscheidungen rc. Mit einigen Bemerkungen über das Verfahren in benachbarten Staaten. Zum Gebrauch für die Gerichtsbehörden, Staats- und Polizeianwalte, Vertheidiger, Geschworene rc. Lex.-8. (LVI und 112 S.) Hamm 850, Grote.

Essellen, M. Fr., der preußische Civilprozeß nach der neueren Gesetzgebung, unter Beifügung der seit dem J. 1833 ergang. Verordnungen, erläut. Reskripte rc. (u. Nachträge.) gr. Lex.-8. (20 1/4 B.) Arnsberg 846, Ritter. *

— Zusammenstellung der Gesetze, Verordnungen, ergänzender u. erläut. Rescripte, welche von den Civilgerichten in Untersuchungssachen wider Militairpersonen zu beachten sind. gr. 8. Arnsberg 833. (Ritter.) 2/3 ß

— Zusätze u. Erläuterungen zu der amtl. Ausg. d. Gesetzes, betr. den Ansatz u. die Erhebung der Gerichtskosten v. 10. Mai, so wie des Gesetzes, betr. die f. Besorgung gerichtl. Geschäfte außerhalb des Gerichtsortes zu bewilligenden Kommissions-Gebühren vom 9. Mai 1851 u. den Instruktionen dazu vom 10. u. 9. Septbr. 1851. Mit einem Anh., enth. die gesetzl. Bestimmungen üb. Berechnung der Diäten u. Reisekosten in Königl. Dienstangelegenheiten rc., auch einem Auszug aus d. Stempelgesetz u. Tarif. Fol. (IV u. 190 S.) Arnsberg 852, Ritter. 1 1/4 ß

— Zusätze u. Erläuterungen z. Deposital-Ordnung, mit Formularen zu Deposital-Mandaten rc. für die nicht gewöhnl. vorkommenden Fälle. 4. Hamm 839. Wickenkamp. 5/12 ß

— Zusätze u. Erläuterungen zu den Gesetzen vom 12. u. 11. Mai u. den Instruktionen vom 12. u. 11. Septbr. 1851, betr. den Ansatz u. die Erhebung der Gebühren der Rechtsanwalte u. Notare. Mit einem Anh., enth. die Notariatsordnung vom 11. Juli 1845 m. Zusätzen rc. nebst einem Auszug aus dem Stempelgesetz und Tarif. Fol. (IV u. 62 S.) Ebd. 852. 5/12 ß

— **Moritz Theodor (Bochum), De diversis sociorum pactis. Dissert. jur. Präs. Samuel Stryk. Halle (Chph. Andr. Zeitler) Juli 1708. 50 S. (5.—) 8295**

Essen [sachl. OW]

Essen geht vor Tanzen, oder der lügenhafte Kammerdiener; Lstspl. 8. Frankf. 782. Iversen. 3 K

Essen in der Poesie. Gedichte u. Lieder auf Essen. Essen-Ruhr: Fredebeul & Koenen 1907. 64 S. 8° [08. 108]

Essen in der Poesie. Gedichte u. Lieder auf Essen. (IV, 64 S.) 8. Essen (908). Fredebeul & Koenen. — 80; geb. in Leinw. — 75

Essen an der Ruhr. (Dem Verbande deutscher Elektrotechniker anläßl. s. 13. Jahres-Versammlung in Essen im Juni 1905. Essen-Ruhr 1905: Fredebeul & Koenen.) (XX, 118 S.) 8° [Umschlagt.] [06. 10708]

Essen i. Oldenburg [Schlagwort]

Essen i. Oldenbg., s.: Preussen. Messtischblätter.

Essen a. R. [Schlagwort]
— s. a.: Industriekarten.

— s. a.: Industriekarten. Mittelbach.

— s. a.: Umgebungskarten.

Essen. Anschütz, E., Plan v. Essen a. d. Ruhr. 1:12,500. 42×40,5 cm. Farbdr. Mit Strassenverzeichnis am Fusse. Essen (904). O. Schiefelbein. n. — 50

Essen. Bündgens, Karte des Stadt- u. Landkreises Essen. 1:100,000. 23×20 cm. Farbendr. Essen 888. H. L. Geck. n.n. — 15

— Hofacker, A., topographische Karte des Stadt- u. Landkreises Essen. Bearb. im Auftrage des Kreistages. 1:25,000. 2., bedeutend erweit. Aufl. 2 Blatt à 50×77 cm. Farbdr. Düsseldorf 894. (Essen, G. D. Baedeker.) n. 8. —

Essen a. R. Kunert, Plan der Stadt Essen u. der Bürgermeistereien Altendorf u. Rüttenscheid. 101,5×77 cm. Farbdr. Essen 901. O. Radke's Nachf. n. 4.—; auf Leinw., zusammenlegbar od. m. Stäben n. 6. —

Essen. Plan der Stadt Essen. 1:10,000. Gezeichnet v. Fr. Pleimes. Lith. u. color. qu. Fol. Mit Strassenverzeichniss etc. 8. (4 S.) Essen 887. Silbermann. n. 1. —

Essen. Plan von Essen an der Ruhr. 31,5×36,5 cm. Farbdr. Mit vollständ. Strassenverzeichnis. (XV S.) kl. 8. Düsseldorf (908). Th. Schnitzler. — 40

— Plan, neuester, von Essen. 1:7500. 49×49 cm. Farbdr. Essen (901). Günther & Schwan. n. 1. —

— Schmitz, C., Schulhandkarte des Stadt- u. Landkreises Essen. 1:80,000. 28,5×23 cm. Farbdr. Essen (908). G. D. Baedeker. nn — 15

Essen [Verf.]

Essen, die Gemeinschaftsbewegung e. echtes Kind der deutschen Reformation, s. a. Kirche u. Gemeinschaft. 4. Hft.

Die Gemeinschaftsbewegung ein echtes Kind der deutschen Reformation. Von Pastor Essen, Deutsch-Wartenberg. Neumünster: Ihloff [1909]. 46 S. 8°
(Kirche u. Gemeinschaft. H. 4.) (09. 14123)

Essen, A. v., s.a. Essen, Karl von

Fragmente aus dem Tagebuche eines Fremden [d. i.: A. von Essen] mehrentheils während dessen Aufenthalt in einigen königlich-dänischen Staaten gesammlet. Nebst 1 Zeichnung. Kopenhagen. 1800. 8°.
Bezieht sich der Hauptsache nach auf das Herzogtum Schleswig.

— Merkwürdige Landwirthschaften in Deutschland u. Dänemark. Stück 1. Rostock 1807. 227 S. 1 Tvl. mgl.
(O. m. Tit.: Beschreibung d. mit Brachfruchtbau u. Stallfütterung verbundenen Wechselwirthschaft d. Kammerherrn v. Juel auf der Insel Thorseng u. d. Zweifelderwirthschaft auf dem ostseeischen Eilande Dreyöe. — Hovedtitelbl. mgl.).

— Der Uebergang aus gewöhnlichen Dreifelderwirthschaften in eine nach Thaerschen Grundsätzen geordnete Fruchtwechselwirthschaft. Berl. 1809. 212 S. 8 Tab.

Essen, A. v., der Uebergang aus gewöhnlichen Dreyfelderwirthschaften in eine nach Thaerschen Grundsätzen geordnete Fruchtwechselwirthschaft. 8. Berl. Realschulbuchhandl. 809.

Essen, Ant. Ludw. v., s. Essen, Ludwig von

Essen, August Franz (Dresden), De ducis et principis electoris Saxoniae S. R. I. archimareschalli singularibus et eximiis functionibus in solenni panegyri electionis et coronationis Caesareae. Diss. histor. Präs. Jo. David Koeler. Göttingen (J. Fr. Hager) 30. IX. 1746. 44 S., tlws. dtsch. (5.—) 8296
Gew.: Heinr. v. Brühl (m. Wappen).

Essen, C. H.

— Daniel Gottfried (Dresden), De jure monetandi deque novissimis circa ejus exercitium consultationibus in comitiis. Präs. Christian Johann Feustel. Leipzig (Jo. Gg. Schniebe) 9. VI. 1740. 68 S., tlws. dtsch. (5.30) 8297
Gew.: Heinr. v. Bruehl.

Essen, Dorothea v., weil sie liebten. (118 S.) 8. Straßburg 908. J. Singer. Kart. 2. 50

v. Essen, Em. Just., († d. 1. Dec. 1780.), s. 1) Fr. Konr. Gadebusch, Liefländ. Bibliothek. 2) Hiob Orton, drei Reden.

Essen, Ernst (Bearb.), s. Aristoteles: Das Buch Z der Aristotelischen Metaphysik.

Essen, Ernst (Bearb.), s. Aristoteles: Poetik.

Essen, Ernst (Bearb.), s. Aristoteles: Das erste Buch der aristotelischen Schrift über die Seele.

Essen, Ernst, e. Beitrag zur Lösung der aristotelischen Frage. gr. 8. (164 S.) Berlin 884. (Steinitz.) n. 4. —

Essen, Ernst, Bemerkungen zu Aristoteles' Poetik. gr. 8. (34 S.) Leipzig 878. (Berlin, Calvary & Co.) n. 1. —

Essen: Bemerkungen über einige Stellen der aristotelischen Metaphysik. 18 S.–Stargard, Progr. 1862

Essen, Ernst, das 1. Buch der aristotelischen Schrift üb. die Seele, ins Deutsche übertr. u. in seiner ursprünglichen Gestalt wiederhergestellt. Nebst e. Anh.: Umschau in der Schrift üb. die Seele. gr. 8. (VI, 85 S.) Jena 892. G. Neuenhahn. n. 2. 50

— das 2. Buch der aristotelischen Schrift üb. die Seele in kritischer Übersetzung. Mit e. offenen Briefe an Hrn. Geh. Reg.-R. Susemihl als Vorrede. gr. 8. (94 S.) Ebd. 894. n. 2. 50

Essen, E., das Buch Z der Aristotelischen Metaphysik. Cöslin 863. Hendess in Comm. gr. 8. (30 S.) n. 10 ngr.

Essen: Die Definition nach Aristoteles. 19 S.–Stargard, Progr. 1864

Essen: Der Keller zu Skepsis. (Ueber die Schriften des Aristoteles). 30 S.–Stargard, Progr. 1866

Essen, E., der Keller zu Skepsis. Versuch über das Schicksal der Aristotelischen Schriften. Als Mscr. gedr. Stargard 866. (Berlin, Calvary & Co.) 4. (30 S.) n. 12 ngr.

Essen, Ernst, Lehrbuch der Stereometrie. Stargard 856. Weber. gr. 8. (1 Bl., 70 S. u. 4 lith. Taf. in 4.) n. 10 ngr.

Essen, Ernst: Über perspectivische Verwandtschaft der Figuren. 16 S.–Stargard, Progr. 1855.

v. Essen, Fr., († d. 29. Mai 1815.) Abriß d. russ. pein. Rechts, s. J. G. J. v. Neumann.

— Frantz Anton von, De terminis ac fatalibus judicialibus eorumque computatione, secundum stylum judiciorum Pomeraniae. Diss. jur. Präs. August Balthasar. Greifswald (H. J. Struck) 29. VII. 1746. 142 S. (6.50) 8304

Essen, Franz von

— — De eurematicis seu stratagematibus juris, vulgo von juristischen Fintgen. Conclus. jur. Präs. Friedrich Gerdes. Greifswald, 4. VI. 1674 (Gg. Heinr. Adolph) 1704. 24 Bl. (5.—) 8300

— — Dasselbe. Greifswald (M. Doischer) 1708. (4.50) 8301

— — Dasselbe. Ed. VII. Lpz. (Schede) 1730. 39 Seiten. (5.—) 8302

— — Dasselbe. Wittbg. (J. G. Schlomach) 1735. 24 Bl. (4.20) 8303

v. Essen, Gerh. Hnr., Kunst-Nachlaß, s. Verzeichniß der ersten Abtheilung des Kunst-Nachlasses G. H. v. Essen's.

Essen, Jac. v.

— s. Dichtergesellschaft.

v. Essen, Jak., prakt. Kopfrechnenschule. Ein Handbuch f. Lehrer u. Selbstlernende, welches, außer einer doppelten Einleit., in 6 Lehrgängen, 4000 Uebungsaufgaben enthält. 8. Lübeck 825. v. Rohden. 1 ℛ

v. Essen, Jac., prakt. Kopfrechnenschule. Ein Handbuch für Lehrer u. Selbstlernende, so wie ein Lehrmittel bei der wechselseit. Schuleinrichtung, welches, außer e. doppelten Einleitung, in 6 Lehrgängen 4000 Uebungsaufgaben, viele Rechnungsvortheile, Winke u. Fragen zur Erleichterung der Auflösung enthält. 2e Aufl. Mit 1 Abbildung und einer neuen Rechnenmaschine. 8. Hamburg 838. Herold. 1 ℛ

v. Essen, Jac., pract. Kopfrechnenschule. Ein Handbuch für Lehrer u. Selbstlernende rc. 3. Aufl. Mit 1 Bogen Steindruck: Abbildung einer neuen Rechnenmaschine. gr. 12. Hamburg 844, Herold'sche Buchh. n. 1 ℛ

—— practische Rechnenschule, s. a. Schlüter, H.

— u. H. Schlüter, prakt. Rechenschule, ein Exempelbuch f. Volksschulen. 2 Thle. 8. Lübeck 181.. 2e A. ... 3e A, 820. 4e A... v. Rohden. 12 ℊ

Practische Rechnenschule. Ein Exempelbuch für Rechnenschüler in Volksschulen. Entworfen und verb. v. Hinrich Schlüter und Jakob v. Essen. Th. 1. 2. Aufl. Lübeck. 1824. 8°

— u. Schlüter, prakt. Rechnenschule, e. Exempelbuch für Volksschulen. 2r Thl. 5e Aufl. 8. Lübeck 840. v. Rohdensche B. n. 5 ℊ — 1r Thl. 4e Aufl. 829. n. 5 ℊ

Essen, Johann August

— — (Past. u. Sup. Rochl.), Epistola pastoralis ad viros dioeceseos Rochlitiensis pastores et diaconos, nec non scholarum rectores et magistros, qua munus antistitis ejusdem dioeceseos clem. sibi demandatum auspic. de jucundis evangelizantium pedibus in locum Jesa. LII, 7 pauca quaedam comment. Lpz. 1759. 22 S. (4.—) 8307

— **Johann August** (Pastor Vehlicensis), De providentia dei singulari circa gubernatores ecclesiae ad locum Hagg. II, 23 disserit et domino Johann Gotthelf Frh. v. Globig auspicia anni 1759 fausta atque fortunata precatur. Wittbg. (Schlomach). 48 S. (5.—) 8306

Handschr. Widm. d. Verf. a.: D. Holst (Barb. Past.).

De Möller von Büttenhagen oder: „Bummelt ward hier nicht." Lustspill in 2 Afdelungen v. Jörgen von Essen. Wilster i. H. 1906. 8°

Essen, Karl v., s. a. E s s e n , A. von

v. Essen, Karl, Anleit. zur Kenntniß u. Benutzung mehrerer in Deutschland einheimischen Pflanzen, Bäume u. Sträucher. gr. 8. Weimar 804. Industr.-Compt. 18 ℊ Schrbp. 21 ℊ

Esfen, Carl [Gadderbaum-Bielefeld (Westf.)]: Ein Beitrag zur Histologie des Kopfhaut-Carcinoms. . . . Gadderbaum, Druck v. W. Bertelsmann, 1891; 20 S., 1 Bl. 8°

Würzburg, Med. Fak., Inaug.-Diss. v. 1891

— Beschreib. der mit Brachfruchtbau u. Stallfütterung verbund. Wechselwirthschaft des Hrn. v. Juel auf d. Insel Thorseng u. d. Dreifelderwirthschaft auf Dreyde. Mit 1 Kpf. gr. 8. Rostock 807. Stiller. 1 ℛ 8 ℊ (A. u. d. T.: merkwürd. Landwirthschaften in Deutschland u. Dänemark. 1r Thl.)

— d. Uebergang aus gewöhnl. Dreifelderwirthschaften in eine nach Thärschen Grundsätzen geordnete Fruchtwechselwirthschaft. 8. Berl. 809. Reimer. 1 ℛ 8 ℊ

v. Essen, Ludw., Andachts-Büchlein für Congregationen der allerseligsten Jungfrau Maria. Zum Gebrauche der Congregationen entw. 2. umgeänd. Aufl. Aachen 866. Hensen. (Jacobi & Co.) 12. (77 S.) 5 ngr

Essen, Ludwig v.: Geschichte der Stadt Jülich. – Fortsetzung. – Fortsetzung. – Progr. Jülich 1855/56/57.

Essen, Ludw. v., Handbüchlein der Kirchengeschichte. Zum Gebrauche an Gymnasien u. höhern Schulen, sowie zur leichtern Repetition entworfen. Köln u. Neuß 856. Schwann. 8. (4 Bl., 72 S.) n. 5 ngr

Essen, v., Handbüchlein der Kirchengeschichte. Zum Gebrauche für die untern Klassen der Gymnasien und für Töchter-Schulen, sowie zur leichtern Repetition entworfen. 2., verb. und verm. Aufl. gr. 8. (VIII und 87 S.) Köln und Neuß 860, Schwann'sche Verlagsh.

— Handbüchlein der Kirchengeschichte. Zum Schulgebrauche entworfen. 3. durchges. Aufl. Aachen 865. Hensen. 12. (IV, 108 S.) 7½ ngr

—— Handbüchlein der Kirchengeschichte. Zum Schulgebrauche entworfen. 3., durchgeseh. Aufl. 12. (IV und 108 S.) Aachen 865, [Jacobi und Comp.]

Essen, [Ant. Ludw.]; Msgr. v., Handbüchlein der Kirchengeschichte. Zum Schulgebrauche entworfen. 4. und 5. Aufl. gr. 16. (112 S.) Aachen 871, 79, Jacobi und Comp. *

Essen, v., Handbüchlein der Kirchengeschichte. Zum Schulgebrauche entworfen. 6. Aufl. 12. (110 S.) Aachen 889. A. Jacobi & Co. n. —80

— heiliger Antonius von Padua, bitte für uns! Ein Erbauungsbuch für alle frommen Verehrer des. heil. Antonius. Warendorf 867. Schnell. 16. (IV, 345 S. u. 1 Stahlst.) n. 12 ngr

Essen, Ludw. v., Pillen u. Pflaster der geistl. Hausapothek. Allen römisch-kathol. Hausvätern u. Hausmüttern verschrieben u. m. Gebrauchsanweisg. versehen. 3. Aufl. gr. 16. (384 S.) M.-Gladbach 875. Blank. 1. 50

— der Prediger Salomo's. Ein Beitrag zur Erklärung des alten Testamentes. Schaffhausen 856. Hurter. gr. 8. (2 Bl., 107 S.) n. 18 ngr

Essen, Ludwig van, Der Prediger Salomos. Ein Beitrag zur Erklärung des Alten Testam. Schaffhausen, Hurter, jetzt Regensburg, Verl.-Anst., 1856, gr. 8°, IV u. 407 S., 1,80 Mk.

Essen, Ludw. v., römisch-katholische Volksschriften. Hrsg. für Landleute — den Stadtleuten können sie auch nicht schaden. 1.—6. Heft. gr. 16. (192 S.) M.-Gladbach 875, Blank. à Heft 15 Pf.

1. Heft 2. und 3. Aufl.; 2. Heft 2. Aufl.

Essen, Ludw. v., römisch-katholische Volksschriften. Hrsg. für Landleute — den Stadtleuten können sie auch nicht schaden. 2. Jahrg. A. u. d. T.: Etwas Pomade für junge Leute. Fabrizirt und mit Gebrauchsanweisung versehen. 12 Hefte. gr. 16. (576 S.) M.-Gladbach 876, [Köhles jun.] Blank. à Heft * 25 Pf. *

Nicht weiter erschienen.

Essen, M. H. N. v., index Thucydideus ex Bokkeri editione stereotypa confectus. gr. 8. (IV, 457 S.) Berlin 887. Weidmann. n. 12. —

Essen, Max v. [Pseud.], s. a. Eissenstein, Arthur Frhr. v. u. zu

Essen, Max v., Vergangenes aus dem Leben e. Diplomaten. 8 Erzählgn. gr. 8. (117 S.) Berlin 895. M. Rüger. n. 2. —; geb. n. 3. —

Essen, Max v. (Arth. Frhr. v. u. zu Eissenstein), d. Verleumdung. E. Roman a. d. Gegenwart. gr. 8. (156 S.) Berlin 896. M. Rüger. n. 2. 50; geb. n. 3. 60

Essen, Michael Ernst von: An dem höchsterwünschten Geburths-Feste ... [Text zur Kantate zum Geburtstage der Fürstin Christine Sophie, Markgräfin zu Brandenburg-Kulmbach, geb. Herzogin zu Braunschweig-Bevern, 22. Jan. 1751.] — Gottorf 1751. 2 Bl. 4°

Essen, Michael Ernst von: Als der weyland wohlgebohrne ... [Text zur Trauerkantate auf Johann Melchior Krafft, Konsistorialrat, † 22. Juli 1751.] — Flensburg (1751): Holwein. 2 Bl. 4°

Essen, Otto v. Die Amputationen u. Exarticulationen der chirurgischen Klinik zu Dorpat in den J. 1878—1888. Diss. gr. 8. (82, LXI S.) Dorpat 889, (Karow). * 2 —

Essen W. v.: Danmarks Export. Et Bidrag til Besvarelse af Spørgsmaalet: »Hvad kan Danmark exportere? Hamb. 1896. 23 S. P.

Essen, W., Lieder für d. Schul- u. kirchl. Feier d. großen Erinnerungstage des Vaterlandes. 8. Halle 819. (Waisenh.-B.) 8 gr

Die Vorfeyer des Friedens. Logenreden, Canzelvorträge und Zeitgedichte. Von W. Essen. Halle u. Berlin: Waisenhaus 1814. IV, 86 S. 8°
Kl. 1186.

Essenberger, Dr. Ant., s. Mitteregger, Dr. Jos.: Lehrbuch der Chemie.

Essenberger, Johann Christian (Zittau), De processu desertionis in foro Saxonico. Diss. jur. Präs. Ernst Tenzel. Erfurt (J. H. Grosch) 17. V. 1720. 24 S. (4.80) 8308

ESSENDORFER, M. Korbinian (München): Die Behandlung des Gebärmutter-Krebses mit der sogenannten solidificirten Salpetersäure.- München: Mühlthaler 1871. 14 S.
28.7.1869 - Urk (Titel: De carcinomate uteri.); F 72; Chr 1869/70,12
Diss. Ingolst.-Landsh.-Mchn.

Essenna, Dr. ..., s. Gedanken aus d. Tagebuche eines Juden.

Essenther, F., die sociale Revolution im Thierreiche, s.: Humor u. Satire.

Essenther, Franziska, Frauenehre. Roman aus dem modernen socialen Leben. 3 Bde. gr. 8. (IV, 176; IV, 232 u. IV, 212 S.) Wien 873. Leo & Co. n. 6. —

Essenwein, A., Die Nationalsocialen und die Bauern. 8°. Berlin-Schöneberg, Verl. d. „Hilfe", 1901.

Essenwein, August (Ottmar)

Essenwein, A. (Hrsg.), s. Anzeiger des germanischen Nationalmuseums.

Essenwein, Aug., Atlas der Architektur. 53 Taf. in Stahlst. nebst erläut. Texte. [Aus: „Bilder-Atlas. 2. Aufl."] qu. Fol. (67 S.) Leipzig 875. Brockhaus. n. 15. —; geb. n. 19. —

Essenwein, Aug., Atlas der Architektur. 53 Taf. in Stahlst. nebst erläut. Texte. 2. Abdr. der Sep.-Ausg. aus dem Bilder-Atlas. 10 Lfgn. qu. Fol. (67 S. m. 53 Stahlst.) Leipzig 881. 82. Brockhaus. à n. 1. 50

Essenwein, A., die Ausgänge der classischen Baukunst; die Fortsetzung der classischen Baukunst im oströmischen Reiche, s. Handbuch der Architektur.

Essenwein, A., die innere Ausschmückung der Kirche Gross-St.-Martin in Köln. Köln 866. (Nürnberg, v. Ebner.) gr. 8. (59 S.) n. 12 ngr.

Essenwein, Aug. Ritter v., die farbige Ausstattung d. zehneckigen Schiffes der Pfarrkirche zum heil. Gereon in Köln durch Wand- u. Glasmalereien, entworfen, ausgeführt u. hrsg. von A. R. v. E. Mit 36 Taf., meist Photolith. nach den Orig.-Cartons (z. Tl. auch in Farbendr.). 80,5×64 cm. (21 S. Text.) Frankfurt a/M. 891. H. Keller. In Mappe. n. 240. —

Essenwein, A., Norddeutschlands Backstein-Bau im Mittelalter. 1—4. Heft. Carlsruhe (855.) Veith in Comm. gr. Fol. (S. 1—24, mit Holzschn. im Text u. 37 lith. Taf. theilw. in Farbendr.) Jedes Heft n. 2 ℳ

— die romanische u. die gothische Baukunst, s.: Handbuch der Architektur.

— der Bildschmuck der Liebfrauenkirche zu Nürnberg. Lex.-8. (20 S.) Nürnberg 881. (Korn.) n.n. — 90

Essenwein, A. Kunst- und kulturgeschichtliche Denkmale des Germanischen National-Museums. Nürnberg 1877. Fol.

— kunst- u. kulturgeschichtliche Denkmale des Germanischen National-Museums. Eine Sammlung von Abbildungen hervorrag. Werke aus sämmtl. Gebieten der Kultur, zusammengestellt u. allen Freunden der deutschen Vorzeit gewidmet. Imp.-4. (120 Holzschntaf. m. 2 Bl. Text.) Nürnberg 878. (Frankfurt a/M., Baer & Co.) cart. n. 24. —

Essenwein, Aug. v., Einleitg. (Theoret. u. histor. Uebersicht) in d. Baukunde, s.: Handbuch d. Architektur.

Essenwein, Aug. v., Einleitung in die allgemeine Hochbaukunde, s.: Handbuch der Architektur. I. 1.

Essenwein, A., die Entwicklung des Pfeiler- u. Gewölbe-Systemes in der kirchlichen Baukunst vom Beginne des Mittelalters bis zum Schlusse des XIII. Jahrh. (105 S. m. 79 Holzschn.) 4. Wien 858. (A. Schroll & Co.) nn 3. 20

—— s. Handbuch der Architektur.

—— s. a. Hausbuch, mittelalterliches.

Essenwein A, Mittelalterliches Hausbuch. Bilderhandschrift des 15. Jahrhunderts. (53 S 28 T) 4° Frankfurt a. M. 1887

Essenwein, A. v., d. Helme a. d. Zeit v. 12. bis z. Beginne d. 16. Jahrh. i. german. Museum. Lex.-8. (62 S. m. Abb.) Nürnberg 892. Verlag des german. Nationalmuseums. n. 2. —

— Hans Tirol's Holzschnitt darstellend die Belehnung König Ferdinand's I. mit den österreichischen Erbländern durch Kaiser Karl V. auf dem Reichstage zu Augsburg am 5. Septbr. 1530. Nach dem Originale im Besitze der Stadtgemeinde Nürnberg hrsg. gr. Fol. (12 S. m. 18 Taf.) Frankfurt a/M. 887. Keller. In der Mappe. n. 45. —

(Essenwein, A[ugust].) Die Holzschnitte des 14. und 15. Jahrhunderts im Germanischen Museum zu Nürnberg. Nürnberg. Verlag von S. Soldans' Hof-Buch- und Kunsthandlung 1875.
Tit., 4 + 16 S.; 165 Taf. in Lithogr. 4°.

(Essenwein, August.) Katalog der im germanischen Museum befindlichen vorgeschichtlichen Denkmäler (Rosenberg'sche Sammlung). ... Nürnberg. Verlag des germanischen Museums 1886 ...
147 S. m. 132 Abb. 4°.

(Essenwein, August.) Katalog der im germanischen Museum befindlichen Glasgemälde aus älterer Zeit . . . Nürnberg, Verlag des germanischen Museums 1884.
54 S. m. 17 Abb. in Holzschn., 14 Taf. 4°.

—. Katalog der im germanischen Museum befindlichen Kartenspiele und Spielkarten . . .
Nürnberg, Verlag des germanischen Museums 1886 . . .
35 S., 40 Taf. 4°.

— Die Kirche der P. P. Augustiner in Brünn. Zeichnungen v. H. Petschnigg. (11 S. m. 8 Abbildgn. u. 1 Taf.) 4. Ebd. (862). nn 1.—
Sonderabdruck aus „Jahrb. d. k. k. Central-Comm. z. Erforschg. u. Erhaltg. d. Baudenkmale".

Essenwein, A., die Kriegsbaukunst, s.a. Handbuch der Architektur.

Essenwein, Dr. August v., Director. Die (mittelalterliche) Kriegsbaukunst. Aus: „Handbuch der Architektur". Unter Mitwirkung von Fachgenossen herausgegeben von Baudirector Prof. Dr. Josef Durm etc. gr. 8. Darmstadt 1889.

Essenwein, A. Die mittelalterlichen Kunstdenkmale der Stadt Krakau. Nürnberg 1866. Fol.

— die mittelalterlichen Kunstdenkmale der Stadt Krakau. 4. (XLIII und 186 S. mit eingedr. Holzschn. und 80 Stnt.) Nürnberg 867. (Leipzig, Brockhaus' Sortiment und Antiquarium.) *

Essenwein, A., die mittelalterlichen Kunstdenkmale der Stadt Krakau. Imp.-4. (X, 229 S. mit 6 Stahlst. und 71 Stnt., wovon 1 in Buntdr. in Imp.-4. und qu. Fol.) Leipzig 869, Brockhaus' Sortiment und Antiquarium. *

[Essenwein, August Ottomar.] Quellen zur Geschichte der Feuerwaffen. Facsimilierte Nachbildungen alter Originalzeichnungen, Miniaturen, Holzschnitte und Kupferstiche, nebst Aufnahmen alter Originalwaffen und Modelle. Herausgegeben vom Germanischen Museum.
Leipzig, F. A. Brockhaus 1877.
Vortit., 178 S. m. 9 Holzschn.; 157 Taf. in Lithogr. 4°.

A. Essenwein. 120 Tafeln mit erklärendem Text. 3 Bde. Leipzig 1883, 1885 und 1888. 4° u. 8°.

— Der Wohnbau des Mittelalters, 2. Aufl., s.: Stiehl, Otto.

Esser, der Sanitätsdienst bei der 17. Division im Feldzuge 1870/71, s.a. Militär-Wochenblatt.

Der Sanitätsdienst bei der 17. Division im Feldzuge 1870/71. Nach e. 1910 gehaltenen Vortrage. Von Dr. Esser, Oberstabsarzt. Mit 9 Tab. Berlin: Mittler (1910). S. 324–350. 8° [Umschlagt.]
(Militär-Wochenblatt. 1910. Beiheft 10.) [10. 1559

Esser, Wiederholungen aus der deutschen Litteraturgeschichte f. Oberklassen höh. Unterrichtsanst. u. z. Vorbereitg. auf d. Prüfg. f. d. Schulamt u. f. Mittelschulen, sow. z. Privatstudium. 5. Aufl., hrsg. v. Gansen. 8. (XII, 320 S.) Limburg 898. Verlag d. St. Marien-Stiftg. (Bornhofen). n. 1. 75; kart. n. 2. —

Esser, Albert, approb. Arzt aus St. Johann a. d. Saar: Plastische Operationen am Schädeldach. *St. Johann a. d. Saar 1898: Pecheur.* (35 S.) 8°
Freiburg i. B., Med. Diss. v. 1898

Esser, Anna, Epheuranken. Lieder u. Gedichte. gr. 16. (XIV, 194 S.) Köln 892. J. P. Bachem. Geb. in Leinw. m. Goldschn. n. 3. 50

— e. Sang vom Linzer Dom. 8. (VI, 141 S.) Linz 894. (Qu. Haslinger.) n. 2. —

Das kommunale Kassen-, Rechnungs-, Kontroll- und Revisionswesen. In Form e. Geschäftsanweisung f. d. Kassen ... u. Amtsstellen ... hrsg. von [August] Esser, Bureaudir., u. [Peter] Aretz, Rechnungsrev. Aachen 1907: La Ruelle. (420 S.) 8° [F.] [08. 9811

Esser, C. F., Prüfung der Geister. 4. Stuttgart, Metzler. 741.

Esser, Ch. Vide: Freiheit, Brüderlichkeit, Arbeit.

Esser, Christ. Friedr., Idea boni informat. ejusque privati, quam, quum, lustrationem seu examen studiorum juv. de Zanthier, instit., et hoc ipso methodum, et suas, quas cum illis tractat, lectiones aperiret, levi quidem stilo, at bono animo aliquatenus delineare voluit. Stargard (Joh. Nicol. Ernst) Aug. 1714. 8 Bl. (4.—) 8309

Esser, Emilie, vor der Bescheerung, s.a. Weihnachts-Bühne. Nr. 4.

Vor der Bescheerung. Ein Weihnachtsmärchen in 1 Akt von Emilie Esser. Landsberg a. W.: Volger & Klein [1905]. (16 S.) 8° [F.]
— Weihnachts-Bühne. No 4. [07. 9095

Esser, Emilie, e. Blumenstrauß fürs Kaiserhaus, s.: Festspiele f. d. Jugend.

— u. P. Kaegler, Gedichte u. Vorträge f. 1 u. 2 Personen, s.a. Polterabend u. Hochzeit.

Gedichte und Vorträge (für 1 und 2 Personen von Emilie Esser und von P. Kaegler.) *Berlin: E. Bloch (1898).* (96 S.) 8° [F.]
Polterabend und Hochzeit. Bd 18. [99. 8381

— d. Jahres Kreislauf, s.a. Mädchen-Bühne.

Des Jahres Kreislauf. Festspiel von Emilie Esser. *Berlin: E. Bloch (1898).* (26 S.) 8° [F.]
— Mädchen-Bühne. H. 46. [99. 11653

Esser, F., & Co.: Festschrift zum fünfzigjährigen Geschäftsjubiläum. Elberfeld (1907)

Esser, F., Sach- u. Autoren-Register, s.: Blätter, forstliche.

Esser, Die polytechn. Schule zu Aachen s.a. Cremer

Esser F. die polytechn. Schule zu Aachen, entw. v. R Cremer. (9 S 11 T) fol Berlin 1871

Esser, Ferd., Abhandl. üb. Blitzableiter. 8. Münster, Perrenon. (Aschendorff). 785.

Esser, Ferdinand: Die Aktiengesellschaft nach den Vorschriften des Handelsgesetzbuchs . . ., s. Esser, Robert

Esser, Ferd. Die derogatorische Kraft des Gewohnheitsrechts. Nach gemeinem Recht u. neueren Gesetzgebungen. 8. (VI, 70 S.) Berl. 889, Springer. * 1 40

Die Lehre des hl. Thomas von Aquino über die Möglichkeit einer anfangslosen Schöpfung. Dargest. u. geprüft v. Fr. Thomas Esser, O. P. *Münster: Aschendorff 1895.* (VI S., 1 Bl., 176 S.) 1 Bd 8. [96. 1851

Esser, F. Th., Unserer Lieben Frauen Rosenkranz, erklärt. 8. (VII, 568 S.) Paderborn 889. F. Schöningh. n. 3. 60

Esser, Frz. Die Formen der Periode im Nibelungenliede. 8 S.
Progr. *Weissenburg* 1878.

Eßer, Franz, Ref. in Oberkassel bei Düsseldorf: Inwieweit ist der Grundeigentümer, der sein Grundstück vertieft, dem Nachbar für den durch das Vertiefen entstandenen Schaden ersatzpflichtig? Nach gemeinem Recht und dem Bürgerlichen Gesetzbuch. Borna - Leipzig 1906: R. Noske. (IV, 60 S.) 8°
Leipzig, Jur. Fak., Diss. v. 30. Juli 1906
[Geb. 10. April 82 Barby, Kr. Kalbe a. S.; Wohnort: Oberkassel b. Düsseldorf; Staatsangeh.: Preußen; Vorbildung: Gymn. Brühl b. Cöln Reife O. 02; Studium: Freiburg i. B. 1, Paris 1, Berlin 2, Bonn 3 S.; Rig. 24. Juli 05.]

Esser, Franc. (Hub.) (geb. Rödingen im Rheinl. 9. 3. 1841): De neonatos nutriendi ratione. Berolini (1865). (32 S.) 8°
Berlin, Med. Diss. v. 18. Juli 1865

Franz Karl Esser

De Aborta. Berolini (1830) Bretschneider. 18 S. 8
Berlin, Med. Diss. v. 24. Nov. 1830

Esser, Friedrich: Elektrostatische Aufbereitung der Erze. Halle: Knapp 1907. 27 S. 4° ¶ Verkürzt in: Metallurgie. Jg. 4.
Aachen, Dr.-Ing.-Diss. v. 26. 1. 1907

Esser, Frdr., Gicht, Rheumatismus u. Erkältungskrankheiten u. ihre erfolgreiche Behandlung nach Carl Huters neuem kallisophischen Heilsystem. Mit mehreren in den Text gedr. Abbildgn. (52 S.) 8. Detmold 906. Leipzig, Arminius-Verlag. 1. —

Esser, Fritz, S. J., s.: Aus d. Leben Uns. Lieben Frau.

Esser, Fritz, S. J., Ave Maria. Ein Marienleben. (155 S.) kl. 8. Paderborn (908). J. Esser.
Geb. in Leinw. m. Goldschn. 2. 50

Ave Maria. Ein Marienleben von Fritz **Esser**, S. J. 2. Aufl. Paderborn: J. Esser [1908]. (155 S.) 8° [F.] [08. 7008

Esser, Fritz, Blüten der Marienminne. 12. (IV, 208 S.) Paderborn 892. J. Esser. Geb. in Leinw. m. Goldschn. n. 2. 40

— dasselbe. 2., verm. Aufl. 12. (IV, 256 S.) Ebd. 893. Geb. in Leinw. m. Goldschn. n. 3. —

— Blüten d. Marienminne. 3., verm. Aufl. (6. bis 8. Tausend.) 12. (VII, 295 S.) Paderborn 899. J. Esser. Geb. in Leinw. m. Goldschn. n. 3. —

— U. L. Frau v. Guadalupe. Eine Marienlegende. 12. (66 S.) Ebd. 895. Geb. in Leinw. m. Goldschn. n. 1. 50

Esser, Fritz, S. J., Christi Leid u. Herrlichkeit. 12. (VIII, 169 S.) Paderborn 901. J. Esser.
Geb. in Leinw. m. Goldschn. n. 2. 50

Christi Leid und Herrlichkeit. Von Fritz **Esser** S. J. 2. Aufl. *Paderborn: J. Esser 1901.* (VIII, 169 S.) 8° [F.] [01. 3161

Esser, Fritz, das Madonnenbild. Dramatisches Gedicht in 3 Akten. 12. (29 S.) Paderborn 893. J. Esser. n. — 50

— **Vielgestalts Rache**, s.a. Dilettanten-Theater.

Vielgestalts Rache. Scherz in 1 Aufzug von Fritz **Esser** S. J. 3. Aufl. Paderborn: F. Schöningh [1899]. (38 S.) 8° [F.]
— **Dilettanten-Theater.** H. 3. [07. 1030 G

Vielgestalts Rache. Scherz in 1 Aufz. von Fritz **Esser**, S. J. 4. Aufl. Paderborn: F. Schöningh [1907]. (38 S.) 8° [F.]
— **Dilettanten-Theater.** H. 3. [07. 14961

Esser, Fritz, Rosa mystica, s.a. **Kraus, Bernh.**

[F.] Rosa mystica. Die Geheimnisse d. hochheil. Rosenkranzes in sechzehn Kunstblättern nach Orig.-Federzeichngn v. Bernh. Kraus u. sechzehn Sonetten v. P. Fritz **Esser** S. J. . . . *M. Gladbach: B. Kühlen 1898.* (1 Bl., 10 Taf.) 1 Bd 4. [98. 11770

— **Die geistliche Rose**, s.: **Führich, Jos. v.**

Esser, Fritz, Referendar: Der Sukzessivlieferungsvertrag. Cöln 1909: Greven. VI, 70 S. 8°
Heidelberg, Jur. Diss. v. 13. Juli 1909, Ref. Endemann
[Geb. 9. Juni 84 Cöln; Wohnort: Cöln; Staatsangeh.: Preußen; Vorbildung: Gymn. i. d. Kreuzgasse Cöln Reife O. 04; Studium: Genf 1, Edinburgh 1, Heidelberg 1, Bonn 3 S.; Rig. 5. März 09.] [U 09. 1785

Esser, Gerhard

Esser, Gerhard, z. Dekan d. kath.-theol. Fak.: Die Bußschriften Tertullians de paenitentia und de pudicitia und das Indulgenzedikt des Papstes Kallistus. Ein Beitrag zur Geschichte der Bußdisziplin. (Enthält zugleich: Bericht über die akademische Preisverteilung am 3. Aug. 1905 und die neuen Preisaufgaben f. d. J. 1905/06.) Bonn (1905): C. Georgi. (34 S.) 4°
Bonn, Progr. zur Gedächtnisfeier Friedrich Wilhelms III. 1905

Esser, Gerh., die Bussschriften Tertullians de paenitentia u. de pudicitia u. das Indulgenzedikt des Papstes Kallistus. Ein Beitrag zur Geschichte der Bussdisziplin. Progr. (34 S.) Lex.-8. Bonn (906). (P. Hanstein.) n. 1. —

Esser, G., Dogmatik. 1. u. 6. Tl. 4. Bonn 901. P. Hanstein. n. 3. 30
1. Einleitung in d. Dogmatik. Die Lehre v. Gott. (267 autogr. S.) n. 2. 50; geb. n. 3. —
6. Die Lehre v. den letzten Dingen. (81 autogr. S.) n. — 80

Esser, Gerh., s.: **Jesus Christus.**

Naturwissenschaft und Weltanschauung von Dr. Gerhard **Esser**, Prof. in Bonn. Köln: J. P. Bachem in Komm. 1905. (89 S.) 8° [F.]
= Görres-Gesellschaft z. Pflege d. Wiss. **Vereinsschrift.** 1905. 1. [05. 7166

Esser, Gerhard [Dr. theol., Repetent am Colleg. Albertinum in Bonn]: Die Seelenlehre Tertullians ... Paderborn, F. Schöningh, 1893; VIII, 234 S. 8.
Würzburg, Theol. Fak., Inaug.-Diss. v. 1893
(Nur in beschränkter Zahl für den Austausch)

Esser, Gerhard: 'Wer war Praxeas?' (Enthält zugleich: Bericht über die im Jahre 1910 eingegangenen Preisarbeiten und die neuen Preisaufgaben für das Jahr 1910/11.) Bonn (1910): Georgi. 32 S. 4°
Bonn, Programm z. Feier d. Gedächtn. Friedr. Wilh. III., 3. Aug. 1910 [U 10. 440

— Wer war Praxeas? Progr. (32 S.) Lex. 8. Bonn (910). (P. Hanstein). 1. —

Esser, Gottfried, Referendar in Cöln a. Rh.: Die Beendigung des Handlungsgehilfenverhältnisses durch Kündigung (§§ 66—72 H.G.B.). Borna-Leipzig 1908: R. Noske. (VIII, 78 S.) 8°
Leipzig, Jur. Fak., Diss. v. 7. März 1908
[Geb. 14. Febr. 80 Cöln-Deutz; Wohnort: Cöln; Staatsangeh.: Preußen; Vorbildung: Friedrich-Wilhelms-Gymn. Cöln Reife O. 02; Studium: Bonn 1, Freiburg i. B. 3, Bonn 2 S.; Rig. 29. Juli 05.]

Esser, Gottfried. Die Vergehen des eidg. Lebensmittelgesetzes vom 8. Dezember 1905. Diss. Jur. Univ. Zürich. [Mit 3 Tabellen.] VIII + 100 S. 8. Muri, Gebr. Steinmann, 1927. V Zür 572

Esser, Gustav, aus St. Johann a. d. Saar: **Beitrag zur Kenntnis des Lymphangioma circumscriptum.** *St. Johann a. d. Saar 1898: Pecheur.* (49 S.) 8°
Freiburg i. B., Med. Diss. v. 1898

Esser, Heinrich —, k. k. Hofoperntheater-Capellmeister. Fünf Gedichte von Hoffmann von Fallersleben. Für Sopran und Alt mit Begleitung des Pianoforte von — —. Op. 65. Nr. 16311: O Heimath. (7 S.) Nr. 16312: An den Mond. (3 S.) — Nr. 16313: Wälder knospen, Wiesen grünen. (7 S.) — Nr. 16314: Wanderlied. (7 S.) — Nr. 16315: Leb wohl, du schöner Wald. (5 S.) Fol. Wien, C. A. Spina. 1857

Esser, Heinrich: Ueber Hundswuth. Halle 1874: Lipke. 29 S. 8°
Halle-Wittenberg, Med. Diss. v. 28. März 1874
Geb. Grimlinghauserbrücke b. Neuss (Rheinprov.) 8. 1. 1848. V.

Esser, Herm., Hohenlimburg u. Elsey. Ein Beitrag zur westfäl. Orts- u. Territorialgeschichte. (XVI, 591 S. m. 27 Taf. u. 1 Karte.) gr. 8. Dortmund 907. (F. W. Ruhfus). 5.—; geb. in Leinw. 6.—; in Ldr. 12. —

Esser, Hubert *Peter* [aus Düsseldorf-Hamm]: Aus d. gynäkolog. Klinik zu Bonn. Zwei neue Fälle von gestieltem Fibrom an den grossen Schamlippen ... Bonn, Buchdr. v. A. Henry, 1892; 24 S., 1 Bl. 8.
Bonn, Med. Fak., Inaug.-Diss. v. [11. Juli] 1892

Esser, Hubert: Die negierenden bezw. pejorativen Praefixe im Französischen. Kiel 1909: Ehlers. 114 S. 8°
Kiel, Phil. Diss. v. 6. Juli 1909, Ref. Körting
[Geb. 3. Nov. 86 Wevelinghoven; Wohnort: Kiel; Staatsangeh.: Preußen; Vorbildung: Friedrich-Wilhelms-Gymn. Cöln Reife O. 05; Studium: Freiburg i. B. 1, Münster 2, Kiel 4 S.; Rig. 5. Dez. 08.] [U 09. 2308

Esser, Hubert Jacob: Die Geschichte des Aderlasses. Halle (1872): Lipk 30 S. 8°
Halle-Wittenberg, Med. Diss. v. 5. Juli 1872
Geb. Grimlinghausen bei Neuss 21. 7. 1843. V.
Verf. erlebte die Diplomerneuerung 1922 als Dr. med. vet. h. c., Geheimer Medizinalrat und ordentlicher Honorarprofessor in Göttingen.

Praktischer Führer durch die Geschenk-Litteratur oder: Verzeichnis besonders empfehlenswerter Werke aus allen Gebieten. Hrsg. von J. Esser. *[Paderborn: J. Esser 1900.]* (130 S.) 8° [illegible] 6

Esser's, J., Sammlg. leicht aufführbarer Theaterstücke. 23.—57. Hft. 8. Paderborn, J. Esser. n. 28. 60

Inhaltsübersicht in alphabet. Ordnung:

Armin, H., d. Heringsleier. Schwank in 2 Aufzgn. (17 S.) 895. (29. Hft.) n. — 45

Bacci, Johann, d. Capuaner. Schausp. in 5 Aufzgn. A. d. Italien. ins Deutsche übertragen v. J. Buhr. (71 S.) 897. (53. Hft.) n. — 60

Buhr, J., am Grabe d. Mutter. Schausp. in 3 Aufzgn. Aus d. Italien. ins Deutsche übertr. (32 S.) 895. (31. Hft.) n. — 50

— d. neunundneunzig Thaler. Schwank in 1 Aufz. A. d. Ital. ins Deutsche übertr. (15 S.) 895. (33. Hft.) n. — 45

Cantagalli, J., ein Druckfehler. Schwank in 1 Akt. Aus d. Italien. übertr. v. J. Buhr. (15 S.) 895. (28. Hft.) n. — 40

— d. drei Fanatiker. Schwank in 1 Aufz. A. d. Italien. übertr. v. J. Buhr. (21 S.) 895. (34. Hft.) n. — 50

— d. schlechten Kameraden. Volksstück in 3 Aufzgn. A. d. Ital. übertr. v. J. Buhr. (34 S.) 895. (32. Hft.) n. — 50

— d. Mäuse in d. Falle. Schwank in 1 Akt. A. d. Ital. übertr. v. J. Buhr. (20 S.) 895. (27. Hft.) n. — 50

— e. einziges Paar Hosen. Schwank in 1 Aufz. A. d. Ital. übertr. v. J Buhr. (19 S.) 895. (30. Hft.) n. — 45

Castagnola, wegen vier Feigen. Schwank in 1 Aufz. A. d. Ital. übertr. v. J. Buhr. (18 S.) 897. (47. Hft.) n. — 45

— Roger Hamud. Schausp. in 4 Aufzgn. A. d. Ital. übertr. v. J. Buhr. (51 S.) 897. (48. Hft.) n. — 80

Cattaneo, Egidius, d. Bauer in d. Stadt. Schwank in 2 Aufzgn. A. d. Ital. ins Deutsche übertr. v. J. Buhr. (36 S.) 897. (43. Hft.) n. — 60

— d. edelmütige Sohn. Schausp. in 3 Aufzgn. A. d. Ital. ins Deutsche übertr. v. J. Buhr. (71 S.) 897. (52. Hft.) n. 1. —

Edel, L., Fernando, d. Schrecken Asturiens oder d. Räubers Bekehrg. Schausp. in 3 Akten. A. d. Französ. v. P. Sutter. (36 S.) 898. (57. Hft.) n — 60

— d. zwei Nachtwächter od. eine fatale Verwechslg. Schwank in 2 Aufzgn. A. d Französ. ins Deutsche übertr. v. P. Sutter. (36 S) 895. (55. Hft.) n — 60

Goldoni, C., d. Lügner. Lustsp. in 3 Akten m. Gesang. A. d. Italien. f. männl. Rollen umgearb. v. J. Buhr. (80 S.) 895. (26 Hft.) n. — 80

Grandmorin, Georges de, in d. April geschickt od Wurst wider Wurst. Lustsp. in 2 Aufzgn. A. d. Französ. übertr. v. J. Buhr. (48 S.) 896. (41. Hft.) n. — 60

Guazzone, A. M., Bramante oder Attila's Rache. Schausp. in 4 Aufzgn. m. 1 Prolog. A. d. Ital. ins Deutsche übertr. v. J. Buhr. (55 S.) 897. (42 Hft.) n. — 80

Hincky, E., d. adelige Bürger. Lustsp. in 3 Akten. N. Molières „Bourgeois Gentilhomme" f. kathol. Vereine bearb. (46 S.) 896. (40. Hft.) n. — 60

Kiesekamp, Hedwig, d. Schützenfest. Lustsp. in 1 Akt. (24 S.) 897. (51. Hft.) n. 1. 50

Lemoyne, G. B., Sejanus. Schausp. in 5 Aufzgn. A. d. Ital. übertr. v. J. Buhr. (56 S.) 827. (49. Hft.) n. — 50

Michelotti, A., Alexander v. Orlowsky. Schausp. in 4 Aufz. A. d. Ital. übertr. v. J. Buhr. (53 S.) 896. (39. Hft.) n. — 60

Minguzzi, G., d. Sieg d. hl. Aloysius. Schausp. in 3 Aufzgn. A. d. Ital. ins Deutsche übertr. v. J. Buhr. (54 S.) 894. (23. Hft.) n. — 80

— e. edelmüt. Vergebung. Schausp. in 5 Aufzgn. A d. Ital. ins Deutsche übertr. v. J. Buhr. (74 S.) 897. (44. Hft.) n. 1. —

Pedrocchi, Jos., d. Papagei. Schwank in 1 Aufz. A. d. Ital. übertr. (23 S.) 895. (35. Hft.) n. — 50

Pietro, Salvatore di, d. genarrte aber doch glückliche Onkel. Lustsp. in 2 Aufzgn. A. d. Ital. (39 S.) 895. (36. Hft.) n. — 60

Pioton, Albert, d. kleine Märtyrer. Schausp. in 5 Aufzgn. A. d. Ital. übertr. v. J. Buhr. (56 S.) 897. (50. Hft.) n. — 80

Olinth od. d. glückliche Waisenknabe. Schausp. in 5 Aufzgn. A. d. Ital. ins Deutsche übertr. v. J. Buhr. (72 S.) 897. (54 Hft.) n. 1. —

Schiavi, L, d. hl. Cyprian, Märtyrer. Histor. Trauersp. in 5 Aufzgn. A. d. Ital. ins Deutsche übertr. v. J. Buhr. (96 S.) 895. (25. Hft.) n. 1. 20

Schwaab, Gust., d. Grobian. Lustsp. in 3 Akten. (27 S.) 895. (37. Hft.) n. — 50

Sonntag, F., ein Mißverständnis od. d. schwörhörige Peter. Schwank in 1 Akt. N. F. Bonn's Humoreske „Eine Million". (24 S.) 898. (56. Hft.) n. — 50

Tschamber, K., d. König d Verließe. Ritterschauspiel in 3 Akten. Aus. d. Franz. (60 S.) 895. (38. Hft.) n. — 80

Valle, Hch., d. hl. Ludwig, König v. Frankreich, in Tunis. Schausp. in 3 Aufzgn. A. d. Ital. ins Deutsche übertr. v. J. Buhr. (51 S.) 895. (24. Hft.) n. — 80

Weihnachten, drei. E. Erzählg. in 3 leb. Bilder ges. v. M. W., in Deklamation verf. v. L. H. Z. Lesten f. Erbauung v. Gesellenhäusern. (15 S.) 897. (46. Hft.) n. — 50

Zerbini, J. B., Dumme Angst. Schwank in 1 Aufz. A. d. Ital. v. J. Buhr. (23 S.) 897. (45. Hft.) n. — 50

Esser's, J., Sammlung leicht aufführbarer Theaterstücke. 1.—3. 11.—18. 29. 37. 38. 46. 55. u. 57.—79. Hft. 8. Paderborn, J. Esser. n. 22. 35

Inhaltsübersicht in alphabetischer Ordnung:

Anton, J., Genoveva. Schauspiel in 5 Aufzügen nach Chrph. v. Schmids Erzählg. Mit Musikbeilage v. P. E. Wagner. 3. Aufl. (44 S.) 900. (Hft. 2.) n. — 60

Armin, H., die Heringsleier. Schwank in 2 Aufzügen. 2. Aufl. (16 S.) (901). (Hft. 29.) n. — 45

Bauer als König Herodes od.: „Wer sich m. Studenten einläßt." Schwank in 2 Aufzügen vom Verf. des Gesellen-Liederbuches „Feierabend". 14. u. 15. Aufl. (24 S.) 901. (Hft. 1.) n. — 50

Bauer, Phpp., Tot u. lebendig. Schwank in 3 Akten. Nach e. Erzählg. bearb. (33 S.) 900. (Hft. 69.) n. — 60

Edel, L., Abdolonymus od.: der Tugend Lohn. Historisches Schauspiel in 3 Akten. Aus dem Franz. übers. v. P. Sutter. (47 S.) (901). (Hft. 72.) n. — 60

— Fernando, der Schrecken Asturiens, od. Des Räubers Bekehrg. Schauspiel in 3 Akten. Aus dem Franz. v. P. Sutter. 2. Aufl. (36 S.) 900. (Hft. 57.) n. — 60

— die zwei Nachtwächter od. eine fatale Verwechslg. Schwank in 2 Aufzügen. Aus dem Franz. ins Deutsche übertr. v. P. Sutter. 2. Aufl. (36 S.) 899. (Hft. 55.) n. — 60

Esser, Wilh., die lebendigen Fackeln Nero's. Schauspiel, entnommen den Zeiten der ersten Christenverfolgung., in 5 Aufzügen, m. Gesang u. e. leb. Bilde. (95 S.) 900. (Hft. 68.) n. 1.20

Gasthof, der, zum goldenen Esel, oder Das Buckelgespenst. Friedensposse m. Gesang in 3 Akten aus der Zeit des letzten deutsch-französ. Krieges 2. Aufl. (30 S.) 899. (Hft. 67.) n. — 60

Isola, Carl Ferd., Ubaldus Stendardus. Schauspiel in 5 Aufzügen. Aus dem Ital. ins Deutsche übertr. v. J. Buhr. 2. Aufl. (61 S.) 899. (Hft. 13.) n. — 80

Kauertz, Chr., der Köhler aus Valencia od.: Gelübde u. Schwur. Ritter-Schauspiel m. Gesang in 3 Akten. Frei nach der Erzählg.: „Der Köhler aus Valencia". 2. Aufl. (92 S.) 900. (Hft. 12.) n. 1. —

Kupfergeist, der, od. die Zukunftsmusik. Posse in 3 Akten. 2. Aufl. (45 S.) 899. (Hft. 64.) n. — 60

— Dasselbe. In Musik gesetzt v. J. Schweitzer. Partitur. qu. 4. (7 S.) 899. (Hft. 65.) n. 1. —

Panske, Joh. Leop., Weihnachtsspiele. 4. verm. u. verb. Aufl. (175 S. m. farb. Titelbild.) (899). (Hft. 59.) n. — 80

Paul, Ed., St. Joseph hat geholfen! Dramatisches Familienbild in 1 Aufzug. Für kathol. Arbeitervereine verf. (24 S.) 901. (Hft. 71.) n. — 50

Pfahlburg, J. L. v., Wer ist Herr im Hause? od.: Männer u. Frauen, wie sie nicht sein sollen. Lustspiel in 4 Aufzügen. 3. Aufl. (28 S.) (901). (Hft. 3.) n. — 50

Plattner, Ant., Herbergssuchen u. hl. Nacht. Ein sociales Weihnachtsspiel in 5 Scenen (besonders f. kathol. Vereine). Vierstimmiger Chor komponiert v. Bened. Bertignol, O. Pr. (45 S.) (902). (Hft. 79.) n. — 80

Resso, Eug. u. Heinr. Resso, der verlorene Sohn. Schauspiel in 5 Aufzügen. Aus dem Ital. ins Deutsche übertr. v. J. Buhr. (76 S.) (899). (Hft. 62.) n. 1. —

Rohn, Frz., Robert od.: Eine mißlungene Feuerwehrvorstellg. Schwank in 2 Aufzügen. (22 S.) 901. (Hft. 75.) n. — 50

Roland, M. J., die Stockfischprinzessin. Schwank in 3 Aufzügen. (17 S.) (902). (Hft. 78.) n. — 60

Rominger, G., Rodolpho, der Räuberhauptmann. Schauspiel in 3 Aufzügen, frei nach dem Franz. bearb. (40 S.) (902). (Hft. 77.) n. — 60

Rübezahl in Hirschberg. Posse in 4 Akten. 2. Aufl. (42 S.) 899. (Hft. 66.) n. — 60

Rude, E., Emilius od. Der Verfolger seines eigenen Sohnes. Schauspiel in 5 Aufzügen. Aus dem Ital. ins Deutsche übertragen v. J. Buhr. (76 S.) 899. (Hft. 63.) n. 1. —

Sala, Chr., Lorenz od.: Der Triumph der Unschuld. Schauspiel in 4 Aufzügen. Aus dem Ital. ins Deutsche übertr. v. J. Buhr. (63 S.) 901. (Hft. 76.) n. 1. —

Schneiderlein, das, als Hexenmeister. Lustspiel in 2 Akten v. ***. Aus dem Franz. ins Deutsche übertr. v. P. Sutter. (32 S.) 899. (Hft. 58.) n. — 50

Schwaab, Gust., der Grobian. Lustspiel in 3 Akten. 2. Aufl. (27 S.) 899. (Hft. 37.) n. — 50

Sonntag, Fr., der Dienstmann Nr. 112. Lustspiel in 3 Aufzügen. 3. Aufl. (36 S.) (901). (Hft. 11.) n. — 60

Sutter, P., der eingebildete Kranke. Lustspiel in 3 Aufzügen. Nach Molière. Ohne Damenrolle bearb. (42 S.) (899). (Hft. 60.) n. — 50

— das Testament od. der bestrafte Geiz. Schauspiel in 1 Akt. Aus dem Franz. (22 S.) 899. (Hft. 61.) n. — 50

Toktokatra, Prinzessin. Soldaten-Schwank in 5 Aufzügen. Von W. D. (33 S.) 900. (Hft. 70.) n. — 60

Tricard, H., S. J., Alfred der Große. Schauspiel in 4 Aufzügen. Zum 1000jähr. Todestag Alfred's des Großen († 28. X. 1901) ins Deutsche übertr. v. J. Buhr. (94 S. u. Musikbeilage 2 S. in qu. 4.) 901. (Hft. 73.) n. 1. 20
Tschamber, K., der König der Verließe. Ritterschauspiel in 3 Akten. Aus dem Franz. ins Deutsche übertr. 2. Aufl. (56 S.) 900. (Hft. 38.) n. — 80
Unrechte, der, u. doch der Rechte. Drama in 1 Aufzug v. J. F. (35 S.) 901. (Hft. 74.) n. — 60
Weihnachten, drei. Eine Erzählg., in 3 leb. Bilder gesetzt. 2. Aufl. (20 S.) (902). (Hft. 46.) n. — 50

Esser's, J., Sammlung leicht aufführbarer Theaterstücke. 1. 3. 6. 8. 11. 29. 38. 46. 55—57. u. 74—94. Heft. kl. 8. Paderborn, J. Esser. n. 22. 10

Amerikaner, die beiden, od. Ein Abenteuer in e. spanischen Hotel. Schwank in 1 Aufzug. Aus dem Span. übers. v. L. Santiago. 3. Aufl. (64 S.) (905.) (Hft. 87.) n. 1. —
Armin, H., die Heringseier. Schwank in 2 Aufzügen. 3. u. 4. Aufl. (à 16 S.) (906.) (Hft. 29.) n. — 45
Bauer als König Herodes od. „Wer sich m. Studenten einläßt". Schwank in 2 Aufzügen vom Verf. des Gesellen-Liederbuches „Feierabend". 18—21. Aufl. (à 24 S.) (904. 905.) (Hft. 1.) n. — 50
Edel, L., Fernando, der Schrecken Asturiens od. Des Räubers Bekehrung. Schauspiel in 3 Akten. Aus dem Franz. v. P. Sutter. 3—8. Aufl. (à 32 S.) (904—906.) (Hft. 57.) n. — 60
— die zwei Nachtwächter od. Eine fatale Verwechslg. Schwank in zwei Aufzügen. Aus dem Franz. ins Deutsche übertr. v. P. Sutter. 3—5. Aufl. (à 36 S.) (904—906.) (Hft. 55.) n. — 60
Förster, P., das Haus des Bildhauers. Schauspiel in 1 Aufzug. Aus dem Franz. übers. m. e. Musikbeilage v. P. E. Wagner. 2. u. 3. Aufl. (à 31 S.) (906.) (Hft. 6.) n. — 60
Groenewald, Christian, heimatlos. Romantisches Schauspiel (m. Gesang) in 3 Aufzügen. 2. u. 3. Aufl. (à 64 S.) (905. 906.) (Hft. 83.) n. 1. 50
— Lohengrin auf Freiersfüßen. Lustspiel in 3 Aufzügen. 1—3. Aufl. (à 16 S.) (904. 906.) (Hft. 84.) n. — 50
— der Schuster als Bürgermeister. Lustspiel in 3 Aufzügen. 1. bis 3. Aufl. (à 64 S.) (904. 906.) (Hft. 85.) n. — 80
Günther, Aug., die Rache des Mimen. Schwank m. Gesang in 2 Akten. 1—3. Aufl. (à 32 S.) (904. 906.) (Hft. 83.) n. — 60
— auf der Wache. Posse in 1 Akt. 1—3. Aufl. (à 24 S.) (904. 906.) (Hft. 86.) n. — 50
Hänggi, K., allerhand Pech. Schwank in 3 Aufzügen. 1—3. Aufl. (à 26 S.) (903—906.) (Hft. 80.) n. — 60
Hufgard, F., Saat u. Ernte od.: Unrecht Gut gedeiht nicht. Schauspiel aus dem Arbeiter- u. Gesellenleben in 4 Aufzügen. Nach e. Erzählg. v. Silesia bearb. 1—3. Aufl. (à 32 S.) (906.) (Hft. 92.) n. — 60
Jonas, M. v., Vortragsstücke f. Mädchen u. Knaben v. 8 bis 15 Jahren. Für die deutsche Jugend bearb. (88 S.) (905.) (Hft. 90.) n. — 60
Laer, E., eine klassische Instruktionsstunde. Posse in 1 Aufzug. 1—3. Aufl. (à 15 S.) (906.) (Hft. 91.) n. — 45
Mayr, Jos., Fridolin od. Der Gang zum Eisenhammer. Schauspiel in 5 Akten frei nach Schillers Ballade. Neu bearb. 2. u. 3. Aufl. (à 54 S.) (905. 906.) (Hft. 89.) n. 1. 20
Pfahlburg, J. L. v., wer ist Herr im Hause? od.: Männer u. Frauen, wie sie nicht sein sollen. Lustspiel in 4 Aufzügen. 4. u. 5. Aufl. (à 28 S.) (906.) (Hft. 3.) n. — 50
Plattner, Ant., Herbergsuchen u. hl. Nacht. Ein soziales Weihnachtsspiel in 5 Scenen (besonders f. kathol. Vereine). Vierstimmiger Chor komponiert v. Bened. Bertignol, O. Pr. 2. u. 3. Aufl. (à 45 S.) (906.) (Hft. 79.) n. — 80
Reichart, Basilius, das Maria-Kulmer Muttergottesbild od. Die Räuber auf Maria-Kulm. Schauspiel in 5 Akten. Für kathol. Vereine geschrieben. Hrkg. v. J. Mehler. 3—5. Aufl. (à 46 S.) (906.) (Hft. 8.) n. — 80
Rohn, Fr., Robert od.: Eine mißlungene Feuerwehrvorstellg. Schwank in 2 Aufzügen. 2. u. 3. Aufl. (à 22 S.) 901. (Hft. 75.) n. — 50
Roland, M. J., die Stockfischprinzessin. Schwank in 3 Aufzügen. 2. u. 3. Aufl. (à 17 S.) (906.) (Hft. 78.) n. — 60
Rominger, G., Rodolpho, der Räuberhauptmann. Schauspiel in 3 Aufzügen, frei nach dem Franz. bearb. 2. u. 3. Aufl. (à 40 S.) (906.) (Hft. 77.) n. — 60
Sala, Chr., Lorenz od.: Der Triumph der Unschuld. Schauspiel in 4 Aufzügen. Aus dem Ital. ins Deutsche übertr. v. J. Buhr. 2. u. 3. Aufl. (à 61 S.) 901. (Hft. 76.) n. 1. —
Sattler, Leo, O. S. B., Widukind. Ein Weihnachts-Spiel in 3 Akten. 3. verb. Aufl. (90 S.) (903.) (Hft. 82.) n. 1. —
Schwienhorst, Carl, Schuster, Oberkommissar od. Räuberhauptmann? Schwank in 2 Akten. 1—3. Aufl. (à 31 S.) (906.) (Hft. 93.) n. — 60
— vergessen, vergeben. Romantisches Ritterschauspiel in 5 Aufzügen. Nach Kellers „Minnesänger" frei bearb. 1—3. Aufl. (à 76 S.) (906.) (Hft. 94.) n. 1. 20
Sonntag, Fr., der Dienstmann Nr. 112. Lustspiel in 3 Aufzügen. 4. Aufl. (36 S.) (906.) (Hft. 11.) n. — 60
— ein Mißverständnis od. Der schwerhör. Peter. Schwank in 1 Akt. Nach F. Bonn's Humoreske „Eine Million" bearb. 3. u. 4. Aufl. (à 24 S.) (904. 906.) (Hft. 56.) n. — 50
Tschamber, K., der König der Verließe. Ritterschauspiel in 3 Akten. Aus dem Franz. ins Deutsche übertr. 3—5. Aufl. (à 56 S.) (906.) (Hft. 38.) n. — 80
Unrechte, der, u. doch der Rechte. Drama in 1 Aufzug v. J. F. 2. u. 3. Aufl. (à 35 S.) 901. (Hft. 74.) n. — 60
Verschwörung, e., gegen die neue Gouvernante. Lustspiel in 1 Akt v. Elisab. P. 1—3. Aufl. (à 18 S.) (903. 906.) (Hft. 81.) n. — 50
Weihnachten, drei. Eine Erzählg., in 3 leb. Bilder gesetzt. 3. Aufl. (20 S.) (906.) (Hft. 46.) — 50

Esser's, J., Sammlung leicht aufführbarer Theaterstücke. 1. 2. 14. 15. 18—20. 23. 29—31. 41. 42. 55. 63. 68. 79. 88. 94—99. u. 102—110. Hft. kl. 8. Paderborn, J. Esser. p 24. 05

Anton, J., Genoveva. Schauspiel in 6 Aufzügen nach Christoph v. Schmid's Erzählg. Mit e. Musikbeilage v. P. E. Wagner. 4. Aufl. (44 S.) (908.) (Hft. 2) — 60; Musikbeilage (1 Bl.) 17×27 cm. — 50
Armin, H., die Heringseier. Schwank in 2 Aufzügen. 5. Aufl. (16 S.) (909.) (Hft. 29) — 45
Bauer als König Herodes od. „Wer sich m. Studenten einläßt". Schwank in 2 Aufzügen vom Verf. des Gesellen-Liederbuches „Feierabend". 29. Aufl. (24 S.) (910.) (Hft. 1.) — 50
Braun, Fridolin, die Tempelschülerinnen. Weihnachtsspiel in 2 Akten. 4. Aufl. (30 S.) 16. (908.) (Hft. 14) — 40
Buhr, J., am Grabe der Mutter. Schauspiel in 3 Aufzügen. Aus dem Ital. ins Deutsche übertr. 2. Aufl. (30 S.) (909.) (Hft. 31) — 50
Buhr, J., die zwei Neger. Schwank in 1 Aufz. Aus d. Ital. in's Deutsche übertr. 2. u. 3. Aufl. (Je 14 S.) (907.) (Hft. 20) — 45
Cantagalli, Jos., ein einziges Paar Hosen. Schwank in 1 Aufzuge. Aus dem Ital. in's Deutsche übertr. v. J. Buhr. 2. u. 3. Aufl. (Je 16 S.) (907.) (Hft. 30) — 45
Dramen, drei kleine. Die Hirtinnen zu Bethlehem. Sankt Ursula. Von Nicol. Wiseman. — Das Rosenwunder. Von Henriette Reusch. 6. Aufl. (92 S.) Köln 900. (Hft. 102) — 80
Edel, L., die zwei Nachtwächter od.: Eine fatale Verwechslung. Schwank in 2 Aufzügen. Aus dem Franz. ins Deutsche übertr. v. P. Sutter. 9. Aufl. (36 S.) (910.) (Hft. 55) — 60
Englands Bekenner. Drama in 5 Akten aus den Zeiten der Königin Elisabeth v. England im J. 1603 v. C. F. 3. Aufl. (44 S.) kl. 8. (909.) (Hft. 15) — 75
Esser, Wilh., die lebendigen Fackeln Nero's. Schauspiel, entnommen den Zeiten der ersten Christenverfolgg., in 5 Aufzügen, m. Gesang u. e. leb. Bilde. 2—4. Aufl. (Je 99 S.) (907.) (Hft. 68.) 1. 20
Grandmorin, Georges de, in den April geschickt od.: Wurst wider Wurst. Lustspiel in 2 Aufzügen. Aus dem Franz. ins Deutsche übertr. v. J. Buhr. 2. Aufl. (45 S.) (910.) (Hft. 41.) — 60
Groenewald, Christian, Heimatlos. Romantisches Schauspiel (m. Gesang) in 3 Aufzügen. 4. Aufl. (44 S.) (908.) (Heft 88.) 1. 50
Guazzone, A. M., Bramante oder Attila's Rache. Schausp. in 4 Aufzügen m. e. Prolog. Aus dem Italien. ins Deutsche übertr. v. J. Buhr. 2. Aufl. (55 S.) kl. 8. (909.) (Hft. 42.) — 80
Günther, A., die Gäste des Herrn Leutnants. Militär. Posse m. Gesang in 1 Akt. (18 S.) (908.) (Hft. 97.) — 50
— Pantoffelhelden als Skatspieler. Posse m. Gesang in 1 Akt. (12 S.) (908.) (Hft. 103.) — 45
Hoischen, Gerh., der Jubilarin Ehrenkranz. Ein Festspiel z. goldenen od. silbernen Amtsjubiläum e. Lehrerin. (30 S.) kl. 8. (909.) (Hft. 106.) 1. —
Jacobi, Emil, Festspiel f. katholische Gesellen-Vereine üb. die Devise des Vereins in 5 lebenden Bildern m. verbindendem Text u. bekannten Männerchören. (12 S.) (909.) (Hft. 107.) 1. —
Kauertz, Gottfr., Rentier Mudicke's Geburtstag. Humoristisches Lebensbild in 1 Akt. (32 S.) (908.) (Hft. 96.) — 60
Kayser, Wilh., Stiefel-Diebstahl. Militär-Humoreske in 1 Aufzuge. (16 S.) (908.) (Hft. 99.) — 50
Kittmann, Jul., im Joch des Tyrannen. Schauspiel aus der ersten Christenzeit unter Nero in 3 Aufzügen. (56 S.) (910.) (Hft. 110.) 1. —
Laer, E., nimmer mit! od.: Die Geburtstagsblumen. Posse in 1 Akt. (12 S.) (908.) (Hft. 104.) — 50
Macht, die, Mariens od.: Die wiedergefundene Tochter. Kleines Schauspiel in 3 Akten v. A. E. (24 S.) (910.) (Hft. 108.) — 50
Minguzzi, G., der Sieg des hl. Aloysius v. Gonzaga. Schauspiel in 3 Aufzügen. Aus dem Ital. ins Deutsche übertr. v. J. Buhr. 2. Aufl. (56 S.) (910.) (Hft. 23.) — 80
Orpedo, T., mit Kreuz u. Schwert an deutscher Grenze. Schauspiel in 5 Akten aus der Zeit der Wendenkriege unter Otto I. 1—3. Aufl. (Je 57 S.) (907.) Hft. 95.) 1. —
Pannek, W. A., Aurelius u. Cäsonia. Historisches Drama a. d. 2. Jahrh. n. Chr. in 5 Akten. (80 S.) (910.) (Hft. 109.) 1. 50
— Hausburschen-Rache. Urkomischer Schwank in 1 Akt. (18 S.) (908.) (Hft. 98.) — 50
Plattner, Ant., Herbergsuchen u. hl. Nacht. Ein soz. Weihnachtsspiel in 5 Scenen (besonders f. kathol. Vereine). Vierstimm. Chor, komp. v. Benedict Bertignol, O. Pr. 4. Aufl. (45 S.) (910.) (Hft. 79.) — 80
Probe, die, Lustspiel in 1 Akt v. C. F. 3. Aufl. (35 S.) (908.) (Hft. 18.) — 40
Rude, E., Emilius od.: Der Verfolger seines eigenen Sohnes. Schauspiel in 5 Aufzügen. Aus dem Ital. ins Deutsche übertr. v. J. Buhr. 2. Aufl. (78 S.) (910.) (Hft. 63.) 1. —
Schuhflicker, der, Lustspiel in 3 Aufzügen. Aus dem Ital. in's Deutsche übertr. v. J. Buhr. 2. Aufl. (60 S.) (910.) (Hft. 19.) — 80
Schwienhorst, Carl, vergessen, vergeben. Romantisches Ritterschauspiel in 5 Aufzügen. Nach Keller's „Minnensänger" frei bearb. 11. Aufl. (76 S. m. Titelbild.) (910.) (Hft. 94.) 1. 20
Zur 50jährigen Jubelfeier U. L. Frau v. Lourdes! Ein Weihnachtsfestspiel zu Ehren der Unbefleckten Empfängnis, bestehend in Deklamation, Gesängen u. leb. Bildern v. A. S. (12 S.) 16. (909.) (Hft. 105.) — 40
Als Nr. 100 u. 101 sind der Sammlung einverleibt: Wiseman, N., der verborgene Edelstein. 896. (KBL 30.) u. Grach, J., die Marturin v. Sicca. 896. (KBL 29.)

Esser, J., e. holländischer Straßen-Prediger. Aufzeichnungen d. weil. Statthalter v. Timor J. E. über seine Evangelisations-Thätigkeit in Holland u. Indien. Als e. Exempel der Arbeit unter den Verlorenen den deutschen Christen dargeboten v. F. F. 16. (VI, 122 S.) Witten a. d. Ruhr 889. Fries & Co. — 60

Esser, J. P., jurist. Abhandll. gr. 8. Trier 824. Gall. 18 gGr.

Essen, J. P.: Juristische Abhandll. *Trier*, Gall, 825. gr. 8. (18 Gr.)

— krit. Beleuchtung d. röm. Rechts über d. Beweislast bei d. Servituten-Klagen. gr. 8. Trier 826. Lintz. 10 gGr.

Esser, Joh. Pet., Chor-Liederbuch f. Präparandenanstalten, Mit Berücksicht. des Tonumfanges der jugendl. Stimmen bearb. u. hrsg. gr. 8. (IV, 78 S.) Düsseldorf 902. L. Schwann. n. — 60; kart. n. — 80

Chor-Liederbuch für Präparandenanstalten. Mit Berücks. d. Tonumfanges d. jugendl. Stimmen bearb. u. hrsg. von Johann Peter Esser. 2. Ausg. *Düsseldorf: L. Schwann 1903.* (100 S.) 8° [F.] [illegible]

Esser, Joh. Pet., Chor-Liederbuch f. Präparandenanstalten. Mit Berücksicht. des Tonumfanges der jugendl. Stimmen bearb. u. hrsg. 2. Aufl. (IV, 100 S.) 8. Düsseldorf 906. L. Schwann. Kart. n. 1. —

Esser, John, Kontrolle-Tafel f. Eltern z. Ueberwachg. d. Wachsthums u. d. Körperverhältnisse d. Kinder. gr. 8. (28 S. m. 2 Abb.) Frankfurt a/M. 895. Gebr. Knauer. n. — 50

Esser, Joseph [aus Boppard a. Rh.]: Zur Therapie der Retroflexio uteri ... Bonn, Druck v. E. Heydorn, *1893;* 62 S. 8
Bonn, Med. Fak., Inaug.-Diss. v. [15. März] 1893

Esser, Joseph [aus Köln a. Rh.]: Aus d. Laboratorium d. medizin. Klinik in Bonn. Untersuchungen über die Entstehungsweise des Hydrobilirubins im menschlichen Körper ... Bonn, Buchdr. v. A. Henry, 1896; 27 S. 8.
Bonn, Med. Fak., Inaug.-Diss. v. [20. Febr.] 1896

Esser, Joseph G.

ESSER, J. G.: Die Waldberechtigungen in der ehemaligen Grafschaft Dagsburg. - Strassburg 1894 u. 1895. 2 Bd. u. 1 Nachtr. - Bd. 1: Darstellung. 1894. XXIII, 433 S. - Bd. 2: Anlagen. 1894. XII, 617 S. - Nachtr. u. Berichtigungen. 1895. 20 S.

ESSER, Joseph G.: Der Waldberechtigungsprozess mit den Berechtigten und der Gemeinde Engenthal. - Straßburg 1905

Esser, Jos. Ign., über den Zustand d. Israeliten, insbesondere im Regierungsbezirk Arnsberg. gr. 8. Bonn 820. (Weber). 8 gGr.

Esser, Karl, approb. Arzt aus Kreuzau (Rheinl.): **Aus d. Chirurg. Klinik in Kiel. Zur Behandlung der Retropharyngealabscesse.** *Kiel 1901: Schmidt & Klaunig.* (16 S.) 8°
Kiel, Med. Diss. v. [7. Mai] 1901

Esser, Carl, Gerichtsref.: **Die Beweislast beim Kauf nach Probe.** *Düsseldorf [1903]: Gebr. Tönnes.* (62 S.) 8°
Rostock, Jur. Diss. v. [7. März] 1903

Esser, Carolus Ludovicus (geb. am 25 Nov. 1802 in Köln): Dissertatio ... de ratione qua conjungitur cerebellum cum systemate sexuali ... Coloniae Agripp., ex off. Dietziana (1825). 29 S., 1 Bl. 4.
Bonn, Med. Fak., Diss. v. 17 Mai 1825

Esser, Konr., Katechismus des katholischen Eherechts, s.: Weber, K.

Esser, L., Versuche, Gedichte. 8. ... 810.

Esser, Matthias, Registrator am Erzbischöfl. Generalvikariat in Cöln: **Der ontologische Gottesbeweis und seine Geschichte.** Bonn 1905: S. Foppen. (54 S.) 8°
Bonn, Kath.-theol. Fak., Ref. Englert, Diss. v. [16. Mai] 1905
[Geb. 24. Juli 74 M. Gladbach; Heimatsort: Cöln; Staatsangeh.: Preußen; Vorbildung: Gymn. M. Gladbach Reife M. 95; Studium: Bonn 6, Cöln (Priesterseminar) 3, Bonn (Hospitant) 1 S.; Rig. 31. Januar 05.]

Esser, Max, an d. Westküste Afrikas. Wirtschaftl. u. Jagdstreifzüge. gr. 8. (VIII, 225 S. m. Abb., 11 Taf. u. 2 Karten.) Köln 898. A. Ahn. n. 7. —

Esser, P.

Esser. Fibel nach d. analytisch-synthetischen Lesemeth., s. Eickelboom.

Esser, P., neue Fibel, s. Eickelboom.

— der erste Lese- u. Schreibunterricht nach der Normalwörtermethode in der Seminarschule zu Kempen a. Rh. 1. u. 2. durchgesch. Aufl. gr. 8. (67 S.) Düsseldorf 885. Schwann. n. — 75

[F.] Der erste Lese- u. Schreibunterricht nach der Normalwörtermethode in der Seminarschule zu Kempen a. Rh. v. Seminarl. P. Esser. 3. durchges. Aufl. *Düsseldorf: L. Schwann [1887].* (66 S.) 1 Bd 8. [illegible]

Esser, Peter

Esser, Anleitg. z. Pflanzg. u. Pflege von Straßenbäumen, s.: Dau.

Esser, Peter, Referendar: **Die Anwendbarkeit der Vorschriften über die ungerechtfertigte Bereicherung auf das Schuldversprechen und das Schuldanerkenntnis nach dem Rechte des Bürgerlichen Gesetzbuches.** Borna-Leipzig 1909: Noske. IX, 72 S. 8°
Heidelberg, Jur. Diss. v. 10. Jan. 1910, Ref. Endemann
[Geb. 4. April 86 Düsseldorf; Wohnort: Düsseldorf; Staatsangeh.: Preußen; Vorbildung: Oberrealsch. Düsseldorf Reife O. 05; Studium: Bonn 3, Berlin 2, München 1 S.; Rig. 2. Aug. 09.] [U 10. 1858

Esser, P., die Bekämpfung parasitischer Pflanzenkrankheiten, s.a. Sammlung gemeinverständlicher wissenschaftlicher Vorträge.

Esser P, Bekämpfung parasitischer Pflanzenkrankheiten. (Sammlung gemeinverständlicher wissenschaftlicher Vorträge Neue Folge 151) Hamburg 1892

Chronik von Witterschlick. Hrsg. von P(eter) **Esser,** Hauptl. *Bonn: P. Hauptmann in Komm. 1903.* (120 S.) 8° [J.] [illegible]

Esser, Peter (geb. am 17 März 1845 in Köln): Ueber Diabetes mellitus ... Bonn, Druck v. C. Georgi 1869. 26 S., 1 Bl. 8.
Bonn, Med. Fak., Diss. v. 27 Juli 1869

Esser, Peter [aus Düren]: Die Entstehung der Blüthen am alten Holze .... Bonn, Univ.-Buchdr. v. Carl Georgi, 1887; 48 S. + 1 Bl. u. 1 Taf. 8°.
Bonn, Phil. Fak., Inaug.-Diss. v. 18. Jun. 1887.

Esser, P., die Giftpflanzen Deutschlands. Mit 660 Einzeldarstellgn. auf 113 z. Text gehör. Farbentaf. (XXII, 212 S.) gr. 8. Braunschweig 910. F. Vieweg & Sohn. Geb. in Leinw. 24. —

— dasselbe. 20 farb. Wandtaf. Zeichnungen v. Carl Bollmann. 76><56,5 cm., gebrochen in 56,5><88 cm. Ebd. 910. In Mappe 24. —; auf starkem Papier m. Leinw.-Rand u. Ösen 32. —

Esser, *Peter* [wiss. Hülfsl. Dr.]: Das Pflanzenmaterial für den botanischen Unterricht. Seine Anzucht u. d. an demselb. anzustell. Beobachtgn in biolog., anatom. u. physiolog. Hinsicht. (1. Tl. — Erschien vollst. Köln 1892.) Köln, Druck v. J. P. Bachem, *1892;* 2 Bl., 80 S. 8.
Köln, RG u. VS, P 1892 (473)

Esser, Peter [wiss. Hülfsl. Dr.]: Das Pflanzenmaterial für den botanischen Unterricht. Seine Anzucht u. d. an demselb. anzustell. Beobachtgn in biolog., anatom. u. physiolog. Hinsicht. (Umschlagt.: ... II. Tl.) [Schluss d. P-Beil. 1892.] Köln, Druck v. J. P. Bachem, *1893;* 1 Bl., IV, 81—180 S. 8.
Köln, st. RG m. Gymn.-Parallelkl. u. VS, P 1893 (473)

— das Pflanzenmaterial f. den botanischen Unterricht. Seine Anzucht u. die an demselben anzustell. Beobachtgn. in biolog., anatom. u. physiolog. Hinsicht. gr. 8. (VIII, 180 S.) Köln 892. (J. P. Bachem.) n. 3. —

Esser, P., das Pflanzenmaterial f. den botanischen Unterricht. Seine Anzucht u. die an demselben anzustell. Beobachtgn. in biolog, anatom. u. physiolog. Hinsicht. 1. Tl.: Die Anzucht, Vermehrg. u. Kultur der Pflanzen. 2. Aufl. (IV, 143 S.) gr. 8. Köln (903). J. P. Bachem. Geb. in Leinw. n. 3. 20

Esser, P[eter], Dr., Leiter d. stadtköln. Pflanzengartens: Die biologisch-botanische Präparatensammlung des städt. Gymnasiums und Realgymnasiums in der Kreuzgasse zu Köln, hergestellt u. beschrieben. *Köln 1901: J. P. Bachem.* (VI, 34 S.) 8°
Köln, st. G u. RG in d. Kreuzgasse, OP 1901 (490)

— die biologisch-botanische Präparatensammlung des städt. Gymnasiums u. Realgymnasiums in der Kreuzgasse zu Köln. (VI, 34 S.) 8. Köln 901. (J. & W. Boisserée.) n. 1. 60

— u. H. R. Jung, die Verteilung v. Pflanzen zur Zimmerkultur an Schulkinder der Stadt Cöln, veranstaltet durch die Cölner Gartenbaugesellschaft in den J. 1891—1902, nebst dem Jahresbericht der Gesellschaft f. d. J. 1902. (16 S.) 8. Ebd. 903. n. — 20

Esser, Pet. Hub. M., gründet Volksschulküchen! (32 S.) gr. 16. Freiburg i/B. 904. Geschäftsstelle des Charitasverbandes f. das kath. Deutschland. n. — 50
Sonderabdruck aus: „Charitas".

Esser, Q. Quaestiones etymologicae. Diss. Bonn 1869. 38 S.

Esser, Quirin, Beiträge zur gallo-keltischen Namenkunde. 1. Hft. 8. (IV, 128 S.) Malmedy 884. (Aachen, Bonrath & Vogelgesang.) n. 2. —

[F.] Die Aktiengesellschaft nach den Vorschriften des Handelsgesetzbuchs für das Deutsche Reich v. 10. Mai 1897 dargest. u. erläut. v. Robert **Esser,** Geh. Justizr., u. Dr. Ferdinand Esser, Rechtsanw. in Köln. *Berlin: J. Springer 1899.* (XIV, 250 S.) 1 Bd 8. 99. 2006

Die Aktiengesellschaft nach den Vorschriften des Handelsgesetzbuchs für das Deutsche Reich vom 10. Mai 1897 dargest. u. erl. unter Anfügung e. Normalstatuts von Robert **Essor,** Geh. Justizr., u. Dr. Ferdinand Esser, Rechtsanw. in Köln. 2. verm. Aufl. *Berlin: J. Springer 1899.* (XVI, 279 S.) 8° [F.] 99. 1535

— u. Ferd. Esser, die Aktiengesellschaft nach d. Vorschriften des Handelsgesetzbuchs vom 10. V. 1897, dargestellt u. erläutert unter Anfügg. e. Normalstatuts. 8., verm. Aufl. (XVI, 806 S.) 8. Berlin 907. J. Springer. Geb. in Lw. 4. —

Esser, Rob., der Entwurf eines Gesetzes betr. die Commanditgesellschaften auf Actien und die Actiengesellschaften, unter besond. Berücksicht. der vom Deutschen Handelstage dazu gestellten Fragen. gr. 8. (VI, 80 S.) Köln 884, Du Mont-Schauberg'sche Buchh. *

— die Gesellschaft m. beschränkter Haftbarkeit. Eine gesetzgeberische Studie. gr. 8. (47 S.) Berlin 886. Springer. n. 1. 20

—— Gesetz, betr. die Kommanditgesellschaften auf Aktien und die Aktiengesellschaften vom 18. Juli 1884, erläutert. 1. und 2. Aufl. 8. (VI, 168 S.) Berlin 884, Springer. cart. *

—— Gesetz, betreffend die Kommanditgesellschaften auf Aktien und die Aktiengesellschaften vom 18. Juli 1884, erläutert. 3. verm. Aufl. 8. (VIII, 194 S.) Ebendas. 885. cart. *

—— dass. — 4. erhebl. verm. Aufl. 8. (VIII, 236 S.) Ebendas. 886. *

Esser II., Rob., Gesetz betr. die Kommanditgesellschaften auf Aktien u. die Aktiengesellschaften vom 18. Juli 1884, erläutert. 5., verm. Aufl. 8. (VIII, 264 S.) Berlin 891. Springer. geb. n. 5. —

— die Gewerkschaft u. ihre Entwicklung unter dem allgemeinen Berggesetz f. die preußischen Staaten vom 24. Juni 1865. 8. (V, 149 S.) Berlin 883. Guttentag. cart. n. 2. —

Esser, R. Die Gewerkschaft und ihre Entwickelung. Leipzig 1883.

Esser II. jun., Rob., das Gewerkschaftsrecht des allgemeinen Berggesetzes für die preussischen Staaten vom 24. Juni 1865 u. seine Bedeutung für die bestehenden Gewerkschaften u. Bergwerks-Vereine. Cöln 865. Frühbuss. 8. (63 S.) 12 ngr.

R. Esser, Das Gewerkschaftsrecht des allgem. Berg-Gesetzes v. 24. Juni 1865 und seine Bedeutung für die bestehenden Gewerkschaften u. Bergwerksvereine. Köln, 1866.

Esser, Rob., d. Neugestaltg. d. Aktiengesellschaft nach d. Vorschriften d. m. d. 1. I. 1900 in Kraft tret. Handelsgesetzbuchs. 8. (III, 67 S.) Berlin 898. J. Springer. n. 1. 20

Esser, Rob., das Reichsgesetz betr. die Gesellschaften m. beschränkter Haftung vom 20. Apr. 1892, erläutert. 8. (VII, 99 S.) Berlin 892. J. Springer. Kart. n. 1. 60

— d. Reichsgesetz, betr. d. Gesellschaften m. beschränkt. Haftg. v. 20. IV. 1892 nebst d. in d. Einführungsgesetze z. Handelsgesetzbuche enthalt., m. d. 1. I. 1900 eintret. Aendergn. erläut. 2., verm. Aufl. 8. (VIII, 128 S.) Ebd. 898. Kart. n. 2. —

Esser, Rob., das Reichsgesetz betr. die Gesellschaften m. beschränkter Haftung vom 20. IV. 1892 in der am 1. I. 1900 in Kraft getretenen neuen Fassung, erläutert. 3. umgearb. Aufl. 8. (VIII, 136 S.) Berlin 902. J. Springer. Kart. n. 2. —

Esser, Rob., das Reichsgesetz betr. die Gesellschaften m. beschränkter Haftung v. 20. IV. 1892 in der am 1. I. 1900 in Kraft getret. neuen Fassg., erläut., 4., verb. Aufl. (VIII, 144 S.) kl. 8. Berlin 908. J. Springer. Kart. 2. 40

Esser, Rud., Elementar-Theorie d. Musik. E. Hilfsbuch b. Musikunterr. f. Lehrer u. Schüler. Enth. d. kurzgef. Elementar-Theorie u. Gesanglehre nebst e. Verzeichn. d. gebräuchl. musikal. Ausdrücke u. Kunstwörter. N. viel. Erfahrgn. bearb. u. hrsg. 8. (23 S.) Berlin 897. C. Hoffheinz. n. — 60

Esser, Rud., Grundregeln z. Musikunterricht in Versen. Ein Hilfsbuch f. jedes Werk über Musiklehre. Anh.: Verzeichnis der gebräuchlichsten musikal. Kunstausdrücke u. Abkürzgn., nebst e. Merkblatt. (15 S.) gr. 8. Tempelhof-Berlin (909). Eisoldt & Rohkrämer. — 40

Esser, Theodor [aus Cöln]: Die Behandlungsmethoden des Genu valgum .... Bonn, Univ.-Buchdr. v. Carl Georgi (1887); 57 S. 8°.
Bonn, Med. Fak., Inaug.-Diss. v. 15. März 1887.

Esser, Theodor, die Behandlungsmethoden des Genu valgum. Diss. Bonn 1887, Emil Strauss. 8°. 57 S.

Esser, Theodor, aus Neuwerk (Rhl.), Referendar am kgl. Amtsgericht zu Viersen: Einiges über das Verlöbnis und seine juristische Construction nach dem Rechte des Bürgerlichen Gesetzbuchs. *Bonn 1903: J. Trapp.* (119 S.) 8°
Erlangen, Jur. Dis. v. 25. Juli 1903

Esser, Thomas

—— Die Lehre des hl. Thomas von Aquino über die Möglichkeit einer anfangslosen Schöpfung. Dargestellt und geprüft. Münster, Aschendorff, 1895, gr. 8°, VI, 176 S., 3 Mk.

Recens. v. Commer, Jahrb. f. Philos. u. spekul. Theol. Bd. 10 (1896), S. 498—9: Adlhoch, Philos. Jahrb. d. Görresges. Bd. 9 (1896), S. 437—48.

Esser, Thomas: Das deutsche Pilgerhaus S. Maria dell' Anima in Rom. Andenken an d. Jubelfeier s. fünfhundertjähr. Bestandes. Rom 1399—1899. (Rom '00.) 74 S.

Esser, Thom., der heil. Thomas v. Aquin als Patron der Unschuld in der ihm geweihten Gürtelbruderschaft. Besonders den Studierenden vorgestellt. 16. (135 S. m. 1 Chromoxylogr.) Regensburg 883. Verlags-Anstalt. n. 1. 20

[J.] Der heilige Aloysius. Schauspiel in 5 Aufz. m. vier lebenden Bildern unter Einflechtg d. gleichnamigen Kantate P. Koehler's f. Soli, gemischten Chor u. Orchester oder Klavierbegleitg v. Dr. W[ilhelm] Esser. *Düsseldorf: L. Schwann (1897).* (111 S.) 1 Bd 8.

Esser, Guil., De argumentis pro existentia Dei. Münster 1840—41, 4°, akadem. Progr.

Esser, Wilhelm, Des hl. Petrus Aufenthalt, Episkopat u. Tod zu Rom, das geschichtliche Fundament des Primates der röm. Bischöfe. Eine historisch-apologetische Studie. Breslau, Görlich und Coch, 1889, 8°, 174 S., 2,25 Mk.

Recens. v. F. Probst, Litt. Rundsch. 1889, S. 78—79.

Esser, Wilh., Beichtunterricht zur Vorbereitung der Schulkinder auf den ersten Empfang des heiligen Bußsakramentes [in engem Anschluß an den Deharbe'schen Katechismus]. 12. (47 S.) Breslau 888, Görlich und Coch. *

Esser, Wilhelm *Johann Ludwig Carl* [aus Meschede i. Westf.]: Über Huntington'sche Chorea.... Berlin, Buchdr. v. G. Schade, *1891;* 33 S. 8°

Berlin, Med. Fak., Inaug.-Diss. v. 18. Apr. 1891

Esser, Wilh., Denkschrift auf Georg Hermes, gewes. D. d. Theol. u. Philos., Prof. d. Theol., u. Dom-Capitular zu Köln. gr. 8. (13 B.) Köln 832, DuMont-Schauberg.

Esser, Guilelmus (geb. am 21 Febr. 1798 in Düren): De prima et altera quae fertur Nubium Aristophanis editione ad Elvenichium dissertatio ... Accedunt theses controversae ad disputandum propositae. Bonnae ad Rh., (ex off. H. Bohres) 1821. 2 Bl. 4. ¶ Nur Titelbl. u. Thesen.

Bonn, Phil. Fak., Thes. v. [11 Aug.] 1821

Esser, Guilelmus (geb. am 21 Febr. 1798 in Düren): De prima et altera quae fertur Nubium Aristophanis editione ad Elvenichium dissertatio ... Accedunt theses controversae ad disputandum propositae. Bonnae ad Rh., (ex off. H. Bohres) 1821. 79 S., 2 Bl. 8. ¶ Unter den 26 Thesen sind 6 von Carl Friedr. Heinrich. — Erschien 1823 selbständig bei Marcus in Bonn.

Bonn, Phil. Fak., Diss. v. [11 Aug.] 1821

Esser, Wlh., de prima et altera quae fertur nubium Aristophanis edit. Dissert. 8maj. Bonn 823. Marcus, 8 gl.

— s.: Elenchus universi cleri dioecesis Wratislaviensis.

Esser, Wilh., die lebendigen Fackeln Nero's, s.a. Esser's H., Sammlung leicht ausführb. Theaterstücke.

Die lebendigen Fackeln Nero's. Schauspiel, entnommen d. Zeiten d. ersten Christenverfolgung, in 5 Aufz. mit Gesang u. 1 leb. Bilde. Bearb. von Dr. Wilh. Esser. *Paderborn: J. Esser 1900.* (95 S.) 8° [J.]
= Sammlung, J. Esser's, leicht aufführb. Theaterstücke. H. 68.

— Firm-Büchlein. Vollständiger Unterricht nebst e. Anh. von Gebeten f. den Empfang d. hl. Sakramentes der Firmg. 16. (42 S.) Breslau 890. Goerlich & Coch. — 10

Esser, Wlh., Franz von Fürstenberg. Dessen Leben u. Wirken nebst seinen Schriften über Erziehung u. Unterricht. (Mit Bildniß.) gr. 8. Münster 842, Deiters. n. 1½ ℳ

Esser, Wilhelm: Aus d. pathol. [!] Inst. d. Univ. Bonn. Ueber Collateralkreislauf bei angeborener Pulmonalstenose. Bonn 1908: Foppen. 39 S. 8°

Bonn, Med. Diss. v. 16. Jan. 1909, Ref. Ribbert

[Geb. 15. Sept. 80 Frechen; Wohnort: Aachen; Staatsangeh.: Preußen; Vorbildung: Gymn. an Marzellen Cöln Reife O. 02; Studium: Bonn 10 S.; Coll. 31. Okt. 08: Approb. 15. Dez. 08.] [U 09. 334

Esser, W. Giordano Bruno's Leben u. Vergötterung, den Katholiken Deutschlands erzählt. gr. 8. (V, 72 S.) Breslau 890, Goerlich u. Coch. — 75

— Moralphilosophie. gr. 8. Münster 827, Coppenrath.

Esser, W., Moralphilosophie. gr. 8. Münster 837, Coppenrath'sche Buchh.

— de philosophiae cum publica hominum felicitate coniunct. oratio. 4. Münster 826, Theyssing.

Esser, Wilh., Psychologie. Erster Teil: Die Lehre von dem Erkenntnißvermögen. Zweiter Teil: Die Lehre von dem Gefühls- und Begehrungsvermögen. Münster, Cazin, 1854, gr. 8°, VIII, 692 S., 10 Mk.

Recens. Katholik 1855, Bd. 2 S. 83 ff. (Ringer) Theol.-pr. Quartalschr. 1856, S. 358—60.

— System d. Logik. gr. 8. Elberfeld 823, Weise.

—— System d. Logik. 2., umgearb. Aufl. 8. (24 B.) Münster 830, Theissing.

Essers, Karl, zur Geschichte der kurkölnischen Landtage im Zeitalter der französischen Revolution (1790—1797), s.a. Untersuchungen, geschichtliche. V, 4.

Zur Geschichte der kurkölnischen Landtage im Zeitalter der französischen Revolution (1790—1797). Von Karl Essers. Gotha: F. A. Perthes 1909. XVIII, 163 S. 8°
[Ein T. erschien als Inaug.-Diss. Bonn 1909.]
(Geschichtliche Untersuchungen. Bd 5, H. 4.)

Essers, Karl: Verhandlungen und Kämpfe der kurkölnischen Landstände um die Steuergleichheit 1790—1797. Gotha 1909: F. A. Perthes. VII, 64 S. 8° ¶ (Ersch. vollst. u. d. T.: Zur Gesch. d. kurköln. Landtage ... 1790—1797 in: Geschichtl. Untersuchungen hrsg. v. Lamprecht.)

Bonn, Phil. Diss. v. 30. Juni 1909, Ref. Schulte

[Geb. 4. März 80 Barmen; Wohnort: Barmen; Staatsangeh.: Preußen; Vorbildung: Gymn. Barmen Reife O. 04; Studium: Tübingen 2, München 1, Leipzig 2, Bonn 5 S.; Rig. 23. Dez. 08.] [U 09. 392

Essert, *Otto* [stellvertr. Dir.]: *Ansprache bei der Beerdigung des Direktors Julius Erdmann, gest. am 30. Jan. 1895.* Königsberg in Pr., Buchdr. v. R. Leupold, 1895; 18—19 S. 4.
Königsberg in Pr., st. R, OP 1895 (24)

Essert, Otto: Bueves de Commarchis, chanson de geste par Adenes le Roi. Königsberg in Pr., Buchdr. v. R. Leupold, 1890; S. 3—18; 4°
Königsberg in Pr., Löbenichtsche HB, OP 1890

Essert, [Otto]: Die Einweihung des neuen Realschul-Gebäudes am 26. Mai 1903. (Umschlagtitel: Die Feier der Einweihung.) S. 9—14. 4.
Progr. Städt. Löbenichtsche Realschule *Königsberg i. Pr.* 1903 (23a)

Essert, O. Ein Kapitel aus der englischen Schulgrammatik: Die Präpositionen. Königsberg i. Pr., H. B., 1883. 33 S. 4. Progr.

Essert, [Otto], Dir. Prof.: Verzeichnis der bisher von der Schule veröffentlichten Programmabhandlungen. (1869—1899.) *Königsberg i. Pr. 1900: R. Leupold.* (S. 28.) 4°
Königsberg i. Pr., st. R, OP 1900 (22)

Essert, [Otto], Prof., Dir.: Verzeichnis der bisher von der Schule veröffentlichten Programmabhandlungen. (1869—1900.) *Königsberg i. Pr. 1901: R. Leupold.* (S. 22.) 4° ¶ [Vgl. Progr. 1900.]
Königsberg i. Pr., st. R, OP 1901 (21)

Essert, [Otto], Prof., Dir.: Verzeichnis der bisher von der Schule veröffentlichten Programmabhandlungen. (1869—1901.) *Königsberg i. Pr. 1902: R. Leupold.* (S. 29.) 4° ¶ [Vgl. Progr. 1900 u. 1901.]
Königsberg i. Pr., st. R, OP 1902 (22)

Essert, *Otto Worte bei der Trauerfeier für den am 30. Januar 1895 verstorbenen Direktor Julius Erdmann.* 4 (S. 18—19).
Progr. Stadt. Rsch. *Königsberg in Pr.* 1895 (24).

Essex, Der Graf von.

— dasselbe, französ. von J. Corneille. 8. Prag 769. Widtmann. 3 gr

Essex, Graf von,. Trauersp. von Dyk. 8. Lpz. Dyk. 780.

Essex, Graf von. Neu bearbeitet von J. G. Dyk. 3. Ausg. Leipzig 1786. V: *Banks, John.* (EB)

— Trauersp. in 5 A., nach Banks, Brocke, Jones und Ralph. 8. Lpz. Joachim. 803.

Essex, Trauerspiel in 5 Aufzügen nach Bank, Brooke, Jones und Ralph. 8. Wien, Wallishauser (nicht Joachim.) 803.

Essex, Der Graf von. Romantisches Trauerspiel a. d. Span. Göttingen 1822. V: *Coello, Luis.* (BrMm) *Matos Fragoso, Juan de.* Ü: *Spitta, Hnr. Helmer Ldw.* (Ky) (GGr)

— der Graf, romant. Trspl.; aus d. Span. (v. H. H. L. Spitta). 8. Götting. 822. Deuerlich. 20 gr

Essex County Post: 1883i—1885i Newark, NJ
Democratic weekly. Edited by Carl W. Meher, & published by Otto H. Heinz.

Essex County Wochenblatt: 1876i—1880i
Independent weekly. Dated also at Bloomfield, N. J. Circulation: 1878, 500. Edited & published by Louis Darmstädt.
Orange, NJ

Essex's, Thomas, eines Holländers, seltsame Schicksale zu Wasser u. z. Lande von ihm selbst erzählt, herausgeg. v. E. F. Fröhlich. 8. Berlin 827, Lüderitz.

Essfeld [Schlagwort]

Essfeld. s.: Bayern. Karte.

Eßhaver, Ferd., Grundlehre der Gesetze des Staates. Methodisch neu begründet. 1. Bd. Tübingen 865. Laupp. gr. 8. (VIII, 208 S.) n. 1 Thlr 8 ngr.

Eßholz, ... s. Kos. Zeitschrift.

Essich, Dr. Bianka Capello. 8. Dünkelsbühl 792. (Firdorf u. Kl. in Bartenstein). 8 gr

Essich, C. F., s. E s s i g, Christoph Fr.

Essich, Eugen: Über Steuerungsgetriebe mit Wälzhebeln. 1909. 30 S. 4°
¶ Aus: Verhandlungen d. Vereins zur Beförderung d. Gewerbfleißes. Jg. 88.
Aachen, Dr.-Ing.-Diss. v. 20. 10. 1909

Essich, Johann Georg. Kurze Einleitung zu der allgemeinen weltlichen Historie. Mit einer Zeit-Rechnung und Erd-Beschreibung fortgeführet von Vitus Friedrich Weihenmajer; nun aber nach dessen seeligen Tod in dieser neuen und Sechsten Ausgabe bis auf gegenwärtige Zeit fortgesetzt von G. F. R. Stuttgart 1750. H & Fortsetzer: *Roesler, Glieb Friedrich.* (HHBD Hist. Hilfsw. 42.)

Essig, J. G., Einleit. zur weltl. Historie. gr. 8. Stuttg. 773. Metzler. 1 Thlr 12 gr Anh. dazu, s. J. C. Volz, Grundriß d. Erdbeschreibung.

ESSICH, Johann Georg 1645 - 1705
Johann Georg Essigs Einleitung zu der allgemeinen und besondern Welthistorie, aufs neue übersehen, vermehret, und bis auf gegenwärtige Zeit fortgesetzet; von M. Johann Christian Volz ...
Zehnte Ausgabe.
Stuttgart: Mezler. 1773. 24, 932, 20 S. 8°.
Württembergische Landesbibliothek Stuttgart
1. Aufl. 1707; 9. Aufl. 1767.

Frankfurt-Leipziger Meßkatalog, Ostermesse 1773, S. 503.
Johann Christian Volz, 1721-1783

Essich, Johann Gottfried, s.a. E s s i g, Johann Gottfried

—, s.a. Abhandl. v. d. phys. Erziehung.

— Abhandl. der gehörig physischen Erziehung der Kinder. 8. Augsb. (Haslinger in Linz). 784.

Essig, Jh. Gfr. 1., Abhandl, von den Krankheiten d. weibl. Geschlechts. 8. Augsb. 789. Wolff. 6 gr

— zwey Abhandlungen von Gebrechen der Füße. 8. Augsb. Wolf. (Bürglen). 789.

Zwo Abhandlungen über die Gebrechen der Füße, samt ihrer Behandlungsart; wie auch über den Nutzen und Schaden der Ergözlichkeiten, von Johann Gottfried Essich. Augsburg: Wolff 1789. VIII, 264 S. 8°

— diätet.-medicin. Anleit. zur Präservation u. Kur d. Krankheiten auf dem Lande. 8. Augsb. 781. Rieger. 1 Thlr

— prakt. Anleit. zur Kur aller vener. Krankheiten. 8. Augsb. 787. Rieger. 12 gr

— vernünft. Anweis. zu einem langen u. gesunden Leben. 8. Augsb. 784. Rieger. 4 gr

— Auswahl d. besten diätet. Mittel zur Vorbauung u. Kur d. Krankheiten. 8. Augsb. 784. Rieger. 12 gr

— Auswahl der besten diätet. Mittel zur Vorbauung u. Cur der Krankheiten. 8. Ebend. 785.

Essich, Johann Gottfried: Bildung eines Wundarztes nach dem Muster der beßten und neuesten chirurgischen Schriftsteller.
Bd 1 - 2, gbd.

Augsburg: Rieger 1779

JB 3.048

Essich, Johann Gottfried (Übers.):

s.: Davach de la Rivière, (Jean): Wohlgegründeter Urinspiegel, worinnen...die verschiednen Temperamente, vordringende Feuchtigkeiten des Geblüts, und Ursprung der Krankheiten zu ersehen. (Le Miroir des urines... Dt.) Augsburg: 1777

JB 1.078

— Dispensatorium chirurgicum; oder Samml. d. neuesten u. besten Heilmittel ꝛc. 8. Augsb. 780. Rieger. 10 gr

— Gesundheitswörterbuch fürs Landvolk. 8. Augsb. 789. (Rieger). 12 gr

— chemisches Handbuch für angehende Aerzte, Apotheker u. andere Liebhaber d. Chemie. 8. Augsb. 780. Rieger. 14 gr

— medicin.-pharmaceut. u. therapeut. Handbuch für junge Anfänger d. Arzneikunst. 2 Thle. 8. Augsb. 778. Rieger. 1 Thlr 8 gr

Essich, Johann Gottfried (Übers.):

s.: Helvetius, (Jean) Adrien: Abhandlung von den am meisten vorfallenden Krankheiten und der Art und Weise, solche glücklich zu curieren. (Recueil des méthodes pour la guérison de diverses maladies. Dt.) Augsburg: 1778

JB 1.989

Essich, Johann Gottfried: Medicinisch-chirurgischer Katechismus, zum Nutzen und Gebrauche aller derjenigen Lehrlinge, welche sich der Arzneywissenschaft und Wundarzneykunst widmen wollen. 727 S., gbd.

Augsburg: Rieger 1782

JB 3.049

— medicin.-chirurg. Katechismus. 8. Augsb. 783. Rieger. 1 ₰ 4 ℊ

— kl. medicin. Kochbuch f. Frauenzimmer. 8. Augsb. 785. Rieger. 3 ℊ

— von den chirurg. Krankheiten u. Operationen. 8. Augsb. 788. Rieger. 16 ℊ

s. W. Krautermann, Lehre v. Urin.

– s. Landarzt, der.

— Lehre von den Verrichtungen des beseelten Körpers. 8. Augsb. 787. Rieger. 8 ℊ

— Lesebuch für angehende u. zukünftige Mütter. 8. Augsb. 787. Rieger. 10 ℊ

— medicin. Lexikon f. Aerzte u. Wundärzte. 2 Thle. gr. 8. Augsb. 787. Rieger. 2 ₰

— Naturgeschichte für Jünglinge. 8. Augsb. 790. (Kranzfelder). 20 ℊ

— **Johann Gottfried** (Augsburg), De obligatione militum. Disp. moralis. Präs. Joh. Eberhard Rösler. Tübing. (Joh. Graetz) März 1707. 16 S. (5.—) 8311

Widm. v.: Eberh. Friedr. Hiemer (dtsch.), Dav. Melchior Roos, Gg. Chph. Böhm, Joh. Jac. Stuber, Jac. Friedr. Raussendorff.

— bewährte Rettungsmittel für Selbstmörder u. and. schnell verunglückte Personen. 8. Augsb. 788. Rieger. 8 ℊ

Essich, Johann Gottfried (Übers.u.Herausg.):

s.: Stoll, Maximilian: Abhandlung von der praktischen Arzneymittel-Lehre. Ein hinterlassenes Werk. (Dissertatio de materia medica practica. Opus posthumum. Dt.) Augsburg: 1788

– s. M. Stoll, Lehrbegriff.

— kleines medicin. Taschenbuch fürs ledige schöne Geschlecht. 8. Augsb. 784. N. Aufl. 796. Doll. 4 ℊ (A. u. d. T.: wie können junge Frauenzimmer ihre Schönheit erhalten ꝛc.)

— medicin. Taschenbuch für Deutschlands Töchter. 8. Augsb. 787. Klett. 9 ℊ

– s. S. A. D. Tissot, Unterr. f. d. Landvolk.

— Unterricht für die Hebammen. m. K. 8. Ebend. 781.

Essich, Johann Gottfried: Kurzer Unterricht für Landwundärzte. 60 S., gbd.

Augsburg: Rieger 1787

— Unterr. f. Mütter u. Kindswärterinnen, Kinder in gesunden u. kranken Tagen gehörig zu behandeln. 8. Augsb. 788.

— prakt. Unterricht für Land- u. Stadt-Hebammen. Mit Kpf. 8. Augsb. 781. Rieger. 20 ℊ

— Vorbereitungslehre zum Krankenbette für Aerzte ꝛc. 8. Ebend. 791.

— Vorbereitungslehren zum Krankenbette für angehende Aerzte u. Wundärzte; nach Stoll's Heilungsmethode bearb. 8. Augsb. 787. Rieger. 10 ℊ

Welche Arzneymittel sind die besten? Was für Bestandtheile besitzen sie, und auf was für eine Art wirken sie in dem menschlichen Körper? Eine physikalisch- pharmacologisch- praktische Abhandlung...von Johann Gottfried Essich. Augsburg: Rieger 1783. XXIII,500 S. 8

Essich, Johann Gottfried (Comm., Übers.u. Hrsg.):

s.: Ziegenhagen, G(eorg) J.: Gründliche Unterweisung, alle venerischen Krankheiten praktisch zu behandeln, auf Erfahrung der in diesem Fach ältern sowohl als neuern berühmtesten Schriftsteller gegründet; mit...aus dem Lateinischen ins Deutsche übersetzten Rezepten versehen. Augsburg: 1789

JB 4.611

—· **Johann Leonhard** (Bottwar), De principio mundi. Disp. philos. Präs. Gottfried Ploucquet. Tüb. (Erhard) Sept. 1756. 32 S. (4.80) 8312

Essig ohne Arbeit und Einrichtungskosten aus Spiritus, Brandwein, Wein, Bier u. andern süßen u. geistigen Flüssigkeiten zu machen. Nebst den neu'sten Verbesserungen der Schnellessigfabrikation zur Herstellung des Doppel- u. Tripel-Essigs in wenig Stunden u. ohne Luftströmung. Nürnberg 854. Leuchs u. Co. 16. verklebt 4 ₰

Essig, Dr., ..., Untersuchung der Frage: Ob durch Oeffentlichkeit und Mündlichkeit des Verfahrens in Criminalsachen den seitherigen Mängeln der Strafrechtspflege abgeholfen werde? gr. 8. Ulm 843, Ebner's Buchh. 1/6 ₰

Essig, C. F., s. Essig, Christoph Fr.

Essig, Chas. J., zahntechnische Metallurgie und praktische Darstellung der Anfertigung von Metallgebissen. 2. Aufl. Autoris. Übersetzung und freie vervollständigende Bearbeitung von Aug. Polscher. gr. 8. (VIII, 252 S.) Dresden 888, Weiske. *

Essig's Dental metallurgy, deutsche Bearbeitg., s.: Polscher, Aug., Lehrbuch d. zahntechn. Metallurgie.

Essig, Chr. F., († d. 9. Jan. 1822.) Geschichte v. Würtemberg, als Leitfaden beim Unterricht in d. vaterländ. Geschichte. Mit 1 ill. Karte u. 1 Stammtaf. gr. 8. Biberach 818. (Drechsler in Heilbr.) 9 ℊ

— Geschichte von Würtemberg. Mit 1 Stammtafel d. würtemb. Regenten u. ill. Karte. 8. Biberach 818. (Drechsler in Heilbr.) 1 ₰ 16 ℊ

Essig, Cph. Fr., Beitrr. zur forstwissenschftl. Mathematik. Mit 2 Kpft. gr. 8. Stuttg. 807. Löflund. 12 ℊ

* Essig, C. F., stereometrische Formeln, nebst ihrer Herleitung. gr. 8. Stuttg. Löfflund. 810.

Essig, Eugen, aus Schwieberdingen ⟨O.-A. Ludwigsburg⟩: Über einen Fall von inkompleter Luxation des 5. Halswirbels. *Freiburg i. B. 1904: U. Hochreuther.* (39 S.) 8°
Freiburg i. B., Med. Diss. v. 1903

Essig, Georg Friedrich (Nürtingen), **Observationes hepatitidis et metritidis, consolidationem fistularum ani secutarum. Diss. med.-chir. Präs. Wilhelm Gottfried Ploucqued. Tübing. (Fues) Juni 1794. 16 S. (4.20)** 8313

Essig, Heinr., Reise-Erinnerungen mit besonderer Rücksicht des St. Gebhardsberges bei Bregenz am Bodensee. 12. (36 S.) Stuttgart 881. Ullrich in Comm. n. — 50

Essig, Herm., die Glückskuh. Lustspiel in 5 Aufzügen. (174 S.) 8. Berlin 910. P. Cassirer. 2. 50

Mariä Heimsuchung. Tragödie in 5 Aufz. von Hermann **Essig**. Berlin: P. Cassirer 1909. 204 S. 8° [illegible]

Die Weiber von Weinsberg. Lustspiel in 5 Aufz. Von Hermann **Essig**. Berlin: Cassirer 1909. 180 S. 8° [illegible]

Essig, J. P., de clericis maritis. Aug. Vind. 1741. 4.

Essig, Johann Georg, s. Essich, Johann Georg

Essig, Johann Gottfried, s. a. Essich, Johann Gottfried

Essig, Jh. Gfr. U., († d. 9. Juli 1806.) d. Auferstehungsgeschichte Jesu Christi. 8. Augsb. 798. Brinhauser.

— d. gute Christine, oder eine Geschichte für Dienstboten. 1r Thl., mit 1 Kpf. 8. Leipz. 793. (v. Jenisch u. St. in Augsb.) 12 gr. 2r Thl., oder Christine d. zweite, e. Gesch. f. bürgerl. Mädchen. Mit 1 Kpf. 8. Ebd. 802. Ebd. 1 Rthlr 16 gr.

CHRISTINE, Die gute, die zweyte. Eine Geschichte für bürgerliche Mädchen, welche gute Weiber werden wollen etc. Vom Verfasser der erstern, d. Philotaphs u. d. Paraklets. Leipzig o. J. (ca. 1795). 8°. XIV, 520 S. M. Titelkupfer.
Verfasser: Joh. Gottfr. Essich.

— s. Erzählungen aus d. Thierwelt.

— s. Jugendfreuden.

— Christinens u. Philipps gute Kinder, Karl, Leonora u. Klara, Gesch. f. Familien u. Waisen. 2 Bdchen. 8. Leipz. 803. Augsb., v. Jenisch u. St. 1 Rthlr 9 gr.

— d. Leidensgeschichte Jesu Christi erzählt. gr. 8. Augsb. 797. (Veith). 16 gr.

— Leseb. f. Deutschlands Jugend, zur vorläufigen Kenntniß von d. Bestimmung d. Menschen. 8. Frkf. u. Lpz. (Stadt am Hof) 800.

— s. a. Paraklet.

— Paraklet, oder vernünftige Gedanken ꝛc. für Leidende. 2 Bde. 8. Augsb. Stage. 800—804.

— Philotaph, eine Lectüre zur stillen Unterhaltung auf Gottesäcker. m. K. 8. Augsb. Stage. 795.

— Philotaph, eine Lektüre zur stillen Unterhaltung auf Gottesäckern. 8. Augsb. 799. v. Jenisch u. St. 1 Rthlr

— Träume eines Leidenden. 8. Leipz. 806. v. Jenisch u. St. in Augsb. 1 Rthlr 2 gr.

Essich, Träume eines Leidenden, vom Verfasser der Philosoph. Paraklets u. s. w. m. K. 8. Augsb. Stage. 807.

Essig-Arkanum, s. a. (Gärtner, J. A.)

Essig-Arkanum. Das Geheimniß der Doppelessig-Bereitung, oder die Bereitung jeder beliebigen Essigsäure ohne Ständer, Späne u. a. kostspielige Vorrichtungen der neuesten Fabrikations-Methoden, um sowohl im Großen Essig zu bereiten, als auch den Bedarf jeder Haushaltung an Essig auf eine höchst einfache Weise zu gewinnen (von J. A. Gärtner.). Ein versiegelt. Couvert in qu. gr. 8. Stuttg. 834. (Gärtner.) baar 2 Rthlr

Essigbrauer, d. wohlunterrichtende. 8. Alt. 788. Bechtold. 6 gr.

Essigbrauer, der wohlunterrichtete, a. d. Franz. 8. Leipz. Mittler. 802.

Essigbrauerey, die von Fehlern gereinigte ꝛc. 8. Eisenach, Wittekind. 803.

Essigbrauerey, die verfeinerte. N. Aufl. s. Jahn, C.

Essigfabrikant, der kleine praktische, praktisch bearb. 8. (1½ B.) Straubing 846, Schornersche Buchh.

Essigfabrikant, der kleine praktische. 8. (IV und 24 S.) Straubing 847, Schorner.

Essigfabrikant, d. wohlerfahrne, oder deutl. Anweis., wie man aus Malz, saurem Bier, Nachlauf, Branntwein, Honig, Kirschen, Pflaumen, Birnen u. Aepfeln einen reinen guten Wein-, Obst-, Frucht- u. Malzessig wohlfeil u. geschwind fabriciren kann. 8. Leipz. 817. 2e A. 824. Rein. 16 gr.

— d. wohlunterrichtete. 8. Augsb., Daisenberger. 5 gr.

Essigfabrikation, die, oder d. Kunst, vorzügl. guten Essig in kurzer Zeit zu bereiten. 12. Hamb. 820. Schulbuchh. (Aue in Altona). 18 gr.

Essigfabrikation, die, oder die Kunst, vorzüglich guten Essig in kurzer Zeit zu bereiten. 12. (Hamburg, Schulbuchhandlung (Leipzig, Cnobloch in Comm.) 820.

Essig-Gewerbe, d. deutsche, Beiblatt zur „Deutschen Destillateur-Zeitg.“, Fortsetzg., s.: Zeitschrift f. Essig-Industrie.

Essig-Industrie, die. Special-Organ f. die Interessen der Fabrikation v. Sprit- u. Holz-Essig, Essig-Säure u. essigsauren Salzen. (Beilage d. „Chem.-techn. Notizblatt“.) Hrsg. unter Mitwirkg. bewährter Fachleute v. J. Werber. 1. u. 2. Jahrg. 1893. 1894. à 12 Nrn. (2 Bog. m. Fig.) gr. 4. Wien, (Spielhagen & Schurich). à Jahrg. n. 8. —

Essig-Industrie, die. Special Organ f. d. Interessen d. Fabrikation v. Sprit- u. Holz-Essig, Essig-Säure u. essigsauren Salzen. Hrsg. unt. Mitwirkg. bewährter Fachleute v. J. Werber. 3. Jahrg. 1895. 12 Nrn. (Bog. m. Abb.) Lex.-8. Wien (Spielhagen & Schurich). n. 8. —

— dasselbe, Jahrg. 1896, s.: Zeitschrift f. Essig-Industrie.

— die deutsche. Wochenschrift f. d. Gebiet d. Alkohol-Essigfabrikation u. verw. Betriebszweige. Eigenthum d. Verbandes deutscher Essigfabrikanten. Hrsg. v. Institut f. Gährungsgewerbe i. Berlin, Abtheilg f. Essigfabrikation. Red.: F. Rothenbach. 1. u. 2. Jahrg. 1897—1898. à 52 Nrn. (Bog.) gr. 4. Berlin, P. Parey. à Jahrg. n. 12. —
Bildet d. Fortsetzg. zu: Zeitschrift f. Essig-Industrie.

Essigindustrie, die deutsche. Wochenschrift f. das Gebiet der Alkohol-Essigfabrikation u. verwandter Betriebszweige. Eigenthum des Verbandes deutscher Essigfabrikanten. Hrsg. vom Institut f. Gärungsgewerbe in Berlin, Abtheilg. f. Essigfabrikation. Red.: Fritz Rothenbach. 3.—6. Jahrg. 1899—1902. à 52 Nrn. hoch 4. (VII, 416; X, 416; X, 436 u. XII, 428 S.) Berlin, P. Parey. à Jahrg. n. 15. —

Essigindustrie, die deutsche. Wochenschrift f. das Gebiet der Alkohol-Essigfabrikation u. verwandter Betriebszweige. Eigentum des Verbandes deutscher Essigfabrikanten. Hrsg. vom Institut f. Gärungsgewerbe in Berlin, Abteilg. f. Essigfabrikation. Red.: Rothenbach. 7—9. Jahrg. 1903—1905. à 52 Nrn. (XI, 424; XV, 420 u. XI, 424 S.) hoch 4. Berlin, P. Parey. à Jhrg. n. 15. —

— dasselbe. 10. Jahrg. 1906. 52 Nrn. (XI, 424 S.) hoch 4. Ebd. n. 20. —

Essigindustrie, die deutsche. Wochenschrift f. das Gebiet der Alkohol-Essigfabrikation u. verwandter Betriebszweige. Eigentum des Verbandes deutscher Essigfabrikanten. Hrsg. vom Institut f. Gärungsgewerbe in Berlin. Abteilung f. Essigfabrikation. Red.: Rothenbach. 11.—14. Jahrg. 1907—1910. à 52 Nrn. (X, 428; X, 416; X, 448 u. X, 440 S.) 32×22,5 cm. Berlin, P. Parey. à Jahrg. 20. —

Essigmann, der, mit seinem Schubkarren. E. Drama in 3 A. v. Mercier übers. v. H. v. H. 8. Gotha, Ettinger. 803.

— Fortsetzung hiervon, s. Erbtheil d. Vaters.

Essigrecepte. Essen 825. Bädecker. 8 gr

Essigsäure-Nachsteuer-Ordnung. Hrsg. im Reichsschatzamte. (16 S.) gr. 8. Berlin 909. R. v. Decker. — 20

— dasselbe, s.a. Branntweinsteuergesetz vom 15. VII. 1909.

Essigsäure-Ordnung. Hrsg. im Reichsschatzamte. (94 S.) gr. 8. Berlin 909. R. v. Decker. — 60

— dasselbe, s.a. Branntweinsteuergesetz vom 15. VII. 1909.

Essinger, Ludwig, appr. Arzt a. Heilbronn: Ueber die Wirkung photodynamischer (fluorescierender Stoffe auf Fadenpilze. München 1905: Kastner & Callwey. (22 S.) 8°
München, Med. Fak., Ref. v. Tappeiner, Diss. v. 16. Mai 1905:
[Geb. 9. Jan. 81 Heilbronn; Wohnort: Heilbronn; Staatsangeh.: Württemberg; Vorbildung: Karls-Gymn. Heilbronn Reife M. 99; Studium: Straßburg 2, Heidelberg 2, Berlin 1, München 4 S.; Coll. 16. Mai 05; Approb. 28. Jan. 05.]

Essink, Frans, s.: Landois, Hermann.

Essink, J. G. H. C., Betrachtungen über das bittere Leiden unsers Herrn Jesu Christi für jeden Tag der heil. Fastenzeit. Uebers. aus dem Holländ. von J. A. Jansen. 16. (384 S.) Münster 876, Aschendorff'sche Buchh.

—— das göttliche Herz Jesu in 31 Betrachtungen für die Monate Juni und December, nebst Gebeten beim 40stünd. Gebete, dem Lob der heil. Messe, der heil. Communion und den gewöhnl. Litaneien. Aus dem Holländ. übers. von J. A. Jansen. 16. (436 S.) Cleve 879, Boß.

Essink, J. G. H. C., 7 Kreuzweg-Uebungen, verm. m. e. Uebg. f. die armen Seelen. Nach der 2. Aufl. aus dem Holl. übers. v. J. A. Jansen. 16. (126 S.) Münster 876. Aschendorff. n. — 35

Esskuche. s. Esskuche.

Esskuchen, Heinrich Friedr. Wilh. (Harla/Hessen). De febre puerperarum. Diss. med.-obstetr. Marburg, 12. III. 1796. 75 S. (4.80) 8314
Widm. v.: Friedrich Ferdinand Franz (Trarbach/Mosel).

Essl: Über Interferenz der Wellenbewegung an gespannten Saiten. 18 S.– Cilli, Progr. 1855.

Essl Wenzel: Beitrag zu einer Kryptogamenflora um Krumau. 32. 14. 16. Prag III. d. R. 00—02.
Progr.

Essl, Wenzel Über das Blut- und Wassergefässsystem der Echinodermen. 31, 15 SS. u. Taf. 8. D. G. *Budweis* 1883. 1884.
Progr.

Eßlair in Prag, eine krit. Beleuchtung seiner Gastdarstellungen auf d. böhm. ständ. Bühne, im April 1826, nebst e. Anhang, des Künstlers Lebensumstände enthalt. 8. Prag 826. Enders. 8 gr

v. Eßleben, Frhr. K., Kritik d. Kriegsgelehrsamkeit. 1e Abtheil. gr. 8. Manh. 810. Schwan u. G. 8 gr

— Plan zur Errichtung öffentl. Lehrstühle f. Kriegswissenschaft auf Universitäten. gr. 8. Manh. 810. Schwan u. G. 4 gr

Eßlen, Jos., Gemeindefinanzen in Baiern. Geschichte der Entwicklg. der Gemeindebesteuerg. im rechtsrhein. Baiern vom J. 1800 bis zum Erlaß der Gemeindeordng. im J. 1869, ausschließlich unter Benützg. amtl. Akten dargestellt. (IV, 160 S.) gr. 8. München 903. Dr. H. Lüneburg, Verl. n. 4. —

Eßlen, Joseph: Geschichte der Entwickelung der Gemeindebesteuerung in Baiern 1800—1818. *(Grevenmacher [1902]: Eßlen.)* (63 S.) 8° [J.] ¶ [Erschien vollst. 1903 u. d. T.: Gemeindefinanzen in Baiern: Die Entwickelung der Gemeindebesteuerung im rechtsrhein. Baiern v. J. 1800 bis ... 1869.]
München, Staatswirtsch. Diss. v. 1902

Esslen, Joseph, Doktor der Staatswirtschaft: Das Gesetz des abnehmenden Bodenertrages seit Justus von Liebig. Eine dogmengeschichtliche Untersuchung. München: J. Schweitzer 1905. (VIII, 286 S.) 8°
München, Staatswirtsch. Hab.-Schr. v. 1905
(Nicht für den Austausch)

Esslen J, Konjunktur und Geldmarkt 1902-08. (320 S) Stuttgart 1908

Esslen, Jos., Konjunktur u. Geldmarkt 1902—1908. Eine Untersuchg. d. Wechselwirkg. beider in Deutschland. (VIII, 320 S.) gr. 8. Stuttgart 909. J. G. Cotta Nachf. 6. —

— s.: Produktivität, die, der Volkswirtschaft.

Esslen, J., s. Schriften d. Vereins f. Socialpolitik.

— Die direkten Steuern im Kanton Zürich und ihre Reform. Kritische Darstellg. u. Vorschläge. (IV, 71 S.) gr. 8. Zürich 910. Rascher & Co. 1. 60

Essler, C., de clavibus aedium, s.: Hirth e.

Essler, C., de clavibus aedium, s. Theater, kleines.

Eßler, Jh. Hnr., staatsrechtl. Abhandl. über d. Bergwerke in Deutschland. 8. Marb. 803. Krieger. 4 gr

Eßler, Magdal. Hnr., geb. Rau, s. 1) S. F. J. Rau, Predigten. 2) Theißedre, Leben Rau's.

Essler, W(ilhelm), a. Akropong (Goldküste, West-Afrika): Zur Geschichte der -UI-Perfecta aus Texten vom 13. Jahrh. bis zum Ausgang der altfranzösischen Zeit. Darmstadt 1905: G. Otto. (VIII, 38 S.) 8°
Heidelberg, Phil. Fak., Ref. Neumann, Diss. v. 8. Jan. 1906
[Geb. 4. Dez. 78 Akropong, Goldküste Westafrika; Wohnort: Heidelberg; Staatsangeh.: Elsaß-Lothringen; Vorbildung: Gymn. Basel Reife O. 00; Studium: Basel 1, Leipzig 1, Heidelberg 7 S.; Rig. 27. Juni 05.]

Esslingen [Schlagwort]

Esslingen, s.a. Deutschland. Karte (Württ.)

Esslingen, s.a. Deutschland. Kürschner-Peip.

Esslingen, s.a. Tourenkärtchen.

Esslingen. Wolf, J., Schul- u. Reisekarte vom Oberamt Esslingen. 1 : 60,000. Farbendr. 26×32 cm. Esslingen 891. A. Lung. n. — 20

Esslingen, Oberamt, s.: Württemberg. Bauser, W.

Esslingen, Stadt. Karte von Esslingen u. Umgebung. 1 : 200,000. Lith. gr. Fol. Tübingen 890. Fues. n. 1. 40; auf Leinw. n. 2. —

Eßlinger, C., das Postwesen in Ostfriesland in der Zeit von 1744 bis 1806, s.a. Abhandlungen u. Vorträge zur Geschichte Ostfrieslands. Hft. 8. 9.

Das Postwesen in Ostfriesland in der Zeit von 1744 bis 1806. Von C. **Eßlinger,** Postdir. Aurich: D. Friemann 1908. (89 S.) 8° [F.]
— **Abhandlungen** u. Vorträge z. Geschichte Ostfrieslands. H. 8 u. 9. 108. 6744

Esslinger, Ernst. Behandlung des Abdominaltyphus mit dem Antityphus-Extract von Dr. Jež. Diss. Med. Zürich. *Kopftitel:* Aus der medizinischen Universitätsklinik Zürich. — [Mit 1 Tabelle.] 88 S. 8. Zürich, Fritz Amberger, 1901.

Esslinger, Fritz. Das Amtsgeheimnis und dessen Verletzung. Mit besonderer Berücksichtigung des Schweizerischen Bundesrechtes und des Zürcherischen Rechtes. Diss. Staatsw. Univ. Zürich. 232 S. 8. Zürich, H. Rüegg & Cie., 1906.

Esslinger, Georg, s. Eßlinger, Johann Georg

Esslinger, Hugo: Ueber die Tumoren der Nebenniere und einen seltenen Fall von Schlauchsarkom derselben ... Leonberg, Buchdr. v. F. Issler, 1894; 45 S. 8.
München, Med. Fak., Inaug.-Diss. v. 1894

Rede am Stiftungsfeste der Loge Sokrates zur Standhaftigkeit gehalten im Or. zu Frankfurt a. M. am 19. April 5802 von [J. Fr.] **Esslinger.** [Frankfurt a. M.] 1802. 32 S. 8°
Kl. 1134. Üb. Sokrates.

Esslinger, J[ohann] D[avid]. Denkschrift zur Feier des 25-jährigen Bestandes der Kirchgemeinde und Kirche Obfelden. Im Auftrage der Gemeindsbehörden verfasst von J. D. E'.... [Mit 1 Vignette.] 8. (Affoltern) 1873.

Eßlinger, J. D., das Verhältniß der Religion u. Theologie zur neuesten Naturwissenschaft. Vortrag vor der Pastoralgesellschaft Affoltern u. A. gr. 8. (46 S.) Zürich 882. Schultheß. n. 1. —

Eßlinger, Joh. Georg (Ritter Abbé). Freundschaftliche Gespräche eines zur kath. Kirche übergetretenen protest. Geistlichen mit einem seiner frühern Glaubensgenossen. Mit einem Hirtenbriefe des Bischofs von Lausanne u. Genf, einer Biographie des Verf., einer Abhandlung über die Kirche u. einem Verzeichnis der vorzüglichsten Bekehrungen seit dem Anfange des 19. Jahrh. Aus dem Französ. übersetzt von M. Züricher. Solothurn, Kaßmus, 1841. gr. 8°. 3,75 Mk.

Eßlinger, freundschaftliche Gespräche eines zur kathol. Kirche übergetretenen protestant. Geistlichen mit einem seiner frühern Glaubensgenossen. Mit einer Biographie des Verf., eine Abhandlung über die Kirche, und einem Verzeichnisse der vorzüglichsten Bekehrungen seit dem Anfange des XIX. Jahrhunderts. Aus dem Französ. übers. von M. Zürcher. 2. (Titel-) Ausg. gr. 8. (XVI und 428 S.) Solothurn 851(52,) Scherer'sche Buchh. Thlr.

Eßlinger, freundschaftliche Gespräche eines zur kathol. Kirche übergetretenen protestant. Geistlichen m. einem seiner frühern Glaubensgenossen. Mit einer Biographie des Verf., einer Abhandlung üb. die Kirche, u. einem Verzeichnisse der vorzüglichsten Bekehrungen seit dem Anfange des XIX. Jahrhunderts. Aus d. Franz. übers. v. M. Zürcher. 2. (Titel-)Ausg. gr. 8. (XVI u. 428 S.) Solothurn (841) 852, Scherer. 1 1/4 ℛß

Esslinger, G(eorg). Lettre au Conseil ecclésiastique de Zurich sur les motifs de ma résolution d'embrasser la religion catholique. Par G(eorge) E'.... 8. Fribourg en Suisse 1831.

Eßlinger, Joh. Georg, Der Mensch denkt, Gott lenkt, oder. Zuschrift an den evang. Kirchenrat Zürichs, um ihm meinen bevorstehenden Übertritt zur kath. Kirche anzuzeigen. Mit einer Zueignung u. zwei Beilagen. Freiburg (Schw.) 1831, 8°.
Recens. Katholik 1831, Bd. 41 S. 216—7. Über Eßlinger s. Rosenthal I, 2, 38—47.

—— Verteidigung meiner Beweggründe zum Übertritte in die kath. Kirche gegen Herrn Joh. Schultheß, Dr. theol. In Beantwortung seines Dankschreibens. Ebendas. 1831, 8°.
Über die nähere Veranlassung der „Verteidigung" vgl. Katholik 1832, Bd. 45 S. 241—50.

Esslinger, Ludwig, a. Schaidt: Das Schuldmoment bei der üblen Nachrede. Würzburg 1905: C. J. Becker. (71 S.) 8°
Würzburg, Jur. Fak., Ref. Oetker, Diss. v. 10. Mai 1905
[Geb. 22. Mai 81 Schaidt; Wohnort: Speyer; Staatsangeh.: Bayern; Vorbildung: Gymn. Speyer Reife Juli 99; Studium: Würzburg 4, Berlin 2 S.; Rig. 22. Febr. 05.]

Esslinger, M. Gutachten über die Frage der Handwerksinnungen. Zürich 1849. 4.

Esslinger, M. Mittheilungen über einige west-europäische Eisenbahnen. Zür. 1859.

Esslinger, M[artin]. Geschichte der Schweizerischen Kreditanstalt (in Zürich) während der ersten 50 Jahre ihres Bestehens (1856—1906), verfasst und hrg. mit Ermächtigung des Verwaltungsrates von M. E', Direktions-Sekretär der Kr'. Mai 1907. [Mit 9 Tafeln.] II + 190 S. 8. Zürich, Orell Füssli.

Esslinger, Max, von Zürich: Beitrag zur Lehre der modificirten Linearextraction. Zür. J. Herzog Dr. 1867. 2 Bl., 43 S. 8°.
Zürich. Med. Diss. [v. 18. Dec. 1867].

Eßlinger, R., zur Erkenntnistheorie Ritschls. Eine Studie. gr. 8. (VII, 49 S.) Zürich 891. F. Schultheß. n. 1. —

Eßlinger, Rud., die Fabrikation des Wachstuches, des amerikanischen Ledertuches, des Wachs-Taffets, der Maler- u. Zeichen-Leinwand, sowie die Fabrikation des Theertuches, der Dachpappe u. die Darstellung der unverbrennlichen u. gegerbten Gewebe. Den Bedürfnissen der Praktiker entsprechend geschildert. Mit 11 (eingedr. Holzschn.-)Abbildgn. 8. (IV, 183 S.) Wien 880. Hartleben. n. 2. 50

Eßlinger, Rud., die Fabrikation des Wachstuches, des amerikanischen Ledertuches, der Korkteppiche od. des Linoleums, des Wachs-Taffets, der Maler- u. Zeichen-Leinwand, sowie die Fabrikation des Teertuches, der Dachpappe u. die Darstellg. der unverbrennlichen u. gegerbten Gewebe. Den Bedürfnissen der Praktiker entsprechend geschildert. 2., sehr erweit. Aufl. (VII, 176 S. m. 13 Abbildgn.) 8. Wien (906). A. Hartleben. n. 2.50; geb. n. 3.30

Eßlinger, Wilhelm, Rechtspraktikant aus Stuttgart: Der Erbschein nach dem Bürgerlichen Gesetzbuche für das Deutsche Reich. *München: J. Schweitzer 1902.* (111 S.) 8° [F.]
Würzburg, Jur. Diss. v. 1902

Essmann, A., l'ami de la petite fille. Lehr- u. Leseb. d. französ. Sprache f. Anfänger. 8. (X, 166 S.) Bad Oeynhausen 895. G. Ibershoff. Geb. in Leinw. n. 1. 60

Essmarch(k), Nicolaus Ludwig

ESZMARCH, Nic. Ludw. (geb. 1. Apr. 1654 zu Klixbüll, Amts Tondern, Herzogth. Schleswig, 1678 M. d. Philos., 1682 Pred. zu Herzhorn in d. Probstei Pinneberg u. Assessor d. Pinneberg. Consistoriums, † im Mai 1719). — * NICOLAII LUDOVICI Eßmarch .... HELICON. Worinnen enthalten 1. Hochzeit-Gedichte. 2. Glückwünschungs-Gedichte. 3. Weltliche Epigrammata. Glückstadt u. Leipzig. Bey Gotthilf Lehmann, Königl. Privil. Buchhändl. A. MDCCVII. (1707). 8°. (In Berlin 3 Expll.: an Sn 8541; an Yk 1081; an Yu 8651; auch in Göttingen: P. 3314.) 2 Bll. u. 156 S.
Gedichte von Eßmarch auch in Weichmann's Poesie d. Niedersachsen u. in den Schlesw.-Holst. Anzeigen v. 1760, S. 331 ff. — Vgl. auch H. Schröder's Aufsatz über E. in Winfried's Nord. Musenalman. f. 1823, S. 146—51; Moller I, 162.

— Der durch bauen verewigte Nahme des Grafen Wilhelm Adolph Reichs Grafen zu Rantzau, alsz zu Barmsted die neuerbaute Kirche des Heil. Geistes d. 5. Juny 1718 eingeweihet wurde. Glückstadt. Fol. P.

Eßmarch, Nicolaus Ludwig. Sion. Worin zu finden 1. Geistliche Gedichte. 2. Begräbnis Gedichte. 3. Geistliche Epigrammata. Glückstadt & Leipzig, G. Lehman, 1707. Kl.8°. Titel (in Rot und Schwarz), 7 Bl. 192 S. HLd. d. Z. (Rücken etwas beschädigt).
G. III. 295, 43. Maltzahn III, 28: „Sehr selten". Originalausgabe.

Essner, [Benno]: Ein Lehrgang der Chemie am Gymnasium. Kempen i. Pos. 1908: Amulong. S. 3—15. 4°
Kempen i. Pos., k. PG OP 1908 (214) [S 08. 83

Essner, Benno: Ueber den diagnostischen Werth der Anzahl und Höhe der Markstrahlen bei den Coniferen. Halle a. S. 1882: Karras. 19 S. 8° (4°)
Halle-Wittenberg, Phil. Diss. v. [20. Juli] 1882
Geb. Storchnest (Posen) 16. 4. 1858. V.
Ersch. vollst. im Buchhandel Halle: Niemeyer 1882. 33 S. 4° und in: Abhandlungen d. naturforsch. Gesellschaft zu Halle. Bd 16. Halle 1886. S. 1—33.

Essner, Benno, über den diagnostischen Werth der Anzahl u. Höhe der Markstrahlen bei den Coniferen. [Aus: „Abhandlgn. d. naturforsch. Gesellsch. zu Halle".] gr. 4. (33 S.) Halle 882. Niemeyer. n. 1. 60

Esstruth, musikal. Bibliothek. 1r Thl. 8. Ebend. 784.

Hans Baluschek von Hermann **Esswein**. München & Leipzig: R. Piper & Co. [1904]. (45 S.) 4°
— **Esswein**: Moderne Illustratoren. 2. [illegible] 11

Aubrey Beardsley von Hermann **Esswein**. München & Leipzig: R. Piper & Co. [1906]. (51 S.) 4°
— **Esswein**: Moderne Illustratoren. 8. [illegible] 11

Eßwein, Herm., Flimperpimper, das große Geldschiff. Eine prähistorisch-moderne Kulturgroteske. Umschlag v. A. Braun. (351 S.) 8. München 908. G. Müller. 4.—; geb. 5. —

Thomas Theodor Heine von Hermann **Esswein**. München & Leipzig: R. Piper & Co. [1904]. (50 S.) 4°
— **Esswein**: Moderne Illustratoren. 1. [illegible] 11

Esswein, Herm., moderne Illustratoren. (In 12 Heften.) I—VII. Heft. 4. München, R. Piper & Co.
Kart. Subskr.-Pr. à n. 2. 50; Einzelpr. à n. 3. —
I. Thomas Theodor Heine. (50 S. m. z. Tl. farb. Abb. u. 1 Bildnis. (904.)
II. Hans Baluschek. (46 S. m. z. Tl. farb. Abb. u. 1 Bildnis. (904.)
III. Henri de Toulouse-Lautrec. (61 S. m. Abb. u. 1 Bildnis.) (904.)
IV. Eugen Kirchner. (48 S. m. Abb. u. 1 Bildnis.) (904.)
V. Adolf Oberländer. (51 S. m. Abb u. 1 Bildnis.) (905.)
VI. Ernst Neumann. (53 S. m. Abb. u. 1 Bildnis.) (905.)
VII. Edvard Munch. (45 S. m. Abb. u. 1 Bildnis.) (905.)

— Moderne Illustratoren. VIII. 30,5×24 cm. München (908). R. Piper & Co. Kart. 3.—; Subskr.-Pr. 2. 50
Aubrey Beardsley (47 S. m. Abbildgn. u. 1 Bildnis.)

Eugen Kirchner von Hermann **Esswein**. München & Leipzig: R. Piper & Co. [1904]. (48 S.) 4°
— **Esswein**: Moderne Illustratoren. 4. [illegible] 11

Edvard Munch von Hermann **Esswein**. München & Leipzig: R. Piper & Co. [1905]. (47 S.) 4°
— **Esswein**: Moderne Illustratoren. 7. [illegible] 11

Ernst Neumann von Hermann **Esswein**. München & Leipzig: R. Piper & Co. [1905]. (53 S.) 4°
— **Esswein**: Moderne Illustratoren. 6. [illegible] 11

Adolf Oberländer von Hermann **Esswein**. München & Leipzig: R. Piper & Co. [1905]. (53 S.) 4°
— **Esswein**: Moderne Illustratoren. 5. [illegible] 11

— Die Schrittmacher u. Anderes. Umschlag v. A. Braun. (IV, 98 S.) 8. Ebd. 908. 2. —; geb. in Leinw. 3. —

— August Strindberg. Ein psycholog. Versuch. Mit 1 Abbildg. der Strindberg-Büste v. Carl Eldh und 1 Photographie a. d. J. 1904. (66 S.) gr. 8. Ebd. 907. 2. —

— August Strindberg im Lichte seines Lebens und seiner Werke. Mit 27 Bildbeilagen. (II, 212 S.) 8. München 909. G. Müller. 4.—; geb. 5. 50

Henri de Toulouse-Lautrec von Hermann **Esswein**. München & Leipzig: R. Piper & Co. [1904]. (61 S.) 4°
— **Esswein**: Moderne Illustratoren. 3. [illegible] 11

EST! EST! EST? Anekdoten, Curiosa, Charakteristische Meinungen. Bunte Puffs von u. für Weintrinker. Ein launiges Quodlibet für Alle, die nicht Muselmänner sind. Leipzig 1841. 8°. 32 S. Selten! (1 Mk. 50 Pfg. F. Waldau, Fürstenwalde, 1909.)

Est! Est! Est! Anekdoten, Curiosa, Charakteristiken, Meinungen, Buntes und Puffs von und für Weintrinker. Ein launiges Quodlibet und unentbehrliches Vademecum für Alle, die nicht Muselmänner sind. 8. Quedlinburg 841, Basse. 1/3 ℔ — 2. Gebinde. Ebend. 842. 1/3 ℔

„Est" „Est" „Est". Randbemerkungen zu „Rembrandt als Erzieher" v. e. niederdeutschen Bauern. 1.—3. Aufl. gr. 8. (49 S.) Dresden 890. Pierson. n. — 75

„Est Est Est". Randbemerkungen zu „Rembrandt als Erzieher" v. e. niederdeutschen Bauern. 4.—7. Aufl. gr. 8. (49 S.) Dresden 891. E. Pierson. n. — 75

Est, Wilhelm, s. Estius

Estación, la. Periódico para señoras. Red.: Indalecio Manjon Gonzalez. Año IV. 1887. 24 números. (2 B. m. Illustr. u. Schnittmusterbeilagen.) Fol. Berlin, Lipperheide. n. 8. —; Edición de lujo n. 14. 40

Estación, la. Periódico para señoras. Año VIII—XI. 1891—1894. à 24 números. (2 Bog. m. Illustr. u. Schnittmusterbeilagen.) Fol. Berlin, F. Lipperheide. à Jahrg. n. 8. —; Edición de lujo m. 48 Kupforn. n. 14. 40

Estación, la. Periódico para señoras. Año XII—XV. 1895—1898. à 24 números (Bog.) con 36 figurines iluminados, 12 suplementos extraordinarios. Fol. Berlin, F. Lipperheide. à Jahrg. 8. —; Edición de lujo m. 48 Kupfern à Jahrg. 14. 40
Kann auch vierteljährlich bezogen werden.

Estación, la. Periódico para señoras. Año XVI—XIX. 1899—1902. à 24 números. Fol. (à ca. 8 S. m. Abb.) Berlin, F. Lipperheide. à Jahrg. 8. —; Edición de lujo m. 44 Kupfern à Jahrg. 14. 40

Estación, la. Periódico para señoras. Año XX—XXIII. 1903—1906. à 24 números. (à Jahrg. 192 S. m. Abbildgn.) gr. 4. Berlin, F. Lipperheide. à Jhrg. n. 8. —; Edición de lujo m. 44 Kupfern à Jhrg. n. 14. 40

Estados: Los Estados Unidos de Europa v. Les Etats-Unis d'Europe.

Estafette, die, von Berlin. 4. Berl. 800. Nauck. 1 ℔

Estanave, E., construction de modèles de surfaces applicables sur le paraboloide de révolution. Surfaces définies par M. G. Darboux, s.: Abhandlungen, mathematische, aus dem Verlage mathem. Modelle v. Martin Schilling in Leipzig. Nr. 7.

Estats s. Etats.

Esté, Hans, Tirilirili. Genrelieddchen zur Liebeslaute. (118 S.) kl. 8. Leipzig 907. Verlag f. Literatur, Kunst u. Musik. 2.50; geb. n 3. 50

Este, Sofie M., Carmen Schellen. (259 S.) 8. Straßburg 907. J. Singer. 3. 50; geb. 4. 50

Esteban, (Don,) oder Memoiren eines Spaniers. Aus dem Engl. nach der 2n Aufl. frei übersetzt v. G. Sellen. 3 Thle. 8. Leipz., Focke.

— dass., s. auch: Lotz, der Pflegesohn.

Estevan, Don, oder Memoiren eines Spaniers. Aus d. Engl. von Gust. Sellen (d. i. L. v. Alvensleben). 3 Bde. Leipzig 1827. 8°.
Sehr eingehende u. getreue Schilderung span. Sitten.

Don Esteban, oder Memoiren eines Spaniers. Aus dem Engl. nach der 2. Aufl. frei übers. von Gustav Sellen [d.i. Ludwig von Alvensleben]. Th. 1-3.
Leipzig: Focke 1827. 8°

Estel, V., Aufgabensammlung f. den Rechenunterricht, s.: Särchinger, E.

Estel, V., Aufgabensammlung f. den Rechenunterricht in den Unterklassen der Gymnasien, s.: Särchinger, E.

Estel, Volkmar, Dr.: Zur Geschichte der Farbenlehre. *Chemnitz 1900: J. C. F. Pickenhahn & Sohn.* (S. 1—24.) 4°
Chemnitz, k. G, OP 1900 (570)

Estell, Laura v., Roman a. d. Franz. v. K. L. M. Müller. 2 Bände. 8. Berl. Kunst u. Ind. Compt.

Estella, des berühmten italienischen Magiers, Deutung aller Träume. Berlin (857.) Bieler u. Co. 32. (64 S.) 5 ngr.

--- sympathetische Uhr des Glücks und der Liebe. 1—7. Aufl. Berlin (856.) Bieler u. Co. 32. (VIII, 60 S.) 5 ngr.

Estella, D. de, andächtige Betrachtungen über die Liebe Gottes, s. Leitsterne, neue.

Estelle, roman pastoral, p. de Florian. 12. Basel, Flick. 788.

— e. Schäferroman, a. d. Frz. d. v. Florian. 8. Gera, Haller. 790.

Estelle, ein Schäferroman des Herrn von Florian, aus dem Franz. 8. Gera, 790. Rothe. 23 ggl.

— — le même. 8. Lps. Gerh. Fleischer. 800.

Estelle. Roman u. Wahrheit. 8. Eßlingen 812. Fitzdorff u. K. (Körner in Frankf.) 22 gr.

Estelle, Roman pastoral par Florian. 8. Leipsic, G. Fleischer. 816.

Estemauville, v., Inbegriff sämmtlicher Kriegswissenschaf= 2 Thle. m. K. gr. 8. Magdeb. Scheidbauer. 787.

d'Esteminanville, ..., Inbegriff sämmtl. Kriegswissenschaften; aus d. Französ. v. H. W. Berisch. 2 Thle, mit Kpf. gr. 8. Dessau 786, 87. (Magdeb., Scheidbauer). 3 Thl 16 gr.

Ester, Das Buch, s. Esther.

. Ester A, Vereins- und Versammlungsrecht. (12 S) (Kultur und Fortschritt 134) Gautzsch 1908

Ester, Joh. Georg (Schweinsberga Hessus)
Theses inaugurales de Ministerialibus, ex opere majori, commentationi Glafeyanae opposito.
Giessae 15. März 1725: vidua J.R. Vulpii. 5 S. 4°
pro licentia summos in utroque jure honores ... consequendi.

Ester, Karl d', a. Vallendar a. Rh.: Zur Geschichte des Journalismus in Westfalen. Münster i. Westf. 1907: Westf. Vereinsdruckerei. (72 S.) 8° [F.]
Münster, Phil. Fak., Ref. Schwering, Diss. v. 8. Juni 1907
[Geb. 11. Dez. 81 Vallendar b. Coblenz; Wohnort: Münster i. W.; Staatsangeh.: Preußen; Vorbildung: Kaiserin-Augusta-Gymn. Coblenz Reife O. 02; Studium: München 2, Münster 2, Wien 1, München 1, Münster 3 S.; Rig. 19. Dez. 06.]

D'Ester, Carl, Der Kampf der Demokratie und des Absolutismus in der preuss. constituirenden Versammlung. 8°. Mannheim, Grohe, 1849.

d'Ester, Carolus (geb. am 4 Nov. 1813 in Vallendar): De semiologia medullae spinalis ... Bonnae, typ. C. Georgii (1835). VI, 28 S., 1 Bl. 4.
Bonn, Med. Fak., Diss. v. 21 Nov. 1835

d'Ester, Carl, das Zeitungswesen in Westfalen von den ersten Anfängen bis zum J. 1813, s.a. **Beiträge,** Münstersche, zur neueren Literaturgeschichte. I. II.

Das Zeitungswesen in Westfalen von den ersten Anfängen bis zum Jahre 1813. In s. geschichtl. Entwicklung u. kulturellen Bedeutung dargest. von Dr. Carl d'**Ester.** Münster i.W.: H. Schöningh 1907. (XVI, 222 S.) 8° [F.]
[Ein T. erschien u. d. T.: Geschichte d. Journalismus in Westfalen als Inaug.-Diss. Münster 1907.]
— **Beiträge,** Münstersche, z. neueren Literaturgeschichte. H. 1. 2. [06. 3009

ESTERÁS, FRATER EMERICUS: Leben des heiligen Allmosen-Gebers Joannis Alexandrinischen Patriarchen, aus einer mehr denn tausend Jahr bewährten Geschichts-Verfassung unter dem Namen: Das Leben der Alt-Vätter, zusammen getragen von frater Emericus. Pressburg 1732. Gedr. bey Joh. Paul Royer. kl. 8°
- Dass. 2. Auflage mit dem Titelzusatz: ... Zusammen getragen und denen Ofenern, bey welchen von dessen Heiligen Reliquien ruhen, zu sonderbarem Nutzen auf das neue aufgelegt und herausgegeben von frater Emericus. Ofen 1742: Dr. Veronica Nottensteinin, Wittib. 12 f. 216 S. 3 f. 1 t. - kl. 8°
- Dass. Preßburg 1756. Druck Royer (16), 192, (8) S. - 160 mm
- Dass. Ebd; J. M. Landerer. (14), 192, 8 S. - 150 mm

Esterás, Paul, *Palatin v. Ungarn.* Samstag der sel. Jungfrau Maria, d. i. heilsame Lehren u. Betrachtungen für jeden Samstag, welche zusammen im J. 52 sind, und 52 Wunderthaten etc. Mit 57 schönen Holzschnitten und dem Leben des heil. Emerich und Ladislaus und deren Wunder, vermehrt durch Karl Tóth, Franziskaner-Ordenspriester. *Pest. Al. Bucsánszky.* 164 S., 8°. 24 kr.

Die erste ungar. Ausgabe wurde in Tyrnau im J. 1690, die zweite Ausgabe 1701 und die dritte Ausgabe 1858 gedruckt und nach dieser letzteren ins deutsche übersetzt. — Auch in ungarischer, slavischer, illirischer, russischer, romanischer und polnischer Sprache zu bekommen.

– Dass., s. a. Estorás

Ester'chen, Du faine. 1.—5. Tausend. 12. (8 S.) Kaiserslautern 890. Gotthold. n. —10

Esterer, Aloys

Die wirtschaftliche Bedeutung der Talsperren unter besond. Berücks. d. rheinischen Anlagen. Von Dr. A. **Esterer.** Halle a. S.: Knapp 1910. 84 S. 8°
(Sammlung wasserwirtschaftl. Schriften. Bd 1.) [11. 3965

Esterer, Aloys: Die wirtschaftliche Bedeutung der Talsperren in der Rheinprovinz. Bonn 1909: Hauptmann. IV, 92 S. 8°
Bonn, Phil. Diss. v. 29. Juli 1909, Ref. Schumacher
[Geb. 22. Sept. 76 Hamburg; Wohnort: Bonn; Staatsangeh.: Hamburg; Vorbildung: Gymn. Saarbrücken Reife M. 03; Studium: Archit. u. Staatsw. Aachen Techn. Hochsch. 5, Staatsw. Bonn 4 S.; Rig. 26. Mai 09.] [U 09. 393

[F.] Volkstümliches Naturheilverfahren oder was jedermann v. d. Natur- u. Kneipp'schen Heilweise wissen soll. In einfacher ... Weise geschr. v. Josef **Esterer.** Tl 1. ... *Münster i. W.: Selbstv. 1898.* 8. [98. 2636

ESTERHASI, CARL: Besonderes Frohlocken der bischöflichen Stadt Waitzen, als ihro Hochgräfliche Bischofliche Gnaden Carl Esterhasi von Galantha in Dero Residenz-Stadt ... eingezogen. Pest 1760: Druck. Eitzenberger. (8 S.) - 200 mm

Esterházy, Jos. Graf, Lebensstunden. Gedichte. (80 S.) kl. 8. Wien 905. Mayer & Co. n. —80

[M. C. F. Walsin-] **Esterhazy's** Enthüllungen [Les dessous]... Einzig autor. Uebers. aus d. Franz. von Ludwig Finck. H. 1. [Mehr nicht erschienen.] 1–3. Aufl. Magdeburg: M. Brandus 1899. (55 S.) 8° [F.]
1 — Esterhazy: Hinter d. Coulissen d. Dreyfus-Prozesses. [05. 14025

Hinter den Coulissen des Dreyfus-Prozesses von [M. C. F. Walsin-] **Esterhazy.** Einzig autor. Uebers. aus d. Franz. von Ludwig Finck. (1.–3. Aufl.) Magdeburg: M. Brandus 1899. (55 S.) 8° [F. u. Ant.]
= **Esterhazy:** Enthüllungen [Les dessous, deutsch]. H. 1. [05. 14026

Esterhazy de Galantha, Celsissimo Dno S. R. J. principi Nicolas, Nobil. Turm. Praetorian. Capitran. Carmen. O. O. u. J. [Viennae 1804.] V: *Nemes, Gg.*, Hofagent. (biblport)

Esterhazy Celsissimo S. R. J. Principi Nicolas de Galantha, Nobilis Turmae Praetorianae Capitraneo Carmen. O. O. u. J. [Viennae 1809.] V: *Nemes, Gg.*, Hofagent. (pk 2/861) (széchenyi 5/150) (bibl port)

Esterhazy de Gallantha. Regulament und unumänderlich-gebräuchliche Observations-Puncten, sowohl in Militar-Ceremoniel als Oeconomicis durch Herrn Joseph, des Heiligen Röm. Reichs Grafen ..... General-Feld-Wachtmeister, und würcklichen Obristen und Innhabern eines Hungarischen Regiments zu Fuss, vorfasset, zusammengesetzt, und im Druck herausgegeben, deren man sich bey seinem Regiment, sowohl im Feld, Guarnison, Stand-Quartieren, und in allen sich ereignenden Vorfallenheiten zu gebrauchen, und genauest nachzukommen hat. In dem Feld-Lager bey der Gränitz-Vestung Gavi. 4. 1747.

Esterle, Carl, humoristische Erzählungen. gr. 8. (VI u. 391 S. m. eingedr. Holzschn.) Linz 850, Eurich & Sohn. n. 1 ℔ 12 ngr

Estermann, B., die Volksschule, s. **Volksschule, die.**

Estermann, Balth., Wechselhaft im neuern Strafvollzugswesen oder Würdigung der Kasernenhaft, Wechselhaft u. Einsamhaft, sowie der bezügl. baulichen Einrichtungen für große u. kleinere Anstalten. Summarisch vorgetragen vor der gemeinnützigen Gesellschaft der Stadt Luzern. [Aus „Katholische Schweizerblätter".] Luzern 867. Räber in Comm. gr. 8. (72 S.) n. 14 ngr

Estermann, D., Lebens- u. Gesundheits-Erhaltungskunde, oder Regeln f. Jedermann, dem d. Leben u. d. Gesundheit lieb ist. 8. Aarau 815. Sauerländer. 14 gr

(Estermann, F[ranz].) Handbuch über die persönliche Ausrüstung in der schweizerischen Armee. Zusammenstellung aller bezüglicher Erlasse, von der zuständigen Amtsstelle durchgesehen und ergänzt (*Umschlag:* mit neu bearbeiteten Beigaben), April 1901. [Mit 1 Tabelle und illustriertem Umschlag.] XII + 113 S. 8. Bern, Büchler & Co. [cart. fr. 1. 80]

Estermann, F[ranz]. Feldmässig-rationelle Reform der persönlichen Ausrüstung, unter besonderer Berücksichtigung der Verhältnisse der Schweiz. Armee. Studie und Vorschläge. 64 S. 8. Bern, Büchler & Co., 1902. [fr. 1. 50]

Estermann, Jak. Rom., der Eidgenossen Krieg. Predigt, gehalten auf dem Schlachtfelde bei Sempach den 9. Heumonat 1866. Luzern 866. Räber. gr. 8. (14 S.) 3 ngr

Estermann, Jac. Roman, Religions-Handbuch. Für höhere Volksschulen zusammengestellt und bearb., vorzüglich nach Hirscher's Geschichte Jesu Christi und nach Schuster's katechet. Handbuch. 8. (VII, 174 S.) Luzern 869, Gebr. Räber. geb. *

Estermann, Jos. Cölest., Festpredigt an d. Schlachtfeier in Sempach, s.: **Schmid, Jos.**

Estermann, Melchior. Das Feudenbuch der Stift Bero-Münster. [SA.] 8. [Einsiedeln... 1879.]

Estermann, Melch., Geschichte der alten Pfarrei Hochdorf, des Johanniter Ordenshauses Honrein, wie der Tochterpfarreien: Honrein, Wangen, Ballwil u. Rein u. der Filialkapellen innerhalb der alten Pfarreigrenzen u. geschichtliche Mittheilungen üb. die alten bürgerlichen Verhältnisse. gr. 8. (IV, 368 S. m. 2 Abbildgn.) Luzern 891. (Gebr. Räber.) n. 4. 40

— Geschichte d. löblichen Ruralkapitels Hochdorf unter dem Schutze d. hl. Bischofs Martinus v. Tours u. der göttlichen Mutter u. Jungfrau Maria, sowie Geschichte der einzelnen Pfarreien, Kirchen, Kapellen u. Pfründen. gr. 8. (VIII, 110 S. m. 2 Illustr.) Ebd. 892. n. 1. 50

Estermann. M[elchior]. Geschichte der alten Pfarrei Pfäffikon. Luzern 1882 s.a. Heimatskunde. Der Heimathskunde für den Kanton Luzern Bändchen 5.

Estermann, M. Geschichte der alten Pfarrei Pfäffikon, gelegen theils im Kanton Luzern (heutige Pfarrei Pfäffikon), — theils im Kanton Bern — jetzt Aargau — heutige Pfarreien Gundiswil und Reinach. Kl. in-8°, 300 S. Luzern, Druck von Gebr. Räber. 1882

*** Der Heimathkunde für den Kanton Luzern 5. Bändchen.

Estermann. Mel[chior]. Geschichte der Pfarrei Rickenbach. Luzern 1882 s.a. Heimatskunde. Der Heimathskunde für den Kanton Luzern Liefg. 4.

Estermann, Mel. (Leutpriester). Geschichte d. Pfarrei Rickenbach. Der Heimathskunde für den Kanton Luzern IV. Lieferung. In-8°, IX u. 326 S. Luzern, Druck u. Verlag v. Gebr. Räber, 1882.

Estermann, M., siehe: *Geschichtsfreund.*

(Estermann, Mel[chior].) Die Gründungslegende des Stiftes Bero-Münster in Wort und Bild. ([Von] Mel. E', Stiftspropst.) 4.

Ausg. A: (Jahresbericht über die Mittel-Schule [Bero-]Münster (Kt. Luzern) für das Schuljahr 1904/05. Luzern, Buchdr. J. Schill, 1905. Beilage.) 16 S.

Ausg. B' sep.: ... von M. E', Stiftspropst. II + 16 S. Luzern, Dr. und Komm. J. Schill, 1905.

Estermann, Leutpriester, die Heimatkunde für den Kanton Luzern. III. Lfg. Neudorf. 468 Stn. 8. Luzern. Gebr. Räber. 1878 3. —

(Estermann. M[elchior].) Xaver Herzog (1810–1883), Pfarrer von Ballwil. [Necrolog. SA.] 8. [Luzern 1886.]

Estermann. Melchior. Ritter Jakob von Kienberg. Eine Vogtgeschichte aus dem Ende des 13. Jahrhunderts. [A.] 8. [Einsiedeln... 1887.]

Estermann. M[elchior]. Neudorf. Luzern 1875 s. Heimatskunde. Die Heimathskunde für den Kanton Luzern. Liefg. 3.

Estermann, M. Die Sehenswürdigkeiten von Bero-Münster mit geschichtl. Erläuterungen. Festschrift gewidmet den Mitgliedern des fünförtigen und histor. Vereins zum Andenken der 36. Jahresversammlung. In-8°. 124 S. Luzern, Gebr. Räber. 1878

Estermann, die Stiftskirche v. Beromünster, ihre Umbauten, ihre Kult- u. Kunstschätze einst u. jetzt. gr. 8. (78 S. m. 1 Taf.) Luzern 898. (Räber & Co.) n.n. 1. —
Sonderabdruck aus: „Kathol. Schweizer Blätter".

— die Stiftsschule v. Bero-Münster, ihr u. der Stift Einfluß auf die geistige Bildung der Umgebung. Ein Kulturbild seit der Gründung der Stift bis auf unsere Tage urkundlich dargestellt. 8. (VI, 224 S.) Luzern 876. (Räber.) n. 1. 80

Estermann. Melchior. Die Wappen-Kalender des Stiftes Beromünster. [SA.] 8. Luzern 1897.

Esternaux, Prof., Leitfaden der vaterländischen Geschichte. s.: **Hahn, Ludw.**

Esternaux, Paul: Die Komposition von Frontins Strategemata. Berlin, Druck v. A. Haack, 1889; 23 S. 4°
Berlin, französisches G, OP 1889 (52)

Esternaux, [Paul]: {Nachruf für den am 12. Nov. 1908 gestorb. Prof. Dr. Hugo Franzky.] S. 17—18. 4.
Progr. Kgl. Gymn. u. Vorschule *Spandau* 1909 (102).

d'Esterre-Keeling, Elsa, Appassionata, s.a. Collection of British authors.

D'Esterre-Keeling, Elsa, Appassionata, s.a. Deva-Roman-Sammlung. 27. Bd.

Appassionata. A musician's story. By Elsa d'Esterre-Keeling. Copyright ed. Leipzig: Tauchnitz 1894. 279 S. 8°
(Collection of British authors. Tauchnitz Ed. Vol. 3007.) [11. 8023

d'Esterre-Keeling, Elsa, old maids and young, s.: Collection of British authors.

– Orchardscroft, s. Collection of British authors

d'Esterre-Keeling, Elsa, ein Philosoph im Steckkissen. Deutsch v. Walt. Heichen. 8. (VIII, 210 S.) Leipzig (901). H. Seemann Nachf. n. 3 —; geb. n. 4. —

d'Esterre-Keeling, E., a laughing philosopher, s.: Collection of British authors.

— drei Schwestern. Skizzen aus dem Leben e. hochoriginellen Familie. Autoris. deutsche Ausg. 8. (VI, 279 S.) Berlin 885. H. W. Müller. n. 3. —; geb. n. 3. 60

— the Queens serf, s.a. Collection of British authors.

The queen's Serf. Being the adventures of Ambrose Gwinett in England and Spanish America. By Elsa d'Esterre-Keeling. Copyright ed. Leipzig: Tauchnitz 1899. 286 S. 8°
(Collection of British authors. Tauchnitz Ed. Vol. 3384.) [11. 8493

— three sisters, s.: Collection of British authors.

d'Esterre-Keeling, E., the professor's wooing,
— in thoughtland and in dreamland,
s.: Collection of British authors.

Esters, Josef, a. Süchteln b. Crefeld: Rechtsbeziehungen zwischen Krankenkassen und Berufsgenossenschaften nach § 25 des Gewerbe-Unfallversicherungsgesetzes. Tübingen 1908: H. Laupp jr. (VIII, 58 S.) 8° ¶ (Erscheint vollst. als „Abhandlungen aus d. Staats-, Verwaltungs- und Völkerrecht" Bd 4 H. 2.)
Bonn, Jur. Fak., Ref. Zorn, Diss. v. 5. Aug. 1908
[Geb. 11. Dez. 84 Crefeld; Wohnort: Crefeld; Staatsangeh.: Preußen; Vorbildung: Gymn. Viersen Reife O. 04; Studium: Freiburg i. B. 1, Bonn 1, London 1, Berlin 2, Bonn 2 S.; Rig. 29. Mai 08.]

Esters, Jos., Rechtsbeziehungen zwischen Krankenkassen u. Berufsgenossenschaften nach § 25 des Gewerbe-Unfallversicherungsgesetzes, s.a. Abhandlungen aus dem Staats-, Verwaltungs- u. Völkerrecht. IV, 2.

Rechtsbeziehungen zwischen Krankenkassen und Berufsgenossenschaften nach § 25 des Gewerbe-Unfallversicherungsgesetzes. Von Dr. Josef Esters. Tübingen: Mohr 1908. x, 111 S. 8°
(Abhandlungen aus d. Staats-, Verwaltungs- u. Völkerrecht. 4, 2) [10. 216

Estevan, Don, s. Esteban, Don

Esteves Pereira, Franciscus Maria (Hrsg.), s. Acta martyrum.

Esther. Schausp. 8. Lüneburg. 746.

Esther, ein biblisches Drama in 3 Akten mit Chören von Racine, in einer freyen metrischen Nachbildung von C. M. Kneisel. gr. 8. Mainz, Kupferberg. 820.

שְׁלוֹם אֶסְתֵּר שיר על מעשה מרדכי ואסתר בשלשה חלקים Esther, Tragédie tirée de l'Ecriture sainte. Imitation après celle de Mr. Jean Racine par Mr. M. Letteris. Précédée d'une préface hebraïque. 8. W. Paschcles, libraire-editeur. Prague 843, Laudau. (Leipzig, C. L. Fritzsche.) n. 2/3 ℛ

Esther. Ein religiöses Schauspiel in 5 Aufzügen. 16. (96 S.) Münster 875. Aschendorff. — 30

Esther, Das Buch.

Esther, angelsächsische Bearbeitung des Buches, von Abt Aelfric, s. Assmann, Osk. Bruno.

Esther, s.a. Volumina, quinque.

Ester, das Buch, sorgfält. masoret. abgedruckt u. mit deutsch. Uebersetz. (fast durchgeh. nach Salamon); z. Gebr. beim Unterr. u. f. Zuhörerinnen bei öffentl. Vorlesn. am Purim. Hrsg. v. J. Heinemann. 8. Berlin 839, Bureau f. Lit. u. Kunst.

Das Buch Ester [Esther], nach d. Septuaginta hergest., übers. u. krit. erkl. von G[ustav] Jahn, Prof. in Königsberg. *Leiden: E. J. Brill 1901.* (XV, 67 S.) 8° [01. 10399

Esther, Die über ihre Feinde obsiegende Königin, Wie sie den stolzen Aman ... zum Galgen ... erhoben ... Hildesheim 1742. V: *Wippen, Peter.* (JES)

Esther, Raphael, od. die Proselyten, (v. Wilhelmine v. Gersdorf). 2 Thle. 8. Görlitz 797. Anton in Halle. 1 ℛ

Esther, d. schönen u. liebenswürdigen, Liebesgeschichte v. Pallidor. 8. Lpz. Weidmann. 713.

Esther, Const., „das Tagebuch einer Verlorenen". Ein Beitrag zur Beurteilg. der Mode-Bücher u. e. Mahnruf. (18 S.) 8. London (905). H. Buchheister. n. — 60

Esthétique de la toilette, ou du beau dans la toilette, avec planches enlum. 8. Lips. Ind. Compt.

Esthland, s. Estland

Estienne, Henri: Variae lectiones...itemque loci aliquot Hippocratis et Celsi. 36 S. (S.714 - 749).

s.: Celsus, Aulus Cornelius: De medicina libri octo. Cum notis integris...ac locis parallelis variorum auctorum. Ed. cura et studio Th(eodor) J(ansson) van Almeloveen. Editio secunda...revisa. Basileae: 1748

JB 396

Estienne, Henri: Hippocratis loci aliquot, quorum alios omnino et paene ad verbum, alios ex parte Celsus interpretatus est. 36 S.(S.714 - 7*9), gbd.

Basileae: Thurneisen 1748
in: Celsus, Aulus Cornelius: De medicina libri octo. Ed.cura et studio Th(eodor) J(ansson) van Almeloveen. Editio secunda ...revisa. 1748

JB 396

Estius

Est, Guil., in omnes B. Pauli epistolas, item in catholicas commentarii. Ad optim. libror. fidem accuratiss. recudi cur. Franc. Sausen. Ts. I. qui complectitur epistolam ad Romanos a Cap. I. usque ad Cap. XIII. Smaj. (25 1/4 B.) Moguntiae 841, Kirchheim, Schott et Thielmann.

Est, Guil., in omnes Pauli epistolas, item in catholicas commentarii. Ad optim. libr. fidem accurat. recudi cur. Franc. Sausen. Tom. II—VII. 8maj. Moguntiae, Kircheim, Schott et Thielmann. à Tom.

Tom. II. Epistola ad Romanos a Cap. XIII. usque ad finem, et Epistolae ad Corinthios I. Cap. priora XI. (29 B.) 842.
III. Epistolae primae ad Corinthios Capita posteriora quinque et secunda ad Corinthios integra. (31 B.) 842.
- IV. Qui complectitur epistolas ad Galatas, ad Ephesios, ad Philippenses et ad Colossenses. (27¾ B.) 843.
Tom. V. Qui complectitur epistolam ad Thessalonicenses primam et secundam, ad Timotheum I. et II., ad Titum et ad Philemonem. (26½ B.) 843.
VI. Qui complectitur epistolam ad Hebraeos. (31½ B.) 844.
- VII. Qui complectitur Epistolam catholicam. B. Jakobi Apost., duas B. Petri Apost., unam B. Judae Apost. et tres Joannis Apost. (35 B.) 845.
Tom. I. Ibid. 841. 1 Thlr. 10 Ngr.]

Estii, Wilh., in omnes D. Pauli epistolas, item in catholicas commentarii. Ad optimorum librorum fidem accuratissime recudi curavit Jos. Holzammer. Editio II. tribus tomis comprehensa. Tom. I. Qui complectitur epistolam ad Romanos et primam ad Corinthios. Lex.-8. (XV und 792 S.) Mainz 858, Kirchheim.

—— dass. — Editio II. Tom. II. Qui complectitur ad Corinthios secundam et reliquas D. Pauli epistolas, excepta epistola ad Hebraeos. Lex.-8. (870 S.) Ebendas. 859.

—— dass. — Editio II. Tom. III. Qui complectitur epistolam ad Hebraeos, et septem catholicas. (Schluss.) Lex.-8. (804 S.) Ebendas. 859.

Estius Hesselius, Wilh., Geschichte der Martyrer von Gorcum. Uebers. u. mit Zusätzen herbg. von einem Priester des Franziskaner-Ordens aus der sächsischen Provinz vom heil. Kreuze. Warendorf 867. Schnell. 12. (VI, 328 S. u. 1 Lithogr.) 20 ngr

Estkowski, E., Ksiażka do pierwszego czytania dla szkół publicznych i prywatnych. Część II. (Wydanie 2, poprawne i pomnożone.) 8. (VIII und 148 S.) Berlin 854, Mittler und Sohn. Thlr.

Estkowski, E., ksiażka do pierwszego czytania dla szkół publicznych i prywatnych. Cześć II. Wydanie 3., poprawne i pomnożone. Berlin 863. Mittler & Sohn. 8. (VIII, 148 S.) 6 ngr

Estl, (Matth.), theoret.-prakt. Anleitung zur deutschen Rechtschreibung, m. einer Sammlung von vielen Beispielen, nebst einem Verzeichnisse von mehr als 900, größtentheils Fremdwörtern rc. 8. (VI u. 199 S.) Wien 847, Lechner. n. 5/12 Thlr

Estl, M., auserlesene Glückwünsche zu Neujahrs-, Namens- und Geburtsfesten. 12. (34 S.) Wien. Mechit. Congreg. B. 1860 20 kr.

Estl, Math., auserlesene Glückwünsche zu Neujahrs-, Namens- und Geburtsfesten. Gesammelt u. herausg. Wien 861. Mechitharisten-Congreg.-Buchhdlg. in Comm. 16. (34 S.) n. 4 ngr

Estl, Math., theoretisch-praktisches Lehrbuch der deutschen Sprache, enthltd. die Wortlehre, Satzlehre, Orthografie, Interpunkzion u. Metrik, nebst e. Sammlung von vielen Aufgaben. Ein Handbuch für Lehrer u. Schüler der Volksschulen rc. 4 Thle. Wien 868. Lechner. 8. n. 1 Thlr 3 ngr

1. Für die 1. Klasse (VIII, 40 S.) n. 5 ngr — 2. Für die 2. Klasse (VII, 64 S.) n. 7 ngr — 3. Für die 3. Klasse (VI, 81 S.) n. 9 ngr — 4. Für die 4. Klasse (VII, 131 S.) n. 12 ngr

Estl, Math., theoretisch praktisches Lehrbuch der deutschen Sprache, enth. die Wortlehre, Satzlehre, Ortografie, Interpunkzion und Metrik, nebst einer Sammlung von vielen Aufgaben. Ein Handbuch für Lehrer und Schüler der Volksschulen rc. 4 Thle. Neue (Titel-)Ausg. [Wien 868, Lechner's Verlag.] Prag 876, Tempsky. *

Inhalt:
Thl. 1. Für die 1. Klasse. (VIII, 40 S.) * 50 Pf.
- 2. Für die 2. Klasse. (VII, 64 S.) * 70 Pf.
- 3. Für die 3. Klasse. (VI, 81 S.) * 90 Pf.
- 4. Für die 4. Klasse. (VII, 134 S.) * M 1,20.

Estl, Mathias, Märzveilchen. Lehrreiche und unterhaltende Erzählungen, Fabeln, Räthseln, Charaden rc. Ein Neujahrs- und Prüfungsgeschenk. 8. (47 S.) Wien, Mechith. Congr. Buchh. 1861 30 kr.

Estl, Math., Veilchenkranz. 160 lehrreiche und unterhaltende Erzählungen, kurzweil. Fragen, Räthsel rc. für Kinder von 4—8 Jahren. Ein auserwähltes Weihnachts-, Neujahrs- und Prüfungsgeschenk. gr. 16. (XII und 313 S. mit 8 lithogr. und ill. Bildern.) Wien 865, Lechner's Universitäts-Buchh. cart.

Estl, Math., e. Veilchenkranz. 160 lehrreiche u. unterhalt. Erzählgn., kurzweil. Fragen u. Räthsel. Für Kinder von 4—8 Jahren. Mit 8 Bildern in Farbendr. nach Originalen v. Thdr. Hosemann. 2. Aufl. 8. (XII, 307 S.) Leipzig 876. Oehmigke. n. 3. 75

Estl, Mathias, e. Veilchenkranz. Sammlung lehrreicher u. unterhalt. Erzählgn., Gedichte, Fragen u. Rätsel f. die Jugend. Verf. u. gesammelt. Mit 8 Bildern in Farbendr. nach Originalen v. D. Leuchtenburg. 3. Aufl. Verb. u. verm. v. G. Braun. 8. (IV, 299 S.) Leipzig 886. Oehmigke. geb. n. 3. —

Estland [Sachliches OW]

Esthland, Livland, Curland und Semgallen. Auf Grund des gr. Atl. v. Russland in 107 Bl. etc. auf 4 Bl. entw. u. gez. von D. G. Reymann, Berlin, bericht. 1854. 700,000. 4 Bl.

Estland [Schlagwort]

Esthland, s.a. Livland.

Estland, s.a. Russland. Rücker, C. G.

Estland, Livland, Curland u. Semgallen — Karte von — Auf den Grund des grofsen Atlasses von Russland in 107 Blättern, und nach andern zuverlässigen Handzeichnungen und Materialien auf IV Blättern entworfen und gezeichnet von D. G. Reymann. Berlin 1812. 1: 750,000. 4 Bl.

Estner, Frz. Jos. Ant., freimüthige Gedanken über Werners Verbesserungen in d. Mineralogie. 8. Wien 790. Beck. 4 gr

Estner. Die Mineralogen gegen das Ende des achtzehnten Jahrhunderts. Frankfurt und Leipzig. 1792. 8.

Estner, Abbé: „Versuch einer Mineralogie für Anfänger und Liebhaber", 4 Bände, Wien 1794—1799. — Vorh.: Preuß. Oberbergamt Dortmund — M. 230.

— Versuch e. Mineralogie f. Anfänger u. Liebhaber, nach Werners Methode. 3 Bde, in 6 Abtheill., mit 4 Farbentabb. u. 7 Kpf. gr. 8. Wien 794—804. Beck. 11 Thlr 20 gr Hbg. Pr. cpl. 4 Thlr

Estner, Frz. Jos. Ant., Versuch einer Mineralogie für Liebhaber, n. Werner. 5 Bde. m. K. gr. 8. Wien, Beck. 795—802. (I. 3 Thlr. 12 gr. II. 1r 2 Thlr. 2r 2 Thlr. 12 gr. III. 1r 2 Thlr. 12 gr. 2r 1 Thlr. 8 gr.).

Esto vir! Sei e. Mann! Ausgegeb. im Gotteshaus an d. Mannschaften am Tage ihrer feierl. Vereidigg. (Von Jos. Schärfl.) (Umschlag: Parole?) 16. (175 S.) Augsburg 897. Kranzfelder. Kart. n. — 40

Estocq, Jh. Ludw. l', s.a. L'Estocq

— Auszug d. Historie d. allgem. u. preuß. Seerechts, mit d. königl. preuß. Seerecht selbst. 4. Königsb. 747. N. A. 4. Ebd. 762. Unzer. 16 gr

— Ausz. der Historie des allgemeinen und preuß. Seerechts. mit dem königl. preuß. Seerecht selbst. 4. Ebend. 753.

— Erläuterung d allgem. preuß. Wechselrechts, nach Heineccii Grundsätzen. 4. Königsb. 762. Unzer. 1 Thlr

l'Estocq, Jh. Ldw., († d. 1. Febr. 1779.) Grundlegung e. pragmat. Rechtshistorie, oder Einleit. in d. rc. Völkerrechts. gr. 8. Königsb. 760. Unzer. 16 gr

Estocq, Karl Ldw. v. l'

— medicin. Abhandll. 8. Halle 759. Menger. 3 gr

— Antwort auf d. Frage: Ob es rathsamer sei, sich bei innerlichen Krankheiten einem jungen Heilarzte, oder e. alten Wundarzte anzuvertrauen. 8. Leipz. 758.

v. l'Estocq, Karl Edw. († d. 24. Jan. 1807.) Gesundheitsregeln. 8. Wittenb. 754.

l'Estoire Joseph, hrsg. v. Ernst Sass, s.: Gesellschaft f. romanische Literatur. 12. Bd.

Estoppey, D., die schweizerische Armee. Vorwort v. Frey. Text v. Herzog, Feiss, Wille, Lochmann, Keller, Ziegler, v. Greuus, Potterat. 1. u. 2. Lfg. gr. Fol. (5 farb. Taf. m. III Bl. Text.) Genf 894. Ch. Eggimann & Co. à n. 1. 60; auch in französ. Sprache à n. 1. 60

Estoppey, D., die schweizerische Armee. Vorwort v. Frey. Text v. Feiss, v. Greuus, Keller, Potterat, Lochmann, Schumacher, Wille, Ziegler gr. Fol. (20 farb. Taf. m. 77 S. Text.) Genf 895. Ch. Eggimann & Co. (Auch in franz. Sprache n. 22. 50; geb. n. 30. –) Erschien auch in 15 Lfgn. à n. 1. 60.

Estor, Johann Georg

— — Opusculum de abusu rerum merae facultatis in foro Germanico praesertim feudali. Ed. II. Jena (Ritter) 1744. 104 S. (7.—) 8337

— — Dasselbe. Ad exempl. secundae recusa. Jena (Strauss) 1758. 88 S. (6.50) 8338

— Analecta Fuldensia. fol. Paris et Strasbourg, Treuttc. et W. 727.

Estor, Joh. Ge.: Anfangsgründe des Gemeinen und Reichsprozesses. Giessen 1744.

— Fortsetzung des gemeinen und Reichsprocesses darinnen eine Anleitung für angehende Advocaten und Anwälde befindlich hrsg. von Joh. Steph. Püttern. Marburg 1745.

Estor, Jh. Geo., († d. 25. Oct. 1773.) Anfangsgründe d. gemeinen u. Reichsprocesses. 8. Gießen 744. Verm. u. verb. Aufl. 4. Frankf. u. Leipz. 752. u. Fortsez. dess. 2r u. 3r Thl., herausg. v. Wolrad Burchardi, nebst Beilagen von Jh. Jak. Zwierlein. 4. Frankf. a. M. 752. Brönner. 3 ℛ 8 gℓ 2r—4r Thl. (4r Thl. A. u. d. T.: Anweis. zu d. im Reiche üblichen summar., insonderheit d. Protokollar-Possessorischen u. Spolienprocesses. N. A. 756.) 4. Ebd., Gebhardt u. K. 1 ℛ 8 gℓ

— Anfangsgr. des gem. Reichsprocesses nebst Beylage u. Fortsezung. 3 Thle. 8. Gießen. 745—46.

— animadvers. in Heineccii elem. juris civ. 3. Berl. 741.

Estor, J. G., Anleit. für die Advocaten und Anwälde. 4. Frankf. Hermann. (Brönner, Varrentrapp u. Gebhardt u. K.) 771.

Estor, Joh. Geo.: Anleit. f. Beamte u. adelige Gerichtsverwalter. 2 Thle. *Marburg.* 762. (Brönner in *Frankfurt.*) 8. (1 Thl. 8 Gr.)

Johann George Estors practische anleitung zur Ahnenprobe so bei den Teutschen erz- und hochstiften, ritterorden und ganerbschaften gewöhnlich, nebst darzu gehörigen kupfern und ahnenbäumen. Marburg. 1750. 4°k.

— Anleit. zur Ahnenprobe, so bei d. deutschen Hochstiftern, Ritterorden 2c. gewöhnlich. Mit Kpf. u. Ahnenbäumen. 4. Frankf. 750. Hermann, (a. Gebhardt u. K., a. Varrentrapp). 2 ℛ 16 gℓ

Estor, Joh. Geo.: Anleitung für die gerichtlichen Sachwalter u. Anwälte nach Fürschrift des gemeinen auch Reichsverfahrens in strittigen Rechtshändeln. 2 Thle. 3e A. *Frankf.*, Varrentrapp. (745.) 771. 4. (1 Thl. 12 Gr.) [Der Titel der 1. u. 2. Aufl. weicht von dem der 3. ab.]

— Anmerk. über das Staats- u. Kirchenrecht, aus der Geschichte u. Alterthum. 8. Frankf. Brönner. 750.

— Anmerk. über d. Staats u. Kirchenrecht, aus d. Geschichte u. Alterthum. 8. Frankf. 750. Hermann; (a. Varrentrapp). 16 gℓ

Estor, Joh. Ge.: „Anmerkungen über das staats- und kirchenrecht; aus den geschichten und alterthümern erl.", Marburg 1750. — Vorh.: Bibl. des Kammergerichts Berlin

Estor, I. G., Specim. antiquitatum jurisprud. illustr. 8. Frcf. Hermann. 751. Rthlr. ·

Estor, Joh. George: Anweisung für die Beambten und adelichen Gerichts-Verwalter in den gerichtlichen und aussergerichtlichen Rechtshändeln auch zu den summarischen Processen. Marburg 1762.

— Anweisung für d. Beamten u. adelichen Gerichtsverwalter 2c. 2 Thle. 8. Marb. 761—62. Brönner in Frkf. 1 ℛ 8 gℓ

Estor, J. G.: „Anweisung für die Beamten und redlichen Gerichtsverwalter", 2 Teile, Marburg 1762 (Müller).

Estor, J. G.: Anweisung f. d. Beamten u. adl. Gerichtsverwalter, in gerichtl. u. aussergerichtl. Rechtshändeln, auch zu summar. Processen. *Marburg*, Kessler. (761—62.) 771. 2 Thle. 8. (1 Thl. 8 Gr.)

— Anweis. zu dem Summarien- und Spolien-Processe. 8. Marb. Müller. 746.

Estor, J. G.: Anweis. zu d. im Reiche übl. summar., insond. d. protocollar.- possessor.- u. Spolien-Processe. *Marb.*, Kessler. (746.) 756. 4. (10 Gr.)

— — De adpellatione quae ratione feudorum extra curtem ad dominum directum interponenda non vero ad territorii dominum admittenda. Comment. jur. Marburg (Müller-Weldig) 1767. 50 S. (5.—) 8342

Estor, J. G.: Libellus de appellationib. ad curiam roman. *Jenae*, (Croeker.) 751. 4. (9 Gr.)

— — De adpellationibus ad curiam Romanam libellus quo R. I. N. § 164 et caput 14 § 4 sanctionis imperatoriae Francisci I. illustrantur. Ed. II duabus constitutionibus XII. p. m. hac de re aucta. Jena (Jo. Chph. Croeker) 1751. 156 S. (8.50) 8339

Ab S. 99: Von d. fürstl. freyen weltl. Stiffts Thorn contra Päbstliche Nunciatur zu Cölln habende Differentien, unterschiedene Attenta betreffend. — Ab S. 121: Constitutio Benedicti Papae XIIII. de adpellationibus et inhibitionibus concedendis vel negandis. — Ab S. 143: Ders.: Ordo, et forma in judiciis caussarum matrimonialium super matrimoniorum validitate, vel nullitate declaranda servandus.

Estor, Johann Georg (Präs.), s. Bartels, Heinr. Remigius: De adparatu et instructu nuptarum . . .

Estor, Johann Georg (Präs.), s. Becker, Theophil Christian: Doctrina de poena capitali homicidis dolosis necessario infligenda.

Estor, Jo. Georg (Präs.), s. Braun, Karl Adolf: De Juribus episcopi catholici in Germania.

Estor, Jo. Georg (Präs.), s. Breier, Esaias Rudolph von: De Jure primi fori . . .

— — De permisso et vetito collybo quem agio vocant praesertim in antiquioribus debitis retribuendis jure civili haud concesso, commentatio. Ed. II. Marburg 1755. 95 S. (5.50) 8341
Am 7. V. 1754 verteidigt v. Friedr. v. Vulte.

ESTOR, J. G.: Comment. et opuscc. *Lemgo*, Meyer. 768—72. III Vol. 8. (3 Thl. 8 Gr.)

— — **Diatriba de cardinali impubere. Jena u. Lpz. (Jo. Friedr. Ritter) 1737. 60 S. (5.—) 8320**

— — **Dasselbe. Mit Titelbild (J. C. Güpner del. Jena, Sysang sc.) (5.50) 8321**

ESTOR, Jo. Geo.: Diatrib. I. II. de cardinali impubere. *Jen.* 737. 739. 4. auct. *ib.* 743. 745. 4.

Estor, Jo. Ge.: De cardinali impubere diatriba posterior. Jenae 1738.

— de cardinali impubere. 4. Ien. Ritter. 743.

— Ed. 2. auct. et emend. Diatriba (prior) [et] posterior. 1743. 45.

ESTOR, J. G.: Delin. jur. publ. eccles. protestantium. *Francof.*, (Brönner.) 732. 4. (10 Gr.)

— delin. juris publ. eccles. protestant. 4. Francf. Hermann. 732.

— de divortio. 4. Francf. Kessler. 747.

Estor, J.G.: De divortio. – Marb. 1747.

Estor, Johann Georg (Präs.), s. Doebner, Christian Philipp Wilhelm: De probatione nobilitatis avitae . . .

— de dotalitio etc. cessante. 4. Ien. 742.

— — **Libellus de dotalitio propter secundas nuptias cessante. Ed. II. Jena (Ritter) 1742. 112 S. (6.50) 8335**

— — **Dasselbe. Ed. III. Jena (Strauss) 1758. 112 Seiten. (6.50) 8336**

— electa juris publ. Hassiaci. 8. Francf. Hermann. (Brönner, a. Gebhardt). 752.

ESTOR, J. G.: Electa juris publ. hassiaci. *Francofurti*, Kettembeil. 752. 8. (1 Thl. 16 Gr.)

ESTOR, G.: Entwickel. d. verworr. Lehre v. d. röm. Usucapion auch der langwirigen ersitzung, ingl. der quasi-usucapion od. usurpation der dinstbarkeiten, sodann d. einrede deshalber od. präscription in solchen Fällen nebst d. begriffen v. d. heutigen Verjährung vermittels rechtlicher Bedenken in bürgerl. auch lehnshändeln erläutert u. in 2 Thle. ausgefertigt. *Marb.* 756. 8. (16 Gr.)

— Entwickelung d. verworrenen Lehre von d. röm. Usucapion. 2 Thle. 8. Marb. 756. (Frankf., Brönner). 16 ℊ

— de restricta agendi facultate rat. bellicor. etc. 4. Marb. 744.

Estor, Johann Georg (Präs.), s. Fech, Johann Wilhelm: De comitiis et ordinibus Hassiae . . .

— Fortsetzung d. gemeinen u. Reichsprocesses darin, e. Anleit. für angehende Advokaten u. Anwalde etc., herausg. v. Jh. Steph. Pütter. 4. Marb. 745. N. A. u. d. T.: Anleit. f. d. Advokaten u. Anwälde nach Vorschrift d. Reichsprocesses. 4. Ebd. 752. 3e verm. Aufl. unt. d. T.: Anleit. f. d. gerichtl. Sachwalter u. Anwälde nach Vorschrift d. gemeinen, auch Reichsverfahren in streitigen Rechtsfällen. 2 Thle. 4. Marb. 770. (Frankf., Varrentrapp; a. Gebhardt u. K.) 1 ℛ 12 ℊ

Estor, Joh. Ge.: Freiheit der Teutschen Kirchen fürnämlich in rücks. auf Se. Kaiserliche Majestät u. imbetreffe der Teutschen Reichs-Stände wider die eingriffe der Curialien zu Rom. Frankfurt a. M. 1766.

— Freiheit d. deutschen Kirche gegen Rom. gr. 8. Frankf. 766. Hermann; (a. Gebhardt u. K.) 1 ℛ 8 ℊ

ESTOR, Jo. Geo.: Freyheit d. teutschen Kirche vornehmlich in Rücksicht auf S. kaiserl. Majestät, und in Betreff d. deutschen Reichsstände wider d. Eingriffe d. Curialien zu Rom. *Frkf. a. M.*, Garbe. 768. gr. 8. (1 Thl. 8 Gr.)

— — De syndicatus instrumentis ganerbiorum subsignandis programma. Jena (Fickelscherr) 30. X. 1735. 16 S. (1.50) 8318

— de investitura sine liter. invest. 4. Marb. Kessler. 746.

— de judicio princip. fundam. provocationis ad imp. convent. 4. Berl. 741.

— — **De judicio principum fundamento et radice provocationis vulgo recursus ad comitia libellus. Jena (Ritter) 1741. 44, 188 S., tlws. dtsch. (8.—) 8331**

Tit.-Vign.: Güpner del., Sysang sc.

— — **De jure devolutionis. Spec. jur. Germanici. Jena u. Lpz. (Joh. Friedr. Ritter) 1738. 116 S. (6.50) 8323**

Ab S. 87: Usus practicus juris devolutionis, e Caroli de Mean ad jus civile Leodiensium observat. et rebus judicatis demonstr.

Estor, Johann Georg [Präs.] u. Henr. Maxim. Lothar. de Dressler (Worms) [Resp.]
Dissertatio de jure devolutionis in Hassia.
Giessae 1728: Vulpius. 58 S. 4°

— — Commentatio de jure exclusivae ut appellant quo Caesar Augustus uti potest quum patres purpurati in creando pontifice sunt occupati. — Ad dissert. inaug. viri Johann Friedrich Junius (Ansbach). Jena Ritter) 7. VIII. 1740. 24 S. mit Biogr. J.'s. (M.: M. C. v. Stetten.) (4.—) 8328

— — **Dasselbe. Ohne Biogr. — Ferner: Testimonia catholicorum de jur. Caesaris Augusti circa electionem pontificis Romani. — De jure excluvisae ut vocant Hispaniae regis. Jena (Ritter) 1740. 44 S. (4.80) 8329**

— de jure, ordin. imp. etc. 4. Marb.

— — Programma de jure poscendi litteras quas vocant credentiales a legatis, dissert. inaug. candid. Wilhelm Ludwig Lentilius (Herrenberg/Wttbg.) de probatione ingratitudinis in benefactorem praem. Jena (Ritter) 20. VI. 1740. 16 S. mit Biogr. L.'s. (M.: S. J. Beer.) (3.80) 8326

— — Dasselbe. Ohne Biogr. u. Ftsg. 48 Seiten. (4.80) 8327

— de juribus episc. cath. in Germ. 4. Ien. Ritter. 740.

— — **Opusculum de jurisdictione curiarum clientelarium Germanicarum et de caussis feudalibus ibi tractandis, secund. normam capitis XXI, § I. formulae imperii imperatoribus Carolo VII. et Francisco I. a. a. oblatae, quam vulgo capitulationem vocant. o. O. 1753. 82 S., tlws. dtsch. (6.—) 8340**

Betr. u. a. d. Häuser: Pfalz, Hessen, Wied, Sayn, Degenfeld, Leiningen, Erbach, Hoheneck, Kirchberg, Rittberg, Solms.

— jus publ. Hassiac. 4. Ien. Ritter. 758.

[Estor, Joh. Ge.: Jus publicum Hassiacum hodiernum variis observationibus histor. et pract. illustratum. Jenae 1740.]

– (Hrsg.), s. Kopp, Joh. Ad.: Historia jurisscientiae Rom. feodalis priv. et publ.

— de lubrico juris jurandi Iudaeor. etc. 4. ibid. 746.

– s. Ludwig, Jh. Pt.: Erläuter. d. goldenen Bulle.

— — Meditationes de judice competente caussarum quae de exemtionibus imperii aguntur. — Ad dissert. inaug. candidati Carl Adolph Braun (Jena). Jena (Ritter) 18. IX. 1740. 24 S. mit Biogr. B.'s. (4.—) 8330

— — Meditationes de judice competente caussarum quae de exemtionibus imperii per tot annos etiam nunc aguntur. Jena (Ritter) 1741. 40 S. (4.20) 8332

— de ministerialibus ad Glafey de minist. 4. Argent. 737.

— von d. Mißlichkeit d. Judeneide. Aus d. Latein. von ihm selbst. 4. Hamb. 753.

Estor, Joh. Ge.: Nachricht von der ehemaligen Einrichtung der Juristen-Facultäten, dem Ursprung und Amte eines Ordinarius, sodann e. Vorschlag, wie die Beflissenen der Rechtsgelahrheit zu einer gründl. Wissenschaft der Rechte u. des Processes ... gelangen mögen. (Progr.) Marburg 1742.

Estor, Jo. Ge.: Notitia auctorum juridicorum in gratiam auditorum conscripta ubi simul est praef. ad Herm. Vulteji jurisprudentiam Romanam. Marburgi 1748.

Estor, Joh. Ge.: Die Nothwendigkeit die Reichs-Gerichts-Praxin auf Universitäten zu lehren. Progr. Jena 1735.

— — Observationes juris feudalis. Jena (Ritter) 1739. 80 S. (6.—) 8324

— — Dasselbe. 1740. (6.—) 8325

— — Comment. jurid. contin. observationes varias de altitudine aedium Romanarum, deque civium multitudine, ad illustrandam servitutem altius tollendi, et altius non tollendi, ob suam praestant. ex lingua vernacula eam latine vertit, notulisque adauxit Joh. Friedr. Jugler. Lpz. (Gabr. Trog) 1736. 40 S. (5.—) 8319
Gew. v. Hersg.: Ign. Lov. Wilh. Baron Müller von der Lühn (Ludwigsburg, Mellentin).

— de odio in matrimonia imparia. 4. ibid. (Brönner) 750.

— — De hereditariis provinciarum Austriacarum officialibus commentatio nunc secunda vice recusa. Lpz. (Langenheim) 1737. 136 S., meist deutsch. (10.—) 8322
Siegelabbild.: Liutold v. Chunring, Pilgrim v. Puechaim, Stephan v. Meissau, Rud. v. Eberstorff. — Zahlreiche Namen.

— opuscula juridica. Vol. I. in III Ptes. 4 maj. Lemgo 768—72. Meyer. 3 ℔ 8 ₰

Estor, Jo. Ge.: Origines iuris publici Hassiaci monimentis ineditis illustratae. Jenae 1738.

— orig. juris publ. Hass. II Part. 4. Ien. Ritter. 738–40.

— — Commentatio de praesumtione contra rusticos in caussis operarum harumque redemtione licita. Jena (Ritter) 1742. 40 S. (4.80) 8333

— — Dasselbe. Ed. nova. Marburg 1765. (4.80) 8334

— die Rechte und Geschäfte der Räthe der Stände bey einem Reichskrieg. 8. Jena, Cröcker. 736.

Estor, Joh. Ge.: Bürgerliche rechtsgelehrsamkeit der Teutschen nach maasgebung der Reichs-abschiede u. bewährter nachrichten auch der regirungs- sodann rechts- u. polizei-anbenebst der kammer-imgleichen der stadt- u. landwirtschaftskunden ausgefertiget von Joh. Andr. Hofmanne. Th. 1. 2. Marburg 1757. 58. Th. 3. Frankfurt a. M. 1767. 3 Bde

Estor, J. G.: Bürgerl. Rechtsgelehrsamk. der Deutschen, ausgef. v. J. And. Hoffmann. *Frkf.*, Garbe. 757—67. 3 Thle. gr. 8. (7 Thl. 12 Gr.)

— bürgerl. Rechtsgelehrsamkeit in Deutschland, herausg. von Jh. Andr. Hoffmann. 3 Bde. gr. 8. Frankf. 757—67. Hermann; (a. Gebhardt u. K.) 7 ℔ 12 ₰

Estor, J. G. Sammlung militarischer abhandelungen zum nutze und vergnügen der Herren Officiers und Auditeurs. 1. stück. (Mehr nicht erschienen.) Frankfurt a. M. 1763. 352 S.

Estor, Jh. Geo., Samml. militair. Abhandll. 1r Thl. (Weiter ist nichts erschienen.) gr. 8. Frankf. 764. Brönner. 16 ₰

— nützl. Samml. z. Erlernung der ächten u. reinen jurist. Schreibart. 8. Marb. 746. (ohne s. Namen). N. verm. Aufl., u. dem T.: Sammlung zur Erlernung der Kanzleischreibart. 8. Ebd. (Frankf.) 750. (Gebhardt u. K.) 10 ₰

Estor, Joh. Geo.: Nützliche Sammlung zur Erlernung der ächten und reinen Canzlei-Schreibart. (Neue Aufl.) *Frankf.*, Gebhard u. Körber. (746.) 750. 8. (10 Gr.)

— Samml. zur Erlern. der Kanzleyschreibart. 8. Frankfurt, Hermann. (a. Gebhardt u. K.) 750.

Estor, J. Ge.: Auserles. kl. Schriften. *Giessen*, Krieger. (732—38.) .. 3e A. 12 Thlchen in 3 Bdn. 786. 8. (2 Thl.)

— auserlesene kl. Schriften. 12 Stücke, in 3 Bdn. 8. Marb.... 3e Aufl. 786. Krieger. 2 ℔

Estor, J. Gg.: Kl. Schriften 1, 1. 1744.

— neue kleine Schriften. 6 Thle in 2 Bdn. 8. Frankfurt, Hermann. (a. Varrentrapp, a. Gebhardt u. K.) 761.

Estor, J. G.: Neue kleine Schriften. *Marb.*, Kessler. 761—62. 6 St. in 2 Bd., m. neuem Titel. 783. 8. (2 Thl.)

– [Neue Ausg.] Bd 1. 2. Frankfurt a. M. 1783. 2 Bde

— neue kl. Schriften. 6 Stücke, in 2 Bdn. 8. Mar. (Frkf.) 761. Mit neuem Tit. 8. Ebd. 783. Gebhardt u. K.; auch Varrentrapp. 2 ℔

Estor, Johann Georg, Spec. I. jur. publ. Hassiaci de statu et origine landgraviatus Hassiae monimentis ineditis inlustratum. Interspergunter tam de Hessorum majestatis quam principum Hassiacarum equestri sigillo bened. Giessen (Joh. Müller) 1729. 58 S. u. genealog. Tfln. (7.—) 8317

ESTOR, J. G.: Unterr. v. geschickter Abfass. d. Urthel u. Bescheide in bürgerl. u. peinl., auch Concurs- u. a. Processsachen. *Marb.*, Kessler. (1—2e A. 745. u. 49.) 3e A. 756. 4. (3 Thl.)

— Unterr. d. Abfass. der Urtheile ꝛc. 4. Ebend. (a. Brönner, a. Varrentrapp). 749.

Estor, Johann Georg: Gründlicher unterricht von geschickter abfassung der urtheilen und bescheiden in . . . kriegs und andern proceßsachen. 2. Ausg. Marb. 1749. 4°.

— vestigia juris germ. in jure canon. 8. Marb. Kessler 759.

– s. Vinnius, A.: Quaestiones juris.

ESTOR, Joh. Geo.: Pract. Vorstell. d. Rechte u. Geschäfte, welche d. Räthe d. Stände bei ein. Reichskriege zu beobachten u. s. w. *Jena.* 730. 8.

– (Hrsg.), s. Vultejus, Hermann: Jurisprudentia Romana.

Estor, Wilhelm. Wie hoch stellt sich der durchschnittliche Schlachtverlust beim westfälischen veredelten Landschwein und welche Momente beeinflussen ihn? Diss. Vet.-Med. Bern. [Mit 1 Figur.] 33 S. 8. Frankenberg, F. Kahm, 1908.

ESTORÁS, PAUL: Samstag der seligsten Jungfrau Maria, das ist: Heilsame Lehren und Betrachtungen für jeden Samstag, welche zusammen im Jahre 52 sind, und 52 Wunderthaten; wer dieselben hält, erfährt alle jene Wunder und Gnaden, welche den frommen Christen zu Theile wurden, die dieselben geübt haben, von Paul Estorás, Palatin von Ungarn. Mit Holzschnitten aus dem Leben des Heiligen Emerich und Ladislaus und deren Wunder vermehrt durch Karl Tóth Franziskaner-Ordens-Priester. Die erste ungarische Ausgabe wurde in Tyrnau im Jahre 1690, die zweite Ausgabe 1761 und die dritte Ausgabe 1858 gedruckt, und nach dieser letzteren Ausgabe ins Deutsche übersetzt. Posth 1858: Alois Bucsánszky. 164 S. 1 t. - 8°
- Dass. Pesth 1862: Alois Bucsánszky. 164 S. 1 t. - 180 mm
- Dass. Pest 1872: Alois Bucsánszky. 164 S. 1 t. - 180 mm
- Dass. Budapest 1890: Coloman Rózsa u. Frau. 164 S. - 180 mm
- Dass. Budapest 1898: Coloman Rózsa u. Frau (vorm. A. Bucsánszky). 164 S. - 180 mm

- Dass. Budapest 1908: Coloman Rózsa u. Frau. 164 S. - 175 mm

– Dass., s. a. Esterás, Paul

Estorf, s. Estorff

Estorff, A. v., Stammtafel der Familie von Estorff. Berlin 1883. Nicht im Buchhandel, aber vom Verfasser zu 9 Mk. zu beziehen.

Laienbetrachtungen über die Kraft der Bibel im Wissen und Glauben. Von E. v. Estorff. *Berlin: E. S. Mittler & Sohn 1899.* (63 S.) 8° [F.] [00. 389

Estorff, Eg(b)gert v.

Estorff, v. Anleitung zum Unterricht über Fahneneid, Kriegsartikel u. Berufspflichten. 16. (VIII, 98 S.) Berl. 891, Mittler u. Sohn. * — 70

Estorff, v., Anleitung zum Unterricht üb. Fahneneid, Kriegsartikel u. Berufspflichten. 2. Aufl. 12. (VIII, 96 S.) Berlin 894. E. S. Mittler & Sohn. n. — 70

Estorff, v., Anleitg. z. Unterricht üb. Fahneneid, Kriegsartikel u. Berufspflichten. 3., durchgeseh. Aufl. gr. 16. (VIII, 99 S.) Berlin 897. E. S. Mittler & Sohn. n — 70

Anleitung zum Unterricht über Fahneneid, Kriegsartikel und Berufspflichten von [Eggert] v. Estorff, Major u. Adj. bei d. Gen.Insp. d. Mil.Erz.Wesens. 4. Aufl. *Berlin: E. S. Mittler & Sohn 1902.* (VIII, 95 S.) 8° [F.] [03. 1340

Estorff, v., s.: Beiheft z. Militär-Wochenblatt.

Estorff, v., taktische Betrachtungen über das Infanteriegefecht auf dem Schlachtfelde von Gravelotte — St. Privat. gr. 8. (75 S.) Berlin 880. Mittler & Sohn. n. 1. 50

Estorff, Egb. v., Dienstunterricht des Offiziers, s.: Lehmann, Konr.

— Dienstunterricht des Unteroffiziers. Anleitung zur Erteilg. des Mannschaftsunterrichts, in Anlehng. an den Leitfaden zum Dienstunterricht f. die Mannschaften „Unser Infanteriedienst" u. in Ergänzg. der Anleitg. „Dienstunterricht des Offiziers" desselben Verf. bearb. (IV, 50 S. m. Fig.) 8. Berlin 908. E. S. Mittler & Sohn. nn — 50

— s.: Gefecht, das.

Das Gewehr 98. Dargest. von [Eggert] v. Estorff, Hauptm. u. Lehrer an d. Kriegsschule in Glogau. Mit 52 Abb. *Berlin: E. S. Mittler & Sohn 1901.* (32 S.) 8° [F.] [01. 11300

Das Gewehr 98 mit S-Munition und seine Verwendung, mit Benutzung d. Entwurfes e. neuen Schießvorschrift von 1905 bearb. von [Eggert] v. Estorff, Major. (Zugleich Erg. H. z. 11. Aufl. von [Estorff:] 'Unser Infanteriedienst'.) Berlin: E. S. Mittler & Sohn 1906. (46 S.) 8° [F.] [06. 7384

— vom althannoverschen Heere, s.a. Beiheft zum Militär-Wochenblatt. 1901. Hft. 9 u. 1905. Hft. 7.

— Vom althannoverschen Heere, s.a. Militär-Wochenblatt.

Vom alt-hannoverschen Heere. 3 Generationen. 1722 bis 1866 ⟨1903⟩. Bearb. durch Eggert v. Estorff, Major. 1. *Berlin: E. S. Mittler & Sohn 1904.* 8° [F.]
— Militär-Wochenblatt. 1904, Beih. 9, [1]. [04. 15810

[F.] Unser Infanteriedienst. Leitf. z. Dienstunterr. d. Mannschaften in Beispielen a. d. Soldatenleben u. d. Kriegsgesch. Auf Grund d. neuesten Dienstvorschriften bearb. v. v. Estorff, Hauptmann . . . im Anhalt. Inf.-Regim. Nr. 93 . . . Mit e. farb. Bildn. Sr. Maj. d. Kaisers . . ., m. 12 farb. Bildertaf., 1 Bildnisstaf. d. regier. Fürsten, 14 schwarzen Vollbild. u. 194 Abb. im Texte. *Berlin: E. S. Mittler & Sohn 1896.* (215 S., 1 Portr., 1 Porträttaf., 12 Taf.) 1 Bd 8. [97. 3567

— uns. Infanteriedienst. Leitfaden z. Dienstunterr. d. Mannschaften in Beispielen aus d. Soldatenleben u. d. Kriegsgeschichte. Auf Gr. d. neuesten Dienstvorschriften bearb. 4., umgearb. Aufl. M. 1 farb. Bildn. d. Kaisers u. Königs, m. 18 farb. Bildertaf., 1 Bildnißtaf. d. regier. Fürsten, 5 schwarzen Vollbild. u. 150 Abb. im Text. 8. (192 S.) Ebd. 898. n.n. — 60

Unser Infanteriedienst. Leitfaden z. Dienstunterricht d. Mannschaften in Beispielen aus d. Soldatenleben u. d. Kriegsgeschichte. Auf Grund d. neuesten Dienstvorschriften bearb. von v. Estorff, Hauptm., Glogau. 6., umgearb. Aufl. Mit Abb. u. Kartenskizzen. *Berlin: E. S. Mittler & Sohn 1900.* (193 S.) 8° [F.] [01. 2007

Unser Infanteriedienst. Leitfaden z. Dienstunterr. d. Mannschaften in Beispielen aus d. Soldatenleben u. d. Kriegsgeschichte. Auf Grund d. neuesten Dienstvorschriften bearb. von [Eggert] v Estorff, Hauptm. (Ausg. f. Sachsen.) 7. umgearb. Aufl. [Nebst] Beilage. Mit 27 Bild. 150 Abb. u. 6 Karten. *Berlin: E. S. Mittler & Sohn 1901.* 2 Bde 8° [F.] Beilage [u. d. T.:] Sachsen, s. Herrscherhaus u. s. Heer von v. Estorff. [03. 14088

— unser Infanteriedienst. Leitfaden zum Dienstunterricht der Mannschaften in Beispielen aus dem Soldatenleben u. der Kriegsgeschichte. Auf Grund der neuesten Dienstvorschriften bearb. 8. umgearb. Aufl. Mit 1 Bildnisse Sr. Maj. des Kaisers u. Königs, m. 15 farb. Bildertaf., 1 Bildnistaf. d. regier. deutsch. Fürsten, 14 schwarz. Vollbildern, 150 Abb. u. 4 Kartenskizzen im Texte. 8. (XII, 196 S.) Ebd. 902. n.n. — 55; kart. n.n. — 65

— dasselbe. Ausgabe f. Baden. (XII, 196 S.) 8. Ebd. 902. n.n. — 55: kart. n.n. — 65

— dasselbe. Ausg. f. Sachsen. 8. (XII, 196 S.) Ebd. 902. n.n. — 55; kart. n.n. — 65

— dasselbe. Ausg. f. Württemberg. 8. (XII, 196 S.) Ebd. 902. n.n. — 55; kart. n.n. — 65

Ausgabe mit Gewehr 98. Unser Infanteriedienst. Leitfaden z. Dienstunterricht d. Mannschaften in Beispielen aus d. Soldatenleben u. d. Kriegsgeschichte. Auf Grund d. neuesten Dienstvorschriften bearb. von [Eggert] v. Estorff, Major. 10., umgearb. Aufl. Mit 1 Bildn. Sr. Maj., mit 8 Bildertaf., 1 Bildnistaf., 9 Vollbildern u. 121 Abb. *Berlin: E. S. Mittler & Sohn 1904.* (X, 174 S.) 8° [F.] [04. 13833

Ausgabe mit Gewehr 88. Unser Infanteriedienst. Leitfaden z. Dienstunterricht d. Mannschaften in Beispielen ... Auf Grund d. neuesten Dienstvorschriften bearb. von [Eggert] v. **Estorff**, Major. [Ausg. f. Württemberg.] 11., umgearb. Aufl. Mit 1 Bildn. Sr. Maj. d. Kaisers, mit 5 Bildertaf., 1 Bildnistaf., 7 Vollbild. u. 127 Abb. [Nebst] Beilage. Berlin: E. S. Mittler & Sohn 1905. (X, 170 S.) 8° [F.]
Beilage [u.d.T.:] Württemberg, s. Herrscherhaus u. s. Heer von v. Estorff. [07. 9330]

— unser Infanteriedienst. Leitfaden zum Dienstunterricht der Mannschaften in Beispielen aus dem Soldatenleben u. der Kriegsgeschichte. Auf Grund der neuesten Dienstvorschriften bearb. 12. umgearb. Aufl. Mit 1 Bildnisse Sr. Maj. des Kaisers u. Königs, m. 7 farb. Bildertaf., 1 Bildnistaf. der regier. deutschen Fürsten, 7 schwarzen Vollbildern u. 127 Abbildgn. im Texte. (XII, 189 S.) 8. Berlin 906. E. S. Mittler & Sohn. n.n. — 50; kart. n.n. — 60

— dasselbe. Ausg. f. Baden. (XII, 189 S.) 8. Ebd. 906. n.n. — 50; kart. n.n. — 60

— dasselbe. Ausg. f. Sachsen. Mit Beilage: Sachsen, sein Herrscherhaus u. sein Heer. Mit 1 Bildnis Sr. Maj. des Königs u. 1 Ordenstaf. in Farbendr. (VI, XII, 189 S.) 8. Ebd. 906. n.n. — 50; kart. n.n. — 60

— dasselbe. Ausg. f. Württemberg. Mit Beilage: Württemberg, sein Herrscherhaus u. sein Heer. Mit e. Bildnis Sr. Maj. des Königs u. 1 farb. Ordenstaf. (VIII, XII, 189 S.) 8. Ebd. 906. n.n. — 50; kart. n.n. — 60

— dasselbe. Beilage. Gewehr 88. (126 S. m. Abbildgn.) 8. Ebd. (906). Unentgeltlich

Unser Infanteriedienst. Leitfaden z. Dienstunterr. d. Mannschaften in Beispielen ... Auf Grund d. neuesten Dienstvorschriften bearb. von [Eggert] v. **Estorff**, Major. 13. umgearb. Aufl. [Nebst] Beilage: Gewehr 88. Berlin: E. S. Mittler & Sohn 1908. (XIV, 198, 26 S.) 8° [F.] [08. 2704]

— Unser Infanteriedienst. Leitfaden zum Dienstunterricht f. die Mannschaften in Beispielen aus dem Soldatenleben u. der Kriegsgeschichte. Auf Grund der neuesten Dienstvorschriften bearb. 16. Aufl. Mit 1 Bildnisse Sr. Maj. des Kaisers u. Königs, m. 5 farb. Bildertaf., 11 schwarzen Vollbildern u. zahlr. Abbildgn. im Texte. (VIII, 160 S.) 8. Berlin 911. E. S. Mittler & Sohn. p nn — 45; geb. nn — 55

— dasselbe. Ausg. f. Baden. (VIII, 160 S. m. 1 weiteren Bildnis.) 8. Ebd. 911. p nn — 45; geb. nn — 55

— dasselbe. Ausg. f. Sachsen. Mit Beilage: Sachsen, sein Herrscherhaus u. sein Heer. Mit 1 Bildnis Sr. Maj. des Königs u. 1 Ordenstaf. in Farbendr. (VI, VIII, 160 S.) 8. Ebd. 911. p nn — 45; geb. nn — 55

— dasselbe. Ausg. f. Württemberg. Mit Beilage: Württemberg, sein Herrscherhaus u. sein Heer. Mit 1 Bildnis Sr. Maj. des Königs u. 1 Ordenstaf. in Farbendr. (VIII, VIII, 160 S.) 8. Ebd. 911. p nn — 45; geb. nn — 55

Kriegsartikel und Fahneneid erl. von [Eggert] v. **Estorff, Major**. Berlin E. S. Mittler & Sohn 1905. (VIII, 92 S.) 8° [F.] [05. 11467]

Taktische Lehren aus dem russisch-japanischen Feldkriege im Lichte unserer neuesten Vorschriften. Von [Eggert] v. **Estorff**, Major. Mit Skizzen. Berlin: Mittler 1909. VI, 74 S. 8° [09. 3348]

Sachsen, sein Herrscherhaus und sein Heer ... von [Eggert] v. **Estorff**, Hauptm. *Berlin: E. S. Mittler & Sohn 1901.* (7 S.) 8° [F.]
— **Estorff**, v.: Unser Infanteriedienst. Ausg. f. Sachsen. Beilage. [03. 14089]

Württemberg, sein Herrscherhaus und sein Heer ... von [Eggert] v. **Estorff**, Hauptm. *Berlin: E. S. Mittler & Sohn 1901.* (7 S.) 8° [F.]
— **Estorff**, v.: Unser Infanteriedienst. Ausg. f. Württemb. Beilage. [03. 14090]

Württemberg, sein Herrscherhaus und sein Heer ... von [Eggert] v. **Estorff**, Major. Mit 1 Bildn. Sr. Maj. d. Königs u. 1 Ordenstaf. Berlin: E. S. Mittler & Sohn 1905. (VII S.) 8° [F.]
— **Estorff**, v.: Unser Infanteriedienst. Ausg. f. Württemb. 11. Aufl. Beilage. [07. 9330]

v. Estorf, Emmer. Otto Aug., († ... 1797.) s. a. Fragmente militair. Betrachtt.

(v. Estorff, Em. O. A.) Militair. Fragmente. Betrachtungen über die Einrichtung des Kriegswesens in mittleren Staaten. 8. Frankfurt, Hannover 1780. 1,50.

Estorff, G. O. C. von, Kurzer Abriss der Familiengeschichte der Estorff's. Haag (1843). 8.

v. Estorff, G. O. Carl, heidnische Alterthümer der Gegend von Oelzen im ehemal. Bardengaue (Königr. Hannover). Mit 16 Steintaf. u. 1 illum. archäologischen Karte. qu. Fol. Hannover 846, Hahn'sche Hofbuchh. n. 6 ₰

Estorff, Carl von. Brief des Freiherrn K' von E' an Professor E[douard] Desor. (Erörterung der Frage: von wem die vorhistorischen Stein-Denkmale errichtet wurden). SA. 2. Aufl. mit Vorwort von Dr. A[loys] Sprenger.... 8. Bern 1876.

Estorff, Ludw. v., der Burenkrieg in Südafrika von v. E., fortgesetzt von v. Gerneth. 3 Lfgn. gr. 8. Ebd. n. 7. 25; geb. in Leinw. n.n. 8. 50
1. Mit 4 Textskizzen u. 2 Karten in Steindr. (IV u. S. 1—69.) 900. n. 1. 80
2. Mit 6 Textskizzen u. 6 Karten in Steindr. (II u. S. 71—151.) 900. n. 2. 25
3. Mit 6 Skizzen u. 1 Übersichtskarte. (VIII u. S. 153—290.) 901. n. 3. 20

Estoria, la, de los quatro dotores de la santa eglesia. Nach Vincenz v. Beauvais hrsgr. v. Frdr. Lauchert, s.: Bibliothek, romanische.

Die französisch-deutsche (auf d. Umschl.: Deutsch-franz.) Annäherung als Bedingung des Weltfriedens. Von [Paul Henri Benjamin] B[on] d'**Estournelles** de Constant. Nebst e. Vorw. von Dr. Philipp Zorn, Prof. Berlin: Stilke 1910. 74 S. 8°
(Frankreich u. Deutschland. 1.) [10. 7551]

d'Estournelles de Constant, Baron, die französisch-deutsche Annäherung als Grundlage des Weltfriedens. Vortrag, geh. im Kaisersaal des preuss. Herrenhauses am 28. IV. 1909, auf Einladg. des Präsidiums u. des Vorstandes des Zentral-Komitees f. e. Annäherung zwischen Deutschland u. Frankreich. (Deutsche Übersetzg. v. Wilh. Foerster.) (21 S.) 8. Berlin 909. L. Simion Nf. — 30

Conciliation internat. Die Beschränkung der Rüstungen. Bericht über d. Beschränkung d. Militär-Budgets, erstattet auf d. 14. interparlament. Konferenz zu London ⟨23.—25. Juli 1906⟩ von [Paul Henri Benjamin] B[on] d'**Estournelles** de Constant, Senatôr. Autor. deutsche Uebers. von Alfred H. Fried. Berlin: Friedens-Warte (1906). (53 S.) 8° [07. 696]

Estournelles de Constant, Baron [Paul Henri Benj.] d', Die Beschränkung der Rüstungen. Bericht ... auf d. 14. interparlament. Konf. zu London ⟨23.—25. Juli 1906.⟩ Autor. deutsche Übers. von Alfr. H. *Fried*. Leipzig (1906). 8°.

d'Estournelles de Constant, Baron, Die Beschränkung der Rüstungen. Bericht üb. die Beschränkg. der Militär-Budgets, erstattet auf der XIV. interparlamentar. Konferenz zu London (23—25. VII. 1906). Deutsch. v. A. H. Fried. 2. unveränd. Aufl. (55 S.) gr. 8. Berlin, Verlag der Friedenswarte. —. 50. 1907

— Die Beschränkung der Rüstungen. Bericht üb. die Beschränkg. der Militär-Budgets, erstattet auf der XIV. interparlamentar. Konferenz zu London (23—25. VII. 1906). Autoris. deutsche Uebersetzg. v. Alfr. H. Fried. 2. unveränd. Aufl. (55 S.) gr. 8. Berlin (W. 57. Bülowstr. 66) (909). Verlag der Friedenswarte. — 50

— Frankreich u. Deutschland. I. Die französisch-deutsche Annäherg. als Bedingg. des Weltfriedens. Nebst e. Vorwort v. Philipp Zorn. (74 S. m. Bildnis.) gr. 8. Berlin 910. G. Stilke. 1. 50

Rede des B[on] [Paul Henri Benjamin] d'**Estournelles** de Constant über eine franko-englische Entente zur Beschränkung der maritimen Rüstungen, geh. in d. Sitzung d. französ. Senats 1905 im Verlauf d. Generaldebatte über d. Marinebudget. Autor. Uebers. nach d. Journal Officiel de la Rép. Franç. v. 12. April 1905. Berlin, Wien, Leipzig: Friedens-Warte 1905. (16 S.) 4°
— **Dokumente** d. Pacifismus. No 1. [05. 8398]

d'Estr, die Geschichte und Heinrich von Orleans, Herzog von Aumale. Den Herren Montalembert, Guizot u. Thiers gewidmet. Berlin 861. Hasselberg. gr. 8. (16 S.) n. 5 ngr.

Estramberg, L. d', la Russie et ses accusateurs dans la question d'Orient. Neuchatel (854). (Leipzig, Rossberg.) 8. (VI, 48 S.) n. 8 ngr

— Rußland und seine Ankläger in der orientalischen Frage. Nach dem Französ. Stuttgart 854. F. Köhler. (Aue.) 8. (56 S.) 6 ngr

Estratto autentico. dal protocollo della commissione di stato, radunata in Coira. in genº e febrº 1790. Contenente: le suppliche presentte dalli deputati di Valtellina e Chiavenna... a comprovazione de pretesi luoro gravami. e l'evacuazioni di detti gravami data... dalla detta comissione di stato. fol. Coira *s. d.*

Estratto della Letteratura europea

① A spese de'Novellisti Letterari ⑤ 1758—1768 ⑥ in-8º ⑦ ogni trimestre ⑧ Berna: Typographische Gesellschaft (1758—1763); Yverdon: Fortunato Bartolomeo De Felice (1763—1768) ⑩ Typographische Gesellschaft, Berna ⑪ Vincenz Bernhard Tscharner, De Felice ⑫ giornale scientifico e critico ⑬ BGSZ: 99, 619, 973, 1078; Perret: Les imprimeurs d'Yverdon; Maccabez: F. B. de Félice; Gottl. Em. v. Haller: Bibliothek der Schweizer-Geschichte II, 299 ⑭ Be: S; Yverdon: Bibliothèque publique.

Estratto della letteratura alla Moda

⑮ Dans son livre «F. B. de Félice 1723—1789 et son Encyclopédie» (Bâle 1903) Eugène Maccabez écrit (p. 6): «Pour répondre au goût du temps, de Félice se proposait d'éditer un Estratto della letteratura alla Moda, qui devait contenir' des romans, des lettres galantes, des comédies, des poésies, un cours des sciences à la mode et des sciences plus sublimes'. Nous ne savons si ce journal a jamais vu le jour.»

Estré, J. G. F., Horatiana Prosopographeia. 8maj. Amsterdam 846, Fred. Müller. n. 4 ℔

(Estrées, Emilie d',) s. Althaus, Emil.

Estreicher, Dr. Karl, Polnische Bibliographie. III. Abthlg. Band I. Jahrhundert: XV bis XVIII. (Der ganzen Sammlung XII. Band) Buchhandlung d. polnischen Gesellsch. Krakau 1891. 7.50

Estreicher-Rozbierski, T., Untersuchungen üb. die Bildungsverhältnisse d. oceanischen Salzablagerungen, s.: Hoff, J. H. van't.

Estremadura, Alentejo et Algarbe, — Les Provinces méridionales de Portugal, savoir — Dressée nouvellement par F. L. Güssefeld l'an 1800. Nürnberg, Homann Haered. 1800. 1 : 760,000. 1 Bl.

D'Estres, Em., gegen den Strom, s. Althaus.

Estrich, Christian Benjamin (Wittenberg), De partu ob faciem ad orificium uteri conversam praeternaturali. Diss. med. Präs. Georg Rudolph Boehmer. Wittbg. (Tzschiedrich) 4. IV. 1799. 24 Seiten. (4.50) 8343

Estrup, Hector Frederik Janson

Estrup, H. Fr. J., Absalon, Bischof von Roeskilde u. Erzbischof von Lund, Eroberer der Insel Rügen u. Bekehrer derselben zum Christenthum, als Held, Staatsmann u. Bischof. Aus d. Dän. übers. u. mit Anmerkk. verm. v. Glo. Mohnike. Mit 4 Steindr. (Aus dem 2. Bde. der Zeitschrift für d. histor. Theologie abgedr.) gr. 8. Leipz. 832. Barth. 1 ℔ 6 gl

Estrup, H. Fr. I. Absalon, Bischof von Roeskilde und Erzbischof von Lund, Eroberer der Insel Rügen und Bekehrer derselben zum Christentum, als Held, Staatsmann und Bischof. A. d. Dän. mit Anm. von Gottl. Mohnicke. (15 B.) 8. M. 4 Taf. Leipzig 1834. 3,75.

— Idea hierarchiae romanae qualis sec. XIII. in Scandinavia praesertim exstiterit. 8. Berl. 817. Reimer. 14 gl

Estrup, H. F. J., die dänischen Majorate. Eine historisch-politische Betrachtung. Uebers. von Th. Schorn. 2. verm. Ausg. gr. 8. Kopenhagen 846, Schubothe. 5/12 ℔

Estrup, P. J., Commentatio chem. pathol. in certamine literario civium Univ. Hafniensis praemio ornata, de calore febrili adaucto vel diminuto. 8maj. Copenhagen, Bonnier. 819.

Estrup, P. J., de calore febrili adaucto vel diminuto. 8 maj Kopenh. 819. Bonnier. (Wienbrack in Leipz.) 18 gl

— — de calore febrili adaucto et diminuto Commentatio chemico-pathol. 8. Ibid. 820.

Estván, B., Kriegsbilder aus Amerika. 2 Thle. Leipzig 864. Brockhaus. gr. 8. (XXVIII, 435 S.) n. 2 ℔ 15 ngr

Eswein, Friedrich Ludwig: Das Recht der Luftschiffahrt. Frankenthal 1910: Göhring. III, 84 S. 8°
Würzburg, Jur. Diss. v. 31. März 1910, Ref. Meurer
[Geb. 16. Juli 85 Billigheim; Wohnort: Ludwigshafen a. Rh.; Staatsangeh.: Bayern; Vorbildung: Gymn. Ludwigshafen Reife Juli 04; Studium: München 2, Heidelberg 1, Lausanne 1, Würzburg 2, Erlangen 2 S.; Rig. 12. Jan. 10.] [U 10. 4289

Eswein, Rudolf: Elektrizitätsversorgung und ihre Kosten, mit besonderer Berücksichtigung des Elektromotors. Diss. Heidelberg. Berlin 1910

Eswein, R., Elektrizitätsversorgung und ihre Kosten mit bes. Berücks. des Elektromotors. Diss. Berlin, 1910. 139 S. mit 1 Diagr.

Eswein, R., Elektrizitätsversorgung u. ihre Kosten m. besond. Berücksicht. des Elektromotors. (VIII, 131 S.) gr. 8. Berlin 911. F. Siemenroth. 8.—

Eszmarch(k), Nicolaus Ludwig, s. Essmarch(k)

ESZTEGOR, Josephus: De immunitatibus ecclesiasticis. — (1835) 88 S. 4°
(Handschr.) Diss. 25
Diss. Wien, Univ.

ESZTERÁS, PAUL: Kurze Beschreibung / der / Gnadenbilder der seligsten Jungfrau / Mutter Gottes / Maria, / welche / im Königreiche Hungarn, und der zu demselben gehörigen Theile / und Ländern öffentlich verehrt werden. / Nach dem Vortritte der zwei, von weiland / Fürsten Paul Eszterás, / Palatins des Königreichs Hungarn / im Jahre 1690. und 1696. herausgegebenen Bücher, die eben in dem Hause, welches jetzt erwähnter Fürst zu / Preßburg in der grossen Kapitelgasse erbaute, unter dem Preßburger Landtag / 1832/6 sammt den Bildern gesammelt, und zum Seelentroste der Verehrung der seligsten Jungfrau herausgegeben hat, / Alexius Jordánszky, / consecrirter Bischof zu Tinninien, Abt der seligsten Jungfrau Maria zu Szászvár, / Cantor und Canonicus des Graner Domcapitels, Weihbischof in der Tirnauer Hälfte / der Graner Erzdiözese, apostolischer Protonotär, Doktor und gewesener ordentlicher / Professor der heiligen Theologie, Collegial-Mitglied der geheiligten Facultät / der Pesther Universität. Preßburg 1836: Gedr. bei Belnay's Erben. XXIV, 170 S. 90 t. - 223 mm
Dass. Pest 1863: Alois Bucsánszky. Neue Ausg. 344 S. - 190 mm

ESZTERHÁZY, JOANNES: Via trium dierum. Exod. c. 3, v. 18. Drey-tägige Reise. Das ist: Jährlich-verpflichte Lob- und Ehren-Rede, so die Wallfahrt der wandernden Seele gegen dem Himmel bezeiget; da nämlichen an dem hohen Titular-Fest des Barfüsser-Ordens der Allerheil. Dreyfaltigkeit in bedachter Ordens-Kloster-Kirche zu Pressburg vorgetragen. Pressburg 1761. Gedr. bey Joh. Mich. Landerer. 8 f. - kl. 4°

ESZTERHÁZY, PAUL LADISLAUS GRAF: Zum Unterricht und zur heilsamen Erinnerung des Gläubigen aus dem Fünfkirchner Kirchen-Sprengel von ihrem geistlichen Ober-Hirten. (Fünfkirchen) o. J.: Joh(ann) Joseph Engel. (7 f.) - 8°

Et cognitione veri et boni et exemplis teneram iuuentutem instituendam esse. Baruthi 1755. V: *Braun, Johann Friedrich.* (Fiker)

Et wart nicht geschehen! Dem Patrioten to Ehren föftein Mal up enen Morgen-Besoeck angebracht. Hamb. 1724. V: *Edzardi, Sebastian.* (schr)

Eta, P. O. [Pseud.], s. a. Labes, Eugen

Eta, P. O., Jubiläumsklänge, s. Jubiläumsklänge.

Etablissement Climatérique et Hydrothérapique de Walchwyl, Lac de Zug.... [Prospectus avec couverture illustrée.] 8. Zürich (1897).

Etablissement, Das, von Gieseke & Devrient in Leipzig. 1852—62. [Leipzig 1862.] V: *Devrient, Adolph.* (cb)

L'Établissement Holsboer, Grand Hotel Curhaus Davos, s.a. L'Europe illustrée.

Etablissement. L'Et' Holsboer, Grand Hôtel Curhaus Davos. Guide à l'usage des touristes et des malades, des médecins et des profanes. Avec 10 Illustrations par J[ohann] Weber [dont 6 planches] (et une Carte). (L'Europe illustrée. № 145.) 8. Zurich 1890.
[1re éd.] — 2me éd. s. Hôtel Grand H' et Curhaus Davos.... Zurich 1899.

L'Établissement de la société anonyme pour l'industrie de l'aluminium, ses produits, leur traitement et leur application, Neuhausen (Suisse). gr. 8. (149 S. m. Abbildgn.) Schaffhausen 890. (Schloch.) n. 1. 60

Etallon, A s. Thurmann, Jules, et Etallon, A

Etard, P., Handbuch der französischen Sprache, oder vollständiger Leitfaden für Deutsche, welche das Französische richtig sprechen, lesen u. schreiben wollen. Auch ein Hilfsbuch für Reisende. Würzburg 859. Stahel. 8. (IV, 140 S.) n. 14 ngr.

Etard, P., französisches Lesebuch zum Haus- und Schulgebrauch. Mit einer Vorrede von Denzinger. Würzburg 857. Goldstein. 8. (VIII, 160 S.) n. 10 ngr

Etat derjenigen Abtheilungen des [eidgenössischen] Generalstabs, die bei einer Truppenaufstellung zuerst aufgeboten würden. ⟨Vom Bundesrathe festgestellt am 13. April 1859.⟩ [SA.] 8. [Bern 1859.]

— actuel de la Saxe par un Ministre étranger. 8. Gotha, Ettinger. 772—86.

Etat der sämmtlichen Aktiv-Burger der Stadtgemeinde Zürich 1799. Zürich 1799. V: *Escher, Joh. Heinrich.* (zuwzür) (Cat. d. Stadtbibl. Zürich. Zürich 1864—97.)

Etat de l'armée russe durant la guerre de sept ans, s.: Bibliothek, russische.

Etat der Beamten im Canton Zürich auf das Jahr 1795. Zürich 1795. V: *Müller (Myller), Chph Hnr.* (Cat. d. Stadtbibl. Zürich. Zürich 1864—97.) (ADB)

Etat der Berg-, Hütten- und Salinenverwaltung. Jg. 1889/90 u. 1894/95—1908. Berlin, 1889—1908.

Etat der Chur- und Hauptstadt Brandenburg f. d. Rechnungsj. 1. April 1900/1901—1906/07. Brandenburg a. H. 1900 ff. 4°.
(Fortges. u. d. Tit.:)
Haushalts-Voranschlag der Stadt Brandenburg a. H. f. 1907 ff. Brandenburg a. H. 1907 ff. 4°.
1907—1910.

— de la Bucharie. 8. Hannov. Helwing. 723.

Etat der sämmtlichen Burgerschaft in Zürich 1794—98. Zürich 1794—98. V: *Escher, Johann Heinrich.* (zuwzür) (Cat. d. Stadtbibl. Zürich. Zürich 1864—97.)

— der Bürgerschaft der Stadt St. Gallen Anfangs 1837. 8. St. Gallen 837. Scheitlin u. Zollikofer. 7/12 ℔

Etat der Bürgerschaft der Eidsgenössischen Stadt Zürich auf das Jahr 1815 . . . Zürich 1815. V: *Hofmeister, Wilhelm.* (MGT)

Etat. De l'état civil des personnes et de la condition des terres dans les Gaules. En Suisse 1786 s. [Perreciot, Claude-Joseph].

— civil, pol. et commerçant du Bengale. II Tom. av. fig. gr. 8. Mastrich, Walther. 778.

Etat des communes du Canton du Valais, avec indication 1° des hameaux, 2° des paroisses,... 7° des bureaux de télégraphe les plus rapprochés. Dressé en 1890(—91) par la Chancellerie d'Etat. 4. Sion 1890 (°*Umschlag:* 1892).

Etat du corps royal de l'Artillerie de France. Publié sur les documens du ministère de la guerre et avec autorisation du Ministre. gr in 12. Strasbourg 839. Levrault. 11/12 ℔

Etat. L'état et les délices de la Suisse, ou Description helvétique historique et géographique. Nouvelle éd. Corrigée & considérablement augmentée, Par plusieurs Auteurs celebres. Enrichi de Figures en Tailles douces [*i. e.* 34 planches] & de Cartes Géographiques [*i. e.* 1 carte], en 4 volumes. 8. Basle 1764.
Assemblage des ouvrages d'Abraham Stanyan... et autres.

— et délices de la Suisse. IV Tom. av. fig. 12. Basel, Tourneysen. 766.

— de l'Église et de la puissance légitim. du pontif. rom. II Vols. 12. Lausanne 766. Pott. 1 ℔ 8 gr

Etat der Einnahme und Ausgabe bei der Kämmerei der Stadt Emden. [*Wird fortges.*]

Etat und Eintheilung des basellandschaftlichen Offizierkorps für 1872. 16 Stn. 8. Basel—Landschaft 1872

Etat der Eisenbahnverwaltung. Jg. 1885/86—1889/90 u. 1894/95—1908. Berlin, 1885—1908.

Etat an Feuerungs-, Erleuchtungs-, Füllungs- u. Reinigungsmitteln f. d. Friedenslazarethe. Sonderabdr. der Beil. 40, 41, 42 u. 43 der F. S. O. gr. 8. (15 S.) Berlin 894. E. S. Mittler & Sohn. — 15

***Etat* des finances de l'Angleterre au commencement de la guerre de l'Amérique en 1775, extrait des observations de Mr Price. gr. 4. Berl. 775. Rottmann. 12 gr**

État des finances de l'Angleterre au commencement de la guerre de l'Amérique en 1776, extrait des observations de Mr. Price. gr. 4°. Berlin, Rottmann, 1775.

Etat der schweizerischen Forstbeamten mit wissenschaftlicher Bildung. Aufgenommen durch das eidg. Ober-Forstinspektorat, nach amtlichen Angaben der Kantone, auf den 1. Januar 1901 u. auf den 1. Januar 1903 = Etat des Agents forestiers suisses possédant des connaissances scientifiques.... *je* 19 S. 8. Berne, Büchler & Co., 1901 u. 1903.
1902 nicht ausgegeben.

Etat der schweizerischen Forstbeamten mit wissenschaftlicher Bildung. Aufgenommen durch das eidg. Ober-Forstinspektorat, nach amtlichen Angaben der Kantone, auf den 1. Januar 1904 = Etat des Agents forestiers suisses possédant des connaissances scientifiques.... 19 S. 8. Berne, Büchler & Co., 1904.

Etat der schweizerischen Forstbeamten mit wissenschaftlicher Bildung. Aufgenommen durch das eidg. Ober-Forstinspektorat, nach amtlichen Angaben der Kantone, auf den 1. Januar 1906 = Etat des Agents forestiers suisses possédant des connaissances scientifiques.... 19 S. 8. Berne, Büchler & Co., 1906.
Der Etat ist pro 1905 nicht erschienen.

Etat der schweizerischen Forstbeamten mit wissenschaftlicher Bildung. Aufgenommen durch das eidg. Ober-Forstinspektorat, nach amtlichen Angaben der Kantone, auf den 1. Januar 1907 = Etat des Agents forestiers suisses possédant des connaissances scientifiques.... 19 S. 8. Berne, Büchler & Co., 1907.

Etat der schweizerischen Forstbeamten mit wissenschaftlicher Bildung. Aufgenommen durch das eidg. Oberforstinspektorat, nach amtlichen Angaben der Kantone, auf den 1. Januar 1908 = Etat des Agents forestiers suisses possédant des connaissances scientifiques.... 21 S. 8. Berne, Blaser & Tschanz, 1908.

Etat der schweizerischen Forstbeamten mit wissenschaftlicher Bildung. Aufgenommen durch das eidg. Oberforstinspektorat, nach amtlichen Angaben der Kantone, auf den 1. Januar 1909 = Etat des Agents forestiers suisses possédant des connaissances scientifiques ... au 1er Janvier 1909. 21 S. 8. Bern, Blaser & Tschanz, 1909.

Etat der schweizerischen Forstbeamten mit wissenschaftlicher Bildung. Aufgenommen durch die eidg. Inspektion für Forstwesen, nach amtlichen Angaben der Kantone, auf den 1. Januar 1910 = Etat des agents forestiers suisses possédant des connaissances scientifiques ... au 1er Janvier 1910. 21 S. 8. Berne, Blaser & Tschanz, 1910.

Etat der Forst-Verwaltung für die Jahre 1. April 1883/84 bis 1. April 1898/99. (Zu den Stenogr. Berichten über die Verhandlungen des Abgeordnetenhauses) - o. O.

Etat der Forst-, Jagd- und Triftverwaltung für ein Jahr der XXII. Finanzperiode 1894 und 1895. - o. O. 88 S.

— de l', de la France, sous la constitution de l'an 3. 8. Berl. 796. Decker. 12 ℳ

— de la France au mois de Mai, v. Montgaillard.

Etat der sämmtlichen Gemeinds-Bürger der Stadtgemeinde Zürich. 1800. 1803. 1806. 1807. Supplement auf 1809—11. Zürich. V: *Escher, Johann Heinrich.* (Cat. d. Stadtbibl. Zürich. Zürich 1864—97.) (zuwzür)

Etat der Gewehr-Munition. München 1873. 8.

Etat der in der Stadt Zürich verbürgerten Glieder der Familie von Orelli ... Zürich 1899. V: *Orelli-Brunner, Alb. von.* (Zuwachsverz. d. Bibl. in Zürich 1898 ff.)

Etat an Hülfsmitteln zur Krankenpflege. *Berlin: E.S. Mittler & Sohn 1902.* (IV, 136 S.) 8° [F.]
— Marinesanitätsordnung, Beiheft. [02. 7136

Etat für das Jahr 1877-78. Anlage I: Reichskanzleramt; III: Auswärtiges Amt; VI: Reichsjustizverwaltung; VII: Reichseisenbahnamt; X: Allgemeiner Pensionsfond; XV: Verwaltung der Eisenbahnen. Berlin

Etat der Stadt Johannisburg. [1.] Für d. Rechnungsjahr 1905/6. Johannisburg 1905: Gonschorowski. 4° [09. 1347

[Etat de la] Justice militaire pour la période administrative du 1er avril 1903 au 31 mars 1906 ⟨Arrêté du Conseil fédéral du 23 mars 1903⟩. 10 p. 8. (Berne, Stalder & Sieber.)

Etat der Königlichen Haupt- und Residenzstadt Königsberg i. Pr. *(Wird fortges.)*

Marburger Kreisbahn. **Etat.** [1.] Für d. Rechnungsjahr ... 1905 bis 1906. [Marburg 1905.] 4° [F.] [07. 8453 4

Etat der Landsturm-Offiziere des Kantons Aargau auf Anfang April 1901. 16 S. 8. (Aarau, H. R. Sauerländer & Co.)

Etat der Landsturm-Offiziere des Kantons Aargau auf Anfang April 1902. 16 S. 8. (Aarau, H. R. Sauerländer & Co.)

Etat der Landsturm-Offiziere des Kantons Appenzell (A. Rh. und J. Rh.) auf Anfang Januar 1904. IV + 6 S. 8. Herisau, Schläpfer & Cie., 1904.

Etat der Landsturm-Offiziere des Kantons St. Gallen auf Anfang März 1901. II + 16 S. 8. St. Gallen, A. Loehrer, 1901.

Etat der Landsturm-Offiziere des Kantons St. Gallen auf Anfang Februar 1902. II + 16 S. 8. St. Gallen, A. Loehrer, 1902.

Etat der Landsturm-Offiziere des Kantons St. Gallen.... 8.
... auf Anfang Februar 1903 *u.* ... auf A' F' 1904. *je* II + 16 S. St. Gallen, A. Loehrer. 1903 *u.* 1904.
... auf Anfang Februar 1905 *u.* ... auf A' F' 1906. *je* II + 16 S. St. G', V. Schmid & Co., 1905 *u.* 1906.

Etat der Landsturm-Offiziere des Kantons St. Gallen auf Anfang Februar 1907. II + 16 S. 8. St. Gallen, V. Schmid & Co., 1907.

Etat der Landsturm-Offiziere des Kantons St. Gallen auf Anfang April 1908. II + 17 S. 8. St. Gallen, V. Schmid & Co., 1908.

Etat der Landsturm-Offiziere des Kantons St. Gallen auf Anfang Mai 1909 *u.* auf A' M' 1910. II + 17 *u.* II + 18 S. 8. St. Gallen, V. Schmid & Co., 1909 *u.* 1910.

Etat der Landsturm-Offiziere des Kantons Thurgau auf Mitte März 1902. II + IV + 8 S. 8. Frauenfeld, Huber & Co., 1902.

Etat der Landsturm-Offiziere des Kantons Thurgau auf Ende Februar 1903. II + IV + 8 S. 8. Frauenfeld, Huber & Co., 1903.

Etat der Landsturm-Offiziere des Kantons Thurgau auf Ende Februar 1904. II + IV + 8 S. 8. Frauenfeld, Huber & Co., 1904.

Etat der Landsturm-Offiziere des Kantons Thurgau auf Ende Januar 1905. II + IV + 8 S. 8. Frauenfeld, Huber & Co., 1905.

Etat der Landwirtschaftskammer für die Prov. Sachsen f. d. Etatsj. 1905. O. O. u. J. 2°.

Etat militaire du corps de l'artillerie de France. Publié sur les documents du Ministère de la guerre et avec autorisation du Ministre. 8. (VIII, 580 S.) Nancy 870. Berger-Levrault & Co. n. 3. 50

Etat militaire du corps royal de l'artillerie de France (pour l'année 1841 et 1843—1845). Publié sur les documens du ministère de la guerre et avec autorisation du Ministre. gr. in-12. Strasbourg et Paris 842,45, Ve. Levrault. 1841, 43, 44 à n. 1 ₰ 1845 $1^{1}/_{8}$ ₰

Etat der Militär-Verwaltung des Kgr. Bayern für 1868 ff. München 1867 ff. 4°

Etat, Neuer, der Bürger und Niedergelassenen der Stadt Zürich. 1875. Bearbeitet von Pfister & Esslinger. 8. Gbdn. Zürich, Fr. Schulthess. 8. 50
1875

Etat des noms de famille des bourgeois et habitants du Canton de Fribourg. (dressé en conformité de l'art. 12 de la loi sur la tenue des registres de l'état civil). 8. Fribourg 1852.

Etat nominatif des militaires de la 1ère armée française internés en Suisse, se trouvant dans le canton de Lucerne. ⟨Avec indication des noms et prénoms, du lieu de naissance, du département, du grade, du corps et du régiment, auquel chaque interné appartenait.⟩ Cantonnement de Saint Urban. [3 cahiers.] 4. *s. l. n. d.* [ca. 1871].

État, Nouvel, politique de l'Europe, ou le Mercure des Pays-Bas. Francfort 1761. V: *Maubert, Heinrich.* (ML)

État des officiers de l'armée fédérale au 1er mai 1895. Etat der Offiziere des schweizer. Bundesheeres auf 1. Mai 1895. In-8°. VII, 375 S. Zürich, Art. Inst. Orell Füssli. 1895 2 50

État des officiers de l'Armée fédérale au 1er avril 1896. — Etat der Offiziere des schweizer. Bundesheeres auf 1. April 1896. In-8°. VII, 380 S. Zürich, Art. Institut Orell Füssli. 1896 2 50

Etat des officiers de l'armée fédérale au 1er avril 1897. — Etat der Offiziere des schweizer. Bundesheeres auf den 1. April 1897. In-8°. VII, 380 S. Zürich, Art. Institut Orell Füssli. 2 50
1897

État des officiers de l'armée fédérale au 1er IV. 1898. — Etat d. Offiziere d. schweizer. Bundesheeres auf 1. IV. 1898. gr. 8. (VII, 379 S.) Zürich 898. Art. Institut Orell Füssli. n. 2. 50

État des officiers de l'armée fédérale au 1er avril 1899. — Etat der Offiziere des schweizer. Bundesheeres auf d. 1. April 1899. Gr. 8°. VII, 383 S. Zürich, Art. Institut Orell Füssli. 2 50
1899

Etat des officiers de l'armée fédérale au 1er IV. 1902. — Etat der Offiziere des schweizer. Bundesheeres auf 1. IV. 1902. gr. 8. (VII, 385 S.) Zürich, Art. Institut Orell Füssli. n. 2. 50

État de Messieurs les Officiers qui se trouvent aux services étrangers avoués par la République de Berne. 1768. 8. Berne 1768.

Etat der Offiziere des schweizerischen Bundesheeres auf 15. April 1893. Etat des officiers de l'armée fédérale au 15 avril 1893. In-8⁰. 329 S. Zürich, Art. Inst. Orell Füssli. 2 50 1893.

— der Offiziere des schweizer. Bundesheeres auf 1. Mai 1894. (Deutsch u. französisch.) gr. 8. (VI, 355 S.) Zürich 894. Art. Inst. Orell Füssli, Verl. n. 2. 50

Etat der Officiere des schweizerischen Bundesheeres (Fortsetzung) auf 1. Mai 1895, 1896; auf 1. April 1897—1904. (10 Bde.) 8. Zürich 1895—1904.

Etat der Offiziere des schweiz. Bundesheeres am 1. April 1900. — Etat des officiers de l'armée fédérale au 1 avril 1900. 8⁰. 384 S. Zürich, Verlag Art. Institut Orell Füssli. 2 50

Etat der Offiziere des schweizer. Bundesheeres auf 1. April 1901. — État des officiers de l'armée fédérale au 1er avril 1901. VIII + 386 S. 8. Zürich, Art. Institut Orell Füssli, 1901. [fr. 2.50]

Etat der Offiziere des schweizer. Bundesheeres auf 1. April 1902. — État des officiers de l'armée fédérale au 1er avril 1902. VIII + 385 S. 8. Zürich, Art. Institut Orell Füssli, 1902. [fr. 2. 50]

Etat der Offiziere des schweizer. Bundesheeres auf 1. April 1903 = État des officiers de l'armée fédérale au 1er avril 1903. VIII + 388 S. 8. Zürich, Art. Institut Orell Füssli, 1903. [fr. 2. 50]

Etat der Offiziere des schweizer. Bundesheeres auf 1. April 1904 = État des officiers de l'armée fédérale au 1er avril 1904. VIII + 392 S. 8. Zürich, Orell Füssli, 1904. [fr. 2.50]

Etat der Offiziere des schweizer. Bundesheeres auf 1. April 1905 = État des officiers de l'armée fédérale au 1er avril 1905. VIII + 399 S. 8. Zürich, Orell Füssli, 1905. [fr. 2. 50]

Etat der Offiziere des schweizer. Bundesheeres auf 1. April 1906 = État des officiers de l'armée fédérale au 1er avril 1906. VIII + 432 S. 8. Zürich, Orell Füssli, 1906. [fr. 2. 50]

Etat der Offiziere des schweizer. Bundesheeres auf 1. April 1907 = État des officiers de l'armée fédérale au 1er avril 1907. VIII + 437 S. 8. Zürich, Orell Füssli, 1907. [fr. 2. 50]

Etat der Offiziere des schweizer. Bundesheeres auf 1. Mai 1908 = État des officiers de l'armée suisse au 1er mai 1908. VIII + 418 S. 8. Zürich, Orell Füssli, 1908. [fr. 2.50]

Etat der Offiziere des schweizer. Bundesheeres auf 1. April 1909 = État des officiers de l'armée suisse au 1er avril 1909. VIII + 419 S. 8. Zürich, Orell Füssli, 1909. [fr. 2. 50]

Etat der Offiziere des schweizer. Bundesheeres auf 1. April 1910 = État des officiers de l'armée suisse au 1er avril 1910. VIII + 420 S. 8. Zürich, Orell Füssli, 1910. [fr. 2.50]

Etat der Offiziere der Stäbe und der eidg. Truppenkörper auf 15. März 1887. — Etats des officiers des états-majors et des unités de troupes de la Confédération. In-8⁰, 121 S. Bern, Buchdruckerei Stampfli, Lack, Scheim & Cie. 1887

Etat der Officiere der Stäbe und der eidg. Truppenkörper auf 15. April 1890. — État des officiers des état-majors et des unités de troupes de la Confédération. In-8⁰. 132 S. Bern, Buchdr. Staempfli, Lack, Scheim & Cie. 1890

Etat der den Offizieren u. Beamten d. Armee im Falle einer Mobilmachg zustehenden Pferde und Pferdepfleger. Berlin, d. 5. 4. 1866. — [2]) Reglement, betr.: A. Die Beschaffg d. b. einer Mobilmachg z. Ausrüstg d. Offiziere u. Beamten gehörigen Pferde. B. Die Verwendg d. Beutepferde. Berlin, 5. 4. 1866.

— de l', politique et économique de la France sous la constitution de l'an 3. traduit de l'allem. 12. Strasb. Levrault. 795.

M. du P...n. État politique et militaire de l'Europe en Janvier 1800. Exposition des opérations militaires de la dernière campagne et de leur résultat. 8. av. 1 carte. Leipzig 1800.

— politique et militaire de l'Europe, en 1800, av. charte. 8. Leipz. 800. Hinrichs. 12 gl

Etat der Königl. Hannover'schen Post-Verwaltung. 1863. Desgl. Hann. 1865.

— présent des Indes Hollandois. 8. Berne, Soc. Typ. 787.

Etat present des possessions de sa Majesté Britannique en Allemagne . . . Traduit de l'Anglois. Francfort 1760. Ü: *La Ville, Jean Ignace de.* (BrMm)

Etat présent du royaume de Portugal. Nouvelle édition. Hambourg 1797. V: *Duperrier-Dumouriez, Charles François.* (CBH)

— présent de la Russie (orné de la silhouette très-ressemblante de Catharine II.) 8. Leipz. 783. (Cnobloch). 16 gl

Etat réel de la France à la fin de 1795. Hombourg 1795. V: *La Maisonfort, Louis Dubois Descour Marquis de.* (MGT)

— de l', reel de la France, à la fin de l'an 1795, (par de la Maisonfort). II Vols. 8. Hamb. 796. Fauche. 1 rl 8 gl

Etat für das Reichsmilitärgericht auf das Rechnungsjahr 1900. 1901. Berlin 1900. 1901. 4⁰

Etat der Stadt Rostock. Rostock 1805. H: *Schröder, Johann Chn.* (MGT)

Etat d. Train-Übungs-Materials f. e. Central-Pferde-Depot. Berlin 1877.
— — 1877: Desgl. f. e. Ersatz-Pferde-Depot.

Concilium Bibliographicum (à Zürich-Neumünster). Etat des travaux en 1900. 8 p. 8. [1901.]

Etat des troupes du roi de Prusse. 8. Vienne 1751.

— — für die jährliche Uebungs-Munition. München 1873. 8.

— — für die jährliche Uebungs- etc. Munition. Nebst einem Anhang: Vorschrift über die Verwaltung der Uebungs-Munition der Truppen im Frieden. München 1876. 8.

Etat für die jährliche Uebungs- etc. Munition, nebst Anh.: Vorschrift über die Verwaltung der den Truppen im Frieden überwiesenen Munition. 1879. 8. (IV, 82 S. m. 2 color. Steintaf.) Berlin 879. (Liebel.) n. 1. 50

Etat f. die jährliche Uebungs- etc. Munition, nebst Anh.: Vorschrift üb. die Verwaltg. der den Truppen im Frieden überwiesenen Munition. 1883. gr. 8. (IV, 86 S. m. 1 color. Steintaf.) Berlin 883. (Liebel.) n.n. 1. 50

— dasselbe. Abänderungen. 8. (6 Bl.) Berlin 885. Mittler & Sohn. 10 (Hauptwerk u. Abändergn.: n.n. 1. 60)

État, Véritable, du différend élevé entre le nonce apostolique résident à Cologne et les trois Electeurs Ecclesiástiques ... Dusseldorff [Cologne] 1787. V: *Feller, Franz Xaver von.* (MGT) (SO) (JES)

— — der Verwaltung der kais. Marine f. d. J. 1872 ff.—1901 (ausschl. 1887/88 u. 1889/90). Berlin 1872—1901. 4°

Etat für die Verwaltung der kaiserl. Marine auf das Rechnungsjahr 1901. o. O. u. J. 168 S. 4°

Etat und Verzeichniss aller Artisten, Professionisten und Handwerker zu Zürich. O. O. [17??] V: *Moos, David von.* (ML)

Etats für die königl. sächsische Armee auf dem Friedensfusse. 8. Dresden 1849.

Etats der provinzialständischen Verwaltung der Rheinprovinz, später Etats der Provinzialverwaltung der Rheinprovinz. 1882—85 und 1889/91 ff. Düsseldorf. o. J. 4°.

Etats für die Verwaltung des Reichsheeres auf die Etatsjahre 1872—1901 (ausschl. 1878/79.) Berlin 1872—1901. 4°

Etats-Unis: Les Etats-Unis d'Europe
① Bulletin [Organe] de la Ligue internationale de la Paix et de la Liberté ② Les Etats-Unis d'Europe. Die Vereinigten Staaten von Europa. Gli Stati Uniti d'Europa (janvier 1870—25. 10. 1870). Même titre complété par: The United States of Europe (11. 4. 1872—8. 8. 1872). Même titre complété par: Los Estados Unidos de Europa (fin 1872—25. 3. 1880). Les Etats-Unis d'Europe (3. 4. 1880—juin 1896 et depuis de décembre 1896). Etats-Unis d'Europe (juillet—novembre 1896) ⑤ 5. 1. 1868—25. 10. 1870 et 11. 4. 1872—juin 1919 ⑥ in-2° ⑦ irrégulièrement; hebdomadaire, d'une façon intermittente (dès le 1. 5. 1886), mensuel (dès le 3. 11. 1888) ⑧ Berne: Rieder & Simmen (5. 1. 1868—25. 4. 1869); Genève: Imprimerie Coopérative (janvier 1870—25. 10. 1870 et 11. 4. 1872—19. 9. 1878). A.-F. Falk (26. 10. 1878—5. 9. 1885). Rivera & Dubois (19. 9. 1885—4. 10. 1890), P. Dubois (1. 11. 1890—février 1896); Berne: Michel & Bühler (juillet 1896—décembre 1898). Henri Boneff (janvier 1899—août 1899). Wälchli & Hauri (septembre 1899—avril 1901), W. Wälchli (mai 1901—juin 1919) ⑩ John Rollanday ⑪ G. Vogt, Berne, puis Ch. Lemonnier, Paris—Genève ⑫ international ⑬ BGSZ: 973 ⑭ Ge: P; Be: L ⑮ 2 numéros-spécimen également «Probenummer» des novembre et décembre 1867. Ces 2 numéros-spécimen portent les titres et les sous-titres en français et en allemand et sont rédigés le 1er en français, allemand et italien et le second en français et en allemand. Le numéro du 5. 1. 1868 «troisième numéro-spécimen est en même temps le premier numéro régulier de l'année 1868». Pour 1870, les 5 premiers numéros sont rédigés en français, allemand, italien. Le numéro 6 est mi-français, mi-italien, le second numéro 6 en est l'édition allemande. Le premier numéro 7 est mi-français, mi-italien, le second numéro 7 en est l'édition allemande, les numéros 8 et 9 sont en français. Il y a en outre un supplément en anglais daté du 5. 1. 1868. — v. The United States of Europa.

Etatsvorschriften f. die Justizverwaltung. Amtliche Ausg. (71 S.) gr. 8. Berlin 908. R. v. Decker. 1. 50

— für die Justizverwaltung vom 12. III. 1908. (IV, 72 S.) 8. Berlin 908. A. Nauck & Co. 1. —

Etatsvorschriften für die Justizverwaltung vom 12. März 1908 (JMBl. 1908 S. 99 ff.) (Cöln): Kölner Verl.-Anst. & Dr. 1908. 79 S. 8°
(Zeitschrift f. d. Deutsche Gerichtssekretariat. Sonderheft.) [10. 1197]

Etats- u. Rechnungswesen bei den Seminarien u. den Präparandenanstalten; im Centralbl. f. d. ges. Unterrichtsverwaltg. in Preußen. 1876. Janhft.

Etenhuber, Matthias, s. Ettenhuber

Eterich I.: Die Flachsbereitung in ihrer Beziehung z. Flachsbaufrage ... Trautenau 1898. 68 S. P.

Eternelle, oder die Blindgeborne, ein romant. Gemälde, von Wilhelmine von Gersdorf. 2 Bde. 8. Leipzig, Lauffer. 820.

Eternod, Auguste Charles François

Eternod, A. C. F. Guide technique du laboratoire d'histologie normale et éléments d'anatomie et de physiologie générales, à l'usage des étudiants en médecine et en sciences naturelles. 2e éd., revue et augmentée d'un chapitre sur les principales méthodes embryologiques. Avec 141 figures dans le texte. In-8°. 352 p. Bâle et Genève, Georg & Co. 1897 9 —

Eternod, A., Dr. Guide technique du laboratoire d'histologie normale et éléments d'histologie générale à l'usage des étudiants en médecine et en sciences naturelles. Accompagné de 53 fig. In-12°, VIII et 247 p. Genève, Bâle, Lyon, H. Georg. 1886 3 50

Eternod, A. C. F. (Dr.). Recherches sur les affections chroniques des ganglions trachéo-bronchiaques et les suites de ces affections. In-8°, 92 p., avec 6 pl. Genève, Bâle et Lyon, H. Georg. 1881 3 50

Eternod, A. C. F. Les sources de la vie. Deux conférences faites à l'Aula de l'Université de Genève les 9 et 11 Février 1898. In-8°. 82 pp. Avec 28 dessins et 5 tableaux synoptiques de l'auteur. Genève et Bâle, Georg & Co. 1898 1 50

Eternod, Auguste C[harles] F[rançois]. Friedrich Wilhelm Zahn † (professeur à la Faculté de médecine de Genève, 1845—1904). [Nécrologie.] Par A' C. F. Ét', Professeur à Genève. Abdruck aus: Anatomischer Anzeiger. Centralblatt für die gesamte wissenschaftliche Anatomie.... Band 25, No. 22, 1904. [4 p.] 8. Jena, Gustav Fischer, 1904.

Etfra Kosmopolitus, s.: Kosmopolitus, Etfra.

Etges, P., das Weltall. Seine Einheit u. Harmonie. Gemeinverständlich auf Grund v. Versuchen u. Beobachtgn. dargestellt. 1. u. 2. Taus. (185 S. m. 5 Fig.) 8. Stuttgart 906. Strecker & Schröder. n. 2. —; geb. in Leinw. n. 2. 80
Aus dem Buchhandel zurückgezogen.

Etges, Rud., vom Frühling zum Herbst. Gedichte. (106 S.) kl. 8. Ebd. 905. n. 2. —; geb. in Leinw. n. 2. 80
Aus dem Buchhandel zurückgezogen.

d'Ethampes, Mme., die Erbin v. Trégonec. Dem französ. Originale nacherzählt v. Wilma Wera. (273 S.) kl. 8. Paderborn 908. Bonifacius-Druckerei. 2.—; geb. 2. 80

d'Ethampes, G., Emilie. Erzählung. Einzige genehmigte deutsche Übersetzg. frei aus dem Franz. v. Herm. Wildner. Mit 3 ganzseit. Tonbildern u. 10 Textillustr. von W. Schäfer. (Bibliothek f. junge Mädchen [im Alter v. 12—16 Jahren]). 8. (175 S.) Würzburg (902). F. X. Bucher. Geb. in Leinw. n. 1. 20

Ethé, Malte. Von M. v. O. 8. (48 S.) Hamburg 897. Evang. Buchh. n. — 15

Ethé, Herm., Essays u. Studien. gr. 8. (VIII, 453 S.) Berlin 872. Nicolai's Verl. n. 7. 50

—— s. Fahrten, die, des Sajjid Batthâl.

—— s. Fettâhî.

Ethé, Herm., s.: Forschungen, morgenländische.

— Julius Grosse als epischer Dichter. Eine literarhistor. Studie. [Aus: „Didaskalia".] gr. 8. (48 S.) Berlin 874. Lipperheide. — 25

Ethé, Herm., Ulrich von Hutten. Historisches National-Drama in 5 Acten. Leipzig 870. Rötschke. (Zander.) 8. (107 S.) n. 10 ngr.

Ethé, Herm., s. El Kazwini.

Ethé, H., die höfische und romantische Poesie der Perser,
—— die mystische, didaktische und lyrische Poesie und das spätere Schriftthum der Perser, } s.a. Sammlung gemeinverständlicher wissenschaftlicher Vorträge.

Ethé, Hermann, Die höfische und romantische Poesie der Perser. [Sammlg. gemeinverständlicher wissensch. Vorträge, herausgegeben von Rud. Virchow und Fr. von Holtzendorff. Neue Folge. II. 7.] Hamburg 1887.

— — Die mystische, didaktische und lyrische Poesie und das spätere Schriftthum der Perser. [Sammlg. gemeinverständlicher wissensch. Vorträge, herausg. von Rud. Virchow und Fr. von Holtzendorff. Neue Folge. III. 53.] Hamburg 1888.

Ethé, H., Poesie u. Schriftthum der Perser, s.: Sammlung gemeinverständlicher wissenschaftlicher Vorträge.

— morgenländische Studien. Leipzig 870. Fues. 8. (VIII, 281 S.) n. 28 ngr.

Ethelinde oder die Einsiedlerin am See . . . A. d. Engl. Leipz. 1792. V: *Smith, Charlotte.* (KY) Ü: *Fischer, Christian August.* (MGT)

Ethelinde, oder die Einsiedlerin am See; aus d. Engl. (der Charl. Smith) von B. Nolli: (Chr. A. Fischer). 5 Thle. 8. Leipz. 792. Weidmann. 2 ₰ 20 gr.

Ethelmer, Ellis, wo kam Brüderchen her? Uebersetzg. von Hanna Bieber-Boehm. (37 S.) 8. Berlin (C. 2, Kaiser Wilhelmstr. 39, II) 900. Verein „Jugendschutz". n. — 50

Ethelwina, od. das Fräulein v. Westmore-Land; aus d. Engl. v. Fr. v. Oertel. 2 Thle. 8. Leipz. 803. (Fort). 2 ₰ 16 gr. Hdg. Pr. 1 ₰ 12 gr.

Ethelwina, od. d. Fräulein v. Westmore-Land, a. d. Engl. übers. v. Friedr. Oertel. 2 Thle. 8. Lpz. Tauchnitz. 803.

Ethelwolf, oder der König kein König; ein Schauspiel in fünf Aufzügen . . . Dessau u. Leipz. 1785. V: *Huber, Ludwig Ferdinand.* (MGT) (KY) (GGR)

Ethelwolf, oder der König kein König; Schspl. in 5 A. (v. L. F. Huber). 8. Dessau 785. (Göschen in Leipz.) 12 gr.

Ethelwolf, d', le fils, Conte historiq. II Vol. 12. Paris. (Sommer à Lpz.)

— — le même. II Vol. 12. Münster, Coppenrath.

Ethica Carthesiana. 8. Halae. Kümmel. 719.

— symbolica, lat. et vernaculo versu. 8. Norimb. 755.

Ethica, Die wohlerbare viel-ehr- und tugendsame, Abel, Duntaxat Griller, . . . [Halle] 1700. V: *Zeidler, Joh. Gfr.* (WR)

Ethik, kleine, für den Hausbedarf, oder kurzgefaßte Klugheitspflichten u. Sittenlehren, besonders f. das weibl. Geschlecht; nebst e. Anleit. zur Gesindeordnung. 8. Lpz. 817. Centr.-Cpt. 4 gr.

Ethik, e. neue, v. Ignoramus. gr. 8. (22 S.) Berlin 897. (Mayer & Müller.) n. — 60

Ethik, religiöse, des Alten u. des Neuen Testaments. Eine Gegenüberstellg. v. L. S. (16 S.) gr. 8. Berlin 903. (Concordia.) n. — 50

Ethik, Die, des platonischen Symposion und das Christenthum. Eckernförde 1870. V: *Brede.* (Cat. d. Stadtbibl. Zürich. Zürich 1864—97.) (UBTüb A, Nachtr. 24.)

Ethinos, A. L., die kirchlichen Nothstände unserer Zeit innerhalb der protestantischen Kirche Deutschlands u. der deutsche Protestantenverein. Altona 868. Voges. gr. 8. (18 S.) 7½ ngr.

— der Untergang der Welt steht nicht bevor! In Bezug auf Dr. John Cumming's neuestes Buch geschrieben u. mit einer richtigen Deutung der Offenbarung St. Johannis versehen. 1—3. Aufl. Altona 867. Verlagsbureau. 8. (29 S.) 3 ngr.

Ethiopien. Studien über West-afrika . . . Hamburg 1879. V: *Hübbe-Schleiden, Wilhelm.* (CBH) (Bücherverz. d. Hauptbibl. d. Reichs-Marine-Amts. Berlin 1902.) (UBTüb F, Nachtr. 13) (EB)

Ethnicus Religiosus sive Hannibal pro jurisjurandi religione moriens . . . Lincii 1744. V: *Weylgoune, Joh. Nepomuk.* (WBL)

Ethnognosie und Ethnologie, s.a. Versuch, erster, einer wissenschaftlichen Begründung der Ethnologie etc.

Ethnognosie und Ethnologie oder Herleitung, Classification und Schilderung der Nationen . . . Marburg 1853. V: *Vollgraff, Carl Friedrich.* (EB)

Die Ethnographie Russlands etc., s. Petermann, A. Mittheilungen aus Justus Perthes geogr. Anstalt

Ethnologica. Im Auftrage des Vereins zur Förderg. des städt. Rautenstrauch-Joest-Museums f. Völkerkunde in Cöln. Hrsg. v. W. Foy. I. (VII, 282 S. m. Abbildgn. u. 1 Taf.) Lex. 8. Leipzig 909. K. W. Hiersemann. 20. —

Ethopaeiae, Illustrium Hungariae virorum . . . Tyrnaviae 1744. V: *Matyasovszki, Ignaz.* (JES)

Ethophilus

Ethophili Complimentirbuch, s.a. Complimentirbuch.

Ethophilus, Neues und wohl eingerichtetes Complimentir- und Sitten-Buch, darinnen gezeiget wird, wie sich sonderlich Personen Bürgerlichen Standes, bey denen im gemeinen Leben vorfallenden Begebenheiten, als: Anwerbungen, Verlöbnissen, Hochzeiten . . . in Worten und Wercken . . . verhalten sollen. . . . 5. verm. Aufl. Nordhausen 1753. 16. . . . . (H.)

ETHOPHILUS (ps.), Neues, wohleingerichtetes Complimentir- und Sitten-Buch; in welchem gezeiget wird, wie sich sonderlich Personen, Bürgerlichen und geringern Standes, bey den im gemeinen Leben vorfallenden Begebenheiten, als: Anwerbungen, Verlöbnissen, Hochzeiten, Geburten, Gevatterschaften, Kind-Tauffen, Kranckheiten, Absterben, Begräbnissen, Gastereyen, Geburts-, Nahmens-, Neu-Jahrs-Tagen u. d. gl. in Worten und Werken so klug als höflich verhalten, und durch gute Aufführung, und Höflichkeit überhaupt, als auch was jedes Orts insbesondre in Acht zu nehmen, ausgeführet, nebst einem Tranchier-Büchlein. Sechste verbess. Auflage. Mit Kön. Poln. und Churfürstl. Sächs. allergn. Privilegio. Leipzig u. Nordhausen bey J. H. Heinrich Gross, privil. Buchhändler. 1762. Mit interess. Titelkupfer (die Sitten der Zeit darstellend). 8°. 6 Bl. u. 296 S. (12 Mk. E. Frensdorff. 1907.)

Selten! Titel in Rot- und Schwarzdruck. — Frühere Ausgaben: Ebd. 1733, 1735, 1736 (10 Mk. L. Rosenthal, 1906), 1745. (Weller, Lex. Ps., S. 179—180.) — 5. vermehrte Auflage. Ebd. 1753. 16°. (In Dresden.)

ETHOPHILUS (ps.). — Die obsiegende Tugend, in einem moralischen Roman, vorstellend die Liebes- und Helden-Geschichte des tapffern Bellerophon und seiner unvergleichlichen Philonoe, Koeniglicher Printzessin aus Lycien .... von *Ethophilo*. Langensaltza, b. Joh. Christ. Martini. 1743. 8°. 16 Bog.

Das O. M. V. 1742. E 4a giebt den Titel anders an, der obige aber im M. M. V. 1742. D 3b, sowie im Cat. Meissner II. u. in der Bibl. J. J. Schwabii II.

Ethos. Blätter des akadem. Bundes Ethos. Hrsg. v. Bundesvorstande Berlin. Schriftleiter: Fritz Kehl. 1. Jahrg. April 1905—März 1906. 7 Nrn. (88 S.) gr. 8. Charlottenburg (Tauerstr. 28IV), Akad. Bund Ethos. n.n.n. 4.—

— dasselbe. Schriftleiter: Th. Richter. 2. Jahrg. April 1906—März 1907. 8 Nrn. (à ca. 16 S.) gr. 8. Ebd. n.n.n. 4.—

Nicht im Buchhandel.

Ethwald, od. die Folgen des Ehrgeizes. Ein Trauersp. in Jamben in 2 Thln. 8. Amsterd. Kunst u. Ind.-Compt. 809.

Etibal, Fabel von, nach d. Frz. d. de la Tour, m. 1 K. 16. Lpz. Weigel. (Hinrichs.). 807.

Etienne u. Adelaide. Geschichte aus dem 19. Jahrh., v. dem Verf.: „Lidwina rc." Mit 1 Stahlst. 8. (168 S.) Regensburg 850, Manz. 1/3 ℔

Special-Katalog für die Ausstellung von Typen landesüblicher und zumeist vorkommender landwirtschaftlicher Fuhrwerke (Internationale Ausstellung für Volksernährung, Armee-Verpflegung etc. in Wien). Verfasst und zusammengestellt von Dr. Etienne und Constantin Hagyi Ristic. 8. Wien 1894.

Etienne, Alfred, Referendar: Die Banknote. Borna-Leipzig 1910: Noske. VIII, 41 S. 8°

Leipzig, Jur. Diss. v. 11. Febr. 1910

[Geb. 3. März 85 Hainichen b. Chemnitz; Wohnort: Leipzig; Staatsangeh.: Sachsen; Vorbildung: König-Albert-Gymn. Leipzig Reife O. 05; Studium: Leipzig 7 S.; Rig. 26. Febr. 09.] [U 10. 2093

Etienne, Aug., das Aufsuchen v. Waarenbestellungen im Auslande, s.a. Schriften der Centralstelle f. Vorbereitung v. Handelsverträgen. 10. Hft.

Das Aufsuchen von Waarenbestellungen im Auslande. Ein Beitrag z. Vorbereitung d. Handelsverträge von Dr. August Etienne. *Berlin: J. Guttentag 1900.* (36 S.) 8°
= Schriften d. Centralstelle f. Vorbereitung v. Handelsverträgen. H. 10. [oo. 6785

Etienne, Aug., die Baumwollfrage vom Standpunkt deutscher Interessen. Betrachtungen u. Vorschläge. (98 S.) gr. 8. Berlin 904. J. Guttentag. n. 2.50

— die Baumwollzucht im Wirtschaftsprogramm der deutschen Übersee-Politik, s.a. Schriften d. deutsch-asiatischen Gesellschaft. 1. Hft.

Die Baumwollzucht im Wirtschaftsprogramm der deutschen Übersee-Politik. Von Dr. August Etienne. *Berlin: H. Paetel 1902.* (49 S.) 8°
= Schriften d. Deutsch-Asiatischen Gesellschaft. H. 1. [oo. 2340

— Export-Handbuch. 1. u. 2. Heft. gr. 8. Berlin 903. H. Paetel. à n. 3.—

1. Geschäftsreisende, Muster, Proben, konsular. Ratschläge, Hrsg. v. der Centralstelle f. Vorbereitg. v. Handelsverträgen. (VII, 121 S.)
2. Der südafrikan. Markt. Hrsg. v. der Centralstelle f. Vorbereitung v. Handelsverträgen. (VI, 135 S.)

— zur Frage des handelspolitischen Systems. gr. 8. (63 S.) Berlin 901. J. Guttentag. n. 1.20

— Deutschlands wirtschaftl. Interessen in China, s.a. Schriften der Centralstelle f. Vorbereitung v. Handelsverträgen. 25. Hft.

Deutschlands wirtschaftliche Interessen in China. Betrachtungen über d. handelspolit. Lage im asiat. Osten von Dr. August Etienne. *Berlin: J. Guttentag 1904.* (63 S.) 8°
= Schriften d. Zentralstelle f. Vorbereitung von Handelsverträgen. H. 25. [04. 9:64

Etienne, August, aus Göttingen: Die Kostendeckung beim öffentlichen Schulwesen in Preussen. *Stuttgart 1899: Union.* (35 S.) 8° ¶ [Erschien vollst. in: Finanz-Archiv, Jg. 1899, Bd 1.]
Göttingen, Phil. Diss. v. [1. Mai] 1899

Etienne, Aug., s.: Zollhandbuch f. den internationalen Warenverkehr.

— u. Vosberg-Rekow, Zollrückvergütung, s.a. Schriften der Centralstelle f. Vorbereitung v. Handelsverträgen. 22. Hft.

Zollrückvergütung. Grundsätzl. Erörterungen v. Dr. [August] Etienne u. Dr. [Max] Vosberg-Rekow. *Berlin: J. Guttentag 1903.* (58 S.) 8°
= Schriften d. Centralstelle f. Vorbereitung von Handelsverträgen. H. 22. [03. 2650

Etienne, C. G.

Etienne, Aschenbrödel. Zauberoper in 3 A. Aus d. Französ. (v. Hnr. Schmidt I.) 4e A. Wien 815. Wallishausser. 8 gr.

— Bruis et Palaprat. gr. 8. Rudolst. 808. Hofbuchh. 4 gr.

— Cendrillon. Op. féerie en 3 A. et en prose. gr. 8. Ebend. 811. 6 gr.

— la jeune femme colère, s. Répertoire du Théâtre franç. à Berlin No. 219.

Etienne, C. G., la jeune femme colère, Coméd. s. Théâtre franç. mod.

Etienne, M. C. G., la jeune femme colère, s. Théâtre franç. en vers par Schütz, II. Série. No. 7.

— les deux gendres, comédie, s.a. Théâtre français moderne.

— les deux Gendres. Comédie en 5 A. gr. 8. Ebd. 811. 12 gr.

— Gulistan, oder der Hulla von Samarkanda; Oper in 3 Aufz. Wien 806. Wallishausser. 6 gr.

Etienne, C. G., une heure de Mariage, s. Répertoire du Théâtre franç. à Berlin No. 142.

—— un heure de mariage, Coméd., s. Théâtre franç. mod.

Etienne, C. G., Lettres sur Paris, ou correspondance pour servir à l'histoire de l'établissement du gouvernement représentatif en France. 2 Vol. in 8. Paris. 820.

— die beiden Schwiegersöhne. Familiengemälde in 5 A. 8. Braunschw. 815. Pluchart. 18 gr.

— dasselbe. Uebers. von G. Gerds. 8. Berl. 813. (Rücker). 21 gr.

Etienne, Charles, ausgewählte Gedichte. (81 S.) 8. Leipzig (909). Haupt & Hammon. 1.80

Etienne, Claude, nouveau cours élémentaire et raisonné de langue française, ou l'art d'apprendre cette langue, enseigné en français et en allemand, à l'usage de la jeunesse et des gens du monde. A. u. d. T.: Neues gründliches Elementarbuch zur Erlernung der französ. Sprache. Französisch u. deutsch; zum Gebrauche der Jugend u. zum Selbstunterricht. Lex. 8. (XXIV u. 692 S.) Wien 851, Seidel. n. 2 ℔

Etienne, F., Versuch eines Cursus der Mathematik für höhere Lehranstalten. 1 Thl. Allgemeine Größenlehre. 1. Cursus. (63 S.) 7 ngr. — 2. Cursus. (64 S.) 7 ngr. — 3. Cursus. (72 S.) 7 1/2 ngr. — 4. Cursus. (280 S. m. Holzschn. im Text.) 1 ℔ 5 ngr. Coblenz 853, 54. Hergt. gr. 8. 1 ℔ 26 1/2 ngr

— — 2. Thl. Besondere Größenlehre. 1. Cursus. (36 S.) 7 ngr. — 2. Cursus. (64 S.) 8 ngr. — 3. Cursus. (66 S.) 9 ngr. — 4. Cursus. (180 S. m. Holzschn. im Text.) 24 ngr. Ebend. 853, 54. gr. 8. 1 ℔ 18 ngr

Etienne, J. Félix, médecin-chirurgien, in Neuchâtel [von Tramelan, Kt. Bern]: Ueber Hydrocele muliebris. Zür. F. Lohbauer Dr. 1892. 70 S., 1 Bl. 8°.
Zürich. Med. Diss. [v. 17. Juni 1892].

Etienne, Jean d'

Etienne, J. D., gräfl. schaumburg-lippischer Ingenieur- und Artillerie-Major etc. Abhandlung von der Minir-Kunst, zum Gebrauche junger Officiere. Aus dem Französischen übersetzt von E. M. S. A. Nebst 7 Kupfertafeln. 4. Münster und Hamm 1779.

d'Etienne, Jean, († d. 22. Jan. 1798.) Traité des mines, à l'usage de jeunes militaires etc., av. fig. gr. 4. Münster 779. Coppenrath. 2 ℔ 8 gr. Dass. u. d. T.: Abhandl. von d. Minirkunst; aus d. Französ. mit Anmerkt. von E. M. S. A. (Graf. v. Schwerin). Mit Kpf. gr. 4. Ebd. 779. Ebd. 2 ℔ 8 gr.

(Etienne, Louis.) La Suisse et ses ballades. [Compte-rendu de:] 1. Liederchronik der Eidgenossenschaft, von Dr [Ernst Ludwig] Rocholz... 6. Die Waldstätte mit einem Anhang über Wilhelm Tell, von Alfons Uber.... [E.] 8. ([Paris] 1868.)

Etienne, P., Concordantiarum universae scripturae sacrae thesaurus, s.: Poultier.

Etienne, Paul Damm-
s. Damm-Etienne.

Etienne Tourtelle, voyez Tourtelle, Etienne.

Etienne Jouy, Victor Joseph & Hippolyte Louis Florent Bis. Wilhelm Tell. Romantische Oper in vier Aufz. ... Leipzig [1892]. Ü: *Haupt, Theod. v.* (Berl)

Etienne, V. J. E. (Jouy), u. H. L. F. Bis, Wilhelm Tell, s. a. Universal-Bibliothek.

Etiketten für Schülerherbarien nach Wünsche's Schulflora. 2. Aufl. qu. Fol. (26 gummirte Bl.) Leisnig 888. Th. Fanghänel. n. 1.25

Etikettenschatz, s. Etiquettenschatz

Etikettenzettel, neuester homöopathischer. Fol. Lissa 834. E. Günter. 1 1/3 ℔

Etinger, Joseph, aus Bresten (Rußl.): Ueber Derivate des Hexadecylens $C_{16}H_{32}$. *Heidelberg 1901: J. Hörning.* (46 S.) 8°
Heidelberg, Naturw.-math. Diss. v. 1901

Etiquettefrage. D. Gesetze d. Etiquette f. d. bürgerl. Gesellschaft. V. Brieftastenmann d. Wiener Mode. 8. (IV, 84 S.) Wien 895. Gesellsch. f. graph. Industrie. n. 1.50

Etiquettefragen. Die Gesetze der Etiquette für die bürgerliche Gesellschaft. Vom Brieftastenmanne der „Wiener Mode". 8. (82 S.) —.90
Wien: Verlags-Actien-Gesellschaft „Wiener Mode" 1895.

Etiquettefragen. Die Gesetze der Etiquette für die bürgerliche Gesellschaft . . . Wien 1895. 9. Taus. [1899]. V: *Colbert, Carl.* (EB)

Etiquetten, zu homöop. Apotheken mit größerer u. kleinerer Schrift. Leipzig. Ludw. Schumann. à Bl. 1 1/2 gr

— zur Bezeichnung der deutschen Schmetterlinge u. Käfer zum Gebrauche bei Anlegung v. Käfer- u. Schmetterlingssammlungen. Fol. (9 Bl.) Elmshorn 881. Groth. 1. —

— botanische, zur Anlegung von Herbarien. (Jeder Name lateinisch u. deutsch nebst Angabe der Klasse rc. in einer Einfassung.) 7 Bog. Fol. Brandenburg... Müller. n. 1/3 ℔

Etiquetten, 400, für Sammlungen inländischer Käfer. In Tabellenform systematisch geordnet, mit Kennzeichnung der schädl. Thiere. Imp.-Fol. Hamburg 881, Vetter.

Etiquetten-Schatz, der. Eine Sammlg. moderner Etiquetten aller Art in Gold- u. Farbendr. 1.—3. Hft. gr. 4. (à 12 Taf.) Wien 888—890. Heim. à 12. —

Etikettenschatz. Herausg. v. J Heim. NF 1. 4° [VS] Wien (1909)

KELLNERINNEN. — Etis, M. (ps.?). Die Kellnerinnen in Berlin. Eine soziale Frage. (50 Pfg. E. Frensdorff, 1905.)

Etis, M., die Kellnerinnen in Berlin. Eine sociale Frage. 8. (31 S.) Berlin 888. Eckstein Nachf. n. —50

Etis, M. Die Kellnerinnen in Berlin. Eine soziale Frage. Berlin 1891. 32 S. Mk. —.50.

Etlar, Carit (Carl Brosböll), eine Ballnacht, s. a. Kürschner's Bücherschatz.

[F.] Eine Ballnacht. Erzählg v. Carit Etlar (Carl Brosböll). Dem Dän. nacherzählt v. Emil Jonas. (Autoris. Uebs.) M. 25 Ill. v. W. Werner. *Berlin, Eisenach, Leipzig: H. Hillger [1897].* (126 S.) 1 Bd 8.
— Bücherschatz, Kürschners. No 28.

Etlar, Carit, Erzählungen. Aus dem Dän. übers. v. Fritz Paulsen. 8. (III, 434 S.) Bremen 873. Kühtmann & Co. 4. 50

Etlar, Carit, Erzählungen. Aus dem Dän. übers. v. Fritz Paulsen. 2. Aufl. 8. (434 S.) Norden 884. Fischer Nachf. n. 5. —

Etlar, Carit (Carl Brosböll), Erzählungen aus fernen Landen, s. a. Bibliothek der Gesamtlitteratur.

Erzählungen aus fremden Landen von Carit Etlar (d. i. Carl Brosboll). Autor. Übers. aus d. Dän. u. mit e. Vorbemerk. vers. von G. Denwitz. Mit d. Bilde d. Verf. *Halle a. d. S.: O. Hendel (1900).* (VI, 259 S.) 8° [F.]
— Bibliothek d. Gesamtlitteratur d. In- u. Auslandes. No 1400—03.

Etlar, Carit, Hauß-Leute, s.: Volksbücher, Wiesbadener.

— d. Freischärler od.: Ein Held aus d. Volke. Geschichtl. Erzählg. Aus d. Dän. übers. v. M. Mann. M. zahlr. Bildern v. K. Storch. 2. [Titel-]Aufl. (v. E., d. Gjöngehäuptling). 8. (IV, 256 u. 258 S.) Berlin (894) 896. U. Meyer. Geb. in Leinw. n. 4. —

— — Gazela, s. Bibliothek für unsere Frauen.

Etlar, Carit. Der Gjöngenhäuptling. Roman. Autoris. Übertragg. von Mathilde Mann. (In 10 Heften.) 1. Heft. gr. 8. (48 S.) Lpz. 891, [Ottmann]. * — 30
Nicht weiter erschienen.

Etlar, Carit, der Gjöngenhäuptling. Historischer Roman. Autoris. Übersetzg. aus dem Dän. v. Mathilde Mann. 2 Bde. 8. (à III, 256 S. m. Abbildgn.) Berlin 894. U. Meyer. n. 4. 50; in 1 Bd. geb. n.n. 5. 50

Etlar, Carit, Herrensitze. Erzählungen. Aus dem Dänischen übers. von Graf U. Baudissin. 2 Thle. Altona 863. Mentzel. 8. (VI. 443 S.) n. 2 ℛ

— der Junker v. Agersböl. Das Pfingstfest in Tibirke, s.a. Kürschner's, Jos., Bücherschatz.

Der Junker von Agersböl. Das Pfingstfest in Tibirke. 2 wahre Geschichten aus Dänemarks Vergangenheit. Von Carit Etlar (d. i. Karl Brosböll). Autor. Uebers. aus d. Dän. von Pauline Klaiber. Mit Ill. von A. Hug. *Berlin, Eisenach, Leipzig: H. Hillger [1902].* (121 S.) 8° [Ƶ]
— Bücherschatz, Kürschners. No 321.

—— die Kinder des Dammgrafen, s. Europa, das belletrist.

Etlar, Carit., des Lebens Conflicte, s. Europa, das belletr.

— der Landesfeind. Geschichtlicher Roman aus Dithmarschens Vergangenheit. 1—8. Lfg. gr. 16. (1. Bd. 202 S. u. 2. Bd. S. 1—183.) Flensburg 875. Bennerwald. à — 50

— arme Leute, s.: Reclam's Unterhaltungs-Bibliothek.

—— arme Leute, s. Universal-Bibliothek Nr. 1588; 1589.

— dänische Novellen, s.: Lese-Cabinet, neues belletristisches.

– Vendetta, s. Reclam's Unterhaltungs-Bibliothek

— Die Verwandtschaft, s.a. Europa, das belletristische, 14. Bd.

Etlar, Carit., die Verwandtschaft. Novelle. Aus d. Dänisch. übersetzt von Jul. Stern. 12. Augsburg 846, Jenisch u. Stage. 18 ngl

Etlar's, Carit, gesammelte Werke. 1. und 2. Bd. 8. Leipzig 848, Weber. *
Bd. 1. Der Sohn des Schmugglers. Roman. (285 S.)
„ 2. Der Haidemann. Roman. (359 S.)

Etlar's, Carit, gesammelte Werke. 1 u. 2. Bd. 8. 1. Der Sohn d. Schmugglers. Roman. (285 S.) — 2. Der Haidemann. Roman. (359 S.) Leipzig 850, Weber. n. 2 ℛ

—— d. Zigeuner, s. Europa, das belletrist.

Etle, Johs., Grundriss der Philosophie. gr. 8. (XVI, 304 S.) Freiburg i/B. 892. J. C. B. Mohr. n. 5. —

Etler, Jh. Chr., († d. 26. Jan. 1800.) die Farben d. Nelke unter gemeinüblichen Namen vorgestellt, nebst Angabe malerischen Verfahrens beim Nachkopiren ꝛc., mit 1 gemalten Tabelle. 8. Gera 789. Rothe. (Joachim in Leipz.) 1 ℛ

— Nelkensammlung, mit Erklär. v. Rössig. m. K. gr. 8. Leipzig, Ind. Comt. 805.

— berühmte Nelkensammlung, nach d. Natur gezeichnet u. gemalt mit Erklärung alter u. neuer Classifikationen v. Rössig. 1. u. 2. Hft, enth. 80 Sorten Nelken. Mit 20. ill. Kpf. gr. 8. Leipzig, 1805. (Baumgärtner.) à 1. 15 — 3. —

— prakt. Unterr. zur Anlage u. Kultur des edlen Hopfens. gr. 8. Leipz. 799. Rabenhorst. 5 ℊℊ

Etlin, Eduard

Etlin, E., die Alpwirtschaft in Obwalden, s.a. Alpstatistik, schweizerische. 13. Lfg.

Etlin, E[duard]. Die Alpwirtschaft in Obwalden. Hrg. vom Schweizerischen alpwirtschaftlichen Verein, bearb. von Dr. E. Etlin, Arzt, ... Sarnen. 279 S. 8. Solothurn, Buch- und Kunstdr. Union, Komm. A. Lüthy, 1903. [fr. 2. 50]
Schweizerische Alpstatistik. Liefg. 13.

Etlin: Die Branntweinfrage, mit besonderer Berücksichtigung der Verhältnisse Obwaldens. (Auf Anordnung der gemeinnützigen Gesellschaft von Obwalden in Druck gegebenes Referat.) 8°. 24 S. Sarnen. 1864.

Etlin, E[duard]. Über Obwalden. Notizen gesammelt und vorgetragen an der Eröffnung der achtzigsten Jahresversammlung der Schweizerischen Naturforschenden Gesellschaft in Engelberg von E. E... 12. September 1897. [Mit 1 Vignette. SA.] 8. Luzern 1898.

Etlin, Simon s. Egger, Aug[uste]. Géographie de la Suisse. Fribourg 1866 — Egger, Aug[uste]. Géographie de la Suisse. Fribourg 1872.

Etlin, S., Geographie u. Geschichte der Schweiz. Für Volksschulen bearb. 4. Aufl. 865. — 5. Aufl. 867. — 6. verm. u. verb. Aufl. Mit 1 (lith.) Kärtchen der Schweiz. Luzern 869. Räber. gr. 8. (144 S.) n. 8 ngr

Etlin, S., Geographie und Geschichte der Schweiz. Für Volksschulen bearb. 6. Aufl. 1869. * 80 Pf., und 7. verm. und verb. Aufl. gr. 8. (150 S. mit 1 lithogr. Kärtchen der Schweiz.) Luzern 870, Gebr. Räber. *

— dasselbe. In neuer, verm. u. verb. Aufl. hrsg. v. J. Ming. Mit e. (lith.) Kärtchen der Schweiz. gr. 8. (218 S.) Ebend. 874. geb. n. 1. 60

Etlin, S[imon]. Geographie und Geschichte der Schweiz für Schule und Haus von Dr. S. E. In 9., vermehrter und verbesserter Aufl. hrg. von J[ohann Joseph] Ming. Mit einem (neuen um's Doppelte vergrösserten) Kärtchen der Schweiz [und 1 Illustration]. 8. Luzern 1874.

Etlin, S., Geographie und Geschichte der Schweiz für Schule und Haus. 11. verb. Aufl. durch J. Ming. 8. (228 S. mit 1 lithogr. und color. Kärtchen der Schweiz.) Luzern 878, Gebr. Räber. cart. *

Etlin, S., Geographie der Schweiz mit einem Abriß der Schweizergeschichte. Für Volksschulen bearb. 2., um Vieles verm. u. verb. Aufl. Mit 1 (lith.) Kärtchen der Schweiz. Luzern 862. Gebr. Räber. 8. (IV, 116 S.) nn. 6 ngr

Etlin, S. Referat über die Glücks- oder Hazardspiele in der Schweiz. 8°. Sarnen 1863.

Lied des Glaubens. Nach d. Holländ. bearb. von Pastor [Georg] Etling, Duisburg-Wannheimerort, u. Oberlt. a. D. [Nik.] Grubé, Düsseldorf. Düsseldorf: Selbstverl. d. Hrsg. Oberlt. Grubé [um 1906]. (2 Bl.) 8° [07. 4840]

Etlinger, A. v: Kanalisirung von Berlin. Vortrag. Berlin 1870

v. Etlinger, Nic. (geb. St. Petersburg 1. 9. 1845): Diabetes mellitus. Berlin (1868). (32 S.) 8°
Berlin, Med. Diss. v. 13. Okt. 1868

ab Etlinger, Guilelmus Rudolphus (geb. am 15 März 1818 in Uman Gouv. Kiew): Observationes obstetriciae per tredecim menses in clinico Bonnensi institutae, adiectis adnotationibus epicriticis ... Bonnae, form. Lechnerianis 1844. 2 Bl., 60 S., 1 Bl., 3 Taf. 4.
¶ Erschien zugleich selbständig bei Marcus in Bonn.
Bonn, Med. Fak., Diss. v. 4 Juni 1844

ab Etlinger, Guil. Rud., observationes obstetriciae per tredecim menses in clinico Bonnensi institutae, adjectis adnotationibus epicriticis. 4 maj. (Mit 3 lithogr. Taf.) Bonnae 844, Marcus. n. 1 ℛ

E. T. M. Organ vom Elsässer-Theater Milhüse. Red.: Charles Kolmann. 2. u. 3. Jahrg. Oktbr. 1900—Septbr. 1902. à 12 Nrn. Lex.-8. (à ca. 8 S.) Mülhausen i/E., (C. Ehrmann.) à n. — 20
Vergl.: Mitteilunge üs'm Elsasser Theater Milhüse.

E. T. M. Organ vom Elsässer-Theater Mülhûse. Red.: Charles Kolmann. 4. u. 5. Jahrg. Oktbr. 1902—Septbr. 1904. 4 bezw. 5 Nrn. (à 8 S.) Lex.-8. Mülhausen i/E., (C. Ehrmann). à Nr. n. — 20

Etmar, Thdr., Hermann v. Arnstein oder die Geheimnisse der Greifenburg. Historisch-romant. Erzählung aus der Zeit Kaiser Friedrichs II. Löbau 865. Walde. 8. (217 S. u. 7 color. Lithogr.) 14 ngr.

Etmer, Adelheid, güldenes ABC für unseren Lebensweg. 2. Aufl. 16. (50 S.) Oldenburg (900). P. Bräuer. Geb. in Leinw. n.n. — 50; bessere Ausg. n.n. — 75

Etmer, Adelheid, der Besuch in der Kochschule, s.: Danner's, G., Damen-Bühne.

— Bruderliebe, s.: Vergißmeinnicht-Erzählungen.

Etmer, Adelheid, Herzensworte. Sprüche f. Geist u. Gemüt. (42 S.) 16. Oldenburg (908). E. Bültmann. — 75

— Immergrün. Sprüche f. Herz u. Gemüt. qu. 12. (95 S.) Oldenburg 898. P. Bräuer. Kart. n. 1. 50; m. Goldschn. n. 2. —

Etmer, Adelheid, Immergrün. Sprüche f. Herz u. Gemüt. qu. 12. (95 S.) Oldenburg 898. (Berlin, Buchh. d. Berliner Stadtmission.) Kart. n. 1. 50; m. Goldschn. n. 2. —

Etmer, Adelh., Carlos Oliveira, der Deutsch-Brasilianer. Eine Lebensgeschichte. (64 S.) kl. 8. Konstanz (906). C. Hirsch. Kart. n. — 25

Pundita Ramabai. Erzählung von A. Etmer. *Dessau: Ev. Vereinsb. [Berlin: Sonntagsschulbuchh. 1897].* (16 S.) 8° [B.]

— Sonntags-Palmen. II. 8, 2. [illegible] 1895

— Treue um Treue, s.: Himmelsblumen. Nr. 44.

— das Vergißmeinnicht, s.: „Vergißmeinnicht"-Erzählungen.

Etmüller, M.: De Temulentia. Lipsiae. 1778.

Etna [Schlagwort]

Etna, s.: Ätna.

Etoile, L', flamboyante ou la société des Francs-Maçons ... A l'Orient le silence [1785]. V: *Tschoudy, Louis Théodore H. baron de.* (SJL) & *Bardou-Duhamel.* 1766. (BrMm)

Etoll, Ernst, „Ecce Homo". Drama in 3 Aufzügen. (116 S.) 8. Leipzig 909. Modernes Verlagsbureau. 2. —

Eton, W. W. Eton's Schilderung des turkischen Reiches in politischer, moralischer historischer, religiöser, wissenschaftl. statistischer, merkantiler u. s. w. Hinsicht. Nach der dritten Ausgabe aus dem Englischen mit Anmerkungen übersetzt von Bergk ... Leipzig 1805, bei Rein und Compagnie.
XVI + 448 S.: 4 Taf. in kol. Kupferst. von Geissler. 8°.
1. Ausg. 1799 u. d. Tit. Survey of the Turkish Empire

Etourdie, l', roman. II Vol. 12. Lampsaque. (Kupferberg à Mayence.) Rthlr.

— l', ou Histoire de Miss Betty Tattler. 8. Berlin. 755.

Etranger --- , CURIEUSES // E'TRANGER, // Welcher vor dieses mahl das neueste /// Vornehmlich aber die grosse Solenni- //täten / bey hoher Vermählung // Sr. Königl. Majestät in Preussen / etc. // Mit der // Durchl. Printzeßin von // Mecklenburg etc. // Wie er solche in seinen // TABLETTES// aunotiret /// In der Ordnung / von Anfang biß zum // Ende der bißherigen Compagnie // erzehlet und communiciret. // In der Leipziger Neu= //Jahrs=Meße // 1709. // Zum dritten mahl. // Nirgends=hausen /// Gedruckt bey Ernst Freymund. - Titelkupfer, Titelblatt, Seite (129)-256 und noch eine Kupfertafel.

E. S. T. 8°.436/2.

Etranger. Un E' aux Suisses. 1814. 8. *s. l.*

Etrangères, Les, en Suisse, ou Aventures de Mr de Tarlo et de ses Amis ... Ulm 1770. V: *Korn, Chph Heinrich.* Ü: *Schultes, Jacob.* (ML)

Etrangers, les, en Suisse ou Aventures de Mr. de Tarlo et de ses amis. 8. Bresl. Korn. (Stettin à Ulm.) 770.

Etrennes pour les dames. Breslau 1768. 1773 et 1774. V: *Klöber u. Hellscheborn, Carl Ludwig von.* (KY 3/360) (BiblPort)

Etrennes pour les Dames. 8. Bresl. G. Korn. 773. 74.

— pour les enfants de 8 à 12 ans. Xme année. In-16°, 32 p., illustrée. Laus., Société d. écoles du Dimanche. Bâle, Georg. 1878. — 40

— pour les petits enfants. Nouv. année 1878. In-18°, 16 p. Illustrée. Laus., Société d. écoles du Dimanche. (Bâle, Georg.) 12 ex. 2 —

Etrennes pour les femmes. Breslau 1769. H: *Klöber u. Hellscheborn, Carl Ludwig von.* (KY 3/360) (BiblPort)

— pour la Jeunesse, s.a. Müchlers Taschenbuch f. 793.

Etrennes pour la jeunesse. Taschenbuch f. d. Jugend f. d. Jahr ... 1793. M. gest. Tit., 1 Portr. u. 12 Kpf. Berlin.

Etrennes pour la jeunesse. Vme année 1878. Pet.-in-8°, 48 p., ornée de grav. Laus., Société des écoles du Dimanche. (Bâle, Georg.) 1878 — 50

Etrennes littéraires. Traductions littérales et rhythmiques du chant de la cloche par Fr. de Schiller; suivi d'un choix de morceaux lyriques des meilleurs poëtes allemands par Alex. Brochier. 16. (VIII und 151 S.) Nürnberg 850, Lotzbeck.

Etrennes pour les maitresses de famille. Breslau 1769. V: *Klöber u. Hellscheborn, Carl Ludwig von.* (BiblPort)

Etrennes pour les meres. Breslau 1769. V: *Klöber u. Hellscheborn, Carl Ludwig.* (KY 3/361) (BiblPort)

— naïves et cordiales pour l'Année. Magdeb. Creuz.

Etrennes, nouvelles, dédiées aux enfans; trad. de l'Anglais par Mdme Elise Volart. II Tomes. Mit 6 Steindr. 12. Paris et Strassb. 833. Levrault. 1/2 ₰, fein Pap. ill. 2/3 ₰

Etrennes, nouvelles, fribourgeoises. Almanach des villes et des campagnes 1855, publié par *L. Grangier.* XIXe année. In-18°, orné de grav. et vignettes. Fribourg. 1893

Nouvelles étrennes fribourgeoises. Almanach des villes et des campagnes. 1878. Publié sous le patronage de la société économique et d'utilité publique de Fribourg. 12e année. 144 pag. 8°. avec gravures. Fribourg, impr. Fragnière. 1878

Etrennes, nouvelles, fribourgeoises. Almanach des villes et des campagnes, 1879; publiées sous le patronage de la Soc. économique et d'utilité publ. de Fribourg. XIIIe année. In-8°, 136 p. Av. illustr. Fribourg, Impr. Fragnière.1878

Etrennes (nouvelles) fribourgeoises. Almanach des villes et des campagnes 1880. Publiés sous le patronage de la Société économique et d'utilité publique de Fribourg. 14e année. Ornée de huit gravures ou vignettes. In-8°, 120 p. Fribourg, L. Fragnière.1879 1 —

Etrennes fribourgeoises, nouvelles. Almanach des villes et des campagnes 1881, publié sous le patronage de la société économique et d'utilité publique de Fribourg. XVe année, suivie de la table générale des quinze premières années. In-12°, 137 p., avec portrait. Fribourg, imprimerie Fragnière.1880 1 50

Etrennes, nouvelles, fribourgeoises, almanach des villes et des campagnes 1882. Publiées sous le patronage de la Société économique et d'utilité publique de Fribourg. XVIme année. Ornée de neuf gravures. In-8°, LXX et 135 p. Fribourg, imprimerie L. Fragnière.1881

Etrennes, nouvelles, Fribourgeoises. Almanach des villes et des campagnes 1883, publiées par L. Grangier, professeur, sous le patronage de la soc. économ. et d'utilité publique de Fribourg. 17e année. Orné de gravures et vignettes. In-12°, LXXVIII et 143 p. Fribourg, Imprimerie L. Fragnière.1882 1 20

Etrennes nouvelles fribourgeoises. Almanach des villes et des campagnes, 1884, publiées par L. Grangier, prof., sous le patronage de la Société économique et d'utilité publique de Fribourg. Année bissextile. XVIIIe année., ornée de gravures et vignettes. In-8°, 136 p. Fribourg, impr. L. Fragnière.1883 1 20

Nouvelles étrennes fribourgeoises. Almanach des villes et des campagnes, 1886, publié par *L. Grangier*. 20e année. In-8°, 128 p., ornées de gravures et vignettes. Fribourg, imprimerie du Chroniqueur suisse.1885

Nouvelles **Étrennes** fribourgeoises. Almanach des villes et des campagnes. 25e année. 1891. Publiées par *L. Grangier*, sous le patronage de la Société économique et d'utilité publique de Fribourg. Avec illustr. In-8°. LXXX. 128 p. Fribourg, Impr. Fragnière Frères.1891 1 —

Étrennes, nouvelles, fribourgeoises. Almanach des villes et des campagnes. 1893. Fondées par *L. Grangier*. 27e année. Av. illustr. In-8°. LXXXII, 116 p. Fribourg, Impr. Fragnière frères. 1 50 1892

Etrennes, nouvelles, fribourgeoises. Almanach des villes et des campagnes. 1894. Fondées par *L. Grangier*. 28e année. Avec illustr. In-8°. LXXX, 144 p. Fribourg, Impr. Fragnière Frères. 1 50 1893

Etrennes, Nouvelles, fribourgeoises. Almanach des villes et des campagnes 1895, fondées par *L. Granier*, sous le patronage de la Société économique et d'utilité publique de Fribourg. 29. année. Avec illustrations. In-8°. Fribourg, Imprimerie Fragnière frères.1894

Nouvelles Etrennes Fribourgeoises. Almanach des villes et des campagnes. 1897. 31me année. Avec illustr. In-16°. LXXX, 200 p. Fribourg, Imprimerie Fragnière Frères.1897 1 25

Étrennes, nouvelles, Fribourgeoises. Almanach des villes et des campagnes 1899, fondées par *L. Grangier*, sous le patronage de la société économique et d'utilité publique de Fribourg. 33me année. 8°. LXXX, 150 p. av. illustr. Fribourg, Impr. Fragnière Frères.1899 1 25

Etrennes Fribourgoises, nouvelles. Almanach des villes et des campagnes 1900, fondées p. *L. Grangier*, sous le patronage de la Société économique et d'utilité publique de Fribourg. 34e année. 8°. LXXX, 134 p. avec illustr. Fribourg, Imprimerie Fragnière frères.1900 1 —

Etrennes. Nouvelles Étrennes Fribourgeoises -- Almanach des villes et des campagnes -- 1901 fondées par L[ouis] Grangier, professeur, sous le patronage de la Société économique et d'utilité publique de Fribourg. 35e année. [Avec des illustrations, 1 carte et 2 planches.] LXXX + 168 [+ 20] p. 8. Fribourg, Fragnière Frères. [fr. 1. —]

Etrennes. Nouvelles Étrennes Fribourgeoises — Almanach des villes et des campagnes — 1902, fondées par L[ouis] Grangier, professeur, sous le patronage de la Société économique et d'utilité publique de Fribourg. 36e année. [Illustré.] LXXXII + 170 [+ 16] p. 8. Fribourg. Fragnière Frères. [fr. 1. —]

Etrennes. Nouvelles Étrennes Fribourgeoises — Almanach des villes et des campagnes — 1903, fondées par L[ouis] Grangier, professeur, sous le patronage de la Société économique et d'utilité publique de Fribourg. 37e année. [Avec des illustrations et 1 planche.] LXXXIV + 152 [+ 20] p. 8. Fribourg, Fragnière Frères. [fr. 1. —]

Etrennes. Nouvelles Étrennes Fribourgeoises — Almanach des villes et des campagnes — 1904, fondées par L[ouis] Grangier, professeur, sous le patronage de la Société économique et d'utilité publique de Fribourg. 38e année. [Illustré.] LXXXVIII + 112 [+ 16] p. 8. Fribourg, Fragnière Frères. [fr. 1. —]

Étrennes. Nouvelles É' Fribourgeoises — Almanach des villes et des campagnes — 1905, fondées par L[ouis] Grangier, professeur, sous le patronage de la Société économique et d'utilité publique de Fribourg. 39e année. [Illustré.] LXXXVIII + 132 [+ 24] p. 8. Fribourg, Fragnière Frères. [fr. 1. —]

Étrennes. Nouvelles É' Fribourgeoises—Almanach des villes et des campagnes - 1906, fondées par L[ouis] Grangier, professeur, sous le patronage de la Société économique et d'utilité publique de Fribourg. 40e année. [Illustré.] LXXXVIII + 115 [+ 23] p. 8. Fribourg, Fragnière Frères. [fr. 1. —]

— aux pères et mères et à leurs enfans de 10 à 14 ans, par un ami des uns et des autres, (auteur du catéchisme élémentaire). 18. Darmst. 811. Frankf. a. M. 817. Streng. 10 *%*

Etrennes aux jeunes personnes pour l'année 1808, par L. de L. Petit théâtre de société. 12. Prag 808. Schönfeld. 16 *%*

Etrennes poétiques de la Suisse Romande. 2e Année. Directeur: Ernest Im Sand. — *A. u. d. T.:* Etrennes poétiques de Fribourg. 1er Année. — (*Umschlag:* 1901. [Couverture illustrée par] F[ernand] Louis Ritter.) 125 p. 8. Fribourg ⟨Suisse⟩ et Paris. E. Im Sand & Cie. fr. 2. 50

Etrennes religieuses. 31. année 1872. Nouvelle série. Par quelques pasteurs et ministres de l'église de Genève. 8. (311 S.) Basel, Georg. n. 1. 80

— le même. 24. année 1873. Nouvelle série. 8. (295 S.) Ebend. n. 1. 60

Étrennes pour l'utilité et l'agrément du lecteur. 1796—1798 s. Almanach de Göttingue.

Etrich, Ign., die **Flachsbereitung** in ihrer Beziehg. zur Flachsbaufrage. D. verschied. Systeme d. Flachsbereitg., einander gegenübergest. v. Standpunkte d. Kosten u. Resultate. gr. 8. (68 S.) Oberaltstadt b. Trautenau 898. Selbstverlag. n. 1. 50

Königreich Etrurien u. Fürstenthum Lucca. *Herausg v. k. k. geogr. Inst. zu Mailand im J. 1806. 6 Bl., 13½" H., 20½" Br. Massstab : 1 Wr. Zoll = 2,778 Wr. Klftr. Verhältn. 1:200,000.* Nach den besten Quellen zusammengesetzt. Veraltet.

Etsch, August, Rechtsprakt.: Die Vorbereitungshandlungen zum Hochverrat. Borna-Leipzig 1909: Noske. X, 150 S. 8°
Würzburg, Jur. Diss. v. 3. Juni 1909, Ref. Oetker
[Geb. 1. Mai 81 Kaiserslautern; Wohnort: Kaiserslautern; Staatsangeh.: Bayern; Vorbildung: Gymn. Kaiserslautern Reife Juli 00; Studium: Berlin 1, München 3, Würzburg 4 S.; Rig. 3. Juni 08.] [U 09. 4048

Etsch-Departement. *Herausgeg. v. Richard de Rouvre im J. 1829. 2 Bl., 19" H., 28" Br. Massstab : 1 Wr. Zoll = 1,600 Wr. Klftr. Verhältn. 1 : 115,200.* Nach den besten Quellen zusammengesetzt. Gänzlich veraltet.

Etscheit, Alfred, Gerichtsreferendar: Das Problem der Erbenhaftung nach Reichsrecht. Borna-Leipzig 1906: R. Noske. (VI, 53 S.) 8° [F.]
Rostock, Jur. Fak., Ref. Matthiaß, Diss. v. 10. Aug. 1906
[Geb. 2. Aug. 79 Coblenz; Wohnort: Düsseldorf; Staatsangeh.: Preußen; Vorbildung: Kaiser Wilh.-Gymn. Cöln Reife M. 01; Studium: München 4, Kiel 2 S.; Rig. 2. März 06.]

Etscheit, Leo, appr. Arzt: Aus d. Greifswalder chir. Klinik. Ein Fall von Muskelechinokokkus. Greifswald (1910): Adler. 20 S. 8°
Greifswald, Med. Diss. v. 2. April 1910, Ref. Payr
[Geb. 5. Sept. 77 Koblenz; Wohnort: Düsseldorf; Staatsangeh.: Preußen; Vorbildung: Kaiser-Wilhelms-Gymn. Cöln Reife O. 99; Studium: Kiel 3, München 1, Bonn 4, Berlin 3, Greifswald 3 S.; Coll. 10. März 07; Approb. 17. Nov. 06.] [U 10. 1571

Etschenreuter, Gallus: Send-Brief...geschrieben an Wilhelm Gratarolum...1567. 7 S. (S. 298 - 306), gbd.
Nürnberg: Krauß (1747)
in: Bernhardus Graf von der Marck und Tervis: Chymische Schrifften von dem gebenedeyten Stein der Weisen. 1747

JB 254

Etschnig, Dr. Anton, Die Functions-Prüfung des Auges für Studirende und Aerzte. Mit 31 Figuren im Texte. Gr.-8. (VII, 180 S.) 2.40
Wien: Deuticke 1896.

Stubai's Achtundvierziger. Erzählung von Hans **Etschwin**. Essen: Literatur-Verl. [1900]. 145 S. 8° [10. 3317 5

Etschwin, Hans (Joh. Steck), **Hochwiesen.** Gedichte. (122 S.) 8. Essen (909). Literatur-Verlag. 2.80; geb. 4.—

Etschwin, Hans, Säben. 12. (IV, 311 S.) Brixen 902. Verl. d. kath.-polit. Preßvereins. n. 4.—; geb. n. 5.60

Harte Wahl. Zwei Erzählungen aus Südtirol von Hans **Etschwin**. Essen: Literatur-Verl. [1909]. 151 S. 8° [10. 3316 5

Ett, Kaspar

Ett, C., **Cantica sacra**, s.a. **Hauber, J. M.**

Ett, Casp., **cantica sacra.** Collegit et ed. J. Michael Hauber. Cantui accomodavit vocem organi. Novam editionem cur. Franc. Witt. 8. (165 S.) Regensburg 874. Pustet. geb. n. 1. 20

— Gesanglehre für Schulen. Vermehrt u. verb. von F. Riegel. 1. Abth. Ebend. 866. qu. 4. (35 S.) 3 ngr

Ett, C., Cadenzen, Präludien u. Fugen für die Orgel. 2. Aufl., verm. u. verb. von Frdr. Riegel. München 866. Central-Schulbücher-Verlag. qu. 4. (118 S.) n. 1 ⅓

— lateinische **Vesper** enth. das Deus in adj. intende [Choral], die Psalmen Dixit, Confitebor, Beatus vir etc. f. 4stimm. gemischten Chor. qu. Fol. (17 S.) Ebend. 870. n. — 90; Stimmen. Fol. (16 S.) n. — 50

— **Vesper-Psalmen.** Dixit, Confitebor, Beatus vir, Laudate pueri, Laudate Dominum etc. In exitu, Magnificat für fünfstimmigen Chor u. Orgel. Regensburg 870. Pustet. qu. Fol. (20 S.) 15 ngr

Ettel, Konr., der **zerbrochene Amor.** Lustspiel in 1 Aufzug. gr. 8. (III, 36 S.) Wien 891. G. Szelinski. n. — 50

Ettel, Konr., Eisenbahn- und Telegraphenlieder. 16. (63 S.) Leipzig 881, Mutze. *

Ettel, K., die **Frau** u. die Gesellschaft. Ein Wort zur Frauenfrage. 8. (86 S.) Wien 890. Szelinski. n. — 50

Ettel, Konrad, Freidenker-Katechismus. Grundzüge der natürlichen Weltanschauung. 4. Aufl. 8⁰. Leipzig, s. a.

— **Grundzüge** der natürlichen Weltanschauung (Freidenker-Katechismus). 3., revid. Aufl. kl. 8. (XXX, 42 S.) Leipzig 887. Thiele. n. — 60

— **Haus Lothringen.** Schauspiel in 5 Aufzügen. gr. 8. (77 S.) Wien 890. Szelinski. n. 1. 40

Ettel, Konr., **aus ewigen Quellen.** Gedichte. 12. (IV, 116 S.) Leipzig 901. R. Uhlig. n. 1. 50

— **im Tannengrund.** Eine Künstlergeschichte. schmal gr. 8. (68 S.) Wien 902. G. Szelinski. n. — 90

Ettel, Konr., Wiener Weis' u. Frauenpreis. Gedichte. Mit vielen Illustr. Lex.-8. (111 S.) Wien 884. Hartleben. n. 3. 60; geb. m. Goldschn. n. 5. 40

— **die natürliche Weltanschauung.** Ein Leitfaden in Fragen u. Antworten f. die Jugend. 12. (X, 37 S.) Gotha 894. Stollberg. n. — 50

Etteln [Schlagwort]

Etteln, s.: Geologische Karten. Preussen. 70.

Jesus Christus. Kurze Darstellung d. hochheil. Lebens u. Wirkens unseres göttl. Erlösers. (Beknopte levensgeschiedenis Onzes Heeren J. C. door Ferdinandus Joannes Petrus van **Etten**.) Nach d. vier heil. Evang. f. d. christl. Volk. Nach d. Holl. von P. Bartholomäus Schmalstieg. Heiligenstadt (Eichsfeld): Cordier (1908). 275 S. 8° [11. 2255

Etten, F. J. P. G. van, O. Aug., Disquisitio chronologica quo tempore et quamdiu verbum incarnatum homo vixerit inter homines in terra. (63 S.) 8. Rom 900. Desclée, Lefebvre & Co. n. 1. 40

— Expositio praedictionum Danielis Prophetae circa tempus quo Iesus Christus exspectandus erat et mortuus est. (39 S.) 8. Ebd. 901. n. — 80

— Vita abscondita Domini nostri Iesu Christi, chronologico ordinata et descripta iuxta harmoniam quatuor evangeliorum. (150 S.) 8. Ebd. 901. n. 2. 40

Ettenberger, Karl, Liebessünden. Skizzen u. Novellen. (109 S.) 8. Strassburg 906. J. Singer. n. 2. —

— die Pflicht. Drama in 4 Aufzügen. (88 S.) 8. Ebd. 906. n. 2. —

Hidde, die Fee des 'söten Lännekens'. Allegor. Märchenspiel f. grosse u. kleine Kinder von Alexander **Ettenburg**. Wolgast: F. Cleppien [1905]. (8 S.) 8° [J. u. Ant.] [07. 3360 9

Ettenburg, Alex., die Insel Hiddensee bei Rügen, genannt „Dat söte Länneken", das „Ostseebad der Zukunft"! Ein „Informations-Büchlein", den „Freunden" des Eilandes u. solchen, die es werden wollen, wie meinem lieben Lothar S. gewidmet vom „Einsiedler v. Hiddensee". (IV, 64 S. m. Abbildgn. u. 1 Karte.) kl. 8. Wolgast 905. F. Cleppien. n. — 75

Ettenburg, Alex., Wunna. Dramat. Gedicht. 8. (38 S.) Bergen a/R. 894. F. Becker. n. 1. —

Ettenheim-Herbolzheim [Schlagwort]

Ettenheim-Herbolzheim, s.: Schwarzwald.

Ettenhuber, Matthias

— erneuertes Alterthum in Versen. (Mit Portraits.) 4. Münch.

ETENHUBER (auch Ettenhuber), Matthias (auch Matthäus, geb. 1722 in München, † ebd. 24. Septbr. 1782 im Spital der Barmherzigen, als ehemal. „Churfürstl. Pfalz-bayrischer Hofpoet"), Neueröffnete politische Kriegsbühne .... Mit Kpfrn. von Jungwirth. (München, um 1760?)

Ettenhuber, Matth., († d. 24. Aug. 1782.) neueröffneter polit. Kriegsschauplatz in Versen (enth. den Feldkrieg, den Hauskrieg, den Mode- oder Kleiderkrieg, den Schwelgerei- u. Gläserkrieg u. s. w.) Mit Kpf. 4. München 769.

LOBGEDICHT in einem Märzerkeller (von *Matthias Etenhuber* = *Ettenhuber*, bayer. Hofpoet, geb. 3. Febr. 1722 zu München, † das. im Elende bei den barmherzigen Brüdern am 24. Aug. 1782). München 1756. 8°.
Goedeke IV, 122, 46, 6.

PFERDERENNEN, 1779 — § Etenhuber, Mathias, Das Pferde-Rennen (wohl bei Nymphenburg), eine zur Ermunterung des Baierischen Volkes von Sr. Churfürstlichen Durchleucht Karl Theodor unserm gnädigsten Landesvater etc. etc. den 20. July 1779 gegeben und von — (s. ob.) besungene Lustbarkeit. O. O. u. J. (München 1779.) 4°. (In München: 4° Bavar. 2120, VI, 33.)

— — Das Stadt- und Land-Leben, Oder die übertriebene Moden in Kleidern und Frißuren. Vorgestellt in einer Schlittenfahrt von den öbern Schulen der studierenden Jugend zu München den 31. Jenner des 1780sten Jahrs, verfaßt von —. (Zierstock.) Gedruckt in diesem Jahr. 4°. (Fehlt in München.)
2 bedruckte Bll. In Reimen. — Aeusserst selten!

— — Das erneuerte Münchnerische Wochenblat in Versen. 1. Jahrg. Kriegs- Friedens- in- u. ausländ. Begebenheiten betrefend.. Verfertigt u. hrsg. v. *Math. Etenhueber*. Ersten Jahrgangs erstes u. zweites Stück 1782. 4°. 8 S. — Beschluss des münchner. Wochenblatts in Versen auf das tödtl. Hinscheiden des kurf. pfalzb. Hofpoeten Matth. Ethenhuber. München 1782. 4°. 2 Bll. (Mehr als die 2 Nummern scheint infolge des Todes des Herausgebers nicht erschienen zu sein.) (Friedr. Klüber, München, 100. [1898].)
Goedeke IV, 122, 46.

§ **WOCHENBLATT**, Poetisches, worinne die Neuigkeiten des Kriegs-, Finanz- und Polizeywesens in Reimen vorgetragen werden (von *Matthias Etenhuber*). Mit Kupfern. München im Wasserburgerlädl. Jahrg. (1—21) 1759—79. 4°. (290 Mk., Jahrg. 1—19 [einige Nrn. fehlen], ebd. 1759—77, in 17 Pppbdn., Karl W. Hiersemann, Lpz., 1904:)

— poet. Wochenblatt, worinnen die Neuigkeiten des Kriegs-, Finanz- u. Polizeiwesens in Reimen vorgetragen werden. Mit Kpf. 4. München in dem Wasserburgerlädl. 1759—79. Ein u. zwanzig u. ein halber Jahrg.

Ettenreich Robert von: Über die Brownsche Bewegung und die Zufallsgesetze (mit 16 Textfiguren). S. 121. IIa. 1163 . . . . 2.30
Separatabdruck

Etter, Joh. Jakob. Leben u. Wirken e. evang. Geistlichen der Ostschweiz. gr. 8. (IV, 263 S.) Bern 874. Mann u. Baeschlin. n. 2. 50

Etter, Hermann, Assistenzarzt an d. Irrenanstalt Friedrichsberg-Hamburg: **Beitrag zur Lehre der Huntington'schen (degenerativen) Chorea.** *Tübingen: F. Pietzcker 1899.* (67 S.) 8°
Tübingen, Med. Diss. v. 1899)

Etter, J[ohann], prakt. Arzt in Dussnang: **Aus dem Kantonspital Winterthur. Direktor: Dr. R. Stierlin. Ein Fall von Tetanie bei Verbrennung.** Zürich 1906. 56 S. 8°. [25. VI. 06.]
Zürich. Med. Diss. 1905 1906

Etter, John Th., die christliche Sittenschule für das deutsche Volk oder monatliche Beiträge zum Damm gegen die hohe Fluth der Entsittlichung unserer Zeit. Jahrg. 1867 oder 1. Bd. 12. Hefte. (à 2 Bgn.) Allentown., Pa. (Philadelphia, Schäfer & Koradi.) gr. 8. n. 3 *ℳ*

Etter, Th., die Taubstummen und ihre Wohltäter. Ein Wort an Solche, die nicht taub sind. gr. 8. (VIII, 80 S.) Leipzig 887. Buchh. des Vereinshauses. *

Etterlin, Jakob, Rußland-Schweizer und das Ende ihrer Wirksamkeit IfA

ETTERLIN, Johann Leonhard Raph. (Buri/Schw.): Conspectus medicinae totius unacum munere medici.- (Titel nach der Urkunde)
25.2.1841 - Urk; P 65
Diss.Ingolst.-Landsh.-Mchn.

Etterlin. Petermann. Kronica von der loblichen Eidgnoschaft, Ir harkomen und sust seltzam stritten und geschichten, colligiert vnd in geschrift vervaßt von Peterman E...: Nunmehr... zum zweyten Mal hrg.... verbessert und erläutert, wie auch mit einem neuen Register versehen von Johann Jakob Sprengen.... [Mit 7 Tafeln.] fol. Basel 1752.

Etterlin, P., Kronika von der lobl. Eidgenossenschaft, Ir Harkomen vnd sust seltzam stritten vnd geschichten. Hsggb. v. J. J. Spreng. Basel 1764. Pb. fol. 12. —
V. Haller IV. 380. Von gleichem Werthe als die erste Ausgabe v. J. 1507.

Etterlin. Petermann. Kronika von der loblichen Eidgnoschaft... erläutert... von Johann Jakob Sprengen.... 4. Basel 1764.

Ettersberg [Schlagwort]

Ettersberg, s.: Ausflug-Karten.

Etti, Karl

— Beiträge zur Kenntnis des Catechins. S. 84. II. 553 . . . . vgr.
Separatabdruck

Etti, C., über das Bixin. [Aus dem Universitätslaboratorium des Prof. v. Barth.] [Aus: „Sitzungsber. d. k. Akad. d. Wiss."] Lex.-8. (17 S.) Wien 878. Gerold's Sohn in Comm. n.n. — 30

— über Catechin. [Aus: „Sitzungsber. d. k. Akad. d. Wiss."] Lex.-8. (15 S.) Ebend. 876. n.n. — 30

— Zur Chemie der Gerbsäuren. 1. Abhandlung. S. 98. IIb. 626 . . . . vgr.
Separatabdruck

— Über die Gerbsäure der Eichenrinde. S. 81. II. 495 . . . . vgr.
Separatabdruck

— Zur Geschichte der Eichenrindegerbsäuren. S. 88. II. 139 . . . . vgr.
Separatabdruck

— über das malabrische Kinogummi u. eine daraus zu erhaltende neue Substanz, das Kinoïn. [Aus dem Universitäts-Laboratorium d. Prof. v. Barth XXI.] [Aus: „Sitzungsber. d. k. Akad. d. Wiss."] Lex.-8. (9 S.) Ebend. 878. n. — 20

— Über Verbindungen des Vanillins mit Pyrogallol und Phloroglucin. S. 86. II. 557 . . . . vgr.
Separatabdruck

Ettig, Anleitung zu einem vollständigen, allseitigen, erziehenden Zeichenunterricht. (216 S) 8° (222 T) kl 4° (die Taf. angeb. a. Ettig's Elementarzeichenschule.) Leipzig 1863

Ettig's Elementar-Zeichenschule. Methodisch geordnete Zeichenvorlagen für die Jugend. (In 10 Heften.) 1. Heft. Leipzig 864. Klinkhardt. 4. (12 lith. Bl.) 3 ngr.

— — in 50 (lith.) Blättern. Ebend. 864. 4. 15 ngr.

Ettig's Elementarzeichenschule in 50 Vorlegeblättern. (2 S 50 T) — Beigebunden: (222 T) zur Anleitung zum Zeichenunterricht. kl 4° Leipzig (1864)

— pädagogische Reden, s. Reden.

— die gesammte Regula de tri, in einer zum großen Theil neuen, geistbildenden und zur praktischen Wirthschaftlichkeit erziehenden Weise dargestellt. Leipzig 864. Klinkhardt. gr. 8. (32 S.) 3 ngr.

— vollständige Zeichenschule für den Volksschul-, Privat- und Seminarunterricht sowie zur Beschäftigung im Hause. (10 Liefgn.) Ebend 863. 4. (IV, 212 S. u. 222 lith. Taf.) Jede Liefg. n. 10 ngr.

—— der pädagogische Zeichenunterricht in der Volksschule. Für Schulinspectoren und Lehrer. gr. 8. (20 S.) Leipzig 864, Klinkhardt. *.

Ettig, Frz, deutsche Bäume. Neue Gedichte. Grimma 868. Gensel. 16. (15 S.) 3 ngr.

— Betrachtung der Organisation der Thiere im Zusammenhange. Für Seminaristen u. Lehrer. Ebend. 867. gr. 8. (36 S.) 6 ngr.

—— botanische Betrachtungen nebst einer Uebersicht über die wichtigsten Bäume zum genauen Unterscheiden derselben. Für Seminaristen und Lehrer. gr. 8. (48 S.) Grimma 867, Gensel.

—— mineralogische Betrachtungen für Freunde der Mineralogie. gr. 8. (29 S.) Grimma 867, Gensel. *

—— Blumen. Gedichte. 16. (31 S.) Grimma 868. Gensel.

—— Lebenszeichen. Gedichte. 16. (16 S.) Grimma 868, Gensel.

—— Schilderungen, Sagen und Märchen aus der Pflanzenwelt. Gedichte. Zum Theil in 2. Aufl. 16. (VIII, 90 S.) Grimma 869, Gensel.

— praktische Stereometrie. Ebend. 866. gr. 8. (40 S.) 6 ngr.

—— Vergleichung der vier Classen der Wirbelthiere in weiterer Ausführung, mit Bemerkungen über die wirbellosen verbunden, auch mit dem Versuche einer neuen Uebersicht der Thiere. Zum Anschluß an die „Betrachtung der Organisation der Thiere" und zur Vorbereitung eines tieferen Studiums. Für Seminaristen und Lehrer. gr. 8. (21 S.) Grimma 868, Gensel. *

Ettig, Frz. Otto, Heimatkunde v. Dresden. (IV, 54 S. m. Fig.) gr. 8. Dresden 907. Holze & Pahl. n. — 40; m. Plan v. Dresden n. — 55

Ettig, Fr. Otto, aus der Vergangenheit Dresdens. (19 S.) gr. 8. Dresden 907. Holze & Pahl. — 15

Ettig, Fr. O., aus der Vergangenheit Dresdens. Jetzt: Dresden, C. Adler.

Ettig, [Franciscus Aemilius] Gottholdus [Grimensis]: Acheruntica sive descensuum apud veteres enarratio. . . . (Ersch. vollst. in: Leipz. Stud. z. class. Philol. Bd. 13.) Lipsiae, typ. Hirschfeldianis, 1891; 2 Bl., S. 249—307; 8°
Leipzig, Phil. Fak., Inaug.-Diss. v. [6. März] 1891

Claudianus. Ettig, *Franz Emil* Gotthold Ein vergessener Dichter.
8 (S. 3—8). Z. Gedächtnisfeier für Ph. F. A. Just G. *Zittau* 1893.
Nicht im Tauschverkehr.
Progr.

Ettig, Joh. Frz., die sittlichen Aufgaben des christlichen Lehrers u. Erziehers. gr. 8. (18 S.) Grimma 888. (G. Gensel.) n. — 40

Ettig, J. F., die körperliche u. geistige Erziehung der Jugend f. Schule u. Leben. Ideen der Erziehg. als Erfahrungssätze. Neue (Titel-)Ausg. der Schrift: Der Weg, die Jugend gut zu erziehen. 8. (IX, 93 S.) Leipzig 889. Fock. — 75

Ettig, Joh. Frz., Familienleben u. Familienerziehung in poetischen Bildern nach dem Leben. Für Haus u. Kinderstube. 12. (VII, 86 S.) Grimma 881. Gensel in Comm. n. 1. —

— Harfenklänge. Gesänge zu Trost u. Erquickung auf der Reise durch das Leben. 2. Aufl. kl. 8. (IV, 42 S.) Grimma 886. (Gensel.) n. — 60

— neue Harfenklänge nach Tagen neuer Trübsal. kl. 8. (16 S.) Ebd. 887. n. — 15

Ettig, Joh. Frz., Joseph. Ein großes Muster zur Nacheiferg. Epische Dichtg. im engsten Anschluß an die bibl. Geschichte. Für alle, jung u. alt. gr. 8. (IV, 32 S.) Dresden (898). (Verbandsbuchh. E. Zacharias.) n. — 40

— die Seligpreisungen des Herrn (Matth. 5, 3—12) in freier poetischer Fassung. Den Brüdern zu Trost u. Erquickg. 8. (7 S.) Grimma 899. (G. Gensel's Verl.) n. — 10

— der verlorene Sohn. Dichtung im Anschluß an das Gleichnis des Herrn. (Luc. 15.) Eine geistl. Hilfe f. die Jugend. gr. 8. (21 S.) Ebd. 899. n. — 30

Ettig, Joh. Frz., Stunden der Weihe. Lieder und Sprüche. gr. 16. (VIII, 114 S.) Grimma 877, Gensel.

— das hl. Vater-Unser. Dichtung. Für Haus u. Schule. 3., verb. Aufl. gr. 8. (16 S.) Ebd. 899. n. — 30

— der Weg, die Jugend gut zu erziehen. Ideen der Erziehung als Erfahrungssätze. Für Eltern u. Lehrer dargestellt. gr. 8. (XI, 93 S.) Minden 882. Bruns. n. 1.50

Ettig, J. Fr., Oberlehrer, Der Weg, die Jugend gut zu erziehen. Ideen der Erziehung als Erfahrungssätze. (93 S.) Ebd. 1889. Fock.

ETTINGER, Franz Joseph (Nürnberg): Relationen zwischen Blut und Erregbarkeit der Muskeln.- Nürnberg: Sebald 1860. 42 S.
25.7.1859 - Urk (Titel: De relatione inter sanguinem et irritabilitatem musculorum.); P 69
Diss. Ingolst.-Landsh.-Mchn.

Ettinger, J. C., der Thierschutz in seinen moralischen u. praktischen Beziehungen. Vereinsschrift des Münchener Thierschutzvereins. München 869. (J. A. Finsterlin.) gr. 8. (59 S.) n. 5 ngr.

Ettinger, J. Karl, malerische Reisebilder aus Tyrol u. Oberitalien. gr. 12. (Mit Titelbild.) Münch. 837. Jaquet. 3/4 ℔

Ettinger, Joseph, k. k. Waldbereiter. Forst- und Jagd-Kalender für die Militärgrenze auf das Jahr 1859. 8. Semlin 1859.

ETTINGER, Karl. Die Reglementierung der Prostitution, ihre Gegner und Fürsprecher. 2. Auflage. Leipzig (1903). 8°. 49 S.

Der Leidenskelch, des Christen Stärkung in den Prüfungen dieses Lebens. Ein Gebet- u. Erbauungsbuch von P. Konrad Maria **Ettinger**, Konventual, Einsiedeln. Rev. von P. Meinrad Benz, Konventual. 2. verm. Aufl. *Einsiedeln, Köln: Benziger & Co. 1903.* (639 S.) 8° [F.]

Ettinger, Leo, med. pract. aus Galatz (Rumänien): Ueber Nabelschnur- und Uteringeräusch. Zür. F. Lohbauer Dr. 1888. 65 S., 3 Bl. 8°. Zürich, Med. Diss. [v. 30. Aug. 1888].

Ettinger, Leo: Über aromatische Nitrosoverbindungen und Azomethine. (Berlin 1909: G. Schade.) 51 S. 8°
Berlin, Phil. Diss. v. 15. Dez. 1909, Ref. E. Fischer
[Geb. 21. Mai 83 Stryj; Wohnort: Berlin; Staatsangeh.: Österreich; Vorbildung: Gymn. Stryj Reife Juni 03; Studium: Berlin Techn. Hochsch. 1, München 5, Kiel 1, Berlin Univ. 3 S.; Rig. 18. Nov. 09.] [U 10. 147

Ettinger, Marcus, die Advocatur im modernen Verkehre. Eine Studie üb. Standesrechte, Standespflichten, Palmar- u. internationales Rechtsschutzwesen. 1. u. 2. Aufl. gr. 8. (à III, VIII, 199 S.) Wien 900. Manz. n. 3. —

Ettinger, M., Einfluss der Goldwährung auf das Einkommen der Bevölkerungsclassen u. d. Staates. Eine socialpolit. Studie. gr. 8. (173 S.) Wien 892. M. Breitenstein. n. 3. —

— zollpolitische Interessengegensätze zwischen d. Schuhwaren- u. Lederindustrie Oesterreichs. Ein typ. Bild. Memorandum, red. im Auftrage des Vereines der österreich. Schuhwarenfabrikanten in Wien. gr. 8. (15 S. m. 10 Taf.) Wien 901. A. Hölder. n. 1. 30

Ettinger, M., Die Kartelle in Österreich. Eine orientierende Darstellung der gesetzlichen Bestimmungen sowie der Vertragstechnik österreichischer Unternehmerverbände unter Berücksichtigung ihrer Struktur und der herrschenden Preislehre. Mit Vorwort von K. Menger. Wien, 1905. 267 S.

Ettinger, M., Psychologie u. Ethik d. Antisemitismus im Alterthum, Mittelalter u. in der Neuzeit. gr. 8. (29 S.) Wien 891. Gottlieb. n. — 40

Ettinger, Mark, die Regelung des Wettbewerbes im modernen Wirtschaftssystem. I. Tl.: Die Kartelle in Oesterreich. Eine orientier. Darstellg. der gesetzl. Bestimmgn. sowie der Vertragstechnik österreich. Unternehmerverbände unter Berücksicht. ihrer Struktur u. d. herrsch. Preislehre. Mit e. Vorworte v. Karl Menger. (LIX, 267 S.) gr. 8. Wien 905. Manz. n. 6. 80

— der Streik in der Herrenkleiderkonfektion u. seine Lehren f. die industrielle u. gewerbliche Organisation. (III, 54 S.) Lex.-8. Wien 904. W. Braumüller. n. 1. 40
Erweiterter Sonder-Abdr. aus: „Zeitschr. f. Volkswirtschaft, Sozialpolitik u. Verwaltung".

Ettinger, Sam., das Verbrecherproblem in anthropologischer u. soziologischer Beleuchtung, s.a. Studien, Berner, zur Philosophie u. ihrer Geschichte. 63. Bd.

Ettinger, Samuel. Das Verbrecherproblem in anthropologischer und soziologischer Beleuchtung. Ein historisch-kritischer Beitrag zur Kriminal-Soziologie. VIII + 218 S. 8. Bern, Scheitlin, Spring & Cie., 1909.
Ausg. A: (Teil 1.) Diss. Phil. Bern ... von S' E'.
Ausg. B: Von Dr. S' E'. Teil 1. [fr. 3.—.] — Berner Studien zur Philosophie und ihrer Geschichte.... Band 63.

Ettinghausen, s. Ettingshausen

Ettingshaus, Joseph

Ettingshaus, J., über den Verlauf der Geburt bei Riesenwuchs der Kinder, s.a. Sammlung klinischer Vorträge, Nr. 358.

Über den Verlauf der Geburt bei Riesenwuchs der Kinder. Von J. **Ettingshaus.** Berlin. *Leipzig: Breitkopf & Härtel 1903.* (34 S.) 8°
— Sammlung klinischer Vorträge. N. F. No 358.

Ettingshaus, Joseph, appr. Arzt a. Kastel, Assistenzarzt b. 1. Brandenb. Dragoner-Reg. Nr. 2: Über den Verlauf der Geburt bei Riesenwuchs der Kinder. Leipzig 1905: Breitkopf & Härtel. (34 S.) 8° ¶(Ersch. als: Sammlung klin. Vorträge N.F. No 358.)
Leipzig, Med. Fak., Ref. Zweifel, Diss. v. 24. Mai 1905
[Geb. 11. Sept. 79 Kastel b. Mainz; Wohnort: Schwedt; Staatsangeh.: Preußen; Vorbildung: Gymn. Bensheim Reife O. 98; Studium: K.-Wilh. Akad. Berlin 9 S.; Coll. 30. Mai 05; Approb. 6. Apr. 04.]

(Ettingshausen.) Genealogische Darstellung der Allerdurchlauchtigsten Nachkommenschaft der Kaiserin Königin Maria Theresia. Mit 1 Stammtafel. 8. Wien 1841.

Ettingshausen, Alb. v., Bestimmung der absoluten Geschwindigkeit fliessender Elektricität aus dem Hall'schen Phänomen. Mit 4 (eingedr.) Holzschn. [Aus: „Sitzungsber. d. k. Akad. d. Wiss."] Lex.-8. (12 S.) Wien 880. (Gerold's Sohn.) n.n. — 30

Ettingshausen, A. v., absolute diamagnetische Bestimmungen. [Aus dem physikal. Institute der k. k. Universität in Graz.] [Aus: „Sitzungsber. d. k. Akad. d. Wiss."] Lex.-8. (10 S.) Wien 887. (Tempsky.) n. — 20

Ettingshausen, Alb. v., Bestimmungen der Diamagnetisirungszahl des metallischen Wismuths in absolutem Masse. Lex.-8. (37 S. mit 2 eingedr. Holzschn.) Wien 882, (Gerold's Sohn.) *

Ettingshausen, Alb. v., über Ampère's elektrodynamische Fundamentalversuche. Lex.-8. (26 S. mit 1 lithogr. Taf.) Wien 878, (Gerold's Sohn.) *

—— über die Messung der Hall'schen Wirkung mit dem Differentialgalvanometer. Lex.-8. (26 S. mit 10 Holzschn.) Wien 887, (Gerold's Sohn.) *

—— Messungen über das Mitschwingen. Lex.-8. (26 S. mit 1 lithogr. Taf.) (Ebendas.) 879. *
Vorstehende zwei Schriften sind aus: Sitzungsberichte der k. Akademie der Wissenschaften, besonders abgedruckt.

— u. W. Nernst, üb. das Hall'sche Phänomen. [Mit 8 Holzschn.] [Aus: „Sitzungsber. d. k. Akad. d. Wiss."] Lex.-8. (51 S.) Ebd. 886. n. 1. —

— — üb. das thermische u. galvanische Verhalten einiger Wismuth-Zinn-Legirungen im magnetischen Felde. [Aus dem physikal. Institute der k. k. Universität in Graz.] [Mit 2 Holzschn.] [Aus: „Sitzungsber. d. k. Akad. d. Wiss."] Lex.-8. (20 S.) Wien 888. (Tempsky.) n. — 40

— die Widerstandsveränderungen v. Wismuth, Antimon u. Tellur im magnetischen Felde. [Mit 2 Taf.] [Aus: „Sitzungsber. d. k. Akad. d. Wiss."] Lex.-8. (45 S.) Ebd. 887. n. 1. 60

Ettingshausen, Andreas Freiherr von

— Über eine direkte und strenge Ableitung der Taylorschen Formel. S. l. 18 . vgr. Separatabdruck

v. **Ettingshausen,** (Andr.,) die combinatorische Analysis als Vorbereitungslehre zum Studium der theoret. höhern Mathematik. gr. 8. Wien 826. Wallishausser.

v **Ettingshausen,** Andr., die combinator. Analysis als Vorbereitungslehre zum Studium der theoret. höhern Mathematik. gr. 8. Wien 828. Wallishauser. 1 ₰ 18 K

v. **Ettingshausen,** Andr., Anfangsgründe der Physik. Mit 5 Kupfertaf. gr. 8. Wien 843, 44, Gerold u. Sohn. pr. compl. 3 1/3 ₰ — 2. Aufl. Mit 5 Kupfertaf. gr. 8. Ebend. 845. 3 1/3 ₰

Ettingshausen, Andr. v., Anfangsgründe der Physik. In 2 Abthl. 3. Aufl. Mit vielen in den Text eingedruckten Holzschnitten. Wien 852. Gerold. gr. 8. (XX, 524 S.) n 3 ₰

Ettingshausen, Andr. v. Anfangsgründe der Physik. 3. Aufl. mit 144 Holzsch. 8. (524 S.) Wien. C. Gerold u. S. 1853.

Ettingshausen, Andr. v., Anfangsgründe der Physik. 4. Aufl. Mit 150 Holzschn. (im Text.) Wien 860. Gerold. gr. 8. (XVIII, 532 S.) 3 ₰ 10 ngr.

— Über den Ausdruck der zwischen einem galvanischen Strom und einem magnetischen Punkt statthindenden Aktion. S. 1. 96 . . . . vgr.
Separatabdruck

v. Ettingshausen, Andr. s. Andr. Baumgartner, die Naturlehre.

— Beitrag zum Beweise des Lehrsatzes vom Parallelogramm der Kräfte. S. 2. 155 . vgr.
Separatabdruck

— Beitrag zur Integration irrationaler Differentialformeln. S. 5. 38 . . . . vgr.
Separatabdruck

v. Ettingshausen, A., weitere Bemerkungen zu dem Vortrage des Hrn. Prof. Petzval vom 15. Jänner 1852. [Aus d. Sitzungsber. 1852 d. k. Akad. d. Wiss.] Lex. 8. (6 S.) Wien 852. (Braumüller.) n. 2 ngr

Ettingshausen Andreas Freiherr von: Bericht über drei Abhandlungen des Herrn Sim. Spitzer zur Theorie numerischer Gleichungen. S. 5. 86 . . . . vgr.
Separatabdruck

— Bericht über den Arithmometer des Herrn Thomas. S. 24. 16 . . . . vgr.
Separatabdruck

— Bericht über das von J. Anathon zur Beurteilung eingereichte Manuskript: „Die natürlichen Gesetze der Musik" mit dem Motto: Wahre Musik ist Jedem verständlich. S. 12. 466 . . . . vgr.
Separatabdruck

— Über Gauß' dritten Beweis der Zerlegbarkeit ganzer algebraischer Funktionen in reelle Faktoren. S. 5. 31 . . . . vgr.
Separatabdruck

Ettingshausen Andreas Freiherr von: Über die Differentialgleichungen der Lichtschwingungen. S. 1. 62 . . . . vgr.
Separatabdruck

— über einige Eigenschaften d. Flächen, welche zur Construction der imaginären Wurzeln der Gleichungen dienen. [Aus den Sitzungsberichten 1850 d. kais. Akad. d. Wiss. abgedr.] gr. 8. (9 S.) Ebd. 852. n. 2 ngr

Ettingshausen. A. v. Ueber die Entwicklung zusammengesetzter Krystallgestalten. (Aus der Zeitschrift für Physik und Mathematik.) Wien. 1829. 8.

— über die neueren Formeln für das an einfach brechenden Medien reflectirte und gebrochene Licht. (Aus den Sitzungsberichten der k. Akad. d. W.) Ebend. 856. gr. 8. (25 S.) n. 4 ngr

Ettingshausen, Andr. v., die Naturlehre rc., s. Baumgartner, Andr.

—— die Principien der heutigen Physik. Bei der Feier der Uebernahme des ehemaligen Universitätsgebäudes von der kaiserl. Akademie der Wissenschaften am 29. Octbr. 1857. hoch 4. (19 S.) Wien 857, (Gerold's Sohn.) **

— Über einen Satz Georg Greens, das elektrische Potential betreffend. S. 1. 282 . vgr.
Separatabdruck

— Leichtes Verfahren, die Gleichungen zwischen den Kanten der einfachen Gestalten des tessularischen Krystallsystems darzustellen. (Aus der Zeitschrift für Physik und Mathematik.) Wien. 1829. 8.

Ettingshausen, Andr. v., Vorlesungen üb. d. höhere Mathematik. 2 Bde. gr. 8. (60¼ B. u. 1 Stnt. in Fol.) Wien 827. Gerold.
1. Bd. Die Analysis. — 2. Die analytische Geometrie u. Mechanik.

—— Zeitschrift f. Physik, s. Zeitschrift.

— — Dr. Carl, über die Curven des Anklingens und des Abklingens der Lichtempfindungen. Mit 1 Holzschnitt. (Sonder-Abdr. a. d. Sitzungsber. d. k. Akad. d. Wiss.) gr. 8. (5 S.) Wien, Gerold in Comm. 1870 10 kr.

Ettingshausen, Konstantin Freiherr von

— — Die Urweltlichen Acrobryen des Kreidegebirges von Aachen und Maestricht. (Sep.-Abdr. Denkschr. d. K. Akad. d. Wissensch., Band 18.) Wien 1859. 4. Mit 7 Tafeln.

Ettingshausen, Konstantin Freiherr von, und Debey, Matthias Hubert

— — Die urweltlichen Akrobryen des Kreidegebirges von Aachen und Maestricht. (Auszug.) S. 27. 167 . . . . vgr.
— — — siehe auch Debey.
Separatabdruck

Ettingshausen, Const. v., photographisches Album der Flora Österreichs zugleich ein Handbuch zum Selbstunterricht in der Pflanzenkunde. Mit 173 Taf., enth. eine Sammlung gedruckter Photographien von charakteristischen Pflanzen der einheimischen Flora. Wien 863. Braumüller. gr. 8. (XXIX, 319 S.) n. 3 ₰ 10 ngr.

Ettingshausen, Const. Ritter v., photographisches Album der Flora Oesterreichs zugleich ein Handbuch zum Selbstunterricht in der Pflanzenkunde. gr. 8. (XXIX und 319 S. mit 173 Taf., enth. eine Sammlung gedr. Photogr. von charakterist. Pflanzen der einheim. Flora.) Wien 864, Braumüller. *

— die fossilen Algen des Wiener und des Karpathen-Sandsteines. Mit 2 lith. Taf. (in gr. 4.) (Aus den Sitzungsber. der k. Akad. der Wissensch.) Wien 863. Gerold. gr. 8. (24 S.) n. 12 ngr.

—— die fossilen Algen des Wiener und des Karpathen-Sandsteins. Lex.-8. (24 S. mit 2 Stnt. in gr. 4.) Wien 864, (Gerold's Sohn.) *
Aus: Sitzungsberichte der k. Akad. der Wissenschaften, besonders abgedruckt.

Ettingshausen, C. v., und Pokorny. Anwendung des Naturselbstdruckes zur graphischen Darstellung von Pflanzen. Wien 1856. 4.

Ettingshausen, Constant. Frhr. v., üb. fossile Banksia-Arten u. ihre Beziehungen zu den lebenden. [Aus: „Sitzungsber. d. k. Akad. d. Wiss."] Lex.-8. (16 S. m. 2 Taf. in Naturselbstdr.) Wien 890. (F. Tempsky.) n. — 80

v. Ettingshausen, Constantin, Begründung einiger neuen oder nicht genau bekannten Arten der Lias- u. der Oolithflora. Mit 3 lith. Taf. (Aus den Abhandlungen der k. k. geolog. Reichsanstalt I. Bd. 3. Abthl.) Fol. (10 S.) Wien 852, Braumüller. n. 1 ₰

— Beitrag zur fossilen Flora v. Wildshuth in Oberösterreich. Mit 4 lith. Taf. [Aus d. Sitzungsber. 1852 d. k. Akad. d. Wiss.] Lex. 8. (12 S.) Wien 852. (Braumüller.) n. ⅓ ₰

— Beitrag zur Flora der Wealdenperiode. Aus den Abhandlungen der k. k. geolog. Reichsanstalt. Mit 5 lith. Taf. (in Farbendr.). Wien 852. Braumüller. Imp.-4. (1 Bl., 32 S.) n. 1 ₰ 20 ngr

— — Beitrag zur Kenntniss der fossilen Flora von Tokay. (Aus Sitzungsb. der k. Akad.) 1853. 8.

Ettingshausen, Prof. Dr. C. Ritter v., Beitrag zur Kenntniss der Gramineen. Mit 6 Tafeln in Naturselbstdruck. (Sonder-Abdr. a. d. Sitzungsber. d. k. Akad. d. Wiss.) gr. 8. (28 S.) Wien, Gerold in Comm. 1866 1 fl.

———— Beitrag zur näheren Kenntniss der Calamiten. (Sitz.-Ber. der mathem.-naturw. Klasse der kais. Akademie d. Wissenschaften zu Wien. Jahrg. 1852. Band 9.) 8.

—— Beitrag zur näheren Kenntniss der Calamiten. Lex.-8. (8 S. mit 4 Stnt.) Wien 853, (Gerold's Sohn.) *

v. Ettinghausen, Const., Beitrag zur Kenntniss der Nervation der Gramineen. Mit 6 Taff. im Naturselbstdruck. [Aus den Sitzungsb. d. k. Akad. d. Wiss.] Wien 866. (Gerold's Sohn.) gr. 8. (28 S. u. 1 Holzschntaf. in Fol.) n. 20 ngr.

Ettingshausen, Const. Frhr. v., Beitrag zur Kenntniss der Tertiärflora der Insel Java. [Mit 6 Taf. in Naturselbstdr.] Lex.-8. (19 S.) Wien 883. (Gerold's Sohn.) n. 1. 80

— Beitrag zur Kenntniss der Tertiärflora v. Sumatra. [Mit 1 Taf. in Naturselbstdr.] Lex.-8. (9 S.) Ebend. 883. n. — 40

— — Zweiter Beitrag zur näheren Kenntniss der Flora der Wealdenperiode. (Abhandlg. d. k. k. Geolog. Reichsanstalt. Band 1.) Wien 1852. 4. Mit 5 Tafeln.

— u. F. Krašan, Beiträge zur Erforschung der atavistischen Formen an lebenden Pflanzen u. ihrer Beziehungen zu den Arten ihrer Gattung. Mit 4 Taf. in Naturselbstdr. [Aus: „Denkschr. d. k. Akad. d. Wiss."] Imp.-4. (12 S.) Wien 888. (Tempsky.) n. 2. 20

— — dasselbe. II. Folge. Mit 4 Taf. in Naturselbstdr. Imp.-4. (38 S.) Ebd. 888. n. 3. 60

— — dasselbe. III. Folge u. Schluss. Imp.-4. (22 S. m. 8 Taf. in Naturselbstdr.) Ebd. 889. n. 4. 30

Ettingshausen, Constant. Frhr. v., Beiträge zur Erforschung der Phylogenie der Pflanzenarten. I—VII. Mit 20 Taf. in Lichtdr., Naturselbstdr. u. Steindr. [Aus: „Denkschr. d. k. Akad. d. Wiss."] Imp.-4. (28 S.) Wien 878. 80. Gerold's Sohn in Comm. n. 9. 40

— Beiträge zur Flora der Vorwelt, siehe a. Abhandlungen, naturwissenschaftl., hrsg. v. W. Haidinger, IV. Bd.

Ettingshausen, C. v. Beiträge zur Flora der Vorwelt. (Aus naturw. Abh. herausgeg. von W. Haidinger. 4 Vol.) 1851. 4.

— Beiträge zur Kenntniss der Flächen-Skelete der Farnkräuter. Mit 21 Taf. in Naturselbstdruck. (Aus den Denkschriften der k. Akad. der Wissensch. abgedr.) Ebend. 863. in Comm. gr. 4. (75 S. m. Holzschn. im Text u. 21 Bl. Erläuterungen.) n. 5 *ℛ*

—— Beiträge zur Kenntniss der Flächen-Skelete der Farnkräuter. gr. 4. (75 S. mit eingedr. Holzschn., 24 Bl. Erläuterungen und 24 Taf. in Naturselbstdr.) Wien 864, (Gerold's Sohn.) *

— — II. Mit 18 Taf. in Naturselbstdruck. (Aus den Denkschriften der k. Akad. der Wissensch. abgedr.) Ebend. 864. gr. 4. (84 S. u. 18 Bl. Erläuterungen.) n. 3 *ℛ* 10 *ngr.*

Ettingshausen, C. v., Beiträge zur Kenntniss der fossilen Flora Neuseelands. [Mit 9 Taf.] [Aus: „Denkschr. d. k. Akad. d. Wiss."] Imp.-4. (52 S.) Wien 887. (Tempsky.) n. 6. —; Auszug daraus: [Aus: „Sitzungsber. d. k. Akad. d. Wiss."] Lex.-8. (8 S.) — 15

— Beiträge zur Kenntniss der fossilen Flora von Parschlug in Steiermark. I. Blattpilze u. Moose. Mit 5 Taf. in Lichtdr. [Aus: „Denkschr. d. k. Akad. d. Wiss."] Imp.-4. (12 S.) Ebend. 878. n. 3. —

— Beiträge zur Kenntniss der fossilen Flora von Radoboj. Mit 3 (lith.) Taff. (in 4.) [Aus d. Sitzungsber. d. k. Akad. d. Wiss.] Ebend. 870. gr. 8. (78 S.) n. 1 *ℛ*

— Beiträge zur Kenntniss der fossilen Flora von Sotzka in Untersteiermark. Mit 4 lith. u. 2 Taf. in Naturselbstdr. (Aus den Sitzungsberichten der k. Akad. der W.) Wien 858. Gerold in Comm. gr. 8. (99 S. m. Holzschn. im Text.) n. 28 *ngr.*

Ettingshausen, Const. Frhr. v., Beiträge z. Kenntniss d. Kreideflora Australiens. [Aus: „Denkschr. d. k. Akad. d. Wiss.] Imp.-4. (56 S. m. 4 Taf.) Wien 895. (C. Gerold's Sohn.) n. 4. 30

— Beiträge zur Kenntniss der Tertiärflora Australiens. [Mit 7 (6 lith. u. 1 Naturselbstdr.-)Taf.] Imp.-4. (48 S.) Ebend. 883. n. 5. 20

Ettingshausen, Const. Frhr. v., Beiträge zur Kenntniss der Tertiärflora Australiens. [Auszug aus einer für die Denkschriften bestimmten Abhandlung.] Lex.-8. (5 S.) Wien 883, (Gerold's Sohn.) *

— dasselbe. 2. Folge. [Auszug aus e. f. die Denkschriften bestimmten Abhandlg.] [Aus: „Sitzungsber. d. k. Akad. d. Wiss."] Lex.-8. (5 S.) Ebd. 886. — 15 (Auszug I u. II.: n. — 35)

— Beiträge zur Kenntniss der Tertiärflora Australiens. 2. Folge. [Mit 8 Taf.] [Aus: „Denkschr. d. k. Akad. d. Wiss."] Imp.-4. (62 S.) Ebd. 887. n. 6. 40 (1 u. 2.: n. 11. 60)

— Beiträge zur Kenntniss der Tertiärflora Steiermarks. Mit 6 (lith.) Taff. (in 4.) Ebend. 870. gr. 8. (84 S.) n. 1 *ℛ*

Ettingshausen, C. v. Bericht über neuere Fortschritte in der Erfindung des Naturselbstdruckes und über die Anwendung desselben als Mittel der Darstellung und Untersuchung des flachen Skelets der Pflanzen. (Aus Sitzungsb. d. kais. Akad.) Wien. 1863. 8.

— Bericht über das Werk Physiotypia plantarum austriacarum. (Aus den Sitzungsberichten der k. Akad. der W.) Wien 856. (Gerold.) gr. 8. (87 S. mit Holzschn. im Text u. 10 Holzschnitttaf.) n. 1 *ℛ* 10 *ngr.*

— — Bericht über die Untersuchung von Fundorten tertiärer Pflanzenreste im Kaiserth. Oesterreich. (Aus Jahrb. der k. k. geol. Reichsanst. 1. Jahrg.) 4.

—— die Blattskelete der Apetalen. Eine Vorarbeit zur Interpretation der fossilen Pflanzenreste. gr. 4. (92 S. mit 51 Taf. in Naturselbstdr.) Wien 858, (Gerold's Sohn.) *

—— die Blatt-Skelette der Dykotyledonen mit besond. Rücksicht auf die Untersuchung und Bestimmung der fossilen Pflanzenreste. gr. 4. (Mit 95 Taf. in Naturselbstdr. und 276 in den Text gedr. Physiotypen.) Wien 861. (Leipzig, Denicke.) geb. * *

Ettingshausen, Constant. Frhr. v., üb. die Blattskelette der Loranthaceen. Mit 15 Naturselbstdruck-Taf. [Aus „Denkschriften d. mathem.-naturw. Classe d. k. Akad. d. Wiss."] gr. 4. (36 S.) Wien 872. Gerold's Sohn in Comm. n. 8. —

Ettingshausen, Const. Frhr. v., über Castanea vesca und ihre vorweltliche Stammart. Lex.-8. (18 S. mit 17 Taf. in Naturselbstdruck.) Wien 872, (Gerold's Sohn.) *

— über die Entdeckung des neuholländischen Charakters der Eocenflora Europa's und über die Anwendung des Naturselbstdruckes zur Förderung der Botanik und Paläontologie, als Entgegnung auf die Schrift des Herrn Prof. Dr. F. Unger: „Neuholland in Europa." Mit Abbildgn. im Naturselbstdruck. Wien 862. (Leipzig, Denicke.) gr. 8. (93 S.) nn. 1 *ℛ* 5 *ngr.*

—— zur Entwickelungsgeschichte der Vegetation der Erde. Lex.-8. (18 S.) Wien 874, (Gerold's Sohn.) *

— über tertiäre Fagus-Arten der südlichen Hemisphäre. [Aus: „Sitzungsber. d. k. Akad. d. Wiss."] Lex.-8. (24 S. m. 1 lith. Taf. u. 1 Taf. in Naturselbstdr.) Ebd. 891. n. — 90

— die Farnkräuter der Jetztwelt, zur Untersuchung u. Bestimmung der in den Formationen der Erdrinde eingeschlossenen Ueberreste von vorweltlichen Arten dieser Ordnung nach dem Flächen-Skelet bearb. Mit zahlreichen in den Text gedr. Abbildgn. (Holzschn.) u. 180 Taff. im Naturselbstdr. Wien 865. (Gerold's Sohn.) gr. 4. (XVI, 298 S.) n. 33 *ℛ* 10 *ngr.*

Ettingshausen (C. von). Flaechen-Skelette der Farnkraeuter . . . Wien, 1863-4. 4°.

— die eocene Flora des Monte Promina. Mit 14 (lith.) Taf. Aus den Denkschriften der k. Akad. der W. Wien 855. Gerold. gr. 4. (1 Bl., 28 S.) n. 2 *ℛ* 10 *ngr.*

— Nachtrag zur eocänen Flora des Monte Promina in Dalmatien. (Auszug.) 8. 12. 1880 vgr. Separatabdruck

v. Ettinghausen, C., die fossile Flora der älteren Braunkohlenformation der Wetterau. Mit 5 (lith.) Taff. (in 4.) [Aus den Sitzungsber. d. k. Akad. d. Wiss.] Ebend. 868. gr. 8. (87 S.) n. 1 *ℛ* 10 *ngr.*

— über die fossile Flora der Höttinger Breccie. [Mit 2 (lith.) Taf.] Lex.-8. (14 S.) Ebend. 884. n.n. — 70

— Die fossile Flora des mähr.-schles. Dachschiefers; s. a. Denkschriften.

— die fossile Flora des mährisch-schlesischen Dachschiefers. Mit 7 (lith.) Taff. (in 4. u. Fol.) u. 15 in den Text gedr. Zinkographien. [Abdr. aus d. Denkschriften d. k. Akad. d. Wiss.] Ebend. 865. gr. 4. (40 S.) n. 2 ₰

— — Die fossile Flora von Köflach in Steiermark. (Aus Jahrb. der k. k. geol. Reichsanst. Vol. VIII.) 1857. 8.

——— Fossile Flora von Kolflach in Steiermark. Wien, 1858. 8°.

— die fossile Flora v. Leoben in Steiermark. 1. u. 2. Thl. [Aus: „Denkschr. d. k. Akad. d. Wiss."] Imp.-4. Ebd. 888. n. 10. —
I. Enth. die Cryptogamen, Gymnospermen, Monocotyledonen u. Apetalen. [Mit 4 Taf.] (58 S.) n. 4. 60
II. Enth. die Gamopetalen u. Dialypetalen. [Mit 5 Taf.] (68 S.) n. 5. 40

Ettingshausen (C. von). Fossile Flora von Parschlug. I. Blattpilze und Moose. Wien, 1877. 4°.

— — Ueber die fossile Flora des Monte Promina in Dalmatien. (Aus d. Sitzungsb. der k. Akad.) Wien. 1853. 8.

—die fossile Flora v. Sagor in Krain. 1. Theil. (Vorbericht.) [Aus „Sitzungsber. d. k. Akad. d. Wiss."] Lex.-8. (8 S.) Ebend. 871. n. — 20

— dasselbe. 1. Thl. [enth. die Acotyledonen, Gymnospermen, Monocotyledonen u. Apetalen.] Mit 10 lith. Taf. [Aus „Denkschriften der k. Akad. d. Wiss."] gr. 4. (46 S.) Ebend. 872. n. 6. —

— dasselbe. 2. Thl. [Auszug aus einer für die Denkschriften bestimmten Abhandlung.] [Aus: „Sitzungsber. d. k. Akad. d. Wiss."] Lex.-8. (9 S.) Ebend. 876. n.n. — 30

— die fossile Flora von Sagor in Krain. 2. Thl. Mit 17 Taf. (in Steindr. u. Naturselbstdr.). [Aus: „Denkschr. d. k. Akad. d. Wiss."] Imp.-4. (56 S.) Ebend. 877. n. 10. — (1. u. 2.: n. 16. —)

—— die fossile Flora von Sagor in Krain. III. Thl. und Schluss. [Enthaltend Nachträge und die allgemeinen Resultate.] Imp.-4. (56 S. mit 5 lithogr. Taf.) Wien 885, (Gerold's Sohn.) *
1. und 2. Thl. Ebendas. 1872,77. *₰ 16.—.

— die fossile Flora v. Schoenegg bei Wies in Steiermark. 1. Thl. [Enth. die Cryptogamen, Gymnospermen, Monocotyledonen u. Apetalen.] [Aus: „Denkschr. d. k. Akad. d. Wiss."] Imp.-4. (52 S. m. 4 Taf.) Ebd. 890. n. 4. 40

— die fossile Flora v. Schoenegg bei Wies in Steiermark. 2. Thl. [Enth. die Gamopetalen.] [Aus: Denkschr. d. k. Akad. d. Wiss."] Imp.-4. (24 S. m. 2 Taf.) Ebd. 891. n. 2. 90 (1. u. 2.: n. 7. 30)

——— Fossile Flora von Stotzka in Untersteiermark. Wien, 1858. 8°.

— — die fossile Flora des Tertiär-Beckens von Bilin; s. a. Denkschriften.

Die fossile Flora des Tertiär-Beckens von Bilin. Theil 1: Thallophyten, kryptogamische Gefässpflanzen, Monokotyledonen, Coniferen, Julifloren und Oleraceen. (Sep.-Abdr. Denkschr. d. K. Akad. d. Wissensch., Band 26.) Wien 1860. 4. Mit 30 Tafeln.

— die fossile Flora d. Tertiär-Beckens von Bilin. [Aus den Denkschr. d. k. Akad. d. Wiss. zu Wien.] 3 Thle. Ebend. 866—69. gr. 4. n. 12 ₰
1. Thl. enthltd. die Thallophyten, kryptogam. Gefässpflanzen, Monokotyledonen, Coniferen, Julifloren u. Oleraceen. Mit 30 (lith.) Taff. (98 S. u. 30 Bll. Erklärungen.) n. 6 ₰ 20 ngr.
2. Thl. enthltd. die Thymelaeen u. Gamopetalen. Mit 9 (lith.) Taff. (54 S.) n. 2 ₰
3. Thl. enthltd. die Dialypetalen u. die allgemeinen Resultate der Bearbeitung. Mit 16 (lith.) Taff. (110 S.) n. 3 ₰ 10 ngr.

Ettingshausen (C. von). Die tertiäre Flora. Wien, 1853. 4°.

— die tertiäre Flora von Häring in Tirol. Aus den Abhdlgn. der k. k. geolog. Reichsanstalt. Mit 31 lith. Taf. Wien 853. Braumüller. Imp.-4. (1 Bl., 118 S.) n. 9 ₰ 10 ngr.

v. Ettingshausen, C. Die tertiäre Flora von Häring in Tyrol. Wien. 1855.

— tertiäre Flora von Häring, s.a. Abhandlungen
— tertiäre Flora der Umgebung von Wien, der k. k. geologischen Reichsanstalt. 1. u. 2. Bd.

Ettingshausen (C. von). Tertiaer flora von Wien. Wien, 1851. fol.

Ettingshausen (C. von). Flora der Vorwelt. (Calamiten und Calamarien). Wien, 1851. 4°.

–Flora der Wealdenperiode, s.a. Abhandlungen der k.k. geolog. Reichsanstalt. 1. u. 2. Bd.

Ettingshausen (C. von). Flora der Wealdenperiode. Wien, 1852. fol.

— das australische Florenelement in Europa. gr. 4. (10 S. m. 1 Taf.) Graz 890. Leuschner & Lubensky. n. 1. 70

— die Florenelemente in der Kreideflora. [Aus: „Sitzungsber. d. k. Akad. d. Wiss."] Lex.-8. (9 S.) Ebend. 874. n. — 20

— die Formelemente der europäischen Tertiärbuche (Fagus Feroniae Ung.). [Aus: „Denkschr. d. k. Akad. d. Wiss."] Imp.-4. (16 S. m. 4 Taf.) Ebd. 894. n. 1. 90

Ettingshausen (C. von). Geschichte der Pflanzenwelt. Wien, 1855. 8°. Ed. 2. 1868.

—— die genetische Gliederung der Flora Australiens. Lex.-8. (9 S.) Wien 874, (Gerold's Sohn.) * — 20
aus: Sitzungsberichte der k. Akademie der Wissenschaften, besonders abgedruckt.

— die genetische Gliederung der Flora Australiens. [Aus: „Denkschr. d. k. Akad. d. Wiss."] Imp.-4. (74 S.) Ebend. 875. n. 3. —

— über die genetische Gliederung der Cap-Flora. [Aus: „Sitzungsber. d. k. Akad. d. Wiss."] Lex.-8. (26 S.) Ebend. 875. n. — 40

— über die genetische Gliederung der Flora der Insel Hongkong. Lex.-8. (36 S.) Ebend. 883. n. — 60

— über die genetische Gliederung der Flora Neuseelands. Lex.-8. (25 S.) Ebend. 883. n.n. — 50

— Zur Kenntniss der fossilen Flora von Sotzka in Untersteiermark (mit 4 lithogr. und 2 Tafeln in Naturselbstdruck). S 28. 471 . . . . 2.80
Separatabdruck

Ettingshausen (C. von). Kenntniss der fossilen Flora von Tokay. Wien, 1853. 8°.

——— Kenntniss d. Tertiaerflora von Steiermarks. Wien, 1869. 8°.

—— die Kreideflora von Niederschoena, in Sachsen, ein Beitrag zur Kenntniss der ältesten Dicotyledonengewächse. Lex.-8. (30 S. mit 3 Stnt. in 4.) Wien 867, Gerold's Sohn. **
Aus: Sitzungsberichte der k. Akademie der Wissenschaften, besonders abgedruckt.

– Lias – und Oolith flora, s. Abhandlungen der k. k. geolog. Reichsanstalt. 1. u. 2. Bd.

— vorläufige Mittheilungen über phytophylogenetische Untersuchungen. [Aus: „Sitzungsber. d. k. Akad. d. Wiss."] Lex.-8. (35 S.) Ebend. 879. n.n. — 50

— u. F. Standfest, üb. Myrica lignitum Ung. u. ihre Beziehungen zu den lebenden Myrica-Arten. [Mit 2 Taf.] [Aus: „Denkschr. d. k. Akad. d. Wiss."] Imp.-4. (8 S.) Ebd. 888. n. 1. 20

— über die Nervation der Blätter bei den Celastrineen. Mit 10 Taf. in Naturselbstdr. Aus den Denkschriften der k. Akad. der W. Wien 857. Gerold in Comm. gr. 4. (1 Bl., 41 S. mit Holzschn. im Text.) n. 2 ₰

— über die Nervation der Blätter und blattartigen Organe bei den Euphorbiaceen, mit besonderer Rücksicht auf die vorweltlichen Formen. Mit 8 Taf. (in Naturselbstdr.) (Aus d. Sitzungsberichten der k. Akad. der W.) Wien 854. (Gerold.) gr. 8. (19 S.) n. 24 ngl

— über die Nervation der Blätter der Papilionaceen. Lex.-8. (66 S. mit 21 Taf. in Naturselbstdr.) Wien 854, (Gerold's Sohn.) *

— üb. d. Nervation d. Blätter b. d. Gattung Quercus m. bes. Berücksicht. ihrer vorweltl. Arten. [Aus: „Denkschr. d. k. Akad. d. Wiss."] Imp.-4. (64 S. m. 3 Fig. u. 12 Taf. in Naturselbstdr.) Ebd. 895. n. 6. 70

— über die Nervation der Bombaceen mit besond. Berücksicht. der in der vorweltlichen Flora repräsentirten Arten dieser Familie. gr. 4. (14 S. mit 11 Taf. in Naturselbstdr.) Wien 858, (Gerold's Sohn.) *

Ettingshausen, C. v. Notiz über die fossile Flora von Wien. (Aus Jahrb. der k. k. geol. Reichsanst. 1. Jahrg.) 4.

— über Palaeobromelia, ein neues fossiles Pflanzengeschlecht. Mit 2 lith. Taf. (Aus d. Abhandlungen der k. k. geologischen Reichsanstalt. I. Bd. 3. Abthl.) Fol. (10 S.) Wien 852, Braumüller. n. ⅓ ₰ (siehe auch: Abhandlungen der k. k. geolog. Reichsanstalt. 1. Bd.)

— über Palaeobromelia, ein neues fossiles Pflanzengeschlecht. Fol. (10 S. mit 2 Stnt.) Wien 853, (Gerold's Sohn.) *

— über fossile Pandaneen. [Mit 4 lith. Taf.] [Aus d. Sitzungsber. 1852 d. k. Akad. d. Wiss.] Lex.8. (8 S.) Wien 852. (Braumüller.) n. ⅓ ₰

— üb. neue Pflanzenfossilien in d. Radoboj-Sammlg. d. Universität Lüttich. [Aus: „Sitzungsber. d. k. Akad. d. Wiss."] gr. 8. (28 S. m. 4 Fig. u. 5 Taf.) Ebd. 896. n. 1. 60

— üb. neue Pflanzenfossilien aus den Tertiärschichten Steiermarks. [Aus: „Denkschr. d. k. Akad. d. Wiss."] Imp.-4. (32 S. m. 2 Taf.) Ebd. 893. n. 2. 40

– fossile Pflanzenreste, s. Abhandlungen der k. k. geolog. Reichsanstalt. 1. u. 2. Bd.

— über fossile Pflanzenreste aus der Kreideformation Australiens. [Aus: „Sitzungsber. d. k. Akad. d. Wiss."] Lex.-8. (26 S.) Ebd. 893. n. — 50

Ettingshausen (C. von). Foss. Pflanzenreste a. d. trachyt. Sandstein von Heiligenkreuz bei Kremnitz. Wien, 1852. fol.

— Physiographie der Medicinal-Pflanzen, nebst einer Clavis zur Bestimmung der Pflanzen mit besonderer Berücksichtigung der Nervation der Blätter. Mit 294 Abbildgn. im Naturselbstdruck. Wien 862. Braumüller. Lex.-8. (XV, 432 S.) n. 4 ₰

— und Alois Pokorny, Physiotypia Plantarum Austriacarum. Der Naturselbstdruck in seiner Anwendung auf die Gefässpflanzen des österreichischen Kaiserstaates, mit besond. Berücksichtigung der Nervation in den Flächenorganen der Pflanzen. Mit 500 Folio- und 80 Quart-Taf. Text in gr. 4. Taf. in Fol. Wien 856. (Leipzig, Denicke.) ** :

— u. Alois Pokorny, Physiotypia plantarum austriacarum. Die Gefässpflanzen Oesterreichs in Naturselbstdruck, m. besond. Berücksicht. der Nervation in den Flächenorganen der Pflanzen. 2 Bde. Text gr. 4. (276 S. m. 30 Kpfrtaf. u. IV, 80 S.) u. 10 Bde. enth. 1000 Kpfrtaf. gr. Fol. Wien 873. Prag, Tempsky. n. 800. —; geb. n. 1070. —

— über fossile Proteaceen. Mit 2 lith. Taf. [Aus d. Sitzungsberichten 1852 der k. Akademie der Wiss. abgedr.] Lex. 8. (7 S.) Ebd. 852. n. 6 ngl

Ettingshausen, Const. v., über fossile Proteaceen. Lex.-8. (7 S. mit 2 Stnt.) Wien 853, (Gerold's Sohn.) Thlr. *

Die Proteaceen der Vorwelt. (Sep.-Abdr. Sitz.-Ber. d. k. Akademie d. Wissenschaften zu Wien, mathemat.-naturw. Klasse, Jahrg. 1851.) 8. Mit 5 Tafeln.

— die Proteaceen der Vorwelt. Lex.-8. (37 S. mit 5 Stnt. in gr. 4.) Wien 852, (Gerold's Sohn.) *

Ettingshausen, C. v. Report on phyto-palaeontological investigations of the fossil flora of Alum Bay. 1880.

– die Steinkohlenflora von Radnitz in Böhmen, s.a. Abhandlungen der k. k. geolog. Reichsanstalt. 1. u. 2. Bd.

— die Steinkohlenflora von Radnitz in Böhmen. Aus den Abhdlgn. der k. k. geolog. Reichsanstalt. Wien 854. Braumüller. gr. 4. (1 Bl., 74 S. u. 29 lith. Taf. in 4. u. Fol.) n. 8 ₰ 10 ngl

– Steinkohlenflora von Stradonitz in Böhmen, s.a. Abhandlungen der k. k. geolog. Reichsanstalt. 1. u. 2. Bd.

v. Ettingshausen, C. Die Steinkohlenflora von Stradonitz in Böhmen. Bd. I. Abth. III und Bd. II. Abth. III. Wien, 1852—1854.

Ettingshausen Konstantin Freiherr von, Dr.: Synopsis der fossilen Flora von Parschlug. (Auszug.) S. 5. 800 . . . . vgr. Separatabdruck

— zur Tertiärflora v. Borneo. [Mit 1 Taf. in Naturselbstdr.] Lex.-8. (13 S.) Ebend. 883. n.n. — 50

— zur Tertiärflora Japans. Lex.-8. (14 S.) Ebend. 883. n.n. — 30

— die Tertiär-Floren der österreich. Monarchie. Hrsg. v. der k. k. geolog. Reichsanstalt. Nr. I.: Fossile Flora v. Wien. Mit 5 lith. Taf. Fol. (36 S.) Ebd. 851. n. 1⅔ ₰

– u. M. H. Debey: die urweltlichen Thallophyten des Kreidegebirges von Aachen, s.a. Debey, M. H.

und Debey Matthias Hubert, Dr.: Die vorweltlichen Thallophyten des Kreidegebirges von Aachen und Maestricht (Auszug.) S. 25. 807 . . . . vgr. separatabdruck

— zur Theorie der Entwickelung der jetzigen Floren der Erde aus der Tertiärflora. [Aus: „Sitzungsber. d. k. Akad. d. Wiss."] Lex.-8. (90 S.) Ebd. 894. n. 1. 50

— u. Frz. Krašan, Untersuchungen üb. Deformationen im Pflanzenreiche. [Aus: „Denkschr. d. k. Akad. d. Wiss."] Imp.-4. (24 S. m. 2 Taf.) Ebd. 891. n. 2. 40

— — Untersuchungen üb. Ontogenie u. Phylogenie der Pflanzen auf paläontologischer Grundlage. [Aus: „Denkschr. d. k. Akad. d. Wiss."] Imp.-4. (36 S. m. 7 Taf. in Naturselbstdr. u. 1 Textfig.) Ebd. 890. n. 4. 60

— Über das Vorkommen einer Zykadee in der fossilen Flora von Leoben in Steiermark. S. 90. I. 80 . . . . vgr. Separatabdruck

Ettingshausen, Const., *Ritt. v., Dr., Prof. an d. k. k. med.-chir. Josephs-Akademie.* Ein Vortrag über die Geschichte der Pflanzenwelt, gehalten am 8. März 1858. *Wien* 1858. *K. k. Hof- u. Staatsdr.* 57 S. 8°. Mit 5 Taf.
Aus der Reihe der Vorträge des Vereines »zur Besprechung d. neuesten Fortschritte in den Naturwissenschaften«.

— — Sigm., stud. med., über Ammoniakentwickelung aus faulendem Blute. (Aus dem physiologischen Institute der Wiener Universität.) (Sonder-Abdr. a. d. Sitzungsber. d. k. Akad. d. Wiss.) gr. 8. (16 S.) Ebds. *1876.* 15 kr.

Ettler, Gretchen, Übertragungsaufgaben m. abgezählten Silben f. stenograph. Fortbildungskurse. (64 S.) 8. Nürnberg 909. C. Koch. — 80

Ettlich, Jul., Abriß der Geographie. Hauptsächlich für den Gebrauch in Volksschulen, sowie zum Selbstunterricht für Jung u. Alt, nach den besten Quellen entworfen. Supplement zu Handtke's Schulatlas. kl. 16. Grünberg 841, Levysohn. 1/6 ₰

Ettlich, J., Geographie. Zum Selbstunterricht für Jung und Alt. 32. Grünberg 840. Levysohn. 1/6 ₰

Ettling, Ferd. (geb. Niederrad bei Frankfurt a. M. 18. 12. 1824): De hypochondriasi. Berolini (1850). (32 S.) 8°
Berlin, Med. Diss. v. 1. Okt. 1850

Ettling, Gottlieb (Frankfurt a. M.) [Autor]
De Judaeorum Moeno-Francofurtensium conditione duriori prae civibus ac incolis Christianis.
Gissae [S.] Aug. 1751: Joh. Jak. Braun. 89 S. 4°
pro licentia summos in utroque jure honores et privilegia doctoralia rite consequendi.

Ettling, Carl, der Kakao. Seine Kultur u. Bereitg. Mit besond. Berücksicht. Samoas. Mit e. Geleitwort von M. Fosca. (V, 39 S. m. 8 Taf.) gr. 8. Berlin 903. D. Reimer. n. 1. —

Ettling, Karl Jakob (Rüsselsheim)
Ueber die Destillationsprodukte des salicyligsauren und benzoesauren Kupferoxyds.
[In: Annalen der Chemie u. Pharmacie Bd 53 (1845) 77.]
Habil.? phil. 1846.

Ettling, Wilh., das Gold als Geld. (32 S.) 8. Strassburg 909. J. Singer. — 80

Ettlingen [Schlagwort]

— s. a.: Deutschland. Kürschner-Peip.

Ettlingen. Spitz, Engelb., Schulkärtchen v. Amtsbez. Ettlingen. 1:100,000. 81×24 cm. Farbdr. Mit Text auf d. Rückseite. Baden-Baden (899). Selbstverl. n.n. — 15

Ettlinger חכריי s. (Sepher.)

Ettlinger, A., Leo Tolstoj, s.a. Forschungen zur neueren Litteraturgeschichte. X.

Leo Tolstoj. Eine Skizze seines Lebens u. Wirkens. Von A. Ettlinger. *Berlin: A. Duncker 1899.* (IV, 87 S.) 8°
= Forschungen z. neueren Litteraturgeschichte. 10. [99. 10175 3

Ettlinger, **A. E.**, comment. botan. med. de Salvia. 4. Erl. 777. (Heyder). 4 ℛ

Ettlinger, A. E., comm. botan. med. de Salvia. 4. Erlang. Breuning. 778.

Ettlinger, E. & R., siehe: *Sienkiewicz, H.*

Ettlinger, Emil, s.a. Anonymus Mellicensis, der sog., de scriptoribus ecclesiasticis.

Ettlinger, Emil [aus Karlsruhe]: Der sog. Anonymus Mellicensis de scriptoribus ecclesiasticis ... Karlsruhe, Druck d. G. Braun'schen Hofbuchdr., 1896; 3 Bl., 105 S., 1 Bl., 2 Taf. 8.
Strassburg, Phil. Fak., Inaug.-Diss. v. 1896

Die ursprüngliche Herkunft der Handschriften, die aus Kloster-, bischöflichen und Ritterschafts-Bibliotheken nach Karlsruhe gelangt sind. Von Emil Ettlinger. *Heidelberg: Ch. Th. Groos 1901.* (93 S.) 4°(8°)
— Handschriften d. grossh. badischen Hof- u. Landesbibliothek in Karlsruhe. Beil. 3. [01. 5600

Ettlinger, Friedrich, aus Karlsruhe: Synthese der Hygrinsäure und der α-Pyrrolidincarbonsäure. *München 1902: V. Höfling.* (65 S.) 8°
München, Phil. Diss. v. 1902

Ettlinger, Jakob [aus Mohilew]: Versuche über Isomerieen in der Benzolreihe ... Heidelberg, Univ.-Buchdr. v. J. Hörning, 1896; 36 S., 1 Bl. 8.
Heidelberg, Naturw.-math. Fak., Inaug.-Diss. v. [1. Aug.] 1896

ETTLINGER, JAKOB AARON, Antrittsrede gehalten in der groszen Synagoge zu Altona d. 7. Mai 1836. Altona. P.

Ettlinger, Jos., Benjamin Constant. Der Roman e. Lebens. 1. u. 2. Aufl. (XVI, 824 S. m. 11 Taf. u. 2 Fksms.) 8. Berlin 909. E. Fleischel & Co. 5.—; geb. 6. 50

— s.: Echo, das literarische.

Ettlinger, Jos., Theodor Fontane, s.a. Literatur, die. 18. Bd.

Theodor Fontane. Ein Essai. Von Josef Ettlinger. Mit 1 Heliograv., 14 Vollbild. u. 4 Faks. Berlin: Bard, Marquardt & Co. [1904]. (63 S.) 8°
= Literatur, Die. Bd 18. [05. 2744

– (Hrsg.), s. Fontane, Theodor: Aus dem Nachlaß.

Ettlinger, Josef [aus Karlsruhe]: Christian Hofman von Hofmanswaldau. Ein Beitrag zur Literaturgeschichte des siebzehnten Jahrhunderts. ... Halle a. S., Druck v. E. Karras, 1891; 126 S., 1 Bl. 8°
Heidelberg, Phil. Fak., Inaug.-Diss. v. [28. Jul.] 1891

Ettlinger, Jos., Christian Hofman v. Hofmanswaldau. Ein Beitrag zur Litteraturgeschichte des 17. Jahrh. gr. 8. (130 S.) Halle a/S. 891. M. Niemeyer. n. 2. 80

— Madame Récamier, s.: Frau, die. 13. Bd.

Ettlinger, Karl, s. a.: Karlchen.

Karlchen (d. i. [Karl] Ettlinger). Das kommt vom Sekt. Eine unglaubliche Geschichte. (2. unveränd. Aufl.) Berlin-Gr.-Lichterfelde: Langenscheidt [1910]. 154 S. 8°
Die 1. Aufl. erschien u. d. T.: Karl Ettlinger: Der neue Juvenal. [10. 15879

— Der neue Juvenal. Eine moderne Satire. (154 S.) 8. Berlin-Groß-Lichterfelde-Ost (907). Dr. P. Langenscheidt. 3.—; geb. 4.—; erm. Pr. 2. 50

— dasselbe, neue Ausg., s.: Das kommt vom Sekt.

s. a. Kraut unn Riewe.

Kraut unn Riewe. Gesammelte Gedichter von eme alde Frankforder (Karl Ettlinger). Umschlagzeichnung von Hermann Dumler. München & Leipzig: G. Müller 1907. (128 S.) 8° [J.] [07. 1410

— Ovids Liebeskunst. Eine moderne Nachdichtg. (VIII, 79 S. m. Abbildgn.) kl. 8. Gross-Lichterfelde-Ost (906). Dr. P. Langenscheidt. n. 3. —; geb. n. 4. —; in Prachtbd. n. 5. —

Ettlinger, Karl, der neue Martial. (37 S.) 8. Berlin 905. E. Fleischel & Co. Kart. n. 2. —

— Die Reglementierung der Prostitution, ihre Gegner u. Fürsprecher. (49 S.) 8. Leipzig (903). [Magazin-Verlag.] F. Rothbarth. n. — 50

Ettlinger, Karl: Die Reglementierung der Prostitution, ihre Gegner u. Fürsprecher. 2. Aufl. — Leipzig-Reudnitz: Hegner (1903). 49 S. 8°

KARLCHEN (d. i. *Karl Ettlinger*, Red. d. Münchner „Jugend"), Das Tagebuch eines glücklich Verheirateten, unterschlagen u. mitgetheilt von —. 5. Aufl. München, Georg Müller (c. 1905). (Cart. Mk. 2—.)
Anz. des Verlegers.

— s.: Tugendschön, Fräulein, die edle Gouvernante.

Ettlinger, Max, Geschichte der deutschen Literatur, s.: Lindemann, Wilh.

Ettlinger, Max, aus Frankfurt a. M.: Aus d. psychol. Seminar zu München. Zur Grundlegung einer Aesthetik des Rhythmus. *Leipzig: J. A. Barth 1899.* (44 S.) 8° ¶ (Soll fortgesetzt werden.)
München, Phil. Diss. v. 1899

Ettlinger, Max, s.: Ratgeber, literarischer, f. die Katholiken Deutschlands.

— Untersuchungen über die Bedeutung der Deszendenztheorie f. die Psychologie. (Schriften der Görres-Gesellschaft.) (86 S.) gr. 8. Köln 903. (J. P. Bachem.) n. 1. 50

Ettmayer, Karl, Adolf. Monologische Dichtgn. 8. (95 S.) Linz 900. Oesterreich. Verlagsanst. n. 2. —; geb. n. 2. 50

Ettmayer, Karl v., Bergamaskische Alpenmundarten. gr. 8. (VI, 91 S.) Leipzig 903. O. R. Reisland. n. 4. —

Ettmayer, Carl v[on]. Vorträge zur Charakteristik des Altfranzösischen von K^r v. E'. 132 S. 8. Freiburg i. Ue., Im Selbstverlag (*Auf druck:* Komm. Universitäts-Buchh., Fr' ⟨Schweiz⟩), 1910. [fr. 2.50]

Ettmayr, Ant., mein Lesebuch. Ein Buch f. Schule u. Haus. Vorbereitet v. dem Hrsg. u. Freunden des „Hauslehrers". Mit Bild. v. Otto Ubbelohde. 1. Tl. Unterstufe. (II, 90 S.) 8. Leipzig (910). K. G. Th. Scheffer. Geb. nn — 90

Ettmayr, Corbinian, die Gedächtnis-Kapelle f. König Ludwig II. u. die Königs-Kapelle im Parke d. Schlosses Berg. Mit 9 farb. Kunstblättern, sowie vielen Abbildgn. u. m. erläut. Texte. gr. 8. (40 S.) München 901. Gesellschaft f. christl. Kunst. n. 2. —

ETTMAYR, Corbinian (Dorfen): De logo S. Pauli: Phil. II,5-11 commentatio dogmatico-exegetica. (Titel nach der Urkunde)
27.7.1867 - Urk; F 44; Chr 1867/68,12
Diss. Ingolst.-Landsh.-Mchn.

Ettmüller. Mitteilungen über die Sterbekasse für das deutsche Forstpersonal. Tharand 1889.

— das Oberammergauer Passionsspiel, auf Grund des offiziellen Gesamttextes in seinen Vorbildern u. Handlgn. geschildert u. erläutert. 12. (VIII, 88 S m. Abbildgn.) München 900. C. v. Lama's Nachf. n. — 60

Abhandlung über die Krankheiten der Augen und der Augenlieder nebst den dabei vorkommenden Operationen. Von Christian Friedrich Benedict Ettmüller. In 2 Abth. Leipzig: Böhme 1799. XIV, 400 S. 8°

Ettmüller, Chr. Fr. Bdkt., Abhandl. üb. d. Krankheiten d. Augen u. der Augenlider rc. 8. Leipz. 799. Enobloch. 1 ℛ 8 gGr

— medicin.-chirurg. Abhandl. über die Krankheiten d. Zähne. 8. Leipz. 798. Enobloch. 12 gGr

— Miscellaneen, medicin. u. diätet. Inhalts. 8. Lpz. 801. Enobloch. 12 gGr

— von den Mitteln, die Gesundheit der Augen zu erhalten, eine Haustafel. gr. Fol. Lübben 801; 2e Aufl. 802. Gotsch. 2 gGr

— von den Mitteln, die Gesundheit d. Ohren zu erhalten. Eine Taf. in gr. Fol. Lübben 802. Gotsch. 2 gGr

— Samml. der besten u. aus Erfahrung bestätigten Recepte. 8. Leipz. 798. Enobloch. 12 gGr

Ettmüller, Christian Friedrich Benedict (Alt-Gersdorf/Laus.), De vi vitali et nervosa una et eadem. Dissert. med. Präs. Friedrich Ludwig Kreysig. Wittbg. (Tzschiedrich) 8. VII. 1796. 32 Seiten. (4.60) 8346
Widm. v.: Gottlieb Autenried (Wittenberg).

Ettmüller, Ernst Mor. Ludw., Die weisen Frauen der Germanen. Akademischer Vortrag. Zürich 1859. 8.
Ist: Akadem. Vorträge. II. 7.
Sep.-Abdr. aus. Monatsschr. d. wiss. Ver. in Zürich 1858. H. 2.

— **Friedrich Ludwig** (Zittau), Observationes de communione necessaria et indissolubili. Präs. Christoph Ludwig Crell. Wittbg. (Scheffler) März 1751. 32 S. (4.80) 8347

Ettmüller, G. H., vollständiges Handbuch der Erbsen- und Bohnen-Gärtnerei. Ein Beitrag zu der Lehre von der möglichst hohen Verwerthung des Bodens. kl. 8. Nordhausen 842, Fürst. 5/12 ℛ

Ettmüller, G. H., vollständ. Handbuch der Erbsen- u. Bohnen-Gärtnerei, enth.: die systemat. Bestimmgn. fast aller bekannt geword. Erbsen- u. Bohnenarten, nebst Belehrung über die zweckmäßigsten Culturweisen im Garten u. auf dem Felde. 2. unveränd. (Titel-)Aufl. 8. (128 S.) Plauen (842) 849, Schröter. 5/12 ℛ

— **Gustav** (Gersdorf/Laus.), De utroque crure per sphacelum a corpore ultro seiuncto praemissa de gangraenae et sphaceli notione commentatiuncula. Diss. med. Lpz. (G. T. Hoehm) 4. XI. 1831. 26 S. (4.50) 8348
Gew.: Joh. Chn. Clarus, Friedr. Benedict Ettmueller (Delitzsch).

Helmert, Joh. Friedr.: **Stillleben eines Maurers. [Von Gust. Ettmüller.] Freiberg: Gerlach 1861. VI, 18 S. 8°**
Tt. 943.

Ettmüller, Johann Friedrich

— — De jure tridui. Diss. jur. Altdorf (Okt. 1720) (Jod. Wilh. Kohles) 1725. 56 S., z. Tl. dtsch. (5.—) 8350

— **Johann Friedrich** (Zittau), De universitate usufructuaria. Diss. jur. Präs. Jo. Friedr. Olearius. Lpz. (Imman. Titius) 17. III. 1718. 44 S. (5.—) 8349
Widm. v. Präs.

Ettmüller, Ludwig

— s. a. Beowulf.

Ettmüller, L. Beowulf. Zürich 1840.

Ettmüller, Ludw., Beschreibung eines aus dem 14. Jahrh. stammenden Brautschmuckkästchens, s. a. Mittheilungen der antiquar. Gesellschaft in Zürich.

Ettmüller, Ludwig. Beschreibung eines aus dem 14. Jahrhundert stammenden Brautschmuckkästchens, nach den Zeichnungen und Angaben des Herrn Dr. [Ludwig] Stantz. [Mit 5 Tafeln.] (Mittheil. Ant. Ges. Zürich.) 4. (Zürich 1850.)
Ausg. A. (Band 7, Heft 1.) — *Ausg. B.* ([Njbl.] 14.)

Ettmüller, Ludw., sechs Briefe, s. Briefe.

Ettmüller, O. Carmen de Beówulfi Gautarum regis praeclare gestis atque interitu, quale fuerit antequam in manus interpolatoris, monachi Vestsaxonici, inciderat. Univ. Zürich, 1875. VI u. 43 S. 4. Progr.

Rector universitatis litterarum Turicensis commilitonibus certamina eruditionis propositis praemiis in annos MDCCCLXXV- LXXVI. indicit. Inest carmen de Beovulfi Gautarum regis praeclare gestis atque interitu, quale fuerit ante quam in manus interpolatoris, monachi Vestsaxonici, incidfrat [!]: autore Chlodovico Ettmüllero, phil. doct., literarum Germanicarum professore p. e. Tur. typ. Zürch. et Furr. 1875. VI. 43 S. 4°.

Ettmüller, Ludwig s. Chronik von Rapperswil. (Zürich 1849)

Ettmüller, L., einiges über den Ritterstand, s.a. Mittheilungen der antiquar. Gesellschaft in Zürich.

(Ettmüller, L[udwig].) Einiges über den Ritterstand und über die... einst üblichen Gebräuche s.a.(Vögelin, [Anton] S[alomon].) Das Zürcherische Diptychon des Consuls Areobindus. Zürich 1857.

Ettmüller, L[udwig]. Einiges über den Ritterstand und über die bei der Ertheilung dieser Würde einst üblichen Gebräuche. [A.] 4. [Zürich 1857.]

— die weisen Frauen der Germanen, s.a. Vorträge, akademische.

Ettmüller, L., Die weisen Frauen der Germanen. »Vorträge, Akadem.« (25 S.) Zürich 1859. Höhr.

Ettmüller, Ludw., die Frescobilder zu Konstanz, s. Mittheilungen der antiquarischen Gesellschaft in Zürich.

Ettmüller, L. Hadloub's Gedichte. Zürich 1840. 12.

– Dass., s. a. Hadlaub, Johannes : Gedichte.

—— **Gûdrûnlieder etc., s. Gûdrûnlieder.**

Ettmüller, Ludw., Handbuch der deutschen Literaturgeschichte von den ältesten bis auf die neuesten Zeiten, mit Einschluß der angelsächs., altscandinav. u. mittelniederländ. Schriftwerke. gr. 8. (487 S.) Leipzig 847, Verlagsbureau. n. 1 1/3 Thlr

— Herbstabende u. Winternächte. Gespräche über deutsche Dichtungen u. Dichter. 3 Bde. Stuttgart 865, 67. Cotta. gr. 8. 7 Thlr

1. Bd.: 8—12. Jahrh. (400 S.) 2 Thlr — 2. Bd.: Erzählende Dichtungen des 13—16. Jahrh. (584 S.) 3 Thlr — 3. Bd.: Die höfischen Minnesänger u. Meister des 13. Jahrh., das Volkslied u. das Schauspiel des 14—16. Jahrh. (428 S.) 2 Thlr

– s. **Jahrbücher, die beiden ältesten deutschen, der Stadt Zürich.**

— **siehe a. Karl der Große, Kaiser, u. das fränkische Jungfrauenheer.**

Ettmüller, L. Karl der Grosse und das fränkische Jungfrauenheer. Zürich 1846. 12.

– s. **Klopstock, auserwählte Oden.**

— der Kreuzleich und der Minneleich Heinrichs von Meißen, genannt Frauenlob. Nebst: Jahresbericht über die Leistungen der Kantonsschule im Schuljahre 1841—1842. — Einrichtung des neuen Kursus. Programm. 4. Zürich 842, Orell, Füßli u. Comp. n. 1/3 Thlr

— **Sant Oswaldes Leben. Ein Gedicht aus d. 12. Jahrhundert. 8. Zürich 835. (Schultheß u. Höhr.) 3/4 Thlr**

Ettmüller, Ldw., Heinrichs von Meißen des Frauenlobes Leiche, Sprüche etc., s. Bibliothek d. gesammten deutschen National-Literatur, 16. Bd.

Ettmüller, Ludw., altnordisches lesebuch nebst kurzgefasster formenlehre und wörterbuch. Zum gebrauche bei vorlesungen. Zürich 861. Meyer & Zeller. gr. 4. (152 S.) n. 1 Thlr 10 ngr

Ettmüller, Ldw., die Lieder der Edda von den Nibelungen. Stabreimende Verdeutschung nebst Erläuterungen. gr. 8. Zürich 837. Orell, Füßli u. Comp. 1 Thlr

Ettmüller, Ludw., Kunech Luarîn, s. Kunech.

— s.a. **Maere (Märe), Daz von Vroun Helchen Sünen.**

Ettmüller, L. Daz Märe von Vroun Helchen Sünen. Zürich 1846.

—— **Orendel und Bride, s. Orendel.**

— **Pfaffentrug und Bürgerzwist, oder die Kölner Erzbischöfe Konrad von Hochstetten 1240—1261 und Engelbert von Falkenburg 1261—1272. Nach der Cronica der hilliger stat van Cöllen von 1499 bearb. Lex.-8. Zürich u. Winterthur 842, Literar. Compt. n. 1/2 Thlr**

— **altnordischer Sagenschatz in 9 Büchern. Uebersetzt u. erläutert. Leipzig 870. Fr. Fleischer. gr. 8. (VIII, 488 S.)** n. 2 Thlr 20 ngr

Mittheilungen Der Antiquarischen Gesellschaft In Zürich. Zweiter Band. Eilftes Heft. Zürich, 1843. 4°.
Eidgenössische Schlachtlieder vom J. 1386—1480 nach Handschriften (zum größten Theile in ihrer ächten Gestalt noch ungedruckt) mitgetheilt von L. Ettmüller.

Ettmüller, Ludwig. Eidgenössische Schlachtlieder mit Erläuterungen [hrg.]. 4. (Zürich 1843.)
Ausg. A. (Mittheil. Ant. Ges. Zürich. Band 2. Heft 11.)
Ausg. B. (Zeitschr. für vaterl. Alterthumsk. Zürich. [Jahrg. 2,] Heft 2.)
— *Anonym.*

— **engla and seaxna scôpas and bôceras. Anglosaxonum poetae atque scriptores pros., siehe: Bibliothek der deutschen National-Literatur, 28. Bd.**

– s. **Singerkriec.**

— **dat spil fan der upstandige, siehe: Bibliothek der deutschen National-Literatur, 31 Bd.**

— **deutsche stammkönige nach geschichte u. sage. Ein neuer versuch nach alter weise. Lex.-8. Zürich 844. (Meyer u. Zeller.) n. 2/3 Thlr**

— **Theophilus, der Faust des Mittelalters, siehe: Bibliothek der deutschen National-Literatur, 27. Bd.**

Ettmüller, Ldw., Vaulu-spá. Das älteste Denkmal germanisch-nordischer Sprache, nebst einigen Gedanken über Nordens Wissen u. Glauben u. nordische Dichtkunst. 8. Leipz. 830. Weidmann. 1 Thlr

Ettmüller, Ludwig: Versuch einer strengeren kritischen Behandlung altnordischer Gedichte. Zür. Zürcher u. Furrer Dr. 1858. IV, 34 S. 4°. Programm der Kantonsschule in Zürich 1858.

— **Scôpes vîdsîdh. Sängers Weitfahrt. Aedhelstans Sieg bei Brunanburg. Angelsächsisch und deutsch. gr. 8. Zürich 839. Schultheß. 1/4 Thlr**

— **Vorda vealhstôd engla and seaxna. Lexicon anglosaxonicum, siehe: Bibliothek der deutschen National-Literatur, 20. Bd.**

Ettmüller, L., das verhängnißvolle Bahnweh, s. Bahnweh.

Ettmüller, M., resp. Ittig, De temulentia. Lps. 4°. 1768

Ettmüller, M. E., resp. J. C. Fischer, Diss de asthmate. Lps. 4°. 1710

Ettmüller, M. E., resp. C. G. Jöcher, Diss. effectus musicae in hominem. 39 pp. Lps. 4°. 1714

Ettmüller, M. E., Diss. de gutta serena. Lps. 4°. 1715

Ettmüller, M. E., resp. Ambr. **Fuchs,** De ingenio praematuro. 3 l. Lps. 4°. 1725

—, resp. Jobus Chr. **Gebhardus,** Diss. diss. mod. de ira. 29 pp. Lps. 4°. 1705

Ettmüller, M. E., resp. D. L. **Ebersbach**, De vigiliis involuntariis. 36 pp. Lps. 4°. 1705

Ettmüller, M. E., resp. J. Ch. **Lischwitz**, De vitiis circa somnum vigiliasque. 56 pp. Lps. 4°. 1720

Ettmüller, Michael: Kurtzer Begriff der gantzen Artzney-Kunst, worinnen die wahrhaffte und gründliche Cur aller dem menschlichen Leibe zustossenden Kranckheiten nach der vernünfftigen und einfältigen Methode der Natur...gelehret wird. (Compendium operum. Dt.) Deme beygefüget...Thomas Sydenhams Medicinische Wercke. (Opera. Dt.) Neue verm.Aufl. 1212 S., gbd., Abb.

Franckfurt u.Leipzig: Straub 1735

JB 1.746

Ettmüller, Mich., et alior. **Compend.** medic. universae, auct. a Zwingero. II Tom. 8. Basel, Turneysen. 783. Rthlr.

— **opera** medica. illustr. a I. I. Mangetto. IV Tmi. fol. Genev. (Stahl, Ienae.) 736.

Ettmüller, Michael: De virtute opii diaphoretica dissertatio. 45 S., gbd.

Lipsiae et Jenae: Bielck (1739)
in: Wedel, Georg Wolfgang: Opiologia ad mentem academiae naturae curiosorum. Editio tertia. 1739

JB 6.533

Michael Ernst Ettmueller

Corpus humanus sympatheticum. [Resp.:] Friderico Friedel Scaudiza. Lipsiae (1701:) Georg. 38 S. 8°

Leipzig, Med. Disp. v. 19. Aug. 1701

Michael Ernst Ettmueller

Facultatis medicae...Pro- Cancellarius... [Einladungsschrift zur Dr. med.- Promotion von Gottlieb Doering, Leipzig, 14. März 1722.]([Leipzig] 1722.) 4 Bl. 8°

Michael Ernst Ettmueller

Facultatis medicae in Academia Lipsiensi... [Einladungsschrift zur Dr.-med.- Promotion von Johann Ernst Hebenstreit, Leipzig, 1730.] ([Leipzig] 1730: Langenheim.) 8 Bl. 8°

—, De animae generatione. Lps. 4°. 1728

Ettmüller, Mich. Ern., resp. A. A. **Schaver**, De menyngis anatome nonnulla. 4 l. Lps. 4°. 1721

—, De origine animae. Lps. 4°. 1728

— **Michael Ernst**, Panegyrin medicam. Lpz., 27. IV. 1721. 6 Bl. (2.—) 8354
Gottlieb Friederici (Tauchensi).

— — Panegyrin medicam. Lpz. (I. Titius) 28. XII. 1721. 4 Bl. (1.80) 8355
Adam Aug. Schauer.

— — Panegyrin medicam. Lpz. (Roth) 1723. 6 Blatt. (2.50) 8356
Joh. Gottlieb Steinfeld (Düben).

— — Panegyrin medicam. Lpz. (Gottfried Roth) 1725. 4 Bl. (2.—) 8357
M. Ambrosius Fuchs (Meldorf/Dithm.).

— — Panegyrin medicam. Lpz. (Titius) 1728. 4 Bl. (2.—) 8358
Friedr. Christoph Praetorius (Neustadt a. O.).

— — Panegyrin medicam. Lpz. (Jo. Chn. Langenheim) 1730. 8 Bl. (2.50) 8359
Joh. Ernst Hebenstreit (Neustadt/Vogtl.).

Ettmüller, Mich. Ern., Epist. anat. probl. duodecima, ad Fr. *Ruyschium*. De cerebri corticali substantia. 28 pp., 2 pl. Amst. 4°. 1728

Deß getreuen Eckarths [d.i. Johann Christoph Ettner] Ungewissenhaffter Apotecker [Apotheker], in welchem wie ein rechtschaffener Apotecker beschaffen seyn... soll; ... Augspurg & Leipzig: Kroniger & Göbel [1700?]. 1288 S. 8°

Ettner, J. Chr.,
— — der ungewissenhafte Apotheker. Leipz. 700. Augsp. 753. 8.

Gründliche Beschreibung deß egerischen Sauer-Brunns. Oder so genannten Schleder-Säurlings, woher derselbe entspringe... ingleichen wie mit der... höchstersprießlich gepflogenen Bade-Cur...muß verfahren werden... Von Johann Christoph Ettnern [Ettner].Nürnberg: Zieger 1710: Spörlin. 212 S. 8°

— — Unvorsichtige Heb-Amme, in welcher wie eine Heb-Amme od. Kinder-Mutter, die ihr Gewissen wohl in acht nehmen will, beschaffen seyn, und wie sie nebenst dem erforderten Medico sowohl denen Unver- als Verheyratheten u. Kindern in ihren Kranckheiten u. Zufällen getreulich beystehen u. helffen soll, gezeigt wird, dann aber unterschiedene philosoph., polit., chymische, am meisten aber medicinische Anmerkungen . . . . enthalten sind. Mit Beyfügung sinn- u. lehrreicher, erschrecklicher u. lustiger Begebenheiten. Leipzig, J. Fr. Braun, 1715. 8°. (In Marburg, Univers.-Bibl.: XI f C 903 i.) (4 fl. 36 xr. L. Rosenthal, c. 1873; jetzt theurer!)
Seltenes Curiosum, voll der pikantesten sexuellen Erörterungen u. Historien. 944 S. Mit Kpfrn.
Die andern Romane des Verfassers enth. nichts hierher Gehöriges. — Ettner fehlt ganz bei Goedeke!

— — die unvorsichtige Hebamme. Augsp. 725. 8. Leipz. 713. 8.

— — Medicinischer Maulaffe od. d. entlarvte Marktschreier. Frkf. 694. 710. Liegn. 696. 719. Frkf. 720. 8.

Des getreuen Eckarths [d.i.Johann Christoph Ettner] Medicinischer Maul-Affe oder der Entlarvte Marckt-Schreyer. ... Mit Beyfügung sinn-und lehrreichen, erschröcklichen und lustigen Begebenheiten vors.u. unter gewissen Capiteln vorgestellet worden. Franckfurth & Leipzig: Rohrlach 1720. 1072 S. 8°

[Kupfert.:] Der entlarvte Marcktschreyer [Marktschreier].
[Zwischent.:] Joco-Serius: Alla modische Artzney-Affen [Arzneiaffen].

Ettner, Hans Christoph von. [Ettner von Eiteritz].
* Rosetum chymicum, oder chymischer Rosen-Garten, aus welchem der vorsichtige Kunst-Beflissene, vollblühende Rosen, der unvorsichtige Laborant aber Dornen und vervaulte Knospen abbrechen wird, in sonderliche Garten-Better abgetheilet und vorgestellet. Frankfurt und Leipzig, bey Michael Rohrlachs Wittib und Erben, 1724. pp. [xii]–564, 16mo.

* Vade et occide Cain, oder gehe und schlage den Cain todt. Franckfurt und Leipzig, bey Michael Rohrlachs Wittib und Erben, 1724. pp. 70, 16mo.

Étude

— de chevaux, d'après Rüdiger. 4. Bresl. 811. J. F. Korn. 1 Rthl.

Étude sur les corrosions des maçonneries en briques dues à la présence des sulfates alcalins, s.: Studie über die durch die alkal. Sulfate verursachten Korrosionen der Backsteinmauern.

Étude critique des opérations en Turquie d'Asie pendant la guerre turco-russe en 1877—1878. D'après des documents officiels par un officier supérieur turc. gr. 8. (VI, 59 S. m. 7 Karten.) Konstantinopel 896. O. Keil. n. 2. 50

Étude diplomatique sur la guerre de Crimée [1852—1856]. Par un ancien diplomate. 2 vols. 8. (VII, 544 u. 425 S.) St. Petersburg 878. Roettger. n. 16. —

— de la nature et des arts. Schauplatz d. Natur u. Kunst. 8. Nürnb. 811. Schneider u. W. 10 ℊ Mit Kpf. 1 ₰ Mit ill. Kpf. 1 ₰ 12 ℊ

Étude sur la plastoménite, nouvelle poudre pour canons et fusils. Traduction de G. Bodenhorst. Berlin, 1898. 8vo. Ill.

Etude des verbes facilitée, suivie d'un tableau pour la formation du pluriel des substantifs. (Von Eman. van Demerghel.) Vienne 852. Gerold. gr. 8. (40 S.) 10 ngr

Etudes sur la chanson de Girart de Roussillon. [Leipzic 1870.] V: *Meyer, Paul.* (Cat. d. Stadtbibl. Zürich. Zürich 1864—97.)

Études de chats et chiens. gr. 4. (4 Farbdr.) Berlin (899). W. Schultz-Engelhard. 1. 50

Etudes pour le congrès de 1860. Leipzig 860. Gerhard. gr. 8. (64 S.) 15 ngr

Etudes convenables aux Demoiselles. Dresde 1775. H: *Walther, Conrad Salomon.* (MGT)

— les, convenables aux Demoiss. II Vol. 8. Dresd. Walther. 776.

Etudes de desseins à l'usage de la broderie. qu. 4. Erl., Heyder. 2 ₰

Etudes de Dessins à l'usage de la Broderie. qu. 4. Erlang. Walther.

Etudes diplomatiques sur la question d'Orient. Munich 1873. V: *Greppi, Jos. Comte de.* (Kat. d. Bibl. d. dtsch. Reichtages. Berl. 1882.)

Etudes diplomatiques sur la question d'Orient (par comte de Greppi). Tom. 1. Lex.-8. (X, 196 S.) München 873. Th. Ackermann. n. 4. —

Etudes d'économie et de politique suisses
v. Zeitfragen der Schweizerischen Wirtschaftspolitik — Etudes d'économie et de politique suisses, Zeitfragen der schweizerischen Wirtschaft und Politik — Etudes d'économie et de politique suisses.

Etudes égyptologiques. 4—7. livr. gr. 4. Paris 875. 76. Vieweg. n. 95. —
4. Le mythe Osirien par Eug. Lefébure. 2. partie. Osiris. (S. 129—250.) n. 20. —
5. Actes et contrats des musées égyptiens de Boulaq et du Louvre. 1. Fasc. Textes et Fac-Simile par Eug. Revillout. (120 S. m. 16 Steintaf.) n. 25. —
6. Guieysse, Paul, rituel funéraire égyptien chapitre 64e. Textes comparés, traduction et commentaires d'apres les papyrus du Louvre et de la bibliothèque nationale. (116 S. m. 7 Steintaf. in gr. 4. u. qu. Fol.) n. 25. —
7. Revillout, Eug., Apocryphes coptes du nouveau testament. 1 Fasc. (XII, 128 S.) n. 25. —

— de jeunes filles. schmal gr. 8. (4 farb. Bl.) Ebd. (900). 2. —

— dasselbe. Genre empire. 8. (4 Farbdr.) Ebd. 899. 1. 50

— de fleurs qu. 4. (4 farb. Bl.) Ebd. (900). 2. —

Études de fleures détachées d'après nature. gr. 4. (8 Farbendr.) Paris 891. (Berlin, W. Schultz-Engelhard.) n. 10. —

Etudes de fleurs et insectes. 4. (4 Farbdr.) Berlin 898. W. Schultz-Engelhard. n. 3. —

— dasselbe. 2 Serien. hoch 4. (à 4 Farbdr.) Ebd. 898. à n.n. 4. —

Etudes de fleurs stylisées. (6 farb. Bl.) 8. Berlin (903). W. Schultz-Engelhard Nachf. n. 2. 80

Études de géologie biblique III. *Raymonde Girard,* La théorie sismique du Déluge. In-8°. 545 p. Fribourg, Librairie de l'Université. 1895 6 —

— de grammaire et de littérature françaises. Réd.: Ph. Plattner. 1. et 2. vol. à 6 nrs. (2 Bog.) Lex.-8. Karlsruhe 891—893. J. Bielefeld's Verl. à n. 6. —

— grandes, de fleurs. gr. Fol. (4 Farbdr.) Ebd. 899. 4. 50

Etudes sur l'histoire de la Russie depuis la guerre de Crimée jusqu'à la paix de Berlin (en russe). In-12°, 428 p. Genève et Bâle, Georg. 6 — 1879

Etudes sur l'histoire de la Russie, depuis la guerre de la Crimée jusqu'à la paix de Berlin (en russe). Tome II, in-12°, 223 p. Genève & Bâle, H. Georg. 1879 2 50

Etudes sur l'histoire de la Russie, depuis la guerre de Crimée jusqu'à la paix de Berlin (en russe). IIIe vol. In-12°, 272 p. Genève et Bâle, H. Georg. 1879 3 50

— de personnages. 8. (4 farb. Bl.) Ebd. (900). 2. —

Etudes sur diverses questions relatives à la revision de la Convention de Berne. In-4°. 70 p. Berne, Bureau international de l'union pour la protection de la propriété littéraire. (Bâle et Genève, Georg & Co.) 1896 1 —

— de violettes. schmal 8. (4 farb. Bl.) Ebd. (900). 1. 50

Etui für Geist u. Herz. Goldene Blätter zur Beförderung eines weisen u. frohen Lebensgenusses. 18 Heft. 16. Lpz. 820. (Central-Cpt.) 10 ℊ

Etui, für Geist u. Herz; goldne Blätter zur Beförderung e. weisen u. frohen Lebensgenusses. 16. Leipz. 823, Central-Comptoir.

Etui, historisches. s.a. Kühnemann.

Etui, histor., od. chronolog. Uebers. d. merkw. Begebenh. auf d. Weltgesch. mit besond. Rücksicht auf die n. Zeiten von Entsteh. d. Staaten bis z. Einschiffung Napoleons nach St. Helena. 6te Ausg. ganz umgearb. v. D. E. W. Wachsmuth. Wandformat. Halle, Gebauer. 815. —.16

Etui, Historisches, oder chronologische Uebersicht der merkwürdigsten Begebenheiten aus der Weltgeschichte . . . 6. umgearb. Aufl. Halle 1816 . . . V: ***Kuhnemann, J. G.*** **H:** ***Wachler, Joh. Friedrich Ludwig.*** **(MGT)**

— historisches, oder chronolog. Uebersicht der merkwürdigsten Begebenheiten aus der Weltgeschichte, mit besonderer Rücksicht auf die neuesten Zeiten, von Entstehung der Staaten bis zum Aachner Congresse. 7te Aufl. Band-Format. Halle, Gebauer und Sohn. 819.

— historisches, oder chronolog. Uebersicht der merkwürd. Begebenheiten aus der Weltgeschichte, mit besond. Rücksicht auf die neuesten Zeiten, von Entstehung der Staaten bis zum Aachener Congresse. Band-Format. Halle . . . 8e Aufl. 830. Gebauer u. S. 18 gr.

— von Mustern zu weibl. Kunstarbeiten. Ein Geschenk f. Damen. In Futteral. Pirna 815. 2e Aufl. . . . Friese. 20 gr. (Auch u. d. T.: Arbeitsbuch f. Damen rc. 1r Thl.)

— neuer, geschmackvoller Original-Dessins zum Stricken u. Sticken mit bunten Perlen, 1s—4s Heft. 4. Nürnb. 816. Jeh. 1 Thlr.

— neuestes historisches. Bandform. Halle, Gebauer. 811.

Etui, neuestes Haus-, für Damen. m. Kupf. 32. Leipzig, Köhler.

Etui-Ährenlese, neueste, aus deutschen Denkern. Ein Toiletten-Geschenk. Münster 867. Brunn. 32. (151 S.) $7\frac{1}{2}$ ngr.; geb. n. $12\frac{1}{2}$ ngr.

Etuibibliothek d. deutschen Classiker. 16 Stck in 4 Bändch. m. K. 16. (à 12 gr.)

Etui-Blätter aus der Mappe bedeutender Männer u. Frauen. Ein Toiletten-Geschenk. Ebend. 869. 32. (205 S.) $7\frac{1}{2}$ ngr.; geb. n. $12\frac{1}{2}$ ngr.

Etui-Blumensprache, neueste, nebst e. Anh.: Lieder d. Liebe. Ein Toiletten-Geschenk f. Liebende. 1. Aufl. (80 S.) 843. 5 Ngr. u. 2., verm. Aufl. 32. (144 S.) Borken 846, Bagel u. Brunn. (Wesel, Bagel.)

Etui-Blumensprache, neueste, nebst Liedern der Liebe. Ein Toiletten-Geschenk für Liebende 3. u. 4. Aufl. Münster (858). Brunn. 128. (192 S.) n. $7\frac{1}{2}$ ngr.

Etui-Blumensprache, neueste, nebst Liedern der Liebe. Ein Toiletten-Geschenk. 5. Aufl. 860. — 6. Aufl. 863. 7., gänzlich umgearb. Aufl. Münster 864. Brunn. 64. (156 S.) $7\frac{1}{2}$ ngr.; geb. n. $12\frac{1}{2}$ ngr.

Etui-Blumensprache, neueste, nebst Liedern der Liebe. Ein Toilettengeschenk. 6.—9., illustrirte Aufl. 32. (156 S. mit eingedr. Holzschn.) Münster 863—67, Brunn's Verlag. geb. mit Goldschn. * —

Etui-Blumensprache, neueste, nebst Liedern der Liebe. 14. Aufl. 64. (156 S.) Leipzig 883. Lenz. — 75; geb. n. 1. 25

Etui-Blumensprache, neueste, nebst Liedern der Liebe. 15., verm. Aufl. 64. (156 S.) Leipzig 888. O. Lenz. — 75; geb. n. 1. 25

Etui-Blüthen-Kranz aus deutschen Dichtern. Ein Toiletten Geschenk. Ebend. 867. 32. (192 S.) $7\frac{1}{2}$ ngr.; geb. n. $12\frac{1}{2}$ ngr.

Etuikalender

— auf die Jahre 1841—1846. Herausgeg. von der Kalender-Deputation. 16. Berlin. (Heymann.) à n. 1/3 Thlr.

— auf das Jahr 1842. Mit Radirungen nach beliebten Originalbildern. Berlin 841, Plahn'sche Buchh. 1/3 Thlr.

Etui-Kalender auf das Jahr 1843. (Mit roth gedruckter Einfassung.) 16. 842, (Mannheim, Hoff.) $1\frac{3}{4}$ ngr.

Etui-Kalender für 1867. Mit Bibelsprüchen. 32. (128 S.) Hannover 866. (Celle, Schulze'sche Buchh.) cart. mit Goldschn. * —

Etui-Kalender f. 1871. Mit Bibelsprüchen. 32. (122 S.) Hannover. (Celle, Schulze'sche Buchh.) geb. m. Goldschn. u. in Carton. n. 1. 20

Etui-Kalender, berlin., s. Kalender.

Etuikalender, kleiner, auch f. d. Hausbedarf einger. m. K. 12. Leipzig. Böhme. 801.

—— kleiner, für 1867. 64. (54 S.) Celle 866, Schulze'sche Buchh. cart. mit Goldschn. *

— **kleiner** f. 1871. 64. (28 S.) Ebend. 871. cart. m. Goldschn. u. in Cart. n. — 60

Etui-Liederbuch, enthaltend eine Auswahl von beinahe 600 der besten und beliebtesten Gesänge und Trinksprüche für gesellige Kreise. Hrsg. von Jul. Schuberth. 8. (Titel-)Aufl. 32. (XVI und 256 S.) Hamburg 852, Schuberth und Comp. *

Etui-Liederbuch f. Alle, d. i.: D. Zunica Klagen, in welchen die Bedrängnisse aller Stände vorgetragen werden. A. d. Italien. übers. von Jord. Simon. 8. Erfurt 755. Mit n. Titelbl. Frankf. 767. Varrentrapp. 6 gr.

— s. auch A. Goldbach.

— f. Damen. Nebst 125 Stammbuchversen. 32. (X u. 214 S.) Lübeck 849, Boldemann. — 2. Aufl. 32. (X u. 214 S.) Ebd. 850. — 3. Aufl. 32. (X u. 214 S.) Ebd. 851. — 4. Aufl. 32. (X u. 214 S.) Ebd. 852. 1/4 Thlr.; in Engl. Einb. m. Goldschn. n. 5/12 Thlr.

Etuis-Liederbuch, gesellschaftl., gesammelt u. hrsg. v. A. Goldbach. 3., verb. u. verm. wohlf. Stereotyp-Ausg. 32. ($6\frac{1}{2}$ B.) Hamburg 831, [Nestler u. Melle.] Thlr.

Etui-Liederbuch, neues, enthalt. eine Auswahl von beinahe 600 der besten u. beliebt. Gesänge u. Trinksprüche f. gesellige Kreise, hrsg. v. Jul. Schuberth. 3. stark verm. Aufl. 32. (XVI u. 256 S.) Hamburg 848, Schuberth & Co. — 4. Aufl. 32. (XVI u. 256 S.) Ebd. 848. — 5. Aufl. 32. (XVI u. 256 S.) Ebd. 849. — 6. Aufl. (XVI u. 256 S.) Ebd. 851. — 8. (Titel-)Aufl. 32. (XVI u. 256 S.) Ebd. (851) 852. n. 1/6 Thlr.

Etuis u. Theaterkalender f. das Jahr 1817 u. 18. Mit Kpf. 32. München. (Leipz., Lauffer). 20 gr.

Etuis-Kalender mit Volkstrachten f. . . .
1850. M. 7 kol. Costümbl.
1851. M. 7 kol. Costümbl.
1852. M. 7 kol. Costümbl.
1853. M. 7 kol. Costümbl.
1854. M. 7 kol. Costümbl.
1855. M. 7 kol. Costümbl.
1856. M. 7 kol. Costümbl.
1857. M. 7 kol. Costümbl.
Augsburg.

Etui-Tabellen über den Flächeninhalt und die Einwohnerzahl aller Länder der Erde, mit Angabe der vornehmsten Städte u. Anzahl ihrer Bewohner. qu. 32. Leipzig 837. Polet. 1/8 Thlr. Mit Goldschnitt u. in Futteral 1/6 Thlr.

Etui-Tabellen üb. d. Flächeninhalt u. d. Einwohnerzahl aller Länder d. Erde, mit Angabe d. vornehmsten Städte u. Anzahl ihrer Bewohner. qu. 32. (42 Seit.) Leipzig 838, Polet. 1/8 Thlr., m. Goldschn. u. in Futteral.

Etwas

— —, aber nicht vor alle, d. i. ein ungescheltes Oster-Ay, denen bösen Weibern ins gesambt verehrt, von einem wohlbekannten. O. O. u. J. (c. 1700). 2 Bll. 4°. (7 Mk. Jacques Rosenthal, c. 1903.) Sehr rar!

Etwas über die Abgabe von 40 pro Cent. Erlangen 1784. V. *Brandenstein, Friedrich Wilhelm Ferdinand von.* (MGT)

Etwas zum Abschiede am Sarge des würtembergischen Schreiberstandes. 8. Gmünd 817. Ritter. 4 Kr

— über den Adel; ein Wort zu rechter Zeit, an Monarchen, Fürsten u. unparth. Leser aus allen Ständen, zur Beherzigung. 4. Hildburgh. 790. Hanisch. 1 Kr

— über den deutschen Adel, über Rittersinn und Militairehre, in Briefen von Fr. Baron de la Motte Fouqué und Fr. Perthes. 8. Hamburg, Perthes und Besser. 820.

Etwas über das richtige Adjustiren der Münze ... Altona 1788. V: *Fink, Otto Jacob.* (schles) (MGT)

Etwas über Ahndungen und Erscheinungen. [Riga 1806.] V: *Mellin, Ludwig August Graf.* (R-N)

Etwas vom Ahornberg. [Bayr. 1766—67.] V: *Wunderlich, Johann Georg.* (Fiker)

Etwas über Aktien-Gesetzgebung, z. Nachricht für Diejenigen, welche sich durch Ankauf von Aktien oder durch Unterzeichnung bei Unternehmen auf Aktien betheiligen wollen. Von G. K. G. 8. Danzig 840. Homann.) n. 1/6 Thlr

Etwas über Alarkos, ein Trauerspiel von Fr. Schlegel ... Münster 1803. V: *Gramberg, Gerhard Anton Hermann.* (Ky)

— über Alarkos, ein Trauerspiel von Fr. Schlegel. Ein Versuch, die Leser zum Schmecken zu zwingen. gr. 8. Münst. 803. Theyssing. 5 Kr

— für Alle, oder Gespräche zwischen Titus, einem Kaufmann, u. dessen Onkel Theosophus, einem Philosophen, von dem Daseyn Gottes u. daraus fließenden Folgen. 8. Brünn, Gastl. 2½ Kr

Etwas für alle, das ist, menschliches Unglück in unterschiedenen Ständen wehmüthig beklaget ... a. Ital. Sprach in die Teutsche übers. ... Cöllen 17?? Ü: *Lolgen, Heinrich.* (Jes) (SO)

— f. Alle, oder Stuttg. Realzeitung, (herausg. v. J. C. Erhard). 2 Jahrgg. 765, 66. 8. Stuttg., Erhard. 1 Thlr 8 Kr

Etwas für alle, oder Stuttgarder Realzeitung. Stuttg. 1767—68. H: *Erhard, Johann Christoph.* (Ky) (ML)

— f. Alle, od. Sittenlehre f. alle Stände. 8. Cöln., Guimbert. 787.

— für Alle, enth. 100 Haushaltungs-Kunststücke. 8. Prag 808. Kramer. 4 Kr

Etwas für Alle, oder die Kunst zu Sterben. Nach dem Lateinischen des ... Card. Bellarmin, übersetzt ... Augsburg 1837. V: *Waizmann, Joh. Gg.* (Jes)

Etwas für Alle. Solothurn 1858 s. Geheimnisse. Die G' von B.... Bern... 1857–1859.

Etwas f. Alle, von den Ablässen etc. 8. Münch. Crätz. 779.

— f. Alle, d. Erziehung am Herzen liegt. 8. Augsburg, Klett. (Haslinger in Linz.) 786.

Etwas für alle, zum Lesen in Frühling und Sommer beym Spatzieren im Herbste und Winter beym warmen Ofen. Wien 1776. Wien 1779. V: *Geissau, Ant. Ferd. von.* (PK 1/717) (BiblPort)

Etwas fur Alle von dem grossen Portluncula von *D. L. C.* O. O. 1778. 8°. Cart.
23 S. — Polemik gegen eine zu Moosburg gehaltene lächerliche Predigt.

— für Alle gegen die Verdammungssucht unserer Tage, v. einem Protestanten. br. gr. 8. Ulm 841, Nübling. 1/8 Thlr

Etwas fur alle zum Vergnügen, od. Geschichte der engl. Gräfin von K***. 8. Frkft. u. Lpz. Zapf. 773.

ETWAS für Alle zum Vergnügen u. Beruhigung in schlechten Zeiten, oder Geschichte der englischen Gräfin von K***. Von ihr selbst aufgesezt (!). Leipzig u. Frankfurt 1772. 8°. Tit. u. 310 S. — Noch eine Englische Geschichte zum Zeitvertreib auf den (!) Sopha. Als eine Fortsetzung der Geschichte der englischen Gräfin von K***. Magdeburg u. Leipzig, verlegts Joh. Chrn. Zapffe. 1773. 8°. Tit. u. 270 S. (7 Mk. Friedr. Klüber, 1898.)
Gehört zu den Avanturiers-Romanen. Schwerlich auf englischem Boden gewachsen. — So cplt. selten!

Etwas von Allem, oder der schlesische Schriftsteller nach der Mode. Liegnitz 1753—55. V: *Schröer, Christoph Traugott.* (Ky)

VON Allem Etwas, oder der Schlesische Schriftsteller nach der Mode. 4 Bde. Liegnitz, Dav. Siegert, 1753—54. 8°. (In Warmbrunn.) Cplt. sehr rar!
Bd. II, S. 3?5—368: Etwas von Kleidern.

— von Allem, oder der schlesische Schriftsteller nach der Mode, (v. Cph. Tr. Schröder). 3 Thle, in 18 Stckn. 8. Liegnitz 753—55. Siegert. 1 Thlr 12 Kr 4r Thl. Bresl. 756....

Etwas zum Andenken Herrn Johannes Scheuchzers. Zürich 1794 s.a.[Schulthess, Johann Georg II].

Etwas zum Andenken H. Johann Scheuchzers, weiland Statthalters der Republik Zürich. Zürich 1794. V: *Schulthess, Johann Georg.* (CLZür Forts. III) (Cat. d. Stadtbibl. Zürich. Zürich 1864—97.)

— andern. f. d. gem. Mann etc. 8. Zürich, Orell. 783.

Etwas nebst einem Anhange. Berlin 1773. V: *Burmann, Gottlob Wilhelm.* (Zeitschr. f. Büch., N. F. 2/1, S. 68—69, Beibl.)

Etwas über die allgemeinen und besonderen Anmerkungen vom einheimischen und fremden Handel ... O. O. 1776. V: *Wurmb, v.* (Kat. d. stat. Bureaus. Dresden 1890.)

— zu d. Schrift: Anmerkk. den ausländ. u. inländ. Handel betreffend. 8. Altenb. 776. Hennings in Neisse. 10 Kr

— zur Antwort auf das Schreiben eines Vaters an seinen studirenden Sohn, über d. Fichteschen u. Forbergischen Atheismus. Nebst Andeutung d. Harmonie einiger religiös. Grundsätze des Sokrates, Antonius, Jesus, Luther etc. 8. Jena 794. Gabler. 4 Kr

— zur Antwort auf d. Schreiben ein. Vaters an seinen studier. Sohn üb. d. Fichteschen u. Forbergschen Atheismus etc. 8. Jena, Gabler. 799.

Etwas über das neue Londner u. andere Apothekerbücher, s.a. Christiani, Conr. 1790.

Etwas über das neue Londoner und andere Apothekerbücher. Hamb. 1790. V: *Christiani, Conrad.* (Ky) (MGT) (Bruun, Bibl. Danica. I, 818.)

— über die London. u. a. Apothekerbücher, (v. Konr. Christiani). 8. Hamb. 790. Herold. 6 gl.

Etwas über die Armenanstalten. [Hann. 1774.] V: *Göckingk, Leopold Friedrich Günther von.* (MGT)

ETWAS von guten und schlechten Ärzten – zum Nutzen und Gebrauch des Publikums. Hartl, Wien 1781 1 vol. 22 S.

— auch, über Banken, Banknoten u. Handlung; zur Beantwort. e. Sendschreibens aus Kopenhagen. (Von D. J. Fink.) 8. Altona 788.

— auch, z. Beherzigung f. die sich bildenden Bibelgesellschaften in Deutschland. f. Kaiser, Sendschreiben.

— auch, zur Beleuchtung d. Justizpflege in deutschen Staaten, (v. W. L. Stubenrauch). 8. Leipz. 790. (W. Vogel). 9 gl.

— auch, über die asiat. Cholera, zunächst zur Belehrung für das Landvolk. 8. Ellwang 831. Schönbrod. 1½ gl.

— auch, über den Feldzug in Deutschland im Jahre 1796. Gegen die Bemerkungen eines deutschen Offiziers im Januarhefte der europ. Annalen 1817. gr. 8. Wien, Heubner. 5 gl.

Auch Etwas über liturgische Gegenstände, veranlasst durch Herrn Pastor [Friedrich Wilhelm] Wolfrath. Schleswig. (1793.) 8°.

— auch, über die Gewohnheit, Missethäter durch Prediger z. Hinrichtung begleiten zu lassen, (v. L. A. G. Schrader). 8. Hamb. 784.

Auch etwas über d. Kirchengüter u. über d. Verhältnisse geistl. Personen u. Sachen im Staate überhaupt u. in d. Schweizer Eidgenossenschaft insbesondere. Gegen *Geiger* u. *Görres. Zürich*, (Wirz-Widmer.) 828. gr. 8. (6 Gr.)

— auch, über die Kunst, Worte u. Nebel zu machen. Mit e. Nachschrift an K. A. v. Mastiaux. 8. Sulzb. 821. v. Seidel. 8 gl.

— auch, über den letzten Landtag im Königreich Sachsen, (von H. Blümner). 8. Leipz. 810. Brockhaus. 6 gl.

— auch noch, über: Nürnbergs Bürger. 8. Nürnb. Bauer. 802.

— auch noch, f. Ordens- u. Nichtordensleute der Mad. Cagliostro rc. 2 Bde. 8. Eisenach 778. (W. Rauck in Leipz.) 1 rthl 8 gl.

— auch, üb. den Orden, vornehmlich üb. die sogen. schwarzen Brüder, (v. K. v. Reinhard). 4. Braunschw. 790. Schröder. 1 gl.

— auch, über Regierung d. geistl. Staat. f. Regierung.

— auch, über Regierung d. geistl. Staaten in Deutschland, (v. J. Fr. Döhler). 8. Thal Ehrenbreitst. 787. Gehra. 9 gl. (Schäfer in Frankf.) 10 gl.

— auch, über die Schelde u. den Handel nach Indien, als e. Anh. zu d. Schlettweinischen Werke, (von R. K. v. Senkenberg). 8. o. O. 785.

— auch, üb. die Schiffbarmachung d. Elbe. 8. Rostock 793. Stiller. 2 gl.

— (Auch) üb. d. Sitten d. Dienstboten. 8. Passau 822. Pustet.

— auch, üb. die Verweisung des Bürgers Heinzmann aus Ulm rc., (v. J. M. Miller). 8. Ulm 790. Stettin. 5 gl.

Etwas, auch, über die Wahlcapitulation, (v. Bernh. v. Reith). 8. (o. O.) 790.

— auch, über Wahrheit, Denken u. Lehren, (v. E. Danielsen). 8. Hamb. u. Leipz. 777.

Etwas von dem ehemaligen Aufenthalte der Juden in Ulm. Ulm 1797. V: *Veesenmeyer, Georg.* (Heyd) (BrMm)

— über Aufklärung u. aufgeklärte Erziehung. 8. Nürnb. 786. Felssecker. 12 gl.

Etwas zur Aufklärung an das vernünftige und forschende Kielische Stadtpublikum ... Teutschland [Kiel] 1788. V: *Appenfelder, August Moriz.* (Wr)

— üb. Aufklär., Toleranz u. Kanzelredner. 8. Wien. Beysang. 787.

— z. Aufklärung üb. den gegenwärt. Zustand des academ. Lebens in Heidelberg. Von e. Rechtskundigen. 8. Speyer 831. Kolb. 3 gl.

Etwas zur Aufmunterung in dem Glaubenslauf, aus dem Lebens-Wandel, Priestertum und Königreich Christi. Tübingen 1773. V: *Beck.* (Hauptkat. d. Univ.-Bibl. Tübingen. G. S. 372.)

Etwas gegen den Aufsatz: über die heutige Religiosität ... O. O. 1818. V: *Elverfeld, Carl Joh. Frdr.* (MGT) (R-N)

Etwas für den Auktor der Monachologie. O. O. 1784. 8°. Rar! (40 xr. Wallisshausser, Wien, 1872.) Born's Schrift wurde erst nach Josef's II. Tode verboten.

Etwas über die Ausgaben sämtlicher Werke und das Verlagsrecht. [Halle 1797.] V: *Krause, Christian Siegmund.* (MGT)

Etwas über die bisherige landschaftliche Ausschüsse in Würtemberg. O. O. 1797. V: *Danz, Wilhelm Aug. Frdr.* (MGT) (HS)

Etwas von der reinen deutschen Aussprache für die Schulmeister und Schüler des Landes. Lemgo 1776. V: *Stosch, Ferd.* (Rüdiger, Neuest. Zuwachs. Liegnitz 1782—93 IV, 76.)

— zum Auswendiglernen für geübtere Rechenschüler (v. Dinter). 8. Neustadt a. d. O., Wagner.

Etwas über die Ausziehung des grauen Staars. Wien 1797. V: *Barth, Joseph.* (MGT)

Etwas an Herrn M. Carl Friedrich Bahrdt ... Berl. 1764. V: *Bahrdt, Carl Friedrich.* (GGr) (Waniek, Gottsched, Leipz. 1897, p. 669.) (GGr)

Etwas vom Befugniß der Fürsten in Veräußerung d. Domainen. 8. Münster 786. Coppenrath. 2 gl.

Etwas über die frühzeitigen Begräbnisse. [Weimar 1786.] V: *Schneider, Christoph Conrad.* (MGT)

— üb. d. Kantschen Begriff v. gerichtl. Eid. 2 St. 8. Stuttgard, Metzler. 798.

Etwas zur Beherzigung. Hrsg. vom Canisiuspreßverein der Leitmeritzer Diöcese. (26 S.) gr. 16. Dux 900. Leitmeritz, Buchdr. „Austria". n. — 10

— zur Beherzigung an die Bewohner des kölnischen Landes, als einzig wahrer Gesichtspunkt für's Gegenwärtige u. Zukünftige. 8. Düsseld. 798. Dänzer. 2 gr

Etwas zur Beherzigung für die Gegner Harms's. Kiel [1818]. V: *Reuter, Joh. Nic.* (Collin, Anonymer. Kiobenh. 1869.) (Bruun, Bibl. Danica. I, 177.)

— zur Beherzigung für die Gegner des Herrn Pastor Harms. 8. Kiel, akademische Buchhdl. 820.

— zur Beherzigung f. die Gegner des Herrn Pastor Harms. 8. Kiel 820. Hesse. 7 gr

— zur Beherzig. für Hauslehrer. 8. Schneeberg, Arnold. 796.

Etwas zur Beherzigung für Jeden, der sich dem Schulstande widmen will ... Altenburg 1801. V: *Pöhlmann, Johann Paulus.* (MGT) (Fiker)

Etwas zur Beherzigung für Mütter vornehmen Standes. Leipzig 1798. V: *Schuderoff, Jonath.* (ErschDL)

— z. Beherzigung f. Stadt u. Land. 8. Zürich 796. Geßner. 4 gr

Etwas zur Beleuchtung der Justizpflege in deutschen Staaten. Leipzig 1790. V: *Stubenrauch, Wilhelm Leberecht.* (EngJ)

Etwas über die Beleuchtung der Trenckischen Lebensgeschichte. Berlin 1787. V: *Bremer, Johann Gottfried.* (MGT) V: *Gabelhofer, J. G.* (Pk)

Etwas über die Beleuchtung der Trenckschen Lebensbeschreibung. Berlin 1788. V: *Gabelhofer, Joh. Jul.* (Gustav Gugitz u. Max von Portheim: Friedrich Freih. v. d. Trenck. Wien 1912. Nr. 71) (Pk I/181)

— über die Beleuchtung des Herrn von Trenk. 8. Berlin 788. Schöne. 4 gr

Etwas zur Beruhigung der guten Katholiken, wegen der sogenannten Religionsklagen des Hrn. Peter Trunks. Mannheim 1780. V: *Sambuga, Joseph Anton.* (Ky) (MGT)

— zur Beruhigung des guten Katholiken wegen der Religionsklagen des Pet. Trunks, (von J. A. Sambuga). 8. Manh. 781 Löffler. 8 gr

— zur Beruhigung f. Leidende. 8. Frankf. 789. Geyer. 12 gr

— zur Beruhigung für Unglückliche. 8. Fürth 789. Andrä in Leipz. 10 gr

Etwas über den cammergerichtlichen Bescheid vom 13. May 1785, oder Verbesserungsvorschläge, wie ... die ganze Gerichtsverfassung ... einzurichten sey ... O. O. 1786. V: *Haas, Damian Ferdinand.* (MGT) (Pütter, Litt. d. Teutsch. Staatsr. Gött. 1773—91. IV, 337.)

— für u. wider die außerordentl. Besteuerung d. piorum Corporum unserer Würtemberg. Communen, (v. Karl Chr. Müller). 8. Stuttg. 796. Löflund. 5 gr

— f. u. wid. die außerordentl. Besteurung d. pior. Corpor. d. würtemb. Commun. 8. Stuttg. Löflund. 797.

Etwas über Kurlands Betragen während der feindlichen Okkupation. Mitau 1813. V: *Engelhardt, Gg Benedict von.* (R-N)

Etwas zur Beurtheilung des Beschlusses der reformirten Gemeinde St. Anscharis in Bremen ... Bremen 1805. V: *Aschen, Joh. Hnr. von.* (MGT) (Ky)

— zur Beurtheilung des Beschlusses d. reform. Gemeinde St. Anscharii in Bremen vom 4. Oct. 1804, (von J. H. v. Aschen). 8. Bremen 805.

Etwas zur richtigen Beurtheilung des Nur Etwas zur Prüfung über ... Coners Sendschreiben an seine nächsten Amtsbrüder ... Halle 1779. V: *Ortgiese, Hch. Matth.* (Ky) (MGT)

— üb. d. Bevölkerung in Bayern. gr. 8. Münch. 798. Weber. 2 gr

— zur Beurtheilung der Valentinischen Schrift: über den Verfall der protestant. Kirche etc. 8. Neustadt 822. Wagner. 6 gr

Etwas über den Borkenkäfer ... Leipzig 1786. V: *Staff, Wilhelm Friedrich von.* (ML) (Ky) (Engoec)

— üb. die Borkenkäfer. 8. Leipz. 786. Schwickert. 5 gr

Etwas Botanik für Kinder ... s.a. A[ppenzeller], C[aroline].

Etwas Botanik für Kinder. In Plaudereien, zum Hausgebrauch. Bern [1907]. V: *Appenzeller, Caroline.* (BBullschw 8, 1908)

Etwas über Brand-Assecurationen ... Nürnb. 1784. V: *Peneter, Nicolaus Jac.* (ML) (Ky) (will) (Adel)

— üb. Brandassecurationen. 8. Nürnb. Grattenauer. 784.

Etwas über den Brandwein. [Breslau 1800.] V: *Hallmann, Chn Glieb.* (Nowack, Schles. Schriftst.-Lex. Breslau 1836—43. V, 64.)

Etwas zur lettischen Bücherkunde. [Mitau 1808.] V: *Watson, Carl Friedrich.* (R-N)

Etwas über Buchhandel, Buchdruckerey und den Druck ausserhalb Landes. Berlin 1788. V: *Unger, Joh. Frdr.* (cb)

Etwas über Madame Catalani als Künstlerinn. [Lauenb. 1819.] V: *Egestorff, Georg Heinrich Christoph.* (schr)

— über das vom Herrn Premierlieutenant Otto vor u. nach seinem Erscheinen so viel besprochene Catharticon des gemeinen arithmet. Verstandes, v. einem unpartheiischen Zimmermanne. gr. 4. Dresden 821. (Grimmer). 4 gr.

Etwas von Höltys Charakter ... Augsb. 1776. V: *Miller, Joh. Martin.* (GGr)

Etwas das Lessing gesagt hat. Ein Commentar zu den Reisen der Päpste nebst Betrachtungen von einem Dritten. Berlin 1782. V (Commentar): *Jacobi, Joh. Georg.* V (Betracht.): *Müller, Joh. von.* (Syst. Verz. d. Less.-Litt. Wolf. 1889.) (Mn) (Stri) (MGT) »1783« (Ky)

Etwas das Lessing gesagt hat. Ein Commentar zu den Reisen der Päpste [von Johannes von Müller] nebst Betrachtungen von einem Dritten. Dic cur hic? respice finem! Welches Leibnitz übersetzt: Où en sommes nous? venons en fait! ... Berlin 1782. V: *Jacobi, Friedrich Heinrich.* (Less 137) (StadtBiblBerlin IX, S. 50)

— das Lessing gesagt hat; e. Commentar zu d. Reisen d. Päpste, (v. Fr. H. Jacobi). Nebst Betracht. von e. Dritten. (Von Fr. H. Jacobi.) 8. Berl. 783. Rottmann. 8 gr.

Etwas über das was sich am Unterrhein vom 31. May bis 9. Juny 1796 zugetragen; von e. Augenzeugen. 8. s. l. 1796.

Etwas 1. von der Deicharbeit, 2. vom nützlichen Gebrauch des Torfmoors ... Bremen 1764. V: *Hönert, Joh. Wilh.* (Rotermund, Gel. Hannover. Bremen 1823.) (Roterm)

— f. die biedern Deutschen. 8. Frkf. u. Lpz. 792. Riebel. 12 gr.

— f. die Deutschfranzosen, eine Rede v. Bade. a. d. Fr. d. Voltaire. 8. Offenbach, Brede. 776.

Etwas für Dienstherren und Diener. 8°. Frankfurt u. Leipzig 1788.

— f. Dienstherren und Diener. gr. 8. Offenbach, Weiß. 788.

Etwas für die Dienstmägde. Der Teufel im Schorsteine. O. O. 1779. 8°. Sehr rar! (In München: Bav. 511 n, 11.)

ETWAS. – für die Herren Doctoren, Chyrurgen und Apotheker. Hartl. (Wien 1781). 1 vol. 16 S.

Etwas von Durchführung der Todten durch fremde Kirchspiele. [Laub. u. Leipz. 1748.] V: *Meisner, Christian Gottfried.* (ML) (OL)

Etwas vom Durchmesser u. Umkreis des Cirkuls für alle, die dessen bedürfen. Frankfurt am M. 1789. 16 S. 4.

— v. Durchmesser u. Umkreis des Zirkels. 4. Frankf. Andreä. 790.

— über die gräfl. Spaurschen Ehesachen. 4 Stcke. 4. Regensb. 784. Montag u. W. 16 gr.

Etwas über den Ehestand. [Dresd. 1795.] V: *Faselius, Joh. Adolph Leopold.* (MGT)

— zur Ehre der Wahrheit über das Verhältniß der Freiheit zur Seligkeit des Menschen, von Evelpis Philaledes. 8. Reutlingen 820. Litt.-Cpt. (Mäken). 3 gr.

— üb. den Eid, (v. Jh. Cph. Schwab). 8. Germanien. (Stuttg.) 797. Noch etwas über den Kantischen Begriff vom gerichtl. Eid, (v. Jh. Cph. Schwab). 8. Frankf. 797.

Etwas Einfältiges aber Wohlgemeintes über den Religionszustand in meinem Vaterland. Geschrieben im Dezember 1799. 8. Helvetien 1800.

Etwas über den Einfluss des Buchhandels auf die Teutsche Litteratur ... [Leipzig 1797.] V: *Gerber, Ernst Ludwig.* (MGT)

Etwas über den nachtheiligen Einfluss der Jagd auf den Landbau und die Mittel ihn zu verhüten. [Berlin 1803.] V: *Neuber, Christian Ludwig.* (Hitzig)

Etwas von dem ehemals in der Herrschaft Pinnneberg, Stadt Altona und Grafschaft Ranzau gegoltenen Einlager-Rechte. O. O. [1778]. V: *Hennings, Frdr. Carl.* (Ls)

— zur Einleitung in die Rechtskunde. 8. Oldenb. 791. Vandenhöck u. R. in Götting. 7 gr.

— für Ostpreußens Elementar-Schullehrer. (v. Dinter.) 8. Neustadt a. d. O., Wagner. No. 1 u. 2 à 1 Gr. 818 und 819.

— z. Empfehlung d. Blattereinimpfung. gr. 8. Flensb. Korte. 779.

Etwas zur Empfehlung der Blattern-inokulation. Hamburg 1778. V: *Lihme Martin Friedrich.* (MGT) (Ky)

— zur Empfehlung d. Blatterinokulation, (v. M. F. Lihme). 8. Hamb. 778. Bohn.

— von Ephesens, od. Geschichte eines jungen Ehepaars. 8. Ansbach 771. Haueisen. 6 gr.

— von Ephesus, od. Geschichte eines jungen Ehepaars. 8. Ansbach, Haueisen. 777.

Etwas über die Baseler Ereignisse in den letzten Jennertagen 1831. 8. (Basel.)

Etwas zur Erläuterung der Starckschen Sache in Bezug auf den Aufenthalt in Kurland. Berlin 1789. V: *Grolmann, Ludwig Adolph Christian von.* (HS) (MGT) V: *Sacken, Carl von.* (SJL)

Etwas zur Erleichterung des Sterbens und Befestigung des Glaubens an Gottes Vorsehung ... Leipzig 1822. V: *Gläser, Friedrich Glob.* (Ky)

— zur Erleichterung des Sterbens u. Befestigung des Glaubens an Gottes Vorsehung, von einem 74jähr. Greise (Fr. G. Gläser). Mit e. Vorbericht von C. F. v. Ammon. gr. 12. Leipz. 822. Reich. 16 gr.

— z. Erläuterung der Starkischen Sache, in Bezug seines Aufenthalts in Curland. 8. Marburg, Krieger. 798.

Etwas über die Erscheinung der verstorbenen Frau des Herrn Dr. Wötzel in Leipzig. Stendal 1805. V: *Helmuth, Johann Heinrich.* (Ky)

— über die Erscheinung der verstorb. Frau d. Herrn Dr. Wötzel in Leipzig, (v. J. H. Helmuth). 8. Stend. 805. Franzen u. G. 1 ℛ

Etwas über Ertheilung akademischer Würden. O. O. 1801. V: *Spies, Johann Paul Thomas.* (MGT) (Ky) (will)

Etwas über die Ertheilung academischer Würden. [Nürnberg] 1802. V: *Spies, Joh. Paul Thom.* (Erman & Horn, Bibliogr. d. dtsch. Universitäten. 1. Leipz. u. Berl. 1904.)

— üb. Ertheilung academ. Würden. 8. Nürnb. Monath. 802.

Etwas über die Erziehung des Adels durch Hofmeister. Burghausen 1786. V: *Michl, Anton.* (Adel) (MGT)

Etwas über die Erziehung und Bildung des Volkes. Zürich 1815. V: *Nüscheler, Joh. Conr.* (Cat. d. Stadtbibl. Zürich. Zürich 1864–97.)

— über die Erziehung in d. Kinderstube, in Briefen. gr. 12. Meißen 836. Klinkicht u. Sohn. 1/2 ℛ

Etwas über die Esthen und ihren Aberglauben. Leipzig 1788. V: *Scherwinsky, Christian Friedrich.* (BrMm) (MGT) (R-N) V: *Scherwinzky, Joh. Chn.* (Ky)

— üb. die Esthen u. ihren Aberglauben, (v. Jh. Chr. Scherwinsky). 8. Leipz. 788. Schwickert. 6 ℛ

Etwas über das Buch Esther ... Halle 1783. V: *Corrodi, Heinrich.* (ML)

Etwas über Etwas des Dr. G. Teutsch ... Mainz 1792. V: *Metternich, Math.* (serap)

Etwas über das Etwas des Dr. G. Teutsch ... Mainz 1792. V: *Metternich, Mathias.* (HS) (MGT)

— für das Fach d. deutschen Staatsklugheit, (v. J. F. Opiz). 8. Prag 775. Gerle. 9 ℛ

Etwas für das Fach der türkischen Staatsklugheit. Frankf. 1775. [Prag.] V: *Opiz (Opitz), Joh. Ferd.* (Ernst Kraus: Joh. Ferd. Opiz. Prag 1909. S. 82) (Ky 2/167 »Prag 1775«) (GGr VI/717, Nr. 2/14) (Eisenstein 10/22) (BiblPort)

Etwas für das Fach der teutschen Staatskunst. Frankf. u. Leipz. 1775. V: *Opiz, Joh. Ferdinand.* (WBL) (GGr) (MGT) (Ky)

Etwas --- , Etwas von del Kilemarinis Poetischer Feder, Augsburg (1712) siehe Kilemarinis.

— wider die Feinde Joseph II, oder Antwortschreiben an e. Gönner d. Schrift: Kaunitz u. Garampi, (von Ant. Theod. Miller). 8. Kempt. 792.

Etwas aus dem Feldzug vom Jahr 1848 von einer Kolonne päpstlicher römischer Truppen, wobei die zwei Schweizer-Regimenter waren, gegen die Oesterreicher ...; und Beschreibung der drei aufeinander gefolgten Schlachten bei Vicenza am 21. Mai, vom 23. auf den 24. Mai und am 10. Juni 1848. Beschrieben von einem Schweizersoldaten, der den Feldzug ... mitgemacht hat .... 8. Basel 1850.

Etwas von der Kerb.-Goeh-Riege im Männerturnverein Leipzig-Lindenau, 8 S., 4°.

— üb. Fichte, sein. Gegn. u. ihm Schuld gegeb. Atheism. 8. Hamb. Bohn. 799.

Etwas von dem Herrn Professor Fichte und für Ihn ... Baireuth 1799. V: *Penzenkuffer, Christoph Wilhelm Friedrich.* (Ky) (will)

— von Fichte u. für ihn, (von C. W. F. Penzenkuffer). 8. Bayr. 799. Grau. 20 ℛ

Etwas über die schädlichen Folgen der Untreu in der Nachfolge Jesu ... [Magdeburg] 1788. V: *Wilker, Johann Matthias.* (ML)

— üb. das landwirthschaftl. Forstwesen. 4. Bresl., W. G. Korn. 6 ℛ

Etwas über das landwirthschaftliche Forstwesen. - Breslau 1826

Etwas, Fortgesetztes, zur Erläuterung der [Joh. Aug. Frhr. v.] Starckschen Sache in Bezug auf den Aufenthalt in Kurland aus kurländischen Originalbriefen dokumentiert. Giessen 1789. V: *Osten, Peter Ernst v. d. gen. Sacken.* H: *Grolmann, Ludw. Adolf Christian.* (wolfstieg II, 150)

Etwas über die Frage: Ob und wie ferne ein katholischer Landesfürst in seinen Staaten die Kirchengewalt eines ausländischen Bischofs einschränken, ... könne? Frankf. u. Leipz. 1784. V: *Zauner, Judas Thaddäus.* (MGT) (Ky) (BB) (Hr)

— über die Fr.: Ob u. in wie ferne ein kathol. Landesfürst in seinen Staaten d. Kirchengewalt e. ausländ. Bischofs einschränken, oder gar aufheben könne? (Von J. Th. Zauner.) 8. Frankf. u. Leipz. (Salzb.) 784.

Etwas über die Fragen: I. Ist es mit den Pflichten eines Kammergerichts-Anwalds vereinbarlich, Reichsständen in Rechtssachen gegen den Herrn Kammerrichter als Parthey zu dienen? ... Wetzlar 1784. V: *Haas, Damian Ferdinand.* (MGT)

— üb. Frankfurt; aus d. Brieftasche eines Reisenden. 8. Frankf. Dietz. 792.

— üb. die Schrift: Frankreich und Schlesien. 8. Leipzig, Reinicke. 793.

— — über die Frauen und die Liebe im Mittelalter. — Mit Taf. (Mittheil. der Zürcherischen Gesellsch. f. vaterl. Alterthümer. 1844.) (In Amsterdam, Bibl. Gerritsen.)

„Etwas für Frauenzimmer, moralischen, ökonomischen und gemeinnützigen Inhalts; vom Verfasser des Magdeburger Kochbuchs" 4 Hefte in 1 Bd., Leipzig 1809 (Eurich).

— für Frauenzimmer. 4 Hefte, ist: Journal f. Frauenzimmer, s. Journal.

— f. Frauenzimmer. 4 Hefte. Leipz. Gleditsch. 809.

— für Freigeister, Patrioten, Lavater u. Voltaire. 8. Frkf. 774. Hermann. 8 gr

Etwas über das neue litterarische Produkt: Freyheit und Eigenthum der Bauern ... Schwerin 1787. V: *Eggers, Carl Leopold.* (MGT)

Etwas über das neueste literarische Produkt: Freiheit und Eigentum in seiner eigentümlichen Gestalt hergestellt. [Rostock 1787.] V: *Eggers, Carl Leopold.* (Bachmann, Mecklenburg. Güstrow 1889. S. 502.)

— f. Freymäurer rc. 1s Heft. 8. Frankf. Andreä. 781.

Etwas für Freymäurer, besonders für Brüder im ersten Grad des eklektischen Systems. Frankfurt 1787. V (Heft 1): *Pregel, J. Frdr.* (KI) (SJL)

— für Freimaurer, besonders f. Brüder im ersten Grad des eklektr. Systems. 1s Hft. 8. Frankf. a. M. 787. Andreä. 4 gr

– üb. Freimaurerei. (Von Paul Stiehl.) 1. u. 2. Aufl. (16 S.) kl. 8. Leipzig 905. 906. P. Stiehl. n. — 20

Etwas üb. Freimaurerei. (Von Paul Stiehl.) 5. Aufl. (16 S.) kl. 8. Leipzig 908. P. Stiehl. — 20

— üb. ächte Freymäurerey u. 8. Münch. Lentner. 785.

Etwas über ächte Freymaurerey und Freymaurer. Eine Beylage zu den vielen Beylagen zur ersten Warnung über Freymaurer. Nach dem Bedürfnisse der Zeit. o. O. 1785. 63 S. 8°
Recens: WJ. 2, 4 (1785) S. 245.
cf. D. neuesten Religionsbegebenheiten. 9 Zugabe 1 (1786) S. 7—9.
Kl. 3216.

— für Freunde u. Gegner d. Kuhpockenimpfung. 8. Prag 804. Widtmann. 4 gr

Etwas für Lavaters Freunde aus Anlass seiner Herzenserleichterung. [Bresl. 1785.] V: *Werdermann, Johann Günther Carl.* (MGT)

— f. meine Freunde u. Freundinnen in moral. Br. 2 Thle. 8 Nürnb. Raspe. 786.

Etwas über Frucht- oder Getraidehandel. Berl. 1790. V: *Krünitz, Joh. Georg.* (CBH)

Etwas von dem Sprach- und Geschichtsforscher Friedr. Karl Fulda. [Zürich 1790.] V: *Schmid, Johann Christoph.* (MGT)

— über den allgem. beliebten Gebrauch der Kämpfischen Visceral-Klystiere u. ihren vorgebl. Nutzen als Stoff zur Ueberlegung der Aerzte u. aller Klystierfreunde. 8. Augsb. 792. Rieger. 2½ gr

— zum Gebrauch d. Schellerschen Grammatik. gr. 8. Frkf. 782. Andreä. 5 gr

Etwas über den Gebrauch der Schminke. Wien 1785. V (S. 5—18): *Lange, Martin.* (S. 19—52): *Teutsch, Joh.* (Trausch)

— üb. den Gebrauch der Schminke. 8. Wien 785. Heubner. 3 gr

Etwas üb. den Gebrauch des Sublimats rc., s. unten: Etwas über Weikards Nachtrag.

— üb. d. Gebr. d. Sublimats. 8. Frft. Jäger. 791.

Etwas über uneheliche Geburten. [Frankf. a. O. 1783—85.] V: *Tiede, Johann Friedrich.* (ML)

Etwas über Gedichte. [Königsberg 1801.] (Grisebach, Weltlitteratur-Kat. 2. Aufl. Berl. 1905. S. 361.)

Etwas über Gedichte nach dem Leben. O. O. [17??] V: *Scheffner, Johann Georg.* (GGr)

— üb. die Gedichte nach d. Leben. 8. Königsb. 801. Universitäts-Buchh. 6 gr

Etwas über die beyden Gegenstände welche die Zusammenberufung eines ... engern Ausschusses veranlasst haben ... Breslau 1787. V: *Paczensky von Tenczin, Carl Jaroslaw.* (ML) (Ky)

— über die beiden Gegenstände, welche die Zusammenberufung e. außerordentl. engern Ausschusses veranlaßt haben. Die Ablösungsart d. Pfandbriefe u. die Herabsetzung d. landwirthschaftl. Zinsen. (v. K. J. v. Paczensky von Tenczin). gr. 8. Bresl. 787. W. G. Korn. 2 gr

— von d. Geiste Pauli u. d. apostol. Christenheit. 8. Strasb. König. 789.

Etwas über den Geist unsrer Zeiten. [Hannover 1775.] V: *Göckingk, Leopold Friedrich Günther von.* (MGT)

Anonym: „Etwas über Geld und Banken", Hamburg 1796. — Vorhanden: Com. Bibl. Hamburg.

Etwas über den Gemüsegarten! ... Bern 1902. V: *Müller, Adele.* (BBullschw 4, 1904).

— zur mathemat. u. natürl. Geographie; in Form eines Spieles für Kinder. 8. Bremen. (Münster, Coppenrath). 8 gr

— z. mathem. u. natürl. Geographie, e. Spiel für Kinder. 8. Bremen, Cramer. 780.

Etwas von der Gerichts- und Rechtsverfassung des Marggrafthums Oberlausitz ... Görlitz 1779. V: *Behrnauer, Jeremias Gottlob.* (MGT) (OL)

Etwas für die Gerichtsvorträge in Criminalsachen. [Hildburghausen 1800.] V: *Haus, Ernst August.* (MGT)

Etwas über das alte und neue Gesangbuch ... Wesel 1785. V: *Kortum, Carl Arnold.* (MGT)

Etwas über die gegenwärtige Geschäftsstille u. die Mittel zu deren Beseitigung. Zeitgemäße Betrachtgn. v. R. L. gr. 8. (90 S.) Berlin 876. Puttkammer & Mühlbrecht. n. 1. 60

Etwas über die ältere Geschichte der Marien- und Frauenkirche in Dresden. [Dresden 1780.] V: *Hasche, Johann Chn.* (MGT)

Etwas zur Geschichte und Benennung des Bielberges ... [Dresden 1799.] V: *Schreiter, Christoph.* (MGT)

Etwas zur Geschichte des Familienvertrages des Hauses Bourbon vom Jahre 1761. [Leipzig 1786.] V: *Gebhardt, Adam Gottlieb.* (MGT)

Etwas zur Geschichte Kaiser Heinrichs IV. und P. Gregor VII. [Göttingen ca. 1780.] V: *Molter, Frdr. Val.* (MGT)

Etwas zur Geschichte des alten Teutschen Ritterordens der Fürspänger zu Nürnberg. [Nürnberg 1786.] V: *Welser von und zu Neuhof, Hans Carl.* (ML)

Etwas zur Geschichte des Welthandels. [Leipzig 1807.] V: *Wichmann, Christian Aug.* (MGT)

Etwas für den Geschmack vieler Leser. A. d. Franz. Cassel 1767. V: *Casparson, Wilh. Joh. Chn Gust.* (MGT) (HS)

Etwas für die Gläubigen. Bern 1858 s. Geheimnisse. Die G' von B.... Bern... 1857–1859.

Etwas über die Grabhügel in den Herzogthümern. [Kiel 1787.] V: *Camerer, Johann Friedrich.* (ML)

ETWAS. – wider die neue Grundsteuer und Zurechtweisung des in die Irre gerathenen blinden Herrn Sigmund Michl. Von einem Freund der Wahrheit. (I K.) Mößle. Wien 1790. 1 vol. 31 S. + 2 Tabellen.

Etwas über Halle, Göttingen und Marburg. [Berlin 1793.] V: *Gillet, Friedrich Wilhelm.* (Hitzig)

Etwas über das praktische Handbuch für Freymaurer [von Joh. Karl Aug. Schussenhauer]. Durch den Stifter und Mitglieder der Loge zur grünenden Eiche [in Leipzig] mit vorausgeschickter Nachricht von Entstehung, Schicksalen und Fortgang der Loge zur grünenden Eiche in Leipzig. [Leipzig] 1802. Nebst vorangeschickten (!) Beytrage zur Geschichte dieser Loge. Leipzig 1804. V: *Kretschmann, Christian Fch.* (wolfstieg I, 73)

— über das prakt. Handbuch f. Freimaurer. 8. Leipz. 804. Richter. 8 Gr

— über die Harmonika. 8. Eisenb. 809. Schöne. 3 Gr

ETWAS. – an Herrn Karl Häss. Als eine kleine Beantwortung seiner Antisonnenfelsianischen Broschüre: „Worauf gründet sich das Recht des Monarchen, mit dem Tode zu strafen" etc. Von R-l-r. Ghelen. 1 vol. 15 S.

R - l - r. Etwas an Herrn Karl Haß. Als eine Beantwortung seiner Broschüre: Worauf gründet sich das Recht des Monarchen mit dem Tode zu strafen. Wien 1781.

— von Hauslehrern u. Vätern, Briefe. 8. Stendal 783. Franzen u. Gr. 8 Gr

Etwas über deutsches Heer-, Wehr- u. Soldatenwesen. Von v. E. Lex.-8. Leipzig 843, Binder. (Bamberg.) 1/2 Thlr

Etwas vom indischen Heidenleben, s.a. Missions-Traktate, kleine.

Etwas vom indischen Heidenleben. 2. Aufl. 16. (16 S. m. Illustr.) Basel 890. Missionsbuchhandlg. n. — 4

Etwas aus d. Heidenzeit d. deutschen Vaterlandes, s.: Missionsschriften, neue.

— — für artige Herren, schlechte Übersetzer, Modegelehrte, Staatskluge und Republikanischgesinnte. Herausg. von einem Freunde der Literatur. 1790. 8°. (1 Mk. 20 Pfg. Scheible; jetzt theurer!)

— f. d. jungen Herren u. Damen nach d. Mode. 8. Nürnb. Schmidmer. 775.

— — für die jungen Herren und Frauenzimmer nach der Mode. Nürnberg, bey M. J. Bauern. 8°.
O. M. V. 1773. S. 503.

ETWAS für die jungen Herren u. Frauenzimmer nach der Mode. Mit TVign. O. O. 1773. 8°. (1 Mk. A. Bielefeld, vor 1885; jetzt theurer!)
54 SS. Satyre auf die Mode, stellenweise etwas derb. — Selten!

— — für die jungen Herren nach der Mode. Paris (Nürnb., Schmidmer) 1761. 8°. 10 Bogen.
Cat. Meissner I. p. 1022; G. A. Lange, Buchh. in Berlin, Cat. von 1761; Weller, fing. Druckorte, wo auch die folgende Ausgabe:

— — Dasselbe. Paris (Berlin) 1761. 8°.

Gemeinde der Separatisten-Gesell (Zoar, O). Etwas fürs Herz! oder, Geistliche Brosamen v des Herrn Tisch gefallen ... bestehend in einer Smlg v Auszügen vieler kräftigen Reden und Betrachtungen ... 2v in 1. Zoar, O. 1860-61.

— für's Herz aus der Kinderstube u. f. die christl. Volksschule. gr. 8. (16 S.) Rathenow 875. Haase in Comm. n. — 15

Etwas für's Herz aus der Kinderstube u. für die christliche Volksschule. 2. Aufl. gr. 8. (16 S.) Rathenow 877. Haase in Comm. n. — 15

Etwas fürs Herz auf dem Wege zur Ewigkeit. Budissin 1801. V: *Loskiel, Georg Heinrich.* (BrMm) (GGr) (zu)

Etwas für das Herz auf dem Wege zur Ewigkeit. Budissin 180? 2. Aufl. 1805 ... V: *Voigtländer, Joh. Frdr.* (MGT) (NN) V: *Loskiel, Georg Heinrich.* (winer)

— fürs Herz, auf d. Weg zur Ewigkeit, (v. ... Losky). 8. Bautzen 801. N. A. 2 Thle. 8. Lpz. 806. 4e A. 820. Kummer. 1 Thlr 8 Gr

— für's Herz auf den Weg zur Ewigkeit. .. Bautzen 801, verbessere (Losky in G. H. Loskiel),

— fürs Herz, auf d. Wege z. Ewigkeit. gr. 8. Basel 825. Schneider. (Barth in Leipz.) 1 Thlr

— für's Herz auf dem Wege der Ewigkeit. 7e Aufl. .. Basel 840. Schneider. 1 Thlr

— fürs Herz auf dem Wege zur Ewigkeit. (Von G. H. Loskiel.) 7. Basler Aufl. (Mit Genehmigung des Verfassers.) gr. 8. Basel 841, Schneider. 1 Thlr

Etwas fürs Herz auf dem Wege zur Ewigkeit. 8. Baseler Aufl. 8. (VI u. 626 S. m. 1 Holzschn.) Basel 848, Schneider. 1 Thlr

Etwas für's Herz auf dem Wege zur Ewigkeit. 9. Aufl. Basel 858. Schneider. gr. 8. (VI, 626 S.) 1 Thlr

Etwas über Hülfsgelder ... Dresden 1784. V: *Wagner, Thom. von.* (MGT) (Ky)

Etwas über den Hirtenbrief an die Freimaurer des alten Systems. Germanien [Leipz.] 1786. V: *Schneider, Johann Alois.* (wr)

— üb. den Hirtenbrief an die Freymaurer. 8. Leipzig. Böhme. 786.

Etwas über den Holzhandel Riga's. [Riga 1805.] V: *Lüdermann, Georg Ernst genannt Lange.* (R-N)

Etwas über den Holzmangel nebst einigen Vorschlägen wie demselben am füglichsten abzuhelfen sey. - Hildburghausen 1799. 71 S.

— über den Holzmangel. gr. 8. Hildburgh. 799. (Cr. Fleischer in Leipz. ; a. Taubert das.) 6 gr.

Etwas über Homöopathie und Abgabe homöopathischer Arzneien von Seiten der Aerzte an die Kranken, resp. Selbstdispensiren. Ulm 861. Stettin in Comm. 4. (8 S.) n. 6 ngr.

Etwas das Buch Horus betreffend als ein Denkzettel von einem Verehrer des Schöpfers der Isis. Hermopolis. Aus der Loge der Isis und des Osiris. [Prag: Widtmann] 1786. 48 S. 8°
Kl. 3823. Selten.

Etwas an den berüchtigten Herrn Lorenz Hübner und seinen unrichtigen Einsender. Ulm 1791. V: *Widmann, Meinrad.* (ML)

— üb. u. wider d. tollen Hundbiß. 8. Berl. 782. Himburg. 5 gr.

Etwas üb. d. tollen Hundsbiß. Hamb. 8°. A. D. B. LIII, 122.
1782

— für Hypochondristen. 2 Thle. 8. Wien 795 u. 96. Sammer. 16 gr.

— — für Hypochondristen sich die Grillen zu vertreiben, oder Sammlung ausgesuchter Anekdoten, Romanchen (sic!) u. Erzählungen. 2 Bde. Frkft. u. Lpz. 179*—96. 8°.
I: Tit. u. 294 SS. Enth. 280 Anekdoten u. 7 Erzählungen. II: 204 SS. Enth. 89 Anekdoten (einige in Reimen), Gedichte u. 8 Romanchen u. Erzählungen. — Selten! Einiges derb u. etwas frei.

— f. Jedermann. Auskunftsbuch zum Gebrauche im öffentl. Leben u. Verkehr. 14.—24. Taus. Mit e. Eisenbahnkarte v. Deutschland. 12. (IV, 88 S.) München 891. R. Oldenbourg. n. — 75

— von Jesu, für Kinder, auf alle Tage im Jahre. 8. Halle 784. (Laue in Berl.) 2 gr.

— interessantes, für die große u. kleine witzige Welt. 8. Augsb. 802. Veith. 6 gr.

Etwas über Judenduldung. Halle 1791. V: *Holzer, Carl Friedrich Lebrecht.* (Ky) (MGT)

— über Judenduldung, (v. K. F. L. Holzer). 8. Halle 791. Hendel. 2 gr.

Etwas über die Judenschaft zu Dresden. [Dresd. 1781.] V: *Hasche, Johann Christian.* (MGT)

Etwas aus der Jugend-Geschichte König Rudolfs von Habsburg und den Schicksalen seines Sohnes, Grafen Albrechts v(on) Löwenstein. (Wahrheit und Dichtung.) 8. *o. O.* 1828.

Etwas für Kaffeetrinker. [Gotha 1808.] V: *Vorherr, Joh. Mich. Chn Gustav.* (MGT)

Etwas in der Katholizismussache in Beziehung auf Schlesien. [Leipzig 1787.] V: *Kausch, Johann Joseph.* (MGT)

— für spekulative Kaufleute. 4. Frankf. 791. Jäger. 12 gr.

Etwas zur genaueren Kenntnisz von Englands und Frankreichs Staatsvermögen, Handlung, Schuldenwesen, öffentlichen Einkommen und Ausgaben, insonderheit für Kaufleute und Geschäftsmänner. Altona. 1791.

— zur genauen Kenntniß von Englands u. Frankreichs Staatsvermögen. gr. 8. (Altona) 791. (Hammerich). 10 gr.

Etwas zu der ältern Kirchengeschichte des Markts Selb ... [Bayr. 1769.] V: *Wunderlich, Joh. Georg.* (Fiker)

Etwas von der Kirchengeschichte des 11. Jahrhundert im Frankenlande ... [Baireuth 1766.] V: *Wunderlich, Johann Georg.* (Fiker)

Etwas fürs Clavier und Gesang. Wintherth. 1783. V: *Schubart, Chn Frdr. Daniel.* (GGr)

— ein kleines, v. J. A. L. K. H. 8. Frkf. Hermann. 808.

Etwas über das Klima in Böhmen. [Prag u. Leipzig 1787.] V: *Strnadt, Anton.* (MGT)

— für alle Kloster- u. Weltleute, oder sämmtl. Schriften des heil. Eucherius, Bischofs zu L. Aus d. Latein. übers. von Frz. X. Crismer. 8. ... 791.

Etwas über die Klubbs und Klubbisten in Teutschland, und was dabei Rechtens ist. o. O. 1793. 37 S. 8°
Verteidigung der deutschen Klubs.

Etwas über die Clubbs und Clubbisten ... O. O. 1793. V: *Reith, Bernhard.* (Serap) »über Klubbs und Klubbisten« (MGT) (Ky)

— über Klubbs u. Klubbisten in Deutschland, (v. B. Reith). 8. Frankf. a. M. 793.

— üb. das zwischen d. franz. Regier. u. dem Pabst geschlossene Concordat. gr. 8. Cöln, Keil, 803.

— vom Kontroversiren. Mit einem Verzeichniß d. bessern Schriften in diesem Fache. 8. Augsb. 780. Doll. (Landsh., Krüll). 1 gr.

— übers Controversiren. Von e. alten Controversisten, der noch keinen Protestanten beleidigt hat. 8. Augsburg 789. M. Rieger. 1 gr.

Etwas über die geschornen Köpfe und die Bestrafung der Verbrecher überhaupt. Wien 1781. V: *Ehrlichshof, Ludwig.* (wrztg 1782, Beil. bei Nr. 70) (Provincialnachrichten 1782, S. 419) (Geissau, Verzeichniss, S. 21) (Hch. Wolfg. Behrisch, Die Wiener Autoren 1784, S. 59) (BiblPort)

Etwas über die Korallen . . . Strassburg [1788]. V: *Hermann, Joh. Frdr.* (EBHN) (BrMm)

— von Korallen, mit Kpf. 8. Straßb. 788. Academ. B. 6 gr

H. (J.), Etwas über die Korallen. Strassburg und Leipzig 1799. 8.

Etwas für den Hildesheimer Kreiskonvent. [Nürnberg 1797.] V: *Gumpelzhaimer, Christian Gottlieb.* (MGT)

— über den Krieg in d. öffentl. Meinung. 2 Stcke. 8. Frkf. 795 u. 96. Varrentrapp. 22 gr (Hat auch d. T.: über Gewalt der Meinungen oder: über d. Einfluß des jetzigen Kriegs.)

Etwas über Iffland's Kunstausstellungen auf der Schaubühne in Nürnberg. Nürnberg 1802. V: *Lochner, Johann Philipp Christoph.* (MGT) (Adel) (Ky) (will)

Etwas über die Kuren des Hrn. Grafen von Thun . . . Leipzig 1794. V: *Kühn, Carl Gottlob.* (Ky) (NN) (MGT) (Call)

— über die Kuren des Grafen v. Thun, (v. K. G. Kühn). 8. Lpz. 794. Kühn. 4 gr

Etwas über Curland in Rücksicht auf die gegenwärtigen Misshelligkeiten . . . Frankf. u. Leipz. 1791. V: *Manteufel-Szöge, Carl von.* (R-N) »Kurland« »Dresden 1791« (Ky) »Dresden 1792«. V: *Brüggen, Philipp Friedrich von.* (MGT)

— über Kurland in Rücksicht auf die gegenwärt. Mißhelligkeiten zwischen d. Herzoge u. dem Adel, (von K. v. Manteufel-Szöge). gr. 8. Dresden 791. Gerlach. 8 gr

— üb. Curland rc. gr. 8. Frankf. u. Liban. Gerlach. 792.

Etwas zur Kurzweil und zum Zeitvertreib . . . Coburg 1801. V: *Heyder, Ernst Christoph Georg.* (MGT) (Ky)

— zur Kurzweil u. zum Zeitvertreib für Bauersleute, (von Er. Cph. G. Heyder). 8. Coburg 801. Sinner. 12 gr

Etwas zum Lachen. Mainz 1824. V: *Lennig, Joh. Friedrich.* (Hessische Biographien, hgbn. von Herman Haupt 1918, I, 315.)

Etwas zum Lachen. Mainz 1824—25. V: *Lennig, Frdr.* (BGE) (Ky)

— z. Lachen, 1s, 2s Hft. (Herausg. v. Fr. Lennig.) 12. Mainz 824, 25. 2e Aufl. 828. Müller. 12 gr 3s Hft., s. Lennig.

Etwas über die gegenwärtige Lage der Vereinigten Staaten von Nordamerika. A. d. Franz. [Berlin 1789.] Ü: *Brunn, Friedrich Leopold.* (Hitzig)

— über die neue Landschulen-Einrichtung im Fürstenthum Reuß-Schleiz. 8. Neustadt a. d. Orl. 810. Wanner. 2 gr

— f. Landvolk, oder der Christ a. d. Lande. 8. Ulm, Wecker. 809.

— fürs Landvolk, oder der Christ auf dem Lande. 8. Ulm 809. (Ebner). 3 gr

o. N., Etwas über die Landwirthschaft, oder ökonomisch-praktische Bemerkungen über Viehzucht, Wiesen-, Acker- und Gartenkultur.
1797 Nördlingen

— über die Landwirthschaft. 8. Nördling. 797. Beck. 5 gr

Etwas wider die Langeweile rc. 14 Thle. 8. Lübeck 768—85. Niemann. 2 Rthl. 12 gr

LAMIA (geistreiche Hetäre). — Etwas wider die Langeweile, für die so es brauchen können und haben wollen. 2 Thle. Mit Vignette. Lübeck u. Leipzig, bey Jonas Schmidt u. Donatius, 1768. 8°. 4 Bll. u. 376 fortlaufend gez. S.
Unter den 10 Nrn. auch: Geschichte der Lamia, einer berühmten Griechin.

— — wider die Langeweile für die so es brauchen können und haben wollen. 14 Thle. Lübeck und Leipzig, bey Jonas Schmitt u: Donatius. 1768—85. 8°. Cplt. sehr rar!
Enth. kleine Romane, Erzählungen &c., stellenw. zieml. frei.

Etwas aus dem Leben d. engl. Dichterin u. Komponistin Frances Ridley Havergal u. ihre letzte Woche. (56 S.) Bonn 1882. Christl. Kolportageer.

Etwas über das Leben des berühmten, am 12. März 1791 verstorbenen Maroniten, Don Michael Casiri . . . O. O. [1808]. V: *Lorsbach, Georg Wilh.* (MGT)

— aus dem Leben der englischen Dichterin u. Componistin Frances Ridley Havergal u. ihre letzte Woche. Aus dem Englischen. 16. (56 S.) Bonn 882. Schergens. n. -- 80

Etwas aus der Lebensgeschichte des Herrn von Howen. Basel 1796. V: *Schoppingk, Dietrich Ernst von.* (R-N)

Etwas zur Lebensgeschichte des Herrn Nathanael Gottfr. Leske . . . Leipzig 1787. V: *Löper, Christian P. G.* (MGT) (Ky) (BrMm)

— über die seltsame Lebensgeschichte des Friedrich Frhrn. v. der Trenck. 8. Augsburg 789. M. Rieger. 1 gr

Etwas über den Lebenslauf des Dr. Friedrich Welwitsch. Klgft., Leon, 1875. 7 S.

Etwas über einige ältere Lehrer der Rigischen Domschule. [Riga 1813.] V: *Schweder, Johann Gotthard Dietrich.* (R-N)

— für Lehrer, Schüler u. andere Leute, nämlich: I. Belehrende u. erzähl. Gedichte üb. den Nutzen u. zum Schutze der Vögel u. üb. Thiere. II. Urians Reise durch Europa u. sein Schwabenlob [in gebund. Rede.] 16. (44 S.) Neu-Ulm 872. Helb. n. — 40

Etwas über Bells und Lankasters Lehrmethode . . . Schleswig 1820. V: *Bendixen, Jac.* (MGT) »Altona 1820« (Ky)

— über Bell's u. Lancaster's Lehrmethode, nach welcher ein einziger Lehrer tausend Schüler unterrichtet. Mit besonderer Rücksicht auf die Kopenhagener Anstalten der Art, (v. J. Bendixen). Mit 1 Kpfr. 8. Altona 820. Aue. (Schleswig, Koch). 21 gr

Etwas über Bell's und Lancaster's Lehrmethode, nach welcher ein einziger Lehrer tausend Schüler unterrichtet. Mit besonderer Rücksicht auf die Kopenhagener Anstalten der Art. (v. Bendixen). Mit 1 Kupfr. 8. (Altona, Busch, und Schleswig Koch in Comm.) 820. Rthlr.

— üb. den Leichtsinn bei öffentl. Strafen. Bei Gelegenheit d. Hinrichtung eines Missethäters dem Hrn. Dr. Kühnöl zugeeignet. 8. Weißenf., Graffö. 2 gr

— üb. d. Leichtsinn b. öffentl. Strafen. 8. Lpz. Beer. 790.

— wider einige Leiden d. Menschen, oder Mittel für Wanzen, Ratten rc. 8. Dresden 806. Hilscher. 4 gr.

— üb. d. Leiden u. Freuden d. jungen Werthers. 8. Frankf. Wittekind. 776.

Etwas über die Leiden des jungen Werthers und über die Freuden des jungen Werthers ... [Dresden] 1775. V: *Hymmen, Joh. Wilh. Bernh. von.* (GGr) (EE) (BrMm) »V: *Bertram, Christian August von*«. (MGT)

Etwas für Leipzig. Leipz. 1781. V: *Wezel, Joh. Carl.* (GGr)

Etwas zur Lektüre der heiligen Dichter. Altdorf 1784. V: *Sixt, Johann Michael.* (Ky) (MGT)

— zur Lektüre der heil. Dichter, (v. J. M. Sixt). 8. Altona 784.

— zu lesen. 2. Jahrg. 1889/90. 60 Hfte. (2 B. m. Illustr.) 4. Dresden 890. Dietrich. à Hft. — 10

— zu lesen. 3. Jahrg. Octbr. 1890—Septbr. 1891. 60 Hfte. (2 Bog. m. Illustr.) 4. Dresden, R. H. Dietrich. à Hft. — 10

Etwas zum Lesen im Augarten. Eine Wochenschrift. 1779. H: *Geissau, Anton Ferd. von.* (wrztg 3/6, 1917, Beilage) (BiblPort)

— über das gute Lesen in Volksschulen, an einem Beispiele erläutert. 8. Münster 834. Regensberg. 1/6 Rthlr.

Etwas zum Lesen und Singen. Salzburg 1777. V: *Reichssiegel, Florian.* (Ky 4/463) (WBL XXV/181) (GGr V/357, Nr. 7/9) (BiblPort)

Etwas für alle Leser auswärtiger und einheimischer Zeitungen. O. O. 1759. V: *Rasche, Joh. Christoph.* (MGT) »1750« (Adel)

ETWAS für Allerley Leser. Erster Jahrgang. Flensburg, gedruckt und zu bekommen in der Serringhausenschen Buchdruckerey, 1769. 52 Stücke in 1 Bd. 8°.

— für allerlei Leser, eine Wochenschrift. gr. 8. Hamb. 770. Gleditsch in Leipz. 20 gr.

Etwas für die Leser der theologischen Annalen ... Bremen 1792. V: *Heeren, Heinrich Erhard.* (MGT)

Etwas von Heinrich Leubing. [Nürnberg 1795.] V: *Layritz, Frdr. Wilh. Anton.* (MGT)

— vom hohlen Liberalismus unserer Tage, nebst einem Anhang aus dem Tagebuche eines Royalisten. (Gedichte.) gr. 8. Berlin 842. Burmeister. 1/3 Rthlr.

Etwas für die Liebhaber des verehrungswürdigsten Namens Jesu. Roggenburg 1783. V: *Sturmlerner, Frdr.* (MGT)

— von der Liturgie. gr. 8. Halle 778. Waisenhaus B. 8 gr.

Etwas von und für Liefland oder abermals eine gute Absicht. Reval 1789. V: *Scherwinzky, Christian Friedrich.* (R-N) (Ky)

Etwas von der Loge zur grünenden Eiche in Leipzig blos f. Brr. Im Jahre der Maurerey 5799. [Leipzig 1799.] V: *Kretschmann, Chn. Gottfr.* (wolfstieg I, 585)

Etwas über Lüftigkeiten als über Luftspringer und Franzosen und über die Streitigkeiten des Ausschusses des kk. Hoftheaters und Herrn von Alxinger. Als eine Vertheidigung des letztern. Wien 1784. 2. Aufl. Wien 1784. V: *Gähringer, Anton.* (Wiener Blättchen 19/3, 1784, S. 66) (Hdschr. Mitth. von Gustav Gugitz, Wien.) (BiblPort)

Etwas über religiöse Macht und ihren Hauptverweser den römischen Pabst. O. O. 1785. V: *Lüpker, F. A.* (MGT)

— üb. Marionetten, s.: Jugendbühne.

Etwas zum ersten May. [Berlin 1794.] V: *Bertrand, Frdr. Ant. Franz.* (MGT)

Etwas mehr als Anmerkungen über die erste Vorlesung des Herrn Hofrath von Sonnenfels. 1782. V: *Hoffmann, Leop. Alois.* (Hch. Wolfg. Behrisch, Die Wiener Autoren 1784, S. 106) (BiblPort)

* — — vor alle Menschen, d. i. Neuer Vorrath allerhand recht curiösen auch in beliebtem Schertz die sonst bitter eingehende Wahrheit vorstellender (oft pikanter) Gedichte zum Lust und Nutz der curiösen Welt mit besonderem Fleiss in unterschiedene Parthien gebracht. (Theil 1.) Parthie 1—6. In der Poetischen Cammer-Druckerey (Görlitz, Rohrlach) 1709. — Th. 2. od. Parthie 7—10. O. O. u. J. (ib. eod. a.). 8°.

Parthie 1—6 (in Berlin Yf 2201): Tit., 1 Bog. Vorst. u. 562 SS. — P. 7—10 (in Leipz., Stadtbibl.): Tit., 376 SS. u. 3 Bll. Reg. (Alle 10 Theile in Stuttgart; cplt.? auch in Rostock, Landesbibl. — S. auch Schnap (!) ·Sack u. Vorrath.

Etwas --- , Etwas vor alle Menschen /// Das ist // Neuer // Vorrath // allerhand recht curiösen // auch // in beliebten Schertz die sonst bitter eingehende // Wahrheit vorstellender // Gedichte /// zum Nutz und Lust der curiösen Welt // mit besonderem Fleiß // in // unterschiedene Parthien // gebracht. // Anderer Theil. // Gedruckt in der Poetischen Cammer-Druckerey. - 5 Blatt (nicht paginiert) Titelblatt, Widmung, Vorrede und Inhaltsverzeichnis. - 95 S. und noch 3 Blatt (nicht paginiert): Zugabe von einigen Ehren- und Trauer-Gedichten.
Vgl. Maltzahns Deutschen Bücherschatz III nr. 906: 1709.
Vergleiche: Neuer Vorrath etc. (B. S. T. 8°.35).
B. S. T. 8°.32.

Etwas für Menschen ohne Vorurtheile. Augsburg 1781. V: *Cremeri, Benedict Dominik Anton.* (Ky)

— für Menschen ohne Vorurtheile, (von B. D. A. Cremeri). 8. Augsb. 781. Klett. 5 gr.

— etwas von der katechetischen Methode. 8. Bresl. 782. Gosohorsky. 4 gr.

— für die Missionen in Deutschland. 8. Augsburg 782. Rieger. 1/12 Rthlr.

Etwas von und über Musik fürs Jahr 1777. Frankf. a. M. 1778. V: *Kayser, Philipp Christoph.* (Anz. f. d. Alt. VI, 69.) V: *Schubart, Chn Frdr. Daniel.* (Schmidt, Wagner. Jena 1879. S. 110.) V: *Kraus, Joseph Martin.* (EB)

— von u. über Musik. 8. Frankf. 778. Eichenberg. 8 gr

Etwas über Gluckische Musik und die Oper Iphigenia in Tauris. Berlin 1795. V: *Spazier, Carl.* (Ky)

Etwas für Mütter, in zwo Erzählungen . . . Breslau 1774. V: *Willebrand, Christian Ludwig.* (MGT) (Ky)

— für Mütter, in zwo Erzähll., nebst e. Abhandl. von Romanen überhaupt rc., (v. Chr. L. Willebrand). 8. Bresl. 774. J. F. Korn. 14 gr

Etwas zum vernünftigen Nachdenken für die Freymäurer. Deutschland, gedruckt mit mrischen Schriften. [Leipzig: Wendler.] 1783. 92 S. 8° [Kupfertit.]
Kl. 449. Plan einer Lotterie für wohltätige Zwecke. Impressum nach „Weller, E.: D. falschen u. fing. Druckorte" aufgelöst. Nach anderen Angaben „Stendal: Franzen & Grosse" erschienen.

Etwas vom Nachdrucken der Bücher . . . Berlin 1786. V: *Krohne, Johann Wilhelm Franz Freiherr von.* (ML) (schr) (Ky)

Etwas aus dem Nachlasse eines Maurers. Nebst einem Anh., in Reden, die bei feierlichen, freudigen und unangenehmen Vorfällen im brüderlichen Kreise gehalten worden sind. Leipzig: Magazin f. Industrie u. Literatur [1822]. VI, 103 S. 8°
Recens: Gedanken über Frmrei. 1823 S. 62–63; AZ. 1824 S. 253.
Kl. 1228. 7 mrische Reden, im Anh. 3 „profane" Reden und ein Prolog.

— über d. Nachruhm, d. Tode Herz. Leopolds gewidmet. 8. Brschw. Schulbuchhdl. 785.

Etwas über Weikard's Nachtrag zu seinen medicinischen Fragmenten . . . Mainz 1791. V: *Molitor, Nicolaus Carl.* (MGT) (Ky)

— über Weikards Nachtrag zu seinen medicin. Fragmenten, (v. N. K. Molitor). 8. Mainz 791. Fischer. (Frankf., Jäger). 4 gr

Dem Verfasser des Büchls über die Stubenmädchen: Etwas auf die Nase. Von Theresia M., einem Stubenmädchen in Wien.
WIEN, in der von Ghelenschen Buchhandlung, 1781. 8°. 20 S. (Besitzt Dr. Heymann in Wien.)

— üb. Nat. Veräuß. rc. der Cammergüter, s. a. Florencourt.

Etwas über die Natur, die Veräusserung und Verschuldung der Cammergüter deutscher weltlicher Reichsstände. Mit Beziehung auf das Herzoglich Braunschweigische Edict vom 1. May 1794, die Fürstlichen Cammerschulden betreffend. Helmstedt 1795. V: *Chassot de Florencourt, Wilhelm Ferdinand.* (KGBerlin II, 2055)

— von d. Negern in Amerika, s. a. Missionstraktate, kleine.

— von den Negern in Amerika. 16. (16 S.) Basel 882. Missionsbuchhandlung. n. — 4

— neues, aus Portugal, mit Kpf. 8. Stendal 781. Franzen u. Gr. 6 gr

— an Herrn Nicolai in Berlin u. seinen Rezensenten in d. allgem. Litt.-Zeitung Nr. 94 u. 95. für Hrn. Dr. Seiler in Dillingen, v. keinem Exjesuiten u. keinem Proselytenmacher (Beda Mayr). 8. 786.

— v. Nicolai in Bobenhausen, f. Römer in Mannheim und f. Nicolai in Berl. gr. 8. Mannh. Löffler. 780. — 12

— von Nicolai in Bobenhausen, für Römer in Manheim u. für Nicolai in Berlin. gr. 8. Manh. 780. (Schwan u. G.) 8 gr

Etwas vom lieben Colporteur Christian Niederhäuser (1806–1876). [Necrolog.] (SA.) 8. ([Basel] 1876.)

— noch, über Aufklärung, in e. Sendschreiben an Gnetlage, (von J. R. L. Eylert). 8. Hanen 798.

— noch, über das Kurfürstenthum Hannover. 8. Hannov. 804. Hahn. 6 gr

— noch, über die neue Preußische Landesagende, mit Beziehung auf die reformirte Gemeinde in Elberfeld. gr. 8. Barmen 839. (Falkenberg'sche Buchh.) n. 1/8 ₰

— noch, über Menschenglück u. Menschenelend als eine Frucht des fortdauernden Nachdenkens darüber, v. J. M. S. Nebst einem Epilog dazu, von L. F. H., dem Verf. d. Werkes: Zween Zeugen Jesu. 8. Leipz. 804. (Rein).

— noch, zum deutschen Nationalgeist. 8. Wittenb. 767. Zimmermann. 8 gr

Etwas. Noch e' über den ganzen Canton St. Gallen an die Gesamtheit des Volks desselben. 8. *o. O.* 1814.
Mutmasslicher Verfasser: Joachim Pankraz Reutti.

— noch, üb. die Hessischen-, besond. Hanauischen Zollverhältnisse. gr. 8. Hanau 830. König. 2 gr

— vom Nutzen der Kämpfischen Lavements, nebst einer Anleitung zu deren Gebrauch, von e. Laien. 8. Cassel 794. (Luckhardt). 2 gr

— — nützliches vor das galante Frauenzimmer, in gebundener Rede aufgesezt (!) von Dr. *J. F. H.* Mit Titelvign. Franckfurt u. Leipzig, bey Joh. Frdr. Fleischer. 1758. 8°. 32 SS. (incl. Titel). (3 Mk. 50 Pfg. Ludolph St. Goar, c. 1885.) Selten!
Dr. Franz Schnitzer's Bibl., München 1902.
§ — — Dasselbe. Ebd. 1763. 8°. 2 Bogen.

— nützliches gegen die Hornviehseuche. s. Lewenau, Ritter von.

Etwas an Herrn Philipp Obernetter . . . O. O. 1783. V: *Zimmermann, Benedict.* (MGT)

Etwas über des Herzogs Anton Ulrich zu Braunschweig-Lüneburg-Wolfenbüttel Roman Octavia. [Leipzig 1797.] V: *Wolfram und Wolfframitz, Carl Johann Gottlieb Freiherr von.* (MGT)

Etwas über die geistlichen Ordens-Stände. Luzern 1800 s. [Göldlin von Tiefenau. Franz Bernhard].

Etwas von Panisbriefen für das des Staatsrechts nicht kundige Publicum. Braunschw. u. Wolfenbüttel 1783. V: *Hübener.* (Pütter, Litt. d. Teutsch. Staatsr. Gött. 1773—91. IV, 541.)

Etwas aus den Papieren eines Verstorbenen. Leipzig 1775. V: *Bremer, Johann Gottfried.* (Ky) (MGT)

— über die neuere Philosophie, über Neuerungen u. dergl. Von e. Freunde d. Wahrheit. 8. Augsb. 795. Riener. 2 𝒦

— f. Politiker u. Psychologen. 8. Halle 795. (Reinecke u. Comp.) 14 𝒦

— f. Politiker u. Psychologen. 8. Halle, Ruff. 795.

— für die Priesterwelt, oder das Grab Moses. 8. Kopenh. 785. N. Aufl. 817. Brummer. 14 𝒦

* — — für die Priesterwelt, oder das Grab Mosis. Eine (zahme) morgenländische Geschichte. O. O. (Kopenhagen) 1786. 8⁰.
Tit., 210 S. (incl. 4 Bll. Einleitg.). — Selten!

— für die Priesterwelt, oder das Grab Moses. N. Aufl. 8. Kopenhagen, Bonnier. 817.

Etwas zur Probe. Göttingen 1770. V: *Meyer, Johann Heinrich Chn.* (ML) (Ky)

— zur Probe, (v. Jh. H. Chr. Meyer). 8. Götting. 770. Dieterich. 1 𝒦

Etwas fürs kurländische Publikum, über die gegenwärtige Lage der Kurländischen Staatsangelegenheiten . . . Mitau 1776. V: *Witte von Wittenheim, Georg Friedrich.* (R-N)

Etwas über die Rathsfähigkeit bürgerlicher Gelehrten in der Reichsstadt Ulm. Ulm 1794. V: *Jäger, Tobias Ludwig Ulrich.* (MGT)

Etwas über das Römische Recht, und besonders über die Ausflucht des nicht empfangenen Geldes . . . Erlangen 1787. V: *Rebmann, Johann Christian.* (Ky) (MGT)

Etwas von dem im Marggrafthum Oberlausitz eingeführten Rechte, der Vorritt genannt. Budissin 1778. V: *Frenzel, Johann Gottlieb.* (ML) (OL)

— v. d. oberlausitz. Rechte, der Vortritt gen. 4. Bautzen, Heinsel. 778.

— üb. das röm. Recht u. Ausflucht des nicht empfangenen Geldes, (v. J. C. Rebmann). 4. Erlang. 787. Palm. 4 𝒦

— über Rechte der Landstände, u. warum hat Kurhessen keine Constitution?? Wissenschaftl. geprüft. gr. 8. Wiesb. 819. Schelenberg. 16 𝒦

— über die Reise nach Fritzlar. 12. Basel, Flick. 796.

— für die gute Sache d. Monarchien, von militär. Betrachtt. begleitet. 8. Wien 799. (Bauer u. Raspe in Nürnb.) 2 𝒦

Etwas von den gelehrten Rostockschen Sachen für gute Freunde. Rostock 1737—42. H: *Burgmann, Joh. Chn & Ernst Johann Friedrich Mantzel.* (Bachmann, Mecklenburg. Güstrow 1889. S. 346.)

Etwas von Lüttichischen Sachen, nach der sogenannten Revolution. Wetzlar 1791. V: *Hofmann, Caspar Friedr.* (MGT)

Etwas von Rostockischen gelehrten Sachen für gute Freunde. Rostock 1737—44. V: *Burgmann, Joh. Chn & Ernst Johann Friedrich Mantzel.* (ML)

Etwas über den Satz des teutschen Staatsrechts: Fraisch im Mittelalter und jetzige Landeshoheit sind Synonymen. Frankf. u. Leipzig 1794. V: *Wipprecht, Georg Friedrich.* (MGT) (Ky)

Etwas über den Satz des deutschen Staatsrechts, (v. G. F. Wipprecht). 8. Frankf. u. Leipz. 794. Fr. Fleischer. 4 𝒦

Etwas über den Kempelischen Schachspieler. Frankf. a. M. 1783. V: *Ostertag, Johann Philipp.* (MGT) (BB) (Ky) (Adel)

— über den Kempelischen Schachspieler, eine Gruppe philosoph. Grillen, (v. J. P. Ostertag). 8. Frankf. 783. Hermann. 3 𝒦

— über die Schädlichkeit d. Jagd für die Staaten. 8. Dresd. 799. (Rein in Leipz.) 8 𝒦

Etwas für die teutsche Schaubühne. Brandenburg 1772. V: *Brückner, Ernst Theod. Joh.* (GGr) (Ky) (MGT) (EE) (JL)

Etwas für die deutsche Schaubühne (v. Er. Th. Jh. Brückner). (Inhalt: Emilie von Blondeville. — Calliste. — Der Enterbte; e. Nachspl.) 8. Brandenb. 772. Halle. 12 𝒦

— über die Schauspielkunst. Für Schauspieler und Liebhaber dieser Kunst. 12. Wien 829. (Ign. Klang.) 6¼ ℊ

— über die Schauspielkunst, für Schauspieler u. Liebhaber dieser Kunst. 16. Wien 829. Schrämbl. 12 𝒦

— gegen die Schrift eines Patrioten über die Annahme der poln. Krone. 8. Leipz. 792. Göschen. 4 𝒦

Etwas von der ersten Schule in Görlitz. Görlitz 1764. V: *Knauth, Chn.* (ML)

— über Schützengesellschaften u. Vogelschießen überhaupt u. die zu Arnstadt insbes. gr. 8. Sondersh. 819. (Ilm.), Voigt. 6 𝒦

— für Seefahrer. 8. Hamb. 787. Rostock. 8 𝒦

— über den Selbstmord. 8. Frankf. 802. Hermann. 12 𝒦

Etwas Seltsames oder Schönheit und Ehrbarkeit. Ein lustiges Singspiel in zwey Aufzügen. Wien 1787. [Pest.] Im Monat Februar [1788]. V: *Da Ponte, Lorenzo.* (BiblPort)

— üb. das Sendschreiben eines Naturalisten. 8. Berl. 772. Maurers B. 2 𝒦

Etwas über Sitten und Höflichkeit, der Schuljugend gewidmet. Mainz 1821. V: *Felner, Ignaz.* (KY 2/201) (BIBLPORT)

— fur den Soldatenstand, od. die Geschichte eines franz. Officiers. 1r Thl. 8. Lpz. Hilscher. (Compt. f. Lit.) 9/12.

— — für Sommer und Winter, oder lustige Erzählungen aus der Brieftasche des alten Ueberall und Nirgends. München, Lentner, 1816. 8°. (5/12 Rthl.) Selten!

— z. Spekulation f. den Staatsmann rc. 8. Manh. 781. Löffler. 10 K

Etwas von den Sperlingen. [Hann. 1767.] V: *Beckmann, Johann.* (MGT)

Etwas für die Staats-Oeconomie. [Bern 1788.] V: *Heimlicher-Ryhiner.* (Cat. d. Stadtbibl. Zürich. Zürich 1864—97.)

— über Staatsversammlungen überhaupt, u. über die Folgeordnung d. Verhandll. in den Versammll. d. Stände Mecklenburgs insbesondere, (v. Karl Sibeth). 8. Schwerin u. Wismar 803. Bödner. 8 K

— vom Staatsvertrage, ein Nachtrag zu den Schriften Moser u. Schlözer, von d. obersten Gewalt im Staate. 8. Meißen 795. Goedsche. 10 K

— üb. die vortheilhafte Stallfütterung des Hornviehes. 8. Hannov. 789. Hahn. 2 K

Etwas für alle Stände. Eine gemeinnützige Wochenschrift. Heide. 1784. (1—41. St. 3/5 1783—17/7 1784 m. Titelbl. for hvert Kvartal).

— für alle Stände, e. Wochenschrift. 8. Heidelb. 785. Müller. 20 K

Etwas für einen vorwurfsfreyen und wirksamen Stände-Ausschuß und für gute Handhabung der Volks-Hülfegelder durch Stände und Ausschuß. [Heidelberg] Oct. 1816. V: *Reuss, Jerem. Frdr.* (Kat. d. ständ. Bibl. Stuttg. 1907. S. 259.)

Etwas über die Standeserhöhung des livl. Ordensmeisters Wolter von Plettenberg ... [Riga 1790.] V: *Schwartz, Johann Christoph.* (R-N) (MGT)

Etwas über die jetzigen Streitigkeiten der deutschen Erzbischöffe mit dem Römischen Hofe. o. O. 1787.

Etwas über die beyden Landschaften Süder- und Norder-Dithmarschen ... Altona 1791. V: *Diercks, Reimer.* (MGT) (Ky) (schles)

— über die beiden Landschaften Süder- u. Norderdithmarschen u. den Verfall d. dortigen Credits, (v. R. Diercks). 8. Altona 791.

Etwas über die politische und militärische Taktik des General Buonaparte ... Tübingen 1797. V: *Schlitz, Johann Eustach Graf, genannt von Görtz.* (ZUWZÜR)

— über die polit. u. militärische Taktik Bonaparte's. 8. Stuttg. 798. v. Cotta. 10 K

Etwas über die politische ... Taktik des Gen. Bonaparte in Bezug auf die Umschaffung Italiens ... Tübingen 1797. V: *Goertz, von.* (PT)

Etwas über's Tanzen, zur Beherzigung der Wiener Schönen ... Wien 1785. V: *Dalléra, Joh. Anton Franz.* (MGT) (Ky)

Etwas über John Taylor. [Berlin 1818.] V: *Wolf, Friedr. August.* (MGT)

Etwas zum Thee und Kaffee für Deutschlands Jünglinge und Mädchen. Hamburg 1784. V: *Seyfried, Heinr. Wilh.* (Ky)

— zum Thee u. Kaffee f. Deutschlands Jünglinge u. Mädchen, (v. H. W. Seyfried). 1r Thl. 8. Hamb. 784. Matthießen. 1 ₰

Etwas von den Tempelherren in Ungarn ... [Pressb. 1781.] V: *Windisch, Carl Gottlieb.* (Kl)

Etwas über den Tempelherrn-Orden in der Freimaurer-Bibl. Dessau 1785. V (St. 3): *Spittler, Ludwig Timotheus Freiherr von.* (Kl)

— über heutige Theologie u. praktisches Leben. Ein Zeitgemälde. gr. 16. (15 S.) Tübingen 879. Lindenmaier. n. — 20

— für die Tilgungs-Anstalt der Schulden der Gemeinheiten in der Provinz Oberhessen. gr. 8. Frankf. a. M. 819. Andreä. 8 K

Etwas über Churfürst Moritzens Tod. [Dresden 1809.] V: *Engelhardt, Carl August.* (MGT)

Etwas an den Todtengräber der Bettelmönche. Konstanz 1781. V: *Hahn, Modest.* (ML) (BB)

Etwas über die neuesten Uebersetzungsfabriken der Griechen und Römer in Deutschland. [Zürich] 1782. V: *Hottinger, Joh. Jac.* (Cat. d. Stadtbibl. Zürich. Zürich 1864—97.) (CLZür S. 352)

— zur Uebung im Zeichnen, 12 Blätter. Fol. Nürnb., Schneider u. W. 12 K

Etwas von ohngefähr. Frankf. u. Leipz. 1769. V: *Rasche, Johann Christoph.* (MGT) (Ky) (Adel)

— von Ohngefähr, (v. J. Cph. Rasche). 2 Thle. 8. (Magdeb.) 769. Hechtel. 12 K

— von ungefähr, od. das blinde Glück, in den Begebenh. eines Hofmeisters. 8. Quedlinb. Ernst. 769.

Etwas vom Unglauben, s.: Volksaufklärung.

Etwas für die Ungläubigen. Bern 1857 s. Geheimnisse. Die G' von B.... Bern... 1857–1859.

Etwas über die in Rostock wegen Theurung der Lebensmittel entstandenen Unruhen... Neu-Brandenb. 1800. V: *Mittag, Johann Heinrich.* (MGT) (Ky)

— über Unterricht u. Bildung d. Jugend auf uns. heutigen Universitäten. gr. 8. Augsb. 815. Doll. 6 gr.

— über den Unterricht in der Rechnungswissenschaft. gr. 8. Magdeb. 790. Creus. 3 gr.

Etwas über den Unterricht in der Zeichenkunst. [Erfurt 1798.] V: *Kämmerer, Johann Ernst Ludwig.* (MGT)

Etwas üb. Verbrechen u. Strafen derjen., welche währ. d. Anwesenh. m. d. Franzosen in d. v. ihnen erobert. Ländern Antheil an ihr. Grundsätzen u. Einricht. nahmen. *Frankf. a. M.* 79... 2. Ausg. 794. 8.

Etwas über die Verdienste des Hauses Österreich. Regensburg 1790. V: *Hörschelmann, Friedrich Ludwig Anton.* (MGT)

Etwas von den Verdiensten eines Königs — eine Abhandlung womit zur Anhörung der Reden welche dem Tage der glorreichst zurückgelegten dreissigjährigen Regierung des Vaters des Vaterlandes gewidmet sind, und in dem grössern Hörsaale unsers königlichen akademischen Gymnasiums am 1sten Junius d. J. Nachmittags nach 3 Uhr gehalten werden sollen, mit tiefster, unterthänigster Unterwürfigkeit, und unterthänigst-ehrerbietigst, gehorsamst und ergebenst einladet Johann Wilhelm Hecker, der Weltweisheit öffentlicher ordentlicher Lehrer. Stettin 1770. fol.

Etwas von den Verdiensten Oestreichischer Regenten um das Deutsche Reich. [Wien] 1790. V: *Mumelter von Sebernthal, Franz Joseph.* (weber)

Etwas von dem Verfall der Ordensgeistlichen. Wien und Prag o. J. V: *Richter, Josef.* (BiblPort) (Hans Viktor Pisk: Josef Richter. Diss. Wien 1927. S. 169)

— über die jetzige innere Verfassung d. Herrnhuter. 8. Leipz. 790. Köhler. 9 gr.

— — dasselbe. 8. Ebend. 788.

Etwas zum lehrreichen Vergnügen. Erfurt 1753—54. V: *Rasche, Joh. Christoph.* (MGT) (Ky) (Adel)

— üb. das Verhältniß des Publikums u. der Schauspieler zu einander, u. üb. d. Beifall im Schauspielhause. 8. Leipz. 802. Wienbrack. 4 gr.

— üb. die Verhältnisse zu dem Gutsherrn u. ihren Pächtern, bei den neuesten Kriegslieferungen. 8. Quedlinb. 808. Basse. 10 gr.

— über die polit. Verhältnisse der deutschen Reichsstände. gr. 8. Düsseld. 790. Schreiner. 4 gr.

Anonym: „Etwas über die politischen Verhältnisse der deutschen Reichsstände zu dem preussischen Staat; in Briefen an einen Reichspatrioten", Deutschland 1796. — Vorh.: Preuß. Staatsbibl. Berlin.

Etwas über die Verschwiegenheit. [Dresden 1796.] V: *Faselius, Johann Adolph Leopold.* (MGT)

— üb. d. Versorgung d. Invaliden in Preußen. 8. Regensb. Montag. 788.

— üb. Volksbildung. 8. (100 S.) Köln 895. P. Neubner. n. — 60

— über die Volksschulen, in freimüth. Briefen, (v. Gf. Menken). 8. Stendal 804. Franzen u. Gr. 12 gr.

Etwas von der Vorbereitung zu den Universitätsjahren. [Gera ca. 1785.] V: *Dietz, Johann Christian Friedrich.* (MGT)

Etwas über Hrn. Professor Will's Vorschlag zur Abänderung der Privat- ... Beicht ... Nürnb. u. Leipz. 1786. V: *Harrepeter, Johann Conrad.* (ML) (Will)

Etwas über die neuerliche Wahl des Fürstbischoffs in Würzburg zur Reichsdeputation ... [Regensburg] 1795. V: *Gross von und zu Trockau, Otto Philipp.* (MGT)

Etwas über die Wahlcapitulationen in den geistlichen Wahlstaaten ... Frankfurt a. M. 1788. V: *Frank, Peter Anton von.* (Pütter, Litt. d. Teutsch. Staatsr. Gött. 1773—91. IV, 532) (Ky) (MGT)

— über die Wahlcapitulation in den geistl. Wahlstaaten, (v. P. A. v. Frank). 8. Frankf. a. M. 788. Varrentrapp. 12 gr.

Etwas von der heimlichen Weissheit. Leipzig 1733. V: *Hayne.* (Myl)

Etwas für Weltrekruten. Wien 1781. V: *Kinsky, Frans Joseph Graf von.* (Ky) (MGT) (Adel) (Behrisch, D. Wiener Autoren. 1784.)

— für Weltrekruten, (von Gr. Frz. J. v. Kinsky). 8. Wien 781. 2e Aufl. 786. v. Mösle. 6 gr.

Etwas Weniges von den Bedürfnissen unserer Zeiten, hauptsächl. vom Hauswesen der Besoldeten, Ehestandskandidaten vor der Hochzeit aufgetischt und mit tabellar. Berechnungen beleuchtet. Von A. von S. München 1795. V: *Schintling, Alois Reichsedler v.* (BGE I[2], 206)

Etwas weniges über den Schwabenkrieg im Jahre 1499. Ein Gespräch gehalten aus Anlaß der alljährlichen Herbstbeförderung der Schüler auf Burg [Basel] im Jahre 1797 von: A. Karl Ulrich Stückelberger; B. Joh. Jakob Bischoff... F. Peter Preißwerk. 4. Basel.

Etwas von Werböcz dem Verfasser des sogenannten Juris tripartiti hungarici ... O. O. u. J. V: *Izdenczy, Joseph.* (Pk)

Etwas über den Werth der kritischen Philosophie und ihren Einfluss auf die geoffenbahrte Religion ... Leipzig 1800. V: *Troitzsch, Johann Gottlob.* (MGT) (Ky)

— üb. den Werth d. krit. Philosophie u. ihren Einfluß auf die geoffenbarte Religion ꝛc., (v. J. G. Troitzsch). gr. 8. Leipz. 800. (Rein). 6 gr.

Etwas über den Werth der Symbole. Deutschland [Frankfurt] 1777. V: *Bruck, Engelbert von.* (Wr) (Ky)

— über den Werth der Symbole, (von Engelb. vom Bruck). 8. Deutschland 777. Fleischer in Frankf. 8 gr.

Etwas von dem Werth der Symbolen zur Beförderung der Toleranz . . . Teutschland 1777. V: *Bruck, Engelbert vom.* (MGT)

— üb. das Wesen des gelben Fiebers. 8. Nürnb. 805. Stein. 4 gr.

§ — — sehr Wichtiges zum Nutzen des männlichen und weiblichen Geschlechts. Deutschland 1787. 4°. (In München: P. o. germ. 332.) Rarl
Weller, fing. Dr.

Etwas von Joh. Albr. Widmanstad . . . [Altdorf 1777.] V: *Schwarz, Georg Christoph.* (ML)

ETWAS für schopfichte Wienerinnen (!) in Geschichten. Wien 1781. 8°.
l. c. no. 4260. — Rarl

— von Wiesenbad. 8. Dresden 785. Gerlach. 2 gr.

Etwas über die Wünsche. [Hann. 1774.] V: *Göckingk, Leopold Friedrich Günther von.* (MGT)

Anonym: „Etwas zur Würdigung der Schrift: Ist die sächsische Wollmanufactur ihrem Verderben nahe", o. O. (1802). — Vorh.: Com. Bibl. Hamburg.

— zu Würdig. d. Schr.: Ist d. sächs. Wollenmanufactur ihrem Verderben nahe? 8. Geta. (Ilgen in L.) 802.

— zum Zeichnen f. Kinder, mit 8 Kpft. gr. 8. Berl. 784. Maurers B. 8 gr.

— zum Zeichnen f. junge Leute. 4. Nürnb., Schneider u. W. 20 gr.

Etwas über den ehemaligen und jetzigen Zustand der Insel Ösel. [Dorpat 1796.] V: *Luce, Johann Wilhelm Ludwig von.* (R-N)

Etwas über den häuslichen . . . Zustand der Einwohner des Grindelwaldthals . . . [Zürich 1785.] V: *Kuhn, Bernh. Frdr.* (MGT)

Etwas über den Zustand der Kandidaten des Predigtamtes in ***. [Leipzig 1784.] V: *Pescheck, Christian Adolph.* (MGT)

Etymologicon graecae linguae Gudianum et alia Grammaticorum scripta e Codd. MSS. nunc primum edita. Acc. Appendix notarum ad Etym. Magn. ined. E. H. Barkeri, J. Bekkeri, L. Kulenkampii, A. Peyroni aliorumque quas digessit et edidit F. G. Sturzius. (Etymol. Tom. II.) 4maj. Ibid.

auf Schreibpap. 1
Velinpap. 1

Etymologicon Magnum. Superiorum editionum variorumque auctor. collat. repurg., perpet. not. illustr. indd. uberr. auct. Opera Fr. Sylburgii. Editio nova correct. (Stud. G. H. Schäferi.) (Etymologicum Tom. I.) 4maj. Lips., Weigel. 816.

charta script.
charta velina.

Etymologicon magnum seu verius lexicon saepissime vocabulorum origines indagans ex pluribus lexicis, scholiastis et grammaticis anonymi cujusdam opera concinnatum. Ad codd. mss. recens. et notis variorum instrux. Thom. Gaisford. Fol. (338 B.) Oxonii 818. (Lipsiae, T. O. Weigel.) n. 26⅔ ℛ

— — (Etymol. Tom. III.) Orionis Theb. Etymologicon. E Museo F. A. Wolfii prim. ed. annot. P. H. Larcheri ejusd. Wolfii nonnullas et suas addid. F. G. Sturzius. 4maj. Ibid. 820.

Schreibpap.
Velinpap.

Etymologicum Gudianum quod vocatur recensuit et apparatum criticum indicesque adiecit Ed. Aloys. de Stefani. Fasc. I. (S. 1—292.) Lex. 8. Leipzig 909. B. G. Teubner. 10. —

Etymologicum helleno-hebraeum. 8. Frft. 741.

— graecae linguae Gudianum cum aliis scriptis nunc primum editis. Acc. appendix notarum ad etym. magn. inedit. E. H. Barkeri, J. Bekkeri, L. Kulenkampii, A. Peyroni aliorumque quas digessit et edidit F. W. Sturzius. (Etymol. Tom II.) 4 maj. Leipz. 819. Weigel. 8 ℛ Schrbp. 10 ℛ Velinp. 14 ℛ

Etymologicum Graecae linguae Gudianum et alia Grammaticorum scripta. E codd. Mss. cum notis varior. et suis ed. F. G. Sturzius. Lips. 818. 20. 2 P. 4. 8 rthl. (P. 1. 5 rthl. P. 2. 3 rthl. Beide Theile sind mit fortlaufenden Seitenzahlen. Das Werk kann als ein zweiter Band des folgenden angesehen werden; sowie Orionis Etymologicon als dritter.)

Etymologicum Magnum.
— — Graece opera Fr. Sylburgii. Ed. nova correct. Lips. 817. 4. 10 rthlr. Vgl. vorhin *Etymolog. Gudianum.*

Etymologicum magnum gr. et lat. opera Fr. Sylburgii. Editio nova correct. (Cur. G. H. Schäfer.) 4 maj. Lpz. 816. Weigel. 8 ℛ Schrbp. 10 ℛ Velinp. 14 ℛ

— (Etymol. Tom. III.) Orionis Theb. Etymologicon. E Museo F. A. Wolfii prim. ed. annot. P. H. Larcheri ejusd. Wolfii nonnullas et suas addid. F. W. Sturzius. 4 maj. Leipz. 820. Weigel. 3 ℛ Schrbp. 4 ℛ Velinp. 6 ℛ

Etymologien. Probe eines ausführl. Werkes, in welchem die Abstammung der griech., latein. u. deutschen Sprache von d. hebräischen nachgewiesen werden soll, allen Philologen, insbesond. den Freunden des Sanskrit zur Prüfung vorgelegt von einem Schulmanne. gr. 8. Altona 832. Aue. 6 gr.

Etymologien, Englische. Vom Bearbeiter der ausgewählten englischen Synonymen. Karlsruhe 1854. V: *Killinger, Carl von.* (Ky) (UBTüb C, S. 286)

Etymologien, englische. Vom Bearbeiter der ausgewählten englischen Synonymen. (Von K. v. Killinger.) Karlsruhe 854. Müller. gr. 8. (VI, 48 S.) 9 ngr.

Etymologikon τὸ μέγα. Etymologicon magnum . . . Editio nova correctior. Lipsiae 1816. H: *Schäfer, Gottfried Heinrich.* (Hoff) (Aark) »Etymologicum magnum s. magnum grammaticae penu.« (Gi)

Etz, Peter [aus Mainz]: Ueber Neue, quantitative Trennungen der Metalle der Schwefelwasserstoffgruppe in einem Bromdampfstrome ... Mainz, Buchdr. v. H. Prickarts, 1893; 35 S. 8.
Heidelberg, Naturw.-math. Fak., Inaug.-Diss. v. [27. Okt.] 1892

Etzdorf, Jh. Cph., Hülfsbüchlein für Eltern u. Lehrer, Kinder frühzeitig z. Denken zu gewöhnen. 8. Gotha 799. Ettinger. 6 ℳ

— Lesebüchlein z. ersten Religionsunterricht. 8. Gotha 799. Ettinger. 4 ℳ

v. Etzdorf, Ldw. Mgr., Rede am Schlusse eines marianischen Jubiläums. gr. 8. Augsb. 800. Doll. 2 ℳ

Etzdorf, Graf Marquard

— s. Christ, d. gute. Entwurf v. gerichtl. Klagen.

— Grundriß e. statist. Kunde von Alt-Würtemberg, in 84 Tabb.; nebst e. Generaltabelle über sämmtl. Kur-Würtemberg. Lande. Fol. Stuttg. 805.

NÄCHTE, Englische, oder Sammlung von Erzählungen .... (von *Marquard* Graf *v. Etzdorf*). Schwäbisch-Gmünd 1793.
Anon.-Lex. III. p. 199 (nach Meusel); Kayser hat „Ansbach 1800".

— — Dasselbe, titulo: Die Englischen Nächte, oder der gesellschaftliche Zeitvertreib in angenehmen Stunden zur Gemüthsergötzung. Schwäbisch-Gmünd 1795.
l. c. (nach Meusel).

— — Dasselbe (?), titulo: Die englischen Nächte oder Erzählungen zur angenehmen Unterhaltung. 4 Thle. Ansbach 1800. 8°.
Harpf's (Königsberg i. Pr.), Leihbibl.-Cat., no. 11854—57.

— s. Reisen d. Schwaben ic.

v. Etzdorf, Graf Marq., geograph. Tabellen. Fol. Dünkelsbühl 794.

— s. Ueberblick auf d. Schwäb. Vaterland.

— s.a. Verfall, üb. d., d. Religion.

— — den Verfall der Religion und der Sitten .... (von *Marquard* Graf *v. Etzdorf*). O. O. 1796.
Anon.-Lex. IV. p. 211 (nach Kayser u. Meusel).

v. Etzdorf, Graf Mar., s. Nächte, die englischen.

Etzdorf, Rud(olphus) Walth(erus): De periculo rei venditae. Halis 1868: Orphanotropheum. 30 S. 8°
Halle-Wittenberg, Jur. Diss. v. 3. Aug. 1868
Geb. Neumark b. Merseburg 15. 8. 1845. V.

Die Befehlsgebung der Sanitätsoffiziere im Felde. Bearb. von **Etzel**, Major im kgl. b. Generalstabe. Berlin: E. S. Mittler & Sohn 1904. (X, 210 S.) 8° [F.] (03. 0413)

Etzel, von. Vide: Kalle, Fr.: Gutachten.

Etzel, . v. Überblick der Reorganisation der preuß. Armee in den Jahren 1807 und 1808 und der Neuformationen im Jahre 1813. o. O. (1862). 8°.

Etzel, Ant. v., das Kaiser Alexander Grenadier-Regiment. Darstellung seiner Entstehung als Regiment, Entwickelung seiner Stämme, Geschichte derselben und seiner Friedens- und Kriegsthätigkeit als Regiment. 2 Thle. Berlin 855. Janke. 8. (XX, 512; VIII, 239 S.) 4 Thlr
Inhalt. 1. Thl.: Stiftung des Regiments u. Geschichte des Ersten u. Zweiten Ostpreuß. Grenadier-Bataillons u. des Leib-Grenadier-Bataillons. — 2. Thl.: Geschichte des Regiments von 1814 bis 1850.

Etzel, A. v., Grönland, s. a. Reisen u. Länderbeschreibungen.

von **Etzel**, Anton: Grönland geographisch und statistisch beschrieben. Aus dänischen Quellschriften. Stuttgart 1860. XIV, 665 S. 8°.

die Ostsee und ihre Küstenländer, s. a. Lorck's, C. B., Hausbibliothek.

Die Ostsee und ihre Küstenländer. Geogr., naturwiss. u. hist. geschildert von Anton von Etzel. — Leipzig: Lorck 1859. XVIII, 520 S. 8°
(Lorck's Hausbibliothek. 62.)

v. Etzel, Ant., die Ostsee u. ihre Küstenländer, geographisch, naturwissenschaftlich u. historisch geschildert. Neue Ausg. Leipzig 865. Senf. gr. 8. (XVIII, 520 S.) n. 1 Thlr 10 ngr

Etzel, Ant. v., die Ostsee u. ihre Küstenländer geographisch, naturwissenschaftlich u. historisch geschildert. 3. Aufl. gr. 8. (XVIII, 520 S.) Leipzig 874. L. Senf. 4. —

— und H. Wagner, Reisen in den Steppen und Hochgebirgen Sibiriens, s.a. Feierstunden, malerische.

von **Etzel**, Anton, und Hermann Wagner: Reisen in den Steppen und Hochgebirgen Sibiriens und der angrenzenden Länder Central-Asiens. Nach Aufzeichnungen von T. W. Atkinson, A. Th. von Middendorf, G. Radde u. A. Mit 120 in den Text gedruckten Abbildungen und fünf Tondruckbildern. Leipzig 1864. XI, 352 S. 8°.

— Vagabondenthum u. Wanderleben in Norwegen. Ein Beitrag zur Cultur- u. Sittengeschichte. Berlin 870. C. Heymann. gr. 16. (127 S.) 27½ ngr

Etzel, Carl v., s. Etzel, Karl v.

Etzel, F. v., aus dem Reichslande. gr. 8. (VII, 180 S.) Berlin 876. Springer's Verl. n. 3. —

Etzel, F. A. v. Über Messung der Entfernungen mittelst Blitz und Schall. Berlin 1822. 8°. (Lithogr.)

Etzel, F. A. v., die Operationen gegen die Russen und Schweden im Jahre 1758 und die zweitägige Schlacht bei Zorndorf am 25. u. 26. August. Nebst 1 (lith.) Plan des Schlachtfeldes (in 4.) u. 1 (lith.) Uebersichtskarte (in Fol.). Neu bearb. nach den Kriegs-Acten, unter Benutzung des übrigen vorhandenen Materials. Berlin 858. Stuhr. gr. 8. (VIII, 184 S. u. 2 Lithogr.) n. 1 Thlr

v. Etzel, F. A., Terrainlehre, siehe a. Handbibliothek für Offiziere, 9. Bd.

Etzel, Dr. F. A. von, Königl. Preuss. General-Major a. D., etc. Terrainlehre. Mit 9 Kupfertafeln. 3. Auflage. (Aus: „Handbibliothek für Offiziere etc." 9. Bd.) (Donation Liechtenstein.) 8. Berlin 1850.

Etzel, F. A. v., Terrainlehre. Neu bearb. von F. A. v. Etzel. 4. Aufl. Mit 9 Kpfrtaf. (in Fol.) Berlin 862. Herbig. gr. 8. (XXXVI, 320 S.) n. 1 Thlr 25 ngr

Beschreibung der Säkular-Feier der Aufnahme Friedrichs des Grossen, Königs von Preussen, in den Freimaurer-Bund. Festlich begangen in der Grossen National-Mutter-Loge der preussischen Staaten, gen. Zu den drei Weltkugeln [in Berlin], und ihren sämmtlichen Tochter-Logen. [Von Franz Aug. v. Etzel.] F. Logen u. Brr. gedr. Berlin 1838: Decker. VI, 136 S. 3. Taf. 8°
cf. Neueste ZfFr. 1838 S. 292—316.
Kl. 3015, Tt. 367. Festrede von H. W. Loest. Nebst Mitteil. üb. die Feier des Festes in auswärtigen Logen u. Lebensbeschreibung Friedrichs d. Gr. als Frmr. von F. A. v. Etzel, mit aktenmässigen Beil.

Geschichte der Gr. Nat.-Mutter-Loge der preussischen Staaten gen. Zu den drei Weltkugeln nebst der Beschreibung ihrer Säcularfeier. [Von Franz Aug. v. Etzel]. Gedr. f. Logen u. Brr. Berlin 1840: Petsch. VI, 152 S. 8°
Auszug in: Neueste ZfFr. 1839—1840 S. 417 bis 446 [Nebst Bemerk. von R. R. Fischer].
Recens: Archiv f. Frmrei. 1, 4 (1842) S. 83—90.
Kl. 3021, Tt. 435. Selten.

[2. Ausg. u. d. Tit.:]
Geschichte der Gr. Nat.-Mutter-Loge der preussischen Staaten gen. Zu den drei Weltkugeln nebst Bericht über die Gründung und Wirksamkeit der Wohlthätigkeits-Anstalten. [2. Ausg.] Nach der Revision vom Jahre 1867. [Hrsg. vom Bundesdirektorium.] Berlin 1867: Schultze. VIII, 364 S. 8°

[Dasselbe.] [3. Ausg.] Nach der Revision vom Jahre 1869. [Hrsg. vom Bundesdirektorium unter der Red. des Grafen Jul. v. Wartensleben.] Berlin 1869: Mittler & S. X, 472 S. 8°

[Dasselbe.] [4. Ausg.] Nach der Revision vom Jahre 1875. [Nebst] Nachtr. Ebendas. 1875. XII, 498 S. 8°

Nachtrag für die Jahre 1875—1889. [Fortgef. von Friedr. Henning Leonh. Frederichs.] Nach der Revision vom Jahre 1890. Berlin 1890: Büxenstein. 354 S. 8°

[Dasselbe.] [5. Aufl.] Nach der Revision vom Jahre 1890. Ebendas. 1890. XIII, 663 S. 8°

[Dasselbe.] 6. Ausg. Berlin 1903: Denter & Nicolas. XIV, 735 S. 8°
Recens f. 1903: Wöchentl. Anzeiger d. Frmrlogen von Berlin. 35 (1903) S. 56.
cf. f. 1867: Bh. 10 (1867) S. 261—262, 270 bis 271, 276—279 (J. G. Findel); FZ. 21 (1867) S. 313—318; L. 26 (1868) S. 143—163 (Th. Merzdorf); FMaM. (NS.) 22 (1870) S. 443 bis 445, 462—465, 483—484.
f. 1869: L. 28 (1872) S. 111—118.
Tt. 439—440.

Etzel, H., Einführung in den applikatorischen Unterricht üb. Geländelehre, s.: Lang, G.

Etzel, Joh., das deutsche Fersental in Südtirol. Mit 1 farb. Karte u. 27 Bildern. 1—4. Aufl. (XII, 102 S.) 8. Leipzig (908). Leipziger Verlags- u. Kommissions-Buchh. 1.—

Etzel, Joh., Wanderungen (illustrierter Führer) von Bozen-Gries über die Mendel durchs obere Nonstal. (Mit 22 Illustr. u. e. Panorama vom Penegal.) (48 S. m. 1 Panorama.) 8. Bozen 905. (Buchdruckerei Tyrolia.) n. 1.80

Etzel, Joh. Chrn., theoretische u. praktische Gesangschule in 2 Abtheilungen. Zum Gebrauche für Volks- u. Mittelschulen. 1. Abth. gr. 8. (35 S.) Wolfenbüttel 879. Zwißler. n. — 30

Etzel, Carl v., Bedingnißheft für die Vergebung von Bauarbeiten bei Eisenbahnen. Wien 859. Beck. 8. (164 S.) 1 ₰

Etzel, C. Bericht über eine Eisenbahnlinie durch den Kanton Freiburg. Freiburg 1854.

Etzel, Carl v., Brücken und Thalübergänge schweizerischer Eisenbahnen, entworfen und ausgeführt. Basel (856). Bahnmaier. qu. gr. Fol. (18 lith. Taf.) n. 9 ₰

Supplement zu den Brücken und Thalübergängen schweizerischer Eisenbahnen, entworfen und ausgeführt. Basel 859. Bahnmaier. qu. gr. Fol. (12 lith. Taf.) n. 7 ₰ 10 ngr

Etzel, Carl v., österreichische Eisenbahnen, s. Eisenbahnen.

Etzel, C. u. L. Klein, Eisenbahn-Zeitung, s. Eisenbahn-Zeitung.

— zur Frage des definitiven Bahnhofes der schweizerischen Centralbahn u. ihres Anschlusses an die französische Ostbahn in Basel. Basel 856. Bahnmaier. gr. 8. (16 S. u. 2 lith. Taf. in Fol.) n. 6 ngr

Etzel, Karl, Notizen über die Ausführung von Erdarbeiten in größerem Maaßstabe bei dem Bau von Straßen, Eisenbahnen u. Kanälen. Gesammelt bei den neuesten Ausführungen in England u. Frankreich. Mit 26 Kupfertaf. gr. 4. Stuttgart 839. Metzler. n. 4 ₰

—— Organisation des Baudienstes bei der schweizerischen Centralbahn, s. Organisation.

Geschichte des Vereins der Brauereiarbeiter in Nürnberg. Seine Entstehung, seine Wandlungen u. seine Wirksamkeit seit 1740 bis in die Gegenwart. Von Martin Etzel. — Nürnberg: Fränk. Verl. Anst. u. Buchdr. 1910. VII, 133 S. 8° 1.

Etzel, Theodor. 1910 [Pseud.]
s.a. Schulze-Etzel, Theodor. [10. 1193

Etzel, Thdr. (Thdr. Schulze), s.: Bücher, die, der Lese.

— u. Hanns Heinz Ewers, ein Fabelbuch. Buchschmuck v. H. Frenz, Horst-Schulze, J. J. Vrieslander. 1. u. 2. Aufl. 4. (à 114 S.) München 901. A. Langen. n. 3.50; geb. n. 4.50

— Fabeln u. Parabeln d. Weltliteratur. Gesammelt u. m. literar-histor. Einführgn. hrsg. 1—4. Taus. (478 S.) kl. 8. Leipzig (907). Hesse & Becker Verl. 1.80; geb. in Leinw. 2.—; in Geschenkbd. 3.—

— Von Löwen u. Lausbuben. Fabeln u. Firlefanz. 3. u. 4. Aufl. (Je 145 S.) 8. München 909. G. Müller. 2.—; geb. 3.—

Etzel, Thdr. (Thdr. Schulze-Etzel), Märchen u. Fabeln, s.: Ewers, Hans Heinz.

— Reineke Fuchs. Ein Volksbuch, nach d. Ausg. v. Gottsched aus 1752 f. die Jugend bearb. (VIII, 179 S. m. Abbildgn. u. 4 farb. Vollbildern.) 8. Stuttgart (909). G. Weise. Geb. in Leinw. 3.50

Etzel, Thdr. (Theodor Schulze-Etzel), der Rohrspatz. Ein neues Fabelbuch. Mit Zeichngn. v. C. O. Petersen. (116 S.) 8. München 907. A. Langen. n. 3.50; geb. n. 5.—

— das fröhliche Tierbuch, s.: Strassburger, Eaon Huao.

— Weltbunior, s.: Roda Roda.

Etzel, Wilhelm: Die Krankenversicherung der land- und forstwirtschaftlichen Arbeiter sowie der Dienstboten in Württemberg. *Stuttgart 1898: J. Fink.* (140 S.) 8°
Erlangen, Jur. Diss. v. 23. Dez. 1897

Etzelmueller, Herman. Die Mutter, ihr Glauben, Hoffen, Lieben in Gedichten. Maperville, Illinois, 1909. UC

Etzinger, Ant., Neunzig Betrachtungen über das Leiden und Sterben unsers lieben Herrn Jesu Christi, nach den Betrachtt. des frommen Ludwig de Ponte bearbeitet. gr. 8. Sulzbach 835. v. Seidel. $1^1/_3$ ℛ

Etzinger, Ant., 90 Betrachtungen über das Leiden u. Sterben unsers lieben Herrn Jesu Christi, nach den Betrachtungen des frommen Ludwig de Ponte. 2. revid. u. verm. Aufl. gr. 8. Sulzbach 843, v. Seidel. $1^1/_3$ ℛ — 3. verm. Aufl. Ebend. 846. $1^1/_3$ ℛ

Etzinger, Ant., neunzig Betrachtungen über das Leiden u. Sterben unsers lieben Herrn Jesu Christi nach den Betrachtungen des frommen Ludw. de Ponte bearb. 3. rev., m. einer besond. Meßandacht verm. Aufl. Ster.-Ausg. Neuer Abdr. gr. 8. (XVI u. 544 S.) Sulzbach 848, v. Seidel. $1^1/_3$ ℛ

Etzinger, Ant., neunzig Betrachtungen über das Leiden und Sterben unsers lieben Herrn Jesu Christi nach den Betrachtungen des frommen Ludwig de Ponte bearb. 4. (Titel-) Aufl. (Stereot.-Ausg.) Sulzbach (848) 854. v. Seidel. gr. 8. (XVI, 544 S.) 1 ℛ

Etzinger, Ant., neunzig Betrachtungen über das Leiden und Sterben unsers lieben Herrn Jesu Christi nach den Betrachtungen des frommen Ludwig de Ponte bearb. 6. Aufl. [Stereot.-Ausg.] Sulzbach 861. v. Seidel. gr. 8. (XVI, 544 S.) 1 ℛ

—— Büchlein f. d. liebe Jugend. N. e. älteren Werke hrsg. gr. 12. (3 B.) Sulzbach 837, v. Seidel'sche Buchh.

— conspectus rituum in Missa tam privata quam solemni. Curavit pro faciliori instructione candidatorum sacerdotii. 8. Ratisbonae 844, Manz. $^1/_3$ ℛ

—— Leben d. sel. Petrus Forerius [Fourier]. N. e. latein. Ausg. bearb. 8. (14 B.) Sulzbach 839, (v. Seidel'sche Buchh.)

ETZINGER, Johann (Abensberg): Ueber die Verdaulichkeit der leimgebenden Gewebe.- München: Mühlthaler 1874. 29 S.
2.3.1874 - Urk (Titel: De natura digestibili textorum glutinosorum.); Chr 1873/74,14
Diss.Ingolst.-Landsh.-Mchn.

Etzler, Ernst Christian (Dobrilugk). Spec. cont. caput juris controversum an renunciatio hereditatis paternae generalis contineat quoque renunciationem legit. Präs. Chn. Heinr. Breuning. Lpz. (Langenheim) 9. VII. 1767. 8 S. (3.—) 8360

Etzler, J. A, die Auswanderung nach der Tropenwelt. gr. 16. (51 S.) Ulm 847, Müller. 6 ngr

Etzler, J. A., das Paradies für Jedermann erreichbar, lediglich durch Kräfte der Natur u. der einfachsten Maschinen. Allen einsichtsvollen Männern gewidmet. Nach der 2. engl. Ausg. gr. 16. Ulm 844, Stettin'sche Sort.-Buchh. $^3/_8$ ℛ

Etzler, Karl Fr.

— s. Analogien, syntakt., d. deutschen u. latein. Sprache.

— Anleit. zur Wohlredenheit. 8. Bresl. 802. Graß, Barth u. C. 12 gr

Etzler, Karl Fr., Beitr. zur Kritik des Schulunterrichts, 1s—4s Stück. 8. Leipz. 796—800. Cr. Fleischer. 2 ℛ

— Elementarübung in d. latein. Sprache. 8. Lpz. 798. Cr. Fleischer. 8 gr

— latein. Elementarübungen, 1r Bd. 1r u. 2r Curs. u. 2r Bd. 1—3r Curs. 8. Bresl. 808. Gehr. 2e Aufl. 818. J. F. Korn. 8 gr Wortregister dazu. 8. Ebd. 808.

Etzler, C. F., lateinische Elementarübungen zum Gebrauch für Schulen. 2te Aufl. 8. Breslau, J. F. Korn d. ält. 818.

Etzler, K. F. Erinnerungen an einige der wichtigeren Erwägungspunkte in Bezug auf die Lehrordnung in Gymnasien. . . . . .
Progr. Breslau E. 1825

— Grammatik d. lateinischen Sprache. gr. 8. Bresl. 804. Graß, Barth u. C. 12 gr

— Gymnasialblätter. 1s—4s Heft. gr. 8. Bresl. 819—23. Graß, Barth u. C.; (a. Max u. C. das.) 1 ℛ 8 gr

— lectiones statar. ad usum scholar. accom. 8. Bressl., Grass, Barth u. C. 20 gr

— grammat. Leitfaden für d. ersten Unterr. in d. latein. Sprache. Zu den latein. Elementarübungen gehörig. 8. Bresl. 808.

— Leitfaden für d. ersten Unterricht in der deutschen Sprache. 8. Bresl. 802. Graß, Barth u. C. 12 gr

— Leseb. f. die deutschen Stunden in d. untern Classen. 8. Bresl. 802. 2e A. 806. 3e A. . . . 4e A. 830. Graß, Barth u. C. 9 gr

— Lesematerialien zum Gebrauch f. Schulen. 2 Bdchn. 8. Leipz. 796 u. 97. Cr. Fleischer. 1 ℛ

— Methodenbuch für den Unterricht in der deutschen Sprache. (Auch u. d. T.: Methodik d. wissenschaftl. Unterrichts. 1r Thl.) 8. Bresl. 803. Graß, Barth u. C. 12 gr

Etzler, Karl Fr., Sprach-Erörterungen. gr. 8. Bresl. 826. (Graß, Barth u. C.) 20 gr

Etzold, Alfred, aus Altenburg S.-A.: Die Preisbildung der Wirkwaren im Engros- und Detailhandel. *Halle a. S. 1900: (K. Theyer, Mainz).* (55 S.) 8°
Halle, Phil. Diss. v. 1900

Verzeichnis der Bücherei der Handelskammer zu Magdeburg nach d. Bestande v. 1. Okt. 1905. (Verf.: Alfred Etzold.) Magdeburg: Heinrichshofen in Komm. 1906. (XIII, 336 S.) 4°(8°) [illegible] 3

Etzold, Ernst. Klinische Untersuchungen über Nervennaht. Diss. gr. 8. (85 S.) Dorpat 889, (Karow). * 2 —

Etzold, Franz

Etzold (Fr.), Zwölfter Bericht der Erdbebenwarte zu Leipzig. . . . M. 1 Taf.
Aus: Mathem.-phys. Klasse d. Kgl. Sächs. Gesellsch. d. Wissensch. z. Leipzig. Bd 62. 1910.

Etzold, F., Die Braunkohlenablagerungen im Königreich Sachsen. Halle a. S., 1907. 14 S. mit 2 Abb.

Etzold, Franz *Isidor* [aus Neustadt bei Stolpen]: Die Entwicklung der Testikel von Fringilla domestica von der Winterruhe bis zum Eintritt der Brunst. . . . (Aus: Zeitschr. f. wiss. Zool. Bd. LII. 1. H.) Leipzig, W. Engelmann, 1891; 41 S., 1 Taf. 8°
Leipzig, Phil. Fak., Inaug.-Diss. v. [24. Apr.] 1891

Etzold (F.). Das Wiechert'sche astatische Pendelseismometer der Erdbebenstation Leipzig und die von ihr gelieferten Seismogramme von Fernbeben. Mit 2 Tafeln und 2 Textfiguren. (Abdr. a. d. Ber. d. mathemat.-physisch. Kl. d. Kgl. Sächs. Gesellsch. der Wissensch. zu Leipzig.) Leipzig 1902. 8.

Geologischer Querschnitt durch Sachsen vom Südabhange des Erzgebirges bis Leipzig. Gez. von Dr. F[ranz] Etzold u. P. Osc. Wittig. Leipzig. [Nebst] Erläuterungen. *Leipzig: Dürr 1902; Lith. Anst. C. Kirst & Co.* (1 Kartenbl. 250 × 74 cm, 22 S.) quer-gr. 2° [kol.] [illegible]

———— Die von Wiecherts astatischem Pendelseismometer in der Zeit vom 15. Juli bis 31. Dezember 1902 in Leipzig gelieferten Seismogramme von Fernbeben. (Abdr. a. d. Ber. der math.-phys. Kl. d. Kgl. Sächs. Ges. d. Wissensch. zu Leipzig. 1903.) 8. Mit 1 Tafel.

Etzold, R., Zeitbestimmung mittels des Passage-Instrumentes. gr. 8. (II, 95 S. m. 37 Abbildgn.) Leipzig 901. W. Diebener. n. 2. —

Etzrodt, Erwin: Das Mutterkorn. Würzburg 1838. VIII. 38 S.
Würzburg, Inaug.-Abhandl. v. 1838.

Etzrodt, Karl [aus Bösenrode]: Laurentius Surius. . . . Halle-Saale, Heynemann'sche Buchdr. (F. Beyer), 1889; 2 Bl. | 46 S. + 1 Bl. 8°
Halle, Phil. Fak., Inaug.-Diss. v. [18. Jun.] 1889

Euagrius Ponticus

Euagrii altercatio legis inter Simonem Iudaeum et Theophilum Christianum, s.a Corpus scriptorum ecclesiasticorum latinorum. XXXXV.

Euagrii [monachi] Altercatio legis inter Simonem Iudaeum et Theophilum Christianum rec. Eduardus Bratke. *Vindobonae: F. Tempsky; Lipsiae: G. Freytag 1904.* (XI, 99 S.) 8°
— Scriptores ecclesiastici minores saec. IV. V. VI. Fasc. 1.
— Corpus scriptorum ecclesiasticorum latinorum. Vol. 45. [c4. 11749

Euagrii Pontici sententiae, s.a. **Gnomica.**

Elter, A., Euagrii Pontici sententiae ed. Pr. 1893. 16 S. 4°.

Euander, Johann Gottfried (Gotha), De fratre unilaterali defuncti materteram in terris juris Saxonici communis a successione excludente. Diss. jur. Präs. Joh. Gottfried Kraus. Wittenberg (Ephr. Gottlob Eichsfeld) 24. X. 1735. 29 S., z. Tl. dtsch. (5.—) 8361

Euangelides, s.a. Evangelides

Εὐαγγελίδης, Ἰωάννης [Doktor Philosophie [sic!]]: *Πραγματεία περὶ σίτου καὶ ὄψου ἤτοι περὶ τροφῆς παρὰ τοῖς ἀρχαίοις Ἕλλησι μετά τινων συγκρίσεων πρὸς τὰ παρὰ τοῖς νῦν. Μέρος πρῶτον....* Erlangen, Druck d. Univ.-Buchdr. v. E. Th. Jacob, 1890; 51 S. 8°
Erlangen, Phil. Fak., Inaug.-Diss. v. 1890

Eubel, Konrad

— die in der Franziskaner-Minoritenkirche zu Würzburg Bestatteten aus dem Adels- u. Bürgerstande. gr. 8. (83 S.) Würzburg (884). (Stahel). n. 1.—
Sonderabdruck aus: „Archiv d. histor. Ver. f. Unterfranken".

Eubel, Conr., O. Min., s.: **Bullarium Franciscanum.**

— Geschichte der Kölnischen Minoriten-Ordensprovinz, s.a.Veröffentlichungen des histor. Vereins f. den Niederrhein. I.

Geschichte der Kölnischen Minoriten-Ordensprovinz von P. Konrad **Eubel,** Generaldefinitor. Köln: J. & W. Boisserée 1906. (IV, 332 S.) 8°
— Veröffentlichungen d. hist. Vereins f. d. Niederrhein. 1. [o6. 6070

Eubel, K., Geschichte der oberdeutschen [Straßburger] Minoriten-Provinz. Mit Unterstützg. der Görres-Gesellschaft hrsg. gr. 8. (VIII, 408 S.) Würzburg 886. Bucher. n. 4.—

Eubel, Conr., O. Min., Hierarchia catholica medii aevi sive summorum pontificum, S. R. E. cardinalium, ecclesiarum antistitum series ab a. 1198 usque ad a. 1431 perducta. E documentis tabularii praesertim Vaticani collecta, digesta, edita. gr. 4. (V, 582 S.) Münster 898. Regensberg. n. 30.—

— Hierarchia catholica medii aevi sive summorum pontificum, S. R. E. cardinalium, ecclesiarum antistitum series ab a. 1431 usque ad a. 1503 perducta. E documentis tabularii praesertim Vaticani collecta, digesta, edita. (Vol. II.) gr. 4. (VII, 328 S.) Münster 901. Regensberg. n. 20.—
Vol. I. Ebd. 898. n. 30.—.

Hierarchia catholica medii aevi sive summorum pontificum, S. R. E. cardinalium, ecclesiarum antistitum series e documentis tabularii praesertim Vaticani coll., digesta, ed. per Conradum **Eubel,** Ord. Min. Conv. (Vol. [1.] 2.) Monasterii: Regensberg 1898–1901. 2 Bde 4°
1. Ab anno 1198 usque ad a. 1431 perducta. 1898.
2. Ab a. 1431 usque ad a. 1503 perducta. 1901.
3. Saeculum XVI ab a. 1503 complectens inchoavit Guilelmus van Gulik absolvit C. Eubel. 1910. [10. 10604 9

— die avignonesische Obedienz der Mendikanten-Orden, sowie der Orden der Mercedarier u. Trinitarier zur Zeit des grossen Schismas, s.a.Quellen u. Forschungen a. d. Gebiete der Geschichte. I. 2.

Die Avignonesische Obedienz der Mendikanten-Orden, sowie der Orden der Mercedarier u. Trinitarier zur Zeit des grossen Schismas. Beleuchtet durch die von Clemens VII. u. Benedict XIII. an dieselben gerichteten Schreiben. Von Konrad **Eubel.** *Paderborn: F. Schöningh 1900.* (XIX, 231 S.) 8°
— Quellen u. Forschungen aus d. Geb. d. Geschichte. Bd 1, T. 2. [oo. 6623

— provinciale ordinis fratrum Minorum vetustissimum, secundum codicem vaticanum Nr. 1960 denuo ed. E. gr. 8. (90 S.) Ad Claras Aquas (Quaracchi) 892. (Freiburg i/B., Herder.) n.n. 1.30

— s.: Taschenkalender f. d. kathol. Klerus.

Eubelhuber, J. E., f. selbst Erkenntniß. 8. Regensburg, Montag. 759.

Eubios. oder über das höchste Gut. f. Boost, P. F.

Euboeus, **Tauriscus, Catalogue des estampes gravées d'après Rafael. gr. 8. Frankf. a. M. 819. Hermann. 2 fl in 4. 4 fl**

Eucaedius, **Aug., Aulaeum Dubiadum, continens seriem ac successiones Archiepiscop. Rig. in Livonia, cur. G. Bergmann. 8. Wittenb. 1564 et Ruynl 794. Bergmann.**

Euch geschehe nach eur. Glauben. Erzählg. Von M. v. O. (23 S.) 8. Neumünster (907). Vereinsbuchh. G. Ihloff & Co. — 20

Euch ist heute der Heiland geboren! Ein bibl. Bilderbuch. 4. (12 S. m. 6 farb. Bildertaf.) Lahr (893). E. Kaufmann. Kart. — 50

— dasselbe, s.a **Weihnachten.** Nr. 1.

Eucharistia. Erhebungen des Gemüths. 12. Landsberg a. d. W. 840. Schulz u. Volger. n. 1/3 fl

Eucharistia! Vollständiges Communion-Buch für fromme Christgläubige jedes Standes und Alters in 3 Abtheilungen. Herausg. von einem katholischen Priester. Münster 862. Brunn. 16. (VII, 248 S.) 9 ngr.

—— Vollständiges Communion-Buch für fromme Christgläubige jedes Standes und Alters, enth. 86, zum Theil umfangreichere Andachtsübungen: Meß- und Communion-Andachten, Ablaßgebete, Andachten bei der Besuchung des allerheiligsten Sacraments rc. für den Morgen und Vormittag, sowie für den Nachmittag und Abend des heil. Communion-Tages, hrsg. von einem kathol. Priester. 2. (Titel-)Aufl. gr. 16. (VIII und 248 S.) Regensburg (862) 67, Coppenrath.

Eucharistia! Vollständiges Communion-Buch für fromme Christgläubige jedes Standes u. Alters, enthltd. 86, zum Theil umfangreichere Andachtsübungen: Meß- u. Communion-Andachten bei der Besuchung des allerheiligsten Sacramentes rc. für den Morgen u. Vormittag, sowie für den Nachmittag u. Abend des heil. Communion-Tages, hrsg. von e. katholischen Priester. 2. Aufl. Regensburg 868. Coppenrath. 16. (VII, 218 S.) 9 ngr.

Eucharistia. Die Geheimnisse der Liebe Jesu Christi im allerheiligsten Sakramente zur Betrachtg. dargestellt, u. m. e. Psalm von Gedeon v. der Heide eingeleitet. Eine Weihegabe zur ewigen Anbetg. u. für die Herz Jesu-Andacht. 2. veränd. Aufl. Mit 1 Stahlst. gr. 16. (XII, 394 S.) Regensburg 876. Manz. 2. 70

Eucharistia. D. Geheimnisse d. Liebe Jesu Christi im allerheil. Sakramente, z. Betrachtg. f. alle Freunde Jesu dargest. E. Handbuch f. d. Vereine d. ew. Anbetg. u. d. Herz-Jesu-Andacht. 8., verb. u. verm. Aufl., hrsg. v. Jos. Ziegler. 12. (VIII, 392 S. m. 1 Stahlst.) Regensburg 896. Nationale Verlagsanstalt. 2.—; geb. in Leinw. n. 2. 80

Eucharistia, SS. Organ der „Priester der Anbetg." in Oesterreich-Ungarn, Deutschland u. der Schweiz u. d. eucharist. Priesterbündnisses. Red. v. den Vätern vom Allerhlst. Sakrament in Bozen. Verantwortlich: Jos. Furger, S.S.S. 18—21. Jhrg. 1908—1910. à 12 Nrn. (à ca. 20 S.) gr. 8. Bozen. Buchs, Verlag d. Emanuel. à Jhrg. 2.—

Eucharisticon de nato Archiduce Leopoldo ... Graecii 1716. V: *Hueber, Georg.* (Jescorrections III, Sp. 523)

Eucharisticon. Meinen ... Zwillingssöhnen zum Gedächtniss ihrer Taufe geschrieben. Riga 1826. V: *Laurenty, Heinrich Carl.* (R-N)

Eucharistie, die heilige, der Mittelpunkt des Glaubens, Gottesdienstes und Lebens in kurzen Erörterungen und Zusprüchen zur Betrachtung für gebildete Kreise dargestellt. Mit einem Anhang: Altarblumen. 8. (XIV, 470 S.) Paderborn 874, F. Schöningh.

Eucharistie, die heilige, der Mittelpunkt d. Glaubens, Gottesdienstes u. Lebens in kurzen Erörtergn. u. Zusprüchen zur Betrachtg. f. gebildete Kreise dargestellt. Mit e. Anh.: Altarblumen. 8. (XIV, 470 S.) Paderborn 875. Schöningh. 3. —

Euchariston. Ueber das Verhältniss der göttlichen Welt zur ausserordentlichen Gottheit. Breslau 1820. V: *Thilo, Joh. Ludwig Chph.* (ErGr) (Ky) (MGT)

Euchariston. Ueber das Verhältniß der göttl. Welt zur außerweltl. Gottheit. gr. 8. Bresl. 820. Holäufer. 22 ½

Euchariston (psdn.), Volksschule nicht Volksschulen! Ansichten und Wünsche über und für das Preuß. Volksschulwesen, mit besond. Rücksicht auf Schlesien. gr. 8. Glaz 843, Prager. n. ⅙ ₰

Eucharius. Sonntagsblatt für die Diöcese Trier. 1.—4. Jahrg. 1861—64. à 52 Nrn. (à 1 Bgn.) Trier, Braun. 4. Jeder Jahrg. n. 1 ₰ 10 ngr

Eucharius. Sonntagsblatt für die Diöcese Trier. 5.—10. Jahrg. 1865—1870. à 52 Nrn. (à 1 Bgn.) Trier, Braun. 4. Jeder Jahrg. n. 1 ₰ 10 ngr

Eucharius. Sonntagsblatt f. die Diöcese Trier. 11. Jahrg. 1871. 52 Nrn. (B.) Mit Beilagen. 4. Trier, Braun's Verl. n. 4. —

Eucharius Cam. Inarime, s. de Balneis Pithecusar. Lib. VI. c. fig. 4. Napol. (Class in Heilbr.) 756. 2 —

Eucharius-Kalender für Stadt und Land auf die J. 1870—1874. 1.—5. Jahrg. 16. (à Jahrg. XXXII und ca. 175—200 S. mit eingedr. Holzschn. und Holzschntaf.) Trier, Braun's Verlag. à Jahrg. *

—— dass. — 6. Jahrg. 16. (224 S. mit eingedr. Holzschn. und Holzschntaf.) Trier 874, Groppe.

Eucharius-Kalender für Stadt und Land auf die J. 1876—1880. 7.—11. Jahrg. 16. (XXXII, 192; XXXII, 182; XXXII, 178; 205; 210 S. mit eingedr. Holzschn. und Holzschntaf.) Trier, Groppe. à Jahrg. *

Eucharius-Kalender für Stadt und Land auf die J. 1881—1885. 12.—16. Jahrg. 16. (à Jahrg. ca. 216 S. mit eingedr. Holzschn. und 1 Lichtdr.) Trier, Groppe's Verlag. à Jahrg. *

Euchel, Is. Abrah., († d. 14. Juni 1804.) über wahre Fürstengröße; e. Gedächtnißrede auf Friedrich II. 8. Königsb. 786.

— s. Gebete d. Juden.

— das 12te Kapitel des Predigers Salomonis, mit Anmerkk. 8. Königsb. 782.

— תולדות רבנו החכם משה בן מנחם: Leben des Weltweisen Moses Mendelssohn. 8. Berl. 788.

— s. M. Maimon, more nebuchim.

Euchelmayer, G., Anleitung zum Koloriren. Ein Hülfsbuch für Eltern u. Erzieher, so wie zum Selbstunterricht. Mit 1 Farbentafel u. einem zur Belehrung, insbesond. für Zuckerbäcker u. Fabrikanten von Kinderspielwaaren, angehängten Verzeichnisse der schädlichen u. unschädlichen Farben. gr. 8. Bern 840. (Huber u. Comp., Körber.) n. ⅓ ₰

Euchendorf, Jo. Heinrich (Cosvic./Misn.), De condictione indebiti contra rem judicatam. Diss. jur. civ. Präs. Jo. Gottfried Hartung. Wittbg (Aug. Koberstein) Jun. 1713. 56 S. (5.—) 8362

Eucherius, Sanctus

Eucherii, D., de contemptu mundi epistola, siehe: Bibliotheca ascetica, I. 1.

Eucherii, Sancti, Lugdunensis episcopi, libellus de formulis spiritalis intellegentiae. Ad optimorum codicum fidem „portentosa interpolatione" liberavit et rec. Franc. Pauly. Lex.-8. (56 S.) Graz 884. Leuschner & Lubensky. n. 1. 60

Eucherius, Der Genesiscommentar (I—IV, I) des Pseudoeucherius im Cod. Augiensis 191 hsg. u. eingeleit. v. C. Wotke. Pr. 1897. XII, 27 S.

Eucherii, Sancti, opera omnia, s.: Corpus scriptorum ecclesiasticorum latinorum.

Eucherius, Bischof, sämmtl. Schriften, s. Etwas f. alle Klöster ꝛc.

Euchholz, J. B. Flora Homerica. 30 S.

Culm, Progr. 1848

Euchinin. Zusammenstellung medicinischer Abhandlungen u. Gutachten. Vereinigte Chininfabriken Zimmer & Co. Deutsche Ausg. Frankf. a. M. 1900. 139 S.

Euchologion der orthodox-katholischen Kirche, aus dem griechischen Original-Text mit durchgängiger Berücksichtigung der altslavischen Uebersetzung ins Deutsche übertragen von Mich. Rajewsky. 3 Bde. Wien 861, 62. (Braumüller's Sort.) Lex.-8. (LXXI, 860 S. m. Holzschn. im Text u. 3 Holzschntaf.) n. 4 ₰

Euchologium Graeco Lat., complectens pias preces, meditationes hymnosque sacros. In usum juvent. lit. studio. Curavit Laur. Clem. Gratz. 8. (Mit 1 Stahlstich.) Campoduni 837. Koesel. ¾ ₰ — Edit. II. 8. ibid. 838. ¾ ₰

Eucken, Arnold, über den Verlauf der galvanischen Polarisation durch Kondensatorentladung; Anwend. auf d. Nervenreizung. (S. 524—537.) Lex. 8. Berlin 908. (G. Reimer.) — 50
Sonderabdr. aus „Sitzungsber. d. preuss. Akad. d. Wiss."

Eucken, Arnold, a. Jena in Sachsen-Weimar: Über den stationären Zustand zwischen polarisierten Wasserstoffelektroden. (Leipzig: W. Engelmann 1907.) (50 S.) 8°
¶ (Aus: Zeitschr. f. physik. Chemie 59, H. 1.)
Berlin, Phil. Fak., Ref. Nernst, Diss. v. 15. Juni 1907
[Geb. 3. Juli 84 Jena; Wohnort: Erfurt; Staatsangeh.: Sachsen-Weimar; Vorbildung: Großh. Gymn. Jena Reife O. 03; Studium: Kiel 4, Berlin 3 S.; Rig. 20. Dez. 06.]

Eucken, Heinr., die Bedeutung des bürgerl Gesetzbuches f. das Bauwesen. Vortrag, geh. am 12. II. 1900 im sächs. Ingenieur- u. Architekten-Verein zu Dresden. Mit wörtl. Abdr. der hauptsächlich in Betracht komm. Gesetzbuchstellen. 8. (52 S.) Hannover 900. Gebr. Jänecke. n. — 75

Das Recht des Bürgerlichen Gesetzbuchs in kurzer systematischer Zergliederung. E. Grundriss z. Erleichterg d. Einarbeitg in d. neue Recht. Von Heinrich Eucken, Assessor ... zu Dresden. Th. 1. *Leipzig: Rossberg 1899.* 8.

— das Recht des bürgerlichen Gesetzbuchs in systematischer Zergliederung. Ein Grundriß zur Erleichterg. der Einarbeitung in das neue Recht. [4. Buch (Familienrecht) bearb. v. Walt. Koch.] 2 Tle. gr. 8. (VIII, 412 S.) Leipzig 900. Roßberg'sche Verlagsbuchh. à n. 4. —; in 1 Bd. geb. n. 9. —

Eucken, Rud., Aristoteles' Anschauung v. Freundschaft u. v. Lebensgütern, s.: Sammlung gemeinverständlicher wissenschaftlicher Vorträge.

Eucken, Rudolf. Gesammelte Aufsätze zur Philosophie und Lebensanschauung. IV + 242 S. 8. Leipzig, Dürr, 1903. [M. 4.20]

Darin S. 134—154: Zur Erinnerung an Karl Steffensen. ([3 Aufsätze.] Abgedruckt aus der Beilage zur Allgemeinen Zeitung 1889 Nr. 27, 1890 Nr. 161 [und] 1895 Nr. 82.)

Eucken, Rud., üb. die Bedeutung der aristotelischen Philosophie f. die Gegenwart. Akademische Antrittsrede, geh. am 21 Novbr. 1871. gr. 8. (35 S.) Berlin 872. Weidmann. n. 1. —

— Beiträge zur Einführung in die Geschichte der Philosophie. Der „Beiträge zur Geschichte der neueren Philosophie" 2. umgearb. u. erweit. Aufl. (V, 196 S.) gr. 8. Ebd. 906. n. 3. 60; geb. n.n. 4. 50

— Beiträge zur Geschichte der neueren Philosophie, vornehmlich der deutschen. Gesammelte Abhandlgn. 8. (III, 184 S.) Heidelberg 886. Weiß' Verl. n. 3. 20

Eucken, Rud., über Bilder u. Gleichnisse in der Philosophie. Eine Festschrift. gr. 8. (59 S.) Leipzig 880. Veit & Co. n. 1. 20

Eucken, Rud., Einführung in e. Philosophie d. Geisteslebens. (VIII, 197 S.) 8. Leipzig 908. Quelle & Meyer. 3.80; geb. in Leinw. 4. 60

Eucken, R., die Einheit d. Geisteslebens in Bewusstsein u. That der Menschheit. Untersuchungen. gr. 8. (XII, 499 S.) Leipzig 888. Veit & Co. n. 10. —

Zur Erinnerung an K. Ch. F. Krause. Festrede gehalten zu Eisenberg am 100. Geburtstage des Philosophen von Rud. Eucken. Leipzig: Veit & Co. 1881. 63 S. 8°

Auszug in: FZ. 35 (1881) S. 307—308.
Recens: Bh. 24 (1881) S. 213—214; FZ. 35 (1881) S. 296 (K. Pilz).
Tt. 2003. Festrede bei Einweihung des Krause-Denkmals, nebst einem Anh. Ergänzungen u. Ausführungen über einzelne Punkte der Krauseschen Lehre.

— Geschichte u. Kritik der Grundbegriffe der Gegenwart. gr. 8. (IX, 266 S.) Ebend. 878. n. 5. —

Eucken, Rud., Geschichte der philosophischen Terminologie. Im Umriss dargestellt. gr. 8. (V, 226 S.) Leipzig 879, Veit und Comp.

Eucken, R., die Grundbegriffe der Gegenwart. Historisch u. kritisch entwickelt. 2., völlig umgearb. Aufl. gr. 8. (VII, 318 S.) Leipzig 893. Veit & Co. n. 6. —

— Grundlinien e. neuen Lebensanschauung. (VIII, 314 S.) gr. 8. Leipzig 907. Veit & Co. 4. —; geb. in Leinw. 5. —

Hauptprobleme der Religionsphilosophie der Gegenwart. 3 Vorlesungen von Rudolf Eucken. 2., unveränd. Neudr. Berlin: Reuther & Reichard 1907. (120 S.) 8° [07. 10304

— Hauptprobleme d. Religionsphilosophie d. Gegenwart. 3. verb. u. erweit. Aufl. (8, 172 S.) gr. 8. Berlin 909. Reuther & Reichard. 2.40; geb. n 3. 20
1. u. 2. Aufl. (120 S.) 907. 1.50; geb. 2. 25

— der Kampf um das Gymnasium. Gesichtspunkte u. Anregn. 8. (68 S.) Stuttgart 891. Cotta Nachf. n. 1. 20

Eucken, Rud, der Kampf um e. geistigen Lebensinhalt. Neue Grundlegg. e. Weltanschaug. gr. 8. (VIII, 400 S.) Leipzig 896. Veit & Co. n. 7. 50; geb. in Halbfrz. n. 9. —

— Der Kampf um e. geistigen Lebensinhalt. Neue Grundlegg. e. Weltanschaug. 2. neugestalt. Aufl. (VIII, 336 S.) gr. 8. Leipzig 907. Veit & Co. 6.40; geb. in Leinw. 7. 50

—— Die Lebensanschauungen der grossen Denker. Eine Entwickelungsgeschichte des Lebensproblems der Menschheit von Plato bis z. Gegenwart. gr. 8. (VIII, 496 S.) Lpz. 890, Veit u. Comp. * 10 —

— die Lebensanschauungen der grossen Denker. Eine Entwickelungsgeschichte d. Lebensproblems der Menschheit von Plato b. z. Gegenwart. 2., umgearb. Aufl. 5 Lfgn. gr. 8. (VIII, 492 S.) Ebd. 896. à n. 2. — (kplt. geb. in Halbfrz. n. 12. —)

Eucken, R.: Die Lebensanschauungen der großen Denker. Eine Entwicklungsgeschichte des Lebensproblems der Menschheit von Plato bis zur Gegenwart. 3. Aufl. Leipzig 1899. 492 S.
— — 5. Aufl. 1904. 523 S.

Eucken, Rudolf. Die Lebensanschauungen der grossen Denker. Eine Entwicklungsgeschichte des Lebensproblems der Menschheit von Plato bis zur Gegenwart. 4. umgearbeitete Aufl. Mit dem Bildnis des Verfassers [1 Tafel]. VIII + 523 S. 8. Leipzig, Veit & Comp., 1902. [M. 10. —]

Darin S. 282—286: Zwingli und Calvin, *S. 402—411:* Rousseau.

— die Lebensanschauungen der grossen Denker. Eine Entwicklungsgeschichte des Lebensproblems der Menschheit von Plato bis zur Gegenwart. 5. umgearb. u. 6. verb. Aufl. (à VIII, 523 S.) gr. 8. Leipzig 904. 905. Veit & Co. n. 10. —; geb. in Leinw. n. 11. —

Eucken, Rudolf. Die Lebensanschauungen der grossen Denker. Eine Entwicklungsgeschichte des Lebensproblems der Menschheit von Plato bis zur Gegenwart. 7. verbesserte Aufl. VIII + 528 S. 8. Leipzig, Veit & Comp., 1907. [M. 10. —, geb. 11. —]

Darin S. 278—282: Zwingli und Calvin, *S. 391—401:* Rousseau *S. 510—515:* Der Subjektivismus, Nietzsche; *s. auch S. 421 etc.*

— Die Lebensanschauungen d. grossen Denker. Eine Entwicklungsgeschichte d. Lebensproblems d. Menschheit v. Plato bis zur Gegenwart. 8. durchgeseh. Aufl. (VII, 580 S.) gr. 8. Ebd. 909. 10. —; geb. in Leinw. 11. —

—— die Methode der aristotelischen Forschung in ihrem Zusammenhang mit den philosophischen Grundprinzipien des Aristoteles. gr. 8. (VII, 185 S.) Berlin 872, Weidmann'sche Buchh. *

— über die Methode u. die Grundlagen der Aristotelischen Ethik. Berlin 870. Weidmann. 4. (33 S.) n. 12 ngr.

Eucken, R.: Ueber die Methode und die Grundlagen der aristotelischen Ethik. 33 S. – Frankfurt a/M., Progr. 1870.

— s.: Philosophie, systematische.

— die Philosophie d. Thomas v. Aquino u. die Kultur der Neuzeit. gr. 8. (III, 54 S.) Halle 886. Pfeffer. n. 1. 20

Die Philosophie des Thomas von Aquino und die Kultur der Neuzeit. Von Rudolf Eucken. 2. Aufl. Bad Sachsa: Haacke 1910. 52 S. 8° [10. 13838

— Prolegomena zu Forschungen üb. die Einheit d. Geisteslebens in Bewusstsein u. That der Menschheit. gr. 8. (V, 114 S.) Leipzig 885. Veit & Co. n. 3. —

Eucken, Rud., de Aristotelis dicendi ratione. Pars I. Observationes de particularum usu. Dissert. inaug. Göttingen 866. (Vandenhoeck & Ruprecht.) gr. 8. (81 S.) n. 12 ngr.

Der Sinn und Wert des Lebens von Rudolf **Eucken.** Leipzig: Quelle & Meyer 1908. (162 S.) 8° [F.] [illegible]

— Der Sinn u. Wert d. Lebens. 2. völlig umgearb. Aufl. 5—8. Tauf. (IV, 155 S. mit Bildnis.) gr. 8. Leipzig 910. Quelle & Meyer. 2.40; geb. in Leinw. 3.20
1. Aufl. (III, 163 S.) 908. 2.20; geb. 2.80

Eucken, Rud., über den Sprachgebrauch des Aristoteles. Beobachtungen über die Praepositionen. Ebend. 868. gr. 8. (75 S.) n. 15 ngr.

Eucken, R., siehe: *K. Steffensen.*

— geistige Strömungen der Gegenwart. Der Grundbegriffe der Gegenwart 3. umgearb. Aufl. (XII, 398 S.) gr. 8. Ebd. 904. n. 8.—; geb. in Leinw. n. 9.—

— Geistige Strömungen d. Gegenwart. Der Grundbegriffe d. Gegenwart 4. umgearb. Aufl. (XII, 410 S.) gr. 8. Leipzig 909. Veit & Co. 8.—; geb. in Leinw. 9.—

Eucken, Rud., Thomas v. Aquino u. Kant, ein Kampf zweier Welten. gr. 8. (44 S.) Berlin 901. Reuther & Reichard. n. —60
Sonderabdruck aus: „Kantstudien".

— der Wahrheitsgehalt der Religion. gr. 8. (VIII, 448 S.) Leipzig 901. Veit & Co. n. 9.—; geb. in Leinw. n. 10.—

— der Wahrheitsgehalt der Religion. 2. umgearb. Aufl. (XII, 452 S.) gr. 8. Ebd. 905. n. 9.—; geb. in Leinw. n. 10.—

— über den Werth der Geschichte der Philosophie. Akademische Antrittsrede. gr. 8. (23 S.) Jena 874. Dufft. n. 1. 20

— das Wesen der Religion, philosophisch betrachtet. Vortrag auf der sächs. kirchl. Konferenz zu Chemnitz am 17. IV. 1901. 2. unveränd. Aufl. 8. (16 S.) Leipzig (901). G. Wigand. n. —40

— Wissenschaft u. Religion, s.: Beiträge zur Weiterentwicklung der christlichen Religion. 7. Hft.

— zur Würdigung Comte's, s. a. Aufsätze, philosophische.

Eucken, R., Zur Würdigung Comte's und des Positivismus. 8°. Leipzig 1887.

— Die Zukunft d. freien Christentums, s.: Christentum, d. freie, in d. Welt.

Eucken-Addenhausen, Geo., Krankenversicherungsgesetz, s.: Woedtke, E. v.

[F.] Die Raiffeisenschen Spar- u. Darlehnskassen-Vereine, segensreiche Werkstätten christlicher Nächstenliebe. Vortr., geh. auf d. Spezial-Konferenz f. innere Miss. zu Naumburg a.S. v. Bezirks-Dir. Dr. **Eucken-Addenhausen.** *Neuwied am Rh.: Raiffeisen & Cons. 1897.* (14 S.) 1 Bd 8.
(Raiffeisen-Bibliothek.) [illegible]

Die Raiffeisenschen Spar- und Darlehnskassen-Vereine segensreiche Werkstätten christlicher Nächstenliebe. Von Dr. Georg **Eucken-Addenhausen.** 3. Aufl. Neuwied: Raiffeisen-Dr. 1905. 16 S. 8°
(Raiffeisen-Bibliothek. Bd 4.) [10. 3630 5

Die Raiffeisenschen Spar- und Darlehnskassen-Vereine, segensreiche Werkstätten christlicher Nächstenliebe. Von Dr. Georg v. **Eucken-Addenhausen.** 4. Aufl. Neuwied: Landw. Zentral-Darlehnskasse f. Deutschland 1909. 18 S. 8°
(Raiffeisen-Bibliothek, Bd 4.) [10. 10123

Euclides, anti-thaumaturgicus od. Beweis v. d. Unmöglichkeit hyperphysischer Begebenheiten. 8. Germ. (Severin in Weissenf.) 790.

Euclides, anti-thaumaturgicus, od. Beweis v. d. Unmöglichkeit hyperphysischen Begebenheiten. 8. Germ. (Leipz. Weygand.) 790.

Euclides antithaumaturgicus oder Beweis von der Unmöglichkeit hyperphysischer Begebenheiten. Germanien [Weissenfels] 1791. V: *Knoblauch, Carl von.* (wr)

— anti-thaumaturgicus, oder Beweis von der Unmöglichkeit hyperphysischer Begebenheiten. 8. German. 791. (Lpz., Weygand). 3 gr

Euclides

— das 11e u. 12e Buch, ein Suppl. der sechs ersten Bücher, welche mit e. Vorrede d. Geh. Rath v. Segner 1773 im Druck erschienen sind. gr. 8. Halle 781. Waisenhaus B. 10 gr

Euclid's, acht Bücher, die 6 ersten nebst dem 11ten und 12ten aus d. griech. v. Lorenz. N. Aufl. gr. 8. Halle, Waisenhaus-Buchhdl. 818.
Auch unter dem Titel:
Euclid's Geometrie.

Euklid's acht geometrische Bücher aus dem Griechischen übers. von Joh. Frdr. Lorenz. Aufs neue herausg. mit einem Anh. von E. W. Hartwig. Halle 860. Buchhdlg. des Waisenhauses. gr. 8. (IV, 148 S. u. 9 Kpfrtaf. in 4.) n. 20 ngr.

— 8 Bücher v. d. Meßkunst v. Bürkenstein. 8. Leipzig, Gleditsch.

* Euclidis 15 Bücher teutsch auf eine besondere und kurze Art jedoch ausführlich abgehandelt und sowohl in Linien als in Zahlen in specie das 10te Buch mit den sonst schwer fallenden irrational Grössen, Linien und Flächen aufs deutlichste definirt, erklärt und bewiesen auch durchgehends alle 15 Bücher anstatt der sonst gewöhnlichen obscuren Holzschnitten mit erforderlichen Kupfern, Figuren benebst einer hierzu nöthig habenden rational und irrational auch binomischen Algebra versehn. Zu finden Dresden beim Author und Joh. Christoph Mieths seel. Erben. Leipz. bei itzt genannten seel. Erben und Hrn. August Marttini Buchhandl. 512 S. 8 mit Fig. 1723.
(*Heilbronner's* Nachricht von der ersten Ausgabe auf 1717 ist falsch.)

— 15 Bücher, deutsch m. K. verm. v. Scheßler. 8. Dresd. 729.

—— die geometr. Bücher d. Elemente des, als Leitfaden z. Unterr. in d. Elementar-Geometrie, mit vielen Anmerk. hrsg. v. Joh. Jos. Ign. Hoffmann. M. 16 Stnt. in Fol. gr. 8. (28 B.) Mainz 829, Kupferberg.

— Dies. nach R. Simsons latein. Uebersetz. in e. Auszug gebracht v. J. A. Matthias.

Euclides. Die sechs ersten Bücher der geometrischen Anfangsgründe ... A. d. Griech. Halle 1773. V: *Lorenz, Joh. Frdr.* (Hoff)

— die sechs ersten Bücher d. geometr. Anfangsgründe; aus dem Griech. v. J. F. Lorenz. gr. 8. Halle 773. 2e Aufl. 781. 3e A., nebst d. 11n u. 12n B. v. K. B. Mollweide. 809. 4e A. 818. 5e A. 825. Waisenhaus B. 14 gr

— 6 erste B. d. Geometr. Anfangsgr. gr. 8. Ebend. 789.

— die 6 ersten Bücher nebst den 11. u. 12. d. Elemente, s. a. Simson, R. D.

— die sechs ersten Bücher nebst dem elften und zwölften der Elem. Aus dem Engl. des R. Simson übersetzt von Matth. Reder. Herausg. von J. H. J. Niesert. Aufl. 2. Paderb. 815. 2 Thle. 8. 1 rthlr. 12 gr.

—Data, verbeſſ. u. verm. von Rob. Simſon; überſ. u. mit einer Samml. geometr. ꝛc. Probleme begleitet von J. C. Schwab. 8. Stuttg. 780. v. Cotta. 20 gr

— Data, nach d. Griech. mit R. Simſon's Zuſätzen, herausgeg. von J. Fr. Wurm. Mit 2 Steintaf. gr. 8. Berlin 825. Reimer.

— d. Deutſchredende, oder 8 Bücher v. den Anfang der Meßkunſt ꝛc. v. Pärkenſtein. 4. Wien. Monath. 744.

Elémens de Géométrie, où les ſix premiers Livres d'Euclide, avec le onzième et douzième. Traduction nouvelle par *Fréderic de Caſtillon.* A l'Uſage des Académies des nobles militaires etc. A Berlin, aux Dépens de la ſociété typographique. 8. 430 Seiten und 28 Seit. 1 Kupfertafel. 1767

Elémens de Géométrie d'Euclide. Traduct. nouvelle par *Fréderic de Caſtillon.* Berlin. Ilimburg. 8. maj. (1 Rthlr. 16 Gr.) 1777

Euclides: Elementa.

Euklid. Elementorum libri XV. Ed. G. F. Baermannus. Lipsiae 1743.

* Elementorum Euclidis Libri XV. ad Graeci Contextus fidem recenſiti et ad Uſum Tironum accommodati. Lipſiae Sumtu Joh. Frider. Gleditſchii. 8. 14 Bl. 411 S. 1743.

Euclides. Elementorum libri quindecim ad graeci contextus fidem . . . Lips. 1744. H: *Bärmann, Gg Frdr.* (Ky) (Hoff) (Ebert)

— element. libri XV ad graeci contextus fid. recens. (a B. F. Bärmann). 8. Lpz. 744. Ed. n. 769. (Brockhaus). 1 rß

Elementorum *Euclidis* libri XV. ad graeci contextus fidem recenſiti et ad uſum tironum accommodati. Lipſiae ſumtu Jo. Frider. Gleditſchii. 8. 418 S. 1769.

— elementa etc., s. a. K. F. *Hauber,* Chrestomathia.

Euclidis elementa graece et latine. Commentariis instr. edider. I. Guil. Camerer et C. Fr. Hauber. — A. u. d. T.: Euclidis elementorum libri VI. priores graece et lat. Commentar. e scriptis veter. ac recentior. mathematic. et Pfleidereri maxime illustr. edid. Camerer. Tom. I. et II. Compl. libr. I—VI. Cum XVI. tab. 8 maj. Berolini 824 et 25, Reimer.

— id. lib. sex libri priores, cum undecimo et duodecimo. Textum e Peyrardi recens. in us. gymnas. edid. glossarioque in hos octo libros instrux. J. G. C. Neide. 8 maj. Halae 825. Gebauer.

Euclidis Elementa ex optimis libris in us. tironum graece edita ab E. F. August. II Ps. 8 maj. (46 B. u. 3 B. Stnt. in gr. 4. u. Fol.) Berolini 826, 29, Trautwein.

Euclides. Elementa sine demonstrationibus . . . Hildesii 17?? H: *Fischer, Ant.* (Barbier) (Jes)

— elementa geometriae planae. libri VI. c. fig. 8. Coph. 740.

— Elemente, die 6 erſten Bücher nebſt d. 11ten u. 12ten herausgegeben v. J. H. Nieſert. 2 Thle. m. K. gr. 8. Paderborn, Weſener.

Bellnapp.

Euclides. Elemente 15 Bücher; a. d. Griech. Halle 1781. Ü: *Lorenz, Joh. Frdr.* (MGT) (DegG) »Das elfte und zwölfte Buch. Halle 1781« Ü: *Lorenz, J. F.* (DegG)

Euclid's, *Elemente.* Uebersetzt von Lorenz, Halle 781. 8. 1 rthl. 8 gr. Ebend. 798. 8. 1 rthl. 16 gr. Neu herausg. v. Mollweide. Halle 809. 8. 1 rthl. 16 gr. Eb. 818. 8. 1 rthl 14 gr.

— Elemente, 15 Bücher; aus d. Griech. überſ. von J. F. Lorenz. gr. 8. Halle 781. 1 rß 8 gr N. Aufl. 798. 1 rß 16 gr Neu herausg. von K. B. Mollweide. gr. 8. Halle 809. 4e A. 819. 5e A. 824. Waiſenhaus B. 1 rß 16 gr

— Elemente f. den gegenwärtig. Zuſtand der Mathematik bearbeitet, fortgeſ. von J. A. Michelſen. 1ſte Abth. m. K. 8. Berlin, Realſchulbuchhdl. 791.

— Elemente, für den gegenwärt. Zuſtand der Mathematik bearb., erweitert u. fortgeſ. v. J. A. Chr. Michelſen. 1r Thl. Mit Kpf. gr. 8. Berl. 791. Reimer. 1 rß 8 gr

— Elemente, 1s—6s Buch u. 11s, 12s B. überſetzt v. J. K. Fr. Hauff. gr. 8. Marb. 797. Mit n. Tit. 807. Krieger. 1 rß 12 gr

— Elemente. Auſz. a. Robert Simſons lat. u. engl. Ueberſ. d. erſten 6 Bücher u. d. 11ten u. 12ten Buchs, als Anh. z. Lorenz Ueberſ. v. Matthias m. K. gr. 8. Magdb. Heinrichshofen. 799.

— — B. I. Griechisch und Deutsch. Mit Anm. u. Wortreg. Mit Kupf. Weim. 800. 8. 21 gr.

Euclides Elemente. 1r Bd. für den erſten Unterricht in d. griechiſchen Sprache u. Mathematik. m. K. 8. Weimar, Hoffmann. 800.

— Elemente. 1s Buch, griechiſch und deutſch. mit K. 8. Weim. Hoffmann. 800.

— Elemente, die erſten 6 Bücher, nebſt dem 11n u. 12n Buche, herausg. von Rob. Simſon. Aus d. Engl. überſ. v. J. M. Mederz herausg. von Jh. H. Joſ. Nieſert. Mit Anmerkk. u. Zuſätzen. 2 Thle., mit Kpf. gr. 8. Paderborn 806. Weſener. 3 rß Velinp. 6 rß

— Elemente, überſ. von Hauf. gr. 8. Marburg, Krieger. 807.

———'s Elemente. 15 Bücher, aus dem Griechischen übersetzt von Lorenz. Aufs neue herausgegeben von K. Mollweide. 3. verb. Ausg. Halle 1809. 8.

— Elemente. 15 Bücher. a. dem Griechiſchen von Lorenz, herausgegeben v. K. Malweide. gr. 8. Halle, Waiſenh. 809.

Euclides. Elemente, die ersten 4 Bücher neu bearbeitet u. um Bedeutendes vermehrt. Von P. Spach. Klgft., Leon. 1817. 159 S.

Euclid's Elemente. A. d. Griech. überſ. v. Lorenz. Aufs Neue herausgegeb. von K. B. Mollweide. 4te Ausg. gr. 8. Halle, Waiſenhausbuchhdl. 819. Rthlr.

— Elemente, XI. Buch, 28r Satz, geprüft u. neu erwieſen, mit 1 Steintafel. 4. Mainz 819. Kupferberg. 9 gr

— Elemente, 15 Bücher, aus d. Griech. v. J. F. Lorenz. Aufs Neue herausg. v. K. Mollweide. 5e Aufl. gr. 8. Halle 824, Waiſenhausbuchhdl.

Euclids Elemente, 8 Bücher, die 6 erſten nebſt d. 11n u. 12n. Aus d. Griech. v. J. F. Lorenz. N. Aufl. gr. 8. Halle 825, Waiſenhausbuchhdl. Rthlr.

Euklid's Elemente acht Bücher: die ſechs erſten nebſt dem elften u. zwölften, aus d. Griech. überſ. v. Joh. Friedr. Lorenz. — A. u. d. T.: Euklid's Geometrie, od. die ſechs erſten Bücher d. Elemente nebſt d. elften u. zwölften. N. d. 6. Ausg. ſämmtl. funfzehn Bücher d. Elemente, nebſt e. Anh. v. M. C. Dippe. M. 9 Kpfrt. gr. 8. (10½ B.) Halle 839, Buchh. d. Waiſenhauſes. Thlr.

—— Elemente funfzehn Bücher, aus d. Griech. übers. v. Joh. Friedr. Lorenz. Aufs neue hrsg. nebst e. Anh. v. M. C. Dippe. M. 10 Kpfrt. 6. verb. Ausg. gr. 8. (20¼ B.) Halle 840, Buchh. d. Waisenhauses.

—— Geometrie erläutert, s. Unger, E. S.

Euclides. Geometrie, zum Gebrauch für Schulen. Halle 1781. Ü: *Lorenz, Joh. Frdr.* (DegG)

— **Geometrie**, od. d. 6 ersten Bücher d. Elemente, a. d. Griechischen v. Lorenz. gr. 8. Halle, Waysenh. 781.

— Geometrie oder die sechs ersten Bücher nebst dem elften und zwölften. Uebers. von Lorenz. Halle 798. 8. 14 gr.

— — eilfter Grundsatz als Lehrsatz bewiesen von C. F. H. 4. Hamburg, Hoffmann und Campe. 818.

Euclides eilfter Grundsatz als Lehrsatz bewiesen, von C. F. H. 4. Hamb. 819. (Campe). 3 gr.

— s.: **Musici scriptores graeci.**

Euclidis opera omnia. Ed. J[ohannes] L[udovicus] Heiberg et (Henricus) Menge. Vol. 1-7. [Nebst] Suppl. Lipsiae: Teubner 1893-99. 8°

Euclidis opera omnia. Ediderunt J. L. Heiberg und H. Menge. Vol. I et II. Elementa. Edidit. et latine interpretatus est J. L. Heiberg. 8. Leipzig, Teubner.

Inhalt:
Vol. I. Libros I—IV continens. (X, 333 S.) 883. ℳ 3,60.
» II. Libros V—IX continens. (XXII, 437 S.) 884. ℳ 4,50.

Euclidis opera omnia. Edd. I. L. Heiberg et H. Menge. Vol. III—V. Elementa. Edidit et latine interpretatus est I. L. Heiberg. 8. Leipzig, Teubner.

Inhalt:
Vol. III. Librum X continens. (VI, 417 S. mit eingedr. Fig.) 886. ℳ 4.50.
» IV. Libros XI—XIII continens. (VI, 423 S. mit eingedr. Fig.) 885. ℳ 4.50.
» V. Continens elementorum qui feruntur libros XIV—XV et scholia in elementa cum prolegomenis criticis et appendicibus. (CXIII, 738 S.) 888. ℳ 7.50.
Vol. I. II. Ebendas. 1883,84. •ℳ 8.10. — Elementa compl. 5 Bde. ℳ 24.60.

Euclidis opera omnia. Ed. I.: L. Heiberg et H. Menge. Vol. VI u. VII. Data cum commentario Marini et scholiis antiquis. Edidit Henr. Menge. 8. Leipzig, B. G. Teubner. à n. 5. — (I.—VII.: n. 34. 60)
VI. (LXII, 336 S. m. Fig.) 896.
VII. (LV, 369 S. m. Fig.) 895.

Euclidis opera omnia. Edd. I. L. Heiberg et H. Menge. Suppl.: Anaritii in decem libros priores elementorum Euclidis commentarii. Ex interpretatione Gherardi Cremonensis in codice Cracoviensi 569 servata. Ed. Max Curtze. 8. (XXIX, 389 S. m. Fig.) Leipzig 899. B. G. Teubner. n. 6.—; (I—VII m. Suppl. n. 40. 60)

—— die Planimetrie u. Stereometrie des, od. d. geometr. Bücher d. Elemente, z. öffentl. u. Privat-Gebr. hrsg. v. Joh. Jos. Ign. Hoffmann. M. 10 Stnt. (in qu. Fol.) gr. 8. (15 B.) Mainz 832, Kupferberg.
Bemerkungen hierzu, s. Hoffmann, J. J. J.

—— **Sammlung geometrischer Aufgaben und Lehrsätze für den Schulgebrauch und zum Selbstunterricht.** Aus der engl. Ausg. von Rob. Potts ins Deutsche übers. von Hans H. v. Aller. Mit einer Vorrede von Wittstein. gr. 8. (VIII und 255 S. mit eingedr. Holzschn.) Hannover 860, Hahn'sche Hofbuchh. *

Eucologio de los colegios dispuesto para el uso de los seminarios y demás establecimientos de enseñanza. 16. (XVI, 679 S.) Freiburg i/B. 898. Herder. n. 2. 40; geb. in Ldr. n. 3. 60; m. Goldschn. n. 3. 80

Eucologio de los colegios. Dispuesto para el uso de los seminarios y demás establecimientos de enseñanza. 2. ed. (XXIII, 663 S.) 16. Freiburg i/B. (909). Herder. 3.—; geb. in Ldr. m. Goldschn. 4. —

Eudämon, üb den Geist des Zeitalters, s. a. K. H. Sintenis.

Eudaemon über den Geist des Zeitalters. [Leipzig 1805.] V: *Sintenis, Carl Heinrich.* (HHBD IV, 26)

Eudaemonia. Ein Journal für Freunde von Wahrheit und Recht. Leipz. u. Frankf. 1795—98. H: *Göchhausen, Ernst August Anton von.* (Kl)

Eudämonia, oder deutsches Volksglück, e. Journal für Freunde v. Wahrh. und Recht. 6 Bde z. 6 Stck. gr. 8. Frft. Hermann. 795—98. (à 2 Rthlr.)

— — desselb. 1r Bd. 1s bis 6s Heft. gr. 8. Marburg, Krieger. 795.

Eudämonia oder deutsches Volksglück, ein Journal für Freunde von Wahrheit und Recht. 6 Bde. gr. 8°. Leipzig, Frankfurt u. Nürnberg 1795—98.

Eudämonismus, d. rational., e. Beytr. z. Auseinandersetz. d. Purist. u. Eudämonist. 8. Lpz. Comt. f. Lit. 804.

Eudel, Paul, die Fälscherkünste. [Le Truquage.] Autoris. Bearbeitg. v. B. Bucher. 8. (XII, 219 S.) Leipzig 885. Grunow. n. 4. —; geb. in Leinw. n.n. 5. 25; in Halbfrz. n.n. 6. 50

Eudel, Paul, Fälscherkünste. Nach d. autoris. Bearbeitg. v. Bruno Bucher neuhrsg. u. ergänzt v. Arth. Roessler. (XI, 215 S. m. Titelbild.) 8. Leipzig 909. F. W. Grunow. 5—; geb. 6.—; Luxusausg. auf Bütten, geb. in Ldr. 20.—

Eudemus Rhodius

Eudemi Rhodii ethica, ed. A. Th. H. Fritzschius, s. Aristotelis ethica Eudemia.

Eudemi Rhodii Peripatetici fragmenta quae supersunt collegit Leonard. Spengl. 865. n. 4 Thlr 20 ngr — Editio II. pretio minor. Berlin 870. Calvary & Co. gr. 8. (XII, 176 S.) n. 1 Thlr

Eudemi Rhodii peripatetici fragmenta quae supersunt collegit Leonard. Spengel. gr. 8. (XII und 176 S.) Berlin 866, Calvary und Comp. geb. *

Eudocia, s. Eudoxia

Eudocia Augusta

Eudociae Augustae carminum reliquiae editae ab Arthuro Ludwich. gr. 4. (53 S.) Königsberg i/Pr. 893. (Akadem. Buchh. v. Schubert & Seidel.) n. — 20

Eudociae Augustae, Procli Lycii, Claudiani carminum graecorum reliquiae. Accedunt Blemyomachiae fragmenta. Rec. Arth. Ludwich. 8. (VI, 241 S.) Leipzig 897. B. G. Teubner. n. 4. —

Eudociae Augustae Violarium (Ἰωνιά), rec. et emendabat fontium testimonia subscripsit Joa. Flach. Accedunt indices, quorum alter scriptores ab Eudocia laudatos, alter capita Violarii continet. 8. (XII, 782 S.) Leipzig 880. Teubner. 7. 50

Eudoline. Nach d. Französischen. Von Jos. v. Orsbach. (Aus der wohlfeilen kathol. Bibliothek besonders abgedruckt.) 12. Aachen 840. Cremersche Buchh. ⅓ Thlr

Eudomenes. Eine griechische Erzählung in drei Büchern. Berlin 1803. V: *Cramer, Frdr. Matth. Gottfried.* (MGT) (NN) (GGr) (Ky)

Eudomenes; eine griech. Erzählung, (v. Fr. Cramer). 8. Berl. 808. Maurers W. 1 ₰

Eudora, od. Blicke auf Welt u. Menschen ꝛc., s. Flöre, H. G.

Eudora, allen Verehr. d. Schönen u. Guten gewidmet, herausgeg. v. Aug. Kuhn. 1s Bdch. 8. Lpz. Barth. 803. Rthlr.

Eudora. Allen Verehrern d. Schönen u. Guten gewidmet .... 1804. Erstes (einzig.) Bdchen., 318 S. Leipzig. Goed. VIII, 61, 68.

Eudora, ein Tageblatt für Geschmack, Kultur und Kunst. Nürnb. 1804. H: *Bonafont, Carl Philipp.* (Ky)

Eudora, e. Tageblatt für Geschm., Kultur u. Kunst. 4. 1804. m K. gr. 8. Nrnb. Küssner. 804.

— — dasselbe mit K. u. Musik-Blättern. gr. 4. Fürth, Fr. Korn. 804.

Eudora, eine Zeitschrift für Wissenschaft und Kunst. Leipzig 1804. H: *Brachmann, Louise, Chn Carl Ernst W. Buri, L. von Gohren & Gg Chph Kellner.* (Ky)

— e. Zeitschrift f. Wissenschaft u. Kunst, (herausg. von L. Brachmann, C. K. E. Buri, L. v. Gohren u. Kellner). 1s Bdchn. 8. Leipz. 804. Central-Cpt. 1 ₰

Eudora, eine Zeitschrift für Wissenschaft, Kunst und Unterhaltung. Leipz. 1817. H: *Lindemann, Joh. Frdr.* (ErschDL) (Ky)

— eine Zeitschrift für Wissenschaft, Kunst u. Unterhaltung. (Herausg. von Fr. Lindemann.) 1s, 2s Heft. 8. Leipz. 817. Central-Cpt. 1 ₰

Eudora, Blätter f. Ernst u. Scherz. 8. Leipz. 823, Central-Comptoir.

Eudora. Eine Sammlung lehrreicher und unterhaltender Erzählungen für die Jugend. Mit (4) ill. Abbildungen. 8. Neuhaldensleben 840. Eyraud. 1 ₰

Eudore. Ein Schäfertrauerspiel ... [Mannheim 1779.] V: *Bonnet, Johann Carl.* (ML)

Eudoxia, Gemahlin Theodosius des Zweyten ... Gotha 1806. N. A. Leipz. 1821. V: *Naubert, Christiane Benedicte geb. Hebenstreit.* (MGT) (Ky) »Eudocia« (MGT)

Eudocia, Gemahlin Theodosius d. Zweiten, (v. B. Naubert). 2 Thle. 8. Leipz. 806. Gräff. (Wienbrack). 2 ₰

Eudoxia, Gemahlin Theodosius des Zweyten. v. Bened. Naubert. Neue wohlf. Ausg. 2 Thle. 8. Leipzig, Wienbrack. 821.

Eudoxia, hira de Belisario por d. P. Montegon reimp. a solicitud., s.a. I. D. Wagener.

Eudoxia, hija de Belisario por Don Pedro Montenjon con licencia en Madrid en casa de Sancha 1793. reimpr. á solicitud. v. Ioh. Dan. Wagner. 8. Hamburg. (C. F. W. Vogel in Lpz.) 796.

Eudoxia's Weihegabe, das ist Gold u. Perlen zur Krone christl. Vollkommenheit. Ein Buch zur unterhaltenden Belehrung u. erweckenden Erbauung für Katholiken, von einem kathol. Weltgeistlichen. Nebst Morgen-, Abend-, Meß-, Beicht- und Communiongebeten. 8. Paderborn 837. Winkler. 2/3 ₰

Eudoxus oder Über die Aufnahme zum Pythagoräer. Ein Alterthumsstück, der Verwüstung und Vergessenheit entrissen durch Philadelph. Aus d. Griech. [Kassel: Cramer] 1797. 91 S. 8⁰
Kl. 3782c. Im Anh. ein Gedicht: Gebet eines Eingeweihten.

Eudoxus, oder üb. die Aufnahme z. Pythagoräer; aus d. Griech. 8. Cassel 797. Cramer. 8 gl. Dass., aus d. Griech. 8. Marb. 797. Krieger. 4 gl. (Streng in Frankf. a. M.) 8 gl.

Eudoxus

— s. auch Antistius.

Eudoxi ars astronomica qualis in charta aegyptiaca superest, denuo edita a F. Blass. gr. 4. (25 S.) Kiel 887. Universitäts-Buchh. n. 1.—

Eudoxi, Christomnesti Responsio adversus Theses XCV. I. Boyseni, Nicolai Harmsii totidem Thesibus oppositas. 4. Kiel, Akadem. Buchhandl. 817.
— — Dasselbe, übersetzt in die Volkssprache. Ebendas.

Euen, F., die Geschichte der Schöpfung nach den Forschungen der neueren Naturwissenschaft in ihrem Verhältniß zum Glauben u. zur Kirche. Referat. Aus der Monatsschrift für die ev.-luther. Kirche Preußens. Stettin 855. Saunier in Comm. gr. 8. (65 S.) 15 ngr

— der naturwissenschaftliche Materialismus in seinem Princip und in seinen Konsequenzen. Ein Vortrag, auf Veranstaltung des Evangel. Vereins für kirchl. Zwecke gehalten am 3. März 1856. Berlin 856. W. Schultze. gr. 8. (32 S.) 5 ngr

Euer himmlischer Vater weiß, was Ihr bedürfet. 64. (15 S.) Carlsruhe 875. (Barmen, Klein.) — 9

Euerdorf [Schlagwort]

Euerdorf, s.: Bayern. Karte.

Euergetae, die Wohlthäter des Standes Zürich. Tigur. 1734. V: *Bodmer, Johann Jacob.* (GGr)

Eugelmann, Emil, der Anspruch der Päpste auf Konfirmation und Approbation bei den deutschen Königswahlen (1077—1378). I. Diss. Berlin 1886. Breslau, Wilhelm Koebner. 8⁰. 31 S.

Eugen, od. d. Feindschaft aus Liebe, v. J. Weizel, m. K. 8. Mayns, Kupferberg. 809.

Eugen Aram .... s.a. Edw. Lytton Bulwer.

Eugen Aram. Vom Verfass. des Pelham, Devereux ꝛc. Uebersetzt von C. Richard. 3 Bde. gr. 12. Aachen 832. Mayer. 4 ₰ 12 gl

—Dass. englisch. III Vols. 12. Frankf. 833. (832.) Varrentrapp. 2 ₰

PRINZ EUGEN VON EUGEN. Beschreibung der geistlich und weltlichen Ehr-Bezeugungen, mit welchen ... Eugenius Franz, Prinz von Savoyen und Piemont ... bei Anlangung in der Haupt-Festung Raab ... den 7. und 8. November ... 1716 empfangen und beehret worden. o. O. 1716. o. Dr. 4 S. - 190 mm

Eugen, Prinz, u. der Geisterseher. Roman vom Verf. v. „Maria Theresia u. der schwarze Papst." In 16 Hftn. Lex.-8. (1. Bd. 368 u. 2. Bd. 394 S. mit 18 Holzschntaf.) Wien 871. Hartleben. à — 40

Eugen, Prinz, u. sein Hof, s. Belmont.

Eugen u. Marlborough, s. Bauers Aneld. a. den 18ten Jahrh. 4s Bdch.

Eugen, Prinz, der edle Ritter, s.a. Engelhorn's, J., illustrirte Volksbücher.

Prinz Eugen, | der | edle Ritter. | Zweite Auflage. | Reutlingen. | Druck und Verlag von Enßlin und Laiblin. (= *Reutlinger Volksbücher*, 98).
o. J. (1879), 64 S., 165 × 107, Titel-Fig.: *Prinz Eugen*, 115 × 82, U.-Fig.: *Eugens-Denkmal*, 87 × 77 (auch S. 64), Vignette S. 5.
LBS d. D. oct K 3270.

Eugen v. Rothelin; vom Verf. der Adele v. Senange (Frau v. Souza); nach d. Französ. v. H. Müller VI. 2 Thle. Neue Ausg. 8. Hamb. 823. Herold. 1 ₰

— Dass. Französ. II Vols. 8. Leipz. 808. Er. Fleischer. 1 ₰

Eugen von Savoyen, Prinz. Drama in 4 Akten von F. F. Heidelberg 1859. V: *Dumreicher, Alois Baron von.* (Hdschr. Mitth. 30. VI. 1910. Exc. Josef von Rodakowski.)

Prinz Eugen von Savoyen nach d. Schlacht bei Zenta. Nach E. Engerth von Eugen Doby in Kupfer gestoch. Wien, *Artaria & Co. 10 fl., vor der Schrift 20 fl. S. 136
1883

Eugen II., d. Held uns. Zeit. Bürgergemälde. 8. Wien, Camesina. (Wallishauser.) 797.

Eugen II., der Held unserer Zeit. Bürgergemälde (v. K. F. Hensler). 8. Wien 797. Wallishausser. 3 𝔤𝔤

Eugen v. Baden, s.a. Baden.

Eugen, Prinz v. Baden, Kriegsthaten; aus dem Latein. 2 Bde. Feldzüge in d. Türkei u. Frankreich. gr. 8. Karlsr. 807. Braun. 1 ₰ 8 𝔤𝔤

Eugen, Prinz, Kriegsthaten. a. d. Lateinischen. 2 Bde. Türkenkrieg und französischer Krieg. gr. 8. Carlsruh, Macklot. 807.

Eugen v. Savoyen

Eugène, des Prinzen, Denkwürdigkeiten und politische und militärische Correspondenz. Herausg. von A. du Casse. Aus dem Französ. von L. Fort. Mit dem Portr. des Prinzen Eugène in Stahlst. (In ca. 8 Bdn.) 1—15. Liefg. Halle 858. Heynemann. (Leipzig, Friedlein.) 8. (1. Bd.: 2 Bl., 468; 2. Bd.: 2 Bl., 460; 3. Bd.: 2 Bl., 455 S.) Jeder Bd. 1 ₰ 7½ ngr

Eugène, Prinz, (Herzog v. Leuchtenberg), Denkwürdigkeiten und politische und militärische Correspondenz. Hrsg. von A. du Casse. Aus dem Französ. von L. Fort. Mit dem Portr. des Prinzen Eugène in Stahlst. (In ca. 8 Bdn.) 1—3. Bd. 8. (1. Bd. 468 S., 2. Bd. 460 S., 3. Bd. 455 S.) Halle 858, Heynemann. (Leipzig, Schrag's Verlag.) à Bd. 1 Thlr. 7½ Ngr. 8,-
Ist nicht fortgesetzt worden.

— s. auch Feldzüge.

Eugen, Prinz, Feldzüge, s. Feldzüge des Prinzen Eugen von Savoyen.

Eugen v. Savoyen, des Prinzen, militär. Korrespondenz, s.a. Korrespondenz.

Eugen v. Savoyen. Militärische Correspondenz des Prinz..... Aus österreichischen Originalquellen. Herausgegeben von F. Heller, Oberstlieut. im k. k. österr. General-Quartiermeister-Stabe etc. 1. Bd. (Jahr 1694—1702.) Mit 1 Portrait des Prinzen Eugen. 2. Bd. (Jahr 1703—Ende August 1705.) (2 Bde.) 8. Wien 1848.

— — von 1683—1712. Aus Originalquellen der königl. Staats-Archive zu Turin und Stuttgart. 8. Wien 1848.

Eugen Franz Prinz von Savoyen. Mémoires. Weimar 1809. V: *Ligne, Carl Jos. Prinz v. Arenberg.* (BrMm)

Eugen, Frz., Prince de Savoye, († d. 21. Apr. 1736.) Mémoires, par lui même, avec 1 carte. gr. 8. Weimar 809. (Industrie-Cpt.) 1 ₰ 8 𝔤𝔤

Sammlung der hinterlassenen politischen Schriften des Prinzen Eugens von Savoyen in sieben Abtheilungen nebst einem vollständigen Register. 8°.
Abth. 1—2. Tübingen. 1811;
Abth. 3—7. Stuttgart und Tübingen. 1816—1819;
Abth. 8, und Register. ebd. 1821.

— Samml. seiner hinterlassenen polit. Schriften, in 8 Abtheill. u. Register, (herausg. von J. v. Sartori). gr. 8. Stuttg. 811—21. v. Cotta. 7 ₰ 14 𝔤𝔤

Eugen von Württemberg

– s. Betragen, üb. d., d. Gelehrten.

– s. Christ in Gefahr.

Eugen Herzog von Würtemberg, siehe: Odessa.

Eugen, Herzog von Württemberg, Erinnerungen aus dem Feldzuge des Jahres 1812 in Rußland. Als Commentar zu mehreren vorausgegangenen, diesen Gegenstand betreffenden Schriften. (Mit 5 erläut. Plänen.) Lex.-8. Breslau 846, Graß, Barth u. Comp. 2 ₰

– s. Erinnerungen an die Menschheit.

– s. Ermunterung.

Die nachgelassene Correspondenz zwischen Herzog Eugen v. Württemberg und dem Chef seines Stabes von 1813 und 1814 General [Georg Wilhelm] v. Hofmann, sowie Lebensbild des Letzteren von Alfr. v. Hofmann-Chappuis. Cannstatt: Stehn 1883.

Eugen v. Württemberg, Herzog. Memoiren. 1. Th. mit 1 Schlachtplan; 2. und 3. Th. mit je 5 Schlachtplänen. Herausgegeben von General-Lieut. v. Hobe. (3 Bde.) 8. Frankfurt a. O. 1862.

Eugen, H. v. Württemberg: Memoiren [1788—1857]. Hrsg. von v. H[elldorf]. 3 Bde. Frankfurt a. O.: Harnecker 1862.

Eugen Herzog v. Württemberg, Memoiren. 3 Thle. Mit 11 (lith.) Schlachtplänen (in 4. u. Fol.). Frankfurt a. O. 862. Harnecker & Co. in Comm. 8. (VIII, 1016 S.) n. 2 ₰ 20 ngr

Eugen Friedrich Heinrich, Prinz v. Würtemberg, s. Tag, der glückliche.

Eugen von Württemberg, Prinz. Tagebuch vom 1. Mai — 4. Juni 1813. (Berlin 1855). 8°. (Aus: Bh. z. M. W. B.)

– s. Versammlungsreden.

– s.a. Wichtigkeit d. Christusreligion.

Die Wichtigkeit der Christus-Religion. Eine Abhandlung von E[ugen Prinz] v[on] W[ürttemberg]. 1784. 36 S. 8°

E[ugen Frdr. Heinr.], Pr[inz] v. W[ürttemberg]: Die Wichtigkeit der Christusreligion. [Oels?] 1787.

Eugen Erdmann, Herzog von Württemberg, sechs Gedichte, illustrirt durch Mathilde, Herzogin Eugen E. von Württemberg. Frankfurt a. d. O. 870. Harnecker & Co. Fol. (6 lith. Bll. in Farbendr. u. 6 Bll. Text.) n. 5 ₰; in Carton n. 7 ₰

Eugen, Frz., an deutschen Fürstenhöfen. Novellen. br. 8. (294 S.) Kassel 872. Landsiedel. 4. —

— der Held d. Bauernkrieges. Historische Erzählg. 2 Bde. 8. (191 u. 200 S.) Leipzig 875. Dürr'sche Buchh. 6. —

— Polin u. Deutsche. Ein Zeitbild aus unseren Tagen. 8. (174 S.) Kassel 871. Landsiedel. 3. —

— schuldig od. nicht. Erzählung. 2 Bde. 8. (198 u. 183 S.) Leipzig 873. Dürr'sche Buchh. 7. 50

Eugen, Frz., Jürgen Wullenwever. Historische Erzählung. Mit einem (Holzschn.=)Bilde von H. Lüders. 8. (128 S.) Bremen 877. Nordwestdeutscher Volksschriften=Verl. cart. n. 1. —

Eugen, Frz., Jürgen Wullenwever. Histor. Erzählg. M. 1 Bilde v. H. Lüders. Ster.=Ausg. 12. (127 S.) Reutlingen 895. Enßlin & Laiblin.
Kart. in farb. Umschlag —60; in 1 farb. Umschlag —50

Eugen, Frz., Jürgen Wullenwever. Historische Erzählung. Mit e. Bilde v. H. Lüders. Ster.=Ausg. 12. (127 S.) Reutlingen (901). Enßlin & Laiblin. —25

Eugen, Wlh., der zerbrochene Wagen; Schspl. in 1 A. 8. Regensb. 811. Daisenberger. 7 ℋ

Eugene Aram, s. Aram.

Eugenia

— od. d. natürliche Tochter, v. J. W. Göthe, s.a. Tochter.

Eugenia. Drama von Beaumarchais. 8. Lpz. Crusius. (Vogel.) 768.

— — dass. 8. Frkft. Eßlinger. (a. Stage in Augsb.) 768.

— — dass. 8. Jena, Voigt. 768.

Eugenia, od. die Gefahren der Leidenschaft. 8. Fürth, Bureau f. Lit. (Campe in Nurnb.) 802.
gut. Pap.

Eugenia. Leben und Briefe einer Waise. Gestorben in dem Alter von 23 Jahren. 1. Bdchn. Herausgeg. v. d. Vereine z. Verbreit. guter kathol. Bücher. gr. 8. Wien 846, Mechitaristen=Congregationsbuchh. 8¾ nℋ

Eugenia. Leben u. Briefe einer Waise. Gestorben in dem Alter von 23 Jahren. 2. Bdchn. gr. 8. (S. 161—312.) Wien 847, Mechitaristen=Congr.=Buchh. 8¾ nℋ (1 u. 2. 1/12 ß)

— u. Ampnt. Trauersp. von Jäger. 8. Bamberg, Göbhard. 778.

Eugenia und Mathilde, oder Denkwürdigkeiten der Familie des Grafen von Revel. Leipzig 1813. V: *Souza, Adele Marquise de, früher Flahault.* (schl)

Eugenia und Mathilde, od. Denkwürdigkeiten d. Familie des Grafen von Revel, von d. Verfass. d. Familie de Canangas. 8. Leipz. Rein u. Comp. 813.

Eugenia von Nordenstern. Von M. v. Pfister. 2 Theile. mit 1 Kupf. 8. Aarau, Sauerländer. 820.

— der Sieg üb. die Liebe, von Aug. Lafontaine. 3 Thle. 8. Halle, Renger. 814.

Eugenia's Briefe, von H. Hirzel. 1r u. 2r Bd. 2te Aufl. gr. 8. Zürich, Orell. 811. (à 1 Rthlr. 20 gr.)

Eugenia's Briefe, von H. Hirzel. 2 Theile. 3te Aufl. 12. Zürich, Orell. 819.

Eugenia's Briefe an ihre Mutter geschr. auf einer Reise n. d. Bädern von Leuk im Sommer 1806. 2 Bde. gr. 8. Zürich, Orell. 810.

Eugénie, by the author of „Miss Molly", s.: Asher's collection of english authors.

Eugenie. Drama, s.a Beaumarchais, Pierre Augustin Caron de

Eugénie. Drame p. de Beaumarchis. 8. 768.

Eugenie, ein Schauspiel; a. d. Franz. Mannheim 1768. V: *Schwan, Chn Friedrich.* (MGT)

—ein Trspl. aus d. Französ. (v. Karl Wlh. Müller). gr. 8. Weißenf. 768. Böse. 4 ℋ

Eugenie; ein Drama in 5 A. 8. Augsb. 778. v. Jenisch u. St. 4 ℋ

Eugenie, ein Trauerspiel; a. d. Franz. Leipzig 1786. Ü: *Müller, Carl Wilhelm.* (Adel) (Ky) (MGT)

Eugenie oder die Gefahren der Leidenschaft. Fürth 1802. V: *Korn, Friedrich* (?). (BGE II², 206) (DARP)

Eugenie, Kaiserin, und Bismarck. Berlin 1895. V: *Robolsky, Herm.* (Singer, A., Bismarck in der Literatur. Würzburg 1909. S. 166.)

Eugenie, Kaiserin, u. Bismarck. Von H. v. R. gr. 8. (32 S.) Berlin 895. E. Pelschus & Co. n. — 80

Eugénie et ses Elèves, ou lettres et dialogues etc. par Mad. de la Fite. 8. Dresde, Walther. 79

Eugenie und Rothelin, nach d. Franz. von H. Müller. N. Ausg. Hamb. 1823. V: *Souza, Adele Marquise de, früher Flahault.* (EE)

— u. ihre Schülerinnen rc. v. d. Frau de la Fite. 8. Bern, Hortin. (a. Typ. Soc. a. Fleischer in Lpz.) 783.

Eugenio der Liebling des Räuberhauptmanns, s.a Alessandrini oder die Räuberrepublik

Eugenio, der Liebling des Räuberhauptmanns. 8. Leipz., Joachim. 22 ℋ

Eugenio und Virginie; nach d. Franz. Berlin 1800. V: *Müller, Carl Ludwig Methusalem.* (Ky)

—u. Virginie; nach d. Französ. (v. K. L. M. Müller). 2 Thle. 8. Berl. 800. Unger. 1 ß

—Dass. Französ. (v. Louise St. Leon). II Toms. 12. Berl. 800. Vieweg in Braunschw. 1 ß

EUGENIO (ps.). — Wilde Rosen (44 Gedichte) aus *Eugenio's* Nachlasse. Mit grosser allegor. Titelvignette. („Handschrift für Freunde".) (Zierleiste.) Wesel 1820. Gedruckt bei M. Becker. 8°. Zahm.
Titel, IV S. Pränumeranten-Liste, 1 Bl. Inh., 282 S., 1 Bl. Druckf. S. 180: Faust von Göthe. (3 achtzeil. Str.); S. 185: Theodor Körner (2 Gedichte von je 4 Str.).

Εὐγενίου

— *Βίος τοῦ μακαρίτ. Θεωδορίτου.* S. l. et a. 4.

Εὐγενίου ἡ λογική. Λειψία 766. 8.

Εὐγενίου τοῦ *Βουλγαρ. Τῶν μαθηματικῶν στοιχείων αἱ πραγματεῖαι — ἐκ τῶ Ι. Α. Σεγνέρου καὶ συγγραμμάτων καὶ συνουσιῶν. Λειψία* 767. 8. 2 rthl. 12 gr.

Eugenius, od. Anekdoten aus d. goldnen Thale. 2 Thle. a. d. Engl. 8. Lpz. Linke. 787.

Eugenius, Graf, Schausp. in 5 A. v. W. G. Wetterstrand. 8. Jena, Akadem. Buchhdl. 807.

Eugenius nummis illustratus oder Leben und Thaten des Prinzen Eugenii, worinnen dessen grosse Kriege, Siege und Heldenthaten durch die darauf gepraegten Münzen erlaeutert werden. 8. Mit K. Nürnberg 1736. 2,50.

Eugenius nummis illustratus. Leben u. Thaten des .... Printzen Eugenii. Mit Portr. u. Kpfrn. Nürnberg 1736. 8°. Prgb.
8 Bll., 661 S. u. Reg.

Eugenius, nummis illustr. oder Leben unl Thaten Eugens m. Münz. erläut. 8. Nrnb. 738.

Eugenius Severus, oder einige Stationen aus der Lebensreise eines Philosophen, von J. Hillebrand. 2 Theile. 8. Leipzig, Hartknoch. 819.

Eugenius, Bischof von Basel, entbietet der II. Geistlichkeit und dem gläubigen Volke des Bisthums Basel Friede u. s. w. d. d. in unserem Asyl zu Luzern, 8. Februar 1874. 20 Stn. gr. 8. Luzern, Gebr. Räber.

DOM EUGENIUS, Abt von Melleray: Elementare und praktische »Methode des Gregorianischen Gesanges« zum besonderen Gebrauch des Cistercienserordens. Mit Genehmigung des Verfassers aus dem Französischen übersetzt und gedruckt in der Abtei Mariastern. Mariastern 1905. 184 S. - 200 mm

Eugenius a s. Joseph, P., O. Carm., Blumen aus dem Garten d. Jesukindes. E. Andachtsbüchlein. 16. (133 S. m. 1 Farbendr.) M.-Gladbach 896. A. Riffarth. Geb. in Leinw. n. — 50

Eugenius Toletanus, Carmina et epistulae, s.: Monumenta Germaniae historica. XIV.

Eugen's Ehegeheimnisse, s.: Geschichten, intime.

Eugippius Lucullanensis

Eugippius, Leben des heiligen Severin, s.a. Geschichtschreiber, die, der deutschen Vorzeit.

Eugippius. Leben des heiligen Severin von E. Uebersetzt von Dr. Carl Rodenberg. 8. Leipzig 1878.
Die Geschichtschreiber der deutschen Vorzeit .... Urzeit. Band 8.

Eugippius, das Leben des heiligen Mönches und Apostels der Noriker Severin, aus dem Latein. übertragen, mit einer Einleitung und erläuternden Anmerkungen begleitet von Carl Ritter. Linz 853. Fink. gr. 8. (XXXII, 175 S.) n. 24 ngr

Eugippii opera, s.: Corpus scriptorum ecclesiasticorum latinorum.

Eugippii vita Severini, recogn. Th. Mommsen, s.: Scriptores rerum germanicarum.

— vita sancti Severini, s.a. Monumenta Germaniae historica.

Eugippius, vita S. Severini secundum codicem antiquissimum, qui Romae asservatur in tabulariis Archibasilicae Lateranensis. Critice edid. Ant. Kerschbaumer. Cum tab. (lith.) specimen codicis Lateranensis cont. Schaffhausen 862. Hurter. 16. (XX, 81 S.) n. 12 ngr

EUGLING, FRIEDRICH WILHELM. Beitrag zur Kenntniss des Crotonchloral. (Jena) Halle, 1875.

Eugling, W., kleines Handbuch f. die praktische Käserei. (Volksausg d. [großen] Handbuches der Käserei-Technik von v. Klenze.) gr. 8. (VIII, 252 S. m. 103 Abbildgn.) Bremen 892. M. Heinsius Nachf. n. 4. —; geb. n. 5. —

Eugling, W., Handbuch f. die prakt. Käserei. 2., neu bearb. u. verm. Aufl. gr. 8. (XII, 287 S. m. 123 Abbildgn.) Leipzig 901. M. Heinsius Nachf. n. 4. —; geb. n. 5. —

Jahresbericht üb. die Thätigkeit d. landwirtschaftlich-chemischen Versuchsstation d. Landes Vorarlberg in Tisis. 1880. Von W. Eugling. Bregenz.

Eugster, August

Eugster, A., die Glocken v. Herisau. Historische Beschreibg. gr. 8. (15 S. m. eingedr. Holzschn.) Herisau 872. Meisel. — 30

Eugster, August. Die Gemeinde Herisau im Kanton Appenzell A. Rh. [Mit Illustrationen. 1 Tafel und 1 Karte.] 8. Herisau 1870.

[Eugster, Howard. und Ritter. Carl.] Appenzellische Chronik aus den Jahren 1893 und 1894. SA. 8. Trogen 1895.

Eugster, H[oward]. Der Eintritt Appenzells in den Bund der Eidgenossen. Vortrag, gehalten an der Versammlung der schweizerischen geschichtforschenden Gesellschaft am 7. September 1897 in Trogen. SA. 8. Trogen 1898.

Eugster, H[oward]. Die Gemeinde-Krankenpflege im Kanton Appenzell A. Rh. Separat-Abdruck aus den « Appenzellischen Jahrbüchern » [3. Folge, Heft 13]. II + 23 S. 8. Trogen, U. Kübler, 1901.

Eugster, H., s.: Jahrbücher, appenzellische.

(Eugster, H[oward].) Ist eine Lohnerhöhung in der Plattstichweberei ⟨Rohartikel⟩ notwendig? ⟨Separatabdruck aus den Nru. 13, 14 und 15 der « Ostschweizerischen Industrie-Zeitung » [Jahrg. 2, 1903].⟩ 16 S. 8. [Rheineck, Indermaur.]

Eugster, J. J., Anleitung zur praktischen Bienenzucht mit besonderer Rücksicht auf den beweglichen Wabenbau oder sogenannte Dzierzonstöcke. Constanz 861. (Lindau, Stettner.) 16. (VI, 58 S.) n. 6 ngr

Eugwiller, L., 60 Denksprüche für Confirmanden. 2. verb. Aufl. St. Gallen 860. Huber & Co. 4. (60 Bl.) n. 18 ngr

Eugypius, thesaur. Augustinian. Fol. Bas. 754.

Euhemeri reliquiae. Collegit, prolegomenis et adnotationibus instruxit Geyza Némethy. gr. 8. (101 S.) Budapest 889. (Berlin, Calvary & Co.) n. 1. 20

Eukalyptushonig, der, [Mel Eucalypti globuli]. Mit e. Vorwort v. Otto Wehl. 8. (64 S.) Leipzig 890. G. Fock. n. 1. —

Euker, G. A., die hohe Karlsschule. Eine historisch-pädagogische Studie. 8. (50 S.) Stuttgart 882. Metzler's Verl. n. 1. —

Euklid(es), s. Euclides

Eukrist, (K. D. Küster,) einige evangel. u. philosoph. Blicke auf die Hoheit u. Nutzbarkeit des Heilandes. 2 Thle. 8. Magdeb. 782. Hessenland. 10 gr

Eulalia, s.a. Dilettantenbühne, katholische.

Eulalia. Trauersp. v. Sprickmann. 8. Lpz. Weygand. 777.

Eulalia. Oder Erzähll. für gebild. Leser. 1s Heft. 8. Marienberg 829. (Hinrichs in Leipz.). 6 gr

Eulalia, Tante, s.: Lieblinge, unsere.

Eulalia's Geschichte u. andere Gedichte. Zur Belehrung f. Kinder u. Erwachs'ne nicht minder. Ein Brockenhaus-Gruß von Karl Julius. (52 S. m. Abbildgn.) gr. 8. Berlin (905). L. Frobeen. n. — 50

Eulau, Arth., geteilter, bedingter, unter Vorbehalt gestellter Strafantrag, s.a. Abhandlungen, strafrechtliche. 60. Hft.

Eulau, Arthur, a. Büdingen: Geteilter, bedingter, unter Vorbehalt gestellter Strafantrag. Breslau 1905: Schletter. (35 S.) 8°
Würzburg, Jur. Fak., Ref. Oetker, Diss. v. 8. März 1904
[Geb. 17. März 78 Büdingen; Wohnort: Offenbach a. M.; Staatsangeh.: Preußen; Vorbildung: Gymn. Büdingen Reife O. 96; Studium: Heidelberg 2, München 2, Gießen 3 S.; Rig. 2. Nov. 04.]

Eulau, S., üb die Beziehung d. Herzshocs zur Mammillarlinie. gr. 8. (46 S.) Heidelberg 883. C. Winter. n. 1. 60

Eulberg, Wilhelm: Die Beziehungen der Rhinitis atrophica zu den Erkrankungen der Luftwege. Heidelberg 1909: Dörr. 32 S. 8°

Heidelberg, Med. Diss. v. 8. Juli 1910, Ref. Kümmel

[Geb. 22. April 85 Ems; Wohnort: Ems; Staatsangeh.: Preußen; Vorbildung: Gymn. Koblenz Reife O. 04; Studium: Bonn 1, Würzburg 2, Bonn 2, Straßburg 1, Heidelberg 4 S.; Coll. 27. Mai 09; Approb. 24. Juni 10.] [U 10. 2052

Eule, die. Schlesische Wochenschrift f. Kunst u. Leben. Red.: Erich Klossowski. 1. Jahrg. 12 Hfte. gr. 8. (196 S.) Breslau. Berlin, E. Trewendt. à n. — 20

Weiter nicht erschienen.

Eule, Die. Schlesische Wochenschrift für Kunst und Leben. Breslau 1900. H: *Klossowski, Erich.* (Kat. d. Druckschr. üb. Breslau. Breslau 1903. S. 405.)

Eule, die, vom Eulenstein, ihre Reisen, Erfahrungen u. Betrachtungen, übers. von A. B. Hrsg. von J. D. Prochnow. Berlin 866. Buchh. d. Missions-Vereins. 16. (224 S. u. 1 Holzschn.) 12 ngr

Eule, O. F. (Leipz. Bicycle-Club), meine Erlebnisse auf dem Distance-Ritt Berlin-Wien. gr. 8. (29 S.) Leipzig 892. Schmidt & Günther. n. — 40

Eule, Rob., s. a.: Piktorius, Fritz.

Eule, R[obert], Dr.: Germanische und fremde Personennamen als heutige ⟨deutsche⟩ Familiennamen. ⟨Nach d. Berliner Adressbuch.⟩ (T. 1.) *Berlin: R. Gaertner 1900.* (S. 1—80.) 8°

Berlin, Friedrichs-RG, Festschr. 1900**

— Résumés pratiques de littérature française, s.: Antoine, Ch.

Eule, Robert [aus Prettin]: Untersuchungen über die nordenglische Version des Octavian. . . . Burg, Druck v. August Hopfer (1889); 1 Bl. + 49 S. + 1 Bl. 8°

Berlin, Phil. Fak., Inaug.-Diss. v. 14. Dez. 1889

Eulecke, Gust. v. der, treuer Tod, s. Volksschriften.

Eulecke, Gust. v. der, treuer Tod. Geschichtliche Erzählgn. f. die reifere Jugend. 12. (61 S. m. 8 Abbildgn.) Leipzig 893. R. Werther. Kart. n. — 50

Eulefeld, A., d. Rehwild, dessen Naturgeschichte, Jagd u. Pflege. (Weidmannsbücher.) 8. (VI, 209 S. m. 49 Abb.) Berlin 896. P. Parey. Kart. n. 2. 50

[F.] Die Sünde wider den heiligen Geist. Von Karl Eulemann, Pastor in Barmen. *Barmen: Wupperthaler Traktat-Ges. [1899].* (27 S.) 1 Bd 8. [illegible]

(Eulen. Die E'.) Njbl. *s.* [Schinz, Heinrich Rudolf].

Eulenberg, Armin (Mülheim/Rhein), De tela elastica. Diss. anatom. Bln. (Nietack) 20. VIII. 1836. 28 S. mit Biogr. (M.: E. Gerpott) u. 1 Tfl. Abb. (Schumann u. Eulenberg del., Grüzmacher sc.). (4.80) 8303

Oppon.: E. Liese, H. Overkamp, H. Sthamer. — Gew.: Joh. Mueller, Friedr. Eulenberg, Armin Meininghaus.

Eulenberg, Herb., alles um Liebe. Eine Komödie. (164 S.) Lex. 8. Leipzig 910. E. Rowohlt. kart., Büttenausg. Privatdruck. nn 25.—; Japanausg. nn 60. —

— dasselbe, s. a. Universal-Bibliothek.

— — Alles um Liebe. Eine Tragödie. MDCCCCX. 4°. (Am Schluß:) Dieses Buch wurde im Juni 1901 von der Offizin W. Drugulin, Leipzig, in 200 Expl. für Subskribenten gedruckt. In grünem Halblederband.

Eulenberg, Herb., Ritter Blaubart. Ein Märchenstück in 5 Aufzügen. (VIII, 115 S.) 8. Berlin 905. E. Fleischel & Co. n. 2. —; geb. n. 3. —

Eulenberg, Herb., Dogenglück. Eine Tragödie in 5 Aufzügen. gr. 8. (168 S.) Berlin 899. J. Sassenbach. 2. —

— Dogenglück. Eine Tragödie in 5 Aufzügen. (168 S.) 8. Leipzig (910). E. Rowohlt. 2.—; geb. 3. —

— Du darfst ehebrechen! Eine moral. Geschichte. Allen guten Ehemännern gewidmet. (30 S.) 8. Berlin-Westend 909. Leipzig, E. Rowohlt. — 75

Sonderbare Geschichten. Von Herbert **Eulenberg.** Leipzig: Rowohlt 1910. 223 S. 8° A 12. 6, 2, 5

— Sonderbare Geschichten. 2. Aufl. (Einbandzeichnung v. Emil Preetorius.) (IV, 223 S.) 8. Leipzig 911. E. Rowohlt. 4.—; geb. 5.—; in Ldr. 7. —

Eulenberg, Herb., ein halber Held, s.: Universal-Bibliothek.

— Kassandra. Ein Drama. (VII, 124 S.) 8. Berlin 903. F. Fontane & Co. n. 2. —; geb. n. 3. —

Eulenberg, Herb., Künstler u. Katilinarier. Ein Schauspiel in 4 Aufzügen. gr. 8. (73 S.) Berlin 902. J. Sassenbach. 1. 50

— Künstler u. Katilinarier. Ein Schauspiel in 4 Aufzügen. (74 S.) 8. Ebd. (910). 2.—; geb. 3. —

— Leidenschaft, s.: Universal-Bibliothek.

— Münchhausen, s. a. Universalbibliothek.

— Münchhausen. Ein deutsches Schauspiel. (120 S.) 8. Berlin 900. J. Sassenbach. n. 2. —

— s.: Roman, der, der XII.

— Schattenbilder. Eine Fibel f. Kulturbedürftige in Deutschland. 1—5. Aufl. (Je XXIV, 315 S.) 8. Berlin 910. B. Cassirer. 4.—; geb. 5. —

— Schiller. Eine Rede zu seinen Ehren. (28 S.) 8. Leipzig 910. E. Rowohlt. — 80

— Simson. Eine Tragödie nebst e. Satyrspiel. (Moderne Bühne. Eine Sammlung dramat. Werke.) (91 S.) 8. Berlin 910. [E. Reiss.] Leipzig, E. Rowohlt. 2.50; geb. n 3. 50

— Deutsche Sonette. (50 S.) 31,5×27,5 cm. Leipzig (910). E. Rowohlt. Geb. in Halbperg. 8. 50

— zur Theaterreform, s.: Flugblätter f. künstler. Kultur. 3. Heft.

— Ulrich, Fürst v. Waldeck. Ein Schauspiel. (VII, 110 S.) 8. Berlin (907). [Marquardt & Co.] Leipzig, E. Rowohlt. 2.50; geb. in Leinw. 4. –

— Der natürliche Vater. Ein bürgerl. Lustspiel. (Mod. Bühne. Eine Sammlg. dramat. Werke.) (80 S.) 8. Berlin 909. [E. Reiss.] Leipzig, E. Rowohlt. 2.50; geb. 3. 50

— Anna Walewska. Eine Tragödie in 5 Aufzügen. gr. 8. (120 S.) Berlin 899. J. Sassenbach. 2. —

Eulenberg, Herb., Anna Walewska. Eine Tragödie. (XII, 70 S.) 8. Leipzig (910). E. Rowohlt. 2.—; geb. 3. —

— Ein Wanderbuch rund um Düsseldorf. Mit Wanderfreunden zusammengestellt u. hrsg. Nebst 1 (farb.) Wanderkarte 1 : 75,000. (126 S.) 8. Düsseldorf (910). A. Bagel. 1. 50

Eulenberg, Hermann

— und Ferd. **Marfels,** zur pathologischen Anatomie des Cretinismus. Mit 2 lith. Abbildgn. Wetzlar 857. Rathgeber. gr. 8. (IV, 51 S.) n. 10 ngr

Eulenberg, Herm., das **Apothekerwesen in Preussen.** Nach amtl. Quellen bearb. [Aus: „Medicinalwesen in Preussen."] gr. 8. (148 S.) Berlin 874. Hirschwald. n. 4. —

Eulenberg, Herm., Aufgabe des Gerichtsarztes bei Vornahme von Untersuchungen, s. Handbuch der gerichtlichen Medicin.

Eulenberg H.: Die Ergebnisse d. neueren Untersuchungen d. Schweinefleisches. [188*]. (12) S. (Sartr.). P.

Eulenberg, Gutachten d. königl. wissenschaftl. Deputation f. d. preuss. Medicinalwesen über d. Canalisation der Städte. Berlin 883.

Eulenberg, Hermann: Gutachten der Kgl. wissenschaftlichen Deputation für das Medicinalwesen in Preussen betr. das Liernur'sche Reinigungsverfahren in Städten. Berlin 1884. 61 S.

(Vierteljahrsschrift für gerichtl. Medicin ... N. F. Bd 40, Suppl. II.)

Eulenberg, Herm., **Handbuch des öffentlichen Gesundheitswesens.** Im Verein mit Fachmännern bearb. u. hrsg. 2 Bde. in 3 Abthlgn. Mit (eingedr.) Holzschn. gr. 8. (VIII, 751 u. V, 1172 S.) Berlin 881. 82. Hirschwald. n. 43. —

Eulenberg, Herm., Handbuch der Gewerbe-Hygiene auf experimenteller Grundlage. gr. 8. (XI, 927 S. mit 65 eingedr. Holzschn.) Berlin 876, Hirschwald. *

Eulenberg, Herm., zur Heilung des Gebärmuttervorfalls, nebst Beschreibung eines neuen Hysterophors. Wetzlar 857. Rathgeber. gr. 8. (32 S. m. Holzschn. im Text.) n. 10 ngr

Eulenberg, Herm., die Lehre von den schädlichen u. giftigen Gasen. Toxikologisch, physiologisch, pathologisch, therapeutisch mit besonderer Berücksichtigung der öffentlichen Gesundheitspflege u. gerichtlichen Medicin systematisch u. nach eigenen Versuchen bearb. Mit 20 in den Text eingedr. Holzst. u. 1 Farbentafel. Braunschweig 865. Vieweg & S. gr. 8. (XVI, 550 S.) n. 2 ℛ 15 ngr

— das Medicinalwesen in Preussen. Nach amtl. Quellen neu bearb. 3. umgearb. Aufl. von W. v. Horn: Das preussische Medicinalwesen. 2 Hälften. gr. 8. Berlin, Hirschwald. [1. Hälfte (S. 1—232.) 873. *ℳ 8.; 2. Hälfte (S. 234—646.) 874. *ℳ 10.] *

— der Mineral-Brunnen zu Sinzig am Rhein. In seiner medizin. Bedeutung dargestellt nach vielen eigenen, so wie fremden Erfahrungen. Neuwied 856. Heuser. gr. 8. (2 Bl., 52 S.) 2½ ngr

Eulenberg, H., u. Bach, Schulgesundheitslehre. Das Schulhaus u. das Unterrichtswesen, vom hygien. Standpunkte f. Ärzte, Lehrer, Verwaltungsbeamte u. Architekten bearb. 1. 2. Lfg. gr. 8. (S. 1—176 m. Fig.) Berlin 889. J. J. Heine. à n. 1. 50

Eulenberg, H., u. Bach, Schulgesundheitslehre. Das Schulhaus u. das Unterrichtswesen, vom hygien. Standpunkte f. Ärzte, Lehrer, Verwaltungsbeamte u. Architekten bearb. 3.—9. (Schluss-) Lfg. gr. 8. (VIII u. S. 177—636 m. Fig.) Berlin 889—891. J. J. Heine. à n. 1. 50

Eulenberg, H., u. Theod. Bach, Schulgesundheitslehre. D. Schulhaus u. d. Unterrichtswesen v. hygien. Standpunkte f. Ärzte, Lehrer, Verwaltungsbeamte u. Architekten. 2., umgearb. u. erweit. Aufl. 1.—7. Lfg. gr. 8. (S. 1—944 m. Abb.) Berlin 896—898. J. J. Heine. n. 17. 50

Eulenberg, H., u. Theod. Bach, Schulgesundheitslehre. Das Schulhaus u. das Unterrichtswesen vom hygien. Standpunkte, f. Ärzte, Lehrer, Verwaltungsbeamte u. Architekten bearb. 2. umgearb. Aufl. 8.—10. Lfg. gr. 8. (XII, VI u. S. 945—1388 m. Abb.) Berlin 899. 900. [J. J. Heine.] J. Guttentag. à n. 3. —; (kplt., erhöhter Preis n. 28. —; geb. n. 30. —)
1. Hälfte. (XII, 848 S.) n. 16. 50; geb. n. 17. 50
2. Hälfte. (VI u. S. 849—1388.) n. 11. 50; geb. n. 12. 50

Eulenberg, Herm., anatomisch-pathologische Untersuchungen über die Schilddrüse. (Abdr. aus dem Archiv für wissenschaftliche Heilkunde.) Göttingen 859. Vandenhoeck & Ruprecht. gr. 8. (VI, 58 S. u. 1 lith. Taf. in 4.) n. 12 ngr

Eulenberg, Hermann [Hrsg.], s. Vierteljahrsschrift für gerichtliche und öffentliche Medicin.

Eulenberg, Hermann [Hrsg.], s. Vierteljahresschrift f. gerichtl. Medicin u. öffentl. Sanitätswesen.

über die Wuthkrankheit beim Menschen. Vortrag, gehalten zu Deutz in der Versammlung der Aerzte des Regierungs-Bezirks Cöln. (Abdr. aus der preussischen Medicinal-Zeitung.) Berlin 863. Th. Enslin. gr. 8. (48 S.) 7½ ngr

EULENBURG, Ritter Roderich v., oder die Proben des Drachenbundes. Eine Geistergeschichte aus den Zeiten des Faustrechts. Mit Titelkpf. u. Titelvign. (V. Grüner inv. & fec.). Wien u. Hohenzollern, bey J. B. Wallishausser. 1799. 8°.

Titelkpf. (m. gestoch. Textstelle darunter), gestoch. Tit. m. Vign., 173 S. (meist Dialogform), 3 S. Verlagsbücher d. Firma. Hier wird auf S. 1 als Verf. obiger Geschichte genannt: Ludwig Fongous(!). Zahm. — Nicht im Anon.-Lex.

— — Dasselbe. Leipzig, Commissions-Büreau, 1805. 8°.

Eulenburg, Minister Graf zu, u. die deutsche Social-Demokratie. Verhandlungen des deutschen Reichstages vom 27. Jan. 1876 über den § 130 des deutschen Reichs-Strafgesetzbuches. [Nach dem amtl. stenograph. Bericht.] 8. (72 S.) Berlin 876. Allg. deutsche Associations-Buchdruckerei. n. — 30

Eulenburg, Lebensregeln für junge Frauen u. Belehrungen über eine vernunftgemäße physische Erziehung ihrer Kinder. gr. 8. (307 S.) Berlin 848, Eubilia. 27 ngr

Eulenburg, Graf zu, Reden von seinem Eintritt in das Ministerium bis zur Feststellung der Kreisordnungs-Reform. Zehn Jahre innerer Politik 1862—1872. gr. 8. (VII, 192 S.) Berlin 872. v. Decker. n. 3. —

Eulenburg, Alb., s.: Abhandlungen, kurzgefasste, üb. wichtige Kapitel aus der medicinischen Praxis.

Eulenburg, Albertus (geb. Berlin 10. 8. 1840): De argumentis irritabilitatis muscularis recentioribus. Berolini (1861). (32 S.) 8°
Berlin, Med. Diss. v. 31. Mai 1861

Eulenburg, A., percutane, intracutane u. subcutane Arznei-Application, s.: Handbuch der allgemeinen Therapie.

Eulenburg, A., die hydroelektrischen Bäder. Kritisch u. experimentell auf Grund eigener Untersuchgn. bearb. Mit 12 Holzschn. u. 2 Taf. gr. 8. (IV, 103 S.) Wien 883. Urban & Schwarzenberg. n. 3. —

— über den Entwickelungsgang der Pathologie u. Therapie im gegenwärtigen Jahrhundert, s.: Klinik, Wiener, 1876.

Eulenburg, Albert, s. Erziehung, Nationale und humanistische.

Eulenburg, Alb., nationale u. humanistische Erziehung, s.: Schriften, deutsche, f. nationales Leben.

— über Galvano-Hypnotismus, hysterische Lethargie u. Katalepsie, s.: Klinik, Wiener, 1880.

— Paul Guttmann. Sein Leben u. Wirken. Seine Schriften. Zur Erinnerg. f. seine Freunde. gr. 8. (38 S. m. 1 Bildnis.) Berlin 893. A. Hirschwald. n. 1.—

Eulenburg, Alb., Handbuch der Krankheiten d. Nervensystems, s.: Handbuch der speciellen Pathologie u. Therapie.

Eulenburg, Alb., die Heilkräfte d. Meeres, s.a. Meereskunde.

Die Heilkräfte des Meeres von Prof. Dr. Albert Eulenburg. Berlin: Mittler 1910. 33 S. 8° [Umschlagt.] (Meereskunde. Jg. 4, H. 4.)

Eulenburg, Alb., die Hysterie des Kindes, s.a. Bibliothek, moderne ärztliche. 17. Hft.

Die Hysterie des Kindes. Von Prof. Dr. A[lbert] Eulenburg, Geh. Med.R. in Berlin. Berlin: L. Simion Nf. 1905. (38 S.) 8° = Bibliothek, Moderne ärztliche. H. 17.

— s.: Jahrbücher, encyklopädische, der gesammten Heilkunde.

Eulenburg, Alb., die hypodermatische Injection der Arzneimittel. Nach physiologischen Versuchen u. klinischen Erfahrungen. Gekrönte Preisschrift. Mit 1 lith. Taf. (in 4.) 865. (XIV, 218 S.) n. 1 ₰ 20 ngr. — 2., umgearb. u. bedeutend verm. Aufl. Berlin 868. Hirschwald. gr. 8. (XVI, 338 S.) n. 2 ₰

— die hypodermatische Injection der Arzneimittel. Nach physiolog. Versuchen u. klin. Erfahrgn. bearb. 3., völlig umgearb. Aufl. Mit e. lith. Taf. (in qu. 4.) gr. 8. (XV, 302 S.) Berlin 875. Hirschwald. n. 6.—

— s. Krankheiten, die, des Nervensystems.

— Lehrbuch der Nervenkrankheiten. 2., völlig umgearb. u. erweit. Aufl. 2 Thle. gr. 8. (XII, 377 u. IX, 718 S.) Berlin 878. Hirschwald. n. 27.—

Eulenburg, Alb., Lehrbuch der functionellen Nervenkrankheiten auf physiologischer Basis. gr. 8. (X, 726 S.) Berlin 871. Hirschwald. *

— s.: Lehrbuch der allgemeinen Therapie.

— s.: Lehrbuch der klinischen Untersuchungsmethoden.

Eulenburg, A., Nervenfeinde in Schule u. Haus, s.: Schriften d. Vereins „Frauenwohl".

Eulenburg, A., Neues zur Haus- und Zimmergymnastik, m. Abb., (G. Abbr.), Berlin 1888, 8°.

— sexuale Neuropathie. Genitale Neurosen u. Neuropsychosen d. Männer u. Frauen. gr. 8. (IV, 164 S.) Leipzig 895. F. C. W. Vogel. n. 4.—; geb. n. 5.—

Eulenburg, Alb., und Paul Guttmann, die Pathologie des Sympathicus auf physiolog. Grundlage bearb. gr. 8. (VIII, 202 S.) Berlin 873, Hirschwald. *

— s.: Realencyklopädie der gesammten Heilkunde.

— s.: Reichs-Medicinal-Kalender f. Deutschland.

— der Marquis de Sade. Vortrag, geh. im psycholog. Verein in Berlin. gr. 8. (29 S.) Dresden 901. H. R. Dohrn. n. 1.20

— Sadismus u. Masochismus, s.a. Grenzfragen des Nerven- u. Seelenlebens. 19.

Sadismus und Masochismus von Dr. A[lbert] Eulenburg, Prof. in Berlin. Wiesbaden: J. F. Bergmann 1902. (89 S.) 8° = Grenzfragen d. Nerven- u. Seelenlebens. H. 19.

— über Schmerz u. Schmerzstillung. Vortrag gehalten im wissenschaftlichen Verein der Singakademie am 5. Febr. 1870. Berlin 870. Landau. gr. 8. (38 S.) 7½ ngr.

— Schülerselbstmorde. Vortrag im Berliner Verein f. Schulgesundheitspflege am 26. II. 1907. (31 S.) gr. 8. Berlin 907. Herm. Walther. 1.—
Sonderabdr. aus „Ztschr. f. pädagog. Psychol., Pathol. u. Hygiene".

— dasselbe. Vortrag, geh. in d. gemeinnütz. Gesellsch. zu Leipzig am 16. III. 1909. (30 S.) Lex. 8. Leipzig 909. B. G. Teubner. 1.—
Sonderabdruck aus „Der Säemann

— allgemeine Therapie der Krankheiten des Nervensystems. [Aus: „Lehrb. d. allg. Therapie u. d. therapeut. Methodik."] gr. 8. (3. Bd. III u. S. 667—714.) Wien 899. Urban & Schwarzenberg. n. 1.20

— u. L. Landois, die Transfusion des Blutes. Nach eigenen Experimental-Untersuchungen u. mit Rücksicht auf die operative Praxis bearb. [Aus der Berliner klinischen Wochenschrift.] Mit 4 in den Text eingedr. Holzschn. Berlin 866. Hirschwald. gr. 8. (V, 72 S.) n. 16 ngr.

— s.: Wochenschrift, deutsche medicinische.

Eulenburg, Ernst

Eulenburg's musikalischer Haus- u. Familienkalender 1889. Hrsg. v. F. Huldschinsky. Mit Beitr. v. H. Ehrlich, R. v. Gottschall, L. Hartmann etc. 4. (112 S. m. Illustr.) Leipzig, Eulenburg. n. 1.—
Fortsetzg. f.: Voll's musikal. Haus- u. Familienkalender.

Verzeichnis des Musikalien-Verlages von Ernst Eulenburg. Leipzig 1900: Röder. 240 S. 8°

Eulenburg, Frz., Beiträge zur Oberlehrerfrage, s.: Fricke, K.

Eulenburg, Frz., die Entwicklung d. Universität Leipzig in den letzten hundert Jahren. Statistische Untersuchgn. Mit 2 Farbentaf. u. 9 graph. Darstellgn. Gedruckt m. Unterstützg. d. Mendestiftg. bei der königl. sächs. Gesellschaft d. Wissenschaften. (VIII, 216 S.) Lex. 8. Leipzig 907. S. Hirzel. 6.—; geb. 7.—

Die Entwicklung der Universität Leipzig in den letzten hundert Jahren. Statist. Untersuchungen von Franz Eulenburg. Mit 2 Farbentaf. u. 9 graph. Darstell. Leipzig: Hirzel 1909. VIII, 216 S. 8°

Eulenburg, Franz, Dr.: Zur Frage der Lohnermittelung. *Jena: G. Fischer 1899.* (140 S.) 8°
Leipzig, Phil. Hab.-Schr. v. 16. Mai 1899

Eulenburg, Frz., zur Frage der Lohnermittelung. Eine methodologisch-krit. Untersuchg. gr. 8. (VI, 150 S.) Jena 899. G. Fischer. n. 3.—

— die Frequenz der deutschen Universitäten von ihrer Gründung bis zur Gegenwart, s.a. Abhandlungen der königl. sächs. Gesellschaft der Wissenschaften. Philol.-histor. Kl. 24. II.

Die Frequenz der deutschen Universitäten von ihrer Gründung bis zur Gegenwart. Von Franz Eulenburg. Mit 1 Karte u. 8 graph. Darstellungen. *Leipzig: B. G. Teubner 1904.* (XI, 323 S.) 4°(8°) = Abhandlungen d. K. Sächs. Gesellschaft d. Wiss. Phil.-hist. Kl. Bd 24, H. 2.

— Gesellschaft u. Natur. Akademische Antrittsrede. (42 S.) gr. 8. Tübingen 905. J. C. B. Mohr. n. —80
Sonderabdruck aus: „Archiv f. Sozialwiss. u. Sozialpolitik".

Eulenburg, [*Gustav*] Franz [aus Berlin]: Über Innungen der Stadt Breslau vom 13. bis 15. Jahrhundert ... (Enth. nur Th. III.) Berlin, Mayer & Müller, 1892; 35 S. 8.
Berlin, Phil. Fak., Inaug.-Diss. v. 4. Juli 1892

— Der „akadem. Nachwuchs". Eine Untersuchg. üb. die Lage u. die Aufgaben d. Extraordinarien u. Privatdozenten. (X, 156 S.) gr. 8. Leipzig 908. B. G. Teubner. 2.80

Eulenburg, Graf Fritz zu, Ost-Asien 1860—1862 in Briefen. Hrsg. von Graf Phpp. zu Eulenburg-Hertefeld. Mit e. Bildnisse in Lichtdr. u. e. Fcsm. der Handschrift. gr. 8. (XXV, 428 S.) Berlin 900. E. S. Mittler & Sohn. n. 10.—; geb. n.n. 11. 50

Eulenburg, Kurt: Zur Vokalkontraktion im ionisch-attischen Dialekt. *Straßburg: K. J. Trübner 1903.* (S. 129—211.) 8°
¶(Aus: Indogerm. Forschungen, Bd 15.)
Leipzig, Phil. Diss. v. 1903

Eulenburg, Mich. (Wriezen/Neumark), De operationibus bacillo ligatorio perficiendis. Diss. chir. Bln. (Nietack) 24. VII. 1832. 32 S. mit Biogr. (M.: S. Hill.) (4.50) 8364
Oppon.: H. Berend, B. Behr, J. Lippert.

Eulenburg, M(oritz Michael): Kurzes Handbuch der Akiurgie. Eine gedrängte Darstellung der chirurgischen Operationen, mit Rücksicht auf die Leistungen, welche bei den Promotions- und Staatsprüfungen verlangt werden. 412 S., gbd.

Berlin: Rücker 1834

JB 3.423

Eulenburg, M., die schwedische Heil-Gymnastik. Versuch einer wissenschaftlichen Begründung derselben. Berlin 853. A. Hirschwald. gr. 8. (IV, 124 S.) n. 20 ngr

—— die Heilung der chronischen Unterleibsbeschwerden durch schwedische Heilgymnastik, auf Wissenschaft und Erfahrung begründet. gr. 8. (VI und 130 S. mit eingedr. Holzschn.) Berlin 856, A. Hirschwald. Thlr. *

Eulenburg, M., Mittheilungen aus dem Gebiete der schwedischen Heilgymnastik. gr. 8. (48 S.) Berlin 854 A. Hirschwald. *

Eulenburg, M., klinische Mittheilungen aus dem Gebiete der Orthopädie und schwedischen Heilgymnastik. Berlin 860. Hirschwald. gr. 8. (2 Bl., 71 S. m. Holzschn.) n. 12 ngr

Eulenburg, M., die Pflege der Augen im gesunden u. kranken Zustande, mit besond. Rücksicht auf den Gebrauch der Augengläser. Für Eltern, Lehrer, Erzieher ꝛc. herausgeg. gr. 8. Berlin 841, Förstner. 1/2 ℔

Eulenburg, M., die seitlichen Rückgrats-Verkrümmungen monographisch dargestellt. gr. 8. (V, 252 S.) Berlin 876. Hirschwald. n. 6. —

—— und H. W. Berend, Situs sämmtl. Eingeweide d. Schädel-, Brust- u. Bauchhöhle. Leitfaden f. angeh. Aerzte z. Vorbereit. aufd. Staatsprüfung. 8. (5¼ B.) Berlin 833, Rücker.

Eulenburg, M., die Sprietklausel im deutsch-spanischen Handelsvertrag. gr. 8. (23 S.) Hamburg 887. O. Meißner's Verl. n. — 80

Eulenburg, M.: Ueber Wesen und Ziel der pädagogischen Gymnastik und über deren Verhältnis zur schwedischen Heilgymnastik vom therapeutischen Standpunkte aus. Berlin 1857. 40 S. Sonderdr. aus: Göschens Deutscher Klinik. 1857.

Eulenburg, Gräfin O. zu, nach Ägypten u. dem heiligen Lande, s.: Breußer, L.

Eulenburg, Olga zu, von Asdod nach Ninive im J. 711 v. Chr. 3. Folge. Die Busse v. Ninive. (168 S.) 8. Leipzig 906. O. Wigand. n. 3. —
Vergl.: Von Asdod nach Ninive.

Eulenburg, Gräfin Olga zu, unter blühenden Blumen, s. Preusser, L.

Eulenburg, Olga zu, u. Louise Preußer, Kinder-Blumen. 4. (17 color. Bl.) Breslau 888. Schlesische Verlagsanstalt. cart. n. 2. —

Eulenburg, Paul, unser Bismarck! Vaterländ. Dichtg. z. Darstellg. in 20 leb. Bild. gr. 8. (52 S. m. 1 Bildn.) Dresden 896. H. K. v. Tasch. n. 1. —

— 25 Jahre. Das deutsche Reich s. 18. Jan. 1871—1896 in Wort, Bild u. Statistik. qu. 12. (160 S.) Dresden 896. Lehmann'sche Buchdr. n. — 50

Eulenburg, Phpp. Graf zu, Abenderzählungen, Märchen u. Träume. 8. (VIII, 172 S.) Stuttgart 894. Deutsche Verlags-Anstalt. Geb. in Leinw. n. 3. —

— Erich u. Erika u. andere Erzählgn. f. Kinder im Alter von 9 bis 14 Jahren. Mit Illustr. v. M. Flashar, E. Klimsch, E. Wagner, K. Weigand, K. Zopf. 8. (XI, 250 S.) München 893. Braun & Schneider. Geb. in Leinw. n. 4. —

HOPSER, Der arme (von *Philipp* Graf *zu Eulenburg*). (Wien 1895.)
Anon.-Lex. V. p. 159 (Eigenbericht).

Eulenburg, Ph., Graf zu, Ostasien 1860—62, in Briefen des Grafen Fritz zu Eulenburg. Berlin 1900. 8°.

Eulenburg, Sigwart Graf zu, a. München: Erasmus Widmanns Leben und Werke. München 1907: C. Wolf & Sohn. (48 S.) 8°
München, Phil. Fak., Ref. Kroyer, Diss. v. 27. Juli 1907
[Geb. 10. Jan. 84 München; Wohnort: Liebenberg (Mark); Staatsangeh.: Preußen; Vorbildung: Königstädt. Gymn. Berlin Reife O. 02; Studium: München 11 S.; Rig. 27. Juli 07.]

Eulenburg-Hertefeld, Philipp Fürst zu, eine Erinnerung an Graf Arthur Gobineau. (47 S.) gr. 8. Stuttgart 906. F. Frommann. n. 1. —

Eulenburg Hertefeld, Phpp. Graf zu, drei Märchen, ill. v. Herm. Kaulbach. 4. (24 S. m. Textabb. u. 2 Heliograv.) München 898. F. Hanfstaengl. Geb. m. Goldschn. 12. —

— Skaldengesänge. Dichtungen. Mit Illustr. v. Otto Seitz. gr. 4. (VII, 100 S.) Braunschweig 892. G. Westermann. Geb. in Leinw. m. Goldschn. n. 20. —

— das Weihnachtsbuch. Erzählungen, Märchen, Gedichte u. Lieder. Mit 38 Illustr. u. 7 Musikstücken. Lex.-8. (III, 88 S.) Stuttgart 892. Deutsche Verlags-Anstalt. Geb. in Leinw. 5. —

Eulendorf, Armin von [Pseud.] s.a. Hoppe, Hermann

Eulendorf, Armin v., vergiftete Seelen. Historischer Roman aus der Zeit des poln. Schulstreiks. (VII, 294 S.) 8. Bromberg 907. A. Dittmann. (Nur direkt.) 3.50; geb. n 4.50

Eulen-Gebirge [Schlagwort]

Eulen-Gebirge, s. a. Glatz. Hansi, G.

— s. a.: Waldenburger Gebirge.

Eulengebirge. Bautze, J., u. E. Lehmann, Wege-Karte durch das Eulengebirge u. seine Vorberge. 1 : 100,000. 46×41 cm. Farbdr. Reichenbach i/Schl. (900). Oberlehr. E. Lehmann. n.n. — 50

Eulengebirge. Henkel, H., neueste grössere Karte des Eulengebirges u. angrenz. Gebirge. 1 : 50,000. (Neue [Umschlag-]Ausg.) 76,5×61 cm. Farbdr. Mit 1 Bl. Text. gr. 8. Schweidnitz [907] 909. L. Heege. 1. 20

— Lehmann, Emil, neue Wege-Karte durch das Eulengebirge u. seine Vorberge, unter Berücksicht. anstoss. Teile des Warthaer, Heuscheuer- u. Waldenburger Gebirges. 1 : 100,000. 51,5×50 cm. Farbdr. Reichenbach (902). (R. Hoefer.) n. — 50

Eulengebirge. Lehmann, Emil, neue Wegekarte durch das Eulengebirge u. seine Vorberge unter Berücksicht. anstossender Teile des Warthaer-, Heuscheuer- u. Waldenburger Gebirges, entworfen u. gezeichnet. 1:100,000. (Neue Aufl.) 51,5×50 cm. Farbdr. Reichenbach i/Schl. (906). Heege & Güntzel. n. — 75

Der Eulengebirgsfreund. Vereinszeitschrift d. Verbandes d. Gebirgsvereine an d. Eule. [Nr 1.] Sept. 1907. Reichenbach i. Schl.: Töbing 1907. 4° [m. 8356 2

Eulenhaupt, Franz. pensionirter bayer. Hauptm. Geschichte der Festung Marienberg (Citadell bei Würzburg), nebst deren Belagerungen und Blokaden (1307, 1525, 1631, 1796, 1800, 1813 und 1814). Mit einem Anhange: Deutschlands Retter und grösster Feldherr Erzherzog Karl von Oesterreich. Mit Porträts, Ansicht von Würzburg und Schlachtplan. (Mit Portrait des Erzherzog Carl und Bayer. FML. dall'Aglio und Ansicht-Plan von Würzburg.) 4. Würzburg 1851.

Eulenhaupt, Karl Wilh., kurze Beschreibung d. königl. Bezirksamtes Kitzingen. Zum Gebrauche f. Volksschulen. Mit e. (lith. u. color.) Kärtchen (in gr. 4.) 8. (21 S.) Würzburg 875. Stahel. n. — 35

Eulenhaupt, Karl W., kurze Beschreibung des königl. Bezirksamtes Kitzingen. Zum Gebrauche für Volksschulen. Mit einem (lith. u. color.) Kärtchen (in gr. 4.). 2., verb. Aufl. 8. (21 S.) Würzburg 877. Stahel. n. — 45

Eulenhaupt, Karl Wilh., kurze Beschreibung der Kreishauptstadt u. des königl. Bezirksamtes Würzburg. Zum Gebrauche in Volksschulen verf. Mit 1 (lith.) Kärtchen (in 4.). Würzburg 869. Stahel. 8. (20 S.) n. 4 ngr.

— kurze Beschreibung der Kreishauptstadt u. d. königl. Bezirksamtes Würzburg. Zum Gebrauche f. Volksschulen verfaßt. Mit e. (lith.) Kärtchen in (gr. 4.) 8. (32 S.) Ebend. 873. n. — 45

— kurze Beschreibung der Kreishauptstadt u. des königl. Bez.-Amtes Würzburg. Zum Gebrauche für Volksschulen. Mit einem (lith. u. color.) Kärtchen (in Fol.). 3., verm. u. verb. Aufl. 8. (33 S.) Ebend. 877. n. — 45

Eulenhaupt, Carl W., Handbuch für den Unterricht in der deutschen Sprache, im Rechtschreiben, in den schriftlichen Arbeiten und im Gemeinnützigen mit einem Anhang von mehr als 600 Aufgaben für Kopf- und Tafelrechnen. Zum Gebrauche in den Volksschulen bearb. 4. verb. u. verm. Aufl. Bamberg 860. Buchner. gr. 8. (2 Bl., 268 S.) n. 7 ngr.

— Handbuch für den Unterricht in der deutschen Sprache, im Rechtschreiben, in den schriftlichen Arbeiten u. im Gemeinnützigen mit e. Anh. von mehr als 600 Aufgaben für Kopf- u. Tafelrechnen. Zum Gebrauche in den Volksschulen bearb. 5. verb. u. verm. Aufl. Bamberg 866. Buchner. gr. 8. (VI, 258, 21 S.) n. 9 ngr.

—— Handbuch für den Unterricht in der deutschen Sprache, im Rechtschreiben, in den schriftl. Arbeiten und im Gemeinnützigen mit einem Anhang von mehr als 600 Aufgaben für Kopf- und Tafelrechnen. Zum Gebrauche in den Volksschulen bearb. 6. verb. und verm. Aufl. gr. 8. (V, 252 S. mit Anhang 1.: Kurzer Abriß der bayer. Geschichte (20 S.) und Anhang 2.: Erklärung und praktische Anwendung des metrischen Maßes und Gewichtes. (15 S.) Bamberg 869, Buchner'sche Buchh. *
Der 2. Anhang apart

—— dass. — 6. verb. und verm. Aufl. Mit Anhang: das metrische Maß und Gewicht und die seit 1870 vorgekommenen Veränderungen enth. gr. 8. (VI, 291 S.) Ebendas. 872. *

—— Handbuch für den Unterricht in der deutschen Sprache, im Rechtschreiben, in den Stilübungen, in den Realien nebst einer Sammlung von Rechenaufgaben. 1. und 2. Abthl. Zum Gebrauche in den Volksschulen. 7. verb. und verm. Aufl. 8. (IV, 211 S.) Bamberg 874, Buchner'sche Buchh.! *

Inhalt:

Abthl. 1. Deutsche Sprache, Rechtschreiben und Stilübungen. (IV, 212 S.) * 80 Pf.
2. Realien. (163 S.) * 60 Pf.

—— dass. — für den Unterricht in der deutschen Sprache, in den Realien, nebst einer Sammlung von Rechenaufgaben. 3. Abthl. 2 Hefte. Zum Gebrauche in den Volksschulen. 7. verb. und verm. Aufl. gr. 8. Ebendas. 874. à Heft * 40 Pf. *

Inhalt:

Heft 1. Die Grundrechnungen mit reinen, mit einfach und mehrfach benannten Zahlen enthaltend. (VIII, 45 S.)
2. Das Rechnen mit Brüchen, die Zweisatz- oder Schlußrechnung, die Verhältniß-, Procent-, Zins-, Mischungs-, Theilungs-, Flächen- und Körperberechnung enth. (69 S. mit 9 Fig.)

— Handbuch f. den Unterricht in der deutschen Sprache, in den Realien u. im Rechnen. 3 Abtlgn. in 1 Bde. zum Gebrauche in den Volksschulen bearb. 8., verb. u. verm., m. Berücksichtigung der h. vorgeschriebenen Rechtschreibung bearb. Aufl. gr. 8. (IV, 218, VI, 192 u. VIII, 114 S.) Bamberg 881. Buchner. n. 2. 50;
2. Abtlg. Realien, ap. (IV, 192 S.) n. — 80

— Liederkranz, eine Sammlung ein- und mehrstimmiger Lieder für Schule, Haus und Leben in 2 Abtheilungen. Würzburg 861, 62. Richter. 8. (IV, 68; IV, 144 S.) n. 10½ ngr.;
Melodien zur 1. Abth. n. 5 ngr.
1. Abth. n. 2½ ngr.; 2. Abth. 1. u. 2. Heft à n. 4 ngr.

Eulenhaupt. Schulkarte v. Bezirksamt Würzburg. (9 Bl) In Mappe. Würzburg

Eulenhaupt, Schulwandkarte des kgl. bayer. Regierungsbezirkes Unterfranken und Aschaffenburg. Fol. (8 Bl.) Würzburg 871, Stahel'sche Buchh. *
aufgez. mit Stäben **

— Sprachstoffe od. Aufgaben f. deutsche Sprache, Rechtschreiben u. schriftl. Arbeiten f. Schüler von 7—9 Jahren. 8. (III, 48 S.) Ebend. 876. n. — 40

— Sprachstoffe oder Aufgaben für deutsche Sprache, Rechtschreiben u. schriftliche Arbeiten für Schüler von 7—9 Jahren. 2., verm. Aufl. gr. 8. (III, 56 S.) Ebend. 879. n. — 50

Eulenhaupt, K. W., 800 gleich- u. ähnlich-lautende Wörter, m. kurzen Andeutgn. üb. Abstammg. od. Bedeutg., nebst Anwendung derselben in mehreren hundert Sätzen. Durchgesehen u. verm. 16., nach der amtl. Orthogr. umgearb. Aufl. gr. 8. (29 S.) Nürnberg 882. Korn. n. — 20

Eulenhaupt, K. W., 800 gleich- u. ähnlich-lautende Wörter m. kurzen Andeutungen üb. Abstammung od. Bedeutung, nebst Anwendg. derselben in mehreren hundert Sätzen. 17., umgearb. Aufl. 8. (29 S.) Nürnberg 888. Korn. n. — 20

—— 750 gleich und ähnlich lautende Wörter mit kurzen Andeutungen über Abstammung oder Bedeutung nebst Anwendung derselben in mehreren 100 Sätzen. 7. durchgeseh. und verm. Aufl. 8. (28 S.) Würzburg 874, Keller.

—— 750 gleich und ähnlich lautende Wörter mit kurzen Andeutungen über Abstammung und Bedeutung, nebst Anwendung derselben in mehreren 100 Sätzen. 8.—14. durchgeseh. und verm. Aufl. 8. (28 S.) [Würzburg 874—79.] München, Keller. *

—— 750 gleich- und ähnlich-lautende Wörter, mit kurzen Andeutungen über Abstammung oder Bedeutung, nebst Anwendung derselben in mehreren hundert Sätzen. 15. Aufl. gr. 8. (28 S.) München 879, Keller. *

Eulenkamp, Joh. Hub. Petrus (geb. am 18 Febr. 1832 in Köln): De diaphragmate ... Bonnae, typ. C. Krüger 1856. 29 S., 1 Bl. 8.
Bonn, Med. Fak., Diss. v. 21 Aug. 1856

Eulenspiegel, der,. Schausp. in 5 Akt. von Weidmann. 8. Wien, Wallishäuser.

— der, theatral. Wochenschrift. 1s Quartal. 8. Prag 797. Neureutter. 10 Kr.

Eulenspiegel: Der Eulenspiegel
⑤ Januar 1837—Juni 1837 ⑥ 8° ⑦ Monatsblatt ⑧ Solothurn: Ludwig Vogelsang ⑩ Ludwig Vogelsang ⑫ oppositionelles politisch-satirisches Blatt ⑬ BGSZ: 1060 ⑭ So: Z.

Eulenspiegel. Der E' oder der zürcherische Fastnachts-Kalender für das Jahr 1840. Von L und M . (Bilder-Gallerie der neuen Regenten im Kanton Zürich, geboren im Glaubensrausch des schmutzigen Septembers 1839, enthaltend... 50 Portraits [Carricaturen]. Gezeichnet von einer zufälligen Rigi-Gesellschaft und dem Drucke übergeben durch den bekehrten Antistrauss Jakob Oehler von Hinterburg.) 2. Aufl. 8. b. Baden [1840].

Eulenspiegel. Der E'... für das Jahr 1840. Bilder-Gallerie der neuen Regenten im Kanton Zürich,... dem Drucke übergeben durch... Jakob Oehler.... 3. verbesserte und vermehrte... Aufl. —. 8. b. Baden [1840].

Eulenspiegel, Freiherr von, oder Lebensbilder aus der Neuzeit. Breslau 1847. V: *Kneusel, Frl.* (Russell III, 686)

v. Eulen-Spiegel, Freiherr, oder Lebensbilder aus der Neuzeit. 2 Bde. 8. (618 S.) Breslau 848, Trewendt (& Granier). 3 Thlr

Der Eulenspiegel: 1848?—Feb. 1849. Louisville, KY
Humorous, illustrated semi-weekly. Edited & published by Rohrer.

Der Eulenspiegel: 1850? —? Louisville, KY
Humorous, illustrated weekly.

Eulenspiegel. 1—5. Jahrg. 1848—52. à Jahrg. 52 Nrn. (à ½ Bog., mit eingedr. Holzschn.) gr. 4. Stuttgart, Expedition. [1—4. Jahrg. à 1 Thlr. 15 Ngr., 5. Jahrg. 1 Thlr. 22 Ngr.]
Der 1. und 2. Jahrg. wurde von Ludwig Pfau, der 3. Jahrg. von Ludwig Weisser und der 4. und 5. Jahrg. von Heinr. Schmidt herausgegeben.

Eulenspiegel. Red.: H. Schmidt. 6. Jahrg. 1853. 52 Nrn. (à ½ Bgn. mit Holzschn. im Text.) Stuttgart, Expedition. gr. 4. 1 Thlr 22 Ngr

Eulenspiegel, satyrisch-komisches Wochenblatt. 1. Jahrg. 1862. Redact.: Fr. Kaiser. 52 Nrn. 4. Wien, Expedition des Fremdenblattes. *

Eulenspiegel: 1872—1885?
Humorous weekly. Circulation: 1875, 4783; 1880, 10,000; 1885, 5500. Edited & published by Moritz Langeloth, 1872—83; edited by Dr. Gustav Fernitz, & published by Maria Diana Langeloth, 1883—85.
Chicago, IL

Eulenspiegel. Humoristisch-satyr. Wochenblatt. Red.: Dose. 1. Jahrg. Juli 1878—Juni 1879. 52 Nrn. (½ B. m. eingedr. Holzschn.) gr. 4. Kiel, v. Maack. n. 6. —

Eulenspiegel: 1882? - 1883? Philadelphia, PA
Humorous weekly. Circulation: 1882, 750. Edited & published by A. Lamartine.

EULENSPIEGEL, Der Berliner, von und für Narren. Hrsg. von Ed. Oettinger. 343 Nrn. von April 1829 bis März 1830. Berlin. 8°. Rar!
Goedeke VIII, 40, 205.

— d. Berliner, Zeitschrift von u. für Narren. Herausg. von Ed. Oettinger. 1829 April bis 1830 März. 313 Numm. gr. 8 Berl., Krause. 4 Thlr f. 1831 4 Thlr

—— dass. (Forts.) Berliner, Wiener, Hamburger Courir. Redig. u. verlegt v. Ed. Oettinger. 1831. 365 Nrn. (½ B.) 4. Ebds.

Eulenspiegel, Der Frantzösische, mit Kupffern und kurtzen Anmerkungen versehen. Leipzig und Görlitz 1738. Der frantzösische Eulenspiegel Oder Allerhand lustige Räncke und Schwäncke des zu seiner Zeit in Frankreich so beruffen gewesenen Meisters Gonin. Aus dem Frantzösischen ins Teutsche übersetzt und der Neu-begierigen Welt zu Gefallen ans Licht gegeben. Mit Kupffern und unterschiedenen dazu dienlichen Anmerkungen. 2. Theil. V: *Bordelon, Laurent.* Ü: *Bachstrom, Johann Friedrich.* (Euph XVI, 321. 349) (Mitth. Prof. Dr. H. Ullrich-Brandenburg a. H.)

Eulenspiegel, der französische, od. Geschichte d. Meisters Gonin, m. K. u. Anmerk. 2 Teile. 8. Lpz. 738.

Eulenspiegel, der geistliche, oder Schwänke des Pfarrers von Kalenberg u. einigen andern lustigen Gesellen. 8. Leipz. 824. W. Nauck. 1 Thlr

— im 19ten Jahrhund., od. Narrenwitz u. Gimpelweisheit, v. Julius v. Voß. 8. Berlin, Schmidt. 809.

— der Jüngere, od. der schlecht erzogene Mensch. 8. Altona, Iversen. 764.

§ * — —, Der jüngere, oder der schlecht erzogene Mensch — Vignette — Mit schönen (wenigen schlechten) Figuren. Gedruckt zum erstenmal, 1765. O. O. 8°. (In Berlin: Yv 6481; in München: Path. 251 c, 2.) Titel u. 218 S. Selten!

Eulenspiegel, Tirolers Leben u. Thaten, auch seltsame Abentheuer, Ränke u. Schwänke etc. 8. Bregenz 802. Brentano. 3 Kr

— dasselbe. 8. Lpz. Vogel. 800.

Eulenspiegel, Der märkische, s. Eulenspiegel, Till [Volksbuch]

Eulenspiegel: Der moderne Eulenspiegel
v. Centralanzeiger für den Kanton Aargau.

Eulenspiegl, Der neue. Ein Neujahrsgeschenk. Den 1. Januar 1794. O. O. u. J. V: *Szaller, Gg.* (Pk 3/490) (BiblPort)

Eulenspiegel, d. neue, e. Neujahrsgeschenk. 8. Pest, Kilian. 794.

Eulenspiegel, Der neue, das ist: Leben, Thaten, Meinungen und Profezeihungen des Meister Mathias Tobias von Hebborn... Barmen 1850. V: *Waldbrühl, Wilh. v. (= Ant. Wilh. Florent. v. Zuccalmaglio).* (Ky)

— der neue, das ist: Leben, Thaten, Meinungen u. Profezeihungen des Meister Mathias Tobias v. Hebborn, ein Volksbuch, worin nicht blos Eulen gespiegelt sind, sondern auch Raben, Elstern, Neuntödter etc. u. andre lose Vögel wie sie Namen haben. Von einem Volksfreunde (Wilh. v. Waldbrühl, pseud.: v. Zuccalmaglio). gr. 8. (VIII u. 192 S. m. 1 Lith. u. eingedr. Holzschn.) Barmen 850, Sartorius. n. ⅓ Thlr

Eulenspiegel, Der ganz neue, wiedererstandene, s. Eulenspiegel, Till [Volksbuch]

Schweizer Eulenspiegel
v. Schweizerische Allgemeine Volkszeitung.

Eulenspiegel: Der schweizerische Eulenspiegel
③ Der Volksfreund (Gl) (?) ⑤ 1856 ⑦ Wochenblatt ⑧ Glarus: Jakob Vogel ⑪ Redaktion in Zürich ⑮ Inserat im «Grütlianer» v. 26. 12. 1855. Im Grütlianer v. 6. 2. 1856 ist ein Artikel aus dem «Eulenspiegel» abgedruckt.

Eulenspiegel, Der theatralische. 13 Stück. Prag 1797. H: *Hegrad, Fch.* (A. G. Przedak, Gesch. d. deutschen Zeitungswesens in Böhmen, S. 114) (Blass, Theater in Böhmen, S. 121) (GGr VII/705) (KY 2/169) (BiblPort)

Eulenspiegel, theatralischer. 8. Prag 797. Neureutter. 6 gr

Eulenspiegel, T i l l. –
A. Volksbuch
B. Andere Schriften

Eulenspiegel, T i l l [Volksbuch]
Chronologischer Überblick

o. J.,* Frankfurt a. M., 8°. 16 Bl.
Nach Steinschneider nicht vor der zweiten Hälfte des 17. Jahrhunderts. Jüdisch-Deutsch.
Wolf II, S. 1255 Nr. 27 und Steinschneider, Serapeum IX (1848) S. 318, Nr. 10 und Serapeum X (1849), S. 41. Idem, Catalogus Nr. 3389.

1713, o. O., 8°. Mit Holzschnitten.

1714, Hamburg, gedruckt auffm Schaarfsteinweg. 8°. 100 Historien. Mit 63 Holzschnitten.

1736, o. O. (Dresden, Hilscher), 8°.
Weigels* Lagerkatalog 1865, S. 1057 Nr. 21060. Cf. Reichhards* Bibl. der Romane, Bd. XX (1793), S. 294: „Schon 1736 ist ein kümmerlich modernisirter Eulenspiegel mit faden moralischen anmerk. in 8. Frank kommen."
Dresden, Göttingen.

1765,* Der jüngere Eulenspiegel oder der schlecht erzogene Mensch, mit schönen Figuren. Altona, 8°. (Verschieden vom sächsischen Eulenspiegel.)

1779,* o. O. (Breslau). Leben und Meinungen des Till Eulenspiegel. Volksroman. Mit Kupfern u. Bildnis Eulenspiegels. Teil I. 286 S. Teil II 204 S. (Von F. Herzberg.)
Straßburg* Cd 130594.

1779* u. 1783, Riga, Johann Friedrich Hartknoch, 8°.
Reichards Bibliothek der Romane I. II, 132–144 und Bd. IV, S. 91–112.

1784* (1789), o. O. (Breslau), 8°. Leben und Meinungen Till Eulenspiegels. Volks-Roman. Mit Kupfern. I. Theil 1784, II. Theil 1789. Neue Auflage. Mit Kupfern und Bildnis Eulenspiegels.
Straßburg* Cd 130.595.

1794, o. O., 8°. Mit 20 Holzschnitten. 2. Aufl.
Spirgatis, Catalog 54, Nr. 654.

1795, Prag und Wien.

o. J. (getruckt in diesem Jahr) (18. Jahrh.), o. O., 8°. Mit groben Holzschnitten.
Weigels* Antiquariatskatalog 1865, S. 1057, Nr. 21061. Kuppitsch 7182. 7183.

o. J.* (18. Jahrh.), o. O., 8°.
Lappenberg, Nr. 76.

o. J.*, Cöln und Nürnberg, 8°.
Lappenberg, Nr. 77.

o. J.*, Hamburg, Brauer, 8°. 99 Historien. Mit 69 Holzschnitten.
Lappenberg, Nr. 82.

o. J.*, Leipzig, Solbrig.
Lappenberg, Nr. 83.

1804*, o. O., 8°. Ganz neue und verbesserte Aufl. Mit Holzschnitten. 99 Historien, ohne die Grabschrift.
London, British Museum.

1807*.
Görres, S. 195.

1807*, Frankfurt und Leipzig, 8°. Mit 25 Holzschnitten.

1827*, (Hannover), Tyll Eulenspiegel in 55 radirten Blättern von J. H. Ramberg.

1830*, Crefeld, 8°. Till Eulenspiegels Geniestreiche in Knittelversen bearbeitet mit Zeichnungen von Fr. v. Hallberg.

1833*, Hamburg, 8°. Der confiscirte Eulenspiegel nebst Briefen an und von Friedr. Wilhelm III. Hrsg. von Oettinger. 2 Bde.
Bær, Frankfurter Bücherfreund I (1899) Nr. 1805.

*1. Aufl. 1833, 2. Aufl. 1836, 3. Aufl. 1837, 4. Aufl. 1844, München, Georg Jaquet, 12°: Der ganz neue, wiedererstandene Till Eulenspiegel in 100 Kap. mit 102 Vignetten. Für die Jugend purificirte Modernisierung des alten Textes.

1838*, Wesel, Klönne, 12°.

1839*, Stuttgart, 8°. 80 Historien.
W. Cornelius, Lieblingsbücher in alten und neuen Geschichten . . . Bd. I. Mit 60 Bildern meist nach Ramberg.

1854, Leipzig, T. O. Weigel, Dr. Thomas Murners Ulenspiegel hrsg. von J. M. Lappenberg. Nach der Ausgabe 1519.

1862*, Stuttgart, Rieger, 8°. Text nach der Jahrmarkt-Ausgabe. Mit Bildern meist nach Ramberg.

1865*, Berlin, A. Asher, 4°. Nach den Drucken von Servais Kruffter. Mit Holzschnitten.

1868, History 13–16 nach Ausgabe 1515.
In Mittheilungen aus dem Antiquariate von S. Calvary in Berlin, S. 6–12.

1884*, Halle a. S., Max Niemeyer, hrsg. von Knust, 8°. Abdruck der Ausgabe vom Jahre 1515.
In Neudrucke deutscher Literaturwerke des XVI. und XVII. Jahrh., Nr. 55 u. 56.

1890*, Leipzig und Wien, Bibl. Institut, 8°. 112 S. „Till Eulenspiegel bearbeitet und mit Einl. u. Anm. versehen v. R. Michel."
In Meyers Volksbücher Nr. 710/11.

1893*, K. Seebald, Till Eulenspiegels lustige Streiche. Ein Volksbuch für Jung und Alt wiedererz. Mit 4 Farbendruckbildern. 4. Aufl. Leipzig, O. Drewitz Nachf. XIII, 127 S.

1894*, Wesel, Düms, 8°. 72 S. hrsg. von W. Schäfer. Mit 5 Farbendruckbildern.

1896*, Stuttgart, Loewe, 8°. III u. 94 S. Mit 6 Farbendr. u. 17 Textbildern von Eug. Klimsch. Hrsg. von G. P. Petersen.

o. J.*, Frankfurt u. Leipzig, 8°. 53 Historien. Mit Holzschnitten.

o. J.*, Halle, A. Fritze, 8°. 50 Geschichten in usum Delphini. Mit vielen Bildern.

o. J.*, Frankfurt a. d. O., Trowitzsch & Sohn, 8°. 100 Historien. Mit Holzschnitten.

o. J.* (1849), Reutlingen, J. Fleischhauer, 8°. 80 Historien. Mit Holzschnitten.
Baer, Bücherfreund VIII, Nr. 3888, verzeichnet eine Jahrmarktausgabe o. J. (um 1800), Reutlingen, J. Fleischhauer, es dürfte sich wohl um diese Ausgabe handeln.
London, Brit. Museum.

o. J.*, Nürnberg. Neue Ausgabe. 8°.

o. J.*, o. O. Neuer und verbesserter Druck. 8°. Mit Holzschnitten.
o. J.*, Nürnberg, J. A. Endter, 8°. Neue verbesserte Auflage. 83 Historien. Mit Holzschnitten.

o. J.*, o. O. Ganz neue und verbesserte Aufl. Ganz neu gedruckt. 8°.

o. J.* (nach 1854), Leipzig, Fritz Thiel (Schalksbücherey Nr. 1), 8°. Nach der Ausgabe 1519.

1902*, Leipzig, H. Seemann Nachf., 4°. 73 S. Ein Volksbuch mit Bilderschmuck hrsg. von Walt. Tiemann.

1902*, Graz, Styria, 8°. Lustige Streiche Till Eulenspiegels und Münchhausens Land-Abenteuer. Mit 20 Abbildungen. 112 S. hrsg. von A. Plattner.

1904*, Köln, Schaffstein, 8°. 81 S. hrsg. von H. Schaffstein. Buchschmuck von E. R. Weise.
Schaffsteins Volksbücher, Bd. 5.

1906*, Braunschweig und Leipzig, Hellmuth Wollermann: Karl Schallenberg, Till Eulenspiegel ... Einige Schwänke nach dem Volksbuche 1515 erzählt. 8°.

1907*, Stuttgart, Weise, 8°. XV u. 150 S. Ein Volksbuch, nach der Ausgabe von 1519 bearbeitet von Paul Heidelbach. Mit Buchschmuck von Willy Planck.

1907*, Hamm, Breer & Thiemann, 8°. 133 S. hrsg. von H. W. Mertens, nach den ältesten Ausgaben von 1515 und 1519.
Kleine Bibliothek Nr. 113/114.

1907*, Köln, Schaffstein, 8°. 114 S. Mit 39 Abbildungen von J. H. Ramberg. Aus dem niedersächsischen Urtext ausgewählt und neu übersetzt von H. Schaffstein.

1909*, Jena, Eugen Diederichs, 8°. 600. Charles de Coster: Tyll Ulenspiegel und Lamm Goedzak. Legende von ihren heroischen, lustigen und ruhmreichen Abenteuern im Lande Flandern und andern Orts. Deutsch von Friedrich von Oppeln-Bronikowski.

1909*, Leipzig, Heims, 8°. 412 S. Uilenspiegel und Lamm Goedzak. Erste deutsche Ausgabe von A. Wesselski.

1910*, München, Seyfried, 8°. VII u. 144 S. Von Henniger. Mit Abbildungen von A. Geigenbauer.
Bücher der deutschen Jugend, Bd. 7.

Eulenspiegel, Till [Volksbuch]
Titelübersicht der nachstehenden Aufnahmen:
Ein kurzweilig Buch von Till Eulenspiegel
Der ganz neue, wiedererstandene Eulenspiegel
Till Eulenspiegel
Der wiedererstandene Eulenspiegel
Till Eulenspiegels . . .

Ein kurzweilig Buch von Till **Eulenspiegel** geboren im Lande Braunschweig. Was er für seltsame Streiche betrieben in seinen Tagen, Lustig zu lesen. 2. Aufl. Aus d. niedersächs. Urtext ausgewählt u. neu übersetzt von Hermann Schaffstein. Köln a. Rh.: H. & F. Schaffstein [1906]. (85 S.) 8° [J.]
— **Volksbücher**, Schafsteins. f. d. Jugend. Bd 3. [06. 10333

Ein kurzweilig Buch von Till **Eulenspiegel**, geboren im Lande Braunschweig. Was er für seltsame Streiche betrieben in s. Tagen. Lustig z. lesen. Mit 30 Ill. von J. H. Ramberg. Aus d. niedersächs. Urtext ausgewählt u. neu übers. von Hermann Schaffstein. Köln: H. & F. Schaffstein [1907]. (114 S.) 8° [08. 94.c 9

Eulenspiegel, der märkische, s. Volksbücher, deutsche.

— d. ganz neue, wiedererstandene, od. wunderb. u. selts. Geschichte des Till Eulenspiegel, e. Bauern Sohnes etc. Mit 102 Vign. 8. München 833 (832). Jaquet. 8 gr weiß P. 12 gr

Eulenspiegel, der ganz neue, wieder erstandene, oder wunderbare u. seltsame Geschichte des Till Eulenspiegels. Mit 120 schönen neuen Vignetten geziert, von e. Liebhaber d. Scherzes u. der Wahrheit. 2e Aufl. gr. 12. München 836. Jaquet. 1/3 rthl 3e Aufl. 837. 1/3 rthl

Eulenspiegel, der ganz neue, wieder-erstandene, oder wunderbare u. seltsame Geschichte des Till Eulenspiegels, eines Bauern Sohnes, gebürtig aus dem Lande zu Braunschweig. 4. Aufl. 12. (Mit Holzschn.) München 844, Jaquet. 5 1/2 ngr

— der ganz neue wieder-erstandene, od. wunderbare u. seltsame Geschichte d. Till Eulenspiegels, eines Bauern Sohnes, gebürtig aus dem Lande zu Braunschweig. Wiederholtermalen gesammelt u. in gutes Deutsch gebracht, so wie in 100 Kapitel abgetheilt. Mit 101 Holzschn. geziert, u. hrsg. v. einem Liebhaber d. Scherzes u. der Wahrheit. 5. Aufl. 12. (139 S.) Augsburg 849, Jaquet. 6 ngr

Eulenspiegel, Till

—— Tyll-, s. a. Wildermann, der Rheinländ., 1. Hft.

Eulenspiegel, Till, s. a. Meyer's Volksbücher.

Eulenspiegel, Till, s. a. Neudrucke deutscher Litteraturwerke d. XVI. u. XVII. Jahrh.

Eulenspiegel, Till, s. a. Ramberg, J. H.

Eulenspiegel, Till, s. a. Universal-Bibliothek Nr. 1687 und 1688.

Eulenspiegel, Till. O. O. 1779. V: *Hertzberg, Fr.* (Bresl 31, S. 173)

——, Tyll. Text nach der Jahrmarkt-Ausg. 8. (181 S. mit Bildern in eingedr. Holzschn. meist nach Ramberg.) Stuttgart; 862, Rieger'sche Verlagsh. cart. *

Eulenspiegel, Tyll. Text nach der Jahrmarkt-Ausg. Mit Bildern meist nach Ramberg. (Der wiedererstandene Eulenspiegel, d. i.: wunderbare u. seltsame Historien Tyll Eulenspiegels, e. Bauern Sohn, gebürtig aus dem Lande Braunschweig. Sehr kurzweilig zu lesen.) 8. (183 S.) Stuttgart 887. Frankfurt a/M., Rieger Nachf. Geb. in Leinw. 2.40

Eulenspiegel, Till. Aus niederdeutscher Mundart für die Jugend bearb. (191 S. m. 5 Farbdr.) gr. 8. Berlin (906). Globus Verlag. Geb. in Leinw. n.n.n. 1.10

Till **Eulenspiegel**. Nach d. ältesten Ausg. von 1515 u. 1519 neu bearb. von Hans Willy Mertens. Hamm i. W.: Breer & Thiemann [1906]. (133 S.) 8° [J.]
— **Bibliothek**, Kleine. No 113/114. [07. 4779 6

Till **Eulenspiegel**. Eine Auswahl s. lustigsten Streiche, nach d. alten Volksbuche neu bearb. von Karl Henniger. Ill. von Aug. Geigenberger. München: Jugendblätter [1910]. 144 S. 8° [10. 4333 9

Eulenspiegel

— der wiedererstandene, s. a. Lieblingsbücher. 1r Thl.

Eulenspiegel, der wiedererstandene, siehe a. Till Eulenspiegel.

—— der wiedererstandene, s. a. Volksbücher (No.) 12.

Der wieder erstandene Eulenspiegel. | Das ist: | Wunderbarliche und seltsame | Historien | Tyll Eulenspiegels, | eines Bauren Sohn. | Gebürtig | aus dem Lande Braunschweig. | (Mit gnädigster Genehmigung). | (Fig.: *Eulenspiegel zu Pferde, mit Spiegel links und Eule rechts, Bienen*, 55 × 76) | Reutlingen, | bei Justus Fleischhauer.
o. J., 159 S., 167 × 103, mehrere Fig. im Text, 40 × 52 und 41 × 51.
UB Tü Dk XI. 238.

Till Eulenspiegel. – Der wieder erstandene Eulenspiegel. Das ist: wunderbare und seltsame Historien Tyll Eulenspiegels, eines Bauern Sohn, gebürtig aus dem Lande Braunschweig. [Holzschnittvign.] Reutlingen, bey Christoph Philipp Fischer [ca. 1800]. 159 S. Mit vielen kuriosen Textvignetten in Holzschnitt. Kl.-8°. Brosch., Rücken geklebt. — Seltenes Volksbuch. Titel u. letztes Bl. (= Umschlag) etw. eingerissen. In Karton. 28.—

Eulenspiegel, der wieder erstandene, das ist: wunderbare u. seltsame Historie d. Tyll Eulenspiegels, eines Bauern Sohn, gebürtig aus d. Braunschweigischen. (Bearb. nach d. Jahrmarkts-Ausg.) gr. 12. (4⅔ B.) Wesel 838, (Klönne.)

— der wiedererstandene, das ist: wunderbare u. seltsame Historie Tyll Eulenspiegels, eines Bauern Sohn, gebürtig aus d. Lande zu Braunschweig. Text nach d. Jahrmarkt-Ausg. Bilder (60). 8. Stuttgart 839. Scheible. ¾ ℛ

Der wiedererstandene Eulenspiegel, das ist: wunderbare und seltsame Historien Tyll **Eulenspiegels**, eines Bauern Sohn, gebürtig aus d. Lande Braunschweig. Sehr kurzweilig zu lesen. Gedruckt in diesem Jahr. (Text nach d. Jahrmarkt-Ausg. Mit Bildern meist nach Ramberg.) *(Stuttgart: Rieger [1900.])* (127 S.) 8° [F.] [01. 1644 11

Eulenspiegels, Till, . . .

Seltsame und wunderliche **Historien** Till Eulenspiegels etc. Mit Holzschn. v. Gubitz. (Deutsche Volksb. v. Simrock. IV.) Berlin (1840.) 8o.

Eulenspiegels, Tyll, wunderbare u. seltsame Historien. Mit schönen Fig. (in eingedr. Holzschn.) geziert. Neu umgearb., verb. u. verm. v. Karl Fröhlich. 8. (151 S.) Reutlingen 875. Fleischhauer & Spohn. — 40

— — des jungen Leben und Thaten, dessen Schnacken, Schnurren und Possen zur angenehmen Unterhaltung für Jedermann, lustig beschrieben in zwanzig Kapit. 8. (Augsb.) 796. (Bürglen) 12 sgl.

— Leben, neuerl. lustig beschrieben. 8. Prag 794. Schönfeld. 4 gr

Eulenspiegels, Till, Leben und Meynungen, Volksroman, neue Aufl. mit Kupfern, 2 Theile, 8. Breslau, 789. W. G. Korn. 2 Rthlr.

— Till, Leben u. Thaten, Schnaken, Schnurren u. Possen ꝛc. zur angenehmen Unterhaltung fur Jedermann, mit 20 passenden Kupferstichen. 8. Augsb. Bürglen. 801.

— ill ꝛc. m. K. 8. Bregenz, Brentano.

— — Leben und sonderbare Thaten, neuerdings lustig beschrieben, mit 20 Holzstichen, zweyte Aufl. 8. Prag, 794. Schönfeld. 5 gl.

— Schnurren, Schwänke u. Dummheiten. 16. (71 S.) Mügeln 871. (Leipzig, G. Senf.) — 40

Eulenspiegel's, Tyll, Schnurren, Schwänke u. Dummheiten für lachlustige Leute. Mügeln 865. (Leipzig, Senf.) 16. (64 S.) n. 4 ngr

— Schnurren, Schwänke u. Streiche. Ein eheitere Historie f. lachlust. Leute. 4. Aufl. gr. 16. (64 S. mit eingedr. Holzschn.) Reutlingen 872. Enßlin & Leiblin. — 20

Tyll Eulenspiegel's | Schnurren, Schwänke und Streiche. Eine heitere Historie | für | lachlustige Leute. | (Fig.: *Eulenspiegel als Schmied*, 59 × 75) | Fünfte Auflage. | Reutlingen. | Verlag von Enßlin und Laiblin. (= *Reutlinger Volksbücher*, 36).
Kol.: Druck von G. Köllreutter in Reutlingen.
o. J. (1873), 64 S., 164 × 105, U.-Fig.: *Marktfrau zerschlägt ihre Töpfe*, 59 × 76, 4 Fig. im Text.
LBS d. D. oct K 3272.

Eulenspiegel's, Tyll, Schnurren, Schwänke u. Streiche. Ein ergötzliches Büchlein f. lachlustige Leute. Auf's Neue dem Volke erzählt. 8. (64 S.) Altötting 878. Lutzenberger. — 25

Eulenspiegel's, Till, auserlesene Schwänke. Nach den ältesten Drucken hergestellt von Karl Simrock. Mit Illustrationen von Adf. Schrödter. Düsseldorf 857. Arnz u. Co. 4. (19 S., lith. Titel u. 5 Lithogr. in Farbendr.) n. 27 ngr

Eulenspiegel's, Till, lustige Schwänke. Für die Jugend erzählt. Mit (3) Farbdr.-Bildern v. R. Trache. (112 S.) 8. Reutlingen (910). Enßlin & Laiblin. Geb. — 75

Till **Eulenspiegel's** Streiche. Aus d. alten Volksbuche ausgewählet u. z. Ergötzung von Jung u. Alt aufs neu hrsg. von Johannes Nickol. Dazu mit gar lustigen Bildern gezieret durch Georg Barlösius. *Düsseldorf: Fischer & Franke (1903).* (142 S.) 8° [F.]
= **Jungbrunnen-Bücherei.** N. F. Bd 1. [04. 16756

—— lustige Streiche in Wort und Bild. Eine komische Kinderschrift. Mit 16 ill. Bildern von C. Reinhardt. gr. 4. (15 Holzschnt. mit Text.) Berlin 861, Hofmann und Comp. *

Eulenspiegels, Till, tolle Streiche u. Fahrten, oder wie man's treibt, so geht's. Scherzhafte Erzählung mit 16 color. Kpfrn. qu. 16. Leipzig 837. Baumgärtner. n. ⅓ ℛ

— tolle Streiche und Fahrten oder wie man's treibt, so geht's. Scherzhafte Erzählung mit 8 color. u. 8 schwarzen Bildern (Holzschn.). 3. Aufl. Leipzig 853. Baumgärtner. 8. (18 S.) 10 ngr

Eulenspiegel, Till [Andere Schriften]

Eulenspiegel, Till, eine Wochenschrift. Wien 1775. H: *Löper, Christian.* (KY) (MGT)

Eulenspiegel, Der wiedererstandene Till, Hunde-Comödie. Altona 1849. V: *Bendixen, Jacob Friedrich Martini.* (A)

Eulenspiegel, Till [Verfasser]

Eulenspiegel, Till [Pseudon.] *s.* Kölner, Johann Rudolf.

Eulenspiegel, Till [Pseud.], s. Scholz, Karl

Eulenspiegel, Tyll, s. Eulenspiegel, Till

Eulenspiegel, der wieder auferstandene. Jahrg. 1862. Novbr. u. Dezbr. 6 Nrn. (à ½ Bgn. m. Holzschn.) Stuttgart, Expedition. 4. n. 8½ ngr

— — Jahrg. 1863 u. 64. à 52 Nrn. (à ½ Bgn. mit Holzschn.) Stuttgart, E. Ebner. 4. Jeder Jahrg. 2 ℛ 8 ngr
Vgl. Till Eulenspiegel.

Eulenspiegel, Der wiedererstandene, s. Eulenspiegel, Till [Volksbuch]

Eulenspiegeleien. Heitere Studien, Carricaturen u. Glossen v. S. C. H. Mollis. gr. 16. (34 S.) Leipzig 876. Walther. n. — 50

Eulenspiegel-Kalender, Der humoristische, auf das J. 1891. Mit vielen Illustr. Gr. in-8°. 112 S. Zofingen, Francke & Cie. — 60

Eulenspiegel-Kalender, illustrirter, f. 1889. 8. (93 S.) Zofingen 888. Frey & Francke. n. — 60

Eulenspiegelkalender. Illustrierter Eulenspiegel-Kalender für (* *Umschlag:* Eulenspiegel-Kalender für das Jahr) 1901. Jahrg. 13. IV + 112 S. 8. Zofingen, Francke & Cie. (fr. —.60)

Eulenspiegelkalender. Illustrierter Eulenspiegel-Kalender... . 8. (je fr. —.60)
... für (das Jahr) 1902. Jahrg. 14. VI + 96 S. Zofingen, Francke & Cie.
... (für das Jahr) 1903. Jahrg. 15. VI + 112 S. (Zofingen, Francke & Cie.)

Eulenspiegelkalender. Illustrierter (*Umschlag: Schweizerischer) Eulenspiegel-Kalender (für das Jahr) 1904. Jahrg. 16. VIII + 112 S. 8. Zofingen, Francke, Ringier & Co. A.-G. (fr. —. 60)

Eulenspiegelkalender. Illustrierter (*Umschlag: Schweizerischer) E'-K' (für das Jahr) 1905. Jahrg 17. IV + 128 S. 8. Zofingen, Francke, Ringier & Cie. A.-G. (fr. —. 60)

Eulenspiegelkalender. Illustrierter (*Umschlag: Schweizerischer) E'-K' (für das Jahr) 1906 u. 1907. Jahrg. 18 u. 19. je IV + 128 S. 8. Zofingen, Francke, Ringier & Cie. A.-G. (je fr. —. 60)

Eulenspiegelkalender. Illustrierter (*Umschlag: Schweizerischer) E'-K' (für das Jahr) 1908. Jahrg. 20. IV + II + 128 S. 8. Zofingen, Ringier & Cie. (fr. —. 60)

Eulenspiegelkalender. Illustrierter (*Umschlag: Schweizerischer) E'-K' (für das Jahr) 1909. Jahrg. 21. IV + 144 S. 8. Zofingen, Ringier & Cie. (fr. —. 60)

Eulenspiegelkalender. Illustrierter (*Umschlag: Schweizerischer) E'-K' (für das Jahr) 1910. Jahrg. 22. IV + 144 S. 8. Zofingen, Ringier & Cie. (fr. —. 60)

Eulenspiegelkalender. Illustrierter (*Umschlag: Schweizerischer) E'-K' (für das Jahr) 1911. Jahrg. 23. IV + 144 S. 8. Zofingen, Ringier & Cie. (fr. —. 60)

Eulenspiegels, Till, . . . , s. Eulenspiegel, Till [Volksbuch]

EULENSPIELER, Till. Berliner, Wiener, Hamburger Courier. Redig. von Ed. M. Oettinger. 365 Nrn. Berlin 1831. 4°. Rar!

Eulenstein's musikalische Laufbahn. Hrsg. v. Fanny Roodenfels. gr. 8. (XVI, 88 S.) Stuttgart 892. Strecker & Moser. n. — 75

Die soziale Frage eine Grund- u. Bodenfrage. Ernste Plaudereien über Henry George's Sozialreform. Von Bernhard Eulenstein. *Berlin: H. Storm 1895.* (26 S.) 8° [F.]
Aus: 'Kritik', Wochenschau d. öffentl. Lebens. H. 55. 56. [ca. 1900 10

Eulenstein, Bernh., d. soziale Frage, dennoch e. Grund- u. Bodenfrage. E. Replik. [Aus: „Kritik".] gr. 8. (16 S.) Berlin 896. Kritik-Verlag. n. — 50

Eulenstein, Bernh., Henry George u. die Bodenbesitzreform deutscher Richtung. Eine Abhandlg. in 2 Repliken. gr. 8. (61 S.) Leipzig 894. W. Friedrich. n. 1. —

— nur e. einzige Steuer. (Henry George's „single tax".) Eine Steuerstudie. gr. 8. (II, 80 S.) Berlin 894. E. Staude. n. — 50

Eulenstein, Frdr., leichtfaßl. u. vollständ. Unterricht im Fleckenreinigen, Tafelserviren, Tranchiren aller Fleisch- u. Fischspeisen; ferner in der Weinkenntniß, der Erhaltung d. Bieres, der Essigbereitung rc. Mit lith. Abbildgn. 12. (XX u. 101 S. m. 4 lith. Taf.) Nordhausen 848, Fürst. (Leipzig, Hentze.) 1/3 ₰

Eulenstein, H., merkwürdiger Fall v. e. Fremdkörper in der Kieferhöhle, nebst Bemerkgn. zur Therapie der sogen. Kieferhöhlenempyeme. [Aus: „Monatsschr. f. Ohrenheilkde."] gr. 8. (6 S.) Berlin 893. O. Coblentz. n. 1. —

Eulenstein, die Folgekrankheiten d. eiterigen Mittelohrentzündgn., ausschliessl. d. durch akute Eitergn. entstand. Warzenfortsatzerkrankungen, s.: Vorträge, klin., a. d. Gebiete d. Otologie u. Pharyngo-Rhinologie.

— über pyämische Metastasen bei acuten Erkrankgn. im Schläfenbein. Vortrag, geh. zu Frankfurt a/M. am 20. Mai 1893. [Aus: „Monatsschr. f. Ohrenheilkde."] gr. 8. (8 S.) Ebd. 893. n. 1. —

— die diagnostische Verwerthbarkeit der Percussion des Warzenfortsatzes. [Aus: „Monatsschr. f. Ohrenheilkde."] gr. 8. (6 S.) Ebd. 894. n. 1. —

Eulenstein, Carl, Grammatik der englischen Umgangssprache, mit besonderer Rücksicht auf diejenigen, welche es in möglichst kurzer Zeit zum Sprechen bringen wollen. Nebst einem Anhange für Kaufleute. Für Schulen und den Privatgebrauch bearb. Stuttgart 859. Metzler. gr. 8. (VI, 172 S.) n. 14 ngr

Eulenstein, Carl, Taschenbuch der engl. u. deutschen Umgangssprache. 8. (IV u. 72 S.) Stuttgart 849, Cotta. 9 ngr

Eulenstein, Carl, Taschenbuch der englischen und deutschen Umgangssprache. 2. Aufl. Stuttgart 856. Cotta. 8. (VI, 89 S.) 12 ngr

Euler, Leonh., von F. Rudio. In-8°. Basel, Schwabe. 1893. — 75

Die Deutsch-Ordens-Commende Frankfurt am Main. Ein Beitrag zu deren Geschichte, aus dem Nachlasse des Inspectors ANDREAS NIEDERMAYER herausgegeben im Namen des Vereins für Geschichte und Alterthums-Kunde zu Frankfurt a. M. von EULER. (Mit 1 Tafel.) Frankfurt a. M. 1874. Druck von Baumbach & Heil. 8°.

Euler, Das steinerne Haus und die Familie von Melem. Frankf. Mitthlgn. III. Frankfurt 1859. 8. S. 219—232. Auch S.-A.

Euler's Rettung der göttlichen Offenbarung gegen die Einwürfe der Freigeister. Mit Erlaubniß der frühern Verlagshandlung aufs Neue zu Tage gefördert u. mit einem Vorwort herausgeg. von Karl Dielitz. 8. Berlin 844, Grobe. n. 1/12 ₰

Euler, August

Euler, A., das Königtum im altfranzösischen Karls-Epos, s. Ausgaben u. Abhandlungen aus dem Gebiete der romanischen Philologie.

Euler, August [aus Gottsbüren]: Das Königtum im altfranzösischen Karls-Epos . . . . (Aus: Ausg. u. Abh. a. d. Geb. d. roman. Philol. Marburg, Univ.-Buchdr. (R. Friedrich), 1886; 55 S. 8°.
Marburg, Phil. Fak., Inaug.-Diss. v. 26. Mai 1886.

Euler, Bernh., vollständ. Anleitung zur Differenz-Rechnung, Aus d. Latein. übersetzt v. J. A. C. Michelsen. 3 Thle. gr. 8. Berlin 790—93. (Leipzig, Fr. Fleischer.) (1r Thl. 1 1/2 ₰ 2r Thl. 1 ₰ 3r Thl. 1 ₰) 3 1/2 ₰

— Supplement zur Differenz-Rechnung, v. J. P. Grüson, gr. 8. Ebd. 798. (Ebd.) 1 1/2 ₰

Euler, Carl, s. Euler, Karl

Euler, Carol. Ant., s. Euler, Karol. Ant.

Euler, Carl Friedrich Schulz-, s. Schulz-Euler.

Euler, Carl Philipp, s. Euler, Karl Philipp

Euler, Conrad, s. Euler, Konrad

Euler, Lph., (†. . .) Auszug aus seinen Beobachtt., welche zu Orit bei Gelegenheit des Durchganges der Venus bei der Sonne angestellt worden sind. 4. St. Petersb. 769.

Euler, E., u. G. Eckler, Verordnungen u. amtliche Bekanntmachungen das Turnwesen in Preußen betr. Leipzig 869. Keil. 8. (190 S.) 15 ngr.

Euler, Emil [aus Bobstadt]: Die Lehre von dem beneficium separationis bonorum. . . . Greiz, Druck d. fürstl. Hofbuchdr. v. Otto Henning, 1890; 85 S. 8º
Erlangen, Jur. Fak., Inaug.-Diss. v. 1. Febr. 1890

Euler, Ev. Friederike

Euler, E. Friedericke, neuerfundene Anweisung im Maaßnehmen u. Zuschneiden aller Arten weibl. Kleidungsstücke. Mit 54 Abbildd. gr. 4. Speyer 838. (Neidhards Buchh.) 7/12 ₰ bei Orell in Zürich n. 5/6 ₰

Euler, geb. Bernklau, Ev. Friederike, neu erfundene prakt. Anweisung im Maaßnehmen und Zuschneiden aller Arten weiblicher Kleidungsstücke. (Mit 53 lith. Abbild.) 2. verm. u. verb. Original-Aufl. gr. 4. Zürich 841, Orell, Füßli u. Comp. n. 1/2 ₰

Euler, F.: Genealogie der aus der Schweiz stammenden, von da in die Pfalz u. andere Länder sich verbreitenden Euler'schen Familie. St. Goar 1878. 22 S.

Euler, Ferd., d. weibl. Diakonie d. Gegenwart u. ihr Antheil an d. Lösung d. Frauenfrage. s. a Zeitfragen des christl. Volkslebens.

Euler, Ferdinand: Die weibliche Diakonie der Gegenwart u. ihr Anteil an der Lösung der Frauenfrage. — Stuttgart: Belser 1897. 47 S. 8º (Zeitfragen d. christl. Volkslebens. Bd 22, H. 7.)

Euler, Fritz [aus Sulzbach (Rheinprov.)]: Ueber die antiseptische Wundbehandlung durch den direkten Wundenverschluss. . . . Erlangen, Druck d. Univ.-Buchdr. v. E. Th. Jacob, 1891; 21 S. 8º
Erlangen, Med. Fak., Inaug.-Diss. v. 1891

Euler, G. A., die hohe Karlsschule. Eine historisch-pädagog. Studie. 8. (50 S.) Stuttgart 882, Metzler'sche Buchh. *

Euler, G. A., Ottmar Schönhuth. Eine biograph. Skizze. Tauberbischofsheim 868. Lang. 16. (31 S.) 3 ngr.

Euler, G. F., s. Zur Enthüllung d. Bonifacius-Standbildes in Fulda.

Gesetz und Evangelium in ihrem Verhältnis zueinander. Von H. E[uler]. Kassel: Oncken [1909]. 47 S. 8º [illegible] 4

Euler, H. L. C., Denkschrift an d. hohe deutsche Bundesversamml. für d. Hrn. Reichsgrafen Constantin von Hallberg. Fol. Frkf. 818. Körner. 16 gl.

— üb. die nothwend. u. gesetzl. Zulässigkeit der Austrägal-Instanz, nach Anhalt Art. 11. d. Bundes-Akte rc. 4. Frkf., Körner. 16 gl.

Euler, Hans, allgemeine Chemie der Enzyme. (VIII, 241 S. m. 4 Fig.) Lex. 8. Wiesbaden 910. J. F. Bergmann. 7. 60

— Gleichgewicht u. Endzustand bei Enzymreaktionen. (11 S.) 8. Uppsala 907. (Berlin, R. Friedländer & Sohn.) nn — 70
Sonderabdr. a.: „Arkiv f. kemi, mineralogi och geologi".

— Grundlagen u. Ergebnisse der Pflanzenchemie. Nach der schwed. Ausg. bearb. 1. Tl. Das chem. Material d. Pflanzen. (X, 239 S. m. 1 Abb.) gr. 8. Braunschweig 908. F. Vieweg & Sohn. 6.—; geb. 7.—

— dasselbe. 2. Tl. Die allgem. Gesetze des Pflanzenlebens. 3. Tl. Die chem. Vorgänge im Pflanzenkörper. (VIII, 298 S. m. 8 Abb.) gr. 8. Ebd. 909. 7.—; geb. 8.—

— u. Beth af Ugglas, Hydrolyse u. Reaktionsgeschwindigkeit in wässrig-alkohol. Lösgn. (14 S.) 8. Ebd. 909. nn — 80

— Zur Kenntnis der Assimilationsvorgänge. III. (4 S.) 8. Uppsala 909. Berlin, R. Friedländer & Sohn. nn — 60

— u. Ebba Nordenson, zur Kenntnis des Möhrencarotens u. seiner Begleitsubstanzen. (12 S.) 8. Ebd. 908. nn — 60

— Zur Kenntnis der alkalischen Verdauung. (13 S.) 8. Ebd. 907. nn — 80

— Fermentative Spaltung v. Dipeptiden. (10 S.) 8. Ebd. 907. nn — 70

Euler, Hans u. Beth. af Ugglus

— — Untersuchungen üb. die chem. Zusammensetzg. u. Bildg. d. Enzyme. 2 Hefte. (16 u. 12 S. m. Fig.) 8. Ebd. 910. à nn — 60
6 Sonderabdr. a.: „Arkiv f. kemi, mineralogi och geol."

Euler, Heinrich, a. Gottsbüren, Kr. Hofgeismar ⟨Prov. Hessen-Nassau⟩: Recht und Staat in den Romanen des Crestien von Troyes. Marburg a. L. 1906: H. Bauer. (129 S.) 8º
Marburg, Phil. Fak., Ref. Wechssler, Diss. v. 13. Aug. 1906
[Geb. 3. Mai 82 Gottsbüren, Bez. Kassel; Wohnort: Gottsbüren; Staatsangeh.: Preußen; Vorbildung: Realgymn. Kassel Reife O. 01; Studium: Marburg 4, Leipzig 1, Marburg 5 S.; Rig. 17. Jan. 06.]

Euler, Hermann

— über Ammoniak u. Metallammoniakbasen. I. (S. 77—91.) gr. 8. Ebd. 903. n. — 60

— u. Astrid Euler, über die Bildung v. aliphatischen Isonitrosoverbindungen u. Osotrialzolen aus β-Amino-Crotonsäureester. (S. 111—126.) gr. 8. Ebd. 903. n. — 70

Euler, Herm., zur Kenntnis der aliphatischen Amine. (S. 67—76.) gr. 8. Stockholm 908. (Berlin, R. Friedländer & Sohn.) n. — 60

— zur Kenntnis der Assimilationsvorgänge. I u. II. gr. 8. Ebd. 904. n.n. 1. 30
I. (S. 329—345.) n.n. — 75
II. Kondensationsprodukte des Formaldehyds. Von Hans u. Astrid Euler. (S. 347—355.) n.n. — 55

— zur Kenntnis der Katalasen. (S. 357—364.) gr. 8. Ebd. 904. n.n. — 60

— zur Kenntnis der Pseudosäuren. (13 S.) 8. Uppsala 906. (Berlin, R. Friedländer & Sohn.) n.n. — 70

— über Komplexbildung. (S. 203—220.) gr. 8. Stockholm 904. (Berlin, R. Friedländer & Sohn.) n. — 80

Euler, Herm., u. Astrid Euler

— — über die Konstitution unserer Isonitroso-Nitrosamino-Verbindungen u. deren Derivate. (S. 159—166.) gr. 8. Ebd. 904. n. — 60
13 Sonderabdr. aus: „Arkiv f. kemi, mineralogi och geologi".

— über Löslichkeitserniedrigung. I. (S. 143—158.) gr. 8. Ebd. 904. n.n. — 70

— über Lösungen von Ammoniak- u. Aminsalzen. (S. 133—142.) gr. 8. Ebd. 903. n. — 60

Euler, Hermann, Dr. med, appr. Arzt u. Zahnarzt: Pulpentod, natürliche und synthetische Nebennierenpräparate. Eine kritische, experimentelle u. klin. Studie. Wien 1907: Verl. d. Oesterr. Zeitschrift f. Stomatologie. (70 S.) 8°
Heidelberg, Med. Fak., Hab.-Schrift v. 1907

— zur Theorie katalytischer Reaktionen. I. (S. 127—131.) 8. Ebd. 903. n. — 60

— über das Verhalten des β-Aminocrotonsäureesters. (S. 61—66.) gr. 8. Ebd. 903. n. — 50

Euler, Hermann, aus Karlsberg (Rheinfals [!]): Ueber den Verlauf der Magenverdauung unter verschiedenen physikalischen Einflüssen. *Erlangen 1902: F. Junge.* (27 S.) 8°
Erlangen, Med. Diss. v. 27. Mai 1902

Euler, Hugo, Erdolf Rübezahl. Ein Naturschauspiel in 4 Akten. (100 S.) 8. Stuttgart 906. Greiner & Pfeiffer. n. 2. —

Euler J., d. Reform d. Handw.-Fach- u Fortbildungsschulw. (38 S) Wiesbaden 1900

Euler, J. H., s. Th. C. Piper, zwei Predigten.

Euler, J. M.

— d. unterrichtete und geprüfte Handlungscomtorist. gr. 8. Heilb. Claß. 803.

Euler, J. M.: „Neues Handlungs-Lexikon", 3 Teile, Karlsruhe und Frankfurt a. M. 1790; 2. Auflage ebenda 1792; 3. Auflage Heilbronn 1800—1802.

— n. Handlungslexicon in deutschen, französischen und italienischen Rubriken, verb. v. Stricker. 2 Bde. gr. 8. Frft. Guilhaumann. 798.

— n. Handlungslexicon in deutsch, franz. und ital. Rubrik. einz. vollst. Originalausgabe. 3 Thl. gr. 8. Ebend. 800—802.

— introduction to mercantile correspondence and book-keeping, transl. by J. G. Cleminius. 8. Jena, Frommann. 805.

Euler, J. M.: „Unterricht von der doppelten Buchhaltung und den Wechseln", Heilbronn 1802 (Class).

— Vorübungen zum Comtoirgeschäft, v. Cleminius. 1r u. 2r Thl. gr. 8. Frft. Guilhaumann. 804—9. (1r 1 Rthlr. 8 gr., 2r 1 Rthlr. 20 gr., 3r 1 Rthlr 16 gr.)

Euler, J. M.: „Vorübungen zu Comtoirgeschäften", verbessert von J. G. Cleminius; aufs neue herausgegeben von T. D. Friedleben, 3 Teile, Frankfurt a. M. 1814—1820 (Guilhaumann).

Euler's, J. Mart., neues u. vollständ., allgem. Waaren-Lex. in deutschen, franz. u. ital. Rubriken 2c. 3., rechtmäß. Orig.-Aufl. (N. Tit.) v. J. G. Fr. Jacobi. 3 Abthln. gr. 8. (69½ B.) Heilbronn 830, Claß.

— Wechsel-Encyclopädie, von Stricker, gr. 8. Frft. Andreä. 806.

Euler, Jac., die Reform des Handwerker-Fach- u. Fortbildungs-Schulwesens, s.: Plaum's Handwerker-Bibliothek. 1. Hft.

Euler, Jh. Albr.

— Abhandl. von d. Abbild. der Gegenstände durch sphärische Spiegel, mit 3 Kpft. 4. München, (G. Franz). 10 gl

— Abhandl. von d. Bewegung ebener Flächen, wenn sie vom Winde getrieben werden. Mit 2 Kupfert. 4. München, (G. Franz). 10 gl

— Auflösung der Aufgabe, aus der gegebenen Höhe des Kegels die Figur seiner Grundfläche zu finden 2c., mit 1 Kpft. 4. München, (G. Franz). 4 gl

— Auflösung einiger geometr. Aufgaben, mit 6 Kpf. 4. München, (G. Franz). 10 gl

— Beantw. einig. arithmet. Fragen. 4. Münch., (G. Franz). 6 gl

— Beantwort. über d. Preisfrage: In was für einem Verhältniß sowohl die mittlere Bewegung des Monds, als auch seine mittlere Entfernung von der Erde mit den Kräften stehen, welche auf d. Mond wirken? Mit 1 Kpft. 4. Münch., (G. Franz). 8 gl

— Disquisitio de causa physica electricitatis. 4. Leipz. 755. Hartknoch. (a. W. G. Korn in Bresl.) 9 gl

* *Jo. Alberti Euleri* Enodatio quaestionis: quomodo vis aquae aliusve fluidi cum maximo lucro ad molas circumagendas, aliave opera perficienda impendi possit, praemio a societate regia scientiarum Gottingensi a. d. 9. Nov. 1754 ornata. Gottingae 4.

1754.

Euler, Jh. Albr., enodatio quaestion., quomodo vis aquae cum maximo lucro ad molas circumagendas impendi possit, c. fig. aen. 4. Götting. 756. Dieterich. 8 gl

— Meditationes de motu vertiginis planetarum et praecipue Veneris. 4. Leipz. 760. Hartknoch. 18 gl

Euler, Jh. Albr., († d. 6. Sept. 1800.) Meditationes de perturbatione motus cometarum ab attractione planetarum orta. 4. Leipz. 762. Hartknoch. 1 ₰ 9 gl

— Nachricht v. einer besondern magnetischen Sonnenuhr, mit 2 Kpf. 4. Münch., (G. Franz). 4 gl

— Recherches sur la résistance du milieu, dans lequel les planètes se mouvent. 4. Berl. 762. Voss. 6 gl

— Versuch, die Figur der Erde durch Beobachtungen des Monds zu bestimmen. Mit Kpft. 4. Münch., (G. Franz). 4 gl

Rede von den Ursachen der Dauer des Freymäurerordens, gehalten am Johannistage 1776 von dem Redner der Militairloge Zum flammenden Stern in Berlin [d. i. Joh. Friedr. Euler]. Berlin 1778: Decker. 16 S. 8°
(Sammlung neuer Frmr.-Reden. 2, [5].)
Kl. 966. Eintracht, Tugend u. Eifer als Mittel z. Erhaltung d. Bundes.

Stolz: Der Stolz des Maurers. Eine Rede bey der Johannisfeyer des 1777. Jahres, gehalten von dem Br. Redner der Loge zum flammenden Stern in Berlin [d. i. Joh. Friedr. Euler?]. [Berlin 1777: Decker.] 12 S. 8° (Sammlung neuer Frmr-Reden. [1, 2.])
Auszug in: Frmr-Bibliothek. 1 (1778) S. 161 bis 166; 2. Aufl. 1782 S. 161—166; 3. Aufl. 1792 S. 161—166.
Kl. 955. Das Gefühl der Rechtschaffenheit sei der Stolz des Mrs.

Euler, Johannes: **Das Universal-Fideikommiss des gemeinen Rechts als Mittel zur Aufrechterhaltung von letztwilligen Bestimmungen, die von Anfang an ungültig sind, und Die Nacherbfolge des bürgerlichen Gesetzbuchs für das deutsche Reich in ihrer Bedeutung für die Verwirklichung letztwilliger Bestimmungen.** *Düsseldorf 1898: L. Schwann.* (65 S.) 8°
Erlangen, Jur. Diss. v. 26. März 1898

Euler, Jos., Handbuch des Notariats in Preußen, nebst der freiwilligen Gerichtsbarkeit der Gerichte und mit Rücksicht auf das übrige Deutschland, Frankreich und andere Länder. Erstes Buch. (1.) Allgemeiner Theil. Düsseldorf 858. Schaub. Lex.-8. (XXIV, 420 S.) n. 2 ℳ

Euler, J., über das Notariat in Rheinpreußen, mit Rückblicken auf die altpreuß. Provinzen u. Frankreich. gr. 8. Leipzig 844, Engelmann. n. 5/6 ℳ

Euler, Karl Über die Abfassungszeit der isokrateischen Friedensrede. 18 S. Progr. *Corbach* 1883.

Professor Dr. med. Eduard Angerstein, Stabsarzt a. D., städt. Oberturnwart zu Berlin. Von Prof. Dr. Carl **Euler.** Berlin: Eckstein 1896. (2 Bl.) 2° (Eckstein's Biographische Blätter.) Jct. 9005 2

Euler, Carl, Eduard Angerstein. E. Lebensbild. [Aus: „Monatsschr. für d. Turnwesen".] gr. 8. (84 S. m. 1 Bildn.) Berlin 897. R. Gaertner. n. — 80

Euler, Karl, über die Aufnahme des Turnwesens durch den Staat. gr. 8. (32 S.) Karlsruhe 847. Groos. 1/6 ℳ

Euler, K.: Literarischer Bericht über die Turnsektion der 1874 zu Berlin veranstalteten Lehrmittel-Ausstellung. Schmiedeberg 1874. 22 S.

— s.: Bericht üb. d. XII. deutsche Turnlehrer-Versammlg.

Euler, Karl, der universelle Charakter des Gustav-Adolf-Vereins und seine Ausbreitung in Niederland. Aus d. Holländ. übers. von Ed. Schmid. Apolda 854. Teubner. (Leipzig, Mittler.) Lex.-8. (20 S. u. 2 Holzschn.) nn. 3 ℳ

Euler, Karl, d. religiöse u. sittl. Entwicklung d. Heidentums bei d. klass. Völkern. Z. Gebr. f. d. Religionsunterr. am Gymnasium. 2., umgearb. Aufl. 8. (59 S.) Kaiserslautern 896. Buchhandlung d. ev. Vereins f. d. Pfalz. n.n. — 35

Euler, K.: Erinnerungen aus dem Turnleben früherer Zeit, mit bes. Bezug auf P. M. Kawerau. Dresden 1876. 20 S. Sonderdr. aus: Neue Jahrbücher f. d. Turnkunst. 1876.

Euler, Karl, Dr.: Die angebliche **Farbenblindheit** Homers. *Marburg 1903: Univ.-Buchdr.* (S. 3—21.) 4°
Marburg, k. G, P 1903 (458)

Euler, Karl, König Friedrich Wilhelm IV. E. turnerisches Erinnerungsblatt z. s. 100. Geburtstage (Monatsschr. f. d. Turnwes., Jg. 14. H. 10), Berlin 1895.

Euler, C., Friedrich Friesen. gr. 8. (60 S.) Berlin 885. R. Schmidt. n. — 60

Euler, Carl, Friedrich Friesen. 2., zum Tl. umgearb. u. erweit. Aufl. Mit 10 Abbildgn. u. 2 Fksms. gr. 8. (VI, 102 S.) Wien 899. A. Pichler's Wwe. & Sohn. n. 1. 50

Euler, Carl, Geschichte d. Turnunterrichts, s. a. Kehr, C., Geschichte der Methodik rc.

Euler, K.: Geschichte des Turnunterrichts. Gotha 1881. S. 136—480. (Geschichte der Methodik d. deutschen Volksschulunterrichts. 5.)

— — 2. Aufl. 1891. 520 S.
— — 3. Aufl. Bearb. v. K. Rossow. 1907. 435 S.

Euler, Karl, Gesundheitspflege im Schulbetrieb, 18 S., 8°.

Euler, Karl, Johann Christoph Friedrich Guts Muths z. s. 60. Todestag (Monatsschr. f. d. Turnwesen, Jg. 18, H. 5), Berlin 1899, 6 S., 8°.

— encyklopädisches Handbuch des gesamten Turnwesens u. der verwandten Gebiete. In Verbindg. m. zahlreichen Fachgenossen hrsg. 1.—21. Hft. gr. 8. (1. Bd. XII, 720 S. u. 2. Bd. S. 1—288 m. Abbildgn.) Wien 893. 894. A. Pichler's Wwe. & Sohn. à n. — 60
(1. Bd. kplt.: n. 9. —; geb. n. 11. —)

— encyklopäd. Handbuch d. ges. Turnwesens u. d. verw. Gebiete. In Verbindung m. zahlr. Fachgenossen hrsg. 22.—44. (Schluß-)Hft. gr. 8. 2. Bd. S. 289—750 u. 3. Bd. 634 S. m. Abb. u. 1 farb. Karte.) Wien 895—896. A. Pichler's Wwe. & Sohn. à n. — 60 (2. Bd. n. 9. —; 3. Bd. n. 8. —; kplt.: n. 26. —; Einbde. à n. 2. —)

Euler, Dr. Carl, Encyclopädisches Handbuch des gesammten Turnwesens und der verwandten Gebiete. I. Band. Mit 32 Porträts u. 345 anderen Abbildungen. Gr.-8. (XII, 720 S.) 4.50, gebunden 5.70
Wien: Pichler's Witwe & Sohn 1894

Euler, Dr. Carl, Encyklopädisches Handbuch des gesammten Turnwesens und der verwandten Gebiete. II. Band. Mit 17 Porträts und 465 anderen Abbildungen. Gr.-8. (750 S.) 4.50
In Lnwd. geb. 5.70
Wien: Pichler's Witwe & Sohn 1895

Euler, Dr. Carl, Encyklopädisches Handbuch des gesammten Turnwesens und der verwandten Gebiete. III. Band. Mit 6 Porträts und 188 anderen Abbildungen Gr.-8. (634 S.) 4.—
Geb. 5.20

— — Systematische Uebersicht über das gesammte Turnwesen und die verwandten Gebiete. (Sonderabdruck aus dem encyklopäd. Handbuche des gesammten Turnwesens und der verwandten Gebiete. Gr.-8. (47 S.) — 30
Wien: Pichler's Witwe & Sohn 1896

Euler, Carl, Friedrich Ludwig Jahn. Sein Leben u. Wirken. Mit e. (Holzschn.-)Bilde Jahns. gr. 8. (XV, 634 S.) Stuttgart 881. Krabbe. n. 6. 50; geb. n. 7. —

Euler, Karl, Friedrich Ludwig Jahn in der Frankfurter National-Versammlung 1848 u. 1849, 1898, 4°.

Euler, Karl [Hrsg.], s. J a h n, Friedrich Ludwig: Werke

Euler, Carl, das Jahndenkmal in der Hasenhaide bei Berlin. Eine ausführl. Darstellg. seiner Geschichte u. Beschreibg. der bei seiner Enthüllg. am 10. u. 11. August 1872 veranstalteten Festlichkeiten. gr. 4. (68 S. m. 1 Holzschntaf.) Leipzig 874. (Berlin, W. J. Peiser.) n. 2. —

— s. Jahrbücher d. deutschen Turnkunst.

— kleines Lehrbuch der Schwimmkunst. 8. (VI, 58 S. m. 21 Abbildgn.) Berlin 891. E. S. Mittler & Sohn. n. 1. —; kart. n. 1. 20

Euler u. Kluge. Lehrbuch d. Schwimmkunst. Z. Benutz. i. Schul- u. Militär-Schwimmanst. M. 9 Taf. Berlin 1870.

Euler, Carolus, de locatione, conductione atque emphyteusi Graecorum. [Dissertatio inauguralis Lipsiensis.] gr. 8. (45 S.) Giessen 882. Ricker. n. — 80

— u. R. Hartstein, Hans Ferdinand Maßmann. Sein Leben, s. Turn- u. Vaterlandslieder. Z. Erinnerg. an s. 100. Geburtstag hrsg. M. 5 Abb. 8. (IV, 176 S.) Charlottenburg 897. R. Heinrich. (Ausliefergr. d. L. Fernau, Leipzig.) Geb. in Leinw. n. 2. 50

Euler, Carl, u. R. Hartstein, Hans Ferdinand Maßmann. Sein Leben, seine Turn- u. Vaterlandslieder. Zur Erinnerg. an seinen 100. Geburtstag hrsg. (Neue [Titel-]Ausg.) (IV, 176 S. m. 5 Abbildgn.) 8. Berlin [897]. 902. Berlin. Verlagsanstalt. Geb. in Leinw. n. 2. 50

— s.: Monatsschrift f. d. Turnwesen.

Euler, Karl, über die Nothwendigkeit u. die Art der Organisation des Militair-Turnwesens. Mit besond. Beziehung auf Preußen. gr. 8. Cöln 845, Lengfeld. n. 1/3 ₰

Euler, K. Über die Nothwendigkeit des Militair-Turnwesens. Cöln 1845. 8°.

(Euler, Carl, Prof. Dr.:) Πορφυρεος-purpureus. Eine farbengeschichtliche Studie. Weilburg 1907: A. Cramer. (19 S.) 8° Weilburg, k. G OP 1907 (496)

Euler, Carl, s. Pröhle, Heinr., Friedrich Ludwig Jahn's Leben.

Euler, Karl Die vorchristliche Religions- und Sittengeschichte als Einleitung zur Kirchengeschichte. Ein Beitrag zur Gymnasial-Pädagogik. 8 (VIII, 48 S.). Progr. Studienanst. *Landau* 1887.

Euler, Karl, die vorchristliche Religions- und Sittengeschichte als Einleitung zur Kirchengeschichte. Ein Beitrag zur Gymnasial-Pädagogik. gr. 8. (VIII, 48 S.) Landau 887, (Kaussler.) *

Euler, K.: Rüstübungen für die Civil-Eleven der Kgl. Central-Turn-Anstalt 1861—62. Berlin 1862. 29 S.

Euler, Karl, Sind der Streckhang und die Übungen im Streckhang aus dem Turnen der größeren Mädchen auszuscheiden oder doch zu beschränken? (S. Abdr. a. „Monatsschr. f. d. Turnwes.", Jg. 1897, H. 7), Berlin 1897, 4 S., 8°.

Euler, Karl, Friedrich Ludwig Jahns Stellung zur deutschen Frau (Sonntags-Beilage Nr. 8 zur „Vossischen Ztg."), Berlin 1885, 4°.

Euler, Karl, a. Kruspis: Die Stellung Schopenhauers zur Religion. Borna-Leipzig 1908: R. Noske. (48 S.) 8° [J.]
Erlangen, Phil. Fak., Ref. Falkenberg, Diss. v. 25. Jan. 1908
[Geb. 10. April 79 Kruspis (Hessen-Nassau); Wohnort: Berlin; Staatsangeh.: Preußen; Vorbildung: Gymn. Hersfeld Reife O. 98; Studium: Marburg 4, Berlin 5 S.; Rig. 22. Juli 07.]

Euler, Karl, Turnen 1892/93, Berlin 1893, 92 S., 8°.

Euler, Karl, Das Turnen in Berlin, 18 S., 16°

Euler, Karl, Turnen und Gesundheitspflege, Berlin, 71 S., 8°.

Euler, K., & J. Küppers: Turnen und Gesundheitspflege. Berlin. Sonderdr. aus: Jahresber. über d. höh. Schulwesen.
Jg. 1—2. 1886—87, Jg. 6. 1891, Jg. 8. 1893, Jg. 11—15. 1896—1900, Jg. 17—20. 1902—05, Jg. 22—27. 1907—12, Jg. 31. 1916.

Euler, Karl, Das Turnen in den Unterrichtsanstalten der Provinz Hessen-Nassau, im Sommer 1869, Berlin, Gr.-8°.

—Turngeräthe u. Turneinrichtungen, s.: Kluge, H.O.

Euler, Karl, die Deutsche Turnkunst nach F. L. Jahn u. Ernst Eiselen, als Leitfaden f. angehende Turnlehrer u. zum Selbstunterricht. Mit genauer Erklärung der Turngeräthe u. 22 Abbildd. derselben. 8. Danzig 840. (Anhuth.) n. 2/3 ₰

Euler, Karl, Die Turnplätze in der Hasenheide und das Jahndenkmal, Vortr., Berlin 1897, 14 S., 8°.

Euler, K.: Turntafeln. Um 1880. 8 Bl. 4°

Euler, Karl [Hrsg.], s. Turn-Zeitung

— systemat. Übersicht üb. d. ges. Turnwesen u. d. verw. Gebiete. [Aus: „E., encyklopäd. Handbuch d. ges. Turnwesens".] gr. 8. (47 S.) Wien 896. A. Pichler's Wwe. & Sohn. n. — 60

Euler, K.: Übersicht über die wichtigsten neueren Werke auf dem Gebiete der Turnliteratur. Berlin 1867. S. 43—56. Aus: Zeitschr. f. d. Gymnasialwesen. N. F. Jg. 1.

Euler, Karl, Der Unterricht im Turnen, Essen 1877, 160 S., 8°.

Euler, K.: Der Unterricht im Turnen. Essen 1878. S. 591—770. Aus: Diesterweg, Wegweiser. 5. Aufl. Bd. 3.

—— und G. Eckler, Verordnungen und amtliche Bekanntmachungen das Turnwesen in Preußen betr. 8. (190 S.) Leipzig 869, Keil.

— u. Gebh. Eckler, Verordnungen u. amtliche Bekanntmachungen, das Turnwesen in Preußen betr. 2. Aufl. gr. 8. (VIII, 163 S.) Berlin 884. Gaertner. n. 2. —

— u. Gebh. Eckler, Verordnungen u. amtliche Bekanntmachungen das Turnwesen in Preußen betr. 3. neubearb. Aufl., hrsg. v. Gebh. Eckler. gr. 8. (III, 415 S.) Berlin 902. [R. Gaertner.] Weidmann. Kart. n. 1. 60

Euler, Karl, August Ferdinand Voigt, E. Lebensbild, 28 S., 8°.

Euler, K.: Karl Wilhelm Friedrich Waßmannsdorff. Wien & Leipzig 1896. 6 S.

— Gustav Adolf Waetzoldt, Geheimer Ober-Regierungs-Rat u. Direktor der Kgl. preußischen Turnlehrer-Bildungsanstalt. Zur Erinnerg. an sein 50jähr. Turnjubiläum. [Aus: „Monatsschr. f. d. Turnwesen".] gr. 8. (24 S.) Berlin 889. Gaertner. n. — 60

Euler, K.: Erzbischof Willigis von Mainz in den ersten Jahren seines Wirkens. Naumburg 1860. 46 S. Pforta, Kgl. Landesschule P 1860.

Euler, Karl Ant., unterrichtende Gebete u. Andachten für die kathol. Jugend. 8. Frankf. 799. Andreä. 12 K

Euler, K. A., feierliche Gottesverehrung in d. kathol. Kirche. 4. Aufl. 12. ... Mainz 834, v. Zabern.

— feierl. Gottesverehrungen in der kathol. Kirche. Mainz 813.

Euler, K. A., feierliche Gottesverehrungen in d. kathol. Kirche. 4. Aufl. gr. 12. (14 B.) Mainz 828, v. Zabern.

Euler, Karl Ant., feierl. Gottesverehrungen in d. kathol. Kirche. 4e Aufl. gr. 12. Mainz 835. v. Zabern. 3/8 ₰

Euler, Carol. Ant., Dissertatio, utrum Scriptura ceu immodiata fidei regula iure a Protestantibus statui possit. Mainz 1785, 4°.

— **Diss., utrum scriptura ceu immediata fidei regula jure a Protestantibus statui possit? 4. Mainz 797.**

Euler, Carl Friedrich Schulz-, s. Schulz-Euler

Euler, Carl Philipp: De antiquiorum Romanorum studiis Homericis. (Mit der These: Artem gymnasticam sine anatomiae physiologiaeque cognitione recte doceri non posse.) Berlin, Phil. F., Diss. 1854

Euler, Konrad

Euler, C., Grundriß d. evangel. Glaubenslehre f. d. ob. Gymnasialklassen. gr. 8. (VII, 102 S.) Leipzig 897. Dörffling & Franke. n. 1. —

— Grundriß der evangelischen Sittenlehre f. die oberste Gymnasialklasse. gr. 8. (66 S.) Leipzig 886. Dörffling & Franke. n. — 80

Euler, K., Handbuch zum kleinen Katechismus Luthers für Lehrer in Schule u. Kirche. 3 Abthlgn. Gießen 861. Ricker. gr. 8. (XXIII, 670 S.) Jede Abth. n. 20 ngr.

Euler, Konr., Handbuch zum kleinen Katechismus Luthers f. Lehrer in Schule u. Kirche. 2. verb. Aufl. gr. 8. (XI, 660 S.) Gießen 873. Ricker. n. 7. —

Euler, K., Handbuch zum kleinen Katechismus Luther's f. Lehrer in Schule u. Kirche. 3. Aufl. gr. 8. (VIII, 338 S.) Gießen 888. Ricker. n. 4. —; geb. n.n. 4. 50

Euler, Konr., Handbuch z. kleinen Katechismus Luthers f. Lehrer in Schule u. Kirche. 3. Aufl. Neue [Tit.-] Ausg. gr. 8. (VIII, 338 S.) Gießen (888) 899. J. Ricker. n. 2. —

—— der kleine Katechismus Luthers mit beigefügten hessischen Fragestücken, nebst einem Spruchbuch und einem Abriß der Kirchengeschichte. 113. bis 130. Tausend. 8. (88 S.) Ebendas. 888. geb. **

— der kleine Katechismus Luther's m. beigefügten hessischen Fragestücken, nebst e. Spruchbuch u. e. Abriß der Kirchengeschichte. 140. Tausend. 8. (88 S.) Ebd. 890. geb. n.n. — 50

Euler, K[onrad]. Der kleine Katechismus Luthers m. beigefügten hessischen Fragestücken, nebst e. Spruchbuch u. e. Abriß der Kirchengeschichte. 141.—150. Taus. 8. (88 S.) Gießen 892, Ricker. geb. ** — 50

Euler, K., der kleine Katechismus Luthers m. beigefügten hessischen Fragestücken, nebst e. Spruchbuch u. e. Abriß der Kirchengeschichte. 151.—160. Taus. gr. 8. (88 S.) Gießen 893. J. Ricker. Geb. n.n. — 50

— d. kleine Katechismus Luthers m. beigef. hess. Fragestücken, nebst e. Spruchbuch u. e. Abriß der Kirchengeschichte. 166.—180. Taus., zugl. 1.—15. Taus. d. neuen durchgeseh. u. m. d. rev. Bibeltext verseh. Ausg. gr. 8. (88 S.) Ebd. 896. Geb. n.n. — 50

Euler, K., der kleine Katechismus Luthers m. beigefügten hessischen Fragestücken, nebst e. Spruchbuch u. e. Abriß der Kirchengeschichte. 19. u. 20. Aufl., zugleich 3. u. 4. Aufl. der neuen durchgeseh. u. m. dem rev. Bibeltext versehenen Ausg. gr. 8. (88 S.) Gießen 899. J. Ricker. Geb n.n. — 50

Euler, K., der kleine Katechismus Luthers m. beigefügten hessischen Fragestücken, nebst e. Spruchbuch u. e. Abriß der Kirchengeschichte. Mit e. Anh.: Das christl. Kirchenjahr f. Schule, Kirche u. Haus, dargestellt v. J. Ziegler. 23. u. 24. Aufl., zugleich 7. u. 8. Aufl. der neuen durchgeseh. u. m. dem rev. Bibeltext versehenen Ausg. (92 u. 4 S.) 8. Gießen 905. A. Töpelmann. Geb. n. — 55

Eulerus, Conr., resp. Ern. Ldv. **Burckard**, De sono. Bas. 4°. *Haller*, Disp. anat. sel. Vol. VII ad tom. II, p. 207—226. 1727

Euler, L., neuester praktisch-kaufmänn. Briefsteller, nebst Formularen von Quittungen, Scheinen, Wechselbriefen u. andern kurzen Aufsätzen. 8. Nürnb. 820. Geb. 1 ₰ Schrbp. 1 ₰ 8 gr

Euler, L. H., zur Rechtsgeschichte der Reichstadt Gelnhausen, s.: Neujahrsblatt d. Vereins f. die Geschichte u. Alterthumskunde zu Frankfurt a/M.

Euler, L. H., Dorf und Schloss Rödelheim, s. Neujahrs-Blatt.

Euler, L. H. [Hrsg.], s. Thomas, J. G. Th.

Drei Abhandlungen über Kartenprojection v. Leonhard **Euler** (1777.) Hrsg. v. A[lbert] Wangerin. M. 9 Textfig. *Leipzig: W. Engelmann 1898.* (77 S.) 1 Bd 8.
= **Klassiker**, Ostwald's, d. exakten Wissenschaften. No 93.

– dass., s. a. Ostwald's, W., Klassiker d. exakten Wissenschaften.

Euler, Leonh., Abhandlgn. üb. d. Gleichgewicht u. d. Schwingungen d. ebenen elast. Kurven, s.: Bernoulli, Jak.

Euler, Leonh., Abhandlungen üb. Variations-Rechnung. s.: Bernoulli, Joh.

Euler, Leonh., zwei Abhandlgn. üb. sphär. Trigonometrie, s. a. Ostwald's, W., Klassiker d. exakten Wissenschaften.

Zwei Abhandlungen über sphärische Trigonometrie. Grundzüge der sphärischen Trigonometrie und Allgemeine sphärische Trigonometrie 1753 u. 1779. Von Leonhard Euler. Aus d. Französ. u. Lat. übs. u. hrsg. v. E[rnst] Hammer. M. 6 Fig. im Text. *Leipzig: W. Engelmann 1896.* (65 S.) 1 Bd 8.
Klassiker, Ostwald's, d. exakten Wissenschaften. No 73.

— Anleit. zur Algebra. 2 Thle. gr. 8. St. Petersb. 770. Hartknoch in Leipz. 4 ₰ 12 gr. Dass. im Auszuge, v. J. J. Ebert. 2 Thle. Frkf. a. M. 789. 2e Aufl. gr. 8. Berl. 803. 3e Aufl. 821. Voß. 1 ₰ 8 gr

— Anleit. zur Algebra. 2 Thle. gr. 8. Petersburg, (Hartknoch, Lpz. 776.

Euler, L. Anleitung zur niedern und höhern Algebra, nach der franz. Ausgabe des de Lagrange von J. P. Grüson. Berlin 1796—97. 2 Thle.

Euler, Leonh., vollständige Anleitung zur Algebra, s. a. Universal-Bibliothek.

```
Vollständige Anleitung zur Algebra. Von Leonhard
Euler. Th.1.2. St.Petersburg:Akademie der Wiss.
1770.  8°

Th.1: Von den verschiedenen Rechnungs-Arten, Ver-
      hältnißen und Proportionen.
Th.2: Von Auflösung algebraischer Gleichungen und
      der unbestimmten Analytic.
```

Leonhard Euler. Vollständige Anleitung zur Algebra. Th.1.2. St.Petersburg: Akademie der Wiss. 1771.1 Bd 8°

Th.1: Von den verschiedenen Rechnungsarten, Verhältnissen und Proportionen.
Th.2: Von den verschiedenen Rechnungsarten, Verhältnissen und Proportionen.([Viela.] Von Auflösung algebraischer Gleichungen und der unbestimmten Analytic.)

Euler, Vollständige Anleitung zur Algebra. Thl. 1. 2. Petersburg 1771. 8. Thl. 3. enthaltend die Zusätze von de La Grange, aus dem Französischen übersetzt von Kaussler. Frankfurt a. M. 1786. 8.

* Auszug aus *Leonh. Euler's* vollständigen Anleitung zur Algebra, mit einigen Erläuterungen und Vermehrungen herausgegeben, von *J. Jak. Ebert.* II. Thle. Frankf. am M. Fleischer. 246, 282 S. 8. (1 Rthl. 8 gr.) 1789.

— — Ausz. dav. v. Ebert. 2 Thle. gr. 8. Berl. Voß. 801.

Euler, Leonh., vollständige Anleitung zur Algebra, im Auszuge herausgeg. von Joh. Jac. Ebert, II Thle. 3te verb. Aufl. gr. 8. Berlin, Voß. 821.

Euler, Lhrd., († d. 18. Sept. 1783.) vollständ. Anleit. zur niedern u. höhern Algebra, nach d. Französ., mit Anmerkk. u. Zusätzen v. J. P. Grüson. 2 Thle. gr. 8. Berlin 796. Nauck. 2 ℛ 3r Thl., enthalt. die Zusätze v. Legrange; aus d. Französ. ꝛc., v. Chr. Fr. Kausler. gr. 8. Frankf. a. M. 795. Fleischer. 1 ℛ

Euler, L. Vollständige Anleitung zur Differenzialrechnung. Übersetzt von Michelsen, mit Suppl. von Grüson. Berlin 1790—98. 4 Bde.

Leonh. Euler's vollständige Anleitung zur Differential. rechnung, aus dem Latein. übersetzt und mit Anmerkungen u. Zusätzen begleitet von *J. And. Ch. Michelsen.* II. Thle. Berlin, u. Libau, Lagarde u. Friedrich, 400, 342 S. 8. 1790.
I. Th. Allg. Lit. Zeit. 1790. IV B. 361 S.
II. Th. Allg. Lit. Zeit. 1792. II B. 475 S.

Euler, Leonh., vollständ. Anleitung z. Integralrechnung. A. d. Latein. v. Jos. Salomon. 4 Bde. gr. 8. Wien, Gerold.
Bd. 1. Integrationsmethoden von d. ersten Principien bis zur Integration d. Differenzialgleichungen d. ersten Grades (23 B.) 828. 2 Thlr.

Euler, Leonh., vollständ. Anleitung z. Integralrechnung ꝛc.
Bd. 2. Die Materie, aus e. gegeb. Relation d. Differenzialien d. zweyten od. e. höhern Grades Functionen e. einzigen Veränderlichen zu finden. (27 B.) 829. 2 Thlr.
" 3. Die Methode, aus e. gegeb. Relation d. Differenzialien e. belieb. Grades Functionen zweyer od. mehr. Veränderlichen zu finden, nebst e. Anh. üb. d. Variationsrechnung, u. e. Supplemente. (33 B. u. 1 Kpfrt.) 830. 2 Thlr. 12 Gr.
" 4 Die Supplemente, die theils noch nicht öffentl. bekannt gemacht, theils in d. Werken d. kaiserl. Akad. d. Wissenschn. zu Petersburg abgedr. worden sind. (37 B. u. 2 Kpfrt.) 830. 2 Thlr. 12 Gr.

Leonhard Euler

[Dioptrica, Ausz.Deutsch:] Umständliche Anweisung, wie alle Arten von Fernröhren in der größten möglichen Vollkommenheit zu verfertigen sind. Aus (Leonhard) Eulers (Euler) Theorie der Dioptrik gezogen... von Nicolaus Fuß. Aus d. Franz.übers.u.mit einigen Zusätzen vers.von Georg Simon Klügel. Leipzig: Junius 1778. 56 s. 8°

— Anweis., alle Arten Fernröhre zu verfertigen; aus d. Französ. u. mit e. Theorie der opt. Instrumente verm. von G. S. Klügel. gr. 4. Leipz. 777. (Brockhaus). 0 gr

Euler, L. De apparitione et disparitione annuli Saturni. 1777. 4.

Euler, L. L'arithmétique raisonnée et démontrée, oeuvres posthumes de L. Euler, traduite en françois par Daniel Bernoulli. Corrigée et considérablement augmentée par De La Grange. Berlin 1792.

Euler, L. Auszug aus der Algebra. Herausg. von J. J. Ebert. 3. Aufl. Berlin 1821. 2 vol.

— Betr. üb. d. Raum u. d. Ort. n. Brief. 8. Quedlinb. Ernst. 763.

Euler, Leonhard. Ein Brief von L' E', geb. 4. April 1707, gest. 7. Sept. 1783. In [Facsimile-]Druck gegeben zum 4. April 1907, dem 200. Geburtstage des Mathematikers und Astronomen. Seinen verehrten Kunden und lieben Freunden zugeeignet von Carl Fr. Schulz-Euler, Verlags-Buch- ... händler in Frankfurt a. M. .... [II + 2 S.] 8.
Nicht zum Verkauf bestimmter Privatdruck. Ex. No. 59. — Autographen-Publikation No. 4/1907.

— Briefe an eine deutsche Fürstin über verschiedene Gegenstände aus d. Naturlehre; nach d. Ausg. der Herren Condorcet u. Lacroix; aus d. Französ. übers. v. Fr. Kries. 3 Thle. 8. Leipz. 792—94. Dyck. 4 ℛ 8 gr

— Briefe über verschiedene Gegenstände aus der Naturlehre. Nach der Ausgabe der Herren Condorcet und de la Croix, aus dem Französ. übersetzt von Friedr. Kries. Band I—III. Leipzig 1792—1794.

Euler, L(eonh.), Briefe über Physik und Philosophie, s. Bürgerbibliothek.

Euler, L. Physikalische Briefe. Neue Bearbeitung von J. Müller. Stuttgart 1848.

—— und Joh. Müller, physikalische Briefe für Gebildete aller Stände. 4. Thl. 8. (III und 66 S. mit 23 eingedr. Holzschn.) Stuttgart 853. [Leipzig, Winter'sche Vrlgsh.]

—— —— dass. — Neue, verm. und verb. Aufl. 4 Thle. mit vielen (eingedr.) Holzschn. 8. (XVII und 698 S.) Ebds. 853.

Euler, Leonh., und Joh. Müller, physikalische Briefe für Gebildete aller Stände. Neue verm. u. verb. (Titel-) Aufl. in 4 Thln. mit vielen Holzschn. (im Text). Stuttgart 854. J. B. Müller. (Leipzig, C. F. Winter.) 8. (XIV, 204; 1 Bl., 258; 1 Bl., 170; 3 Bl., 66 S.) 2 ℛ 3 ngr

[Lettres à une princesse d'Allemagne sur divers sujets de physique & de philosophie. Deutsch:] Briefe an eine deutsche Prinzessinn über verschiedene Gegenstände aus der Physik und Philosophie. Aus dem Franz. übers. [Verf.: Leonhard Euler.] Th. 1-3. Leipzig: Junius (3: St. Petersburg, Riga & Leipzig: Hartknoch) 1769-1773. 8°

Th.1: 1769.
Th.2: 1769.
Th.3: 1773.

Euler's, Leonh., Briefe an eine deutsche Prinzessin über verschied. Gegenstände der Physik u. Philosophie. Auf's Neue nach d. Französ. bearb. Mit einem Supplemente, die neuesten Ergebnisse u. Bereicherungen der Physik in Briefform behandelnd von Jh. Müller. In 3 Thln. 1. Thl. 8. Stuttgart (846) 847, Müller's Verlag. 1/2 ℛ

Euler, Leonh., Briefe an e. deutsche Prinzessin üb. verschiedene Gegenstände d. Physik u. Philosophie. Auf's Neue nach dem Franz. bearb. Mit e. Supplem., die neuesten Ergebnisse u. Bereicherungen in Briefform behandelnd, v. Joh. Müller. 2. Thl. A. u. d. T.: Physikal. Briefe f. Gebildete aller Stände v. Leonh. Euler u. Joh. Müller. 2. Thl. 8. (278 S. m. gedr. Holzschn.) — 3. od. ergänzender Theil. 8. (170 S. m. eingedr. Holzschn.) Stuttgart 848, Müller. 2: 18 ngr 3: 21 ngr (cmpl. 1 ℛ 24 ngr) (siehe auch: Bürgerbibliothek.)

— Briefe an eine deutsche Prinzessin üb. Physik. 3 Thle. (3r Thl. übers. v. Jh. Jak. Engel). gr. 8. Mitau 773—84. Hartknoch in Leipz. 2 ℛ 6 gr

Euler, Leonhard, und Bernoulli, Johann[es] I. Der Briefwechsel zwischen L' E' und Johann I. B'. [Mit Erläuterungen hrg.] Von G[ustav] Eneström in Stockholm. [Teil] 1: 1727—1731. Sonderabdruck aus Bibliotheca Mathematica. III. Folge. (Band) 4. (Heft 4.) II S. + 344—888. 8. Leipzig, Teubner, (16. Februar 1904).

Euler, Leonhard, und Bernoulli, Johann[es] I. Der Briefwechsel zwischen L' E' und Johann I B'. [Mit Erläuterungen hrg.] Von G(ustaf) Eneström in Stockholm. [Teil] II. 1736—1738. (Mit 2 Textfiguren.) Sonderabdruck aus Bibliotheca Mathematica. III. Folge. (Band) 5. (Heft 3.) II S. + S. 248—291. 8. Leipzig, Teubner, (1. August 1904).

Euler, Leonhard, und Bernoulli, Johann[es] I. Der Briefwechsel zwischen L' E' und Johann I B'. [Mit Erläuterungen hrg.] Von G[ustaf] Eneström in Stockholm. [Teil] III. 1739—1746. [Mit 5 Textfiguren.] Sonderabdruck aus Bibliotheca Mathematica. III. Folge. (Band) 6. (Heft) 1. II S. + S. 16—87. 8. Leipzig, Teubner, (16. Mai 1905).

Euler, Leonhard, und Bernoulli, Daniel. Der Briefwechsel zwischen L' E' und D' B'. (Verzeichnis, [sowie Abdruck von 7 Schreiben daraus, mit] Anmerkungen.) Von G[ustaf] Eneström in Stockholm. (Mit 6 Textfiguren.) Sonderabdruck aus Bibliotheca Mathematica. III. Folge. (Band) 7. (Heft 2.) II S. + S. 126—156. 8. Leipzig, B. G. Teubner, (16. Oktober 1906).

— Commentationes arithmeticae collectae. Auspiciis academiae imperialis scientiarum Petropolitanae edd. auctoris pronepotes P. H. Fuss et Nic. Fuss. Insunt plura inedita tractatus de numerorum doctrina capita XVI aliaque. 2 tomi. [Opera minora collecta. Tom. I. et II.] Imp. 4. (XCVI u. 1235 S.) Petropoli 849. (Lipsiae, Voss.) n. n. 12 ℛ

* Conjectura phyfica circa propagationem foni ac luminis, una cum aliis differtationibus analyticis et c. auctore *Leonh. Eulero.* Berolini, fumtibus A. Haude viduae; 4. 21 Bog. 1 Kupf. 1750.

Euler, L. Considerationes super problemate astronomico. 1777. 4.

— constructio lentium objectivarum ex dupl. vitro. 4. Petersb. (Leipz.) 762. Hartknoch. 12 gl

— Differenzial-Rechnung; aus d. Latein.; mit Anmerkk. u. Zusätzen v. J. A. Chr. Michelsen. 3 Thle. gr. 8. Berl. 790—93. (Köchly). 3 ℛ 12 gl Supplement von J. P. Grüson, mit Anmerkk. vom Prof. Michelsen. gr. 8. Ebd. 798. 1 ℛ 12 gl

Leonhard Euler

L[eonhard] Eulers (Institutiones calculi differentialis [Deutsch:]) Differenzialrechnung. [Nur] Suppl. Berlin: Lagarde 1798. 8°

Suppl.: Worin ausser den Zusätzen und Berichtigungen, auch noch andere nützliche analytische Untersuchungen, welche grösstentheils die combinatorische Analysis betr., enthalten sind, von Johann Philipp Grüson [Gruson]. 1798.

Euler, Leonh., Dioptrica. Petropoli 1769—71. 4°. Pars I.: de explicatione principiorum, ex quibus constitutio tam telescopiorum quam microscopiorum est potenda. Pars II.: de constitutione telescopiorum dioptric. cum append. de constructione telescopiorum catoptrico-dioptricorum. Pars III.: de constructione microscopiorum tam simplicium quam compositorum.

— Dioptrica, c. fig. aen. III Tom. 4. Petersb. 769—71. (Hartknoch in Leipz.) 9 ℛ

— Einleit. in die Analysis des Unendlichen; aus d. Latein. v. J. A. Chr. Michelsen. 3 Bde. gr. 8. Berl. 788—91. (Reimer). 7 ℛ 12 gl (3r Bd. Auch u. d. T.: die Theorie d. Gleichungen aus d. Schriften d. Herrn Euler u. Lagrange.)

Euler, Lhrd., Einleitung in die Analysis des Unendlichen. Aus d. Latein. übers. u. mit Anmerkk. u. Zusätzen begleitet von Jh. Andr. Chr. Michelsen. 1s u. 2s Buch. N. unveränd. bericht. Aufl. gr. 8. Berlin 835. Reimer. $4^1/_2$ ℛ Alle 3 Bücher 6 ℛ

— Einleitung in die Analysis d. Unendlichen. 1. Tl. Ins Deutsche übertr. v. H. Maser. gr. 8. (XI, 319 S.) Berlin 885. Springer. n. 7. —; geb. n. 8. —

Leonhard Euler's Einleitung zur Arithmetik. 2 Theile, Petersburg. gr. 8. (1 Rthlr. 8 gr.) 1772.

— Einleitung zur Rechenkunst. 2 Thle. 8. Petersb. (Hartknoch in Leipzig.) 740.

— n. Entdeck. v. d. Refraction in Gläsern, v. Steiner. 8. Zürich, Orell. 765.

Euler, L. Neue Entdeckungen betreffend die Strahlenbrechung in Gläsern. Übers. und mit Zusätzen von J. L. Steiner. Zürich 1765.

Euler. L. De figura apparente annuli Saturni. 1777. 4.

Euler. L. De figura quam ventus fluido stagnanti inducere valet. 1777. 4.

Euler. L. De formulis exponentialibus replicatis. 1777. 4.

— s. N. Fuss, Instruction detaillée.

— Gedanken vom Raume, Ort, Dauer u. der Zeit. 8. Quedlinb. 763. Ernst. 6 gl

— die Gesetze des Gleichgewichts, mit Anmerkk. u. Zusätzen von H. W. Brandes, mit 9 Kpft. gr. 8. Leipz. 806. (W. Vogel). 5 ℛ Hbn. Pr. 3 ℛ

— Die Gesetze des Gleichgewichts und der Bewegung flüssiger Körper. Uebersetzt von H. W. Brandes. Leipzig 1806.

— Grundsätze der Artillerie von d. Gewalt des Pulvers. m. K. 8. Berl. Haude. 745.

Euler, Leonhard, Neue Grundsätze der Artillerie, enthaltend die Bestimmung der Gewalt des Pulvers, nebst einer Untersuchung über den Unterschied des Widerstandes der Luft in schnellen und langsamen Bewegungen. Aus dem Englischen des Herrn Benjamin Robins übersetzt und mit den nöthigen Erläuterungen und vielen Anmerkungen versehen. Berlin 1745.

Euler, Leonhard, Brevis Romanorum judiciorum historia. Präs. Joh. Rodolph Isel (Bas.) Basel (Gebr. E. & J. R. Thurnis) 5. XII. 1722. 64 S. (6.—) 8365
Gew. v. Präs.: Joh. Jac. Isel (Vater).

— instit. calculi differentialis. 4. Berl. 755. Hartknoch in Leipz. 9 ℛ

Euler, L. Institutiones calculi differentialis. Ticini 1787. 2 vol. 4.

— institut. calculi integralis. IV Tom. 4 maj. Petersb. 768—94. Hartknoch in Leipz. 1 ℛ 3 gl

— institut. calculi integralis. IV Tom. 4maj. St. Petersb. 768—74. Acad. Ed. III. Vol. I—III. Cum tab. aenea. 4maj. ibid. 824, 27. (Leipzig, Voss.) ist d. Pr. n. $6^1/_3$ ℛ

— institutionum calculi integralis Vol. IV. continens supplementa partim inedita partim jam in operibus academiae imp. scient. Petropol. impressa. Editio III. gr. 4. (620 S. u. 3 Taf.) Ebd. 845. baar 1 ℛ 26 ngl (Vol. I—IV. baar 7 ℛ $14^1/_2$ ngl)

— introductio in analysin infinitorum. II Voll. c. XI fig. 4. Lausanne 748. Ed. nov. 8 maj. Lpz. 797. (W. Nauck). 10 ℛ

— — id. II Tmi. 4. Genev. Bousquet. 748.

— — id. liber. II Tomi. 4. Lugduni. (in Commission Turneysen in Basel.) 797. 1

— — id. lib. II Vol. c. figuris. 8. maj. Lps. Sommer. 797. 1

Euler, Leonh. introd. in analysin infinitor. II Tmi. 4. maj. Strasb. König. 797. Ditblr.

— introd. à l'Analyse des infinim. petits, trad. p. Pezzi et Kramp. II Tom. 8. maj. Strasb. Acad. 786.

— Lettres à une Princesse d'Allemagne. III Tom. in 8. St. Petersb. 768—72. le même. III Tom. avec fig. gr. 8. Mitau 770. (W. Nauck in Leipz.) 3 ₰ 8 ℊ

— — les mêmes. III Vol. 8. Leipz. Hartknoch, 766.

Lettres à une princesse d'Allemagne sur divers sujets de physique & de philosophie. [Verf: Leonhard Euler]. T.1.2. Mietau & Leipsic: Steidel 1770. 8°

– s. Lexell, ... recherches et calculs.

— mechanica, s. motus scientia analyt. II Tmi. c. fig. 4. Petersb. (Hartknoch, Lips.) 736.

— Mechanik oder analyt. Darstellung der Wissenschaft von der Bewegung m. Anmerkgn. u. Erläutergn. hrsg. v. J. Ph. Wolfers. 2 Thle. gr. 8. (1. Thl. 464 S. m. 4 lith. Taf. in gr. 4. 2. Thl. VI u. 590 S. m. 6 lith. Taf. in qu. 4.) Greifswald 848. 50, Koch's Verlagsh. (1: n. 2½ ₰ 2: n. 2⅚ ₰) n. 5⅓ ₰

Euler's, Leonh., Mechanik oder analytische Darstellung der Wissenschaft von der Bewegung mit Anmerkungen und Erläuterungen herausg. von J. Ph. Wolfers. 3. Thl. Mit 9 (lith.) Figurentaf. (in 4.). A. u. d. T.: Theorie der Bewegung fester oder starrer Körper mit Anmerkungen etc. Greifswald 853. Koch. gr. 8. (XX, 742 S. u. Anmerkgn. 63 S.) n. 3 ₰ 24 ngr

Euler, Leonh., opera postuma mathematica et physica anno 1844 detecta quae Academiae Scientiarum Petropolitanae obtulerunt ejusque auspiciis ediderunt Paul Heur. Fuss et Nicol. Fuss. 2 Tomi. St. Petersburg 862. (Leipzig. Voss.) gr. 4. (XVIII, 1414 S., 34 Kpfrtaf. u. 2 Portr. in Stahlst.) nn. 15 ₰ 18 ngr

— opuscula analytica. II Tom. 4. Petersb. 783—85. (Hartknoch in Leipz.) 7 ₰ 3 ℊ

Euleri, L., Opuscula varii argumenti. Berolini 1746—50. 4°. Continentur hoc volum.: 1. Solutio problematis mech. de motu corporum tubis mobilibus inclusorum. 2. Novae tabulae astronomicae motuum solis ac lunae. 3. Nova theoria lucis et colorum. 4. De perturbatione motus planetarum a resistentia aetheris orta. 5. An materiae facultas cogitandi tribui possit? 6. Recherches sur la nature de moindres particules des corps. 7) Conjectura physica circa propagationem soni ac luminis. 8. Dissertatio de numeris amicabilibus. 9. Dissertatio de natura aequationum. 10. Dissertatio de rectificat. ellipsis.

Eulerus L.: Opuscula varii argumenti. 3 tom. (1 Vol.). Berol. 1746-51. (631) S. 12 Tvl.

* J. Euleri Opuscula varii argumenti. (Tom. I.) Berolini, sumtibus A. Haude et J. C. Speneri. 4. 1 Alph. 15 Bog. 6 Kupf. 1746.

(Tom. II.) Conjectura Physica circa Propagationem soni ac luminis una cum aliis dissertationibus analyticis de numeris amicabilibus, de natura aequationum ac de rectificatione ellipsis. Auctore Leonh. Eulero. Berolini sumpt. Ambr. Haude Viduae et Joh. Carol. Speneri. 4. 166 Seit. nebst einem Kup. 1750.

Ejusd. Opusculorum tomus III. continens novam theoriam magnetis ab illustr. Academia regia Scient. Parisina praemio condecoratam A. 1744. Una cum nonnullis aliis dissertationibus Analytico - Mechanicis. Berolini ap. eosd. 4. 165 S. 5 Kupf. (zusammen 4 und einen halben Rthlr.) 1751.

Leonhardi Euleri opusculorum Tom. III. continens novam theoriam magnetis ab illustr. Academia regia scientiarum Parisina praemio condecoratam 1744 una cum nonnullis aliis dissertationibus. Berolini. 4. 1751. Deutsch im Hamb. Magaz. VIII. Bd. 3. St.

— opuscula dissert. varii argumenti. IV Tom. 4. Petersb. 746—51. (Haude u. Sp. in Berl.) 4 ₰ 12 ℊ

Euler, L. De projectione geographica De Lisliana. 1777. 4.

Euler, L. De projectione geographica superficiei sphaericae. 1777. 4.

— Recherches s. la Résistance du milieu dans lequel les Planètes se mouvent. 4. Berl. Voss. 762.

Euler, L. De repraesentatione superficiei sphaericae super plano. 1777. 4.

Euler, L. Scientia navalis. Petropoli 1749. 2 vol. 4.

— novae tabulae lunares. 8. Petersb. 772. (Hartknoch in Leipz.) 2 ₰

— tentamen novae theor. Musicae etc. c. fig. 4. maj. Petersb. (Hartknoch, Lips.) 739.

Euler, Leonhard. Theoria motus corporum . . . Greifswaldae 1765. 1790. H: *Karsten, Wenzel J. Gustav.* (EngMt)

Euler, Lhrd., theoria motus corporum solidorum seu rigidorum ex primis nostrae cognitionis principiis stabilita et ad omnes motus etc. 4. Rostock u. Greifsw. 765. Ed. nov. 4. ibid. 790. (Cnobloch in Leipz.) 4 ₰ 12 ℊ

* Theoria motus corporum solidorum seu rigidorum ex primis nostrae cognitionis principiis stabilita, et ad omnis motus qui in hujusmodi corpora cadere possunt accommodata, Auctore Leonh. Eulero Academiae Regiae Scient. Borussicae Directore, Academiae Imper. Petropol. Academiarum Parisinae et Londinensis socio. Rostochii et Gryphiswaldiae Litteris et impensis A. T. Rose. 520 S. 4. 1765.

Leonhard Euler

Theoria motus corporum solidorum seu rigidorum ex primis nostrae cognitionis principiis stabilita et ad omnes motus, qui in huiusmodi corpora cadere possunt, accommodata. Auct. Leonh[ardo] Eulero [Euler]. ([Vorr.:] Wenceslaus Johannes Gustavus Karsten.) Rostochii & Gryphiswaldiae: Röse 1765. 520 S. 8°

* — — — Editio nova desideratissimi auctoris supplementis locupletata et emendata. ibid. 4. 624 S. mit 18 Kupfert. (4½ Rthlr.) 1790.

— theoria motus lunaris. 4 maj. Petersb. 753. (Hartknoch in Leipz.) 2 ₰ 6 ℊ

— theoria motuum lunae nova methodo pertractata, c. fig. aen. III Tom. 4. Petersb. 770—72. (Hartknoch in Leipz.) 6 ₰ 18 ℊ

Leonhard Euler

Theoria motuum planetarum et cometarum. Auct. Leonhardo Eulero [Euler] Berolini: Haude (1744). 187 S. 8°

Euler, L. Vera theoria refractionis et dispersionis radiorum. 1777. 4.

Euler, L., Theorie der Bewegung fester Körper. Herausg. v. Dr. Wolfers. Greifswalde 1853. 8°.

— **théorie complète de la construct. et du manoeuvre des vaisseaux. 8. Petersb. 773. (Hartknoch in Leipz.) 1 Rthlr 12 Gr**

— **Theorie d. Planeten u. Kometen, übers. u. mit e. Anh. u. Tafeln verm. von J. v. Pacassi. Mit 3 Kpft. gr. 4. Wien 781. Trattner. 1 Rthlr 8 Gr**

Euler, Ludwig [app. Arzt aus Waldmohr]: **Ueber Blepharospasmus. . . . München, k. Hof- u. Univ.-Buchdr. v. Dr. C. Wolf & Sohn, 1890; 25 S. 8°**
München, Med. Fak., Inaug.-Diss. v. 1890

Euler, Ludw., der Commerzienrath. Orig.-Roman aus der Neuzeit. 8. (303 S.) Würzburg 886. Stahel. 3. —

Euler, Ldw. Hnr., die Güter- u. Erbrechte der Ehegatten in Frankfurt a/M. bis zum Jahre 1509, mit Rücksicht auf das fränkische Recht überhaupt. Ein rechtsgeschichtl. Versuch. gr. 8. Frankfurt a/M. 841, Jäger'sche Buchh. 11/24 Rthlr

— der Oberhof zu Frankfurt a/M. rc., s. Thomas, Jh. G. Chr.

— **Marc** (Rolle. Canton de Vaud. Schweiz), **Diss. sur le traitement des anéurysmes d'après la méthode de Brasdor. Würzburg. Druck: Lausanne (Sam. Delisle) 1833. 16 S. (3.—)** 8366
Gew.: Matthias Mayor.

Euler, Martin

— **d. unterrichtete u. geprüfte Handlungscomtorist. gr. 8. Karlsr. 792. N. Aufl. gr. 8. Heilbr. 803. Claß. 1 Rthlr**

— **neues Handlungslexicon in deutsch., französ. u. italien. Rubriken. 2 Thle. gr. 8. Karlsr. u. Frkf. 790. 2e Aufl. 792. Originalausg. 3 Thle. gr. 8. Heilbr. 800—802. Claß. 4 Rthlr 4 Gr Hbg. Pr. 2 Rthlr 12 Gr 3e Originalausg. v. J. G. Fr. Jacobi, u. d. T.: Neues u. vollst. Waaren-Lexicon in deutschen, französ. u. italien. Rubriken. 3 Abthll. gr. 8. Ebd. 830. Ebd. 3 Rthlr**

— **Dass., 3e Aufl. verb. von J. H. Stricker. 2 Bde. gr. 8. Frkf. 798. Guilhaumann. 2 Rthlr 4 Gr**

— **Introduction to mercantile correspondence and bookkeeping, transl. by J. G. Cleminius. 8. Jena 805. Frommann. 1 Rthlr 12 Gr**

Euler, M.: „Vollständiger Unterricht von der doppelten Buchhaltung", Heilbronn 1792.

Euler, Mart., vollst. Unterr. von der doppelten Buchhaltung u. den Wechseln. gr. 8. Heilbronn ... 3e Aufl. 802. Claß. 16 Gr

— **Vorübungen z. Comptoirgeschäft. 1r u. 2r Bd. 3e Aufl., verb. u. für neuere Zeiten eingerichtet v. J. H. Stricker. gr. 8. Frkf. 797. 1r Bd. N. Ausg., herausg. v. Th. Friedleben (J. G. Cleminius.) 804. 5e Aufl. 817. 1 Rthlr 8 Gr 2r Bd., von dems. ausgearb. gr. 8. Ebd. N. Aufl. (Auch u. d. T.: Unterr. f. die zu Kaufleuten bestimmten Jünglinge.) 807, 20, 22. 1 Rthlr 8 Gr 3r Bd., von dems. ausgearb. (Auch u. d. T.: Einleit. in d. theoret. u. prakt. Wechselgeschäft. 1 Rthlr 16 Gr) gr. 8. Frkf. a. M. 808. Guilhaumann. 4 Rthlr 8 Gr**

Euler, M., Vorübungen zu Comtoirgeschäften. 5te Aufl. verbessert v. Cleminius, aufs neue herausgeg. von Theodor Friedleben. 1r Bd. Neue Aufl. gr. 8. Frankf. am M. Guilhaumann. 814.

— **dasselbe. 2r Bd.**
Auch nut. dem Titel:
Unterricht f. d. zu Kaufleute bestimmten Jünglinge u. s. angehende Kaufleute. gr. 8. Ebend. 807.

— **dasselbe. 3r Bd. ausgearbeitet von Cleminius.**
Auch unt. d. Titel:
Einleitung in das theoretische u. praktische Wechselgeschäft. gr. 8. Ebend. 808.

Euler, (M.) Vorübungen zu Comptoirgeschäften. 2r Bd. 2e Aufl., verbessert v. Th. Friedleben. gr. 8. Frankfurt a. M. 822, Guilhaumann.

— **neues u. vollständ. allgem. Waaren-Lexicon, s. Euler: Handlungs-Lexicon.**

— **Wechsel-Encyclopädie, od. theoret. prakt. Anleit. in die Wechselwissenschaften. 8. Frankf. a. M. 787. 4e Aufl., herausg. v. J. H. Stricker. gr. 8. Frankf. 807. Andreä. 1 Rthlr 4 Gr**

EULER, Mart.: Allgem. Wechselencyclopädie, od. theoret. u. pract. Einleit. in d. Wechselwissenschaften. 2. Aufl. *Frankf.* 795. 3. Aufl., verb. v. J. G. STRICKER. *Frankf. a. M.* 800. 8.

— **Matthias Joseph** (Jülich), **De testamento et divisione parentum inter liberos commentatio ab academia Heidelbergensi praemio ornata; sub examen denuo vocatam. Berlin (A. W. Schade) 19. IX. 1820. 96 S. (5.—)** 8367
Oppon.: Jul. Fried. Heinr. Abegg, Fried. Wilh. Roestell, Carl Schulz. — Gew.: Joh. Leonhard Jungbluth.

***Euler, M. J.,* de testamento et divisione parentum inter liberos commentatio ab Academ. Heidelberg. praemio ornata. 8 maj. Bonn 823. (Marcus). 12 Gr**

Euler, N. Ein See-Eisbrecher. St. Petersburg 1865.

Euler, Paul, Medizinalprakt.: Aus d. Kgl. Pathol. Inst. zu München. Ein Fall von primärer Intestinaltuberkulose bei einem 3¼ jährigen Kinde, wahrscheinlich durch Fütterungsinfektion bedingt. München 1908: Franz. 41 S. 8°
München, Med. Diss. v. 19. Dez. 1908, Ref. v. Bollinger
[Geb. 2. Mai 81 Hannover; Wohnort: Hannover; Staatsangeh.: Preußen; Vorbildung: Leibnizsch. Hannover Reife O. 02; Studium: Tübingen 2, Jena 2, Bonn 2, Jena 1, München 3 S.; Coll. 19. Dez. 08; Approb. 30. Nov. 08.]
[U 09. 3304

— **Pet. Aloys** (Köln), **De angina pectoris. Dissert. pathol. Bln. (Nietack) 9. VII. 1836. 36 S. mit Biogr. (M.: E. Neven.) (4.50)** 8368
Oppon.: M. J. Nettekoven, P. H. Moeltgen, E. Liese. — Gew.: Hubert Neven.

Euler, Wilhelm *Franz Hermann Maximilian* [aus Worms]: Über eine Synthese der β-Methylpentamethylendicarbonsäure und Monocarbonsäure ... Leipzig, Metzger & Wittig, 1895; 32 S., 1 Bl. 8.
Leipzig, Phil. Fak., Inaug.-Diss. v. [19. Febr.] 1895

Euler, Wilhelm: Über eine Synthese und die Konstitution des Isoprens. *Leipzig 1897: Metzger & Wittig.* (31 S.) 8°
¶ [Aus: Journal für praktische Chemie, N. F. Bd 57 H. 3 u. 4.]
Leipzig, Phil. Hab.-Schr. v. 14. Dez. 1897

von Euler-Chelpin, Hans [aus Augsburg]: Ueber die Einwirkung von Molybdäntrioxyd und Paramolybdaten auf normale Vanadate und eine neue Bestimmungsmethode von Vanadinpentoxyd und Molybdäntrioxyd neben einander ... Berlin, A. W. Schade's Buchdr., 1895; 69 S., 1 Bl., 1 Tab. 8.
Berlin, Phil. Fak., Inaug.-Diss. v. 8. Aug. 1895

Euler-Chelpin, H. v., Untersuchungen üb. die Bildungsverhältnisse der oceanischen Salzablagerungen, s.: Hoff, J. H. van't.

Eulerkappers Leben und Leiden. Eine tragisch-komische Geschichte, von F. C. Laukhard. 8. Halle. Hendel. 803.

Eulert, Karl, Referendar: Die Ansprüche des Versicherers abgesehen von dem Anspruche auf Prämie. Göttingen 1908: Dieterich. 35 S. 8°
Göttingen, Jur. Diss. v. 27. Aug. 1908, Ref. Ehrenberg
[Geb. 22. Sept. 84 Göttingen; Wohnort: Göttingen; Staatsangeh.: Preußen; Vorbildung: Gymn. Göttingen; Studium: Göttingen 4, München 1, Göttingen 4 S.; Rig. 27. Mai 08.] [U 09. 1272

Eulert-Frey, G[ustav]. Festschrift zur Einweihung des Georg Herwegh-Denkmals am 16. Oktober 1904 in Liestal. Bearb. und hrg. von G. E'-F'. [Mit 1 Ansicht und 2 Tafeln.] 36 S. 8. Basel, Genossenschafts-Buchdr., 1904. [fr. —. 50]
S. 5—33: Georg Herwegh, sein Leben und Wirken.

Euling, Karl

— s. Bibliothek des litterarischen Vereins in Stuttgart CLXXXII, CXC.

Euling, Karl, s.: Erzählungen, Fabeln u. Lehrgedichte, kleinere mittelhochdeutsche.

Euling, Karl (Hrsg.), s. Handschrift, Die Wolfenbüttler.

Euling, Karl, Hildesheimer Land u. Leute d. 16. Jahrh. in der Chronik d. Dechanten Johan Oldecop. Bilder aus Hildesheims Vergangenheit. 8. (100 S.) Hildesheim 892. F. Borgmeyer. n. 1 —

Euling, Karl, das Priamel bis Hans Rosenplüt, s. a Abhandlungen, germanistische. 25. Hft.

Das Priamel bis Hans Rosenplüt. Studien z. Volkspoesie von Karl Euling. Breslau: M. & H. Marcus 1905. (VIII, 583 S.) 8°
— Abhandlungen, Germanistische. H. 25. [05. 1980 3

Euling, K., hundert noch ungedruckte Priameln d. 15. Jahrh., s. a Beiträge, Göttinger, zur deutschen Philologie.

Euling, Karl: Ueber hundert noch ungedruckte Priameln des fünfzehnten Jahrhunderts .... Paderborn, Druck v. Ferdinand Schöningh, 1887; 32 S. + 1 Bl. 8°.
Göttingen, Phil. Fak., Inaug.-Diss. v. 8. Nov. 1886.

Euling, Karl [Dr.]: Über Sprache und Verskunst Heinrich Kaufringers. (Aus: Kaufringers Gedichte hrsg. v. Euling. Tübingen 1888.) Lingen, Druck v. J. L. v. d. Velde Veldmann, 1892; 16 S. 4.
Lingen, k. G Georgianum, OP 1892 (310)

Euling, Karl, Studien üb. Heinrich Kaufringer, s. a Abhandlungen, germanistische. 18.

Studien über Heinrich Kaufringer von Karl Euling. *Breslau: M. & H. Marcus 1900.* (X, 126 S.) 8°
— Abhandlungen, Germanistische. H. 18. [00. 8117 3

— lateinisches Vokabularium für Sexta. 8. (26 S.) Göttingen 887. Vandenhoeck & Ruprecht's Verl. n. — 40

Eulitz' Schul-Kalender f. d. J. 1911. Für Schulaufsichtsbeamte, Rektoren, Lehrer u. Seminaristen d. Prov. Posen. Hrsg. vom Verlage der Posener Lehrer-Zeitg. 6. Jahrg. 2 Tle. (256 u. 76 S. m. 1 Bildnis.) 16. Lissa, O. Eulitz. Geb. in Leinw. u. geh. 1.—; f. Mitglieder d. Pos. Prov.-Lehrer-Vereins nn — 60

Eulitz, (Georg), Dr.: Ecce, geh. am 24. November 1902. *Chemnitz 1903: J. C. F. Pickenhahn & S.* (S. 6—9.) 4°
Chemnitz, k. G, OP 1903 (610)

Eulitz, *August* Georg [aus Wernsdorf in Sachsen]: Der Verkehr zwischen Vives und Budaeus ... [= Progr. d. Gymn. Bautzen 1897.] Chemnitz, Druck v. J. C. F. Pickenhahn & Sohn, 1897; 32 S., 1 Bl. 4.
Erlangen, Phil. Fak., Inaug.-Diss. v. 4. Juni 1897

Eulitz, Georg [cand. rev. min.]: Der Verkehr zwischen Vives und Budaeus. Chemnitz, Druck v. J. C. F. Pickenhahn & Sohn, 1897; 3—32 S. 4.
Chemnitz, k. G, OP 1897 (553)

Eulitz, O., keine schlechte Handschrift mehr, s. Schuster, G. A.

Eulitz, P. A., Merkur-Schnellrechner (D. R. G. M. a.) zum Gebrauch bei Multiplicationen, Divisionen, Proportionsrechnen, Lohnberechnungen etc. 8. (35 S.) Dresden (901). Pfeil. n. — 75

Eullenschenk, Georg Friedrich

Canon pharmaceuticus, in usum benumque castrorum accommodatus. Anno ...1735.([Verf.] Georgius Frid. Eullenschenck.) Apud Augustam Austriacorum Viennam 1735: Ex Palatine Typogr. Agheliano. 32 S. 4.

Eulner, Johann Daniel

Eulner, J. Dan., prakt. Vorschl., Steuer u. Contribution einzurichten. 4. Marburg, Hermann. (Brönner. u. Gebhardt in Frankf.) 741.

Eulner, Johann Daniel: „Practische Vorschläge, welchergestalt Steuer und Contribution zum Nutzen eines Landes-Herrn und ohne Nachtheil der Unterthanen, nach Anleitung der Reichs-Abschiede einzurichten seyn, die andere mit Anmerkungen und einem Appendice vermehrte Auflage, wie Contribution und Accise gegen einander balanciren, und wie weit solche neben der Contribution ohne Nachtheil der Unterthanen bestehen können, durch einen neu ausgefundenen Modum accisandi mit nöthiger Anweisung versehen und practisch ausgeführet", Marburg 1741 (Phil. Casp. Müller).

Eulogus In Divitiis Impius, In Paupertate Pius. Theatro datus ... Hildesii 1724. V: *Henseler, Sixt.* (Jes)

Eumaios, s.: Odysseus als Afrikaumsegler u. Amerikaentdecker.

Eumathius ex recens. Ph. le Bas, s. Scriptores erotici, ed. Hirschig.

Eumeles, Anaxagoras. Gurna-Liana, oder des Königs Schutz dem Volke. Opern-Dichtg. in 3 Aufzügen. [Frei nach dem Poln.] gr. 8. (84 S.) Luxemburg 889, Brück. 1 80

Eumenia. Ein philosophisches Glaubensbekenntniß als Selbstgespräch. Kopenh. 1800. V: *Knüppeln, Julius Frdr.* (sL I, Nachtr. S. 822)

Eumenia, ein philosoph. Glaubensbekenntniß als Selbstgespräch. 8. Lübeck 800. (Aschenfeldt). 18 gr.

Eumeniden, die, Trauerspiel des Aeschylos, übers. u. Conj. f. Aeschylos.

EUMENIDEN, Die, oder Noten zum Text des Zeitalters. Zürich 1801. 8°. (In Berlin: Yy 8206, unter Satyren.)

Eumenides Düster; ein Trauerspiel nach Ad. Müllner's Weise von L. Stahlpanzer. 8. Leipzig, Lauffer (in Comm.) 819.

Eunapius Sardianus

Eunapii vitae sophistarum, s. a. Philostratorum opera.

Eunapii Sardiani vitas sophistar. et fragmenta histor. rec. notisq. illustr. J. F. Boissonade. Acc. annott. Da. Wyttenbachii. II Voll. gr. 8. Amsterd. 822. (Weigel in Lpz.) 6 ₰ 12 gr.

Eunika, Morgenstunden. 1r Thl. Enthält: Das Kreuz im Platanen-Rund. — Alexandra, oder: Den rechten Mann macht nicht der Rock. 8. Breslau 835. Richtersche Buchh. in Berlin. 1 1/3 ₰ N. Ausg. gr. 8. Berlin 839. Ebendies. 3/4 ₰

Eunika, Michaline Fürstin Uwaroff. Erzählung aus der letzten Revolution Polens 1830—1831. gr. 16. (242 S.) Glogau 847, Flemming. 3/4 ₰

. Eunike, Paul, Civil-Ingenieur. Situations-Plan aller Verzweigungen der Adelsberger Grotte. *Laibach* 1858. Lithogr. bei *J. Blasnik.*

1 Blatt. H. 1' 1½". Br. 11". Massstab: 5¾" gleich 30°. In einem Ausschnitte am rechten Rande der Karte findet sich die »Situation des grossen Domes« in grösserem Massstabe gezeichnet. Dreierlei Zeichen sind für die Wege angenommen u. z.: für kunstmässige, mit Sand bestreute; für provisor.-hergerichtete; und für projektirte Wege. Diese Karte bildet einen Bestandtheil des Werkchens: »*Costa, Ethbin H.*» Die Adelsberger Grotte«. (*Laibach* 1858. Druck von *J. v. Kleinmayr* etc. 54 8., 1 Bl. 8°.)

Eunomia, herausgeg. von H. Keßler, s. Keßler, H.

Eunomia, s. Zerboni.

Eunomia. Hg.: Jos. Zerboni di Sposetti.
1792 u. 1793.
Breslau. Goed. IV, 369, 35.

— herausg. von Zerboni. 24. Bresl. 793. W. G. Korn. 16 gr

Eunomia. Eine Zeitschrift des neunzehnten Jahrhunderts. Berlin 1801/5. H: *Fessler, Ignaz Aurelius, Rhode & Johann Chn. Fischer.* (PK 1/718) Jg. 4 u. 5: *Fessler, Ignaz Aurelius.* (Bibl. Weisstein 1/823.) (KY 2/170) (WBL 4/207) H: *Fessler, Ignaz Aurelius & Rhode.* (GGr V/S. 494, Nr. 12/a) (biblport)

— e. Zeitschrift des 19n Jahrh., herausg. von Ign. Feßler, J. G. Rhode, ... Schade u. ... Fischer. 1r—3r Jahrg. gr. 8. Berl. 801—3. Maurers B. 15 ₰ 4r u. 5r Jahrg., v. Feßler allein. gr. 8. Berl. 804 u. 5. Sander. 10 ₰

— Quartalschrift zur gesell. Unterhaltung für 1820, s. Puttlitz, Edler von.

Eunomia. Darstell. u. Fragmente neugriech. Poesie u. Prosa. In Originalien u. Uebersetzungen. Aus engl. u. franz. Werken ꝛc. Herausgeg. v. C. Iken. 1r u. 2r Bd. 8. Grimma 827, Göschen-Beyer.

— dess. 3r Bd. enth. Neugriech. Volkslieder im Originale u. mit deutscher Uebersetz. Herausg. v. F. Kind. 8. Ebd. 827.

Eunomia. Eine Samml. lehrreicher Erzählungen zur Bildung des Geistes u. Herzens für die Jugend, besond. für Kinder von 8 bis 12 Jahren. Mit 8 ill. Kpfr. 8. Magdeburg 834. Rubach in Berlin. 1 1/3 ₰

— Eine Sammlg. lehrreicher Erzählungen. (Neue Titel-Ausg.) 8. (222 S. m. 5 col. Kpfrn.) Leipzig (834) 849, Baensch. 1 ₰

Eunomia, Miniatur-Liederbuch f. Damen. 32. (120 S.) Leipzig 850, Merseburger. n. 1/3 ₰

Eunomia. Album deutscher Dichtungen für die Hand der Frauen. 2. verm. Aufl. Leipzig 858. Merseburger. 16. (VIII, 232 S.) 12 ngr

Eunomia. Album deutscher Dichtungen für die Hand der Frauen. 3. Aufl. Leipzig 861. Merseburger. 16. (VIII, 232 S.) 12 ngr; geb. 24 ngr

Eunomia. Album deutscher Dichtungen für die Hand der Frauen. 4., verm. Aufl. Leipzig 867. Merseburger. 16. (VIII, 239 S.) 1 ₰

Eunuch, der, Lustsp. in 5 Akt., nach dem Lat. d. Terenz bearb. v. G. G. T. Köpke, m. K. gr. 8. Berl. u. Lpz. Kuhn. 805.

Euodii de fide contra Manichaeos, s.: Corpus scriptorum ecclesiasticorum latinorum.

Eupel, Joh. Christ.

Eupel, J. Chr., Anweis., alle Arten Backwerk zu verfertigen. 8. Gotha 819. Gläser. 18 gr N. Aufl., (nur neuer Titel). 823. Ebd. 9 gr

Eupel, (J. Ch.,) vollst. u. gründl. Anweis. alle Sorten Backwerk zu verfertigen; ein sehr nützliches Handbuch f. alle Haushaltungen. Neue u. wohlf. Ausg. 8. Gotha 823, Gläser.

— vollst. Anweis. zur Kunstbäckerei, enth. erprobte Vorschriften u. Recepte zu allen Arten Torten, Macronen, Marcipan ꝛc. Als 2r Thl. des allgem. brauchbaren Kochbuchs. 8. Erf. 823. Keyser. 1 ₰

— das Ganze der Conditorei- u. Kunstbäckerei. Nebst einem Anh., in welchem die Verfertigung mancherlei, z. Haushaltung nöthiger u. nützl. Gegenstände gezeigt wird. Nach geprüfter Erfahrung. gr. 8. Gotha 824. 2e Aufl. 827. Hennings. 12 gr

— allgem. brauchbares Kochbuch. Auch u. d. T.: Das große Thüring.-Erfurtsche Kochbuch, oder deutl. Anweis. zur Bereitung schmackhafter Speisen ꝛc. 2 Bde. 2e Aufl. 8. Erf. 823. Keyser. 1 ₰ 8 gr

Eupel, C. Chr., vollständiges u. unentbehrliches allgemeines Kochbuch für jetzige und künftige Hausmütter, Haushälterinnen u. Köchinnen. Nach eigener Erfahrung bearbeitet. 2 Abtheil. 4. verm. u. verb. Aufl. gr. 8. Gotha 812, Hennings'sche Buchh. (Friederike Hennings.) 1 ₰

— vollst. unentbehrl. Kochbuch für alle deutsche Hausmütter ꝛc. 2 Bde. gr. 8. Gotha 822. 2e A. 826. 3e A. 831. Hennings. 1 ₰

Eupel, Joh. Christ., illustrirter Konditor, s. Schauplatz, neuer, der Künste und Handwerke.

Eupel's, Joh. Christ., illustrierter Konditor, od. gründl. Anweisg. zur Zubereitg. aller Arten Zuckerwaaren, Mehlspeisen u. Puddings, Gelees, Marmeladen, Kompotts, der Fabrikation der Schokolade ꝛc. 11. Aufl. v. Louis Jost. Mit e. Atlas v. 14 (lith.) Foliotaf. 8. (XX, 341 S.) Weimar 886. B. F. Voigt. 5.—

Eupel's, Joh. Christ., illustr. Konditor, od. gründl. Anweisg. zur Zubereitg. aller Arten Zuckerwaren, Mehlspeisen u. Puddings, Gelees, Marmeladen, Kompotts, der Fabrikation der Schokolade ꝛc., wie auch zum Einmachen, Glasieren u. Kandieren der Früchte, ferner zur Bereitg. des Gefrornen, der Sorbetts, Gramolaten u. Cremes. 12., verm. Aufl. v. Louis Jost. Mit e. Atlas v. 14 Foliotaf. 8. (XX, 349 S.) Weimar 894. B. F. Voigt. 5 —

Eupel, J. Ch., der vollkommene Conditor, s.: Schauplatz, neuer, der Künste u. Handwerke. 1. Bd.

— der vollkommene Conditor, oder gründliche Anweis. zur Bereitung aller Arten Bonbons, Stangenzucker, Conserven, Zuckerkuchen u. s. w., so viel auch zum Einmachen u. Glassiren der Früchte ꝛc. 8. Sondersh. 820. 2e Aufl. 821. 3e A. 8. Ilmenau 823. Voigt. 1 ₰ (Vgl. Schauplatz d. K. u. H. 1r Bd.)

Eupel, Jh. Chr., der vollkommene Conditor. 4e unveränd. Aufl. 8. Ilmenau u. Weimar 834. Voigt. 1 ₰ — 5e durch Giacomo Perini ganz umgearb. u. verm. Aufl. 8. Ebd. 840. 1 ₰ — A. u. d. T.: Neuer Schauplatz d. Künste u. Handwerke. 1r Band.

Eupel's, J. C., vollkommener Conditor, s. Schauplatz der Künste.

— — gründlicher Unterricht ohne Vorkenntniß alle Sorten Chocolade zu fabriciren, dieselbe auf die schmackhafteste Art zum Trinken zuzubereiten, und deren Güte zu prüfen. 8. Gotha, Hennings. 821.

Eupel, J. Chr., gründl. Unterricht ohne Vorkenntniß alle Sorten Chocolade zu fabriciren, dieselbe auf die schmackhafteste Art zum Trinken zuzubereiten, u. deren Güte zu prüfen. 8. Gotha 828. Hennings. 6 gr

Eupen [Schlagwort]

Eupen, s.a. Aachen, Reg.-Bez. — Deutschland. Karte (Abt. Preussen).

Eupen. Wandkarte des Kreises Eupen u. Montjoie, Reg.-Bez. Aachen. Bearb. nach den neuen Messtischblättern der kgl. preuss. Landes-Aufnahme. 1:35,000. 2 Blatt. à 60×109,5 cm. Farbdr. Berlin (903). D. Reimer. n. 10. —

Eupen [Verf.]

Eupen, Petrus Josephus (geb. am 31 März 1805 in Köln): Experimenta quaedam de laesione partium quarundam corporis animalis per acupuncturam ... Coloniae Agripp., ex off. Schloesseriana (1830). IV, 13 S., 1 Bl. 4.
Bonn, Med. Fak., Diss. v. 27 Aug. 1830

Euperg, B.

— s. Bellarmin, Kunst selig zu leben.

Euperg, B., der heil. Johannes von Gott, Stifter der barmherzigen Brüder. Ein Schul- u. Christenlehrgeschenk für Kinder. 18. München 819. Giel. 1 gr

— Hundert moralische Kriegsartikel, zum Nutzen d. conscriptionspflicht. Vaterlands-Jünglinge, mit 1 Kpf. 12. München 830. (Landsh., Krüll). 3 gr

Euperg, (B.) die Kunst, heilig zu leben, s. Rogacius.

— Ludwig v. Granada. Ein Schul- u. Christengeschenk. 12. München, Giel. 2 gr

— s. Neumayr, wahrer Begriff.

— s. Rogacius, die Kunst, heilig zu leben.

Euphemia, s. a. Euphemie

Euphemia, oder der Sieg der Religion; ein Schauspiel, aus dem Franz. Magdeburg u. Leipzig 1772. V: *Arnaud, François Thomas Marie de Baculard d.* Ü: *Tiessen, Johann Alexander.* (Kordes, Schlesw.-holst. u. eutin. Schriftst. Schleswig 1797.)

Euphemia, aus dem Engl. der Fr. Ch. Lenox, übersetzt von Mad. Forkel, 4 Theile, 8. Berlin, 791/92. Nauck. 1 Rthl. 8 sgl.

— a. d. Engl. der Frau Charlotte Lenox, in 4 Bden. 8. Berl. Oehmigke. (Nauck.) 791.

Euphemia, von Chr. Schulze. (hat. a. d. Titel: Leipziger Vademecum 16) 8. Lpz. Hilscher. (Compt. f. Liter.) 796.

Euphemia; aus d. Engl. (von G. W. Müller). 4 Thle. 8. Berl. 804. Müller. (Stuhr). 2 ℛ 16 gr

Euphemia von Baden, Leben und Schriften, s. Leben.

Euphemie, s.a. Euphemia.

Euphemie, Blätter für religiöse Kunst, s. Religions- u. Kirchenfreund.

Euphemie, oder der Sieg der Religion; ein Schauspiel; a. d. Franz. Magdeburg u. Leipzig 1772. V: *Tiessen, Johann Alexander.* (KY) (MGT)

— oder der Sieg der Religion; Schspl. aus d. Französ. (von J. A. Tießen). 8. Magdeb. 772. Creutz. 4 gr

— od. der Triumph der Religion. Schausp. von Arnaud. 8. Coburg, Ahl. 772.

Euphemie; ein Trauerspiel in fünf Handlungen. Leipzig 1775. V: *Thilo, Friedrich Theophilus.* (NN) (KY) (MGT)

Euphemie; Bürgerliches Trspl. (v. Fr. Th. Thilo). 8. Leipz. 775. Schneider. 3 gr

Euphemie, der, Begebenheiten, a. d. Franz. des Arnaud. 8. Hof, Grau. 779.

Euphemion, oder der nach guten Mustern sich bildende Jüngling. 8. Berl. 785. (Stuhr). 18 gr

Euphemion, der Unerforschliche. Scenen a. d. letzten Jahren d. franz. Krieges v. Erb, m. 1 K. 8. Leipzig, Gräff. 805. Rthlr.

Euphemos, Gentis Apollineae. προσφώνησις ad Joh. Jacob Aescherum ... Tig. 1711. V: *Holzhalb, Dav.* (AARK)

Euphorion. Zeitschrift f. Literaturgeschichte, hrsg. v. Aug. Sauer. 1. Bd. 4 Hfte. (à ca. 120 S.) gr. 8. Bamberg 894. C. C. Buchner Verl. n. 16. —; einzelne Hfte. n. 4. —

Euphorion. Zeitschrift f. Literaturgeschichte, hrsg. v. Aug. Sauer. 2.—5. Bd. à 4 Hfte. (à ca. 15 Bog.) gr. 8. Bamberg 895—898. C. C. Buchner, Verl. à Bd. n. 16. —; einz. Hfte. n. 4. —

Euphorion. Zeitschrift f. Litteraturgeschichte. hrsg. v. Aug. Sauer. 6.—9. Bd. à 4 Hfte. gr. 8. (VII, 842; VIII, 846; XII, 862 u. VIII, 884 S.) Wien 899—902. C. Fromme. à Bd. n. 16. —

Euphorion. Zeitschrift f. Literaturgeschichte, hrsg. v. Aug. Sauer. 10.—13. Bd. à 4 Hefte. (X, 878; X, 858; VI, 837 u. VIII, 883 S.) gr. 8. Wien 903—906. C. Fromme. à Bd. n. 16. —

Euphorion. Zeitschrift f. Literaturgeschichte, hrsg. v. Aug. Sauer. 14—17. Bd. à 4 Hefte. (à Jahrg. ca. 800 S.) gr. 8. Wien 907—10. C. Fromme. 14—16. Bd. à 16. —; 17. Bd. 20. —

— dasselbe. 1. Ergänzungshft. gr. 8. Ebd. 895. n. 4. —
Mitteilungen a. d. Literatur d. 19. Jahrh. u. ihrer Geschichte. (III, 193 S.)

— dasselbe. 2. u. 3. Ergänzungsheft. gr. 8. Ebd. à n. 4. —
2. (III, 181 S.) 896. — 3. (IV, 220 S.) 897.

— dasselbe. 4. u. 5. Ergänzungsheft. gr. 8. (IV, 183 u. II, 219 S.) Ebd. 899. 901. à n. 4. —

— dasselbe. 6—8. Ergänzungsheft. gr. 8. Ebd. 13. 60
6. Der Wiener Musenalmanach. Eine literar-histor. Untersuchg. Von Otto Rommel. (VIII, 225 S.) 906. 4. —
7. Neue Fischart-Studien. Mit Unterstützg. der Gesellschaft zur Förderg. deutscher Wissenschaft, Kunst u. Literat. in Böhmen. Von Adf. Hauffen. (VIII, 295 S.) 908. 5. 60
8. (V, 183 S.) 909. 4. —

Euphormio. Eine satirische Geschichte aus dem Französischen in drey Büchern. Schleiz 1753. V: *Barclay, Jean.* (Lessings Werke (Hempel) XII, 519.) (Mitth. Prof. Dr. H. Ullrich-Brandenburg a. H.)

Euphormio; eine satyr. Geschichte. 8. Schleiz. 754.

Euphormionis Lusinini s. J. Barclaii Satyricon, in VI Pts. dispers. et not. illustr. c. clav. 8 maj. Leipz. (List in Berl.) 2 ß Schrbp. 3 ß

Euphormio, Nel. Lül., Nachr. a. d. Reiche d. Gefangenen. 8. Frankf. Eßlinger. 751.

EUPHRANOR. Über die Liebe... Elberfeld und Leipzig. 2. Aufl. 1809. 2 Bde. X, 411 und IV, 394 S. [B. II, 114.]

(Euphrasén, Bengt And.): Herrn Bengt And. Euphraséns Reise nach der schwedisch-westindischen Insel St. Barthelemi, und den Inseln St. Eustache und St. Christoph; oder Beschreibung der Sitten, Lebensart der Einwohner, Lage, Beschaffenheit und natürlichen Produkte dieser Inseln. Aus dem Schwedischen von Johann Georg Ludwig Blumhof. Göttingen 1798. VI, 327 S., 1 Tf. 8°.

Euphrasen, Bengt And., Reise nach der Schwed. Westind. Insel St. Barthelemi ꝛc.; aus d. Schwed. (von J. G. L. Blumhof). Mit 1 Kpf. 8. Götting. 798. Dieterich. 18 ℊ

Euphrasia. Taschenbuch f. gesellschaftl. Spiel ꝛc., s. a. Fröhlich, C.

Euphrasia.
Taschenbuch für Gesellschaftliches Spiel und Vergnügen. Von Carl Fröhlich.
[1. 1818.]
Meißen: Goedsche

Euphrat [Schlagwort]

Euphrat, s. a. **Hand- u. Reisekarten. 62.**

Euphrat — Thal des —. Von Julius. 585,000. G. M. 1862.

Euphrat und Tigris. Verfast von Herrn d'Anville. Neu herausgegeben von Herrn F. A. Schraembl 1786. 1 : 2,400,000. 1 Bl.

Euphron, eine Erzählung aus dem Keramonischen. Frankf. u. Leipz. 1776. V: *Wezel, Joh. Carl* [?]. (Heine, Roman in Deutschl. Halle 1892. S. 17.) »Kopenhagen 1776« V: *Suhm, Peter Frdr. v.* (Ky)

Euphron; eine Erzählung nach dem Carmanischen, (v. P. F. v. Suhm.) 8. Kopenh. Faber. (Schubothe.) 776.

Euphron oder der Fürstenspiegel und Abu Taleb. Erzählungen nach [Peter Friedrich] Suhm ... Altenburg 1804. V: *Rink, Joh. Chn.* (GGr VII, 693)

— oder der Fürstenspiegel u. Abu-Thaleb. 2 Erzählungen nach Suhm. N. A. 8. Leipz. 809. Hinrichs. 1 ß 8 ℊ

Euphron, eine Zeitschrift f. Religion u. Kirchenthum, herausg. v. G. Herold, M. H. A. Schmidt u. K. J. Tiebe. 1s, 2s Heft. (Jahrg. 1826). 8. Halberst. 825, 26. Helm. 2 ß Jahrg. 827, 4 Hefte, Jahrg. 828—31, à 2 Hefte. gr. 8. Ebd. Brüggemann in Leipz. (827. 1 ß 16 ℊ 828—31. à 20 ℊ 5 ß)

— dass. Jahrg. 1827. 4 Hefte. Jahrg. 1828—1831. à 2 Hefte. 8. Jetzt Schreck in Leipzig. Jahrg. 1827. $1^2/_3$ ß Jahrg. 1828—31. (à $^5/_6$ ß) $3^1/_3$ ß

Euphron. Eine Zeitschrift für Religion u. Kirchenthum. Herausg. v. G. Herold u. K. J. Tiebe. Jahrg. 1833 u. 1834. à 2 Hfte. 8. Quedlinb. 833, 34. Becker. (Franke.) (à Hft. $^1/_2$ ß) 2 ß (Vgl. Thl. II. S. 170.)

Euphronia, v. C. A. H...r. (Gedichte). 8. Lpz. 828. Glück. 9 ℊ

Euphrosande, d. H., einer Alexandrin. Jungfrau, Gesch. Leben u. Begebenh. v. Andr. Gottfried, lat. u. deutsch, m. K. gr. 4. Nürnb. Schneider u. W.

Euphrosine
(auch: Euphrosyne)

Euphrosine, s. a. Blumensprache, die.

Euphrosine, Gedicht, s. a. Eichholz.

Euphrosine, eine Nonnenbiographie, in 2 Theilen, 8. Leipzig, (München) 772. (Crätz). 20 sgl.

— eine Nonnenbiographie, in 2 Theilen. 8. München, Cratz. (Lindauer.) 781.

EUPHROSINE, eine Nonnenbiographie in zween Theilen. München, 1782 bey Jos. Aloys v. Crätz, u. Leipzig bey Kummern in Commiss. 8°.
Magaz. d. Buch- u. Kunst-Handels. Jahrg. 1782. Lpz. Gr. 8°. S. 913.
Zuerst gedr. Leipzig 1781. Kl. 8°. Mit gestoch. Tit. (4 fl. Gilhofer & Ranschburg, Wien, 1898, ohne Theilsangabe.)

— od. Journal f. Frauenz. 2 Bde z. 3 Stck. gr. 8. Halle, Ruff. 796.

Euphrosyne, Taschenbuch für gesellschaftliches Spiel und Vergnügen. Hamb. 18?? V: *Hoffmann, Peter Friedrich Ludwig.* (schr)

Euphrosyne, a. d. Franz. Singspiel in drei Akten. Riga [18??] Ü: *Lüderwald, George Ernst, gen. Lange.* (GGr)

Euphrosyne. Berlin 1804. V: *Woltmann, Caroline v., geb. Stosch.* (NN) (MGT) (schl)

— ein Roman. v. Luise Berg. 8. Berl. Schmidt. 804.

Euphrosine; Oper in 3 A. 8. Wien 806. Wallishausser. 6 ℊ

— eine philologische Zeitschrift, herausg. von F. W. Fritzsche. 1s Heft des 1n Bandes. gr. 8. Rostock 836. Oeberg. n. $^1/_2$ ß

Euphrosyne. Leben u. Denkmal (der Schauspielerin Louise Becker, geb. Neumann. Als Erklärung von Goethe's Gedicht „Euphrosyne." — Eine Weihnachts-Gabe von Christ. Theod. Musculus.) Mit 1 Steindr. gr. 8. Weimar 836. (Landes-Ind.-Compt.) n. $^1/_6$ ß

Euphrosyne. Manuscript für Freund Diezmann. Zum 1. Sept. 1859. [Leipzig.] V: *Hartung, Herm.* (cb)

Euphrosine od. das Buch der Gesellschaftsspiele. 32. (76 S.) Leipzig 870. Matthes. geb. n. — 50

Euphrosine im Negligé; ein Buch f. deutsche Weiber u. Mädchen v. Fritze. 1s Bdchn. 8. Erfurt, Keyser. 800.

Euphrosyne, für geselliges Vergnügen. 3 Stücke. 8. Leipz. 794. Leo. 12 ℊ

Eure Rede sei lieblich u. mit Salz gewürzet. Col. 4, 6. Vom Verf. d. „Zeugnisse d. Wahrheit zur Gottseligkeit." qu. 16. (78 Bl.) Basel 811, Schneider. Thlr.

Eure Rede sei lieblich und mit Salz gewürzet. Col. 4, 6. Vom Verfasser der „Zeugnisse der Wahrheit zur Gottseligkeit." kl. qu. 16. (78 Bl.) Basel 842, Schneider. 16 ngl

Die Eureka Post : Jg. 1–23, no. 13, 1890–June 6, 1912.

Weekly. Independent, 1890–97; Republican, 1898–1912. Merged with DAKOTA FREIE PRESSE. Circulation. 1900, 650; 1905, 1400; 1910, 1000. Edited by Michael Lutgen, 1890–92; by P. Henrici, 1893–94; by Theo. J. Giedt, 1895–96; by Peter Henrici, 1897; by Ben Lienemann, 1898–1901; published by Eureka Publishing Co., 1890–92; by Ronayne & Giedt, 1893–96; by Turner & Roe, 1897; by O. J. Roe, 1898–1901; edited & published by O. J. Roe, 1902–07; by E. A. Warner, 1908–12.
Eureka, SD

Eurén, M. Gust. Erik, Finsk språklära. 8. (VIII u. 228 S.) Åbo 849. (Leipzig, Brockhaus.) n. n. 1 ℳ

Eurenii, Joa., atlantica orientalis, sive *ΝΗΣΟΣ* Atlantis a multis retro omnis Sueconae linguae idiomate descripta, jam autem latine versa. 8. Berl. 764. Lange. 8 gl

Eurialus und Lukrezia, eine Geschichte zweyer Liebenden, nach dem Lateinischen Original Sr Päbstl. Heiligkeit von neuem umgearbeitet, 8. Magdeburg, 797. Kell. 23 sgl.

Eurialus u. Lukrezia, nach d. lat. Original Pabst Pius II., neu umgearb. 8. Magdeb. Kell. (Heinrichshofen.) 798.

Eurich, Heinrich [aus Frankfurt a. M.]: **Beiträge zur Kenntniss der Dimethylanthrachinone** .... Frankfurt a. M., Druck v. E. Ebering, 1888; 33+1 S. 8°
Freiburg i. B., Phil. Fak., Inaug.-Diss. v. 1887

Euridane, ein Schäferroman. Leipzig 1798. V: *Beaufort d'Hautpoul, Jos. Comtesse de.* (Querard) (Ky)

Euridane, ein Schäferroman. Leipz. 1798. Ü: *Mylius, Wilh. Christhelf Siegm.* (Hitzig) (Mitth. A. Rosenbaum.)

Euridane, ein Schäferroman mit Romanzen und Liedern von der Bürgerin Beaufort, aus dem Franz. mit 1 Kupfer von Fr. Bolt, 8. Berlin, 798. Felisch. 13 sgl.

— Schäferroman v. d. Bürgerin Beaufort. 8. Lpz. Sommer. (a. Grdff.) 798.

—ein Schäferroman, (von der Bürgerin Beaufort). 8. Leipz. 798. (Wienbrack; a. W. Nauck). 10 gl

Euridane, die Tochter der Hölle. Eine Pfaffen- und Geistergeschichte. Hamb. [1803]. V: *Arnold, Theodor Ferd. Cajetan.* (MGT) (Ky) BGE)

Euridane, od. die Tochter der Hölle, (v. Th. K. F. Arnold). 3 Thle. 8. Hamb. 803. (Herold jun.) 2 ℳ 16 gl

Euridane, oder die Tochter der Hölle. Eine Geister- u. u. Pfaffengesch. aus dem Nachlaß des Grafen Portalegre u. Herzogs v. Toledo. 3 Thle. 8. Hamburg. Vollmer. 803.

Euridice. Lustsp. v. Fielding. 8. Mannh. Löffler. (Schwan.) 780.

Euring, Cyriacus (Ronneburg), Quaestionum illustrium centuriae primae decuria VII. & VIII. Präs. M. Th. Sagittarius. o. O. u. J. 8 Blatt. (3.20) 8371

Euringer, Gust., auf nahen Pfaden. Ein Augsburger Wanderbuch f. Freunde der Natur u. Vorzeit. Mit freier Benützg. v. Johs. Richter's „Auf nahen Pfaden". 2 Bde. (LVI, 852 S.) 8. Augsburg (903). Lampart u. Co. Geb. in Leinw. n. 12.—

Euringer, Gust., auf nahen Pfaden. Ein Augsburger Wanderbuch f. Freunde der Natur u. Vorzeit. 2. Aufl. 1. Lfg. (XLII, 54 S.) kl. 8. Augsburg (910). Lampart & Co. 1.—

Euringer, Herman [approb. Arzt aus Augsburg]: **Zur Aetiologie der Blasenscheidenfisteln.** (203 Fälle.) ... Würzburg, Druck d. Bonitas-Bauer'schen Buchdr., 1887; 40 S. 8°
Würzburg, Med. Fak., Inaug.-Diss. v. 1887

Euringer, Seb., die Auffassung des Hohenliedes bei den Abessiniern. Ein historisch-exeget. Versuch. gr. 8. (VI, 47 S.) Leipzig 900. J. C. Hinrichs' Verl. n. 2.—

Euringer, Seb., die Chronologie der bibl. Urgeschichte, s. Zeitfragen, biblische. II, 11.

Die Chronologie der biblischen Urgeschichte (Gen. 5 u. 11). Von Dr. Sebastian **Euringer**, Lyzealprof. 1. u. 2. Aufl. Münster i. W.: Aschendorff 1900. 35 S. 8°
(Biblische Zeitfragen. Folge 2. H. 11.) (10. 1205 2

— s.: **Festgabe**, Alois Knöpfler usw. gewidmet.

Euringer, Sebast., Der Majorahtext des Koheleth kritisch untersucht. Leipzig, Hinrichs (in Komm.), 1890, VIII, 163 u. 48 S. (Anhang: Die Citate aus Koheleth in den rabbinischen Schriften), 6 Mk.
Recens. von Hoberg, Litt. Rundschau 1891, S. 87–89; Vetter, (Tüb.) Theol. Quartalschr. 1892, S. 133–135.

Eurialus und Lucretia.
1861, Stuttgart, 8°.
Hrsg. von Adelbert von Keller im Stuttgarter Litterar. Verein Nr. 57.

Euripides, s. **Bussler**, Ericus.
Gebauer, Gulielmus.
Kahle, Augustus.
Lugge, Georgius.

Euripides, die äußere Politik des, s. **Haupt**, Rich.

—— **Questiones**, s. Busch, O.

—— die **Tragik** des, s. **Pfander**, Ed.
Vgl.: **Buchholtz**, H.

Euripides: **Alcestis**.
(auch: Alceste u. Alkestis)

—— ex rec. Bothii, s. **Euripides**: Dramata.

Euripides, Alkestis, s. a. **Tragoedien**, griechische.

—— Alkestis, s. Universal-Bibliothek Nr. 1837.

—Alceste, aus d. Griech. übersetzt v. D. Eph. Seybold. 8. Leipz. 774. Weygand. 8 gl 2e umgearb. Ausg. von W. gr. 8. Ebd. 826. 12 gl

—Alcestis c. schol. gr. et vers. lat. Buchanani, e recens. et cum not. Jak. Barnesii, cur. et indicem adj. J. F. S. Kaltwasser. 8. Gotha 776. Ettinger. 12 gl

— — gr. et lat. c. n. Barnes. ed. Kühnöl. 8. maj. Lips. Beer. (et. Grallé.) 789.

— — idem. 8. maj. Lips. Hinrichs.

—gr. et lat., c. notis Barnesii, Musgravii, Reiskii aliorumque, quibus et suas adj. Chr. Gli. Kuinoel. 8 maj. Lpz. 789. Edit. nova. 811. Hinrichs. 14 gl

— — Graece. Recogn. et annotat. perpet. illustr. G. A. Wagner. Lips. 800. 8. 16 gr.

—Alcestis diatriba recognita et annot. perpet. illustr. G. A. Wagner. 8. Leipz. 800. Schwickert. 16 gl

Euripides, Alceste graece et latine cum notis Barnesii, Musgravii, Reiskii aliorumque, quibus et suas adiecit Chr. Theoph. Kuinoel. Editio nova non mutata. 8maj. Lips. Hinrichs. 811.

— Alcestis graece. In lectionum usum, cum indice verbor., praemisso Hymno graece in Graeciam, ed. A. Stein. 8maj. Wien 818. (Ign. Klang.) 1/4 ℛ

— Alcestis, gr. in us. lect. c. indice verbor. ed. Stein. 8. Wien 818. Schrämbl. 10 gℛ

— cum not. integris Monkii suisque adnotat. ed. Er. Fr. Wüstemann. 8 maj. Gotha 823. Ettinger. 1 ℛ

— cum delectis adnotat. potiss. J. H. Monkii. Acc. emendat. Gf. Hermanni. 8 maj. Leipz. 824. Hinrichs. 14 gℛ Holl. P. 20 gℛ

— ed. L. Dindorf. 8. Lpz. 825. Teubner. 3 gℛ engl. P. 5 gℛ

Euripides. Alceste, Trauerspiel teutsch . . . Leipzig, 2. . . . Aufl. 1826. H: *Wagner, Adolph.* (Hoff) (Gi)

— Alceste, Trauerspiel. Deutsch. Nebst e. Abhandl. von C. Seybold. 2e ganz umgearb. Ausg. v. W. gr. 8. Leipzig 826, Weygand.

— Alkestis. Zum Schulgebrauche m. erklärenden Anmerkgn. verseh. v. Wolfg. Bauer. gr. 8. (60 S.) München 871. Lindauer. n. — 80

—— Alkestis. Zum Schulgebrauche mit erklärenden Anmerkungen verseh. von Wolfg. Baur. gr. 8. (60 S.) München 871, Lindauer'sche Buchh. • Vgl.: Wilken, C.

— Alkestis, zum Schulgebrauche m. erklärenden Anmerkgn. versehen v. W. Bauer. 2. Aufl., bearb. v. N. Wecklein. gr. 8. (66 S.) München 888. Lindauer. n. 1.—

Euripidis Andromacha, rec. Klotz, s. Bibliotheca graeca, ed. Jacobs et Rost.

—— ex rec. Bothii, s. Euripides: Dramata.

— Andromache et Sophoclis Electra, c. not. Brunckii. 8. Strassb. 779. 18 gℛ

— ed. L. Dindorf. 8. Lpz. 826. Teubner. 3 gℛ engl. P. 5 gℛ

— Recogn. adnotat. Barnesii, Musgravii, Brunckii, fere integrae et Matthiaei selectae suam adj. scholia emend. et indices addid. J. D. Körner. 8 maj. Züllichau 826. (Baumgärtner in Leipz.) 1 ℛ 8 gℛ Hbg. Pr. 16 gℛ

— Andromache. Recogn. adnotat. Barnesii, Musgravii, Brunckii, fere integrae et Matthiaei selectae suam adjec. scholia emend. et indices addid. J. D. Körner. 8 maj. Züllichaviae 826. Darnmann.

— rec. et commentar. in us. schol. instr. A. J. E. Pflugk. 8 maj. Gotha 829. Hennings. 12 gℛ

—— Andromache. Σχολια παλαια εις την Ευριπιδου Ανδρομαχην. Vetera scholia ad Euripidis Andromachen. Edid. cum sua tam ad fabulam, quam ad scholia adnotatione Jo. Lenning. 8 maj. (27½ B.) Zutphaniae 829, Thieme. (Lipsiae, Weidmann; Weigel.)

— Andromache. Von J. J. C. Donner. gr. 8. Heidelberg 845, C. F. Winter. n. 1/3 ℛ

Euripidis Andromacha ed. N[icolaus] Wecklein. *Lipsiae: B. G. Teubner 1900.* (67 S.) 8°
— Euripides: Fabulae ed. R. Prinz et N. Wecklein. Vol. 3, P. 1.

Euripidis Bacchae. Graece. Rec. et illustr. Petr. Elmsley. Edit. auct. indicibusque instructa. Lips. 822. 8. 21 gr.

— id. lib. in usum stud. juv. recens. et illustr. P. Elmsley; editio auct. indicibusque instructa. 8 maj. Lipsiae 822, Hartmann. 21 gr. Schreibpap.

— in usum stud. juv. recens. et illustr. P. Elmsley; editio auct. indicibusque instructa. 8 maj. Leipz. 822. (Lehnhold). 21 gℛ Schrbp. 1 ℛ 4 gℛ

— id. lib. cum integris Monkii suisque adnotat. edid. E. F. Wüstemann. 8 maj. Gothae 823, Ettinger.

— Bacchae; recens. G. Hermann. 8. Leipz. 823. Er. Fleischer. 1 ℛ

— ed. L. Dindorf. 8. Lpz. 825. Teubner. 4 gℛ. engl. P. 6 gℛ

—— ed. Bothe, s.a. Euripides: Dramata.

— Bacchae edidit Frid. Henr. Bothe. In usum scholarum. Editio II. Lipsiae 854. Hahn. gr. 8. (82 S.) 7½ ngℛ

Euripidis Bacchae edidit N[icolaus] Wecklein. *Lipsiae: B. G. Teubner 1898.* (2 Bl., 70 S., 1 Bl.) 1 Bd 8.
— Euripides: Fabulae ed. R. Prinz et N. Wecklein. Vol. II. P. III.

—— die Bacchen. Von J. J. C. Donner. gr. 8. (3½ B.) Heidelberg 845, C. F. Winter. •

Euripides, die Bakchen. Tragödie. Deutsch von Hans v. Arnim. (80 S.) 8. Wien 903. A. Hölder. n. 1.50

—— die Bakchantinnen, s. Universal-Bibliothek Nr. 940.

— Der Mütter Bittgang, s.: Tragödien, griechische.

Euripidis Cantica [Euripides, Ausz.] fragmento Grenfelliano adiecto digessit Otto Schroeder. Lipsiae: Teubner 1910. VI, 196 S. 8° (Bibliotheca scriptorum Graecorum et Romanorum Teubneriana.)

Euripides: Cyclops.
(auch: Cyclop, Kyklop u. Kyklops)

—— ed. Bothe, s. Euripides: Dramata.

—— dass. — übers. von Bendixen, s. Satyrspiel, ein, in Sicilien.

—— der Kyklop, s. Theater-Bibliothek, classische.

— der Kyklop, s. Tragödien, griechische.

— Cyclops, gr., recens. et perpet. adnotat. illustr. J. G. C. Hoepfner. 8 maj. Leipz. 789. W. Vogel. 1 ℛ

— — e. recens. Hoepfner. 8. Nrnb. Raw. (et. Raspe.) 790.

— — Graece. E rec. Höpfneri cum observatt. critic. ed. G. F. D. Goess. Norimb. 799. 8.

— e recens. J. G. C. Hoepfneri, cum observationibus crit. ed. et usui scholar. accommodavit G. F. D. Goess. 8. Nürnb. 799. Bauer u. R. 4 gℛ

Euripidis Cyclops, ed. L. Dindorf. 8. Lpz. 825. Teubner. 3 gℛ engl. P 5 gℛ

— id. lib. ed. L. Dindorf. 8. Leipz. 826, Teubner. 3 gr. engl. Papier

—— der Kyklops, ein Satyrspiel. Nebst e. ästhet. Abhandl. üb. d. Satyrspiel, v. F. W. Genthe. 8. (10½ B.) Halle 828, Reinicke u. Comp.

—— der Kyklops. Ein Satyrspiel. Nebst e. ästhet. Abhandl. üb. d. Satyrspiel. Von Wilh. Genthe. Neue Ausg. 8. (10¼ B.) Leipzig 836. [Hamburg, Engel.]

— der Kyklops. Ein Satyrspiel. Nebst e. ästhetischen Abhandl. über das Satyrspiel. Von Wlh. Genthe. N. Ausg. 8. Leipzig 836. Meißner. 3/8 ℛ

— der Kyklops. Ein Satyrspiel, ins Deutsche metrisch übersetzt, nebst vorangeschickten Gedanken üb. das Schöne in der menschlichen Handlung. Von B. Raymann. 8. Marienwerder 838. (Baumann.) n. 2/3 ℛ

— der Kyklop. Von J. J. C. Donner. gr. 8. Ebend. 845. n. 1/3 ℛ

—— der Cyklop. Ein Satyrspiel. Deutsch in den Versmaßen der Urschrift von Adolf Schöll. 8. (41 S.) Braunschweig 851, Vieweg und Sohn. *

— Kyklops im Versmasse d. Orig. übertragen, m. e. Einleitg. üb. das Satyrdrama u. kurzen erläut. Bemerkgn. v. Val. Hintner. 8. (50 S.) Czernowitz 871. (Pardini.) n. 1. 20

Euripidis Cyclops ed. N[icolaus] Wecklein. *Lipsiae: B. G. Teubner 1898.* (3 Bl., 37 S.) 1 Bd 8.
— Euripides: Fabulae ed. R. Prinz & N. Wecklein. Vol. 1. P. VII. [98. 9746

— Kyklops, s. a. Meisterwerke der Griechen u. Römer in kommentierten Ausgaben. VIII.

Euripides Kyklops. Hrsg. u. erkl. von Nikolaus Wecklein. [1. 2.] Leipzig & Berlin: B. G. Teubner 1903. 2 Bde 8°
[1.] Textheft. [2.] Einl. u. Kommentar.
— Meisterwerke d. Griechen u. Römer. 8. [03. 4133 II

Euripides: Dramata.

— s. auch: Poetae scenici Graecorum.

— dramata et fragmenta fabularum deperditarum, edidit, scholiis, versione latina etc. Ern. Zimmermann. III Vol. 8. maj. Francf. Varrentrapp et W. 808.
Holl. P.
Velinp.

Euripidis Dramata. Illustravit Ernst Zimmermann. Vol. IVi P. Ia. 8maj. Francof. a. M., Varrentrapp. 815.

— Dramata e rec. A. Matthiae. III Voll. 8. Leipz. 819. Weigel. 2 ₰ (Einzeln jeder Theil 16 ℊ)

— Dramata, edid. Fr. H. Bothe. Vol. I. Cont. Hecuba, 4 gr. — Orestes, 4 gr. — Phoenissae, 6 gr. — Medea, 6 gr. — Hippolytus, 6 gr. — Alcestis, 4 gr. — Andromache, 4 gr. — Supplices, 6 gr. — Iphigenia in Aulide, 8 gr. 8 maj. Lipsiae 825, Hahn.

— id. lib. Vol. II. Cont. Bacchae, 6 gr. — Cyclops, 4 gr. — Electra et Danaë, 9 gr. — Helena, 8 gr. — Ion, 9 gr. — Heraclidae, 4 gr. — Hercules furens, 8 gr. — Iphigenia Taurica, 6 gr. — Rhesus, 4 gr. — Troades, 6 gr. 8 maj. Lips. 825. 26, Hahn.

— Dramen, s. a. Sammlung Griechischer und Römischer Classiker.

— Dramen, s. a. Sammlung, neueste, ausgewählter griech. u. röm. Classiker.

— — s. a. Volksbibliothek, deutsche, der griechischen u. römischen Classiker.

—— Dramen, verdeutscht von Johs. Minckwitz, s. a. Sammlung griech. und röm. Classiker.

Euripides, Die Dramen des ...... Verdeutscht von Johannes Minckwitz. 4. Aufl. (I.) 1. Bändchen. Die Phönizierinnen. 5. Bändchen. Medea. (In 1 Bd.) — (II.) 3. Bändchen. Das Bakchenfest. 6. Bändchen. Alkestis. (In 1 Bd.) — (III.) 8. Bändchen. Der rasende Herakles. 4. Bändchen. Iphigenie auf Tauris. (Ohne Titelblatt.) 2. Bändchen. Der Kyklops. 3. Aufl. (In 1 Bd.) — (IV.) 9. Bändchen. Elektra. 10. Bändchen. Jon. (In 4 Bdn. geb.)
8. Stuttgart 1864—1866.

Euripides. Dramen. In den Versmaßen der Urschrift ins Deutsche übers. v. Carl Bruch. 2. u. 3. Bd. 8. Minden i. W., Bruns.
à Bd. * 5 —; * 10 —; geb. à Bd. * 6 50; * 13 —
Auch in Heften à * — 60
2. Hekabe. — Die Schutzflehenden. — Herakles. — Andromache. — Elektra. — Helena. (III, 356 S.) 891.
3. Orestes. — Die Phönikerinnen. — Die Bakchen. — Die Troërinnen. — Die Herakliden. — Der Cyklop. (III, 364 S.) 892.
1. Bd. Ebd. 1883. * 5 —; geb. * 6 50.

Euripides, Dramen. 1. u. 2. Lfg. 8. Berlin, Langenscheidt's Verl. à n. — 35
1. Die Phönizierinnen. Verdeutscht v. Johs. Minckwitz. 1. Lfg. 5. Aufl. (S. 1—48.) 901.
2. Dasselbe. 2. Lfg. 2. Aufl. (S. 49—96.) 900.

— Dramen. 2. 3. 5.—7. 9. 10. 19.—22. 25. 26. u. 28. Lfg. 8. Berlin-Schöneberg, Langenscheidt's Verl. à n. — 35
2. Die Phönizierinnen. Verdeutscht v. Johs. Minckwitz. 2. Lfg. 4. Aufl. (1. Bd. S. 49—96.) (906.)
3. Dasselbe. 3. Lfg. 3. Aufl. (1. Bd. S. 97—152. (903.)
5. Der Kyklops. Deutsch v. Johs. Minckwitz. 2. Lfg. 3. Aufl. (1. Bd. S. 49—80.) (904.)
6. 7. Das Bakchenfest. Deutsch v. Johs. Minckwitz. 2 Lfgn. 3. Aufl. (106 S.) (905.)
9. 10. Iphigenie auf Tauris. Verdeutscht v. Johs. Minckwitz. 2. u. 3. Lfg. 4. Aufl. (4. Bd. S. 49—137.) (903. 905.)
19—21. Der rasende Herakles. Verdeutscht v. Johs. Minckwitz. 1.—3. Lfg. 3. Aufl. (5. Bd. S. 1—133.) (903. 904.)
22. Elektra. Deutsch v. Johs. Minckwitz. 1. Lfg. 3. Aufl. (9. Bd. S. 1—48.) (904.)
25. 26. 28. Jon. Deutsch v. Johs. Minckwitz. 1., 2. u. 4. Lfg. 2. Aufl. (3. Bd. S. 1—96 u. 145—202.) (904.)

— Dramen. 11., 12., 14., 15. u. 29—31. Lfg. kl. 8. Berlin-Schöneberg (908—10). Langenscheidt's Verl.
à Lfg. — 35
11. 12. Medeia. Verdeutscht v. Johs. Minckwitz. 1. u. 2. Lfg. 3. Aufl. (5. Bd. S. 1—80.)
14. 15. Alkestis. Verdeutscht v. Johs. Minckwitz. 1. u. 2. Lfg. 3. Aufl. (S. 1—116.)
29—31. Andromache. Verdeutscht v. Johs. Minckwitz. 3 Lfgn. 2. Aufl. (11. Bd. 128 S.)

—— ausgewählte Dramen, s. a. Sophokles. — Volksbibliothek, deutsche, der griech. und röm. Classiker.

—— dass. — Uebersetzt von Jak. Mähly. 8. (XXXII, 211 S.) Leipzig 881, Bibliograph. Institut. geb. *
Inhalt:
Hippolyt. — Medea. — Iphigenia bei den Tauriern.
Bgl.: Bibliothek ausländischer Klassiker.

—— ausgewählte Dramen. In den Versmaßen der Urschrift ins Deutsche übers. von Carl Bruch. 6 Bdchn. 8. Minden 883, Bruns' Verlag. à Bdchn. * 60 Pf. *
Gesammtausg. auf Velinpap. in 1 Bd. (VII, 383 S.) *
geb. mit Goldschn. *
Inhalt:
Bdchn. 1. Medea. (56 S.)
„ 2. Iphigenia in Aulis. (64 S.)
„ 3. Iphigenia bei den Tauriern. (64 S.)
Bdchn. 4. Alkestis. (56 S.)
„ 5. Hippolyt. (64 S.)
„ 6. Jon. (79 S.)

Euripides: Electra.
(auch: Elektra)

—— et Daniae ed. Bothe, s. Euripides: Dramata.

— Electra, ed. Seidler, vide Tragoediae. Tom. II.

— Electra, ed. L. Dindorf. 8. Leipz. 825. Teubner. 6 ℊ engl. P. 9 ℊ

—— Electra. Recogn. duobus libris scriptis additaque adnotatione edid. P. Camper. 8 maj. (32 B.) Lugduni Batav. 831, Luchtmans. (Lipsiae, Weigel.)

—— Electra. In usum scholarum academicarum edid. C. A. Walberg. gr. 8. (IV, 54 S.) Upsala 869, (Akadem. Buchh.) **

— Electra. In usum scholarum academicarum edid. C. A. Walberg. Upsala 869. (Leipzig, A. Dürr.) gr. 8. (IV, 54 S.) n. 15 ngr.

Euripidis Elektra ed. N[icolaus] Wecklein. *Lipsiae: B. G. Teubner 1898.* (3 Bl., 69 S.) 1 Bd 8.
— Euripides: Fabulae ed. R. Prinz et N. Wecklein. Vol. 1. P. IV. [98. 3366

Euripides Elektra. Mit erkl. Anm. von N[ikolaus] Wecklein. Leipzig & Berlin: B. G. Teubner 1906. (96 S.) 8°
(Teubners Schulausgaben griech. u. lat. Klassiker mit Anm.) [06. 11866

Euripides. Uebers. v. Minckwitz, s.: Bibliothek, Langenscheidt'sche.

Euripides: Euripides, s.a. Bibliothek der Übersetzungen.

— s. a. Collection Spemann.

Euripides ex recensione Porsoni in usum scholarum. Monachi 1810. H: *Jacobs, Christian Friedrich Wilhelm.* (Ky)

—— dies. — Von J. J. C. Donner. 1. Bd. gr. 8. ($20\frac{1}{8}$ B.) Heidelberg 841, C. F. Winter. *

—— Von J. J. C. Donner. 2. Bd. gr. 8. ($22\frac{1}{4}$ B.) Heidelberg 845, C. F. Winter. *
1. Bd. Ebendas. 1841. * 1 Thlr. 15 Ngr.

Euripides. (Uebers.) Von J. J. C. Donner. 3. Bd. gr. 8. (IV u. 357 S.) Heidelberg 852, C. F. Winter. n. $1\frac{1}{2}$ ₰ (cplt. n. $4\frac{1}{2}$ ₰)

Euripides. Ed. E. W. Silber. Vol. 1. Hecuba. Orestes. Phoenissae. Medea. 8maj. ($20\frac{3}{4}$ B.) Berolini 842, Duemmler.

Euripides. Deutsch in den Versmaßen der Urschrift von J. J. C. Donner. 2. verb. Aufl. 3 Bde. Leipzig 859. C. F. Winter. gr. 8. (XIX, 1251 S.) Jeder Bd. n. 1 ₰ 15 ngr.

— Deutsch in den Versmaßen der Urschrift v. J. J. C. Donner. 3. Aufl. 3 Bde. gr. 8. (436, 378 u. 396 S.) Leipzig 876. C. F. Winter. à n. 5. —

Euripides restitutus sive scriptorum Euripidis ingeniique censura, quam faciens fabulas quae exstant explanavit examinavitque, earum quae interierunt reliquias composuit atque interpretatus est, omnes quo quaeque ordine natae esse videntur disposuit et vitam scriptoris enarravit J. A. Hartung. Vol. I. et II. 8maj. Hamburg 843, 44, Fr. Perthes. (I. n. $2\frac{1}{3}$ ₰ II. $2\frac{2}{3}$ ₰) n. 5 ₰

—Fabulae. Cum annotationibus Lud. Dindorf. II Voll. 8. Leipz. 825. Teubner. 6 ℛ fein P. 10 ℛ

—— fabulae. Recognov., latine vertit, in XII fabulas annotation. criticam scrips., omnium ordinem chronologic. indagavit Theob. Fix. Inest varietas codicum Parisinorum 2817 et 2887 accurate excerpta. Lex.-8. ($43\frac{3}{4}$ B.) Parisiis 843. Didot fratres. *

—— fabulae. Recognovit Adolphus Kirchhoff. Vol. I—III. gr. 8. Berlin 867,68, Weidmann'sche Buchh.

Inhalt:

Vol. 1. Alcestis. Andromachia. Bacchae. Hecuba. Helena. Electra. (X und 282 S.) 15 Ngr.
» 2. Heraclidae. Hercules furens. Supplices. Hippolytus. Iphigenia Aulidensis. Iphigenia Taurica. (395 S.) 15 Ngr.
» 3. Jon. Cyclops. Medea. Orestes. Troades. Phoenissae. Anonymi Rhesus. (344 S.) 18 Ngr.

Euripidis fabulae ed. Rudolfus Prinz (1, 4ff.: et N[ikolaus] Wecklein). Vol. 1–3. *Lipsiae: B. G. Teubner 1878–1902.* 19 Bde 8°
1, Pars 1. Medea. 1878. 2. Alcestis. 1879. 3. Hecuba. 1883. 4. Electra. 1898. 5. Ion. 1898. 6. Helena. 1898. 7. Cyclops. 1898.
2, Pars 1. Iphigenia taurica. 1898. 2. Supplices. 1898. 3. Bacchae. 1898. 4. Heraclidae. 1898. 5. Hercules. 1899. 6. Iphigenia aulidensis. 1899.
3, Pars 1. Andromacha. 1900. 2. Hippolytus. 1900. 3. Orestes. 1900. 4. Phoenissae. 1901. 5. Troades. 1901. 6. Rhesus. Addenda et corrigenda. Vita Euripidis et tabula. 1902.
(ca. 6,20

— fabulae, ed. Rud. Prinz. Vol. I. Pars 1 et 2. gr. 8. Leipzig 878. 79. Teubner. n. 3. 20
1. Medea. (XI, 63 S.) n. 2. —. — 2. Alcestis (VI, 48 S.) n. 1. 20

— fabulae, ed. Rud. Prinz. Vol. I. pars 3. Hecuba. gr. 8. (VII, 56 S.) Leipzig 883. Teubner. n. 1. 60
(1—3.: n. 4. 80

— fabulae, edd. R. Prinz et N. Wecklein. Vol. I. Pars 1—3, Vol. II. Pars 3—6 u. Vol. III. 6 Partes. gr. 8. Leipzig, B. G. Teubner. n. 83. —
I. 1. Medea. Ed. Rud. Prinz. Ed. altera, quam curavit N. Wecklein. (X, 79 S.) 899. n. 2. 40
2. Alcestis. Ed. Rud. Prinz. Ed. altera, quam curavit N. Wecklein. (VI, 60 S.) 899. n. 1. 80
3. Hecuba, ed. Rud. Prinz. Ed. altera, quam curavit N. Wecklein. (VII, 67 S.) 902. n. 2. 40
II. 3. Bacchae. Ed. N. Wecklein. (71 S.) 898. n. 2. —
4. Heraclidae. Ed. N. Wecklein. (V, 52 S.) 898. n. 2. —
5. Hercules. Ed. N. Wecklein. (V, 72 S.) 899. n. 2. 40
6. Iphigenia Aulidiensis. Ed. N. Wecklein. (91 S.) 899. n. 2. 80
III. 1. Andromacha. Ed. N. Wecklein. (V, 67 S.) 900. n. 2. 40
2. Hippolytus. Ed. N. Wecklein. (VI, 84 S.) 900. n. 2. 80
3. Orestes. Ed. N. Wecklein. (V, 87 S.) 900. n. 2. 80
4. Phoenissae. Ed. N. Wecklein. (107 S.) 901. n. 2. 80
5. Troades. Ed. N. Wecklein. (V, 72 S.) 901. n. 2. 80
6. Rhesus. Ed. N. Wecklein. Accedunt addenda et corrigenda, vita Euripidis, tabula. (V, 101 S.) 902. n. 3. 60

Euripidis fabulae, edd. R. Prinz et N. Wecklein. Vol. I. Pars IV—VII et Vol. II. Pars I.—II. gr. 8. Leipzig 898. B. G. Teubner. 13. 60
(I, 1—7 u. II, 1, 2. n. 18. 40)
I, 4. Electra. Ed. N. Wecklein. (VI, 69 S.) n. 2. —
I, 5. Ion. Ed. N. Wecklein. (V, 83 S.) n. 2. 80
I, 6. Helena. Ed. N. Wecklein. (V, 88 S.) n. 3. —
I, 7. Cyclops. Ed. N. Wecklein. (V, 37 S.) n. 1. 40
II, 1. Iphigenia Taurica. Ed. N. Wecklein. (V, 88 S.) n. 2. 40
II, 2. Supplices. Ed. N. Wecklein. (67 S.) n. 2. —

— fabulae. Ediderunt R. Prinz et N. Wecklein. Vol. I. Pars VII. Cyclops. Iterum ed. N. Wecklein. (III, 40 S.) gr. 8. Leipzig 908. B. G. Teubner. 1. 40

— fabulae, recognovit brevique adnotatione critica instruxit Gilb. Murray. Tom. 1 et 2. 8. Oxford (905). Clarendon Press. à n.n. 3. —
1. Cyclops, Alcestis, Medea, Heraclidae, Hippolytus, Andromacha, Hecuba. (XVIII, 346 S.)
2. Supplices, Hercules, Ion, Troiades, Electra, Iphigenia Taurica. (VIII, 338 S.)

— dasselbe. Recognovit brevique adnotatione critica instruxit Gilb. Murray. Tom. III. Helena, Phoenissae. Orestes, Bacchae, Iphigenia aulidensis, Rhesus. (VIII, 307 S.) 8. Oxford (909). Clarendon Press. (Je) nn 3. —

Euripides, fabulae selectae. Recognovit et in usum scholar. edid. Aug. Witschel. Vol. I—III. 8. Jena, Mauke. à Vol. Thlr. -

Et. s. tis.:
Vol. I. Hippolitum contin. (9 B.) 843.
- II. Iphigeniam in Tauris contin. ($10\frac{1}{4}$ B.) 844.
- III. Alcestem contin. ($9\frac{3}{4}$ B.) 845.

—— fabulae superstites, s.a. Poetarum scenicorum graecorum fabulae.

Euripides, fabulae superstites et perditarum fragmenta. Ex rec. Guil. Dindorfii. [Editio ex poetarum scenicorum graecorum fabulis expressa.] Leipzig 860. Teubner. 4. (376 S.) n. 3 ₰

—— Fragmenta, iterum edidit, perditor. Tragicorum omnium nunc primum collegit Fr. Guil. Wagner. Acced. Indices locupletiss. Christus patiens, Ezechieli et christianorum Poetarum Reliquiae dramaticae. Ex Cod. emend. et annotatione crit. instruxit Fr. Dübner. gr. Lex-8. (39 B. u. Titlvgn.) Parisiis 846, Didot fratres. *

Euripidis fragmenta duo Phaëtonis e cod. Claromontano ed. Hermann. 4. Leipz. 821. (Progr.)

—— fabularum fragmenta recens. et annotat. instr. Frid. Henr. Bothe. 8maj. ($22\frac{1}{2}$ B.) Lipsiae 844, libr. Hahniana.

Euripidis Fragmenta tragoediae graecae ed. T. Kock. Pr. 1858. 27 S. 4°.

Euripides: Hecuba.
(auch: Hekabe u. Hekuba)

—— ed. Bothe, s. Euripides: Dramata.

—— Hekabe, s. a. Universal-Bibliothek Nr. 1166.

—— — Orestes et Phoenissae c. not. King, c. Morel. 8. Lond. 719.

— — Graece ex rec. Valckenaerii c. schol. graec., var. lectt. et indice edid. C. G. Schütz. Hal. 772. 8. 16 gr. Ib. 820. 8.

— — Graece ex rec. Brunckii, var. lectt. et notis illustr. Facius. Coburg. 778. 8. 14 gr.

—Hecuba, Phoenissae, Hippol. et Bacchae ex opt. exempl. emend. cura R. P. F. Brunckii. 8. Strassb. 780. Treuttel u. W. Holl. P. 4 ₰

—Hecuba, aus d. Griech. mit erklär. Anmerkk. von G. B. Matthesius. 8. Leipz. 788. N. Aufl. 827. Weidmann 8 ℛ

—Hecuba, e rec. et c. not. R. Fr. Ph. Brunckii. Praelect. causa cur. G. H. Martini. 8. Leipz. 788, in us. praelect. cur. G. H. Schäfer. 8. Lpz. 791 u. 803. Ed. alt. 810, 18. Ed. V. 824. (List in Berl.) 6 ℛ

— selectae varietate lectionis et continua adnotatione illustr. Chr. Fr. Ammon. 8 maj. Erlang. 780. Heyder. 1 ℛ 12 𝔤𝔤

— Hecuba u. Andromache, 2 Trauerspiele; aus d. Griech. mit erklär. u. krit. Anmerkk. von Chr. Fr. Ammon. gr. 8. Erlang. 789. Palm. 14 𝔤𝔤

— Hecuba ill. C. F. Ammon. 8. maj. Erlang. Walther. 789.

— — Graece c. notis Brunckii ed. Martini. Lips. 791. 8. 4 gr. Ib. 803. 8. 6 gr. Ed. 3. emend. Ib. 810. 8. 4 gr.

Euripides. Hekuba. Ein Trauerspiel. A. d. Griech. Altona [1800]. Ü: *Bothe, Friedrich Heinrich.* (Hoff) (Gi)

— Hecuba, in Jamben übers. 8. Altona 800. Hammerich. 6 𝔤𝔤

— c. animadv. Gfr. Hermanni ad eam et ad Porsoni not. animadv. 8 maj. Lpz. 800. (Brockhaus). 1 ℛ Schrbp. 1 ℛ 8 𝔤𝔤

— — Gf. Hermanni ad eam et ad Porsoni not. animadv. 8. maj Lips. Gleditsch. 800. Schreibp.

— Ἑκάβη, e recensione et c. not. Brunck, in usum praelect. cura Schaefer. 8. Lips. Sommer. 803.

— e rec. Gf. Hermanni c. Wlh. Lange. 8 maj. Halle 805. Kümmel. 22 𝔤𝔤 Schrbp. 1 ℛ 6 𝔤𝔤 2e Aufl. 828. Ebd. Hbg. Pr. 20 𝔤𝔤 Schrbp. 1 ℛ 4 𝔤𝔤 Schweizerp. 1 ℛ 12 𝔤𝔤

— — e recensione R. F. Ph. Brunck in usum scholarum. 8. ibid. 810.

— — et Phoenissae. In usum schol. accurate editae et illustratae. Acc. elementor. metricae disciplinae succincta expositio secund. G. Hermanni rationem. Stendal. 820. 8.

Euripides. Hecuba et Phoenissae, in usum scholarum accurate editae ... Stendaliae 1820. H: *Haacke, Christoph Frdr. Ferd.* (Gi) (Ky) (MGT) (ErschDL) (Hoff)

— — Hecuba et Phoenissae in usum scholarum accurate editae et illustratae. Adjecta est Elementorum metricae disciplinae succincta expositio. Stendal, Franzen et G. 820.

— id. lib. Denuo recensuit Gf. Hermann. 8 maj. Lpz. 821. Weidmann. 1 ℛ 6 𝔤𝔤

— Hecuba. Ed. R. Porson. 8 maj. Leipz. 823. Er. Fleischer. 20 𝔤𝔤

— Hecuba, Orestes, Phoenissae et Medea. Ad fidem Mscpti emend. et brevib. notis emendat. potissim. rationes reddentib. instructae. In us. stud. juvent. edidit R. Porson. IV. Vol. — Vol. I. Hecuba, 20 gr. — Vol. II. Orestes, 16 gr. — Vol. III. Phoenissae, 16 gr. — Vol. IV. Medea, 16 gr. — Editio in Germania III. correcta et aucta indicibusque locupletiss. instructa. Access. additamenta edit. noviss. 8 maj. Londinensis. Lipsiae 824, G. Fleischer.

— Ἑκάβη, e recens. R. Fr. Ph. Brunckii. In usum scholar. Edit. V. emend. 8. Lips. 824. Sommer.

— Hecuba, graece, e recens. Rich. Fr. Ph. Brunckii. In usum scholar. edit. 5a emendatior. 8. Leipzig 824., jetzt Kleemann in Berlin u. d. Pr. ¼ ℛ

— id. lib., ed. L. Dindorf. 8. Leipz. 825. Teubner. 3 𝔤𝔤 engl. P. 5 𝔤𝔤

— Hecuba. Mit e. Commentar v. Aug. Lafontaine. gr. 8. Halle 826. Hemmerde u. S. 16 𝔤𝔤

— id. lib., ex recens. Godofr. Hermanni, cum animadversionibus, scholiis, excerptis et indice copioso tironum maxime in usum edid. Wilh. Lange. 2e Aufl. gr. 8. Halle 827. Kümmel. 20 gr. Schreibp. 1 Rthlr. 4 gr. Velinp.

— Dass., aus d. Griech. übers. von Fr. Stäger. 8. Halle 827. Waisenhaus B. 16 𝔤𝔤 Velinp. 1 ℛ

— dass. aus d. Griech. mit Anmerkk. von G. B. Mathejus. Neue Aufl. 8. Leipz. 827, Weidmann.

— Hecuba, ed. stereotypa, 8. Biponti 828. Ritter. 4 𝔤𝔤

— id. lib. rec. et commentar. instr. Pflugk. 8 maj. Gotha 829. Hennings. 10 𝔤𝔤

—— id. — Denuo recens. Godofr. Hermannus. 8 maj. (11¼ B.) Lipsiae 831, Weidmann.

—— Hecuba ed. Frid. Henr. Bothe. In us. scholar. Edit. II. 8 maj. (4½ B.) Lipsiae 837, libr. Hahn.

— Hecuba metr. übers. v. M. Döring. Pr. 1858. 64 S.

— Hecuba. Rec. et commentariis instruxit Aug. Jul. Edm. Pflugk. Ed. 3., quam cur. N. Wecklein. gr. 8. (VI, 84 S.) Leipzig 877. Teubner. 1. 20

Euripides: Helena.

-- ed. Bothe, s. Euripides: Dramata.

— Helena, übers. v. C. M. Wieland. gr. 8. Zürich 805. Geßner. (Ziegler). 9 𝔤𝔤

— Helena, ed. L. Dindorf. 8. Leipz. 825. Teubner. 3 𝔤𝔤 engl. P. 9 𝔤𝔤

— Helena, ed. A. J. E. Pflugk. 8 maj. Gotha 831. Hennings. 12 𝔤𝔤 Postp. 16 𝔤𝔤 Velinp. 1 ℛ

— Helena, für junge Studirende, aus d. Griech. wortgetreu übers. u. in d. Grundsprache grammatisch erläutert vom Prof. Oertel. Lexicon. 8. Sulzb. 832. v. Seidel. 6 𝔤𝔤

—- Helena. Von J. J. C. Donner. gr. 8. (4½ B.) Heidelberg 845, C. F. Winter.

Euripidis Helena ed. N[icolaus] Wecklein. *Lipsiae: B. G. Teubner 1898.* (3 Bl., 88 S.) 1 Bd 8.

— Euripides: Fabulae ed. R. Prinz & N. Wecklein. Vol. I. P. VI.

— Helena. Mit erklär. Anmerkgn. v. N. Wecklein. (103 S.) 8. Leipzig 907. B. G. Teubner. 1.60; geb. 2. —

Euripides. Helena in Aegypten. Ein Trauerspiel. A. d. Griech. Zürich 1780. Ü: *Nüscheler, Felix.* (MGT) (Mn) (DegG) (Hoff)

Εὐριπίδου Ἑλένη. Ad novam codicum Laurentianorum factam a G. Vitellio collationem recogn. et adnot. Henr. van Herwerden. Accedunt analecta tragica. gr. 8. (XII, 105 S.) Leiden 895. A. W. Sijthoff. n.n. 4. 50

— Heraclidae, ed. Klotz, s. Bibliotheca graeca, ed. Jacobs et Rost.

-- ed. Bothe, s. Euripides: Dramata.

Euripides. Heraclidae, ex recens. P. Elmsley ... Ed. auctior ... Lips. 1821. H: *Dindorf, Carl Wilhelm.* (Ky) (MGT)

— — Heraclidae, ex recens. P. Elmsley, qui annotat. suas et aliorum selectas adjecit. Edit. auctior indicibusque instructa. 8 maj. Lips., Hartmann. 821.

— Heraclidae, ex recens. P. Elmsley, qui annotat. suas et aliorum selectas adjecit, (cur. W. Dindorf). Edit. auct. indicibusque instructa. 8 maj. Leipz. 821. (Lehnhold). 16 𝔤𝔤 Schrbp. 21 𝔤𝔤

— Heraclidae, ed. L. Dindorf. 8. Lpz. 825. Teubner. 3 gr. engl. P. 5 gr.

— Heraclidae, ed. A. J. E. Pflugk. 8 maj. Gotha 829. Hennings. 12 gr.

Euripidis Heraclidae edidit N[icolaus] Wecklein. Lipsiae: B. G. Teubner 1898. (3 Bl., 52 S.) 1 Bd 8.
— Euripides: Fabulae ed. P. Prinz et N. Wecklein. Vol. II. P. IV.

— Herakles. — Hippolytus. — Der Mütter Bittgang, s. a. Tragödien, griechische.

—— Herakles, s. a. Wilamowitz-Moellendorf, Ulr. v.

— Herakles. Erklärt von Ulr. v. Wilamowitz-Moellendorff. 2. Bearbeitg. 2 Bde. gr. 8. (XV, 273 u. 296 S.) Berlin 895. Weidmann. n. 16. —

— Herakles. Erklärt v. Ulr. v. Wilamowitz-Moellendorff. 2. Bearbeitg. Neuer Abdr. (XV, 505 S.) gr. 8. Berlin 909. Weidmann. 15 —

— der rasende Herakles. Tragödie. Im Versmaaße der Urschrift übersetzt v. Jul. Jastra. gr. 8. (VIII u. 51 S.) Breslau 847, Leuckart. 12 ngr.

— Herakliden zum Schulgebrauche mit erklärenden Anmerkungen versehen von Wolfg. Bauer. München 870. Lindauer. gr. 8. (54 S.) n. 8 ngr.

— Herakliden, zum Schulgebrauche m. erklär. Anmerkgn. versehen v. Wolfg. Bauer. 2. Aufl., bearb. v. N. Wecklein. gr. 8. (60 S.) München 885. Lindauer. n. 1. —

Euripidis Hercules ed. N[icolaus] Wecklein. Lipsiae: B. G. Teubner 1899. (4 Bl., 72 S.) 1 Bd 8.
— Euripides: Fabulae ed. R. Prinz et N. Wecklein. Vol. II. P. V.

— Hercules furens ed. Bothe, s. Euripides: Dramata.

— Hercules furens. Graece. Rec. G. Hermannus. Lips. 810. 8. 12 gr.

— Hercules furens, rec. Gf. Hermann. 8. Leipz. 810. Fr. Fleischer. 12 gr.

— Hercules furens, ed. L. Dindorf. 8. Leipz. 825. Teubner. 6 gr. engl. P. 9 gr.

—— Hercules furens. Rec. et commentariis instruxit Aug. Jul. Edm. Pflugk. Edit. II, quam curavit N. Wecklein. gr. 8. (123 S.) Leipzig 877, Teubner.

Euripides. Ἱππόλυτος Στεφανηφόρος. E recensione ... Rich. Fr. Phil. Brunck ... Editio altera ... Lipsiae 1810. H: *Schäfer, Gfr. Hnr.* (Hoff)

— Ἱππόλυτος Στεφανηφόρος, cum notis Brunck in usum praelectionum, cura Schaefer, 8. Lips. Sommer. 810.

— Ἱππόλυτος Στεφανηφόρος. E recens. R. F. P. Brunck In usum Scholarum cura G. H. Schäferi. 8. Lips. Sommer. 810.

Ευριπιδου Ἱππόλυτος Στεφανηφορος. (recens. et c. notis R. F. Ph. Brunckii. In usum praelectionum. Edit. nova. Cura G. H. Schaeferi. Charta impress. nec non scriptoria: 8. Lipsiae, libr. Sommeria. 818. Rthlr.

Euripides: Hippolytus.
(auch: Hippolitus, Hippolyt, Hippolytos u. Hyppolytos)

— ed. Bothe, s. Euripides: Dramata.

— Hippolytos, s. a. Graeser's Schulausgaben klassischer Werke.

—— Hippolyt, s. a. Meyer's Volksbücher.

— Hippolytos, der Mütter Bittgang, Herakles, s. a. Tragoedien, griechische. I.

— Hippolytus, gr. et lat. cum not. var. L. Ksp. Valckenaer. 4. Leyd. 768. Luchtmanns. 6 Rthlr 12 gr.

— — Graece. Ex rec. et cum notis Brunckii cura Martini. Lips. 788. 8. 4 gr. Ed. 2. emend. Ib. 810. 8. 5 gr.

— c. Martini. 8. Leipz. 788. (List in Berl.) 4 gr.

— e rec. Brunckii in us. scholar. cur. G. H. Schäfer. 8. Lpz. 808. Ed. alt. 810. (List in Berl.) 5 gr.

— — — idem lib. E recens. et cum notis R. F. P. Brunck. In usum praelectionum cura Schäferi. 8. ibidem. 811.
Schreibp.

— id. lib., quam latino carmine conversam a Geo. Ratallero, adnotatt. instruxit L. C. Valckenaer. gr. 4. Leyden 822.

— tragoedia Hippolytus, quam lat. carmine a G. Ratallero adnotat. instr. L. C. Valckenaer. 8 maj. Lipsiae 823, Hartmann. 2 Rthlr. Schreibpap. Rthlr.

— ad fid. manuscr. ac veter. edit. emend. et annotat. instr. J. H. Monk. 8 maj. Lpz. 823. (Lehnhold). 21 gr. Schrbp. 1 Rthlr 4 gr.

— quam lat. carmine a G. Ratallero adnotat. instr. L. C. Valckenaer. 8 maj. Lpz. 823. (Lehnhold). 2 Rthlr Schrbp. 3 Rthlr.

Euripidis tragoedia Hippolytus, ed. L. Dindorf. 8. Leipz. 825, Teubner. 4 gr. engl. Papier

— textu recognito, cum selectis scholiis in usum schol. ed. Aug. Sander. 8. Hildesh. 827. Gerstenberg. 10 gr.

—— Hippolytos, Tragödie. Metrisch übertragen v. Franz Fritze. gr. 8. (5½ B.) Berlin 846, 47, Förstner.

— Hippolitos. Von Osw. Marbach. 16. Leipzig 840, O. Wigand. 6 ngr.

— Hippolytos. Tragödie d. E. Metr. übertragen v. F. Fritze. Gel. 1856. 78 S.

—— Hyppolytos oder Phädra. Uebers. von Joh. Minckwitz und Wilh. Binder. 3 Lfgn. 2. Aufl. 12. (105 S.) [Stuttgart 873, Hoffmann'sche Verlagsh.] Berlin, Langenscheidt'sche Verlagsh. à Lfg. * 35 Pf. *

—— des, Hippolyt, zum Schulgebrauche mit erklärenden Anmerkungen versehen von Wolfg. Bauer. gr. 8. (76 S.) München 876, Lindauer'sche Buchh. *

— Hippolytus, scholarum in usum ed. Th. Barthold. [Metra rec. W. Christ.] 8. (77 S.) Prag 885. Tompsky. — Leipzig, Freytag. n. — 50

— Hippolytos. Griechisch u. deutsch v. Ulr. v. Wilamowitz-Moellendorff. gr. 8. (245 S.) Berlin 891. Weidmann. n. 8. —

Euripidis Hippolytus. Ed. N[icolaus] Wecklein. Lipsiae: B. G. Teubner 1900. (VI, 84 S.) 8°
— Euripides: Fabulae ed. Prinz et Wecklein. Vol. 3, P. 2.

— Hippolyt. Für den Schulgebrauch hrsg. v. Osk. Altenburg. (XXIV, 66 S. m. 4 Abbildgn.) 8. Leipzig 908. G. Freytag. Geb. in Leinw. n. 1. —

— Hippolytos. Tragödie. In deutsche Verse gebracht v. Otto Altendorf. (VIII, 48 S.) gr. 8. Leipzig 906. B. G. Teubner. n. — 80

— Hippolytus Coronifer, graece, e recens. et c. notis Rich. Fr. Ph. Brunckii. In usum praelect., editio altera auct. et emendatior. 8. Leipz. 810. jetzt Kleemann in Berlin. ½ Rthlr

— Hippolytus Coronifer, ad fid. manuscr. ac veter. edit. emend. et annotatt. instr. J. H. Monk. 8 maj. Lipsiae 823, Hartmann. 21 gr. Schreibp.

— Hypsipylae fragmenta. Post Grenfellium et Huntium in usum studiosae iuventutis ed. Heur. van Herwerden. (47 S.) gr. 8. Utrecht 909. A. Oosthoek. 1.25

Euripides: I o n .

—— ed. Bothe, s. E u r i p i d e s : Dramata.

— Jon, s. a. Universal-Bibliothek.

— Ion, gr., ad opt. edit. critic. multor. notationes, et metricor. observat., recognitus; commentario perpetuo, prolegom. et indicib. illustr. H. C. F. Hülsemann. 8 maj. Leipz. 801. Schwickert. 1 ₰

— Jon. Uebers. m. Anm. von Wieland. Leipz. 803. 8. 1 rthl.

— Dass., aus d. Griech. übers. v. Cph. Mt. Wieland. gr. 8. Lpz. 803. Schmidt. 1 ₰

— Ion, ed. L. Dindorf. 8. Lpz. 824. Teubner. 6 gr. engl. P. 9 gr.

— id. lib., recens. G. Hermann. 8. Leipz. 827. Er. Fleischer. 1 ₰

— Ἴων. Rec. et commentario instruxit Henr. van Herwerden. gr. 8. (XII, 270 S.) Utrecht 875. Kemink & Zoon. n. 6. 75

Euripidis Ion ed. N[icolaus] Wecklein. *Lipsiae: B. G. Teubner 1898.* (3 Bl., 83 S.) 1 Bd 8.
— Euripides: Fabulae ed. R. Prinz & N. Wecklein. Vol. I. P. V. [98. 9766

— Iphigenia. ed. Seidler, vide Tragoediae. Tom. III.

Euripides: I p h i g e n i a Aulidensis.
(auch: Iphigenia in Aulide, Iphigenia in Aulis u. Iphigenie in Aulis)

Euripides, Iphigenie in Aulis, s. a. Meyer's Volksbücher.

— Iphigenia in Aulis, v. E. Ph. Renninger, s. Theater, griech.

— e. Trauerspiel, aus d. Griech. von Jh. Brnh. Köhler. 8. Berl. 778. Nicolai. 8 gr.

— Iphigenia in Aulide, gr., rec. comment. illustr., indic. verbor. difficil. adj. J. G. C. Hoepfner. 8 maj. Halle 795. Hendel. 1 ₰ 4 gr.

— in Aulide et in Tauride c. not. Jer. Marclandi integris et allor. select. 8 maj. Leipz. 822. Lehnhold. 2 ₰

— Iphigenia in Aulide, ed. L. Dindorf. 8. Leips. 825, Teubner. 6 gr. engl. Papier

—— Iphigenia in Aulide. Recens. Godofr. Hermannus. 8 maj. (11¼ B.) Lipsiae 831, Weidmann.

—— Iphigenia in Aulide. Rec. J. A. Hartungus. Praemittuntur de Euripidis fabular. interpolatione disputationes duae. 8maj. (17¼ B.) Erlangae 837, Palm et Enke.

—— Iphigenia in Aulis. Mit deutschem Commentar hrsg. v. C. G. Firnhaber. Nebst Einleit. u. Excursen üb. d. Echtheit u. d. Zeit d. Stückes. gr. 8. (23¼ B.) Leipzig 841, Hahn'sche Vrls.-Buchh.

—— ed. Bothe, s.a. E u r i p i d e s : Dramata.

—— Iphigenia Aulidensis recens. Frid. Henr. Bothe. In us. scholar. Edit. II. emend. 8maj. (6¼ B.) Lipsiae 843, libr. Hahniana.

—— Iphigenia in Aulis. Von J. J. C. Donner. gr. 8. (1¾ B.) Heidelberg 845, C. F. Winter. *

Euripidis Iphigenia Aulidensis ed. N[icolaus] Wecklein. *Lipsiae: B. G. Teubner 1899.* (2 Bl., 90 S., 1 Bl.) 1 Bd 8.
— Euripides: Fabulae ed. R. Prinz et N. Wecklein. Vol. II. P. VI. [99. 590

— Iphigenie in Aulis, s. a. Meisterwerke der Griechen u. Römer in kommentierten Ausgaben. VII.

Euripides Iphigenie in Aulis. Hrsg. u. erkl. von Karl Busche. [1. 2.] Leipzig & Berlin: B. G. Teubner 1903. 2 Bde 8°
[1.] Textheft. [2.] Einl. u. Kommentar.
— Meisterwerke d. Griechen u. Römer. 7. [03. 4034 11

Euripides: I p h i g e n i a Taurica.
(auch: Iphigenia bei den Taurern, Iphigenia in Tauri, Iphigenia in Tauride, Iphigenia bei den Tauriern, Iphigenia auf Tauris, Iphigenie bei den Taurern, Iphigenie in Taurien, Iphigenie unter den Tauriern u. Iphigenie auf Tauris)

—— ed. Bothe, s. E u r i p i d e s : Dramata.

— dasselbe, s. a. Graeser's Schulausgaben klassischer Werke.

— dasselbe, s. a. Meyer's Volksbücher.

— dasselbe. hrsg. v. Siegfr. Reiter. s.: Sammlung griechischer u. römischer Klassiker. 6. Bd.

— von E. Ph. Renninger, s. Theater, griech.

— Iphigenie in Tauris, s. a. Universal-Bibliothek. 737.

Euripides Iphigenie auf Tauris, übers. u. hrsg. v. Osk. Hubatsch, s.: Velhagen & Klasing's Sammlg. deutscher Schulausg.

— Iphigenia in Tauride, ed. L. Dindorf. 8. Leipz. 825. Teubner. 4 gr. engl. P. 6 gr.

—— Iphigenia Taurica. Recens. Godofr. Hermannus. 8 maj. (13 B.) Lipsiae 833, Weidmann.

— Iphigenia in Tauri. Von J. J. C. Donner. gr. 8. (4 B.) Heidelberg 845, C. F. Winter. *

— Iphigenia in Tauris. Schauspiel. Deutsch von Edm. Lobedanz. Leipzig 857. Brockhaus. 16. (XV, 84 S.) n. 18 ngr

— Iphigenie auf Taurien zum Schulgebrauche m. erklär. Anmerkgn. versehen v. Wolfg. Bauer. gr. 8. (90 S.) München 872. Lindauer. n. 1. —

—— Iphigenie auf Tauris. Uebersetzt von Johs. Minckwitz und Wilh. Binder. 3 Lfgn. 3. Aufl. 12. (136 S.) [Stuttgart 873, Hoffmann'sche Verlagsb.] Berlin, Langenscheidt'sche Verlagsb. à Lfg. * 35 Pf. *

— Iphigenie unter den Tauriern. Deutsch v. W. Kopp. Mit erklär. Anmerkgn. 8. (91 S.) Berlin 875. Springer's Verl. n. 1. 20

— Iphigenie in Taurien, deutsch von Thdr. Kayser. 8. (106 S.) Tübingen 881. Fues. n. 1. 20

— Iphigenie in Taurien. Textausg. f. Schulen v. Chrph. Ziegler. 2. Aufl. Mit e. Anh., enth. neue Vergleichgn. d. codex Laurentianus 32, 2 u. Vaticanus Palatinus 287 u. krit. Bemerkgn. gr. 8. (VI, 74 S.) Freiburg i/Br. 884. Mohr. n. 1. —

—— Iphigenie bei den Tauriern, zum Schulgebrauche mit erklär. Anmerkungen versehen von Wolfg. Bauer. 2. Aufl., durchgesehen von N. Wecklein. gr. 8. (92 S.) München 884, Lindauer'sche Buchh. *

— Iphigenie bei den Tauriern. Für den Schulgebrauch erklärt v. Ch. Ziegler. gr. 8. (VI, 85 S.) Freiburg i/Br. 886. J. C. B. Mohr. n. 1. —

— Iphigenie in Taurien. Für den Schulgebrauch erklärt v. Siegfr. Merkler. Ausg. A. Kommentar unterm Text. gr. 8. (XII, 74 S. u. Uebersicht der Metra, VIII Bl.) Gotha 891. F. A. Porthes. 1. 20; Ausg. B. Text u. Kommentar getrennt in 2 Hftn. (XII, 44 S. u. VIII Bl. u. 28 S.) 1. 20

— dasselbe. Textausg. f. Schulen v. Chrph. Ziegler. 3. Aufl. Mit e. Anh., enth. neue Vergleichgn. des Codex Laurentianus 32,2 u. Vaticanus Palatinus 287 u. kritische Bemerkgn. gr. 8. (VI, 74 S.) Freiburg i/B. 893. J. C. B. Mohr. n. 1. —

— Iphigenia auf Tauris, hrsg. v. Osk. Hubatsch, s.a. Velhagen & Klasing's Sammlung deutscher Schulausgaben 76. Lfg.

[J.] Iphigenia auf Tauris v. Euripides. In neuer Übs. z. Schulgebr. hrsg. v. Dr. Oskar Hubatsch, Dir. ... zu Charlottenburg. *Bielefeld & Leipzig: Velhagen & Klasing 1897.* (VIII, 70 S.) 1 Bd 8.
— Sammlung, Velhagen & Klasings, Deutscher Schulausgaben. Lfg 76.
[97. 5754]

Euripidis Iphigenia Taurica. Ed. N[icolaus] Wecklein. *Lipsiae: B. G. Teubner 1898.* (3 Bl., 88 S.) 1 Bd 8.
— Euripides: Fabulae. Ed. R. Prinz & N. Wecklein. Vol. II. P. 1. [98. 9769]

Iphigenia bei den Taurern von Euripides in d. Versmassen d. Urschrift übers. v. Rob. Joachim. *Duisburg: J. Ewich 1900.* (80 S.) 8° [J.] [00. 4433]

— Iphigenie bei den Tauriern, zum Schulgebrauche m. erklär. Anmerkgn. versehen v. Wolfg. Bauer. 4. Aufl., bearb. v. N. Wecklein. Ausg. A. (Anmerkgn. unter dem Text.) gr. 8. (100 S.) München 900. J. Lindauer. n. 1. —; geb. n.n. 1. 30; Ausg. B. (Text u. Anmerkgn. getrennt.) (56 u. 41 S.) n. 1. —

EURIPIDES
(F) Euripides: Iphigenie auf Tauris in der Übersetzung von J. J. C. Donner, in neuer Bearbeitung herausgegeben und mit Einleitung und Anmerkungen versehen von F. Mertens. (Freytags Schulausgaben und Hilfsbücher für den deutschen Unterricht.) Wien und Prag. 1900. Tempsky. 8°. 83 S. Geb. K —.60

— Iphigenie auf Tauris. Für den Schulgebrauch hrsg. v. Siegfr. Reiter. 8. (XXIV, 82 S. m. 6 Abbildgn.) Leipzig 902. G. Freytag. Geb. in Leinw. n. 1. 20

Euripides' Iphigenie bei den Taurern. Zum Gebr. f. Schüler hrsg. von Prof. Dr. Christian Muff, Rektor, Pforta. Text. Kommentar. *Bielefeld & Leipzig: Velhagen & Klasing 1903.* 2 Bde 8°
(Sammlung lat. u. griech. Schulausgaben.) [03. 8649]

— Iphigenie bei den Taurern. Zum Gebrauche für Schüler hrsg. v. Christian Muff. Text. (XXXII, 86 S.) 8. Bielefeld 903. Velhagen & Klasing. Geb. in Leinw. n. 1. 10; Kommentar (69 S.) n. — 80

— Iphigenia bei den Tauriern, s.a. Schöningh's, Ferd., Textausgaben alter u. neuer Schriftsteller.

— Iphigenia bei den Tauriern. Ein Drama. Für den Schulgebrauch hrsg. v. Walth. Böhme. Mit der Abbildg. e. Marmorherme des Euripides. (Aschendorff's Ausgaben f. den deutschen Unterricht.) (86 S.) 8. Münster 904. Aschendorff. Geb. in Leinw. n. — 85

— Iphigenie auf Tauris. Für den Schulgebrauch hrsg. v. Ludw. Schunck. (XXXV, 84 S. m. 5 Abb.) 8. Münster 908. Aschendorff. Geb. 1. —

— dasselbe. Kommentar. (83 S.) 8. Ebd. 908. — 85

Euripides: Iphigenie ..., s. Euripides: Iphigenia ...

Euripides: Der Kyklop(s), s. Euripides: Cyclops.

Euripidis Laches seu de fortitudine. Edit. stereot. 8. (2¼ B.) Biponti 829. Ritter. Thlr.

Euripides: Medea
(auch: Medeia)

— Medea. Uebers. v. R. Schneider. 1889. Siehe unter Aeschylus.

— Medea, s.a. Bühnen-Repertoir, Bd. XIII.

— dasselbe, bearb. v. H. Wolf, s.: Klassiker, die ausländ., erläut. u. gewürdigt f. höh. Lehranstalten.

— dasselbe, s. a. Meyer's Volksbücher.

— dasselbe. — Troerinnen, s. a. Tragoedien, griechische.

—— Iphigenie in Tauris, } s. a. Universal-Bibliothek
—— Medea, } Nr. 737 und 849.

— c. not. Brunckii, s. a. *Aeschylus.*

— — Graece. E rec. et cum notis Brunckii curav. Blümner. Lips. 793. 8. 6 gr.

— Medea, gr., e recens. et c. not. R. F. Ph. Brunckii ab A. Blümner. 8. Leipz. 794. (List in Berl.) 6 gr

— Medea graece c. Blumner. 8. Lips. Sommer. 794.

— ad fid. Mscr. et c. not. ed. R. Porson. 8. Cantabr. 801. Ed. II. Lond. 817. Ed. III. 8. Leipz. 823. Er. Fleischer. 16 gr

— aus d. Griech. u. mit e. Abhandl. begleitet v. Hier. Müller. gr. 8. Erfurt 811. Keyser. 18 gr

Euripidis Medea, Recensuit et illustravit Pet. Elmsley. 8maj. Oxonii. 818.

— ed. J. Leuting. 8. Zütphen 819. Thieme. 2 ₰ 16 gr

— Medea, in usum stud. juvent. recens. et illustr. Pet. Elmsley; accedunt G. Hermanni adnotationes. 8 maj. Lips. 822, Hartmann. 2 Rthlr. 16 gr. Schreibpap.

— in usum stud. juvent. recens. et illustr. Pet. Elmsley; accedunt G. Hermanni adnotat., (cur. W. Dindorf). 8 maj. Leipz. 822. (Lehnhold). 2 ₰ 16 gr Schrbp. 3 ₰ 16 gr

— id. lib. ed. L. Dindorf. 8. Leipzig 825, Teubner. 4 gr. engl. Papier

— id. lib. ex rec. P. Elmsleii in us. schol. Ed. IIa. 8maj. Lips. 827, Hartmann.

— ex rec. P. Elmsleii in us. schol., (c. W. Dindorf). 8 maj. Leipz. 822. Ed. II. 827. (Lehnhold). 6 gr

—— Medea. Edit. stereot. 8. (4¼ B.) Biponti 828, Ritter.

— ed. A. J. E. Pflugk. 8 maj. Gotha 829. Hennings. 10 gr

Euripides Medeia. Für junge Studirende aus d. Griech. wortgetreu übers. u. in d. Grundsprache grammat. erläut. v. (Euch. Ferd. Chrstn.) Oertel. gr. 8. (5¼ B.) München 835, Jaquet. Thlr.

—— Medea. Recognovit et in us. scholar. ed. Aug. Witzschel. 8. (12⅓ B.) Lipsiae 841, Boehme.

Euripides: Medea ed. Bothe, s.a. Euripides: Dramata.

—— Medea recensuit Frdr. Henr. Bothe. In usum scholarum. Editio II. emend. 8maj. (104 S.) Lipsiae 848, libr. Hahn.

— Medea. Edidit A. Kirchhoff. gr. 8. (111 S.) Berolini 852 Hertz. n. ⅔ ₰

—— Medea zum Schulgebrauche mit erklär. Anmerkungen versehen von Wolfg. Bauer. gr. 8. (81 S.) München 871, Lindauer'sche Buchh. *

—— Medea, zum Schulgebrauche mit erklär. Anmerkungen versehen von Wolfg. Bauer. 2. Aufl., durchgesehen von N. Wecklein. gr. 8. (82 S.) München 883, Lindauer'sche Buchh. *

— dasselbe. Für den Schulgebrauch erklärt v. Siegfr. Mekler. Ausg. A. Kommentar unterm Text. gr. 8. (V, 68 S.) Gotha 886. F. A. Perthes. n. 1. —; Ausg. B. Text u. Kommentar getrennt in 2 Hftn. (V, 44 u. 22 S.) n. 1. —

Euripides, Medea. Scholarum in usum ed. Th. Barthold. [Metra rec. W. Christ.] 8. (80 S.) Prag 886. Tempsky. — Leipzig, Freytag. n. — 50

— Medea. Für den Schulgebrauch hrsg. v. Osk. Altenburg. 8. (XX, 61 S. m. 4 Abbildgn.) Leipzig 902. G. Freytag. Geb. in Leinw. n. 1.—

— dasselbe. Zum Gebrauch f. Schüler hrsg. v. Christian Muff. (XXXI, 80 S.) 8. Bielefeld 904. Velhagen & Klasing. Geb. n. 1.—; Kommentar (48 S.) 904. Geb. n. —70

Euripides' Medea. Zum Gebr. f. Schüler hrsg. von Prof. Dr. Christian Muff, Rektor, Pforta. Text. Kommentar. Bielefeld & Leipzig: Velhagen & Klasing 1904. 2 Bde 8°
(Sammlung lat. u. griech. Schulausgaben.)

— Medea, zum Schulgebrauche m. erklär. Anmerkungen versehen v. Wolfg. Bauer. 4. Aufl., durchgesehen v. N. Wecklein. Ausg. A. (Anmerkungen unter dem Text.) (86 S.) 8. München 905. J. Lindauer. n. 1.—; geb. n.n. 1.80

— dasselbe. Ausg. B. (Text u. Kommentar getrennt.) 2 Tle. (52 u. 33 S.) 8. Ebd. 905. n. 1.—; geb. n.n. 1.30

— Medea. Für den Schulgebrauch hrsg. v. Ludw. Schunck. (XL, 80 S. m. 5 Taf.) 8. Münster 909. Aschendorff. Geb. 1.—

— dasselbe. Kommentar. (80 S.) 8. Ebd. 910. —80

— s.: Ödipus u. sein Geschlecht.

Euripidis opera omnia; ex edit. praestantiss. recusa; latina interpretat., schol. antiq. et eruditor. observat. illustrata: nec non indicib. omnigenis instructa. IX. Vol. 8 maj. Glasg. 822. (Londini, Bohts.)

Euripides: Orestes ed. Bothe, s. Euripides: Dramata.

— Orestes ex rec. Barnes. ed. Facius. 8. Cob. Ahl. 778.

— Orestes ex recens. J. Barnes. var. lect. et animadvers. illustr. J. F. Facius c. praef. C. G. Heyne. 8. Cob. 778. (Riemann). 14 gr

— et Sophoclis Oedip. Tyr., gr., c. not. Brunckii. 8 maj. Strassb. 779. Treuttel u. W. 20 gr

— Orestes. Ad fid. Mscr. c. not. (R. Porson). 8 maj. Lond. 798. Ed. II. ibid. 811. 8. Lpz. 823. Er. Fleischer. 16 gr

Euripidis Orestes, ed. Dindorf. 8. Leipz. 825. Teubner. 3 gr engl. P. 5 gr

— Orestes, ein Trauerspiel; aus d. Griech. metrisch übers. von Karl Hnr. Fd. Hohmann; nach seinem Tode zum Andenken für seine Freunde u. Schüler, auf mehrseit. Verlangen herausg. v. G. Gh. Crusius. gr. 8. Hannover 835. Hahn. 1/3 Rthlr.

— Orestes. Für junge Studierende aus d. Griech. wortgetreu übersetzt u. in der Grundsprache grammatisch erläutert v. Prof. Oertel in Ansbach. gr. 8. München 836. Jaquet. 1/2 Rthlr.

Euripidis Orestes ed. N[icolaus] Wecklein. Lipsiae: B. G. Teubner 1900. (87 S.) 8°
— Euripides: Fabulae ed. R. Prinz et N. Wecklein. Vol. 3, P. 3.

Euripides: Phoenissae.
(auch: Phoinissai u. Phoenissen)

—— ed. Bothe, s. Euripides: Dramata.

— Phoenissae, cum schol. gr. ex rec. Valckenaer ed. Chr. G. Schütz. 8. Halle 772. Hendel. 18 gr Ed. II. Cum schol. gr. et verb. lat. H. Grotii. 8 maj. ibid. 821. 1 Rthlr. 12 gr Schrbp. 2 Rthlr.

— ex rec. et cum not. R. F. P. Brunckii. Praelect. causa cur. G. H. Martini. 8. Leipz. 793. (List in Berl.) 6 gr

Euripidis, Phoenissae. Graece ex rec. et cum notis Brunckii ed. Martini. Lips. 794. 8. 6 gr.

— gr. et lat. c. not. var. Valckenarii. 4. Leyd. 797. Ed. n. 802. Luchtmanns. 6 Rthlr. 12 gr

Euripides. Φοίνισσαι. Phoenissae ex recensione Rich. Poorsoni ... Monachii 1808. H: *Jacobs, Friedrich Chn Wilhelm.* (MGT) (ErschDL) (Gi) »1810« (Hoff)

— — in usum Scholarum. 8. maj. Münch. Fleischmann. 808.

— ex rec. Porsoni in us. scholar. ed. (F. Jacobs). 8 maj. München 810. Ed. II. 822. Fleischmann. 6 gr

— — Tragoedia Phoenissae, cum scholiis graecis iterum edidit, adhibitis Valkenaerii, Brunckii et Porsoni recensionibus, Hugonis Grotii versionem latinam, indicemque verbor. copiosissimum adjecit Dr. C. G. Schütz. 8maj. Edit. IIda. Halae, Hendel. 821.

— id. lib., ex recens. Rich. Porson, in usum schol. ed. F. Jacobs. Ed. IIda. 8 maj. Monachii 822, Fleischmann.

Euripides. Phoenissae. Ad fidem codicum manuscriptorum ... Lipsiae 1823. H: *Porson, Richard.* (Ky)

— Ad. fid. cod. Mscr. c. not. (R. Porson). 8. Lpz. 823. Er. Fleischer. 16 gr

— Phoenissae. Interpret. addid. H. Groth, atque adnotat. instruxit, scholia subjecit L. C. Valckenaer. 2 Vol. 8 maj. Lips. 824, Hartmann. 4 Rthlr. Schreibpap.

— Interpret. addid. H. Groth, atque adnotat. instruxit, scholia subjecit L. C. Valckenaer. II Voll. 8 maj. Lpz. 824. (Lehnhold). 4 Rthlr. Schrbp. 5 Rthlr. 8 gr

— id. lib., ed. L. Dindorf. 8. Leipzig 825, Teubner. 4 gr. engl. Papier

— Phoenissae. Ed. ex optimis lib. et in usum stud. juv. enarr. Jo. Apitzius. 8maj. Leipzig 835. Hartmann, jetzt Klinkhardt. 1 Rthlr.

Euripidis Phoenissae cum commentario ed. Jac. Geelius. Scholia antiqua in Euripidis tragoedias partim inedita partim editis integriora adjunxit C. G. Cobetius. gr. 8. (XII u. 326 S.) Lugduni Batav. 847, Hazenberg & Comp. 3 Rthlr.

Euripidis Phoenissae ed. N[icolaus] Wecklein. Lipsiae: B. G. Teubner 1901. (106 S.) 8°
— Euripides: Fabulae ed. Prinz et Wecklein. Vol. 3, P. 4

Euripides' Phoinissen. Zum Gebr. f. Schüler hrsg. von Prof. Dr. Christian Muff. Text. Kommentar. Bielefeld & Leipzig: Velhagen & Klasing 1906. 2 Bde. 8°
(Sammlung lat. u. griech. Schulausgaben.)

— Phoinissen. Zum Gebrauch für Schüler hrsg. v. Christian Muff. Text. (XXXV, 107 S.) 8. Bielefeld 906. Velhagen & Klasing. Geb. n. 1.80; Kommentar. (57 S.) Geb. n. —70

— Phönizerinnen. Aus d. Griech. mit Anmerkk. von Fr. Stäger. gr. 8. Halle 827. Grunert. 9 gr

— metrisch verdeutscht u. mit einigen Anmerkk. begleitet von H. Knebel. gr. 8. Essen 829. Bädecker. 9 gr N. Aufl. 830. Ebd. 12 gr

— die Phönicierinnen. Uebersetzt von H. Clemen. Lemgo 855. (Herford, Mendhoff.) 8. (74 S.) n. 7½ ngr.

— Rhesus

—— ed. Bothe, s. Euripides: Dramata.

— Resus, ed. L. Dindorf. 8. Leipz. 825. Teubner. 3 gr engl. P. 5 gr

—— Rhesus, c. scholiis antiquis. Rec. et annotavit Frid. Vaterus. Praemittuntur vindiciae hujus tragoediae. 8maj. (31½ B.) Berolini 837, Duemmler.

— Supplices ed. Bothe, s. Euripides: Dramata.

— Supplices, recens. Gttfr. Herrmann. 8. Leipz. 811. Er. Fleischer. 12 gl.

— — Graece. Rec. G. Hermann. Lips. 812. 8. 12 gr.

— Supplices et Iphigenia in Aulide et in Tauris, cum annotationibus Marklandi, Porsoni, Gaisfordi, Elmsleii, Blomsfieldi et aliorum. Vol. I. 8 maj. Lipsiae 822, Hartmann. 2 Rthlr. Schreibpap.

— id. lib. Vol. II. — Etiam s. tit.: Euripidis Iphigenia in Aulide et in Tauris, c. J. Marklandi integ. et al. sel. cum ind. necess. 8 maj. Lipsiae 822, Hartmann. 2 Rthlr. Schreibpapier

— et Iphigenia in Aulide et in Tauride, c. annotationibus Marklandi, Porsoni, Gaisfordi, Elmsleyi, Blomsfieldi et aliorum. 8 maj. Leipz. 822. (Lehnhold). 2 Rthl. 16 gl. Schrbp.

— Supplices, ed. L. Dindorf. 8. Lpz. 824. Teubner. 4 gl. engl. P. 6 gl.

Euripidis Supplices ed. N[icolaus] Wecklein. *Lipsiae: B. G. Teubner 1898.* (2 Bl., 66 S., 1 Bl.) 1 Bd 8.

— Euripides: Fabulae ed. R. Prinz et N. Wecklein. Vol. II. P. II. [illegible]

— tragédies trad. du Grec. par Prevost. III Tomi. 12. Paris. (Ettinger, Gotha.) 783.

Euripides: Tragoediae.
(auch: Tragodiai)

tragoediae, s. Bibliotheca graeca.

— Id. — Rec. Fr. H. Bothe. II Vol., s. Poetae graecor. Vol. I., II.

— — Gr. et lat. Ex rec. Barnesii. Acc. Fragm. ex edit. Sam. Musgravii c. viror. doctor. notis ed. C. D. Beck. Lips. 778-83. 3 Vol. 4. 13 rthl. 12 gr. (Vol. 3. 6 rthl. enthält blos die Anm.)

Euripides. Tragoediae, fragmenta, epistolae ex editione J. Barnesii recensuit Sm. Musgrave ... Lipsiae 1778-88. H: ***Beck, Christian Daniel & Samuel Frdr. Nathanael Morus.*** (Ebert) (Hoff) (ErschDL) (Ky) H (tom. 1 u. 2): ***Morus, Sam. Frdr. Nath.*** (BrMm)

Euripidis Tragoediae, fragm. Epist. ex ed. J. Barnesii rec. Sm. Musgrave, nunc recusae et auctae appendice, observat. e var. doct. libris collect. (Cur. Chr. D. Beck et S. Morus.) III Voll. 4 maj. Leipz. 778—88. Schwickert. 13 Rthl. 12 gl.

— tragoediae quatuor, Hecuba etc. ed. Brunck. 8. Straßb. Treuttel. 780.

— — id. l. 4. ibid. 780. H. P.

— — Graece cum anim. ed. C. D. Beck. Regiom. et Lips. 792. T. I. 8. 16 gr. (Enth. Hecuba, Orestes, Phoenissae, Medea.)

— id. lib., drama satyr. et fragmenta, graece, ad opt. libros recens.; accedunt animadverss. perpet. et glossar. Chr. Dn. Beck. Tom. I. 8. Königsb. 792. Univers.-B. 16 gl. Schrbp. 1 Rthl.

Euripides. Tragoediae, ad fidem MSS. emendatae ... Lipsiae 1802. H: ***Schäfer, Gottfried Hnr.*** (Ebert) (MGT) 1802 (ErschDL) (Hoff)

— — Graece cum notis Rich. Porsoni. Ed. G. H. Schäfer. Lips. 802. 803. 2 Tom. 8. Ed. alter. auct. 807. Tom. I. 8. 2 rthl. 12 gr. (Enth. Hecuba, Orestes, Phoenissae, Medea.)

— Tragoediae, ad fid. MSS. emendatae et brevibus notis emendat. potissim. rationes reddentibus instructae. In us. studios. juventutis. Edidit Rich. Porson. Editio in Germania altera corr. et auct. indic. locuplet. instr. (G. H. Schäfer). Tom. I. 8 maj. Leipz. 807. Er. Fleischer. 2 Rthl. 12 gl. Schrbp. 3 Rthl. Ed. IV. IV Voll. ibid. 824. 2 Rthl. 20 gl.

— Dramata et fragmenta fabularum deperditarum, edid. scholiis, versione latina illustr. Ern. Zimmermann. Vol. I—III. u. Vol. IV. p. I. 8 maj. Frankf. 807—15. Varrentrapp. 9 Rthl. 12 gl. Hbg. Pr. 4 Rthl. 18 gl. Postp. 12 Rthl. 20 gl. Hbg. Pr. 6 Rthl. 10 gl. Velinp. 21 Rthl. 8 gl. Hbg. Pr. 10 Rthl. 16 gl.

— — Graece. Illustrav. E. Zimmermann. Francof. 808. 3 Vol. 8. 6 rthl. 16 gr. (Sie enthalten den Griech. Text.) Ib. 815. Vol. IV. P. I. 8. 2 rthl. 20 gr. (Ist der erste Theil der Anmerkungen).

— — Graece ed. G. H. Schäfer. Lips. 810. 4 Tom. 12. 2 rthlr. 16 gr. Ib. 819. 4 Tom. 12. 2 rthlr. 16 gr.

— — id. lib. IV. Tom. 12. Lips. Tauchnitz. 810—811. (à 16 gr.)

Euripides. Tragoediae. Graece. Ex recensione S. Musgravii. Lips. 1811. H: ***Schäfer, Gottfried Heinrich.*** (MGT)

— Tragoediae. E recens. S. Musgravii. IV Vol. Ed. stereotyp. 16. Leipz. 811 u. 12. Tauchnitz. 2 Rthl. 16 gl. IV Voll. 819. 1 Rthl. 16 gl. Hbg. Pr. 18 gl. Fein P. 2 Rthl. 8 gl.

Euripides. Tragoediae. Ad optim. lib. fidem recens. et brev. notis instruxit Aug. Seidler. Tom. I—III. 8. Lips. Gerh. Fleischer. 812—13. Rthlr. (Tom. I. Troades 16 gr. Tom. II. Electra 16 gr. Tom. III. Iphigenia in Tauris 16 gr.)

— Tragoediae et fragmenta. Rec. interp. lat. correx. scholia gr. e codd. Mss. part. emend. A. Matthiae. Tom. I—IX. 8 maj. Lpz. 813 – 29. Weigel. 24 Rthl. 2 gl. weiss P. 29 Rthl. Velinp. 37 Rthl.

— Tragoediae et Fragmenta. Rec. interp. lat. correx. Scholia gr. e. Codd. manuscript. partim emend. A. Matthiae. T. I. II. III. 8maj. Lips. J. A. G. Weigel. 813—815.

Schreibp.

— — Tragoediae et fragmenta. Rec. interp. lat. correx. scholia gr. e Codd. manuscript. partim emend. A. Matthiae. Tom. IV. V. 8maj. Lips., Weigel. 818 — 19.

Schreibpap.
(T. IV. Druckpap. 3 Rthlr. — Schreibpap. 4 Rthlr.
T. V. Druckpap. 3 Rthlr. 8 Gr. Schreibpap. 4 Rthlr.)
Velinpap. V Tomi :
Schreibpap. V Tomi
Druckpap. V Tomi

— Tragoediae et Fragmenta. Recens., interpretat. latinam correxit, scholia graeca e cod. Manuscr. partim supplevit, partim emend. A. Matthiae. Tom. VII et VIII. 8 maj. Lipsiae 824, Weigel. Tom. VII. 2 Rthlr. 18 gr. Tom. VIII. 2 Rthlr. 12 gr. Rthlr. (Vol. I—VIII. 813—24. 21 Rthlr. 8 gr. Schreibpapier 25 Rthlr. 18 gr. Velinpapier 33 Rthlr. 18 gr.)

Euripidis Tragoediae et Fragmenta. Recens., interpretat. latinam correxit, scholia graeca e codicibus Manuscr. partim supplevit, partim emend. Aug. Matthiae. Tom. IX. (Fragmenta.) 8 maj. (30¾ B. u. 4 Schrifttaf. in gr. 4.) Lipsiae 829, Weigel. 2 Thlr. 18 Gr., f. Pap. 3 Thlr. 6 Gr., Vlnp. Tom. I—III. Textus. — IV., V. Scholia. — VI—VIII. Notae. Ebendas. 1813—24. 21 Thlr. 6 Gr., f. Pap. 25 Thlr. 18 Gr., Vlnp. 33 Thlr.

— Tragoediae et Fragmenta. Recens. interpretat. lat. correxit scholia graeca ex codd. MSS., partim supplevit part. emend. Aug. Matthiae. Tom. X. Et. s. tit.: Indices in Eurip. Trag. et Fragmm. confecit, scholia Vaticana in Troadas et Rhesum emend. adject. C. F. Kamomann. 8maj. Lipsiae 836. T. O. Weigel. 1 Rthl. Tom. I—X. Ebd. 813—36. kosten 25 Rthl. Schreibp. 30½ Rthl. Velinp. 39½ Rthl.

—— id. — et fragmenta. Rec. interpretat. lat. correx. scholia graeca ex codd. msptis., part. supplevit part. emend. Aug. Matthiae. Ts. X. — E. s. t.: Indices in Euripidis tragoedias et fragmenta confecit, scholia Vaticana in Troadas et Rhesum emend. adject. C. F. Kampmann. 8maj. (11 B.) Lipsiae 837, [T. O. Weigel.] 1½ Thlr., Schrbp. 1⅔ Thlr., Vlnp.

Tom. I—IX. Ebendas. 1813—29. 23 Thlr. 12 Gr., Schrbp. 28 Thlr. 10 Gr., Vlnp. 36 Thlr. 6 Gr.

—— Tragoediae. E recens. S. Musgravii. 2 Vol. editio stéreotyp. Lips., Tauchnitz. 819 et 821.

Fein Pap.

Euripidis Tragoediae. Cum brevi annotat. crit. edit. Ldw. Dindorf. II Voll. 12 maj. Leipz. 825. Teubner. 2 ℛ 4 𝒢 engl. Druckp. 3 ℛ 8 𝒢 (Die Stücke s. auch einzeln.)

—— id. — Rec. et instr. Aug. Jul. Edm. Pflugk et Reinh. Klotz, s. a. Bibliotheca graeca. Vol. XI., XII.

— Tragoediae, rec. et comm. instr. A. J. E. Pflugk. Vol. I. Sect. I—IV. Vol. II. Sect. I, 8 maj. Gotha 829, 31. Hennings. 2 ℛ 4 𝒢 Postp. 2 ℛ 16 𝒢 Velinp. 3 ℛ 20 𝒢 (bilden auch d. Bibl. gr. viror. Vol. XI. u. s. auch unter d. einzelnen Tit.)

Euripidis Tragoediae. Recens. et commentariis instrux. Aug. Jul. Edm. Pflugk. Vol. I. Sect. IV. Heraclidae. 8maj. Gotha 833. Hennings. ½ ℛ Postp. 7/12 ℛ Velinp. 5/6 ℛ Vol. II. Sect. I. Helena. ½ ℛ Postp. ⅔ ℛ Velinp. 1 ℛ Sect. II Alcestis. 5/12 ℛ Postp. ⅝ ℛ Velp. 5/6 ℛ ibd. 834.

—— id. — Rec. Godofr. Hermannus. Vol. I—III. Ps. 1. 8maj. Lipsiae, libr. Weidmann.

E. s. tit.:

Vol. I. Ps. 1. Hecuba. (11¾ B.) 831. 1 Thlr. 6 Gr.
- 2. Iphigenia in Aulide. (11¾ B.) 831. 1 Thlr. 6 Gr.
- 3. Iphigenia Taurica. (13 B.) 833. 1 Thlr. 12 Gr.
— II. Ps. 1. Helena. (12¾ B. incl. Haupttit. zu Vol. I. Ps. 1—3.) 837. 1 Thlr. 6 Gr.
- 2. Andromache. (8¼ B.) 838. 18 Gr.
- 3. Cyclops. (5¼ B.) 838. 12 Gr.
- 4. Phoenissae. (12¼ B.) 840. 1 Thlr. 6 Gr.
— III. Ps. 1. Orestes. (11¼ B.) 841. 1 Thlr. 6 Gr.

Die 3 Stücke des Vol. I. 1—3 erschienen zuerst einzeln, wurden aber später den Gesammtwerken einverleibt und die dazu nöthigen Haupttitel mit Vol. II. Ps. 1. geliefert.

— Tragoediae. II Tomi. 8maj. Monachii 840. libr. scholarum Regia. (Ratisbonae, Manz.) n. 1 ℛ

— Tragoediae. Tom. III. 8maj. Monachii 841, libr. scholarum Regia. (Ratisbonae, Manz.) n. ½ ℛ (I—III: n. 1½ ℛ)

—— id. — cum fragmentis. Ad optimor. libror. fidem recog. Aug. Witzschel. Nova edit. stereot. IV Ti. 16. (74¼ B.) Lipsiae 841, C. Tauchnitz. à 5 Gr., Vlnp. 8 Gr. 20 Gr., Vlnp.

Ts. I. Hecuba, Orestes, Phoenissae, Medea, Hippolytus.
- II. Alcestis, Andromache, Supplices, Iphigenia Aul., Iphigenia Taur.
- III. Rhesus, Troades, Bacchae, Cyclops, Heraclidae, Helena.
- IV. Ion, Hercules Furens, Electra, Fragmenta.

— Edidit E. W. Silber. Vol. I. Hecuba Orestes Phoenissae Medea. 8maj. Berolini 842, Duemmler. 1⅓ ℛ

Euripidis Tragoediae cum fragmentis. Versio latina ad novam Tauchnitii editionem stereot. accommodata. Tom. I—IV. 16. Lugduni Batav., Brill. à Tom. * 1 Thlr. *

Tom. I. Hecuba, Orestes, Phoenissae, Medea, Hippolytus. (280 S.) 847.
- II. Alcestis, Andromache, Supplices, Iphigenia Aul., Iphigenia Taur. (258 S.) 848.
- III. Rhesus, Troades, Bacchae, Cyclops, Heraclidae, Helena. (272 S.) 849.
- IV. Ion, Hercules furens, Electra, fragmenta. (295 S.) 849.

Euripidis tragoediae ex recensione Adolphi Kirchhoffii. Vol. I.: Hecuba Orestes Phoenissae Medea Hippolytus Alcestis Andromacha Troades Rhesus. 8maj. (XX und 564 S.) Berolini 855, G. Reimer.

—— id. — Vol. II.: Supplices Ion Iphigenia Taurica Iphigenia Aulidensis Bacchae Cyclops Heraclidae Helena Hercules furens Electra. 8maj. (533 S.) Ibid. 855.

—— id. — Edidit Aug. Witzschel. Vol. I—III. Editio stereot. 16. Lipsiae, B. Tauchnitz. [I. (XXXII und 366 S.) 855., II. (XII und 348 S.) III. (XII und 380 S.) 856.] à Vol. 9 Ngr.

—— id. — Vol. I—III. Editio stereot. 8. Lipsiae, B. Tauchnitz. [I. (XXVIII und 310 S.) 855., II. (XI und 300 S.) III. (XI und 328 S.) 856.] à Vol. 9 Ngr. in gr. 8. Vlnp. à Vol. 1 Thlr. 5 Ngr.

Euripidis tragoediae ex recensione Aug. Nauckii. Editio II. 2 Voll. 8. (XCII und 916 S.) Leipzig 857, Teubner. à Bd. 13⅓ Ngr.

Vlnp. à Bd. * 20 Ngr. *

—— dass. — Edidit Aug. Witzschel. 8 Voll. Editio stereot. 8. Leipzig 858, B. Tauchnitz. in 19 Heften (à 3—4 Bog.) à 3 Ngr.

Inhalt:

1. Hecuba. 2. Orestes. 3. Phoenissae. 4. Medea. 5. Hippolytus. 6. Alcestis. 7. Andromache. 8. Supplices. 9. Iphigenia Aulidensis. 10. Iphigenia Taurica. 11. Rhesus. 12. Troades. 13. Cyclops. 14. Bacchae. 15. Heraclidae. 16. Helena. 17. Jon. 18. Hercules furens. 19. Electra.

[Euripides.] Εὐριπίδης. Euripidis Tragoediae ex rec. Augusti Nauckii. 2. ed. Vol. 1. 2. Leipzig 1860. 8°

—— ex recensione Fred. A. Paley. Accessit verborum et nominum index. 3 Voll. gr. 16. (XXVIII und 900 S.) New-York 860. 61. (Philadelphia, Schäfer und Koradi.) geb. *

— — cum fragmentis. Ad optimorum librorum fidem recogn. Aug. Witzschel. Nova edit. stereot. C. Tauchnitiana. Nova impressio. Leipzig 866. Holtze. 16. Jeder Bd. 6¼ ngr.

Vol. I.: Hecuba, Orestes, Phoenissae, Medea, Hippolytus. (XVI, 298 S.)
Vol. II.: Alcestis, Andromache, Supplices, Iphigenia Aul., Iphigenia Taur. (XV, 263 S.)
Vol. IV.: Jon, Hercules furens, Electra. Fragmenta. (310 S.)

— tragoediae. Recens. et commentariis instr. Aug. Jul. Edm. Pflugk et Reinh. Klotz. Vol. I. Sect. I. continens Medeam. Editio III., quam cur. Reinh. Klotz. Leipzig 867. Teubner. 8. (XVI, 162 S.) 15 ngr.

—— dass. — Vol. III. E. s. t.: Euripidis perditarum tragoediarum fragmenta. 8. (XXVII, 332 S. Ebendas. 868.

— — Ex recens. Aug. Nauckii. Vol. III. Perditarum tragoediarum fragmenta. Ebend. 869. 8. (XXVII, 332 S.) 27 ngr.

Euripidis tragoediae ex recensione Aug. Nauckii. Vol. I. II. Edit. III. 8. (XCIII, 461; XXXXVI, 455 S.) Leipzig 871, Teubner. à Vol. (ℳ 1,85.) ℳ 1,50.

Jedes Stück einzeln ·

—— tragoediae cum fragmentis. Ad optimorum librorum fidem recognovit Aug. Witzschel. Nova editio ster. C. Tauchnitiana. Nova impr. 4 vol. 16. (74¼ Bog.) Leipzig 872, Holtze. à Vol. 75 Pf.

Velinpap. (Ausg. von 1841) à Vol. ℳ 1.

Inhalt:

Vol. 1. Hecuba, Orestes, Phoenissae, Medea, Hippolytus.
» 2. Alcestis, Andromache, Supplices, Iphigenia Aulidensis, Iphigenia Taurica.
» 3. Rhesus, Troades, Bacchae, Cyclops, Heraclidae, Helena.
» 4. Ion, Hercules furens, Electra, Fragmenta.

— tragoediae. Rec. et commentariis instruxit Aug. Jul. Edm. Pflugk. Vol. II. Sect. 3., continens Herculem. Ed. II., quam curavit N. Wecklein. gr. 8. (123 S.) Leipzig 877. Teubner. 1. 80

Euripides. Tragoediae. Rec. et commentariis instruxerunt Aug. Jul. Edm. Pflugk et Rhold. Klotz. Vol. II. sect. IV.: Phoenissae. Rec. et commentariis instruxit Rhold. Klotz. Edit. II., quam cur. N. Wecklein. gr. 8. (173 S.) Leipzig 881, Teubner.

— tragoediae cum fragmentis. Ad optimorum librorum fidem recognovit Aug. Witzschel. Editio ster. C. Tauchnitiana. Tom. IV. Ion, Hercules furens, Electra. Fragmenta. Nova impressio. 16. (310 S.) Leipzig 894. O. Holtze's Nachf. — 75

Euripides. Tragoediae quatuor.

— Tragoediae IV.: Hecuba, Phoenissae, Hippolytus et Bacchae, ex opt. exempl. emend. R. T. Ph. Brunck. 8. Strassb. 780. Treuttel u. W. 2 ₰ 22 gGr. in 4. Holl. P. 4 ₰

—— tragoediae superstites et deperditarum fragmenta ex recensione Aug. Nauckii. Vol. I. et II. 8. (LXXII und 916 S.) Lipsiae 854, Teubner. à Vol. 13½ Ngr. Vlnp. à Vol. 20 Ngr.

— — superstites et deperditarum fragmenta ex recens. Aug. Nauckii. 2 voll. 854. (XL, 461; XXXII, 455 S.) — Edit. II. Lipsiae 858. Teubner. 8. (LXVI, 461; XXVI, 455 S.) Jeder Bd. 13½ ngr; Velinp. 20 ngr
Hieraus in Einzelausgaben: Alcestis. 3¾ ngr — Andromache. 3¾ ngr — Bacchae. 3¾ ngr — Cyclops. 3¾ ngr — Electra. 5 ngr — Hecuba. 3¾ ngr — Helena. 5 ngr — Heraclidae. 3¾ ngr — Hercules. 5 ngr — Hippolytus. 3¾ ngr — Ion. 5 ngr — Iphigenia in Aulide. 5 ngr — Iphigenia in Tauris. 3¾ ngr — Medea. 3¾ ngr — Orestes. 3¾ ngr — Phoenissae. 3¾ ngr — Rhesus. 3¾ ngr — Supplices. 3¾ ngr — Troades. 3¾ ngr

— Tragödien, s. a. Aeschylus.

— Tragödien, metrisch übersetzt von Gust. Ludwig. 1.—9. Bdchn. (1. Die Phönizierinnen. 2. Iphigenia in Aulis. 3. Iphigenia in Tauris. 4. Alkestis. 5. Hippolites. 6. Medea. 7. Helena. 8. Hekuba. 9. Jon.) 16. Stuttgart ..., Metzler. à ¼ ₰

Euripides, ausgewählte Tragödien, s. a. Classiker des Alterthums.

—— s. a. Freund's, Wilh., Schülerbibliothek. — Topf, Guido, Andromeda.

— ausgewählte Tragödien. Erklärt v. F. G. Schöne. 1. Bdchn.: Bakchen. Iphigenia in Taurien. (Sammlung Griech. u. Latein. Schriftsteller mit Deutschen Anmerkungen.) gr. 8. (VIII u. 228 S.) Leipzig 851, Weidmann. ½ ₰

Euripides' ausgewählte Tragödien. Erklärt von F. G. Schöne. 2. Bdch.: Medea. gr. 8. (XXXII und 108 S.) Leipzig 853. [Berlin,] Weidmannsche Buchh. Thlr.
1. Bdchn. Ebendas. 1851. 15 Ngr.

—— ausgewählte Tragödien. Erklärt von F. G. Schöne. (1. Bdchn.) Bakchen. 2. Aufl. gr. 8. (120 S.) Berlin 858, Weidmann'sche Buchh. *

—— ausgewählte Tragödien. Erklärt von F. G. Schöne. 2. Bdchn.: Iphigenia in Taurien. 2. Aufl. bearb. von H. Köchly. gr. 8. (XLVIII und 175 S.) Berlin 863, Weidmann'sche Buchh.
1. Bdchn. Ebendas. 1858. 7½ Ngr.

—— dass. — Erklaert von F. G. Schöne. 2. Bdchn.: Iphigenia in Taurien. 3. Aufl. von K. Köchly. gr. 8. (XII, 235 S.) Berlin 872, Weidmann'sche Buchh. (ℳ 1,50.)
1. Bdchn.: Bakchen. 2. Aufl. Ebendas. 1858. 90 Pf.

— ausgewählte Tragödien. 4. Bdchn.: Hippolytus. Erklärt v. Th. Barthold. Mit einer (lith.) Taf. gr. 8. (XLVI, 178 S.) Berlin 880. Weidmann. 2. 10 (1., 2. u. 4.: 4. 80)
Das 3. Bändchen erscheint später.

—— ausgewählte Tragödien. 3. Bdchn.: Medea. 2. Aufl. Erklärt von Hans v. Arnim. gr. 8. (XXVI, 120 S.) Berlin 886, Weidmann'sche Buchh.
1., 2. und 4. Bdchn. Ebendas. 1858,72,80. *ℳ 4.80.

— ausgewählte Tragödien. 1. u. 2. Bdchn. gr. 8. Berlin. Weidmann. 3. 90
1. Die Bakchen. 3. Aufl. Erklärt v. E. Bruhn. (IV, 150 S.) 891. 1. 50
2. Iphigenie auf Tauris. Erklärt v. F. G. Schöne u. H. Köchly. 4. Aufl. Neue Bearbeitg. v. E. Bruhn. gr. 8. (VI, 191 S.) 894. 2. 40

—— ausgewählte Tragödien. Für den Schulgebrauch erklärt von Gfrd. Kinkel. 1. Bdchn.: Phönissen. gr. 8. (X, (109 S.) Berlin 871, Ebeling und Plahn. [Leipzig, Teubner.] (*ℳ 1,20.)

— ausgewählte Tragödien. Für den Schulgebrauch erklärt v. N. Wecklein. 1. u. 2. Bdchn. gr. 8. Leipzig 874. Teubner. 3. 30
1. Medea. (151 S.) 1. 80
2. Iphigenie im Taurierland. (IV, 128 S.) 1. 50

—— ausgewählte Tragödien. Für den Schulgebrauch erklärt von N. Wecklein. 2. und 3. Bdchn. gr. 8. Leipzig, Teubner. à Bdchn. ℳ 1,50.
Inhalt:
Bdchn. 2. Iphigenie im Taurierland. (IV, 128 S.) 876.
3. Bacchen. (VI, 111 S.) 879.
1. Bdchn. Ebendas. 1874. ℳ 1,80.

— dasselbe. 3. Bdchn.: Bacchen. gr. 8. (VI, 111 S.) Ebend. 879. 1. 50

—— dass. — Für den Schulgebrauch erklärt von N. Wecklein. 1. Bdchn.: Medea. 2. Aufl. gr. 8. (IV, 154 S.) Leipzig 880, Teubner.
2. und 3. Bdchn. Ebendas. 1876,79. à ℳ 1,50.

— dasselbe. Für den Schulgebrauch erklärt v. N. Wecklein. 4. Bdchn.: Hippolytos. gr. 8. (129 S. m. 1 Taf.) Leipzig 885. Teubner. 1. 50 (1—4.: 6. 30)

— ausgewählte Tragödien. Für den Schulgebrauch erklärt. 2. Bdchn.: Iphigenie im Taurierland. 2. Aufl. gr. 8. (IV, 141 S.) Leipzig 888. Teubner. 1. 50

— dasselbe. Für den Schulgebrauch erklärt v. N. Wecklein. 1. u. 5. Bdchn. gr. 8. Leipzig, B. G. Teubner. à n. 1. 80 (1—5.: n. 8. 10)
1. Medea. Mit 1 lith. Taf. 3. Aufl. (IV, 162 S.) 891.
5. Phönissen. Mit 1 Taf.: Abbildung e. antiken Sarkophagreliefs. (181 S.) 894.

— ausgewählte Tragödien. Für den Schulgebrauch erklärt v. N. Wecklein. 2. 3. 6. u. 7. Bdchn. 8. Leipzig, B. G. Teubner. n. 6. 20; geb. n. 7. 90
2. Iphigenie im Taurierland. 3. Aufl. (IV, 136 S. m. 1 Abbildung.) 904. n. 1. 60; geb. n. 2. —
3. Bakchen. 2. Aufl. (III, 114 S.) 903. n. 1. 60; geb. n. 2. 10
6. Elektra. Mit erklär. Aumerkgn. (96 S.) 906. n. 1. 40; geb. n. 1. 80
7. Orestes. Mit erklär. Anmerkgn. (190 S.) 906. n. 1. 60; geb. n. 2. —

— ausgewählte Tragödien. Für den Schulgebrauch erklärt v. N. Wecklein. 1. u. 4. Bdchn. 8. Leipzig, B. G. Teubner. à 1. 80; geb. à 2. 25
1. Medea. 4. Aufl. (IV, 144 S. m. 1 Taf.) 909.
4. Hippolytos. 2. Aufl. (VI, 122 S.) 908.

—— desgl. — Uebersetzt von E. Prell-Erckens. 2. Bd. Als Manuscript gedruckt. kl. 4. (XV, 687 S.) Lpz. 886, W. Drugulin's Buchdruckerei. Nicht im Handel
1. Bd., s. Aeschylos, die Orestein; 3. Bd., s. Aeschylos und Euripides, Tragoedien.

— dasselbe. Uebers. v. E. Prell-Erckens. II. Bd. Lex.-8. (XV, 687 S. m. 1 Taf.) Leipzig 886. E. Prell-Erckens Selbstverl. Geb. in Leinw.
Nicht im Handel.

— drei ausgewählte Tragödien, deutsch von Nikol. Fritsch. Trier 862. Lintz. gr. 8. (VIII, 204 S.) n. 24 ngr

—— sämmtliche Tragödien. Metrisch übertr. von Fr. Fritze. 1—5. Lfg. (Hekabe. — Andromache. — Hippolytos. — Die Herakliden. — Medeia.) gr. 8. (XXIV und S. 1—336.) Berlin 856, Schindler. à Lfg. * 10 Ngr. *

—— sämmtliche Tragödien. Metrisch übertragen von Fr. Fritze. 6—15. Lfg. gr. 8. Berlin 857—60, Schindler. [1. Bd. (III und S. 337—436.) 2. (XXXIX und 437 S.) 3. (S. 1—256.) à Lfg. * 10 Ngr.] *
Inhalt:
Lfg. 6. Orestes.
„ 7—9. Alkestis. — Helena. — Rhesos.
„ 10. Die Flehenden.
„ 11., 12. Iphigeneia in Aulis.
„ 13. Iphigeneia in Tauris.
„ 14., 15. Elektra. — Troërinnen.
1—5. Lfg. Ebendas. 1856. * 1 Thlr. 20 Ngr.

—— sämmtliche Tragödien. Metrisch übertragen von Frz. Fritze, vollendet von Thdr. Kock. 16.—18. Lfg. gr. 8. (3. Bd. S. 257—528.) Berlin 865—68, Schindler. à Lfg. * 10 Ngr. *

Inhalt:

Lfg. 16. Der rasende Herakles. Metrisch übertragen von Thdr. Kock. (IV und 84 S.) Einzeln * 12 Ngr.
" 17. Die Backchen oder Pentheus. Uebers. von Thdr. Kock. (III und 83 S.) Einzeln * 12 Ngr.
" 18. Jon. Uebers. von Thdr. Kock. (95 S.) Einzeln * 12 Ngr.
1.—15. Lfg. Ebendas. 1856—60. * 5 Thlr.

—— sämmtliche Tragödien. Metrisch übertragen von Frz. Fritze, vollendet von Thdr. Kock. 19. und 20. (Schluß-)Lfg. gr. 8. (3. Bd. III, S. 529—696.) Berlin 869, H. Schindler. à Lfg. †*M* 1. *

Inhalt:

Lfg. 19. Die Phönissen. Tragödie. metrisch übertragen von Th. Kock. (116 S.) Einzeln **M* 1,50.
" 20. Der Kyklop. Satyrdrama. Metrisch übertragen von Th. Kock. (50 S.) **M* 1.

—— dass. — Metrisch übertragen von Frz. Fritze und Thdr. Kock. Neue (Titel-)Ausg. 8 Bde. in 20 Lfgn. gr. 8. (XVI, 437; XXXIX, 437; III, 696 S.) Ebendas. (857—68)69,70. à Lfg. **M* 1. *

Euripides: Troades.

— Troades, ed. A. Seidler, s. a. Tragoediae. Tom. I.

— Troades, ed. A. Seidler. 8. Leipz. 811. Er. Fleischer. 16 gr

— Troades, ed. L. Dindorf. 8. Leipzig 824, Teubner. 4 gr. engl. Papier

— Troades, edidit A. Kirchhoff. gr. 8. (84 S.) Berolini 852, Hertz. n. 16 ngr

Euripidis Troades edidit N[ikolaus] Wecklein. *Lipsiae: B. G. Teubner 1901.* (72 S.) 8°
— Euripides: Fabulae ed. R. Prinz et N. Wecklein. Vol. 3, P. 5. (…)

— Troerinnen, s.: Tragoedien, griechische.

Euripides' Werke, s. a. Collection Spemann.

—— dies. — metrisch übers. v. G. Ludwig, s. Dichter, griech.

— Dies., verdeutscht v. Steinbrüchel, s. Theater d. Griechen.

— Werke, verdeutscht v. F. H. Bothe. 1r—5r Thl. gr. 8. Berlin, Nicolai. 800—803. (1r 1 Rthlr. 8 gr. 2r 1 Rthlr. 16 gr. 3r u. 4r 3 Rthlr. 12 gr. 5r 1 Rthlr. 12 gr.)

— Dies., Ausgabe letzter Hand, verdeutscht von F. H. Bothe. 3 Bde. gr. 8. Manh. 823 u. '24. Löffler. 6 ℛ Schrbp. 8 ℛ Velinp. 9 ℛ

—— Werke, verdeutscht v. Friedr. Heinr. Bothe. 3 Bde. (à 4 Hfte.) Neue Ausg. letzter Hand. gr. 8. (84½ B.) Mannheim 837, Löffler. à H. * ⅓ Thlr., Vlnp. * ½ Thlr. * 4 Thlr., Vlnp. *

—— übers. von Minckwitz und Binder, s. Bibliothek, Langenscheidt'sche, sämmtlicher griech. und röm. Klassiker.

— Werke, Urschrift, Uebersetzung in den Euripideischen Versmaaßen u. Anmerkk. von Jh. Minckwitz. 1r Thl. Die Phoinikerinnen. gr. 8. Leipzig 834. Voß. ½ ℛ

—— dies. — nachgedichtet v. Johs. Minckwitz. 1—3. Bdchn. gr. 12. (10 B.) Leipzig 836, 37, Kummer. à 10 Gr.

Bdchn. 1. Die Phönizierinnen. 2., v. d. ersten ganz verschied. Ausg.
" 2. Iphigenia auf Tauris.
" 3. Kyklops.

Euripides' Werke, übersetzt von Gustav Ludwig. 4 Bde. Stuttgart 1837—1853. 8°.

— Werke, metrisch übers. v. Gust. Ludwig. 1s—7s Bdchn. 16. Stuttg. 837—39. Metzler. (à 1/6 ℛ) 1 ℛ

— Werke. Metrisch übers. u. m. Anmerkgn. begleitet v. Gust. Ludwig. 10—16. Bdchn. (Griechische Dichter in neuen metrischen Uebersetzungen. 42—45. 48. 49 u. 52. Bdchn.) 10. Die Bacchen. 11. Andromache. 12. Orestes. 13. Der rasende Herakles. 14. Elektra. 15. Die Troërinnen. Die Schutzflehenden. 16. Die Herakliden. Der Cyclop. 16. (S. . . . -1813.) Stuttgart 848—52, Metzler. à ¼ ℛ

—— Werke. Griechisch mit metrischer Uebersetzung und prüfenden und erklärenden Anmerkungen von J. A. Hartung. 1—16. Bdchn. Leipzig, W. Engelmann.

Bdchn. 1. Medea. gr. 12. (XVIII und 162 S.) 848. 22½ Ngr.
" 2. Troierinnen. gr. 12. (XVII und 158 S.) 848. 15 Ngr.
" 3. Hippolyt. gr. 12. (XVII und 190 S.) 848. 22½ Ngr.
" 4. Orestes. gr. 12. (VIII und 243 S.) 849. 26¼ Ngr.
" 5. Phönikerinnen. gr. 12. (XVII und 270 S.) 849. 26¼ Ngr.
" 6. Rasender Herakles. 8. (211 S.) 849. 22½ Ngr.
" 7. Bakchen. 8. (212 S.) 849. 22½ Ngr.
" 8. Elektra. 8. (183 S.) 850. 22½ Ngr.
" 9. Jon. 8. (255 S.) 850. 22½ Ngr.
" 10. Alkestis. 8. (189 S.) 850. 15 Ngr.
" 11. Hekabe. 8. (187 S.) 850. 15 Ngr.
" 12. Helene. gr. 12. (204 S.) 851. 22½ Ngr.
" 13. Iphigenia in Tauris. gr. 12. (216 S.) 852. 18 Ngr.
" 14. Iphigenia in Aulis. gr. 12. (276 S.) 852. 22½ Ngr.
" 15. Kyklop. gr. 12. (116 S.) 852. * 10 Ngr.
" 16. Andromache. gr. 12. (170 S.) 852. 15 Ngr.

—— Werke. Griechisch mit metrischer Uebersetzung und prüfenden und erklärenden Anmerkungen von J. A. Hartung. 17—19. Bdchn.: Rhesos. — Die schutzflehenden Frauen. — Die Herakliden. gr. 12. [17. (? . . . S.) 18. (187 S.) 19. (144 S.) 852—53. à Bdchn. 15 Ngr.]
1—16. Bdchn. Ebendas. 1848—52. 10 Thlr. 21 Ngr.

—— Werke. Griechisch mit metr. Uebersetzung und prüfenden und erklärenden Anmerkungen von J. A. Hartung. 1. Bdchn.: Medea. 2. Aufl. 8. (XVI, 160 S.) Leipzig 878, Engelmann.
2.—19. Bdchn. Ebendas. *M* 34,35.

Euripides jun., Stillleben in Troja od. Hektors Schwiegermama od. das verhängnisvolle Rendezvous, s.: Fastnachts-Bühne.

Europa [sachl. OW]

Europa. 10,000,000. Berlin bei Ad. Meyer. 1 Bl.

— e. Zeitschrift; herausg. von Fr. v. Schlegel. 1r u. 2r Bd. à 2 Stücke. gr. 8. Frankf. 803 u. 4. Fr. Wilmanns. 3 ℛ 8 gr

Europa. Vindobonae [1804?]. H: *Rosenmann, Stefan.* (wrztg 1804, S. 5329) (biblport)

— Eine Zeitschr. f. 1808. 1s—4s Heft. 8. Leipzig, G. Fleischer.

Europa. *Herausgeg. v. Sorriot im J. 1816. 5 Bl., 20" H., 20" Br. Massstab: 1 Wr. Zoll = 19.540 Wr. Klftr. Verhältn. 1:406.880.* Die Zeichnung des Terrains ist mit besonderer Rücksicht auf die Wasserscheide ausgeführt. Vier Blätter dieser Karte enthalten die Oro- und Hydrographie nebst Erläuterungen in französischer Sprache. Das Uebersichtsblatt publizirt im J. 1818 enthält die Erläuterungen in deutscher Sprache.

— ein stat. herald. genealog. Taschenbuch rc. s. a. Lüders.

Europa.
Ein statistisch-heraldisch-genealogisches Taschenbuch auf . . . von Ludwig Lüders.
Leipzig: Baumgärtner
Jg. 1813.

Europa oder Uebersicht der Lage der europäischen Hauptmächte im Jahre 1821 ... A. d. Engl. ... Bamberg 1823. V: *Everett, Alex. Hill.* Ü: *Jakob, K. H. von.* (MGT) Ü: *Jakob, Ludwig Heinrich Ritter von.* (Ky) (NN)

— oder Uebersicht der Lage der europ. Hauptmächte im J. 1821. Von e. amerikan. Diplomaten (A. H. Everett). Aus d. Engl. 2 Thle. gr. 8. Bamb. 823. Kunz. (Brockhaus in Lpz.) 2 ℛ 16 gr.

Europa. — Eine monatl. Uebersicht d. polit. Begebenheiten dieses Welttheils. Für Freunde d. Tagsgesch., Zeitungsleser u. Politiker aus allen Ständen. 1—9. Hft. Die Begebenheiten d. Monate April — Dec. 1831 u. zugleich e. Uebersicht d. Zustandes v. Europa beim Ablauf d. Jahrs enthaltend. 12. (43¼ B.) Stuttgart 831, 32, Brodhag. à 4 Gr.

— Verzameling van in-en uitlandsche lettervruchten, ter bevordering van wereldkennis en aangenaam onderhoud. (10. Jaarg.) 1847. 12 Nos. gr. 8. (à 6 Bog. u. 2 Kpfr.) Dordrecht. (Amersfoort, Gebr. Taats.) n. 6⅔ ℛ

— Chronik der gebildeten Welt, s. a. Aug. Lewald.

Europa. Chronik d. gebildeten Welt. Herausg. von F. Gust. Kühne. Jahrg. 1847—1849. à 52 Nrn hoch 4. (2 Bog. m. Stahlst.) — Jahrg. 1850—1852. à 104 Nrn. hoch 4. (B.) Leipzig, G. Wigand. 1847. n. 7½ ℛ 1848—1852. à n. 8 ℛ

Europa. Chronik der gebildeten Welt. Herausgbr.: F. Gst. Kühne. Jahrg. 853 u. 54. à 104 Nrn. (à 1 Bgn.) Leipzig, G. Wigand. 4. Jeder Jahrg. n. 8 ℛ

— — Jahrg. 1855. 52 Nrn. (à 1½ Bgn.) Leipzig, Hübner. 4. n. 4 ℛ

— — Jahrg. 1856—58. à 52 Nrn. (à 1 Bgn.). Leipzig, Lorck. 4. Jeder Jahrg. n. 4 ℛ

Europa. Chronik der gebildeten Welt. Redig. von F. Gust. Kühne. Jahrg. 1857 und 1858. à Jahrg. 12 Hefte oder 52 Nrn. (à 2 Bog.) gr. 4. Leipzig, Lorck. à Jahrg. *

Europa. Chronik der gebildeten Welt. Red.: F. Gust. Kühne. Jahrg. 1859. 12 Hefte oder 52 Nrn. (à 2—2½ Bgn.) Leipzig, Lorck. gr. 4. n. 6 ℛ

— — Jahrg. 1860 u. 61. à 12 Hefte oder 52 Nrn. (à 2—2½ Bgn.) Ebend. gr. 4. Jeder Jahrg. n. 6 ℛ

— — Jahrg. 1862—64. à 52 Nrn. (à 3½—4 Bgn.) oder 12 Hefte. Ebend. gr. 4. Jeder Jahrg. n. 8 ℛ

Europa. Chronik der gebildeten Welt. Jahrg. 1865—1870. à 52 Nrn. (à 3½—4 Bgn.) oder 12 Hefte. Leipzig, Keil. 4. Jeder Jahrg. n. 8 ℛ

Europa. Chronik der gebildeten Welt. Red. v. Frdr. Steger. Jahrg. 1870—1875. à 52 Nrn. (à 3—4 B.) od. 12 Hfte. gr. 4. Leipzig, Keil. à Jahrg. n. 24. —

Europa. Chronik der gebildeten Welt. Redig. von Friedr. Steger. Jahrg. 1875. 52 Nrn. (à 3—4 Bog.) gr. 4. Leipzig, Keil. *
—— dass. — Redig. von Herm. Kleinsteuber. Jahrg. 1876—1879. à Jahrg. 52 Nrn. (à 3—4 Bog.) gr. 4. Ebendas. à Jahrg. *

Europa. Redig. von Herm. Kleinsteuber. Jahrg. 1880—1884. à Jahrg. 52 Nrn. (à Nr. 3 Bog.) gr. 4. Leipzig, Keil's Nachf. à Jahrg. *

Europa. Redig. von Herm. Kleinsteubner. Jahrg. 1885. 52 Nrn. (à Nr. 2½—3 Bog.) gr. 4. Leipzig, Keil's Nachf. *
Nicht weiter erschienen.

Europa. (In armenischer Sprache.) Fol. 3spaltig. Erscheint wöchentlich einmal.

Europa. Šabathakan Lrer (1851—1853). [Fortsetzung:]

— Lragir Šabathakan (1854—1857). 3 voll. Wiénna 1851—1857. [Fortsetzung:]

— Oragir Ėntanekan. [Band] I—VI. 2 voll. Wiénna 1858—1863.

— Armenische Zeitschrift. (In armenischer Sprache.) Jahrg. 1859. 26 Nrn. (à 1 Bgn.) Wien, Mechitharisten-Congregat.-Buchhdlg. gr. 4. n. 3 ℛ 6 ngr.

Europa. Zum Gebrauche für die Hauptschulen der k. k. österreichischen Staaten. Fol. (1 Bl. Wien. Vom 30° · 0°—100° östlicher Länge und 30°—60° nördl. Breite. Preis 12 kr. C. M.
Verlag der Schulbücher-Verschleiß-Administration 1855.

Europa. Sammlung v. Romanen u. Novellen aus den Litteraturen aller Völker Europas. Hrsg. v. Wilh. Lange. 1. Bd. 1. u. 2. Lfg. gr. 8. Berlin, H. Bermühler. à n. — 40
Auferstehung. Roman. Von Graf Leo Tolstoy. Aus d. Russ. v. Wilh. Lange. Vollständige, unverkürzte Ausg. 1. u. 2. Lfg. (S. 1—128.)

Europa. Sammlung v. Romanen u. Novellen aus den Litteraturen aller Völker Europas. Hrsg. v. Wilh. Lange. 2. Bd. gr. 8. Berlin, H. Bermühler. n. 3. 50; geb. n. 4. 50
Vom Bayerwalde. 4 kulturgeschichtl. Erzählgn. Von Karl v. Reinhardstöttner. Illustr. v. Alfr. Liebing. 2. Bd. (345 S.) 899.
Erscheint nicht weiter.

Europa. Wochenschrift f. Kultur u. Politik. Red.: Heinr. Michalski. 1. Bd. Jan.—Juni 1905. 23 Hefte. (1172 S.) gr. 8. Berlin-Charlottenburg, Verlagsgesellschaft Europa. à Hft. — 25
Weiter nicht erschienen.

— abgedruckt u. beschrieben. E. Aushängeblatt. Fol. Halle, Dreyßig. 805.

Europa vor der Frage: Abrüstung od. Krieg? Betrachtungen e. deutschen Parlamentariers über die gegenwärt. polit. Lage in Europa. gr. 8. (16 S.) Cassel 890. Brunnemann. n. — 50

— in den Jahren 1800 u. 1801, oder kurze krit. Uebersicht aller merkwürdigen Begebenheiten in jedem europ. Staate vom Anfang d. J. 1800 bis Ende 1801. 8. Kempten 802. Dannheimer. 3 gr.

Europa im Jahre 1840. Stuttg. 1839. V: *Menzel, Wolfg.* (Kat. der ständ. Bibl. Stuttg. 1907. S. 453.)

— d. befreite, durch den Strafkrieg d. verbündeten Rechtsmächte gegen Galliens Napoleon oder d. Weltfeind, (v. Dr. Paulsen). 8. Deutschl. 813. (Regensb., Montag u. W.) 12 gr.

— das belletristische. Herausgeg. von Fr. Bruckbräu. 1. Bd. Johanna. Von George Sand. Deutsch von Fr. Bruckbräu. 6 Liefg. 12. Augsb. 844, v. Jenisch u. Stage'sche B. à ⅙ ℛ

— dass. 2. Bd. Der Teufel in Paris. Sitten und Gebräuche, Charaktere und Portraite der Einwohner von Paris rc. Von Balzac, Cormenin, A. Dumas, L. Gozlan, J. Janin, A. Karr, G. Sand, E. Sue u. A. Deutsch von Fr. Wlh. Bruckbräu. 1—12. Liefg. (od. 1.—4. Thl.) 12. Ebd. 844—46. à ⅙ ℛ (Ladenpr. à ⅝ ℛ)

— dass. 3. Bd. 1.—32. Liefg. Die drei Musketiere. Von A. Dumas. Deutsch von Fr. Wlh. Bruckbräu. 1.—9. Thl. 12. Ebend. 844. à ⅙ ℛ — Von Artagnan, oder 20 Jahre nachher. 1.—6. Thl. 12. Ebend. 846. à Liefg. ⅙ ℛ

— dass. 4. Bd. Der ewige Jude. Von Eugen Sue. Deutsch von Fr. Wlh. Bruckbräu. 32 Liefg. 12. Ebd. 844. à 1/6 ℛ

— dass. 5. Bd. 5. Liefg. Ohne Heirathsgut. Roman von Charles Reybaud. Deutsch von Fr. Wlh. Bruckbräu. 12. Ebend. 845. Subscr.-Pr. à 1/6 ℛ (5. Bd. Ladenpr. 1 1/3 ℛ)

— dass. 6. Bd. Die Kinder des Dammgrafen. Von Carit Etlar. Aus dem Dänischen von Fr. Mayer. 2 Liefg. 12. Ebend. 845. Subscr.-Pr. à 1/6 ℛ (6. Bd. Ladenpr. 3/8 ℛ)

— dass. 7. Bd. Die Geschwister, Novelle aus dem Leben von Rasmus Latiner. Aus dem Dänischen von A. M. Börnhard. 3 Liefg. 12. Ebend. 845. Subscr.-Pr. à 1/6 ℛ (7. Bd. Ladenpr. 3/4 ℛ)

— dass. 8. Bd. Des Lebens Conflicte. Roman von Carit Etlar. Aus dem Dän. von Fr. Mayer. 4 Liefg. 12. Ebend. 844. Subscr.-Pr. à 1/6 ℛ (8. Bd. Ladenpr. 1 1/4 ℛ)

— dass. 9. Bd. 1.—18. Liefg. Die Dame von Monsereau. Histor.-romant. Sittengemälde aus d. Zeiten Heinrich's III., Königs von Frankreich. Von A. Dumas. Deutsch von Fr. Wlh. Bruckbräu. 1.—6. Thl. 12. Ebend. 845, 46. Subscr.-Pr. à Liefg. 1/6 ℛ (9. Bd. 1.—3. Ladenpr. 2/3 ℛ)

— dass. 10. Bd. 1.—30. Liefg. A. Dumas ausgewählte Romane. Deutsch von Bruckbräu. 15 Bde. — Der Graf von Monte Christo. 1.—4. Thl. 12. Ebd. 846. à Liefg. à 1/6 ℛ

— dass. 11. Bd. 4 Liefg. Die Zigeuner. von Carit Etlar. Deutsch von Fr. Mayer. 12. Ebend. 846. à Liefg. 1/6 ℛ Ladenpr. 1 ℛ

— dass. 12. Bd. 1.—8. Liefg. Memoiren eines Arztes, von A. Dumas. Deutsch von F. W. Bruckbräu. 1.—4. Bd. 12. Ebend. 846. Subscr.-Pr. à Liefg. 1/6 ℛ

— das belletristische. Hrsg. von Frdr. Wilh. Bruckbräu. XII. Bd. 9—29. Liefr. Memoiren eines Arztes. 5—14. Thl. 12. Augsburg 847. 48, v. Jenisch & Stage. (à n. 1/6 ℛ)

— dass. 13. Bd. 1.—4. Lief. Sue, Martin, das Findelkind, oder Memoiren eines Kammerdieners. Roman von Eugen Sue. Deutsch von F. W. Bruckbräu. 1. u. 2. Thl. 12. Ebend. 846. à Liefg. 1/6 ℛ

— dass. XIII. Bd. 5—24. Lfg. Martin, das Findelkind. Roman v. E. Sue. 3—12. Thl. 12. Ebd. 847. à n. 1/6 ℛ (1—21: n. 4 ℛ)

— dass. 14. Bd. 1.—3. Liefg. Die Verwandtschaft. Novelle von C. Etlar. Aus dem Dän. übersetzt von Jul. Stern. 12. Ebend. 846. à Liefg. 1/6 ℛ

— dass. XV. Bd. 1—4. Lfg. Fernand der Seeräuber. — Daniel, od. Kampf u. Sieg. Von P. F. Kerckhoven. 12. (300 S.) Ebd. 847. (à n. 1/6 ℛ) n. 2/3 ℛ

— dass. XVI. Bd. 1—3. Lfg. Johanna de Arc, v. A. Dumas. 12. (255 S.) Ebd. 847. (à n. 1/6 ℛ) n. 1/2 ℛ

— dass. XVII. Bd. 1—18. Lfg. Die Fünfundvierzig v. A. Dumas. 6 Bde. 12. Ebd. 848. (à Lfg. n. 1/6 ℛ) n. 3 ℛ

— dass. XVIII. Bd. 1—6. Lfg. Die Gräfin von Salisbury. 12. (384 S.) Ebd. 848. (à n. 1/6 ℛ) n. 1 ℛ

Hoffmann, C. F. V. (Herausgeber, in Verbindung mit mehreren Gelehrten): „Europa und seine Bewohner. Ein Hand- und Lesebuch für alle Stände", 8 Bände, mit Karten und KK., Leipzig und Stuttgart 1835 bis 1837. — Vorh.: Com. Bibl. Hamburg.

— in Bezug auf d. Frieden, s. Cleves.

— in Bezug auf den Frieden, Addresse an d. Germanen d. linken Rheinufers. 8. Mainz 814, Kupferberg; (a. Löffler in Manh). 4 ℊ

— u. besonders Deutschland nach seiner jetzigen kriegerischen Verfassung, unter d. Bilde eines Dorfes. (Von Cph. Gli. Richter.) XVII Stücke. 4. Großenhagen 755.

Europa und besonders Teutschland, nach seiner jetzigen kriegerischen Verfassung . . . Grossenhagen [Nürnberg] 1758—61. V: *Richter, Christoph Gottlieb.* (Wr) (Ky) (BrMm) V: *Richter, Chph Frdr.* [?]. (MGT)

Europa in Leszczyniorum Domo sanguine et affinitate . . . adaperta . . . Francofurti 1725. V: *Wieruszewski, Casimir.* (BrMm) (SO)

Das erwachte Europa. Berlin. 1813. 8°.

— d. erwachte. 2 Bde, jeder von 6 Heften. 8. Berl. 814 u. 15. (Rücker). 6 ℛ

— nach dem Friedensschlusse vom 14. Oct. 1809, mit 1 Landkarte. Halle, Dreyssig. 12 ℊ

— im 19n Jahrhundert, e. Zeitschr. f. 1808. 16—48 Hft. 8. Lpz., Er. Fleischer. 2 ℛ

Europa, Das jetzt-herrschende, oder allerneueste Genealogie. Leipzig 1726. V: *Spiess, Joh. Christoph.* (Hauptkat. d. Univ.-Bibl. Tübingen. F. S. 22.)

— d. jetzt herrsch., worin alle Kaiser, König. u. Fürsten 2c. 8. Leipz. Dyk. 747.

Europa. – Das J e t z t l e b e n d e Gelehrte Europa, Oder Nachrichten von den vornehmsten Lebens-Umständen ... jetzt-lebender Europäischer Gelehrten ... Braunschweig 1735-40.
Herausgeber von Theil 3: Rathlef, Ernst Ludwig

— illustrata. Nr. 1—3. 8. Zürich 887. Orell Füssli Verl. à n. — 50

Lugano e le linee di congiunzione dei tre laghi. Di J. Hardmeyer. Traduzione di G. Anastasi. Con 55 illustrazioni di J. Weber e 4 carte geografiche. (111 S.)

Europa illustrata. Nr. 4—7. 8. Zürich, Art. Institut Orell Füssli, Verl. à n. — 50

4. 5. Battaglia. Nel libro del Dre. Giulio Klob „Le terme clorurate saline di Battaglia negli Euganei" pubblicato dai medesimi editori, si trovano l'analisi e le indicazioni sull' uso delle sorgenti di Ed. Mautner. Con 38 illustr. di L. E. Potrovita e J. Weber. (42 S.) 883.
6. 7. Kursaal Maloja nell' alta Engadina ed i suoi dintorni di Gugl. Altenburg. Traduzione di G. Anastasi. Con piante, 14 illustr. ed una carta per le escursioni. (52 S.) 89.

— illustrata. Nr. 8. 8. Zürich, Art. Institut Orell Füssli. n. — 50

Lo stabilimento climatico-balneare Le Prese nella valle di Poschiavo, Grigione (Svizzera). Del Ed. Killias. Con aggiunte del V. Grazzi. Con 14 incisioni (89 S.) (899).

— vor u. nach d. 14. Julius. 8. Dresd. 791. Richter. 12 ℊ

Europa, Jungfrau, s. Jungfrau.

— als Jungfrau, Frau u. Wittwe; in ihrer Liebes- u. Ehestandsgeschichte, u. in ihrer Haushaltung dargestellt. Ein unterhalt. u. belehr. Tractätlein f. d. Bürger u. Landmann. 8. Meißen 828. Klinkicht. 2 ℊ

Europa, Jungfrau, im Wochenbette. Leipz. 1806. V: *Albrecht, Johann Friedrich Ernst.* (BGE)

Europa auf 12 Kartenumrissen nach Stieler's Schul-Atlas gezeichnet, nebst Erklärung der auf den Karten befindlichen Buchstaben und Zahlen. Fol. (12 lithogr. Bl. u. Text.) Gotha 842, Verlags-Compt. n. 1/6 ℛ — col. n. 1/3 ℛ

Europa, das katholische, oder Erhaltung, Fortschritt, Friede u. Freiheit. gr. 8. Mannheim 840. Hoff. 1 ℛ

Europa im Kleinen oder Sammlung mehrentheils kleiner ... Münzen ... Dresden 1809. V: *Lipsius, Johann Gottfried.* (MGT) (Ky)

— im Kleinen, oder Samml. mehrentheils kleiner, aber vieler wichtigen, Münzen d. mittlern u. neuern Zeiten aus allen Ländern dieses Welttheils (d. Türkei ausgenommen), (v. J. G. Lipsius). 8. Dresd. 809. (Arnold). 1 ℛ

— im Kleinen, od. Sammlung wichtig. Münzen, von J. G. Lipsius. 8. Dresd. Arnold. 810.

— nach dem letzten Kriege. Von dem Verf. v. „Rußland u. die Türkei" u. Rußland u. Deutschland." gr. 8. (43 S.) Berlin 871. C. Duncker. — 75

— seine Länder u. ihre Bewohner. 1. Bdchn. A. u. d. T.: London, seine Bewohner u. Umgebung v. Woldemar Seyffarth. 18. (VI u. 318 S.) Stuttgart 851, J. B. Müller. 18 ngr

— dass. 2. Bdchn. A. u. d. T.: England u. Wales mit ihren Bewohnern v. Woldemar Seyffarth. 18. (VIII u. 396 S. m. 1 lith. Plan in gr. Fol.) Ebd. 851. 1 ℛ 6 ngr

— dass. 3. Bdchn. A. u. d. T.: Städte u. Inseln v. England u. Wales m. ihren Bewohnern. Von Woldemar Seyffarth. 8. (292 S.) Ebd. 851. 24 ngr (1—3: 2 ℛ 18 ngr)

Europa Latina, oder alphabetisches Verzeichniss der vornehmsten Landschaften. Leipzig 1785. V: *Bremer, Joh. Christoph.* (Ky) (MGT)

— latina, oder alphabet. Verzeichniß d. vornehmsten Landschaften u. s. w., (v. J. C. Bremer). 8. Quedlinb. 786. Ernst; (auch Gerig in Leipz.) 18 gr 1825 hbg. Pr. 12 gr

— e. Lesebuch, s. Hammerdörfer.

— im Lichte der Vergangenheit, Gegenwart u. Zukunft. 1800 — 1870—1900. Ein politischer Rundblick u. ein Mahnruf von e. preuß. Conservativen. Brandenburg 870. Koch. gr. 8. (16 S.) 6 ngr

—— das magusanische, bearb. v. Frhrn. W. G. L. v. Donop. 5 Abthln. 8. (1—3. u. 5. Bd.) Meiningen, Keyssner'sche Hofb.; (4. Bd.) Hildburghausen, Bibliograph. Institut. •

Abthl. 1. Phönizier in d. Innen-Landen d. europ. Westen bis zur Weser u. Werra. Histor. numismat. Versuch veranlasst durch eine neu gefundene Goldmünze. (27½ B., 1 Karte u. 3 Kpfrt.) 819. • 3 Thlr.

- 2. Die Urheymath d. Früh-Assen am Indus. Meist Nachträge. Nebst ein. Anh.: krischna-Münzen auf Jersey. (30½ B., 1 ill. Karte, 1 Kpfr.- u. 1 Stntaf.) 821. • 3 Thlr.

- 3. Portugal u. Spaniens Westküsten, die europ. Heymath d. Iren u. Belgen, Aquitanen u. Germanen. Nebst ein. Einleit. üb. siculo-punische Münzen, Sardinien u. d. Sigovesuszug. (29 B., 2 Stnt. u. 1 Tab.) 830. • 2 Thlr.

- 4. Skythisches Einvolk u. Einsprache in Hoch- u. Vorderasien, Nord-Afrika, später Ost- u. West-Europa. (17 B.) 835. • 2 Thlr.

- 5. Schluss. Afrika, Amerika u. Atlantis. (10½ B. u. 2 Stnt.) 841. • 1 Thlr. 8 Gr.

Im 8. Bde. ist dieser Titel wegen seiner Unvollständigkeit zu streichen.

— das Magusanische. 3e Abtheil. Oder: Portugal u. Spaniens Westküsten, d. europ. Heimath d. Iren u. Belgen, Aquitanen u. Germanen. Nebst e. Einleit. über siculo-punische Münzen, Sardinien u. den Sigovesuszug. Mit 2 lithogr. Tafeln. gr. 8. Hildburgh. 830. Kesselring. 2 ℛ (1e u. 2e Abtheil. sind noch nicht erschienen).

— das militärische. Neueste Statistik aller europäischen Staaten, nach Größe u. Bevölkerung, Finanzen, Produkten ꝛc. Stuttgart 859. H. Köhler. gr. 8. (56 S.) 9 ngr

Das neue Europa. Chronik der gebildeten Welt. Hrsg. von August Lewald. 1845 Karlsruhe, Druck u. Verlag von F. Gutsch & Rupp.
Mit Abb. u. kol. Modekupfern. 4°.
Fortsetzung der Zeitschrift Europa. Chronik der gebildeten Welt ... Leipzig u. Stuttgart. J. Scheible's Verlags-Expedition. 1835 ff., 1841 Karlsruhe, F. Gutsch & Rupp.
Erschienen 1835 bis 1885.

— das neue. Ein Carton. Zürich 869. Verlags-Magazin. 8. (22 S.) n. 4 ngr

Europa, das neue. (Politisch-ökonom. Monatsschrift.) Hrsg. v. Alex. v. Blaskovich. April—Dezbr. 1909. 9 Nrn. (Nr. 1. 132 S.) Lex. 8. Wien, W. Frick. à Nr. 1. 70
Erscheint nicht mehr.

Europa, Das Neue Gelehrte, als eine Fortsetzung der dreyen Werke, die bisher unter den Aufschriften, Gelehrtes Europa, Geschichte der Gelehrten und Beyträge zur Historie der Gelahrtheit ans Licht gestellet worden. Hsgbn von Joh. Chph Strodtmann ... Wolfenb. 1752—81. H (Th. 9—21): *Stosch, Ferd.* (Petz)

— u. Nordamerika. I. Die allgem. Politik Machiavelli's verglichen mit den polit. Grundsätzen u. Einrichtungen der Verein. Staaten von Nordamerika. II. Die Vereinigung der Staaten Europa's zu einer europ. Union nach nordamerikan. Grundsätzen. In zwölf Briefen an Frdr. Wilh. Ebeling von A. u. W. in Sachsen. 8. (IV u. 148 S.) Leipzig 851, Kollmann. 5/6 ℛ

Europa, besonders das nördliche, nach Ottars und Ulfstens Reiseberichten. ([S.-A.] Lüdde's Zeitschrift für vergleichende Erdkunde. Bd. 3) Magdeburg 1844. 32 S. 8°.

Europa und der Orient. Oestreich, die Westmächte u. Rußland. Streif- u. Schlaglichter zur Würdigung der politischen Verhältnisse der Gegenwart. Hamburg 855. Hoffmann u. Campe. 8. (1 Bl., 92 S.) 10 ngr

— das östliche, und Kaiser Nikolaus. Vom Verf. des „enthüllten Rußland" ꝛc. Aus dem Engl. von A. Kretzschmar. 1. 2. Bd. breit 8. Grimma 846, Verlags-Comptoir. 3 ℛ

— dass. 3. Bd. A. u. d. T.: Kaiser Nikolaus und seine Rathgeber. Nebst Skizzen aus den österr.-preuß.-russ.-polnischen Provinzen. br. 8. Ebend. 846. 2 ℛ

— u. Polen. gr. 8. Altona 831. Aue. 2 gr

— eine Rede des Abt Sieyes. 8. London. (Frankf. Eßlinger.) 794

Europa seit d. Schlacht bei Leipzig am 19. Oct. 1813. Dargest. v. einem französ. Staatsmanne in London d. 4. Decbr. 1813. Ein Schlüssel für das Räthsel der jüngsten Vergangenheit. Aus d. Französ. Mit e. Einleitung u. Anmerk. d. Uebersetz. 8. Leipz. 814. (Brockhaus). 12 gr

Europa, Das schlavische,

wann den Sevennern nicht schleunige Hülff solte geleistet werden . . . aus d. Französ. . . . O. O. 1704. V: *Boyer, Abel.* Ü: *Gessner, J. J.* (ZUWZÜR) (CLZÜR Forts. III)

— ein statist.-herald.-genealogisches Taschenbuch für 1818, 19 u. 21, herausg. von L. Lüders. Fortges. f. 1823 od. 4r Jahrg. von F. A. Ruder. 8. Leipz., Baumgärtner, (1r Jahrg. 1 Thlr. 2r Jahrg. 1 Thlr. 12 Gr. 3r Jahrg. 1 Thlr. 8 Gr. 4r Jahr. 1 Thlr. 12 Gr.) 5 Thlr. 8 Gr.

— u. die Türkei. In histor.-polit.-militär. Darstellungen. Herausg. von Fr. Seybold. 16—66 Bdchn. Mit 6 Steindr. 12. Stuttg. 828. Steinkopf. Subscr.-Pr. 1 Thlr. 12 Gr.

— eine monatl. Uebersicht der polit. Begebenheiten dieses Welttheils. 16—96 Heft. 12. Stuttg. 831, 32. Brodhag. (à 4 Gr.) 1 Thlr. 12 Gr.

Europa in seinen politischen und

Finanz-Verhältnissen. Leipzig 1795. V: *Riem, Andreas (August).* (MGT) (Ky)

— in seinen polit. u. Finanz-Verhältnissen, (v. A. Riem). 4 Hefte. 8. Berl. 795. Wienbrack in Leipz. 1 Thlr. 10 Gr.

— nach seinen polit.-geogr. Verhältnissen seit dem Ausbruche der französ. Revolution. Dargestellt in Kart. u. statist. Tabellen, 3 Lieferr., v. 1789 bis zum Pariser Frieden 1815. Mit 11 Karten, gr. Fol. Weimar 806—16. Geograph. Instit. 5 Thlr. 12 Gr.

— auf d. Wagschale. 8. Leipz. Gräff.

— auf der Wagschale, oder das Staatsverhältniß d. Kaisers mit der ottom. Pforte, 8. Leipz. 780. Wienbrack. 5 Gr.

— a. d. Wagschale od. d. Staatsverhältn. d. Kais. m. d. Ottom. Pforte. 8. Ingolst. Krüll. 788.

Europa in Waffen. Die sämmtlichen europäischen Heere in ihrer jetzigen Uniformirung. Nach authentischen Quellen. Für junge und alte Soldatenfreunde, sowie für Militärs aller Stände und Länder. 14 Blätter nebst Titelblatt in feinstem Farbendruck und Handcolorit ausgeführt nach Original-Aquarellen von L. Burger, W. Emelé, O. Fikentscher, H. Lüders u. A. qu. Fol. Stuttgart 1873.

— in Waffen. Die sämmtl. europ. Heere in ihrer jetz. Uniformirg. Nach authent. Quellen. Für junge u. alte Soldatenfreunde sowie f. Militärs aller Stände u. Länder. 14 Blätter nebst Titelbild in feinstem Farbendr. u. Handcolorit ausgeführt nach Original-Aquarellen v. L. Burger, W. Emelé, O. Fickentscher, H. Lüders u. A. qu. gr. 4. (15 S. Text.) Stuttgart 874. Nietzschke. n. 8. 50; geb. n. 10. —

Europa in Waffen. Die sämmtl. europ. Heere in ihrer jetzigen Uniformirung. Nach authent. Quellen. Für junge und alte Soldatenfreunde, sowie für Militärs aller Stände und Länder. 14 Blätter nebst Titelbild in feinstem Farbendr. und Handcolorit, ausgeführt nach Orig.-Aquarellen von L. Burger, W. Emelé, O. Fikentscher, H. Lüders u. A. (Neue wohlf. Ausg.) qu. gr. 4. (15 Bl. Text.) Stuttgart 875, Nitzschke. geb.

— in Waffen. Die sämmtl. europ. Heere in ihrer jetz. Uniformirung. Nach authent. Quellen. Für junge u. alte Soldatenfreunde, sowie für Militärs aller Stände u. Länder. 14 Blätter nebst Titelbild in feinstem Farbendruck u. Handcolorit, ausgeführt nach Orig.-Aquarellen v. L. Burger, W. Emelé, O. Fikentscher, H. Lüders u. A. (Neue wohlf. Ausg.) qu. gr. 4. (15 Bl. Text.) Stuttgart 878. Nitzschke. geb. 5. —

— was hat es zu fürchten u. z. hoffen? od. d. Preßburger Friede in s. entfernten Folgen betrachtet u. s. w. gr. 8. Deutschland. (Düsseldorf, Hofbuchh.)

— wird es republikanisch oder kosakisch? Eine auf die Memoiren Napoleons, das Testament Peter des Großen u. viele andere gewichtvolle Documente gestützte Abhandlung über die unserm Welttheil drohenden Gefahren u. die Mittel zu deren Abwendung als Vorlage für einen europäischen Kongreß. 2., veränd. u. verm. Ausg. Leipzig 866. Kasprowicz. gr. 8. (165 S.) n. 24 ngr.

Europa wird nächstens republikanisch oder kosakisch, eine zum letzten Male in der Wüste erschallende Stimme. (P., den 15. Januar 1864.) 8. (Zürich.)

— das, der Zukunft. (14 S.) gr. 8. Weimar 904. Verlag der Iduna. n. — 50

— nach seinem polit. u. militär. Zustande im Jan. 1800; aus d. Französ. 8. Leipz. 800. Reinicke. (Hinrichs). 10 Gr.

Europa [Schlagwort]

— s.a. Atlanten. Letoschek, E. — Rössel, Th. — Sydow.

— s.a. Atlanten. Rohmeder u. Wenz

— s.a.: Atlanten, Sprunner u. Bretschneider.

— s.a. Eisenbahnkarte Mittel-Europa.

— s. a.: Eisenbahnkarten.

— s. a.: Generalkarten. Flemming.

— s.a. Geologische Karten. Carte.

— s.a. Hand- u. Reisekarten. 6.

— s.a. Physikalische Karten. Kiepert, Heinr.

— s.a. Radfahrerkarten, Carte.

— s.a. Schulwandkarten.

Europa's — Uebersichtskarte der Producte — entworfen und gezeichnet von Adolph, Mainz 1828. Ohne Maasstab. 1 Bl. a. d. Werke: Mathemat. u. physische Erdebeschreibung, mit besonderer Rücksicht auf Europa von J. G. B. Adolph.

Europa. Algermissen, J. L., Wandkarte v. Europa f. den Schulgebrauch. 1 : 2,750,000. 9 Blatt. 7. Aufl. Chromolith. Imp.-Fol. Leipzig 888. Lang. n. 10. —; auf Leinw. in Mappe n. 17. —; m. Stäben n. 20. —

Europa. Algermissen, Joh. Ludw., Wandkarte v. Europa f. den Schulgebrauch. 1 : 2,850,000. 11. Aufl. 9 Blatt à 59,5×66 cm. Farbendr. u. kolor. Leipzig 894. G. Lang. n. 10. —; auf Leinw. in Mappe od. m. Stäben n. 17. —

Europa. Algermissen, Joh. Ludw., Wandkarte von Europa f. d. Schulgebrauch. 1 : 2,850,000. 12. Aufl. 9 Blatt à 60 × 66 cm. Farbdr. u. kolor. Leipzig 897. G. Lang. n. 10. —; auf Leinw. in Mappe od. m. Stäben n. 17. —

Europa. Algermissen, Joh. Ludw., Wandkarte von Europa f. den Schulgebrauch. 1 : 2,850,000. 13. Aufl. 9 Blatt à 60×66 cm. Farbdr. Leipzig (900). G. Lang. n. 10. —; auf Leinw. in Mappe od. m. Stäben n. 17. —

Europa — Karte von — etc. Verfasst von Herrn d'Anville Neu herausgegeben von F. A. Schrämbl. Wien 1790. 1 : 3,000,000. 6 Bl.

Europa. Bamberg's, Frz., Wandkarte von Mittel-Europa. Physikalische Ausg. 1 : 750,000. 8 Blatt à 100×63 cm. Farbdr. Berlin (909). C. Chun. 20. —; auf Leinw. in Mappe oder m. Stäben 28. —; Ausg. m. rot mark. polit. Grenzen zu gleichen Preisen.

— Bamberg, K., Handkarte v. Europa. 1 : 15,000,000. Physikalische u. polit. Ausg. Chromolith. Fol. Berlin 888. Chun. à n.n. — 25

— — Wandkarte v. Europa. 1 : 3,000,000. Physikalische u. polit. Ausg. 16 Blatt. 13. Aufl. Chromolith. qu. gr. Fol. Ebd. 889. à 15. —; auf Leinw. in Mappe à n. 20. —; m. Stäben à n. 22. —

— **Bamberg, Karl, Schulwandkarte von Europa. 1 : 3,000,000. Physikalische Ausg. 16., verb. Aufl. 16 Blatt à 39,5×46,5 cm. Farbendr. Berlin 894. C. Chun. n. 15. —; auf Leinw. in Mappe n. 20. —; m. Stäben n. 22. —; polit. Ausg. 16. Aufl. zu gleichen Preisen.**

— Bamberg's, Karl, Schulwandkarte von Europa. 1 : 3,000,000. 21., rev. Aufl. (Physikalische Ausg.) 16 Blatt à 39,5 × 47 cm. Farbdr. Berlin 898. C. Chun. n. 15. —; auf Leinw. in Mappe n. 20. —; m. Stäben n. 22. —; polit. Ausg., 21., rev. Aufl., zu gleichen Preisen.

— Bamberg's, Karl, Schulwandkarte von Europa. 1 : 4,000,000. 8 Blatt à 44,5×48 cm. Farbdr. Berlin (900). C. Chun. n. 11. —; auf Leinw. n. 16. —

— — dasselbe. Umgoarb. von Karl u. Frz. Bamberg. 1 : 3,000,000. 24. verb. Aufl. Physikalische Ausg. 16 Blatt à 39,5×46,5 cm. Farbdr. Ebd. (902). n. 15. —; auf Leinw. in Mappe n. 20. —; m. Stäben n. 22. —; Ausg. m. rot markierten polit. Grenzen u. polit. Ausg. zu gleichen Preisen.

Europa. Bamberg's, Karl, Schulwandkarte v. Europa. Umgearb. v. Frz. Bamberg. 1 : 3,000,000. 25. verb. Aufl. (Physikalische Ausg.) 18 Blatt à 39,5×47 cm. Farbdr. Berlin (905). C. Chun. n. 15. —; auf Leinw. in Mappe n. 20. —; m. Stäben n. 22. —; Ausg. m. rot markierten polit. Grenzen u. polit. Ausg. zu gleichen Preisen.

— Bamberg's, Karl, Schulwandkarte v. Europa. Umgearb. v. Frz. Bamberg. 1 : 3,000,000. 26. verb. Aufl. (Physikalische Ausg. m. od. ohne polit. Grenzen.) Je 9 Blatt à 58,5×60 cm. Farbdr. Ebd. (907). à 15. —; auf Leinw. m. Stäben à 22. —; polit. Ausg., 27. verb. Aufl. zu gleichen Preisen.

— — dasselbe. Bearb. v. Frz Bamberg. Kleine (billige) Ausg. 1 : 4,000,000. (Physikalische Ausg. m. od. ohne polit. Grenzen.) Je 9 Blatt à 44,5×48 cm. Farbdr. Ebd. (906). n. 11. —; auf Leinw. in Mappe od. m. Stäben n. 16. —

— — dasselbe. Kleine (billige) Ausg. 1 : 4,000,000. (Politische Ausg.) 5. verb. Aufl. 9 Blatt à 44,5×48 cm. Farbdr. Ebd. (907). 11. —; auf Leinw. in Mappe od. m. Stäben 16. —

— Baur, C. F., neue Karte v. Europa, nebst Nordafrika, Aegypten, Syrien, Kleinasien, Kaukasien, dem ganzen mittelländ. Meer, Schwarzen Meer etc. In deutscher, französ. u. engl. Nomenklatur. 1 : 3,000,000. 6 Blatt. Chromolith. gr. Fol. Stuttgart. 889. Jul. Maier, Sep.-Kto. (F. Doerr). n. 8. —

Europa. Baur, C. F., neue Karte v. Europa, Nord-Afrika, Ägypten, Syrien, Klein-Asien, Kaukasien, dem Schwarzen Meer u. mittelländischen Meer. In deutscher, französ. u. engl. Nomenklatur. 1 : 3,000,000. Ausg. 1892. 6 Blatt. Farbendr. à 59×53 cm. Stuttgart, J. Maier, Sep.-Kto. (F. Doerr). In Mappe. n. 8. —; auf Leinw. in Mappe n.n. 12. —; m. Stäben n.n. 14. —

— Baur, C. F., neue Karte v. Europa, dem Mittelländischen Meer, Nord-Afrika, Egypten, Syrien, Klein-Asien, Kaukasien u. d. schwarzen Meer. 1 : 3,000,000. (Nomenclatur in deutscher, französ. u. engl. Sprache.) Ausg. 1896. 6 Blatt à 59,5 × 53 cm. Farbendr. Esslingen 896. Stuttgart, F. Doerr. n. 8. —; auf Leinw. in Mappe n.n. 12. —; lackiert u. m. Stäben n.n. 14. —

— Bielenberg's, R., (stumme physikalische) Schulwandkarte v. Europa. 1 : 2,750,000. 9 Blatt à 53×65 cm. Farbdr. Weimar (900). Geograph. Institut. n. 12. —; auf Leinw. m. Stäben 20. —

— Boettcher, C., u. A. Freytag, Handkarte v. Mitteleuropa. Für den Unterricht in der mittleren u. neueren Geschichte. 1 : 5,320,000. Chromolith. qu. Fol. Leipzig 889. Wagner & Debes. n. — 80

Europa. Boettcher, Carl, u. Adf. Freytag, Karte v. Mitteleuropa f. d. Unterricht in der mittleren u. neueren Geschichte. 1 : 1,060,000. 2. Aufl. 9 Blatt à 51 × 67 cm. Farbendr. Leipzig 896. H. Wagner & E. Debes. n. 13. 50; auf Leinw. m. Stäben n.n. 22. —

— — — Wandkarte v. Mittel-Europa. Für den Unterricht in der mittleren und neueren Geschichte. 1 : 1,060,000. 9 Blatt. Chromolith. Imp.-Fol. Ebd. 889. n. 13. 50; auf Leinw. m. Stäben n. 22. —

— Boettcher, Carl, u. Adf. Freytag, Wandkarte v. Mittel-Europa. Für den Unterricht in der mittleren u. neueren Geschichte, Litteratur u. Pädagogik. 1 : 1,060,000. 3. Aufl. 9 Blatt à 51,5×67 cm. Farbdr. Nebst Text. gr. 8. (8 S.) Leipzig 900. H. Wagner & E. Debes. n. 13. 50; auf Leinw. m. Stäben n.n. 22. —

— Boettcher, Carl, u. Adf. Freytag, Wandkarte v. Mittel-Europa. Für den Unterricht in der mittleren u. neueren Geschichte. Litteratur u. Pädagogik. 1 : 1,060,000. 4. Aufl. 9 Blatt à 51,5×67 cm. Farbdr. Leipzig (905). H. Wagner & E. Debes. n. 13. 50; auf Leinw. m. Stäben n.n. 22. —; m. breit. Kartenschutz u. 2 Lederriemen n. 23. —

Europa, Neueste Geschäfts- u. Reisekarte von. Mit Angabe aller Eisenbahnen, Hauptstationen und Dampfschiffverbindungen. Von Heinrich Brandes. 10. Aufl. 1883. Masstab 1 : 500.000 Wien. Moritz Perles. In Umschlag 1 fl. 20 kr.

Europa. Neueste Geschäfts- und Reisekarte v., mit Angabe aller Eisenbahnen, Hauptstationen u. Dampfschiffahrts-Verbindungen. Entw. u. gez. v. Heinr. Brandes. 1885. Tonfarbendr. Gr.-Qu.-Fol. Wien, Moritz Perles. Gefalzt in Umschl. 1 fl. 20 kr. S. 257

— Brandes, Heinr., neueste Geschäfts- u. Reise-Karte von Europa, m. Angabe aller Eisenbahnen, Hauptstationen u. Dampfschiffahrtsverbindgn. 1 : 5,000,000. Ausg. 1890. Chromolith. Imp.-Fol. Wien 890. Perles. n. 2. 40

— Brandes, Heinr., neueste Geschäfts- u. Reise-Karte v. Europa m. Angabe aller Eisenbahnen, Hauptstationen u. Dampfschiffahrtsverbindungen. 1 : 5,000,000. Ausg. 1894. 61×87,5 cm. Farbendr. Wien, M. Perles. n. 2. 40

— Brandes, Heinr., neueste Geschäfts- u. Reise-Karte v. Europa. 1 : 5,000,000. Ausg. 1898. 61 × 87,5 cm. Farbdr. Wien 898. M. Perles. n. 2. 40

Europa. Brandes, H., neueste Geschäfts- u. Reise-Karte v. Europa. 1 : 5,000,000. Ausg. 1902. 60,5×87,5 cm. Farbdr. Wien, M. Perles. n. 2. 40

— Brandes, H., neueste Geschäfts- u. Reise-Karte v. Europa. 1 : 5,000,000. Ausg. 1906. 60,5×87,5 cm. Farbdr. Wien, M. Perles. n. 2. 40

— Brandes, H., neueste Geschäfts- u. Reise-Karte v. Europa. 1 : 5,000,000. Ausg. 1910. 60,5×88 cm. Farbdruck. Wien, M. Perles. 2. 40

Europa, Geschäfts- u. Reisekarte von, v. Heinrich Brandes. 1884. Gr.-Qu.-Folio. Farbendruck. Wien, Moritz Perles. Gef. in gr. 8. 1 fl. 20 kr. S. 269

— Coordes, C., u. K. Bamberg, klimatologische Wandkarte v. Europa. 1 : 3,000,000. 16 Blatt. Chromolith. qu. gr. Fol. Berlin 888. Chun. n. 15. —; auf Leinw. in Mappe n. 20. —; m. Stäben n. 22. —

Europa — Neue Carte von — welche die merkwürdigsten Producte und vornehmsten Handelsplätze, nebst dem Flächen-Inhalte aller Europäischen Länder in deutschen Quadratmeilen enthält, von A. F. W. Crome. Dessau 1782. 1: 10 000,000. 1 Bl.

— Cüppers, A. Jos., Schulwandkarte v. Europa. Nach pädagog. Grundsätzen entworfen. 12 Blatt à 66×54 cm. Farbendr. Düsseldorf 894. L. Schwann. 10. —; auf Leinw. m. Rollstäben n.n. 19. —

— Debes, E., Schulwandkarte von Europa. Im Anschluss an des Hrsgs. Schulatlanten bearb. 1 : 3,270,000. 2. Aufl. 6 Blatt à 80,5×58,5 cm. Farbdr. Leipzig (900). H. Wagner & E. Debes. n. 8. —; auf Leinw. m. Stäben n. 15. —

— — dasselbe. Ausg. m. polit. Kolorit. Im Anschluss an des Hrsgs. Schulatlanten bearb. 1 : 3,270,000. 6 Blatt à 80×58 cm. Farbdr. Ebd. 901. n. 8. —; auf Leinw. m. Stäben n. 15. —

— Debes, E., Schulwandkarte v. Europa. Im Anschluss an des Hrsgs. Schulatlanten bearb. 1 : 3,270,000. 4. Aufl. 6 Blatt à 80×58,5 cm. Farbdr. Leipzig (908). H. Wagner & E. Debes. 8. —; auf Leinw. m. Stäben 15. —

— Debes', E., physikalisch-politische Schulwandkarte v. Europa. Im Anschluss an d. Hrsg. Schulatlanten bearb. 1 : 3,270,000. 160×175 cm. 6 Bl. Farbendr. Leipzig 892. H. Wagner & E. Debes. n. 8. —; auf Leinw. m. Stäben n. 15. —

— Diercke, C., Schulwandkarte v. Europa, Bodenverhältnisse. 1 : 3,000,000. 6 Blatt à 85,5×68 cm. Farbdr. Braunschweig (904). G. Westermann. n. 13. —; auf Leinw. m. Stäben n. 22. 50

— — dasselbe. Staatenkarte. 1 : 3,000,000. 6 Blatt à 85,5×67 cm. Farbdr. Ebd. (904). n. 13. —; auf Leinw. m. Stäben n. 22. 50

— Düms' Comptoir- u. Reisekarte v. Mittel-Europa. Nach amtl. Material bearb. 11. Aufl. Chromolith. qu. gr. Fol. Nebst alphabet. Ortschafts-Verzeichnis. Nach amtl. Quellen bearb. v. Alb. Schaacke. Neu rev. v. Osk. Grune. 8. (32 S.) Wesel 889. Düms. — 60

— Düms' Comptoir- u. Reisekarte v. Mittel-Europa. Nach amtl. Material bearb. 15. Aufl. 54,5×68 cm. Farbendr. Nebst alphabet. Ortschafts-Verzeichnis. Nach amtl. Quellen bearb. v. Alb. Schaacke. Neu rev. v. Osk. Grune. 8. (32 S.) Wesel 893. W. Düms. — 60

— Düms' Comptoir- u. Reisekarte v. Mittel-Europa. Nach amtl. Material bearb. 17. Aufl. 54,5×68 cm. Farbdr. Nebst alphabet. Ortschafts-Verzeichnis. Nach amtl. Quellen bearb. v. Alb. Schaacke. Neu durchgesehen v. Osk. Grune. 8. (32 S.) Wesel 898. W. Düms. — 60

— Düms' Comptoir- u. Reisekarte von Mittel-Europa. Nach amtl. Quellen bearb. 21. Aufl. (Ausg. 1902.) 1 : 2,160,000. 55×68,5 cm. Farbdr. Nebst alphabet. Ortschafts-Verzeichnis. Nach amtl. Quellen angefertigt v. Alb. Schaacke. Vollständig neu bearb. durch Osk. Grune. 8. (32 S.) Wesel, W. Düms. — 60

— Düms' Comptoir- u. Reisekarte v. Mittel-Europa. Nach amtl. Quellen bearb. (Ausg. 1905.) 1 : 2,160,000. 55×68,5 cm. Farbdr. Nebst alphabet. Ortschafts-Verzeichnis. Nach amtl. Quellen angefertigt von Alb. Schaacke. Durchgesehen v. H. Buschmann. 23. Aufl (32 S.) 8. Wesel, W. Düms. — 60

— Düms' Comptoir- u. Reisekarte v. Mittel-Europa. Nach amtl. Quellen bearb. (Ausg. 1910.) 1 : 2,160,000. 55×68,5 cm. Farbdr. Nebst alphabet. Ortschafts-Verzeichnis. Nach amtlichen Quellen angefertigt v. Alb. Schaacke. Durchgesehen v. H. Buschmann. 26. Aufl. (32 S.) 8. Wesel. W. Düms. — 60

Europa, Eisenbahn-Wandkarte von. Praktische Geschäfts- u. Reisekarte mit Tabellen der politischen Eintheilung der Staaten; Angabe der Zonenzeiten und der internationalen Zugsverbindungen. Revidirt von Dr. K. Peucker. 1895. Maßstab 1 : 4,000,000. 4 Blätter. Chromolithographie. 100/130 cm. Zusammengeklebt u. gefalzt. In Mappe 2.40
Wien: Artaria & Co 1895.

— Fees, Thdr., Verkehrskarte v. Mitteleuropa. (Umschlag: Reise-, Bäder- u. Verkehrskarte.) 1 : 3,000,000. 65×82 cm. Farbdr. Leipzig (909). List & v. Bressensdorf. In Taschenformat od. als Wandkarte m. Metallstäben 1. —

Europa, Eisenbahn- und Dampfschiffrouten-Karte von Frantz. Glogau, Flemming 1868. 3,000,000. Wandkarte in 1 Bl.

— Freytag's, Gust., Comptoir-Wandkarte v. Mittel-Europa. 1 : 2,000,000. 4 Blatt à 75×59 cm. Farbdr. Wien 898. G. Freytag & Berndt. n. 6. —; auf Leinw. m. Stäben n. 10. —

Europa. Freytag's, Gust., Hand- u. Reisekarte v. Europa. 1 : 7,500,000. (Neue Aufl.) 65×80,5 cm. Farbdr. Wien (910). G. Freytag & Berndt. 2. 50; auf Leinw. in Taschenformat od. m. Stäben 4. 20

— Freytag, Gust., Verkehrs-Karte von Europa. 1 : 7,500,000. 65×81 cm. Farbendr. Wien 893. G. Freytag & Berndt. n. 2. 50

— Gaebler, Eduard, Mapa mural de la Europe del Sur y Central y del Mediterráneo. 1 : 2,000,000. 6 Bl. à 91,5×71,5 cm. Farbdr. Leipzig (908). G. Lang. Auf Leinw. m. Stäben 22. —

— Gaebler, Ed., politische Schulhandkarte v. Europa. 1 : 16,000,000. Farbendr. qu. gr. 4. Leipzig 890. Lang. n. — 20

— — dasselbe, politisch. 1 : 3,200,000. Grosse Ausg. 4. Aufl. Rev. 1898. 9 Blatt à 62×66 cm. Farbdr. Ebd. 898. n. 15. —; auf Leinw. in Mappe od. m. Stäben n. 22. —

— — Schulwandkarte v. Europa, physikalisch u. politisch. 9 Blatt. 1 : 3,200,000. 2. Aufl. Chromolith. Imp.-Fol. Ebd. 890. n. 14. —; auf Leinw. m. Stäben n. 22. —

— Gaebler, Ed., Schulwandkarte v. Europa. 1 : 3,200,000. Physikalische Ausg. 4. Aufl. 9 Blatt à 61,5×64,5 cm. Farbendr. Leipzig 894. G. Lang. n. 14. —; auf Leinw. m. Stäben n. 22. —

— Gaebler, Ed., Schulwandkarte v. Europa, physikalisch m. roten Grenzlinien. 1 : 3,200,000. 6. Aufl. Neue Bearbeitung. 1896. 9 Blatt à 61,5 × 65 cm. Farbendr. Leipzig 896. G. Lang. n. 15. —; auf Leinw. m. Stäben od. in Mappe n. 22. —

— — dasselbe. Physikalisch u. politisch. 1 : 3,200,000. 7. Aufl. Rev. 1898. 9 Blatt à 62 × 66 cm. Farbdr. Ebd. 898. n. 15. — auf Leinw. in Mappe od. m. Stäben n. 22. —

— — dasselbe. Physikalisch-politisch. 1 : 3,200,000. 9. Aufl. 9 Blatt à 62×65 cm. Farbdr. Ebd. 900. n. 15. —; auf Leinw. in Mappe od. m. Stäben n. 22. —

— Gaebler's Ed., Schul-Wandkarte von Europa, politisch. 1 : 3,200,000. Grosse Ausg. 8. Aufl. 9 Blatt à 62×65 cm. Farbdr. Leipzig (902). G. Lang. n. 15. —; auf Leinw. in Mappe od. m. Stäben n. 22. —; physikal. Ausg., 11. Aufl., zu gleichen Preisen.

— Gaebler, Eduard, Schul-Wandkarte v. Europa. 1 : 3,200,000. Physikalisch. Grosse Ausg. 16. Aufl. 9 Blatt à 62×65 cm. Farbdr. Leipzig (906). G. Lang. n. 16. —; auf Leinw. m. Stäben n. 22. —; polit. Ausg., 13. Aufl., zu gleichen Preisen.

— — Schul-Wandkarte v. Europa. 1 : 3,200,000. Grosse Ausg. Staatenübersicht. 18. Aufl. 9 Blatt à 62×65 cm. Farbdr. Ebd. (910). 16.— ; auf Leinw. m. Stäben 22.—; physikal. Ausg., 22. Aufl., zu gleichen Preisen.

— — Schul-Wandkarte von Mittel- u. Süd-Europa sowie des Mittelmeeres. 1 : 2,000,000. 6 Blatt à 81,5×71,5 cm. Farbdr. Ebd. (902). n. 15. —; auf Leinw. in Mappe od. m. Stäben n. 22. —

— — Schul-Wandkarte v. Mittel- u. Süd-Europa sowie des Mittelmeers. 1 : 2,000,000. 4., durchgeseh. Aufl. 6 Blatt à 91—71,5 cm. Farbdr. Ebd. (906). n. 16. —; auf Leinw. m. Stäben n. 22. —

— — plastische Schul-Wandkarte v. Mittel-Europa. 1 : 1,000,000. Ausg. A. Physikalisch; Ausg. B. dasselbe, m. polit. Karton; Ausg. C., dasselbe, stumme Ausg. Je 4 Blatt. à 69,5×69 cm. Farbdr. Ebd. (905). à n. 15. —; auf Leinw. in Mappe od. m. Stäben à n. 20. —

Europa. Gaebler, Ed., politische Schulwandkarte v. Europa. 1 : 3,200,000. 4 Blatt. Vereinfachte Ausg. f. Landschulen. Farbendr. gr. Fol. Leipzig 890. Lang. n. 8. —; auf Leinw. m. Stäben n. 16. —

— — politische Schulwandkarte v. Europa. (Für einfache Landschulen bearb.) 1 : 3,200,000. 2. Aufl. 4 Blatt à 70×79,5 cm. Farbendr. Ebd. 893. n. 8. —; auf Leinw. m. Stäben n. 16. —

— — dasselbe. Kleine Ausgabe (für Landschulen). 1 : 3,200,000. 6. Aufl. 4 Blatt à 70 × 79,5 cm. Farbdr. Ebd. 898. n. 10. —; auf Leinw. od. in Mappe n. 16. —

— — dasselbe. Kleine Ausg. 1 : 3,200,000. 9. Aufl. 4 Blatt à 71×80,5 cm. Farbdr. Ebd. (902). n 10. —; auf Leinw. in Mappe od. m. Stäben n. 16. —

— — dasselbe. Kleine Ausg. 1 : 3,200,000. (Politisch.) 14. Aufl. 4 Blatt à 70×79,5 cm. Farbdr. Ebd. (906). n. 12.—; auf Leinw. m. Stäben n. 16. —

— — dasselbe. (Politisch.) Kleine Ausg. 1 : 3,200,000. 18. Aufl. 4 Blatt à 70,5×79,5 cm. Farbdr. Ebd. (910). 12.—; auf Leinw. m. Stäben 16. —

— — zwei Wandkarten der europäischen Länder. 1 : 2,000,000. Farbdr. Ebd. (903). à n. 15. —; auf Leinw. in Mappe od. m. Stäben à n. 22. —
1. Skandinavien u. Russland. (Nord- u. Ost-Europa.) 6 Bl. à 66×94,5 cm.
2. Mittel- u. Süd-Europa u. Mittelmeer. 2., durchgeseh. Aufl. 6 Blatt à 91×71,5 cm.

— — Zwei Wandkarten der europäischen Länder. Nr. 2. Schul-Wandkarte v. Mittel- u. Süd-Europa sowie des Mittelmeers. 1 : 2,000,000. 5. Aufl. 6 Blatt à 91×71,5 cm. Farbdr. Ebd. (909). 16. —; auf Leinw. m. Stäben 22. —

— Generalkarte, neue, v. Mittel-Europa. 1 : 200,000. Hrsg. vom k. k. militär-geograph. Institut in Wien. (In 260 Blättern.) 1.—4. Lfg. 37 Blatt. Chromolith. gr. Fol. Wien 889. 890. (Lechner's Sort.) à Blatt n. 1. 20; auf Leinw. à n. 2. —
1. Lfg. Pressburg. Komorn. Neusohl. Leutschau. Ungvár. Stanislau. Kolomea. Ostrog.
2. Lfg. Rowno. Brody. Lemberg. Sambor. Przemysl. Tarnów. Kaschau. Budapest-Losoncz u. Trentschin.
3. Lfg. Lundenburg. Troppau. Krakau. Radom. Lublin. Siedlce. Turka. Zamość. Máramaros. Sziget. Luck. Pinsk. Starokonstantynów.
4. Lfg. Oświęcim. Debreczen. Munkács. Kowel. Kobrin. Drogizcyn. Rokitno. Zytomir.

— Generalkarte, neue, v. Mittel-Europa. 1 : 200,000. Hrsg. vom k. u. k. militär-geograph. Institut in Wien. 5.—12. Lfg. 66 Blatt à 57×35,5 cm. Farbendr. Wien 891—893. (R. Lechner's Sort.) à Blatt n.n. 1. 20
V—IX. 36/46. Fünfkirchen. — 47. Stuhlweissenburg. — 51. Oppeln. — 52. Kalisz. — 37/47. Budapest. Kecskemét. — 51. Częstochowa. — 52. Łódź. — 53. Plock. — 38/47. Szolnok. — 48. Miskolcz. — 51. Kielce. — 52. Nowogeorgiewsk. — 53. Mlawa. — 39/47. Békés-Csaba. — 52. Warschau. — 53. Ostrołęka. — 40/53. Łomża. — 41/48. Szatmár-Németi. — 52. Brest-Litowsk. — 42/53. Wolkowisk. — 43/48. Śniatyn. — 53. Slonim. — 44/49. Husiatyn. — 53. Nieśwież. — 45/49. Proskurow. — 52. Turon. — 53. Sluck. — 46/48. Soroki. — 49. Winnica. — 51. Owrucz. — 52. Petrikowo. — 53. Glusk. — 47/48. Balta. — 49. Braclaw. — 50. Skwira. — 51. Chabnoje. — 52. Mozyr. — 53. Bobrujk. — 48/50. Kijew. — 51. Czernobyl. — 52. Reczyca.
X—XII. 31/45. Rovigno. — 32/44. Insel Selve. — 32/46. Laibach. — 32/48. Linz. — 32/49. Budweis. — 32/50. Prag. — 33/47. Graz. — 33/48. St. Pölten. — 33/49. Iglau. — 33/50. Kolin. — 33/46. Agram. — 34/47. Steinamanger. — 34/48. Wien. — 34/49. Brünn. — 34/50. Josefstadt — 35/46. Belovar. — 35/47. Pápa. — 35/50. Olmütz. — 37/46. Maria-Theresiopel. — 38/46. Szegedin. — 39/46. Temesvár. — 44/53. Nieśwież. — 48/48. Ananiew. — 48/49. Umań. — 48/53. Rogaczew.

— Generalkarte, neue, v. Mittel-Europa. 1 : 200,000. Hrsg. vom k. u. k. militär-geograph. Institut in Wien. 18.—19. Lfg. 68 Blatt à 57 × 35,5 cm. Farbendr. Wien 894—898. (R. Lechner's Sort.) à Blatt n.n. 1. 20; auf Leinw. à n.n. 2. —
XIII. 31/50. Pilsen. — 32/45. Pola. — 33/44. Zara. — 33/45. Zengg. — 34/43. Insel Lissa. — 35/45. Banjaluka. — 36/42. Cattaro. — 40/47. Groszwardein.
XIV. 32/47. Klagenfurt. — 33/46. Cilli. — 34/45. Kostajnica. — 35/51. Breslau. — 36/45. Brod. — 47/46. Tatar-Bunar. — 47/47. Bendery. — 48/47. Katarży.
XV. 30/47. Bruneck. — 31/46. Triest. — 31/47. Hofgastein. — 34/44. Spalato. — 35/43. Mostar. — 36/43. Ragusa. — 36/44. Sarajevo. — 40/46. Lugos. — 45/48. Mogilew. — 48/46. Odessa.
XVI. 32/51. Bautzen. — 33/51. Reichenberg. — 34/51. Schweidnitz. — 35/44. Travnik. — 35/52. Posen. — 35/53. Nakel. — 36/53. Thorn.
XVII. 28/46. Sondrio. — 29/50. Bamberg. — 30/46. Belluno. — 37/45. Mitrowitz. — 38/45. Belgrad. — 39/45. Werschetz. — 42/43. Pleven (Plevna).
XVIII. Constanta (Küstendźe). 46° 44°. — Dresden. 31° 51°. — Innsbruck. 49° 47°. — Sofia. 41° 43°. — Sulina. 47° 45°. — Trient. 29° 46°. — Użice. 38° 44°. — Venedig. 30° 45°.
XIX. Berlin. 31° 53°. — Brassó (Kronstadt). 43° 46°. — Durazzo. 37° 41°. — Elbasan. 38° 41°. — Gyula-Fehérvár (Karls-

burg). 41° 46°. — Monastir. 39° 41°. — Nagy-Szeben (Hermannstadt). 42° 46°. — Niš. 40° 43°. — Novipazar. 38° 43°. — Plevlje. 37° 43°. — Priština. 39° 43°. — Prizren. 38° 42°. — Skoplje. 39° 42°. — Scutari. 37° 42°. — Zvornik. 37° 44°.

— Generalkarte, neue, v. Mittel-Europa. 1 : 200,000. Hrsg. vom k. u. k. militär-geograph. Institut in Wien. 20.—25. Lfg. 43 Blatt à ca. 57×40 cm. Farbdr. Wien 899—902. (R. Lechner's Sort.) à Blatt n.n. 1. 20; auf Leinw. n.n. 2. —

20. Aschaffenburg. 27° 50°. — Chur. 27° 47°. — Glurns. 28° 47°. — Kolezsvár (Klausenburg). 41° 47°. — Leipzig. 30° 51°. — Trnovo. 43° 43°. — Varna. 46° 43°.
21. Asos (Athos). 42° 40°. — Cassel. 27° 51°. — Czernowitz. 44° 48°. — Halkiziki (Chalkidike). 41° 40°. — Kraguljevac. 39° 44°. — Mainz. 26° 50°. — Midia. 46° 42°. — Verona. 29° 45°. — Würzburg. 28° 50°.
22. Ancona. 31° 44°. — Besztercze (Bistritz). 42° 47°. — Eger. 30° 50°. — Gyergyó-Szt.-Miklós. 43° 47°. — Mantua. 28° 45°. — Passau. 31° 49°. — Salzburg. 31° 48°.
23. Egri Palanka. 40° 42°. — Orsova. 40° 45°. — Saloniki. 41° 41°. — Vodena. 40° 41°. — Zaječar. 40° 44°.
24. Džumaja. 41° 42°. — Galați (Galaz). 46° 45°. — Kavala. 42° 41°. — Kézdi-Vásárhely. 44° 46°. — Kissyniew. 46° 47°. — Larisa. 40° 40°. — Mailand. 27° 45°. — Sliven (Slivno). 44° 43°. — Šumen (Šumla). 45° 43°. — Valona. 37° 40°.
25. Belgrad. 46° 46°. — Como. 27° 46°. — Jași. 45° 47°. — Piatra. 44° 47°. — Regensburg. 30° 49°.

— Generalkarte, neue, v. Mittel-Europa. 1 : 200,000. Hrsg. vom k. u. k. militärgeograph. Institut in Wien. 26.—30. Lfg. 31 Blatt à ca. 57×40 cm. Farbdr. Wien (903—906). (R. Lechners Sort.) à n.n. 1. 20; auf Leinw. à n.n. 2. —

26. Adrianopel. 44° 42°. — Ansbach. 28° 49°. — Burgas. 45° 42°. — Civitavecchia. 29° 42°. — Genua. 27° 44°. — Ingolstadt. 29° 49°. — Philippopel. 42° 42°. — Stara Zagora (Eski Zagra). 43° 42°.
27. Buzău. 45° 45°. — Insel Elba. 28° 43°. — Focșani. 45° 46°. — Kufstein. 30° 48°. — München. 29° 48°. — Ravenna. 30° 45°. — Silistra. 45° 44°.
28. Bucuresti (Bukarest). 44° 44°. — Janina. 39° 40°. — Konstanz. 27° 48°. — Livorno. 28° 44°. — Stettin. 32° 53°.
29. Alessandria. 26° 45°. — Florenz. 29° 44°. — Ploești. 44° 45°. — Stuttgart. 27° 49°.
30. Čataldža. 46° 41°. — Dimotika. 44° 41°. — Glogau 44° 52°. — Rom. 30° 42°. — Savona. 26° 44°. — Schaffhausen. 26° 48°. — Ulm. 28° 48°.

— Generalkarte, neue, v. Mittel-Europa. 1 : 200,000. Hrsg. vom k. u. k. militärgeograph. Institut in Wien. 31. Lfg. 6 Blatt à ca. 57×40 cm. Farbdr. Wien 907. (R. Lechner's Sort.) à Blatt nn 1.20; auf Leinw. nn 2.—

31. Budapest-Kecskemét. 37°. 47°. — Karlsruhe. 26°. 49°. — Rodosto. 45°. 41°. — Schneidemühl. 34°. 53°. — Siena. 29°. 43°. — Xanthi. 43°. 41°.

Europa. Nach den vorzüglichsten Hülfsmitteln neu entworfen, und gezeichnet von Ferd. Götze. Weimar im Verlage des geograph. Instituts. Berichtigt im Jänner 1811. 1 : 10,000,000. 1 Bl.

Europa — Charte von — Nach astronomischen Bestimmungen der vornehmsten Orte und dem dermaligen Bestande der Staaten entworfen von F. L. Güßefeld. Durch Bemerkung der neuesten Gränzen berichtigt 1809. Nürnberg bey Homanns Erben. 1 : 15,000,000. 1 Bl.

— Haack, Herm., Schulwandkarte v. Europa. Polit. Ausg. 1 : 3,000,000. 167×191 cm. Farbdr. Gotha (908). J. Perthes. 12.—; auf Leinw. in Mappe 18.—; m. Stäben 21.— u. lackiert 24.—; physikalische Ausg. zu gleichen Preisen.

Europa. Schulwandk. von, v. Haardt. Im Massst. 1 : 4,000.000 4 Bl. Qu-Fol. Ebds. 4 fl., 6 fl. 50 kr. u. 7 fl. 50 kr. (wie Amerika.) S. 433
1883

— Schulwandkarte in böhm. Sprache. (Školní nástěnná mapa Evropy.) Im Massstabe 1 : 400.000. Von Vinc. v. Haardt. Gr.-Fol.-Bl. Wien, Eduard Hölzel. 4 fl., 6 fl. 50 kr., 7 fl. 50 kr.
1885

— Haardt, V. v., Uebersichts-Karte v. Europa, f. d. Schulgebrauch u. d. Selbststudium bearb. Ausgeführt in Ed. Hölzel's geograph. Institut in Wien. Zeichnung u. Lith. v. A. Klement u. A. Lutyński. 1 : 3,000,000. 16 Blatt à 47 × 53,5 cm. Farbendr. Wien 895. E. Hölzel. n. 15. —; auf Leinw. in Mappe n. 22. 50; m. Stäben n. 27. —

— Haardt's Orohydrograph. Wandkarte von. Wien, Eduard Hölzel. 4 fl., 6 fl. u. 7 fl. 50 kr (wie Amerika) 1883. S. 433

— Hand-Atlas, neuester vollständiger, von Europa, s. im Alphabet d. Bücher: Miniatur-Bibliothek.

— Handtke, F., General-Karte v. Europa. 1 : 9,530,000. Nach den neuesten Materialien rev. u. ergänzt im kartograph. Institut der Verlagshandlg. 33. Aufl. Chromolith. Imp.-Fol. Glogau 890. Flemming. n. 1. —

— Handtke, F., General-Karte v. Europa. 1 : 9,530,000. 36. Aufl. Farbendr. 61,5 × 71 cm. Glogau 892. C. Flemming. n. 1. —

— Handtke, F., General-Karte v. Europa. 1 : 9,530,000. 40. u. 41. Aufl. 61,5 × 71 cm. Farbendr. Glogau 894. 95. C. Flemming. n. 1. —

— — Schul-Wandkarte v. Europa. 1 : 4,000,000. 9 Blatt. 14. Aufl. Chromolith. qu. gr. Fol. Ebd. 888. n. 3. —; auf Leinw. in Mappe n. 7. —; m. rohen Stäben n. 8. —; m. polirten Stäben n. 9. —

— — Schulwandkarte v. Europa. 1 : 4,000,000. 9 Blatt. 15. Aufl. Farbendr. u. kolor. 42,5×50 cm. Ebd. 891. n. 3. —; auf Leinw. in Mappe n. 7. —; m. rohen Holzrollen n. 8. —; m. polierten Holzrollen n. 9. —

Europa. Handtke, F., Schul-Wandkarte v. Europa. Rev. u. ergänzt im kartograph. Institut der Verlagshandlg. 1 : 4,000,000. 17. Aufl. 9 Blatt à 43×50,5 cm. Farbdr. Glogau (905). Berlin, C. Flemming. n. 3. —; auf Leinw. in Mappe n. 7. —; m. Stäben n. 8. —; m. polierten Stäben n. 9. —

— — Wandkarte v. Europa. 1 : 4,000,000. 15. Aufl. 9 Blatt à 43 × 50,5 cm. Farbendr. Ebd. (891). 3. —; auf Leinw. in Mappe n. 7. —; m. rohen Stäben n. 8. —; m. schwarz polierten Stäben n. 9. —

— Harms, H., Schulwandkarte v. Europa in plastisch. Terrainmanier m. Höhenfärbung u. in Uebereinstimmung m. dem Schulatlas desselben Verf. 1 : 2,800,000. Ausg. A. Physikalisch-polit. Ausg. 6 Blatt à 96 × 69 cm. Farbdr. Mit Begleitwort: Schulkartographische Grundsätze IV. (7 S.) 8. Braunschweig (905). [H. Wollermann.] Leipzig, List & v. Bressensdorf. n. 18. —; auf Leinw. m. Stäben n.n. 27. —; Ausg. B. Physikalische Ausg. zu gleichen Preisen.

Europa — Charte von — Nach dem Entwurfe und der Angabe des Herrn Jos. Marx Freyherrn von Lichtenstern bearbeitet und gezeichnet von Martin Hartl, gestochen von Jos. List. Wien 1808. 18,000.000. circa. 1 Bl.

Europa — Charte von — Entworfen und gezeichnet von Professor Joh. Matth. Hase. Jetzt aber mit den neuesten geographischen Verfassungen versehen und herausgegeben v. Homanns Erben. Nürnberg 1810. 1 : 6,000,000. 4 Bl.

— Hemmleb, H., Schul-Wandkarte von Europa. 1 : 4,000,000. Physikalische Ausg. 12 Blatt. Chromolith. qu. gr. Fol. Weimar 887. Hemmleb. n. 10. —; auf Leinw. m. Stäben n. 15. —

— Hemmleb, Herm., Schulwandkarte v. Europa. 1 : 4,000,000. Politisch-physikal. u. physikal. Ausg. (4. Aufl.) à 12 Blatt à 41 × 43 cm. Farbendr. Weimar 893. H. Hemmleb. à 10. —; auf Leinw. m. Stäben à n. 15. —

— — Verkehrskarte v. Mitteleuropa. Zur Übersicht sämmtl. Bahnen, Telegraphenkabel, Fluss- u. Seedampfer. Für Hôtel's, Comptoire, Bahnhöfe etc. 1:1,000,000. (2. Aufl.) 9 Blatt à 42×49 cm. Farbendr. Weimar 888. H. Hemmleb. 6. 50; auf Leinw. m. Stäben n. 10. —

— Henze, Adf., grosse Contor- u. Bureau-Karte von Europa zur Uebersicht der Staaten u. d. Weltverkehrs. Mit Berücksicht. der Haupt- u. Nebenbahnen, der regelmäss. Dampfschifffahrts-Linien u. der internationalen Land- u. Untersee-Telegraphen, sowie Bezeichng. der Orte deutscher u. österreichisch-ungar. Consulats-Sitze etc. 1:3,000,000. 16 Blatt. Chromolith. qu. gr. Fol. Leipzig-Neustadt 887. Henze. n. 6. —; in Mappe n. 9. —; auf Leinw. m. Ringen in Mappe n. 15. —; m. Stäben n. 15. —; m. mechan. Rollvorrichtg. n. 18. —; Ortsweiser dazu (67 S.) n. 1. —

— Henze's Verkehrs-Karte v. Europa. 1:3,000,000. 16 Bl. à ca. 46×53,5 cm. Farbdr. Leipzig-N. (906). A. Henze. n. 10. —

— Henzler, G., Schul-Wandkarte v. Europa [politisch u. physikalisch]. 4 Blatt. 2. Aufl. Chromolith. Imp.-Fol. Stuttgart 888. Rieger. n. 8. —; auf Leinw., lackirt u. m. Stäben n. 13. 50

— Hermann, M., Reise-Karte von Mittel-Europa, m. Angabe der Bahnstationen u. Postverbindungen. Entworfen u. nach den neuesten Quellen bearb. 1:2,800,000. 31. Aufl. 49,5×63,5 cm. Farbdr. Glogau 902. C. Flemming. n. — 50: m. Ortsweiser. 8. (22 S.) — 60

— Hermann, M., Reise-Karte v. Mittel-Europa, m. Angabe der Bahnstationen u. Postverbindungen. Entworfen und nach den neuesten Quellen bearb. 1: 2,000,000. 32. Aufl. 49,5×63,5 cm. Farbdr. Glogau 903. C. Flemming. n. — 50; m. Ortsweiser. (22 S.) — 60

Europa. Hickmann, A. L., Karte der Verbreitungsgebiete der Religionen in Europa, nebst Angabe der Sitze der römisch- u. griechisch-kathol. Erzbisthümer, Bisthümer u. Abteien, der evangel., reformierten u. anglikan., sowie der griechisch-oriental. u. mohamedan. geistl. Oberbehörden. 1:7,500,000. Nebst Cartons: 1. Religionskarte der Erde. 2. Percentuelle Darstellg. der Verbreitg. der Israeliten in Europa. 3. Diagramm e. vergleich. Darstellg. der Grössenverhältnisse der Hauptreligionen auf der Erde nach der Anzahl ihrer Bekenner. 4. Diagramm e. vergleich. Darstellg. der Grössenverhältnisse der Hauptreligionen in Europa nach der Anzahl ihrer Bekenner. 65×81 cm. Farbendr. Wien 894. G. Freytag & Berndt. n. 2. —

Europa, in suas partes principales divisa etc. cum adjacentibus Regnis Statibus et Regionibus. Repraesentata per Sr. Sanson.
Celsissimo etc. Principi Max Gandolpho ex S. R. J. Comitibus de Küenburg, Archiepiscopo Salisburgensis etc. dedicat Johannes Hofmanus. Noribergae 1700? Sigm. Gabr. Hipschmann sc. 1: 10,000,000. 1 Bl.

Europa. Christiani orbis Domina in sua Imperia Regna, et Status exacte divisa per Joh. Bapt. Homann. Norimbergae 1712? 1: 10,000,000. 1 Bl.

— Hornbogen, P., Verkehrs-Wandkarte v. Europa. 9 Blatt à 50.5×65.5 cm. Farbdr. Weimar (903). Geograph. Institut. (Nur direkt.) n. 17. —; Aufzug auf Leinw. n.n.n. 6. —

— Karte v. Nord- u. Ost-Europa. (Neue Ausgabe.) 1: 10,000,000. 40×33,5 cm. Farbdr. Wien (910). G. Freytag & Berndt. nn — 20

Europa, physische u. politische Karte, s. Atlas v. Steinhauser III. Nr. 16 & 16 a. 1865.

— Keller, neue kleine Schulkarte v. Europa. Deutsche Ausg. Fol. 1:11,000,000. Zürich 888. Keller. n. — 40
Französ. Ausg. zu gleichem Preise.

— — Wandkarte von Europa. 1:3,500,000. Neue Bearbeitung. 6 Blatt. gr. Fol. Ebd. 888. n. 8. 20

— Keller, Heinr., Europa. Karte f. die Hand des Schülers. 1:11,000,000. 34×42 cm. Farbdr. Bern (910). Geograph. Karten-Verlag. — 50; auf Leinw. — 80; auf Javapap. — 55

— — Europa. 5. neubearb. Aufl. (Schulwandkarte, physikalisch m. polit. Grenzen.) 1:3,500,000. 142,5×156 cm. Farbdr. Ebd. (910). Auf Leinw. m. Stäben 17. —

— Kiepert, Heinr., General-Karte v. Europa. 1:4,000,000. 4., bericht. Aufl. Revision v. Rich. Kiepert. 9 Blatt à 46×55,5 cm. Lith. u. kolor. Berlin 894. D. Reimer. n. 12. —; auf Leinw. in Mappe n. 20. —; m. Stäben n. 22. —

— Kiepert, Heinr., General-Karte von Europa. 1: 4,000,000. 5., bericht. Aufl. Revision v. Rich. Kiepert. Eisenbahnen ergänzt bis 1906. 9 Blatt à 46×55,5 cm. Farbdr. Berlin 906. D. Reimer. n. 12. —; auf Leinw. in Mappe n. 20. —; m. Stäben n. 22. — u. lackiert n. 26. —

— Kiepert, H., politische Schul-Wandkarte v. Europa. 1:4,000,000. 9 Blatt. 4., bericht. Aufl. Chromolith. qu. gr. Fol. Berlin 889. D. Reimer. n. 9. —

— — politische Schul-Wandkarte v. Europa. 1:4,000,000. 4 Blatt. 5. Aufl. Neubearbeitung v. Rich. Kiepert. à 64×78,5 cm. Farbendr. Ebd. 894. n. 9. —; auf Leinw. in Mappe n. 16. —; m. Stäben n. 19. —

— Kiepert, Heinr., politische Schul-Wandkarte von Europa. 8. Aufl. Neubearbeitung v. Rich. Kiepert. 1:4000,000. 4 Blatt à 64×78,5 cm. Farbdr. Berlin (908). D. Reimer. 9.—; auf Leinw. in Mappe 16.—; m. Stäben 19.—; u. lackiert 22. —

— — physikalische Schul-Wandkarten der Länder Europa's. (Umschlag: Schul-Wandatlas.) Oesterreich-Ungarn. 1:1,000,000. Ausg. 1906. 6 Blatt à 58×68 cm. Farbdr. Ebd. n. 7. 50; auf Leinw. in Mappe n. 9. —; m. Stäben n. 11. — u. lackiert n. 13. —; stumme Ausg. zu gleichen Preisen.

— — dasselbe. Russland. 1:3,000,000. 4 Blatt. à 70×55,5 cm. Farbdr. Ebd. 905. n. 5. —; auf Leinw. in Mappe n. 9. —; m. Stäben n. 11. — u. lackiert n. 13. —

— — Übersichts-Karte v. Mittel-Europa. 1:3,000,000. 4., bericht. Aufl. Lith. u. color. Imp.-Fol. Ebd. 887. n. 2. —

— Kiepert, R., Schul-Wand-Atlas der Länder Europas. In 2 Ausgaben: 1. Stumme physikalische Ausg., 2. Politische Ausg. 18 Lfgn. Chromolithogr. gr. Fol. Berlin, D. Reimer. 1.—6., 13.—18. Lfg. à Lfg. n. 5. —; auf Leinw. in Mappe à n. 9. —; m. Stäben à n. 11. —; 7.—12. Lfg. à Lfg. n. 7. 50; auf Leinw. in Mappe à n. 13. 50; m. Stäben à n. 16. 50

1. Frankreich (physikalisch). 4 Bl. 1:1,000,000. 881.
2. Frankreich (politisch). 4 Bl. 1:1,000,000. 881.
3. Britische Inseln (physikalisch). 4 Bl. 1:1,000,000. 882.
4. Britische Inseln (politisch). 4 Bl. 1:1,000,000. 882.
5. Italien (physikalisch). 4 Bl. 1:1,000,000. 883.
6. Italien (politisch). 4 Bl. 1:1,000,000. 883.
7. Balkan-Halbinsel (physikalisch). 6 Bl. 1:1,000,000. 884.
8. Balkan-Halbinsel (politisch). 6 Bl. 1:1,000,000. 883.
9. Deutschland (physikalisch). 6 Bl. 1:1,000,000. 886.
10. Deutschland (politisch). 6 Bl. 1:1,000,000. 884.
11. Oesterreich-Ungarn (physikalisch). 6 Bl. 1:1,000,000. 886.
12. Oesterreich-Ungarn (politisch). 6 Bl. 1:1,000,000. 884.
13. Spanien und Portugal (physikal.). 4 Bl. 1:1,000,000. 886.
14. Spanien und Portugal (politisch). 4 Bl. 1:1,000,000. 886.
15. Russland (physikalisch). 4 Bl. 1:3,000,000. 888.
16. Russland (politisch). 4 Bl. 1:3,000,000. 887.
17. Scandinavien (physikalisch). 4 Bl. 1:1,500,000. 888.
18. Scandinavien (politisch). 4 Bl. 1:1,500,000. 887.

— Kiepert's, Rich., Schul-Wand-Atlas der Länder Europa's. 4., 8., 10., 19., u. 20. Lfg. Farbendr. u. kolor. Berlin, D. Reimer. n. 44. —; auf Leinw. in Mappe n. 76. —; m. Stäben n. 88. —

4. Politische Wandkarte der Britischen Inseln. 1:1,000,000. 2., bericht. Aufl. 4 Blatt à 65×49 cm. 894. n. 5. —; auf Leinw. n. 9. —; m. Stäben n. 11. —
8. Politische Wandkarte der Balkan-Halbinsel. 1:1,000,000. 2., bericht. Aufl. 6 Blatt. à 63×48,5 cm. 892. n. 7.50; auf Leinw. in Mappe n. 13.50; m. Stäben n. 16.50; u. lackiert n. 19.50
10. Politische Wandkarte v. Deutschland. 1:1,000,000. 3., bericht. Aufl. 6 Blatt à 68×54,5 cm. 894. n. 7.50; auf Leinw. in Mappe n. 13.50; m. Stäben n. 16.50
19. Stumme physikalische Wandkarte v. Mittel-Europa. 1:1,000,000. 9 Blatt à 54×68 cm. 892. n. 12. —; auf Leinw. in Mappe n. 20. —; m. Stäben n. 22. —; Ausg. m. Namen zu gleichen Preisen.
20. Politische Wandkarte v. Mittel-Europa. 1:1,000,000. Blatt à 54,5×68 cm. 894. n. 12. —; auf Leinw. in Mappe n. 20. —; m. Stäben n. 22. —

— Kiepert, Rich., Schul-Wand-Atlas der Länder Europa's. 7. Lfg. Ausg. m. Namen u. stumme Ausg. u. 8.—10. Lfg. Berlin, D. Reimer. à n. 7.50; auf Leinw. in Mappe à n. 13.50; m. Stäben à n. 16.50; u. lackiert à n. 19.50

7. Physikalische Schul-Wandkarte der Balkan-Halbinsel. 1:1,000,000. Ausg. m. Namen u. stumme Ausg. je 6 Blatt à 63×48,5 cm. Farbdr. 901.
8. Politische Schul-Wandkarte der Balkan-Halbinsel. 6 Blatt à 63×48,5 cm. Farbdr. 901.
9. Stumme physikal. Wandkarte v. Deutschland. 1:1,000,000. 4. bericht. Aufl. 6 Blatt à 54,5×68 cm. Farbdr. (901.) Ausg. m. Namen zu gleichen Preisen.
10. Politische Wandkarte v. Deutschland. 1:1,000,000. 4. bericht. Aufl. 6 Blatt à 54,5×68 cm. Farbdr. 900.

— Kiepert's, Rich., Schul-Wand-Atlas der Länder Europas. 1.—4. 9. 10. 12. 14. u. 18. Lfg. Ebd.

1. Physikalische Schul-Wandkarte v. Frankreich. 1:1,000,000. 4. bericht. Aufl. (Ausg. m. od. ohne Namen.) Je 4 Bl. à 68,5×52 cm. (907.) à 5.—; auf Leinw. in Mappe à 9.—; m. Stäben à 11.—; u. lackiert à 13.—
2. Politische Wandkarte v. Frankreich. 1:1,000,000. 3. bericht. Aufl. 4 Blatt à 68×52 cm. (908.) 5.—; auf Leinw. in Mappe 9.—; m. Stäben 11.—; u. lackiert 13. —
3. Stumme physikalische Karte der Britischen Inseln. 1:1,000,000. 3. Aufl. 4 Blatt à 65×49 cm. (908.) 5.—; auf Leinw. in Mappe 9.—; m. Stäben 11.—; u. lackiert 13.—; Ausg. m. Namen zu gleichen Preisen.
4. Politische Schul-Wandkarte der Britischen Inseln. 1:1,000,000. (Neue Aufl.) 4 Bl. à 65×49,5 cm. Farbdr. 907. 5.—; auf Leinw. in Mappe 9.—; m. Stäben 11.—; u. lackiert 13. —
9. Stumme physikal. Wandkarte von Deutschland. 1:1,000,000. 4. Aufl. (Neue Ausg.) 6 Blatt à 54,5×68 cm. Farbdr. 907. 7.50: auf Leinw. in Mappe 13.50; m. Stäben 16.50 u. lackiert 19.50
10. Polit. Schul-Wandkarte v. Deutschland. 1:1,000,000. 5. bericht. Aufl. 6 Blatt à 54,5×68 cm. Farbdr. (909.) 7.50; auf Leinw. in Mappe n 13.50; m. Stäben n 16.50; u. lackiert n 19.50
12. Polit. Wand-Karte v. Österreich-Ungarn. 1:1,000,000. (Neue Aufl.) 6 Blatt à 58×68 cm. (908.) 7.50; auf Leinw. in Mappe 13.50; m. Stäben 16.50; u. lackiert 19.50
14. Politische Schul-Wandkarte v. Spanien u. Portugal. 1:1,000,000. (Neue Aufl.) 4 Blatt à 52×68 cm. 907. 5.—; auf Leinw. in Mappe 9.—; m. Stäben 11.—; u. lackiert 13. —
18. Polit. Schul-Wandkarte v. Scandinavien. 1:1,000,000. (Neue Aufl.) 4 Blatt à 69,5×56,5 cm. 907. 5.—; auf Leinw. in Mappe 9.—; m. Stäben 11.—; u. lackiert 13. —

Europas — Die Zukunftskarte — im J. 1860. Stuttgart 1860 bei H. Köhler. Mit Text. 1 Bl.

— — Kozenn B. Viseci mapa Evropy. Český upravil prof. M. R. Kovář. (Kozenn, B. Wandkarte von Europa, böhmisch bearbeitet von Prof. M. R. Kovář.) 4 Blatt Folio. Lithograph. Farbendruck. Ebds. 2 fl. 40 kr., auf Leinwand gespannt in Mappe 4 fl. 40 kr., 5 fl. 40 kr. mit Stäben.

1869

Europa, Wandkarte in 4 Bl. von Kozenn. gr. Fol. Wien u. Olmütz. Hölzel. 2 fl

1869.

— Kuhnert, M., Schulwandkarte v. Europa. (Physikalisch-polit. Ausgabe m. Eisenbahnen.) In Verbindg. m. G. Leipoldt gezeichnet. 1:3,000,000. 168×184 cm. Farbdr. Dresden (902). A. Müller-Fröbelhaus. Auf Leinw. m. Stäben n. 22. —

Europa. Kuhnert, M., physikalische Schulwandkarte v. Europa. In Verbindung m. G. Leipoldt gezeichnet. 1:3,000,000. 6 Blatt à 82,5×59,5 cm. Farbendr. Dresden 895. A. Müller-Fröbelhaus. n. 16. —; auf Leinw. m. Stäben n. 22. —

— Courskarte v. Mittel-Europa. 176:212 cm. 4. Aufl. 9 Blatt. Chromolith. qu. gr. Fol. Weimar 889. Geograph. Institut. n. 10. —; auf Leinw. m. Stäben n. 20. —

— Courskarte v. Mittel-Europa. (Schwalbenkarte.) 9 Blatt. 5. Aufl. à 58×69,5 cm. Farbendr. Weimar 892. 893. Geograph. Institut. n. 10. —; auf Leinw. m. Stäben 20. —

s.: Europa. Verkehrs-Wandkarte.

Europa — Eisenbahn-, Post- und Dampfschiffs-Karte von — Entw. u. gez. von Dr. H. Lange. Berlin, Stilke & Van Muyden. 1866. 4,000,000. 1 Bl.

Europa. Langhans, Paul, Verkehrskarte von Europa, Nord-Afrika u. d. Morgenlande, bearb. m. besond. Berücksicht. der deutschen Interessen. 1:5,000,000 4 Blatt à 52,5×64 cm. Farbdr. Gotha (900). J. Perthes. n. 8. —; auf Leinw. m. Stäben n. 12. —

Europa. Langhans, Paul, Wirtschafts-Handkarte v. Europa. 1:3,000,000. 168×191 cm. Farbdr. Gotha (909). J. Perthes. 16.—; auf Leinw. m. Stäben 24. —

— Leeder, E., Wandkarte von Europa. Für den Schulgebrauch. 1:3,700,000. 9 Blatt. 8. Aufl. gr. Fol. Essen 888. Baedeker. n. 5. —; auf Leinw. in Mappe n. 12. —; mit Stäben n. 14. —

— Leeder, E., Wandkarte v. Europa. Für den Schulgebrauch. 1:3,700,000. 9. Aufl. 9 Blatt à 47×50 cm. Farbendr. Essen 891. G. D. Baedeker. n. 5. —; auf Leinw. in Mappe n. 12. —; m. Stäben n. 14. —

— Leeder, E., Wandkarte v. Europa. Für d. Schulgebrauch entworfen, gezeichnet u. hrsg. 10. Aufl., rev. v. M. Leeder. 1:3,700,000. 9 Blatt. à 45,5×50,5 cm. Farbendr. u. kolor. Essen 896. G. D. Baedeker. n. 5. —; auf Leinw. in Mappe n. 12. —; m. Stäben n. 14. —

— Leeder, E., Wandkarte v. Europa. Für den Schulgebrauch entworfen, gezeichnet u. hrsg. 11. Aufl., rev. v. M. Leeder. 1:3,700,000. 9 Blatt. à 46×50,5 cm. Farbdr. und kolor. Essen (900). G. D. Baedeker. n. 5. —; auf Leinw. in Mappe n. 12. —; m. Stäben n. 14. —

— Leeder, E., Wandkarte v. Europa. Für den Schulgebrauch entworfen, gezeichnet u. hrsg. 13. Aufl., rev. v. M. Leeder. 1:3,700,000. 9 Blatt à 46×51 cm. Farbdr. Essen (906). G. D. Baedeker. n. 5. —; auf Leinw. m. Stäben n. 14. —

— Leipoldt, Gust., Verkehrskarte v. Mitteleuropa. Politische Karte m. Angabe der Eisenbahnen, wicht. Alpenstrassen, Dampferlinien u. Telegraphenverbindgn. 4 Bl. à etwa 86,5×79 cm. Farbdr. Dresden (905). A. Müller-Fröbelhaus. n. 16. —; auf Leinw. m. Stäben u. Wachstuchschutz n. 22. —

Europa. Liebenow, W., Specialkarte v. Mittel-Europa, nach den neuesten u. besten amtlichen Quellen bearb. 1:300,000. [Neuer Abdr. 1885—1890.] (In 164 Blättern.) Seither erschienen: Blatt 6—11, 15—106, 109—120, 123—134, 137—148, 151—158. Chromolith. gr. Fol. Hannover, Oppermann. à Blatt n. 1. —

— Liebenow, W., Special-Karte von Mittel-Europa. Nach amtl. Quellen bearb. 1 : 300,000. (In 20 Lfgn.) I.—X. Lfg. à 8 Blatt à 37×28 cm. Farbdr. u. kolor. Frankfurt a/M. 899—902. L. Ravenstein. à n. 5. —; auf Leinw. à n. 9. —; einzelne Blatt n. 1. —; auf Leinw. n. 1. 50; Subskr.-Pr. f. die vollständige Karte n. 100. —; auf Leinw. n. 180. —; Radfahrer-Ausg., Red.: Hans Ravenstein, zu gleichen Preisen.

I. 23. Stralsund. — 35. Anklam. — 36. Stettin. — 47. Ruppin. — 48. Küstrin. — 60. Berlin. — 74. Leipzig. — 88. Chemnitz.
II. 24. Kolberg — 30. Terschelling. — 61. Frankfurt a. Oder. — 75. Kottbus. — 87. Erfurt. — 89. Dresden. — 101. Bamberg. — 102. Eger.
III. 10. Tondern. — 11. Sonderburg — 21. Kiel. — 22. Rostock. — 33. Hamburg. — 34. Schwerin. — 45. Lüneburg. — 46. Wittenberge.
IV. 20. Tönning. — 31. Emden. — 32. Wilhelmshafen. — 43. Groningen. — 44. Bremen. — 56. Zwolle. — 57. Minden. — 59. Magdeburg.
V. 17. Königsberg. — 25. Köslin. — 26. Danzig. — 27. Elbing. — 37. Tempelburg. — 38. Bromberg. — 39. Deutsch Eylau. — 58. Hannover.
VI. 15. Stolpmünde. — 16. Hela. — 70. Wesel. — 84. Köln. — 98. Prüm. — 99. Frankfurt a. M. — 112. Trier. — 113. Mannheim.
VII. 6. Memel. — 7. Schawli. — 8. Tilsit. — 49. Kreuz. — 50. Gnesen. — 51. Plock. — 62. Posen. — 63. Kalisch.
VIII. 71. Arnsberg. — 72. Cassel-Göttingen. — 73. Halle. — 76. Liegnitz. — 77. Breslau. — 85. Marburg-Wetzlar. — 86. Eisenach. — 100. Kissingen.
IX. 8. Kowno. — 18. Insterburg u. Gumbinnen. — 19. Suwalki. — 28. Lötzen. — 29. Augustowo. — 40. Neidenburg. — 114. Würzburg. — 127. Strassburg.
X. 41. Bialystok. — 53. Siedlce. — 66. Lublin. — 80. Sandomierz. — 90. Hirschberg. — 91. Neisse. — 92. Beuthen. — 126. Nancy.

In alphabetischer Anordnung:

I. (35.) Anklam. — VIII. (71.) Arnsberg. — IX. (29.) Augustowo. — II. (101.) Bamberg. — I. (60.) Berlin. — X. (92.) Beuthen. — X. (41.) Bialystok. — IV. (44.) Bremen. — VIII. (77.) Breslau. — V. (38.) Bromberg. — VIII. (72.) Cassel. — I. (88.) Chemnitz. — V. (26.) Danzig. — V. (39.) Deutsch-Eylau. — II. (89.) Dresden. — II. (102.) Eger. — VIII. (86.) Eisenach. — V. (27.) Elbing. — IV. (31.) Emden. — II. (87.) Erfurt. — VI. (99.) Frankfurt a. M. — II. (61.) Frankfurt a. O. — VII. (50.) Gnesen. — VIII. (72.) Göttingen. — IV. (43.) Groningen. — IX. (18.) Gumbinnen. — VIII. (73.) Halle. — III. (33.) Hamburg. — V. (58.) Hannover. — VI. (16.) Hela. — X. (90.) Hirschberg. — IX. (18.) Insterburg. — VII. (63.) Kalisch. — III. (21.) Kiel. — VIII. (100.) Kissingen. — II. (24.) Kolberg. — VI. (84.) Köln. — V. (17.) Königsberg. — V. (25.) Köslin. — II. (75.) Kottbus. — IX. (8.) Kowno. — VII. (49.) Kreuz. — I. (48.) Küstrin. — I. (74.) Leipzig. — VIII. (76.) Liegnitz. — IX. (28.) Lötzen. — X. (66.) Lublin. — III. (45.) Lüneburg. — IV. (59.) Magdeburg. — VI. (113.) Mannheim. — VIII. (85.) Marburg. — VII. (6.) Memel. — IV. (57.) Minden. — X. (126.) Nancy. — IX. (40.) Neidenburg. — X. (91.) Neisse. — VII. (51.) Plock. — VII. (62.) Posen.) — VI. (98.) Prüm. — III. (22.) Rostock. — I. (47.) Ruppin. — X. (80.) Sandomierz. — VII. (7.) Schawli. — III. (34.) Schwerin. — X. (53.) Siedlce. — III. (11.) Sonderburg. — I. (36.) Stettin. — VI. (15.) Stolpmünde. — I. (23.) Stralsund. — IX. (127.) Strassburg. — IX. (19.) Suwalki. — V. (37.) Tempelburg. — II. (30.) Terschelling. — VII. (8.) Tilsit. — III. (10.) Tondern. — IV. (20.) Tönning. — VI. (112.) Trier. — VI. (70.) Wesel. — VIII. (85.) Wetzlar. — IV. (32.) Wilhelmshaven. — III. (46.) Wittenberge. — IX. (114.) Würzburg. — IV. (56.) Zwolle.

— Liebenow, W., Special-Karte v. Mittel-Europa. Nach amtl. Quellen bearb. 1:300,000. XI.—XVIII. Lfg. 66 Blatt à 28×37,5 cm. Farbdr. u. kolor. Frankfurt a/M. (904—906). L. Ravenstein. à Lfg. n. 5. —; auf Leinw. à n. 9. —; einzelne Bl. n. 1. —; auf Leinw. n. 1. 50; Radfahrerausg., Red.: Hans Ravenstein, zu gleichen Preisen.

XI. 52. Warschau. — 64. Lódz. — 65. Radom. — 78. Wielun. — 103. Prag. — 104. Königgrätz. — 105. Olmütz. — 106. Bielitz.
XII. 42. Alkmaar. — 55. Amsterdam. — 115. Nürnberg. — 128. Stuttgart. — 129. Ingolstadt. — 140. Colmar. 141. Freiburg. — 142. Ulm.
XIII. 116. Taus. — 117. Tabor. — 118. Iglau. — 119. Brünn. — 130. Regensburg. — 143. München. — 144. Salzburg. — 158. Zell.
XIV—XVI. 69. Hertogenbosch. — 82. Brüssel. — 83. Maastricht. — 96. Valenciennes. — 97. Givet. — 109. Beauvais. — 110. Reims. — 111. Verdun. — 120. Trentschin. 123. Paris. — 124. Châlons-sur-Marne. — 125. Bar le Duc. — 131. Budweis. — 132. Znaim. — 133. Lundenburg. — 139. Langres. — 145. Linz. — 146. St. Pölten. — 147. Wien. — 153. Dijon. — 154. Basel. — 155. Zürich. — 156. Bregenz. — 157. Innsbruck.
XVII. 54. Haag. — 67. Ostende. — 68. Antwerpen. — 81. Calais. — 95. Amiens. — 137. Orléans. — 138. Troyes. — 151. Bourges. — 152. Autun.
XVIII. 149. Jász-Berény. — 79. Kielce. — 148. Komorn. — 93. Miechow. — 159. Murau. — 135. Rima-Szombat. 94. Rzeszów. — 134. Schemnitz. — 162. Stuhlweissenburg.

— Liebenow, W., Special-Karte v. Mittel-Europa. Nach amtl. Quellen bearb. 1 : 300,000. XIX. u. XX. (Schluss-) Lfg. 18 Blatt m. Titel- u. Übersichtsblatt je 28×37,5 cm. Farbdr. u. kolor. Frankfurt a/M. (907. 08). L. Ravenstein. à 5.—; auf Leinw. à n 9.—; einz. Bl. 1.—; auf Leinw. n 1.50; erm. Pr. à —50; auf Leinw. 1.—; Radfahrerausg., Red.: Hans Ravenstein, zu gleichen Preisen.

XIX. 164. Csaba. — 150. Debreczen. — 160. Graz. — 108. Sanok. — 122. Kaschau. — 163. Kecskemét. — 136. Miskolcz. — 161. Steinamanger.
XX. 14. In. Bornholm. — 13. Falsterbo. — 2. Fredericia. — 4. Kjöbenhavn. — 12. Korsör. — 107. Krakau. — 121. Leutschau. — 1. Ringkjöbing. — 3. Roskilde. — 5. Simrishamn.

Europa — Regnorum, Provinciarum, Regionum in iisdemque Religionis Christiani, morum artiumque cultu omnium orbis terrarum partium praestantissima juxta recentina exemplaria accuratissime excusa a Tob. Conr. Lotter Geographo August. Vindel. 1728? 1 : 10,000,000. 1 Bl.

— Mercator, Gerh., 3 Karten. Europa — Britische Inseln — Weltkarte. Fcsm.-Lichtdr., nach den Originalen der Stadtbibliothek zu Breslau, hergestellt v. der Reichsdruckerei. Hrsg. v. der Gesellschaft f. Erdkunde zu Berlin. gr. Fol. (41 Bl. m. 1 Bl. Text.) Berlin 891. W. H. Kühl. In Mappe. n.n. 60. —

— Müller's Verkehrs-Karte vom mittleren Europa. 1 : 4,000,000. Bearb. v. Rud. Henke. Farbendr. Imp.-Fol. Dresden 890. A. Müller, Fröbelhaus. n. 1. —; auf Leinw. m. Stäben n. 2. 50; in feinem Rahmen n. 3. —

— Nabert, H., Karte der Verbreitung der Deutschen in Europa. Nach österreich., russ., preuss., sächs., schweizer. u. belg. amtl. Quellen, Reiseberichten v. Lotz u. anderen, sowie nach eigenen Untersuchgn. in den J. 1844, 48, 78, 79, 80, 81, 82, 83, 84, 86, 87 im Auftrage d. deutschen Schulvereins u. unter Mitwirkg. v. R. Böckh dargestellt. 1 : 925,000. 8 Sektionen. Farbendr. 74×75 cm. Mit Beigabe: Lebensabriss d. Professors Heinrich Nabert. 8. (20 S.) Glogau 891. 892. C. Flemming. à n. 3. —

— Noordhoff, R., die Länder Europas. 12 kolor. stumme Wandkarten (in Reliefmanier) f. die Volksschule, physikalisch m. rot gezeichnet. polit. Grenzen. à 83×59 cm. Amsterdam (901). (Leipzig, K. F. Koehler.) n. 30. —; auf Leinw. n. 45. —; m. Stäben n. 50. —; einzelne Blatt n. 3. —; auf Leinw. n. 4. 50; m. Stäben n. 5. —

Balkan-Staaten. 1 : 1,600,000. — Belgien. 1 : 450,000. — Dänemark. 1 : 800,000 (m. Island 1 : 1,600,000). — Deutschland. 1 : 1,600,000. — Frankreich. 1 : 1,600,000. — Gross-Britannien m. Irland. 1 : 1,600,000. — Italien. 1 : 1,800,000. — Oesterreich-Ungarn. 1 : 1,600,000. — Russland. 1 : 5,000,000. — Die Schweiz. 1 : 500,000. — Skandinavien. 1 : 2,250,000. — Spanien. 1 : 1,600,000.

— Ohmann, C. L., Schulwandkarte v. Europa. 16 Blatt. ca. 2 □ m. Berlin, A. Wruck's Verl. 8. 50; auf Leinw. in Mappe od. m. Stäben 20. —

— Opitz, C., Reise- u. Verkehrskarte v. Mitteleuropa. Nach amtl. Quellen bearb. u. hrsg. 1 : 2,000,000. 80×104 cm. Farbdr. Leipzig 909. O. Dietrich. 1.50; m. Ortsregister. (88 S.) 8. 2.—; auf Leinw. m. Stäben n 5. —

— Oppel, A., Wandkarte zur Wirtschaftskunde v. Europa. 1:3,200,000. 9 Blatt à 62×65 cm. Farbdr. Leipzig (909). G. Lang. 22.—; auf Leinw. m. Stäben 28.—

Europa. Oestergaard, Pet. J., neue grosse Wandkarte v. Europa. Verkehrs-Karte. 1:5,250,000. 89×106 cm. Farbdr. Mit Text am Rande. Berlin (903). P. J. Oestergaard. Mit Hängevorrichtg. n.n. 1.—

— Petermann, A., Karte des Mittelländischen Meeres. 1:3,500,000. 8 color. Karten in Kpfrst. qu. gr. Fol. Gotha 888. J. Perthes. n. 8.—; auf Leinw. in Mappe n. 12.—; auf Leinw. m. Stäben n. 16.—; lackirt n. 18.—

— — Karte des Mittelländischen Meeres und Nord-Afrika's in 2 Blättern. 1:7,500,000. [Stieler's Hand-atlas Bl. Nr. 13 u. 14.] Kpfrst. u. color. gr. Fol. Ebd. 888. Zusammengesetzt m. Leinw.-Streifen in Carton. n. 2.—; auf Leinw. in Futteral n. 2.40

— — Karte von Ost-Europa in 6 Blättern, enthaltend: Norwegen, Schweden, Russland, Kaukasien u. die Türkei. 1:3,700,000. [Stieler's Hand-Atlas Bl. Nr. 44—49.] Kpfrst. u. color. gr. Fol. Ebd. 890. Zusammengesetzt mit Leinw.-Streifen in Carton. n. 5.80; in Mappe n. 7.20; m. Stäben n. 9.60

— Petermann, A., Karte v. Ost-Europa, enth.: Norwegen, Schweden, Russland, Kaukasien u. die Türkei. 1:3,700,000. [Aus: „Stielers Hand-Atlas".] Ausg. 1894. 6 Blatt à 40×32,5 cm. Kpfrst. u. kolor. Gotha 894. J. Perthes. In Karton. n. 5.80; auf Leinw. in Mappe n. 7.20; m. Stäben n. 9.60

— Peucker, Karl, Karte v. Südost-Europa. Die Balkanhalbinsel, Rumänien u. Österreich-Ungarn bis Wien u. Budapest. Auf Ant. Steinhausers Grundlage neu bearb. 1:2,000,000. 3. Ausg. Mit statist. Tabellen: Bevölkerung, Eisenbahnen, Handel. 77×69,5 cm. Farbdr. Wien 909. Artaria & Co. In Karton-Decke 2.50

— Peucker, Karl, Völker- u. Sprachen-Karte v. Mitteleuropa. 1:6,000,000. Farbendr. 28,5×35,5 cm. Wien 893. Artaria & Co. n. —35

Europa — Gebirgskarte von — nach den neuesten Quellen bearbeitet. In Stein gestochen von Albrecht Platt. 1:7,000,000. 1 Bl.

— Rau, C. G., Wandkarte v. Europa zum Unterricht in der Geographie, allgem. u. biblische Geschichte. 1:3,800,000. 4 Blatt. 2., verb. Aufl. Chromolith. Imp.-Fol. Stuttgart 887. Alb. Müller. n. 7.—; auf Leinw. n. 12.—

Europa — Karte von — nebst den Angrenzungen von Asien und Afrika nach den besten und zuverläfsigsten Hilfsmitteln auf XX Blättern entworfen von D. G. Reymann königl. preufs. Plankammer-Inspector und Ingenieur Geogr. Berlin bey Simon Schropp et Comp. 1818. 1:4,200,000. 20 Bl.

— Richter, Gust., physikalische Karte v. Europa, nebst Angabe der wichtigsten regelmäss. deutschen u. österreich.-ungar. Dampferlinien, der wichtigsten Eisenbahnen, Kabel u. s. w. 1:8,000,000. 8 Blatt. Je 59×72 cm. Farbdr. Essen (907). G. D. Baedeker. 20.—; auf Leinw. m. Stäben 32.—

— Rothaug, Joh. Geo., politische Karte v. Europa. 1:20,000,000. (Neue Ausg.) 30,5×42 cm. Farbdr. Wien (909). G. Freytag & Berndt. nn —20

— — Karte v. Nord- u. Ost-Europa. 1:10,000,000. 40,5×34 cm. (Neue Ausg.) Farbdr. Ebd. (910). nn —20

Europa. Rothaug, J. G., physikal. Schulwandkarte v. Europa. 1:3,000,000. 6 Blatt à 83,5×61 cm. Farbdr. Wien 899. G. Freytag & Berndt. Auf Leinw. m. Stäben n. 15.—

— — politische Schulwandkarte v. Europa. 1:3,000,000. 6 Blatt à 83,5×65 cm. Farbdr. Ebd. (900). n. 9.—; auf Leinw. in Mappe n. 15.—; m. Stäben n. 17.—

Europae — Nova et accurata Totius — delineatio vulgata per Jacobum de Sandrart. Norimbergae. 1:10,000,000. 1 Bl.

— Schade, Thdr., Schul-Wandkarte von Europa. 1:3,600,000. 3. Aufl. 12 Blatt à 49×44 cm. Farbendr. Glogau (891). C. Flemming. n. 5.—; auf Leinw. in Mappe n. 10.—; m. rohen Stäben n. 11.50; m. schwarz polierten Stäben n. 13.—

— Schade, Thdr., Schulwandkarte v. Europa. 1:3,600,000. 3. Aufl. 12 Blatt. Farbendr. 49×44 cm. Glogau 892. C. Flemming. n. 5.—; auf Leinw. in Mappe n. 10.—; m. rohen Holzrollen n. 11.50; m. polierten Holzrollen n. 13.—

Europa — Generalkarte von — etc. von Jos. Scheda. Wien 1845—47. Schluss. 2,500,000 etc. Im Ganzen: 28 Bl., dar. 2 Pläne.

Europa, Generalkarte von J. Scheda. 2. verm. u. verbess. Auflage in Farbendruck lithographirt. Masstab 1: 2,592.000 in 25 Blatt. Wien, Joh. Scheda's Karten-Expedition, zusammen 30 fl., für das Coloriren 8 fl. 35 kr. netto, für Aufspannen eben so viel.
1862.

Európa iskolai faltérkepe. (Schul-Wandkarte von Europa.) 4 Bl. col. auf Leinwand gespannt in Carton. Debrezin, L. Telegdi. 4 fl.
1869

Europa — Praktische Geschäfts- und Reisekarte von — etc. Bearb. von A. Schulz. 3,500,000. Wien bei Artaria 1853. 4 Bl.

— — Schulz, R. A.: (Prakt. Geschäfts— und Reisekarte von). Mit Angabe der Distanzen und Eisenbahnen, sowie der Dampfschiff—Course. 4 Bl. Ebds. 1868.

Europa, praktische Geschäfts- und Reisekarte sämmtlicher Staaten v., enthaltend die vorzüglichsten Strassen-Verbindungen mit Angabe der Distanzen und bestehenden Eisenbahnen. — Nebst einem Theile von Afrika und Asien, und zwar die Länder Marocco, Algerien und Tunis, ganz Kleinasien und einen Theil von Persien. — Nach den neuesten und besten Materialien bearbeitet von R. A. Schulz. 4. Bl. 1862. Wien. Artaria & Comp. 5 fl.

— Schulz, R. A., praktische Geschäfts- u. Reisekarte sämmtlicher Staaten v. Europa, enth. die vorzüglichsten Strassen-Verbindgn. m. Angabe der Distanzen u. der bestehenden Eisenbahnen. Nebst e. Theile von Africa u. Asien, u. zwar die Länder: Marocco, Algerien u. Tunis, ganz Kleinasien u. e. Theil v. Persien. 4 Blatt. Ausg. 1888. Kpfrst. u. color. gr. Fol. Wien 888. Artaria & Co. In Mappe. n. 6.—

Europa Religionis Christianae Morum et Pacis ac Belli Artium Cultu omnium Terrarum Orbis Partium praestantiss. juxta recentissima Exemplaria accuratissime excusa et edita à Matth. Seuttero etc. August. Vindelicorum 1728? 1: 10,000,000? 1 Bl.

Europa — Generalkarte von — nach den neuesten astronomischen Beobachtungen, den vorzüglichsten Specialkarten und zum Theil noch nicht gestochenen Zeichnungen auf das genaueste entworfen, und nach den jetzigen Grenzen richtig abgetheilt von D. F. Sotzmann. Nürnberg bey Schneider et Weigl 1815. 1: 9,000,000. 1 Bl.

— **Specialkarte, topographische, von Mittel-Europa.** 1:200,000. Hrsg. von d. kartograph. Abtheilg. der k. preuss. Landesaufnahme. [Früher Reymann's Specialkarte benannt [erschien vom Jahr 1806 ab], angekauft vom Preuss. Staate 1875 u. nach dieser Zeit bedeutend verbessert u. erweitert. Bestand der jetzt fertigen Blätter: Nr. 1, 10, 11, 25—30, 42—48, 60—66, 76—82, 84—86, 92—100, 105—113, 119—128, 131—143, 145—208, 214—236, 242—264, 269—291, 297—321, 326—350, 352—377, 380—406, 409—436, 439—460, 469—488, 499—519, 529—549, 559—580, 589—603, 607—610, 621—626, 630—633, 637, 652—656, 661—663, 682—684, 691, 692, 712, 713, 721. Kpfrst. u. col. Fol. Berlin, (Eisenschmidt). à Nr. n.n. 1.—

In alphabet. Ordnung:

1. Zeichenerklärung. — 86. Aarhuus. — 499. Alençon. — 138. Allenburg. — 482. Amberg. — 412. Amiens. — 242. Amsterdam. — 387. Andernach. — 223. Angermünde. — 172. Anklam. — 481. Ausbach. — 113. Apenrade. — 132. Arcona. — 469. Argentan. — 271. Arnheim. — 332. Arnsberg. — 225. Arnswalde. — 216. Assen. — 541. Augsburg. — 411. Aumale. — 189. Aurich. — 624. Autun. — 563. Auxerre. — 593. Avallon. — 80. Baltinowo. — 451. Bamberg. — 534. Bar s. Aube. — 505. Bar le Duc. — 597. Basel. — 63. Bausk. — 409. Bayeux. — 442. Beauvais. — 94. Beissagola. — 155. Berent. — 321. Beresno. — 151. Bergen. — 251. Berlin. — 625. Besançon. — 204. Bielostok. — 447. Birkenfeld. — 253. Birnbaum. — 630. Bludenz. — 691. Botzen. — 352. Boulogne. — 591. Bourges. — 573. Braunau. — 276. Braunschweig. — 299. Breda. — 218. Bremen. — 190. Bremervörde. — 368. Breslau. — 250. Brest. — 261. Brest litowsk. — 369. Brieg. — 333. Brilon. — 406. Brody. — 231. Brok. — 227. Bromberg. — 327. Brügge. — 662. Bruneck. — 487. Brünn. — 355. Brüssel. — 436. Brzezany. — 692. Buchenstein. — 610. Budapest. — 515. Budweis. — 340. Bunzlau. — 297. Cadsand. — 439. Caen. — 173. Cammin. — 423. Carlsbad. — 508. Carlsruhe i. B. — 456. Časlau. — 334. Cassel. — 247. Celle. — 474. Châlons. — 654. Châlons s. S. — 483. Cham. — 561. Chambord. — 592. la Charité. — 501. Chartres. — 623. Chateau Chinon. — 530. Chateaudun. — 621. Chateauroux. — 564. Châtillon s. S. — 202. Chorzellen (Chorshele). — 712. Clermont-Ferrand. — 416. Clervaux. — 300. Cleve. — 388. Coblenz. — 421. Coburg. — 567. Colmar i. E. — 358. Cöln. — 174. Cörlin. — 153. Cöslin. — 309. Cottbus. — 244. Coevorden. — 252. Cüstrin. — 167. Cuxhaven. — 371. Czenstochau. — 449. Darmstadt. — 290. Datin. — 236. Dawyd Gorodok. — 171. Demmin. — 306. Dessau. — 401. Djaloschize. — 246. Diepholz. — 381. Dieppe. — 653. Digoin. — 594. Dijon. — 111. Dokschisy. — 292. Dombrowiza. — 382. Doullens. — 197. Dramburg. — 365. Dresden. — 471. Dreux. — 433. Dubiecko. — 377. Dubno. — 82. Dünaburg. — 27. Dünamünde. — 326. Dünkirchen. — 61. Durben. — 331. Düsseldorf. — 511. Eichstädt. — 304. Einbeck. — 156. Elbing. — 510. Ellwangen. — 188. Emden. — 272. Enschede. — 362. Erfurt. — 455. Eule. — 473. la Ferté. — 128. Flensburg. — 419. Frankfurt a. M. — 280. Frankfurt a. d. O. — 100. Fredericia. — 245. Freren. — 545. Freystadt. — 46. Friedrichsstadt. — 390. Fulda. — 279. Fürstenwalde. — 601. Füssen. — 119. Galtgarben. — 287. Garwolin. — 328. Gent. — 106. Georgenburg. — 11. Gibken. — 562. Gien. — 389. Giessen. — 415. Givet. — 397. Glatz. — 399. Gleiwitz. — 310. Glogau. — 168. Glückstadt. — 255. Gnesen. — 518. Göding. — 139. Goldapp. — 43. Goldingen. — 181. Goniondz. — 200. Graudenz. — 595. Gray. — 161. Grodno. — 286. Groizy. — 338. Grossenhayn. — 269. Haag. — 305. Halberstadt. — 336. Halle. — 191. Hamburg. — 275. Hannover. — 410. le Hâvre. — 479. Heidelberg. — 157. Heilsberg. — 136. Hela. — 145. Helgoland. — 361. Hersfeld. — 99. Hjerting. — 367. Hirschberg. — 414. Hirson. — 422. Hof. — 396. Hohenelbe. — 85. Horsens. — 47. Jacobstadt. — 374. Janow. — 108. Janow a. d. Wilija. — 142. Jeischischki. — 363. Jena. — 486. Iglau. — 65. Illukst. — 631. Ober-Innthal. — 632. Unter-Innthal. — 180. Johannisburg. — 460. Jordanow. — 10. Irben. — 165. Juist. — 395. Jung-Bunzlau. — 106. Jurborg (Georgenburg). — 312. Kalisch. — 140. Kalwarija. — 93. Kelmy. — 372. Kielsy (Kielce). — 484. Klattau. — 262. Kobrin. — 289. Koden. — 104. Koidonow. — 320. Kolki. — 426. Königgrätz. — 137. Königsberg. — 599. Konstanz. — 547. Korneuburg. — 319. Kowel. — 122. Kowno. — 431. Krakau. — 66. Kraslawka. — 347. Krasnik. — 348. Krasnostaw. — 546. Krems. — 488. Kremsier. — 370. Kreuzburg in Schlesien. — 42. Krusche. — 602. Kufstein. — 199. Kulm. — 78. Kurschany. — 182. Kuzniza. — 120. Labiau. — 470. Laigle. — 62. Laishew. — 478. Landau. — 571. Landsberg. — 542. Landshut. — 152. Langenhagen. — 565. Langres. — 192. Lauenburg. — 650. Lausanne. — 134. Leba. — 187. Leeuwarden. — 337. Leipzig. — 529. Le Mans. — 405. Lemberg. — 284. Lentschiza. — 548. Leopoldstadtl. — 457. Leutomischel. — 90. Libau. — 162. Lida. — 663. Lienz. — 354. Lille. — 600. Lindau. — 207. Lipsk. — 440. Lisieux. — 311. Lissa. — 317. Ljublin. — 590. Loches. — 655. Lons le Saunier. — 29. Löser. — 589. London. — 356. Löwen. — 285. Lowitsch. — 404. Lubaczow. — 169. Lübeck. — 308. Luckau. — 220. Lüneburg. — 536. Luneville. — 148. Lütjenburg. — 446. Luxemburg. — 350. Luzk. — 357. Maastricht. — 684. Macon. — 277. Magdeburg. — 418. Mainz. — 386. Malmedy. — 360. Marburg. — 453. Marienbad. — 177. Marienwerder. — 502. Melun. — 92. Memel. — 570. Memmingen. — 141. Meretsch. — 281. Meseritz. — 476. Metz. — 298. Middelburg. — 435. Mikolajow. — 274. Minden. — 144. Minsk. — 427. Mittelwalde. — 384. Mons. — 532. Montargis. — 596. Montbéliard. — 713. Montbrison. — 652. Moulins. — 572. München. — 302. Münster. — 385. Namur. — 506. Nancy. — 250. Nauen. — 398. Neisse. — 626. Neuchatel. — 535. Neufchâteau. — 579. Neuhäusel. — 452. Neustadt. — 549. Neutra. — 622. Nevers. — 517. Nikolsburg. — 500. Nogent. — 335. Nordhausen. — 81. Nowo-Alexandrowsk. — 163. Nowogrudok. — 631. Ober-Innthal. — 607. Oedenburg. — 217. Oldenburg. — 159. Oletzko. — 458. Olmütz. — 342. Oels. — 345. Opotschno. — 531. Orléans. — 179. Ortelsburg. — 273. Osnabrück. — 178. Osterode in Ostpr. — 203. Ostrolenka. — 430. Oswiecim. — 661. Oetzthaler Ferner. — 303. Paderborn. — 76. Pappensee. — 472. Paris. — 195. Pasewalk. — 544. Passau. — 283. Peisern. — 364. Penig. — 221. Perleberg. — 344. Petrokow (Petrikau). 507. Pfalzburg. — 454. Pilsen. — 263. Pinsk. — 392. Plauen. — 98. Plissa. — 257. Plozk. — 402. Polauez. — 80. Ponewesh. 282. Posen. — 278. Potsdam. — 425. Prag. — 123. Preuy. — 578. Pressburg. — 503. Provins. — 230. Pultusk. — 135. Putzig. — 283. Pysdry (Peisern). — 608. Raab. — 288. Radin. — 316. Radom. — 126. Radoschkowitschi. — 229. Radsanowo. — 64. Radsiwilischki. — 158. Rastenburg. — 429. Ratibor. — 198. Ratzebuhr. — 315. Rawa. — 512. Regensburg. — 566. Remiremont. — 147. Rendsburg. — 444. Rethel. — 48. Rieshiza. — 45. Riga. — 682. Riom. — 112. Ripen. — 176. Rittel. — 683. Roanne. — 254. Rogasen. — 107. Rossieny. — 170. Rostock. — 480. Rothenburg. — 270. Rotterdam. — 441. Rouen. — 175. Rummelsburg. — 206. Rushany. — 133. Rützenhagen. — 403. Rzeszow. — 477. Saarbrücken. — 424. Saaz. — 537. St. Dié. — 353. St. Omer. — 576. St. Pölten. — 413. St. Quentin. — 380. St. Valery en Caux. — 77. Salanty. — 603. Salzburg. — 248. Salzwedel. — 434. Sambor. — 375. Samostje. — 378. Sandomir. — 559. Saumur. — 598. Schaffhausen. — 79. Schawli. — 233. Schereschowo. — 121. Schirwindt. — 391. Schleusingen. — 226. Schneidemühl. — 420. Schweinfurt. — 193. Schwerin. — 445. Sedan. — 234. Selez. — 533. Sens. — 291. Serchowo. — 400. Sewersh. — 260. Siedlzc (Siedlce). — 359. Siegen. — 400. Siewierz. — 569. Sigmaringen. — 417. Simmern. — 185. Slazk. — 183. Slonim. — 443. Soissons. — 376. Sokal. 201. Soldau. — 224. Soldin. — 346. Solez. — 219. Soltau. 339. Spremberg. — 208. Starobino. — 84. Stavning. — 637. Steinamanger. — 249. Stendal. — 196. Stettin. — 575. Steyer. — 264. Stolin. — 184. Stolowitschi. — 154. Stolp. — 150. Stralsund. — 538. Strassburg i. E. — 513. Straubing. — 509. Stuttgart. — 160. Suwalki. — 96. Swenzjany. — 110. Swir. — 205. Swislotsch. — 485. Tabor. — 26. Talssen. — 432. Tarnow. — 235. Telechany. — 394. Teplitz. — 459. Teschen. — 214. Texel. — 228. Thorn. — 105. Tilsit. — 127. Tondern. — 146. Tönning. — 609. Totis. — 560. Tours. — 28. Treiden. — 519. Trentschin. — 721. Trient. — 428. Troppau. — 371. Tschenstochow. — 539. Tübingen. — 44. Tuckum. — 329. Turnhout. — 314. Tuschin. — 540. Ulm. — 632. Unter-Innthal. — 383. Valenciennes. — 330. Venloo. — 475. Verdun. — 568. Villingen. — 543. Vilshofen. — 504. Vitry. — 186. Vlieland. — 516. Waidhofen. — 580. Waitzen. — 166. Wangeroog. — 194. Waren. — 149. Warnemünde. — 258. Warschau. — 313. Warta. — 343. Weljun (Wielun). — 574. Weis. — 259. Wengrow. — 301. Wesel. — 97. Widsy. — 131. Wiek. — 343. Wielun. — 577. Wien. — 125. Wileika. — 95. Wilkomir. — 124. Wilna. — 25. Windau. — 514. Winterberg. — 307. Wittenberg. — 349. Wladimir-Wolynskii. — 318. Wlodawa. — 341. Wohlau. — 143. Woloshin. — 215. Workum. — 448. Worms. — 109. Wornjany. — 450. Würzburg. — 222. Zehdenick. — 633. Zell am See. — 232. Ziechanowez. — 366. Zittau. — 393. Zwickau. — 243. Zwolle.

Europa. Spezialkarte, topographische, v. Mittel-Europa (Reymann). 1:200,000. Hrsg. v. der kartograph. Abtheilg. der kgl. preuss. Landes-Aufnahme. Nr. 12—16, 31, 49, 67, 83, 105, 119, 120, 136—138, 155—159, 172, 176, 178, 194, 195, 198, 222, 283, 292, 312, 332, 342, 368, 370, 378, 407, 418, 419, 437, 445, 446, 450, 458, 459, 476, 484—490, 520, 550, 604—606, 634—636, 664, 665, 667, 669, 694, 714, 716. Kpfrst. u. kolor. à 24,5 × 35,5 cm. Berlin, (R. Eisenschmidt). à n.n. 1.—

In alphabetischer Ordnung:

605. Admont. — 14. Adsel. — 138. Allenburg. — 172. Anklam. — 715. Annecy. — 332. Arnsberg. — 155. Berent. — 368. Breslau. — 487. Brünn. — 119. Cranz. — 156. Danzig. — 83. Disnah. — 292. Dombrowiza. — 67. Drissa. — 419. Frankfurt a/M. — 636. Graz. — 665. Gurk. — 157. Heilsberg. — 136. Hela. — 486. Iglau. — 604. Ischl. — 635. Judenburg. — 312. Kalisch. — 484. Klattau. — 137. Königsberg. — 176. Konitz. — 488. Kremsier. — 370. Kreuzburg i/Schles. — 120. Labiau. — 12. Lemsal. — 446. Luxemburg. — 714. Lyon. — 418. Mainz. — 159. Marggrabowa. — 668. Maria-Zoll. — 15. Marienhausen. — 476. Metz. —

490. Szt. Miklos. — 716. Mt. Blanc. — 520. Neusohl. — 458. Olmütz — 542. Oels. — 31. Opotschka. — 178. Osterode. — 378. Ostrog. — 16. Ostrow. — 195. Pasewalk. — 283. Pysdry (Pelsorn). — 667. Radkersburg. — 634. Radstadt. — 158. Rastenburg. — 198. Ratzebuhr. — 550. Schemnitz. — 49. Sebesh. — 445. Sedan. — 489. Sillein. — 664. Spital. — 490. Szt. Miklos. — 486. Tabor. — 437. Tarnopol. — 407. Teofipol. — 459. Teschen. — 105. Tilsit. — 694. Villach. — 194. Waren. — 13. Wenden. — 669. Wildon. — 450. Würzburg. — 222. Zehdenick.

— Spezialkarte, topographische, von Mittel-Europa (Reymann). 1 : 200,000. Hrsg. v. d. kartograph. Abtheilg. d. königl. preuss. Landes-Aufnahme. (Nr. 134. 226. 255. 314. 415. 507. 685 u. 686.) à 25 × 36 cm. Kpfrst. u. kolor. Berlin 896. 898. (R. Eisenschmidt.) à n.n. 1. —

134. Leba. — 226. Schneidemühl. — 255. Gnesen. — 314. Wohlau. — 415. Givet. — 507. Pfalzburg. — 685. Genf. — 686. Genfer See.

— Spezialkarte, topograph., v. Mittel-Europa (Reymann). 1 : 200,000. Hrsg. v. der kartogr. Abtheilg. der kgl. preuss. Landes-Aufnahme. Nr. 627—629 u. 657. Solothurn, Zürich, Walenstadt u. Bern. à 25× 36 cm. Kpfrst. u. kolor. Berlin 903—905. (R. Eisenschmidt.) à n.n. 1. —

— — dasselbe. Blatt 1. Zeichenerklärung. 24,5×36 cm. Kpfrst. u. Farbdr. Ebd. n.n. 1. —; ermäss. Preis n.n. — 50

— Spezialkarte, topograph., v. Mittel-Europa (Reymann). 1 : 200,000. Hrsg. v. der kartograph. Abtlg. der kgl. preuss. Landes-Aufnahme. Nr. 190. 219. 247. 249. 278. 299. 301. 309. 330. 343. 355. 357. 448. 568. 598 u. 599. à 25×36 cm. Kpfrst. u. kolor. Berlin 907. 08. (R. Eisenschmidt.) à nn 1.—; auf Leinw. à nn 1. 80

190. Bremerhaven. — 355. Brüssel. — 247. Celle. — 309. Cottbus. — 299. Dordrecht. — 568. Freiburg i. Br. — 599. Konstanz. — 357. Maastricht. — 330. München-Gladbach. — 278. Potsdam. — 598. Schaffhausen. — 219. Soltau. — 249. Stendal. — 301. Wesel. — 343. Wieluń. — 448. Worms.

Europa — Historische Karte von —, Westasien und Nordafrica, von C. v. Spruner. 4,000,000. Gotha: J. Perthes. 1859—60. Generalkarte 9 Bl. Specialkarten und Stadtpläne 6 Bl. 15 Bl.

Europa. Steinhauser, A., Karte von Südost-Europa. Die Staaten der Balkan-Halbinsel sammt Theilen von Oesterreich-Ungarn bis Budapest u. Wien, m. Gebieten der übrigen angrenz. Länder. 1 : 2,000,000. Chromolith. Imp.-Fol. Nebst Text. 4. (1 Bl.) Wien 887. Artaria & Co. In Carton. n. 4. 50

— — hypsometrische Wandkarte von Mittel-Europa. Neue (3.) Aufl. Mit Nachtragg. der Eisenbahnen bis 1887. 1 : 500,000. 6 Blatt m. Horizontalschichten in Farbendr. gr. Fol. Ebd. 887. n. 20. —

— Steinhauser, Ant., hypsometrische Wandkarte v. Mittel-Europa. Mit Nachtragg. der Eisenbahnen bis 1893. 6 Blatt à 58,5×54 cm. Farbendr. Wien 893. Artaria & Co. n. 20. —; f. Aufzug auf Leinw. in Mappe n.n. 6. —; m. Stäben n.n. 8. 50

— Stülpnagel, F. v., Wandkarte von Europa zur Uebersicht der staatlichen Verhältnisse. 6. Aufl. Neu gezeichnet v. V. Geyer. 1 : 4,000,000. 9 Blatt à 43×52 cm. Farbdr. Gotha (903). J. Perthes. n. 3. 60; auf Leinw. in Mappe n. 8. —; m. Stäben n. 11. 60; u. lackiert n. 14. 60

— Tapeten-Wandkarte, grosse, von Mittel-Europa. 10 Blatt. Rev. Ausg. 1889. Farbendr. Format 5 m: 2,70 m. Wien 890. (Artaria & Co.) n. 50. —

Europa — Telegraphen-Karte von — nach Mittheilungen der K. Pr. Telegraphen-Direktion ausgef. im Berliner lith. Institut 1865. 1,866,666. Berlin in Com. bei S. Schropp. 9 Bl.

— Touristen-Atlas f. Süddeutschland. Das Grossherzogt. Baden. (20 Bl. in Farbdr.) 31×22 cm. Bruchsal (908). O. Katz. In Umschlag 2. —

— — dasselbe. Königr. Württemberg. (24 Bl. in Farbdr.) 31×22 cm. Ebd. (909). In Umschlag 2. 40

— — grosse Post- und Reisekarte von. Entworfen und gezeichnet v. Oberst Max de Traux. Neueste Ausgabe vom Jahre 1861, mit Angabe aller Eisenbahnen und Dampfschiff-Course. 9 Bl. Querfolio. Wien. Artaria & Comp. 12 fl.

Europa. (Grosse Post- und Reisekarte von) Entworfen und gez. vom Oberst Max. de Traux. — Neue Ausgabe mit Angabe aller Eisenbahnen und Dampfschiff-Course. 9 Blätt. Ebds. 1868. 12 fl.

— Ubersichtskarte v. Mittel-Europa. Hrsg. v. der kartogr. Abteilg. der kgl. preuss. Landesaufnahme. 1 : 300,000. 23 Blatt. à ca. 39,5×48 cm. Farbdr. Berlin 907—10. (R. Eisenschmidt.) à nn 1. 50

Aalborg. — Aarhus. — Amsterdam. — Antwerpen. — Apenrade. — Cassel. — Cöln. — Dresden. — Düsseldorf. — Erfurt. — Gent. — Göteborg. — Grenaa. — Halle. — Hamburg. — Hannover. — Kiel. — Leeuwarden. — Magdeburg. — Neustrelitz. — Oldenburg. — Osnabrück. — Prag.

— — dasselbe. Ausg. f. Luftschiffer. Cöln. Probeblatt nach Moedebeck. 1 : 300,000. 39×49,5 cm. Farbdr. Mit Text an den Seiten. Ebd. (909). 2.—; auf Leinw. 2. 70

Europa. Übersichtskarte, Neue,

— — von Mitteleuropa. Bearb. in der kartogr. Abteilg der kgl. preuss. Landesaufnahme. 1 : 300,000. 50 Bl. à 39×47 cm. Lith. u. Farbdr. Berlin (R. Eisenschmidt). à n.n. 1. 50

Berlin. 905. — Breslau. 902. — Brest Litowsk. 899. — Bromberg. 902. — Danzig. 904. — Dawidgródek. (Dawyd Gorodok.) 895. — Dombrowica. 897. — Dünamünde. (Ust Dwinsk.) 894. — Dwinsk. (Dünaburg.) 894—900. — Frankfurt a/O. 905. — Görlitz. 905. — Grodno. 904. — Jakobstadt. 896. — Kielce. 901. — Kolberg. 900. — Königsberg. 901. — Kowel. 897. — Kowno. 901. — Krakau. 904. — Libau. 895. — Łomża. 904. — Lublin. 900. — Luck. 899. — Marienwerder. 901. — Mińsk. 896. — Oppeln. 902. — Ostrog. 897. — Pińsk. 893—900. — Piotrów. 902. — Plock. 901. — Posen. 904. — Pskow. 898. — Radom. 901. — Rjesyca. 896. — Riga. 895. — Rostock. 906. — Schwerin. 906. — Slonim. 893—900. — Stettin. 905. — Stolp. 902. — Stralsund. 905. — Szawle. 893. — Tilsit 900. — Tomaszów. 901. — Walk. 897. — Warszawa. 899. — Wilkomierz. 893—900. — Wilejka. 896. Wilna. 893—900. — Windau. 894.

Europa. Ubersichtskarte, neue, v. Mittel-Europa, resp. der österreichisch-ungarischen Monarchie. Hrsg. vom k. u. k. militär.-geograph. Institute in Wien. (Nach Projektion Albers.) 1 : 750,000. Blatt J. 7. București (Bukarest). 47×47 cm. Farbdr. Wien 908. (R. Lechner's Sort.) nn 2.—; hypsometr. Ausg. nn 2.—

— Uebersichtskarte, neue, v. Central-Europa, resp. der österreichisch-ungarischen Monarchie. Hrsg. vom k. u. k. militär-geograph. Institute in Wien. 1 : 750,000. Blatt G 8 u. H 8, à 47×47 cm. Farbdr. Wien (902). (R. Lechner's Sort.) à n.n. 2. —; hypsometr. Ausg. à n.n. 2. —

G 8. Cattaro. — H 8. Skoplje.

— Uebersichts-Karte, neue, v. Central-Europa, resp. der österreichisch-ungarischen Monarchie. Hrsg. vom k. u. k. militär-geograph. Institute in Wien. (Nach Projektion Albers.) 1 : 750,000. Blatt J. 8. Adrianopel. 47×47 cm. Farbdr. Wien (906). (R. Lechner's Sort.) n.n. 2. —; hypsometr. Ausg. n.n. 2. —

— **Verkehrsatlas** v. Europa. Unter Benutzg. v. W. Koch u. C. Opitz, Eisenbahn- u. Verkehrs-Atlas von Deutschland, Russland u. der Schweiz. Hrsg. v. der geograph. Anstalt J. J. Arnd in Leipzig. Enth. 66 Sektionen (in gr. 4.) in dreifachem Farbendr. u. m. e. alphabet. Stationsverzeichnis v. Europa. Fol. (VIII, 72 S.) Leipzig 901/02. J. J. Arnd.
Geb. in Leinw., in Fol., n. 20. —

— **Verkehrs-Atlas** v. Europa. Mit e. in 6 Farben ausgeführten Weltverkehrs-Karte nebst einer Uebersichtskarte der transsibir. Eisenbahn. Unter Benutzg. v. W. Koch u. C. Opitz: Eisenbahn- u. Verkehrsatlas v. Deutschland, Russland u. der Schweiz. Enth. 80 Sektionen in 4- bis 8fachem Farbendr., 6 Uebersichtskarten, 34 Nebenkarten, mit einem alphabet. Stationsverzeichnis v. Europa, nebst einer alphabet Uebersicht selbständ. Eisenbahnen u. Bahnbetriebe Europas u. e. separaten Verkehrshandbuch, enth.: Kilometertabelle — Frachtentarif — Einrichtg. u. Anwendg. d. Eisenbahn-Gütertarife in Deutschland u. Oesterreich-Ungarn — Ortsregister des Deutschen Reiches. (III, VII, 95 u. 51 S.) 4. Leipzig 905. J. J. Arnd.
Geb. in Leinw. 30. —

— — dasselbe. Ausg. f. Oesterreich-Ungarn. Enth. 80 Sektionen in 3- bis 8fachem Farbendr., 6 Uebersichtskarten, 34 Nebenkarten, u. e. alphabet. Stationsverzeichnis v. Europa, e. Anh.: die Einrichtg. u. Anwendg. der Eisenbahn-Gütertarife in Deutschland u. Oesterreich-Ungarn sowie e. Ortsregister v. Oesterreich-Ungarn m. Bezeichng. v. ca. 30,000 Orten in bezug auf ihre Zugehörigkeit zur Bahn- resp. Dampfschiffstation u. Postortsbezeichng. (III, VII, 95 u. 51 S.) Wien 905. C. Konegen. Geb. 30. —

— **Verkehrskarte** von Europa. Jubiläumsgabe des „Berliner Tageblatt". 103,5 × 125 cm. Farbdr. Berlin 897. R. Mosse. Mit Stäben 10. —

— **Verkehrs-Karte** v. Mittel-Europa. 1 : 1,600,000. 4 Blatt à 43,5×52,5 cm. Farbendr. Leipzig-Neustadt 894. A. Heuze. 2. —;
auf Leinw. in Mappe od. m. Stäben n. 4. —

— **Verkehrs-Wandkarte** v. Mittel-Europa. 5. Aufl. 5 Lfgn. 9 Blatt à 58×69.5 cm. Farbendr. Weimar 892. 893. Geograph. Institut. à n. 2. — (kplt. in Umschlag: n. 10. —; auf Leinw. m. Stäben 20. —)
Der Umschlag hat den Titel: Courskarte v. Mittel-Europa.

— **Verkehrs-Wandkarte** v. Mittel-Europa. 6. Aufl. 9 Blatt à 58 × 69,5 cm. Farbendr. Weimar 895. Geograph. Institut. n. 10. —;
auf Leinw. m. Stäben 20. —

— **Verkehrs-Wandkarte** von Mittel-Europa. (Neue Aufl.) 6 Blatt à 54×70 cm. Farbdr. Weimar (902). Geograph. Institut. n. 20. —; auf Leinw. n. 25. —

— **Wagner**, Herm., Ubersichts-Karten (Index-Charts, Tableaux d'Assemblage, Quadri d'Unione) für die wichtigsten topographischen Karten Europas u. einiger anderer Länder. Zusammengestellt für das geograph. Jahrbuch. 5. Aufl. [Aus: „Geograph. Jahrb."] gr. 8. (28 farb. Kartens.) Gotha 901. J. Perthes. n. 1. 20

— **Wagner**, Herm., Uebersichts-Karten (Index-Charts, Tableaux d'Assemblage, Quadri d'Unione) für die wichtigsten topograph. Karten Europas u. einiger anderer Länder. Zusammengestellt f. das geograph. Jahrbuch. 6. Aufl. [Aus: „Geograph. Jahrb."] (28 farb. Kartens.) gr. 8. Gotha 903. J. Perthes. n. 1. 20

— **Wagner**, Herm., Ubersichts-Karten (Index-Charts, Tableaux d'Assemblage, Quadri d'Unione (f. die wichtigsten topograph. Karten Europas u. einiger anderer Länder. Zusammengestellt f. das geograph. Jahrbuch. 7. Aufl. [Aus: „Geograph. Jahrb."] (31 farb. Kartens.) 8. Gotha 907. J. Perthes. 1. 20

— **Wamser**, A., Wandkarte v. Europa. 1 : 2,500,000. 12 Blatt. à 53×77 cm. Farbdr. Giessen 906. E. Roth. 15. —; auf Leinw. m. Stäben 20. —; u. Wachstuchschutz n 24. —

Europa, entworfen von C. F. Weiland. Oro-Hydrographisches Blatt. Weimar im Verlage des geograph. Instituts 1821. 1: 10,000,000. 1 Bl.

— **Woldermann**, G., Schul-Wandkarte von Europa. 1 : 3,000,000. 9 Blatt. Physikalische Ausg. Chromolith. qu. gr. Fol. Dresden 888. Jaenicke & Co. n. 10. —; auf Leinwand m. Stäben n. 17. 50; politische Ausg. n. 12. —; auf Leinw. m. Stäben n. 19. 50

— **Wolf**, J., Wandkarte v. Europa. 1 : 4,000,000. 4 Blatt à 65×83 cm. Farbdr. Stuttgart (899). A. Lung. n. 6. 60; auf Leinw. in Mappe n. 12. —; m. Stäben n. 12. 50

— **Wolf, Carl**, Europa, Africa septentrionalis, Asia citerior a. p. Chr. n. 500. 1 : 4,000,000. 4 Blatt. Chromolith. Imp.-Fol. Wien 887. Hölzel. n. 10. —; auf Leinw. in Mappe. n. 16. —; m. Stäben n. 18. —

EUROPAER, Der, in dem wilden America von seiner Wildheit befreyete, Oder: lustige Lebens-Geschichte des Herrn von M ... zu einem angenehmen Zeitvertreibe von ihm selbst ans Licht gestellet. Frankfurt und Leipzig (Nordhausen, b. J. A. Cöler). 1756. 8°. 368 S. (incl. Tit. u. Vorr.). Sehr selten! (8 Mk. Eman. Mai, Berlin, 1899.)
O. M. V. 1756 nennt S. 679 den wirkl. Verlagsort.
— — Dasselbe. Frankfurt und Leipzig (Eisenach in Commission bey M. G. Griessbachs Söhnen).
O. M. V. 1770. S. 8.

EUROPAER, Der kluge u. scharfsinnige. Leipzig, Chrn. Weidmann. 4°.
O. M. V. 1684, E 4a. s. l. f. n. p.,

EUROPAEERIN, Die wilde, oder Geschichte der Frau v. Walwille v. *A. C****, einem alten Seeofficier. Aus d. Französ. Meissen 1799. 8°. (4 Mk. Frz. Teubner, c. 1898.)

Europaerin, d. wilde, od. Gesch. d. Frau v. Walwille &c. (h. a. d. Tit. Walwille, d. Frau von, interessante Lebensgesch.) 8. Meißen, Erbstein. (Gödsche.) 799.

Europam ab Asia et Africa segregant Mare mediterraneum, Euxinus Pontus (nunc Mare Majus) Palus Meotides etc. continet celeberrimas regiones, Germaniam, Italiam etc. Baptista à Doetechum fecit. 1: 15,000,000. 1 Bl.

Europamüden, die, s. Novellen, Hamburger.

Europas . . . s.a. Europens . . .

Europa's Eden in Bildern. 100 Ansichten und Costüm-Bilder von Italien und seinem Volke. Nach Original-Gemälden in Stahl gest. von C. Frommel, Catel, Gail, Götzloff etc. Leipzig (858). Kollmann. gr. 8. n. 3 ₰ 10 ngr.

Europa's Emailleindustrie. Adressbuch sämtl. europ. Stanz- u. Emaillierwerke m. genauer Bezeichng. der Erzeugnisse, des Betriebsumfanges, der Produktionsfähigkeit etc., eingeteilt in Gruppen der einzelnen Länder. Bezugsquellenliste f. die Fabrikate der Stanz- u. Emaillierwerke, länderweise geordnet. Bezugsquellenliste f. alle in der Emailleindustrie benötigten Maschinen, Werkzeuge, Materialien etc. (IV, 255 S.) 8. Dresden 909. J. Fahdt. Kart. 6. —

— **brennende Fragen.** Beiträge zur Zeitgeschichte in ihren wichtigsten Ereignissen. Leipzig 854. Romberg. gr. 8. Jedes Heft n. 12 ngr

I. Rußland's wahre Lage, den Mächten England, Frankreich, Oesterreich u. Preußen gegenüber. (1 Bl., 136 S.)

II. Das schwarze Meer und die Ostsee. Erläuterungen zu allen davon erschienenen Karten. (X, 111 S.)

III. Das Seerecht und die Neutralität auf der See. (1 Bl., 112 S.)

IV. Die Krim. (1 Bl., 116 S.)

Europa's wichtigste Heilquellen; oder in welches Bad sollen wir reisen? 2e Ausg. gr. 8. Berlin 825, Flittner.

Europa's Cabinette und Allianzen. Vom Verf. der Pentarchie. Leipzig 862. O. Wigand. gr. 8. (342 S.) n. 2 ℛ

Europa's Münzen, Handelsgewichte und Gemäße. 32. Jena 842, Hochhausen. 1/8 ℛ

Europa's Palingenesie (von L. Lüders.) 3 Bde. gr. 8. 810 811. Hat jetzt Lauffer in Leipzig.

— **Salon.** Eine Zeitschrift. 1r u. 2r Jahrg. 1838 u. 1839. à 52 Numm. Mit Stahlstichen u. Lithographieen. Imp.-4. Leipzig, Güntz. (à n. 10 ℛ) 20 ℛ

Europa's Staaten im Jahre 1833. Geographisch-statistisch dargestellt. 2e verm. Aufl. 1 Tabelle in gr. Fol. Liegnitz 833. Kuhlmey. 1/6 ℛ

— **Staatenverband** auf Grundlage des heiligen Rechtes der Nationalität. Eine deutsche Rede am Aufgange der neuen Epoche. Nebst dem Entwurfe einer Karte der europäischen Reiche erster u. zweiter Ordnung. Bruchstücke aus einer noch unvollendeten Schrift. Berlin 860. Plahn. gr. 8. (51 S.) n. 10 ngr

— **u. Afrikas glückliche Tage der Zukunft,** von ***. 8. Leipzig (u. Dresden) 833. Arnold. 3/8 ℛ

—— **bevorstehende politische Verwesung,** gleich jener frühern Asiens u. der übrigen Welttheile. Als nothwendige Folge der Nichtübereinstimmung aller bisherigen Staatshaushaltungen mit der göttlichen Staatslehre. Ein wohlthätiges Warnungsb. f. weise Regierungen u. unsinnige Demokraten. 2 Thle. gr. 12. (20½ B.) Aarau 842, Sauerländer's Verl.

——'s **Wiedergeburt,** s. Frey, Th.

— **entscheidende Wunderzeit.** Hinblicke auf Vergangenes und Zukünftiges. 8. Leipzig, Central-Compt. 817.

——'s **nächste Zukunft,** od. d. Gang d. polit. Ereignisse nach Wahrscheinlichkeitsgesetzen. Nebst e. Theorie d. innern u. äußern Politik wie sie sein sollte. Von e. ehemal. süddeutschen Staatsbeamten. gr. 12. (2⅓ B.) Altenburg 831. [Leipzig, Krappe.]

Europa-Spiel für Kinder u. Erwachsene. Ebds Ebenso. 1 fl. 50 kr
1885

Europaeus, Pieni Runon-seppä eli Kokous paraimmista Inkerinmaan puolelta kerätyistä runo-lauluista ynnä Johdatyksia Runon tekoon. 8. Helsingfors 847. (Leipzig, Brockhaus.) n.n. 1/3 ℛ

Europaeus, Abraham Friedrich (Wiburg/Finnl.), Observ. cum epicrisi de diarrhoea militibus Rossicis familiari. Diss. med. Jena (Maukianis) 1794. 16 S. mit Biogr. (M.: C. Dannenberg.) (3.50) 8372
Gew.: Alex. Wasiliwitz v. Soltikoff.

Europaeus, D. E. D., vorläufiger Entwurf über den Urstamm der indoeuropäischen Sprachfamilie und seine vorindoeuropäischen Abzweigungen, namentlich die finnisch-ungarische. Helsingfors 863. (Leipzig, Brockhaus.) gr. 8. (24 S. m. 1 Holzschntaf. u. 2 Tab. in 4. u. Fol.) n. 1 ℛ 2 ngr

Europaeus, D. E. D., die finnisch-ungarischen Sprachen u. die Urheimath d. Menschengeschlechtes. Zur Beleuchtg. der archäolog. Fragen im Betreff d. ältesten vorhistor. Daseins der Menschen. 8. (4 S. m. 3 Tab. in qu. gr. 4. u. Imp.-Fol.) Helsingfors 876. (Berlin, Calvary & Co.) n. 2. 40

— — Die Stammverwandtschaft der meisten Sprachen der alten und australischen Welt, bewiesen. Die Zahlwörtertabelle I. Rolle in Fol. St.-Petersburg 1870.

Europaeus, D. E. D., die Stammverwandschaft der meisten Sprachen der alten u. australischen Welt bewiesen. Zahlwörtertabelle I. u. II. qu. gr. Fol. (14 S. m. 2 eingedr. Holzschn.) Helsingfors 877. (Berlin, Calvary & Co.) n. 6. 40

Europäus, D. E. D.: Die Stammverwandtschaft der meisten Sprachen der alten und australischen Welt. Die Zahlwörtertabelle I. Neue, vervollständigte Auflage, nochmals mit neuen Zusätzen ergänzt. St. Petersburg 1877. (12 S) Fol.

— **Jacob Wilhelm** (Finnland), De scorbuto. Diss. med. Jena (Fiedler) 3. VIII. 1795. 16 S. mit Biogr. (M.: A. G. Neglin.) (3.50) 8373
Gew.: Iwan Alex. Stupichin, Andreas Peter Peterson.

Europe [Sachl. OW]

Europe: L'Europe (Be)
① Journal quotidien - Politique, social et littéraire ⑤ prospectus le 1. 12. 1884 ⑧ Berne ⑬ BGSZ: 973; Helvetische Typographia 1885, p. 71 ⑭ Be: L. ⑮ Il semble que ce périodique n'a jamais paru. Comité fondateur: Aimé Humbert, Neuchâtel, président; Jules Sandoz, secrétaire, Neuchâtel.

Europe — L' — dessinée suivant les Règles les plus précises d'une nouvelle Projection Stéréographique, tirée des Observations et des Relations les plus modernes et appuyée en divers endroits par des Monumens antiques, dressée et divisée méthodiquement par Jean Matthias Has etc. Nüremberg publiée par les Héritiers de Homann 1743. 1 : 10,000,000. 1 Bl.

Europe, illustrated. Nr. 1—54. 8. Zürich, Orell, Füssli und Comp. Nr. *

Inhalt:

Nr. 1. The Arth-Rigi railway. Translated from the original German. With 20 illustr. (woodcuts) and 1 (lithogr.) map. (40 S.) 880.
» 2. Baden-Baden and its environs. With 21 illustr. (woodcuts) and 1 (lithogr.) map. (40 S.) 879.
» 3. Berlepsch, H. A., The Luzerne-Rigi-Rail and Vitznau; Lake of the four Cantons. With 22 illustr. (woodcuts) by J. Weber and 2 (lithogr.) maps. (40 S.) 877.
» 4. Szardrowsky, H., Heiden and the Rorschach-Heiden-Rail. With 22 illustr. (woodcuts) by J. Weber and 2 (lithogr.) maps. (40 S.) 878.
» 5. Fricker, B., Baden, the Swiss thermal watering place. With 26 illustr. (woodcuts) by J. Weber and 1 (lithogr.) map. (40 S.) 880.
» 6. Thun and the lake of Thun. With 23 illustr. (woodcuts) by H. Roux and J. Weber. (40 S.) 879.
» 7. Gerber, Interlaken. With 20 illustr. (woodcuts) by J. Weber and 1 (lithogr.) map. (48 S.) 878.
» 8. Pernisch, J., The Upper-Engadine. With 21 illustr. (woodcuts) by J. Weber and 1 (lithogr.) map. (40 S.) 878.
» 9. Harfin, J., Zürich and its environs. With 22 illustr. (woodcuts) by J. Weber and 2 plans. (40 S.) 880.
» 10. Constance and its environs. With 22 illustr. (woodcuts) by J. Weber, 1 map of lake Constance, and 1 plan for excursions. (40 S.) 881.
» 11. Testuz, Aug., Nyon and its environs. With 22 illustr. (woodcuts) by L. Mennet and J. Weber and 1 (lithogr.) map. (40 S.) 881.
» 12. Rumpf, A., Thusis. With 20 illustr. (woodcuts) by J. Weber. (40 S.) 881.
» 13. Lucerne and its environs. With 13 illustr. (woodcuts) by J. Weber and 1 (lithogr.) map. (32 S.) 881.
14. Byers, S. H. M., Florence. With 13 illustr. (woodcuts) by J. Weber and 1 catalogue of the best pictures. (31 S.) 881.

» 15. 16. **Hardmeyer, J., Milan.** With 16 illustr. (woodcuts) by J. Weber and 1 (lithogr.) map. (64 S.) 881.
Nr. 17. Schaffhausen and the fall of the Rhine. With 18 illustr. (woodcuts) by H. Metzger and J. Weber and 1 (lithogr.) map. (40 S.) 882.
» 18. Ragatz and the baths of Pfäffers, Switzerland. With 9 illustr. (woodcuts) by J. Weber and 1 (lithogr.) map. (32 S.) 882.
» 19. **Ceresole, Alfr.,** Vevey, its environs and climate. With 18 illustr. (woodcuts) by G. Roux and J. Weber and 1 (lithogr.) map. (40 S.) 882.
» 20. **May,** The baths of Kreuth [Bad Kreuth] in the Bavarian Alps. With 14 illustr. (woodcuts) by C. Bolze and J. Weber and 1 (lithogr.) map. (32 S.) 882.
» 21. Davos. With 20 illustr. (woodcuts) by J. Weber and 1 (lithogr.) map. (40 S.) 883.
» 22. **Dengler, P.,** The baths of Reinerz. With 13 illustr. (woodcuts) by J. Weber and 1 (lithogr.) map. (32 S.) 882.
» 23. **Perrier,** The Gruyère [canton Fribourg, Switzerland]. Excursion from the lake of Geneva by the new mountain road from Bulle to Boltigen. With 20 illustr. (woodcuts) by J. Reichlen and J. Weber and 1 (lithogr.) map. (40 S.) 882.
» 24—26. The St. Gothard railway. With 43 illustr. (woodcuts) by J. Weber and 1 (lithogr.) map. (68 S.) 882.
» 27. 28. **Neumann, L.,** Freiburg (Baden) and its environs. With 31 illustr. (woodcuts) by J. Weber. (40 S.) 883.
» 29. 30. **Ortmann, R.,** Görbersdorf. Dr. Brehmer's sanatorium for consumptives. With 26 woodcuts by Blätterbauer and 1 map. (56 S.) 883.
» 31. 32. Chaux-de-Fonds, Locle, Brenets and their environs. [Le Clods de la Franchise.] With 17 illustr. (woodcuts) by J. Weber and 1 (lithogr.) map. (44 S.) 883.
» 33. From Froburg to Waldenburg. An Excursion among the mountains of Soleure and Basle. With 18 illustr. (woodcuts) by J. Weber and 1 (lithogr.) map. (30 S.) 883.
» 34. 35. **Cubasch, W.,** The Bürgenstock [lake of Lucerne]. With 10 illustr. (woodcuts) and 1 (lithogr.) map. (40 S.) 883.
» 36. 37. **Bachelin, Aug.,** Neuchatel and its environs. With 20 illustr. (woodcuts) by J. Weber and F. Huguenin-L. and 1 (lithogr.) map. (40 S.) 884.
» 38. 39. **Mautner, Edward,** Battaglia near Padua. With 38 illustr. (woodcuts) by L. E. Petrovits and J. Weber and 1 (lithogr.) map. (41 S.) 884.
» 40. 41. **Killias, E.,** Coire and its environs. With 19 illustr. (woodcuts) by J. Weber and 1 (lithogr.) map. (59 S.) 884.
» 42—44. **Noë, Henry,** Southern railway of Austria. The line through Carynthia and the Pusterthal. Lakes of the southern Alps, glaciers of the High Tauern, the Dolomites. With 52 illustr. (woodcuts) by J. Weber and 1 (lithogr.) map. (112 S.) 884.
» 45—47. —— The southern railway of Austria. From Germany to Italy. The Brenner railway from the river Inn to lake Garda. With 52 illustr. (woodcuts) by J. Weber and 1 (lithogr.) map. (112 S.) 884.
» 48—50. —— Southern railway of Austria. From the Danube to the Adriatic. Vienna. Semmering. Trieste. Abbazia. With 61 illustr. (woodcuts) by J. Weber and 1 (lithogr.) map. (111 S.) 884.
» 51. 52. Graz. With 23 illustr. (woodcuts) by J. Weber. (49 S.) 884.
» 53. 54. From Paris to Berne via Dijon and Pontarlier. With 33 illustr. (woodcuts) by F. Huguenin-L. (56 S.) 884.

Europe, illustrated. Nr. 55—86. 8. Zürich, Orell, Füssli und Comp., Verlag. à Nr. *

Inhalt:

Nr. 55. 56. **Hardmeyer, J.,** the lake of Lucerne. With 40 illustrations by J. Weber. (62 S.) 885.
» 57. **Pasqué, Ernst,** the Bergstrasse from Jugenheim to Auerbach. With 15 illustrations by J. Weber. (32 S.) 885.
» 58. 59. **Barbier, V.,** Aix-les-Bains and its environs. With 26 illustrations by Louis Dünki. (61 S.) 885.
» 60. 61. **Pfaff, Karl,** Heidelberg. With 34 illustrations by J. Weber and 1 map. (80 S.) 885.
» 62—64. **Steinacker, Edm.,** Budapest. With 44 illustrations and a map of the City. Together with an appendix on the National Hungarian Exhibition of 1885 at Budapest, with a ground plan of the exhibition and 5 illustrations. (108 S.) 885.
» 65. **Ceresole, Alfr.,** Montreux [lake of Geneva]. From the French. With 25 illustrations by J. Weber and 2 maps. (40 S.) 886.
» 66—68. **Hardmeyer, J.,** Locarno and its valleys. With 58 illustrations by J. Weber and 2 maps. (110 S.) 886.
» 69—72. **Buss, Ernst,** Canton Glarus and the lake of Walenstadt. With 57 illustrations by J. Weber and 2 maps. (143 S.) 887.
» 73—76. **Barbier, V.,** Mont Cenis. With 78 illustrations by J. Weber and 2 maps. (168 S.) 887.
» 77—79. **Hardmeyer, J.,** the Black Forest railway [Grand-Duchy of Baden]. With 53 illustrations by J. Weber and 2 maps. (105 S.) 887.
» 80. 81. —— the Brünig railway from Lucerne to Interlaken. With 30 engravings and 1 map. (50 S.) 888.
» 82. 83. **Wolf, F. O.,** Valais and Chamounix. Vol. I: From the Furka to Brig. With 16 illustrations by J. Weber and 2 maps. (60 S.) 888.
» 84—86. Zurich and its environs. Published for the official commission of traffic, Zurich. With 104 illustrations by J. Weber and E. Buffetti and 1 plan. (129 S.) 888.

—— **dass.** — Nr. 17, 27 und 28. 8. Ebendas. 885. à Nr. *

Inhalt:

Nr. 17. Schaffhausen and the fall of the Rhine. With 18 illustrations by H. Metzger and J. Weber and 1 map. (38 S.)
» 27. 28. **Neumann, L.,** Freiburg [Baden] and its environs. With 31 illustrations by J. Weber. (40 S.)

Europe, illustrated. Nr. 2, 24—26, 55 and 56, 87—154. 12. Zür., Orell u. Füssli Verlag. à Nr. * — 50

2. **Baden-Baden** and its environs. With 21 illustr. and 1 map. (40 S.) 877.
24—26. The **St. Gothard** railway. By J. Hardmeyer. With 43 illustr. by J. Weber and a map. (2e édit.) (82 S.) 890.
55. 56. The lake of **Lucerne**. By J. Hardmeyer. (New édit.) With 40 illustr. by J. Weber. (55 S. m. 1 Karte.) 890.
87. 88. **Valais and Chamounix.** Part 2. **Brieg** and the **Simplon**. By F. O. Wolf. With 16 illustr. and 1 map. (S. 61—119.) 889.
89—92. Dass. — Part 3. **Zermatt** and the valleys of **Vips**. By F. O. Wolf. With 26 illustr. and 1 map. (S. 121—264.) 889.
93—95. Dass. — Part 4. The Valley of **Lötschen** and the baths of **Leuk**. By F. O. Wolf. With 21 illustr. and 1 map. (S. 265—370.) 889.
96—98. Dass. — Part 5. The valleys of **Turtman** and **Eifisch**. [Val de **Tourtemagne** and Val d'**Anniviers**.] With 24 illustr. and 2 maps. (S. 371—465.) 889.
99. 100. The Kurhaus **Tarasp** and its environs [**Engadine, Switzerland**]. By J. Pernisch. With 30 illustr. and 1 map. (63 S.) 889.
101. 102. **Morat.** By F. Stock. With an appendix on the geology of the district and the lake-dwellings by E. J. Miles. With 26 illustr. and 1 map. (57 S.) 889.
103—105. **Valais and Chamounix.** Part 6. **Sion** and its environs. [**Rawil, Sanetsch, Pas de Cheville,** and **Val d'Hérens.**] By F. O. Wolf. With 23 illustr. and 2 maps. (S. 467—545.) 889.
106—109. Dass. — Part 7. **Martigny** and the Valleys of the **Dranse** [the **Great St. Bernard**]. By F. O. Wolf. With 33 illustr. and 2 maps. (S. 547—686.) 889.
110. 111. Dass. — Part 8. **Chamounix** and the **Mont Blanc**. By Alfr. Ceresole. With 10 illustr. and 1 map. (S. 687—757.) 889.
112. 113. Dass. — Part 9. From **St. Maurice** to the **Lake of Geneva**. By F. O. Wolf. With 16 illustr. and 1 map. (S. 759—826.) 889.
114. 115. The **Mt. Pilatus railway**. By J. Hardmeyer. With 32 illustr. and 1 map. (50 S.) 889.
116. **Territet** by two Swiss mountaineers. (32 S. m. 12 Illustr.) 889.
117. To and through **Hungary**. Part VI. The **Hungarian eastern Carpathians**. The **Hungarian north-eastern railway** an the **Hungarian and Galizian railway lines**. By Carl Siegmeth. (40 S. m. 24 Illustr. u. 1 Karte.) 889.
118. 119. Dass. — Part 1. From **Vienna** to **Budapest** viâ **Bruck-on-Leitha** and **Totis** and viâ **Marchegg** and **Presburg**. By A. Imendörffer, W. Gerlai and J. Szikiav. (71 S. m. 41 Illustr. u. 2 Karten.) 889.
120. Dass. — Part II. From **Oderberg** to **Budapest**, through the valley of the **Waag** viâ **Sillein** and **Galanta**, and through the **Hungarian mining towns** viâ **Ruttka** and **Hatvan**. By Carl Siegmeth. With 16 illustr. and a map. (40 S.) 890.
121—123. Dass. — Part III. From **Vienna, Oderberg,** and **Budapest** to the **high Tátra**, and the cave district of **Abauj, Torna** and **Gömör**. By Charles Siegmeth. With 60 illustr. and a map. (120 S.) 890.
124. Dass. — Part IV. Through **West Hungary**. By Ferd. Krauss and John Szikiay. With 19 illustr. and a map. (41 S.) 890.
125. 126. Dass. — Part V. Form the **Danube** to the **Quarnero**. **Pécs, Agram,** and the **Zagorje, Fiume,** and the **Coastland**. By Géza Kenedi and William Gerlai. With 23 illustr. and a map. (56 S.) 890.
127. Dass. — Part VII. Through the **Hungarian plain**. By John Sziklay. With 23 illustr. by J. Weber and a map. (41 S.) 890.
128. The monte **Generoso railway**. By J. Hardmeyer. With 13 illustr. and a map. (31 S.) 890.
129. 130. To and through Hungary. Part VIII. The **Transylvania highland**. From sketches by F. Krauss, C. J. Römer, E. Sigerus and C. Weingärtner. (67 S. m. 1 Karte.) 890.
131. 132. Dass. — Part IX. Through **South Hungary**. By Adolphus Sternberg, Patricius Dragalina, Cornelius Diaconovich, John Sziklay, and Athanasius Plavsic. With 28 illustr. and a map. (68 S.) 890.
133. 134. The **Landquart-Davos railway**. By J. Hauri. With 29 illustr. (60 S. m. 1 Karte.) 890.
135. The Kuranstalt **W. J. Holsboer**, Grand Hotel Kurhaus **Davos**. With 10 illustr. and a map. (35 S.) 890.
136—138. **Nervi** and its environs. By Arn. Schetelig. With illustr. (76 S.) 891.
139—142. The **Vosges mountains**. By Fritz Ehrenberg. With 68 illustr. and 2 maps. (137 S.) 891.
143. 144. The Kursaal **Maloja** in the **Upper Engadine** and its environs. By Wilh. Altenburg. With plans, illustr. and a map. (51 S.) 891.
145—147. The health-resort of **Franzensbad**. Bohemia. With 47 illustr. and a map. (78 S.) 891.
148—150. **Spa** and its environs. By Jean d'Ardenne (Léon Dommartin). With 39 illustr. and a map. (80 S.) 892.
151. 152. **Spiez** and the **Kanderthal** in the Bernese Oberland. By Ernst Müller. With 33 illustr. and 1 map. (68 S.) 892.
153. 154. **Hohwald** and its environs in the Vosges mountains. By Fritz Ehrenberg. With 23 illustr., a map, and „Hohwald indicator". (52 S.) 892.

Nr. 7 u. 8 auch u. d. T.: Switzerland, illustrated. — Nr. 117—127, 129—132 auch u. d. T.: Hungary (s. d.).

Europe, illustrated. Nr. 2—4, 7, 8, 133, 134, 136—165. 8. Zürich, Art. Institut Orell Füssli, Verl. à n. — 50

Inhaltsübersicht in alphabetischer Ordnung:

Altenburg, Wilh., the Kursaal Maloja in the Upper Engadine and its environs. With plans, illustr. and an excursion map. (51 S.) 891. (Nr. 143. 144.)
d'Ardenne, Jean (Léon Dommartin), Spa and its environs. With 39 illustr. by J. Weber and one map. (80 S.) 892. (Nr. 148—150.)
Baden-Baden and its environs. With 21 illustr. by J. Weber and 1 map. (40 S.) 877. (Nr. 2.)
Cubasch, Wold., the Stanserhorn and the Stanserhorn railway. With 12 illustr. by J. Weber and 1 map. (35 S.) 894. (Nr. 164.)
Ebersold, F., through the Bernese Oberland. With 76 illustrations and 1 map. (148 S.) 893. (Nr. 155—158.)
Ehrenberg, Fritz, Hohwald and its environs in the Vosges mountains. With 23 illustr. by J. Weber, a map, and „Hohwald indicator". (52 S.) 892. (Nr. 153. 154.)
— the Vosges mountains. With 68 illustr. by J. Weber and 2 maps. (137 S.) 891. (Nr. 139—142.)
Feierabend, Augustus, the Rigi. [Lucerne, and the Rigi-Vitznau railway.] With 12 illustr. by J. Weber and 1 map. (32 S.) 877. (Nr. 3.)
The health-resort of **Franzensbad**. Bohemia. With 47 illustr. by J. Weber and a map. (78 S.) 891. (Nr. 145—147.)
Gerber, Vic., Interlaken. With 20 illustr. by J. Weber and 1 map. (46 S.) 878. (Nr. 7.)
Auch u. d. T.: **Switzerland**, illustrated.
Hardmeyer, J., Carlsbad. With 57 illustrations by J. Weber and 1 map. (92 S.) 893. (Nr. 159—161.)
— Toggenburg and Wil. With 33 illustrations by J. Weber and 1 map. (54 S.) 893. (Nr. 162. 163.)
Hauri, J., the Landquart-Davos railway. With 29 illustr. by J. Weber. (60 S. m. 1 Karte.) 890. (Nr. 133. 134.)

Killias, E., the health resort and lake baths of Waldhaus-Flims in the Vorderrhein-Thal (Canton Grisons). With 9 illustr. by J. Weber and 1 map. (26 S.) 891. (Nr. 165.)

Müller, Ernst, Spiez and the Kanderthal in the Bernese Oberland. With 33 illustr. by J. Weber and 1 map. (68 S.) 892. (Nr. 151. 152.)

Pernisch, J., the Upper-Engadine. With 21 illustr. by J. Weber and 1 map. (40 S.) 878. (Nr. 8.)
Auch u. d. T.: Switzerland, illustrated.

Schetelig, Arn., Nervi and its environs. With illustr by C. Fayod. (76 S.) 891. (Nr. 136—138.)

Szadrowsky, H., Heiden and the Rorschach-Heiden-Railroad. With 22 illustr. and 2 maps. (40 S.) 877. (Nr. 4.)

Europe, illustrated. Nr. 166—178 u. 181—187. 8. Zürich, Art. Institut Orell Füssli, Verl. à Nr. n. — 60

166. Ospedaletti near San Remo (Riviera di Ponente). By R. Adler. With remarks on climatology and therapeutical results by H. Enderlin. With 11 illustr. by J. Weber and 1 map. (41 S.) 895.

167. To and trough Hungary. Vol. X. The Hungarian system of the royal and imperial southern railway company. By Edm. Steinacker. With 16 illustr. and 1 map. (32 S.) 896.

168. 169. The baths of St. Moritz. By Camille Hoffmann. With 15 illustr. by J. Weber and 1 map. (44 S.) 895.

170. The valley of the swiss Rhone. The baths of Bex, their saline springs and mother-lye, walks, and excursions. By Vict. Tissot and Sam. Cornut. With 12 illustr. by J. Weber and 1 map. (40 S.) 895.

171. 172. Meiringen and its environs. By Otto Jossi. Issued by the public improvements society of Meiringen and environs. With 17 illustr. and 1 map. (50 S.) (896.)

173. Solothurn and Baselland. By E. Zingg and W. v. Arx. Sketches from the Jura. With 15 illustrations by J. Weber and a map. (40 S.) 897.

181. Vallée du Rhone (Suisse). Bex-Les-Bains, ses eaux salées, ses eaux mères, paysages et promenades par Vict. Tissot et Sam. Cornut. Avec 12 illustrations par J. Weber et 1 carte. (37 S.) 895.

182. Soleure et Bâle-Campagne. Par E. Zingg u. W. v. Arx. Avec 15 illustrations par J. Weber et 1 carte. (42 S.) 895.

183. A travers la Hongrie. X. fasc. Le réseau hongrois de la compagnie des chemins de fer du sud autrichien. Par Edmond Steinacker. Avec 16 gravures et 1 carte. (32 S.) 895.

184. 185. St.-Moritz-Les-Bains par Camille Hoffmann. Avec 15 illustrations par J. Weber et 1 carte. (43 S.) 895.

186. 187. Meiringen et ses environs. Par Otto Jossi. Avec 17 illustr. et 1 carte. Publié sous les auspices de la société d'utilité publique de Meiringen et environs. (50 S.) 896.

Europe, illustrated. Nr. 174—176. 8. Ebd. à n. — 60

174. Davos, Grand Hotel and Curhaus. Establishment Holsboer at Davos-Platz (Switzerland). (40 S.) 899.

175. Bürgenstock, the health resort, on the lake of Lucerne. With 1 coloured plate, 14 illustr., plan, map, etc. (31 S.) 900.

176. Pontresina. By Ernest Lechner. With 14 illustr. by J. Weber and 1 map. (31 S.) (901.)

(Europe. Illustrated E'. № 114. 115. 3d Ed. *and* № 168. 169. [New Ed.]) 8. Zurich, Orell Füssli, [1902]. (per number 6 d.)

N° 114. 115. [fr. 1.—] s. Hardmeyer[-Jenny], J[acob] — N° 168. 169. [fr. 1.—] s. Hoffmann, Camill.

Europe, illustrated. Nr. 177—188. 8. Zürich, Art. Institut Orell Füssli. à Nr. n. — 50

177—179. Bündner Oberland. By Chr. Tarnuzzer. Illustrated. (Switzerland.) With a historical sketch by J. C. Muoth. Translated into English by Dr. & Mrs. Spöndly-Blakiston. (169 S. m. 1 Karte.) (905.)

180—182. The Rhaetian railway with special reference to the Albula route (Coire — St. Moritz — Engadin). By C. Camenisch. 2. ed. With 80 illustr. and 1 map. (117 S.) (906.)
1. Aufl. (110 S. m. Abbildgn. u. 1 Karte.) (904.)

183. The saline Jodureted springs of Hall-Baths in Upper Austria. By J. Haidenthaller. Ed. by the provincial diet of Upper Austria. With 24 illustr., 1 topographical and 1 tourist's map. (36 S.) (906.)

184. Island Hotel, the, Constance on the Bodensee (Lake of Constance). Transformation of an old Dominican monastery. (28 S. m. Abbildgn. u. 1 Karte.) (906.)

185. From the Lake of Constance to the falls of the Rhine, Constance — Schaffhausen, only river steamer trip in Switzerland, issued by the Swiss steamboat company for the Untersee and Rhine in Schaffhausen. By E. v. Arx. Translation from the German text. (28 S.) (906.)

186—188. The Montreux-Bernese Oberland railway via the Simmenthal. Descriptive notice, concerning the countries traversed by this electrical railway from the shores of the Lake Léman to those of the Lake of Thun. By Alfr. Cérésole. (English translation by E. de Steiger.) Photographs by Fréd. Boissonnas. (76 S. m. 1 Karte.) (906.)

Europe, illustrated. Nr. 180—182 u. 189—193. 8. Zürich, Art. Institut Orell Füssli. à Nr. — 50

180—182. The Rhaetian railway with special reference to the Albula route (Coire — St. Moritz — Engadine). By C. Camenisch. 3. ed. corrected and enlarged. With 82 illustr. and 1 map. (124 S.) (908.)

189—192. The St. Gotthard Railway. By J. Hardmeyer. With 64 illustr. and 1 map. 4. ed. (114 S.) (907.)

193. Andermatt-Hospenthal and environs. Illustrated guide for guests and tourists. Published by the official inquiry office of the Urseren valley in Andermatt 1907. (53 S. m. 1 Karte.) (908.)

l'Europe, illustrée. Revue littéraire et artistique. Histoire, contes, romans, nouvelles, anecdotes etc. Illustrée de nombreuses gravures. Rédact.: G. Landauer. 1re—3e année. 1874—1877. à Jahrg. 24 Hefte. gr. 4. (à 768 S. mit eingedr. Holzschn. und 4 Chromolithogr.) Zürich, v. Schenk. à Heft 70 Pf.; à Jahrg. (* ℳ 11.) *
Nicht weiter erschienen.

l'Europe illustrée. Nr. 9—28. 8. Zürich 880—82. Orell, Füssli & Co. à n. — 50

9. Baden en Suisse. Par B. Fricker. Avec 26 illustr. (xylogr.) par J. Weber et 1 carte (lith.). (36 S.)

10. Zurich et ses environs. Par J. Harfin. Avec 22 illustr. (gravées sur bois) par J. Weber et deux plans. 3. éd. (40 S.)

11. Nyon et ses environs. Par Aug. Testuz. Avec une carte (lith.), 22 gravures et vignettes (xylogr.) par L. Mennet et J. Weber. (40 S.)

12. Constance et ses environs. Avec 22 illustr. (xylogr.) de J. Weber, 1 petite carte (xylogr.) du lac de Constance et un plan d'excursions. (40 S.)

13. Thusis. Par A. Rumpf. Avec 50 illustr. (gravées sur bois) de J. Weber. (40 S.)

14. Lucerne et ses environs. Par J. Harfin. Avec 13 gravures et vignettes (sur bois) par J. Weber et une carte (lith.). (31 S.)

15. Florence. Par S. H. M. Byers. Avec 13 illustr. (gravées sur bois) de J. Weber et une nomenclature des tableaux les plus célèbres. (32 S.)

16. La Gruyère. Excursion du Léman à l'Oberland bernois par la nouvelle route alpestre de Bulle-Boltigen. Par Perrier. Avec 20 gravures et vignettes (gravées sur bois) par J. Reichlen et J. Weber, et une carte (lith.). (40 S.)

17. 18. Milan. Par J. Hardmeyer. Avec 16 illustr. (gravées sur bois) de J. Weber et un plan (lith.). (64 S.)

19. Schaffhouse et la chute du Rhin. Avec 18 illustr. (xylogr.) de H. Metzger et J. Weber et 1 carte (chromolith.). (40 S.)

20. Ragatz et les bains de Pfaeffers. Avec 9 illustr. (gravées sur bois) de J. Weber et 1 carte (lith.). (32 S.)

21. Les bains de Kreuth dans la haute Bavière. Par May. Avec 14 illustr. (gravées sur bois) de C. Bolze et J. Weber et une carte (lith.). (32 S.)

22. Vevey et ses environs. Par Alfr. Ceresole. Avec 18 illustr. (xylogr.) par G. Roux et J. Weber et 1 carte (chromolith.). (40 S.)

23. Davos. Avec 20 illustr. par J. Weber et une carte. (40 S.)

24. Le voyage à Notre-dame-des-ermites [Einsiedeln] en Suisse. Avec 16 gravures (sur bois). (32 S.)

25. Les bains de Reinerz. Par G. Dengler. Avec 13 illustr. (gravées sur bois) par J. Weber et une carte (lith.). (32 S.)

26. 27. Le clods de la Franchise. La Chaux-de-Fonds, le Locle, les Brenets et leurs environs. Avec 17 illustr. par J. Weber et une carte. (48 S.)

28. Neuchatel et ses environs. Par A. Bachelin. Avec 20 illustr. par J. Weber et F. Huguenin-L. et un plan. (39 S.)

l'Europe illustrée. Nr. 29—78. 8. Zürich 883—86. Orell Füssli & Co. à n. — 50

29. 30. Fribourg en Brisgau et ses environs. Par L. Neumann. Avec 31 illustr. par J. Weber et 1 carte. (40 S.)
31. 32. Görbersdorf. Établissement thérapeutique pour les maladies de poitrine. Dirigé par Brehmer. Par R. Ortmann. Avec 26 illustr. de Blaetterbauer et 1 carte. (46 S.)
33—36. La ligne du St. Gothard. D'après J. Hardmeyer traduit et remanié par Eug. Rambert. Avec 45 illustr. par J. Weber et 1 carte. (120 S.)
37. De Frobourg à Waldenbourg. Excursion dans le Jura Soleurois de Bâlois. Par H. Tanner et E. Zingg. Avec 18 illustr. par J. Weber et 1 carte. (32 S.)
38. 39. Les bains de Krankenheil-Toelz dans l'Oberland Bastvarois. Par Gust. Schaefer. Avec 13 illustr. par J. Weber et 1 carte. (48 S.)
40. 41. Battaglia près Padoue. Par Éd. Mautner. Avec 38 illustr. par L. E. Petrovits et J. Weber et 1 carte. (41 S.)
42—44. Chemin de fer du Sud Autrichien. La ligne Carinthie-Pusterthal. Les lacs des Alpes méridionales, les glaciers des Hohe Tauern, les Dolomites. Par Henri Noé. Avec 52 illustr. par J. Weber et 1 carte. (98 S.)
45—47. Ajaccio, station d'hiver. Par Charles Guerin. Avec 9 illustr. par E. Davinet et 2 cartes. (82 S.)
48. 49. Le Bürgenstock. Par W. Cubasch. Avec 10 illustr. par J. Weber et 1 carte. (42 S.)
50. 51. Coire et ses environs. Par E. Killias. Avec 19 illustr. par J. Weber et 1 carte. (56 S.)
52. 53. Gratz en Styrie. Avec 23 illustrations par J. Weber. (46 S.)
54. 55. De Paris à Berne par Dijon et Pontarlier. Avec 33 illustrations par M. F. Huguenin-L. (56 S.)
56. 57. Aix-les-Bains et ses environs. Par V. Barbier. Avec 26 illustr. par L. Dünki et 1 carte. (61 S.)
58—60. Chemins de fer du Sud de l'Autriche. Du Danube à l'Adriatique. Vienne. Semmering. Trieste. Abbazia. Par Henri Noé. Avec 61 illustr. par J. Weber et 1 carte. (118 S.)
61. 62. Le lac des Quatre-Cantons d'après J. Hardmeyer. Avec 40 illustrations par J. Weber. (58 S.)
63. La Bergstrasse de Jugenheim à Auerbach. Par Ernst Pasqué. Avec 15 illustrations par J. Weber. (33 S.)
64. 65. A travers l'Arlberg. Par Louis v. Hörmann. Avec 26 illustrations et 1 carte. (41 S.)
66—68. Budapest. Avec 44 illustrations et 1 plan de la ville. Avec un appendice concernant l'exposition nationale hongroise à Budapest en 1885 avec plan de situation de l'exposition et 5 illustrations. (102 S.)
69. 70. Heidelberg. Par Charles Pfaff. Avec 34 illustrations par J. Weber et 1 carte. (84 S.)
71—73. Locarno et ses vallées. Par J. Hardmeyer. Traduit par J. A. Avec 58 illustrations par J. Weber et 2 cartes. (120 S.)
74. Montreux. Par Alfr. Ceresole. Avec 25 illustrations par J. Weber et 2 cartes. (39 S.)
75—78. Le Mont Cenis par V. Barbier. Avec 78 gravures dessinées d'après nature par J. Weber. 2 cartes. (161 S.) 886.

L'Europe illustrée. Nr. 5. 5a. 16. 16a. 79—142. 8. Zürich 887—890. Orell Füssli Verl. à Nr. n. — 50

Baden-Baden et ses environs. Avec 22 illustrations par J. Weber et 1 carte. (48 S.) (Nr. 5. 5a.)
Buss, E., le pays de Glaris et le lac de Wallenstadt. Avec 57 illustrations par J. Weber et 2 cartes. (143 S.) (Nr. 79—82.)
Hardmeyer, J., le chemin de fer du Brunig de Lucerne à Interlaken. Avec 30 gravures de J. Weber et 1 carte. (56 S.) (Nr. 91. 92.)
— le chemin de fer de la Forêt-Noire. Avec 53 illustrations par J. Weber et 1 carte. (84 S.) (Nr. 85—87.)
— Lugano et ses lignes de raccordement entre les trois lacs. Avec 55 illustrations par J. Weber et 4 cartes. (108 S.) (Nr. 88—90.)
— le chemin de fer du Monte Generoso. Avec 13 illustr. de J. Weber et 1 carte. (32 S.) (Nr. 140.)
— le chemin de fer du Pilate. Avec 32 illustrations par J. Weber et 1 carte. (50 S.) (Nr. 118. 119.)
— le Toggenbourg et Wil. Avec 33 illustr. de J. Weber et 1 carte. (53 S.) (Nr. 141. 142.)

A travers la Hongrie. 1. fasc. De Vienne à Budapest par Bruck-sur-la-Leitha-Totis [ligne de la société autrichienne-hongroise des chemins de fer de l'État hongrois] et par Marchegg-Presbourg [chemins de fer de la société autrichienne-hongroise de l'État]. Par A. Immendörffer, W. Gerlai et J. Sziklay. Avec 41 illustrations de J. Weber et 2 cartes. (68 S.) (Nr. 124. 125.)
— dasselbe. 2. fasc. D'Oderberg à Buda-Pest par la vallée de la Vág, Sillein-Galanta et les villes de mines Ruttka-Hatvan. Par Ch. Siegmeth (40 S. m. 16 Illustr. u. 1 Karte.) (Nr. 126.)
— dasselbe. 3. fasc. De Vienne, d'Oderberg et de Budapest dans le Haut-Tatra et dans la region des grottes d'Abauj-Torna-Gömör. Par Ch. Siegmeth. Avec 60 illustrations de J. Weber et 1 carte. (130 S.) (Nr. 127—129.)
— dasselbe. 4. fasc. A travers la Hongrie occidentale par F. Krauss et J. Sziklay. Avec 19 illustr. de J. Weber et une carte. (43 S.) (Nr. 130.)
— dasselbe. 5. fasc. Du Danube au Quarnero, Pécs, Agram et la Zagorje, Fiume et le Littoral. Par Géza Kenedi et G. Gerlai. Avec 23 illustr. de J. Weber et une carte. (60 S.) (Nr. 133. 134.)
— dasselbe. 6. fasc. Les Carpathes orientales (versant hongrois), les chemins de fer hongro-galiciens et du nord-est de la Hongrie. Par Ch. Siegmeth. (10 S. m. 24 Illustr. u. 1 Karte.) (Nr. 123.)
— dasselbe. 7. fasc. A travers la grande plaine de Hongrie. Par J. Sziklay. Avec 23 illustr. de J. Weber et une carte. (42 S.) (Nr. 135.)
— dasselbe. 8. fasc. Le pays haut de Transylvanie d'après des esquisses de F. Krauss, C. J. Römer, E. Sigerus et C. Weingärtner. (71 S. m. 1 Karte.) (Nr. 136. 137.)
— dasselbe. 9. fasc. A travers la Hongrie méridionale. Par A. Sternberg, P. Dragalina, C. Diaconovich, J. Sziklay et A. Plavsic. Avec 25 illustr. de J. Weber et 1 carte. (70 S.) (Nr. 138. 139.)

Pernisch, J., les bains de Tarasp. Avec 30 illustr. par J. Weber et une carte. (63 S.) (Nr. 131. 132.)
Territet. Par deux Alpinistes suisses. Avec 12 illustrations par L. Dünki. (32 S.) (Nr. 122.)
Tissot, V., la Gruyère. Guide itinéraire à Bulle, au Moléson, à Gruyères, aux bains de Montbarry, à la Dent de Broc, à Montreux par le Col de Jaman, à Sion par le Sanetsch, et dans l'Oberland Bernois par la route alpestre de Bulle-Charmey-Boltigen. 2. éd. revue, corrigée et augmentée. Avec 21 gravures et vignettes par J. Reichlen et J. Weber et 1 carte. (64 S.) (Nr. 16. 16a.)
Valais et Chamounix. 1. vol. De la Furka à Brigue. Par F. O. Wolf. Avec 16 illustrations par J. Weber et 2 cartes. (56 S.) (Nr. 96. 97.)
— dasselbe. 2. livr. Brigue et le Simplon. Par F. O. Wolf. Orné de 16 illustrations par J. Weber et d'une carte. (S. 57—116.) (Nr. 98. 99.)
— dasselbe. 3. livr. Zermatt, les vallées de Saas et de St. Nicolas. D'après F. O. Wolf. Orné de 26 illustrations par J. Weber et X. Imfeld et d'une carte. (S. 117—218.) (Nr. 100—102.)
— dasselbe. 4. livr. Les vallées de Loetschen et de la Dala [Louèche-les-Bains]. D'après F. O. Wolf. Orné de 21 illustrations par J. Weber et R. Ritz et 1 carte. (S. 221—321.) (Nr. 103—105.)
Valais et Chamounix. 5. livr. Les vallées de Tourtemagne et d'Anniviers. D'après F. O. Wolf. Avec 24 illustrations de J. Weber et 2 cartes. (S. 323—408.) (Nr. 106—108.)
— dasselbe. 6. livr. Sion et ses environs [Rawyl, Sanetsch, Pas de Cheville, Val d'Hérens]. D'après F. O Wolf. Avec 23 illustrations de R. Ritz et J. Weber et 2 cartes. (S. 411—482.) (Nr. 109—111.)
— dasselbe. 7. livr. Martigny et les vallées de la Dranse [Grand St.-Bernard]. D'après F. O. Wolf. Avec 33 illustrations de J. Weber et E. Metton et 1 carte. (S. 483—614.) (Nr. 112—115.)
— dasselbe. 8. livr. Chamonix et le Mont Blanc. Par Alfr. Ceresole. Avec 10 illustrations par J. Weber et 1 carte. (S. 617—691.) (Nr. 116. 117.)
— dasselbe. 9. livr. De St.-Maurice au Lac Leman. D'après F. O. Wolf. Avec 16 illustrations de J. Weber et 1 carte. (S. 693—759.) (Nr. 120. 121.)

Wesserling et la vallée de Saint-Amarin. Avec 21 illustrations par J. Weber et 1 carte. (33 S.) (Nr. 83. 84.)
Zurich et ses environs. Publié par le bureau officiel des étrangers de Zurich. Avec 104 illustrations par J. Weber et E. Buffetti et 1 plan. (135 S.) (Nr. 93—95.)

L'Europe illustrée. Nr. 1—4, 6—8, 143—180. 8. Zürich, Art. Institut Orell Füssli, Verl. à n. — 50

Inhaltsübersicht in alphabetischer Ordnung:

Adler, R., Ospedaletti près San Remo (Riviera di Ponente). Avec les observations climatologiques et médicales de Enderlin. Avec 11 illustr. et 2 cartes. (II, 35 S.) 893. (Nr. 169.)
Altenbourg, Wilh., Kursaal Maloja dans la Haute-Engadine et ses environs. Avec des plans, des gravures et une carte pour les excursions. (53 S.) 891. (Nr. 150. 151.)
d'Ardenne, (Jean Léon Dommartin). Spa et ses environs Avec 39 illustr. de J. Weber et une carte. (80 S.) 892. (Nr. 155—157.)
Le chemin de fer à crémaillière Arth—Righi, Zurich Zoug—Arth et Lucerne—Goldau au Righi—Koulm. Avec 16 gravures par J. Weber et 1 carte. (31 S.) 877. (Nr. 1.)
Cubasch, Wold., le Stanserhorn et son chemin de fer. Avec 12 illustr. par J. Weber et 1 carte. (36 S.) 891. (Nr. 180.)
Ebersold, Fréd., a travers l'Oberland bernois. Avec 76 gravures et 1 carte. (148 S.) 893. (Nr. 173—176.)
Ehrenberg, Fritz, le Hohwald et ses environs dans les Vosges. Avec 23 illustr., une carte et le „Cadran" du Hohwald. (56 S.) 892. (Nr. 162. 163.)
— a travers les Vosges. Avec 63 illustr. par J. Weber et 2 cartes. (138 S.) 891. (Nr. 146—149.)
Enderlin, observations climatologiques et médicales, s.: Adler, R., Ospedaletti.
Feierabend, Auguste, le chemin de fer Vitznau - Righi. Avec 7 illustr. par J. Weber. (32 S. m. 1 Karte.) 877. (Nr. 3.)
Franzensbad en Bohême. Saison 1. mai au 1. octobre. Avec 47 illustr. par J. Weber et une carte. (88 S.) 892. (Nr. 152—154.)
Gerber, Interlaken. Avec 18 illustr. par J. Weber. Avec 1 carte. (24 S.) 878. (Nr. 7.)

Hardmeyer, J., Bienne et ses environs. Traduit de l'Allemand. Avec 83 illustr. de J. Weber et 1 carte. (57 S.) 892. (Nr. 158. 159.)
— Carlsbad. Traduit par G. Avec 57 gravures par J. Weber et 1 carte (100 S.) 893. (Nr. 170—172.)
Hauri, J., le chemin de fer Landquart-Davos. Avec 30 illustr. par J. Weber. (58 S.) 891. (Nr. 143. 144.)
L'Établissement Holsboer, Grand Hôtel Curhaus Davos. Guide à l'usage des touristes et des malades, des médecins et des profanes. Avec 10 illustr. par J. Weber. (34 S.) 891. (Nr. 145.)
Killias, Ed., bains et pension Waldhaus-Flims dans la vallée du Rhin antérieur. Avec 9 illustr. par J. Weber et 1 carte. (24 S.) 893. (Nr. 177.)
Lullin, Ed., les chemins de fer électriques et à crémaillère du mont Salève (Haute-Savoie) près Genève. Notice. Avec 8 gravures et vignettes et 1 carte. (32 S.) 892. (Nr. 166.)
le chemin de fer de Glion à Naye. Notice. Avec 10 gravures et vignettes. (47 S. m. 1 Karte.) 892. (Nr. 164. 165.)
Morat. Traduit de l'Allemand par Louis Gauthey. Avec 26 illustr. par G. Roux et une carte. (83 S.) 892. (Nr. 167. 168.)
Müller, Ernest, Spiez et la vallée de la Kander dans l'Oberland bernois. Avec 33 illustr. par J. Weber et une carte. (72 S.) 892. (Nr. 160. 161.)
Pernisch, J., la Haute-Engadine. Avec 21 illustr. par J. Weber et 1 carte. (40 S.) 892. (Nr. 8.)
Auch u. d. T.: La Suisse illustrée.
Preysz, Corn., les bains de Siófok sur le lac Balaton. Leurs propriétés et leur emploi. (39 S. m. 1 Karte.) 894. (Nr. 178. 179.)
Szadrowsky, H., Heiden et le chemin de fer Rorschach Heiden. Avec 22 illustr. et 2 cartes. (40 S.) 877. (Nr. 4.)
Thoune et le lac de Thoune. Avec 14 illustr. par G. Roux et J. Weber et 2 cartes. (25 S.) 878. (Nr. 6.)
L'Utliberg près Zurich. Avec 15 illustr. (21 S.) 877. Nr. 2.)

L'Europe illustrée. No 181—185. In-8°. Zurich, Art. Institut Orell Füssli. à — 50
181. Vallée du Rhone (Suisse). Bex-Les-Bains, ses eaux salées, ses eaux mères, paysages et promenades par *V. Tissot* et *S. Cornut*. Avec 12 illustrations par *J. Weber* et 1 carte. 37 S. — 182. Soleure et Bâle-Campagne. Par *E. Zingg* et *W. v Arx*. Avec 15 illustrations par *J. Weber* et 1 carte. 42 S. — 183. A travers la Hongrie. X. fasc. Le réseau hongrois de la compagnie des chemins de fer du sud autrichien. Par *E. Steinacker*. Avec 16 gravures et 1 carte. 32 S. — 184. 185. St.-Moritz-Les-Bains par *C. Hoffmann*. Avec 15 illustrations par *J. Weber* et 1 carte. 43 S. 1895.

L'Europe illustrée. Nos 186 et 187. In-8°. Zurich, Art. Institut Orell Füssli. 1896. à — 50
*** Meiringen et ses environs, par *O. Jossi*. Avec 17 illustr. et 1 carte. 50 p.

l'Europe illustrée. Nr. 3, 20, 188 et 189. 8. Ebd. à n. — 50
3. Le Rigi et le chemin de fer Vitznau-Rigi. Par E. A. Türler. 2. éd. Avec 15 illustr. et 1 carte au verso. (32 S.) (900).
20. Ragatz-Pfaefers et ses environs. Avec 20 illustr. par J. Weber et 1 carte. (Neue Aufl.) (34 S.) (900).
188. Station, la, climatérique, du Bürgenstock au bord du lac des IV cantons. Avec 1 vue coloriée, 14 illustr., 2 gravures doubles et plan, 1 carte au revers. (31 S.) 899.
189. Davos, Grand Hôtel et Curhaus. Etablissement Holsboer Davos-Platz. (Suisse). (40 S.) 899.

l'Europe, illustrée. Nr. 56. 57. u. 190—201. 8. Ebd. à Nr. n. — 50
56.57. Aix-les-Bains, la reine des villes d'eaux, et ses environs. 2. éd. Avec 28 illustr. et 1 carte. (82 S.) (905.)
190—192. L'Oberland Grison illustré. Par Chr. Tarnuzzer. Appendice historique par J. C. Muoth. Traduit de l'allemand par F. Hesselbrink. Publié par le syndicat d'initiative de l'Oberland Grison. (176 S. m. Abbildgn., Panoramen u. Karten.) (905.)
193—195. Les chemins de fer rhétiques et leur ligne principale le chemin de fer de l'Albula. Par C. Camenisch. (112 S. m. Abbildgn. u. 1 Karte.) (905.)
196. Hall-les-Bains (Bad Hall), Haute-Autriche. Ses eaux iodées fortes. Par J. Haidenthaller. Publié par les états de la Haute-Autriche. Avec 24 illustr., 1 plan u. 1 carte. (38 S.) (905.)
197. Hôtel de l'Ile à Constance au lac. Métamorphoses d'un ancien couvent dominicain. (30 S. m. Abbildgn. u. 1 Karte.) (906.)
198. Du Lac de Constance à la chute du Rhin, Constance—Schaffhouse, seule ligne de navigation fluviale à vapeur de la Suisse. Par K. v. Arx. Publié par la société suisse de navigation à vapeur sur l'Untersee et le Rhin à Schaffhouse. D'après le texte allemand. (28 S.) 905.
199—201. Le Montreux-Oberland Bernois par le Simmenthal. Notice descriptive, concernant les contrées (vaudoises, fribourgeoises et bernoises) que dessert cette voie ferrée électrique, depuis les rives du Lac Léman à celles du Lac de Thoune. Par Alfr. Cérésole. Photographies de Fréd. Boissonnas. (72 S. m. 1 Karte.) (906.)

— illustrée. Nr. 193—195 u. 202. 8. Ebd. à Nr. — 50
193—195. Les chemins de fer rhétiques et leur ligne principale le chemin de fer de l'Albula (Coire—St. Moritz—Engadine). Par C. Camenisch. 2. éd. Avec 80 illustr. et 1 carte. (118 S.) (907.)
202. Andermatt-Hospenthal et ses environs. Guide illustré pour les hôtes et les touristes. Publié par le bureau officiel de renseignements de la vallée d'Urseren à Andermatt. 1907. (54 S. m. 1 Karte.) (908.)

— pictorial, s.: Länder-Album, europäisches.

— picturesque. The british isles. Part. 16—60. gr. 4. (2. Bd. S. 73—288 u. 3. u. 4. Bd. à 288 S. mit eingedr. Holzschn. u. je 1 Stahlst.) London 877—79. Dresden, Meinhold & Söhne. à n. 3. —

— pittoresque. (In 60 parts.) Part. 1—15. gr. 4. (1. Bd. 288 S. u. 2. Bd. S. 1—72 m. eingedr. Holzschn. u. 15 Stahlst.) London. Dresden 876. Meinhold & Söhne in Comm. à n. 3. —

Europe [Schlagwort]

Europe — Carte de l' — Dédiée à Son Altesse Royale Monseigneur Charles Louis Archiduc d'Autriche etc. par J. B. de Bouge, Ingénieur Géographe pensionné de Sa M. Pruss. 1803. 1: 2,250,000. 45 Bl.

Europe — Carte Générale de toute l' — divisée selon l'étendue de ses principaux Etats, subdivisée en leurs principales Provinces. Représentée sur six feuilles d'aprés les meilleures Cartes qui ont parues jusqu'à présent par Matthieu Albert Lotter. Augsburg chez Tobie Conrad Lotter 1723? 1: 4,600,000. 4 Bl.

Europe — Carte générale et itinéraire de l' — divisée en tous ses Etats, d'aprés le Congrés de Vienne, et autres traités postérieurs. Nouvellement rédigée et dessinée sur les cartes et ouvrages géographiques les plus accréditées par Max de Traux, Colonel au Corps du Génie au Service de S. M. l'Empereur d'Autriche et dédié à S. A. Sérénissime Monseigneur le Maréchal Charles Prince de Schwarzenberg, Duc de Kruman. Vienne chez Artaria et Comp. 1818. 1 : 2,400,000. 9 Bl.

Européen, L', s. Европоецъ.

Europens . . ., s.a. Europas . . .

Europens Aufklärung durch das Christenthum. 8. Wien 784. Hörling. 6 gr.

— Frage: Wie bin ich mit allen meinen Künsten u. Wissenschaften so tief unter einen Abentheurer gefallen? ꝛc. beantwortet (v. . . . Paulsen). Mit d. Verf. Portr. gr. 8. Nürnb. 815. (Kunz in Bamb.) 16 gr.

— Handel mit beyden Indien. Ausz. a. Raynals Gesch. v. Karsten. gr. 8. Rostock, Stiller. 780.

— wichtigste Heilquellen; oder in welches Bad sollen wir reisen? 2e Ausg. gr. 8. Berl. 825. (Sander). 1 rthl. 16 gr.

— Kriegsvölker, welche bei d. Feldzügen von 1813 bis 1815 in Deutschland fochten; in 90 schwarzen u. 3 ill. Abbildd. auf 10 Kpft., zum Nachzeichnen u. Illuminiren f. Kinder u. zur Erinnerung f. Erwachsene. Pirna, Friese. In Umschl. 12 gr.

— Lage u. Aussichten im Aug. 1813. (von G. H. Merkel). 8. (Rigg) 813. (Deubner). 6 gl

— polit. Lage u. Staatsinteresse, (v. A. Riem). 12 Hefte. Manh. u. (Leipz.) 796—99. Gr. Fleischer. 4 rß 12 gl

— Palingenesie, Samml. d. wichtigsten Materialien zur neuesten Geschichte des europ. Continents. (A. u. d. T.: Oesterreichs Kriegsgesch. im J. 1809.) 1r Thl., 3 Bde. gr. 8. Altenb, 810 u. 11. (Lauffer in Leipz.) 3 rß 12 gl

— Schr. an d. vorzügl. Mächte, üb. d. z. Lüneville abgeschl. Frieden. 8, Erfurt, Beyer u. M.

— Staaten. Liegnitz, Kuhlmey. 4 gl

— Völkerschlacht; e. Lebesebuch f. d. Jugend. Mit Kpf. 8. Hamb., (Herold jun.) 16 gl

— Völkerschaft, ein Lesebuch f. die Jugend. m. K. 8. Hamburg. Vollmer.

— entscheidende Wunderzeit, Hinblicke auf Vergangenes u. Zukünftiges. 8. Leipz. (817.) Centr.-Compt. 1 rß

— Zeitgeist, od. d. menschl. Jahrhundert Napoleons, (v. Dr. Paulsen). 2 Bde., 2r Bd. A. u. d. T.: Europens Ungeist, od. thier. Jahrh. Richelieu's, 8. Regensb. 813. Montag u. W. 1 rß 16 gl

— nächste Zukunft, oder d. Gang d. polit. Ereignisse nach Wahrscheinlichkeitsgesetzen. Nebst e. Theorie d. innern u. äußern Politik wie sie sein sollte. Von e. ehemal. süddeutschen Staatsbeamten. gr. 12. Altenb. 831. (Leipz., Taubert). 6 gl

Euros, Ritter, und seine Freunde. Frühjahre des Domschützen. 8. Lpz. Joachim.

Euros, Ritter, und seine Freunde. Frühjahre des Domschützen. Leipzig 1805. Leipzig [Wien] 1809. V: *Cramer, Carl Gottlob.* (GGr) *Cramer, Carl Gottlieb* oder *Gottlob.* (MGT) (EE)

Eurot, C., s. Gretsch, N., Ausflucht eines Russen nach Deutschland.

Euryalus über das Schöne. Aus dem Holländischen übersetzt von Friedrich Heidekamp, Prof. in Lingen. Lingen 1803. V: *Beeck-Calkoen, J. F. van.* (Allg. Lit. Ztg. 1808, Ergbl., Sp 1229 ff.) (Zeitschr. f. Büch. 1923, S. 84)

Euryalus, über d. Schöne, übersetzt v. F. Heidekamp. 8. Lingen 803. Jülicher. 16 gl

Euryanthe v. Savoyen; aus d. Manuscripten der königl. Bibliothek zu Paris, übers. von Helm. v. Chezy. 8. Berl. 823. Vereinsbuchh. 18 gl

Eurypante, die tugendsame; siehe Samml. romant. Dichtungen des Mittelalters 2r Bd.

Eurydane, s. Euridane.

Eurynome, e. Zeitschrift zur Verbreitung gemeinnütziger Kenntnisse u. z. Beförder. wissenschaftl. Kultur, herausg. v. Fr. Koch. 12 Stücke. gr. 8. Stettin 806—8. Leich. 5 rß

Euseb, od. d. Früchte d. Tugend in dies. Jahrhundert, a. d. Franz. 8. Wien, Wucherer. 790.

— — dasselbe. 8. Hamburg. 786.

Euseb oder sonderbare Begebenheiten eines tugendhaften Mannes, 8. Leipzig, 795. (B. Fleischer in Komm.) 20 sgl.

Eusèbe, ou les beaux profits de la vertu dans le siècle, ou nous vivons, par de la Vaux. gr. in-12. Berlin. (Leipzig, Fr. Fleischer.) 1/2 rß

Eusèbe, ou les beaux profits de la vertu dans le siècle où nous vivons. gr. 12. Rom 785. (Köchly in Berl.) 12 gl

Eusebia, nützliche Beschäftigungen f. die Kleinen, s.a. Athanasia.

Eusebia, s.a Beschäftigungen, nützliche, für die Kleinen.

Eusebia, eine Kirchenzeitung für Freunde d. wahren Christenthums. Herausg. v. J. B. Spieß. 1r Jahrg. 1828, 1s—3s Heft April—Juni. gr. 4. Offenb. (Frankf., Jäger). 18 gl

Eusebius Ara, oder die Kraft des Gebets. Ein Lebensbild. 2 Bdchn. Zwickau 858. Verlhdlg. d. Volksschriften-Vereins. 8. (124; 96 S.) 10 ngl.

Eusebius Alexandrinus

Eusebii Alexandrini oratio περὶ ἀστρονόμων, quam praemissa de magis et stella quaestione e Cod. Reg. Par. prim. ed. et adnotationibus illustr. Jo. Car. Thilo. 4maj. (4 1/2 B.) Halae 834, libr. Orphanotrophei. *

Eusebius Caesariensis

Eusebii canonum epitome ex Dionysii Telmaharensis chronico petita sociata opera verterunt notisque illustrarunt Carol. Siegfried et Henr. Gelzer. gr. 4. (VIII, 94 S.) Leipzig 884. Teubner. n. 6. —

Eusebii Pamphili Caesariensis Episcopi Chronicon Bipartitum nunc primum ex Armeniaco textu in latinum conversum, adnotat. auctum, Graecis fragmentis exornatum Opera P. Jo. Bapt. Aucher Ancyrani. 2 Vol. in 4maj. Venetiis 818. (Viennae, Volke).
In foliomaj.

— — Pamphili Chronicorum Canonum libri duo. Opus ex Vaticano codice a doctore Joh. Zohrabo Collegii Armen. Venetiarum alumno diligenter expr. et castigatum. Angel. Majus et Joh. Zohrabus nunc primum coniunctis curis latinitate donat. notisque illustr. additis graecis reliquiis, ediderunt. In 4maj. Mediolani 818. (Viennae, Volke).

— chronicorum libri duo. Edid. Alfr. Schoene. Vol. II. Eusebi chronicorum canonum quae supersunt. Berlin 867. Weidmann. 4. (LVIII, 236 S.) n. 6 rß
Vol. I. ist noch nicht erschienen.

Eusebi chronicorum libri II. Ed. Alfr. Schoene. Armeniam versionem latine factam ad libros msptos. rec. H. Petermann. Graeca fragmenta collegit et recognovit appendices chronologicas sex adjecit A. Schoene. Vol. 1. Liber prior. gr. 4. (XVI, 245 S.) Berlin 875. Weidmann. n. 20. — (I. II.: n. 38. —)

Eusebii comment. Pars actorum inter Asiaticos et reliquas ecclesias super controversorum sacrorum paschatis tempore, gr. et lat., cum notis grammaticis et comment. histor.-dogmat. W. A. Teller. 4. Helmst. 767.

—— evangelicae demonstrationis libri X cum versione latina Donati Veronensis. Recensuit Thom. Gaisford. II Tomi. 8maj. (XVI und 1022 S.) Oxonii 852, (Parker.) **

— Caesariensis de divinitate Christi sententia, ejusque tum cum placitis Arianis, tum cum fide Nicaeno-Athanasiana comparatio; praemissa est historiae antiquioris dogmatis istius brevis expositio C. D. A. Martini. Part. I. 8maj. Rostock 795.

— epistolae selectae, s. Patrum sanctorum opuscula.

[Syr.] Ekklesjastike de-Ewsebis Kesarâjâ [Ant.] Histoire ecclésiastique d'Eusèbe de Césarée. Éd. pour la prem. fois p. Paul Bedjan, P. D. L. M. ... *Leipzig: O. Harrassowitz 1897.* (VIII, 598 S.) 1 Bd 8.

Eusebii Pamphili contra Hieroclem et Marcellum libri. Edidit Thom. Gaisford. gr. 8. (IV u. 416 S.) Oxonii 852. (Parker.) n. n. $3^1/_2$ ℛ

Eusèbe de Césarée, Histoire ecclésiastique, éditée (en syriaque) pour la première fois par Paul Bedjan, P. D. L. M. 8. (VIII, 598 S.) Paris 897. (Leipzig, O. Harrassowitz). n.n. 16. —

— Historia ecclesiastica.

— id. lib., ed. E. Zimmermann, s. *Corpus* patr. T. 1.

Eusebius, Pamph., et alior. historia eccles. fol. Hamb. 711.

Historie des Sanchoniathon a. Eusebius, übers. v. R. Cumberland. Mit einer Forts. von J. P. Cassel. Magdeb. 755. 8. 12 gr.

— historia ecclesiastica, libri X, ejusd. de vita Constant. libri IV; graece, text. recens. notasque mar. part. crit. adj. F. A. Stroth. Tom. I. 8. Halle 779. Hendel. 1 ℛ 16 gl

— historiae ecclesiasticae libri X. Ex nova recognitione cum aliorum ac suis prolegomenis, integro Hnr. Valesii commentario, selectis Readingi Strothii aliorumque virorum doctissimorum observationibus edidit, suas animadversiones et excursus indicis emendatos ac longe locupletiores adjecit Fr. Ad. Heinichen. II Tom. 8maj. Leipz. 827 et 28. Kaysers B. 7 ℛ 12 gl Velinp. 10 ℛ

—— Historiae ecclesiast. lib. X. Ex nova recogn. c. alior. ac suis prolegomenis, integro H. Valesii comment., selectis R. Strothii aliorumque viror. doctiss. observationibus ed., suas animadvers. et excursus, indices emend. ac longe locuplet. adjec. Fr. Ad. Heinichen. Tom. III. (et ult.) Accessit Ichnographia templor. veter. 8 maj. ($36^1/_2$ B.) Lipsiae 828, [Kayser.]
Tom. I. II. Ebendas. 1827. 6 Thlr. — Vlnp. compl. 10 Thlr.

Eusebii Pamphili historiae ecclesiasticae libri X. Ex nova recognitione cum aliorum ac suis prolegomenis integro Henr. Valesii commentario etc. ed. Fr. Ad. Heinichen. III Tomi. 8maj. Leipzig, jetzt B. Tauchnitz jun. n. $7^1/_2$ ℛ

Eusebii Pamphili historicae lib. X. Ad Cod. Mspt. recens. Edv. Burton. II Ti. 8maj. ($54^1/_4$ B.) Oxonii 838. (Lipsiae, T. O. Weigel.) *

— historiae ecclesiasticae libri X. Recognovit Albert Schwegler. Accedit brevis adnotatio critica. gr. 8. (X u. 444 S.) Tubingae 852, L. F. Fues. 1 ℛ 24 ngl

Eusebii Pamphili historiae ecclesiasticae libri X. Graecum textum collatis qui in Germaniae et Italiae bibliothecis asservantur codd. et adhibitis praestantissimis editionibus recensuit atque emendavit, latinam Henrici Valesii versionem passim correctam subjunxit, apparatum criticum apposuit etc. Hugo Laemmer. (In 4 Fascc.) Fasc. I. Cum duabus tabulis specimina codicum VII cont. gr. 8. (XIV und 148 S. mit 1 Stnt. in qu. gr. Fol.) Schaffhausen 859, Hurter'sche Buchh. *

—— dass. — Fasc. II et III. Cum tab. trium codicum Romanorum specimina cont. gr. 8. (S. XV—XXXII und 149—516 mit 1 Stnt. in Fol.) Ebendas. 861. à Fasc. * 24 Ngr. *

—— Pamphili historiae ecclesiasticae libri X. Graecum textum collatis qui in Germaniae et Italiae bibliothecis asservantur codd. et adhibitis praestantissimis editionibus recensuit atque emendavit, latinam Henrici Valesii versionem passim correctam subjunxit, apparatum criticum apposuit etc. Hugo Laemmer. Fasc. IV—VI. (Finis.) gr. 8. (S. 517—921.) Schaffhausen 861,62, Hurter'sche Buchh. à Fasc. * 24 Ngr. *
Fasc. 1—3. Ebendas. 1859,61. * 2 Thlr. 12 Ngr.

— Supplementa notarum ad Eusebii historiam ecclesiast. et excerpta ex editione Burtoniani cum ejusdem ac Schoedelii vindiciarum Flavianarum censura et cum collatione codicis Dresdensis ed. Fr. Ad. Heinichen. 8maj. Leipzig, jetzt B. Tauchnitz jun. 18 ngl

Εὐσεβίου τοῦ Παμφίλου ἱστορίας ἐκκλησιαστικῆς λόγοι δέκα. Eusebii Pamphili historicae libri decem. Ad codd. MSS. recens. Edv. Burton. II Tomi. 8maj. Oxonii 838. (Lipsiae, T. O. Weigel.) n. 8 ℛ

Eusebius *Kirchengeschichte.* Übersetzt von Stroth. Quedlinb. 776. 77. 2 Th. 8. 3 rthlr.

— Kirchengeschichte, aus d. Griech., mit Stroths Anmerkk. 2 Thle. gr. 8. Quedlinb. 799. Ernst. 2 ℛ 8 gl

— Kirchengeschichte. Zum erstenmal vollständig übersetzt, mit Anmerkungen u. dem Leben des Verfass. von Aug. Closs. (In 4 Heften. Ausgabe f. Katholiken u. Protestanten.) gr. 8. Stuttgart 839. Brodhag. (à $^1/_2$ ℛ) 2 ℛ

—— Kirchengeschichte. Zum erstenmal vollständ. übers., mit Anmerkn. u. dem Leben d. Verf. v. Aug. Closs. (4 Hfte. Ausg. f. Katholiken u. Protestanten.) gr. 8. ($24^1/_4$ B.) Stuttgart 839, [Scheible, Rieger u. Sattler.]

— Kirchengeschichte übers. v. Eberh. Nestle, s. Texte u. Untersuchungen zur Geschichte der alt-christlichen Literatur. N. F. VI. 2.

Historia ecclesiastica [deutsch]
Die Kirchengeschichte des **Eusebius** aus dem Syrischen übers. von Eberhard Nestle. *Leipzig: J. C. Hinrichs 1901.* (X, 296 S.) 8°
— Texte u. Untersuchungen z. Geschichte d. altchristl. Literatur. Bd 21, H. 2.

— dasselbe. Buch VI u. VII, aus dem Armen. übers. v. Erwin Preuschen, s. Texte u. Untersuchungen zur Geschichte der altchristlichen Literatur. VII. 3.

Eusebius [episcopus Caesariensis] Kirchengeschichte [Historia ecclesiastica] Buch VI und VII. Aus d. Armen. übers. von Erwin Preuschen. *Leipzig: J. C. Hinrichs 1902.* (XXII, 109 S.) 8°
— Texte u. Untersuchungen z. Geschichte d. altchristl. Literatur. Bd 22, 3.

— Kirchengeschichte. Hrsg. v. Eduard Schwartz. Kleine Ausg. (IV, 442 S.) gr. 8. Leipzig 908. J. C. Hinrichs' Verl. 4.—; geb. in Leinw. 4. 80

Eusebii libros contra Marcellum in observationes selectae. Auctore R. S. C. (Rettberg). 8. Leipz. 787.

—— onomasticon urbium et locorum sacrae scripturae. Graece cum latina Hieronymi interpretatione edidd. F. Larsow et G. Parthey. Accedit tab. geograph. (lithogr.) 8. (XV und 444 S.) Berlin 862, Nicolai's Verlag. *

Eusebii Caesariensis opera. Recognovit Guil. Dindorfius. Vol. I—III. 8. Leipzig 867, Teubner. 8
Inhalt:
Vol. I. II. Praeparationis evangelicae libri I—XV. 1. (XLVII und 588 S.) 1 Thlr. $7^1/_2$ Ngr., 2. (474 S.) 1 Thlr.
» III. Demonstrationis evangelicae libri I—X. (XX und 700 S.) 1 Thlr. 15 Ngr.

Eusebii Caesariensis opera. Recogn. Guil. Dindorf. Vol. IV. Historicae ecclesiasticae. Libri I—X. 8. (LVI, 528 S.) Leipzig 871. Teubner. 3. 75. (I—IV.: 15. —)

— opera omnia Ecclesiastica. fol. Basileae, Turneysen. 759.

Eusebius Pamph., opera omnia ecclesiastica. Fol. Mainz 772. Gerlach u. B. 4 ℛ

Eusebius Pamph. Praeparationis evangelicae libri XV. Multo emendatiores cum variis codic. Voss. lectionibus nunc primum divulgatis et selectis Vigeri suisque annotationibus edidit, indices, adjecit Frid. Ad. Heinichen. II Tomi. 8maj. ($57^1/_4$ B.) Lipsiae 842, 43, libr. Serig.

Eusebius Pamphilus, ausgewählte Schriften, s.: Bibliothek der Kirchenväter.

—— Pamphili scripta historica. (In 3 tom.) Tom. I. Et. s. t.: Eusebii Pamphili historiae ecclesiasticae libri X. Recensuit cum prolegomenis apparatu et annotatione critica indicibus denuo edidit Frider. Adph. Heinichen. gr. 8. (LII und 592 S.) Leipzig 868, Mendelssohn. *
Schreibp. *

—— Pamphili Scripta historica. Tom. II et III. gr. 8. Leipzig, Mendelssohn. *
Schreibpap. *

Inhalt:

Tom. II. Eusebii Pamphili vita Constantini et Panegyricus atque Constantini ad sanctorum coetum oratio. Recensuit cum annotatione critica atque indicibus denuo edidit Friedr. Adph. Heinichen. (VI, 353 S.) 869. *ℳ 6.; Schreibpap. *ℳ 12.

» III. Commentarii in Eusebii Pamphili histor. eccles. vitam Constant. Panegyricum atque in Constantini ad sanctorum coetum orationem et meletemata Eusebiana. Librum bipartitum composuit et multo emendatiorem atque auctiorem denuo edidit Friedr. Adph. Heinichen. (VII, 804 S.) 870. *ℳ 10,50.; Schreibpap. *ℳ 18.

Tom. I. Ebendas. 1868. *ℳ 9.; Schreibpap. *ℳ 15.

Eusebii ad Fitandrum, de ecclesiae et literar. statu praecepta, carmen epistolicum. 8. Leipz. Kummer. 1 Gr

Eusebii Pamph. de vita Constantini lib. IV. et Panegyricus atque Constantini ad sanctor. coetum oratio. Ex nova recognit. c. integro Henrici Valesii comment. selectis Readingi Strothii aliorumque observationibus ed. suas animadvers. excursus atque indices adjec. Fr. Ad. Heinichen. 8maj. (37½ B.) Lipsiae 829, Hartmann. 3 Thlr., Schrbp.

— de vita Constantini libri IV et Panegyricus atque Constantini ad Sanctorum coetum oratio. Ex nova recognitione cum integro Henrici Valesii commentario, selectis Readingi Strothii aliorumque observationibus edidit, suas animadvers., excursus atque indices adjec. Fr. Ad. Heinichen. 8maj. Leipz. 830. Hartmann. 3 Rthl Schrbp. 4 Rthl 8 Gr

Eusebius' Werke, s. a. Schriftsteller, die griechischen christlichen, der ersten 3 Jahrhunderte. VII.

Eusebius [Caesariensis] Werke. Hrsg. im Auftr. d. Kirchenväter-Commission d. Kgl. Preuss. Akad. d. Wiss. von Ivar A[ugust] Heikel. Bd 1. *Leipzig: J. C. Hinrichs 1902.* 8°
- Schriftsteller, Die griechischen christl., d. ersten 3 Jh. Bd 7. [illegible]

Eusebius Emesenus

Eusebii Emeseni quae supersunt opuscula graeca, ad fid. cod. Vindobon. et edit. diligenter expressa et adnotat. historicis et philolog. illustr. a J. Chr. Guil. Augusti. 8 maj. (12¼ B.) Elberfeldi 829, Bueschler.

Eusebii Emeseni quae supersunt opuscula graeca, et editt. diligenter expressa et adnott. histor. et philolog. illustrata codicum Vindobon. ed. a J. C. G. Augusti. 8maj. 829. Jetzt Robert Crayen in Leipzig. 5/6 Rthl

— oratio in sacrum Parasceves diem, e duobus codicibus Vindobonensibus nunc primum in lucem edita et observationibus historicis et literariis illustrata ab J. Chr. W. Augusti. 4maj. Bonn 820. Marcus. 8 Gr

Eusebius Pamphili, s. E u s e b i u s Caesariensis

Eusebius à S. Tiburt, O. Carm. Amara dulcis evangelica. Evangelisches Bitter-Süß, Oder Süß, und saur Unter einander nach eines jeden Gust, und Appetit. Das ist: Dominicalis tripartiti, 55 außerlesene Lehr- und Sitten-reiche Predigen Auf alle Sonntäg deß gantzen Jahrs, auch Kirchweyhen eingerichtet. Augsburg & Graz, Gebrüder Veith, 1736. Fol. 10 Bl. 762 S. (fehlerhaft paginiert), 46 Bl. Etwas fl. und läd. Pbd. d. Z.

Eusebius, Ulmigena, Sendschreiben v. d. Wolfisch. Fato. 8. Bremen. 757.

Eusebius, s.: Disciplinargesetze, die, d. deutschen Gymnasiums.

EUSEBIUS, Alethophilus (ps.), W o h l g e g r ü n d e t e s B e d e n c k e n, w a s v o n d e n e n T ä n t z e n, D i e a u f f H o c h z e i t e n u n d a n d e r n l u s t i g e n Z u s a m m e n k ü n f f t e n g e b r ä u c h l i c h, z u h a l t e n, o b e i n r e c h t s c h a f f n e r C h r i s t d e n e n s e l b e n b e y w o h n e n . . . . k ö n n e? Franckf. a. M., b. Joh. Dav. Zunner. 1703. Kl. 8°. Rarl
Frf. Fast. M. V. 1703. Bl. B3a; Bibl. Mehnert I. p. 142; Haydinger's Bibl. I. 2. no. 490; Weller, Lex. Ps. 184.

Eusebius, Ernst, des Ignatius v. Loyola Bekehrung. Schauspiel in 3 Aufzügen. (52 S.) 8. Leipzig 905. Modernes Verlagsbureau. n. 1. —

EUSEBIUS, F.: Alt-Ofnerische Sittlich errichtete Danck-Saulen der Allerheiligsten Dreyfaltigkeit. So den 3-ten Junii im Jahr 1742 Als die von einer Löblichen Gemeinde des Marcks Alt-Ofen in Ungarn zu schuldigster Ehr der Allerhöchsten Drey-Einigen GOttheit wegen erledigter Pest gewidmete, u. herrlich erbaute Saulen hochfeyerlich eingeweyhet worden, in einer geringen Ehren-Rede vorgestellet. Ofen (1742): Veronica Nottensteinin. 8 f. - kl. 4°

Eusebii Hieronymi vitae S. Pauli, S. Hilarionis et Malchi monachorum, s. P a t r u m, sanctorum, opera selecta.

EUSEBIUS, P., Diener des heiligen Antonius und der Armen: St. Antonius-Büchlein. Andachtsbuch für die Verehrer des heiligen Antonius von Padua und zur Verbreitung des »Antoniusbrotes«. Budapest 1906: Verlag Koloman Rózsa u. Frau.
136 S. 1 t. - 140 mm
- Dass. Budapest 1913. 136 S. - 130 mm
- Dass. Budapest 1915: Verlag Koloman Rózsa u. Frau A. G. 136 S. 1 t. - 140 mm Apatin

Eusebius, Theophilus, s. Sünde und Erlösung.

„EUSKARA.“ Organ für die Interessen der „Baskischen Gesellschaft“. Verantwortlicher Redakteur KARL HANNEMANN.
Jahrg. 1. No. 1. Berlin, den 1. October 1886. Druck von F. Plüddemann. — No. 2. ib., den 1. März 1887. — No. 3. ib., den 1. September 1887. Druck von Carl Pataky. — No. 4. ib., den 1. März 1888. — 4°.
Jahrg. 2. No. 5. ib., den 1. Dezember 1888. —
Jahrg. 3. No. 6. ib., den 1. Juni 1889. — No. 7. ib., den 1. December 1889. Druck von Franz Rosenthal. —
Jahrg. 4. No. 8. ib., den 1. Juni 1890. Lehnstedt b. Weimar. Verlag: Th. Linschmann.
Jahrg. 5. No. 9. ib., den 15. April 1891. — No. 10. ib., den 15. Dezember 1891. —
Jahrg. 6. No. 11. ib., Ende März 1892. Wilberstedt b. Buttstedt. — No. 12. ib., den 1. November 1892. —
Jahrg. 7. No. 13. ib., den 15. März 1893. — No. 14. ib., den 1. October 1893. —
Jahrg. 8. No. 15. Steglitz, den 1. Mai 1894. —
Jahrg. 9. No. 16. ib., den 1. Mai 1895. —
Jahrg. 10. No. 17. ib., den 1. Juli 1896. —

Euskirchen [Schlagwort]

Euskirchen, s.: Ahrweiler. — Düren.

Euskirchen, s.: Deutschland, Karte. (Abt. Preussen.)

Eussner, A., Bericht über die neueste Literatur zu d. röm. Historikern (ausser Tacitus) bis z. Schlusse d. J. 1877. I. S.-A. 1877. 120 S. 2.—
— — II. S.-A. 1880. 89 S. 1.—
— — 1878—1882. (Fortsetzung). S.-A. 1883. 51 S. 1.20

– Vindiciae. S.-A. 1888. 16 S.

Eussner, Ad.: Commentariolum Petitionis examinatum atque emendatum. 41 S. – Würzburg , Progr. 1872.

Eussner, Adam

Eussner, A., Specimen criticum ad scriptores quosdam Latinos. Diss. 1867. 42 S.

Eussner, Adam, specimen criticum ad scriptores quosdam latinos pertinens. Würzburg 868. Stuber. gr. 8. (VI, 42 S.) n. 10 ngr

Eußner, C., Leitfaden für Schullehrlinge, s. Leitfaden.

Eußner, K., Rechenbuch für das bürgerliche Leben. Zum gründlichen Selbstunterrichte und für Schulen. 2. verb. u. verm. Aufl. gr. 12. Würzburg 844, Stahel'sche B. 7/12 Rthl

Eußner, K., Rechenbuch f. das bürgerliche Leben u. f. praktisches Denkrechnen. Für Schulen u. zum gründl. Selbstunterrichte. 3. durchgehends verb. u. sehr verm. Aufl. gr. 8. (XII u. 495 S.) Würzburg 851, Stahel. 24 ngr

Eußner, K., Tabellen der Münzen, Maße und Gewichte in den verschiedenen Ländern von Europa und in den vorzüglichsten von Amerika, Asien und Afrika mit Angabe ihres Verhältnisses zu den preußischen und bayerischen. 2. Aufl. Würzburg 854. (Goldstein.) Lex.-8. (1 Bl., 58 S.) n. 10 ngr.

Eustach v. Saint Pierre, od. Triumph d. Bürgertreue; e. dramat. Gedicht in 5 Aufz. v. W. N. Freudentheil. 8. Oldenb. Schulze. 811.

Eustachi, Bartolomeo

[Tabulae anatomicae. Deutsch:] Anatomische Kupfer-Tafeln des B[artholomeus] Eustachius [Eustachi] nebst derselben Erklärungen. Verf. unter Aufsicht von A[ndreas] Bonn. Aus d.Holl. von J[ohann] C[hristoph] Krauß. [Text. Taf.] Amsterdam: Else; Wesel: Röder in Komm. 1800. 2 Bde 2° u.8°

— anatom. Kupfertafeln u. derselben Erklär., verfertigt von A. Bonn; aus d. Holländ. v. J. C. Krauß. gr. Fol. Wesel 800. Klönne. 9 rß

Eustachius, B., libell. de multitudine sanguinis seu de plethora. 8. Strassb. 783. König. 8 gr

– T a b u l a e anatomicae, quas e tenebris vindicatas praefatione notisque illustravit J.M. Lancisius. Coloniae Allobrogum 1717.

— tabulae anatomicae c. not. Lancisii et fig. fol. Amsterd. 722.

— tabulae anatom. cum explic. B. S. Albini. Fol. Leyd. 761.

— anatomische Tafeln, nebst Erklärung. gr. Fol. Amsterd. 800. (Bürglen in Augsb.) 8 rß

Eustachia . . . . . . Frz. Wimmer.

Eustachia, d. gute Tochter. Spiegel für tugendhafte Mädchen. Als Gegenstück zum Eustachius des Chr. Schmid, Vom Verf. d. „tugendhaften Mädchen." gr. 12. Wien 831. 2e Aufl. 832. Wimmer. 5 gr

Eustachia, die gute Tochter. Als Gegenstück zu Chr. Schmids Eustachius. Wien 1832. 3. Aufl. 1838. V: *Wimmer, Franz.* (Mitth. Prof. H. F. Wagner-Klosterneuburg.)

Eustachius. Schlettstadt 1701. V: *Etzel, Franz.* (Jes)

Eustachius. Eine Geschichte der christlichen Vorzeit . . . Augsb. 1828. V: *Schmid, Joh. Christoph v.* (schmal) (Ky)

Eustachius, Eine Geschichte d. christl. Vorzeit, neu erzählt für d. Christen unsrer Zeit. (Von Chr. Schmid.) Mit 1 Kpf. 8. Augsb. 828. 2e A. 829. Wolff. 8 gr Schrbp. 14 gr

Eustachius. | Eine Geschichte | der | christlichen Vorzeit, neu erzählt | für | die Christen unserer Zeit | von dem | Verfasser der Genovefa. | Mit einem Titelkupfer. | 1831. | Reutlingen, | bei Fleischhauer und Spohn.
Titelkupfer: *Eustachius mit dem Hirschen*, 110 × 68, 128 S., 180 × 105.
StB Ulm BB 936.
Verfasser ist Christoph von Schmid. – Huemer S. 386 – 387.

Eustachius. Eine Geschichte der christl. Vorzeit, neu erzählt für die Christen unserer Zeit. Vom Verf. d. „Ostereier." Mit 1 Stahlst. 3e Aufl. 8. Augsburg 840. Wolff. 1/3 rß

Eustachius Placidus; Trspl. (v. J. A. Hermbstädt). 8. Hersfeld 773. Hermstädt. 4 gr

Eustachiusz. Powieść przez tłumacza Genowefy etc., siehe: v. S c h m i d, Chrph.

Eustathius Antecessor

Eustathius, antecessor olim Constantinopol., de intervallis et praescriptionibus sive de varia temporum in jure civili observatione libellus, graece et lat., cum scholiis et not. emend. ed. L. H. Teucher. 8. Leipz. 791. Ed. II. 802. Joachim. 12 gr id. liber, graece. 6 gr id. lib., latine. 6 gr

Eustathii Antecess. olim Constant. de intervallis praescrippt. etc. gr. et lat. c. schol. et notis emend. ed. L. H. Teucher. *Lpz.*, Klaubarth. 791. 8. (8 Gr.)

E u s t a t h i u s — *de intervallis* et *praescriptionibus* sive *de varia temporum in jure civili observatione.* Gr. et lat. cum scholiis et notis emendatius edid. L. H. Teucher. Lips. 791. 8. 8 gr. Ib. 815. 8. 12 gr.

Eustathius Antiochenus

Eusthatii, s., episcopi Antiocheni, in Lazarum, Mariam et Martham homilia christologica. Nunc primum e codice Grononiano ed. cum commentaria de fragmentis Eustathianis, accesserunt fragmenta Flaviani I. Antiocheni opera et studio Ferd. Cavallera. (XIV, 132 S.) Lex. 8. Paris 905. A. Picard & Fils. nn 4. —

Eustathius Macrembolita

Eustathius Thessalon. (oder Eumathius Eroticus), de Ismeniae et Ismenes amoribus, (graece). 8. Wien 791.

— de Ismeniae et Ismenes amoribus libri XI, gr. et lat., cur. L. H. Teucher. 8. Leipz. 792. Breitkopf u. H. 1 rß 8 gr

Eustachii Macrembolitae protonobilissimi de Hysmines et Hysminiae amoribus libri XI. Rec. Isidorus Hilberg. Accedunt eiusdem auctoris aenigmata cum maximi Holoboli Protosyncelli solutionibus nunc primum edita. 8. (LXXXVIII, 236 S.) Wien 876. Hölder. n. 8. —

Eusthatii Macrembolitae quae feruntur aenigmata ed. M. Treu. Pr. 1893. 47 S. 1.50

Eustathius, s. S c r i p t o r e s, erotici, graeci.

Eustathius Thessalonicensis

Eustathius von Thessalonich, Betrachtungen über den Mönchsstand. Eine Stimme des 12. Jahrh. Aus dem Griech. von G. L. F. T a f e l. gr. 8. (218 S.) Berlin 847, (Leipzig) Hrm. Schultze. 1 rß

Eustathius Thessalonic. Commentarii in Homeri Odysseam et Iliadem . . . Lipsiae 1825—30. H: *Stallbaum, Gottfried.* (Ky) (Hoff) (Gi)

Eustathii, Archiep. Thessalon., comment. ad Homeri Iliadem et Odysseam. Cum indice Devarii. Ed. (Gf. Stallbaum). VII Tom. 4maj. Leipz. 825—30. Weigel. 37 rß Velinp. 56 rß (Tom. I., II. Commentarii in Odysseam. 825, 26. 10 rß T. III—VII. Comment. in Iliadem et Devarii ind. 827—30. 27 rß)

— *Commentarius in* D i o n y s i u m P e r i e g e t e m. Gr. et lat. ed. Alex Politus. Colon. 741. 8.

— Opuscula. Accedunt Trapezuntinae historiae scriptores Panaretus et Eugenicus. E codicibus Mss. Basil., Paris., Veneto nunc primum edidit Gli. Lucas Fr. Tafel. 4maj. Frankf. a. M. 832. Schmerber. 9 rß Velinp. 12 rß

Eustathius de capta Thessalonica liber, s. L e o, H.

Εὐστρατίου, Ἰωάννης [διάκονος Μοσχονήσιος]: Σευῆρος ὁ μονοφυσίτης πατριάρχης Ἀντιοχείας καὶ ἡ ἀπὸ τοῦ ἑνωτικοῦ τοῦ Ζήνωνος μέχρι τῆς ἐπὶ μηνᾷ συνόδου '(482—536)' σχέσις τοῦ μονοφυσιτισμοῦ πρὸς τὴν ὀρθοδοξίαν ... Ἐν Λειψίᾳ, τύπ. Bär & Hermann, 1894; 68 S. 8.
Jena, Phil. Fak., Inaug.-Diss. v. 1894

Eustratius, in ethica nicomachea commentaria, s.: Commentaria in Aristotelem graeca.

Eustratii in analyticorum posteriorum librum secundum commentarium, s.a. Commentaria in Aristotelem graeca.

Eustratii [episc. Nicaeni] in Analyticorum posteriorum librum secundum commentarium. Consilio et auctor. Acad. Litt. Reg. Boruss. ed. Michael Hayduck. Berolini: G. Reimer 1907. (XVIII, 294 S.) 4°(8°)
— Commentaria in Aristotelem graeca. Vol. 21, p. 1. [07. 11924

Eutaxia, oder neues Repertorium für d. Angelegenheiten d. evangel.-christl. Predigtamts. In Verbind. mit mehr. Andern herausg. v. T. W. Hildebrandt u. J. Fr. Th. Wohlfahrt. Jahrg. 1828 3 Hefte u. 1829 1 Heft. 8. Lemgo, Meyer. 2 ℛ 4 ℊ (Vergl. Hildebrandt, Repertorium).

— neue Mittheill. aus den Arbeiten evangel. Predigervereine. Eine Zeitschrift für d. Angelegenheiten d. evangel.-christl. Predigtamts. Herausg. v. J. Fr. H. Schwabe, Tr. W. Hildebrandt u. J. Fr. Th. Wohlfahrt. Neue Folge, 1r Bd. 1e u. 2e Abtheil. gr. 8. Leipz. 830. Hartmann. 1 ℛ 4 ℊ 2r Bd. in 3 Abtheill. gr. 8. Altenb. 832. Liter.-Compt. 1 ℛ 8 ℊ

Die Paraphrase des **Euteknios** zu Oppians Kynegetika. Von Otto Tüselmann. *Berlin: Weidmann 1900.* (43 S.) 4°
— Abhandlungen d. Königl. Gesellschaft d. Wiss. zu Göttingen. Phil.-hist. Kl. N. F. Bd. 4, No 1. [00. 9903

Eutenbach, A. J., Palästinareise u. Romfahrt. [Aus: „Hl. Stadt Gottes".] gr. 8 (363 S. m. 140 Illustr.) Steyl 894. Missionsdruckerei. n. 1. 90; geb. in Leinw. n. 2. 50; in Prachtbd. n. 3. 25

Euteneuer, Aloys, prakt. Arzt zu Rod a. d. Weil: Aus d. Universitäts-Augenklinik in Giessen. Die prognostische Bedeutung der Retinitis albuminurica. *Giessen 1901: v. Münchow.* (24 S.) 8°
Giessen, Med. Diss. v. 1901

Euteneuer, Eugen (geb. am 12 Nov. 1847 in Freudenberg Westf.): Ueber Tuberculose der Zunge ... Bonn, Druck v. J. F. Carthaus (1872). 23 S., 1 Bl. 8.
Bonn, Med. Fak., Diss. v. 23 Juli 1872

Euteneuer, J. Da.

Euteneuer, J. D., d. neue doppelte Buchhalter. 1r Thl. 8. Barmen 789. (Andreä in Frankf.) 20 ℊ

— die doppelte praktische Buchhaltung etc. Fol. Marburg, Krieger. 787.

Die praktische doppelte Buchhandlung, bestehend in einer in zweyen Monaten ordentlich in die Grund- oder Neben- und Hauptbücher gebrachten fingirten Handlung, sammt einem Grund und zweyten Inventarium darüber, den Monat- General- und Schlussbilanzen, Cassa-Scontro etc. Ingleichen verschiedenen angegebenen Schema wie man ordentlich Jemand eine Rechnung ertheilt, und endlich einer ausgearbeiteten Anweisung, wie nach Errichtung eines Inventariums und Ziehung der Schluss- oder Generalbilanz der Gewinn oder Verlust auf jeder Hülfsrechnung und am Ende überhaupt zu finden und zu bestimmen ist, nebst der gehörigen Darstellung, wie die Bücher und Rechnungen auf denselben ordentlich und richtig abgeschlossen, und auf das neue wieder angehoben und vorgetragen werden, von *J. Da. Euteneuer.* Elberfeld, Giese. 92 S. Fol. 1786.

Euteneuer, J. D.: „Die praktische doppelte Buchhaltung, bestehend in einer in zwei Monaten ordentlich in die Grund- oder Neben- und Hauptbücher gebrachten fingierten Handlung", Marburg 1786 (Krieger).

Euteneuer, Iosephus (geb. am 23 März 1813 in Brachbach [?]): De duplici circulationem sanguinis promovente vi, mechanica et organica, physiologice et pathologice considerata ... Bonnae, typ. C. & F. Krüger (1841). 2 Bl., 50 S., 2 Bl. 8.
Bonn, Med. Fak., Diss. v. 13 Sept. 1841

Euterpe. Lieder zum geselligen Vergnügen. 1e Samml. 8. Bresl. 801. Grass. Barth u. C. 9 ℊ

Euterpe. Blätter für Geselligkeit, Literatur u. Kunst. Jahrg. 1838. gr. 8. Bamberg, Literar.-artist.-Institut. 3 ℛ

Euterpe. Ein musikal. Monatsblatt f. Deutschlands Volksschullehrer, hrsg. in Gemeinschaft mit Bogenhardt, Erk u. Jacob, v. Ernst Hentschel. 1. u. 2. Jahrg. 1841 u. 42. à 12 Nrn. (Bog.) gr. 8. Erfurt, Körner. à J. *

Euterpe. Ein musikal. Monatsblatt f. Deutschlands Volksschullehrer. Hrsg. in Gemeinschaft mit Erk u. Cantor Jacob, v. E. Hentschel. 3—6. Jahrg. 1843—47. à 12 Nrn. (Bog.) gr. 8. Erfurt, Körner. à J. *
1. u. 2. Jahrg. Ebendas. 1841 u. 42. à J. * 1 Thlr.

Euterpe. Ein musikal. Monatsblatt f. Deutschlands Volksschullehrer, hrsg. in Gemeinschaft mit L. Erk u. A. Jacob von Ernst Hentschel. 7—9. Jahrg. 1847—1849. à 12 Nrn. gr. 8. (à 1—1½ B.) Erfurt, Körner. à Jahrg. n. 1 ℛ

—— dass. — 10—12. Jahrg. 1850—52. à 8 Nrn. (Bog.) gr. 8. Leipzig, (Merseburger.) à Jahrg. * 15 Ngr. *

Euterpe. Eine Musik-Zeitschrift für Deutschlands Volksschullehrer etc. Hrsg. in Verbindung mit L. Erk und A. Jacob, von Ernst Hentschel. 13—16. Jahrg. 1853—56. 8 Nrn. (Bog.) gr. 8. Leipzig, Merseburger. [13—15. Jahrg. (à 8 Nrn.) à * 15 Ngr. und 16. Jahrg. (12 Nrn.) * 1 Thlr.] *

— — 16. u. 17. Jahrg. 1857 u. 58. à 10 Nrn. (à 1—1½ Bgn.) Ebend. gr. 8. Jeder Jahrg. n. 1 ℛ
Jahrg. 1856 ist nicht erschienen.

Euterpe. Eine Musik-Zeitschrift für Deutschlands Volksschullehrer etc. Herausg. in Verbindung mit L. Erk, A. Jacob u. G. Flügel von Ernst Hentschel. 18—23. Jahrg. 1859—64. à 10 Nrn. (12 Bgn.) Leipzig, Merseburger. gr. 8. Jeder Jahrg. n. 1 ℛ

Euterpe. Eine Musik-Zeitschrift für Deutschlands Volksschullehrer, sowie für Cantoren, Organisten, Musiklehrer etc. Hersg. in Verbindung mit L. Erk, A. Jacob u. G. Flügel von Ernst Hentschel. 24—29. Jahrg. 1865 bis 1870. à 10 Nrn. (12 Bgn.) Leipzig, Merseburger. gr. 8. Jeder Jahrg. n. 1 ℛ

—— dass. — Hrsg. in Verbindung mit L. Erk, A. Jacob, G. Flügel, von Friedr. Wilh. Sering. 30. und 31. Jahrg. 1871 und 1872. à Jahrg. 10 Nrn. (à Nr. 1—1½ Bog.) gr. 8. Ebendas. à Jahrg. *

—— dass. — für Lehrer, Cantoren, Organisten und Freunde der Tonkunst überhaupt. Hrsg. in Verbindung mit L. Erk, A. Jacob und G. Flügel von Friedr. Wilh. Sering. 32. und 33. Jahrg. 1873 und 1874. à Jahrg. 10 Nrn. (à Nr. 1—1½ Bog.) gr. 8. Ebendas. à Jahrg. *

Euterpe. Eine Musik-Zeitschrift für Lehrer, Cantoren, Organisten und Freunde der Tonkunst überhaupt. Hrsg. in Verbindung mit L. Erk, A. Jacob und G. Flügel von Friedr. Wilh. Sering. 34.—36. Jahrg. 1875—1877. à Jahrg. 10 Nrn. (à 1—1½ Bog.) gr. 8. Leipzig, Merseburger. à Jahrg. *

—— dass. — Hrsg. in Verbindung mit L. Erk, Chr. Fink, G. Flügel etc. von Friedr. Wilh. Sering. 37. und 38. Jahrg. 1878 und 1879. à Jahrg. 10 Nrn. (à 1—1½ Bog.) gr. 8. Ebendas. à Jahrg. *

Euterpe. Eine Musik-Zeitschrift für Lehrer, Cantoren, Organisten und Freunde der Tonkunst überhaupt. Hrsg. in Verbindung mit L. Erk, Chr. Fink, G. Flügel etc. von Friedr. Wilh. Sering. 39.—41. Jahrg. 1880—1882. à Jahrg. 10 Nrn. (à Nr. 1—1½ Bog.) gr. 8. Leipzig, Merseburger. à Jahrg. *

Euterpe. Eine Musik-Zeitschrift für Lehrer, Cantoren, Organisten und Freunde der Tonkunst überhaupt. Hrsg. in Verbindung mit J. Blied, L. Erk, Chr. Fink etc. von Friedr. Wilh. Sering. 42. Jahrg. 1883. 10 Nrn. (à Nr. 1—1½ Bog.) gr. 8. Leipzig, Merseburger. *

—— dass. — Hrsg. in Verbindung mit J. Blied, Chr. Fink, G. Flügel ꝛc. von Friedr. Wilh. Sering. 43. Jahrg. 1884. 10 Nrn. (à Nr. 1—1½ Bog) gr. 8. Ebendas. *
Nicht weiter erschienen

Euterpe, Böhmens, eine Monatsschrift für Gesang ꝛc. Jahrg. 1806. 6 Hfte. 4. Prag, Pluth. (Polt in Commiss.) 806.

— der Musikverein, zu Leipzig 1824—1874. Ein Gedenkblatt auf Grund der Akten hrsg. bei der Jubelfeier d. 50 jähr. Bestehens der Euterpe (Von Whistling.) gr. 8. (52 S.) Leipzig 874. Kahnt. — 75

— ein Weihnachtsgeschenk für d. Freunde d. Dichtkunst u. des Gesanges. 22 Lieder von K. Müchler, in Musik gesetzt v. Gürlich, Hahn u. A. Fol. Berl., (Sander). 1 ₰ 12 Gr

Euthanasia oder Beruhigung im Tode durch den Glauben an Unsterblichkeit. Aussprüche berühmter Schriftsteller. Gesammelt und herausgeg. von Hnr. Döring. Mit 1 Stahlst. 8. Berlin 844, Amelang. 1½ ₰

Euthanasia, neue, zur Beruhigung f. diejenigen, welchen d. Hoffnung eines künftigen Lebens u. d. Vereinigung mit den Ihrigen theuer u. wichtig ist. Neue Aufl. 8. Elberf. 817. Schönian. 18 Gr

Euthanasia or turf, tent and tomb, s.a. Collection of British authors.

Euthanasia, or turf, tent and tomb. Copyright ed. Leipzig: Tauchnitz 1893. 270 S. 8°
(Collection of British authors. Tauchnitz Ed. Vol. 2905.)

Euthanatos, od. d. Tod von seiner Lichtseite betrachtet, in Briefen. Ein Trostbuch f. d., welche an d. Gräbern ihrer Lieben weinen, od. vor d. eigenen Grabe erbeben. Hrsg. v. Erich Haurenski zu Gard'Ebré. gr. 8. (22 B.) Neustadt a. d. O. 831, Wagner.

Euthymia, od. d. Freude in Gott. Eine Mitgabe auf d. ganze Leben. M. 2 Stndr. gr. 8. (23¼ B. u. 1 Musikbeil. in qu. Fol.) Mainz 834, (Kirchheim, Schott u. Thielmann.)

Εὐθυμίου, Βασιλείου, ἱστορία συνοπτικὴ τῆς Ἑλλάδος, συντεθεῖσα μὲν ἀγγλιστί, μεταφρασθεῖσα δὲ ἐπ᾽αὐτῷ τούτῳ εἰς τὴν γερμανικήν, καὶ ἐξ αὐτῆς μετενεχθεῖσα εἰς τὴν ἁπλοελληνικὴν ἡμῶν διάλεκτον. *Βιέννῃ* 807. 8. 2 rthlr.

Euthymius, des Patriarchen v. Bulgarien (1375—1393), Werke. Nach den besten Handschriften hrsg. v. Emil Kałużniacki. gr. 8. (CXXVIII, 450 S.) Wien 901. (C. Gerold's Sohn). n. 14. —

Euthymius Zigabenus

Euthymus, Zigabenus, Commentar. in IV Evangel. gr. et lat. text. gr. nunquam antea edit. ad fidem duorum cod. membr. biblioth. SS. Synodi Mosquensis etc. ed. Chr. Fr. Matthäi. III Tom. 8maj. Leipz. 792. Weidmann. 9 ₰ Schrbp. 12 ₰

Euthymii Zigabeni Commentarius in quatuor Evangelia. Edit. Christ. Fried. Matthaei. Editio denuo emissa. III Tomi. 8maj. Berolini et Londini 845, Asher et Soc. n. 4 ₰

— Zigabeni narratio de Bogomilis seu Panopliae dogmaticae tit. XXIII. Graeca recogn., et primum in Germania integra edidit P. Fr. Zini, interpretationem latinam adjecit Jo. Car. Lud. Gieseler. 4maj. Gottingae 842, Vandenhoeck et Ruprecht. n. ½ ₰.

Eutin [sachl. OW]

Eutin. o. O. u. J. Lithogr. 1 Bl. 4° k.

Eutin [Schlagwort]

Eutin, s.: Deutschland, Uebersichtskarte.

Euting, A., s.: Schickhardt, Heinr., Handschriften u. Handzeichnungen.

Euting, Ernst, aus London: Zur Geschichte der Blasinstrumente im 16. und 17. Jahrhundert. *Berlin 1899: A. Schulze, Rixdorf-Berlin.* (47 S.) 8° (Enthält nur T. 1–3 d. eingereichten Abhandlung.)
Berlin, Phil. Diss. v. 15. März 1899

Euting, Julius (Hrsg.), s. Almkvist, Hermann: Ein samaritanischer Brief an König Oscar.

Euting, Jul., die Provincia Arabia, s.: Brünnow. Rud. Ernst.

Euting, Jul., Beschreibung der Stadt Straßburg u. des Münsters. Mit (photolith.) Titelbild, (lith.) Panorama, (chromolith.) Karte u. (eingedr.) Holzschn. 8. (III, 82 S.) Straßburg 881. Trübner. n. — 80

Euting, Jul., Beschreibung der Stadt Straßburg und des Münsters. Mit Plan, Panorama, Karte und Holzschn. 3. verb. Aufl. (III, 68 S.) 1886; 4. verb. Aufl. 8. (61 S.) Straßburg 887, Trübner. *

Euting, J., Beschreibung der Stadt Straßburg u. des Münsters. Mit Plan, Panorama, Karte u. 46 Holzschn. gez. v. H. Nestel, J. Euting u. a. 6., verm. Aufl. 12. (VIII, 96 S.) Straßburg 890. Trübner, Verl. n. 1. —; Separ.-Ausg. in 8. n. 1. 50

Euting, Jul., Beschreibung der Stadt Straßburg u. d. Münsters. Mit Plan, Panorama, Karte u. 46 Holzschn., gezeichnet v. Herm. Nestel, Jul. Euting u. a. 7., verm. Aufl. 12. (VIII, 96 S.) Straßburg i/E. 891. K. J. Trübner Verl. n. 1.

— dasselbe. 8., verm. Aufl. 12. (VIII, 96 S.) Ebd. 894. n. 1. —

Euting, Jul., Beschreibg. d. Stadt Straßburg u. d. Münsters. M. Plan, Panorama, Karte u. 80 Abb., gez. v. A. Koerttge, G. Loesti, Herm. Nestel, Jul. Euting u. a. 10., verb. u. verm. Aufl. 12. (IV, VIII, 128 S.) Straßburg 898. K. J. Trübner. n. 1. —

Euting, Jul., Beschreibung der Stadt Straßburg u. d. Münsters. Mit Plan, Panorama u. 80 Abbildgn., gezeichnet v. A. Koerttge, G. Loesti, Herm. Nestel, Jul. Euting u. a. 12. verb. Aufl. 12. (IV, VIII, 128 u. 6 S.) Straßburg 901. K. J. Trübner. n. 1. —

— Beschreibung der Stadt Straßburg u. des Münsters. Mit Plan, Panorama u. 85 Abbildgn., gezeichnet v. A. Koerttge, G. Loesti, Herm. Nestel, Jul. Euting u. a. 14. verb. u. verm. Aufl. (IV, VIII, 136 S.) kl. 8. Straßburg 905. K. J. Trübner. n. 1. —

Euting, J., Zehn autographirte Blätter mandäischer Textproben. o. O. u. J.

[— —] Zwölf autographirte Blätter mandäischer Textproben. o. O. u. J.

— Mandäischer Diwan nach photograph. Aufnahme v. B. Poertner. 518×17 cm. Mit Text. (9 S.) Lex.-8. Ebd. 904. Geb. n. 10. —

Euting, Jul., Erläuterung e. zweiten Opferverordnung aus Carthago. Mit e. (lith.) Taf. (in qu. 4.) gr. 8. (9 S.) Strassburg 874. Trübner. n. 1. 50

Euting, Jul., Führer durch Strassburg. Beschreibung des Münsters u. der Stadt. 15., vollständig neubearb. Aufl. v. Otto Bechstein. Mit 2 Plänen, Panorama u. 65 Abbildgn. (XII, 119 S.) kl. 8. Strassburg 909. K. J. Trübner. 1. —

— a descriptive guide to the city of Strassburg and its cathedral. With (lith.) panorama, (chromolith.) map and numerous illustrations (in eingedr. Holzschn. u. 1 Lichtdr.). 8. (III, 43 S.) Ebend. 882. n. 1. —

— a descriptive guide to the city of Strassburg and its cathedral. With panorama, map and numerous illustrations. 3. ed., revised and enlarged. 12. (51 S.) Ebd. 887. n. 1. —

— a descriptive guide to the city of Strassburg and its cathedral. 5. ed., revised and enlarged. 12. (III, 83 S. m. Abb., Panorama u. Plan.) Ebd. 895. n. 1. —

— a descriptine guide to the city of Strassburg and its cathedral. With panorama, plan and numerous illustr. 6. ed., revised and enlarged. 12. (104 S.) Ebd. (900). n. 1.—

— a descriptive guide to the city of Strassburg and its cathedral. With panorama, plan and numerous illustr. 7. ed., revised and enlarged. (110 S.) kl. 8. Ebd. (905). n. 1 —

— guide illustré de la ville de Strasbourg et de la cathédrale. 8. (III, 47 S. m. Illustr. u. Karten.) Ebend. 886. n. 1.—

— guide illustré de la ville de Strasbourg et de la cathédrale. 2. éd., revue et corrigée. 8. (IV, 60 S. m. 1 Stadtplan u. Panorama.) Ebd. 890. n. 1.—

— guide illustré de la ville de Strasbourg et de la cathédrale. 3. éd., revue et corrigée. 12. (III, 60 S. m. Panorama, Plan u. 1 farb. Karte.) Ebd. 894. n. 1.—

— guide illustré de la ville de Strasbourg et de la cathédrale. 4 éd. revue et corrigée. 12. (III, 78 S. m. 1 Plan u. 1 Panorama.) Ebd. 896. n. 1.—

— Guide illustré de la ville de Strasbourg et de la cathédrale. 5. éd., revue et considérablement augmentée. 12. (III, 94 S. m. Abb. u Plan.) Ebd. 900. n. 1.—

— Guide illustré de la ville de Strasbourg et de la cathédrale. 7. éd., revue et augmentée. (IV, 102 S. m. 1 Plan.) kl. 8. Ebd. 906. n. 1.—

— Guide illustré de la ville de Strasbourg et de la cathédrale. 8. éd., complètement remaniée par Otto Bechstein. (XII, 96 S. m. 1 farb. Plan.) kl. 8. Ebd. 910. 1.—

— nabatäische Inschriften aus Arabien. Hrsg. mit Unterstützg. der königl. preuss. Akademie der Wissenschaften. gr. 4. (97 S. m. 29 Lichtdr.-Taf.) Berlin 885. G. Reimer. cart. n. 24.—

— sechs phönikische Inschriften aus Idalion. Mit 3 (lith.) Taf. (in qu. Fol.) gr. 4. (17 S.) Ebend. 875. n. 4.—

— sinaïtische Inschriften. Hrsg. m. Unterstützg. der königl. preuss. Akademie der Wissenschaften. gr. 4. (XII, 92 S. m. 40 autogr. Taf.) Berlin 891. G. Reimer. Kart. n. 24.—

— s.a. Katalog der kaiserl. Universitäts- u. Landesbibliothek in Strassburg, arabische Literatur.

[Euting, Julius], Katalog der Kaiserlichen Universitäts- und Landesbibliothek in Strassburg. Arabische Literatur. Strassburg 1877.

Euting, J., s. Qolasta.

— Sammlung der carthagischen Inschriften, hrsg. m. Unterstützg. der k. Akademie der Wissenschaften zu Berlin. 1. Bd. Taf. 1—202 u. Anh., Taf. 1—6. gr. 4. (1 Bl. Text.) Strassburg 883. Trübner. cart. n. 60.—

Euting, Julius Über die älteren hebräischen Steine im Elsass.
8 (S. 227—246, 2 Taf. = [20 S.]).
In: Teil I der Festschrift zur Feier des 350jähr. Bestehens des prot. G. *Strassburg i. E.* 1888.
Nicht im Tauschverkehr.
Progr.

— punische Steine, s.a. Mémoires de l'academie impériale des sciences de St.-Pétersbourg.

Euting, Julius, Punische Steine. [= MAP., VIIe Série, Tome XVII No. 3.] (Mit XLVI autographirten Tafeln.) St.-Pétersbourg 1871.

— Tagebuch e. Reise i. Inner-Arabien. 1. Thl. gr. 8. (VIII, 261 S. m. Abb. u. 1 Karte.) Leiden 896. E. J. Brill. n.n. 7.50

— die Vogesen, s.: Mündel, Curt.

— Les Vosges, s.: Mündel, Curt.

Eutonia s.a J. G. Hientzsch.

Eutonia . . . herausgegeben . . . von Joh. Gottfr. Hientzsch. Band 1—10. Breslau 1829—1833. Berlin 1835—37.

Eutonia, eine hauptsächl. pädagog. Musik-Zeitschr. f. Alle, welche d. Musik in Schulen zu lehren u. in Kirchen zu leiten haben, od. sich auf e. solches Amt vorbereiten; hrsg. v. Joh. Gtfr. Hientzsch. 1—9. Bd. à 3 Hfte. Mit Musikbeil. gr. 8. Breslau, (Leuckart; Berlin, Trautwein.) [1. (mit klein. Titeländerung) 828., 2. 829. à 1 Thlr. 12 Gr., 3. 1 Thlr. 12 Gr. u. 4. 1 Thlr. 830., 5. 831. 1 Thlr., 6. u. 7. 831, 32. à 1 Thlr. 4 Gr., 8. u. 9. 833, 34. à 1 Thlr.]

Eutonia, eine hauptsächl. pädagog. Musik-Zeitschr. f. Alle, welche die Musik in Schulen lehren u. in Kirchen zu leiten haben, od. sich auf ein solches Amt vorbereiten; hrsg. v. Joh. Gtfr. Hientzsch. 10. (letzt.) Bd. 3 Hfte. gr. 8. Berlin 836, 37. [Trautwein u. Comp.]
1—9. Bd. Ebendas. 1828—34. à * 1 Thlr.

Eutropius infelix politicus. Tragoedia . . . [Aug. Vind. et Ingolst. 1760.] V: *Neumayr, Franz.* (Jes)

Eutropius, Abriß der römischen Geschichte, s.a. Sammlung griech. und röm. Classiker.

— Abriß der römischen Geschichte, übersetzt von F. Hoffmann. Vollständig in 1 Bdchen. 16. Stuttgart ..., Metzler. Subscript.-Pr. 1/6 ℛ

— Abriß d. röm. Geschichte, übers. mit Anmerkk. 8. Nürnb. 788. Stiebner. 8 gℛ

— Abriß d. röm. Gesch., übers. v. Hoffmann. 16. Stuttg. 829. Metzler. 4 gℛ

Eutropius kurzer Abriß der römischen Geschichte. Uebers. v. Ph. L. Haus. s. Sammlung der neuesten Uebersetzungen der römischen Prosaiker. 13r Th.

Eutropius, Flavius. Auszug der Römischen Geschichte, nach Heinr. Verheyck's Ausgabe . . . Nürnb. 1787. H: *Truckenbrot, Michael.* (ML) »1788« (Ky)

Eutrops Auszug aus der römischen Geschichte; übersetzt und mit Anmerkungen von Ph. Ludwig Haus.
8. Frankfurt a. M. 1790.

— Auszug aus d. röm. Geschichte, ins Deutsche übersezt u. mit Anmerkk. erläutert v. P. L. Haus. 8. Frankf. 790. Hermann. 10 gℛ 2e, nach d. Uebersetzers Tode veränd. Ausg. 8. Ebd. 821. Ebd. 16 gℛ (Vergl. Samml. d. Uebersetz. d. röm. Prosaiker.)

— Auszug aus d. röm. Geschichte, übers. u. berichtigt von J. D. Büchling. 8. Leipz. 794. Schwickert. 12 gℛ

— Breviarium historiae Romanae.

—— dass. übers. v. F. Hoffmann, s. Prosaiker, röm.

— — v. Haus. s. Samml. d. neuest. Uebersetz. d. römisch. Pros. 13r.

— — s.a. Histor. Romanae Scriptor. minor. Edit. Biponti.

— — Wörterbuch siehe Wörterbuch.

— — idem lib. 8. maj. Hannover, Hahn.

— — m. Anm. u. Wortreg. v. Meinecke. 8. Lemgo, Meyer.
Wörterbuch hierzu à part.

— — ad usum Schol. 8. Marburg, Krieger.

Eutropius, F. Breuiarium Romanae Historiae, oder kurzer Begriff der Römischen Historie . . . Halle 1715. Ü: *Rühl, Leonh. Chph.* (Degen)

— — m. deutsch. Noten. 12. Halle, Renger. 715.

— — deutsch. mit latein. Noten. 12. Halle, Renger. 724.

Eutropii breviarium histor. rom. ex recens. et cum notis J. Fr. Gruneri. 8. Coburg 752. G. Otto. 7 gr. Denuo recens. et cur. sec. J. F. Gruner. 8. ibid. 760. (Riemann). 8 gr. Schrbp. 10 gr.

— id. lib., cum metaphrasi graeca Paeanii, Chr. Cellarius recens. et comment. ubique auct. ac reform. Ed. VI. emendat. Cum indice. 8. Jena 755. Bielke. 10 gr.

— id. lib., mit deutschen Noten von Germ. Sincerus. 8. Frankf. u. Leipz. 758. N. A. 780. Brönner. 10 gr.

— id. lib., spec. emend. et ind. crit. adj. J. D. v. Hoven. 8. Amsterd. 761. (Weigel in Leipz.) 16 gr.

— id. lib., ex recens. Cellarii, ed. Adelung. 8. Erfurt 761. Weber. 8 gr.

— id. lib., illustr. L. Reinhardus. 8. Kopenh. 761.

— — ex rec. Cellar. ed. Adelung. 8. Erf. Weber. 761.

— id. lib., cum metaphrasi graeca Paeanii et notis integris El. Vineti, H. Glareani, C. Cellarii, S. Havercampi etc. Acc. Rufus Festus c. not. F. Sylburgii, C. Cellarii et S. Havercampi. Recens. suasque annotat. cum indd. cop. add. Hnr. Verheyk. 8. Leyd. 762. Luchtmans. (Leipz., Weigel). 4 rtl Ed. alt. 8maj. Leyd. 793. Luchtmans.

— id. lib., in usum juventutis scholast. adornatum a J. E. Bertrand. 8. Neuenburg 762.

— id. lib., cum praef. Fr. Er. Harwen. 8. Augsb. 767. Klett. 6 gr.

— — rec. et ill. I. F. Gruner. 8. Cob. Ahl. 768. Schreibp.

— id. lib. 12. Leyd. 769. (Altheer in Utr.)

— id. lib., in usum schol. rec. observationibus illustr. copiosiss. latinitatis ind. instrux. et praemissa diss. de stylo Eutropii exornavit Laur. Reinhard. 8. Frankf. u. Leipz. (Nürnb.) 770. Felssecker. 5 gr. Ed. nov. correctior. et notis crit. atque histor. aucta (Glo. Cph. Harless). 8. ibid. 778. 5 gr.

— id. lib., mit deutschen Noten. 12. Halle 774. Renger. 4 gr.

— id. lib. 16. Nürnb. 774. Ed. n. 778, 79. id. ex recens. Verheyk. 12. ibid. 784. Ed. n. 804. Riegel u. W. 5 gr.

— id. lib., ad fidem opt. edit. recens. (ab Abr. Kall). 8. Kopenh. 776.

Eutropius, F. Breviarium historiae romanae, in usum scholarum recensuit . . . L. Reinhard. Editio nova. Francof. et Norimb. 1778. H: *Harless*, *Gottlob Chph.* (ErschDL) (MGT) (Ky)

Eutropius, F. Breviarium historiae romanae sine notis et scholiis. Herbipoli 1778. H: *Oberthür*, *Bonifac. Anton.* (MGT) (Adel) (Ky)

— — sine not. et schol. 8. Würzb. Stahel. 778. Schreibp.

— id. lib., cum animadvers. H. Braun. München 779. (Storno in Landsh.) 5 gr.

— — m. deutsch. Erklär. Sinceri. 8. Frankfurt, Brönner. 780.

— id. lib., in us. scholar. recens., obss. illustr., lat. ind. instruxit et diss. de stylo Eutrop. exornavit L. Reinhardus. 8. Hamb. 780.

— id. lib. 12. Halle 781. Ed. XIII. 823. Waisenh.-B. 2 gr.
— id. lib. 8. Upsal 782 u. 90.

— id. lib., scholis Magont., in quibus latin. initia docentur, adornavit Jh. Kap. Müller. 8. Mainz 781. Kupferberg. 4 gr.

— — Scholiis adornat. Müller. 8. maj. Mainz, Kupferberg. 784.

— id. lib., cum vocabulario ed. Jh. Th. B. Helfrecht. 8. Hof 786. Grau. 4 gr.

— — ad usum tironum accommod. 8. ibid.

— breviarium historiae romanae. 8. Lipsiae, Barth. 788.

Eutropii breviar. histor. rom. Auszug aus d. röm. Geschichte, nach Verheycks Ausg. recensirt u. mit erläut. Anmerkk. u. Registern versehen (v. Mch. Truckenbrot). 8. Nürnb. 788. Stiebner. (Barth in Lpz.) 8 gr.

Eutropius. Breviarium historiae romanae. Editio sexta. Halae 1789. 8°.

— id. lib., ed. Bipont. in d.: *Scriptores* histor. rom. lat. vett. 789. 16 gr.

Eutropius, F. Breviarium historiae romanae, mit Anmerkungen und einem vollständigen Wortregister . . . Berlin 1791. H: *Jördens*, *Carl Heinrich.* (Ky)

— id. lib., mit Anmerkk. u. e. vollständ. Wortregister für Schulen, (v. K. H. Jördens). 8. Berl. 791. (Hannov., Hahn). 8 gr.

— id. lib., recens. Verheyk. 8. Basel 793. Schweighäuser. 5 gr.

— id. lib. et S. Rufus cum not. Sylburgii, Cellarii, aliorumq. recens. Haverkamp. et Hnr. Verheyk. 8maj. Leyd. 793. Luchtmans. 4 rtl

— — s. not. 8. Mannh. Löffler. 793. Schreibp.

— — übers. u. bericht. v. Büchling. 8. Leipzig, Schwickert. 794.

Eutropius, F. Breviarium historiae romanae. Tubingae 1795. H: *Hutten*, *Joh. Georg.* »1798« (Ky) (ErschDL) (Gi)

— — rec. et not. illustr. Tzschucke. 8. maj. Lips. F. C. W. Vogel. 796. Schreibp.

— id. lib., mit Anmerkk. u. Wortregister v. A. Chr. Meineke. 8. Lemgo 798 N. A. 817. Meyer. 12 gr. Das Wörterb. apart 4 gr.

— id. lib., (c. J. G. Hutten). 8maj. Tübing. 798. v. Cotta. 3 gr.

— id. lib. 12. Weissenfels 798. Böse. 2 gr.

— — c. not. K. H. Tzschucke. 8. Lipsiae, Göschen. 804 Velinp.

— — dasselbe ohne Noten.

— — cur. Verheyk. 8. Nürnb. Riegel. 804.

— — s. not. in usum Scholarum. 8. Augsburg, Lotter. 805.

— — recens. Fr. X. Schoenberger. 8. Viennae, Pichler. 805. Schreibp. Velinp.

— — m. gegenüberstehenden deutscher Uebersetzung. 8. Ebend. 805. Schreibp. Velinp.

— id. lib., in usum scholar. cura van Ellen. 12. Amsterd. 806. Hesse. 5 gr.

— — ad Valentem Augustum ad urbe condita ad illius usque et fratris Valentiniani tempora deductum. 8. Halae, Waisenh. Buchh. 806.

Eutropius, F. Breviarium Historiae Romanae. Accedit vita Ciceronis ... Giessae 1807. H: *Storck, Johann Justus.* (Ky) (HS)

— id. lib., accedit vita Ciceronis a Badeno conscripta. (Ed. Jh. J. Storck). 8. Giessen 807. Heyer. 8 gl

— — in usum Scholarum. 12. Amsterd. Hesse, 808.

— id. lib. 8maj. Hannov. 810. Hahn. 3 gl id. lib., mit Anmerkk. u. e. Wortregister v. Jördens. 8. Ebd. 810. Ebd. 6 gl

— id. lib. c. Grosse, f. Corpus hist. latin. Tom. XIII.

Eutropius, F. Breviarium historiae romanae, ad optimos libros castigatius. Stendaliae 1811. H: *Grosse, Georg Frdr. Wilhelm.* (Ky)

— id. lib., ad optimos libros castigatius (ed. Geo. Fr. Wlh. Grosse). 8. Stendal 811. Franzen u. G. 4 gl

— id. lib., mit hin u. wieder verbess. Texte, zum Gebrauch d. Schulen, mit e. vollständ. erklär. Wörterbuche versehen, von Geo. Fr. Wlh. Große. 8. Stend. 811. Franzen u. Gr. 16 gl 2e Aufl. 819. 16 gl

— id. lib., mit grammat., geogr. u. histor. Anmerkk. erläutert. gr. 8. Wien 811. Geistinger. 1 ß

— — — — id. lib. ad Valentem Augustum ab urbe condita ad illius usque et fratris Valentiniani tempora deductum. Ed. X. 8. Halae, Waisenhausbuchh. 812.

— — — — id. lib. Editio correcta et ad optimos codices revisa. 8. Jenae, Voigt. 812.

— — — — cum Lexicon

— id. et Rufus, ex recens. Hur. Verheyk. 12. Leyd. 812. Luchtmans. 8 gl

— id. lib. Mit Erläuter. rc. v. Geo. Fr. Wlh. Große. gr. 8. Halle 813. Hendel. 1 ß 12 gl

— id. lib., recogn. potior. lect. diversit. annot. indices rer. ac. verbor. adj. Geo. Fr. Wlh. Grosse. 8maj. Lpz. (814.) 816. Hahn. 12 gl Edit. II. minori pretio venalis. 8maj. Leipz. 825. Hahn. 8 gl (NB. Beide Aufl. führen auch d. T.: Corpus historiarum latinarum).

— — — — id. lib. recogn. potio. lect. diversit. annot. indices, rer. aq. verbor. adj. G. F. W. Grosse. 8. Lips. Hahn. 815.

— — — — id. lib. ad optimas novissimasque editiones recusum; editio nov. em. 8. Mannhemii, Löffler. 815.

Schreibp. Velinp.

Eutropii breviar. histor. Romanae. ed. C. P. Troebel. 8. Rudolst. Hofbuchh. 816.

— id. lib., ad opt. ed. collat. et L. A. Flori epitome rerum romanor. cur. F. X. Schönberger. 8maj. Wien 816. Geistinger; (Gerold). 12 gl

— id. lib., mit gegenüberstehender deutscher Uebersetzung. gr. 8. Wien 816. Geistinger. 16 gl

— — breviarium hist. romanae. Nach C. H. Tzschucke's letzter Textes-Recension und mit einem vollständigen Wörterbuche zum Schulgebrauche, herausgegeben von G. Seebode. gr. 8. Hannover, Gebr. Hahn. 817.
Ohne Wörterbuch
Das Wörterbuch apart

Eutropius breviarium hist. rom. Herausgegeben von Meinecke. 8te Aufl. 8. Lemgo, Meyer. 817. Rthlr.

— id. lib., ed. C. P. Fröbel. 8. Rudolst. 817. Hof-Buchh. 2 gl Schrbp. 3 gl

— — Breviarium Historiae Romanae. Eutrops Abriß der Römischen Geschichte. Mit kritisch geprüftem und möglichst korrektem Text, genauer Interpunktion, erläuternden Sprachbemerkungen für Anfänger und einer Mantissa observationum criticarum, von Fr. Herrmann. 8. Lübeck, von Rohden. 818.

— — breviarium Historiae Romanae ad Valentem Augustum ab urbe condita ad illius usque et fratris Valentiniani Tempora deductum. Editio 12a. 8. Halle, Waisenhaus. 819.

Eutropius breviarium hist. rom. Ed. 2da 8. Marb., Krieger. 819.

Eutropii breviar. histor. rom., ad opt. lib. fidem ed. stereotypa. 12. Leipz. 820. Tauchnitz. 3 gl id. lib., adcuravit C. H. Weisse. 2 gl Fein P. 4 gl

— id. lib., cum scholiis et notationibus in us. stud. juventutis editum ab E. Th. Hohler. 8maj. Wien 820. (Leipz., Liebeskind). 20 gl 2e A. 823. 22 gl

— — Breviarium historiae Romanae ad optimas editiones collatum. L. Annaei Flori epitome rerum Romanarum. Cur. F. X. Schönberger. 8maj. Vindob. (Lipsiae, W. Vogel). 820.

— id. lib. Ad opt. edit. recogn. 8. Braunschw. 821 u. 29. Reichard (Busse; Fr. Fleischer in Leipz.) 1¼ gl Fein Pap. 3 gl

— id. lib. Mit grammat.-geograph. u. histor. Anmerkk. erläutert. Als e. Versuch d. Geographie u. Geschichte d. Alten durch Erklär. d. Autoren zu erlernen. Herausg. v. T. Fiericht. gr. 8. Wien 821. Geistinger. Mit e. topogr. Karte Roms. 1 ß

— id. lib. 13e Aufl. 8. Halle 823, Waisenhausbuchhandl.

— id. lib. ed. Hohler. 2e Ausg. Wien 823, Bauer. (Liebeskind in Leipzig.)

— id. lib., edit. cur. Detl. K. W. Baumgarten-Crusius. 12maj. Leipz. 824. Teubner. 3 gl Fein P. 6 gl

— id. lib. Nach C. H. Tzschucke's letzter Textes-Recension u. mit einem vollständ. Wörterbuche zum Schulgebrauche, herausg. v. G. Seebode. gr. 8. Hannov. 817. 2e A. 825. 3e A. 828. Hahn. 8 gl Ohne Wörterbuch 4 gl Das Wörterb. apart 4 gl

— id. lib. Ad opt. noviss. edit. recusus. Edit. nov. accur. 8. Manh. 825. Löffler. 6 gl Postp. 9 gl

— id. lib. Ad fid. cod. bibl. Reg. Monac. text. constituit Fr. Hoeger. 12. Münch. 826. Fleischmann. 3 gl

— id. lib. Mit vollständ. Text u. Wörterbuche, herausgeg. von G. Seebode. 2te Aufl. gr. 8. Hannover 827, Hahn. (Der Text u. Wörterbuch einzeln à 4 gr.)

— id. — Mit e. Wörterbuche u. mit beständ. Hinweisn. auf Zumpt's Grammatik. Von Fr. Ad. Beck. gr. 8. (8¼ B.) Frankfurt a. M. 828, Andreä.

— id. — Nach Tzschucke letzter Text-Revision u. mit e. vollständ. Wörterbuche z. Selbstgebrauche. Hrsg. v. G. Seebode. 3., verb. Aufl. gr. 8. (7¾ B.) Hannover 828, Hahn.
Text (3¼ B.) apart 4 Gr. — Wörterbuch (4¼ B.) apart 4 Gr.

— id. — Cur. C. Zell, s. Auctores class., Vol. IX.

— id. lib. Ad opt. libror. fid. cum varior. lect. delectu ed. Karl Zell. 8. Stuttg. 828. Hoffmann. 9 gl

Eutropii breviar. histor. Romanae. Edit. stereotypa ad opt. edit. recogn. 8. (4½ B.) Brunsvigae 829, Reichard. 1½ Gr., Vlnp.

— id. — Mit lat. Text u. deutschen Wort- u. Sacherklärungen, z. Gebr. d. Gymnasialschulen. Von E. Th. Hohler. 3., verb. Aufl. gr. 8. ... Wien 832, Bauer u. Dirnböck.

Eutropii breviarum historiae Romanae. — Eutrops Abriß d. Römischen Geschichte. Mit kritisch geprüftem u. möglichst korrektem Text, genauer Interpunktion, erläut. Sprachbemerkk. für Anfänger u. einer Mantissa observatt. crit. von Fr. Herrmann. (2e wohlf. Ausg.) 8. Lübeck 834. v. Rohden. ⅙ ß

—— breviar. historiae romonae, hrsg. u. mit fortlauf. Verweisungen auf d. Schulgrammatiken v. L. Ramshorn u. C. G. Zumpt, mit histor. u. geograph. Anmerkn. u. e. Wörterbuche begleit. v. Carl Ramshorn. 8. (12½ B.) Leipzig 837, Gebr. Reichenbach.

Eutropii breviarium Historiae Romanae. Mit kurzen, theils grammatischen theils geschichtlichen Anmerkungen für die Anfänger versehen, und mit einem erklärenden Wortregister begleitet von Alb. Christ. Meinecke. 4. Aufl. 8. Lemgo 811, Meyer'sche Hof-Buchh. ⅓ ₰

Eutropii Breviarum historiae Romanae. Ad optimor. libror. fidem adcuravit C. H. Weise. Nova edit. stereot. 16. Leipzig 843, K. Tauchnitz. 1/12 ₰ fein P. ⅛ ₰

Eutropius breviar. historiae romanae. Cum notis in usum studiosae juventutis edit. ab E. Th. Hohler. Edit. V., denuo revisa et tabul. geograph. illustrata. 8maj. (14 B. u. 2 Kart.) Viennae 840, Dirnböck.

Eutropii breviarum historiae Romanae. Editionem primam curav. Detl. C. G. Baumgarten-Crusius, alteram Henr. Rud. Dietsch. 8. (VIII u. 96 S.) Lipsiae 849, Teubner. 6 ngr

—— id. — (Schulausg. ohne Noten.) 8. (VIII und 78 S.) Leipzig 849, Teubner. *.
Vgl.: Bibliotheca classica latina.

— breviarium historiae romanae. Ad optima exemplaria recognov. et in usum scholarum ed. Geo. Arnoth. Koch. Edit. ster. (Bibliotheca classica Latina V.) 8. (68 S.) Lipsiae 840, Ph. Reclam jun. n. 1/12 ₰

— breviarium historiae Romanae. Mit Hinweisungen auf die Grammatiken von Putsche u. Zumpt u. einem Wörterbuche versehen v. Otto Eichert. gr. 16. (218 S.) Breslau 850, Kern. ⅓ ₰

Eutropii breviarium historiae romanae. Ad optimorum librorum fidem adcur. C. H. Weise. Novae edit. stereot. C. Tauchnitianae nova impressio. Leipzig 867. Holtze. 16. (IV, 94 S.) n. 2¼ ngr.

Eutropii Breviarium historiae Romanae. Zum Schulgebrauche hrsg. von Otto Eichert. gr. 8. (60 S.) Hannover 871, Hahn'sche Hofbuchh.
Mit Wörterbuch.

—— vollständiges Wörterbuch zu dem Abrisse der Römischen Geschichte des Eutropius. Zum Schulgebrauche von O. Eichert. 2. Aufl. gr. 8. (66 S.) Ebendas. 871.

—— dass. — Ad optimorum librorum fidem adcuravit C. H. Weise. Novae edit. stereot. C. Tauchnitianae nova impressio. 16. (16¼ Bog.) Leipzig 871, Holtze.

—— Breviarium ab urbe condita. Guilelmus Hartel recognovit. gr. 8. (VIII, 84 S.) Berlin 872, Weidmann'sche Buchh.

Eutropi breviarium ab urbe condita.

— Uebers. von Forbiger, s.: Bibliothek, Langenscheidt'sche.

— dasselbe. s. a. Monumenta Germaniae historica.

— breviarium ab urbe condita. Guilelmus Hartel recognovit. gr. 8. (VIII, 84 S.) Berlin 872. Weidmann. — 60

Eutropi breviarium ab urbe condita rec. H. Droysen. gr. 8. (III, 88 S.) Berlin 878. Weidmann. — 90

Eutropi breviarium ab urbe condita, ed. Carol. Wagener. 8. (VIII, 90 S.) Leipzig 884. Freytag. n. 1. 20

Eutropi breviarium ab urbe condita. Recognovit F. Ruehl. 8. (XIX, 90 S.) Leipzig 887. Teubner. — 45

Eutropius, übers. von Forbiger, s. Bibliothek, Langenscheidt'sche, sämmtlicher griech. und röm. Klassiker.

— s. a. Bibliothek der Übersetzungen.

Eutropius et **Florus**. Viennae, Doll.

Eutropius. In usum scholar. ed. C. P. Froebel. Rudolst. 816. 8. 2 gr.

Eutropius. Edit. secund. accurat. Marb. 819. 8. 4 gr.

Eutropius. Ad optim. libr. fidem. Lips. 820.

— Mit Anmerkungen. Herausgegeben von X. Fiericht. Mit einer topogr. Karte Roms. Wien 820. 8. 1 rthl.

— Edit. stereotypa. Brunsvig. 821. 8. 3 gr.

— Ad optim. libr. fidem. Lips. 821. 12. 3 gr.

Eutropii historia romana, s. Historia miscella etc.

Eutyches, s. Grammatici latini ex recensione Henr. Keilii Vol. V. Fasc. 2.

Eutychius Alexandrinus

Eutychii Patriarchae Alexandrini annales. Ed. L. Cheikho, S. J., s. a. Corpus scriptorum christianorum orientalium.

Eutychii patriarchae Alexandrini annales [Naẓm al-ǧauhar]. Ed. L[ouis] Cheikho S. J. P. 1. Parisiis: C. Poussielgue; Lipsiae: O. Harrassowitz 1906. 8°
[Nebent.: Arab.] Kitāb at-taʾrīḫ al-maǧmūʿ ʿalāt-taḥqīq wat-taṣdīq. Taʾlīf al-baṭriark Aftīšius al-mukannā bi-Saʿīd Ibn-Baṭrīq.
— Corpus scriptorum christian. oriental. Script. arab. Ser. 3, T. 6.

Eutychii patriarchae Alexandrini annales. Pars II. Accedunt Annales Yahia Ibn Said Antiochensis, edd. L. Cheikho, S. J., B. Carra de Vaux, H. Zayyat, s.: Corpus scriptorum christianorum orientalium. Scriptores arabici III, 7. II.

Eutychus, der Jüngling auf dem Söller. Apostelgesch. 20, 7—12. (Von Rüling.) 2. Aufl. 16. (16 S.) Dresden 892. (Niederlage zur Verbreitung christl. Schriften.) n. — 10

Eva, s: **Kahlenberg, Hans v.**

Eva, Erzählungen e. Mutter, s.: Sammlung v. Kinderschriften.

EVA im Beichtstuhle. Bekenntnisse aus dem Leben einer Tänzerin. 3 Bdchn. (187*?) (2 Mk. 25 Pfg. Gustav Klötzsch, Lpz., 1885, ohne Orts-, Jahrs- u. Formatsangabe; jetzt höher!)

— — im Beichtstuhl. Bekenntnisse aus dem Leben einer Tänzerin. 3 Bdchn. Altona, Aug. Prinz (1870). Kl. 8°. (8 Mk., mit lithogr. Orig.-Umschl., Adolf Weigel, 1907.)

Eva, die blinde. Eine Erzählg. f. Jung u. Alt. 12. (39 S.) Herborn 882. Buchh. d. Nassauischen Colportagevereins. n. — 20

Eva, d. curiöse, od. Staats-Assemblee, 27 Entrevuen. 4. Leipz.

Eva im Paradies. Weibliche Freilicht-Akte nach Aufnahmen f. Künstler u. Kunstliebhaber. 1. u. 2. Serie. à 5 Lfgn. (à 4 Taf.) Fol. Berlin 905. 906. R. Eckstein Nachf. à Lfg. 2. —

Eva von Trott, ein vaterländisches Schauspiel vom Verf. des Unerforschlichen. Lüneburg 1801. 8°. V: *Bertrand* (eigentl. *Bertram*), *Gottlieb*. Vgl. Meusel, G. T.⁵ 22, I, 242 ohne Anonymitätsvermerk. (DARP)

Eva, s. a. Mann, der letzte.

[J.] Der letzte Mann. Apokalypt. Roman v. **Eva**. *Berlin: Vita [1898]*. (270 S., 1 Bl.) 1 Bd 8.

Evadne und Kreusa. Zwey griechische Gedichte. [Zürich 1777.] V: *Bodmer, Johann Jacob.* (Bächtold, Litt. d. Schweiz. Frauenfeld 1892. S. 194.) (ML) (GGr) (Ky) (JL)

Evakathel und Schnudi, s.a. Curiosa et Jocosa.

Evakathel und Schnudi. Ein lustiges Trauerspiel von zwey Aufzügen. Wien 1765; o. O. u. J. V: *Hafner, Philipp.* B: *Perinet, Joachim.* (BiblPort)

EVAKATHEL und Schnudi. Ein Lustiges Trauerspiel. Prinzessin Pumpia und Hanswurst Kulican. Eine komische Tragödie. Zwei alte Wiener Possen. Stuttgart, Scheible, 1856. 16°. 128 S.

Evan, Joh., praktische Reden üb. d. christl. Sittenlehre. 2 Thle. 8. Frankfurt, Eßlinger. 758. 59.

Evan, Th., Réfutation des Mémoires de la Bastille. 8. Leipz. Vogel. 783.

Evander und Alcimna; Schäferspiel in drei Akten. Wien 1770. V: *Gessner, Salomon.* (Ky)

Evander und Alcimna; Schäferspl. in 3 A. (v. Sal. Geßner). 8. Wien 770. Trattner. 3 K

EVANDER (ps.). — Curieuser Affecten-Roman, oder lebhafte Schilderung des menschlichen Gemüths in anmuthigen Begebenheiten der galanten Welt zur vergönnter Gemüthsergötzung entworffen von *Evandro.* Mit Kpfrn. Franckfurt 1748. 8°. 357 S. Rar! (1 fl. Scheible, vor 1870; jetzt theurer!)

Evander, die morgenländ. Bluthochzeit zu Ende d. 13. Jahrh. unt. Osman d. ersten, Stifter d. türk. Reiches. Aus e. in Konstantinopel aufgefund. arab. Handschr. (M. 1 Ttlbild.) 8. (16 B.) Heidelberg 830, Gutmann.

Evander, ..., s. K. Fourier, die gesellschaftliche Welt.

— — Die durch Sturm des Glücks erlangte Krohne oder das ausgeheuterte Ungewitter in einem Liebes-Roman vorgestellet. O. O. u. J. (c. 1700). 16°. Rar!
Einiges in Versen. (30 xr. Fidelis Butsch, Augsb., 1865; jetzt theurer!)
— — Dasselbe. O. O. 1701. 12°.
Multifarii generis libr. cat. Lips. 1750. Appendix (libr. misc.) p. 99; Weller, Lex. Pseud. p. 185.

— — Die galante Liebe in Schäffer-Hütten, oder klüglich liebende Floris, zu vergönneter Gemüths-Ergötzung entworffen von *Evandro.* Leipzig, b. Christoph Heydlern. Jena, b. Joh. Bielcken. 1702. 12°. 6 Bogen. Sehr rar!
Georgi, B.-Lex.; Cat. libr. Lips. 3. Maj. sq. 1717. p. 21; O. M. V. 1702, K 3b; M. M. V. 1703, C 2a.

§ — — Geheime Nachrichten, Des unglücklichen Ritters Floramondi, Entworffen und abgetheilet In Zweyen Theilen (in 1 Bde.). Darinnen er Die ihm zu Wasser und Land betroffene Unglücks-Fälle Als auch Seine um Dienst und Gewerb halben erlittene viele Verfolgung in seinem Vaterland zeiget. Alles mit lustigen, dabey nützlichen und in die Litteratur lauffenden Anmerckungen erläutert und vorgestellt von *Evandro.* Mit 1 (zweitheiligen) Titelkpf. u. 1 Titelvign. (3 allegor. Darstellungen, je mit lat. Bandschrift). Franckfurt und Leipzig (o. Adresse) 1735. 8°. (In München: It. sing. 488, 1. T. II.) (5 Mk. Bernh. Liebisch, Lpz., 1907; 16 Mk. Adolf Weigel. 1908.) Sehr selten!
Tit. (roth u. schwarz), 6 Bll. Vorr., 104 u. 77 S.

s. v. Pontécoulant, Nachricht über d. Kometen v. Haley.

Evangel of Hope and Bible Banner: 1904?--1920?
Monthly. Published in English and German. Edited by D. Paul Ziegler, & published by Evangel Publishing Society, 1920.
Robbins, TN

Evangelia, s.a. Evangelien.

– s.a. Evangelisten

– s.a. Evangelium

– s.a. Synopsis evangelica.

Evangeliorum versionis gothicae fragmenta, ed. A. Uppström, s. Codex argenteus.

Evangelia, arab. et lat. cum fig. Rom. ex Typ. Medic. Lips. Gleditsch.

Evangelia apocrypha adhibitis plurimis codicibus graecis et latinis maximam partem nunc primum consultis atque ineditorum copia insignibus edidit Const. Tischendorf. Lipsiae 853. Mendelssohn. gr. 8. (LXXXVIII, 463 S.) n. 3 ₰ 20 ngr; Velinp. n. 5 ₰ 10 ngr

Evangelia apocrypha, adhibitis plurimis codicibus graecis et latinis maximam partem nunc primum consultis atque ineditorum copia insignibus collegit atque rec. Constant. de Tischendorf. Ed. altera, ab ipso Tischendorfio recognita et locupletata. gr. 8. (XCV, 486 S.) Leipzig 876. Mendelssohn. n. 12. —

Evangelia und Episteln.

— — lat. u. deutsch. 8. Halberstadt, Dölle.

— — katholisch. m. Kanisi Katechismus. Nürnberg, Endter.

— — lateinisch und deutsch. Nürnberg, Endter.

Evangelia und Episteln, latein. u. deutsch mit Trostsprüchen. von Hermann. 8. Quedlinburg, Ernst. Rthlr.

— — in engl. Sprache. 8. Wittenb. 712.

— — wendisch u. deutsch. 8. Budissin. 733.

— — franz. u. deutsch. 8. Frankf. 734.

— — griech. latein. u. deutsch. 8. Leipzig, Gleditsch. 750.

— — latein. und deutsch. v. Herrmann. 8. Leipzig, Dyk. 751.

— — dieselben. 12. Braunschweig, Schulbuchh. 772.

— — diese lat. u. deutsch. 8. Ebend. 800.

Evangelia u. Episteln. 8. Münster, Aschendorff. 1809. Schreibp.

— — nebst Gesch. des Lebens, Lehre, Leidens u. Tode Jesu. 8. Breslau, Barth. 780.

— s. d. Episteln od. Lection. auf alle Sonn- u. Feyertage. m. K. 8. Regensburg, Montag. 758.

EVANGELIA sambt den Episteln oder Lectionen Auf alle Sonn und Feyr-Tage deß gantzen Jahrs Wie auch auf alle Tage in der Fasten; mit beygefügter Heil. Passion Jesu Christi nach Beschreibung der vier Evangelisten. Alles nach Ordnung und Gebrauch dess neuen Römischen Missals Clementis VIII. und Urbani VIII. ausgetheilet. Zu Nutz allen Catholischen Seelsorgern, und Christlicher Jugend. Caschau 1744: Academ. Druck der Soc. Jesu. 259 S. - 110 mm
- Dass. Ebd. 1764. Gedr. in der academischen Buchdruckerey. 162 S. - 8°
- Dass. Ofen o. J. (1744): Nottenstein. 278 S. - 120 mm
- Dass. Ofen 1774: Lander(er). (400 S) - 110 mm
- Dass. Ofen 1780.
- Dass. Ofen 1818: Druck. Univ. 348 S. Illustr. - 160 mm
- Dass. Ofen 1836: Druck. Univ. 503 S. Illustr. - 160 mm
- Dass. Pressburg 1770: Landerer. 196 S. - 100 mm
- Dass. Pressburg 1773: Landerer. 297 S. - 110 mm
- Pressburg 1773: Patzko. 193 f. Illustr. - 100 mm
- Pressburg (1780): Landerer. (280 f.) - 110 mm
- Tyrnau 1774: (Typogr. Tyrnaviensibus). 384 S. - 130 mm

— Episteln u. Psalmen. 8. Leipzig, Fritsch. 7b2.

— — auf alle Sonn: u. Feyertage. 8. Ebend. 800.

Evangelia und Episteln. Auf alle Sonntage, wie auch Auf die hohe Feste ... Nebst der Historie Von der Zerstörung der Stadt Jerusalem vermehret und verbessert, Germanton Gedruckt und zu finden bey Christoph Saur. 1762

Evangelia und Episteln Auf alle Sonn- Fest- und Feyer-Tage Durchs gantze Jahr. O. O. 1748. 118 (statt 120) S.

— — auf alle Sonn- u. Festtage d. J. v. Weitenauer. m. K. 8. Augsburg, Wolff. 783.

— — auf alle Sonn: u. Festtage des Jahrs. 8. Breslau, Gehr. 800.

— — auf alle Sonn: u. Festtage d. Jahrs. 8. Kempten, Kösel. 809.

Evangelia und Episteln auf alle Sonn- und Fest-Tage des Jahres, nebst dem Symbolo Athanasii, der Geschichte vom Leiden, Sterben, Auferstehung und Himmelfahrt unsers Herrn und Heilands Jesu Christi und der Zerstörung der Stadt Jerusalem. Aus den Evangelisten zusammen gezogen. (Aufs Neue hrsg.) 12. (150 S.) Stolp 852, (Fritsch.) *

Evangelia und Episteln auf alle Sonn- und Festtage des ganzen Jahres, wobei auch die in Pommern gebräuchlichen besonderen Vesper-Texte befindlich, nebst dem Symbolo Athanasii und der Geschichte vom Leiden, Sterben, Auferstehung und Himmelfahrt unsers HErrn und Heilandes JEsu Christi ꝛc., aus den vier Evangelisten zusammengezogen. Wie auch die Zerstörung der Stadt Jerusalem. Mit allem Fleiß nach der Pommerschen Kirchen-Agende eingerichtet. [Cicero-Schrift.] 8. (112 S.) Alt-Stettin 887, Hessenland. **
(Dasselbe auch in Petit-Schrift. Ebendas. 1862. ** 25 Pf.; in Corpus-Schrift. Ebendas. 1869. ** 25 Pf.)

— — auf alle Sonn: u. Festtage zum Gebrauch der Schulen gr. 8. München, Fleischmann. 810. Schreibp.

— — auf alle Sonntage im Jahr. m. K. 12. Hildesheim. 739.

Evangelia et Epistolae, graece, lat. et germ 8. Lpz. 771. (Brockhaus). 4 ℛ

Evangelia et epistolae graec. lat. et Germ. 8. Lipsiae, Gleditsch. 771.

— et lectiones in dies Dominicos totius anni etc. 8. Vien. Gerold. 756.

— quatuor, coptice. Ed. M. G. Schwartze, s. Testamentum.

— quatuor graece, s. Birch.

— IV, graece, cum varr. lect. cod. mss. Bibl. Vaticanae, Barberinae Eccorialensis etc., ed. A. Birch. 4maj. Kopenh. 788. Brummer. 9 ℛ Fol. maj. 18 ℛ Hbg. Pr. 9 ℛ

Evangeliorum, quattuor, codex Glagoliticus olim Zographensis nunc Petropolitanus. Characteribus cyrillicis transcriptum, notis criticis, prolegomenis, appendicibus auctum, adiuvante summi ministerii borussici liberalitate ed. V. Jagić. Accedunt speciminum scripturae Glagoliticae tabulae (lith.) tres. 4. (XLV, 174 S.) Berlin 879. Weidmann. n. 10. —

Evangeliorum, quattuor, versionis palaeoslovenicae codex Marianus glagoliticus. Characteribus cyrillicis transcriptum ed. V. Jagić. Lex.-8. (XXX, 607 S. m. 2 Lichtdr.-Taf.) St. Petersburg 883. (Berlin, Weidmann.) n.n. 15. —

Evangelia IV, acta apostolorum, epistolae canonicae, et apocalypsis cum metaphrasi, ex fonte hebraico et graeco ab Ign. Weitenauer. 8. Augsb. 769.

Evangelia, quatuor, sacra Matthaei, Marci, Lucae, Joannis in harmoniam redacta. Textum cum codice Ephraemi Syri regio nunc demum accurate contulit et variis lectionibus tum aliorum codicum, tum Vulgatae editionis recentiorumque editionum praestant. adjectis recogn. Jos. Henr. Friedlieb. Lex. 8. (XII u. 311 S.) Vratislaviae 847, Fr. Aderholz. n. 1½ ℛ

Evangelia, quatuor sacra, Matthaei, Marci, Lucae, Joannis in harmoniam redacta. Textum recognovit, selectas varias lectiones adjecit Jos. Henr. Friedlieb. Editio II. Regensburg 869. Manz. gr. 8. (XVI, 194 S.) n. 1 ℛ 10 ngr.

— IV. N. T. recens. et cum Commentariis perpet. edid. C. Fr. A. Fritzsche, Tom. I. — Etiam sub tit.: Evangelium Matthaei. 8 maj. Lips. 826, Fr. Fleischer. 4 Rthlr. Schreibpapier

Evangelia, quatuor N. T. recens. et cum Commentariis perpetuis ed. Car. Fr. Aug. Fritsche. Tom. II. — E. s. t.: Evangelium Marci. 8 maj. (53½ B.) Lipsiae 830, Fr. Fleischer. 4 Thlr., Schrbp.
Vol. I. Evangelium Matthaei. Ebendas. 1826. 4 Thlr., Schrbp. 5 Thlr. 12 Gr.

— quattuor Novi Testamenti. Graeca ad Vulgatam, quam apposuit, accurate recognita, orthodoxe explanata, in latinum sermonem conversa ed. Aug. liber baro de Berlepsch. Vol. I. Evangelium Matthaei complectens. Lex. 8. (X u. 479 S.) Ratisbonae 849, Manz. 3½ ℛ

Evangeliorum, Sacrorum, Versio Gothica, ex Codice Argenteo emendata atque suppleta, cum Interpretatione latina et annotat. Erici Benzelii. Edit. Ed. Lye. 4maj. Oxonii. 750.

— — Sacrorum, Textus versionis simplicis Syriacae juxta Editionem Schaafianam collatus. Cum duobus ejusd. vetustis Codd. Mss. in Bibliotheca Bodleiana repositis, nec non cum Cod. Mss. Commentarii Gregorii Bar-Hebraei, ibidem adservata a Rich. Jones. 4maj. Oxonii. 804.

Evangelia Sacra Domini Nostri et Salvatoris Jesu Christi, Sub auspiciis Caroli Guilielmi Isenberg . . . in linguam Tigricam vertit Debtera Matheos Habessinus . . . Nunc primum in lucem edita per Johannem Ludovicum Krapf. Basileae 1866.

— sancta et lectiones in dies dominicos. 8. Wien 756. Gerold.

— Sancta quatuor, in Processione festi Corporis Christi decantanda unacum Versiculis etc. fol. Viennae, Tendler.

Evangelia, Sancta quatuor, in process. festi corporis Christi decantanda una c. versiculis, orationibus et benedictionibus. Juxta rituale archidioeceseos Viennensis. Fol. maj. (3 B. u. Tilkpfr.) Viennae 835, Mechitaristen-Congreg.-Buchh. *

Evangelia und Episteln

— — die sonn- u. festtägl. durch Fragen zergliedt. v. Zwicker. 8. Braunschweig. 758.

Evangeliarium Epistolarium et Lectionarium Aztecum sive Mexicanum ex antiquo cod. Mexicano nuper reperto depromptum cum praefatione interpretatione adnotationibus glossario edid. Bernardinus Biondelli. Pars I. Mediolani 858. (München, Franz.) gr. 4. (VIII, S. 1—96 u. 1 lith. Schrifttaf.) nn. 5 ℳ 10 ℊ

Evangeliarium Hierosolymitanum ex codice Vaticano Palaestino deprompsit, edidit, latine vertit, prolegomenis ac glossario adornavit Franc. Miniscalchi Erizzo. Tomus I. Verona 861. (Turin, Loescher.) gr. 4. (581 S.) n. 20 ℳ

Evangelici, die von Hrn. v. Loen verstümmelt u. unordentl. vorgetragene, einzig wahre Religion. 8. Frankf. a. M. 750. Andreä. 3 ℊ

Evangelicus, s.a. Bibelwort u. Gotteswort.

[J. u. Ant.] Bibelwort und Gotteswort. Von Evangelicus. *Leipzig: F. W. Grunow 1896.* (40 S., 1 kl. Bl.) 8.
— Hefte z. 'Christlichen Welt.' No 23.

Hauskollekten. Kirche. Innere Mission. Eine zeitgemäße Betrachtung von Pauper Evangelicus. Barmen: D. B. Wiemann 1890. (24 S.) 8° [J.]
— Streitschriften, Freundschaftliche. No 28.

Evangelides, s.a. Euangelides

Evangelides, Margarites, Ἱστορία τῆς θεωρίας τῆς γνώσεως. Τεῦχος Α΄. 8. (159 S.) Berlin 885, S. Calvary und Comp. *

Evangelides, Margarites, zwei Kapitel aus einer Monographie über Nemesius u. seine Quellen. Inaugural-Dissertation. gr. 8. (59 S.) Berlin 882. (Calvary & Co.) n. 1. 60

Evangelie inu branje ali pisme na vse nedele. V' Zelouzi. Kleinmayer, 1780. 329 S. (Verf.: Oswald Gutsmann.)

***Evangelie* inu branje ali pisme na vse nedele inu jimentine prasnike zieleg a leta resdelene. 8. 780. (Leipz., Wienbrack). 18 ℊ**

Evangelie na vsedne dni svetega posta. (V' Zelouzi, Kleinmayer, 1780.) 72 S. (Verschieden vom Folgenden.)

***Evangelie** na vsedne dni svetega posta. V' Zelouzi. Schotter. 1795. 72 S.

Evangelien, s. Episteln und Evangelien.

Evangelien, s.a. Evangelia

– s.a. Evangelisten

– s.a. Evangelium

— übersetzt durch Caius, s. Knesche.

— lateinisch und deutsch. 8. Breslau, Barth. 781.

Evangelien, Die, erklärt und zu Kanzelvorträgen . . . angewandt. Quedlinburg 1795—96. V: *Steger, Joh. Andreas Friedrich.* (Ky) (MGT)

Evangelien, d., erkl. u. z. Kanzelvortr. f. Landgemein. angewandt. (1r Bd. 1s–3s Hft. u. 2n Bds. 1s u. 4s Hft. 8. Quedlinburg, Ernst. 805.

— — 1r bis 3r Hft. Ebend. 805.

— die, erklärt, für Landgemeinden, (v. ... Steger). 5 Hefte. 8. Quedlinb. 795 u. f. 2r A. 819. Ernst. 1 ℳ 12 ℊ

— — die, erklärt und zu Kanzelvorträgen vor Landgemeinen angewandt. 2 Thle. Wohlf. Ausg. 8. Quedlinburg, Ernst. 819.

Evangelien, neueste Ausgabe auf alle Sonn- und andere Tage des Jahres, mit Erklär. u. Lebensbeschreib. d. darin vorkommenden Personen, nebst Umriß u. Charte d. heil. Landes. gr. 8. Salzb. Duyle. 815. Oltblr.

Evangelien, die. Neu übersetzt u. mit Betrachtungen nach Lamennais begleitet, f. denkende Christen. br. 8. (XII u. 351 S.) Baden 847, Zehnder. ⅚ ℳ

Die Evangelien [Evangelia, deutsch]. Unter Mitw. von Lic. Dr. Hugo Gressmann, Prof. in Berlin, erkl. von Lic. Dr. Erich Klostermann, Prof. in Kiel. 1. Tübingen: J. C. B. Mohr 1907. 8°
— Handbuch z. Neuen Testament. Bd 2, 1.

—— und Apostelgeschichten, die apokryph., v. Borberg, s. Bibliothek d. neutestamentl. Apogryphen.

Evangelien, die, im Auszuge. Zum Gebrauch der freien Gemeinde zu Königsberg. Königsberg 869. Hübner & Matz. 8. (X, 168 S.) n. 16 ℊ

Evangelien, buddhistische. Eine Auswahl v. Texten aus den kl. Büchern der Buddhisten, systematisch geordnet u. verdeutscht v. Karl Seidenstücker. (XII, 283 S. m. Titelbild.) kl. 8. Leipzig (909). Buddhist. Verlag. 3.20; geb. n 4. 50

— christl., zum Gebrauch in d. Kirchen des Großherz. Sachsen-Weimar-Eisenach; diesseitigen Bereichs, (v. J. F. Röhr). 8. Weimar 825. Hoffmann. 6 ℊ

— u. Episteln. 8. Augsb., Veith. 12 ℊ

— u. Episteln, mit vollständ. Summarien etc., schönen Reimen, Gebeten u. bibl. Sprüchen etc. 8. Bresl., Graß, B. u. C. 9 ℊ

— u. Episteln, deutsch u. latein. 8. Nürnb., Endter. 4 ℊ

— u. Episteln, latein. u. deutsch, mit M. J. Herrmanns Trostsprüchen. 8. Quedlinb., Ernst. 4 ℊ

— u. Episteln, latein. u. deutsch v. M. J. Herrmann. 8. Leipz. 751. Dyck. 3 ℊ

— u. Episteln, d., durch Fragen zergliedert v. Zwicker. 8. Braunschw. 758. 12 ℊ

— u. Episteln, mit Kpf. 8. Wien 771. Trattner. 8 ℊ

— u. Episteln, latein. u. deutsch. 8. Braunschw. 800. Schulbuchh. 6 ℊ Dies. blos deutsch 3 ℊ

Evangelien und Episteln. Mit Anmerkungen und Erklärungen. Mannheim 1816. H: *Brunner, Phil. Jos. von.* (Th)

— u. Episteln, die. 8. Münster, Aschendorf. 8 ℊ N. A. 12. Ebd. 830. 4 ℊ Schrbp. gr. 12. 8 ℊ

— u. Episteln f. die evangelisch-protestant. Kirche des Großherz. Baden. 8. Karlsruhe 836. Groos. ½ ℳ

—— und Episteln f. d. evangel.-protest. Kirche d. Großh. Baden. Neue, verm. u. verb. Aufl. 8. (5 B.) Karlsruhe 810, Groos. *

Evangelien u. Episteln für die evangel.-protestant. Kirche im Großherzogthum Baden. Carlsruhe 865. Groos. 8. (138 S.) n. 4 ngr; Velinpap. n. 7 ngr

EVANGELIEN und Epistein für das ganze Kirchenjahr nebst der Leidensgeschichte nach den vier Evangelisten. Leutschau 1850: Johann Werthmüller u. Sohn. 128 S. - 8°

— die, sammt den Episteln, oder Lektionen auf alle Sonn- u. Feiertage. Mit Kpf. 8. Regensb. 758. Montag u. W. 12 gl.

EVANGELIEN sammt deren Episteln oder Lectionen auf alle Sonn- und Feyertäge des ganzen Jahres, mit beigefügter h. Passion Jesu Christi. Mit schönen Figuren. Tyrnau 1758: Akad. Buchdruck. 384 S. - 12°
- Dass. Tyrnau 1765.
- Dass. Tyrnau 1774.
- Dass. Tyrnau 1818.

Evangelien sammt d. Episteln, od. Lectionen auf alle Sonn- u. Feiertage d. ganzen Jahres, mit beigedruckten Figuren. 8. Linz, Haslinger. (in Comm.) 811.

— sammt d. Episteln od. Lectionen auf alle Sonn- u. Feyertage d. ganzen Jahres. Mit beygefügter heil. Passion Jesu Christi rc. Zum Nutzen aller kathol. Christen in diese Form gebracht. Nach jed. Lection u. nach jed. heil. Evangelium mit e. lehr- u. trostreichen, anmuth. Gebethe versehen, u. mit ganz neuen Figuren verziert. 3., ganz umgearb. Aufl. 8. (31 B.) Linz 839, (Haslinger.)

Evangelien, sammt den Episteln oder Lektionen, auf alle Sonn- und Feiertage des ganzen Jahres, mit beigefügter Leidensgeschichte Jesu Christi. Mit neuen Vignetten ausgestattet. Ofen, 1856. Eigenthum und Druck der k. k. Pesther Universitäts-Buchdruckerei. (458 S. 8.)

— sammt den Episteln oder Lektionen auf alle Sonn- u. Festtage d. ganzen Jahres. gr. 8. Linz... N. A. 818. (Haslinger). 16 gl.

— u. Episteln, für Schulen in Baiern. 8. Passau, Pustet. 4 gl.

EVANGELIEN und Epistein auf alle Sonntage, wie auch die hohe Feste andere Feyer- und Aposteltage durchs ganze Jahr. Hiebevor aufs neue ordentlich eingerichtet und mit Fleiß corrigirt: nun mehro aber auf vieler Verlangen, mit denen aus den Evangeliis gezogenen Kirchengebetern, zur Beförderung des Gottesdienstes nach der Historie von der Zerstörung der Stadt Jerusalem vermehrt und verbessert. Pesth 1807. o. Dr. 192 S. - 12°
- Dass. Pesth 1834: Trattner-Károlyi. 176 S. - 8°
- Dass. Pesth 1855: Trattner-Károlyi. 308 S. - 16°
- Dass. Arad 1870: Druck. Réthy. 174 S. - 200 mm

Evangelien und Episteln auf alle Sonntage und vornehmsten Feste durch das ganze Jahr, mit geistreichen Kernsprüchen heil. Schrift. 23ste Aufl. 8. Prenzlau, Ragoczy. 817.

— u. Episteln auf alle Sonntage u. vornehmste Feste durch d. ganze Jahr, mit geistreichen Kernsprüchen heil. Schrift. Nebst Anh. (Gebetbuch rc.) 23e durchgehends verb. u. verm. Aufl. 8. Prenzlau 825, Ragoczy.

— u. Episteln auf alle Sonntage u. die vornehmsten Feste durch d. ganze J. 23e Aufl. 8. Prenzlau 825, jetzt Kalbersberg. n. 1/6 ₰

— u. Episteln, auf alle Sonn- u. Festtage. 8. Sulzb., v. Seidel. 5 gl. Schrbp. 10 gl. Postp. 12 gl. Velinp. 18 gl.

Evangelien u. Episteln auf alle Sonn- u. Festtage; aus der v. J. Weitenauer ins Deutsche übersetzten Bibel gezogen. 8. Augsb. 783. Wolff. 12 gl.

Evangelien und Episteln auf alle Sonntage, wie auch auf die hohen Fest- und andere Feier- und Apostel-tage durchs ganze Jahr. 8. (164 S.) Szarvas, Druck. Rethy, Verl. evang. Gemeinde zu M. Berény 1853.

— u. Episteln, auf alle Sonn- u. Festtage d. Jahres, (v. Jh. Wlh. Fischer). 8. Bresl. 798. Gehr. 8 gl.

— u. Episteln auf alle Sonn- u. Festtage d. ganzen Jahres. 8. Cöslin, Hendeß. 3 gr. baff. in gr. 8.

— dieselben, nebst Tischgebeten. Neue Aufl. Ebendas. 816.

— dieselben, nebst d. Gesch. u. Leiden Christi rc. 12. Ebendas. 823.

— u. Episteln für alle Sonn- u. Festtage des ganzen Jahres, mit Anmerkk. gr. 8. Berlin 826, jetzt Heymann. 1/2 ₰

— u. Episteln, die, auf alle Sonn- u. Festtage d. Jahres, mit Anmerkk. u. e. histor. Einleit. v. H. Braun. Münch. 760. 6e A. 816. Lentner. 16 gl. (J. G. Schmitz in Köln). 14 gl.

Evangelien und Episteln auf alle Sonn- und Festtage des Jahres. Breslau 1798. H & Ü: *Fischer, Joh. Wilhelm.* (Ky)

— d., der heil. vier Evangelisten, so zur Zeit des hohen Wetters u. am Festtage unsers Herrn Frohnleichnam nützl. zu lesen sind, wie auch andere schöne Gebete u. Sagen. 18. Münch., Jaquet. Das Dutzend 6 gl.

Evangelien, Gebete u. Hymnen bei den Fronleichnamsprozessionen in d. Erzdiöcese München-Freising. Nach dem größ. Rituale der Erzdiöcese zusammengestellt, deutsch hrsg. u. m. 2 Litaneien verm. 3. Aufl. gr. 16. (32 S. m. Titelbild.) München 899. J. J. Lentner. n. — 10

— Gebete u. Lieder f. die Prozession am hl. Fronleichnamstage. (45 S.) 16. Ravensburg (905). Dorn. — 20

— die geheimgehaltenen oder sogenannten apokryphischen. Nach arab., hebr. und lateinischen Quellen in's Deutsche übertr. und mit erläut. Anmerkungen begleitet von Rich. Clemens. 5 Thle. 32. Stuttgart 850, Scheible.

Thl. 1. Die Geschichte des Zimmermanns Joseph. — Das Evangelium von der Kindheit des Heilandes. (138 S.)
" 2. Das Protevangelium des jüngeren Jakobus. — Das Evangelium des Thomas, des Israeliten. (88 S.)
" 3. Das Evangelium von der Geburt der Maria und der Kindheit des Heilandes. (95 S.)
" 4. Das Evangelium des Nikodemus und die Akten des Pilatus. (118 S.)
" 5. Die Geschichte Jesu, des Nazareners. (116 S.)

Evangelien, Die, ihr Geist, ihre Verfasser und ihr Verhältniss zu einander. Leipzig 1845. V: *Hasert, Christian Adolph.* (CLZür S. 220)

Evangelien, die, ihr Geist, ihre Verfasser u. ihr Verhältniß zu einander. Ein Beitrag zur Lösung der kritischen Fragen üb. die Entstehung ders. gr. 8. (28 B.) Leipzig 845, Otto Wigand. *

— die, ihr Geist, ihre Verfasser u. ihr Verhältniß zu einander. Ein Beitrag zur Lösung der krit. Fragen üb. die Entstehung derselben. 2. (Titel-)Aufl. gr. 8. (XVI u. 440 S.) Leipzig (845) 852, O. Wigand. n. 2 ₰

— u. Episteln, d. gewöhnl. Sonn- u. Festtägl., mit Anmerkk. u. Erklär. v. Lorenz. 8. Berl., W. Vieweg. 14 gl.

— — die heiligen, übers. und erklärt v. J. H. Kistemaker. 1r — 4r Bd. gr. 8. Münster, Theissing. 813 — 820. Schreibpap.
(1r 1 Rthl. 2r 1 Rthlr. 2 Gr. 3r. 1 Rthlr. 6 Gr. 4r 1 Rthlr. 6 Gr.)

Evangelien, d. heil., übers. u. erklärt v. J. H. Kistemaker. 4 Bde. gr. 8. Münster 818—20. 2e A. 825, 26. Theyssing. 4 ₰ (A. u. d. T.: d. heil. Schriften d. N. Test. 1r—4r Bd.)

Evangelien, die heiligen, übersetzt und erklärt. 9. und 10. (Schluß-)Thl. gr. 8. München, Stahl. *

Inhalt:

Thl. 9. Evangelium nach Johannes, übersetzt und erklärt von Dan. Bonif. v. Haneberg. Redigirt und ergänzt, mit dem Bildnisse (in Stahlst.) und einem Lebensumrisse des Verf. versehen und hrsg. von Peter Schegg. 1. Bd. (I—IX, CCL, 642 S.) 878. *ℳ 15.

" 10. —— dass. — 2. Bd. (X—XXI, VI, 710 S.) 880. *ℳ 10.

1.—8. Thl. Ebendas. 1856—70. *ℳ 52,40.

Vgl. Schegg, P., die heil. Evangelien.

— u. Episteln, die heil. od. Lektionen auf alle Sonn- u. Festtage, neue Aufl. Landsh. Krüll. 813.

— — und Episteln, die heiligen, oder Lectionen auf alle Sonn- und Festtage des Jahres, zum Gebrauche der Schulen in Baiern. Neue Aufl. 8. Landshut, Krüll. 820.

— die heiligen, u. Episteln, oder Lektionen auf alle Sonn- u. Festtage d. Jahres zum Gebrauche d. Schulen rc. 8. München. (Landshut 823, Krüll.)

—— die heil., u. Episteln u. Lektionen auf alle Sonn- u. Festtage d. Jahres, z. Gebr. d. Schulen. 8. (20 B.) München 830. (Landshut, Thomann.)

—— und Episteln od. Lectionen, die heil., auf alle Sonn- u. Festtage d. Jahres. 8. (20 B.) Regensburg 811, (Manz.) *

Evangelien, die heiligen, und Episteln oder Lektionen auf alle Sonn- und Festtage des Jahres zum Gebrauche der Schulen auf königl. allerhöchsten Befehl. (Neue, nach der neuen Rechtschreibung umgearb. Aufl.) 8. (264 S.) München 880, Expedition des k. Zentral-Schulbücher-Verlags. **
geb. **

— u. Episteln, d. hl., oder Lektionen auf alle Sonn- u. Festtage d. Jahres z. Gebr. d. Schulen. 8. (264 S.) München 897. R. Oldenbourg. n.n. —55; kart. n.n. —75; geb. in Leinw. n.n. —85

— u. Episteln, d. heil., auf alle Sonn- u. Festtage d. Jahres, mit Erklärr. v. Mch. Buchmann. 2 Thle. 8. Bresl. 802. J. F. Korn. 2 ₰ 4 gl

— d. heil., u. Episteln auf alle Sonn- u. Festtage d. Jahres, wie auch auf alle Tage d. Fasten. 5e Aufl. 8. Ulm, Ebner. 12 gl

— u. Episteln, die heiligen, auf alle Sonn- u. Festtage des Jahres, wie auch auf alle Tage der Fasten. 7e Aufl. 8. Kempten 825, Kösel.

Evangelien, die heiligen, auf alle Sonn- und Feiertage des katholischen Kirchenjahres, mit den dazu gehör. Lesungen aus der heil. Schrift und mit der Leidensgeschichte unseres Herrn und Heilandes Jesu Christi. Text nach Allioli. Lex.-8. (VIII, 439 S. mit Initialen und Schlußvignetten.) Graz 878, Vereinsbuchdruckerei. geb. in Leder mit Metallecken *

Evangelien, Episteln und Orationen, die heiligen sonn- und festtäglichen. Zum Gebrauche für Kirchen und Schulen des Bisthums Trier. Trier 853. Grach. gr. 8. (XL, 288 S.) n. 10 ngl

Evangelien, Die heiligen, auf alle Werktage der 40tägigen Fasten ... Augsburg 1823. V: *Königsdorfer, Martin.* (schmal) (Ky)

Evangelien, die heiligen, auf alle Werktage d. 40täg. Fasten. Als Predigten bearb. vom Verf. d. kathol. Homilien rc. (C. Königsdorfer.) 8. Augsburg 823. (Landshut, Krüll.)

— m. d. Lectionen u. Episteln rc. 8. Wien, Tendler. 771.

— m. d. Lectionen u. Episteln. rc. m. K. 8. Augsburg, Wolff. 780.

— Lectionen u. Episteln, d. zergliedert u. erläutert rc. 8. Linz, Haslinger. 790.

— m. d. Lection. u. Epist. rc. 8. Breslau, Korn der ält. 802.

— die, Lektionen u. Episteln auf alle Sonn- u. Feiertage d. ganzen Jahres; mit beigefügter Passions- u. Leidensgeschichte rc. 8. Inspr. 813. Wagner. 12 gl Dass. Wagner in Frburg. 6 gl

Evangelien, die, Lektionen und Episteln auf alle Sonn- und Feiertage des katholischen Kirchenjahres mit der Leidensgeschichte unsers Heilandes und einem Anhange. 8. (274 S. 7 Bl.) Wien. Gedruckt bei L. Grund. 1854. Gebunden 23 kr. CM.
Verlag der Schulbücher-Verschleiß-Administration.

EVANGELIEN. Die Evangelien, Lekzionen und Episteln auf alle Sonn- und Festtage des katholischen Kirchenjahres, mit der Leidensgeschichte unseres Heilandes und einem Anhange. Ofen 1787: Kgl. ungar. Universitäts-Schriften. 288 S. - 180 mm
- Dass. Ofen 1818. Illustr. 348 S. - 160 mm
- Dass. Ofen 1836. Illustr. 503 S. - 160 mm
- Dass. Ofen o. J.: Kgl. Univ.-Buchdruck. 288 S. - 180 mm
- Dass. Budapest 1882: Kgl. ungar. Univ.-Buchdruck. 288 - 8°

Evangelien, die, Lektionen und Episteln auf alle Sonn- und Festtage des katholischen Kirchenjahres mit der Leidensgeschichte unsers Heilandes, und einem Anhange. 8. (272 S. 7 Bl.) Wien. Gedruckt bei Leopold Grund, 1852. Preis 36 kr. CM.
Verlag der Schulbücher-Verschleiß-Administration.

Evangelien, die — Lektionen und Episteln auf alle Sonn- und Festtage des katholischen Kirchenjahres, mit der Leidensgeschichte unseres Heilandes und einem Anhange. 8. (242 S. 6 Bl.) Prag. [illegible] Ungeb. 16 kr. C. M. in Leinwandrücken 21 kr. C. M.
Verlag der Schulbücher-Verschleiß-Administration.

Evangelien, die. Lekzionen und Episteln auf alle Sonn- und Festtage des katholischen Kirchenjahres. Wien 1872

Die Evangelien, Lectionen und Episteln auf alle Sonntage und Festtage des katholischen Kirchenjahres mit der Leidensgeschichte unseres Heilandes und einem Anhange. Revidirte Ausgabe. Prag. K. k. Schulbücher-Verlag. 1896. (Min.-Erl. vom 6. März 1896, Z. 4857.) Geb. —.40

Die Evangelien. Lectionen und Episteln auf alle Sonn- und Festtage des katholischen Kirchenjahres. Wien 1896. K. k. Schulbücher-Verlag. (Min.-Erl. vom 7. Mai 1896, Z. 10394.) In Lnwd. geb. —.40

Die Evangelien, Lektionen und Episteln auf alle Sonn- und Festtage des katholischen Kirchenjahres mit der Leidensgeschichte unseres Heilands. Durchgesehene Ausgabe. Mit Gutheißung der hochwürdigsten Bischöfe der böhmischen Kirchenprovinz. Prag 1906. K. k. Schulbücherverlag. K 1.—.

Die Evangelien, Lektionen und Episteln auf alle Sonn- und Festtage des katholischen Kirchenjahres. Mit Approbation der hochwürdigsten fürsterzbischöflichen Ordinariate von Wien, Salzburg und Olmütz und der hochwürdigsten fürstbischöflichen und bischöflichen Ordinariate von Breslau, Brixen, Brünn, Gurk, Laibach, Lavant, Linz, St. Pölten und Seckau. Nach der Bibelübersetzung von A. Arndt S. J. umgearbeiteter Abdruck des Textes vom Jahre 1902. Wien 1908. Schulbücherverlag. Geb. K 1.—. Dieses Lehrbuch, welches von den im Titel genannten Ordinariaten als zulässig erklärt worden ist, kann beim Unterrichte an allgemeinen Volks- und Bürgerschulen mit deutscher Unterrichtssprache innerhalb der betreffenden Diözesen verwendet werden.

Evangelien und Lectionen.

—— —— die, nebst den Kirchengebeten für alle Sonn- und Festtage des kathol. Kirchenjahres und der Fastenzeit. Mit Beigabe einiger allgemeinübl. Gebete. 2., verb. Aufl. 8. (280 S. mit bildl. Darstellungen in eingedr. Holzst.) Regensburg 861, Pustet. *

Evangelien und Lectionen, die, für alle Sonn- und Festtage des kathol. Kirchenjahres, und der Fastenzeit. Mit Beigabe einiger allgemein übl. Gebete. (Von Valent. Loch.) Mit bildl. Darstellungen. 8. (286 S. mit eingedr. Holzschn.) Regensburg 859, Pustet. *

Evangelien Marci und Lucae, die, griechisch, mit kurzem Commentar nach W. M. L. de Wette. [Aus: „Das neue Testament, griechisch".] Lex.-8. (S. 179—357.) Halle 888. Anton. n. 3. 60

—— die, des Matthäus, Marcus u. Lucas, mit den entsprechenden Stellen aus Johannes. Nach der luther. Uebersetzung zur Vergleichung zusammengestellt v. A. C. Vogel u. Fr. Wagner. Lex.-8. (15¼ B.) Frankfurt a. M. 843, Brönner. *

— auf alle Sonn- u. Feyertage d. Jahrs m. Passions Geschicht. Freyburg, Herder.

— die, auf alle Sonn- u. Feiertage des ganzen Jahres. 7te Aufl. 8. Freiburg, Herder. 814.

— auf alle Sonn- u. Festtage. gr. 18. Würzburg, Stahel. 788.

— — m. Anmerk. u. Erklär. 2 Bde. 8. Mannheim, Bürgerspit. 792.

— auf alle Sonn- u. Festtage des Jahres; nebst einer Geschichte d. Lebens, d. Lehre u. d. Leidens u. Todes Jesu; e. Nachrr. aus d. Leben d. Apostel rc. 8. Bresl., Grass, B. u. C. 9 gr.

Evangelien, Die, auf alle Sonn- und Festtage des Jahres . . . Salzb. 1794 . . . V: *Vierthaler, Franz Michael.* (Hr)

— auf alle Sonn- u. Festtage d. Jahres, mit d. Leidensgesch. unsers Herrn Jesu Christi. Nach d. Gebr. d. Kirche. 8. Salzb. 800. Duyle. 4 gr.

Evangelien auf alle Sonn- und andere Tage des Jahres . . . Salzburg 1815. V: *Pillwein, Bened.* (Ky)

Evangelien auf alle Sonn- und andere Tage des Jahres mit Erklärung und Lebensbeschreibung der darin vorkommenden Personen, nebst Umriß und Karte des hl. Landes. Salzburg, Duyle, 1819, gr. 8°, 3,30 Mk., 2. Aufl. 1. Aufl. 1815.

—— auf die Sonntage und hohen Feste des Herrn des kathol. Kirchenj. mit Stahlst. von Joh. Voltz, gestochen von Enzing-Müller und beigefügten Betrachtungen von Pankratius Dinkel. 1—5. Heft. Imp.-4. (à 4 Bl. Text und 2 Stahlst.) Nürnberg 847, Klinger. à Heft * 10 Ngr. *

— die, der Sonntage und Feste des Herrn im katholischen Kirchenjahre, mit Stahlst. illustrirt nach Zeichnungen von Joh. Voltz, gest. von Enzing-Müller, nebst beigefügten Betrachtungen von Pankraz Dinkel. 2. Aufl. (In 16 Heften à 2 Bgn. Text u. 4 Stahlst., mit Titel in Stahlst.) Nürnberg (857). Abel-Klinger. gr. 4. Jedes Heft 7½ ngr

—— an den Sonn- u. Festtagen des Herrn u. der Heiligen, m. Belehrungen u. Liedern, in 2 Abthlgn. Ein Betrachtungs- u. Gesangb. f. kathol. Christen. Von e. kath. Geistlichen. 12. (20½ B.) Bamberg 845, Schmidt.

—— für die Sonn- und Festtage des Kirchenjahres nebst einzelnen Episteln zum Gebrauche in kathol. Schulen. Mit beigefügten Inhaltsübersichten. Text nach der approbierten Bibelübersetzung von J. F. Allioli. 12. (61 S.) Habelschwerdt 887, Franke. cart. *

— f. die Sonn- u. Festtage d. Kirchenjahres nebst einzelnen Episteln zum Gebrauche in katholischen Schulen. Mit beigefügten Inhaltsübersichten. 2. Aufl. 12. (61 S.) Habelschwerdt 891. Franke. cart. n. — 20

Evangelien f. die Sonn- u. Festtage des Kirchenjahres nebst einzelnen Episteln zum Gebrauche in katholischen Schulen. Mit beigefügten Inhaltsübersichten. 3. Aufl. 12. (61 S.) Habelschwerdt 899. Franke. Kart. n. — 20

Evangelien für die Sonn- und Festtage des Kirchenjahres nebst einzelnen Episteln [Testamentum novum, Ausz., Pericopae, deutsch] z. Gebr. in kath. Schulen. Mit beigefügten Inhaltsübersichten. 4. Aufl. Habelschwerdt: Franke 1908. (62 S.) 8° [J.] [08. 1161]

— d. sonntäglichen, z. Gebrauch d. Katechet. 8. Bamberg, Göbhard. 781.

— d. Sonntägigen, zum Gebrauch d. Katecheten. 8. Bamb. 781. Wesché in Frkf. 10 gr

— d. Sonn- u. Festtägl., übersetzt u. erklärt nach Paulus Commentar üb. d. N. Test., herausg. v. W. K. A. Schmidt. 2 Hfte. gr. 8. Hildburgh. 806—8. (Leipz., Taubert). 1 rl

— d. Sonn- u. Festt., f. Landprediger u. Schullehr. 2 Thle. 8. Pirna, Friese. 808.

d. Sonn- u. Festtägigen, nebst Sittensprüchen rc. 8. Quedlinb., 4e A. 816. Ernst. 4 gr

Evangelien, die sonn- u. festtäglichen, des Herrn rc. Mit Stahlstichen nach Zeichnungen von . . . . Text und beigefügte Betrachtungen von Stadtpfarrer Dinkel in Erlangen. (In Heften à 36 kr. Nürnbg. 1846—47, Klinger's Kunsthandlung.

—— die sonn- u. festtäglichen, nach Allioli's kirchlich approbirter Uebersetzung. Sammt den Kirchengebeten. 8. (5⅞ B.) St. Gallen 843, Scheitlin u. Zollikofer.

Evangelien, die sonn- und festtäglichen, erklärt für Schulen. 8. (242 S.) Wien. Gedruckt bei Leopold Grund. 1854. Gebunden in Leinwandrücken.
Verlag der Schulbücher-Verschleiß-Administration.

— — und Episteln, sonn- und festtägl., nebst der Lebensgeschichte Jesu Christi und einem Anhange von Gebeten. 8. Sulzbach, Seidel. 816.

— die sonn- und festtäglichen, nach der Auslegung der heiligen Väter. Von Joach. v. Richtenburg. Bevorw. von J. F. Allioli. 2. Aufl. Mit Zugabe der Episteln und einem Anhange vorzüglicher Gebetsformularien rc. verm., zum gottesdienstlichen Gebrauche für Kirche und Haus eingerichtet von d. Verf. des Spiegels der Heiligen. Mit 1 Stahlst. Augsburg 853. Schmid. Lex.-8. (XII, 544 S.) 1 rl 3 ngr

— u. Episteln, Sonn- u. Festtägl., nebst d. Lebensgeschichte Jesu Christi u. e. Anhange v. Gebeten. 8. Sulzb. 816. v. Seidel. 3 gr

—— die sonn- und festtäglichen, des Kirchenjahres. Nach dem römischen Meßbuche. Anhang zu Schusters biblischer Geschichte von Mey. 12. (24 S.) Freiburg i. Br. 877, Herder'sche Verlagsh. *

Evangelien, die sonn- und festtäglichen, des kathol. Kirchenjahres mit Stahlst. illustr. nach Zeichnungen von Joh. Voltz, gest. von Enzing-Müller, nebst beigefügten Betrachtungen von Pankraz Dinkel. 2., wohlfeile Aufl. 16 Hefte. (à Heft 4 Stahlst. und 2 Bog. Text.) gr. 4. Nürnberg 857. 58, Abel-Klinger. à Lfg. ** 7½ Ngr. **

— die sonn- und festtäglichen, des protestant. Kirchenjahres mit Stahlst., illustr. n. Zeichnungen von J. Voltz u. beigefügten Betrachtungen v. Dekan Götz. 1.—4. Heft. Imp.-4. Nürnberg 846, Klinger. à n. ⅓ rl

— die sonn- u. festtäglichen, d. protest. Kirchenjahres m. Stahlst. illustr. nach Zeichnungen von Joh. Voltz u. beigefügten Betrachtungen von Götz. 1—VI. Hft. Imp. 4. (26 Blätter Text u. 12 Stahlst.) Nürnberg 847, Klinger. (à n. ⅓ rl) n. 2 rl

Evangelien, d. Sonn- u. Festtags-, nebst Luthers Katechismus. 12. Megdeb., (Creutz). 36 Exempl. von jedem zusammen 4 ℔

— die Sonn- u. Festtags-, nach d. Hebr. d. Jh. Claius übersetzt, s. J. G. Kneschke.

— Dies., mit Anmerkl. u. Erklärungen. 2 Bde. 8. Manh. 792. Bürgerhospital. 20 ℛ

— Sonn- u. Festtags-, n. d. hebräischen Uebers. d. Joh. Claius. 8. Zittau, Schöps. 803.

Die **Evangelien** eines alten Unzialcodex (B ℵ-Text). Nach e. Abschrift d. 13. Jhs. Hrsg. von Alfred Schmidtke. *Leipzig: J. C. Hinrichs 1903.* (116 S.) 8° [03. 9976

— die vier, in alt-nordhumbrischer Sprache. Aus der jetzt zum erstenmale vollständig gedruckten Interlinearglosse in St. Cûthbert's Evangelienbuche hergestellt, mit einer ausführl. Einleitung, einem reichhaltigen Glossare, so wie einigen Beilagen versehen und hrsg. von Carl Wilh. Bouterwek. gr. 8. (CLXXIII und 897 S. mit 1 Stnt. und 2 chromolithogr. Facs. in gr. 8., gr. 4. und Fol.) Gütersloh 857, (Bertelsmann.) Thlr. *

— die vier, neu und treu übers. von Ed. Balzer. 18. (257 S.) Gotha 860, Stollberg'sche Verlagsbuchh. *

— Die vier Evangelien, arabisch aus der Wiener Handschrift herausgegeben von Paul de Lagarde. Leipzig 1864.

— die vier. Illustrirt von Alex. Bida. 4 Bde. à 6 Lfgn. Fol. Bremen 874,75, Müller's Verlag. Subscr.-Pr. à Lfg. *
cart. *
geb. in Callico *
geb. in Saffian *

Inhalt:
Bd. 1. Evangelium Johannis. (53 S. mit 27 Kpfrt.) cart. *ℳ 70.; geb. in Callico *ℳ 75.; geb. in Saffian *ℳ 84.
" 2. Evangelium Sanct Matthäi. (63 S. mit 41 Kpfrt.) cart. *ℳ 93.; geb. in Callico *ℳ 99.; geb. in Saffian *ℳ 108.
" 3. Evangelium St. Marci. (40 S. mit 24 Kpfrt.) cart. *ℳ 70.; geb. in Callico *ℳ 75.; geb. in Saffian *ℳ 84.
" 4. Evangelium St. Lucas. (66 S. mit 40 Kpfrt.) cart. *ℳ 93.; geb. in Callico *ℳ 99.; geb. in Saffian *ℳ 108.

— die vier, nach der Übersetzung D. Mart. Luthers. Mit üb. 300 Bildern nach deutschen, italien. u. niederländ. Meisterwerken des 14.—16. Jahrh. Mit e. kunstgeschichtl. Anh. üb. den Bilderschmuck des Werkes u. Biographien der Maler. Imp.-4. (376 S.) Bielefeld 899. [Velhagen & Klasing.] Gera, F. E. Köhler. n. 48.—; geb. i. Ldr. m. Goldschn. n. 60.—; ermäß. Pr. 15.—; in Ldr. m. Goldschn. 18.—
Erschien auch in 24 Lfgn. à n. 2.—.

Die vier **Evangelien**. Verdeutscht u. gemeinverständl. ausgelegt von Chr[istoph] E[rnst] Luthardt. T. 1—4. *Leipzig: Dörffling & Franke 1899.* 4 Bde 8° [A.]
1. Das Evang. d. Matthäus. 2. Das Evang. d. Markus.
3. Das Evang. d. Lukas. 4. Das Evang. d. Johannes. [00. 1888 B

Die Vier **Evangelien** nach der Übersetzung Doctor Martin Luthers. Mit über 300 Bild. nach deutschen, italien. u. niederländ. Meisterwerken d. 14. bis 16. Jhs. Mit e. kunstgeschichtl. Anh. über d. Bilderschmuck d. Werkes u. Biographien d. Maler. (In 24 Lfgn.) *Bielefeld & Leipzig: Velhagen & Klasing 1900.* (376 S.) 2°(8°) [B.] [00. 9329

Die vier Evangelien [**Evangelia**] im berichtigten Text. Mit kurzer Erl. z. Handgebrauch bei d. Schriftlektüre. Von D. Bernhard Weiss. *Leipzig: J. C. Hinrichs 1900.* (IX, 604 S.) 8° [00. 10311

Die vier **Evangelien**. Im bericht. Text. Mit kurzer Erl. z. Handgebr. bei d. Schriftlektüre von D. Bernhard Weiss. *Leipzig: J. C. Hinrichs 1902.* (IX, 604 S.) 8°
— **Testamentum** Novum. Bd 1. [02. 8203

Die vier Evangelien [**Evangelia**]. Im bericht. Text. Mit kurzer Erl. z. Handgebr. bei d. Schriftlektüre von D. Bernhard Weiss. 2. Aufl. Leipzig: J. C. Hinrichs 1905. (VIII, 615 S.) 8°
— **Testamentum** Novum. Bd 1. [07. 9333 11

— die vier, Markus, Lukas, Matthäus u. Johannes, in der Übersetzung v. Mart. Luther. (Der Text wurde durchgesehen v. Heinr. Weinel. Gedruckt nach den Angaben v. Rud. Koch in den Typen seiner Schrift.) (311 S.) Lex. 8. Jena 910. E. Diederichs. Geb. in Perg. 20.—; auf Bütten, geb. in Ldr. m. Schließen 30.—

— die vier. Deutsch, m. Einleitg. u. Anmerkgn. v. Heinr. Schmidt. (Kröners Taschenausg.) (VI, 200 S.) kl. 8. Leipzig (910). A. Kröner. Geb. in Leinw. 1.—

— d. vier, u. Apostelgesch. ꝛc. 8. Salzburg, Duyle. 779.

— die vier, u. d. **Apostelgeschichten** in d. **Duala-Sprache** (Kamerun). Neu übers. nach d. Griech. v. Eug. Schuler. 12. (IV, 423 S.) Stuttgart 897. Württ. Bibelanstalt. Geb. in Leinw. n.n. —50

— d. vier, u. Apostelgeschichten, wie auch d. Sendschreiben d. heil. Apostel, sammt den Lektionen aus d. alten Testam. 8. Salzb. 779. Duyle. 16 ℛ

Evangelien, die vier hl. Mit 850 Abbildgn. nach älteren deutschen, französ., italien. u. niederländ. Meisterwerken. Anmerkungen u. kunstgeschichtl. Anh. v. G. Ant. Weber. (III, 372 S.) gr. 4. Regensburg (905). F. Habbel. Geb. in Leinw. n. 25.—

— die vier heiligen, unsers Herrn Jesu Christi. Aus der latein. Vulgata getreu übersetzt von J. P. Silbert. (Illustr. Prachtausgabe.) 18—56 Hft. Lex.-8. Pforzheim 839. Dennig, Finck u. Comp. à $1^{1}/_{4}$ ℔

Evangelien, die vier heiligen, unsers Herrn Jesu Christi. Aus der latein. Vulgata getreu übersetzt von J. P. Silbert. 2. unveränd. Pracht-Ausg. 1.—4. Heft. Mit Holzschn. u. 1 Stahlstich. Lex.-8. Pforzheim 842, Dennig, Finck u. Comp. à $^{3}/_{8}$ ℔

Evangelien, die vier heiligen, unsers Herrn Jesu Christi. Aus der latein. Vulgata getreu übersetzt v. J. P. Silbert. 2., unveränd. Prachtausg. 20 Hfte. Lex.-8. (20 halbe B. m. Holzschn. u. 1 Stahlst.) Pforzheim 842, 43. [Stuttgart, Scheible, Rieger u. Sattler.] Thlr.

Die vier kanonischen **Evangelien** nach ihrem ältesten bekannten Texte. Uebers. u. Erl. d. syr. im Sinaikloster gefundenen Palimpsesthandschr. von Adalbert Merx. Th. 1. 2, Hälfte 1. 2. Berlin: G. Reimer 1897–1911. 8°
1. Uebers. 1897. 2, 1. Das Evangelium Matthaeus ... erl. 1902.
2, 2, [1.] Die Evangelien d. Markus u. Lukas ... erl. Mit 4 Orig.-Aufnahmen. 1905. 2, 2, [2.] Das Evangelium d. Johannes ... erl. Mit Reg. Nach d. Tode d. Verf. hrsg. von Julius Ruska. 1911. [11. 3707

— die vier, in Predigten ausgelegt. Hrsg. v. R. Kögel. 1. Abth. 1. Hälfte. gr. 8. Bremen 889. Müller. n. 7.50; geb. n. 9.—
Das Evangelium Matthäi, in Predigten u. Homilien ausgelegt v. O. Pank. 1. Hälfte. (VIII. 442 S.)

— dasselbe. 2. Abth. 1. Hälfte. gr. 8. Ebd. 891. n. 6.—; geb. n.n. 7.50
Das Evangelium Marci, in Predigten u. Homilien ausgelegt v. E. Dryander. 1. Hälfte. (X. 359 S.)

Evangelien, die vier, in Predigten u. Homilien ausgelegt. In Verbindg. m. Anderen hrsg. v. Rud. Kögel. 1. u. 2. Abth. à 2 Hälften. 3. Abth. 1 Hälfte, 1. Lfg. u. 4. Abth., 2 Hälften. gr. 8. Bremen, C. E. Müller. n. 44.50
1. Abth. Das Evangelium Matthäi, in Predigten u. Homilien ausgelegt v. Osk. Pank. 2 Hälften. (VIII, 442; VIII, 417 S.) 889. 891. à n. 7.50; geb. à n.n. 9.—
Erschien in 2. Aufl. 1892.
2. Abth. Das Evangelium Marci v. Ernst Dryander. 2 Hälften. (X, 359 u. VIII, 339 S.) 891. 892. à n. 6.—; geb. à n.n. 7.50
Erschien in 2. Aufl. 1892.
3. Abth., 1. Hälfte. Das Evangelium Lucä, in Predigten u. Homilien ausgelegt v. Emil Frommel. 1. Lfg. (S. 1–160.) 891. n. 2.50
4. Abth. Das Evangelium Johannis, ausgelegt v. Rud. Kögel. 2 Hälften. (X, 402; X, 417 S.) 892. 893. à n. 7.50; geb. à n.n. 9.—

— die vier, in Predigten u. Homilien ausgelegt. In Verbindung m. Anderen hrsg. von Rud. Kögel. 1., 2. u. 4. Abthl. gr. 8. Brem., Müller. * 42 —; geb. * * 51 —
1. Abthl.: Pank, Osk. Das Evangelium Matthäi, in Predigten und Homilien ausgelegt. 2. Tle. 1. u. 2. Aufl. (VIII, 442; VIII, 447 S.) 889—92. à Hälfte * 7 50, * 15 —; geb. à Hälfte ** 9 —, ** 18 —.
2. Abthl.: Dryander, Ernst. Das Evangelium Marci. 2 Hälften. 1. u. 2. Aufl. (X, 359; VIII, 339 S.) 891,92. à Hälfte * 6 —, * 12 —; geb. à Hälfte ** 7 50, ** 15 —.
4. Abthl.: Kögel, Rud. Das Evangelium Johannis. 2 Hälften. (X, 402; X, 417 S.) 892. à Hälfte * 7 50; * 15 —; geb. à Hälfte ** 9 —; ** 18 —.

Evangelien, d. vier, in Predigten u. Homilien ausgelegt. In Verbindg. m. Anderen hrsg. v. Rud. Kögel. 2. Abth., 1. Hlfte.; 3. Abth., 1. Hlfte. 2. Lfg.; 3. Abth., 2. Hlfte. u. 4. Abth., 1. Hlfte. gr. 8. Bremen, C. E. Müller. n. 18. 50; Einbde. à n.n. 1. 50; (Kplt. 4 Abthlgn. in 5 Bdn. n. 57. —)

2. Abth. Das Evang. Marci, in Predigten u. Homilien ausgel. v. Ernst Dryander. 1. Hlfte. 3. Aufl. (X, 363 S.) 896. n. 6. —
3. Abth. 1. Hlfte. D. Evang. Lucä, in Predigten u. Homilien ausgel. v. Emil Frommel. 2. Lfg. (X u. S. 161—423.) 895. n. 6. — (1. Hlfte. kplt. n. 7. 50; geb. n.n. 9. —)
3. Abth. 2. Hlfte. Dasselbe. M. ergänz. Beiträgen v. Rud. Kögel. 2 Lfgn. (VIII, 417 S.) 897. n. 7. 50; geb. n.n. 9. —
4. Abth. D. Evang. Johannis, in Predigten u. Homilien ausgelegt v. Rud. Kögel. 1. Hlfte. 2. Aufl. (X, 402 S.) 896. n. 7. 50

Evangelien, die vier, in Predigten u. Homilien ausgelegt. In Verbindg. m. Anderen hrsg. v. Rud. Kögel. 2. u. 3. Aufl. 2.—19. (Schluß-)Lfg. gr. 8. Halle, C. E. Müller. à n. 3. —

I. Abtlg. Pank, Osk., das Evangelium Matthäi. 2 Hälften. 3. Aufl. (VIII, 442 S. u. VIII, 445 S.) 896. 898.
II. Abtlg. 1. Hälfte. Dryander, Ernst, das Evangelium Marci. 3. Aufl. (X, 363 S.) 896. — Dasselbe. 2. Hälfte, 3. durchgeseh. Aufl. (VIII, 339 S.) 897.
III. Abtlg. 1. Hälfte. Frommel, Emil, das Evangelium Lucä. 2. Aufl. (X, 423 S.) 897. — Dasselbe. 2. Hälfte m. ergänz. Beiträgen v. Rud. Kögel. 2. Aufl. (X, 417 S.) 902.
IV. Abtlg. 1. Hälfte. Kögel, Rud., das Evangelium Johannis. 2. Aufl. (X u. S. 193—402.) 896. — Dasselbe. 2. Hälfte. 2. Aufl. (VIII, 417 S.) 897.

Die vier **Evangolien** in Predigten und Homilien ausgelegt. In Verbindung mit anderen hrsg. von Dr. Rudolf Kögel. Abth. 1(-4). (In 19 Lfgen.) *(Halle a. S. &) Bremen* (4, 2: *& Leipzig*): *C. E. Müller 1896–1902.* 8 Bde 8° [F.]

1 — Pank, Oskar: Das Evangelium Matthäi ... 3. Aufl. Hälfte 1. 1896(–1901). 2. 1898(–1901).
2 — Dryander, Ernst: Das Evangelium Marci ... 3. Aufl. Hälfte 1. 1896(–1901). 2. 1897(–1901).
3 — Frommel, Emil: Das Evangelium Lucä ... 2. Aufl. Hälfte 1. 1897(–1901). 2. Mit erg. Beiträgen von D. R. Kögel hrsg. v. Dr. Otto H. Frommel. 1901–)02.
4 — Kögel, Rudolf: Das Evangelium Johannis ... 2. Aufl. Hälfte 1. 1896(–1901). 2. 1897(–1901). [04. 1546

Die vier **Evangolien** in Predigten und Homilien ausgelegt. (In Verbindung mit Anderen hrsg. von D. Rudolf Kögel.) 2. u. 3. Aufl. Lfg 1. *Halle a. S. & Bremen: C. E. Müller 1901.* 8° [F.] [01. 319

— dasselbe, in Predigten u. Homilien ausgelegt. In Verbindg. m. Anderen hrsg. v. Rud. Kögel. Das Evangelium Lucä v. Emil Frommel. Mit ergänz. Beiträgen v. Rud. Kögel hrsg. v. Otto H. Frommel. 2. Hälfte. 2. Aufl gr. 8. (X, 417 S.) Halle 902. C. E. Müller. n. 7. 50; geb. n.n. 9. —

— dasselbe. 2. u. 3. Aufl. (In 19 Lfgn.) 1. Lfg. gr. 8. Ebd. 901. n. 3. —
IV. Abtlg. Das Evangelium Johannis. Von Rud. Kögel. 1. Bd. (S. 1—192.)

— dasselbe. I.—III. Abtlg. à 2 Hälften u. IV. Abtlg. 2. Hälfte. gr. 8. Ebd. n. 42. —; geb. in Leinw. n. 52. 50 (Kplt. in 4 Halbfrz.-Bdn. n. 56. —)

I. Pank, Osk., das Evangelium Matthäi. 2 Hälften. 5. resp. 4. u. 5. Aufl. (VIII, 442 u. VIII, 445 S.) 907. à n. 6. —; geb. à n. 7. 50
II. Dryander, Ernst, das Evangelium Marci. 2 Hälften. 4. durchgeseh. Aufl. (XII, 363 u. VIII, 339 S.) 903. 904. à n. 6. —; geb. à n. 7. 50
III. Frommel, Emil, das Evangelium Lucä. Mit ergänz. Beiträgen v. Rud. Kögel hrsg. v. Otto H. Frommel. 2 Hälften. 3. Aufl. (X, 423 u. X, 417 S.) 904. 907. à n. 6. —; geb. à n. 7. 50
IV, 2. Kögel, Rud., das Evangelium Johannis. 2. Hälfte. 3. Aufl. (VIII, 417 S.) 907. n. 6. —; geb. n. 7. 50

Evangelien, die vier, mit Berücksichtigung der württembergischen Summarien ausgelegt für Kirche, Schule und Haus. Von einem evangelischen Geistlichen. Stuttgart 863. Belser. gr. 8. (367 S.) 24 ngr

— Dies., wie sie von d. vier Evangelisten geschrieben worden, nebst den Lektionen u. Episteln, die d. Jahr hindurch in d. kathol. Kirche gelesen werden; zum Gebr. d. Leseschüler d. Sagan. Stiftes, v. B. Strauch. Sagan 764. 3e A. 771. 19e A. 8. Bresl. 830. J. Fr. Korn. 12 gr

— d., wie sie von den vier Evangelisten geschrieben worden; nebst d. Lektionen u. Episteln, die d. ganze Jahr hindurch in d. kathol. Kirche gelesen werden, sammt e. kurzen Inhalte sämmtl. Bücher, die sich in d. heil. Schrift A. u. N. Test. befinden. 8. Coblenz 775. (Coppenrath in Münster). 12 gr

Evangelien, die, wie sie von d. vier Evangelisten Matthäus, Marcus, Lucas u. Johannes geschrieben worden, nebst d. Lectionen u. Episteln, die d. Jahr hindurch in d. kathol. Kirche gelesen werden; z. Gebr. d. Leseschüler. 19., unveränd. Aufl. (2 Abthln.) 8. (40 B. u. 1 Tab.) Breslau 830, J. Fr. Korn. Thlr.

Evangelien, die, wie sie von den vier Evangelisten Matthäus, Marcus, Lucas u. Johannes geschrieben worden, nebst d. Lectionen u. Episteln, die das Jahr hindurch in d. kathol. Kirche gelesen werden; zum Gebr. d. Leseschüler. (2 Thle.) 21., unveränd. Aufl. 8. (40¼ B.) Breslau 836, W. G. Korn.

Evangelien, die, wie sie von den vier Evangelisten Matthäus, Marcus, Lucas und Johannes geschrieben worden, nebst den Lectionen und Episteln, die das Jahr hindurch in der katholischen Kirche gelesen werden. Zum Gebrauche der Leseschüler. 24. unveränd. Aufl. Breslau 854. Korn. 8. (XLVIII, 368 S. u. 1 Tab. in 4. und: Lectionen, welche durch das ganze Jahr in der katholischen Kirche, nebst den Evangelien aus verschiedenen Büchern der heil. Schrift, vornehmlich den Episteln der Apostel, gelesen werden rc. 224 S.) nn. 10 ngr

— u. Episteln, d. zergliederten u. erläuterten, zum Gebr. d. Katecheten. 8. Insbr. 778. Wagner. 6 gr

Die ZERGLIEDERTEN und erläuterten Sonn- und festtäglichen Evangelien, Lektionen und Episteln, zum Gebrauche der Nazionalschulen in dem Königreiche Hungarn und den damit verbundenen Staaten. Ofen 1781. Gedr. mit königl. Universitätsschriften. 140 S. - kl. 8°
- Dass. Tyrnau 1778. Gedr. m. kön. Univ.-schriften. 156 S. 1 t. - 8°
- Dass. Tyrnau 1790. Gedr. m. kgl. Univ.-schriften. 156, 1 S. 1 t. - 8°
- Dass. Ofen 1809. Gedr. m. kgl. Univ.-schriften. 184 S. 1 t. - kl. 8°
- Dass. Ofen 1817. Gedr. m. kgl. Univ.-schriften. 184 S. 1 t. - kl. 8°

Evangelienbuch, rc. 8. Hadamar, n. Gel. Buchhandl. 801.

Evangelienbuch. Lemberg 1888. Verlag des Stauropigianischen Institutes. Gebunden —.32

Evangelienbuch, Christliches, zum Gebrauche in den Kirchen des Grossherzogthums Sachsen-Weimar-Eisenach ... Weimar [1825]. H: *Röhr, Joh. Frdr.* (Ky) (Zu)

Evangelienbuch, christliches, zum Gebrauch in den Kirchen des Grßh. Sachsen-Weimar-Eisenach; diesseitigen Bereichs, (v. J. F. Röhr) 8. Weimar 825, Hoffmann.

Evangelien-Buch, katholisches, nebst den Episteln für d. Sonn- u Feier-Tage des g. Jahres. 12. Düsseld. 838. Stahl. n. ¼ ß

Evangelienbuch für kathol. Kirchen u. Schulen. 8. Hadamar 801. N. A. 808. (Lanz in Weilb.) 6 gr

— das, f. d. Sonn- u. Festtage d. Jahres rc. A. u. d. T.: kleine Schul- u. Volksbibel. 1r Bd. 12. Halle 812. Schwetschke u. S. 4 gr

Evangelienbuch, Vermehrtes, oder Auszug des Neuen Testaments ... Göttingen 1789. Ü: *Gladbach, Georg Ludwig.* (Ky)

— vermehrtes, oder Ausz. d. N. Test. in e. neuen erläut. Uebersetzung, (v. G. L. Gladbach). 1r Thl. 8. Götting. 789. Vandenhöck u. R. 10 gr

Evangelienfrage, Die, im Allgemeinen und die Johannisfrage insbesondere; eine Denkschrift zur Erinnerung an den 25jährigen Bestand der Universität Zürich. Zürich 1858. V: *Tobler, Joh. Rud.* (Zuwachsverz. d. Bibl. in Zürich 1898 ff., 8.)

Evangelienfrage, die, im Allgemeinen und die Johannisfrage insbesondere. Eine Denkschrift zur Erinnerung an den 25jähr. Bestand der Universität Zürich. Zürich 858. Orell, Füssli u. Co. 8. (VIII, 132 S.) 18 ngl

Evangelienfragmente, zwei neue, hrsg. u. erklärt v. Henry Barclay Swete, s.a. Texte, kleine, f. theologische u. philologische Vorlesungen u. Übungen 81.

Zwei neue **Evangelienfragmente.** Hrsg. u. erkl. von Henry Barclay Swete. Bonn: Marcus & Weber **1908.** 14 S. 8°
(Kleine Texte f. theol. u. philol. Vorlesungen u. Übungen. 31.) [09. 3536 5

Evangelienharmonie, d. altsächsische, in d. neuhochdeutsche Sprache übertr. v. Edm. Behringer. (Umschlag: Heleand.) 8. (VII, 261 S.) Aschaffenburg 898. C. Krebs. n. 4. —; geb. n. 5. —

Evangelien-Harmonie u. erklärte Apokalypse. gr. 8. (XII, 284 S.) Meran 894. F. W. Ellmenreich. n. 2. —

Evangelien-Lieder d. i. Kern der Evangelien im Reime verfaßt nebst e. Anh., enth. Lieder auf die sonstigen Festlichkeiten d. Jahres u. andere Gelegenheiten. Hrsg. v. e. Landpfarrer. 12. (XIV u. 360 S.) Nagold 852, Zaiser. 3/8 ₰

[F.] Berliner **Evangelien-Postille.** Pred. f. d. Sonn- und Festtage d. ganzen Kirchenjahres in Verbindg m. Berliner Amtsbrüdern hrsg. v. Ernst Evers. (In 15 Lfgn.) *Berlin: Kommr. d. Buchh. d. Berl. Stadtmission [1896].* (8 Bl., 701 S., 1 Bl.) 1 Bd 4.(8.) [97. 46

Evangelienpredigten, s. Predigtsammlung.

Evangelienpredigten z. Gebrauch in Lesegottesdiensten. In Verbindg. m. Amtsbrüdern bearb. u. hrsg. v. Th. Lindemann u. O. Ihlefeld. (IX, 592 S.) gr. 8. Schwerin 904. F. Bahn. n. 4. 80; geb. in Leinw. n. 5. 60; m. Goldschn. n. 6. 50

Evangelienpredigten auf alle Sonn-, Fest- und Feiertage des ganzen Kirchenjahres, zum Vorlesen in Landkirchen u. zur häuslichen Erbauung. In Verbindung mit K. Jahn, C. Mau, A. Moraht rc. herausg. von Ernst Genzken. Lüneburg 861. Herold & Wahlstab. gr. 8. (VIII, 616 S.) n. 2 ₰

Evangelien-Predigten f. d. Sonn- u. Festtage d. Kirchenjahres (1893), geschrieben v. Geistlichen d. hannov. Landeskirche. Hrsg. v. Evangel. Verein zu Hannover. gr. 8. (IV S. u. 56 Nrn. à 8 S.) Hannover 893. (H. Feesche.) Geb. in Halbleinw. n.n. 1. 50

— dasselbe. (1895.) Hrsg. v. Evang. Verein z. Hannover. gr. 8. (IV, 448 S.) Ebd. 895. Geb. in Halbleinw. n.n. 1. 50
Vergriffen.

— dasselbe. (1897.) Hrsg. v. Evangel. Verein zu Hannover. gr. 8. (IV, 448 S.) Ebd. 897. Geb. in Halbleinw. n.n. 1. 50
S. a.: Epistelpredigten — Es erscheint jedes Jahr je ein Jahrg. Epistel- oder Evangelienpredigten.

Evangelien-Predigten f. die Sonn- u. Festtage d. Kirchenjahrs. Hrsg. vom evangel. Verein zu Hannover. Jahrg. 1900. gr. 8. (IV, 448 S.) Hannover 900. (H. Feesche). Geb. n.n. 1. 50

— f. die Sonn- u. Festtage des Kirchenjahrs. Hrsg. vom evangel. Verein zu Hannover. Jahrg. 1902. (IV, 456 S.) gr. 8. Hannover 902. (H. Feesche.) Geb. n.n. 1. 50

— dasselbe. Jahrg. 1904. (IV, 456 S.) 8. Ebd. 904. Geb. n.n. 2. —

Evangelien-Predigten f. die Sonn- u. Festtage des Kirchenjahrs. Hrsg. vom evangel. Verein zu Hannover. Jahrg. 1906.(IV,456S.)8.Hannover906.(H.Feesche). Geb. nn2. —

Evangelien-Predigten für die Sonn- und Festtage des Kirchenjahres. Hrsg. v. Evang. Verein zu Hannover. Hannover: Ev. Verein; Feesche in Komm. 1909. 450 S. 8° (4°) [10. 2283 7

Evangelii, s. Evangelium.

*__Evangelji__ in branje. (Izdal U. Jarnik.) 6. natis. Zelouz, 1839. (Nach Rauneckers Carinthiaca.)

*__Evangelji__ ino branje na vse nedéle ino svetke zelega leta. (Izdal U. Jarnik.) V' Zelovzi. 1821. (Nach Simonič.)

*__Evangelji__ na posebne dneve svetega posta. (Izdal U. Jarnik.) V' Zelovzi. 1821. (Nach Simonič.)

ЕВАНГЕЛІЕ 1056—57. ГОДА. СЪ ПРИЛОЖЕНІЕМЪ ГРЕЧЕСКАГО ТЕКСТА ЕВАНГЕЛІЙ и СЪ ГРАММАТИЧЕСКИМИ ОБЪЯСНЕНІЯМИ, ИЗДАННОЕ А. Востоковымъ. gr. 4. (Mit 1 Lithogr.) Санкт Петербургъ. 843. (Leipzig, Leop. Voß.) baar 5 ₰

Evangeline und Neger Tom. Aus Onkel Tom's Hütte ausgewählt für die liebe Jugend in Haus und Schule. Mit Vorw. von Karl Mann. Stuttgart 854. Quack. gr. 8. (VIII, 207 S.) 9 ngl

Evangelio, la, Sanktu Mateo lau Martin Luther. Tradukita en la lingvon internacian Esperanto de W. B. Mielck kaj Fr. Stephan. Kun antauparolo de Alfr. Jeremias. (VIII, 66 S.) kl. 8. Leipzig 906. J. C. Hinrichs' Verl. n. — 50

Evangelio, la, Sanktu Mateo lau Dr. Martin Luther. Jetzt: Berlin, Esperanto Verlag Möller & Borel.

Evangeliorum, s. Evangelia.

[F.] Zur **Evangelisation** Brasiliens. Erinnergn u. Beobachtgn v. Pastor *,*. *Leipzig: C. Braun 1896.* (43 S.) 8.
—Flugschriften d. evangel. Bundes. [No] 121/122. '(Reihe XI, 1, 2.)' [96. 3541

Evangelisation durch das gedruckte Wort. Ein Mahnruf an alle Gotteskinder. (65 u. 48 S. m. Titelbild.) gr. 8. Dresden (905). Christl. Verlagshaus. n. — 20

Der Evangelisationsbote: vol. 1 – 20?, Jan.?, 1910 – 1930?
Monthly, then semi-monthly. Organ of Wehrlose Mennoniten-Brüder in Christo von Nord-Amerika. Slight variations in title. Place of publication varies: Mt. Lake, Minn. Quarto, each issue, 8 pages. Edited by H. C. Unruh, 1910—19; by George P. Schultz, 1919—?; by John N. Wall, ?—1930. Published by Publication Board of the Wehrlose Mennoniten-Brüder in Christo von Nord-Amerika.
Chicago, IL

Evangelisationsbote: 1910 1941? Mountain Lake, MN

Evangelisations-Lieder. Ohne Melodieen. 1. und 2. Aufl. (16 S.) 1882. 5 Pf.; 3. verm. Aufl. 8. (48 S.) Basel 883, Spittler. * — 5

Evangelisations-Lieder. Ohne Melodieen. 3. Aufl. 8. (48 S.) Basel 883. Spittler. n. — 8

Evangelisations-Lieder. Mit Melodieen. 3. Aufl. kl. 8. (96 S.) Basel 887. Spittler. n. — 40; geb. n. — 60

— dasselbe. Ohne Melodieen. 5. Aufl. kl. 8. (48 S.) Ebd. 888. n. — 8

Evangelisations-Lieder. 7. u. 8. Aufl. gr. 16. (48 S.) Basel 891. Jaeger & Kober. n. — 10

Evangelisations-Lieder. 10. u. 11. Aufl. In-16°. 79 S. Basel, Jäger & Kober. — 20; Hlblwd. — 35
— Dasselbe. Mit Melodien. 5. Aufl. In-16°. 153 S. 1895 — 75; Lwd. 1 —

Evangelisations-Lieder. 12. Aufl. 12. (79 S.) Basel 895. Jaeger & Kober. n. — 16; kart. n. — 30

— dasselbe. Mit Melodien. 6. Aufl. 12. (156 S.) Ebd. 895. n. — 60: geb. in Leinw. n. — 80

Evangelisations-Lieder. 13. Aufl. 12. (79 S.) Basel 899. Kober. n. — 16

— dasselbe. 8. (16 S.) Neumünster (899). Vereinsbuchh. G. Ihloff & Co — 05

Evangelisationslieder. 29 vierstimm. Lieder aus dem Notenschatz des christl. Sängerbundes deutscher Zunge. (32 S.) 11,5×14,5 cm. Bonn 910. J. Schergens. — 30

— Berner. Mit Melodieen. kl. 8. (IV, 112 S.) Ebd. 886. n. — 50; geb. n. — 65

Evangelisations-Thätigkeit, die, der Waldenser-Kirche in Italien u. der französischen Riviera, s.: Für die Feste u. Freunde d. Gustav-Adolf-Vereins.

Evangelisch oder Katholisch? Ein Gespräch über den gegenwärt. Kirchenstreit. 1.—3. Aufl. gr. 8. (16 S.) Rathenow 875,76. (Haase.) *

Evangelisch od. römisch? Eine Betrachtg. üb. den Unterschied der evangel. u. röm. Kirche, dargeboten Suchenden zur Lehre, Schwankenden zur Stütze, Verzagten zum Trost von Fürchtegott Bleibtreu. Hrsg. vom Evangel. Preßverein in Schlesien. 8. (VIII, 104 S.) Leipzig 887. Böhme Nachf. n. 1. —

Evangelisches. Aus Joh. Mich. Saller's religiösen Schriften für evangel. Christen. Ausgewählt und herausgeg. von Aug. Gebauer. 16. Stuttgart 846, Cast'sche B. n. 2/3 ₰

Evangelisches. Aus Joh. Mich. Saller's religiösen Schriften f. evangel. Christen. Ausgewählt u. hrsg. v. Aug. Gebauer. 2. (Titel-)Aufl. gr. 16. (VIII u. 480 S.) Stuttgart (846) 851, Cast. 12 ₰

Evangelischgesinnten, die, im Zillerthal. Ein bes. Abdruck aus Rheinwald's Repertorium f. theol. Literatur. gr. 8. Berlin 837. Herbig. n. 1/6 ₰

Evangelisch-Sozial. 13.—15. Folge der Mitteilungen des evangelisch-sozialen Kongresses. Im Auftrage des Aktionskomitees hrsg. v. W. Schneemelcher. 1904—1906. à 6 Nrn. (IV, 200; IV, 246 u. IV, 212 S.) 8. Berlin, A. Duncker. à Jhrg. n. 2. 50

Evangelisch-Sozial. 16—19. Folge der Mitteilungen des evangelisch-sozialen Kongresses. Im Auftrage des Aktionskomitees hrsg. v. W. Schneemelcher. Jahrg. 1907—1910. à 6, 6 u. 12 Nrn. 8. Berlin, A. Glaue. à Jhrg. 3. —

Evangelist, der. Hrsg. v. der Tractat-Gesellschaft der bischöfl. Methodistenkirche. 1—3. Jahrg. Juni 1850 - Mai 1851. Juni 1851—Mai 1852 u. Jahrg. 1852. à 26 Nrn. gr. 4. (B.) Bremen, Heyse. à Jahrg. n. 1 ₰

Evangelist, der. Herausg. für die Tractat-Gesellschaft der bischöflichen Methodistenkirche. Bd. IV—VII. Jahrg. 1853—56. à 26 Nrn. (à 1 Bgn.) Bremen, Heyse. gr. 4. Jeder Jahrg. n. 1 ₰

Evangelist, der. Herausg. für die bischöfliche Methodistenkirche. 8—12. Bd. Jahrg. 1857—61. à 26 Nrn. (à 1 Bgn.) Bremen. Verlag des Tractathauses. 4. Jeder Bd. n. 1 ₰

Evangelist, der. Hrsg. von C. H. Doering und C. Weiß. 19.—25. Bd. oder Jahrg. 1868—1874. à Jahrg. 26 Nrn. (Bog.) Mit Beilage: Der Kinderfreund. 16.—22. Bd. à Bd. 26 Nrn. (½ Bog.) gr. 4. Bremen, (Verlag des Tractathauses.) à Jahrg. *
Ohne Kinderfreund *
Der Kinderfreund apart *

Evangelist, der. Hrsg. von C. H. Döring und A. Rodemeyer. 26. Jahrg. 1875. 52 Nrn. (Bog.) gr. 4. Bremen, (Verlag des Tractathauses.)

—— dass. — 27. Jahrg. 1876. 52 Nrn. (Bog.) gr. 4. (Ebendas.)

Evangelist, der. Hrsg. von der bischöflichen Methodistenkirche. Red.: A. Rodemeyer. 28—33. Jahrg. 1877—1882. à 52 Nrn. (B.) gr. 4. Bremen, (Verl. d. Tractath.). à Jahrg. 3. —

Evangelist, der. Hrsg. v. der bischöfl. Methodistenkirche. Red.: C. Weiß, A. Ruppaner u. P. G. Junker. 33—37. Jahrg. 1883—1886. à 52 Nrn. (B.) gr. 4. Bremen, (Verl. d. Tractathauses). à Jahrg. 3. —

Evangelist, der. Hrsg. von der bischöfl. Methodistenkirche. Red.: P. G. Junker. 38.—41. Jahrg. 1887—1890. à 52 Nrn. (B.) gr. 4. Bremen, Verl. d. Tractathauses. à Jahrg. n. 3. —

Evangelist, der. Hrsg. v. der bischöfl. Methodistenkirche. Red.: P. G. Junker. 42. u. 43. Jahrg. 1891. 1892. à 52 Nrn. (Bog.) gr. 4. Bremen, Verl. d. Tractathauses. à Jahrg. 3. 10

— dasselbe. 44. u. 45. Jahrg. 1893. 1894. à 52 Nrn. (Bog.) 4. Ebd. à Jahrg. n. 2. —

Evangelist, der. Hrsg. f. d. bischöfl. Methodistenkirche. Red.: E. Gebhardt. 46.—49. Jahrg. 1895—1898. à 52 Nrn. (Bog.) gr. 4. Bremen, Verlag d. Traktathauses. à Jahrg. n. 2. —
Der 46. Jahrg. ist von P. G. Junker redigiert.

Evangelist, der. Red.: J. P. Grünewald. 50.—53. Jahrg. 1899—1902. à 52 Nrn. gr. 4. (à 8 S.) Bremen, Verl. des Traktathauses. à Jahrg. n. 2. —

Evangelist, der. Red.: J. P. Grünewald. 54. u. 55. Jhrg. 1903 u. 1904. à 52 Nrn. (à 8 S.) 4. Bremen, Buchh. u. Verlag des Traktathauses. à Jhrg. n. 2. —

— dasselbe. 56. u. 57. Jahrg. 1905 u. 1906. à 52 Nrn. (à ca. 12 S.) 4. Ebd. à Jhrg. n. 3. —

Evangelist, der. Organist der bischöfl. Methodistenkirche in Deutschland. Red.: J. P. Grünewald. 58—61. Jhrg. 1907—1910. à 52 Nrn. (1910: 612 S.) 32×23 cm. Bremen, Buchh. u. Verl. des Traktathauses. à Jhrg. 3. —

Der Evangelist : Jg. 1—19, Oct. 15, 1856—June? 1875.

Monthly, then weekly, for family. Organ of Deutsch-Reformirte Kirche in den Vereinigten Staaten. Place of publication varies: Tiffin, Ohio, 1856—60. Merged with Die Reformirte Kirchenzeitung. Circulation: 1857, 1100; 1860, 1650; 1865, 2274; 1869, 3116; 1875, 3680. Edited by Hermann Julius Rütenik, 1855—70; by P. Greding, 1871—May 1873; by Hermann Julius Rütenik, June 1873—75. Published by Hermann Julius Rütenik, 1856—Aug. 1858; by Verlagshaus der Deutschen Reformierten Kirche [later, as German Reformed Book Concern].
Cleveland, OH

Deutscher Evangelist : 1879—? **Newark, NJ**

Bimonthly, published by Gebr. Geiger.

Deutscher Evangelist : 1879—1931?

Semi-monthly, 1879—1923; monthly, 1924—31. Organ of Die Presbyterianische Kirche. Published in English and German. Large quarto (slight variations). Place of publication varies: Brooklyn, N.Y., 1900—1910; Newark, N.J., 1879—99; Phila. Circulation: 1890, 900; 1895, 1100; 1910, 900; 1925, 1500. Edited by the Rev. H. J. Weber & the Rev. J. Richelsen, 1886?—88; by the Rev. H. J. Weber & the Rev. W. A. Nordt, 1889—91; by the Rev. A. W. Fismer, 1892—97; by the Rev. A. F. Wirth, 1898—99; by H. C. Frühnert, 1911—22; by the Rev. H. H. Hoops, 1926—31. Published by Geiger Bros., 1886?—99; by Louis Wolferz, 1900—03; by Eastern Publishing Co., 1904—10; by John F. Kern, 1911—31.
Orange, NJ

— der märkische. Ein Wochenblatt f. Stadt u. Land. 5. Jahrg. 1894. 52 Nrn. (½ Bog.) 4. Witten, Buchh. der Stadtmission. n. 1. 20

— der märkische, Fortsetzg., s.: Bote d. Friedens.

Evangelist, Der, für wöchentliche Unterhaltungen. Zürich 1784. V: *Tobler, Johann.* (MGT)

— der, im Walde. 32. (16 S.) Nonnenweier 871. (Barmen, Klein.) — 15

Evangelista, Joh., d. Reich Gottes in d. Seele. 12. Frkf. Fleischer. 736.

Evangelisten, die amerikanischen, Moody u. Sankey, u. ihre Wirksamkeit in Großbritannien u. Irland. Frei nach dem Englischen des John Hall u. Geo. H. Stuart. 8. (88 S.) Elberfeld 876. Buchhandlung der evangelischen Gesellschaft. n. — 60

Evangelisten, s.a. Evangelia.

– s.a. Evangelien.

– s.a. Evangelium.

Evangelisten, die, und Episteln, m.K. 8. Braunschweig, Schröder. 740.

— d. vier, in grönländischer Spr. v. Egede 8. Kopb. 744.

Die vier Evangelisten zusammengestellt mit der Apostelgeschichte und den apostolischen Briefen von Matthias Kirchsteiger. Linz, 1814. 8°.

Evangelisten, d. vier heil., verdeutscht u. mit Anmerkk. versehen v. Ign. Weitenauer. 8. Salmannsweiler 777.

Evangelium, s. a. Evangelia.

– s.a. Evangelien.

– s.a. Evangelisten.

— das, in Versen bearb. v. K. Kirsch. 8. Leipz. 825. Baumgärtner. 9 gr. Schrbp. 12 gr.

Evangelium, das. Monatshefte z. Wiederherstellg. d. Lehre Jesu. Von Gfr. Schwarz. 1.–4. Jahrg. Apr. 1896—März 1899. à 12 Hfte. (à 2 Bog.) 8. Handschuchsheim b/Heidelberg. (Dresden, F. Jacobi.) à Jahrg. n. 3. —; einz. Hfte. — 30

Evangelium, das. Monatshefte zur Wiederherstellg. der Lehre Jesu. Von Gfr. Schwarz. 4. Jahrg. Oktbr. 1899—Septbr. 1900. 12 Hfte. 8. (à ca. 32 S.) Heidelberg. (Dresden, F. Jacobi.) n. 3. —; einz. Hfte. n. — 30
Fortsetzung s.: Banner, das, der Freiheit.

— das alte. Nr. 2. 8. Biel 896. (Frankfurt a/M., J. Schergens.) n. — 30
Frohe Botschaft f. d. Kranken. Berichte üb. d. Wirksamkeit d. Cevennenbauern Vignes in Vialas. Zusammengest. v. J. Schlachter. 2. Aufl. (33 S.) n. — 30

DAS ALTE EVANGELIUM. Christliches Sonntagsblatt für alle Stände. Herausgegeben von der „Vereinigung zur Pflege des biblischen Christentums"
Schriftleitung: Pastor PHILIPPS, Lindenhorst b. Niedereving.
Jahrg. 1. Nr. 1—16. 1905. Druck und Verlag von Carl Braus, Schwerte-Ruhr. (Ohne bes. Titelbl.) 4°.
Jahrg. 2. Nr. 1—52. 1906. ib. —. (später: Dortmund. Druck und Verlag Karl Strauch.)
Jahrg. 3. Nr. 1—52. 1907. ib. —. (später: Duisburger Zeitung. G. m. b. H.)
Jahrg. 4. Nr. 1—52. 1908. Duisburg, Druck der Duisburger Zeitung.
Jahrg. 5. Nr. 1—11. 1909. ib. —. (später: Dortmund. Druck von Karl Strauch.)
Schriftleitung: I. V.: JUCHO, Pfarrer, Dortmund.
Jahrg. 5. Nr. 12—52. 1909. ib. —
Jahrg. 6. Nr. 1. 1910. ib. —
Schriftleitung: Pfarrer FREY, Lünen.
Jahrg. 6. Nr. 2—52. 1910. ib. —
Jahrg. 7. Nr. 1—2. 1911. ib. —
Schriftleitung: Pfarrer WEIRICH, Brambauer.
Jahrg. 7. Nr. 3—45. 1911. ib. —
Schriftleitung: I. V. P. JUCHO-Dortmund.
Jahrg. 7. Nr. 46. 1911. ib. —
Schriftleitung: Pfarrer DONSBACH-Dortmund.
Jahrg. 7. Nr. 47—53. 1911. ib. —
Schriftleitung: Pfarrer Dr. MORGENSTERN-Hombruch bei Barop.
Jahrg. 8. Nr. 1—52. 1912. ib. —
Jahrg. 9. Nr. 1—52. 1913. ib. —

Evangelium, Das, der Armen oder Jesus von Nazareth und seine Anhänger als Sozialisten vor dem bernischen und zürcherischen »Maulkrattengesetze«. Zürich 1852. V: *Bürkli, Carl.* (BSchwLk V, 9f) (Cat. d. Stadtbibl. Zürich. Zürich 1864—97.)

Evangelium, das, unter den Bauern der Tschhonglof-Berge. Ein Bild aus der chines. Mission. 8. (32 S. m. Abbildgn.) Basel 890. Missionsbuchhdlg. n. — 15

Evangelium, das, unter den Bauern der Tschhonglof-Berge. Ein Bild aus der chines. Mission. 2. Aufl. 8. (32 S. m. Abbildgn.) Basel 894 Missionsbuchh. n. — 15

— d. v. Jesu C. all. Creatur. z. predigen befohlene. 8. Lpz. 748.

Evangelium, d. betrachtete, f. gemeine Leute; 4 Thle. 8. Ansp. Weith. 802.

— — Fortsetzung hiervon, s. d. apostolische Lehre.

Evangelium, Das betrachte, auf alle Tage nach der Übereinstimmung der vier Evangelisten abgetheilt. Aus d. Französ. Bamberg u. Würzburg 1777. V: *Duquesne.* (L. Rosenthal, Kat. XXXVII, 1130)

Evangelium, Das betrachtete, auf alle Tage im Jahre ... A. d. Franz. übers. Bamberg u. Würzb. 1777... V: *Duquesne, Arn. Bern. d'Icard.* (Ky) (Th) (Quérard) Ü: *Heyde, Johann Daniel.* (ML) »1789—90.« V: *Girardeau, Bonav.* (AarK)

Evangelium, d. betrachtete, auf alle Tage im Jahr 2c. a. d. Franz. 8 Thle. 8. Bamberg, Göbhard. 789.

— d. betrachtete, auf alle Tage im Jahr; aus d. Französ. (d. Abts Duquesne). 8 Thle. 8. Bamb. 789. Wesché in Frkf. 6 rthl

— das, in China, s.a. Missions-Traktate, kleine.

Evangelium, das, in China. 2. Aufl. 16. (11 S.) Basel 878. Missionsbuchhandlung. n. — 4

Evangelium, das, in China. 3., umgearb. Aufl. 16. (16 S. m. Illustr.) Basel 890. Missionsbuchhandlg. n. — 4

Das Evangelium in China. 1.Jg. 1880.

das, in China. Vereinsblatt des pomm. u. d. Berliner Hauptvereins f. die evangel. Mission in China. Hrsg.: W. Graeber u. Lutze. 15. Jahrg. 1894. 4 Nrn. (à ca. 1½ Bog.) gr. 8. Stettin. (Berlin, Buchh. der Berliner evangel. Missionsgesellschaft.) n. 1. —

— das, in China. Vereinsblatt d. pomm. u. d. Berliner Hauptvereins f. d. evang. Mission in China. Hrsg.: W. Graeber u. Lutze. 16.—18. Jahrg. 1895—1897. à 4 Nrn. (à ca. 24 S. m. Abb.) gr. 8. Stettin. (Berlin, Buchh. d. Berl. evang. Missionsgesellsch.) à Jahrg. n. 1. 40

— dasselbe. Hrsg. u. Red.: Lutze. 19. Jahrg. 1898. 4 Nrn. (à ca. 2 Bog. m. Abb.) gr. 8. Ebd. n. 1. —

— das, in China. Vereinsblatt des Berliner u. des pommerschen Hauptvereins f. die evangel. Mission in China. Hrsg. u. Red.: Lutze. 20.—23. Jahrg. 1899—1902. à 4 Nrn. gr. 8. (à ca. 32 S. m. Abbildgn.) Berlin, Buchh. d. Berliner ev. Missionsgesellschaft. à Jahrg. 1. —

Evangelium, das, in China. Vereinsblatt des Berliner u. des pommerschen Hauptvereins f. die evangel. Mission in China. Hrsg. u. Red.: Lutze. 24.—27. Jahrg. 1903—1906. à 4 Nrn. (à Jhrg. 128 S. m. 4, 5, 8 u. 3 Abb.) 8. Berlin, Buchh. der Berliner ev. Missionsgesellschaft. à Jhrg. n. 1. —

Evangelium, das, in China. Vereinsblatt des Berliner u. des pommerschen Hauptvereins f. die evangel. Mission in China. Hrsg. u. Red.: Lutze. 28. Jahrg. 1907. 4 Nrn. (à ca. 32 S. m. Abbildg.) 8. Berlin, Buchh. der Berliner ev. Missionsgesellschaft. 1. —
Erscheint nicht mehr.

Das Evangelium in der Diaspora des In- und Auslandes. 4 Vorträge von (Fr.) Geest, Kinzenbach, (O.) Ney u. (G. E.) Schweitzer. Leipzig: C. Braun 1904. 40 S. 8° [Umschlagt.] [illegible]

Evangelium Dobromiri. Ein altmacedonisches Denkmal der kirchenslavischen Sprache des XII. Jahrhunderts. Von V. Jagić. II. Hälfte. Lexikalisch-kritischer Theil. (Sitzungsberichte der kais. Akademie der Wissenschaften in Wien. Philosophisch-historische Classe. Band CXL. III) Wien. 1898. In Comm. Gerold's Sohn. Gr.-8°. 122 S. fl. 1.40

— das einige, der Apostel Matthäus u. Johannes deutsch. Nebst einer chronologischen Uebersicht der evangelischen Geschichte. gr.8. (XXVIII, 159 S.) Dresden 882. Kellberg in Comm. n. 1. —

— dasselbe. Mit dem Grundtexte ihrer parallelen Berichte. gr. 8. (XII, 44 u. XVI, 159 S.) Ebend. 882. n. 2. —

Evangelium, Das ewige, oder der ewige Glaube und das ewige Gesetz der Menschheit. Stuttg. 1897. V: *Hardegg, E.* (Ky)

— d. ewige, od. d. e. Glaube u. d. e. Gesetz d. Menschheit. (Von E. Hardegg.) 8. (260 S.) Stuttgart 897. (J. F. Steinkopf.) Kart. n. 2. 50

Evangelium der Freiheit f. alle Völker. Von Einem aus dem J. 1848. 1. Hft. Der Ursprung d. sozialen Elends u. der Kampf um's Recht. 8. (29 S.) Zürich 884. Verlags-Magazin. n. — 50

Evangelium (Das) der Freiheit und Wahrheit, gegründet auf das Natur- und Sittengesetz. 8°. Leipzig 1865.

Evangelium, das fünfte. gr. 16. (76 S.) Braunschweig 876. H. Bruhn. n. 1. —

— Gatianum. Quattuor evangelia latine translata ex codice monasterii S. Gatiani Turonensis. (Paris bibl. nat. n. acqu. Nr. 1587.) Primum ed. variis aliorum codicum lectionibus inlustravit de vera indole disseruit Jos. Mich. Heer. Cum tabula autotypica. (LXIV, 187 S.) gr. 8. Freiburg i/B. 910. Herder. 14. —

— das, ein Geruch des Todes zum Tode. 16. (12 S.) Basel 878. Missionsbuchhandlung. n. — 4

Evangelium, Das heil., oder Leben und Lehre Jesu ... Heidelb. 1808. H: *Koch, Hieronymus.* (Th)

— d. heil., od. d. Leben u. Lehre Jesu. gr. 8. Heidelb., Mohr. 1 ℛ 20 𝔤 Dass. 808. (Roos in Fulda). 1 ℛ 16 𝔤

— Das hl., Jesu Christi nach Matthäus. Uebers. v. J. H. Kistemaker. (Umschlag: Das Leben unsers Herrn u. Heilandes Jesu Christi, v. St. Matthäus geschrieben.) (62 S.) 16. Elberfeld 900. Bergische Bibelgesellschaft. nn — 05

Evangelium, das heilige, des Johannes. Syrisch in Harklensischer Uebersetzung mit Vocalen u. den Punkten Kuschoi u. Rucoch nach einer vaticanischen Handschrift nebst kritischen Anmerkungen von Geo. Heinr. Bernstein. Leipzig 853. Teubner. gr. 8. (XXX, 30 S. Anmerkgn. u. 67 S. syr. Text mit lith. Titel u. Initialen in Farbendr.) n. 2 ℛ 20 𝔤

— das hl., St. Matthäi, aus dem Griech. ins Hebr. übers. v. Frz. Delitzsch, 14. Aufl., u. aus dem Hebr. ins Jüdisch-Deutsche übertr. v. Isch Jehudi. gr. 8. (IV, 127 S.) Leipzig 900. (Ev. luth. Centralverein f. Mission unter Israel.) — 75

— Jesu Christi syntatomenon, e quatuor Evangelist. nexu congestum. 8. maj. Lips. Liebeskind. 792.

Evangelium Jesu Christi syntattomenon, e IV Evangeliis nexu continuo nihil uspiam addito aut intermisso juxta fidem vulgatae coordinatum a Frz. Emmer. Simunovics. 8maj. Wien 792. Al. Doll. 1 ℛ 16 𝔤

— das, d. Jesuiten aus d. Theorie u. Paris dieser Väter zusammengesetzt u. d. lieben Christenheit neuerdings zur Beherzigung vorgelegt, v. Fr. Gerhardt (Fr. Girardet). gr. 8. Leipz. 822. Hartknoch. 1 ℛ 4 𝔤

Evangelium, das, von Jesus Christus. Synoptisch zusammengestellt und zur Erbauung erklärt vom evangel. Pfarrer Carl Braune. Lex.-8. Grimma 845, Gebhardt. 2 ℛ

— S. Joannis secundum codices veteroslavicos characteribus glagolicis et cyrillicis unacum textu graeco et latino exaratum. gr. 8. (135 S.) Prag 897. (F. Řivnáč.) n. 6. —

— secundum Johannem cum variae lectionis delectu, ed. Fridor. Blass. 8. (LXIV, 111 S.) Leipzig 902. B. G. Teubner. n. 5. —

Das Evangelium Johannis
(auch: nach Johannes)

— vergl. Johannes, d. Apostel.

DAS EVANGELIUM JOHANNIS nach dem Buchstaben des Grund-Textes ins Teutsche übersezt und zu einem Wegweiser für Christen, Juden und Heyden aufgestellt durch Thimotheum Philadelphium [d.i. Joh. Kayser]. - o.O. 1735. 110 ungez. S.

— d., Johannis, übers. v. Theodor Klemm, (Chr. Tob. Damm). 8. Berl. 762.

— Johannis, hebraismenfrei übersetzt u. geprüft v. E. F. C. Oertel. gr. 8. Görlitz 795. (Anton in Halle). 1 ℛ

Evangelium Johannis, das, übersetzt u. mit Erklärungen versehen von Breitenstein. gr. 8. Frankf. Hermann. (in Comm.) 813.

— d., Johannis; übers. u. mit ausführl. Erläuterungen versehen, v. Ph. Breitenstein. gr. 8. Marb. 813. Wohlf. Ausg. 823. Garthe. 1 ℛ 12 𝔤

— das, Johannis; übers. u. mit ausführl. Erläuterungen versehen, v. Ph. Breitenstein. Wohlf. Ausg. gr. 8. Marburg 823, Garthe.

— d., Johannis, (aus d. allegor. Sprache d. Vorzeit, in d. Gedankensprache unsrer Zeit übertragen (v. F. Meiemaa, M. Dr. in London). 8. Lübeck 828. (Aschenfeldt). 12 𝔤

Evangelium, das, St. Johannis. 16. Berl. 838. Thome. n. ½ ℛ

— Johannis, das. 32. Hamburg 844, Oncken. (Leipzig, Barth.) n. 4¼ 𝔤

Evangelium nach Johannes übersetzt u. erklärt von Bischof Daniel Bonifatius von Haneberg. Redigiert und ergänzt, mit dem Bildnisse (in Stahlstich) und einem Lebensumrisse des Verfassers versehen u. herausgegeben vom Geistl. Rat Prof. Peter Schegg. 1878—1880. 2 Bde. CCL, 646 u. VI, 710 S., 25 Mk.

— Johannis, das, griechisch, mit kurzem Commentar nach Dr. W. M. L. de Wette. [Aus: „Das neue Testament, griechisch".] Lex.-8. (S. 358—496.) Halle 888. Anton. n. 3. 60

— das, d. Johannes, nach der deutschen Übersetzung Martin Luthers. Durchgesehen im Auftrag der deutschen evangel. Kirchenkonferenz. 16. (59 S.) Stuttgart 892. Württemberg. Bibelanstalt. In Leinw. kart. n. — 8

— dasselbe. (In grobem Druck.) gr. 8. (71 S.) Ebd. 894. In Leinw. kart. n.n. — 35

— das, nach Johannes in d. Duala-Sprache (Kamerun). Neu übers. n. d. Griech. (Miango ma bwam ka ponda Yohano.) 12. (64 S.) Stuttgart 896. Württ. Bibelanstalt. Geb. in Leinw. n.n. — 20; m. d. Evangelium n. Matthäus in 1 Bd. geb. n.n. — 30

— das, Johannes in der Schambálasprache. Ubilikizi wa nyemi ugondwavyo ni Yohana. 8. (61 S.) Stuttgart 901. Priv. württ. Bibelanstalt. Geb. i. Leinw. n.n. —20

Das Evangelium Johannis in Kanzelvorträgen. Billige Ausgabe in einem Bande. Ebendas., 1865, gr. 8°, L u. 942 S., 5 Mk.

Evangelium und römischer Katholicismus, nebst beigedruckten Stellen des Neuen Testaments nach der approbirten kathol. Uebersetzung Kistemaker's. Eine Belehrung für Alle, welche die seligmachende Wahrheit suchen. gr. 8. (103 S.) Stuttgart 871, J. F. Steinkopf.

— für Kinder. gr. 8. Heidelb. 818. Winter. 2 gr.

Evangelium, das, für Kinder. gr. 8. Heidelberg, Mohr und W. 819.

— d., von d. Kindheit Jesu. Aus d. Arabischen. Hamb., (Herold jun.) 4 gr.

— d., d. Kindheit Jesu. 8. Halle, (Wollmer. Hamburg.) 790. Oltblr.

—— u. Kirche. Eine Wochenschrift f. christl. Belehrung u. wahren Fortschritt. Zunächst f. die Rheinpfalz. Redact.: Lippert. (1. Jahrg.) 1846. Octbr.—Decbr. 13 Nrn. (½ B.) gr. 4. Speyer, Reidhard's Buchh. *

—— dass. 2. Jahrg. 1847. 52 Nrn. (½ B.) Redact.: Lippert. 4. Ebds. *

—— und Kirche. Eine Wochenschrift für christl. Belehrung und wahren Fortschritt. Zunächst für die Rheinpfalz. Redakt.: Lippert. 3. und 4. Jahrg. 1848 und 1849. à Jahrg. 52 Nrn. (½ Bog.) gr. 4. Speyer, Reidhard's Buchh. à Jahrg. * 1 Thlr. *

1. und 2. Jahrg. Ebendas. 1846,47. * 1 Thlr. 7½ Ngr.

Evangelium, das, u. d. röm. Curie. Od.: Wie stimmt Christus zu Belial? Ein Beitr. zur Lösung d. Zeitfrage: Wer stört d. kathol. Kirchenfreiheit in Preußen? Das Papstthum od. d. Königs Regierung? Von e. Verehrer d. Mannes im Lande Uz. gr. 8. (3 B.) Erfurt 839, Hilsenberg. (Leipzig, Hartung.)

— secundum Lucam sive Lucae ad Theophilum liber prior. Secundum formam quae videtur romanam edidit Frdr. Blass. gr. 8. (LXXXIV, 120 S.) Leipzig 897. B. G. Teubner. n. 4. —

Evangelium nach Lukas übersetzt und erklärt. 1861—1865, 3 Bde. VI, 551 u. 644 u. 559 S., 21 Mk.

Recens. von Langen, a. a. O. 1867, S. 257—264.

— das, d. Lukas, nach der deutschen Übersetzung Martin Luthers. Durchgesehen im Auftrag der deutschen evangel. Kirchenkonferenz. 16. (79 S.) Ebd. 892. In Leinw. kart. n. — 8

— dasselbe. (In grobem Druck.) gr. 8. (94 S.) Ebd. 894. In Leinw. kart. n.n. — 35

Evangelium nach Markus übersetzt u. erklärt. 1869—1870, 2 Bde. VIII, 362 u. 322 S., 11,40 Mk.

Recens. v. Langen, a. a. O. 1871, Nro 6. (Wiener) Allg. Litt. Ztg. 1871, Nro 3.

— das, d. Markus nach der deutschen Übersetzung Mart. Luthers. Durchgesehen im Auftrag der deutschen evangel. Kirchenkonferenz. 16. (47 S.) Ebd. 892. In Leinw. kart. n. — 8

— dasselbe. (In grobem Druck.) gr. 8. (56 S.) Ebd. 894. In Leinw. kart. n.n. — 35

— S. Matthaei palaeoslovenice e codicibus edid. Fr. Miklosich. Vindobonae 856. Beck. gr. 8. (1 Bl., 80 S.) n. 1 ℛ

—— Matthaei, das, griechisch, mit kurzem Commentar nach W. M. L. de Wette. gr. 8. (IV, 177 S.) Ebendas. 885. *

Vorstehende Schrift aus: Das Neue Testament, griechisch, besonders abgedruckt.

— Matthaei, das, griechisch, m. kurzem Commentar nach W. M. L. de Wette. gr. 8. (IV, 177 S.) Halle 885. Anton. n. 3. 60

— secund. Matthaeum versio francia saeculi IX. nec non Gothica saec. IV. Das Evangelium d. heil. Matthäus im Hochdeutsch d. 9. Jahrh. &c. übers. u. herausg. v. J. A. Schmeller. gr. 8. Stuttg. 827. v. Cotta. 16 gr.

— secundum Matthaeum ante Hieronymum latino translatum e codico olim Claromontano nunc Vaticano denuo ed. J. Belsheim. [Aus: „Christiania Videnskabs-Selskabs Forhandlinger".] gr. 8. (48 S.) Christiania 892. (J. Dybwad.) n. 1. —

— secundum Matthaeum cum variae lectionis delectu, ed. Fridor. Blass. gr. 8. (XVIII, 110 S.) Leipzig 901. B. G. Teubner. n. 3. 60

Das Evangelium des/nach Matthäus.

— Dass., übers. v. Sillig, s. Sillig.

— Matthäus, das, übersetzt v. D. G. Hebbäus. 2 Thle. gr. 8. Stuttg. 792. v. Cotta. 2 ℛ 4 gr.

Das Evangelium des hl. Matthäus im Hochdeutsch des 9. Jahrh. aus dem St. Galler Kodex der Tatianischen Evangelienharmonie mit Vergleichung der Schilterschen Ausgabe des Oxforder Manuskr. zusammengestellt und nebst den entsprechenden Resten der gotischen Übersetzung zum Gebrauch bei Vorlesungen herausgegeben von J. A. Schmeller. Stuttgart, v. Cotta, 1827, gr. 8°, 7 Bg., 2 Mk.

Evangelium nach Matthäus übersetzt u. erklärt. 1856—1858, 3 Bde. VIII, 496 u. 576 u. 639 S., 18 Mk.

Recens. von Langen, (Bonner) Theol. Litt. Bl. 1866, S. 225—235.

— das, d. Matthäus nach der deutschen Übersetzung Mart. Luthers. Durchgesehen im Auftrag der deutschen evangel. Kirchenkonferenz. 16. (75 S.) Ebd. 892. In Leinw. kart. n. — 8

— dasselbe. (In grobem Druck.) gr. 8. (90 S.) Ebd. 894. In Leinw. kart. n.n. — 35

— das, n. Matthäus in d. Dualla-Sprache (Kamerun). Neu übers. n. d. Griech. (Miango ma bwam ka ponda Matoo. 12. (IV, 80 S.) Stuttgart 896. Württ. Bibelanstalt. Geb. in Leinw. n.n. — 20; m. d. Evangelium n. Johannes in 1 Bd. geb. n.n. — 30

— das, nach Matthäus in der Schambálasprache (Usambara, Ostafrika). Ubilikizi wa nyemi uvyogondwa ni Matoyo. 8. (76 S.) Stuttgart 902. Priv. württ. Bibelanstalt. Geb. in Leinw. n.n. — 20

Evangelium an alle Menschen. Von Max Wilde-Rose. gr. 8. (8 S.) Berlin 848, L. Schlesinger in Comm. 2 ngr

— od. Menschensatzung? Die Greifswalder Petition in Sachen des neuen preuß. Agendenentwurfs, erläutert, angegriffen, vertheidigt. Zur Orientirg. f. die Verhandlgn. der bevorsteh. Generalsynode. 1. u. 2. Aufl. gr. 8. (50 u. 51 S.) Braunschweig 894. C. A. Schwetschke & Sohn. à n. — 50

—— das, in Mexiko. Bilder aus den Kämpfen und Siegen des Reiches Gottes in der Gegenwart. 8. (34 S.) Basel 880. Missionsbuchhandlung. *

Evangelium, Das, der Natur. Mannheim 1853. V: *Rau, Heribert.* (EB)

—— das, der Natur. I. und II. (Thl.) 8. Mannheim 853, (Löffler.) [I. (III und 191 S.) II. (III und 188 S.) 853. à Thl. * 12 Ngr.] *

—— dass. — III—VI. (Thl.) 8. Frankfurt a. M., Literarisch-artistische Anstalt.

Auch unter den Titeln:
(Thl.) 3. Blicke in das Pflanzenleben. (185 S. mit eingedr. Holzschn.) 853. * 12 Ngr.
" 4. Die Wunder des menschlichen Körpers. (179 S.) 854. * 12 Ngr.
" 5. Das Reich der Physik. (214 S. mit eingedr. Holzschn.) 855. * 11 Ngr.
" 6. Das Wissenswertheste im Reiche der Chemie. (... S.) 855. * 12 Ngr.

— das, der Natur. 2., verb., durch eine ganz neue Abthl. (Zoologie) verm. Gesammt-Ausg. aller bisher erschienenen Bde. in 1 Bd. Mit vielen in den Text gedr. Holzschn.-Abbild. und einem vollständigen Namens- und Sachregister. Ein Buch für jedes Haus. gr. 8. (746 S.) Frankfurt a. M. 856, Literarische Anstalt.

— — 2. durchaus verb., um eine ganz neue Abth. (Zoologie) verm. Gesammt-Ausg. aller bisher erschienenen Bde. in 1 Bd. Mit vielen in den Text gedr. Abbildgn. (Holzschn.) u. einem vollständigen Namens- u. Sachregister. Ein Buch für jedes Haus. Ebend. 857. gr. 8. (746 S.) 2 ₰

Evangelium, das, der Natur. Ein Buch für jedes Haus. Gesammt-Ausgabe in 1 Bde. 3. Aufl. Mit vielen in den Text gedr. Holzschnitt-Abbildgn. u. einem vollständigen Namens- u. Sachregister. Frankfurt a. M. 869. Literar. Anstalt. gr. 8. (2 Bll., 748 S.) 2 ₰

— das, d. Nikodemus, od. kurze Nachricht v. dem Leben Jesu Christi, verfaßt v. Nikodemus, e. Rabbiner u. Lehrer der Juden, wie er selbst gesehen u. erfahren, da er e. heiml. Jünger u. Schüler Jesu war. Außerdem viele köstl. Erzählgn. u. Begebenheiten, deren die Evangelisten sich nicht erinnert haben. Zugleich m. der Geschichte v. e. Rabbiner od. jüd. Lehrer, welcher öffentlich bekannte, daß Christus Gottes Sohn sei, entnommen aus Philipp Kegels Anhange zum „geistl. Führer in das himml. Vaterland". Und endlich v. dem fürchterl. Strafgericht üb. die zwölf jüd. Stämme. 8. (72 S.) Gumbinnen 892. M. Krauseneck. — 25

— das, des Jüngers Nicodemus von unseres Meisters u. Heilands Jesu Christi Leiden u. Auferstehung. Neu aufgelegt von Baronin Julie v. Güldenstubbe. 8. (VII, 125 S.) Bern 880. (Wyß.) n. 1. 50

— das, u. die Offenbarung Simon Petri. Zwei wiedergefundene Schrift-Werke aus ur-christl. Zeit. 8. (28 S.) Münster i/W. 893. Deutscher Uebersetzungs-Verl. n. — 60

Evangelium Palatinum ineditum, sive reliquiae textus evangeliorum latini ante Hieronymum versi ex codice Palatino purpureo quarti vel quinti p. Chr. saeculi nunc primum eruit atque edidit L. F. Constant. Tischendorf. 4maj. (XXVII und 456 S. mit 1 Facsimile-Taf.) Lipsiae 847, Brockhaus. *

— palatinum. Reliquias IV evangeliorum ante Hieronymum latine translatorum ex codice palatino purpureo Vindobonensi quarti vel quinti p. Chr. saeculi et ex editione Tischendorfiana principe denuo ed. J. Belsheim. Partem sumptuum societas scientiarum Christianiensis suppeditavit. gr. 8. (VIII, 96 S.) Christiania 896. J. Dybwad. n. 4. —

— das reine, der Reformation. Beleuchtet v. e. Protestanten. Nebst dem Blick ins Urchristenthum d. Prof. Adf. Harnack, s.: Flugschriften, katholische, zur Wehr u. Lehr'.

— od. Rom, Wesen od. Schatten. Als Antwort auf Diamant od. Glas, v. Dr. Alban Stolz. 8. (42 S.) Karlsruhe 851. (Frankfurt a. M., Zimmer'sche Sort.-Buchhandl. Völcker.) baar 1/6 ₰

— f. Rückfällige in Hosea, s.: Hefte aus dem Bibelhaus. Nr. 3.

Evangelium, das, vom barmherzigen Samariter. Oder: Fordert es unsere Nächstenpflicht, Schleswig-Holstein in seinem Kriege gegen Dänemark zu unterstützen? Geschichtlich erläutert von W. J. gr. 8. (51 S.) Oldenburg 851, Schulze'sche Buchh. *

— das, in Santalistan. 8. (46 S.) Basel 878. Missionsbuchhandlung. n. — 25

Evangelium Sazavo-Emmauntinum nunc Remense, vulgo „Texte du Sacre." Sazavo-Emmauzskoje sv. Blagověstovanije nyněce Remeskoje. Herausgeg. von Wenceslaw Hanka. Lex.-8. (Mit 2 lithogr. Beil. u. 1 gest. Titelblatt.) Prag 846. (Kronberger u. Rziwnatz.) n. 2½ ₰

Evangelium, Das, der armen Seele, in welchem dem Menschen sein wahrer Beruf auf Erden gewiesen ... wird, s. Baumann, Julius

— das, der armen Seele, in welchem dem Menschen sein wahrer Beruf auf Erden gewiesen, der ew. Grund der Religion gezeigt u. aller Hader v. Glauben u. Wissen u. Glauben u. Glauben f. immer gestillet wird. Mit e. Vorwort v. Herm. Lotze. gr. 8. (XII, 198 S.) Leipzig 871. Hirzel. n. 3. —

— f. jeden Tag. I u. II. gr. 8. Leipzig 909. Dörffling & Franke. à 5.—; geb. à n 6. 50
I. Die festl. Hälfte des Kirchenjahres. (IV, 417 S.)
II. Die festlose Hälfte des Kirchenjahres. (393 u. IX S.)

— das, d. württembergischen Volksschullehrer-Vereins u. die württembergische Volksschulgesetzgebung. Ein Versuch zu deren Ehrenrettg. gr. 8. (III, 80 S.) Heilbronn 886. Henninger. n. 1. —

— das, d. württembergischen Volksschullehrer-Vereins u. die württembergische Volksschulgesetzgebung. 2., unveränd. Aufl. gr. 8. (III, 80 S.) Heilbronn 887. [Gebr. Henninger.] Ulm, Kerler. n. 1. —

Evangelium der Wahrheit und Freiheit, gegründet auf das Natur- und Sittengesetz für Gebildete. Leipzig 1865. V: *Vorländer, Franz.* (ADB)

Evangelium, das, der Wahrheit und Freiheit, gegründet auf das Natur- und Sittengesetz. Für Gebildete. gr. 8. (XL und 174 S.) Leipsig 865, E. H. Mayer.

— das, der Wahrheit u. Freiheit gegründet auf das Natur- u. Sittengesetz. Für Gebildete. 866. — 2. Ausg. Hersg. von J. H. Thomassen. Leipzig 871. E. H. Mayer. gr. 8. (LX, 174 S.) 1 ₰ 6 ngr.

— Was ist das? Zum Besten der evangel. Gesellschaft in Frankreich herausg. 8. Barmen 839. Steinhaus. 1 ₰

Evangelium, Weltlich. Ein Blüthenkranz deutscher Lyrik. Berlin 1849. V: *Schneider, K. F. Th.* (Ky)

— weltlich. Ein Blüthenkranz deutscher Lyrik (hrsg. v. K. F. Th. Schneider). gr. 16. (210 S.) Berlin 849, Wiegandt (& Grieben.) — 2. Aufl. gr. 16. (VIII u. 232 S.) Ebd. 849. geb. m. Goldschn. n. 1⅙ ₰

Evangelium, weltlich. Ein Blüthenkranz deutscher Lyrik. 3. Aufl. Berlin 865. Dümmler's Verlhdlg. 16. (3 Bl., 236 S.) n. 1 ₰

—— weltliches. Ein Blüthenkranz deutscher Lyrik. (Hrsg. von K. F. Th. Schneider.) 1. Aufl. 16. (240 S.) und 2. Aufl. gr. 16. (VII und 232 S.) Berlin 849, [Wiegandt und Grieben.] *

— das, unt. d. Wilden d. Feuerlandes, s.: Missionsschriften f. Kinder.

— das, der Zukunft. Skizze zu einer Lebensgeschichte Jesu im Lichte der Wissenschaft. Von einem alten Theologen. Elbing 868. Neumann-Hartmann. 16. (VI, 114 S.) n. 10 ngr.

—— das, der Zukunft. Skizze zu einer Lebensgeschichte Jesu im Lichte der Wissenschaft. Von einem alten Theologen. 2. (Titel-) Aufl. 8. (IV, 144 S.) Elbing (868)78, Neumann-Hartmann's Verlag. *ℳ 1.; cart. *

— das, der Zukunft. Skizze zu einer Lebensgeschichte Jesu im Lichte der Wissenschaft. Von einem alten Theologen. 2. (Titel-)Aufl. 8. (IV, 114 S.) Elbing (1868) 878. Leipzig, Reichardt. n. 1. —; cart. n. 1. 20

— d., zergliedert nach d. histor. Zusammenhange d. vier Evangelisten, sammt erbaul. Anmerkk. Nach d. Französ. von Gregor. Mayer. 4 Thle. gr. 8. Wien 783. Heubner. 2 ß 16 gr (Schaumburg u. C.) 3 ß

[F.] Evangelium-Sänger. Autoris. Ausg. d. Gospel Hymns. Ausgew. u. hrsg. v. Walter Rauschenbusch u. Ira D. Sankey. 3. Aufl. ... No. 1. II. *Hamburg: J. G. Oncken Nachf. (1897).* 2 Bde 8.
I. ... (220 S.) II. ... (126 S., 1 Bl.) [97. 3507 4

Der Evangeliums Bote: 1887 - ?
Monthly, Evangelical. Circulation: 1907: 1,125; 1912: 875; 1916: 775. Large Quarto, each issue 8 12 pages. Editor and publisher: the Rev. M.L. Wing; J.P. Hauch; Samuel R. Knechtel.
Kitchener, Ont.

Evangeliumsgedichte. Von C. A. Bleiker (3: von C. A. Bleiker u. and.; 4 von W. Kniepkamp). II. [1]-4. Witten: Buchh. d. Stadtmiss. [1894 -97]. 4 Bde 8° [F.]
1. Sieben Deklamationen. [1894.]
2. [1895.] 3. [1896.] 4. [1897.] [07. 6969

— dasselbe. II. u. III. Hft., s.a. Bleiker, C. A., u. and.

Evangeliums-Gedichte. IV. Hft. Von W. Kniepkamp. 12. (32 S.) Witten 897. Buchh. d. Stadtmission. n. — 25

Evangeliums-Leuchte, das ist die Kirche unsers Herrn Jesu Christi, in ihrem Licht u. Recht u. Heil. Allen Zeitgenossen auf dem Wege zur Ewigkeit zu Licht, Heil u. Friede zugeeignet. 2. Ausg. Berlin 865. J. A. Wohlgemuth. 8. (418 S.) n. 1 ß 6 ngr.

Evangeliums Panier: Jahrgang 1—20?, Jan. 1879 —1898?
Monthly, 1879; semi-monthly, 1880?—98. German edition of The Gospel Banner. Sub-title: 1) Eine religiöse monatliche Zeitschrift, herausgegeben von den Vereinigten Mennoniten in den Vereinigten Staaten und Canada, Jan. 1879—?; 2) Organ der Mennonitischen Brüder in Christo, ?—1898. Circulation: 1880, 950. Quarto, each issue 8 pages, p.c. Edited by Aeltester Daniel Brenneman, & published by Mennonite Brethren in Christ Church Publishing House, 1879—83; edited by T. H. Brenneman, & published by John Traub, 1883—85; edited by Aeltester H. S. Hallman, & published by Mennonitische Brüder in Christo in den Vereinigten Staaten und Canada, 1892?- 1898.
Goshen, IN

Evangeliums Panier: Jan. 1879- 1895?
Established as an 8-page monthly publication, Jahrgang 1, no. 1, Jan. 1879, in Goshen, Indiana; removed to Berlin, Ontario, with Jan. 1880, and published there until 1895 (possibly later, even to 1898). In 1880 became a semi-monthly of 8 to 16 pages, large quarto in size, but reduced to 8 pages in the last years. German edition of the Gospel Banner, also published at Goshen. Established by Daniel Brenneman as a publication of the United Mennonite Church (now, the United Missionary Church); other editors: Timothy Brenneman; Joseph Bingeman; J.B. Detweiler; H.S. Hallmann, until the end. Circulation: 500.
Kitchener, Ont.

Evangeliums Posaune: Jg. 1- 60, no. 53, 1894—Dec. 31, 1954 ‖-.
Weekly published by "Gemeinde Gottes." Christian Unity Press. „Eine christliche Wochenschrift, die klar und entschieden für das volle Heil in Christo, für die Einheit aller Kinder Gottes, sowie für sämtliche Wahrheiten der Heiligen Schrift eintritt." Place varies: Began at Grand Junction, Mich., moved to Rome City and Anderson, Ind., to York in 1942?
York, NE

Evangeliums-Sänger Nr. 3. 150 neuere Lieder f. Abendgottesdienste u. besondere Versammlgn. Noten-Ausg. (IV, 144 S.) 8. Kassel (907). J. G. Oncken Nachf. 1.25; kart. 1. 50
Erschien früher u. d. T.: Rauschenbusch, Walth., u. Ira D. Sankey, Evangeliums-Sänger.

Evangelnje, svatojo, po Ostromirovu spisku 6564 i 6565 ljety. Izdanije Vjaschteslava Ganky. Prag 853. (Kronberger.) 12. (XII, 206 S.) 1 ß

Evangiles. Les Saints Évangiles (*Umschlag:* Traduits par l'Abbé [Jean-Baptiste] Glaire. Seule Traduction approuvée par le Saint-Siège). Illustrations d'après les maitres des XIVe, XVe & XVIe siècles (**Umschlag:* Comprenant: 375 pages de texte encadré ornées de 353 gravures, dont 52 gravures hors texte tirées en deux tons, d'après les maitres italiens, flamands, allemands et français... . Notes artistiques par M. Eugène Muntz... . Table chronologique et biographique des maitres... . Table systématique des gravures, etc.). 2 Tomes. IV + 148 + XXXI *et* IV + 196 p. fol. Éditeurs pour la Suisse: Art. Institut Orell Füssli, Zurich [1901]. ([br. fr. 50. —,] relié en un volume fr. 60. —)

Evanglicae pericopae illustr. v. Kuinöl.

Evans, Arth. J., s.: Anthropologie, die, u. die Klassiker.

Evans, Edgar G(rove), a. Port Chester N. Y.: Ueber die Darstellung semicyklischer Kohlenwasserstoffe und ihrer Derivate. Göttingen 1908: Dieterich. (60 S.) 8°
Göttingen, Phil. Fak., Ref. Wallach, Diss. v. 8. Aug. 1908
[Geb. 30. April 86 Maesteg (England); Wohnort: Maesteg; Staatsangeh.: Vereinigte Staaten; Vorbildung: Colgate Univ. New York B. A.; Studium: Göttingen 6 S.; Rig. 15. Juli 08.]

Evans, Edward Payson. Abriß der dten Literaturgeschichte. NY, 1869.

Beiträge zur Amerikanischen Litteratur- und Kulturgeschichte. Von E. P. Evans. *Stuttgart: J. G. Cotta 1898.* (X S., 1 Bl., 424 S.) 1 Bd 8. [98. 10368

Evans, F. J., und Archib. Smith, über die Deviationen des Compasses, welche durch das Eisen eines Schiffes verursacht werden. Nach dem Engl. deutsch bearb. von F. Schaub. Wien 864. Gerold. gr. 8. (VIII, 152 S. m. Holzschn. u. 6 lith. Taf. in 4. u. Fol.) n. 1 ß 20 ngr.

— Elementäres Handbuch über die Deviationen des Kompasses, mit besonderer Rucksichtnahme auf Eisenschiffe. Zusammengestellt in Fragen und Antworten, als Einleitung und Ergänzung zum „Admiralty Manual for the Deviations of the Compass". (Uebersetzt aus dem Engl. durch das hydrogr. Amt S. M. Kriegs-Marine.) Wien 1873.

Evans, Geo., s.: Telegraphisten-Kalender, internationaler.

Evans, George, Kronen- u. Brückenarbeiten. Deutsch v. Frdr. Purlitz. Einz. autor. deutsche Uebersetzg. 5 Lfgn. gr. 8. (VIII, 343 S. m. 633 Abb. u. 1 Taf.) Hamburg 895. F. W. Rademacher. Subskr.-Pr. à n. 2. 50; Ladenpr. kplt. n. 17. 50

Evans, George, die zahnärztlichen Kronen-, Brücken- u. Porzellanarbeiten. Ein Hand- u. Lehrbuch f. Zahnärzte u. Studierende. Hrsg. v. F. W. Rademacher. Einzige deutsche Bearbeitg. v. Alb. Werkenthin. (416 S. m. 757 Abbildgn.) gr. 8. Hamburg 908. Berlin, H. Meusser. Geb. in Leinw. 21. 50

Printed and Written Books, Transcripts, &c. By George Eyre Evans, A. D. 1884-1900. *([o. O.] 1900.)* (18 Bl.) 8° [00. 6889

Evans, Hubert, aus Morristown: F. H. Bradleys Metaphysik. Eine Darstellung u. Beurteilung. *Leipzig 1902: (E. Pol:).* (81 S.) 8°
Leipzig, Phil. Diss. v. [30. Okt.] 1902

Evans, Jh., prakt. Reden über d. christl. Sittenlehre. 2 Thle. 8. Frankf. 758 u. 59. (Schäfer). 1 ß 6 gr

Evans, John T., Vorlesungen über die Lungenschwindsucht, deren Natur, Erkenntniß und Behandlung. Als Anhang: 1) Evans, über Genesis u. Aetiologie der Lungensucht. — 2) Addison, über Pathologie der Lungensucht. — 3) C. Holland, üb. Lungenleiden durch Einwirkung d. Staubes. Deutsch bearbeitet von Dr. Henoch. gr. 8. Leipzig 845, Kollmann. 3/4 ß

Evans, Marchall [vielm. Marshall] Blakemore, aus Boston, U.S.A.: Der bestrafte Brudermord, sein Verhältnis zu Shakespeares Hamlet. *Hamburg & Leipzig: L. Voss 1902.* (2 Bl.) 8° ¶[Nur Titelblatt, Vita u. Thesen.]

Bonn, Phil. Diss. v. 14. März 1902
(Nicht für den Austausch)

Evans, Marshall Blakemore, aus Boston, U.S.A.: Der bestrafte Brudermord, sein Verhältnis zu Shakespeares Hamlet. *Hamburg & Leipzig: L. Voss 1902.* (x, 49 S.) 8° ¶(Erscheint vollst. als: Theatergesch. Forschungen, Bd 19.)

Bonn, Phil. Diss. v. 14. März 1902

Evans, Marshall Blakemore, der bestrafte Brudermord, sein Verhältnis zu Shakespeares Hamlet, s.a. Forschungen, theatergeschichtliche. 19. Bd.

Der bestrafte Brudermord, sein Verhältnis zu Shakespeares Hamlet. Von Marshall Blakemore Evans. Hamburg & Leipzig: Voss 1910. 145 S. 8°
(Theatergeschichtliche Forschungen. 19.)

Evans, P. Norman: Beiträge zur Kenntniss des Antimonpentachlorid.... Bonn, Univ.-Buchdr. v. Carl Georgi, 1890; 28 S. u. 1 Taf. 8°
Erlangen, Phil. Fak., Inaug.-Diss. v 1890

Evans, Percy Norton: Condensationsprodukte der β-Diketone mit Harnstoff, Guanidin und Thioharnstoff ... [Aus: Journ. f. prakt. Chem., Bd 48.] Leipzig, J. A. Barth, 1893; 31 S. 8.
Leipzig, Phil. Fak., Inaug.-Diss. v. [2. Jan.] 1894

Evans, Th., refutation des mémoires de la Bastille. 8. Lpz. 783. W. Vogel.

Evans, Thomas B. [aus Cincinnati]: Ueber einige Halogenderivate des Chinolins.... Erlangen, Druck d. Univ.-Buchdr. v. Junge & Sohn, 1886; 34 S. 8°.
Erlangen, Phil. Fak., Inaug.-Diss. v. 1886.

Evans-Wilson, Augusta, „Bis Euch scheidet d. Tod", s.: Berlepsch, Lina Freifrau v., Romanbibliothek.

Evansville Courier: 1869? – 1873? Evansville, IL
Weekly. Edited & published by Carl Lauenstein.

Daily Evansville Democrat: 1867 - 1868 Evansville, IN
New title of the "Evansville Democrat."

Evansville Demokrat, Täglicher, s. a. Sonntags-Demokrat.

Täglicher Evansville Demokrat: 1864 – May 1918?
Democratic daily, issued morning except Monday. For weekly edition, see Der Wöchentliche Evansville Demokrat. For Sunday edition, see Sonntags-Demokrat. Circulation: 1870, 1000 (est.); 1880, 1600; 1890, 2900; 1900, 3500; 1910, 4972; 1915, 4730; 1918, 5149. Edited & published by Carl Lauenstein, 1864 - 68; by Carl & Friedrich Lauenstein, 1869—76; edited by H. Determann, & published by Friedrich Lauenstein, 1876?--1884; edited by Lorenzo Rohr, 1885 - 1901; by Hans Scheller & Associates, 1903—18; published by Friedrich Lauenstein, 1885 - 1918.
Evansville, IL

Täglicher Evansville Demokrat: Mar. 20, 1868 Apr. 28, 1918
The title of the "Daily Evansville Democrat" was changed to a completely German title on June 14, 1868.
Evensville, IN

Der Wöchentliche Evansville Demokrat: 1864--1918?
Weekly (semi-weekly, 1895--1918), edition of Täglicher Evansville Demokrat. Circulation: 1870, 2700 (est.); 1880, 3000; 1890, 4500; 1900, 7500; 1910, 8320; 1915, 8591; 1918, 8631.
Evansville, IL

Wöchentlicher Evansville Demokrat: Jun. 30, 1864 Dec. 29, 1911
Evansville, IN

Tägliche Evansville Union: 1863 - 1885?
Republican daily, evening except Sunday. Supported Hayes. For weekly edition, see Wöchentliche Evansville Union. Circulation: 1870, 1100 (est.); 1877, 1912; 1880, 960. Edited & published by Bach & Esslinger, 1863?--69; by J. Esslinger, 1870 - 84.
Evansville, IL

Täglicher Evansville Union: Nov. 20, 1865 Dec. 31, 1866 Evansville, IN

Wöchentliche Evansville Union: 1863—1885?
Weekly edition of Tägliche Evansville Union. Circulation: 1870, 1000 (est.); 1880, 1914.
Evansville, IL

Täglicher Evansville Volksbote: 1851 1859 Evansville, IN

Evansville Volksfreund, s. a. Sonntagsblatt des Evansville Volksfreund.

Evansville Volksfreund: 1894--1898?
(Deutsch-Amerikanischer Buchdrucker Zeitung Oct. 16, 1899 reports closing).
Weekly, 1894—96; daily, evening except Sunday, 1897; weekly, 1898. Independent Democratic. For weekly edition, see Wöchentlicher Evansville Volksfreund. For Sunday edition, see Sonntagsblatt des Evansville Volksfreund. Circulation: 1898, 1200. Published by Volksfreund Publishing Co.
Evansville, IL

Wöchentlicher Evansville Volksfreund: 1897. Evansville, IL
Weekly edition of Evansville Volksfreund.

Evard, J. G., Stemma Desiderianum. Helmstadii 1708. 4.

Eva's Memoiren. Enthüllungen aus der 4. Dimension, übermittelt von Eva. 8. (68 S.) Berlin 887, Ißleib. *

Eva's Memoiren. Enthüllungen aus der 4. Dimension, übermittelt v. Julia. Volks-Ausg. 1.—8. Aufl. 8. (72 S.) Berlin 890. G. Schuhr. n. — 50

Eva's Memoiren. Enthüllungen aus der 4. Dimension, übermittelt von Julia. 5.—7. Aufl. 8. (72 S.) Berl. 890, Schuhr. * 1 — —— dass. — Volksausgabe. 1.—6. Aufl. 8. (72 S.) Ebd. 890. * — 50

EVASDUFT. (Odor di femina.) Roman von *E. D.* Aus d. Französ. übersetzt von Fritz Mautner (wohl pseud.). War für Octob. 1909 angekündigt. (Br. ca. Mk. 15—; gebd. ca. Mk. 18—.)

EVASDUFT.... Wien, C. W. Stern, 1909.
[E. II, 214.]

Evastochter, Eine. Weder Thiere noch Kinder. Von V. R. Budapest 1884. V: *Vast-Ricouard.* (BGE I³, 215)

EVATOCHTER, Allerlei .... (1 Mk. W. A. Gabriel, Berlin, c. 1900.)

Evêche de Paderborn, dressé sur de nouvelles Observations et dedié à Monsieur le Comte de Broglie, Lt. Gén. par M. Carlet de la Roziere. Francfort sur le Mayn chez Philippe H. Hutter 1760. 1:178.000. 1 Bl.

Über das Syphilom des Ciliarkörpers. Eine anat.-klin. Studie. Von Prof. Dr. Th. v. Ewetzky [Fedor Orestovič Eveckij]. Mit 4 Abb. *Berlin: S. Karger 1904.* (110 S.) 4°(8°)
= Mitteilungen aus d. Augenklinik in Jurjew. H. 1. 104. 375

Eveil: L'Eveil (Vs)
① Revue sociale et religieuse mensuelle ③ Echos de St-Maurice d'Agaune (1899—1907) ④ Les Echos de St-Maurice (1916) ⑤ janvier 1908—décembre 1912 ⑥ in-8° ⑦ mensuel ⑨ St-Maurice: Imprimerie Saint-Augustin ⑪ Chanoine Dr. J. Mariétan; collaborateurs: G. de Montenach, Maxime Reymond, André Savoy ⑫ études sur le problème social du point de vue du catholisme, chronique des organisations catholiques dans la Suisse Romande ⑬ Les Echos de St-Maurice numéros 4—5. 1953 ⑭ Be: L ⑮ Les «Echos de St-Maurice», qui précèdent et suivent, sont des feuilles de collège et ne figurent pas dans cette bibliographie.

Trauerrede auf Friedrich den Zweyten König von Preussen etc. verfasst, und in der Stifts- und Pfarr-Kirche zum heiligen Martinus, Fraterhaus genannt, zu Wesel den 17. September 1786 vorgetragen von Johann Theodor Eveking besagter Kirche Canonicus. Wesel 1786. 8.

Evelina oder das Burggespenst; ein romantisches Drama in fünf Aufzügen; nach d. Engl. ... Braunschweig 1804. V: *Krause, Wilhelm* oder: *Wieland, Ludwig Friedrich August.* (KY) (MGT) (GGr)

Evelina oder das Burggespenst; ein romantisches Drama in fünf Aufzügen; nach dem Engl. ... Braunschweig 1804. V: *Lewis, M. G.* B: *Wieland, Ludwig.* (GGr VII, 728) (Zeitschr. f. Büch. 1923, S. 84)

Evelina; od. d. Burggespenst. E. romant. Drama in 5 Aufz. nach d. Engl. d. Castle Spectre f. die deutsche Bühne bearb. (v. Lud. Wieland.) 8. Brschw. Vieweg. 804.

Evelina oder das Burggespenst; romant. Drama in 5 A. nach d. Engl. des Castle Spectre (von Wlh. Krause oder Ldw. Wieland?) 8. Braunschw. 804. Vieweg. 16 gr

Evelina oder eines jungen Frauenzimmers Eintritt in die Welt. A. d. Engl. Leipz. 1779. V: *Burney d'Arbley, Franç.* (EE) Ü: *Weisse, Christian Felix.* (MGT)

Evelina, oder eines jungen Frauenzimmers Eintritt in d. Welt. Aus d. Engl. v. C. F. Weiße. 3 Thle. 8. Leipz. 779. Schwickert. 2 ℛ

— roman, nouvellement traduit et rédigé. II Vol. 12. Berne, Haller. 786.

Evelina, or a young Lady's first Entrance in the World; by Miss Burney, the Author of Cecilia. 3 Vol. with Cuts. 8. Dresden, Walther. 805.

Evelina, or the history of a young lady's entrance into the World. By Miss Burney. A new edition. 3 Vol. 8. Dresden, Walther. 819.

Evelina u. Johanna, d. Heldinnen d. 15ten Jahrhunderts. Ein geschichtl. Roman in 12 Büchern. 3 Bde. 8. Frankf. 824, Sauerländer.

Evelina und Johanna, die Heldinnen des 15. Jahrhunderts, a. d. Franz.... Frankf. 1825. V: *Bres, J. B.* (Ky) Ü: *Schazmann, Georg David Nicolaus.* (HS)

Evelina u. Johanna, die Heldinnen des 15. Jahrh. Ein geschichtl. Roman in 12 Büchern; (aus d. Französ. des J. B. Bres, v. G. D. N. Schatzmann). 3 Bde. 8. Frankf. 825. Sauerländer. 2 ℛ 6 gr

Eveline. Ein Roman aus den Mysterien des Theaterlebens. Mit einem Anh.: Der Kirchhof Père la Chaise. 2 Bde. 8. (641 S.) Breslau 848, Kühn. 3 ℛ

Evels, Fr., kurzer Leitfaden f. den deutschen Sprachunterricht in Volksschulen. 12. (Mit 1 Tab.) Münster 846, Coppenrath'sche Buchh. 3 ngr

Auf nach Rom! Ein Weckruf von Dr. F[riedrich] W. Evels, Ritter d. G. *Aachen: J. Schweitzer (1903).* (8 S.) 8° [F.]

Evels, F. W., Beitrag zur Säcular-Feier d. großen deutschen Tondichters Ludwig van Beethoven. gr. 16. (47 S.) Bonn 870. Wittmann Nachf. n. 1. —

Evels, F. W., Europa u. das Christentum. Ein Vermittelungs-Versuch zwischen den christl. u. antichristl. Parteien in der neuesten Kulturperiode. gr. 8. (214 S.) Aachen 883. Cremer. n. 2. —

—— Feierklänge! Zur Verherrlichung des Papst-Jubiläums Sr. Heiligkeit Pius IX. hrsg. 8. (47 S.) Bonn 871, Wittmann's Nachf. *

[F.] Die römische Frage im Lichte der Wahrheit und des Rechts. E. ernstes Wort an d. Katholiken u. ihre Freunde. Von Dr. Fr. W. Evels ... *Münster: W. Niemann 1893.* (15 S.) 1 Bd 8.

Evels, F. W., Deutschlands Heil! E. Festgabe z. Wiedergeburtstagsfeier d. Deutschen Reiches. gr. 8. (12 S.) Aachen 896. (J. Schweitzer.) — 20

Evels, F. W., Münster od. das nordische Rom. 8. (48 S.) Münster 887. Niemann. n. — 50

— das Priesterhospiz. Ein zeitgemäßes Wort an alle Freunde der christl. Charitas. gr. 8. (32 S.) Münster 886. Niemann. n. — 50

Wie sichern sich junge Eheleute und solche, die es werden wollen, eine ruhige Zukunft? Ein Beitrag z. Lösung d. sozialen Frage von Dr. F[riedr.] W. Evels, Ritter d. G. *Neuwied-Berlin-Leipzig: Heuser 1896.* (16 S.) 8° [F.]

— wie sichern sich junge Eheleute u. solche, d. es werden wollen, e. ruhige Zukunft. E. Beitrag z. Lösg. d. sozialen Frage. (2. Umschlag-Aufl.) gr. 8. (16 S.) Neuwied 896. Heuser's Verl. — 30

Wie sichern sich junge Eheleute und solche, die es werden wollen, eine ruhige Zukunft? Ein Beitrag z. Lösung d. sozialen Frage von Dr. F[riedr.] W. Evels, Ritter d. G. 3. Aufl. *Neuwied-Berlin-Leipzig: Heuser 1896.* (16 S.) 8° [F.]

[F.] Wie sichern sich junge Eheleute u. solche, die es werden wollen, eine ruhige Zukunft? E. Beitr. z. Lösg d. soz. Frage v. Dr. F. W. Evels, Ritter d. G. ... 4. Aufl. *Neuwied, Berlin, Leipzig: Heuser 1896.* (16 S.) 1 Bd 8.

Evels, F. W., wie sichern sich junge Eheleute u. solche, die es werden wollen, e. ruhige Zukunft? Ein Beitrag zur Lösg. der sozialen Frage. gr. 8. (16 S.) Neuwied (902). Heuser's Verl. — 30

Evelt, Ernst [app. Arzt]: Ein Fall von Polymastie beim Manne.... (Aus: Arch. f. Anthrop. Bd. XX.) Braunschweig, Druck v. F. Vieweg u. Sohn, 1891; 1 Bl., S. 105—112, 1 Taf. 4°
München, Med. Fak., Inaug.-Diss. v. 1891

Evelt, Jos.

— systematische Darstellung des Vormundschafts- und Hypotheken-Rechts sowie der gerichtlichen Depositalund Salarien-Kassen-Verwaltung u. des Erbschaftsstempel-Wesens in Preußen. Arnsberg 859. Ritter. gr. 8. (VIII, 639 S.) 2 ℛ 5 ngr

Evelt, Jos., die Gerichtsverfassung und der Civilprozeß in Preußen. Ein Handbuch für prakt. Juristen. gr. 8. Arnsberg 843, Ritter. 1 ℛ — 2. verb. Aufl. 846. $1^1/_3$ ℛ

Evelt, Jos., die Gerichts-Verfassung u. der Civil-Prozeß in Preußen nach ihren Entwicklungs-Perioden bis auf die jüngste Zeit. Zum Gebrauche für praktische Juristen. 3. völlig umgearb. Ausg. 8. (X u. 473 S.) Arnsberg 852, Ritter. n. $1^5/_{12}$ ℛ

— die Gerichts-Verfassung und der Civil-Prozeß in Preußen nach ihren Entwickelungs-Perioden bis auf die jüngste Zeit. Zum Gebrauche für prakt. Juristen. Nachtrag enthltd.: Die Prozeß-Novellen seit 1852 u. insbesondere die Concurs-Ordnung vom 8. Mai 1855. Arnsberg 855. Ritter. gr. 8. (2 Bl., 89 S.) $12^1/_2$ ngr

— das eheliche Güter-Recht in der Provinz Westfalen und den Kreisen Rees, Essen u. Duisburg, nach dem Gesetze vom 16. April 1860. Paderborn 861. Schöningh. gr. 8. (2 Bl., 147 S.) n. 20 ngr

— das Hypotheken-, Depositen- und gerichtliche Sporteln- u. Kassen-Wesen in Preußen. Eine theoretisch-praktische Anleitung für angehende Justiz-Beamte. Mit 3 Tab. gr. 8. Münster 842, 43, Haßt u. Riese. (Theissing.) $1^1/_3$ ℛ

— die Kirche u. ihre Institute auf dem Gebiete d. Vermögens-Rechts. Ein Handbuch für Geistliche und Juristen. gr. 8. Soest 845, Nasse. $^{11}/_{12}$ ℛ

Evelt, Vormundschafts- u. Hypothekenrecht. Arnsberg 859.

Evelt, Jos., das Preußische Civilrecht für das Studium und die Praxis systematisch dargestellt. Paderborn 854. Schöningh. gr. 8. (X, 536 S.) n. 2 ℛ

Evelt, Jos., das preußische Civilrecht für das Studium und die Praxis systematisch dargestellt. 2. verm. u. verb. Aufl. Paderborn 860. Schöningh. gr. 8. (X, 562 S.) n. 2 ⁄₃ ₰

Evelt, Jos., das preußische Civilrecht für das Studium u. die Praxis systematisch dargestellt. 3. vielfach verm. u. umgearb. Aufl. herausg. v. Aug. Evelt. 2 Thle. Paderborn 869, 70. Schöningh. gr. 8. n. 3 ₰
1. Thl.: Die allgemeinen Lehren, das Sachen-, Obligationen-, Familien- u. Erbrecht. (X, 577 S.) n. 2 ₰
2. Thl.: Das Wechsel-, Handels- u. Seerecht für das Studium u. die Praxis angehender Geschäftsmänner systematisch dargestellt. (XII, 304 S.) n. 1 ₰

Evelt, Jos., das preußische Civilrecht für das Studium u. die Praxis, systematisch dargestellt. 4., vielfach verm. u. umgearb. Aufl. 1. Thl., enth.: Die allgemeinen Lehren, das Sachen-, Obligationen-, Familien- u. Erbrecht. gr. 8. (X, 656 S.) Paderborn 880. F. Schöningh. n. 6. 70

Evelt, Jul., die Anfänge der Bursfelder Benedictiner Congregation mit besonderer Rücksicht auf Westfalen. [Aus der Zeitschrift für vaterländische Geschichte u. Alterthumskunde Westfalens.] Münster 865. (Regensberg.) gr. 8. (62 S.) n. 6 ngr

Evelt, Jul., das Mönchthum in seiner innern Entwicklung und seiner kirchlichen Wirksamkeit bis auf den heiligen Benedict von Nursia. Eine Gelegenheitsschrift. Paderborn 863. Junfermann. 1. (18 S.) 7½ ngr

Evelt, Jul., de vita, morte et resurrectione. Commentatio philosophico-dogmatica. gr. 8. (120 S.) Paderbornae 851, Schöningh. n. 16 ngr

Evelt, Jul., die Weihbischöfe von Paderborn. Nebst Nachrichten über andere stellvertretende Bischöfe und einem Verzeichniß der bischöfl. Generalvicarien und Officiale derselben Diöcese. gr. 8. (VIII, 198 S.) Paderborn 869, Schöningh. *

Evelt, Jul., die Weihbischöfe von Paderborn. Nachträge. gr. 8. (47 S.) Paderborn 879. F. Schöningh. n. — 80 (Hauptwerk u. Nachträge: n. 2. 60)

Evelt, Wilhelm, approb. Arzt aus Hechingen: Drei Fälle von Melanosarkom. *München 1901: Kastner & Lossen.* (31 S.) 8°
München, Med. Diss. v. 1901

Evelyn, John, Vergnügen u. Nutzen d. Gärtnerei, od. Unterricht, wie alle Arten Blumen, Bäume u. Sträucher z. erziehen sind, nebst dessen Gärtner-Kalender. Aus d. Engl. v. Th. Arnold. 8. Leipzig, 1756. Neue Aufl. 1773. Compt. f. Litt. (Kollmann.) 7½

Evelyn, K. Esau, Vergnügen u. Nutzen d. Gärtnerei; aus d. Engl. 8. Leipz. 773. Compt. f. Litt. 6 gl

Even, Alex., die Geheimschrift der Liebe. Anleitung zu e. Geheim-Correspondenz. 12. (16 S.) Chemnitz 891. E. A. Hager. n. — 10

Even, E. G: Preis-Liste der Fabrik landwirthschaftlicher Geräthe und Maschinen. Norden 1894

Evenbach: Durch das 7. Deutsche Bundesschießen in München. Lokalschwank in einem Aufzug. München, 1881, 24 S.

Evenbach, Franz: Die neuen Väter..., s. Bermann, Moritz

Evendorf [Schlagwort]

Evendorf, s.: Preussen. Messtischblätter.

Evénemens, qui se sont passés sous mes yeux pendant la Révolution franç. p. A. H. Dampmartin. 2 Vol. gr. 8. Berl. (Hinrichs, Lpz.) 799.

Evening, A. J., der Weg zu Gott. Christkathol. Gebet- u. Andachtsübungen. Mit 3 Stahlst. 32. (238 S.) Wien 847, Grottendieck. ⅙ ₰

Evening Review: 1884?
Daily, evening except Sunday. Published in English and German. Independent. Edited & published by A. G. Bedell. For weekly edition, see Review.
New York, NY

Evenings at home, s. a. Lohmann, J. A.

Evenings at home. Novels and Sketches. (Affections and Friendship's Offering.) gr. 8. (Mit 2 Stahlst.) Leipsic 843, Dörffling. 1¼ ₰

Evenings at home. Englisches Lesebuch für Schüler u. Schülerinnen unterer u. mittlerer Klassen. Mit einem vollständigen Wörterbuch, welches zugleich die nöthigen Erläuterungen enthält. Hrsg. von J. H. Lohmann. 8. (337 S.) Quedlinburg 865. Basso. n. 2. 50

Evens, Arthur, aus Gieboldehausen: Ueber die Anwendung der Schlund- und Magenschlauchsonde, sowie über die praktische Bedeutung derselben für die Diagnostik und Therapie der Krankheiten der Speiseröhre und des Magens. *Erlangen 1899: E. Th. Jacob.* (31 S.) 8°
Erlangen, Med. Diss. v. 6. März 1899

Aerztlicher Haus- und Reisefreund von Dr. [B.] Evens, Arzt in Berlin. *Berlin: Bernard's Einhorn-Apotheke 1893.* (64 S.) 8° [J.]

Evens, Bernardus Ioannes: De cavi oris catarrho. Halis Saxonum (1862): Orphanotropheum. 31 S. 8°
Halle-Wittenberg, Med. Diss. v. 30. Aug. 1862
Geb. Münster (Westf.) 13. 1. 1837. V.
Evens wurde der Doctor aberkannt, weil zu Zuchthaus und Verlust der Ehrenrechte verurteilt, 22. 6. 1893.

Evens, Fr.: Das Hannoversche Höferecht nach dem Inkrafttreten des BGB. mit Erl. u. Formularen. Cassel 1904.

Eveneræ, Die, Preisschr. von Sumpf- u. Morasteisen in Norwegen, u. d. Methode, sie in Eisen u. Stahl zu verwandeln; aus d. Dän., mit Anmerkk. v. J. G. L. Blumhof. Mit 2 Kpft. 8. Götting. 801. Dieterich. 8 gl

Evenstadt, D., Preisschr. v. Sumpf- u. Morasteisen u. d. Methode, s. in Eisen u. Stahl zu verwandeln, a. d. Dän. m. K. 8. Götting. Dieterich. 801.

Eventum certaminis litterarii in a. d. III. Non. Aug. (1840) instituti novasque in a. 1841 quaestiones die natali regis ... Friderici Guilelmi IV. Id. Octobr. ... mandato universitatis litterarum Vratislaviensis renuntiat C[ar.] Ern. Christ[oph.] Schneider. (Vratislaviae 1840.) (8 S.) 4°

l'Evêque, s. Levesque.

Ever, moralische Erzählungen. 8. Leipz. Gräff.

– dass., s. a. Evers, Aug. Fr. Cph.

Ever, Aug., Gesch. d. Geburt e. Kind. m. 2 Kpf. 8. Schwer. Bödner. (a. Gräff in Leipz.) 793.

– dass., s. a. Evers, Aug.

Ever, N.J.G., s.a. Evers, Nik. Joach. Guillian

Ever, N. J. G., Anleitung z. Kenntniß u. würdigen Feyer d. Festtage u. Festzeiten. 8. Hamb. Bohn. 812.

— Gesangbuch zum Schul- u. häusl. Gebrauch f. d. Jugend. 8. Hamb. Schmidt. 811.

— Melodien dazu, fürs Clavier od. Pianoforte. gr. 4. Ebend. 811.

Spelen van Cornelis Everaert vanwege de Maatschappij der Nederl. Letterkunde te Leiden met inleiding en aanteekeningen uitg. door Dr. J[acob] W[ijbrand] Muller en Dr. L. Scharpé. Afl. 1. *Leiden: E. J. Brill 1898.* 8°

Johannes Secundus (= Jan Nicolai Everaerts)

— — Das Buch der Küsse des *Johannes Secundus*. Aus d. Latein. von Robert Falck. Leipzig 1858. 16°. 32 S. (1 Mk. R. Bertling, Dresden, 1907.)

— — Elegien (und Oden) übersetzt von Dorer-Egloff. 4 Hfte. Baden 1854. Gr. 8°. (2 Mk. Friedr. Klüber, c. 1905.)

§ * — — Die Küsse des *Johannes Sekundus* (so!) in drei Sprachen (lat., deutsch u. französ.). (Motto.) Mit Titelkpfr. u. Vignette. O. O. (Königsberg, Universitätsbuchhandlung) 1798. 8°. XXXVIII—143 S. (25 Mk. C. G. Boerner, Lpz., 1907; 35 Mk. Edm. Meyer, Berlin, 1908; 12 Mk. Mart. Breslauer's Berliner Oct.-Auct. 1910, no. 2375.) (In Wien, Stadtbibl.: Secr. A. 309.)

Auch mit d. Titel: Natürlichkeiten der sinnlichen und empfindsamen Liebe von Freyherrn Fr. Wilh. v. d. G. Bdchn. 4. Enth. den latein. Text, eine französ. Uebers. (vom Grafen v. Mirabeau) und die deutsche Uebersetzung von Goltz, d. i. Joh. Geo Scheffner). Der Dichter Baron v. d. Goltz hat nie existirt!

— dass., s. a. Hoheisel, Johann: Tändeleyen der Liebe und der Freude

§ — — Küsse. Aus d. Lateinischen des *Johann* (!) *Secundus* (in den Silbenmaßen des Originals) übers. von Franz Passow. Leipzig, bey G. Fleischer d. j. 1807. Gr. 8°. Mit dem lat. Text. 77 S. (8 Mk. Völcker, 1906.)

— — Willkomm, Ernst, Buch der Küsse. 2. Ausgabe. Mit Stahlst. nach Retzsch u. Enzingmüller. Leipzig 1837. 12°. 76 S. (1 Mk. 50 Pfg., Origcart., R. Bertling, Dresden, 1907.)

— — Die Küsse. Deutsche Uebertragung der „Basia" von Franz Blei nach der Ausgabe der „Opera" des Johannes Secundus von 1561. Mit 1 Titelvignette in Kupferdruck. (Privatdruck.) Leipzig, Insel-Verlag, 1906. 4°. (In der Originalausstattung mit der Seidenkapsel Mk. 40—, R. Bertling, 1907; 35 Mk., Expl. auf feinstem Velinp., Adolf Weigel, 1907; 45 Mk., numer. Expl. der Luxusausgabe auf echtem Japanpapier, der Vorige, 1907; 26 Mk., Orig.-Ausstattg., Paul Graupe, Berlin, 1910.)

Dem Gehalt des Buches ist die Form angemessen. Der ganze Text wurde von Heinrich Wieynk in altem Kursivduktus meisterhaft geschrieben und dann zweifarbig von Platten gedruckt. Der Einband besteht aus zartem rot gefärbten Wildleder; das Ganze wird von einer blauseidenen Kapsel umschlossen.

Das Buch, welches in einer Auflage von nur 300 numerierten Exemplaren erschien, wurde nach Art der Blockbücher einseitig bedruckt und darf nicht aufgeschnitten werden.

— — Die Küsse und feierlichen Elegien des Johannes Secundus. Deutsch von Franz Blei. Mit 1 Titelvign. in Kupferdruck. Leipzig, Insel-Verlag, 1907. 8°. (Mk. 5—.)

In den Versen des Johannes Secundus, der im Jahre 1536 fünfundzwanzigjährig starb, hat die neulateinische Dichtung ihre schönste Blüte getrieben. Der im vorigen Jahre von uns herausgegebene Luxusdruck der „Küsse" ist bis auf wenige Exemplare der Japan-Ausgabe vergriffen. Wir haben nun in einem kleineren Büchlein die „Küsse" mit den besten der Elegien des „lieben großen heiligen Küssers" (wie ihn Goethe nannte) vereinigt. Die Titelvignette gibt das Bild des Johannes Secundus nach einem alten Stich wieder.

Lat. Orig.-Ausgaben: Opera, nunc primum in lucem edita. Trajecti ad Rh. 1541. 8°. (Prof. v. Karajan's Bibl. I. Lpz. 1875. Nr. 6129.) — Opera nunc secundum in lucem edita. Parisiis 1561. 8°. — Ibid. 1582. 8°. — Opera quae reperiri potuerunt. Curante atque edente Petro Scriverio. Lugduni Batavor. 1619. 8°. — Ibid. 1631. 8°. Mit gestoch. Titelbl. (6 Mk. Edm. Meyer, Berlin, 1908.) — Accurate recognita ex museo P. Scriverii. Ibid. 1651. 12°. (In München.) — Parisiis (seu potius Altenburgi) 1748. 12°. C. effigie auctoris. (In München.) — Opera omnia emendatius et cum notis Petri Burmanni secundi edita cura Petri Bosschæ. Lugd. Batav. 1821. II. 8°. (Goedeke II, 121, 283.)

Als I. Ausgabe seiner „Basia" wird die vom Jahre 1539 citirt. Niceron dagegen führt (vielleicht irrthümlich) 2 frühere an: Lugduni 1536. 4°. Parisiis 1538. 8°. u. öfter. (Notiz Carl Wallstein's.)

Joannis Secundi Hagiensis juvenilia. Lugd. Batav. (Parisiis) 1757. (Weller, fing. Druckorte.) — Basia (in Quinque illustrium poetarum Lusus in Venerem p. 343). — Basia .... studiosis basiatoribus denuo offert Carolus Poppo Froebel. Rudolphopoli 1821. in 32°. (92 mm. hoch). 2 Bl. u. 60 S. (7 Mk., Orig.-Cart. m. Goldschn., Adolf Weigel, 1902.) — Sylvae Deambulatoris patefactae a Car. Poppo Froebel. Ibid. 1822. in 32° (92 mm. hoch). 3 Bl. u. 98 S. Jede Seite ist von einer rothen Bordüre umrahmt. (6 Mk., Orig.-Cart. m. G., der Vorige.) (Die beiden letzten Ausgaben sind mikroskopische, auf einer Privatpresse hergestellte Drucke, die selten geworden.)

Everats, M., unentbehrl. Feuerbuch für alle Stadt- u. Landgemeinden, oder deutl. Belehrungen über d. Kunst, Feuersbrünste zu verhüten, entstandene zu löschen u. Hab u. Gut zu retten. Nach d. Grundsätzen d. Pariser Spritzencorps bearb. v. J. G. Petri. 8. Ilmenau 829. Voigt. 6 gl

Everding, H., zur Geologie der deutschen Zechsteinsalze, s. a. Abhandlungen der königl. preuss. geolog. Landesanstalt. 52, I.

Everding, H., Zur Geologie der deutschen Zechsteinsalze. Hrsg. von der Kgl. Geologischen Landesanstalt in Berlin. Berlin. 1907. 183 S. mit 11 Taf. sowie 5 Karten bezw. Taf. als Anlagen.

Everding, H. [Bearb.], s. Karte d. nutzbaren Lagerstätten Deutschlands.

Everding, Nebengestein und Kohle des Flötzes Präsident auf Zeche „Von der Heydt" und die durch die eigenartige Beschaffenheit derselben bedingte Gefahr des Stein- und Kohlenfalles. M. 1 Taf. 4° Aus: Glückauf. Jg. 38. No 42. 1902.

Everding, Willibald, aus Steglitz b. Berlin: Ueber den 2. 4-Dinitrobenzaldehyd und den 2. 4. 6-Trinitrobenzaldehyd. *Berlin (1903): E. Ebering.* (30 S.) 8° Berlin, Phil. Diss. v. 18. März 1903

Everdingen, norwegischer Wasserfall, s.: Meisterbilder.

Everdingen, E. van, u. C. H. Wind, Oberflächentemperaturmessungen in der Nordsee, s.: Publications de circonstance du conseil permanent international pour l'exploration de la mer.

Everest, Thom., allgemein verständl. Uebersicht der Homöopathie. Aus d. Engl. übersetzt von einer dankbaren Verehrerin d. Homöopathie, herausg. v. G. A. B. Schweikert. gr. 8. Leipz. 835. L. Schumann. 1/3 ₰

Everet, Alex. H., Amerika, oder allgem. Ueberblick d. polit. Lage d. verschiedenen Staaten d. westl. Festlandes, nebst Vermuthungen über deren künftiges Schicksal, übersetzt u. mit erläut. Anmerkk. versehen. 2 Thle. gr. 8. Hamb. 828. Hoffmann u. Campe. 2 ₰ 12 gl Velinp. 3 ₰ 8 gl

— s. Europa.

Everett, Alexander H. Europa, oder Uebersicht der Lage der europäischen Hauptmächte im Jahre 1821. Aus dem Englischen. (2 Bde.) 8. Bamberg 1823.

Everett, J. D., physikalische Einheiten u. Constanten. Nach der 3. engl. Ausg. unter Zustimmg. d. Verf. den deutsch. Verhältnissen angepasst durch P. Chappuis u. D. Kreichgauer. gr. 8. (VII, 126 S.) Leipzig 888. Barth. n. 3.—

Everett-Green, Evelyn, the secret of the old house, hrsg. v. Elisab. Taubenspeck, s.: Schulbibliothek, französ. u. engl. C. 31.

Everhard, H. W.

— u. Andere, Deutschlands jagdbare Thiere. Nach der Natur gezeichnet u. gestochen. 1e Lfrg. (2 Bl.: Der Haase. — Das Rebhuhn.) gr. Imp.-Fol. Lengefeld 836. (Leipz., Dörffling.) 1 1/3 ₰ Chines. Pap. 2 ₰

Everhard, H. W., Vorschule im Landschaftzeichnen. 1e Lfrg. (6 Bl. in Kupferstich.) 1/2 Fol. Lengefeld 836. (Leipzig, Dörffling.) 3/4 ₰

Everhard, Nic., de probationibus, c. Zinserling. Fol. Frft. 737.

Everill, George

Everill, Geo., Lehrbuch der englischen Sprache bestehend aus einer kleinen Grammatik und Leseübungen mit Interlinear-Uebersetzung und Zeichen zur leichteren Erlernung der Aussprache. (1. Abtheil.: Grammatik.) 24. München 845, Franz. 1/3 ₰

— dass. 2. Abthl.: Leseübungen. 16. Ebend. 846. 1/3 ₰

— dass. 3. Abthl.: A. u. d. T.: Forester, a tale by Maria Edgeworth, with german notes by G. Everill. 24. Ebend. 846. (à) 1/3 ₰

Everill, G., Lehrbuch der englischen Sprache. 4. Abthl.: Uebungen zum Uebersetzen aus dem Deutschen ins Englische, mit Noten. 24. (202 S.) München 847, Franz. Thlr.
1—3. Abthl. Ebendas. 1845—46. à 10 Ngr.

Everill, G., Lehrbuch der englischen Sprache bestehend aus e. kleinen Grammatik u. Leseübungen m. Interlinear-Uebersetzg. u. Zeichen zur leichtern Erlernung der Aussprache. [1. Abthl. Grammatik.] 2. sehr verb. Aufl. 12. (XII u. 188 S.) München 852, Franz. 1/3 ₰

Everill, G., Lehrbuch der engl. Sprache, 3. Bdchn., s. Edgeworth, Forester.

Everill, G., Lehrbuch der englischen Sprache. 3. Bdchn. 2. Aufl. A. u. d. T.: Forester. A tale. By Maria Edgeworth. With german notes by G. Everill. 2. Edition. 16. (VII und 200 S.) München 857, Franz.

— — 5. Bdchn., s. a. Scott's lay of the last Minstrel.

—— dass. — 5. Bdchn. A. u. d. T.: Sir Walter Scott's lay of the last Minstrel. A poem in 6 cantos. Mit deutschen Noten und Anmerkungen von G. Everill. 16. (143 S.) Ebendas. 858.
1., 2. und 4. Bdchn. Ebendas. 1845—47. à Bdchn. 10 Ngr.

—— Recapitulation of english grammar in questions and answers. Adapted to the author's book of instructions. 24. (75 S.) Munich 850, Franz.

— s. Selection, a, from the poems of his Majesty Louis I.
— s. a. Translation, a, of Walhalla's Inmates described by Lewis the first.

A translation of Walhalla's Inmates, described by *Lewis the First, King of Bavaria;* together with a short description of Walhalla . . . . by *George Everill.* Munich, Geo. Franz, 1845. 8⁰. Ppb.
Frontisp., XII—217 S., 1 S. Err. u. Plan. -- Dem Prinzen Luitpold gewidm.

—— deutsch-englisch-französisch-italienische Vocabeln (mehr als 2000 der gebräuchlichsten Wörter enthaltend). 24. (78 S.) München 849, Franz.

Everke, Paul, Medicinalprakt.: Aphasie-ähnliche Symptome bei einem Paranoiker. Aschaffenburg 1908: Werbrun. 24 S. 8°
Würzburg, Med. Diss. v. 17. Juli 1909, Ref. Rieger
[Geb. 8. April 83 Beckum; Wohnort: Würzburg; Staatsangeh.: Preußen; Vorbildung: Gymn. Paderborn Reife O. 03; Studium: Freiburg i. B. 1, Würzburg 1, Kiel 3, Würzburg 1, München 1, Würzburg 4 S.; Coll. 22. Juli 08; Approb. 13. Juli 08.] [U 09. 4108

Everken. Plan der Stadt **Paderborn.** 1 : 2 500. Paderborn 1877. 1 Bl. c. L.

Everken, Herm. Joseph. (geb. Paderborn 1816): De causis partum efficientibus. Berolini (1840). (31 S.) 8°
Berlin, Med. Diss. v. 5. Febr. 1840

Everlien, Hermann: Über Judas Machabee von Gautier de Belleperche. *Halle a. S. 1897: C. A. Kaemmerer & C.* (70 S.) 8°
Halle, Phil. Diss. v. [14. Jan.] 1898

Everling, H., Lexikon der Papier-Industrie, s.: Akesson, L.

Everling, Kurt, appr. Arzt: Aus d. pathol.-anatom. Inst. d. herzogl. Krankenh. zu Braunschweig. (Prosektor: Borrmann.) Beitrag zur Lehre von der papillären Tuberkulose der Portio vaginalis. Berlin 1909: Schumacher. 22 S. 8° ¶(Aus: Berliner klin. Wochenschr. 1909, Nr 31.)
Göttingen, Med. Diss. v. 6. Aug. 1909, Ref. Kaufmann
[Geb. 3. Juni 83 Vallstedt; Wohnort: Vallstedt; Staatsangeh.: Braunschweig; Vorbildung: Gymn. Braunschweig Reife O. 03; Studium: Göttingen 5, München 1, Berlin 1, Halle 3 S.; Coll. 16. Juni 09; Approb. 10. Juli 09.] [U 09. 1303

Everling, Otto, die paulinische Angelologie und Dämonologie. Ein biblisch-theolog. Versuch. gr. 8. (IV, 126 S.) Göttingen 888, Vandenhoeck und Ruprecht's Verlag. *

Ueber Charakter und Fortgang der Los von Rom-Bewegung. Bericht, erstattet am 26. Juli 1901 auf d. XIV. Provinzialvers. d. rhein. Hauptvereins d. ev. Bundes in Bonn von Pfarrer Lic. [Otto] **Everling,** Krefeld. *Duisburg [1901]: J. Ewich.* (16 S.) 8° [Umschlagt. F.] [01. 8169

Everling, konfessionelle Friedensstimmen u. evangelische Bundesarbeit. Vortrag, geh. auf der XVII. Generalversammlg. des evangel. Bundes in Dresden am 4. X. 1904. (19 S.) 8. Leipzig. 904. (C. Braun.) n. — 30

Everling, zur Jahresarbeit u. zur Zeitlage. Rede bei der 21. Generalversammlg. des Evangel. Bundes am 5. X. 1908 in Braunschweig. (14 S.) 8. Leipzig (908). Halle, Verlag des Evangel. Bundes. nn — 10

Ein Jahresüberblick zur Einführung in den Jahresbericht [d. Evang. Bundes] am 30. September 1907 in Worms vom geschäftsführenden Vorsitzenden, Dir. Lic. [Otto] **Everling.** (Leipzig: C. Braun in Komm. [1907].) (12 S.) 8° [Kopft. F.] [07. 17106 B

Everling, Otto, Los v. Rom?! s. a. Berichte üb. d. Fortgang der „Los v. Rom"-Bewegung. 8. Hft.

Los von Rom?! Eine Studienreise nach Oesterreich. Von Otto Everling. *München: J. F. Lehmann 1898.* (59 S.) 8° [F.]
= Berichte üb. d. Fortgang d. 'Los von Rom Bewegung.' H. 3. [99. 9845

Parität als Schlagwort und als Prinzip. Vortrag, geh. auf d. 19. Generalversammlung d. Evang. Bundes in Graudenz 1906 von Lic. O[tto] **Everling.** Leipzig: C. Braun in Komm. 1906. (24 S.) 8° [F.] [06. 10930

Drei Reden zur Zeitlage. Geh. auf d. 23. Generalversamml. d. Evang. Bundes in Chemnitz von Dir. Lic. [Otto] **Everling,** Superint. D. [August] Wächtler, Geh. Kirchenr. D. [Christian Friedrich] Meyer. Halle (Saale): Ev. Bund 1910. 7, 3, 0 S. 8° [Umschlagt.]
A 12. 1741

Everling, Vaterländisches u. Evangelisches aus Crefeld. gr. 8. (24 S.) Crefeld 897. (Kramer & Baum). n.n. — 30

Evermann: Deutsche und mecklenburgische Geschichte, s. Ahrens, O.

Evermann u. Ahrens, deutsche Sprachschule in 3 Stufen. F. d. Hand d. Schüler d. 1- u. 2klass. Volksschule bearb. gr. 8. Güstrow, Opitz & Co. Kart. n. 1. 60
I. II. (72 S.) 3.—5. Taus. 898. n. — 60. -- III. (103 S.) 897. n. 1. —

— u. Ahrens, deutsche Sprachschule in 3 Stufen. Für die Schüler der einfachen Volksschulen bearb. Stufe I u. II. 9. bis 11. Taus. gr. 8. (79 S.) Güstrow 902. Opitz & Co. Kart. n. — 60

Evermann u. Ahrens, deutsche Sprachschule in 3 Stufen. Für die Schüler der einfachen Volksschulen bearb. Stufe I u. II. 17. bis 21. Taus. (80 u. II S.) 8. Güstrow (905). Opitz & Co. Kart. n. — 60

— — dasselbe. Stufe III. 6. bis 10. Taus. (Neue Rechtschreibg.) (115 S.) gr. 8. Ebd. 904. Kart. n. 1. —

Evermann u. Ahrens, deutsche Sprachschule in 3 Stufen. Für die Schüler der einfachen Volksschulen bearb. 8. Güstrow, Opitz & Co. Kart. 1. 60
I. II. 22—27. Taus. (7. Aufl.) (80 u. II S.) (907.) — 60
III. 17—22. Taus. (5. Aufl.) (Neue Rechtschreibg.) (125 S.) 910. 1. —

Evers, Geneal.-histor. Darstellung der Abstammung des C. J. F. von Maltzan und der jetzt lebenden gräfl., freiherrl. und adlichen Maltzane und Moltzane etc. Neubrandenburg 1841. fol.

Evers. Ueber die Entwicklung und Bedeutung der Realschule. Crefeld, R., 1869. 26 S. 4. Progr.

Evers, ..., (Goldschmid), s. Journal d. n. Weltbegebenheiten.

Normal-Obstsortiment für die Provinz Westpreussen zsgest. v. Westpreuss. Prov.-Obstbau-Verein nebst d. vom Deutschen Pomologenverein empfohlenen Stachel-, Johannisbeer- u. Haselnussorten. (Verf.: **Evers**, Obstbaulehrer.) *Danzig [1901]: C. Bäcker.* (V, 10 S.) 8° [F.] 10

– s. Schilderung d. Lebens d. Königin Marie Antoniette.

Evers, Dr. Die sanitären Verhältnisse des XII. (k. sächs.) Armee-Korps i. d. J. 1878–1881. Dresden 1883. 11 S. 4°

Evers, s.: Vorträge, sechs.

Evers, A. J.

— Anweis. zur kürzesten Porto-Rechnung. 8. Bremen 814. (Kaiser). 16 gl.

— Anweisung zu Probe-Rechnungen. 8. Brem. Kaisers Comt. 814.

Evers, A. J.: „Bilancen und Abschlüsse der Bücher von drey ganz verschiedenen Compagnie-Handlungen und eine Beendigung eines von einem andern bereits zum Theil besorgten Compagnie-Geschäfts mehrerer Theilhaber . . . .", Delmenhorst 1808.

Evers, A. J., Bilanzen u. Abschlüsse d. Bücher v. drei ganz versch. Compagnien. gr. 4. Bremen 814. (Kaiser). 20 gl.

Evers, Adolf, approb. Arzt aus Hannover: **Aus d. chirurg. Abteilung d. Universität Kiel. Zur Casuistik der retroperitonealen Tumoren.** *Kiel 1903: Schmidt & Klaunig.* (27 S.) 8°
Kiel, Med. Diss. v. [27. Aug.] 1903

Evers, Albert: Das Verhältnis Luthers zu den Humanisten .. Rostock, Univ.-Buchdr. v. Adler's Erben, 1895; 128 S. 8.
Rostock, Phil. Fak., Inaug.-Diss. v. [2. Okt.] 1894

Evers, Amalie

Evers, A., auch ein Franzose. Historische Erzählg. aus Lübeck's Vergangenheit. 2 Bde. 8. (VI, 285 u. 277 S.) Breslau 889. [Schottländer.] Schlesische Verlagsanstalt. n. 9. —; geb. n. 11. —

Auch ein Franzose. Hist. Erzählung aus Lübecks Vergangenheit von A[malie] **Evers**. T. 1. 2 (in 1 Bd). Volks-Ausg. (Mit e. faks. Briefe d. Feldmarschalls Graf Moltke.) Breslau: Schles. Verl.-Anst. 1907. (285, 277 S.) 8° [F.]

—— Im römischen Palast. Roman. 2 Bde. gr. 8. (272; 249 S.) Ebd. 892. * 8 —; geb. * 10 —

Evers, A., im römischen Palast. Roman. 2 Bde. 8. (272 u. 249 S.) Breslau 893. Schles. Verlags-Anstalt. n. 8. —; geb. n. 10. —

Evers Arthur: Ueber Otfrids Gebrauch der verallgemeinenden Partikeln und Pronomina. Diss. Wien, Univ.
D: Mähr. Schönberg. 1894.
1894 PN 866 67

Evers (Arthur). Das Grenzgebirge von der Elbe bis zur Oder. Wien 1910. S. 1–21. Wien, k. k. Staats-Gymn. i. 16. Bezirk, P 1910

Evers Dr. Arthur: Zur Methodik des deutschen Aufsatzes im Obergymnasium. 16. Mähr. Schönberg 97. **Progr.**

Evers, Arth., auf dem Nebengeleise. Drama in 4 Aufzügen gr. 8. (126 S.) Wien 902. C. W. Stern. n. 2.—

Evers, Aug., († d. ... Jan. 1817.) kurze Geschichte e. Kindes mit zwei Köpfen. Mit 1 Kpf. 8. Schwerin 793. (Wienbrack in Leipz.) 4 gl.

– dass., s. a. Ever, Aug.

Evers, Aug. Fr. Gph., († d. 24. Nov. 1812.) moral. Erzähl. Ir Bd. 8. Leipz. 803. Wienbrack. 1 ß

– dass., s. a. Ever

— s. am Walde.

Evers, (E.,) systematische Anleitung, das griechische Zeitwort gründlich u. vollständig zu erlernen. gr. 8. Paderborn 823, Wesener.

Evers, C., die rechte Art christlicher Missionsarbeit. Predigt, beim Jahresfeste d. Missionsvereins am 15. Aug. 1883 zu Halle geh. gr. 8. (11 S.) Halle 883. Fricke's Verl. n. — 20

Evers, C. **Brevis dissert. de articulo graeco. 30 S.** . . . .
Progr. Paderborn 1826

— der Herr hilft denen, die um der Gerechtigkeit willen verfolget werden. Predigt geh. am Jahresfest d. Gustav-Adolph-Vereins zu Lützen, am 26. Aug. 1883. gr. 8. (12 S.) Lützen 883. (Frankfurt a/M., Drescher.) n. — 20

Evers, C., zur 25jährigen Jubelfeier der Friedrich-Franz-Schule in ihrem gegenwärtigen Hause. gr. 8. (40 S.) Rostock 869, (Stiller'sche Hofbuchh.) *

—— unser gemeinsames Kriegs- und Siegesgebet zu dem Herrn der Heerschaaren. Predigt am Dom. VIII. p. Trin., Buß- und Bettag während des Krieges in der St. Petri-Kirche zu Rostock gehalten. gr. 8. (14 S.) Rostock 870, Stiller'sche Hofbuchh.

— D. Martin Luther in Wort und Bild. Festschrift zur 400jähr. Geburtstagsfeier d. großen Reformators m. 8 Stahlst. v. C. A. Schwerdtgeburth. Fol. (XIII, 35 S.) Leipzig 883. Uhlig. n. 12. —; geb. m. Goldschn. n.n. 15. —

Evers, C.: Die Missionsarbeit . . ., s. Evers, G.F.Karl

Evers, C. L. Ch. D., das Vaterunsergebet in 11 Predigten. Einbeck 866. Ehler. 8. (IV, 123 S.) n. 10 ngr.

Evers, C. M., Einleitung in die Physik und Chemie für die Untersecunda und Tertia der Realschulen und höheren Bürgerschulen, sowie auch für höhere Stadtschulen. Mit 184 in den Text gedr. Holzschn. Essen 863. Badeker. gr. 8. (VIII, 192 S.) n. 20 ngr.

— Lehrbuch der Chemie für den Unterricht an Realschulen, höheren Bürgerschulen und Gewerbeschulen. 1. Bd. Lehrbuch der organischen Chemie. Mit 164 in den Text eingedr. Holzschn. Ebend. 864. gr. 8. (XXII, 111 S.) n. 1 ß 15 ngr.

Evers, E., Ein Beitr. z. Untersuch. d. Quellen d. Diadochenzeit. Diss. s. a. 86 S. 1.20

Evers, E., Ein Beitr. z. Untersuchung d. Quellenbenutzung b. Diodor. S.-A. 1882. 62 S.

Evers, E.(Red.), s. Das Immergrün.

— Die Berliner Stadtmission. (230 S. m. Abb. u. 16 Taf.) Ebd. 1902.

EVERS, E. C. F., Ueber Geld, klingende Münze und Papiergeld, in Beziehung auf Staat und Volk, oder Nachweisung der Ursache des stetigen Verfalls der Banknoten, so wie des einzig möglichen Mittels dagegen. Altona. (1812). P.

Evers, Edwin

—: [Bericht über seine Einführung als Direktor der Anstalt.] S. 21—26. 4. Progr. Kgl. Gymn. u. Vorschule *Spandau* 1905 (96).

Evers, [Edwin]: [Direktor Dr. Christian Groß tritt in den Ruhestand.] S. 19—21. 4.
Progr.

Evers, E., das Emporkommen der persischen Macht unter Cyrus [nach den neuentdeckten Inschriften]. gr. 4. (40 S.) Berlin 884. Gaertner. n. 1. —

Evers, Edwin, brandenburgisch-preußische Geschichte bis auf die neuste Zeit. Mit 3 (farb.) Karten, die Entwickelg. d. preuß. Staates betr., ferner m. in den Text aufgenommenen Bildnissen u. den (eingedr.) Plänen der wichtigsten Schlachtfelder. gr. 8. (XVI, 623 S.) Berlin 892. Winckelmann & Söhne. n. 7. —; geb. in Leinw. n. 8. —

Evers, Edwin: Brandenburgisch-preußische Geschichte bis auf die neueste Zeit. Mit d. Portr. Kaiser Wilhelms II. als Titelbild, 8 Autotypie-Vollbild., vielen Bildn. d. Fürsten u. hervorrag. Männer u. Pl. d. wicht. Schlachtfelder im Text, sowie mit 3 Kten, d. Entwickl. d. preuß. Staates darst. 2. Aufl. Berlin 1912. 8° *[1. Aufl. 1892.]*

Evers, Edwin, d. deutsch-französ. Krieg i. J. 1870—71. Zur Feier d. 25jähr. Jubiläums d. Krieges. [Aus: „E., brandenburg.-preuß. Geschichte".] gr. 8. (95 S. m. Abb. u. 1 Karte.) Berlin 895. Winckelmann & Söhne. n. — 50

Evers, Edwin, der historische Wert der griechischen Berichte über Cyrus und Cambyses. gr. 4. (26 S.) Berlin 888, Gaertner's Verlag. *

Evers, Ernst

Evers, Ernst. arm u. reich, s.a. Weihnachts-Glocken.

Evers, Ernst, arm u. reich u. andere Erzählungen. (10 Nrn. je 16 S. m. Abbildgn.) 8. Berlin (907). Vaterländ. Verlags- u. Kunstanstalt. Geb. in Leinw. 1. —

– Kaiserin Augusta, s. Weihnachts-Glocken.

— Augusta Viktoria. Das Lebensbild der deutschen Kaiserin. Dem deutschen Volke dargeboten. 8. (VII, 164 S. m. Illustr.) Berlin 889. Buchhandlg. der Berliner Stadtmission. n. 1. 50; geb. n. 2. —

Evers, Ernst, Auguste Viktoria. Das Lebensbild der deutschen Kaiserin. Dem deutschen Volke dargeboten. 2. Aufl. 8. (VII, 184 S. m. Illustr.) Berlin 891. Buchh. der Berliner Stadtmission. n. 1. 75; geb. in Leinw. n. 2. 50; m. Goldschn. n.n. 2. 75; Prachtausg. auf Schreibpap. geb. in Ldr.-Bd. n. 6. —

Evers, Ernst, Auguste Viktoria. Das Lebensbild d. deutschen Kaiserin. D. deutschen Volke dargeboten. 3. Aufl. 8. (188 S. m. Bildn.) Berlin 897. Buchh. d. Berliner Stadtmission. n. 1. 75; geb. in Leinw. n. 2. 50

— Auguste Victoria. Das Lebensbild der deutschen Kaiserin. Dem deutschen Volke dargeboten. 4. Aufl. (V, 310 S. m. Abbildgn. u. Titelbild.) gr. 8. Potsdam (908). Stiftungsverlag. Geb. in Leinw. 5. —

Evers, E., vom Berge der Seligkeiten. Erzählungen zu den Seligpreisungen des Herrn. 2 Bde. 2. (Titel-)Ausg. 8. (VII, 259 u. 321 S.) Norden (1876) 879. Soltau. cart. n. 5. —; geb. n. 6. —

Evers, Ernst, vom Berge der Seligkeiten. Erzählungen zu den Seligpreisungen des Herrn. 2. Aufl. 8. (VII, 496 S.) Norden 883, Soltau's Verlag. *ℳ 4.; geb. *

— vom Berge d. Seligkeiten. Erzählgn z. d. Seligpreisgn. des Herrn. 3. Aufl. 8. (VII, 496 S.) Norden 895. D. Soltau. n. 4. —; geb. m. Goldschn. n. 5. —

Evers, Ernst, vom Berge der Seligkeiten. Erzählungen zu den Seligpreisgn. des Herrn. 4. Aufl. (VII, 451 S. m. 16 Vollbildern.) 8. Konstanz (903). C. Hirsch. Geb. in Leinw. n. 4. —

— bunte Blätter. D. Jugend dargereicht. 1.—8. Hft. 8. (à 32 S. m. Abb. u. 2 [1 farb.] Taf.) Berlin 896—898. Buchh. d. Berliner Stadtmission. à n. — 20; 1.—5. als 1 Bd. (160 S.) n. 1. —; geb. n.n. 1. 30

Evers, Ernst, bunte Blätter. Der Jugend dargereicht. 9. u. 10. Hft. 8. (à 32 S. m. Abbildgn. u. 2 [1 farb.] Taf.) Berlin (900. 902). Buchh. d. Berliner Stadtmission. n. — 20: 6—10 als 2. Bd. (160 S.) Geb. n n. 1. 30

— Blauveilchen u. Sonnenblumen. Erzählung. 8. (VII, 128 S.) Ebend. 881. n. 1. 20; cart. n. 1. 40; geb. n. 1. 80

— dasselbe. s.a. Familien-Bibliothek.

— Blauveilchen u. Sonnenblumen. Erzählung. 2. Aufl. 8. (168 S.) Konstanz (900). C. Hirsch. Geb. in Leinw. n. 2.40

— junge Blumen. Eine Einsegnungsgabe in Erzählgn. f. Jungfrauen. (305 S.) 8. Glückstadt (906). M. Hansen. Geb. in Leinw. n. 3. 20
Hieraus einzeln:
Auf den Bergen. (48 S.) — Die Freundin der Blumen. (50 S.) — Haube u. Herd. (58 S.) — Die Perlen der Eingesegneten. (59 S.) — Verirrt. (40 S.) — Waisenkinder. (56 S.) à n. — 50

Junge Blumen. Eine Einsegnungsgabe in Erzählungen für Jungfrauen v. Ernst Evers. 2. Aufl. Glückstadt. [1906.] 8°.

— Blumen am Wege. Ernste u. heit. Geschichten. 2. Aufl. 8. (128 S.) Leipzig 898. H. Ebbecke. n. 1. 20; geb. in Leinw. n. 2. —

— Blumen am Wege. Ernste u. heitere Geschichten. 3. Aufl. 8. (128 S.) Leipzig 899. [Gautzsch, H. Ebbecke.] Altenburg. St. Geibel. n. 1. 20; geb. in Leinw. n. 2. —

— s.: Dichtergrüße fürs Heim.

— uenner de Doppeleek. Schleswig-holsteensche Geschichten. 8. (VII, 142 S.) Berlin 895. (Buchh. d. Berliner Stadtmission.) Geb. in Halbleinw. n. 1. 50

Uenner de Doppeleek. Sleswig-holsteensche Geschichten v. Ernst Evers. 2. Opl. Plön. (1905.) 8°

— Durch Sturm zur Stille u. andere Erzählungen. (16, 16, 16, 16, 16, 16, 16, 16, 16 u. 16 S. m. Abbildgn.) 8. Berlin (908). Vaterländ. Verlags- u. Kunstanstalt. Geb. in Leinw. 1. —

Evers, Ernst, Edelsteine. Erzählungen. (VII, 283 S.) 8. Basel (907). E. Finckh. Geb. 3.—; geh. 2. —

— Ehestand — Wehestand, s.: Familien-Bibliothek.

— unter dem Eichbaum. Vaterländische Geschichte u. Geschichten. 1., 3., 4., 6., 7., 9., 10. u. 14. Hft. gr. 8. (à 16 S. m. Abbildgn.) Berlin (902). Buchh. der Berl. Stadtmission. à. n. — 10
1. Unsere Kaiserin. — 3. Kaiserin Augusta. — 4. Des deutschen Landes Wehr, des deutschen Volkes Ehr'. — 6. Königsschloß u. Krankenhaus. — 7. Friede im Krieg. — 9. Die Frau des Husaren. — 10. Unter der Fahne des alten Kaisers. — 14. Als der Kurfürst e. König wurde.
Die fehlenden Hefte sind noch nicht erschienen.

— Engelsgeleit, s.: Weihnachts-Glocken.

— Erzählungen f. das deutsche Volk, s.: Bibliothek f. das deutsche Haus.

— die einsame Esche, eine Erzählung. kl. 8. (45 S.) Neumünster 887. (Buchh. d. Schleswig-Holsteinischen Schriftenvereins.) n. — 50

— Berliner Evangelien-Postille. Predigten f. d. Sonn- u. Festtage d. ganzen Kirchenjahres, in Verbindg. m. Berliner Amtsbrüdern hrsg. Lex.-8. (XVI, 701 S. m. Abb.) Ebd. 896. Geb. in Halbfrz. n. 7. 50; m. Goldschn. 8. 50; in Ldr. m. Goldschn. n. 11. —
Erschien auch in 15 Lfgn. à n. — 35.

— Unter d. Fahne des alten Kaisers. E. Geschichte z. 22. III. 1897. 8. (16 S. m. Bild.) Ebd. 897. n. — 10

— die Familie des Bürgermeisters. Erzählung. (III, 178 S.) kl. 8. Hamburg 905. Agentur des Rauhen Hauses. n. 1. 80; geb. in Leinw. n. 1. 50; Geschenkausg. geb. n. 2. 40

— dasselbe, s. a. Für den Feierabend. 82. Bd.

— Feldsteine. Dorfgeschichten. Buchschmuck v. Hans Weißhaar. (286 S.) 8. Stuttgart (904). [P. Rocholl.] Basel, E. Finckh. n. 2. —; geb. in Leinw. n. 3. —

— Friede auf Erden, s. a. Weihnachts-Glocken.

— Friede auf Erden u. andere Weihnachtserzählungen. (10 Nrn. je 16 S. m. Abb.) 8. Berlin (907). Vaterländ. Verlags- u. Kunstanstalt. Geb. in Leinw. 1. —

— Emil Frommel. Der Hofprediger u. Volksfreund. Ein Lebensbild. (96 S. m. 8 Taf.) kl. 8. Konstanz (906). C. Hirsch. Geb. n. — 50

— Geschichten v. Grünau. 3 Hfte. 8. Hamburg (906). O. Kaven. à n. — 50; in 1 Bd. geb. n. 1. 50; geb. n. 2. 50
1. Der Gast v. Hotel Brahmberg. (71 S.) — 2. Der Spaziergänger im Holm. (68 S.) — 3. Der Onkel v. Ulleі. (71 S.)

— Martjen Flors Gesundheit. Eine Eiderstedt. Geschichte. 8. (III, 89 S.) Norden 875. Soltau. n. 1. 20

— Martjen Flors Gesundheit. Eine Eiderstedt-Geschichte. 2. (Titel-)Ausg. 8. (III, 89 S.) Norden (1875) 879. Soltau. n. — 80

Evers, Ernst, Glockenklänge. Festgeschichten. 8. (VII, 319 S.) Norden 880. Soltau. n. 3. —; geb. n. 4. —; m. Goldschn. n. 4. 50

Glockenklänge. Festgeschichten v. Ernst Evers. 2. Aufl. Norden. 1890. 8°

Evers, Ernst, Glockenklänge. Festgeschichten. 3. Aufl. 8. (VII, 384 S.) Konstanz (900). C. Hirsch. Geb. in Leinw. n. 3. —

—— Gnadenquellen. Vier Erzählungen zu den beiden Hauptstücken von den heil. Sakramenten. 8. (IV, 346 S.) Norden 884, Soltau's Verlag.
geb. *M 4.; geb. mit Goldschn. *

— Gnadenquellen. Vier Erzählgn. zu den beiden Hauptstücken v. den heil. Sakramenten. 2. Aufl. 8. (IV, 346 S.) Ebend. 886. 3. —; geb. n. 4. —; m. Goldschn. n. 4. 50

— Gnadenquellen. 4 Erzählgn. zu den beiden Hauptstücken v. den hl. Sakramenten. 3. Aufl. 8. (VIII, 346 S.) Ebd. (899). Geb. in Leinw. 3. —

Gnadenquellen. Vier Erzählungen zu den beiden Hauptstücken von den heiligen Sakramenten v. Ernst Evers. 4. Aufl. Konstanz. (1899.) 8°

— Goldkörner. Geschichten v. der deutschen Treue. gr. 8. (VII, 324 S.) Berlin 891. Buchhandlg. d. Berliner Stadtmission. n. 2. —; geb. 3. —

— Goldkörner. Geschichten v. der deutschen Treue. 2. Aufl. 8. (243 S.) Berlin (901). Buchh. der Berliner Stadtmission. n. 1. 50; geb. n. 2. 20

— mancherlei Gottesdienst, s.: Bilder aus der Stadtmission.

— die Großeltern, s. Familien-Bibliothek.

— bei der Großmutter, s.: Weihnachts-Glocken.

— die Hallig, s.: Biernatzki, J. C.

— das Haus an der Schleuse, s.: Familien-Bibliothek.

— die Gemeinde Heilig-Kreuz u. der Kirchbau in Berlin. (8 S.) gr. 8. Berlin 903. Vaterländ. Verlags- u. Kunstanstalt. n. — 10

— heimwärts. 5 Erzählgn. 8. (III, 150 S.) Leipzig 887. Buchhandlg. d. Vereinshauses. n. 1. 20; geb. n. 2. —; die 5 Erzählgn. einzeln à n. — 25
1. In der Fremde. (36 S.) — 2. Der Heimatlose. (30 S.) — 3. Verlassene Herzen u. verlorene Seelen. (29 S.) — 4. Das Mutterherz u. der Mutter Brautgeschmeide. (29 S.) — 5. Die Zeit in Unruh', die Hoffnung in Gott. (26 S.)

— Heimwärts. Erzählungen. 2. Aufl. 8. (VII, 208 S.) Berlin 894. Buchh. der Berliner Stadtmission. n. 1. 50; geb. n. 2. 20

— Heimwärts. Erzählungen. 3. Aufl. 8. (VIII, 231 S.) Ebd. (902). n. 1. 50; geb. in Leinw. n. 2. 20

— Heimwärts. Erzählungen. 4. [Titel-]Aufl. (IV, 234 S.) 8. Breklum [902] (908). Christl. Buchh. Geb. in Leinw. 2. 50

— der Herr an Bord, s. Familien-Bibliothek.

— für Herz u. Haus. Erzählungen. 3 Bde. (189, 192 u. 161 S.) 8. Konstanz (903). C. Hirsch. Geb. in Leinw. à n. 1. 50

— Christian Jensen. Ein Lebensbild. (VII, 360 S. m. Abb. u. 1 Bildnis.) gr. 8. Ebd. 908. Geb. in Leinw. 5. —

— s.: Johannes-Kalender, der.

— s.: Jugendheim, das.

— unsere Kaiserin, s.: Weihnachts-Glocken.

— unser Kaiserpaar. Das Lebensbild Sr. Maj. des Kaisers Wilhelm II. u. seiner Gemahlin Auguste Viktoria. Dem deutschen Volk u. der deutschen Jugend dargestellt. 1.—10. Taus. (112 S. m. Abbildgn.) 8. Plön 906. (Hamburg, O. Kaven.) n. — 30

— Kinderspiegel, s.: Hübner, J.

— klein und groß, s. Familien-Bibliothek.

— feurige Kohlen, s.: Feldblumen, deutsche.

— Kriegsstürme u. andere patriotische Erzählungen. (16, 16, 16, 16, 16, 16, 16, 16, 16 u. 15 S. m. Abbildgn.) 8. Berlin (908). Vaterländ. Verlags- u. Kunstanstalt. Geb. in Leinw. 1. —

— das Leben im Licht. Vier Erzählungen zu den drei Artikeln des christlichen Glaubens. 8. (VII, 275 S.) Norden 882. Soltau. n. 3. —; geb. n. 4. —

— das Leben im Licht. Vier Erzählgn. zu den drei Artikeln des christl. Glaubens. 2. Aufl. 8. (VII, 325 S.) Norden 888. Soltau's Verl. n. 3. —; geb. n. 3. 80

— das Leben im Licht. 4 Erzählgn. zu den drei Artikeln des christl. Glaubens. 3. Aufl. 8. (VII, 241 S.) Konstanz (900). C. Hirsch. Geb. in Leinw. n. 3. —

— Lebensbilder zum kleinen Katechismus. Erzählungen. 4 Thle. in 2 Bdn. 8. (VIII, 328; III, 325; IV, 393 u. IV, 346 S.) Ebd. 888. n. 12. —; geb. in 2 Bdn.: n. 14. 40

Im Licht der Ostersonne. Erzählungen von Ernst Evers. *Berlin: Berl. Stadtmiss. [1899].* (152 S.) 8° [F.]
= Evers: Im Sonnenlicht. Bd 2. [00. 7165

Im Licht der Pfingstsonne. 3 Erzählungen von Ernst Evers. *Berlin: Berl. Stadtmiss. [1902].* (158 S.) 8° [F.]
— Evers: Im Sonnenlicht. Bd 3. [03. 10479

[F.] Im Licht der Weihnachtssonne. 5 Erzählgn v. Ernst Evers. *Berlin: Buchh. d. Berl. Stadtmiss. [1898].* (4 Bl., 160 S.) 1 Bd 8.
— Evers, E.: Im Sonnenlicht. Bd 1. [99. 1684

— s.a. Lichtstrahlen fürs Heim.

— Lichtstrahlen fürs Heim. Mit Beiträgen von Gerhard v. Amyntor u. a. 8. (80 S.) Berl. 892. Buchh. der Stadtmission. geb. * 1 —

— Luise, Königin v. Preußen od. Die Fürstin der Fürstinnen. Ein Lebensbild. (96 S. m. 4 farb. Taf.) kl. 8. Konstanz (906). C. Hirsch. Geb. n. — 50

Luise Königin von Preußen oder die Fürstin der Fürstinnen. Ein Lebensbild gez. v. Ernst Evers. Konstanz. [1907.] 8°

— Martin Luther. Lebens- und Charakterbild, von ihm selbst gezeichnet in seinen eigenen Schriften und Correspondenzen. 8.—12. Heft. 8. Ebendas.
Inhalt:
Heft 8. Der Reichstag zu Worms im J. 1521. 1. Abthl. (4. Bd. S. 305—528.) 886. ℳ 2.25.
" 9. — dass. — 2. Abthl. (4. Bd. IV, S. 529—808.) 886. ℳ 2.70.
" 10. Gewaltsamer Durchbruch der Revolution. 1. Abschn.: Luthers Agitation bis zum Ausbruch der socialen Revolution. (5. Bd. S. 1—320.) 887. ℳ 3.—.
" 11. 12. — dass. — (5. Bd. IV, S. 321—838.) 888. ℳ 4.95.

— Im Lutherhause. Eine Gabe fürs deutsche Haus. M. 8 Heliograv. u. Zeichngn. v. Paul Händler. Lex.-8. (158 S.) Berlin 898. Buchh. der Berliner Stadtmission. Geb. in Leinw. m. Goldschn. n. 10. —

— s.: Martha-Kalender, der.

— Ein Menschenleben u. andere Erzählungen. (10 Nrn. je 16 S. m. Abb.) 8. Ebd. (907). Geb. in Leinw. 1. —

Ein Menschenleben u. andere Erzählungen. Von Ernst Evers. Berlin: Vaterländ. Verlags- & Kunstanst. [1908]. Getr. Pag. 8° [09. 3861

[Umschlagt.:] Ernst Evers. Im Mühlenthal. Jahresbericht üb. d. Ferienheim bei Wernigerode f. d. J. 1896. *Berlin: (Dr. d. Vaterländ. Verl.-Anst.) (1896).* (32 S.) 1 Bd 8. [98. 1297

— Mein Nächster. 4 Erzählgn. zum Evangelium vom barmherz. Samariter. (240 S. m. Titelbild.) 8. Reutlingen (908). Enßlin & Laiblin. Geb. in Leinw. 2. 50

— Oelzweige u. Dornreiser. Erzählungen. 8. (VII, 143 S.) Berlin 895. Buchh. d. Berliner Stadtmission. n. 1. —; geb. n. 1. 80

— im Paradies, s. Weihnachts-Glocken.

Evers, Ernst. Pflastersteine. Stadtgeschichten. Buchschmuck von Hans Weisshaar. [Titel-Ausgabe.] 284 S. 8. Basel, Ernst Finckh, [1905] (*Umschlag:* Stuttgart, Paul Rocholl, [1904]). [fr. 2.50, geb. 3. 75]

— Pflastersteine. Stadtgeschichten. Buchschmuck v. Hans Weißhaar. 2. Aufl. (284 S.) 8. Stuttgart (904). [P. Rocholl.] Basel, E. Finckh. 2. —; geb. in Leinw. 3. —

— junge Pilger. Eine Einsegnungsgabe in Erzählgn. f. Jünglinge. (312 S.) 8. Glückstadt (906). M. Hansen. Geb. in Leinw. n. 3. 20
Hieraus einzeln:
Die Brüder. (64 S.) — Der Einsegnungsspruch. (40 S.) — Die alte Geschichte. (56 S.) — Gottliebs Dank. (52 S.) — Aus eigner Kraft. (54 S.) — Das leuchtende Kreuz. (51 S.) à n. — 50

Jungo Pilger. Eine Einsegnungsgabe in Erzählungen für Jünglinge v. Ernst Evers. 2. Aufl. Glückstadt. [1906.] 8°.

— der Postbeamte, s. Weihnachts-Glocken

Das Predigerseminar und die Brüderanstalt in Breklum v. Ernst Evers. (Breklum.) o. J. 8°

— Rogate. Erzählung. 8. (VII, 180 S.) Ebend. 879. n. 1. 60; cart. n. 1. 80

— Rogate. Erzählung. 3. Aufl. 8. (VII, 187 S.) Ebd. (900). Geb. in Leinw. n. 2. 40

— im Schatten d. Todes, s.: Bilder aus der Stadtmission.

— Schill u. seine Reiter, s.a. Als Deutschland erwachte 9. Bd.

Schill und seine Reiter. Von Ernst Evers. Mit 6 Abb. Hamburg: Schloeßmann 1910. 90 S. 8°
(Als Deutschland erwachte. H. 9.) [10. 13874

— am Sinai. Erzählungen zu den heil. 10 Geboten. 8. (VIII, 328 S.) Norden 888. Soltau. n. 3. —; geb. n. 3. 80; m. Goldschn. n. 4. 25

— am Sinai. Erzählungen zu den hl. 10 Geboten. 2. Aufl. 8. (VIII, 329 S.) Ebd. (899). Geb. in Leinw. 3. —

Am Sinai. Erzählungen zu den heiligen zehn Geboten v. Ernst Evers. 3. Aufl. Konstanz. (1899.) 8°

Die Sommerfrische der unbemittelten Erholungsbedürftigen und das Ferienheim bei Wernigerode. Zugl. als Jahresbericht über das letztere für d. Jahr 1893. Dargereicht von Ernst Evers. *Berlin [1898]: (Vaterländ. Verl.-Anst.).* (32 S.) 8° [F.] [99. 11049

— im Sonnenlicht. Erzählgn. I. Bd. Im Licht d. Weihnachtssonne. 5 Erzählgn. 8. (VII, 160 S.) Ebd. 898. n. 1. —; geb. n. 1. 80

— im Sonnenlicht. Erzählungen. II. u. III. Bd. 8. Berlin, Buchh. der Berliner Stadtmission. à 1. —; geb. in Leinw. à n. 1. 80
II. Im Licht der Ostersonne. (VII, 152 S.) 899.
III. Im Licht der Pfingstsonne. 3 Erzählgn. (VII, 158 S.) (902.)

— das Sorgenkind u. die Segenskinder, s.: Familien-Bibliothek.

— die Berliner Stadtmission. gr. 4. (IX, 230 S. m. Abbildgn. u. 16 Taf.) Ebd. (902). n. 4. —; geb. in Leinw. n. 6. —

— Steinsmühlen. Erzählung. 8. (168 S.) Norden 880. Soltau. n. 1. 60; cart. n. 1. 80; geb. n. 2. 20

— Steinsmühlen. Erzählung. 2. Aufl. 8. (VII, 168 S.) Ebend. 886. n. 1. 60; cart. n. 1. 80; geb. n. 2. 40

— Steinsmühlen. Erzählung. 3. Aufl. 8. (VII, 168 S.) Konstanz 899. C. Hirsch. Geb. in Leinw. n. 2. 40

— unter Tannen u. Palmen, s.a. Hausschatz christlicher Erzählungen. I. 6.

— unter Tannen u. Palmen. Erzählungen. 8. (VII, 199 S.) Berlin 893. Buchh. der Berliner Stadtmission. n. 1. 50; geb. n. 2. 20

— unter Tannen u. Palmen. Erzählgn. 2. Aufl. 8. (VII, 199 S.) Ebd. 897. n. 1. 50; geb. in Leinw. n. 2. 20

Unter Tannen und Palmen. Erzählungen v. Ernst Evers. 3. Aufl. Berlin. (1903.) 8°

— Tauperlen. Eine Gedichtsammlg. f. die Feierstunden des Lebens m. Beiträgen v. Marg. Gräfin zu Dohna, Renata Pfannschmidt-Beutner, Auguste Brauns u. a. 8. (95 S. m. Vignetten.) Berlin 899. Buchh. der Berl. Stadtmission. Geb. n. 1. —

— am Throne Gottes. Erzählungen zum heil. Vaterunser. 8. (VIII, 393 S.) Ebd. 887. n. 3. 50; geb. n. 4. 30

— am Throne Gottes. Erzählungen zum hl. Vaterunser. 3. Aufl. 8. (VIII, 393 S.) Konstanz (899). C. Hirsch. Geb. in Leinw. 3. —

Am Throne Gottes. Erzählungen zum heiligen Vaterunser v. Ernst Evers. 4. Aufl. Konstanz. [1899.] 8°

— aus dem Tode zum Leben, }
— der Traum der Witwe, } s.: Weihnachts-Glocken.

— das Vaterhaus. Eine Erzählung. kl. 8. (46 S.) Neumünster 887. (Buchh. des Schleswig-Holstein'schen Schriftenvereins.) *

— das Vaterhaus. Die einsame Esche. 2 Erzählungen. 2., wohlf. (Titel-)Ausg. 16. (46 u. 45 S.) Neumünster 889. Buchhandlg. d. Schleswig-Holstein. Schriftenvereins. — 30

— s.: Volksbote, d. deutsche.

— Volksschriften. 10 Bde. (Mit je 2 Vollbildern.) 8. Konstanz (903). C. Hirsch. Kart. à n. — 40
Mancherlei Acker. Erzählung. (63 S.) — Im Ehestand. Erzählg. zur 4. Seligpreisg. des Herrn. (62 S.) — Die Großeltern. Erzählung zur 8. Seligpreisg. des Herrn. (64 S.) — Der Herr an Bord. Erzählung zur 2. Seligpreisg. des Herrn. (63 S.) — Klein u. Groß. Erzählung zur 1. Seligpreisg. des Herrn. (62 S.) — Das Sorgenkind u. die Segenskinder. Eine Weihnachtsgeschichte. (64 S.) — Im Walde. Erzählung zur 6. Seligpreisg. des Herrn. (64 S.) — In die neue Welt. Erzählung zur 5. Seligpreisg. des Herrn. (64 S.) — Der Wilderer. Erzählung zur 3. Seligpreisg. des Herrn. (64 S.) — Aus der großen Zeit. Erzählg. zur 7. Seligpreisg. des Herrn. (64 S.)

– im Walde, s. Familien-Bibliothek

— fröhliche Weihnacht überall. Vier Erzählgn. (240 S. m. Titelbild.) 8. Reutlingen (906). Enßlin & Laiblin. Geb. in Leinw. n. 2. 50

— Weihnachtsglocken. Erzählungen für jung und alt. 3.—10., 14. u. 15. Heft. 8. (à Heft 16 S. m. Bildern.) Berl. 892, Buchh. der Berliner Stadtmission. à Heft — 10
3. Im Friedens-Hafen. — Die Gesellschafterin. 891. — 4. Engelsgeleit. 2. Aufl. 891. — 5. Der Postbeamte und sein Kind. 2. Aufl. 891. — 6. Bei der Großmutter. 2. Aufl. 891. — 7. Arm u. reich. 2. Aufl. 891. — 8. Unsere Kaiserin. 2. Aufl. 891. — 9. Friede auf Erden. 889. — 10. Aus dem Tode zum Leben. 890. — 14. Des deutschen Landes Wehr, des deutschen Volkes Ehr'. (Moltke's Lebensbild.) 891. — 15. Hoch hinaus. 891.
Ältere Auflagen u. d. T.: Weihnachtsglocken.

— Weihnachtsglocken. Erzählungen für jung u. alt. 22.—40. Hft. 8. (à ca. 16 S. m. Abb.) à n. — 10
22. Ein Menschenleben. 894. — 23. Herr hilf! 894. — 24. Friede im Krieg. 894. — 25. D. Kriegsstürme. 894. — 26. Vom Gottlieb, d. Soldat werden wollte. 895. — 27. Liebe um Liebe. 895. — 28. D. Frau d. Husaren. 895. — 29. Am Meer. 895 — 30. Advents-Klänge. 896. — 31. Unsere Großmutter. 896. — 32. Vier Freundinnen. 896. — 33. Unter d. Fahne d. alten Kaisers. (897.) — 34. Unter d. Stern. (897.) — 35. Unter dem Christbaum d. Pfarrers. (897.) — 36. D. beiden Brüder. 898. — 37. Durch d. Nacht. 898. — 38. Barfüß. Kinder. 898. — 39. Katharina v. Bora. 898. — 40. D. Kaisers Reitersmann. 898.

— Weihnachtsglocken. Erzählungen f. jung u. alt. 11., 16.—21. u. 41.—50. Hft. gr. 8. (à ca. 16 S. m. Abbildgn.) Berlin, Buchh. d. Berlin. Stadtmission. à n. — 10
11. Kaiserin Augusta. 3. Aufl. (900). — 16. Aus d. Tiefe. 892. — 17. Vom großen Christoffer. 892. — 18. Ich stehe vor der Thür. 893. — 19. Die Heimkehr. 2. Aufl. (900). — 20. Königsschloß u. Krankenhaus. 2. Aufl. (900.) — 21. Mildes Feuer u. Weihnachtslicht. 893. — 41. Die Mutter u. die Stiefmutter. (899.) — 42. Dunkle u. helle Weihnacht. (899.) — 43. Bei den Kindern. (899.) — 44. Nikolaus Graf v. Zinzendorf. (899.) — 45. Als der Kurfürst e. König wurde. (900.) — 46. Am Waldesrand. (900.) — 47. Mutterliebe. (900.) — 48. Des Vaters Segen. (900.) — 49. Zum Lichte. (902.) — 50. Tannengrün. (902.)

— Weihnachts-Glocken. Erzählungen. 51.—55. Heft. gr. 8. Berlin, Vaterländ. Verlags- u. Kunstanstalt. à n. — 10
51. Durch Sturm zur Stille. (16 S.) (903.)
52. Weihnacht der Einsamen. (16 S.) (903.)
53. Deutsche Weihnacht. (16 S. m. Abbildgn.) (904.)
54. Auf dunklem Gefilde. (16 S. m. Abbildgn.) (904.)
55. Ehre sei Gott in der Höhe! (16 S.) (905.)

– in die neue Welt, s. Familien-Bibliothek

— Wetterwolken u. Sonnenschein. Erzählg. aus d. vaterländ Geschichte. 3. u. 4. Aufl. 8. (VIII, 170 S.) Ebd. 889,90. geb. * 1 50

— Wetterwolken u. Sonnenschein. Eine Erzählg. aus der vaterländ. Geschichte. 5. Aufl. (13.—15. Tauf.) 8. (171 S. m. Abbildgn. u. farb. Titelbild.) Ebd. 893. Geb. n. 1. 50

— Wetterwolken u. Sonnenschein. Eine Erzählg. aus der vaterländ. Geschichte. 6. Aufl. (16. bis 17. Tauf.) 8. (167 S.) Ebd. 901. Geb. in Leinw. n. 1. 50

– der Wilderer, s. Familien-Bibliothek

— wilde Wogen. Eine Erzählg. aus der Zeit d. 30jähr. Krieges. 8. (V, 158 S. m. 5 Abbildgn.) Ebd. 890. geb. n. 1. 50

— wilde Wogen. Eine Erzählg. aus der Zeit des 30jähr. Krieges. 2. Aufl. (6.—8. Tauf.) 8. (V, 158 S. m. Abbildgn.) Ebd. 893. Geb. in Leinw. n. 1. 50

– aus der großen Zeit, s. Familien-Bibliothek

Evers, Ernst August (Hrsg.), s. Aristotelis Fragment der Aristotelischen Erziehungskunst.

Evers, Er. Aug., Denkschrift auf Vater Johann Rudolph Meyer. gr. 8. Aarau 816. Sauerländer. 9 gr. Schrbp. 12 gr.

— s. Fragment d. Aristotelischen Erziehungskunst.

— Nachr. von e. neuen Einrichtung d. Ritteracademie. 8. Lüneb. 821. (Herold u. W.)

Evers, Ernst August (Hannover), De prooemio Thucydidio. Diss. philos. Götting. (Barmeier) 2. V. 1803. 40 S. (4.50) 8376
Gew.: Jo. Christ. Friedr. Krause (Hannover).

— — De exemplari academiae nobilitatis quae Luneburgi est antiquitus proposito, solemnia saecularia in Lutheri memoriam. Lüneburg (Stern) 1817. 12 S. (3.—) 8377

— über d. Schulbildung zur Bestialität. 4. Aarau 807. (Geßner in Zürich). 6 gr.

Der Apollinaris-Process und seine Bedeutung für den redlichen Verkehr mit Mineralwässern. An d. Hand d. Processakten ... verf. von Dr. F[erdinand] Evers in Düsseldorf. *Berlin: M. Brandt & Co. 1901.* (30 S.) 8°
[ca. 1600

Evers, Ferdinand [aus Düsseldorf]: Ueber die aus Dinaphtylsulfoharnstoff durch Addition von Alkylhaloïden entstehenden Basen und deren Umsetzungsproducte .... Berlin, Druck v. Gustav Koblinsky (1888); 47 S. + 1 Bl. 8°
Erlangen, Phil. Fak., Inaug.-Diss. v. 1888

Evers, Ferd., die Fabrikation des Tafelsenfs. Ausführliche Anleitg. zur Herstellg. aller Arten Tafelsenf (Mostrich) im Klein- u. Grossbetriebe. (58 S. m. Abb.) gr. 8. Düsseldorf (Stefanienstr. 42) 903. Selbstverlag. 3.—; geb. 4. —

Evers, F. A., die stickstoffreichen Mineral-Quellen auf der Insel zu Paderborn nebst Anleitung zu einem richtigen Verhalten vor, während und nach dem Bade im Freien, im warmen Bade u. im russ. Dampfbade. Begleitet von den ärztl. Gutachten des Hrn. Hofr. Dr. Spengler zu Bad Ems und des Hern Kreisphys. Dr. Gerlach zu Paderborn. Paderborn 855. Schöningh. 8. (VII, 52 S.) n. 5 ngr.

Evers, F: Der praktische Mineralwasserfabrikant. Düsseldorf 1902

— Der praktische Mineralwasser-Fabrikant. Auskunfts- u. Vorschriftenbuch f. die Mineralwasser-Fabrikation u. deren Nebenzweige (Fruchtsaft-, Fruchtessenzen-, Limonaden- u. alkoholfreien Getränke-Industrie), nebst e. Anh.: Neben-Industrien (Fabrikation des Schaumweines, der gegorenen Obst- u. Beerenweine, der Apfelgelee [des Apfelkrants], des Tafelsenfs, der sterilis. Milch u. der Spirituosen). 2. wesentlich verm. Aufl. (III, 300 u. XXXII S.) 8. Ebd. 905. Geb. in Leinw. 6. —

Evers, Frz., dramatische Dichtungen. 1.—3. Bd. 8. Leipzig, Verlag Kreisende Ringe. à n. 3. —
1. Das große Leben. Trauerspiel in 5 Akten. (140 S.) 900.
2. Sterbende Helden. Trauerspiel in 5 Akten. (124 S.) 900.
3. Freundschaft u. Liebe. Tragödie in 5 Akten. (124 S.) 900.

— Erntelieder. 8. (220 S.) Ebd. 901. n. 3. —; geb. in Leinw. n. 4. —

Franz Evers. Eva. E. Überwindg. *Leipzig: Verl. 'Kreisende Ringe' 1893.* (102 S., 1 Taf.) 1 Bd 8. [97-3736

Evers, Frz., Eva. Eine Ueberwindg. gr. 8. (102 S. m. 1 Lichtdr.) Leipzig 894. Verlag „Kreisende Ringe" (M. Spohr). n. 2. —

— Fundamente. Gedichte m. Bildschmuck v. Fidus. gr. 8. (227 S.) Ebd. 893. n. 3. —

Evers, Frz., ausgewählte Gedichte. (V, 73 S.) 8. Leipzig 911. Verlag Kreisende Ringe. Geb. in Leinw. 2. 10

— der Halbgott. Gedichte. Mit e. Bilde v. Max Klinger. gr. 8. (305 S.) Ebd. 900. n. 5. —

Franz Evers. Königslieder. *Leipzig: 'Kreisende Ringe' 1894.* (100 S., 1 Taf.) 1 Bd 8. [97-3315

Evers, Frz., Königslieder. 2. Aufl. gr. 8. (111 S.) Leipzig 895. Verlag „Kreisende Ringe". n. 3. —; Luxus-Ausg. auf altjapan. Büttenpap. n. 5. —

— deutsche Lieder. 12. (VII, 127 S.) Berlin 895. G. Grote. n. 2. —; geb. n. 3. —

— hohe Lieder. Mit Bildschmuck v. Fidus. 2. Tausend. gr. 8. (272 S.) Berlin 896. Schuster & Loeffler. n. 5. —; Einbd.-Mappe n. n. 2. —

— Nachtwandel der Liebe. Gedichte. (114 S.) 8. Ebd. 911. Geb. in Leinw. 3. 60

Evers, Frz., Paradiese. gr. 8. (63 S.) Leipzig 897. Verlag „Kreisende Ringe". n. 2. —

— Symphonie. Ein Gedichtbuch v. Carl Busse, Frz. Evers, Geo. E. Geilfus, Vict. Hardung, Jul. Vanselow. Hrsg. v. F. E. gr. 8. (199 S.) München 892. Münchener Handelsdruckerei u. Verlagsanstalt, M. Poessl. n. 4. —; geb. m. Goldschn. n. n. 5. —

— Franz Albert (Erwittena/Westf.), De jure tum domini tum emphyteutae in fundo emphyteutico, ejusque finiendi modis. Disp. jur. Marburg (J. H. Stock) 1. IX. 1701. 54 S. (5.—) 8378

Evers, Fritz Otto: Fest-Buechlein zum 175jährigen Jubiläum der Zions-Gemeinde, Philadelphia. 1742—1917. *Philadelphia, Pa.: Craig, Finley & Co. 1917. (20) S., ill.*

Evers, G. [Hrsg.], s. Wirker-Zeitung.

Evers, G. F. Carl, analecta ad fratrum minorum historiam. [I. Fr. Nicolai Glasbergeri narratio de origine et propagatione ordinis e cod. ms. primum edita et illustrata. II. Quaestiones de ordinis conventu Lipsiensi.] Lex.-8. (IV, 89 S.) Leipzig 882. Böhme. n. 2. 40

— s.: Ansprachen, fünf.

— das Franziskaner Barfüßerkloster zu Leipzig. Geschichte der Matthäikirche zu Leipzig [früher Neukirche] nach den Quellen bearb. gr. 8. (VIII, 64 S.) Leipzig 880. Böhme. n. 1. —

— Festpredigt zur zehnjährigen Jubelfeier des Hauptvereins für innere Mission der evangelisch-lutherischen Kirche im Königreich Sachsen, gehalten in der Frauenkirche zu Dresden in den Tagen der Ostern, am 26. April 1878. gr. 8. (16 S.) Leipzig 878. Teubner. n. — 40

— die Missionsarbeit der evangelischen Gemeinde. Predigt, geh. auf dem Missionsfest zu Königstein am 10. Oktbr. 1880. 8. (16 S.) Leipzig 880. Teubner. — 30

—— „Siehe, ich verkündige euch große Freude". Predigten. 2. Sammlung. 8. (VIII, 338 S.) Ebendas. 881. * geb. *
1. Sammlung. Ebendas. 1877. *ℳ 4.; geb. *ℳ 5.

Evers, Geo., Küstenbilder vom Mittelmeer u. der Adria. (242 S.) 8. Hildesheim 909. F. Borgmeyer. 2.50; geb. in Leinw. 3. 50

Evers, Georg Ghilf

—— Martin Luthers Anfänge, oder wie er wurde, was er war. 3. verb. Aufl. 8. (56 S.) Osnabrück 881. Wehberg. *

— Martin Luthers Anfänge od. wie er wurde, was er war. 3. Aufl. 8. (56 S.) Osnabrück 885. Wehberg. n. — 40

Evers, Geo. G., unter Bauern. Kleine Skizzen. 8. (362 S.) Mainz 892. F. Kirchheim. 3. 50

Evers, Geo., der sel. Petrus Canisius, S. J., Apostel u. Patron d. kathol. Schulen Deutschlands. E. Lebensbild z. 300jähr. Centenarium f. Todestages. 8. (64 S.) Osnabrück 897. B. Wehberg. n. — 50

Evers, Geo. G., Erlebnisse e. lutherischen Pastors. 8. (VII, 254 S.) Mainz 886. Kirchheim. 2. 50

— Ein Kapitel aus d. Leben Philipp Melanchthons. gr. 8. (86 S.) Regensburg 897. Nationale Verlagsanstalt. n. 1. —

Evers, Geo. Ghilf., katholisch oder protestantisch? oder: Wie war's möglich, daß ein orthodox-luther. Pastor „nach Rom gehen konnte?" gr. 8. (434 S.) Hildesheim 881. Borgmeyer. n. 3. —

— katholisch od. protestantisch? oder: Wie war's möglich, daß e. orthodox-lutherscher Pastor „nach Rom gehen konnte?" 4. verb. Aufl. gr. 8. (432 S.) Hildesheim 883. Borgmeyer. n. 4. —

Evers, G. G., Licht u. Schatten. Kleine Bilder aus den Erinnerungen e. weil. lutherischen Schulrectors u. Pfarrers. 8. (VIII, 367 S.) Mainz 889. Kirchheim. 3. 60

Evers, Geo., „Los v. Rom!" Geburtsgeschichte der Los v. Rom-Bewegg. im 16. Jahrh. gr. 8, (XII, 647 S.) Bozen 902. A. Auer & Co. n. 8. —

— Martin Luther. Lebens- u. Charakterbild, v. ihm selbst gezeichnet in seinen eigenen Schriften u. Correspondenzen. 1—9. Hft. 8. Mainz, Kirchheim. 22. 20

1. Die Herausforderung. 2. Aufl. Mit e. alten Bildnisse u. Fcsm. Briefe Luther's. (1. Bd. VIII, 232 S.) 883. 2. 25
2. Der erste Zusammenstoß. (1. Bd. VIII u. S. 233—473.) 883. 2. 25
3. Die Augsburger „Tragödie" u. ihre Nachspiele. Mit A. Dürer's Portr. v. Kaiser Maximilian I. (XV, 216 S.) 883. 2. 25
4. Die Altenburger Komödie u. das Schauspiel in Leipzig. 8. (2. Bd. S. 217—456.) 883. 2. 25
5. 6. Mit dem Bildnisse Luther's nach L. Cranach v. J. 1521. 8. (3. Bd. IV, 561 S.) 884. à 2. 70
7. Die Bannbulle. Mit dem (Holzschn.-) Bildnisse Kaiser Karl's V. (IV, 303 S.) 885. 2. 85
8. Der Reichstag zu Worms im J. 1521. 1. Abth. (S. 305—528.) 886. 2. 25
9. Dasselbe. 2. Abth. (4. Bd. IV u. S. 529—808.) 886. 2. 70

— **Martin Luther.** Lebens- u. Charakterbild, v. ihm selbst gezeichnet in seinen eigenen Schriften u. Correspondenzen. 10.—13. Hft. 8. Ebd. n. 11. 40 (1—13.: 33. 60)

10. Gewaltsamer Durchbruch der Revolution. 1. Abschn. Luther's Agitation bis zum Ausbruch der socialen Revolution. (5. Bd. S. 1—320.) 887. n. 3. —
11. 12. — dasselbe. (5. Bd., IV u. S. 321—838.) 888. n. 4. 95
13. Im Genuß der Früchte der Revolution u. in der Arbeit zur Befestigg. derselben. 8. (6. Bd. S. 1—368.) 890. n. 3. 45

— Martin Luther. Lebens- u. Charakterbild, v. ihm selbst gezeichnet in seinen eigenen Schriften u. Correspondenzen. 14. Hft. Im Genuß der Früchte der Revolution u. in der Arbeit zur Befestigg. derselben. Luther u. die Doppelehe d. hess. Landgrafen. „Meine armen alten Tage." 8. (6. Bd. VIII u. S. 369—760.) Ebd. 891. 3. 75 (kplt.: 37. 35; geb. in 6 Halbldr.-Bde. n. 48. —)

— **Martin, der Prophet v. Wittenberg.** Eine Erzählg. aus der Revolution des 16. Jahrh. für das deutsche Volk. I.: Martin der Befreier. 2 Hfte. 8. (166 S.) Osnabrück 889. Wehberg. à Hft. n. — 60

— Martin, der Prophet v. Wittenberg. Eine Erzählg. aus der Revolution d. 16. Jahrh. f. das deutsche Volk. 8. (IV. 423 S.) Osnabrück 892. B. Wehberg. n. 3. —

— Römische Mosaiken. Wandergn. u. Wandlgn. in d. ew. Stadt u. ihren Umgebgn. gr. 8. (X, 554 S.) Ebd. 897. n. 6. —; geb. in Halbfrz. n. 8. —

Evers, Geo., römische Mosaiken. Wanderungen u. Wandlgn. durch das Patrimonium St. Petri (od. Tuscia). Neue Folge. gr. 8. (XI, 696 S.) Regensburg 902. Verlagsanstalt vorm. G. J. Manz. n. 10. —; geb. in Halbfrz. n. 12. —

—— der „Prediger" in Trebra. Er bleibt „evangelisch". 1) weil—? — 2) trotzdem —? — 3) damit —? Antwort auf die Schmähschrift des „Predigers" in Trebra gegen mich und zugleich gemeinfaßliche Ergänzung zu „Katholisch oder protestantisch". gr. 8. (VII, 188 S.) Hildesheim 882, Borgmeyer. *

Evers, Geo. Karl Hnr., Einfluß d. Natur auf unsre Tugend. Eine Erndte-Rede. 8. Altona 796. Bechtold. 3 gr.

— stilles Fortwirken im Guten. Eine Erndte-Rede. 8. Altona 797. Bechtold. 2 gr.

— Gedanken über d. Dasein Gottes ꝛc. Mit e. Vorr. v. Gf. Leß. 8. Hannov. 789. (Hahn). 7 gr.

Evers, Geo. Carl Heinr., Nachhall aus e. Dorfkirche u. aus d. Berufe e. Landpredigers in einigen, z. Theil längst verklung., aber aufs neue wieder angeschlag. Tönen; z. Besten dreier unglückl., durch Feuersbrunst verarmter Familien. gr. 8. (7 B.) Göttingen 828, (Dieterich.)

— Nachhall aus einer Dorfkirche u. aus d. Berufe eines Landpredigers in einigen, zum Theil längst verklungenen, aber aufs Neue wieder anschlagenden Tönen. gr. 8. Götting. 828. (Dieterich). 14 gr. N. A. 831. Ebd. 12 gr.

— zwei Religionsvorträge bei d. wichtigen Veränderung d. hannöv. u. westphäl. Regierung. 8. Götting. 815. Vandenhöck u. R. 5 gr.

Evers, (Gustav), Entwurf einer Reorganisation des mecklenburg. Volksschulwesens in Form einer Adresse mecklenburgischer Lehrer an die bevorsteh. Landesversammlung dargestellt. Lex.-8. (16 S.) Rostock 848, Stiller'sche Hofbuchh.

Evers, Gust., die Gefahr des Vaterlandes u. der Weg seiner Rettung. gr. 8. (66 S.) Lübeck 848, v. Rohden. 3 ngr.

— zur Lösung der schleswig-holsteinischen Frage. gr. 8. (16 S.) Lübeck 849, Aschenfeldt. 3 ngr.

—— die deutsche Nationalversammlung und die deutschen Regierungen. gr. 8. (30 S.) Lübeck 849, v. Rohden'sche Buchh.

—— Oesterreich, Preußen und die Einheit Deutschlands. gr. 8 (128 S.) Lübeck 850, v. Rohden'sche Buchh.

—— geschichtliche Parallelen zu Verhältnissen und Begebenheiten der Gegenwart. gr. 8. (30 S.) Lübeck 848, v. Rohden'sche Buchh.

— geschichtliche Parallelen zu Verhältnissen u. Begebenheiten der Gegenwart. gr. 8. (30 S.) Ebd. 850. 1/4 ℔

Evers, G(ust.), Repetitionstafel zur lateinischen Etymologie. 1 Bl. in Fol. Lübeck 854, (v. Rohdensche Buchh.) *

Evers, H. W. L., Confirmationsfeier. 8. Hannov. 811. Gebr. Hahn. 4 gr.

Evers, Hans: Kritischer Beitrag zur Steigbügelextraktion zum Zwecke der Hörverbesserung. *Halle a. d. S. 1898: M. Kandler.* (28 S.) 8°
Halle, Med. Diss. v. 22. März 1898

Evers, Heinrich: Über neuere magnetische Forschungen. Danzig, Druck v. A. W. Kafemann, 1892; 23 S., 1 Taf. 4.
Danzig, RG u. HB zu St. Petri u. Pauli, OP 1892 (44)

Evers, Heinz, poetische Ecke. Perforierte Ausg. (32 Bl. u. S. m. Bildnis). 8. Frankfurt a/M. (907). J. Schiffer. — 80

Evers, Heinz, s.: Schröter's schweizer. Apotheker-Kalender.

— Die nackte Wahrheit. Lebenslauf e. Idealisten, nebst e. Nachwort von Heinr. v. Grod. (Roman.) (86 S.) 8. Ebd. (909). 1.50; geb. in Leinw. 2. —

Evers, Hermann: Erläuternde Unterschriften unter die im Treppenhause ausgehängten Seemannschen Wandbilder. *Bückeburg (1902): Grimme.* (S. 3—16.) 4° [J.]
Bückeburg, fürstl. Adolfinum (G u. RPG), P 1902 (793)

Evers, J., ich bin ein Christ, }
— Sven Düsva, }
— zwei, die den Himmel suchen, } s.: Perlen.
— nur ein Zeitungsjunge, }

Evers, J. A. (Resp.): De salutario somni natura et tempore, s. Richter, G. G. (Praes.)

Evers, J. J., Bilancen u. Aufschlüsse d. Bücher v. 3 ganz verschiedenen Comp. Handl. 4. Bremen, Heyse. 809.

Evers, (J. L.), Entwurf einer Reorganisation des Mecklenburg. Volksschulwesens, in Form einer Adresse Mecklenburgischer Lehrer an die bevorsteh. Landesversammlg. dargestellt. Lex. 8. (16 S.) Rostock 848, Stiller. 3 ngr

Evers, weitere Nachrichten über die Entwicklung und Organisation des städtischen Elementarschulwesens zu Rostock. Rostock 859. (Stiller.) gr. 8. (58 S.) n. 5 ngr

— Joachim Dietrich (Wismar), De exceptione metus injusti in statu naturali et civili. Diss. jur. Präs. Just. Henning Böhmer. Halle (Chn. Henckel) 28. XI. 1720. 114 S. (6.50) 8380

— — Dasselbe. Halle (Joh. Grunert) 1730. 117 Seiten. (6.50) 8381

Chorgesang für die festliche Tafel der Loge Ferdinand zum Felsen bei ihrer Vereinigung mit den Logen des niedersächsischen Kreises unter der engl. Provinzial-Loge in Hamburg den 15ten Juny 1795. Von J[oachim] L[orenz] Evers. [Hamburg] 1795. 4 Bl. 8° [Umschlagtit.]
Kl. 1776. 4 Lieder ohne Noten.

[Gedicht.] Bei der Todten-Feier Ferdinand's des Menschenfreundes Herzogs v. Braunschweig etc. General Grossmeisters der vereinigten Logen in Deutschland in der Loge Ferdinand zum Felsen zu Hamburg den 5ten Sept. 1792 von J[oachim] L[orenz] Evers. [Hamkurg 1792.] 4 S. 8° [Umschlagtit.]
„Er ist nicht mehr!"

– s. Jahrhundert, das 18te.

Evers, Joach. Lor., († d. 2. Nov. 1807.), s.a. Leben W. Pitt's.

(Evers, Joach. Lor.) Leben und Staatsregierung William Pitts. 8. Hamburg 1806.

–s.a. Nächte, Hamburgische.

Evers, Lorenz, hamburgische Nächte. 8. Altona, Bechtold. 810.

Evers, Joach. Lor., s. Oldenburg, d. k. Stammhaus.

Rede am Bundesfesste des 1ten Jan. 1796. Von J[oachim] L[orenz] Evers. Altona 1796. 16 S. 8° [Umschlagtit.]
Kl. 1115. 2 Gedichte.

Schilderung des Lebens und Characters der Königin Marie Antoinette von Frankreich (von *Joachim Lorenz Evers*). 2 Thle. Bremen 1794. Kl. 8°. Anon.-Lex. IV. p. 35 (nach Meusel). Kayser hat „1734" (!).

Von dem Uebertriebenen in den menschlichen Handlungen. Vorgelesen bei der Feier des Johannis-Festes 1794 in der Loge Ferdinand zum Felsen zu Hamburg von J[oachim] L[orenz] Evers. Als Hs. f. Ordensbrr. o. O. [1794]. 19 S. 8° [Umschlagtit.]
Kl. 1113.

Evers, Joh., Senior D. Lindenberg. Ein Lebensbild aus der neueren lübeck. Kirchengeschichte. Vortrag, geh. in der Versammlg. der Gesellschaft zur Beförderg. gemeinnütz. Thätigkeit zu Lübeck am 31. I. 1899. 8. (39 S.) Lübeck 899. R. Quitzow. n. — 50

Evers, Joh., zeigt Hilligenlei heiliges Land? (18 S.) gr. 8. Lübeck 907. R. Quitzow. — 30

Evers, Justus Friedrich Karl Matthias, s. Evers, Matthias

Evers, K., die Nationalliteratur in ihrer Bedeutung für die Schule. Hannover. 1867.
Schul-/Univ.-Schrift

Evers, K., die deutsche Zeichensetzung. gr. 8. (29 S.) Hannover 873. Cruse. n. — 50

Evers, Carl, die deutsche Bäckerei der Gegenwart in Theorie u. Praxis. Mit 30 farb. u. schwarzen Taf. u. 216 Abb. im Text. (VII, 471 S.) Lex. 8. Nordhausen, 908. H. Killinger. Geb. in Leinw. 8. 50

— „Germania". Geschäftshandbuch f. Bäcker. (VI, 120 S.) gr. 8. Ebd. (909). Kart. 1. 80

Evers, Karl [Arzt aus Etteln, Westf.]: 32 Radikal-Herniotomieen aus der Erlanger Klinik. . . . Erlangen, Druck d. Univ.-Buchdr. v. E. Th. Jacob, *1890*; 26 S. 8°
Erlangen, Med. Fak., Inaug.-Diss. v. März 1890

— Was e. Bäckerlehrling wissen muß! (24 S.) 8. Ebd. (908). — 80

Evers, Karl Fr., († d. 14. April 1803.) Betracht. über eine in Rostock geprägte alte Münze in Grundlage der dieser Stadt ertheilten landesherrl. Münzbegnadigungsbriefe ꝛc. 4. Schwerin 785. Bödner. 6 K

— d. Mecklenburg. Erbjungfrauenrecht, besond. d. Frage betreff.: Ob das zu den väterl. Lehngütern gehörige Kirchenpatronat d. Erbjungfrauen oder d. nachfolg. Agnaten zustehe? 8. Rostock 802. Stiller. 3 K

— Mecklenburg. Münz-Verfassung, besonders d. Geschichte derselben. 2 Thle. gr. 8. Schwerin 798, 99.

Evers, Ludw., aus vergangenen Tagen. Gedichte. Leipzig 868. O. Wigand. 10. (336 S.) n. 24 ngr

Evers, M. Hymnologische Beiträge im Anschluss an die Neugestaltung des Bouterwekschen Schulchoralbuchs „Lobet den Herrn". (Elberfeld 1879.) S. 11—34. Progr. G. *Elberfeld* 1879.

Evers, M. Xenophon quomodo Agesilai mores descripserit. 22 S. Progr. G. *Düsseldorf* 1883.

Evers, M[atthias]: Über die Angliederung reformgymnasialer Parallelklassen von Ostern 1903 ab. XV S. 4.
Progr. Gymn. *Barmen* 1903 (490).

Evers, *Justus Friedrich Karl Matthias* [Dir. Prof.]: I. Ansprache bei der Eröffnungs-Andacht, Dienstag d. 19. Sept. 1893, vormittags ½9 Uhr. II. Ansprache bei der Amts-Einführung, Dienstag d. 19. Sept. 1893, vormittags 10 Uhr. Barmen, Druck v. Steinborn & C., 1894; 3—10 S. 4.
Barmen, G, P 1894 (424)

Evers, *Justus Friedrich Karl Matthias*: Drei Ansprachen. I. Auf den verewigten einstigen Direktor der Anstalt Dr. Thiele, † 25. November 1893 zu Wiesbaden, gehalten in der Aula des Gymnasiums am 2. Dezember 1893. . . . II. Auf den verewigten Oberlehrer Dr. *Oskar* Richter. † 22. Mai 1895 zu Barmen, gehalten auf der Aula des Gymnasiums bei der Trauerfeier am 25. Mai 1895. . . . III. siehe: Schleusner *M. Luther* S. 132. 4 (8 S. der Schuln.). **Progr.** G. *Barmen* 1896

Evers, *Justus Friedrich Karl* Matthias [Dir. Prof.]: 1. Auf den verewigten einstigen Direktor der Anstalt Dr. *Gustav* Thiele, † 25. Nov. 1893 zu Wiesbaden. (Nach e. Bericht d. Westdeutsch. Zeitg v. 6. Dez. 1893.) — II. Auf den verewigten Oberlehrer Dr. *Oscar* Richter. † 22. Mai 1895 zu Barmen. ([Umschlagt.:] Drei Ansprachen: a) Nachruf an Dir. Dr. Thiele; b) desgl. an Oberl. Dr. Richter; . . .) Barmen, Druck v. D. B. Wiemann, 1896; 1—8 S. 4.
Barmen, G, P 1896 (433)

— u. Herm. **Marx**, die Bergpredigt, s.a. **Hilfsmittel** zum evangelischen Religionsunterricht. 1. Hft.

Die Bergpredigt von M[athias] **Evers.** 2., durchgeh. verb. Aufl. *Berlin: Reuther & Reichard 1895.* (48 S.) 8° [F.]
— **Hilfsmittel** z. evangelischen Religionsunterricht. H. 1. (01. 6300 11

Die Bergpredigt. ⟨Matth. 5—7.⟩ Von Prof. M[athias] **Evers**, Dir. zu Barmen. 3. u. 4., durchweg verb. u. verm. Aufl. *Berlin: Reuther & Reichard 1899.* (68 S.) 8° [F.]
— **Hilfsmittel** z. evangel. Religionsunterricht. H. 1. (00. 11874

Die Bergpredigt ⟨Matth. 5—7⟩. Von Prof. M[atthias] **Evers**, Dir. zu Barmen. 5. Aufl., neu bearb. von Hermann Marx, Prof., Frankfurt a. M. Berlin: Reuther & Reichard 1907. (VI, 61 S.) 8° [F.]
— **Hilfsmittel** z. evang. Religionsunterricht. H. 1. (07. 10761

Evers, M., Bismarck u. Moltke, Deutschlands Dioskuren. Eine vaterländ. Festgabe zum 20. Gedenktage der Wiederaufrichtg. d. Deutschen Kaiserreichs am 18. Jan. 1891. gr. 8. (121 S. m. 2 Portr.) Düsseldorf 890. F. Bagel. n. 1. 20

Evers, M., vaterländische Festdichtungen. Eine Gabe f. Kaisersgeburtstag u. sonstige patriot. Gedenktage. Insbesondere den deutschen Schulen u. Kriegervereinen gewidmet. gr. 8. (32 S.) Düsseldorf 890. F. Bagel. n. — 50

Evers, *Justus Friedrich Karl Matthias* [Dir. Prof.]: *Einige Festordnungen von Schulfeiern.* Barmen, Druck v. D. B. Wiemann, 1895; 19—21 S. 4.
Barmen, G, P 1895 (435)

Zum Gedächtnis Kaiser Wilhelms I. Rede des Gymnasialdirektors EVERS-Barmen in der Generalversammlung des Bergischen Geschichtsvereins Freitag, den 12. März 1897. Als Erinnerungs-Festgabe zum 22. März 1897, zur Jahrhundertfeier für Kaiser Wilhelm I., allen Mitgliedern überreicht vom Vorstande. (Elberfeld. Baedekersche Buchdruckerei, A. Martini & Grüttefien.) 8°.

— Evang. Gesangb. f. höh. Lehranstalten, s.: **Henke, O.**

— das **Gleichnis** vom ungerechten Haushalter Luk. 16, 1—13, seine Schwierigkeit u. seine einfachste Lösung, gemeinverständlich dargestellt. gr. 8. (67 S.) Krefeld 901. G. A. Hohns Söhne. n. 1. —

— die Gleichnisse Jesu, s.a. **Hilfsmittel** zum evangel. Religionsunterricht. 2. u. 3. Hft.

Die Gleichnisse Jesu von M[athias] **Evers.** Hälfte 1. 2. *Berlin: H. Reuther 1893.* 8° [F.]
— **Hilfsmittel** z. evangelischen Religionsunterricht. H. 2. 3. (01. 6303 11

Die Gleichnisse Jesu. Von M[athias] **Evers.** 2., verb. u. bereicherte Aufl. *Berlin: Reuther & Reichard 1896.* (II, 96 S.) 8° [F.]
— **Hilfsmittel** z. evangelischen Religionsunterricht. H. 2. 3. (01. 6304 11

Die Gleichnisse Jesu von M[athias] **Evers.** 3. verb. u. bereicherte Aufl. Berlin: H. Reuther 1902. (VI, 120 S.) 8° [F.]
— **Hilfsmittel** z. evangelischen Religionsunterricht. H. 2. 3. (07. 13042

Die Gleichnisse Jesu. Von Prof. M[athias] **Evers.** 4. erw. Aufl., neu bearb. von Hermann Marx, Prof., Frankfurt a. M. Berlin: Reuther & Reichard 1908. V, 144 S. 8°
(Hülfsmittel z. evang. Religionsunterricht. H. 2/3.) (09. 1375

— Schillers „Glocke", s.: **Klassiker**, die deutschen. 9.

— **Schillers „Glocke" u. Homers Achilles-Schild.** Ein Vergleich als Hilfsmittel sowohl f. den deutschen Unterricht wie f. die Homer-Lesg. in Prima. [Aus: „Die deut. Klassiker, erläutert usw. 9. Bdchn."] (16 S. m. 3 Fig.) II. 8. Leipzig 906. H. Bredt. n. — 20

Evers, *Justus Friedrich Karl Matthias* [Dir. Prof.]: Grabrede bei Bestattung des Primaners Walther Halbach am 18. Jan. 1897. Barmen, Druck v. D. B. Wiemann, 1897; 3—4 S. 4.
Barmen, G, P 1897 (440)

Evers, *Justus Friedrich Karl Matthias*: *Gutachten zur Vorschulefrage.* 4 (S. 14—17 der Schuln.). G. *Barmen* 1896
Progr.

— Handbuch der evangel. Religionslehre, s.: **Fauth, Fr.**

— die **Hermannsschlacht** im Teutoburger Walde. Gesang. 8. (62 S.) Hannover 875. Schmorl & v. Seefeld. n. 1. —

— s.a. **Hilfsmittel** z. evang. Religionsunterricht.

— u. F. **Fauth**, Hülfsmittel zum evangelischen Religionsunterricht f. ev. Religionslehrer u. Pfarrer, Studierende, Seminaristen u. reifere Schüler höherer Lehranstalten. Unter Mitwirkg. v. W. Feller, J. Hupfeld, L. Leussen etc. hrsg. 1.—4. Hft. gr. 8. Ebd. n. 1. 90
1. Die Bergpredigt. Von M. **Evers.** (16 S.) 892. n. — 20; 2., durchgehends verb. Aufl. (40 S.) 895. n. — 50
2. Die Gleichnisse Jesu. Von M. Evers. 1. Hälfte. (24 S.) 893. n. — 30
3. — dasselbe. 2. Hälfte. (40 S.) 893. n. — 50
4. Die apostolische Urgemeinde nach der Apostelgeschichte u. anderen zeitgeschichtlichen Quellen v. F. H. **Hupfeld.** (47 S.) 894. n. — 60

Evers, Matthias, Goethe's Iphigenie auf Tauris, s.: **Klassiker**, die deutschen, erläutert u. gewürdigt f. höh. Lehranstalten. 5. Bdchn.

Evers, *Justus Friedrich Karl Matthias*: *Der Kampf um die neue Besoldungsordnung.* 4 (S. 14—17). G. *Barmen* 1898
Progr.

— s.: **Klassiker**, d. deutschen, erläut. u. gewürd. f. höh. Lehranstalten.

— die deutschen **Klassiker**, erläutert u. gewürdigt, s.: **Kuenen, E.**

— u. H. **Walz**, deutsches Lesebuch f. höh. Lehranstalten. Bearbeitung des Döbelner Lesebuchs (3. Aufl.) f. Preußen u. Norddeutschland. 1. u. 2. Tl. gr. 8. Leipzig 899. B. G. Teubner. Geb. in Leinw. n. 4. —
1. Sexta. (X, 292 S.) n. 1. 80. — 2. Quinta. (X, 338 S.) n. 2. 20.

— — dasselbe. Bearbeitung des Döbelner Lesebuchs (3. Aufl.) f. Mittel- u. Norddeutschland im engen Anschluß an die preuß. Lehrpläne. 3.—5. Tl. Quarta. gr. 8. (XV, 386 S.) Ebd. Geb. in Leinw. à n. 2. 40
3. Quarta. (XV, 386 S.) 900. — 4. Untertertia. (X, 358 S.) 902. — 5. (VIII, 332 S.) 902.

— — dasselbe, im engen Anschluß an die neuesten preußischen Lehrpläne. 6. Tl.: Untersekunda. Nach der neuesten Rechtschreibg. Ausg. A. (VIII, 302 S.) gr. 8. Ebd. 905. Geb. in Leinw. n. 2. 40; Ausg. B. Für paritätische Anstalten. (VIII, 302 S.) Geb. in Leinw. n. 2. 40

— u. H. **Walz**, deutsches Lesebuch f. höhere Lehranstalten. Bearbeitung des Döbelner Lesebuchs f. Mittel- u. Norddeutschland im engen Anschluß an die neuesten preuß. Lehrpläne. 1. Tl.: Sexta. 2. Aufl. Nach der neuesten Rechtschreibg. Ausg. A. (XV, 298 S.) gr. 8. Leipzig 903. B. G. Teubner. Geb. in Leinw. n. 2. —; Ausg. B. Für parität. Anstalten. 3. Aufl. (XVI, 298 S.) 906. Geb. n. 2. —

— — dasselbe. 7. Tl.: Für Obersekunda. Ausg. A. (XII, 361 S.) gr. 8. Ebd. 906. Geb. n. 2. 80

— — dasselbe. 7. Tl.: Für Obersekunda. 1. u. 2. Sonderausg. gr. 8. Ebd. Geb. n. 3. 80
1. Hilfsmittel zum lehrplanmäßigen deutschen Unterricht. (XII, 218 S. u. S. 354—361.) 906. Geb. n. 2. —
2. Vermischte Aufsätze. Zur deutschen Sprache u. Literatur. Geschichte u. Kunst des Altertums. Zur Naturwissenschaft u. Erdkunde. (IX u. S. 145—353.) 906. Geb. n. 1. 80

— — u. A. Kühne, deutsches Lesebuch f. höh. Lehranstalten in engem Anschluß an die neuesten preuß. Lehrpläne. 8. Tl.: Für Prima. 2 Abtlgn. 8. Ebd. Geb. 3. 40
8, I. Aufsätze zur deutschen Literatur. (VI, 208 S.) 907. 1. 80
II. Vermischte Aufsätze. (VI u. S. 209—388.) 907. 1. 60

Evers, M., u. H. Walz, deutsches Lesebuch f. höhere Lehranstalten. Bearbeitung des Döbelner Lesebuchs f. Mittel- u. Norddeutschland in engem Anschluß an die neuesten preuß. Lehrpläne. Grammatische Beilagen. 1—3. Tl. 8. Leipzig, B. G. Teubner. 1. —
1. Lehrstoff der Sexta: Satz- u. Formenlehre sowie Zeichensetzg., v. M. Evers. (32 S.) 908. — 30
2. Lehrstoff der Quinta: Satz- u. Formenlehre sowie Zeichensetzung, v. M. Evers u. A. Kühne. (34 S.) 907. — 30
3. Lehrstoff der Quarta. Satz- u. Formenlehre sowie Zeichensetzung, v. M. Evers u. A. Kühne. (42 S.) 908. — 40

— u. H. Walz, deutsches Lesebuch f. höhere Lehranstalten. Bearbeitung des Döbelner Lesebuchs f. Mittel- u. Norddeutschland in engem Anschluß an die neuesten preuß. Lehrpläne. Ausg. A: Für evangel. Anstalten. I—V. Tl. 8. Leipzig, B. G. Teubner. Geb. in Leinw. 11. 40
I. Sexta. 4. Aufl. (298 S.) 909. Geb. 2. —
II. Quinta. 3. Aufl. (XVIII, 333 S.) 907. Geb. 2. 20
III. Quarta. 3. Aufl. hrsg. v. H. Walz u. A. Kühne. (XX, 384 S.) 908. Geb. 2. 40
IV. Untertertia. 3. Aufl. Hrsg. v. H. Walz u. A. Kühne. (XII, 358 S.) 909. Geb. 2. 40
V. Obertertia. 2. Aufl., hrsg. v. H. Walz u. A. Kühne. (VIII, 314 S.) 900. Geb. 2. 40

— — dasselbe. Ausg. B: Für parität. Anstalten. 1—5. Tl. 8. Ebd. Geb. 11. 40
1. Sexta. 4. Aufl. (XVI, 298 S.) 909. Geb. 2. —
2. Quinta. 3. Aufl. (XVIII, 333 S.) 907. Geb. 2. 20
3. Quarta. (XX, 381 S.) 908. Geb. 2. 40
4. Untertertia. 3. Aufl. Hrsg. v. H. Walz u. A. Kühne. (XII, 358 S.) 909. Geb. 2. 40
5. Obertertia. 2. Aufl., hrsg. v. H. Walz u. A. Kühne. (VIII, 334 S.) 900. Geb. 2. 40

— s.: Meisterwerke d. deutschen Litteratur.

[Kopft.:] **Evers,** *Justus Friedrich Karl Matthias* [Dir. Prof.]: Gymnasium Barmen. Nachträge, Änderungen, Ergänzungen zu den Lehrplänen. Vgl. „Die Lehrpläne d. Gymn. in Barmen" v. Dir. Dr. Henke, Allgem. Abteilg u. Übersicht, Barmen 1892 [= P-Beil. 1892]. ([Umschlagt.:] Deutscher Lehrstoff f. U3—O1, Lernstoff f. 6—01.) *Barmen, 1897;* 3 Bl. 8.
Barmen, G, P 1897 (440)

— Nun kommt, legt Eures Dankes Zoll an Kaiser Wilhelms Grabe nieder! Dichter. Nachruf zum 22. III. 1897. gr. 8. (8 S. m. Bildn.) Barmen 897. D. B. Wiemann. n. — 20

Evers, M[atthias], Direktor Professor: Über die Odyssee-Landschaft Leukas-Ithaka nach Dörpfeld. I. Stiftung der Odyssee-Landschaft Leukas-Ithaka nach Dörpfeld durch Herrn W. Caron-Rauental. ⟨Zu S. 16, a, 2⟩. II. Besuch des Prof. Dr. Dörpfeld-Athen im Gymnasium und Vortrag über Leukas-Ithaka. ⟨Zu S. 19, Nr. 7⟩. III. Schlussbemerkung des Direktors über die Frage: Wie weit Homer „Wirklichkeit" berichte. Barmen 1905: D. B. Wiemann. (13 S.) 8°
Barmen, G P 1905 (507)

— Israels Prophetentum [Alten u. Neuen Testaments], s.a. Hilfsmittel zum evang. Religionsunterricht. 5. Hft.

Israels Prophetentum. Von M[athias] **Evers** (2: von F[ranz] Fauth). Hälfte 1. 2. *Berlin: Reuther & Reichard 1896.* 8° [F.]
1. Allgem. Charakteristik. 2. Die Schriftpropheten bis z. Ende d. Exils.
— Hilfsmittel z. evangelischen Religionsunterricht. H. 5. 6. [04. 6905 11

Israels Prophetentum ⟨Alten u. Neuen Testaments⟩. Von M[athias] **Evers** (2: von F[ranz] Fauth). 2., verb. u. verm. Aufl. Hälfte 1. 2. Berlin: Reuther & Reichard 1900—02. 8° [F.]
1. Allgem. Charakteristik. 1902. 2. Die Schriftpropheten bis z. Ende d. Exils. 1900.
— Hilfsmittel z. evangelischen Religionsunterricht. H. 5. 6. [05. 2041

Israels Prophetentum von M[athias] **Evers** u. F[ranz] Fauth. 3. Aufl., völlig neu bearb. von Dr. Gustav Rothstein, Oberl. 2. Berlin: Reuther & Reichard 1908. 8°
(Hülfsmittel z. evang. Religionsunterricht. H. 6.) [09. 1176

Evers, *Justus Friedrich Karl Matthias* [Dir. Prof.]: Aus der Rede zur diesjährigen Abiturienten-Entlassung. Barmen, Druck v. D. B. Wiemann, 1895; 30—33 S. 4.
Barmen, G, P 1895 (435)

—— Rede auf den Fürsten Bismarck. Gehalten bei der vaterländ. Feier zu Ehren des 70. Geburtstages des Fürsten Reichskanzlers zu Düsseldorf am 31. März 1885. Lex.-8. (16 S.) Düsseldorf 885, Voß und Comp.

— das Reformations-Jubiläum des Hohenzollernhauses, s.: Vorträge, volksthümliche, vaterländischen, kirchl. u. kulturgeschichtl. Inhalts.

—, Die vaterländische Rheinfahrt am 13. u. 14./7. 1893. 4 (S. 21 d. Schuln.). **Progr.** G. *Barmen* 1895 (435).
Genaueres in des Verf. Schule und Vaterland. (Barmen 1896, Wiemann) S. 198 ff.

Evers, Matthias (Mitarbeit.), s. Schiller, Friedrich von: Die Jungfrau von Orleans.

Evers, M., die Schulbibelfrage auf der 19. evangelischen Religionslehrer-Versammlung des Rheinlandes zu Düsseldorf, 24. Mai 1894. [Erweit. Sonderdr. aus: „Zeitschr. f. Relig.-Unterr."] gr. 8. (74 S.) Berlin 895. Reuther & Reichard. n. 1. 20

— Schule u. Vaterland. Vaterländ. Worte f. Jung u. Alt, gesprochen bei Schulfeiern u. and. Vaterlandsfesten. Auch e. Gabe z. Jubelj. 1895/96. 8. (VII, 243 S.) Barmen 896. D. B. Wiemann. n. 2. 25; geb. 3. —

— Auf d. Schwelle zweier Jahrhunderte. D. höh. Schule u. d. gebild. Haus gegenüber d. Jugendgefahren d. Gegenwart. E. Pädagogik d. Kampfes. Fachgenossen, Eltern u. Erziehern, Jugend- u. Schulfreunden vorgelegt. gr. 8. (XI, 240 S.) Berlin 898. Weidmann. Geb. n. 5. 60

Evers, M., Deutschlands Siegesjahr 1870—1871. Poetisches Kriegstagebuch. gr. 8. (III, 44 S.) Oldenburg 872. Schulze. — 75

— deutsche Sprach- u. Litteraturgeschichte im Abriß. Allgemeinverständlich dargestellt. 1. Tl.: Deutsche Sprach- u. Stilgeschichte. gr. 8. (XX, 284 S.) Berlin 899. Reuther & Reichard. n. 3. 60; geb. in Leinw. n. 4. 50 u. n. 4. 80

[F.] Deutsche Sprach- und Stilgeschichte im Abriss. Von Prof. M[athias] Evers, Dir. ... in Barmen. *Berlin: Reuther & Reichard 1899.* (XX, 284 S.) 1 Bd 8.
= Evers, M: Deutsche Sprach- u. Litteraturgeschichte. Tl 1. [99. 2840

Evers, M[atthias]: I. Stiftung der Odyssee-Landschaft Leukas-Ithaka nach Dörpfeld durch Herrn W[alter] Caron-Rauenthal. II. Besuch des Prof. Dr. Dörpfeld-Athen im Gymnasium und Vortrag über Leukas-Ithaka. III. Evers, M[atthias]: Schlußbemerkung über die Frage: Wie weit Homer „Wirklichkeit" berichte. 13 S. 8. **Progr.** Gymn. *Barmen* 1905 (zu 507).

Evers, *Justus Friedrich Karl Matthias* [Dir. Prof.]: Stiftungen, Vergünstigungen, Kassen *des Gymnasiums in Barmen.* (Nachtrag zu: Osk. Henke, Chronik d. Gymn. zu Barmen. I. Barmen 1890.) Barmen, Druck v. D. B. Wiemann, 1895; 14—17 S. 4.
Barmen, G, P 1895 (435)

— die Tragik in Schillers Jungfrau v. Orleans", in neuer Auffassg. dargel. [Aus: „Ztschr. f. d. deutschen Unterricht".] gr. 8. (IV, 63 S.) Leipzig 898. B. G. Teubner. n. 1. —

Evers, M[atthias], Dir. Prof.: 1. **Vorschriften** für die Benutzung der physikalischen Sammlungen und Zimmer. 2. Vorschriften für die Benutzung der naturwissenschaftlichen Sammlungen. *Barmen 1900: D. B. Wiemann.* (S. 24—26.) 4°
Barmen, G, P 1900 (456)

Evers, *Justus Friedrich Karl* Matthias [Dir. Prof.]: *Über die Vorschulfrage.* Barmen, Druck v. D. B. Wiemann, 1896; 14—17 S. 4.
Barmen, G. P 1896 (433)

Evers, M., Vorwärts! Sieben geharnischte Sonette an das deutsche Volk. Oldenburg 870. Schulze. 16. (7 S.) 1 ngr.

Evers, M[atthias], Dir. Prof.: **Vorwort über die Angliederung reformgymnasialer Parallelklassen von Ostern 1903 ab.** (Umschlagt.: Über die Angliederung ... Vorwort.) *Barmen 1903: D. B. Wiemann.* (XV S.) 4°
Barmen, G, P 1903 (490)

— Schillers Wallenstein, s.: Klassiker, die deutschen, erläutert u. gewürdigt für höh. Lehranstalten. 7. 8. 23. u. 28. Bdchn.

Evers, Max (Ref.), s. Nachrichten aus dem Buchhandel ...

Evers, Nic., der Weg zum Erfolg. (96 S.) gr. 8. Hamburg (Klaus Grothstr. 100) 906. F. O. Gebrath. n. 1. 80

Evers, Nik. Joach. Guill(b)ian, s.a. Ever, N.J.G.

— Anleit. zur Kenntniß u. würd. Feier d. Festtage rc. 8. Hamb. 812. (Herold jun.) 12 ggr

Evers, N. J. Guilbian, Anleit. zur Kenntniß u. zum zweckmäßigen Gebrauche d. Bibel für Christen, welche dieselbe nur zu ihrer Erbauung lesen. 8. Hamb. 816. (Perthes u. B.) 12 ggr

— Gesangbuch zum Schul- u. häusl. Gebrauch für d. Jugend. 8. Hamb. 811. 2e A. 823. Perthes u. B. 21 ggr

Evers, Nik. Joach. Guilliam, Gesangbuch zum Schul- u. häusl. Gebrauche für die Jugend, insbes. in Hamburg. 3e Aufl. 8. Hamburg 834. Perthes, Besser u. Mauke. $^{7}/_{8}$ rthl

— üb. die Liederdichter u. Melodien des Hamburg. Gesangbuchs. 8. Hamburg 833. Herold. $^{1}/_{2}$ rthl

— Melodien dazu, fürs Clavier oder Pianoforte. gr. 4. Hamb. 811. Schmidt. 20 ggr

— Samml. geistl. Lieder zur Erheiterung u. Beruhigung unter den Uebeln u. Leiden d. Lebens. 3 Thle. gr. 8. Hamb. 817 u. 18. (Meißner). 4 rthl 12 ggr

— s. J. C. Schütze, Predigten.

— **Nicolaus Heinrich** (Lübeck), De effectu poenae conventionalis sponsalibus adjectae. Diss. jur. Präs. Jo. August Hellfeld. Jena (Schill) 23. VII. 1760. 49 S. (5.—) 8382
Widm. v.: Präs., Gabr. Christian Lembke (Lübeck), P. H. Carstens (Lübeck).

Evers, N. H., das Gebet d. Herrn in ausgeführten Unterredungen, nebst einleit. Behandlgn. üb. das Gebet im allgemeinen. 8. (IV, 108 S.) Gütersloh 889. Bertelsmann. n. 1. 60

Evers, Nic. H., kleine Geographie für die Hand der Schüler ein- und mehrklassiger Volksschulen. 8. (45 S.) Schleswig 880, Bergas. *

— die biblische Geschichte u. deren Behandlung auf der Unterstufe ein-, zwei- u. dreiklassiger Schulen. gr. 8. (VIII, 136 S.) Rostock 890. Werther. n. 1. 50

Evers, N. H., die biblische Geschichte u. deren Behandlung auf der Unterstufe. 2. (Titel-)Ausg. gr. 8. (VIII, 136 S.) Rostock 894. W. Werther's Verl. 1. 50

Evers, N. H., die biblische Geschichte u. deren Behandlung auf der Unterstufe. 3. Aufl. (VIII, 127 S.) gr. 8. Breslau 900. F. U. Kern. 1.80; geb. 2. 20

Evers, Nic. H., comment. de jure repraesalior. ex princip. juris nat. etc. 4. Ienae, Marggraf. 758.

Evers, Nik. Heinr., Präparationen auf den Katechismusunterricht in unsrer evangelisch-lutherischen Volksschule. Umfassend: 110 einzelne, auf 3 Semester berechnete Stundenpensen. Nebst einem Anhang, enthaltend einige ausgeführte Katechesen. gr. 8. (VI, 315 S.) Langensalza 888, Schulbuchhandlung.

— die wichtigsten Zahlen aus der Geschichte. 8. (16 S.) Breklum 880. Christl. Buchh. n. — 10

Evers, Otto Justus

— Anleit., wie sich d. Wundarzt bei e. gerichtl. angeklagten Kur an criminell verwundeten Personen zu verhalten habe. 8. Stendal 791. Franzen u. Gr. 4 ggr

Evers, Otto Just., († d. 17. Jan. 1800.) neue vollständ. Bemerkk. u. Erfahrr. d. Wundarzneikunst u. Arznei-Gelahrtheit. Mit 3 Kpf. 8. Götting. 786. Dieterich. 6 ggr

— über den Infarktus. 8. Stendal 794. Franzen u. Gr. 2 ggr

Evers, P., Mecklenburg, s.a. **Grieben's Reiseführer.**

Mecklenburg. Prakt. Führer f. Sommergäste u. Touristen von P. **Evers.** Mit 3 Karten. Berlin: A. Goldschmidt 1905–06. (IV, 59 S.) 8° [J. u. Ant.]
= **Reiseführer,** Griebens. Bd 104. '06. 8678

— die Verhochdeutschung Fritz Reuters. Eine literar. u. sprachl. Zeit- u. Streitfrage. (27 S.) gr. 8. Schwerin (906). L. Davids. n. — 50

Evers, Rob., Ueber antiseptisch wirkende Silbervorbindungen. Diss. gr. 8. (28 S.) Göttingen 897. (Vandenhoeck & Ruprecht.) n. — 80

Evers, Robert W. [aus Berlin]: **Beiträge zur Erklärung und Textkritik von Michel's Ayenbite of Inwyt ....** Erlangen, Druck d. Univ.-Buchdr. v. Junge & Sohn, 1887; 1 Bl. + 117 S. 8°
Erlangen, Phil. Fak., Inaug.-Diss. v. 1887

Evers, Rob. W., Beiträge zur Erklärnng und Textkritik von Dan Michel's Ayenbite of Inwyt. gr. 8. (V, 117 S.) Erlangen 888, Deichert'sche Verlagsh. Nachf. *

Evers, Wilh., Wörterbuch der Eupener Sprache, s.: Tonnar, Aug.

Eversberg [Schlagwort]

Eversberg, s.: Preussen, Messtischblätter.

Eversbusch, Osk., kurze Anleitung zu den gebräuchlichen Untersuchungsmethoden des Auges. 2. Aufl., s. Schlampp, K. W., Leitfaden der klinischen Untersuchungs-Methoden des Auges.

Eversbusch, ein Beitrag zur Behandlung der chronisch-katarrhalischen Erkältungen des Thränensackes und des Thränennasenkanales, s. Beiträge zur pathologischen Anatomie, experimentalen Pathologie und praktischen Medicin. Festschrift für F. A. v. Zenker.

Eversbusch, Osc., die Erkrankungen des Auges in ihren Beziehungen zu Erkrankungen der Nase u. deren Nebenhöhlen, sowie zu Erkrankgn. des Gehörorgans, s.: Graefe, Alfr., u. Thdr. Saemisch, Handbuch der gesamten Augenheilkunde.

Eversbusch, Oscar [Bearb.], s. Handbuch der Kinderheilkunde.

— **Kurzsichtigkeit und Schule.** Rede b. Antritt d. Prorectorats d. Kgl. Bayer. Friedrich-Alexanders-Universität Erlangen am 4. Nov. 1896 geh. v. Dr. med. Oscar **Eversbusch,** o. Prof. d. Augenheilk. Erlangen, k. B. Hof- u. Univ.-Buchdr. v. F. Junge, 1896; 26 S. 4.

— die Pflege des Auges in Haus u. Familie. Vortrag, geh. am 4. Mai 1893 zu Nürnberg. 8. (38 S.) Wiesbaden 893. J. F. Bergmann. n. — 60

Eversbusch, zur „Scheintoderkennung u. Leichenschau". [Aus: „Reichs-Med.-Anz."] gr. 8. (2 S.) Leipzig 896. Verlag des Reichs-Med.-Anzeigers B. Konegen. n. 1.—

Eversbusch, Oscar (geb. am 26 Mai 1853 in Haspe Westf.): Zur Therapie des Entropium ... Bonn, Druck v. J. F. Carthaus (1877). 28 S., 2 Bl. 8.

Bonn, Med. Fak., Diss. v. 31 Juli 1877

— die neue **Universitäts-Heilanstalt** f. Augenkranke in Erlangen. Lex.-8. Ebd. 893. n. 9.—

I. Beschreibung der Anstalt. — II. Die heutige Augenheilkunde in ihrer Stellung zu den übrigen Zweigen der Heilkunde. Rede, geh. bei der Eröffnungsfeier der neuen Anstalt am 20. Mai 1893. (VII, 87 S. m. 9 Textabbildgn., 5 Lichtdr.- u. 8 Steindr.-Taf.)

Eversbusch. Untersuchungsmethoden des Auges, 2. Aufl., s. **Schlampp**, K. W. Leitfaden der klinischen Untersuchgs.-Meth.

Eversbusch, O., üb. einige Veränderungen der Plica semilunaris. Mit e. Doppeltaf. Lex.-8. (20 S.) München 883. Rieger. n. 3.—

Eversbusch, O. (Hrsg.), s. Zeitschrift für vergleichende Augenheilkunde.

Eversdyck, Mattheus Adrn. fil. (Goesa/Zeland.), De emptione & venditione. Disp. jur. Rector Johann Voet. Leyden (Abr. Elzevier) 16. XII. 1709. 19 S. (4.50) 8383

Gew.: Adr., Nicol., Matth. u. Matth. Eversdyck, Franz Keetlaar, Ger. Noodt. — Widm. v.: Ad. v. Rycke, C. Butenius, T. Sasker.

Eversheim, Jacob [aus Düren]: Ueber die chirurgisch wichtigen Affectionen der Speicheldrüsen. ... Bonn, Buchdr. Jos. Bach Wwe., 1899; 29 + 1 S. + 1 Bl. 8°

Bonn, Med. Fak., Inaug.-Diss. v. 27. Jul. 1899

Eversheim, Leo, aus Bochum, Referendar am Kgl. Amtsgericht zu Eitorf: **Bedeutung der die Schenkung beschränkenden Formvorschriften nach gemeinem Recht und bürgerlichem Gesetzbuch.** *Bonn 1899: J. Bach Wwe.* (35 S.) 8°

Erlangen, Jur. Diss. v. 28. Febr. 1899

Eversheim, Max, a. Bonn: Ueber Kuhhornstoss-Verletzungen des Auges, nach dem Krankenmaterial der Königl. Universitäts Augenklinik zu Bonn. Bonn 1906: S. Foppen. (35 S.) 8°

Bonn, Med. Fak., Ref. Saemisch, Diss. v. 22. Sept. 1906

[Geb. 19. April 78 M.-Gladbach; Wohnort: Bonn; Staatsangeh.: Preußen; Vorbildung: Kgl. Gymn. Bonn Reife O. 00; Studium: Bonn 4, München 1, Bonn 4 S.; Coll. 10. Aug. 06; Approb. 7. Sept. 06.]

Eversheim, Paul, aus Call (Eifel [!]): **Bestimmung der Leitfähigkeit und Dielektricitätsconstanten von Lösungsmitteln und deren Lösungen in ihrer Abhängigkeit von der Temperatur bis über den kritischen Punkt.** *Bonn a. Rh. 1902: S. Foppen.* (56 S.) 8°

Bonn, Phil. Diss. v. 1. März 1902

Eversheim, P., die Elektrizität als Licht- u. Kraftquelle, s. a. Wissenschaft u. Bildung.

Die Elektrizität als Licht- und Kraftquelle. Von Dr. P[aul] **Eversheim**, Privatd. Leipzig: Quelle & Meyer 1907. (VIII, 121 S.) 8° [F.]
— **Wissenschaft** u. Bildung. 13. [07. 10701

Eversmann, D(ettmar.) Dit(eric.) Guil. (geb. Hagen 11. 5. 1797): Dissertatio physiologiam et semioticen hepatis spectans. Berolini (1820). (56 S.) 8°

Berlin, Med. Diss. v. 22. Sept. 1820

Eversmann, Ed., ein neuer Adler aus d. Orenburg. Kirgisen-Steppe, siehe: Bulletin de la société Imp. des naturalistes de Moscou, tome XXV, 1. partie.

— de Ascalephis nonnullis Rossiam incolent., siehe: Bulletin de la société Imp. des naturalistes de Moscou, tome XXIII, 2. partie.

— einige Beiträge zur Mammologie u. Ornithologie des Russ. Reichs, siehe: Bulletin de la société des naturalistes de Moscou, tome XXI, 1. partie.

— einige Beiträge zur Ornithologie Russlands, siehe: Bulletin de la société Imp. des naturalistes de Moscou, tome XXIII, 2. partie.

— Beschreib. einiger neuen Falters Russlands, siehe: Bulletin de la société Impér. des naturalistes de Moscou, tome XXI, 2. partie.

— die Brutstelle des Polopoeus destillatorius Illig. Dahlb., siehe: Bulletin de la société Imp. des naturalistes de Moscou, tome XXI, 2. partie.

— description de quelques nouv. espèces de Lepidoptères, siehe: Bulletin de la société Impér. des naturalistes de Moscou, tome XXIV, 2. partie.

— Fauna hymenopterologica Volgo-Uralensis, siehe: Bulletin de la société Impér. des naturalistes de Moscou, tom. XXII, 2. partie.

Eversmann, Ed., Fauna Lepidopterologica, Volgo-Uralensis exhibens Lepidopterorum species, quas per viginti quinque annos in provinciis Volgam fluvium inter et montes Uralenses sitis observavit et descripsit. 8maj. Casani 844. (Berlin, Hirschwald'sche Buchh.) baar $4^1/_2$ ß

— Lepidoptera quaedam nova Rossiae et Sibiriae indigena, siehe: Bulletin de la société Imp. des naturalistes de Moscou, tome XX, 2. partie.

— et G. **Fischer de Waldheim**, Lepidoptera Rossica, siehe: Fischer de Waldheim, G., Entomographie de la Russie, tome V.

— Mittheilung über einige neue Falter Russlands, siehe: Bulletin de la société Imp. des naturalistes de Moscou, tome XXV, 1. partie.

Eversmann, Ed., († d. . . . 1826.) Reise von Orenburg nach Buchara, nebst einem Wortverzeichniß aus d. Afghanischen Sprache, begleitet von e. naturhistor. Anhange u. e. Vorrede von H. Lichtenstein. Mit 2 Kpf. u. d. Plane v. Buchara. gr. 4. Berl. 823. (Christiani in Hamb.) 3 ß

Eversmann, Ed., Reise von Orenburg nach Buchara rc. 8. Berlin 823. (Eichler.) $1^1/_2$ ß

— Diss. inaug. de systemate gangliorum et cerebrali. 8. Dorp. 816.

Eversmann, Fr. Aug. Alex., technolog. Bemerkk. auf e. Reise durch Holland. Mit 10 Kpf. 8. Frberg 792. Graz u. G. 18 ⁄

Eversmann, A. F. A.: Darstellung derjenigen NiderrheinischWestphälischen Gegenden so zwischen Lahn, Astenberg, Istenberg, Lippe u. Rhein liegen in bes. Hins. auf Metallische Fabrication zusammengetragen. [Um 1800.] 1 Karte

Eversmann, F. Hydro-techniko-graphische Darstellung des Rheins, seiner Ufer und seines Inundations-Gebiets von Worringen abwärts bis zur Königlich Niederländischen Grenze, auf einer Länge von 22 Meilen. 1:25000. Berlin 1836. 9 Bl. c. L.

Eversmann, (F. A. A.) die Eisen- u. Stahl-Erzeugnisse auf d. Wasserwerken zwischen Lahn u. Lippe rc. M. 4 Kpfrn. u. 1 Charte gr. 8. Dortmund 804. (Essen, Bädeker.) ist d. Pr. 4 Rthlr. Die Charte in 4 Bl. ist d. Pr.

Eversmann, Fr. Aug. Alex., Uebersicht d. Eisen- u. Stahl-Erzeugung auf den Wasserwerken in den Ländern zwischen d. Lahn u. Lippe. 2 Thle, mit 4 Kpf. u. 1 Karte. 8. Dortmund 804. (Bädecker in Essen). 4 ß Die Karte in 4 Bl. apart 2 ß

Eversmann, Julius *Hugo Louis* [aus Berlin]: Aus d. medicin. Klinik zu Bonn. Beitrag zur Lehre von den peptischen Geschwüren im Oesophagus ... Bonn, Druck v. K. Drobnig, 1897; 33 S. 8.
Bonn, Med. Fak., Inaug.-Diss. v. [20.] März 1897

Eversteyn, Arnold. Untersuchungen über die Kapazität elektrostatischer Voltmeter und Effektverluste im Luftkondensator. Diss. Phil. [II.] Univ. Zürich. [Mit Figuren.] 58 [+ 8] S. 8. Zürich. J. Leemann, 1908.

Everstorf [Schlagwort]

Everstorf, s.: Preussen, Messtischblätter.

Eversy, Moritz E. Kirchliches Hdbch z Gebrauch f dte Gemeinden. Boston, 1889.

Eversz, Emil, die Perle Wiskonsin's, Ceresco, Fond du Lac County, s.: Auswanderer, der, am Niederrhein, Nr. 8.

Eversz, Louis, Menschenhandel zu Havre v. Le Maitre & Comp. daselbst u. Washington Finlay zu Mainz, siehe: Auswanderer, der, am Niederrhein; Nr. 8.

Evert, Alfred, Referendar im Oberlandesgerichtsbezirk Kiel: Der Anspruch mehrerer Deponenten ⟨Hinterleger⟩ und die Verpflichtung mehrerer Depositare ⟨Verwahrer⟩ nach gemeinem Recht und nach dem Bürgerlichen Gesetzbuche. *Blankenese 1904: J. Kröger.* (IV, 58 S.) 8° [F.]
Rostock, Jur. Diss. v. [14. Juni] 1904

Plan der Stadt Posen hrsg. v. E. **Evert,** Kgl. Feldm., bericht. u. bis auf d. Gegenw. ergänzt v. A[dolf] Hinz, Reg. Landm. *Posen: J. Jolowicz 1896.* 1 Ktnbl. quer-gr.2. (61/82) (96. 830

Evert, C. G., üb. ärztliche Untersuchung d. Gerichtszustandes. 8. Tübing. Heerbrand. 810.

Evert, Georg

Evert, Geo., der Arbeiterschutz u. seine Entwickelung im 19. Jahrh. Kurze Darstellg. nebst synopt. Uebersicht des gegenwärt. Standes. gr. 8. (VII, 40 S. m. 1 Tab.) Berlin 899. C. Heymann's Verl. n. 1. —

Evert, Geo., d. Arbeitsvermittelung in Preussen währ. d. J. 1894. Im amtl. Auftr. bearb. [Aus: „Zeitschr. d. k. preuss. statist. Bureaus".] Imp.-4. (87 S.) Berlin 896. Verl. d. k. statist. Bureaus. n. 2. 40

— die Dreiklassenwahl in den preußischen Stadt- u. Landgemeinden nach dem Gesetze vom 30. VI. 1900, s.: Taschen-Gesetzsammlung.

Evert, G., die Entwickelung der Naturalverpflegungsstationen u. Arbeitskolonien in Preussen bis zum 1. Septbr. 1885. Mit 2 kartograph. Darstellgn. Imp.-4. (16 S.) Berlin 886. Verlag d. k. statist. Bureaus. n. 1. —

— Handbuch d. gewerbl. Arbeiterschutzes. gr. 8. (VII, 327 S.) Berlin 897. C. Heymann's Verl. n. 6. —; geb. n. 7. —

— Handbuch des gewerblichen Arbeiterschutzes. 2. Ausg. gr. 8. (VII, 383 S.) Berlin 900. C. Heymann. n. 4. —

Evert, G., s.: Handbuch der prakt. Gewerbehygiene.

Evert, Geo., fünf Hauptargumente der Freihandelslehre. Erweiterter Vortrag. (20 S.) Lex.-8. Berlin 905. R. v. Decker. n. — 50

Evert, Geo., die Herkunft der deutschen Unteroffiziere u. Soldaten am 1. Dezember 1906, s.a. Zeitschrift des königl. preuss. statistischen Landesamts. 28. Erg.-Hft.

Die Herkunft der deutschen Unteroffiziere und Soldaten am 1. Dezember 1906. Im amtl. Auftr. bearb. von Georg **Evert.** Berlin: Statist. Landesamt 1908 XXXII, 193 S. 4°
(Zeitschrift d. Kgl. Preuß. Statist. Landesamts. Erg.H. 28.) (09. 4466 3

— unsre gewerbliche Jugend u. unsre Pflichten gegen sie, s.a. Zeitfragen, evangelisch-soziale.

Evert, G., Unsere gewerbliche Jugend u. unsere Pflichten gegen sie. 8°. Leipzig 1891.

— Sozialer Krieg u. Friede. Kurze Übersicht der sozialen Errungenschaften u. Kämpfe unserer Zeit f. Deutsche aller Stände. (VI, 154 S.) 8. Berlin 909. E. S. Mittler & Sohn. 1.25

Evert, Landtagswahlen, s. Zeit- u. Streitfragen, neue.

— die preuss. Landtagswahlen des J. 1903 u. früherer Jahre, s.a. Zeitschrift des königl. preussischen statistischen Landesamts. 23. Erg.-Hft.

Die preußischen Landtagswahlen des Jahres 1903 und früherer Jahre. Mit 3 Taf. kartogr. Darstellungen. Im amtl. Auftr. bearb. von Georg **Evert,** Ober-Reg.R. Berlin: Kgl. Statist. Landesamt 1905. (253 S.) 4°
= Zeitschrift d. Kgl. Preuß. Statist. Landesamts. Erg.H. 23. (05. 9490

— Die preussischen Landtagswahlen v. 1908 u. aus früheren Jahren, s.a. Zeitschrift des königl. preuss. statistischen Landesamts. 30. Erg.-Hft.

Die preussischen Landtagswahlen von 1908 und aus früheren Jahren. Mit 3 Taf. kartogr. Darst. Im amtl. Auftr. bearb. von Georg **Evert,** Ober-Reg.R. Berlin: Kgl. Statist. Landesamt 1909. XLIX, 279 S. 4°
(Zeitschrift d. Kgl. Preuß. Statist. Landesamts. Erg.H. 30.) (10. 1083

— Der deutsche Osten u. seine Landwirtschaft. Nach e. am 10. XII. 1906 im Verein der Industriellen des Reg.-Bez. Köln geh. Vortrage. (86 S.) gr. 8. Berlin R v Decker. — 60

Evert, G. Reichsfinanzreform und Landwirtschaft. (Konservative Monatsschrift für Politik, Literatur und Kunst, Oktober 1908.

— Reichspolitik od. „Freihandelsargument"? gr. 8. (IV, 91 S.) München 902. R. Oldenbourg. n. 2. 60

— Deutsche Schulethik, s.: Matzat, Heinr.

Evert, G., die preussischen Sparkassen im Rechnungsj. 1888 bezw. 1888/89, m. Rückblicken auf die Vorjahre, sowie e. Nachweisg. der wichtigsten Geschäftsergebnisse der einzelnen Sparkassen. Im amtl. Auftrage bearb. [Aus: „Zeitschr. d. k. preuss. statist. Bureaus".] Imp.-4. (132 S.) Berlin 890. Verlag d. königl. statist. Bureaus. n. 3. 50

— die preussischen Sparkassen im Rechnungsj. 1898, m. e. Nachweisg. der hauptsächlichsten Geschäftsergebnisse der einzelnen Sparkassen. Im amtl. Auftrage bearb. Imp.-4. (94 S.) Berlin 900. Verlag des statist. Bureaus. n. 2. 60
Sonderabdruck aus: „Zeitschr. d. kgl. preuss. stat. Bureaus".

— die preussischen Sparkassen im Rechnungsj. 1904 m. e. Nachweisung der hauptsächlichsten Geschäftsergebnisse der einzelnen Sparkassen. Im amtl. Auftrage bearb. (140 S.) 4. Berlin 906. Verlag des königl. statist. Landesamts. n. 3. 60
Sonderabdruck aus: „Zeitschr. d. königl. preuss. statist. Landesamts".

— d. Staats- u. Gemeindewahlen im preuss. Staate, s.a. Zeitschrift d. kgl. preuss. statist. Bureaus.

Die Staats- und Gemeindewahlen im preussischen Staate. M. 2 Taf. Kartograph. Darstellgn. Im amtl. Auftr. bearb. v. Georg **Evert,** Regiergsr. ... *Berlin: Kgl. Statist. Bureau 1895.* (2 Bl., XXX, 180 S., 2 Kt.) 1 Bd 4.
= Zeitschrift d. Kgl. Preussischen Statist. Bureaus. Ergänzgsh. 17. (96. 1830

— Taschenbuch des Gewerbe- u. Arbeiterrechts. Zum tägl. Gebrauche bearb. 8. (VII, 101 S.) Berlin 893. C. Heymanns Verl. Kart. n. 2. —

— Taschenbuch d. Gewerbe- u. Arbeiterrechts. Z. tägl. Gebrauche bearb. 2., umgearb. Aufl. 12. (VII, 189 S.) Berlin 895. C. Heymann's Verl. Kart n. 1. 60

— Taschenbuch des Gewerbe- u. Arbeiterrechts. Zum tägl. Gebrauche bearb. 3. umgearb. Aufl. (VII, 192 S.) kl. 8. Berlin 905. C. Heymann. Kart. n. 1. 60

Evert, Geo. Steph., s. v. Zimmermann, ..., Versuch e. Moral.

Evert, Hermann, a. Wittenberg: Tuberkulose des Oesophagus. Berlin (1906): E. Ebering. (41 S.) 8°
Berlin, Med. Fak., Ref. Orth, Diss. v. 23. März 1906
[Geb. 1. Aug. 78 Wittenberg; Wohnort: Rummelsburg b. Berlin; Staatsangeh.: Preußen; Vorbildung: Gymn. Spandau Reife O. 98; Studium: Berlin 9 S.; Coll. 18. März 06; Approb. 30. Juli 04.]

Evert, Johann Jacob (Halberstadt), De sacrilegio politico. Diss. jur. Rector Pet. Wesseling. Utrecht (Alex. van Megen) 29. VI. 1736. 35 S. (5.—) 8384

Everth, Bernard. (geb. Sternhagen bei Prenzlau 28. 8. 1828): De tonsillis earumque morbis. Berolini (1855). (31 S.) 8°
Berlin, Med. Diss. v. 22. Okt. 1855

Everth, Emil. (geb. Sternhagen bei Prenzlau Juni 1814): De gastritide. Berolini (1839). (34 S.) 8°
Berlin, Med. Diss. v. 22. Juli 1839

Everth, Erich: Der Bildrahmen als ästhetischer Ausdruck von Schutzfunktionen. Halle a. S. 1909: Hohmann. 132 S. 8°
Leipzig, Phil. Diss. v. 6. Mai 1909, Ref. Schmarsow, Volkelt
[Geb. 3. Juli 78 Berlin; Wohnort: Wilmersdorf b. Berlin; Staatsangeh.: Preußen; Vorbildung: Joachimsth. Gymn. Berlin Reife O. 98; Studium: Berlin 16 S.; Rig. 3. Febr. 09.] [U 09. 2952

Everth's, G., Speditions-Agenda u. Kalender f. das J. 1903. 4. Jahrg. schmal Fol. (255 S.) Berlin, G. Everth. Kart. n. 2. —

Everth's, G., Speditions-Agenda u. -Kalender f. 1907. 8. Jahrg. (V, 260 S.) schmal Fol. Berlin, G. Everth. Kart. n. 2. —

Everth's, G., Speditions-Agenda u. -Kalender f. 1910. 11. Jahrg. (VII, 260 S.) 34,5×12 cm. Berlin, G. Everth. Kart. 2. —

Everth, Gust. (geb. Sternhagen bei Prenzlau 1821): Experimenta quaedam de venaesectione. Berolini (1845). (37 S.) 8°
Berlin, Med. Diss. v. 24. Sept. 1845

Everth, P., was soll's uns sein, unser Evangelisches Hospital? Rede über Joh. 5, 2—9. 8. (12 S.) Moskau 884, J. Deubner. *

Everth, Richard, Referendar in Magdeburg: Die Haftung aus Rat, Auskunft und Empfehlung nach bürgerlichem Recht. Der § 676 B.G.B., seine Entstehung u. Anwendung. *Magdeburg 1904: B. Richter.* (XII, 94 S.) 8° [F.]
Leipzig, Jur. Diss. v. 1904

Everts, G. E. J., Annotationes selectae in M. Tullii Ciceronis orationem pro Sulla. Diss. 1885. 88 S.

Evertsbusch, Fr., s.a. Katechismus, evangelischer.

Evertsbusch, F., evangelischer Katechismus. 4. Aufl. 8. (62 S.) Lennep 888. Schmitz. n. — 40; geb. n. — 50

[F.] Evangelischer Katechismus. (Vf.: Fr. **Evertsbusch,** Präs. d. rhein. Provinzialsyn.) 5. Aufl. *Lennep: R. Schmitz 1893.* (70 S.) 1 Bd 8. [97. 1333

Evertsbusch, St. Friedr.

— s. Arbeiten, theologische.

Evertsbusch, St. Frdr., Lebensweihe für Jungfrauen. Elberfeld 867. Friderichs. gr. 16. (VIII, 315 S.) n. 2 *ℛ*; Velinpap. n. 3 *ℛ*

Evertsbusch, St. Frdr., Lebensweihe f. Jungfrauen. 2. Aufl. gr. 8. (X, 323 S.) Elberfeld 875. Fridrichs. 6. —; geb. m. Goldschn. 7. 50

Evertsbusch, St. Frdr., Lebensweihe f. Jungfrauen. 3. Aufl. gr. 8. (X, 323 S.) Elberfeld 884. Friderichs. 6. —

Evertsbusch, St. Frdr., Lebensweihe f. Jungfrauen. 5. Aufl. Mit Orig.-Titelbild v. B. Plockhorst. gr. 8. (XII, 323 S.) Carlshorst-Berlin (899). H. Friedrich. Geb. in Leinw. m. Goldschn. n. 5 —

Evertsbusch, St. Frdr., Lebensweihe f. Jungfrauen. 6. Aufl. Mit Orig.-Titelbild v. B. Plockhorst. (XII, 323 S.) 8. Stuttgart (905). Reutlingen, R. Bardtenschlager. Geb. in Leinw. m. Goldschn. 5. —

Evertsbusch, St. Frdr., das Vaterunser oder das Christenthum als Gebet. Zum Verständniß desselben und zur Erbauung ausgelegt. Lennep 861. Schmitz. 8. (VI, 330 S.) n. 1 *ℛ*

— das Vaterunser od. das Christenthum als Gebet. Zum Verständniß desselben u. zur Erbaug. ausgelegt. 2. Aufl. 8. (VIII, 326 S.) Frankfurt a. M. 872. Heyder & Zimmer. n. 4. 50

Evertsen, Cornelius Cromstrien (Middelburg/Zeland.), Ad leg. II. dig. de exceptionibus. Spec. jur. Rector Jon. Wilh. te Water. Leyden (Sam. & Joh. Luchtmans) 28. XI. 1789. 23 S. (4.50) 8385
Gew.: Cornel. u. Wilh. Evertsen, Anton Huisman, Pet. Paul van Gelre, Joach. Ferdin. v. Beaufort.

Evertsen de Jonge, Bijdraage tot de leer der zoogenaamde délits de la presse. gr. 8. (96 S.) Utrecht 847, Kemink & Zoon. n. 16 *ngr*

Evertsen de Jonge, W. C. K., disputatio de delictis contra rempublicam admissis ac praecipue de horum maleficiorum conatu. 2 partes. 8maj. Trajecti ad Rhenum 845, Kemink et filius. n. $3^{1}/_{3}$ *ℛ*

EVERTZ, Gerhard: Der Wegberger Wald in den letzten 4 Jahrhunderten. Wegberg o. J. 64 S.

Everyman, reprinted by W. W. Greg, s.: Materialien zur Kunde des älteren englischen Dramas. IV.

Everyman, reprinted by W. W. Greg, s.. Materialien, zur Kunde des älteren englischen Dramas. 24. Bd

Evestona, die Braut von Marmor. Ein romant. Gemälde, m. K. 8. Lpz. Joachim. 803.

— — dieselbe m. K. 8. Wien, Ant. Doll. 803.

EVESTONA, die Braut von Marmor. Ein romantisches Gemälde. Mit Tilkpfr. Neuburg, o. J. (c. 1810?). 8°. (1 Mk. 50 Pfg. Frz. Teubner, c. 1898.)

Evetts, B. T. A., inscriptions of the reigns of Evil-Merodach, Neriglissar, and Laborosoarchad, s.: Strassmaier, J. N., babylonische Texte.

Evi, Hedwig. Ein socialer Roman. 8. (375 S.) Leipzig 847, O. Wigand. 1 *ℛ* 18 *ngr*

Evian. E.-les-Bains et ses Environs. [Guide illustré.] 8-obl. (Paris *s. d.* [1890/900].)

Evidenzblatt f. österreichische Gesetzgebung u. Rechtsprechung. Begründer: Heinr. Steger u. Karl Schack, unter Mitwirkg. zahlr. prakt. Juristen. Hrsg. u. Red.: Max Breitenstein. Oktbr. 1910—Septbr. 1911. (à ca. 32 Bl.) gr. 8. Wien, M. Breitenstein. nn 15. —

Evidenzhaltung, die, d. Grundsteuerkatasters nach dem Gesetze vom 23. Mai 1883 u. der Vollzugsverordnung vom 11. Juni 1883. Ferner: Theilweise Aenderg. d. allgemeinen Grundbuchgesetzes, betr. Erleichterg. bei Grundtheilgn., nach dem Gesetze vom 23. Mai 1883 u. der Ministerialverordng. vom 1. Juni 1883. Nebst Einbeziehg. d. Gesetzes üb. Systemisirg. der Staatsbeamten zur Evidenzhaltg. d. Katasters. Mit zahlreichen Formularien, Beispielen u. Tab., dann e. erschöpf. alphabet. Sachregister. 8. (VII, 134 S.) Prag 883. Mercy. n. 1. 20

Evidenz–Vorschrift, s.a. W e h r v o r s c h r i f t e n . . .

Evidenz-Vorschrift für das k. k. Heer und die k. k. Kriegs-Marine. I. Th. Personen des Mannschaftsstandes. II. Th. Gagisten in der Reserve. (2 Bde.) (Siehe auch Wehrvorschriften [B—2.].) 8. Wien 1881—1887.

Evidenz-Vorschrift. 2. Thl. Gagisten in der Reserve. 8. (VII, 102 S.) Wien 881. Hof- u. Staatsdruckerei. n. 1. —

Evidenz-Vorschrift f. das k. k. Heer u. die k. k. Kriegsmarine. 1. Thl. Personen d. Mannschaftsstandes. 8. (VIII, 223 S.) Wien 887. Hof- u. Staatsdruckerei. n. 1. —

Evidenz-Vorschrift für die k. k. Landwehr. I. Th. Personen des Mannschaftsstandes. Landwehr Verordnungsblatt Nr. 36 ex 1887. kl. 8. Wien 1887.

Evjen, John O[luf], aus Ishpeming, Michigan, U. S. A.: Die Staatsumwälzung in Dänemark im Jahre 1660. *Leipzig 1903: E. Glausch.* (186 S.) 8°
Leipzig, Phil. Diss. v. [22. Juli] 1903

Budapest székes főváros Statisztikai Évkönyve. Szerkeszti Dr. Thirring Gusztáv. Évfolyam 1. 1894. Budapest: Grill K. 1896. 4°(8°)
[Nebent.:] Statist. Jahrbuch d. Haupt- u. Residenzstadt Budapest. Red. u. bearb. von Prof. Dr. Gustav Thirring. Hrsg. v. Statist. Bur. d. Haupt- u. Residenzstadt. Budapest. Jg. 1. 1894. Budapest: C. Grill; Berlin: Puttkammer & Muhlbrecht 1896. [05. 11018

Evler, Carl *Albert Leopold* [aus Boguslaw]: Über Schädelverletzungen bei Einwirkung stumpfer Gewalten (incl. Schüssen) unter besonderer Berücksichtigung ihres Entstehungsmechanismus. . . . Berlin, Buchdr. v. G. Schade, *1891*; 32 S., 1 Bl. 8°
Berlin, Med. Fak., Inaug. Diss. v. 18. Jul. 1891

Evodius, s. Euodius.

Evoe Mikrokokkus. Vollständiger Steckbrief der bis dato in homine attrappierten pathogenen Wegelagerer, in sangbaren Burschenweisen affichiert von Risorius Santorini. Auch mit 21 fürtreffl. Illustrationibus gar sauber verzieret von Corrugator Supercilii. 8. (VII, 53 S.) [Leipzig 888, Herbich und Rapsilber.] Luzern, Schweizerische Verlagsanstalt. *

Evoe Mikrokokkus. Vollständiger Steckbrief der bis dato in homine attrappierten pathogenen Wegelagerer, in sangbaren Burschenweisen affichiert v. Risorius Santorini. Auch mit 21 fürtreffl. Illustrationibus gar sauber verzieret v. Corrugator Supercilii. 2. (Titel-)Aufl. 8. (VII, 53 S.) Basel 889, Schweizer. Verlags-Anstalt. * 2 —

Evolena [Schlagwort]

Evolena, s.: S c h w e i z. Atlas.

Evolena-Zermatt-Monte Rosa. [Lithographischer Ueberdruck der Blätter 528, 533, 531 und 535 des Topographischen Atlas Siegfried.] Massstab 1:50000. [Hrg. durch die] Schweizerische Landestopographie, Bern. Ueberdruck 1904. 507/726 mm. 1 Bl. quer-fol. fr. 2. — [aufgezogen 3. —]

Evoll, G. C., v. d. guten Geist. menschl. Institute rc. 4. Maunh. Schwan. 776.

— u. Zugaben z. d. erläut. Reiche d. Pfalzgr. beim Rhein u. z. Aachen. 10 Stck. 4. Ebend. 789.

Evolution: Die Evolution
s.a. Die Revolution.

Evolution (Die) von J. P. Becker. Biel, 5. Jan. — 30. März 1849, 11 Nrn.

Anonym, Die Evolution zur Sprache und Vernunft und die experimentelle Psychologie. München (o. J.)

Ueber Evolutionen und Formationen der Kavallerie Friedrichs des Grossen und deren Verwendung auf dem Schlachtfelde. (Beiheft 5 u. 6 zum Militär-Wochenblatt. 1844.)

Evolutiones der Kgl. Preuß. Infanterie so wie Seine Kgl. Majestät dieselbe placidiret. Halberstadt (c. 1720.) 8°. (Verm. Jähns.)

E v o l u t i o n s pour l'armée françoise, voy. L i g n e.

Evolutionstheorie, Die, und der lebendige Gott. Vortrag . . . Witten 1904. V: *Hoppe, Edmund.* (Berl)

[Russ.] **Evrei** v Moskvé. Stranica iz istorii sovremenno[j] Rossii. Sostavleno po neopublikovannym dokumentam. Berlin: J. Rède 1904. (36 S.) 8°
[Die Juden in Moskau. Eine Seite aus d. Geschichte d. zeitgenöss. Rußlands. Zsgest. nach unveröff. Dokumenten.] [07. 13043 11

Zur finnischen Frage. Von G. v. Ewreinoff [Grigorij Aleksandrovič Evreinov], Senator d. Kais. Russ. Reg.Senats. St. Petersburg 1909: Ehrlich. 32 S. 8° [09. 12352 2

Evremont. Ein Roman . . . Breslau 1836. V: *Bernhardi, Sophie, später von Knorring geb. Tieck.* (Ky)

Evremont. Ein Roman (v. Sophia Tieck). Herausg. v. Ldw. Tieck. 3 Thle. 8. Breslau 836. Max u. Comp. $3^1/_2$ ₰

Evremont, .../s. Beobachtt. über Neigungen d. Menschen.

Европеецъ. (L'Européen.) Политическо-литературная газета. Ред.: Л. П. Блюммеръ. 1864. 52 Nrn. (Bog.) gr. Fol. Dresden, Wienecke. *
halbjährlich * 4 Thlr. 10 Ngr.; vierteljährlich *
einzelne Nrn. *

Evviva. Raccolta di brindisi per tutte le occasioni, inviti a bere, apostroli al vino, novelle etc. Per tenere allegre le brigate compilata dal Buontempone. 8. (VII und 188 S.) Triest 858, Coen. *

Ewald; ein Gemälde nach d. Tagebuche e. Unglücklichen, (v. Jh. Gli. Münch). 8. Leipz. 794. Grieshammer. 16 ℊ

Ewald [Pseud.]
s.a. Hering, Ewald [Wirkl. Name]

Ewald, die Bergleute zu Goslar. Erzählung aus d. Ende d. 14. Jahrh. 3 Thle. 8. Leipz. 823, Kollmann.

Ewald, Graf Cagliostro oder der Dämon des Bösen. Geschichtlicher Roman. (In 36 Lfgn.) 1—10. Lfg. gr. 8. (S. 1—432 m. 3 Steintaf.) Dresden 882. C. G. Lohse. à — 25

Ewald, Graf Cagliostro od. der Dämon d. Bösen. Historischer Roman. 11—35. Hft. gr. 8. (1. Thl. S. 433—533, 2. Thl. 474 u. 3. Thl. 542 S. m. Holzschntaf.) Dresden 883. Lohse. à — 25

— der Friede zu Prag. 3 Thle. 8. Leipz. 824, Kollmann.

— die Hussitten vor Zittau. 2 Thle. 8. Leipz. 824. Kollmann. 2 ₰ 12 ℊ

Kompass: Der Compas. [Unterz.:] Ewald. o. O. u. J. 1 Bl. 8° [Kopftit.]
Lied ohne Noten: „Frisch die Segel aufgezogen. . .“

[N. Ausg. u. d. Tit.:]
Der Compass. o. O. u. J. 2 Bl. 8° [Umschlagtit.]

— Rolf Krage; Trspl. übersetzt von Cramer. 8. Hamb. 772. (Leipz., Göschen). 6 gr

— Konrad Lezkau, Bürgermeister v. Danzig. Erzählung aus dem Anfange des 15. Jahrh. 8. Leipz. 826, Rein.

— Maximilian, Burggraf v. Dohna. Erzählung aus d. Anfang des 17. Jahrh. 8. Leipz. 823. Kollmann. 20 gr

— die Prinzessin v. Ilsenstein. 8. Leipz. 825. Kollmann. 1 rℓ 8 gr

— die Rabenmeister u. Wachtelbuben. Erzählung aus d. Anfange d. 15. Jahrh. 2 Thle. 8. Leipz. 826. Kollmann. 2 rℓ

— das Salzbergwerk zu Wieliczka. Anhang z. Fürstentochter. Geschichte 8. Leipz. 827, Kollmann.

Ewald, Sandsteine. Gesammelte Erzähln. 4. (letzt.) Bdchn. 8. (15½ B.) Leipzig 828, Kollmann.
1—3. Bdchn. Ebendas. 1826, 27. 3 Thlr.

— die Schlacht am Kappellenberge bei Lauban. 8. Leipz. 824. Kollmann. 1 rℓ 4 gr

Ewald, d. Schlacht am Kapellenberge bei Lauban. Erzählg. a. d. Zeiten d. Hussitenkriege. gr. 8. (84 S.) Lauban 895. (G. Köhler.) n. — 50

— das betrübte Thorn. (Jahr 1724.) 2 Thle. 8. Leipz. 826. Kollmann. 2 rℓ 6 gr

Ewald, ..., Balders Tod; Trspl. mit Gesang; aus d. Dän. Mit Kpf. 8. Copenh. ... 2e A. m. Kpf. 785. Brummer. 20 gr

— das Vogelschießen zu Oschatz. 8. Leipz. 824. Kollmann. 1 rℓ

— der Weiberkrieg in Löwenberg. Erzählung aus d. Mitte d. 17. Jahrh. 8. Leipz. 827, Kollmann.

Ewald, Welch ein Bau ist das! Predigt am 8. Sonntag nach Trinitatis gehalten in hiesiger Stadtkapelle. 1—3. Aufl. Darmstadt 864. Köhler's Buchhdlg. 8. (12 S.) n. 3½ ngr

Ewald A.: Die harmonische Ausbildung aller Anlagen des Menschen als Erziehungsgrundsatz betrachtet, mit Berücksichtigung der dem Zeichnen zukommenden Stellung. 12. Brunneck R. 77.
Progr.

Ewald, A., Ernst Frank. Eine Scene aus dem Süd-Amerikan. Freiheitskampfe. Mit Titelkpfr. 8. Leipzig 836. Friese. ⅓ rℓ

Ewald, A., vor 25 Jahren. Die dreitäg. Schlacht bei Belfort am 15., 16. u. 17. Jan. 1871. Schildergn. u. Erlebnisse. 12. (79 S.) Speyer 895. (Neustadt a/d H., A. H. Gottschick-Witter's Sort.) n. — 25

Vor 25 Jahren. Die dreitägige Schlacht bei Belfort am 15., 16. u. 17. Januar 1871. Schilderungen u. Erlebnisse von A. Ewald, ehem. Soldat. (2. Aufl.) Speyer 1896: Kranzbühler. 79 S. 8° A 12.7940

Ewald, A. York Graf v. Wartenburg. (XV. 260) 8. Cassel 1854. 2,50.

Ewald, Adph., nach fünfzehn Jahren. Ein Strauß Geschichten. 2 Bde. 865. — 2. Ausg. Jena 871. Costenoble. 8. (578 S.) 3 rℓ

Ewald, Adph., nach 15 Jahren. Ein Strauß Geschichten. 2 Bde. 8. (578 S.) Jena 867, Costenoble.

Ewald, Adf. Herm., s.: L'Hombre-Buch, illustr.

Ewald, Albertvs Evsebivs Lvdovicvs (geb. am 6 Aug. 1834 in Oppeln): De Christiani Olivensis ante ordinem Tevtonicvm in Prvssiam advocatvm condicione ab a. 1209 vsqve ad a. 1225 ... Bonnae, typ. C. Georgi (1863). 4 Bl., 62 S., 1 Bl., 1 Karte. 8. ¶ In Komm. bei Cohen & Sohn in Bonn.
Bonn, Phil. Fak., Diss. v. 12 März 1863

Ewald, Albertus: Quali rerum condicione ordo Teutonicus Prussiam occupare inceperit. Halis Saxonum (1865): Orphanotropheum. VI, 39 S. 8°
Halle-Wittenberg, Phil. Hab.-Schr. v. 7. Jan. 1865

Ewald, Alb. Ludw., die Eroberung Preußens durch die Deutschen. 1. Buch. Berufung u. Gründg. gr. 8. (VIII, 241 S.) Halle 872. Buchh. d. Waisenh. n. 4. —

— dasselbe. 2. Buch. Die erste Erhebung der Preußen u. die Kämpfe mit Swantopolk gr. 8. (IX, 337 S.) Ebend. 875. n. 5. —

Ewald, Alb. Ludw., die Eroberung Preußens durch die Deutschen. 3. u. 4. Buch. gr. 8. Halle, Buchh. des Waisenhauses. n. 9. — (cplt.: n. 18. —)
3. Die Eroberg. d. Samlandes, d. östl. Natangens, östl. Bartens u. Galindens. (VIII, 170 S.) 884. n. 3. —
4. Die große Erhebg. der Preußen u. die Eroberg. der östl. Landschaften. Mit e. (chromolith.) Orientirungskarte. (X, 344 S.) 886. n. 6. —

Ewald, Arm., Preußens Ruhm und Preußens Ehre. Geschichte des preuß. Staates bis zur Krönung des ersten Königs im Allgemeinen, von diesem Zeitraum bis auf die Gegenwart im Besonderen, in historisch-biographischen Darstellungen seiner Regenten, Heerführer, Staatsmänner, Gelehrten u. s. w. Mit Portraits. Cassel, Balde. (Sondershausen, Neuse.) br. 8.
1. Bd.: Luise, Königin von Preußen. Eine Biographie. Mit Portrait (in Stahlst.). 853. (XXI, 308 S.) n. 22½ ngr
2. Bd.: Hans David Ludwig von York, Graf von Wartenburg. Eine Biographie. Mit Portrait (in Stahlst.). 854. (260 S.) n. 25 ngr
3. Bd.: Alexander von Humboldt. Eine Biographie. Mit Portrait (in Stahlst.). 2. Aufl. (198 S.) — Wilhelm von Humboldt. Eine Biographie. Mit Portrait (in Stahlst.). 854. (172 S.) n. 1 rℓ
4. Bd.: Karl, Freiherr vom Stein. Eine Biographie. Mit Portrait (in Stahlst.). 854. (XVI, 280 S.) n. 1 rℓ

— dass. — 2. (Titel-)Aufl. 1. Bd. 1. und 2. Heft. gr. 8. (S. 1—128.) Ebds. 854—55. à Heft * 5 Ngr. *

Ewald, Arnold, s.a. Ewald, August

Ewald, Arnold. Bericht über die Lage der das Urheberrecht an Werken der bildenden Künste betreffenden Gesetzgebung. Berlin 1870. 8°.

Ewald, Arnold, die Farbenbewegung. Kulturgeschichtliche Untersuchgn. 1. Abth. Gelb. 1. Hälfte. gr. 8. (VII, 118 S.) Berlin 876. Weidmann. n. 4. —

— Untersuchungen über den Sehpurpur, s. Untersuchungen aus dem physiolog. Institute der Universität Heidelberg.

— und W. Kühne, die Verdauung als histologische Methode. gr. 8. (16 S.) Heidelberg 877, C. Winter's Universitäts-Buchh. *
Aus: Verhandlungen des naturhistorisch-medicinischen Vereins zu Heidelberg, besonders abgedruckt.

Ewald, Arth. (Julius Guil.) (geb. Trier 21. 6. 1833): De [illegible]. Berolini (1857). (32 S.) 8°
Berlin, Med. Diss. v. 13. Juni 1857

Ewald, August, s.a. Ewald, Arnold

Ewald, August (geb. am 7 Juni 1849 in Darmstadt): Ueber die Apnoë ... Bonn, Buchdr. v. P. Neusser (1873). 2 Bl., 33 S., 1 Bl. 8.
Bonn, Med. Fak., Diss. v. 28 Juni 1873

Ewald, Aug., üb. den **Modus** der Nervenverbreitung im elektrischen Organ von Torpedo u. die Bedeutung desselben f. die Physiologie der Entladung d. Organs. Habilitationsschrift. Mit 2 (lith.) Taf. [Aus: „Untersuchungen d. physiolog. Instituts d. Univ. Heidelberg".] gr. 8. (32 S.) Heidelberg 881. C. Winter. n. 2. 40

— Untersuchungen über den Sehpurpur, s.: Untersuchungen aus dem physiolog. Institute der Univ. Heidelberg.

— u. W. **Kühne**, die Verdauung als histologische Methode. [Aus: „Verhandlungen d. naturhist.-med. Ver. zu Heidelberg".] gr. 8. (16 S.) Heidelberg 877. C. Winter. n. — 60

Ewald, Benjamin

Ewald, B., de Timothei infirmitatibus *οἴνῳ ὀλίγῳ* curandis. Regiom. 1706. 4.

Benjam. Ewald de morbo Ezechiae per ficum curato. Regiom. 1708. 4.

Ewald, C. A., s. Ewald, Karl Anton

Ewald, Carl, s.: Ewald, Karl.

Ewald, Christ. Fd., Reise von Tunis über Solliman, Rabat, Hammomet, Susa, Sfax, Gabis, Gerba nach Tripolis, u. von da wieder zurück nach Tunis, im Jahre 1835. Herausg. von Paulus Ewald. 1e—3e Lfrg. Mit 8 schwarzen u. 5 ill. Kpfr. u. 1 Plan. gr. 8. Nürnb. 837, 38. v. Ebner. (à 1/2 ₰) 1 1/2 ₰

Ewald, Christo. Sigism. (Meissen), Dissertatio de anticipatione usurarum. Präs. Gustav Heinrich Mylius. Lpz. (Breitkopf) 1. X. 1734. 32 Seiten. (5.—) 8387
Deutsche Widm. v.: Lebrecht Gotthelff Welck, Johann Daniel Beuchel.

Ewald, E., Bilder aus dem deutschen Studentenleben, s.: Henneberg, R.

Ewald, Eduardus *(geb. Neiße 5.11.1824)*: De chlorosi. Vratislaviae (1847). (32 S.) 8°
Breslau, Med. Diss. v. Sept. [vielmehr 4. Okt.] 1847

Ewald, Ernst, Kammergerichtsref.: Der Begriff des Gewahrsams in den beiden Delikten Diebstahl und Unterschlagung. *Berlin 1900: R. Siebla.* (59 S.) 8° [F.]
Rostock, Jur. Diss. v. [10. Dez.] 1900

Ewald, Ernst, farbige Decorationen alter u. neuer Zeit. (In 10 Lfgn.) 1. Lfg. gr. Fol. (8 Chromolith.) Berlin 882. Wasmuth. In Mappe. n. 20. —

Ewald, Ernst, farbige Decorationen alter u. neuer Zeit. 2—5. Lfg. gr. Fol. (à 8 Chromolith.) Berlin 884—86. Wasmuth. In Mappe. n. 20. —

Ewald, E., farbige Decorationen alter u. neuer Zeit. 6.—10. Lfg. (Schluss der I. Serie.) Fol. (à Lfg. 8 Chromolith. [Lfg. 10 m. V, 12 S. Text].) Berlin 887—889. Wasmuth. In Mappe. à Lfg. n. 20. —

— dasselbe. 11. u. 12. Lfg. Fol. (à 8 Chromolith.) Ebd. 890. In Mappe. à Lfg. n. 20. —

Ewald, Ernst, farb. Decorationen vom 16.—19. Jahrh. 13.—16. Lfg. gr. Fol. (à 8 Taf.) Berlin 890—893. E. Wasmuth. à n. 20. —

Ewald, Ernst, farb. Decorationen vom 16.—19. Jahrh. 17.—20. Lfg. gr. Fol. (à 8 Taf. m. Text [2. Bd.] VI, 15 S.) Berlin 895. 96. E. Wasmuth. à. n. 20. —

Ewald, Ernst, Theosophie gegen Anarchie, s.: Schriften, theosophische.

Ewald, F. Belehrungen über den Krieg durch Beispiele grosser Helden und tapferer Männer. 3 B. 8. Schleswig 1798—1803. 14,50

Ewald, F[erdinandus]: *De methodo matheseos (in scholis) tradendae. 13 Bl. 4° (2°)
Halle-Wittenberg, Phil. Diss. v. 12. Juni 1819
Geb. [Lindstedt (Kr. Gardelegen) 17. 12. 1780]
Das letzte Wort des Titels wurde nach Rasur für docendae eingesetzt. Im Diplom steht hinter matheseos: in scholis.

Ewald, Ferd. Chrn. (Hrsg.), s. a. Abodah-Sarah, oder der Götzendienst.

Ewald, Ferd. Chrn., Abodah Sarah, oder der Götzendienst. Ein Traktat aus dem Talmud. Die Mischna und die Gemara, letztere zum ersten male vollständig übers., mit einer Einleitung und mit Anmerkungen begleitet und hrsg. 2. (Titel-) Ausg. Lex.-8. (XXV und 546 S.) Nürnberg (855) 67, Raw'sche Buchh. *

Ewald, Ferd. Chrn., Abodah Sarah, oder der Götzendienst. Ein Traktat aus dem Talmud. Die Mischna u. die Gemara, letztere zum erstenmale vollständig übersetzt, mit einer Einleitung und mit Anmerkungen begleitet u. herausg. Nürnberg 856. Raw. gr. 8. (XXV, 546 S.) n. 2 ₰ 24 ₰

Ewald, Ferd. Chrn., Abodah Sarah, oder der Götzendienst. Ein Traktat aus dem Talmud. Die Mischna u. die Gemara, letztere zum erstenmale vollständig übers., mit e. Einleitung u. mit Anmerkungen begleitet u. hersg. 2. Ausg. Nürnberg 868. Raw. Lex.-8. (XXV. 546 S.) n. 2 ₰

Ewald, Ferd. Chrstn., Briefe aus Algier. Mitgetheilt v. Paulus Ewald. Mit Grundriß. 8. (5 B.) Nürnberg 833, Bieling. (Leipzig, Fr. Fleischer.)

Ewald, Fr., O. F. Min., geistl. Uebungen, s.: Bonaventura.

Ewald, Frz., Antwort auf d. offenen Brief von Aug. v. Reinhardt üb. d Ziele d. Freimaurerei an Solche, welche sich f d. Freimaurerbund interessieren. 32. (29 S.) München 896. R. Abt. n. — 20

Ein Blick hinter Freimaurercoulissen, oder: Taxil übertroffen. Bearb. nach authent., bisher unbenutzten Quellen von Franz Ewald. Mit einer Einl. von Benno Felsen. Stuttgart: Süddeutsche Verlagsbuchh. [1898]. XII, 104 S. 8°
Recens: Al. 24 (1898) S. 39; Bbl. 12 (1898) S. 180 (G. Diercks).
5 Abhandlungen üb. Rosa, Johnson, Gugomos, Schrepffer u. Cagliostro. Als Anh.: Die Ergebnisse u. Lehren der Diana Vaughan-Frage.

Freimaurerei und Kirche. Ein Studie von Franz Ewald. München: Abt 1896. 20 S. 8°
Aus: °D. Wahrheit. 1 (1896) H. 10.
Behauptet, dass die Frmrei Vernichtung u. Unterdrückung der kathol. Kirche, wie überhaupt jeder positiven Religion anstrebe.

Ewald, Frz., Freimaurerei u. Kirche. Eine Studie. (20 S.) 8. München 896. Regensburg, Verlagsanstalt vorm. G. J. Manz. n.n. — 30
Sonderabdruck aus: „Die Wahrheit".

Ewald, Frz., s.: Freimaurerei u. Sozialdemokratie.

Die Freimaurerei im Staate. Eine Studie von Franz Ewald. München: Abt 1896. 16 S. 8⁰
Aus: °D. Wahrheit. (München) 1 (1896) H. 7.
Recens: Bbl. 10 (1896) S. 364—366 (A. W. Sellin).
Beschuldigt die Frmrei allgemein-politischer, anti-monarchischer, republikanischer Tendenzen.

[F.] Handbuch der Deutschen Freimaurerei. Nach authent. Quellen bearb. v. Franz Ewald. (Lfg 1.) *München: R. Abt 1899.* 8. [98. 1139]

Ewald, Frz., Handbuch der deutschen Freimaurerei. Nach authent. Quellen bearb. 2.—6. Lfg. gr. 8. (S. 57—296) München 899. [R. Abt.] G. Schuh & Cie. à n. —50

Handbuch der deutschen Freimaurerei. Nach authentischen Quellen bearb. von Franz Ewald. [T. 1. 2.] München [u. Wien]: Abt 1899. VIII, 296 S. 8⁰
1. = [Lfg. 1] Loge u. Kulturkampf.
2. = [Lfg. 2—6] Gesch. der Freimaurerei in Deutschland [unvollendet].
cf. HL. 32 (1839) S. 2828 (J. Moltmann).
Ewald angebl. Pseud. f. Pfarrer Schwarz in Ottenbach.

Kleines Handbuch der Freimaurerei. Zugleich Bericht aus Deutschland für den Internationalen Anti-Freimaurer-Congress in Trient. Hrsg. v. Franz Ewald. Regensburg: Nat. Verlagsanst. 1896. 68 S. 8⁰
4 antifrm. Abhandlungen: Allgem. üb. Frmrei; Die Frmrei in Deutschland; Anti-Maurerische Bestrebungen; Gebets-Aktion.

— Patriotismus d. Freimaurerei. E. Studie. [Aus: „Die Wahrheit".] gr. 8. (18 S.) München 896. R. Abt. n. —30

Ewald, Frz., die Schreibweise in der autographischen Handschrift des „Canzoniere" Petrarcas, s.a. Zeitschrift f. romanische Philologie. 13. Beiheft.

Die Schreibweise in der autographischen Handschrift des 'Canzoniere' Petrarcas ⟨Cod. Vat. Lat. 3195⟩ von Franz Ewald. Halle a. S.: M. Niemeyer 1907. (VIII, 67 S.) 8°
— Zeitschrift f. romanische Philologie. Beihefte. 13. [07. 1817]

Ewald, Franz: Die neueren Sprachen als Bildungsmittel. Rüdesheim, Buch- u. Steindr. v. Fischer & Metz, 1889; S. 3-37; 4⁰
Geisenheim, RPG, OP 1889 (890ᵃ)

Ziele und Wesen der Freimaurerei. Eine Studie von Franz Ewald. München: Abt 1896. 23 S. 8⁰
Verf. sieht die Hauptarbeit der Frmrei im Kampf gegen die kathol. Kirche u. ihren eigentlichen Kultus im „Satanismus".

Ewald, Friedrich, s.a. Ewald, Joh. Joach.

Ewald, Fr., soll heißen: Jh. Joach., (†...) Gedichte. 2e Orig.-Ausg., (herausg. v. G. Fr. Walther). 8. Dresd. 800. Walther. 6 Gl

— Sinngedichte u. Lieder. 2e Ausg. 8. Dresd. 757. (Die 1e Ausg. erschien 755. anonym). N. verb. (od. 3e) Ausg. (v. K. H. Jördens). 8. (Berl.) 791. Masdorf. 4 Gl

Ewald, Friedrich. Sinngedichte und Lieder. Neue ... Ausg. Berlin 1791. H: *Jördens, Carl Heinrich.* (JL) (KY) (MD) (OL) (EE)

Ewald, Fritz. 1909 [Pseud.]
s.a. Rappard, E. v. [09. 14489]

Ewald, Fritz (E. v. Rappard), Anti-Alkohol, s.: Heidelmann's, A., Theaterbibliothek.

Ewald, Fritz, ein modernes Aschenbrödel od. Talentlos, s.: Bolger's Damen-Bühne.

— dasselbe, s.: Bolger's Vereins-Bühne.

— Veuve Cliquot, s.: Heidelmann's, A., Theaterbibliothek.

— Einst u. Jetzt, s.: Jugend- u. Volksbühne.

— Unter falscher Flagge, s.: Heidelmann's, A., Damenbühne.

— Für den Freiersmann, s.: Damenbühne.

— Der Geist od. Ueberlistet, s.: Heidelmann's, A., Damenbühne.

— Das große Loos, s.: Heidelmann's, A., Theaterbibliothek.

— Maskenfreiheit, s.: Damenbühne.

— Notquartiere, s.: Lustspiele.

— Der Raubmörder, s.: Heidelmann's, A., Theaterbibliothek.

— Ein Rosenstrauß, s.: Heidelmann's, A., Damenbühne.

— Salonfähig, s.: Heidelmann's, A., Damenbühne.

— Tropfen im Meere. Gedichte. (100 S.) 8. Bonn 909. A. Heidelmann. 1.—

— Die Unverstandenen, s.: Theater-Bibliothek.

Ewald, Fritz (E. v. Rappard), der Walzerkönig u. Anderes. Novellen. (143 S.) 8. Bonn 909. A. Heidelmann. 1.—

— Am Weihnachtsabend, s.: Heidelmann's, A., Damenbühne.

— Im Wirtshaus zum „Blauen Affen", s.: Heidelmann's, A., Theaterbibliothek.

— Wohin?, s.: Heidelmann's, A., Theaterbibliothek.

Ewald, Geo., die Freude am Erlernten. Ein Unterhaltungsbuch f. Kinder u. Erwachsene. (VIII, 118 S. m. Abbildgn.) gr. 8. Frankfurt a/M. 910. M. Diesterweg. 2.—; geb. 3.—

— Wegweiser zur Erzielung e. selbständigen deutschen Schüleraufsatzes. (IV, 112 S.) gr. 8. Ebd. 907. 1.80; geb. 2.40

Ewald, Georg Heinrich August

Ewald, Heinr., Abhandlung über die Phönikischen Ansichten von der Weltschöpfung u. den geschichtl. Werth Sanchuniathon's. [Aus d. 5. Bd. der Abhandlungen der Königl. Gesellschaft der Wiss. zu Göttingen.] gr. 4. (68 S.) Göttingen 851, Dieterich. n. ⅔ ℳ

Ewald, Heinr., Abhandlung über des Aethiopischen Buches Henókh Entstehung, Sinn und Zusammensetzung. Aus d. Abhdlgn. d. k. Gesellsch. d. W. zu Göttingen. Göttingen 854. Dieterich. gr. 4. (78 S.) n. 24 ngl

— Abhandlung über Entstehung, Inhalt und Werth der Sibyllischen Bücher. (Aus. d. Abhdlgn. d. k. Gesellsch. d. W. in Göttingen.) Ebend. 858. 4. (112 S.) n. 1 ℳ

Ewald, H., Abhandlung über die grosse Karthagische und andere neuentdeckte Phönikische Inschriften. (Aus den Abhandlungen der k. Ges. der Wiss. zu Göttingen.) Göttingen 864. Dieterich. gr. 4. (56 S.) n. 20 ngr.

Ewald, Heinr., Abhandlung zur zerstreuung der vorurtheile üb. das alte u. neue Morgenland. [Aus: „Abhandlgn. der k. Gesellschaft d. Wiss. zu Göttingen"] gr. 4. (58 S.) Göttingen 872. Dieterich's Verl. n. 2. 40

Ewald, Geo. Hnr. Aug., Abhandl. zur oriental. u. bibl. Literatur. 1r Thl. gr. 8. Götting. 832. Dieterich. 1 ℛ

—— sprachwissenschaftliche Abhandlungen. I. Abhandlung über den bau der thatwörter im koptischen. gr. 4. (65 S.) Göttingen 861, Dieterich'sche Buchh. *

Abhandlungen der k. Gesellschaft der Wissenschaften zu Göttingen, besonders abgedruckt.

Ewald, Heinr., sprachwissenschaftliche abhandlungen. II. Abhandlung über den zusammenhang des nord. (türk.), mittelländ., semit. und kopt. sprachstammes. gr. 4. (80 S.) Göttingen 862, Dieterich'sche Buchh. *

I. Abhandlung. Ebendas. 1861. * 20 Ngr.

Aus: Abhandlungen der k. Gesellschaft der Wissenschaften zu Göttingen, besonders abgedruckt.

—— sprachwissenschaftliche abhandlungen. III. Abhandlung über die geschichtliche folge der Semitischen sprachen. gr. 4. (63 S.) Göttingen 871, Dieterich's Verlag. *

I. und II. Abthl. Ebendas. 1861,62. * ℳ 4,40.

Vorstehende zwei Schriften sind aus: Abhandlungen der k. Gesellschaft der Wissenschaften zu Göttingen, besonders abgedruckt.

Ewald, Heinr., über seine zweite Amtsentsetzung an der Universität Göttingen. Stuttgart 868. Grüninger. gr. 8. (56 S.) n. 15 ngr.

— u. Leop. Dukes, Beiträge zur Geschichte der ältesten Auslegung u. Spracherklärung des Alten Testaments. 3 Bdchen. 1. Bdchen. Ueber die arabisch geschriebenen Werke jüdischer Sprachgelehrten. Mit einer Abhandlung über den gegenwärt. Zustand d. alttestamentl. Wissenschaft. Von H. Ewald. 2. Bdchen. Literaturhistor. Mittheilungen über die ältesten hebräischen Exegeten, Grammatiker und Lexicographen. Nebst hebräischen Beilagen von Leop. Dukes. 3. Bdchen. Grammatische Werke des R. Jehuda Chajjug, aus Fez. Aus der Münchner Handschrift zum Erstenmale herausgeg. und mit Noten versehen von Leop. Dukes. gr. 8. Stuttgart 844, Krabbe. n. 4 ℛ

—— An die Deutschen Bischöfe und Erzbischöfe päpstlichen glaubens. gr. 8. (26 S.) Göttingen 854, Dieterichsche Buchh. *

—— die Bücher des Neuen Bundes übersetzt und erklärt. 1. Thl.: Die drei ersten Evangelien und die Apostelgeschichte. 2. vollständ. Ausg. 2 Hälften. gr. 8. Göttingen, Dieterich's Verlag. [1. Hälfte. (XXVII, 452 S.) 871. * ℳ 6.; 2. Hälfte. (XII, 519 S.) 872. * ℳ 7.] *

Ewald, Geo. Hnr. Aug., die poetischen Bücher des Alten Bundes, erklärt. 1r Thl. Allgemeines über die hebräische Poesie u. über das Psalmenbuch. gr. 8. Göttingen 839. Vandenhöck u. Ruprecht. 1 ℛ — 2r Thl. Die Psalmen. gr. 8. Ebd. 835. 1 1/2 ℛ 2e Aufl. 840. — 3r Thl. Das Buch Job. gr. 8. Ebd. 836. 1 1/4 ℛ — 4r Thl. Sprüche Salomo's. — Kohelet. Zusätze zu d. frühern Theilen u. Schluß. gr. 8. Ebd. 837. 1 ℛ (1—4. 4 3/4 ℛ)

— commentarius in apocalypsin Johannis exegeticus et criticus. 8maj. Leipz. 828. Hahn. 1 ℛ 8 gr.

—— über Deutschland und Preußen. gr. 8. (20 S.) Göttingen 850, Dieterichsche Buchh. *

— die dichter des alten bundes erklärt. 3. Thl. 2. Ausg. A. u. d. T.: Das Buch Ijob übersetzt und erklärt. Göttingen 854. Vandenhoeck u. Ruprecht. gr. 8. (XXIII, 344 S.) n. 1 ℛ 10 ngr.

— die Dichter des Alten Bundes erklärt. 3 Thle. Göttingen 866, 67. Vandenhoeck & Ruprecht. gr. 8. n. 6 ℛ 20 ngr.

1. Thl. 1. Hälfte; Allgemeines über die hebräische Dichtung u. über das Psalmenbuch. Neue Ausarbeitung. (X, 301 S.) n. 1 ℛ 10 ngr.

1. Thl. 2. Hälfte: Die Psalmen u. die Klagelieder. 3. Ausg. (XVI, 528 S.) n. 2 ℛ

2. Thl. Die Salomonischen Schriften. 2. Ausg. (XLVI, 428 S.) n. 2 ℛ

3. Thl. Das Buch Ijob. 2. Ausg. (XXXIII, 344 S.) n. 1 ℛ 10 ngr.

Ewald, Heinrich, Einleitung in die Geschichte des Volkes Israel. Dritte Ausgabe. [= Geschichte des Volkes Israel. 1. Band. 3. Ausgabe.] Göttingen 1864.

— Entzifferung der neu-punischen Inschriften. [Aus den Götting. gelehr. Anz. 1852. Nr. 172 bis 175 abgedr.] 8. (32 S.) Ebd. 852. 6 ngr.

— Erklärung der grossen phönikischen Inschrift von Sidon und einer Aegyptisch-Aramäischen, mit den zuverlässigen Abbildern beider. Der kgl. Gesellsch. d. W. am 19. Jan. 1856 vorgelegt. Aus d. Abhdlgn. d. k. Gesellsch. d. W. zu Göttingen. Göttingen 856. Dieterich. gr. 4. (68 S. u. 1 lith. Taf. in Fol.) n. 24 ngr.

Ewald, G. A. Hnr., über einige wissenschaftl. Erscheinungen neuester Zeit auf der Universität Tübingen. gr. 8. Stuttgart 846, Krabbe. n. 4 ngr.

—— über einige wissenschaftliche Erscheinungen neuester Zeit auf der Universität Tübingen. gr. 8. (31 S.) Stuttgart 847, A. Krabbe. *

—— die drei ersten Evangelien übersetzt und erklärt. gr. 8. (XX und 368 S.) Göttingen 850, Dieterichsche Buchh.

— das vierte Ezrabuch nach seinem zeitalter, seinen Arabischen Uebersetzungen und einer neuen wiederherstellung. (Aus dem 11. Bde. der Abhdlgn. der k. Ges. der Wiss. zu Göttingen.) Göttingen 863. Dieterich. gr. 4. (100 S.) n. 1 ℛ 10 ngr.

— Fragen zur Wiederherstellung Deutschlands. Leipzig 870. Roßberg. gr. 8. (56 S.) n. 5 ngr.

— an die evangelischen Gemeinden des Königreichs Hannover. 1—4. Heft. Göttingen 862—64. Dieterich. gr. 8. n. 22 ngr.

Inhalt: 1. Ueber die rechte Kirchenverfassung. Ueber Dr. Mich. Baumgartens Geschick in Mecklenburg. (45 S.) 6 ngr. — 2. Ueber die Kirchenleitung im Königr. Hannover. Ueber die bisherigen Erfolge des Celler Ausschusses. Dreissig Sätze über Bibel, Kirche und Kirchenleitung. (40 S.) n. 4 ngr. — 3. Ueber Taufe und Teufel. Ueber die Eisenach-Dresdener Kirchenregiments-Conferenzen. (32 S.) n. 4 ngr. — 4. Bericht über die Vorsynode. Ueber den Consistorialdruck. II. Synodalvortrag über die Katechismussache. (75 S.) n. 8 ngr.

— Geschichte des Volkes Israel. Göttingen, Dieterich. gr. 8.

1. Bd. Einleitung in die Geschichte des Volkes Israel. 3. Ausg. 864. (VIII, 608 S.) n. 2 ℛ 16 ngr.

4. Bd. Geschichte Ezra's und der Heiligherrschaft in Israel bis Christus. 3. Ausg. 864. (VIII, 618 S.) n. 2 ℛ 21 ngr.

7. und letzter Bd. Geschichte der Ausgänge des Volkes Israels und des nachapostolischen Zeitalters. Mit den Registern zu allen 7 Bänden und den Alterthümern. 2. Ausg. 859. (XXIV, 512 S.) n. 2 ℛ 20 ngr.

—— Geschichte des Volkes Israel. 7 Bde. und Anhang zum 2. und 3. Bde. gr. 8. Göttingen, Dieterich'sche Buchh. *

Inhalt:

Bd. 1. Einleitung in die Geschichte des Volkes Israel. 3. Ausg. (VIII und 608 S.) 864. * 2 Thlr. 16 Ngr.

» 2. Geschichte Mose's und der Gottherrschaft in Israel. 3. Ausg. (X und 608 S.) 865. * 2 Thlr. 16 Ngr.

» 3. Geschichte David's und der Königsherrschaft in Israel. 3. Ausg. (X und 850 S.) 866. * 3 Thlr. 20 Ngr.

» 4. Geschichte Esra's und der Heiligherrschaft in Israel bis Christus. 3. Ausg. (VIII und 648 S.) 864. * 2 Thlr. 24 Ngr.
» 5. Geschichte Christus' und seiner Zeit. 3. Ausg. (XLVIII und 596 S.) 867. * 2 Thlr. 16 Ngr.
» 6. Geschichte des apostolischen Zeitalters bis zur Zerstörung Jerusalems. 3. Ausg. (XVIII und 613 S.) 868. * 3 Thlr. 10 Ngr.
» 7. Geschichte der Ausgänge des Volkes Israel und des nachapostolischen Zeitalters. 2. Ausg. Mit Registern zu allen 7 Bdn. und den Alterthümern. (XXVI und 604 S.) 868. * 2 Thlr. 24 Ngr.
Anhang zum 2. und 3. Bde.: die Alterthümer des Volkes Israel. 3. Ausg. (X und 504 S.) 866. * 2 Thlr.

— — Anhang zum 2. u. 3. Bde.: die Alterthümer des Volkes Israel. 3. Ausg. Ebend. 866. gr. 8. (X, 504 S.) n. 2 ℛ

Ewald, Heinrich, Geschichte des Volkes Israel bis Christus. Band 1—3. 4 voll. Göttingen 1843—1852.

— Geschichte des Volkes Israel bis Christus. In 3 Bänden. 1. 2. Bd. gr. 8. Göttingen 843, 45, Dieterich'sche Buchh. 1. n. $1^2/_3$ ℛ — 2. n. $2^1/_3$ ℛ

— Geschichte des Volkes Israel bis Christus. In 3 Bdn. Anhang zum 2. Bd. A. u. d. T.: Die Alterthümer des Volkes Israel. 3. Bd. 2 Hälften. gr. 8. (1: VIII u. 484 S. 2: XIV u. 570 S.) Ebd. 847. 48. Anh. z. 2. Bd. n. $1^1/_2$ ℛ III. 1: n. $1^2/_3$ ℛ III. 2: $2^1/_2$ ℛ (complt. 3 Bde. u. Anh.: n. $9^2/_3$ ℛ)

—— Geschichte des Volkes Israel bis Christus. 2. Ausg. 1. Bd. A. u. d. T.: Einleitung in die Geschichte des Volkes Israel. 2. Ausg. gr. 8. (VIII und 530 S.) Göttingen 851, Dieterichsche Buchh.

—— Geschichte des Volkes Israel bis Christus. 3. Bd., letzte Hälfte. gr. 8. (XIII und 570 S.) Göttingen 852, Dieterichsche Buchh.

Ewald, Heinr., Geschichte des Volkes Israel bis Christus. 2. Ausg. 2. Bd. A. u. d. T.: Geschichte Mose's und der Gottherrschaft in Israel. 2. Ausg. gr. 8. (IX und 566 S.) Göttingen 853, Dieterichsche Buchh. Thlr.

—— dass. — 2. Ausg. 3. Bd. A. u. d. T.: Geschichte David's und der Königsherrschaft in Israel. 2. Ausg. gr. 8. (VIII und 787 S.) Ebds. 853.

—— dass. — Anhang zum 2. und 3. Bd. A. u. d. T.: Die Alterthümer des Volkes Israel. 2. Ausg. gr. 8. (X und 426 S.) Ebds. 854.
2. Ausg. 1. Bd. Ebendas. 1851. 2 Thlr.

—— Geschichte des Volkes Israel bis Christus. 4. Bd. 2. (Titel-)Ausg. und 5. Bd. gr. 8. Göttingen 852. 55, Dieterichsche Buchh.
Inhalt:
Bd. 4. Geschichte Ezra's und der Heiligherrschaft in Israel bis Christus. (XIII und 570 S.) 2 Thlr. 15 Ngr.
» 5. Geschichte Christus' und seiner Zeit. (XVIII und 450 S.) 2 Thlr.
Bd. 1—5. mit Anhang kostet 14 Thlr. $17^1/_2$ Ngr. Im 11. Bde. wurde 3. Bd. 2. Hälfte irrthümlich statt 4. Bd. bezeichnet.

—— Geschichte des Volkes Israel bis Christus. 2. Ausg. 5—7. Bd. gr. 8. Göttingen, Dieterich'sche Buchh. *
Inhalt:
Bd. 5. Geschichte Christus und seiner Zeit. (XX und 501 S.) 857. * 2 Thlr.
» 6. Geschichte des apostolischen Zeitalters bis zur Zerstörung Jerusalem's. (X und 734 S.) 858. * 3 Thlr.
» 7. Geschichte der Ausgänge des Volkes Israel und des nachapostolischen Zeitalters. Mit den Registern zu allen 7 Bänden und den Alterthümern. (XXIV und 542 S.) 859. * 2 Thlr. 20 Ngr.
1—4. Bd. 2. Ausg. mit Anhang. Ebendas. 1852—55. * 12 Thlr. $7^1/_2$ Ngr.

— Grammatica critica linguae Arabicae cum brevi metrorum doctrina. Vol. I. Elementa et formarum doctrinam compl. Cum tabula lithogr. 8maj. Leipz. 831. Hahn. 2 ℛ 6 gℊ

Ewald, Geo. Hnr. Aug., Grammat. crit. linguae Arabicae, cum brevi metrorum doctrina. Vol. posterius, syntaxin et metrorum doctrinam compl. 8maj. Leipzig 833. Hahn. $2^1/_4$ ℛ — Beide Bde. $4^1/_2$ ℛ

— krit. Grammatik d. hebr. Sprache, ausführl. bearbeitet. gr. 8. Leipz. 827. Hahn. 2 ℛ

— Grammatik d. hebr. Sprache d. Alt. Test., in vollständ. Kürze neu bearb. gr. 8. Leipz. 828. Hahn. 21 gℊ

— Grammatik der hebräischen Sprache des Alt. Test. 2e Aufl. gr. 8. Leipz. 835. Hahn. 1 ℛ — 3e Aufl. gr. 8. Ebd. 838. 1 ℛ

— d. hohe Lied u. d. Prediger Salomo, s. a. Salomo.

Ewald, Georg Heinrich August, Das Hoheliel Salomo's übersetzt mit Einleitung, Anmerkungen und einem Anhang über den Prediger. Göttingen 1826.

— Jahrbucher der biblischen wissenschaft. 1. jahrbuch: 1848. Mit einer abhandlg. über die neuentdeckte Phönikische inschrift v. Marseille. gr. 8. (IV u. 220 S.) Ebd. n. 1 ℛ — 2. jahrbuch: 1849. gr. 8. (IV u. 256 S.) Ebd. n. $1^1/_3$ ℛ — 3. jahrbuch: 1850—1851. gr. 8. (IV u. 294 S.) Ebd. n. $1^1/_2$ ℛ — 4. jahrbuch: 1851—1852. gr. 8. (IV u. 230 S.) Ebd. n. 1 ℛ (1—4: n. $4^5/_6$ ℛ)

— Jahrbücher der biblischen wissenschaft. 5. Jahrbuch: 1852—53. (2 Bl., 356 S.) n. 2 ℛ — 6. Jahrb. 1853 - 54. (2 Bl., 196 S.) n. 1 ℛ — 7. Jahrb. 1854—55. (2 Bl., 260 S.) n. 1 ℛ 10 ngr — 8. Jahrb. 1856. (IV, 292 S.) n. 1 ℛ 15 ngr — 9. Jahrb. 1857 — 58. (IV, 300 S.) n. 1 ℛ 15 ngr. Göttingen 853—58. Dieterich. gr. 8. n. 7 ℛ 10 ngr

—— Jahrbücher der Biblischen wissenschaft. 8—11. Jahrbuch: 1856—61. gr. 8. Göttingen, Dieterich'sche Buchh. [8. Jahrb. (IV und 292 S.) 857. * 1 Thlr. 15 Ngr., 9. (IV und 300 S.) 858. * 1 Thlr. 15 Ngr., 10. (IV und 296 S.) 860. * 1 Thlr. 10 Ngr., 11. (IV und 308 S.) 861. * 1 Thlr. 16 Ngr.] *

—— dass. — Nachtrag zum 10. Jahrbuch: 1859—60. Ueber Deutschlands allgemeine mängel um Ostern 1860. gr. 8. (S. 297—371.) Ebendas. 860. *
1—7. Jahrbuch. Ebendas. 1849—56. * 9 Thlr. 15 Ngr.

— Jahrbücher der Biblischen wissenschaft. 12. Jahrbuch: 1861—1865. Ebend. gr. 8. (1. Hälfte, 143 S.) n. 1 ℛ

Ewald, Heinr., über die neuentdeckte phönikische Inschrift zu Marseille. gr. 4. (30 S.) Göttingen 849, Dieterichsche Buchh. Thlr. *
Aus: Abhandlungen der kgl. Gesellschaft der Wissenschaften zu Göttingen 4. Bd., besonders abgedruckt.

— die mecklenburgische Kirchennoth. Denkschrift für den deutschen Protestantenverein. Mit einer Ansprache von dem Ausschuß des deutschen Protestantenvereins an die Gemeinden der mecklenburg. Landeskirche. Duderstadt 865. Wagner. gr. 8. (VI, 62 S.) 6 ngr

Ewald, H. A., Die Komposition der Genesis kritisch untersucht. Braunschweig 1823.

— d. Composition d. Genesis, kritisch untersucht. gr. 8. Braunschw. 824. Lucius. 1 ℛ 12 gℊ

— über den Consistorialdruck. I. Hannover 864. Krüger. gr. 8. (31 S.) 3 ngr

— ausführliches Lehrbuch der hebräischen Sprache des alten Bundes. 5. Ausg. gr. 8. Leipzig 844, Hahn'sche Verlags-Buchh. $2^1/_2$ ℛ

— ausführliches Lehrbuch der hebräischen Sprache des alten Bundes. 6. Ausg. Leipzig 855. Hahn. gr. 8. (XIV, 784 S.) 3 ℛ 5 ngr

—— ausführliches Lehrbuch der hebräischen Sprache des alten Bundes. 7. Ausg. gr. 8. (VIII und 944 S.) Göttingen 863, Dieterich'sche Buchh. *

— ausführliches Lehrbuch der hebräischen Sprache des alten Bundes. 8. Ausg. Göttingen 870. Dieterich. gr. 8. (XVI, 959 S.) n. 3 ℛ 20 ngr

— die Lehre der Bibel v. Gott od. Theologie d. alten u. neuen Bundes. 1—3. Bd. gr. 8. Leipzig 873. 74. F. C. W. Vogel. n. 25. —
1. Die Lehre vom Worte Gottes. (VI, 474 S.) n. 8. —
2. u. 3. Die Glaubenslehre. (954 S.) n. 17. —

— dasselbe. 4. Bd. A. u. d. T. Ueber das Leben d. Menschen u. das Reich Gottes. gr. 8. (XVI, 279 S.) Leipzig 876. Böhme & Drescher. n. 6. 60

— — Libri Wakedii de Mesopotamiae expugnatae historia pars ... Qua scriptione professoris philosophiae publici extraordinarii ... munus rite aditurus ... invitat Georgius Henricus Augustus Ewald. Gottingae 1827.

— libri Wakedii de Mesopotamiae expugnatae historia, pars e codice bibl. Gōtting. arabico addita et annotatione illustrata. 4. Götting. 827. Dieterich. 10 ggr

— Lob des Königs u. des Volkes. An die Preußen. 1. u. 2. Aufl. 860. (47 S.) — 3—5. Aufl. mit neuen Zusätzen u. einem besond. Anh., den wörtlichen Abdruck der Akten über die Anklage der Majestätsbeleidigung nebst der Vertheidigungsrede enthltd. Stuttgart 870. Grüninger. gr. 8. (67 S.) n. 10 ngr

— de metris carminum Arabicorum libri II, cum appendice emendat. in varios poëtas. 8maj. Braunschw. 825. Lucius. 21 ggr

— de feriarum Hebraearum origine ac ratione. 4maj. Gottingae 841, libr. Dieterich. n. ⅓ ß

— s. a. Propheten des alten Bundes.

Ewald, Heinrich. Die Propheten des Alten Bundes erklärt. In zwei Bänden. Band I. II. Stuttgart 1840. 1841.

— die Propheten des alten Bundes. 2. Ausg. 3 Bde. Göttingen 867. 68. Vandenhoeck & Ruprecht. gr. 8. n. 7 ß 20 ngr
1. Bd.: Jesaja mit den übrigen älteren Propheten. (537 S.) n. 2 ß 12 ngr
2. Bd.: Jeremja u. Hezeqiel mit ihren Zeitgenossen. (XVIII, 566 S.) n. 2 ß 20 ngr
3. Bd.: Die jüngsten Propheten des alten Bundes mit den Büchern Barukh u. Daniel. (XVI, 498 S.) n. 2 ß 18 ngr

— Rede zur Stiftung des Stadt-Hannoverschen Protestantenvereines am 3. April 1866. Hannover 866. Krüger. gr. 8. (16 S.) n. 2½ ngr

Ewald, H., aus dem deutschen Reichstage zu Berlin. Mit fünf Reichstagsreden üb. die wichtigsten Kirchenfragen im heut. Staate. gr. 8. (86 S.) Braunschweig 872. Spohr & Wengler. n. 1. 20

— üb. einige ältere Sanskrit-Metra. 8. Gött. 827. Deuerlich. 4 ggr

—— die Johanneischen Schriften übersetzt und erklärt. (In 3 Bdn.) 1. Bd.: Des Apostels Johannes Evangelium und drei Sendschreiben. gr. 8. (IV und 516 S.) Göttingen 861, Dieterich'sche Buchh. *

—— die Johanneischen Schriften übersetzt und erklärt. 2. Bd.: Johannes' Apokalypse. Mit einem Anh.: Über, Jesuiten im jezigen Deutschland. gr. 8. (XII und 439 S.) Göttingen 862, Dieterich'sche Buchh. *
1. Bd. Ebendas. 1861. * 2 Thlr.

Ewald, Heinr., das Sendschreiben an die Hebräer u. Jakobos Rundschreiben übersetzt u. erklärt. Anhang zur Erklärung der Sendschreiben des Apostels Paulus. Göttingen 870. Dieterich. gr. 8. (VIII, 230 S.) n. 1 ß

— die Sendschreiben des Apostels Paulus übers. u. erklärt. Göttingen 857. Dieterich. gr. 8. (XII, 496 S.) n. 2 ß 10 ngr

— sieben Sendschreiben d. neuen Bundes übersetzt u. erklärt. gr. 8. (XXIV, 307 S.) Göttingen 870. Dieterich's Verl. n. 4. —

Ewald, Heinr., über die Sittlichkeit u. Religion der deutschen Wissenschaft. gr. 12. (24 S.) Stuttgart 847, Krabbe. n. 4 ngr

— hebräische Sprachlehre für Anfänger. Mit e. Uebungsbuche. gr. 8. Ebend. 842. ⁷⁄₁₂ ß

—— hebräische Sprachlehre für Anfänger. 2. Ausg. gr. 8. (VIII und 208 S.) Leipzig 853, Hahn'sche Vrlgsh.

— hebräische Sprachlehre für Anfänger. 2. Ausg. Leipzig 855. Hahn. gr. 8. (VIII, 208 S.) 20 ngr

—— hebräische Sprachlehre für Anfänger. 3. Ausg. gr. 8. (VIII und 220 S.) Göttingen 862, Dieterich'sche Buchh. *

— hebräische Sprachlehre f. Anfänger. 4. Ausg. Mit den Grundzügen d. Biblisch-Aramäischen. gr. 8. (IV, 235 S.) Ebend. 874. n. 2. 40

— die drei Uebel in Europa. Leipzig 869. Roßberg. 8. (48 S.) n. 5 ngr

— über die Ungeschichtlichkeit evangelischer Geistlichen in Deutschland. Mit einem Worte über die „Evangelische Kirchenzeitung" in Berlin. 8. Tübingen 845, Fues. n. 6¼ ngr

—— das Rostocker Universitätsgericht vor dem Gerichte der Oeffentlichkeit. Worte an die Gemeinden der Mecklenburg. Landeskirche. gr. 8. (28 S.) Göttingen 866, Dieterich'sche Buchh. *

—— die gerichtlichen Urkunden der jüngsten Verurtheilung des Prof. Dr. M. Baumgarten. Hrsg. mit einer Vorrede. gr. 8. (XXVI und 113 S.) Göttingen 864, Dieterich'sche Buchh. *

Ewald: Verzeichnis indischer Handschriften der kgl. Universitäts-Bibliothek. Tübingen 1865. 24 S. 4°
Schul-/Univ.-Schrift

[Ewald, H.], Verzeichniss der orientalischen Handschriften der Universitäts-Bibliothek zu Tübingen. [Festschrift.] Tübingen 1839.

— die zwei Wege in Deutschland. Stuttgart 869. Grüninger. gr. 8. (84 S.) n. 10 ngr

—— über seinen Weggang von der Universität Tübingen, mit andern Zeitbetrachtungen. 8. (44 S.) Stuttgart 848, Krabbe.

Ewald, Heinrich. Über die arabisch geschriebenen Werke jüdischer Sprachgelehrten. Mit einer Abhandlung ueber den gegenwärtigen Zustand der alttestamentlichen Wissenschaft. [= Ewald, Heinrich und Dukes, Leopold, Beiträge zur Geschichte der aeltesten Auslegung und Spracherklärung des Alten Testamentes. 1. Bändchen.] Stuttgart 1844.

— ein Wort zum Frieden beider Kirchen, auf Veranlassung des Druckes der am 29. August 1841 gehaltenen katholischen Preispredigten. gr. 8. Tübingen 842, Fues. n. ⅛ ß

—— zweites Wort von 1862 über die heutigen Jesuiten und alles was mit ihnen zusammenhängt. Mit einem Anhang von 7 Promotionsreden. gr. 8. (45 S.) Göttingen 862, Dieterich'sche Buchh.

Ewald, H., (drei Deutsche) Worte für Freunde u. Verständige. gr. 8. Basel 838. Schweighauser. ⅓ ß

— Worte an Herrn Klenze in Hannover. gr. 8. Basel 838. Schweighauser. ⅓ ß

— neue Worte an die Preußen. Mit e. Anh.: Aus dem norddeutschen Reichstage. Leipzig 870. Roßberg. 8. (67 S.) n. 5 ngr

— — 2. Aufl., mit späteren Zusätzen. Ebend. 870. 8. (88 S.) 7½ ngr

—— Zeitschrift f. Kunde d. Morgenlandes, s. Zeitschrift.

Ewald, H. A. P., s. E w a l d , Paul

Ewald's, H. F. E. Agathe. Erzählung aus der Gegenwart. Mit Autoris. d. Verf. in's Deutsche übertr. v. Wilh. Reinhardt. 8. (494 S.) Bremen 875. Kühtmann & Co. n. 5. —

Ewald, H. F., Agathe. Erzählung aus der Gegenwart Mit Autoris. in's Deutsche übertr. v. Wilh. Reinhardt. 2. Aufl. 8. (494 S.) Norden 884. Fischer Nachf. n. 5. —

Ewald, H. F., Blanka, s.a. Erzählungen, klassische, der Weltlitteratur. 7. Bd.

— Blanca, s.a. Universal-Bibliothek.

(F) Ewald, H. F., Blanka. Aus dem Dänischen. [Klassische Erzählungen der Weltliteratur. Bd. 7.] 8°. (184 S.) geh. K 1.– Teschen: Prochaska 1904

Ewald, H. F., Griffenfeld. Historischer Roman. Autoris. Übersetzg. v. G. Johanns. 2 Tle. in 1 Bde. 8. (192 u. 177 S.) Berlin 895. O. Janke. n. 4. —

Ewald, H. F., Anna Hardenberg. Historischer Roman. Aus dem Dän. übers. v. Stefanie. 8. (VIII, 511 S.) Gotha 888. F. A. Perthes. n. 6. —

Ewald, H. F., Waldemar Krone's Jugendgeschichte. Roman. Aus dem Dän. übers. von W. Reinhardt. 2 Bde. 8. (308; 370 S.) Bremen 876, Kühtmann und Comp. *

— Waldemar Krone's Jugendgeschichte. Roman in 2 Bdn. Aus dem Dän. übers. v. W. Reinhardt. 2. Aufl. 8. (308 u. 370 S.) Norden 884. Fischer Nachf. n. 6. —

Ewald, H. F., Knud u. Ingeborg. Novelle. Aus d. Dän. übertr. v. Carl Küchler. 12. (176 S.) Leipzig 896. G. Fock. Geb. in Leinw. m. Goldschn. 1. 50

— dasselbe, s.a. Küchler, Carl, v. nord. Gestaden.

—— die Familie Nordorf. Roman. Nach dem Dänischen bearb. von A. Brunelewski. 3 Thle. 8. (407; 389; 320 S.) Bremen 871, Kühtmann und Comp.

—— die Schweden auf Kronborg. Historischer Roman. In's Deutsche übertragen von Wilh. Reinhardt. 1. Ausg. 1872, und 2. Ausg. 4 Bde. 8. (279; 229; 346; 312 S) Bremen 874, Kühtmann und Comp.

— die Schweden auf Kronberg. Historischer Roman. Ins Deutsche übertr. v. W. Reinhardt. 4 Bde. 8. (Titel-) Aufl. 8. (279, 229, 346 u. 312 S.) Norden 888. Fischer Nachf. n. 12. —

Ewald, H. F., was Ellen wollte. Eine Erzählung. Aus dem Dänischen. von Aug. W. Peters. Bremen 870. Kühtmann. 8. (151 S.) 20 ngr.

Ewald, Hans, Kammergerichtsref. in Charlottenburg: **Abgrenzung der beiden Delikte Diebstahl und Unterschlagung von einander.** *Berlin 1899: Thormann & Goetsch.* (33 S.) 8° Freiburg i. B., Rechts- u. staatswiss. Diss. v. 1899

Ewald, Hans, Abgrenzung der beiden Delikte Diebstahl u. Unterschlagung v. einander. Diss. gr. 8. (34 S.) Berlin 899. (C. Skopnik.) n. 1. 20

Ewald, Heinr., s. E w a l d Georg Heinrich August

Ewald, Helene, Fest-Gedichte f. Schulen. (41 S.) gr. 8. Altona 905. J. Harder, Buchh. n. 1. 20

Ewald, Herm., s. Commerce-Lieder.

v. Ewald, J. s.a. Fall, der Menschen.

v. Ewald, J., Fall der ersten Menschen. Drama. 8. Frkf. 771. Varrentrapp. 6 gr.

— Ueber die Grenze zwischen Neocomien und Gault. (Aus d. Zeitschr. der deutsch. geol. Gesellsch.) Berlin. 1850. 8.

Ewald, J. E., Predigten auf alle Sonn- und Feyertage des Jahrs. 2 Bde. 8. Leipz. Vogel. 789.

Ewald, J. S., der deutsche Krieg 1870 u. seine Helden. Zur Belebg. d. vaterländ. Gefühls f. die deutsche Jugend u. das Volk erzählt. br. 8. (239 S. m. eingedr. Holzschn. u. 7 Steintaf. in Tondr.) Dresden 870. Meinhold & Söhne. geb. n. 3. —

EWALD, Johann von 1744 - 1813
Abhandlung von dem Dienst der leichten Truppen. Herausgegeben von dem Königlich Dänischen Oberst-Lieutenannt von Ewald ...
Flensburg-Schleswig-Leipzig: Korten und Boie. 1790. XX, 308 S. 8°.
Schleswig-Holsteinische Landesbibliothek Kiel
Laut Vorrede, S. VII-VIII: 2. Aufl. v. Abhandlung über den kleinen Krieg, Kassel, 1785, Nachdr. 1796,

EWALD, Johann von 1744 - 1813
Abhandlung von dem Dienst der leichten Truppen. Herausgegeben von dem Königlich Dänischen Oberst-Lieutenannt von Ewald ...
Schleswig: J. G. Röhß. 1796. XVI, [4], 308 S. 8°.
Newberry Library Chicago
Nachdr. d. Ausg. 1790,
Vorläufer u. d. T. Abhandlung über den kleinen Krieg, Kassel 1785,

— Abhandl. über den kleinen Krieg. 8. Cassel 785. Krieger. 6 gr. 2e verm. Aufl. unt. d. T.: Abhandl. von d. Dienst d. leichten Truppen. 8. Flensb. 790. Mit neuem Tit. Ebd. 796. Hammerich in Altona. 20 gr. Holl. P. 1 rthl 4 gr.

Ewald, J. v., üb. d. kleinen Krieg. 8. Marburg. Krieger. 785.

— Beispiele großer Helden, kluger u. tapferer Männer aus d. alten u. neuen Geschichte. (A. u. d. T.: Belehrung üb. d. Krieg durch Beispiele ꝛc.) 3 Thle. 8. Schleswig 798—803. Hammerich in Altona. 4 rthl 20 gr.

EWALD, Johann von 1744 - 1813
Beispiele großer Helden und kluger und tapferer Männer aus der ältern und neuern Geschichte. Mit Anmerkungen von J. v. Ewald ...
[Erster - Dritter Theil.]
Schleswig: Röhß. 1798 [- 1803]. 8°.
Library of Congress Washington

EWALD, Johann von 1744 - 1813
Belehrungen über den Krieg, besonders über den kleinen Krieg, durch Beispiele großer Helden und kluger und tapferer Männer.
Mit Anmerkungen von J. von Ewald ...
Schleswig: Röhß. 1798 [- 1803]. 3 Bde. 8°.
Bayerische Staatsbibliothek München

Ewald, J. v., Belehrungen über den Krieg. 3 Theile. 8. 798 — 803. Hat jetzt Hammerich in Altona und der Preis

— vom Dienst im Felde, für Unterofficiere d. Infanterie. 8. Schleswig 802. 2e Aufl. 808. (Hammerich in Altona). 8 gr.

Vom Dienst im Felde für Unteroffiziere der Infanterie und auch für Layen in der Kriegskunst, welche zum Schutze des Landes bei der Landwehren- und Küsten-Militz angestellt werden könnten. In Fragen und Antworten bearb. v. Johannes von Ewald. Schleswig. 1802. 8°

Die Fischer. Ein Singspiel in 3 Aufzügen nach Joh. Ewald verdeutscht von Chr. Fr. Sander. *Mit 3 Kupfern von D. Chodowiecky.* Kopenhagen. 1786. 8o.

(Ewald, J.) Gedanken eines hessischen Offiziers, was man bei Führung eines Detaschements im Felde zu thun hat. 8. M. K. Kassel 1774.

— Gedanken über das, was ein Officier bei Führung eines Detaschements im Felde zu thun hat. Mit Kpf. 8. Cassel 774. Krieger. 6 gr.

— s. Gespräche e. Husarencorporals.

Ewald, Jh. Chr., (Jos. Oehlinger), über den Umgang mit Kindern, nach den Grundsätzen d. berühmtesten Pädagogen u. anderer Gelehrten. 8. Wien 822. Grund. (Leipz., Fr. Fleischer). 20 Kr

Ewald, Joh. Herrm., s.: Chambers, Will.

Ewald, Joh. Joach., s.a. E w a l d , Friedrich

* LIEDER und Sinngedichte .... (von *Joh. Joach. Ewald*). O. O. (Dresden) 1757. 8°. (Auch im British Museum und in Zürich, Stadtbibl.)
Anon.-Lex. III. p. 71 (nach Kayser, W. v. Maltzahn u. dem Verz. der v. Meusebach'schen Bibl.).

Ewald, Joh. Joach., Sinn-Gedichte, s.a. Neudrucke, Berliner.

SINN-Gedichte, in zwey Büchern .... (von *Joh. Joach. Ewald*). Berlin 1755. 8°.
Anon.-Lex. IV. p. 87 (nach W. v. Maltzahn); vgl. Jördens, Lex. I. p. 480—491.

Ewald, Johann Ludwig

Ewald, Beantwortung der Fragen: was sollten die Juden jetzt und was sollte der Staat für sie thun? Mit einigen Bemerk. üb. d. Schrift des Herrn v. Sensburg. 8. Stuttgart, Steinkopf. 821.

Ewald, J. L., s. Beispiele des Guten.

— — christliche Betrachtungen auf alle Abende im Jahre. 2 Theile. gr. 8. Frankfurt a. M., Hermann. 818.

Ewald, J. L., Bibelgeschichte, das einzige wahre Bildungsmittel zur Religiosität. Briefe an Eltern, Prediger, Lehrer, Lehrerinnen aller Confessionen, und die es werden wollen. 8. Heidelberg, Oswald. 819. Rthlr.

Briefe über die alte Mystik und den neuen Mysticismus. Von Joh. Ludw. Ewald. Leipzig: Brockhaus 1822. XXXII, 367 S. 8°
Kl. 8922.

Ewald, J. L. Briefe über die Kantische Philosophie mit Hinsicht auf die Bedürfnisse der Menschheit. Berlin 1790.

— — Christenthums-Geist und Christen-Sinn; allen gebildeten Christen, besonders dem weiblichen Geschlecht dargelegt. 2 Bdchn. 8. Winterthur, Steiner. 819.

Ewald, Joh. Ludw. David. 2 Bd. 8. Leipzig, Gera 1794—96.

EWALD, Joh. Ludw., Ehestandsscenen. Als Folgen liebevoller Weisheit u. eigensüchtiger Thorheit. 2 Bde. Mit TKpfrn. Elberfeld 1813—15. 8°.
480 u. 300 S. (4 1/2 Mk. Damköhler, Berlin, vor 1885.)

— — Eleusis, oder die alten Mysterien. gr. 8. Gotha, 18. à Hennings. 819.

— — biblische Erzählungen des alt. und neuen Testaments. M. Kupf. Altes Testament. 1s — 8s Heft. N. T. 1s — 7s Heft. N. T. gr. 8. Freyburg, Herder. 816—18 à 1 Rthlr. 2 Gr.

— — Etwas über Katechismen überhaupt rc. 8. Heidelberg, Mohr und W. 816.

— — Einige Fragen und noch mehr unläugbare Wahrheiten, Juden- und Menschennatur, Juden- und Menschenbildung betreffend. gr. 8. Carlsruhe, Marx. 820.

— — der fürstliche Menschenfreund Friedrich, Markgraf von Baden. Mit dem Bildn. Friedrichs. gr. 8. Carlsruhe, Braun. 817.

Ewald, Joh. Ludw.: Der Geist des Christenthums und des ächten deutschen Volksthums, dargest., gegen die Feinde der Israeliten. Bem. gegen e. Schrift des Prof. Rühs in Berlin. Carlsruhe 1817.

— — der Geist des Christenthums und des ächten deutschen Volksthums dargestellt gegen die Feinde der Israeliten. Bemerkungen gegen eine Schrift des Herrn Prof. Rühs in Berlin. gr. 8. Ebend. 818.

— — Gemeingeist rc. Ist jetzt Verlag von Rücker in Berlin und der Preis

— — einiges Geschichtliche, woran bey einer bevorstehenden Vereinigung der beyden protestantischen Kirchen wohl erinnert werden darf, mit Winken auf ihre Zweckmäßigkeit. 8. Heidelberg, Oswald. 821.

— — christl. Hand- und Hausbuch auf alle Sonntage des ganzen Jahres. 8. Sonst Müller in Bremen, jetzt Verlag von Göthe in Leipzig.

— — Ideen uber die wichtige Organisation der Israeliten in christlichen Staaten. 8. Carlsruhe, Marx. 816.

— Ist es rathsam, die niederen Volksklassen aufzuklären. 8°. Leipzig 1800.

Ewald, Joh. L. *Der gute Jüngling*, gute Gatte und Vater, oder Mittel, um es zu werden. Ein Gegenstück zu der Kunst ein gutes Mädchen zu werden. Von Johann Ludwig Ewald. Erster Band. Frankfurt a. M. 1804 bei Friedrich Wilmanns. 1 Bl. XXIV, 415 S. u. 4 vorzügliche Kupfer von W. Jury. Kl.-8°. Unbedruckter Umschl. d. Z. — ★ Erstausgabe. — Hie u. da leichte Fleckchen, sonst gutes Ex. 15.—

J. L. Ewald: d. gute Jüngl., gute Gatte u. Vater, od. Mittel es zu werden; e. Gegenst. zu d. Kunst, e. gutes Mädchen --- zu werden. *Frkf. a. M.*, Wilmans. 804. 8° 2 Bde. 2 ß 8 Kr

— — Krieg und Friede. Ist jetzt Verlag von Hermann in Frankfurt a. M.

Ewald. *Die Kunst* ein gutes Mädchen, eine gute Gattin, Mutter und Hausfrau zu werden. Ein Handbuch für erwachsene Töchter, Gattinnen und Mütter, von J. L. Ewald. Mit [3 statt] 4 Kupfern von J. Penzel und Musick von F. Fraenzl. Bremen bei Friedrich Wilmans, 1798. 2 Bde. in 1. 2 gestoch. Titel, VIII, 268, IV, 215 S. 12°. Grüner, verzierter Pappbd. d. Z. 18.—
★ Erstausgabe des szt. sehr beliebten Buches. Eins der hübschen Kupfer Pentzels fehlt. Die große, gefalt. Musikbeilage umfaßt 8 Bll. Der Einband etwas bestoßen; gutes Ex. mit wenigen Flecken.

Ewald, Johann Ludwig: Die Kunst, ein gutes Mädchen, eine gute Gattin, Mutter und Hausfrau zu werden. Ein Handbuch f. erwachsene Töchter, Gattinnen u. Mütter. 3., verm. u. verb. Aufl. m. neuen Kupfern ... Bdch. 1. 2. — Frankfurt a. M.: Wilmans 1804. 8°

Ewald. *Die Kunst* ein gutes Mädchen, eine gute Gattin, Mutter und Hausfrau zu werden. 3 Bändchen. Vierte vermehrte und verbesserte Auflage mit [9] neuen Kupfern von Jury. Frankfurt am Mayn, F. Wilmans, 1807. 12°. Unbedruckte Umschläge der Zeit. 36.—
Seinerzt. sehr beliebtes, heute kurios anmutendes Werk, das aber in dieser Ausgabe erstmals die ganz reizenden Kupfer W. Jurys enthält; zu dessen „unendlich feinfühliger, liebevoller u. getreuer Kunst" vgl. Lanckorońska-Oehler III. 58/61. — Hie u. da mit leichten Fleckchen, ein Kupfer m. kleinem Einriß, sonst gutes, fast unbeschnittenes Ex.

J. L. Ewald's Kunst, ein gutes Mädchen, e. gute Gattin, Mutter u. Hausfrau zu werden. *Frkf. a. M.*, Wilmans. (1-3e A. 798-804. 4e m. neuen Vorless. vm. A. 808.) 5e v. F. Jacobs herausgeg. A. 826. 3 Bde. 8° m. 9 Kpf. 3 ß, ohne Kpf. 1 ß 16 gl

— — Die Kunst, ein gutes Mädchen, Gattin, Mutter u. Hausfrau zu werden. 3 Thle. 5. Aufl., hrsg. von F. Jacobs. Leipzig (c. 1815). 8°. (1 Mk. 80 Pfg. Fischhaber.)

Zuerst gedr. c. 1800; 3. Aufl. 1804. (1 Mk. Fischhaber); 4. Aufl. 1807. (1 1/8 Mk. Derselbe.) Mit Kpfrn. von Ramberg u. Ridley.

— — Lazarus. gr. 8. 790. Ist jetzt Verlag von Schade in Berlin und der Preis

— — Leben und Tod eines christlichen Ehepaars, Dr. J. H. Jung-Stilling und dessen Gattin. 2te Aufl. Mit einem Fragment aus der frühern Lebensgeschichte Jung-Stillings, von ihm selbst geschrieben. 8. Stuttgart, Steinkopf. 817.

Ewald, J. L., Mehala, die Jephthaidin. Drama mit Chören in 2 A. gr. 8. Manh. 808. Schwan u. G. 12 gl

J. L. Ewald's Menschenbestimm. u. Lebensgenuss; moral. Unterhaltt. *Elberf.*, Büschler. B. 814-15. 2 Bde. gr 8° 2 ß 16 gl

EWALD, J. L., 5 Predigten von der Liebe. Offenbach 1783. 8°.

Ehestandsalmanach II. p. 261.

Ewald, J. L, Ueber Revolutionen, ihre Quellen und die Mittel dagegen. 8°. Berlin 1792.

— — Eheliche Verhältnisse u. eheliches Leben, in Briefen. 4 Bde. Mit 4 Kpfrn. von Schnorr v. Karolsfeld. Leipzig 1810—13. Bei Heinr. Büschler in Elberfeld. 8°.

4 Mk. Scheible; 8 Mk. 50 Pfg. Hugo Streisand, Berlin 1908. — Ed. I. Elberfeld, Schönian, 1810—11. 8. IV. Mit 4 Kpfrn. Alle 4 Werke zahm!

— — ehel. Verhältnisse. 2 Thle. 2te Aufl. 8. Elberfeld, Büschler. 820.

Ewald, J. L., Ueber Volksaufklärung, ihre Gränzen u. Vortheile. 8°. Berlin 1791.

— — Vorlesungen über die Erziehungslehre und Erziehungskunst f. Väter, Mütter und Erzieher. N. A. 8. Manheim, Schwan und G. 816.

— — unmaßgebliche Vorschläge zu Verbesserung des evangel. Kirchenwesens. 8. Berlin, Maurersche Buchhdl. 818.

— — zwey Weissagungen von 1803 und eine Dichterahnung von 1806. Ist jetzt Verlag von Herrmann in Frankfurt a. M.

— — u. E. E. Flatt, Zeitschrift zur Nahrung christl. Sinnes. I. 3s Heft. 8. Stuttgart, Steinkopf. 816.
— — dasselbe II. 1 - 3s 8. Ebend. 817 — 19. à 12 Gr.

Ewald, Julius

Ewald, J. Geognostische Karte der Provinz Sachsen, von Magdeburg bis zum Harz. 4 Blätter. Halle a/S., 1864.

Ewald, Jul., geologische Karte der Provinz Sachsen von Magdeburg bis zum Harz [als Theil der geolog. Karte der Provinz] im Auftrage des königl. preuss. Ministeriums für Handel und Gewerbe und öffentl. Arbeiten unter Zugrundelegung der topograph. Karten des königl. Generalstabs aufgenommen. 4 Bl. 1 : 100,000. Fol. Berlin 868—70, Neumann. à Bl. * 3. *

Inhalt:
Nr. 1. Braunschweig.
» 2. Magdeburg.
» 3. Halberstadt.
» 4. Stassfurth.

Ewald, Jul. Rich. [aus Berlin]: Der normale Athmungsdruck und seine Curve. Strassburg, Druck von G. Fischbach, 1880. 8. 19 S.

Ewald, J. Rich., eine neue Hörtheorie. gr. 8. (48 S.) Bonn 899. E. Strauss. n. 1.60

Ewald, J. Rich., physiologische Untersuchungen üb. das Endorgan d. Nervus octavus. Mit 66 in den Text gedruckt. Holzschn., 4 lith. Taf. u. 1 Stereoskopbilde. gr. 8. (XIII, 324 S.) Wiesbaden 892. J. F. Bergmann. n. 18.—

Ewald, J. Rich., s.: Zeitschrift f. Psychologie u. Physiologie der Sinnesorgane.

Ewald, Iulius Guil. (geb. Berlin Dez. 1811): De crystallis duorum axium opticorum. Berolini (1837). (27 S.) 4°

Berlin, Phil. Diss. v. 21. Okt. 1837

Ewald, Carl, buntes ABC- u. Bilder-Buch f. kleine Kinder. Mit vielen color. Abbildgn. 4. (20 S. m. 8 lith. Taf.) Stuttgart 852, Stoppani. 1/2 ß

Ewald, Carl, buntes ABC- und Bilder-Buch. Bilder und Reime für kleine Kinder. Mit 150 color. Abbildgn. (auf 8 lith. Taf.) 2. (Titel-) Aufl. Leipzig (852.) 856. Friedlein. 4. (20 S.) 15 ngl

Ewald, Carl, buntes ABC- u. Bilder-Buch für kleine Kinder. 3. Aufl. Mit vielen color. Abbildgn. Stuttgart 865. Nitzschke. 4. (20 S. u. 8 lith. Taff.) 15 ngr

Ewald, Carl, buntes ABC- u. Bilder-Buch für kleine Kinder. 4. Aufl. Mit vielen color. Abbildungen (auf 8 Steintaf.). 4. (20 S.) Stuttgart 877. Nitzschke. cart. 1.50

Ewald, Carl, naturhistorisches ABC- und Bilderbuch. Ein nützl. und belehr. Buch für Kinder. Mit 200 ill. Abbild. 4. (24 S. und 8 Stnt.) Stuttgart 851, Stoppani.

— naturhistorisches ABC- und Bilder-Buch. Ein unterhaltendes und belehrendes Buch für Kinder in Bildern u. Reimen. Mit 200 color. Abbildgn. (auf 8 lith. Taf.) 2. (Titel-) Aufl. Ebend. (852.) 856. 4. (24 S.) 15 ngl

—— naturhistorisches ABC- und Bilder-Buch. Ein nützl. und belehr. Buch für Kinder. 3. Aufl. 4. (24 S. mit 200 ill. Abbild. auf 8 Stnt.) Stuttgart 865, Nitzschke.

— naturhistorisches ABC- u. Bilder-Buch. Ein nützl. u. belehr. Buch f. Kinder. 4. Aufl. Mit 200 color. Abbildungen (auf 8 Steintaf.). 4. (24 S.) Ebend. 877. cart. 1.50

Ewald, Carl, Bilder aus dem Tier- u. Pflanzenleben, s.: Reclam's Novellen-Bibliothek.

Ewald, Carl, Bilder aus dem Tier- u. Pflanzenleben, s.: Universal-Bibliothek.

Ewald, Karl, Diagnostik der chirurgischen Krankheiten, s.: Albert, E.

Ewald, Karl, Eva. Autor. Uebersetzg. von H. v. Lenk. (Collection Wigand.) 8. (V, 298 S.) Leipzig 897. G. H. Wigand. n. 2.—

Ewald, Karl, Hilfsbuch zum Anlegen chirurgischer Krankengeschichten u. Ordnen der gemachten Beobachtungen. Zum Gebrauche an chirurg. Stationen. (VI, 58 S.) Lex. 8. Wien 909. F. Deuticke. 3. —

— die Indikationen zu chirurgischen Eingriffen, s. a. Handbibliothek, medizinische. 14. Bd.

Ewald, K., Die Indikationen zu chirurgischen Eingriffen und deren Ausführung in einfachen Fällen. I. Teil. [Medizinische Handbibliothek. XIV. Bd.] 8°. (ill. X, 336 S.) geb. K 5.60
Wien: Alfred Hölder 1905.

Ewald, K., Die Indikationen zu chirurgischen Eingriffen und deren Ausführung in einfachen Fällen. II. Teil. [Medizinische Handbibliothek. XV. Bd.] 8°. (ill. VI, 229 S.) geb. K 3.60
Wien: Alfred Hölder 1905.

— Mein kleiner Junge. Berechtigte Übersetzg. v. Helene Naubers. (171 S.) 8. München (909). A. Langen. 2.—; geb. 3. —

Ewald, Carl, der Kinderkreuzzug. Ins Deutsche übers. v. Marie Kurella. 8. (234 S.) Dresden 899. E. Reißner. n. 3. —; geb. n. 4. —

Ewald, Carl, Leitfaden für den Unterricht in den Elementarkenntnissen der Naturkunde in der Volksschule, mit besonderer Rücksichtnahme auf die Landwirthschaft. Weimar 860. Voigt. 8. (VIII, 60 S.) 5 ngr.

— der Lindenzweig. Roman. Aus d. Dän. übers. v. Mathilde Mann. 2. Aufl. 8. (223 S.) Stuttgart 897. Deutsche Verlags-Anstalt. n. 2. —; geb. n.n. 3. —

— Mein großes Mädel. Berechtigte Übersetzg. v. Herm. Kiy. 5. u. 6. Taus. (145 S.) 8. Ebd. 909. 2.—; geb. 3. —

Ewald's, Karl, ausgewählte Märchen. Neue verb. Aufl. (248 S.) 8. Leipzig 903. Leipziger Buchdruckerei. Kart. n. 1. —; geb. in Leinw. n. 1. 50

— sechs Märchen. Autor. Uebersetzg. aus d. Dän. v. Pauline Klaiber. 8. (164 S.) Kopenhagen 898. A. F. Höst & Sön. n. 2. —

— Mutter Natur erzählt. Naturgeschichtliche Märchen. Autoris. deutsche Gesamtausg. v. Herm. Kiy. 1. Bd. Mit 9 Taf. u. zahlr. Abbildgn. v. Willy Hauck. (VII, 302 S.) 8. Stuttgart (910). Franckh. 4.—; geb. in Leinw. 4. 80

Ewald, Carl. *Mutter Natur erzählt.* Naturgeschichtliche Märchen. Autoris. deutsche Gesamtausgabe von Hermann Kiy. 1. Bd. Stuttgart, „Kosmos", c. 1910. M. zahlr. Taf. u. Abbild. 8°. Orlwd. 9.—

Ewald, Karl: Die deutsche Novelle im ersten Drittel des neunzehnten Jahrhunderts. Göttingen 1907: F. Haensch. (68 S.) 8°
Rostock, Phil. Fak., Ref. Golther, Diss. v. 18. Mai 1907
[Geb. 5. Juli 84 Göttingen; Wohnort: Rostock; Staatsangeh.: Preußen; Vorbildung: Oberrealsch. Hannover bis O. 03, Erg.-Prüfung Realgymn. Hannover O. 05; Studium: Göttingen 2, Berlin 3, Rostock 1 S.; Rig. 16. Mai 07.]

Ewald, Karl, der Storch u. andere Märchen f. erwachsene Kinder. gr. 8. (111 S.) Dresden (901). Kaden & Co. 1.—

— die alte Stube. Aus dem Dän. v. Walth. Ernst. Umschlagbild v. Rud. Jettmar. 8. (152 S.) Wien 900. Wiener Verlag. n. 2. 50

Ewald, Karl, Tabaksteuer od. Monopol? Unpolitischer Beitrag zum Verständniß der Monopolfrage. gr. 8. (19 S.) Berlin 885. Puttkammer & Mühlbrecht. n. — 60

—— der Thiergarten. Ein nützl. u. unterhaltendes Buch f. Kinder. 16. (14¼ B. u. 16 ill. Bild.) Stuttgart 840, (47,) Stoppani.

Ewald, Karl, das Wissenswürdigste aus der Naturgeschichte. Ein Buch zur Lehre und Unterhaltung für Kinder. Mit 8 col. Bild. 16. Stuttg. (840) 47, Stoppani. geb. n. 2/3 rf

—— das Wissenswürdigste aus der Naturgeschichte. Ein Buch zur Lehre und Unterhaltung für Kinder. Mit 100 ill. Abbild. 2. (Titel-)Aufl. gr. 16. (III und 156 S. mit 8 Stnt.) Leipzig 856, Friedlein.

Ewald, Karl Anton

Ewald, C. A, Erkrankungen der Gallenblase u. Gallengänge m. besond. Berücksicht. ihrer Beziehungen zu den Erkrankungen des Magens u. der Därme, s. a. Bibliothek, moderne ärztliche. 9. Hft.

Erkrankungen der Gallenblase und Gallengänge, mit bes. Berücks. ihrer Beziehungen zu d. Erkrankungen d. Magens u. der Därme. Von C[arl] A[nton] Ewald. *Berlin: L. Simion Nf. 1904.* (30 S.) 8°
= Bibliothek, Moderne ärztliche. H. 9.

Die Erkrankungen der Schilddrüse, Myxödem u. Cretinismus. Von Prof. Dr. C[arl] A[nton] Ewald in Berlin. M. 19 Abb. u. 1 Kt. Die Basedow'sche Krankheit. Von Dr P[aul] J[ulius] Möbius in Leipzig. [M. Sondert.] *Wien: A. Hölder 1896.* (1 Bl., VI, 247 S., 1 Kt., 2 Bl., 121 S.) 1 Bd 8.
— Pathologie, Specielle, u. Therapie. Bd 22.

— dasselbe, s. a. Pathologie u. Therapie, spezielle. XXII.

Ewald, C. A., die Erkrankungen der Schilddrüse, Myxödem u. Kretinismus. 2., völlig neu bearb. Aufl. (IV, 293 S. m. 26 Abbildgn. u. 1 Karte.) Lex. 8. Wien 909. A. Hölder. 8. 80

Ewald, C. A., Ernährg. d. gesunden u. kranken Menschen, s.: Munk, I.

Ewald, C. A., über Fettbildung durch die überlebende Darmschleimhaut, s. Archiv für Anatomie und Physiologie.

— u. E. Lüdecke, Handbuch der allgemeinen u. speciellen Arzneiverordnungslehre. Auf Grundlage der Pharmacopoea germanica od. altera bearb. 10., neu umgearb. u. verm. Aufl. gr. 8. (VIII, 821 S.) Ebend. 883. n. 20. —; Einbd. n.n. 1. —

Ewald, C. A., Handbuch der allgemeinen u. speciellen Arzneiverordnungslehre. Auf Grundlage der neuesten Pharmacopoeen bearb. 11., verm. Aufl. gr. 8. (XII, 849 S.) Berlin 887. Hirschwald. n. 20. —

Ewald, C. A., Handbuch der allgemeinen u. speciellen Arzneiverordnungslehre. Auf Grundlage des Arzneibuchs f. das Deutsche Reich. III. Ausg., u. der fremden neuesten Pharmacopoeen bearb. 12., verm. Aufl. gr. 8. (XVI, 884 S.) Berlin 891. A. Hirschwald. n. 18. —

Handbuch der allgemeinen und speciellen Arzneiverordnungslehre. Auf Grundlage des Arzneib. f. d. Deutsche Reich u. d. fremden neuesten Pharmacopoeen bearb. v. Dr. C[arl] A[nton] Ewald, ... a. o. Prof. ... zu Berlin. 13. verm. Aufl. (In 2 Hälften.) *Berlin: A. Hirschwald 18(97.) 98.* (VIII, 1088 S.) 1 Bd 8.

Ewald, C. A., Handbuch der allgemeinen u. speciellen Arzneiverordnungslehre. 13. Aufl. Ergänzungsheft 1901. Auf Grundlage des Arzneibuchs f. das Deutsche Reich. IV. Ausg. m. Berücksicht. der neuesten Arzneimittel. gr. 8. (IV, 91 S) Berlin 901. A. Hirschwald. n. 2.40
Hauptwerk. Ebd. 897. n. 20. —.

— Hygiene des Magens, des Darms, der Leber u. der Niere, s.: Bibliothek der Gesundheitspflege. 10. Bd.

Ewald, Carl Anton: Klinik der Verdauungskrankheiten. Mit Abb. 1–3. Berlin: A. Hirschwald 1879 – 1902. 3 Bde. 8°
(1 u.d. T.:) Die Lehre von d. Verdauung. Einl. in d. Klinik... 12 Vorles. geh. 1878/79. 1879.
2. Die Krankh. d. Magens. 1888.
3. Die Krankh. d. Darms u. d. Bauchfells. 1902

Ewald, C. A., Klinik der Verdauungskrankheiten. I. Die Lehre v. der Verdauung. 2. neu bearb. Aufl. gr. 8. (IX, 197 S.) Berlin 886. Hirschwald. n. 5. —

— Klinik der Verdauungskrankheiten. I. II. gr. 8. Ebd. n. 18. —
I. Die Lehre v. der Verdauung. 3., neu bearb. Aufl. (XVI, 248 S.) 890. n. 7. —
II. Die Krankheiten d. Magens. (X, 442 S. m. 18 Holzschn.) 888. — 2. Aufl. (XV, 500 S. m. 22 Holzschn.) 889. n. 11. —

— Klinik der Verdauungskrankheiten. II. Die Krankheiten des Magens. 3., neu bearb. Aufl. gr. 8. (XV, 595 S m. 34 Holzschn.) Ebd. 893. n. 14. — (I u. II.: n. 21. —)

— Klinik der Verdauungskrankheiten. III. Die Krankheiten des Darms u. des Bauchfells. gr. 8. (601 S. m. 75 Abbildgn.) Ebd. 902. n. 14.—; (kplt. n. 35.—)

— die Kunst alt zu werden, s.a. Veröffentlichungen des deutschen Vereins f. Volks-Hygiene. 10. Hft.

Die Kunst alt zu werden. Von Geh. Med.R. Prof. Dr. [Karl Anton] Ewald. 1. Aufl. München & Berlin: R. Oldenbourg (1905). (25 S.) 8° [ʒ.]
— Veröffentlichungen d. Deutschen Vereins f. Volks-Hyg. H. 10.

Ewald, C. A., die Lehre v. der Verdauung. Einleitung in die Klinik der Verdauungskrankheiten. 12 Vorlesungen, geh. vor Aerzten u. ältern Studirenden im Wintersemester 1878/79. gr. 8. (VIII, 132 S.) Berlin 879. Hirschwald. n. 3. 60

— s.: Medizin, deutsche, im 19. Jahrh.

— (Bearb.), s. Munk u. weil. Uffelmann's Ernährung des gesunden und kranken Menschen.

— üb. d. habituelle Obstipation u. ihre Behandlg., s.a. Klinik, Berliner.

Ueber die habituelle Obstipation und ihre Behandlung. Von Prof. Dr. C[arl] A[nton] Ewald, Geh. Medicinalr. in Berlin. *Berlin: Fischer 1897.* (28 S.) 8.
— Klinik, Berliner. H. 105.

— s.: Wochenschrift, Berliner klinische.

Ewald, L., s.: Bauerkeller, G., Handatlas.

Ewald, L., Grammatik der Tai- od. siamesischen Sprache. Mit einer vergleich. Schrifttaf. gr. 8. (VIII, 111 S.) Leipzig 881. T. O. Weigel. n. 9. —

Ewald, L., Handatlas, s.a. Bauerkeller.

Ewald, L., Handatlas der allgemeinen Erdkunde, der Länder- u. Staatenkunde, zum Gebrauche beim methodischen Unterricht u. wissenschaftl. Studium, mit besonderer Rücksicht auf Anschaulichkeit der Darstellung, in 80 Karten nebst einem Abrisse der allgem. Erdkunde u. der phys. Beschreibung der Erdoberfläche, statist. Uebersichten u. topograph. Registern. Heft 26—37. Darmstadt 852—58. Jonghaus. qu. Fol. Jede Liefg. von 2 lith. Karten in Farbendr. n. 12½ ngr
Fortsetzung des von Bauerkeller begonnenen Handatlas.

Ewald, L., Handatlas der allgemeinen Erdkunde, der Länder- und Staatenkunde. In 80 Karten. Nebst einem Handbuche der allgemeinen Erdkunde, der Länder- und Staatenkunde von W. Eder. (XII, 978 S. in gr. 8.) 38—40. (letztes) Heft und 1—7. Supplem.-Heft. Darmstadt 860—62. Jonghaus. qu. Fol. Jede Liefg. von 2 lith. Karten in Farbendr. n. 12½ ngr

Ewald's, L., Handatlas der allgem. Erdkunde, der Länder- u. Staatenkunde. 3. Aufl. Ausg. in 38 (lith.) Karten der europ. u. aussereurop. Staaten u. Länder. Darmstadt 865. Jonghaus. Fol. n. 6 ℛ 28 ngr

— — 4. Aufl. In 80 Karten. Ausg. in 6 Sectionen. Ebend. 868. Fol. n. 16 ℛ 20 ngr
1. Sect. Mathematisch-geographische Section. (4 Karten.) Einzeln n. 1 ℛ
2. Sect. Physikalische Section. (12 Karten.) Einzeln n. 2 ℛ 20 ngr
3. Sect. Naturhistorische Section. (4 Karten.) Einzeln n. 1 ℛ
4. Sect. Ethnographische Section. (5 Karten.) Einzeln n. 1 ℛ 6 ngr
5. Sect. Topisch-geographische Section. (15 Karten.) Einzeln n. 3 ℛ 10 ngr
6. Sect. Statistisch-topographische Section. (40 Karten u. 1 S. Text.) Einzeln n. 8 ℛ 10 ngr

— (Hrsg.), s. Notizblatt des Vereins für Erdkunde zu . . .

Ewald, L., Urbs Roma antiqua, in XIV regiones Augustales divisa moenibus Servianis, Aurelianis quaeque nunc sunt septa. Darmstadii 1845. 2°.

—— historische Uebersicht der Territorial-Veränderungen der Landgrafschaft Hessen-Darmstadt und des Grossherzogth. Hessen. gr. 4. (28 S. mit 1 lithogr. und ill. Uebersichtskarte in Imp.-Fol.) Darmstadt 862, Jonghaus'sche Hofbuchh. *
Aus: Beiträge zur Statistik des Grossherzogth. Hessen, besonders abgedruckt.

Ewald, L., historische Uebersicht der Territorial-Veränderungen der Landgrafschaft Hessen-Darmstadt u. d. Grossherzogth. Hessen. 2., bericht. u. insbesondere m. Rücksicht auf die 1866 erfolgten Territorial-Verändergn. umgearb. Aufl. der im 1. Bd. der „Beiträge" enthalt. Uebersichten. gr. 4. (31 S.) Darmstadt 872. Jonghaus. n. 1. —

Ewald, L., s. Waarenverzeichniß zum Vereins-Zoll-Tarif.

— Wand-Atlas der allgemeinen Erdkunde und physischen Erdbeschreibung, zum Gebrauche beim methodischen Schulunterricht und mit besonderer Rücksicht auf Anschaulichkeit der Darstellung bearbeitet. In Farbendr. ausgeführt. I.: Orographische Erdkarte in Mercator's Projection. Ebend. 853. gr. Fol. (9 Bl.) n. 2 ℛ 20 ngr

— — II. Europa im Maasstabe von 1 : 3600000 d. n. Gr. Ebend. 855. gr. Fol. (9 Bl.) n. 2 ℛ

Ewald, L[udwig] Anton: Ein Beitrag zur Genese des Lebercavernoms. *Würzburg 1896: „Neue Bayer. Landeszeitung".* (18 S.) 8°
Würzburg, Med. Diss. v. 1896

Ewald, M., und Th. Dilthey, Bericht über die Verhandlungen des zweiten deutschen Handelstages, s. Dilthey, Th.

Ewald, M., Polizei-Verordnungen f. die Stadt Frankfurt am Main nebst e. Anh. wichtiger preußischer u. Reichs-Gesetze. hoch 4. (VIII, 261 S.) Frankfurt a/M. 899. Berlin (Planufer 26), R. Hülsen. Geb. n. 9. —; Deckblätter (26 Bl.) n. — 80

Ewald's, Marie, Kochbuch. Eine verständliche u. vollständ. Anweisung zur Bereitung der einfachsten wie der zusammengesetzteren Speisen aller Art. gr. 12. Königsberg 846, Mangelsdorf. geb. ⅚ ℛ

— allgemeines Kochbuch für deutsche Hausfrauen. Eine verständliche und vollständige Anweisung zur Bereitung der einfachsten und zusammengesetzteren Speisen aller Art. 14. verb. (Titel-)Aufl. Anclam 861. Dietze. 8. (XXVIII, 235 S. u. 1 Tab. in Fol.) 22½ ngr

Ewald's, Marie, bürgerliches Kochbuch. Verständliche u. vollständ. Anleitg. zur Bereitg. der einfachsten, wie zusammengesetzteren Speisen, zum Backen, Einmachen, Pökeln, Wurstmachen ꝛc., nebst e. Anh. v. Wirthschafts-Recepten aller Art. 5. Aufl. 8. (XII, 104 S.) Berlin 874. Wiegandt, Hempel & Parey. geb. n. 1. 50

Ewald's, Maria, bürgerliches Kochbuch. Ster.-Ausg. (5. Aufl.) 8. (XII, 164 S.) Reutlingen 894. Enßlin & Laiblin. — 80

Ewald's, Marie, bürgerl. Kochbuch. Verständl. u. vollständ. Anleitg. z. Bereitg. d. einf., wie zusammenges. Speisen, z. Backen, Einmachen, Pökeln, Wurstmachen etc., nebst e. Anh. v. Wirtschaftsrezepten aller Art. (5. Aufl.) Ster.-Ausg. 8. (XII, 164 S.) Reutlingen 895. Enßlin & Laiblin. Kart. 1. 20

Ewald's, Marie, Kochbuch für Preußische Hausfrauen. Eine verständliche und vollständige Anweisung zur Bereitung der einfachsten wie der zusammengesetzteren Speisen aller Art. 3. Aufl., vermehrt und durch eine tabellarische Uebersicht (in Fol.) zur Verwandlung des alten Gewichts in das neue Gewicht vom 1. Juli 1858. Königsberg 859. Nürnberger. 8. (XXVIII, 235 S.) n. 20 ngr.

Ewald, O., die Feste der vier Jahreszeiten, s.: Wallner, E., deutsche Festspiel-Halle.

Ewald, O., das Glück. Aphorismen der Welt-Litteratur. 8. (VII, 256 S.) Berlin 894. Vossische Buchh. n. 2. 25; geb. n. 3. —

Ewald, Osk., Richard Avenarius als Begründer des Empiriokritizismus. Eine erkenntniskrit. Untersuchg. üb. das Verhältnis v. Wert u. Wirklichkeit. (V, 177 S.) gr. 8. Berlin 905. E. Hofmann & Co. n. 5. —

Ewald, Osk., Erkenntniskritik u. Erkenntnistheorie, s.: Beilage, wissenschaftliche, zum 23. Jahresbericht der philosophischen Gesellschaft an der Universität zu Wien.

Gründe und Abgründe. Präludien zu e. Philosophie d. Lebens. Von Oscar Ewald. T. 1. 2. Berlin: E. Hofmann & Co. 1909. 8° [09. 1119

— Philosophische Grundlegung der modernen Psychologie, s.: Beilage, wissenschaftliche, zum 19. Jahresbericht der philosophischen Gesellschaft an der Universität zu Wien.

Kants kritischer Idealismus als Grundlage von Erkenntnistheorie und Ethik. Von Dr. Oscar Ewald. Berlin: E. Hofmann & Co. 1908. (IX, 314 S.) 8° [08. 1149

— Lebensfragen. (VII, 213 S.) 8. Leipzig 910. S. Hirzel. 4.—; geb. 5. 50

Nietzsches Lehre in ihren Grundbegriffen. Die ewige Wiederkunft des Gleichen u. d. Sinn des Übermenschen. Eine krit. Untersuchung von Oscar Ewald, (Wien). *Berlin: E. Hofmann & Co. 1903.* (141 S.) 8° [03. ...

Kants Methodologie in ihren Grundzügen. Eine erkenntnistheoret. Untersuchung. Von Dr. Oscar Ewald. Berlin: E. Hofmann & Co. 1906. (IV, 119 S.) 8° [06. 8083 6

Die Probleme der Romantik als Grundfragen der Gegenwart. Von Oscar Ewald. Berlin: E. Hofmann & Co. 1904 (1903). (XIX, 227 S.) 8° [F.]
— Ewald: Romantik u. Gegenwart. Bd 1. [03. 8309

— Romantik u. Gegenwart. 1. Bd.: Die Probleme der Romantik als Grundfragen der Gegenwart. (XIX, 227 S.) 8. Ebd. 904. n. 4. 50; geb. n. 5. 50

Ewald, Otto, für unsere lieben Kleinen, s.: Projektions-Vorträge. 53. Hft.

Ewald, Paul, der Brief des Paulus an die Philipper, s.a. Kommentar zum Neuen Testament. 11. Bd.

Der Brief des Paulus an die Philipper ausgelegt von D. Paul Ewald, Prof. in Erlangen. 1. u. 2. Aufl. Leipzig: A. Deichert Nachf. 1908. (220 S.) 8°
— Kommentar z. Neuen Testament. Bd 11. [08. 11144

Ewald, Paul, die Briefe des Paulus an die Epheser, Kolosser u. Philemon, s.a. Kommentar zum Neuen Testament. 10. Bd.

Die Briefe des Paulus an die Epheser, Kolosser und Philemon ausgelegt von D. Paul Ewald, Prof. in Erlangen. Leipzig: A. Deichert 1905. (443 S.) 8°
— Kommentar z. Neuen Testament. Bd 10. [05. 7736

— s. J. W. G. Bunzel, Betrachtungen.

— der Christ u. die Wissenschaft. Ein Vortrag. (45 S.) 8. Leipzig 903. A. Deichert Nachf. n. — 80

Ewald, Paul, der „geschichtl. Christus" u. die synoptischen Evangelien. Ein Vortrag. gr. 8. (IV, 35 S.) Leipzig 892. J. C. Hinrichs' Verl. n. — 75

Ewald, P., Der Einfluss d. stoisch-ciceronian. Moral auf die Darstellg. d. Ethik bei Ambrosius. Diss. 1881. 88 S.

Ewald, Paul, der Einfluss der stoisch-ciceronianischen Moral auf die Darstellung der Ethik bei Ambrosius. gr. 8. (88 S.) Leipzig 881. Bredt. n. 1. 20

Ewald, Paul, der Einfluss des Trauma bei latenten u. offenbaren Rückenmarks-u. Gehirn-Krankheiten, s.: Vulpius, Osk.

— s. J. L. Ewald, Briefe aus Algier.

Ewald, Paulus, et Gustav Loewe, exempla scripturae visigoticae XL tabulis expressa. Liberalitate ministerii quod regni borussici rebus ecclesiasticis, scholasticis, medicinalibus praeest adjuti. Tabulas photographicas arte Antonii Selfa Escorialensis maximam partem confectas phototypice descripserunt A. Naumann & Schröder Lipsienses. Fol. (VIII, 30 S.) Heidelberg 883. Köster. In Mappe. n.n. 50. —

Ewald, Paul, approb. Arzt: Ueber Fettgehalt und multiple Adenombildung in der Nebenniere. *München 1902: C. Wolf & Sohn.* (38 S.) 8°
München, Med. Diss. v. 1902

Ewald, Paulus, Geschichte der Pfarrei Plech und Umgegend. 8. Bayreuth 841, Buchner'sche Buchh. 1/3 ₰

— Geschichte d. Pfarrei Poppenreuth (bei Nürnberg), seit d. Tagen ihrer Entsteh. bis auf unsre Zeit. gr. 8. Nürnb. 831. Raw. 8 gl.

Ewald, Paul, Dr. theol. et phil., k. o. Prof.: Die christliche Glaubensgewissheit als Grundlage einer Weltanschauung. Nebst den Berichten über das Studienjahr 1905/6 (erstattet von dem [abtretenden] Prorektor Prof. Dr. Hermann Varnhagen). Erlangen 1906: E. Th. Jacob. (42 S.) 4°
Erlangen, Rede beim Antritt des Prorektorats 1906

Ewald, Paul, üb. d. Glaubwürdigkeit d. Evangelien. [Aus: „Neue kirchl. Zeitschr."] gr. 8. (III, 25 S.) Leipzig 897. A. Deichert Nachf. n. — 75

Ewald, P., das Hauptproblem der Evangelienfrage u. der Weg zu seiner Lösung. Eine akadem. Vorlesung nebst Exkursen. gr. 8. (XIII, 257 S.) Leipzig 890. Hinrichs' Verl. n. 6. 80

— der Kanon des Neuen Testaments, s.a. Zeit- u. Streitfragen, biblische. II. 7.

Der Kanon d. neuen Testaments. Von D. Paul Ewald, Prof. Gr.Lichterfelde-Berlin: E. Runge 1906. (43 S.) 8° [F.]
— Zeit- u. Streitfragen, Bibl., z. Aufklär. d. Gebildeten. Ser. 2. H. 7. [07. 1616, 11

Ewald, Paul, d. erste Confirmation in d. neuerrichteten protest. Pfarrei Schönbrunn bei Wunsiedel, nebst e. kurzen Gesch. dieser Pfarrei von d. ältesten Zeiten bis jetzt. Mit 1 Kpf. gr. 8. Nürnb. 828. Bauer u. R. 8 gl.

— d. Leben Jesu, für Schule u. Haus. 8. Erlang. 826. Heyder. 6 gl.

— Lehrbuch d. syrischen Sprache, für academ. Vorlesungen bearb. gr. 8. Erlang. 826. Palm u. E. 16 gl.

— Pirke Aboth, oder Sprüche d. Väter, s. Pirke.

Ewald, Paul, Predigt üb. Joh. 17, 20, geh. am Missionsfeste zu Nürnberg in der St. Lorenzkirche den 11. VI. 1901. gr. 8. (15 S.) Nürnberg 901. F. Banckwitz. n. — 20

— Probabilia betr. d. Text d. ersten Timotheusbriefes. gr. 8. (38 S.) Leipzig 901. A. Deichert Nachf. n. 1. 20
Sonderabdruck aus: „Festschr. d. Univ. Erlangen, f. Prinzregent Luitpold".

—— Reise v. Tunis nach Tripolis, s.a. Ewald, Chrst. Ferd.

Ewald, Paulus. Reise des evangelischen Missionar Christian Ferdinand Ewald, von Tunis über Soliman, Nabal, Hammamet, Susa, Sfax, Gabis, Gerba nach Tripolis, und von da wieder zurück nach Tunis, im Jahre 1835. Herausgegeben von Paulus Ewald ... Nürnberg. Verlag von Ferdinand von Ebner 1837.
Tit., 1 Bl., 240 S.; 14 Taf. in Kupferst. von Obermüller. 8°.
S. auch La 9 Eyriès, Voyage pittoresque en Asie et en Afrique. 1839.

[F.] Religion u. Christentum. E. Vortrag v. D. Paul Ewald, Prof. in Erlangen. *Leipzig: A. Deichert 1898.* (39 S.) 1 Bd 8. [98. 6004 (ir

Ewald, Paul., Sonn- u. Festtags-Buch der evangel. Kirche, od. die Geschichte aller Sonn- und Festtage im ganzen Kirchen-Jahre. 8. Nürnb. 835. Bieling. (Leipz., Fr. Fleischer.) 2/3 Rthlr.

— biblische Topographie in alphabet. Ordnung. Zusammengestellt für Schulen u. Freunde der heil. Schrift. gr. 8. Ansbach 836. Brügel. (Leipzig, Herbig.) 7 gr.

— üb. d. Verhältnis d. systemat. Theologie z. Schriftwissenschaft. [Aus: „Neue kirchl. Zeitschr."] gr. 8. (53 S.) Ebd. 895. n. — 75

— die Versuchung Christi, mit Bezugnahme auf die Versuchung u. den Fall d. Protoplasten. gr. 8. Bayreuth 838. Grau. 1/4 Rthlr.

Ewald, Paul, de vocis συνειδήσεως apud scriptores Novi Testamenti vi ac potestate. Commentatio et biblico-philologica et biblico-theologica. gr. 8. (91 S.) Leipzig 883. Hinrichs' Verl. n. 3. —

Ewald, Pavlvs (geb. am 7 Dez. 1851 in Berlin): Walram von Naumburg. Zur Geschichte der publicistischen Literatur des XI Jahrhunderts ... Bonnae, form. C. Georgi (1874). 2 Bl. 8. ¶ Nur Titelbl., Vita u. Thesen.
Bonn, Phil. Fak., Thes. v. 8 Aug. 1874

Ewald, Pavlvs (geb. am 7 Dez. 1851 in Berlin): Walram von Naumburg. Zur Geschichte der publicistischen Literatur des XI Jahrhunderts ... Bonnae, form. C. Georgi (1874). 86 S., 1 Bl. 8. ¶ Erschien zugleich selbständig bei Strauss in Bonn.
Bonn, Phil. Fak., Diss. v. 8 Aug. 1874

Ewald, Paul, Walram v. Naumburg. Zur Geschichte der publicist. Literatur d. XI. Jahrh. gr. 8. (86 S.) Bonn 874. Strauss. n. 2. —

— Wer war Jesus? Ein Vortrag. 8. (36 S.) Ebd. 899. n. — 60

Ewald, Richard, aus Birstein: Aus d. med. Poliklinik d. Universität Marburg. Ein Fall von Poliomyelitis anterior chronica. *Marburg 1899: F. Sömmering.* (42 S.) 8°
Marburg, Med. Diss. v. 23. Sept. 1899

Ewald, Rud., „Dein Wort ist e. rechte Lehre". Predigten, seinen Konfirmierten gewidmet. (64 S.) gr. 8. Berlin 910. G. Nauck. 1. —

Predigten, seinen Konfirmierten gewidmet. Rudolf Ewald, Pastor zu Berlin. [Berlin]: G. Hoffmann [um 1909]. 64 S. 8°
[Umschlagt.:] 'Gott ist unsere Zuversicht u. Stärke'. Predigten von R. Ewald. [m. 13613

Ewald, Rudolf, Pfarrer: Ralph Waldo Trines Weltanschauung mit besonderer Berücksichtigung seiner Stellung zu den Übeln in der Welt — eine Studie über zeitgenössische amerikanische Philosophie. Berlin: G. Nauck 1910. 52 S. 8° ¶ (Ersch. auch als Buch ebd.)
Erlangen, Phil. Diss. v. 20. Juni 1910, Ref. Falckenberg
[Geb. 31. Dez. 69 Berlin; Wohnort: Berlin; Staatsangeh.: Preußen; Vorbildung: Friedrichs-Gymn. Berlin Reife O. 88; Studium: Berlin 8 S.; Rig. 26. Mai 10.] [U 10. 849

Ewald, S., d. 30jähr. Krieg nebst dem westphälischen Frieden. Nach Schiller, Galetti u. andern Geschichtschreibern dargestellt für d. Jugend u. zum Selbstunterrichte. Mit 1 Titelkpf. u. Titelvign. gr. 8. Berl. 830. Amelang. 1 Rthlr. 16 gr.

—— Römersinn u. Römerthat. Erzähln. f. d. Jugend a. d. alten Geschichte. Mit Titlkpfr. u. Titvign. gr. 8. (32½ B.) Berlin 830, Amelang.
Val. Edwald.

Ewald, Schack Herrm.

— s. Adair, Beschreib. — Allgegenwart Gottes. — Cover, Bemerkk.

Ewald, Schack Herrm., s. Fische, die.

— s. Flaminius, Marc. Ant.

— s. Heirath, die, aus Liebe.

(Schack Hm. Ewald) üb. d. menschl. Herz; e. Beytr. z. Charakterist. d. Menschh. *Erf.*, Schlegel. 784. 3 Thle. 8° 2 Rthlr. 8 gr.

Ewald, Schack, Hm., über das menschliche Herz. Beyträge z. Charakteristik der Menschheit. 3 Thle. 8. Frankfurt, Keyser. 789.

Ewald, Schack Herrm., († d. 5. Mai 1822.) über d. menschl. Herz. Beitrr. zur Charakteristik d. Menschheit. 3 Bde. N. Aufl. 8. Erfurt 799. Keyser. 2 Rthlr. 8 gr. (vergl. Herz, üb. d. menschl.)

— s. Magazin, Gothaisches. — Mebeau, Untersuch.

— s. Mord, d. falsche.

— Oden. 8. (Gotha) 772. Ettinger. 12 gr.

— s. Philidor, Schachspiel. — Spinoza. 2 Abhandll.

Ewald, Walther, approb. Arzt aus Danzig: Ein Beitrag zur Lehre von der Erregungsleitung zwischen Vorhof und Ventrikel des Froschherzens. *Halle a. S. 1901: Plötz.* (22 S.) 8°
Halle, Med. Diss. v. 20. März 1902

Ewald, Walther: Soziale Medizin. E. Lehrbuch für Ärzte ... Bd 1. Berlin 1911. 4°
1. Mit 76 Textfig. u. 5 Kt.

Ewald, Walth., die traumatischen Neurosen u. die Unfallgesetzgebung, s.: Klinik, medizinische. 1908. 12. Beiheft.

— Stoffwechselpsychosen. Die Störgn. des Sauerstoffgaswechsels im menschl. Organismus. (V, 59 S. m. Fig.) 8. Würzburg 907. C. Kabitzsch. 1. 50

Ewald, Wilh., die Siegel der Erzbischöfe v. Köln (948—1795), s.: Publikationen der Gesellschaft f. rhein. Geschichtskunde.

Ewald, Wilh., die Siegel der Erzbischöfe v. Trier, s.: Siegel, rheinische.

Rheinische Siegel. Bearb. von Wilhelm Ewald. 1. Bonn: P. Hanstein 1906. 2°(4°)
— Publikationen d. Gesellschaft f. rhein. Geschichtskunde. 27, Lfg 1. [06. 13394 3

— Wilh. Ernst (Birstein-Isenburg), De aquis Hierichuntinis, sale per Elisam conditis. Diss. theol.-philol. Präs. Gottfr. Jüngst. Bremen (Herm. Chph. Jan) 25. IX. 1725. 50 S. (5.—) 8388
Gew.: Friedr. Adolf Lampe (Prof. z. Utrecht), Joh. Wichelhausen (Bremen), Friedr. Casim. u. Bruno Hellmann.

— 14 Betracht. von den Vorboten der Ewigkeit. 8. Brem. Rump. 745.

Ewald, W. Ernst, 22 Betrachtung. v. Himmel u. Hölle. 8. Brem. Cramer. 754.

Ewald. W. Ernst. 12 Betrachtungen vom Himmel und Hölle. Brem. 734. 8.

EWALD, WILH. ERN., Emblemata sacra miscellanea in II libros digesta, in quibus præter XXIV emblemata selecta, plurima Veteris ac Novi Testamenti loca illustrantur et explicantur. Lib. I—VI. Lipsiæ & Altonaviæ. 1732—37. 4. (Paa III—VI er Trykkestedet anført som Altonaviæ). (M. Titelbilleder).

— emblemata sacra, quibus plurima V. et N. Test. loca illustr. III Tmi. c. fig. 4. Altona. 733—37.

Ewald, W. Ernst, d. Herrlichkeit d. neuen Jerusalems od. Erklär. d. 21sten und 22sten Kap. d. Offenb. Joh. ꝛc. 2 Thle. 8. Bremen, Cramer. 738. Rthlr.

Ewald, Wilh. Er., würd. u. wohlbereit. Tischgenosse d. Herrn, oder Handleitung zur Vorbereitung u. würd. Genuß d. heil. Abendmahls, mit e. Vorr. herausg. v. J. K. Endemann. 12. Hersfeld 748. N. A. Ebd. 768. (Meyer in Lemgo). 2½ K

— Tischgenosse d. Herrn, 12. Ebend. 771.

Ewald, [Wilhelm] Franz, a. St. Johann a. d. Saar: Die Schreibweise in der autographischen Handschrift des „Canzoniere“ Petrarcas ⟨Cod. Vat. lat. 3195⟩. Halle a. S. 1907: E. Karras. (34 S.) 8° ¶ (Erscheint vollst. als: Beihefte z. Zeitschrift f. roman. Philologie H. 13, 1907.)
Straßburg, Phil. Fak., Ref. Gröber, Diss. v. 16. Febr. 1907
[Geb. 9. Juni 84 Geisenheim a. Rh.; Wohnort: St. Johann a. d. Saar; Staatsangeh.: Preußen; Vorbildung: Gymn. Saarbrücken Reife O. 03; Studium: Münster 2, Nancy 1, Straßburg 6 S.]

Ewald, Wilhelm Heinrich Dorotheus (Hrsg.), s. Taschenbuch, Genealogisches, der deutschen gräflichen Häuser.

Ewald, Wolfgang F[elix]: Über Orientierung, Lokomotion und Lichtreaktionen einiger Cladoceren und deren Bedeutung für die Theorie der Tropismen. Erlangen 1910: Junge. 34 S. 8° ¶ (Aus: Biolog. Centralblatt. Bd 30, Nr 11. 12.)
München, Phil. Diss. v. 19. Juli 1909, Ref. Hertwig
[Geb. 4. Sept. 85 Berlin; Wohnort: Berlin; Staatsangeh.: Preußen; Vorbildung: Wilhelms-Gymn. Berlin Reife M. 04; Studium: Med. Berlin 1, Freiburg i. B. 1, Straßburg 1, Med. u. Phil. München 7 S.; Rig. 19. Juli 09.] [U 10. 3638

Ewald's Fahrt m. dem Christkinde. Ein Weihnachtsbilderbuch m. Text v. M. Rüdiger u. (farb.) Illustr. v. E. Kepler u. M. Löwe. gr. 4. (21 S.) Lahr 893. E. Kaufmann. Kart. 4.—

Ewalds Rosenmonde, herausgegeben von Tellow, (L. T. Kosegarten) 8. Berlin, 791. Himburg. 25 sgl.

Ewalds Rosenmonde, beschr. von ihm selbst, u. herausg. v. Teller. (v. L. Th. Kosegarten.) 8. Berl. Himburg. 791.

— — Rosenmonde, von Kosegarten. 8. 791. Ist jetzt Verlag von Reimer in Berlin und der Preis

Ewaldsen, Christ., das Erwachen der Seele aus dem Tode, im Lichte d. Wortes Christi betrachtet. Aus dem Dän. gr. 8. (IV, 75 S.) Gotha 885. Schloeßmann. n. 1. 20

Hundert und fünfzig Gesänge, nach den Evangelien und Episteln geordnet durch Christian Ewaldsen. Schleswig. 1862. 8°.

Ewaldt, Benj., resp. Jo. Mart. Zschiese, De somno. Diss. phys. Regiom. 4°. 1711

Ewall, H., zur Geschichte Cronbergs m. e. Fremdenführer als Anh. 8. (54 S.) Wiesbaden 876. Limbarth. n. — 60

Ewall, H., der kleine Jugendfreund. Lehrreiche Geschichten für artige Kinder im Alter von 5 bis 10 Jahren. Mit (6 lith. u.) col. Bildern nach Zeichnungen v. Maler Bärwinkel. 8. (48 S.) Frankfurt a/M. 880. Schenk. cart. 1. 50

Mende's Taschen-Atlas von Berlin und seinen Vororten. Mit 1 Uebersichtskarte, 1 aus 112 Sektionen bestehenden Spezialkarte u. mehreren Verzeichnissen. Bearb., gezeichnet u. hrsg. von A. Ewan u. A(lfred) Mende. Berlin: A. Mende [1906]. (64 S., 1 Karte, 58 Kartenbl.) 8° [06. 11494

Mende's Taschen-Atlas von Potsdam und Umgebung. System Ewan u. Mende. Mit 1 Uebersichtskarte, einer aus 98 Sekt. bestehenden Spezialkarte u. mehreren Verzeichnissen. Bearb., gezeichnet u. hrsg. von A. Ewan u. A(lfred) Mende. *Berlin: A. Mende [1904]*. (30 S., 59 Kartenbl.) 8°
[04. 13834

Ewan, Thos. [B. Sc. aus Manchester]: Ueber die Einwirkung von Oxaläther auf Dibenzylketon. . . . München, Buchdr. v. M. Ernst, 1890; 47 S. 8°
München, Phil. Fak., Inaug.-Diss. v. 1890

Ewano, Karl, das Wesen der Weltseele im Lichte der exakten Philosophie. (III, 68 S. m. 1 Taf.) 8. Dresden 910. R. Lincke. 1. 50

Woher kam das Leben? Eine Abhandlung über d. Herkunft, Entstehung u. d. Vergehen d. Lebens, auf Grund streng wissenschaftl. Basis u. teilweise eigener Forschungen gemeinverständl. dargest. von Harald Ewardson. Mähr.-Ostrau: R. Papauschek; Leipzig: R. Hoffmann 1906 (50 S.) 8°
[06. 11780

Ewart, Alfred James: On Assimilatory Inhibition in Chlorophyllous Plants . . . (Aus d. Journ. of the Linnean Soc.) London, 1896; 364—461 S., 1 Bl. 8.
Leipzig, Phil. Fak., Inaug.-Diss. v. [23. Juli] 1896

Ewart, Felicie: Eine Abrechnung in der Frauenfrage. — Hamburg u. Leipzig: Voß 1906. 59 S. 8°

— Die Emancipation in der Ehe. Briefe an einen Arzt. 8°. Hamburg, L. Voss, 1895.

— Jugendschatz. Deutsche Dichtgn., gesammelt v. E. Mit Illustr. v. Koloman Moser. Neue unveränd. [Titel-] Ausg. Lex.-8. (VII, 320 S.) Berlin [897.] 900. G. Grote. Geb. in Leinw. 8.—

Ewart, Felicie, Goethes Vater. Eine Studie. gr. 8. (104 S. m. Bildnis.) Hamburg 899. L. Voß. n. 2.—

Ewart, H., s. a.: Bücker, Herm.

Ewart, H., Hohentann. Ein deutsches Volksbuch aus dem Elsaß. (IV, 465 S.) 8. Leipzig (906). E. Ungleich. n. 5.—; geb. n. 6.—

— Hohentann. Ein deutsches Volksbuch aus dem Elsaß. 2. Aufl. (VIII, 465 S.) 8. Leipzig (908). E. Ungleich. 5.—; geb. 6.—

Ewe, Emil, Silvane. Dichtung zu M. v. Schwind's Aquarellen-Cyclus „Die sieben Raben“. 12. (V, 104 S.) Berlin 887, Schneider und Comp. *
geb. mit Goldschn. *

Ewe, Ernst, Bad Nenndorf. Ein Führer für Kurgäste. 2. Aufl. 12. (73 S.) Berlin 882. Gutmann in Comm. n.n. — 50

Ewe, E., Bad Nenndorf. Ein Führer f. Kurgäste. 5. [Jubiläums-]Aufl. 8. (72 S.) Berlin 887. (O. Enslin.) n. — 60

Ewe, Ernst, Bad Nenndorf. Ein Führer f. Kurgäste. 8. Aufl. 12. (78 S. m. Plan u. Karte.) Berlin 892. (O. Enslin.) n. 1. —

Ewe, Ernst, Bad Nenndorf. Ein Führer f. Kurgäste. 9. Aufl. 12. (80 S. m. 2 Karten.) Berlin 893. (O. Enslin.) n. 1. —

Ewe, Ernst Wilh. Eduard (geb. Pr.-Stargard 6. 8. 1843): Ueber die allgemeine progressive Paralyse der Irren. Berlin (1869). (34 S.) 8°
Berlin, Med. Diss. v. 31. Juli 1869

Ewe, Ernst Wilh. Ed., über die allgemeine progressive Paralyse der Irren. Inaug.-Dissert. Berlin 869. (Stargardt, Kienitz.) n. 6 ngr.

Ewel, Otto, s.: Camera-Almanach, deutscher.

Ewel, Otto (Bearb.), s. Loescher, Fritz: Die Bildnis-Photographie.

Ewen, Joseph [Prof.]: Zur Geschichte der trierischen höheren Schulen. I. Trierische höhere Schulen im Altertum. Forts.: Kirchliche Schulen zu Trier. (Forts. d. P-Beil. 1884.) Trier, F. Lintz'sche Buchdr., 1894; 1 Bl., 1—21 S. 4.
Trier, k. G. P 1894 (464)

Ewer, Erich, die Praxis des Getreidegeschäftes an der Berliner Börse, s.: Jöhlinger, Otto.

Ewer, Ernst, prakt. Arzt aus Berlin: Ein Fall von Netzhautblutung bei Miliartuberculose. *Berlin (1900): G. Schade.* (29 S.) 8°
Berlin, Med. Diss. v. 10. Aug. 1900

Ewer, H. L'Estrange, Katalog u. Preisliste d. Brief- u. Telegraphen-Marken v. Grossbritannien m. Berücksicht. aller bekannten Abstempelgn. Übers. v. E. D. Frank. 12. (112 S. m. Abb.) Offenbach 896. (Kottbus, A. Petersdorf.) 1. 80

Ewer, Jac. (geb. Anklam 16. 8. 1840): Symbolae ad naturam tabis dorsalis explicandam. Berolini (1861). (32 S.) 8°
Berlin, Med. Diss. v. 5. Juli 1861

Der Bau des menschlichen Körpers. Ein Leitfaden f. Masseure. Von San.R. Dr. Leopold **Ewer**. Mit 21 Abb. *Berlin: Fischer 1901.* (44 S.) 8°

Ewer, Leop., einige Bemerkungen üb. den chronischen Muskelrheumatismus, s.: Klinik, Berliner.

— Buch üb. die Erhaltg. der Gesundheit, s.: Rantzau, Heinr. v.

Ewer, Leop., Gymnastik f. Aerzte u. Studirende. gr. 8. (V, 134 S. m. 76 Abbildgn.) Berlin 901. Fischer's medicin. Buchh. n. 4. —

Ewer, Leop. (geb. Anklam 4. 1. 1849): Der Ileus paralyticus. Berlin (1872). (32 S.) 8°
Berlin, Med. Diss. v. 6. Apr. 1872

— Indicationen u. Technik der Bauchmassage, s.a. Klinik, Berliner.

Indicationen und Technik der Bauchmassage. Mit 17 Fig. Von Sanitätsr. Dr. Leopold **Ewer**, Berlin. *Berlin: Fischer (1901).* (31 S.) 8°
— Klinik, Berliner. H. 154.

— Cursus der Massage m. Einschluss der Heilgymnastik. gr. 8. (VII, 182 S.) Berlin 892. Fischer's medicin. Buchh. n. 5. —

Kursus der Massage. Von San.R. Dr. Leopold **Ewer**-Berlin. 2. verm. u. verb. Aufl. Mit 78 Abb. *Berlin: Fischer 1901.* (183 S.) 8°

Ewer, Leop., d. Leibesübungen u. Wettspiele in Altgriechenland u. Rom, zugl. Aufklärg. üb. d. Olymp. Spiele. gr. 8. (63 S.) Berlin 896. R. Siegismund. n. 1. —

—— s. Rantzau, Heinr. v., Buch üb. die Erhaltung der Gesundheit.

— d. seitl. Verkrümmgn. d. Rückgrats u. der. Verhütg., s.a. Veröffentlichungen d. Vereins f. gesundheitsgem. Erzieh. d. Jugend.

[F. u. Ant.] Die seitlichen Verkrümmungen des Rückgrats und deren Verhütung. Von Dr. med. Leopold **Ewer**, Arzt in Berlin ... (SA. aus 'Zeitschr. f. Schulgesundheitspflege'. VIII. Jahrg. ...). *Berlin: E. Kantorowicz 1896.* (16 S.) 1 Bd 8.
— Veröffentlichungen d. Vereins f. gesundheitsgemässe Erziehung d. Jugend. No 1.

— wie härten wir unsere Kinder ab? s.a. Veröffentlichungen d. Vereins f. gesundheitsgem. Erziehg. d. Jugend.

a. Wie härten wir unsere Kinder ab? Von Dr. med. L(eopold) **Ewer**. b. Alkoholgenuss bei Kindern v. Dr. med. Feilchenfeld. *Berlin: C. Kantorowicz 1898.* (24 S.) 1 Bd 8.
— Veröffentlichungen d. Vereins f. gesundheitsgemässe Erziehung d. Jugend. No 5.

Ewer, Ludw. (geb. Anklam 24. 5. 1855): Ueber den öfteren Zusammenhang von Gehörstäuschungen Geisteskranker mit nachweislicher Erkrankung des Gehörorgans. Berlin (1879). (30 S.) 8°
Berlin, Med. Diss. v. 8. März 1879

Ewerbeck, August(us) Armin. (geb. Danzig 12. 11. 1816): De phaenomenis opticis subjectivis. Berolini (1839). (46 S.) 8°
Berlin, Med. Diss. v. 16. Aug. 1839

Ewerbeck, Christian Gottfried

— s. Jak. Harzls, Untersuch.

Ewerbeck, Christian Gottfried (Paed. reg. Glauch. colleg. ord.), Super doctrinae de moribus historia ejus fontibus conscribendae ratione et utilitate. Comment. philos. Halle (J. J. Gebauer) April 1787. 102 S. (6.—) 8389
Gew.: Carl Abrah. Frh. v. Zedlitz (Cansdorf, Michelwitz), Carl Christoph v. Hoffmann.

— — De similitudine inter mathesin puram atque philosophiam logicam obvia. Spec. prim. Danzig (D. L. Wedel) 1789. 44 S. (4.80) 8390

Ewerbeck, Frz., Einfriedigungen, Brüstungen u. Geländer, Balcons, Altane u. Erker, s.: Handbuch der Architektur.

Ewerbeck, F., architektonische Entwürfe u. Bauausführungen. Fol. (36 Taf. in Lichtdr. m. 2 S. Text.) Berlin 889. Claesen & Co. In Mappe. n. 30. —

— architektonische Entwürfe u. Bauausführungen. Gesellschaftshaus f. den Verein christl. Kaufleute in Breslau, Rathhaus zu Aachen, Atrium d. Domes zu Aachen, chem. Laboratorium zu Aachen, Zimmeransichten, Gebäude der Kunst- u. Gewerbe-Ausstellg. in Düsseldorf, Kölner Volksgarten etc. 2. Aufl. 6 Lfgn. gr. Fol. (à 6 z. Tl. farb. Lichtdr.-Taf.) Berlin 891. 892. Hessling & Spielmeyer. à n. 5. —

Ewerbeck, F., architektonische Entwürfe u. Bauausführgn. Gesellschaftshaus f. d. Verein christl. Kaufleute in Breslau, Rathhaus z. Aachen, Atrium d. Domes zu Aachen etc. 3. [Titel-]Aufl. gr. Fol. (35 Lichtdr.- u. 1 farb. Taf. m. 1 Bl. ill. Text.) Berlin (892) 896. B. Hessling. In Mappe n. 30. —

Ewerbeck, architectonische Reiseskizzen aus Deutschland, Frankreich und Spanien. 6 Lfgn. Fol. (60 Stnt. mit 9 Bl. Text.) Hannover 862—64, Schmorl und v. Seefeld. à Lfg. • 28 Ngr. •
cart. •

Ewerbeck F, architektonische Reiseskizzen aus Deutschland, Frankreich und Spanien. Mittelalterliche Baudenkmäler nebst Details. (60 T) fol Hannover 1865

Ewerbeck, Frz., u. Alb. Neumeister, die Renaissance in Belgien u. Holland. Eine Samml. v. Gegenständen der Architektur u. Kunstgewerbe in Orig.-Aufnahmen. (In ca. 30 Hftn.) 1—8. Hft. Fol. (1. Bd. 96 Steintaf. m. je 1 Bl. deutschen u. französ. Text.) Leipzig 883. 84. Seemann. à n. 4. — (1. Bd. cplt. cart.: n. 36. —)

— dasselbe, hrsg. unter Mitwirkg. v. Alb. Neumeister u. Emil Mouris. 9—14. Hft. [2 Bd. 1—6. Hft.] Fol. (72 Steintaf. m. je 1 Bl. Text.) Ebend. 885. 86. à n. 4. —

— die Renaissance in Belgien u. Holland. Eine Sammlung v. Gegenständen der Architektur u. Kunstgewerbe in Orig.-Aufnahmen, gezeichnet u. hrsg. v. F. E. unter Mitwirkung v. Alb. Neumeister u. Emil Mouris. 15. u. 16. Hft. [2. Bd. 7. u. 8. Hft.] Fol. (24 Steintaf. m. 2 Bl. deutschem u. französ. Text.) Leipzig 887. E. A. Seemann. à n. 4. — (2. Bd. cplt. cart.: n. 36. —)

— dasselbe. Hrsg. unter Mitwirkg. v. Henri Leeuw u. Emil Mouris. 17.—24. Hft. [3. Bd. 4 Doppelhefte.] Fol. (à Doppelhft. 24 Steintaf. m. 2 Bl. deutschem u. französ. Text.) Ebd. 887. 888. à Doppelhft. n. 8. —; 3. Bd. cplt. cart.: n. 36. —

— dasselbe. 25.—32. Hft. [4. Bd. 4 Doppelhefte.] Fol. (à Doppelhft. 24 Steintaf. m. 2 Bl. deutschem u. französ. Text.) Ebd. 888. 889. à Doppelhft. n. 8. —; 4. Bd. cplt. cart.: n. 36. —

— dasselbe. Neue Ausg. 1.—12. Lfg. Fol. (336 photolith. Taf. mit 39 S. deutschem u. französ. Text.) Ebd. 890. à Lfg. n. 8. —

— die Renaissance in Belgien u. Holland. Aufgenommen u. hrsg. in Orig.-Aufnahmen, gezeichnet v. F. E. unter Mitwirkg. v. Alb. Neumeister, Henri Leeuw u. Emile Mouris. 2., unveränd. Aufl. in 2 Bdn. 13.—16. (Schluss-)Lfg. Fol. (à 24 photolith. Taf. m. 18 S. deutschem u. franz. Text.) Leipzig 891. E. A. Seemann. à n. 8. —

— Terrassen, Freitreppen u. Rampen-Anlagen, s: Handbuch der Architektur.

Ewerding, Geo., Lehrbuch der Graphostatik. (VIII, 186 S. m. 283 Fig.) gr. 8. Stuttgart 906. F. Grub. n. 3. 80; geb. in Leinw. n. 4. 40

Ewerding, Wilh., Geschichte der Pädagogik, s.: Schorn, Aug.

Ewermann, Alfr. (geb. Osterode in Ostpr. 19. 9. 1858): Ueber epi- und endemische Speicheldrüsenerkrankungen. Berlin (1881). (30 S.) 8°
Berlin, Med. Diss. v. 4. Aug. 1881

Ewermann, Augustus (Henr.) (geb. Wesel 13. 4. 1825): De urina albuminosa. Berolini (1846). (32 S.) 8°
Berlin, Med. Diss. v. 17. Aug. 1846

Ewers, Ant., das goldene ABC des Lebens od. die Kunst, das Leben zu verlängern. (155 S.) kl. 8. Regensburg (908). (J. Habbel.) 1. 50

Ewers, (Car.) Armin. (geb. Berlin 26. 12. 1829): De organorum lacrymalium physiologia et aegrotationibus harumque curatione. Berolini (1854). (26 S.) 8°
Berlin, Med. Diss. v. 28. Aug. 1854

Ostpreußen im Wechsel der geologischen Zeiten. Von Edwin Ewers. Königsberg i. Pr. 1909: Leupold. 35 S. 8°
Aus: Jahresbericht d. Deutschen Lehrervereins f. Naturkunde, Provinzialver. Ostpreußen. 1908. [09. 9102 10

Ewers, Erich [aus Braunschweig]: Über thiosulfonsaure Diazosalze. Leipzig 1900. 52 S. 8°.
Basel. Phil. Diss. 1900/1901.

Ewers, F. W. Bewährte Heilmethode der Läusesucht . . . Nach dem Franz. des Dr. J. P. Maragnot . . . Ilmenau 1826. V: *Köchy, Chn Heinrich Gottlieb.* (MGT)

Ewers, F. W., (Chr. Hnr. Gli. Köchy), bewährte Heilmethode d. Läusesucht u. d. Grindes, nach Grundsätzen d. ältern u. neuern Arzneiwissenschaft: Nach d. Französ. d. J. P. Maragnot frei bearb. 8. Ilmenau 826. Voigt. 9 gr.

Ewers, Gustav, und Moritz von Engelhart. Sammlung russischer Geschichte. Beiträge zur Kenntniss Russlands und seiner Geschichte. (I. Bd. 1. Hälfte.) 8. Dorpat 1816.

Ewers, Hanns Heinz

Ewers, Hanns Heinr., „Mit meinen Augen — — —". Fahrten durch die latein. Welt. Mit Umschlag-Zeichng. v. Ilna Ewers-Wunderwald. (475 S.) 8. Berlin 909. K. W. Mecklenburg. 4.50; geb. 6. —

Mit meinen Augen – – –'. Fahrten durch d. lateinische Welt. Von Hanns Heinz Ewers. 2. Aufl. Berlin: K. W. Mecklenburg 1909. 475 S. 8° [11. 15604

— Die Besessenen. Seltsame Gesch. 3. Aufl. (311 S. m. Titelbild.) 8. München 909. G. Müller. 4.—; geb. 5. 50

Ewers, Hanns Heinz, C. 33 u. anderes. (194 S.) 8. Berlin 904. E. Eißelt. n. 2. —

— Delphi. Drama in 3 Akten. (204 S.) 8. Ebd. 909. 3.—; geb. 4. —

Ewers, Hanns Heinz, ein Fabelbuch, s.: Esel, Thdr.

— Führer durch die moderne Literatur. 300 Würdiggn. der hervorrag. Schriftsteller unserer Zeit. Hrsg. unter Mitwirkg. der Schriftsteller: Vict. Hadwiger, Erich Mühsam, René Schickele, Pet. Hamecher u. Walt. Bläsing. Vollst. neu bearb. Ausg. 11—15. Taus. (VIII, 192 S. m. Bildnissen.) kl. 8. Berlin 904. Globus Verlag. Geb. in Leinw. 1. —

— Führer durch die moderne Literatur. 300 Würdiggn. der hervorragendsten Schriftsteller unserer Zeit. Hrsg. unter Mitwirkg. der Schriftsteller: Vict. Hadwiger, Erich Mühsam, René Schickele u. Walt. Bläsing. (206 S. m. Bildnissen.) kl. 8. Berlin (906). Globus Verlag. Geb. in Leinw. n.n. — 75

– (Hrsg.), s. Gautier, Theophile: Ausgewählte Werke.

— hochnotpeinliche Geschichten, s.a. Siesta.

— hochnotpeinliche Geschichten. (Die Knopfsammlg. Der Ring. Wie Arno Falk sich verlobte.) 12. (82 S.) Leipzig (902). H. Seemann Nachf. n. 1. —

Hanns Heinz Ewers. Hochnotpeinliche Geschichten. 5./10. Aufl. Berlin & Leipzig: Seemann [1910]. 81 S. 8°
(Siesta. 2.) [10. 10478

— die Ginsterhexe u. andere Sommermärchen. Mit reichem Bildschmuck v. Paul Horst-Schulze. 3. Aufl. (101 S.) gr. 8. Leipzig 905. J. v. Schalscha-Ehrenfeld. Geb. n. 3. —

— Die Ginsterhexe u. andere Sommermärchen. Mit reichem Bildschmuck v. Paul Horst-Schulze. 4. Aufl. (101 S. m. Abb. u. 5 farb. Vollbildern.) gr. 8. Leipzig (910). F. Moeser Nachf. Geb. in Halbleinw. 3. —

Ewers, Hanns Heinr., das Grauen. Seltsame Geschichten. 4. Aufl. (291 S. m. Bildnis.) 8. München 908. G. Müller. 3.50; geb. 5. —

— die verkaufte Großmutter. (76 S. m. Abbildgn.) 4. Leipzig (903). Berlin, H. Seemann Nachf. Geb. n. 2. 50

— Grotesken. (VII, 179 S.) kl. 8. Ebd. 910. 2.—; geb. 3. —

– (Hrsg.), s. Heim, der Jugend.

— das Cabaret, s.: Theater, das. 11. Bd.

— die Macht der Liebe od. Die traur. Folgen e. guten Erziehg., s.a. Brettl- u. Theaterbibliothek, bunte.

Hanns Heinz Ewers: Die Macht der Liebe oder die traurigen Folgen einer guten Erziehung. *Berlin: Harmonie [1902].* (39 S.) 8° [F.]
= Brettl- u. Theater-Bibliothek, Bunte. 10. [04. 2997

— Thdr. Etzel, Maria Ewers, Märchen u. Fabeln f. große u. kleine Kinder. gr. 4. (68 S. m. Abbildgn.) Berlin (902). Harmonie. Kart. n. 4. —

— Moganni Nameh. Gesammelte Gedichte. Mit Umschlagzeichng., Vorsatzpap. u. 9 Bildbeigaben v. Ilna Ewers-Wunderwald. (144 S.) gr. 8. Ebd. 910. Kart. 8. —

— Edgar Allan Poe, s.a. Dichtung, die. 42. Bd.

Edgar Allan Poe. Von Hanns Heinz Ewers. Berlin & Leipzig: Schuster & Loeffler [1906]. 67 S. 8°
(Die Dichtung. Bd 42.) [illegible] 11

— s.: Rara.

Ewers, Hanns Heinz (Mitarb.), s. Der Roman der XII.

EWERS, Hanns Heinz (geb. 3. Nov. 1871 zu Düsseldorf), Der gekreuzigte Tannhäuser .... 1901. Eleg. Ausstattung u. reicher Buchschmuck. (2 Mk. 30 Pfg. incl. Porto, R. Klinger, Berlin, c. 1905.)

Hanns Heinz Ewers. Der gekreuzigte Tannhäuser. 4. Aufl. *Berlin: C. Messer & Co [1902].* (190 S.) 8° [illegible]

— der gekreuzigte Tannhäuser. 5. Aufl. schmal 8. (194 S. m. Abbildgn.) Berlin (902). C. Messer & Co. n. 2. —; geb. n. 3. —

— Der Zauberlehrling od. die Teufelsjäger. Roman. 3. Aufl. (517 S.) 8. München 910. G. Müller. 5.—; geb. n 6. 50

Ewers, Johann Philipp Gustav

— Polit. Andeutungen des Inhalts seiner öffentl. Vorträge über diese Wissenschaft. gr. 8. Dorpat 829.

— u. M. v. Engelhardt's Beitrr. zur Kenntniß Rußlands u. seiner Geschichte. 1n Bdes 1e u. 2e Hälfte. (A. u. d. T.: Samml. russ. Geschichten. 10n Bdes, 1s u. 2s Stück, als Fortsetz. v. G. F. Müller, Samml. russ. Gesch.) 8. Dorpat 816 u. 18. (Kummer in Leipz.) 3 ₰ 12 gr

– s. Fibel oder erste Leseübungen.

— Geschichte d. Russen. Versuch e. Handbuchs. 1r Thl. gr. 8. Dorpat 816. (Leipz., Kummer). 3 ₰

– s. Fr. Münter, Dogmengeschichte.

v. Ewers, Jh. Ph. Gust., d. älteste Recht d. Russen in e. geschichtl. Entwickelung. gr. 8. Dorpat 826. (Fr. Perthes in Hamb.) 2 ₰

— des Herzogth. Ehsten Ritter- u. Landrechtes. s. a. Landrechte.

— — des Herzogthum Ehsten Ritter- und Land-Rechte. 6 Bucher. Erster Druck. Mit erläuternden Urkunden und ergänz. Beyl. herausgeg. gr. 8. Riga, Meinshausen. 821.

— erstes Schulbuch für d. deutsche Jugend im Lehrbezirke d. Universität Dorpat. gr. 8. Dorpat 824. (Reyher). 22 gr

— zur Statistik d. russ. Reichs. 8. Dorpat 812.

Ewers, Jh. Ph. Gustav, Studien zur gründlichen Kenntniß der Vorzeit Rußlands. gr. 8. Dorpat 830. (Severin.) n. 2 1/2 ₰

– s. Universität zu Dorpat.

Ewers, Johann Philipp Gustav. Vom Ursprunge des russischen Staates. Ein Versuch, die Geschichte desselben aus den Quellen zu erforschen. 8. Riga und Leipzig 1808.

— vom Ursprunge d. russ. Staats. 8. Riga 808. Hartmann. 1 ₰ 18 gr

– s. Verfassung d. Bauernstandes.

— krit. Vorarbeitung zur Geschichte d. Russen. 1s, 2s Buch. gr. 8. Dorpat 814. (Riga, Meinshausen). 2 ₰ 12 gr

— über d. Wohnsitze d. ältesten Russen. Sendschreiben an G. Ewers. 4. Dorpat 824.

Ewers, Constantin, Ueber die physiologischen Wirkungen des aus Aconitum ferox dargestellten Aconitin (Pseudoaconitin, Aconitinum anglicum, Nepalin). Diss. Dorpat. 74 pp. 1873.

Ewers, Ludw., Kinderaugen. Skizzen. 12. (IV, 124 S.) Dessau 896. P. Baumann. n. 1. 50; geb. n. 2. —

Ewers, Ludw., Seetang. Skizzen u. Novellen. (IV, 170 S.) kl. 8. Dessau 904. [P. Baumann.] C. Dünnhaupt. n. 1. 50; geb. in Leinw. n. 2. —

Ewers, Maria, aus Großmutter's Stübchen. Märchen, Geschichten u. Fabeln. Mit Illustr. nach Originalen v. F. Müller-Münster. (VII, 222 S. m. farb. Titelbild.) gr. 8. Berlin (908). Globus-Verlag. Geb. in Leinw. 2. 50

Ewers, Otto, aus Estland, Beiträge zur Lehre von den Geschwüren des Unterschenkels nach Beobachtungen an der Dorpater Klinik vom II. Sem. 1841 bis 1860. Diss. Dorpat. 8°. 63 pp. mit einer lithographirten Tafel. 1861.

Ewers, Paul, aus Lübeck: Zur Mechanik der Canal- und Kathodenstrahlen. *Leipzig: J. A. Barth 1899.* (52 S.) 8°
München, Phil. Diss. v. 1899

Ewers, Paul, Dr.: Die Spitzenentladung in ein- und zweiatomigen Gasen. Leipzig: J. A. Barth 1905. 82 S. 8° ¶ Aus: Annalen d. Physik. Folge 4, Bd 17.
München Te. H., Hab.-Schr. v. 23. 2. 1905

Ewert, Alexander Louis Richard, s. Ewert, Richard

Ewert, Edm., Adressbuch f. Ansichtskarten-Sammler, Händler u. Hersteller. gr. 8. (42 S.) Leipzig 897. E. Heitmann. n. — 75

Ewert, Ernst, drei Dramen. 1. Das alte Lied. 2. Ignaz Kolonko. 3. Ein Wahnsinniger. Gesammelte Schriften: 1. Bd. gr. 8. (128 S.) Charlottenburg 900. (M. Simson.) n. 2. —

Ewert, Ernst, Nachtfalters Morgengesang. E. Dichtg. gr. 8. (16 S.) Danzig 896. (R. Barth.) n. 1. —

— tolle Novellen. gr. 8. (III, 159 S.) Danzig 895. Th. Bertling. n. 3. —

— Maria Pally. Novelle. gr. 8. (32 S.) Danzig 894. Th. Bertling. n. — 75

— Phantasie. Der gesammelten Schriften. 2. Bd. gr. 8. (III. 228 S.) Ebd. 900. n. 2. —

Ernst Ewert. Gesammelte Schriften. Bd 1. 2. *Charlottenburg: M. Simson 1900 (1: Leipzig 1900: O. Fürstenau).* 2 Bde 8°
1. 3 Dramen. 1. Das alte Lied. 2. Ignaz Kolonko. 3. Ein Wahnsinniger.
2. Phantasie. [illegible] 11

Ewert, Ernst, Naja's Seele. Novelle. 8. (89 S.) Dresden 895. E. Pierson. n. 1. —; geb. n. 2. —

— Silberliebe. Eine Symphonie. gr. 8. (16 S.) Ebd. 895. n. — 60

— todte Sonne. Ein Drama. gr. 8. (40 S.) Danzig 896. (R. Barth.) n. 2. —

— Todes-Dämmerung. gr. 8. (64 S.) Danzig 895. Th. Bertling. n. 1. 20

— bei den Unseligen. gr. 8. (172 S.) Charlottenburg 898. M. Simson. n. 3. —

— bei den Unseligen. gr. 8. (172 S.) Ebd. (900) n. 2.—

Ewert, F. W., Danziger Abendzeitung, s.a. Abendzeitung.

Ewert, F. W., Abendzeitung, Danziger, f. 1830. 1e Hälfte. gr. 4. Danzig, Ewert. 2 ₰

Ewert, F.W.(Red.), s. Abhandlungen, Danziger.

Ewert, G., Unsere gewerbliche Jugend u. unsere Pflichten gegen sie. (Evangel.-soziale Zeitfragen, Ser. 1, Heft 2.) gr. 8°. Leipzig, Grunow, 1891.

Ewert, J., 12 offene Briefe. Ein Rathgeber f. Erwachsene, welche sich im richt. Sprechen u. Schreiben der deutschen Sprache zu vervollkommnen wünschen. gr. 8. (VIII, 70 S.) Stralsund 875. Meincke in Comm. n. 1. —

Ewert, J., Facitbüchlein zum „Rechnen in Elementarschulen." gr. 8. (36 S.) Greifswald 861, (Frauenstedt.) *

— der kleine Rathgeber f. den täglichen Verkehr bei Anwendung der neuen Maße u. Gewichte. 16. (32 S.) Stralsund 871. Dühr. n. — 30

Ewert, J., erstes Rechenbüchlein für Kinder von 5—7 Jahren. 8. Stralsund 845. (Löffler.) n. $1^1/_3$ ₰

Ewert, J., das Rechnen in Elementarschulen — in mehr als 8500 Aufgaben —, ein Commentar zum „Vorhängeblatt zum Elementarunterricht von J. Ewert," jedoch auch ohne dieses ein vollständiges Rechenbuch bildend. Greifswald 860. Frauenstedt in Comm. gr. 8. (42 S.) n. $6^1/_4$ ngr

Ewert, J., Vorhängeblatt statt der Rechenhefte, zum Elementar-Rechenunterricht. 8 lithogr. Blatt. Imp.-Fol. Greifswald 861, (Frauenstedt.) Thlr. *

Ewert, J. G. Das Deutschtum u die Trinkfrage. Hillsboro, Kansas, 1909.

Ewert, Jos., s. Ewerts, Jos.

Ewert, Max, die deutsche Dichtung des 19. Jahrh., s.: Schmidt, Herm.

Ewert, Maximilian Ferdinand [aus Danzig]: Über die Fabel Der Rabe und der Fuchs ... Berlin, C. Vogt's Buchdr., 1892; 124 S., 1 Bl. 8.
Rostock, Phil. Fak., Inaug.-Diss. v. [22. Dez.] 1892

Ewert, Max, üb. die Fabel „der Rabe u. der Fuchs". gr. 8. (124 S.) Berlin 894. C. Vogt n. 2.—

Ewert, Max: Geschichte unserer Schule. Guben 1908: Koenig. 17 S., 3 Taf. 4°
Guben, HT P 1908 [114] [S 08. 84

Ewert, Max (Hrsg.), s. Häring, Wilhelm: Erinnerungen.

— Wie erziehen wir unsere Mädchen zur Selbständigkeit? Ein Vortrag. (III, 36 S.) gr. 8. Guben 910. A. Koenig. — 60

Ewert, Rich., die Parthenocarpie od. Jungfernfrüchtigkeit der Obstbäume u. ihre Bedeutung f. den Obstbau. Eine Anleitg. zur Erzielg. kernloser Früchte nach e. einfachen Verfahren. (IV, 58 S.) gr. 8. Berlin 907. P. Parey. 2. 50

Ewert, [Alexander Louis] Richard [aus Greifswald]: Über Xylylphtalid und Dixylylphtalid und einige Derivate derselben ... Greifswald, Druck v. J. Abel, 1897; 23 S. 8.
Greifswald, Phil. Fak., Inaug.-Diss. v. 5. März 1897

Ewerts, Jos.

Ewert, Jos., prakt. Handbuch f. Professionisten u. andere Liebhaber d. Zeichenkunst. Mit 19 Steintaf. gr. 8. Manh. 824. Schwan u. G. 1 ₰ 4 gr

Ewerts, Jos., prakt. Handbuch für Professionisten und andere Liebhaber der Zeichenkunst. In 3 Abthl. nebst 19 Taf. mit Abbildd. 2e Aufl. gr. 8. Mannheim 838. Schwan- u. Götzische Hofbuchh. $^3/_4$ ₰

Ewertz, J. U., Entwurf einer systematischen Darstellung des Mechanismus der von Nicolaus Copernicus entdeckten Weltkörperbewegung mit allen ihren Folgen. Mit 4 lith. Taf. 8. Mitau 846, Lucas. (A. Neumann.) $1^1/_2$ ₰

Ewertz, J. U., Fundamental-Grundsätze einer metaphysischen Kosmologie u. Bewegungslehre. Mit 1 Steintaf. gr. 8. Riga 836. (Leipzig, Steinacker.) $1^1/_3$ ₰

Ewetzky, Th. v., über das Syphilom des Ciliarkörpers, s.: Mitteilungen aus der Augenklinik in Jurjew. 1. Heft.

Ewetzky, Thdr., Beitrag zur Kenntniss der Colobomcysten. Mit 1 lith. Taf. gr. 8. (43 S.) Moskau 886. (Wiesbaden, Bergmann.) n.n. 1. 50

Ewh, Eugen [aus Jersey City]: Beiträge zur Lehre von der Muskelatrophie ... Berlin, Buchdr. v. G. Schade, 1894; 30 S., 1 Bl. 8.
Berlin, Med. Fak., Inaug.-Diss. v. 16. März 1894

[Umschlagt.:] Ewh, Eugen [aus Jersey City]: Über die Lehre vom Syllogismus in der neueren Logik ... Witten, Druck v. C. L. Krüger, 1891; 79 S. 8.
Berlin, Phil. Fak., Inaug.-Diss. v. 28. Dez. 1891

Ewh, Hermann [app. Arzt aus Saarbrücken]: Ueber angeborene Defekte der Extremitäten. ... Witten, Druck v. C. L. Krüger, 1890; 17 S. u. 1 Taf. 8°
Erlangen, Med. Fak., Inaug.-Diss. v. 1890

Ewh, Paul: Die Begriffe: Pflicht und Tugend in der Sittenlehre Kant's und Schleiermacher's. Eine vergleich. Studie ... Witten, Druck v. C. L. Krüger, 1891; 49 S. 8.
Erlangen, Phil. Fak., Inaug.-Diss. v. 1891

Ewich, Ein Beitrag zur Fleischschau und Fleischkunde. Osterwieck 88. Zickfeldt. M. —.50

Ewich, e. Beitrag zur Fleischschau u. Fleischkunde. [Aus: „Rundschau auf dem Gebiete der Thiermedicin".] gr. 8. (9 S.) Osterwieck 888. Zickfeldt. n.n. — 50

Ewich, üb. d. andauernden Gebrauch alkalischer Mineralwasser. Sendschreiben an Herrn Professor Dr. Ebstein. gr. 8. (15 S.) Köln 886. A. Ahn. n. — 80

— über den andauernden Gebrauch alkalischer Mineralwasser. Sendschreiben an Ebstein. gr. 8. (16 S.) Köln 887. A. Ahn. n. — 80

Ewich: Die Städtereinigungssysteme in Bezug auf Gesundheitspflege. Berlin (1869)

Ewich, der heutige Standpunkt der Städtereinigungs-Frage. Referat, erstattet im Internationalen Verein gegen Verunreinigung der Flüsse, des Bodens u. der Luft. [Aus: „Gesundheit".] gr. 4. (8 S.) Elberfeld 877. Loll. n. — 50

Ewich's Taschen-Fahrplan f. den rheinisch-westfäl. Industrie-Bezirk. Gültig ab 1. X. 1906. (96 u. XVI S.) 32. Duisburg, J. Ewich. n. — 20
Erschien früher u. d. T.: Taschen-Fahrplan.

Ewich's Taschen-Fahrplan f. den rheinisch-westfäl. Industrie-Bezirk. Gültig ab 1. X. 1907. (96 u. XVI S.) 9,4×6,4 cm. Duisburg, J. Ewich. — 20

Ewich, Joh. Jac., das Fundament aller Religion oder die Versöhnung des gläubigen Gemüthes mit dem denkenden Geiste. Unserer intelligenten Zeit voller Zweifel zur Erwägung dargeboten. Bonn 861. Rheinische Verlags-Anstalt. 16. (X. 127 S.) n. 24 ngr

Ewich, Joh. Jac., Human, der Lehrer e. niederen u. höheren Volksschule in seinem Wesen u. Wirken. 2 Thle. — I. Der Lehrer u. d. Zucht. — II. Der Lehrplan. gr. 8. (39 B. u. 1 B. Tab.) Wesel 829, (Bagel.)

Ewich, Jh. Jak., Was thut unserm erziehend. Unterrichte Noth? Drei zusammenhangende Abhandll. über die Bildung einer edlen Innenwelt in dem Schüler, das Ideal eines Lesebuches für Volksschulen u. die Errichtung zweckmäß. Lehrerconferenzen. gr. 8. Elberfeld 834. Schönian. 1/3 ß

Ewich, Otto, rationelle Balneologie. A. u. d. T.: Praktisches Handbuch über die vorzüglichsten Heilquellen und Curorte, für Aerzte und Badereisende. Mit 1 (lith.) Heilquellen-Karte (in Fol.). Berlin 862. Hirschwald. gr. 8. (XV, 792 S.) n. 3 ß 26 ngr

Ewich, Otto, rationelle Behandlung der Gicht- u. Steinkrankheiten. gr. 8. (XII, 99 S.) Leipzig 863. O. Wigand. geb. n. 2. —

Ewich, Otto, der Führer am Laacher-See u. durch das Brohlthal. Mit Beobachtungen über die Eigenschaften u. therapeut. Wirkungen des Heilbronn. Nebst einem Vorwort von J. Nöggerath, 3 (lith.) Abbildgn. u. einer (lith.) Karte d. Brohlthales (in qu. 4.) 16. (IV u. 111 S. m. 1 Tab. in gr. 4.) Neuwied 852, Lichtfers. n. 1/3 ß

Ewich, Otto, Handbuch über die vorzüglichsten Heilquellen und Kurorte für Aerzte und Badereisende. Mit 1 Heilquellenkarte. Berlin 1862. 8. . . . . (FW.)

Ewich, Otto (Barmen), De sphacelo pulmonis additis sex observationibus. Dissert. med. Halle (Hendel) 3. II. 1842. 31 S. mit Biogr. (M.: E. Seibels.) (4.—) 8391
Oppon.: A. Deutschbein, F. Wiebeck. — Gew.: Dr. theol. Ross, Andreas Gottschalk (Köln).

E., „Ewig zu Rom!". [Deutscher Merkur. 17 Jahrg. No. 6.] [Enthält J. B. Gildemeister's Erklärung der Inschrift an dem angeblichen bischöflichen Stuhle des h. Markus zu Venedig.] 1 Blatt. München 1886. 4°.

Ewig, Jh. Jos., über Verderbniß d. Waldungen, insbesond. Fichtentrockniß u. Raupenfraß. 8. Prag 808. Schönfeld. 5 gr

Ewig, Wilhelm, aus Hildesheim: Skakespeare's Lucrece. Eine litterarhist. Untersuchung. *Halle a. S. 1899: E. Karras.* (32 S.) 8° ¶ (Erscheint vollst. im Jg. 1899 d. 'Anglia'.)
Kiel, Phil. Diss. v. [22. Febr.] 1899

Ewigkeit, über die, d. Höllenstrafen; aus d. Französ. 8. Leipz. 790. Hilscher. 5 gr

Ewigkeit, über die, der Strafen. 8. Grätz 819. Kienreich. 1/6 ß

Ewigkeitsfragen im Lichte großer Denker. Eine Sammlg. v. Auswahlbdn., hrsg. v. E. Dennert. 1. u. 2. Bd. 8. Hamburg 906. Agentur des Rauhen Hauses.
Subskr.-Pr. à n.n. 1.70; Einzelpr. à n.n. 1.90
1. Kant, Immanuel. Ausgewählt u. bearb. v. L. Weis. (142 S. m. Bildnis.)
2. Kierkegaard, Sören. Ausgewählt u. bevorwortet v. A. Bärthold. (153 S. m. Bildnis.)

Ewigkeitsfragen im Lichte großer Denker. Eine Sammlg. v. Auswahlbdn., hrsg. v. E. Dennert. 3—6. Bd. 8. Hamburg, Agentur des Rauhen Hauses.
Subskr.-Pr. à nn 1.70; Einzelpr. à nn 1.90
Geiler v. Kaysersberg, der Leib unterwegs, das Herz daheim! Gedanken u. Worte. Ausgewählt u. bearb. v. A. Bruckner-Bremgarten. (126 S. m. Bildnis.) (907.) (Bd. 6)
Kingsley, Charles. Ausgewählt u. bearb. v. G. Samtleben. (140 S. m. Bildnis.) (907.) (Bd. 3)
Tauler, Johann, ausgewählt u. bearb. von W. v. Langsdorff. (144 S. m. Bildnis.) (907.) (Bd. 4)
Tholuck, Aug., immer geknickt, aber nie gebrochen! Gedanken u. Worte. Ausgewählt u. beantwortet v. Leop. Witte. (144 S. m. Bildnis.) (907.) (Bd. 5)

Ewing, Arthur R. [aus Glasgow '(Schottl.)']: Ueber kryoskopische Molekulargewichtsbestimmungen in Benzol ... Heidelberg, Univ.-Buchdr. v. J. Hörning, 1894; 53 S., 1 Bl., 5 Taf. 8.
Heidelberg, Naturw.-math. Fak., Inaug.-Diss. v. [30. Nov.] 1893

Ewing, James Alfred

Ewing, J. A., magnetische Induktion in Eisen u. verwandten Metallen. Deutsche Ausg. v. L. Holborn u. St. Lindeck. gr. 8. (XIII, 338 S. m. 163 Abbildgn.) Berlin 892. J. Springer. — München, R. Oldenbourg Geb. in Leinw. n. 8. —

Die mechanische Kälteerzeugung [The mechanical Production of cold] von J[ames] A[lfred] **Ewing.** Autor. Übers. von R. C. A. Banfield. Braunschweig: Vieweg 1910. XI, 198 S. 8° [illegible]

Ewing, J. A., the steam-engine and other heat-engines, deutsche Ausg., s.: Musil, Alfr., Grundlagen der Theorie u. des Baues der Wärmekraftmaschinen.

Ewing, Juliana Horatia, the Brownies and the land of lost toys. Students' Tauchnitz ed. Mit deutschen Erklärungen von Adf. Müller. gr. 8. (VIII, 88 S.) Leipzig 892. B. Tauchnitz. n. — 60; kart. n. — 70; Wörterbuch dazu (20 S.) n. — 30

— the Brownies and other tales, s.a. Collection of British authors.

The Brownies, and other tales. By Juliana Horatia **Ewing.** Copyright ed. Leipzig: Tauchnitz 1893. 288 S. 8°
(Collection of British authors. Tauchnitz Ed. Vol. 2955.) [illegible]

Ewing, Juliana Horatia, Daddy Darwin's dovecot, hrsg. v. A. Bückmann, s.: Schulbibliothek, französische u. englische. C. 32.

Ewing, J. H., Jackanapes; the story of a short life; Daddy Darwin's dovecot, s.a. Collection of British authors.

— Jackanapes. Students' Tauchnitz edition. Mit deutschen Erklärgn. v. E. Roos. gr. 8. (X, 60 S.) Leipzig 891. B. Tauchnitz. n. — 50; kart. n. — 60; Wörterbuch dazu (14 S.) n. — 20

Ewing, Juliana Horatia, Jackanapes u. Daddy Darwin's Dovecot, hrsg. v. Alb. Hamann, s.: Hamann's, Alb., Schulausgaben.

— Jackanapes u. Daddy Darwin's dovecot, Wörterbuch, s.: Hamann's, A., Schulausg. engl. Schriftsteller. Nr. 2.

— A flat iron for a farthing, s. Collection of British authors.

— a flat iron for a farthing, s.: Library, English.

— Timothy's shoes, an idyll of the wood, and Benjy in Beastland. Students' Tauchnitz edition. Mit deutschen Erklärgn. v. E. Roos. gr. 8. (X, 98 S.) Ebd. n. — 70; kart. n. — 80; Wörterbuch (28 S.) n. — 30

— the story of a short life. Für den Schulgebrauch hrsg. v. Adf. Müller. I. Tl.: Einleitung u. Text. II. Tl.: Anmerkungen u. Wörterverzeichnis. Mit 10 Abbildgn. 8. (X, 206 S.) Leipzig 900. G. Freytag.
Geb. in Leinw. u. geh. n. 1. 60

EWING. Juliana Horatia

Juliana Horatia Ewing. The story of a short life. Für den Schulgebrauch herausgegeben von Prof. Dr. Adolf Müller. I. Theil. Einleitung und Text. II. Theil: Anmerkungen und Wörterverzeichnis Mit 10 Abbildungen. (Freytags Sammlung französischer und englischer Schriftsteller.) Wien und Prag. 1900. Tempsky. 8°. X, 206 S. Geb. K 2.—

Das höhere Lehramt an den Knabenschulen Preußens. Ein graph. Studienblatt. Prof. [Konstantin] Ewoldt. [Nebst] Beilage. Marburg: Selbstverl. 1910. 2, 1 Bl. 8° (Beil.: (2°)8°) [Kopft.] [11. 2452 4

Ewoldt, [Konstantin]: [Studienblatt betreffend Anstellungsverhältnisse der Oberlehrer.] Marburg 1910. 4°

Ewoldt, W(alther): Die Bedeutung des Erbscheines nach preussischem Rechte und nach dem bürgerlichen Gesetzbuche. *Marburg 1897: (C. L. Pfeil).* (39 S.) 8°
Marburg. Iur. Diss. v. [31. Jan.] 1898

Ewreinoff [Russe]
s. Evreinov. [09. 12353 2

Ex actis congregationis catholicarum per Germaniam associationum generalis Monachii habitae. Exterarum nationum episcopis, presbyteris, fidelibus catholicis latine versa obtulit interpres. Freiburg im Br. 861. Herder. gr. 8. (15 S.) n. 4 ngr.

Ex Ex Ex. Nr. 1—5. gr. 8. 1. Die Conferenz zu London. Vorspiel zu einem welthistor. Original-Drama v. Charles Otto Querpfeiffer. (8 S.) 2. Der Landtag ist vorbei. Unpolitischer Dialog zwischen dem Literaten Schreier u. dem Schuhmacher Hanf, v. Ch. O. Querpfeiffer. (8 S.) 3. Ex-Bürgermeister Krausnick u. Ex-Allerlei. Politisches Gespräch üb . . . . . . !? Von Conr. Freimann. (8 S.) 4. Die Urwahlen od. so macht man Constitution! Rührendes Volks-Lustspiel in 3 Tableaux v. Conr. Freimann. (8 S.) 5. Das Ministerium Hansemann is futsch. Eine rein-preuß. Comödie in 2 Tableaux v. Conr. Freimann. (8 S.) Berlin 848. (Wolf & Co.) (à 1 1/2 ngr) 1/4 ℛ

Ex familiari interpretatione Ciceronis de natura Deorum. [Berol. 1818.] V: *Wolf, Friedrich August.* (MGT)

Ex jucunda juventute! Lyrische Schmetterlinge aus meiner Göttinger Studentenzeit. (Einbd.: Heimatsklänge aus Niedersachsen v. e. weil. Göttinger Studenten.) 12. (180 S.) Göttingen 901. C. Spielmeyer's Nachf. n. 1, 50; kart. n. 2. —

Ex malis minima! Reflexionen zur Prostitutionsfrage v. e. Universitätslehrer. gr. 8. (14 S.) Berlin 891. Philos.-histor. Verlag, Dr. R. Salinger. n. — 60

Ex Oriente lux. Hrsg. v. Hugo Winckler. I. Bd. 5 Hfte. gr. 8. Leipzig, E. Pfeiffer. n. 4. —; geb. n. 4. 60
1. Die Weltanschauung des alten Orients. Von Hugo Winckler. (III, 50 S.) 904. n. — 90; geb. n. 1. 30
2. 3. Die Sagen vom Lebensbaum u. Lebenswasser. Altorientalische Mythen. Von Aug. Wünsche. (IV, 108 S.) 905. n. 2. —; geb. n. n. 2. 50
4. Die Bedeutung der Phönizier im Völkerleben. Von Wilh. Frhr. v. Landau. (44 S.) 905. n. — 90; geb. n. 1. 30
5. Forschung u. Darstellung. Vermerke u. Einzelheiten zur histor. Betrachtungsweise insbesondere des alten Orients. Von Carl Niebuhr. (48 S.) 905. n. — 90; geb. n. 1. 30

— dasselbe. II. Bd. 4. Hefte. gr. 8. Ebd. n. 4. —; geb. n. 4. 60
1. Der alte Orient u. die Bibel, nebst e. Anh. Babel u. Bibel — Bibel u. Babel. Von Hugo Winckler. (47 S.) 906. n. — 90; geb. n. 1. 30
2. Altorientalische Geschichts-Auffassung. Von Hugo Winckler. (64 S.) 906. n. 1, 20; geb. n. 1. 50
3. Salomos Thron u. Hippodrom Abbilder des babylonischen Himmelsbildes. Von Aug. Wünsche. (56 S.) 906. n. 1. 20; geb. n. 1. 50
4. Schöpfung u. Sündenfall des ersten Menschenpaares im jüdischen u. moslemischen Sagenkreise m. Rücksicht auf die Ueberlieferungen in d. Keilschrift-Literatur. Von Aug. Wünsche. (84 S.) 906. n. 1. 60; geb. n. 2. —

— dasselbe. Jahrbuch der deutschen Orient-Mission. Hrsg. v. Johs. Lepsius. (VI, 251 S. m. Abbildgn.) gr. 8. Berlin 903. Verlag der deutschen Orient-Mission. Geb. in Leinw. n. n. 2. 50

Ex, Alex., oratio de Die dominica. 4. Lps. Hamann. 720.

— de quelques accusations dans le livre du Comte de Schwérin par rapport à la guerre de la Pologne an. 1794. gr. 8. Berl. 799. Maurers B. 8 ggr.

EXAMEN beſtanden durch Mademoiſelle Flora, um ihr Diplom als Hure zu erhalten und zugelaſſen zu werden zum Bordell der Mme. Lebrun, 61 bis rue de Richelieu, à Paris. Milan 1891. Kl. 8°. 16 S.
Verb. d. SchG. Charlottenburg v. 30. 1. 25: 17. J. 698/24.

EXAMEN als Hure, beſtanden durch Mademoiſelle Flora. Milano 1892. 8°.
[E. II, 216.]
Verb. d. Ldg. Köln II Ul. 48/95.

Examen bestanden durch Mademoiselle Flora, um ihr Diplom als Hure zu erhalten u. zugelassen werden zum Bordell der Mme. Lebrun. Europäische Pippelgesellschaft 1891. 3. völlig umg. Ausgabe. Milano 1892. V: *Protat, Louis.* (BGE VI[a], 76/7)

EXAMEN, bestanden durch Mademoiselle Flora . . .
Verboten v. L.-G. Wien, 26. V. 1897. § 516.

EXAMEN beſtanden durch Mamſell Flora, um ihr Diplom als Hure zu erhalten und zugelaſſen zu werden zum Bordell der Madame Lebrun. Paris 1901. 8°.
Verb. d. Ldg. Chemnitz II 607/02.

— — Neue vollſtändig umgearbeitete Auflage. Babylon, Don Juan Caſanova, 1903. 8°.
Verb. d. Ldg. I Berlin 38 J. 336/19.

Examen caussarum, quas copiarum Saxon. Dux . . . in Livioniam irruptioni praetexere . . . voluit. S. l. 1700. V: *Hermelin, Olaus.* (R-N)

Examen cleri. 8 maj. Bruxellis 838. (Lipsiae, Jackowitz.) n. 1/3 ℛ

Examen ad usum cleri cum ordine diurno et monitis pro Exercitiis spiritualibus . . . Ratisbonae et Cothenii 1844. V: *Deharbe, Joseph.* (Jes)

Examen de la conduite des puissances de l'Europe . . . Leipzig 1799. V: *Gross, Abraham David Gabriel.* (Ky)

— de la conduite des puissances de l'Europe depuis le commenc. de la revolution française etc. (p. A. D. G. Gross). gr. 8. Leipz. 799. Hinrichs. 15 ggr.

— et confutatio opusculi, cui tit.: responsum facultatis theol. Frib. de veritate sacramentorum, quae jurati sacerdotes in Alsatio ministrant. 8maj. Augsb. 799. Kranzfelder. 18 ℛ

Examen critique du Mémoire sur l'état actuel de l'Allemagne. Trad. du Journal intitulé: Oppositionsblatt. gr. 8. Jena 819. Schmid. 12 ℛ

Examen critique de l'ouvrage: „De l'Etat actuel de la Grèce et des moyens d'arriver à sa restauration, par Fr. Thiersch. gr. in-8. Leipzig 835. (Brockhaus.) 1/2 ℬ

Examen de la Déclaration publiée sous la date du 26 septembre 1818 *s.* (Ufflegar, Nic[olas-] Gasp[ard]).

— détaillé de l'importante question de l'utilité des places fortes et retranchemens etc. 8. Strasb. Levrault. 789.

— — le même. 8. Berl. Rottmann.

Examen Dissertationum de iurisdictione feudali . . . Wenceslai Xaverii de Puchholz. Lips. 1718. V: *Bünau, Heinrich Graf und Herr von.* (ML) (Adel)

— de l'essai sur les préjugés. 8. Berl. 777. Voss. 6 ℛ

Examen examinis à G. C. Neller instituti, mense Octobri 1755. In dissertationem criticam qua comparantur inter se Testes Affirmantes et negantes Fidem Christianam primo et secundo Saeculis Germaniis et Galliis praedicatam . . . Coloniae Agripp. 1756. V: *Hartzheim, Joseph.* (STB Köln I, 112)

Examen, das, der K. Preuß. Forstschutzbeamten, od.: Auswahl u. Beantwortung der hierbei vorkommenden hauptsächlichsten Fragen. Aus den Papieren eines früheren Oberjägers, jetzigen K. Preuß. Försters. Hrsg. von W. S. E. Wernicke. 12. (VIII u. 59 S.) Forst 847. Guben, Berger in Comm. n. 1/2 ℬ

Examen hyperduliae Marianae, das ist Probstein der Marianischen Ehrenrettung J. A. Nieberleins . . . Frankfurt u. Leipzig 1701. V: *Lang, Joh. Michael.* (BB)

Examen impartial du livre intitulé Des erreurs et de la vérité etc. [von Louis Claude de Saint Martin]. Par un frère laique en fait de sciences. O. O. 1782. V: *Bode, Joh. Joachim Christoph.* (KL 3898) (wolfstieg II, 992)

Examen impartial de la vie privée et publique de Louis XVI, Roi de France. Hamburg-Paris. 1797. VIII, 400 S. 8°.
New-York Historical Society Library New York

Examen juris publici romano-germanici per generalia axiomata adornatum . . . Salzb. 1730. V: *Brunemann, Jac.* (EB)

— du prétendu Manifeste des soi-disant supérieurs inconnus d'un certain ordre aux membres dégradés etc. 8. Lps. Voss. 793.

Examen du Mémoire sur la liberté de l'Etat de Florence. S. l. [17??] V: *Mascov, Johann Jacob.* (ML) (Pütter, Litt. d. Teutsch. Staatsr. Gött. 1773—91. IV, 114.)

— méthodique des faits qui concernent le Thian-Tchu ou l'Inde, traduit du Chinois par M. G. Pauthier, Membre de la Société Asiatique. gr. in-8. Paris 840. (Leipzig, Brockhaus et Avenarius.) n. 2 1/2 ℬ

Examen, das, f. den einjährigen Militärdienst bei den Privatschulen. gr. 16. (26 S.) Hamburg 871. Grüning n. — 5l

Examen modestum Corollariorum. Flensburgi 1713. V: *Koch, Chn Glieb.* (Myl)

— des motifs à la vertu. 8. Amsterd. Günter in Glogau. 774.

— aus d. Natur, zum Unterricht f. Kinder von reiferm Alter. gr. 8. Jena 800. Schmid; (a. Taubert in Leipz.) 12 ℛ

— ordinandor. concinnat. a presbytero dioec. Seccoviensis. 8. Grätz 788. Ferstl. 12 ℛ

Examen de la partage de Pologne. S. l. [ca. 1780.] V: *Kortum, Ernst von.* (MGT)

Examen pédagogique des recrues en automne 1900. Publié par le Bureau de statistique du Département fédéral de l'Intérieur. Publié le 14 septembre 1901. [Avec 1 carte.] IV + 7 + 16 p. 4. Berne, Institut Art. Orell Füssli à Zurich, 1901. [fr. 2. —]
Statistique de la Suisse. 129e livraison.

Examen pédagogique des recrues en automne 1901. Publié par le Bureau de statistique du Département fédéral de l'Intérieur. Publié le 2 septembre 1902. [Avec 1 carte.] IV + 8 + 16 p. 4. Berne, comm. A. Francke; Impr. «Effingerhof», Brugg, 1902. [fr. 1. 50]
Statistique de la Suisse. 134e livraison.

Examen pédagogique des recrues en automne 1902. Publié par le Bureau de statistique du Département fédéral de l'Intérieur. Publié le 12 septembre 1903. [Avec 1 carte.] IV + 8 + 18 p. 4. Berne, comm. A. Francke; Impr. «Effingerhof», Brugg, 1903. [fr. 1. 50]
Statistique de la Suisse. 138e livraison.

Examen pédagogique des recrues en automne 1903. Publié par le Bureau de statistique du Département fédéral de l'Intérieur. Publié le 22 septembre 1904. [Avec 1 carte.] IV + 7 + 16 p. 4. Berne, comm. A. Francke; Impr. «Effingerhof», Brugg, 1904. [fr. 1. 50]
Statistique de la Suisse. 142e livraison.

Examen pédagogique des recrues en automne 1904. Publié par le Bureau de statistique du Département fédéral de l'Intérieur. Publié le 20 novembre 1905. [Avec 1 carte.] IV + 8* + 16 p. 4. Berne, comm. A. Francke; Effingerhof», Brugg, 1905. [fr. 1. 50]
Statistique de la Suisse. 146e livraison.

Examen pédagogique des recrues en automne 1905. Publié par le Bureau de statistique du Département fédéral de l'Intérieur. Publié le 20 juillet 1906. [Avec 1 carte.] IV + 5* + 16 p. 4. Berne, comm. A. Francke; Impr. «Effingerhof», Brugg, 1906. [fr. 1. 50]
Statistique de la Suisse. 153e livraison.

Examen pédagogique des recrues en automne 1906. Publié par le Bureau de statistique du Département fédéral de l'Intérieur. Publié le 8 août 1907. [Avec 2 cartes.] IV + 7* + 16 p. 4. Berne, comm. A. Francke; Impr. «Effingerhof», Brugg, 1907. (fr. 1. 50)
Statistique de la Suisse. 157e livraison.

Examen pédagogique des recrues en automne 1907. Publié par le Bureau de statistique du Département fédéral de l'Intérieur. [Avec 2 cartes.] 14* + 19 p. 4. Berne, comm. A. Francke; Impr. «Effingerhof», Brugg, 1908. (fr. 1. 50)
Statistique de la Suisse. 163e livraison.

Examen pédagogique des recrues en automne 1908. Publié par le Bureau de statistique du Département fédéral de l'Intérieur. [Avec 2 cartes.] 13* + 17 p. 4. Berne, comm. A. Francke; Impr. «Effingerhof», Brugg, 1909. (fr. 1.50)
Statistique de la Suisse. 166e livr.

Examen pédagogique des recrues en automne 1909. Publié par le Bureau de statistique du Département fédéral de l'Intérieur. [Avec 2 cartes.] 13* + 17 p. 4. Berne, comm. A. Francke; Impr. «Effingerhof», Brugg, 1910. (fr. 1.50)
Statistique de la Suisse. 171e livr.

Examen, Philomathis, examinis. S. l. 1703. V: *Edzardi, Sebastian.* (schr)

Examen, Primum et Generale, iis omnibus, qui in Societatem Jesu admitti petunt, proponendum. Klgft., St. Hermagoras-Druck., (1889.) Quart. 40 S.

— des Principes de l'Assemblée nat. comparés aux anciens gouvernem. des Grecs et Rom. 8. Bern, Soc. Typ. 792.

— des principes de la revolution française. gr. 8. Frankf. 795. Streng. 10 gl

Examen des Principes de la Révolution Françoise. Wolfenbuttel 1795. V: *Duvoisin, Jean Baptiste.* (BrMm)

Examen d'un problème si les progrès de la Russie sont plus à craindre pour l'équilibre de l'Europe que ceux de la France. [Leipzig 1735. V(?): *Manteuffel, Ernst Christoph Graf.* (Droysen, Gesch. d. Preuss. Politik. IV. Theil, IV. Abtheilung. Leipzig 1870. S. 9.)

Examen des Recherches philosophiques sur l'Amérique et les Américains ... Berlin 1771. V: *Pernety, Antoine Jos.* (BrMm)

Examen aus dem kanonischen Rechte. Bestehend in 510 Fragen ... München 1838. V: *Sixt, J. Martin.* (Th) (EngJ) (Wa)

— in der allerheiligsten Religion, v. Basedow.

Examen in der allernatürlichsten Religion und in andern praktischen Lehren ... Germanien [Leipz.] 1784. V: *Basedow, Johann Bernhard.* (ML) (Collin, Anonymer. Kiobenh. 1869.) (Ky)

— in d. allernatürl. Religion u. in andern prakt. Lehren ꝛc., (v. J. B. Basedow). 8. Germanien 784. (Leipz., W. Vonel). 14 gl

Examen de la réponse Suedoise à la Déclaration du Danemarc. Aux bords de l'Elbe 1808. V: *Hellfriedt, Carl Frdr.* (Bruun, Bibl. Danica. III, 547.)

— rigorosum, w. Apollo zwischen Gundlingen u. Mendhov angestellt. 4. Halle, Hemmerde. 751.

— du dern. Roman de Mad. Genlis. 8. Berl. Belitz. 796.

Examen schediasmatis, cui titulus: Sola salvifica ad trutinam rationis, et revelationis expensa ... 1791 ... S. l. V: *Krammer, Franz.* (Pk) (Jes) (SzMJ)

— über e. in Götting. edirt. Systema juris naturae. 4. Gryph. Röse. 748.

— d. väterliche, oder nothwendiges Hülfsbuch für Eltern, welche sich von dem Fleiße u. den Fortschritten ihrer Kinder sowohl in öffentl. Schulen, als beim häusl. Unterrichte ꝛc. unterrichten u. überzeugen wollen. 8. Ilmenau 828. Voigt. 1 ₰

Examen, das verunglückte, e. Universitäts-Studenten. Travestie in 3 kleinen Akten. (11 S.) 8. Regensburg (904). A. Coppenraths Verl. n. — 50

Examen iteratarum vindiciarum. Francof. 1656. V: *Conring, Hermann* (?) (Pütter, Litt. d. Teutsch. Staatsr. Gött. 1773 —91. III, 853.)

Examen, Iteratarum vindiciarum juris coronandi pro archidioecesi Coloniensi. Altera editio. S. l. 1723. V: *Conring, Herm.* (EB)

Examenordnung der philosophischen Fakultät. Auszug aus der Fakultätsordnung (November 1897 und Februar 1900). Basel 1900. 7 S. 8°.

Examenordnung der philosophischen Fakultät. Auszug aus der Fakultätsordnung (November 1897, Februar 1900 und März 1902). Basel 1902. 7 S. 8°.

Universität Basel. Examenordnung der philosophischen Fakultät. Auszug aus der Fakultätsordnung (November 1897, Februar 1900 und März 1902). ([Mit 2 Nachträgen vom] 1. Dezember 1902.) 7 S. + *Nachträge* 2 Bl. 8. (Basel, Fr. Reinhardt.)

Examensfragen, repetitorische. Hrsg. v. F. Wolfson. Nr. 4 u. 5. 8. Leipzig, Helios-Verlag. 5.60; geb. 6.80
Wolfson, F., Examensfragen der Botanik. Ein Repetitorium f. Chemiker, Mediziner, Pharmazeuten, Lehramtskandidaten u. Studierende der Landwirtschaft. (128 S.) (909.) (Nr. 4) 2.80; geb. 3.40
— dasselbe der Zoologie. Ein Repetitorium f. Chemiker, Mediziner, Pharmazeuten, Lehramtskandidaten u. Studierende der Landwirtschaft. (152 S.) (909.) (Nr. 5) 2.80; geb. 3.40

L'Examinateur. Französisches Unterrichtsblatt für Deutsche. Hrsg. v. Paul Heichen. 1. Jahrg. 1891. 24 Nrn. (½ Bog.) gr. 8. Berlin, Conr. Skopnik. n. 7.—; mit the Examiner zusammen n. 12.—
Erschien nicht weiter.

Examinatio de jurisdictione militari. 8. Nrnb. 741.

Examinatorien und Repetitorien, medicinische, s. Repetitorien.

Examinatorium für Buchhandlungsgehülfen, welche das in Preußen vorgeschriebene Buchhändler-Examen machen wollen. Leobschütz 867. Bauer. 16. (VII, 309 S.) n. 20 ngr.

Examinatorium üb. die theologischen Disciplinen nach den gangbarsten Lehrbüchern. 1—8. Abth. 8. Leipzig 878—80. Violet. n. 18. 40

1. Kirchengeschichte nach Joh. Heinr. Kurtz, Lehrbuch der Kirchengeschichte f. Studirende. (XIV, 143 S.) n. 2. —
2. Dogmatik nach Hase's Huttorus redivivus, u. Ethik nach Harleß' christl. Ethik. (VI, 186 S.) n. 2. 40
3. Dogmengeschichte, nach A. Neander, christl. Dogmengeschichte, hrsg. von J. L. Jacobi, u. Symbolik, nach G. B. Winer, comparative Darstellung des Lehrbegriffs der verschiedenen christl. Kirchenparteien. 3. Ausg. v. E. Preuß. (VIII, 152 S.) n. 2. —
4. A. Einleitung in's Alte Testament nach Bleek. 4. Aufl. 1878, od. Wellhausen. B. Einleitung in's Neue Testament nach Bleek, 3. Aufl., od. Mangold. (X, 227 S.) n. 3. —
5. A. Biblische Theologie d. Alten Testaments nach G. F. Oehler, Theologie d. A. T. B. Biblische Theologie d. Neuen Testaments nach Chrn. Frdr. Schmidt, bibl. Theologie d. N. T. Hrsg. von C. Weizsäcker. 4. Aufl., besorgt durch A. Heller. C. Biblische Archäologie nach M. W. L. de Wette, Lehrbuch der hebr.-jüd. Archäologie, nebst einem Grundrisse der hebr.-jüd. Geschichte. 4. Aufl. bearb. v. F. J. Räbiger. (X, 164 S.) n. 2. —
6. A. Encyclopädie der Theologie, nach Hagenbach, 9. Aufl. B. Leben Jesu, nach Hase, Geschichte Jesu. (VIII, 237 S.) n. 3. —
7. I. Praktische Theologie. A. Evangelische Homiletik, bearb. nach Christ. Palmer. Stuttgart, J. F. Steinkopf. 1867. B. Evangelische Katechetik nach Demselben. 6. verb. Aufl. 875. C. Liturgik nach K. R. Hagenbach, Grundlinien der Liturgik. Leipzig, S. Hirzel. 863. D. Pastoraltheologie nach Al. Schweizer, Pastoraltheorie od. die Lehre von der Seelsorge des evangelischen Pfarrers. Leipzig, S. Hirzel. II. Kirchenrecht, bearb. nach O. Mejer, Lehrbuch d. deutschen Kirchenrechts, Göttingen, Vandenhoeck & Ruprecht. 3., neu bearb. Aufl. (VIII, 167 S.) n. 2. —
8. A. Geschichte der Philosophie, nach Schwegler, 10. Aufl. B. Geschichte der Pädagogik, nach Schumann, Geschichte der Pädagogik im Umriß. (VI, 156 S.) n. 2. —

Examinatorium über die Dogmatik der evangelischen Kirche . . . Quedlinburg 1830. V: *Gräfe*, *Heinrich*. (zu) (Ky)

— über d. Dogmatik d. evangel. Kirche. Nebst eingestreuten Bemerkk. aus d. Dogmengeschichte, Hermeneutik, Bibelerklärung ꝛc. (Von H. Gräfe.) gr. 8. Quedlinb. 830. Basse. 1 ℛ 16 ℊ

Examinatorium über die Dogmatik der evangelischen Kirche. Nebst eingestreuten Bemerkungen aus der Dogmengeschichte, Hermeneutik, Bibelerklärung, Einleitung in die Bibel, Symbolik u. Kirchengeschichte. Ein Hülfsbuch für Prediger u. diejenigen, die sich zum Examen vorbereiten wollen. 2. verb. u. verm. Aufl. gr. 8. Quedlinburg 846, Basse. 1 2/3 ℛ

Examinatorium in elementa juris civilis secundum ordinem institutionum digestum, respiciens jus canonicum et germanicum, nec non passim Saxonicum et in usum tironum editum. 8maj. Frankf. 827. Schäfer. 1 ℛ

Examinatorium in jus criminale Germaniae commune. In usum Tironum editum. 8. Gothae 831. (Lipsiae, Brockhaus.) 2/3 ℛ

Examinatorium in jus criminale Germaniae commune. In usum tironum editum. *Gothae*, (*Francof. ad M.*) Krug. 831. 8. (21 Gr.)

— über die christl. Kirchen- u. Dogmengeschichte. Ein Handbuch für Prediger u. Diejenigen, die sich auf das Examen vorbereiten wollen. gr. 8. Quedlinburg 838. Basse. 2 1/4 ℛ

Examinatorium über römische und außerrömische Rechtsdisciplinen zur Vorbereitung für die juristischen Examina. Von einem praktischen Juristen. Leipzig 860. Barth. gr. 8. (VII, 175 S.) 22 1/2 ngr.

— über römische u. außerrömische Rechtsdisciplinen zur Vorbereitung für die juristischen Examina. Von e. prakt. Juristen. 2. verm. u. verb. Aufl. Leipzig 868. J. A. Barth. gr. 8. (VII, 190 S.) 22 1/2 ngr.

Examinatorium über römische und außerrömische Rechtsdisciplinen zur Vorbereitung für die jurist. Examina. Von einem prakt. Juristen. 3. Aufl. 1873, und 4. verm. und verb. Aufl. gr. 8. (VII, 197 S.) Leipzig 875, Barth.

— der praktischen Theologie, oder Inbegriff des Wichtigsten aus der Homiletik, der Katechetik, der Pastoralwissenschaft und der Liturgik. Zur Uebersicht für Prediger u. Candidaten. gr. 8. Quedlinburg 838. Basse. 1 1/2 ℛ

Examiner, the. Eine Monatsschrift f. Freunde der engl. Sprache u. Literat. 3. Jahrg. 1843. 12 Hefte mit Carricat. Lex.-8. Leipzig, Binder?
1. u. 2. Jahrg. Ebendas. 1841 u. 1842.?

The Examiner : Jan. 16, 1865 - 1954 + .

Daily. Title varies. This paper is listed in this bibliography, only because of the issue of March 10, 1888 [46:70]: page 1, col. 6 & half col. 7 contain a story, set in German typeface, titled "Kaiser Wilhelm .... Vater seines Vaterlandes", signed by Alex. von Huhn; translation also given. In 1888, W. R. Hearst was editor and proprietor, and paper reports circulation of 49, 790.
San Francisco, CA

Examiner, the. Englisches Unterrichtsblatt f. Deutsche. Hrsg. v. Paul Heichen. 1. Jahrg. 1891. 24 Nrn. (1/2 Bog.) gr. 8. Berlin, Conr. Skopnik. n. 7. —; mit l'Examinateur zusammen n. 12. —
Erschien nicht weiter.

Examiner, the British and Continental, edited by Edward A Moriarty. Political — Literary — Critical — and Commercial. 1840. 52 Numm. Mit Titelvign. gr. 4. Leipzic 840. T. O. Weigel. n. 2 2/3 ℛ

Examiner, the German, and continental advertiser. Vol. II. (Jahrg. 1841.) 52 Numm. (Bogen.) Fol. Leipzig 841, T. O. Weigel. n. 5 ℛ

— the german and continental, a Journal for lovers of the english language and literature. For 1841. Juli — Dec. 1842. 12 Hfte. u. 1843. (1.—3. J.) Mit Lithogr. Lex.-8. Leipsic, Binder. (Bamberg.) 1841. n. 2 1/2 ℛ 1842. n. 4 ℛ 1843. n. 2 2/3 ℛ

Exarchopulos, Nikol., das athenische u. das spartanische Erziehungssystem im 5. u. 6. Jahrh. v. Chr., s.a. Magazin, pädagogisches.

Das athenische und das spartanische Erziehungssystem im 5. und 6. Jahrhundert v. Chr. Ein Vergleich von Dr. Nikolaus Exarchopulos, Privatd. Langensalza: Beyer 1909. IV, 151 S. 8°
(Pädagogisches Magazin. H. 377.) [illegible]

Exauvillez, M. B., Alphons von Mirecourt oder Beseitigung der Vorurteile gegen die Religion. Aus dem Französ. übers. von Franz Geiger. Luzern, Anich, jetzt Regensburg, Verlagsanst., 1888, 8°, 244 S., 2,25 Mk.
Recens. Katholik Bd. 51 (1854), S. 213—14.

— Kasimir Basil, oder Leben u. Tod eines franz. Modephilosophen. Etwas zum Lachen, zum Weinen u. zum Beherzigen. Nebst e. Anhang, enthaltend auserlesene Gedanken über Religion. Nach der 4n franz. Aufl. frei bearbeit. von L. Jung. 8. Frankfurt a. M. 840. Andreä'sche Buchh. 5/12 ℛ

Exauvillez, M. B. v., Meine Bekehrung oder Würdigung des Protestantismus nach seiner Lehre u. seinen Stiftern. Aus dem Franz. von einem Ungenannten. Solothurn, Kaßmus, 1840, 8°.
Nach Hurter, Nomencl. III, 986 (3. ed.) hieß der Verf. „Philipp Irenäus" mit seinem Taufnamen.

d'Exauvillez, M. B., meine Bekehrung, oder Würdigung des Protestantismus nach seiner Lehre und nach seinen Stiftern. Nebst einem Vorwort v. Frz. Geiger. 12. Solothurn 840, Kaßmus. 1/4 ℛ d'Exauvillez, M. B., Peter Debord, s.a. Jung.

— Peter Debord, od. Folgen des Umgangs mit gefährlichen Menschen. Eine lehrreiche Geschichte. Nach d. Franz. frei bearb. v. L. Jung. Mit 1 Holzschnitt. 12. Frankf. 838. Andreä. 5 gr

— der gute Dorfpfarrer, od. Widerlegung der Einwürfe, die auch vom Volke gegen die Religion gemacht werden. Aus d. Franz. übers. von J. Probst. 8. Luzern 837. Gebr. Räber; St. Gallen, Scheitlin u. Zollikofer. 3/4 Thlr (Augsburg, Kollmann'sche Buchh.) nur 2/3 Thlr

v. Exauvillez, M. B., Elisabeth, oder die belohnte Nächstenliebe des Armen. Aus dem Französ. von U. Jos. Frölicher. (Mit Titelbild.) gr. 12. Aarau u. Thun 842, Christen. n. 5/12 Thlr

— Jasmin oder der vollkommene Dienstbote. Nach dem Französ. frei übers. von F. X. Riechers und B. Fr. Brust. Osnabrück 855. Fredewest. (Overwetter.) gr. 8. (176 S.) 10 Ngr

(——) Kampf u. Sieg. Erzählung. Nach d. Franz. (Zur Unterhaltung f. kathol. Familien.) 12. (14⅙ B.) Aachen 845, Cremer'sche Buchh.

— Graf Ulrich oder die Beichte. Erzählungen nach d. Französ. 12. Aachen 846, Cremer'sche Buchh. 1/6 Thlr

Excellentium aliquot ICtor. et literator. vitae atque memoriae variis a scriptt. exaratae. Rec. animadvv. noun. adj. et praef. est Josi. L. C. PÜTTMANN. *L.* 796. 8.

Excellenz! Lustspiel, s.: Jahrbuch deutscher Bühnenspiele, 29. Jahrg.

Excellenz, auf eine neugeprägte, in Freiburg, (v. J. A. Weißenbach). 8. Basel 786, Thurneisen. 12 kr

Excellenzen, gestrandete. Mit Briefen aus den Geheim-Archiven der italienischen Staatsfinanz u. der Zivilliste des Königshauses. Enthüllt u. aktenmässig bearb. von *G. C.*, vormaligem Generaldirektor im römischen Finanzministerium. In deutscher u. italien. Sprache gegenüberstehend. 1. Liefg. In-8°. 37 S. Zürich, Cäsar Schmidt. 1897. — 60

Excelsior: Sept. 8, 1883—Sept. 5, 1946.
Roman Catholic weekly. Sub-title: Für den katholischen Familienkreis zur Unterhaltung und Belehrung. Merged with DER WANDERER. Published at St. Paul, Nov. 1929—1946. For special edition, see DER PATRIOT (La Crosse, Wis.).
Folio, each issue 8 pages. Circulation: 1885, 2000; 1900, 6401; 1910, 7130; 1920, 6750. Edited by Joseph Springob, 1883; by Alfred Steckel, 1883—98; by J. M. A. Schultheis, 1898—1912; by Cornelius Sittard, 1912—16; Henry Hermann, 1917—28; by Joseph Matt, 1928—1946?; Published by Excelsior Publishing Co., 1883—?
Milwaukee, WI

Excelsior Kalender: 1894—1941? Milwaukee, WI
Edited by Joseph Springof. Roman Catholic.

Exceptio in causa Hrn. Hans Iversen Loyt und Hrn. Jasper Jaspersen ... Flensb. 1739. V: *Zitscher, Frdr.* (Bruun, Bibl. Danica. I, 719.)

Exceptionalantrag in Sachen des Advocaten Forchhammer zu Kiel, Namens der Königlichen Rentekammer, Beklagten, wider den Fabrikanten Paul Kühl zu Kiel, Kläger in puncto geforderter Entschädigung wegen angeblicher Nichterfüllung eines Contracts u. s. w. Conc. [August Friedrich] Forchhammer. (Kiel. Nach 1829.) Fol.

Exceptional-Antrag in Sachen des Kammerherrn, Grafen von Reventlow auf Farve, als Vollstreckers des Testaments ... des Herrn Friederich Landgrafen zu Hessen etc. weil. zu Panker, ursprünglich Beklagten, wider den Herrn Justizrath, Ober- und Landgerichts-Advocaten, Dr. Jasper zu Schleswig, Kläger, in peto. verschiedener angeblicher Forderungen. o. O. u. J. Fol. [Schlußt.]

Exceptionalia in Probatorio abseiten des Diaconi Wilhelm Adolph Müllers zu Kellinghusen, Beklagten und Deducten, wieder den Hn. Obersachwalter Wiebel, Klägern und Deducenten. o. O. (1768.) Fol.

Exceptiones, Allerunterthänigste, fori declinatoriae et sub-et obreptionis, juncto petito humillimo et legali, pro clementissime cassando mandato de 19. Sept. a. c. emanato ... O. O. 1775. V: *Hofmann, J. F.* (Holz)

Exceptiones, Ad Imp. allerunterthänigste, fori declinatoriae, iuncto petito humillimo ... O. O. 1777. V: *Pütter, Joh. Steph.* (Holz)

Exceptiones, Ad Imp. allerunterthänigste in iure et facto bestbegründete, iuncto petito pro clementissima cassatione des ad sinistra ac falsa narrata ... erschlichenen Mandati S. C. ... O. O. 1734. V: *Schmidt, Joh. Casp.* (Holz)

Exceptiones, Allerunterthänig allenthalben in Rechten und vorliegenden Umständen festgegründete, fori declinatoriae sub-et obreptionis ... O. O. 1775. V: *Henrici, Conr. Frdr.* (Holz)

Exceptiones in der freyherrl. Ulmischen Fideicommiss-Sache, puncto successionis auf Mittel-Bibrach ... S. l. [17??] V: *Boller, Friedrich Wilhelm.* (ML)

Exceptiones in caussa der Freyherren von Ulm contra die verwittwete Frau von Ulm ... S. l. [1782]. V: *Boller, Frdr. Wilhelm.* (ML)

Exceptiones peremtoriæ in scriptis in Sachen des Königl. Ober-Sachwalters Johann Friderich Wilhelm Böckmann in Vollmacht Herrn Friderich von Hahn auf Neuhaus, Collmar ... wider Harm Woldenberg, Claus Schmidt, Reimer Schacht, Jacob Hesebeck u. Timm Magens für sich und in Vollmacht ihrer in Mandatis benannten Litis-Consorten, Provocaten und Citanten, jetzo Imploranten ... o. O. (1758.) Fol.

Exceptiones, Unterthänigste, sub- et obreptionis, iuncto humillimo petito legali pro cassando mandato ... in Sachen des regierenden Herrn Markgrafen, hochfürstl. Durchl. zu Baden-Durlach, contra Aebtissin ... des adel. Gotteshauses Frauenalb ... S. l. 1772. V: *Serini, Joh. Georg von.* (ML)

Exceptiones, Unterthänigste, sub-et obreptionis una cum reconuentione et iunctis petitis humillimis ... Nördlingen 1767. V: *Busch, Andr. Gotth.* (Holz)

Exceptionsschrift wieder die allerunterthänigste Adresse. Franckf. a. d. O. 1703. V: *Becmann, Joh. Christoph.* (Myl)

Exceptionsschrift, Königlich Preussische, gegen das Haus Sachsen in causa Juliacensi. O. O. 1737. V: *Böhmer, Just. Henning & Joh. Pet. v. Ludewig.* (Holz)

Excerpta

Excerpta. 125 S., gbd.

(Hamburg: Bachmann & Gundermann 1794)
in: Hensler, Phil(ipp) Gabr(iel): Vom abendländischen Aussatze im Mittelalter, nebst einem Beitrage zur Kenntniß und Geschichte des Aussatzes. 1794

JB 4.616

Excerpta ex commentariis in Donatum, s. Grammatici latini.

Excerpta historica iussu imp. Constantini Porphyrogeniti confecta. Ediderunt U[rsul] Ph[ilip] Boissevain, C(arl) de Boor, Th[eodor] Büttner-Wobst. Vol. 1. *Berolini: Weidmann 1903.* 8° (e3. 4:4)

Excerpta historica iussu imp. Constantini Porphyrogeniti confecta. Edd. U. Ph. Boissevain, C. de Boor, Th. Büttner-Wobst. Vol. I, pars I et II, Vol. II, pars I et Vol. III et IV. gr. 8. Berlin, Weidmann. n. 60. —
I, 1. Excerpta de legationibus ed. Carol. de Boor. Pars 1. Excerpta de legationibus Romanorum ad gentes. (XXIV, 227 S.) 903. n. 8. —
2. Dasselbe. Pars 2. Excerpta de legationibus gentium ad Romanos. (VI u. S. 229—599.) 903. n. 12. —
II, 1. Excerpta de virtutibus et vitiis. Pars I. Recensuit et praefatus est Thdr. Büttner-Wobst. Editionem curavit Anton. Gerard. Roos. (XLII, 369 S.) 906. n. 14. —
III. Excerpta de insidiis ed. Carol. de Boor. (XXIV, 228 S.) 905. n. 8. —
IV. Excerpta de sententiis. Ed. Ursulus Philipp. Boissevain. Adiecta est tabula phototypica. (XXVIII, 478 S. m. 3 Tab.) 906. n. 18. —

Excerpta historica iussu imp. Constantini Porphyrogeniti confecta. Edd. U. Ph. Boissevain, C. de Boor, Th. Büttner-Wobst. Vol. II, pars 2. gr. 8. Berlin, Weidmann. 15, —
II, 2. Excerpta de virtutibus et vitiis. Pars II. Recensuit et praefatus est Anton. Gerardus Roos. Usus collatione codicis Peiresciani a Theod. Büttner-Wobst confecta. (XVI, 416 S.) 910. 15. —
I, 1. 2; II, 1; III u. IV. Ebd. 903—06. 60. —

Excerpta de insidiis. Ed. Carolus De Boor. Berolini: Weidmann 1905. (XXI, 228 S.) 8°
— **Excerpta** historica iussu imp. Constantini Porphyrogeniti confecta. Vol. 3. (e3. 186:3)

Excerpta e S. Irenaeo. Salisburgi 1854. V: *Wenger, Carl von.* (Hr)

Excerpta de legationibus. Ed. Carolus de Boor. P. 1. *Berolini: Weidmann 1903.* 8°
— **Excerpta** historica iussu imp. Constantini Porphyrogeniti confecta. Vol. 1. (e3. 6:4)

Excerpta. Excerptorum ex bibliothecae Lipsiensis libris manuscriptis pars I. Lipsiae 1865. H: *Westermann, Ant.* (Hauptkat. d. Univ.-Bibl. Tübingen. K, Nachtr. 11.)

— ex C. Plinii Sec. histor. naturalis lib. XXXIV. s. a. *Plinius.*

Excerpta ex C. Plinii sec. histor. naturalis lib. XXXIV, quae ad artes spectant. Edid. E. Fr. Wüstemann. 8. Gothae 824, Gläser.

Excerpta ex Livio, Sallustio ac Caesare. Augustae Vindel. 1781. H: *Desing, Anselm.* (Ky) (ML)

Excerpta ex Livio, Sallustio ac Caesare (ed. A. Desing?) 8. Augsb. 781. Rieger. 8 gr.

Excerpta medica. Kurze monatl. Journalauszüge aus der gesammten Fachlitteratur zum Gebrauch f. den prakt. Arzt. Hrsg. v. Eug. Graetzer. 1.—4. Jahrg. Octbr. 1891—Septbr. 1895. à 12 Hfte. (à ca. $2^{1}/_{2}$ Bog.) gr. 8. Basel, C. Sallmann. à Jahrg. n. 4. —

Excerpta medica. Kurze monatl. Journalauszüge a. d. ges. Fachlitteratur z. Gebrauch f. d. prakt. Arzt. Hrsg. v. Eug. Graetzer. 5.—8. Jahrg. Octbr. 1895 bis Septbr. 1899. à 12 Hfte. (à ca. 3 Bog.) gr. 8. Basel, C. Sallmann. à Jahrg. n. 4. —; kplt. geb. n. 5. —

Excerpta medica. Kurze monatl. Journalauszüge aus der gesammten Fachlitteratur z. Gebrauch f. den prakt. Arzt. Hrsg. v. Eug. Graetzer. 9.—12. Jahrg. Octbr. 1899—Septbr. 1903. à 12 Hfte. gr. 8. (à ca. 48 S.) Leipzig, C. Sallmann. à Jahrg. n. 4. —; geb. n. 5. —

— **medica.** Kurze monatl. Journalauszüge aus der gesammten Fachlitteratur zu Gebrauch f. den prakt. Arzt. Hrsg. u. red. v. Eug. Graetzer. 13.—16. Jahrg. Oktbr. 1903—Septbr. 1907 à 12 Nrn. (13.—15. Jahrg. XXXII, 568; XXXVI, 560 u. XXXVI, 567 S.) 8. Leipzig, C. Sallmann. à Jhrg. n. 4. —; geb. n. 5. —

— **medica.** Kurze monatl. Journalauszüge aus der gesamten Fachliteratur zum Gebrauch f. den prakt. Arzt. Hrsg. u. red. v. Eug. Graetzer. 17—20. Jahrg. Oktbr. 1907—Septbr. 1911 je 12 Nrn. (19. Jahrg. XXVI, 568 S.) 8. Leipzig, C. Sallmann. à Jhrg. 5. —

Excerpta e Polybio, Diodoro, Dionysio Halicarnassensi, atque Nicolao Damasceno, e magno imperatoris Constantini Porphyrogeniti digestorum opere libri *περὶ ἐπιβουλῶν* inscripti reliquiae. E cod. Escurialensi a se transscripta ed. cum notis maximam partem criticis C. Aug. L. Feder. Pars I.: Polybii, Diodori atque Dionysii fragmenta cum Nicolai XXV prioribus. gr. 8. (134 S.) Darmstadii 850, Leske. n. 17 Thlr.

— e Polybio, Diodoro, Dionysio Halicarnassensi, atque Nicolao Damasceno, e magno imperatoris Constantini Porphyrogeniti digestorum opere libri *περὶ ἐπιβουλῶν* inscripti reliquiae. E cod. Escurialensi a se transcripta interpretatione latina et observatt. criticis comitatus una cum locorum aliquot in eclogis *περὶ ἀρετῆς καὶ κακίας* ex ipso cod. Peiresciano emendatione C. Aug. L. Feder. Pars I.: Polybii, Diodori atque Dionysii fragmenta. — Pars II.: Nicolai Damasceni fragmenta. gr. 4. (IV u. 124 S.) Ebd. 848. 50. (à n. $^{2}/_{3}$ Thlr.) n. $1^{2}/_{3}$ Thlr.

Excerpta e Polybio, Diodoro, Dionysio Halicarnassensi atque Nicolao Damasceno, e magno imperatoris Constantini Porphyrogeniti digestorum opere libri *περὶ ἐπιβουλῶν* inscripti reliquiae. E cod. Escurialensi a se transscripta interpretatione latina et observationibus criticis comitatus edid. C. Aug. L. Feder. Pars III. Darmstadii 855. Leske. gr. 4. (VIII, S. 125—250.) n. 1 Thlr. $12^{1}/_{2}$ Ngr.

Excerpta ex celebrioribus in musica viris Jo. Petro Aloisio Praenestino, Thoma Ludovico a Victoria Abulensi et Gregorio Allegrio Romano etc. etc. Concinenda in majori hebdomada. Curante ephemeride Romana quae a Jo. P. A. Praenestino nuncupatur. Fasc. 1. hoch 4. (96 S.) Rom 873. Spithoever. n.n. 2. 40

Excerpta quaedam quibus. E Scripto Gottorpiensi, Praesidium Unionis et Communionis Destructum, dicto, ante aliquot lustra, Stylo quidem satis acerbo, Ducali tamen autoritate edito. Ejusdemque ipsissimis Verbis demonstratur. Pleraque in hodiernis Controversiis à Parte Ducali impugnata et in dubium vocata Capita, tunc temporibus ab eàdem Domo, non solum non negata, sed confessa et asserta fuisse. s. l. Collecta et Typis expressa Anno 1700. 4° k.

Excerpta de sententiis ed. Ursulus Philippus Boissevain. Adiecta est tabula. Berolini: Weidmann 1906. (XXVIII, 478 S.) 8°
— **Excerpta** historica iussu imp. Constantini Porphyrogeniti confecta. Vol. 4.
(07. 688

— vaticana (vulgo Anonymus de incredibilibus), s.: Mythographi graeci. III. 2.

Excerpta de virtutibus et vitiis. Rec. et praefatus est Theodorus Büttner-Wobst. Editionem curavit Antonius Gerardus Roos. P. 1. Berolini: Weidmann 1906. 8°
— **Excerpta** historica iussu imp. Constantini Porphyrogeniti confecta. Vol. 2, p. 1.
(07. 687

Excerpta de virtutibus et vitiis. Rec. et praefatus est Theodorus Büttner-Wobst. Editionem curavit Antonius Gerardus Roos. P. 1. 2. Berolini: Weidmann 1906–10. 8°
2. Rec. et praefatus est A. G. Roos usus collatione codicis Peiresciani a Th. Büttner-Wobst confecta.
(Excerpta historica iussu imp. Constantini Porphyrogeniti confecta. Vol. 2, p. 1. 2.)
(10. 14606

Excerpte aus dem Kirchenbuche zu Niederau bey Meissen. [Dresd. 1808.] V: *Engelhardt, Carl August.* (MGT)

Excerptum totius Italicae nec non Helveticae Literaturae
⑤ Juli 1758—Juni 1762 ⑥ 2° ⑦ Vierteljahrsschrift (16 Hefte) ⑧ Bern: Typographische Gesellschaft (Bernae Literaria Solvente Societate) ⑨ Typographische Gesellschaft ⑪ Fort. Bart. de Felice, auctor ⑫ wissenschaftlich-kritische Zeitschrift ⑬ BGSZ: 99. 619. 973; Gottl. Em. v. Haller: Bibliothek der Schweizer-Geschichte II. 198 ⑭ Be: S ⑮ Lateinisch geschrieben. Überblick über das wissenschaftliche Leben in Italien und in der Schweiz. — Einige Autoren, die mit eigenen Abhandlungen vertreten sind, nennt Haller.

Excerptum totius italicae, nec non helveticae literaturae. V Tom. 8maj. Bern 763. Haude u. Sp. in Berl. 10 ßß

Exchaquet, Emile, médecin-chirurgien, assistant à la Maternité de Bâle: Contribution à l'étude des modifications globulaires du sang dans l'infection puerpérale. (Maternité de Bâle. Directeur Prof. von Herff.) Paris 1908. 19 S. 8°. Extrait des Annales de gynécologie et d'obstétrique. Août 1908.
Basel. Med. Diss. 1908/09.

Exchaquet, Georg (Albonensis Valdensi/Schweiz), De jure illegitimorum in successione ab intestato. Diss. jur. Präs. Em. Lud. Hombergk zu Vach. Marburg (Müller) 17. VI. 1773. 32 S. mit Widm. v. Präs. (5.—) 8393
Gew.: Isaac Exchaquet (Vater).

Exchaquet, Louis, médecin-assistant à la policlinique chirurgicale: Contribution à l'étude de la laminectomie. Avec 9 observations recueillies à l'hôpital de Bâle. Lausanne 1904. 78 p. 8°.
Basel. Med. Diss. 1904/1905.

Exchaquet, Théodore *s.* Secretan, Louis *II,* et Exchaquet Théodore.

Exclusion von Freimaurern aus dem Orden und Darlegung derjenigen Vorkommenheiten, welche dazu Veranlassung gegeben. [Hrsg. von Müller III, Reppien I, Mau und Hillert II.] Ms. f. Fr.-Mr. [Rostock 1866.] 80 S. 8° [Umschlagtit.]
cf. Bh. 9 (1866) S. 114—115, 124—126, 130—133, 139—140 (J. G. Findel); FZ. 20 (1866) S. 138 bis 141, 145—147 (W. Smitt).
Tt. 1525. Betr. die seitens der GrLL. erfolgte Ausschliessung von Brn, die Klagen gegen ihre Prov-loge (Mecklenburg) vorgebracht hatten.

Excorporationen, s. Exkorporationen

Excurse zu d. Entwurfe d. künftigen Berggesetzes f. das Königr. Sachsen, v. dem Standpunkte der Kritik. gr. 8. (VIII u. 76 S.) Dresden 849, Kori in Comm. n. 1/3 ßß

Excurse über österreichisches allgemeines bürgerliches Recht. Beilagen zum Commentar von Dr. Leopold Pfaff und Dr. Franz Hofmann, Professoren der Rechte an der Wiener Universität. I. Bd. 1—4. Heft. II. Bd. 1—3. Heft. (Unvollständig.) Wien 1877—1889.

Excursion . . . , s.a. Exkursion . . .

Excursion à Esterhaz, et Description de ce Versailles de la Hongrie . . . Vienne 1784. V: *Traunpaur Chevalier d'Ophanie, Alphons Heinrich.* (MGT)

EXC(K)URSION DER GEOGRAPHISCHEN GESELLSCHAFT ZU GREIFSWALD.
X. Die Nordostsee-Kanal-Fahrt der Geographischen Gesellschaft zu Greifswald am 15.—19. Mai 1894. Greifswald 1894. Druck von Julius Abel. 8°.
XI. Die Möenfahrt der Geographischen Gesellschaft zu Greifswald am 4.—6. Juni 1895. ib. 1895. —
XIV. nach Südschweden, Kopenhagen und Umgegend. Pfingsten 1897. ib. 1897. —
XVII. Excursion nach Ost-Schleswig-Holstein und der Insel Sylt am 5.—10. Juni 1900. Mit Übersichtskarte der Insel Sylt und einer Skizze des Excursionsgebietes. ib. 1900. —
XIX. Exkursion nach Süd-Schweden (Schonen) am 20.—24. Mai 1902. Mit einer Uebersichtskarte des Exkursionsgebietes und Karten des Kullen und der Halbinsel Falsterbo. ib. 1902. —
XX. Exkursion nach Helgoland und Hamburg am 13.—17. Juni 1905. ib. 1905. —

Excursion der Geographischen Gesellschaft zu Greifswald nach der Insel Bornholm am 15. bis 18. Juni 1886. Greifswald 1886. 24 S., 1 Krt. 8°.

EXCURSION DER GEOGRAPHISCHEN GESELLSCHAFT zu Greifswald nach der Insel Bornholm am 15. bis 18. Juni 1886. (Mit 1 Karte.) Greifswald. 1886. Druck von Julius Abel. 8°.

EXCURSION DER GEOGRAPHISCHEN GESELLSCHAFT zu Greifswald nach der Insel Möen am 11. und 12. Juli 1885. (Mit 1 Karte.) Greifswald. 1885. Druck von Julius Abel. 8°.

Excursion, une, au Mont-Blanc. Avec 3 planches (lith.). 2. édition. Basel 859. Georg. 8. (32 S.) n. 6 ngr

Excursion der Section Rhätia auf die Sulzfluh im Rhätikongebirge. Chur 865. Hitz. 8. (137 S. m. 1 Lithogr. u. 1 lith. Karte in Fol.) n. 20 ngr

Excursion en Savoie et en Suisse *s.* (T[hioly], F[rançois]).

Excursionenverzeichniss. E'- und Routen-V' zur Relief-Karte der Centralschweiz. Luzern s.a. [Türler, Emil August].

Excursionen- und Routen-Verzeichnis zur Relief-Karte der Centralschweiz. Luzern [1889]. V: *Türler, E. A.* (ZUWZÜR)

Excursions dans les environs de Schinznach-les Bains = Ausflüge in die Umgebung von Bad Sch'. [Avec 2 planches.] 8. (Brugg) *s. d.* [1890/98].

Excursions à Eszterhazy et Description de ce Versailles de la Hongrie pièce melée en prose et en vers. Vienne 1784. V: *Traunpaur, Chevalier d'Orphanie, Alphons Hch.* (WBL 47/28) (wallishausser 1/154) (BIBLPORT)

Excursions en Valais: La Cascade de Pissevache. Sion — De Sierre à Loèche. Sion et Loèche *s.* [Aebischer, Philippe].

Excursions-Bericht der k. k. Artillerie-Cadettenschule. 1883. (Mit 17 Tafeln photographischen Abbildungen.)
8. Wien 1883.

Excursions-Bericht, Technischer, des 6. Jahrg. der k. k. Pionnier-Cadettenschule zu Hainburg für das Studienjahr 1876—1878, 1880—1885. (Herausgegeben von dem jeweiligen Commandanten der Schule und der Lehrer.) Mit 1 Taf. und Skizzen etc. (9 Bde.) 4. Wien 1878—1886.

Excursionsbuch der Flora von Göttingen, München, Heiligenstadt, Allendorf . . . Göttingen 1868. V: *Grisebach, Eduard von.* (Henning, Ed. Grisebach. Berlin 1905.)

Excursionskarte von Bozen und Umgebung. Maasst. 1:50,000. *Bozen: Deutsche Buchh. [1902]; Art. Inst. Orell Füssli, Zürich.* (1 Kartenbl. 51 × 30 cm.) 8° [kol.]
[Umschlagt.:] Umgebungskarte von Bozen. [oo. 1-663

Excursionskarte, Geologische, der Umgebungen von Bern, bearb. von *F. Jenny, A. Baltzer* u. *F. Kissling.* 2 Blatt. Maassstab 1:25,000. Kupferstich u. Farbendruck. Gr. in-fol. Bern, Schmid, Francke & Co. 1891. 5 —

Excursionskarte. Excursions- und Touristenk' von Spiez-Äschi, Wimmis, Heustrich, Reichenbach, Krattigen, Leissigen, Gwatt, Oey. Nach den neuesten topographischen Verhältnissen bearbeitet. 1 Bl. quer-fol., *zus.-gefaltet mit illustriertem Titel* 8. Spiez, Verlag G. Maurer; Bern, Art. Anstalt Kümmerly & Frey, [1906]. fr. 1. —
Titel auf dem Blatt: Exkursions- und T' von Spiez-Äschi, W', H', R', Oey. Bearb. unter Berücksichtigung der n' top' Verhältnisse [nach Zeichnung von] A. Gysling. Massstab 1:30000. 435/523 mm. Hrg. von der Buchdr. G. M' in Spiez. Graph. Kunstanstalt H. K' & F' Bern. — *Rückseite des Blattes: Text, 2 Ansichten, 1 Kartenskizze* [*zus.* 5 S.].

Excursionskarte vom Zürich-Berg von Oerlikon bis Zolliker-Berg. 1:15,000. 1 Bl. quer-fol., *zus.-gefaltet in illustr. Umschlag* 8. Zürich, Orell Füssli, [1906]. fr. 1.—
Titel auf dem Blatt: Exc' vom Zürichberg ⟨von Oerl' bis Zoll'-B⟩. Massstab 1:15,000. 331/529 mm. Verlag: Art. Institut Orell Füssli-Zürich. — *Rückseite des Bl. bedruckt.*

Excursionslieder. Suppl. zu Hrn. Wigand's „Flora", deren Verf. gewidmet v. seinen Schülern. 3., verm. u. verb. Aufl. 16. (63 S.) Marburg 879. Ehrhardt. n. — 60

— gewidmet Hrn. E. Hallier von den Theilnehmern der botan. Excursionen d. Sommer-Semesters 1879 in Jena. 16. (62 S.) Jena 879. (Neuenhahn). — 30

Excursions-Liederbuch der Clausthaler Bergakademie. 16. (VI, 57 S.) Clausthal 883. Uppenborn. geb. n. 1. —

Excursions-Notizen, gesammelt von den Hörern des 3. Jahrganges der Ingenieurschule in Graz während der Excursion vom 5.—19. Juni 1871. (Besichtigung der in der Bauausführung befindlichen Bahnstrecken Villach-Franzensfeste und Weyer-Rottenmann) Graz 1871. Fol. (Ms. autogr.)

Excursions-Taschenbuch der Flora von Göttingen, Münden, Heiligenstadt, Allendorf, Gieboldehausen, Northeim, Eimbeck u. Uslar. Ein Pflanzenkatalog mit beigefügten Standorten. Nebst latein. u. deutschem Namenregister. 868. — 2. Aufl. Göttingen 869. Rente. 8. (IV, 105 S.) n. 20 ngr.

Excursions- und Routen-Verzeichnis zur Relief-Karte der Centralschweiz. Luzern [1896]. V: *Türler, E. A.* (BSchwLK IV, 3)

Excussio valoris disquisitionis R. P. Marci Hansizii S. J. de valore privilegiorum libertatis Monasterii. S. Emmerami Ratisb. 1755. V: *Kraus, Johann Baptist.* (ML) (Lindner)

Execution . . ., s. Exekution . . .

Exegesis critica Psalmi quadragesimi quarti. Aug. Vind. 1781. V: *Schalk, Carl Siegmund Ludwig.* (MGT) (Ky)

Exegesis perspicua et ferme integra controversiae de sacra Coena . . . [Leipzig] 1574. V: *Cureus, Joach.* [?] oder *Rüdinger, Esrom* [?] (BrMm) »Lipsiae 1753.« V: *Rüdiger, Esrom.* (will)

Exekution . . .

Execution an Bildnissen. 8. Hamb. 709.

Executionsgesetz, das, nebst der dazu gehörigen Verordnung, vom 28. Febr. 1838. Aus den Landtags-Acten u. Mittheilungen erläutert von einem pract. Rechtsgelehrten. gr. 8. Leipzig 842, Polet. 1/4 ℛ

Exekutions-Instruktion, gerichtliche, nach den Vorschriften des Titel 24 der Prozeß-Ordnung u. der Justiz-Ministerial-Dienst-Instruktion für die gerichtlichen Unter-Beamten vom 2. Aug. 1850, sowie späteren Verordnungen. Berlin 869. C. Heymann. (Imme.) gr. 8. (31 S.) n. 5 ngr.

Executions-Mandat, über das, in d. Berlepschen Rechtssache. gr. 8. Wolfenb. 799. Albrecht. 12 gr.

Exekutionsordnung, s.a. Gesetze u. Verordnungen, österr.

Executions-Ordnung vom 27. V. 1896, R. G. B. No. 79, sammt d. Einführungsgesetze vom 27. V. 1896, R. G. B. No. 78. (Deutsch u. böhmisch.) 8. (XIV, 379 S.) Prag (898). Bursík & Kohout. n. 6. 40

(F) **Die Executions-Ordnung** vom 27. Mai 1896, R.-G.-B. Nr. 79, sammt dem Einführungsgesetze vom 27. Mai 1896, R.-G.-B. Nr. 78, und den in Geltung verbliebenen bezüglichen Gesetzen und Verordnungen. Mit Erläuterungen aus den Materialien und durch Verweisung auf im Zusammenhange stehende Bestimmungen nebst einem ausführlichen Register von Dr. Hugo Schauer. 3., durchgesehene und ergänzte Auflage. Wien. 1900. Manz. 8°. XI, 803 S. K 6.—

Exekutions-Ordnung, die, vom 27. V. 1896, s.a. Taschenausgabe der österreichischen Gesetze. VI, 3.

Die Exekutionsordnung vom 27. Mai 1896 samt dem Einführungsgesetze, den Durchführungsverordnungen und den älteren bezüglichen Vorschriften. [Taschenausgabe der österr. Gesetze. 6. Bd. 3. Abt.] 8°. (XI, 791 S.) K 6.—, geb. K 7.—
Wien: Manz 1903.

— administrative, für direkte u. indirekte Steuern, öffentliche Abgaben, Kosten 2c. in den Provinzen Hannover, Schleswig-Holstein u. Hessen-Nassau vom 22. Septbr. 1867, nebst Ministerial-Instruktion vom 3. Febr. 1868 u. Ergänzungen, Gebühren-Tarif u. Formularen 2c. Ebend. 869. gr. 8. (42 S.) n. 5 ngr.

Executionsordnung nebst Einführungsgesetz u. Vollzugsverordnungen, sowie d. einschlägigen älteren Vorschriften. Mit Erl. aus d. Materialien u. d. Rechtsprechung von Dr. Leo Geller. 2., neubearb. u. durch d. Fragenbeantwortung d. Justizminist. erg. Aufl. Neue Ausg. erg. bis Ende 1906. Wien: M. Perles 1907. (56, VIII, 498 S.) 8°
[Beigabe z. Österreich. Zentralblatt f. d. jurist. Praxis.] [07. 7618

Exekutions-Ordnung, die, in populärer Form, nach Aufhebung des Personal-Arrestes u. nach der Beschränkung der Beschlagnahme von Arbeits- u. Dienstlöhnen. Ein zuverlässiger Rathgeber bei Nachsuchung der Vollstreckung gerichtlicher Urtheile u. Zahlungsbefehle. Von e. prakt. Juristen. Wesel 869. Boß & Fincke. gr. 8. (40 S.) 4 ngr.

Executions-Process, Wie sich alle Ambtleut, Vögt, Schultheiß, Scheffen, Pastoren und Gerichts-Botten, auff Anruffen des geistlichen Richters, bey den Executionibus, in dem Ertzstifft Cölln, verhalten sollen. [Dat.:] Brüll, den 24. Aug. 1592. Bonn o. J. fol.
— Münster i. W. 1593.
— Cölln 1722. fol.

Executions-Recess über die zwischen Ihrer Röm. Kays. Majestät und Ihro Kgl. Majestät von Schweden zu Alt-Ranstadt d. 12./22. Aug. 1706 wegen des freyen Religions-Exercitii der Augspurg. Confessions-Verwandten in Schlesien geschlossene Convention, am 8. Febr. 1709 aufgerichtet . . . Neudr. Breslau 1742. 8°. (1. Ausg. 1709.)

Executions-Verfahren, s. a. Gesetz-Artikel XLI.

Executions-Verfahren. G.-A. 1881: LX u. die hierauf bezügliche Ministerial-Verordnung. gr. 8. (151 S.) Budapest 882. Ráth. n. 3. —

Executionsverfahren, das gerichtl. in Baiern, in seiner jetzigen Ausbildung, zum prakt. Gebrauche. gr. 8. Nürnb. 830. Riegel u. W. 12 gr

Exel, Thdr., die Codification d. öffentlichen Rechtes u. die Reform d. Registratur- u. Archivwesens in Oesterreich. gr. 8. (74 S. m. 1 Tab. in Imp.-Fol.) Wien 875. Rosner. n. 1. 20

Exel, Thdr., das Verfahren vor dem k. k. Verwaltungsgerichtshofe. Sammlung der auf das Verfahren u. die Zuständigkeit nach dem Gesetze vom 22. Oktbr. 1875, R. G. B. Nr. 36 ex 1876 bezügl. Entscheidgn. d. k. k. Verwaltungsgerichtshofes. gr. 8. (IV, 344 S.) Wien 885. Manz. n. 5. 60

Exel, das Verfahren vor dem k. k. Verwaltungsgerichtshofe. Sammlung der auf das Verfahren u. die Zuständigkeit nach dem Gesetze v. 22. Oktbr. 1875, R. G. B. Nr. 36 ex 1876 bezügl. Entscheidgn. d. k. k. Verwaltungsgerichtshofes. II. Bd. (1885—1890.) gr. 8 (III, 745 S.) Wien 892. Manz. n. 9. 60 (1 u. 2.: n. 15. 20)

Exel, Therese, Das Buch der Küche. Neues Kochbuch, enthaltend 1135 Kochregeln für die feine und bürgerliche Küche. Allen Frauen und Mädchen, denen ein geordnetes Hauswesen am Herzen liegt, gewidmet. gr. 8. (XXII. 386 S.) Gmunden, Habacher. 1861. 1 fl. 80 kr.

Exel, Therese, das Buch der Küche. Neues Kochbuch, enth. 1135 Kochregeln für die feine und bürgerliche Küche. Allen Frauen und Mädchen, denen ein geordnetes Hauswesen am Herzen liegt, gewidmet. Nebst einem Anhang, enthaltend einige wohlgemeinte Worte an die der Kochkunst beflissenen Mädchen und Frauen. 2. Aufl. Gmunden 864. Wien 864. (Prandel & Ewald.) gr. 8. (XXII, 386 S. u. 1 lith. Taf.) n. 1 Thlr 12 Ngr.

EXELSIRTH, Maximilian (Tarnopol): De poste orientali. (Titel nach der Urkunde) 2.5.1836 - Urk; P 62
Diss. Ingolst.-Landsh.-Mchn.

Exeli, Wenzel, Grundsätze der landwirthschaftl. Verrechnung. Mit 1 Tabelle. gr. 8. Prag 835. (Kronberger u. W.) 1 1/2 Thlr

Exeli, Wenzel, Grundzüge einer zeitgemäßen Reform des landwirthschaftl. Rechnungswesens. gr. 8. (VIII u. 80 S.) Prag 851. (Kronberger.) n. 2/3 Thlr

Exelsior: 1883 1944?
Weekly. Für den katholischen Familienkreis zur Unterhaltung und Belehrung. Editor: Joseph Matt. Published by Wander Printing Co. Circulation 3600.
St. Paul, MN

Etliche besondere Exempel von erschrecklichen Mord-Thaten u. deren Bestraffung in Wittenberg. Bey Gelegenheit der wegen *durch Gift verübten Kinder-Mords* Anno 1728. den 26. Octobr. zum Rad condemnirten *Susannen Hoyerin*, letzt verehelichten *Zimmermannin*. Aus Herrn D. *Andr. Charitii*, Archi-Diaconi das., geschrieb. Wittenbergischen Chronico mitgetheilet. Druckts u. verlegts die Gerdesische Buchh. (Wittenb.) 1728. 4°. Pgmtb. m. 2 Beibdn.

18 S. — Die Verbrecherin, 3. Frau d. kgl. poln. u. churf. sächs. Post- u. Geleits-Commissarius Joh. Geo. Zimmermann zu Wittenb., vergiftete 1727 die 3 Söhne u. 1 Stieftochter ihres Mannes.

Exempel, Der papistischen Lehrübung . . . frisches, an den Lucernern und Urnern. Wahrstadt [Bern] 1712. V: *Bourgeois, David.* (WR)

Exempel und Lehren, Merkwuerdige und erbauliche, rechtschaffener That-Christen . . . Büdingen 1719—26. V: *Eisler, Tobias.* (ML) (BB) (Myl)

Exempel, erbauliche, u. Lehr. rechtschaffner Thatchristen. 4 Stck. 8. Büdingen. 719—726.

Exempel, Merkwürdiges, eines streitigen Kindes . . . [Görlitz 1739.] V: *Wolf, Christian Gottlieb.* (OL) (ML)

Ein schönes Exempel von unser lieben Frauen mit einem armen | Hirten-Mägdlein. | Geschehen zu Dorfen im Unter-Land Bayern.
o. O., o. J. (um 1848), 1 Bl. einseitig bedruckt, 190 × 205. BHStA München M. Inn. 25114 b. (Abergläubische Druckschrift). Schenda VoB S. 252.

Exempel, 270 stufenweise geordnete, f. Anfänger u. Liebhaber d. Algebra. Die Resultate ders. zur Ueberzeugung d. Richtigkeit ihrer Ausarbeitungen sind am Ende beygedruckt. 3., um 50 Exempel verm. Aufl. gr. 16. (6 B.) Grätz 840, Kienreich.

Exempel, 220, stufenweise geordnete, für Anfänger u. Liebhaber der Algebra. Die Resultate derselben zur Ueberzeugung der Richtigkeit ihrer Ausarbeitung sind besonders abgedr. 2e Aufl. 8. Grätz 816. Kienreich. 1/3 Thlr — 3e um 50 Exempel verm. Aufl. 8. Ebd. 840. 5/12 Thlr

Exempelbibel zur Bildung des Herzens junger Leute u. Kinder, von e. Kinderfreunde. 4e A. 8. Tübing. 824. Fues. 3 gr

Exempelbuch od. Sammlung von Aufgaben über die vorzüglichsten Rechnungsarten für Schüler und Schülerinnen. 8. (Leipzig, Dyk.) 816.

Exempelbuch oder Sammlung von Beispielen moralischer Erzählungen . . . Brünn 1818. H: *Jahn, Engelbert Joseph.* (GGR)

Exempelbuch für Anfänger und Liebhaber der Algebra. Braunschw. 1793. V: *Uflaker, Joh. Chn Bernstorf.* (MI.) (Ky)

Exempelbuch, arithmetisches, für deutsche Volksschulen Nordamerikas. (Von J. Ch. W. Lindemann.) 1. Heft. 4209 Exempel zu den 4 Grundrechnungen. br. 8. (IV und 224 S.) St. Louis, Mo. 856(58.) (Philadelphia, Schäfer und Koradi.) geb.

— zum Hannöv. Landeskatechismus s. a. Dörrien.

Exempelbuch zum Hannöverischen Landeskatechismus . . . Hannover 1798—99. V: *Dörrien, Ludwig.* (MGT)

Exempelbuch für Liebhaber d. Algebra, s. Uflacker.

EXEMPELBÜCHLEIN, Kurtzes, in welchem allerhand merkwürdige Historien. Strassburg 1717. 16°. Rar!
Heitz. Bibl. alsatique. Strassb. 1868. no. 4275.

Exempel-Handbuch f. Lehrer, welches d. Auflösungen zu dem Exempelbuch rc. enthält. 8. Ebd. 816. 6 gr

EXEMPELN (sol), Viele lustige, u. angenehme Historien, Kluge Reden, verschmitzt u. Politische Beantwortungen, u. d. gl. Zusammen gesuchet umb die Frantzösische Sprach ohne Mühe, u. gleichsahm lachend zu lernen. Mit Titelvignette (Holzschn.). HAMBURG. Gedrückt (!) bey Thomas von Wiering im gülden A, B, C, bey der Börse. O. J. (c. 1685). — 2ter Titel: Plusieurs plaisantes EXEMPLES & aggreables (!) HISTOIRES, sages Paroles, subtiles demandes, Politiques Reponses & semblables. Recüeillies pour apprendre la Langue Françoise sans Peine, & comme en riant. Mit andrer Titelvignette. (Holzschn.). HAMBOURG. Imprimé chez Thomas von Wiering dans l' A, B, C d'or auprès la Bourse (vers. 1685). 12°. (5 Mk. Scheible, c. 1888; jetzt theurer!) (In Dresden: Jus publ. Germ. F. 685, Beiband 7, kurzrandiges Expl.)
Französisch, mit der deutschen Uebersetzung links. 108 unpag. Bll., sign. A—J. Einiges derb. — Sehr selten! (Die Geschichten ohne Nummern.)

— — Dasselbe. Hannover 1704. 12°.

Exempeltafeln, s.a. Junker.

Exempeltafeln, das ist 136 Tafeln in 1800 abgesondert ausgerechneten zweckmässigen Exempeln ... Halle 1793. V: *Juncker, Friedrich August.* (Ky)

— d. i. 136 Tafeln in 1800 abgesondert ausgerechneten zweckmäßigen Exempeln; e. Hülfsmittel beim Rechnenunterrichte 2c., (v. F. A. Junker). 8. Halle 793. 5e A. 821. N. A. 828. Waisenh.-B. 16 gr. Dass., nach Silbergroschen berechnet. Ebd. 827. 10 gr.

Exempeltafeln, das ist: 144 Tafeln mit beinahe 2000 abgesondert ausgerechneten zweckmäß. Exempeln 2c. (Von Fr. Aug. Juncker.) 6e verb. Aufl. 8. Halle 838. Waisenhausbuchh. 2/3 Rthlr.

— dass. 2e verb. Aufl. der Ausgabe für die Preuß. Staaten in Silbergroschen. 8. Ebd. 838. 2/3 Rthlr.

Exempel-Tafeln, 48, welche gegen 600 Rechnen-Aufgaben aus dem bürgerlichen Leben enthalten. Herausg. mit besonderer Rücksicht auf die Grundzüge der Regulative vom 1., 2. u. 3. Oktbr. 1854 für Elementarschulen von einem Lehrer-Verein in Dramburg. Dramburg 856. (Cöslin, Belger.) 8. (16 S. u. 8 Bgn. in Fol.) 10 ngr

— 142, mit mehr als 2500 zweckmäßigen Exempeln u. ihren Ausrechnungen. 8. u. 4. Regensb., Daisenberger. 18 gr.

— ein Schul- und Hausbedarf für das Zifferrechnen, sammt Schlüssel. 2e Auflage. gr. Fol. und gr. 8. Zürich 825, Schultheß. Rthlr.

— die, des 2ten u. 3ten Zwickauer Schulbuchs u. deren Fortsetzung für die höhern Rechnungsarten, als die Decimalrechnung, die umgekehrte u. zusammengesetzte Regel de tri, die Gesellschaftsrechnung, Kettenrechnung 2c. Zum Schulgebrauch auf starkem Papier u. in einzelnen Tafeln besonders abgedruckt. Grimma, Verlags-Comptoir. 1/8 Rthlr. — Die Auflösungen dazu, für Lehrer 1/6 Rthlr.

Exempeltafeln, schweizerische, ein Schul- und Hausbedarf für das Zifferrechnen. 8. und Fol. Zürch. (Leipzig, Fr. Fleischer in Comm.) 808.

Exempeltafeln, schweizerische, ein Schul- u. Hausbedarf für das Zifferrechnen. gr. 8. u. Fol. Zürich 808. 2e A. 825. Schultheß. 2 Rthlr. 8 gr.

— zur Uebung des Rechnens mit d. neuen preuß. Silbergroschen, als Anhang zu d. Junkerschen u. Wilbergschen Exempeltafeln. 8. Berlin 825. (H. Schulze.) 1/3 Rthlr.

Exempeltafeln zur Uebung des Rechnens mit den neuen preuß. Silber-Groschen, als Anhang zu den (Junker'schen u. Wilberg-schen) Exempeltafeln. 8. Rathenow 825. Flick. 8 gr.

Exempla eloquentiae graecae in usum auditorum philosophiae anni tertii. 8. Wien 808. Schrämbl. 21 gr.

— eloquentiae romanae in usum auditor. philosophiae anni tertii. 8. Wien 808. Schrämbl. 1 Rthlr. 4 gr.

Exempla historica ex auctoribus classicis selecta (Ed. F. N. Steinacher). Wirceb. 790. 8. 9 gr.

— historica ex auctoribus class. selecta. 8. Würzb. 790. (Wesché in Frkf.) 9 gr.

Exempla historica selecta ex Auctoribus classicis. 8. 790. Ist Verlag von Göbhardt in Bamberg.

Exemplorum selectorum e graecis scriptoribus in usum auditorum philologiae graecae Libri duo. 8maj. Ticini Regii. Viennae, Volke. 820.

Exempla stili Latini ex poëtis collecta ... Herbipoli 1788. H: *Steinacher, Franz Nicolaus.* (ML) (Ky)

— styli latini ex poëtis collecta. II Voll. 8. Würzb. 788. (Stahel; s. Wesché in Frkf.) 12 gr.

Exempla sunt odiosa. [Wien 1900]. V: *Kotz, Wilhelm Baron.* (EB)

Exempla sunt odiosa. 3. Aufl. 8. (282 S.) Wien (902). (L. W. Seidel & Sohn.) n. 2. 50

Exemples pour écrire russe, 10 Platten russ. Schreibvorschriften, gest. von Bergmann. 4. Leipz., Baumgärtner. 16 gr.

Exemptionibus, de, et religiosorum privilegiis. 4. Augsb. Klett. 771.

Exemtionen, s.a. Eglofstein.

Exemptionen, üb. eigenmächtige, reichsritterschaftl. Mitglieder, v. L. Gr. v. E** (Eglofstein). gr. 8. Franken (Erlangen) 794. Palm. 8 gr.

Ueber das s. g. Exemtionsprivilegium der Geistlichen von der bischöfl. Gerichtsbarkeit, in wiefern sie nach d. Reichsgesetzen gegründet seien u. rechtliche Rücksicht verdienen. *Wetzlar.* 791. 8.

Exener, Frz., Untersuchungen üb. die Härte an Krystallflächen. Eine v. der kaiserl. Akad. der Wiss. zu Wien gekrönte Preisschrift. gr. 8. (166 S. m. 68 Steintaf.) Wien 873. (Gerold's Sohn.) n. 6. —

Exequien od. Leichen-Begräbniss f. Laien der griechisch orthodoxen Christen. Aus dem griech. Orig. wortgetreu übers. v. P. Papakostopulos. 8. (VI, 20 S.) Belgrad 872. (Leipzig, Brockhaus Sort.) n. — 80

the Exequies of the universal Monarchy; oder feierl. Leichenbestattung d. Universalmonarchie. Mit Kpf. Fol. Leipz. 814. Joachim. 4 gr.

Exequiis D. Joannis Bajcsi seu Comitat. Comarom, judicis notarii et vice comitis. Comaromii 1798. V: *Grossinger, Joh. Bapt.* (szinnyei 3/1500, Nr. 7) (BIBLPORT)

Exercice. Von den Handgriffen mit der Flint ... bey der preuß. Infanterie. (Cölln a. Spree 1702.) 8°.

Exercice der Infanterie. Hannover 1723. 8°.
Dass. u. d. T.: Exercice, wie solche von Sr. Königl. Maj. vor dero Teutsche Infanterie Regimenter ... befohlen worden. Lüneburg 1752.
Dass. 1753. 1754. 1764.
Dass. u. d. T.: Exercice für die Infanterie. Hannover 1784.
Dass. 1804.
Dass. u. d. T.: Exercier-Reglement für die Infanterie der Kgl. Großbrit.-Hannov. Armee. Abt. 1—5. 1818—23.
Dass. u. d. T.: ... der Kgl. Hannov. Armee. 1838.
Dass. 1842. (Mit) Anh. 1843. Zusätze. 1855.
Dass. 1863.

Exercice f. d. Inf. Mit Bl. Hannover 1784. Haushaltungs-Reglement f. d. Cav. T. 1. 2. Hannover 1784.
— — 1786: Desgl. f. d. Inf. T. 1. 2.

— journalier du Chrétien, à l'usage des Dem. Pension. religieuses. 8. Ofen 769. Univers.-B. 16 gl

[Tägliche Andachtsübungen zum Gebrauch Ihro Kaiserl. Majestät der Königin in Ungarn u. Böhmen, franz.] Exercise journalier de piété à l'usage de Sa Majesté l'Impératrice, Reine d'Hongrie et de Bohême [Maria Theresia Römisch-deutsche Kaiserin]. Trad. de l'allemand en français par le R. P. Simon Stock, Carme déchaussé. — Vienne: Held 1750. 257 S.

Exercice für die Cavallerie der königlich grossbritannisch-hannoverschen Armee. 8. Hannover 1817.

Exercice spirituel, conten. les moyens de servir dieu dans toutes les heures du jour. 8. Tirnau 829, Wachter.

Exercices d'arithmétique et calcul des dimensions à l'usage des écoles primaires du canton de Berne. Bienne, librairie Jacob. 1883.
Second degré:
A. Exercices écrits. Manuel de l'élève. 67 pag. cart. — 45
B. Exercices oraux et solutions des exercices écrits. Manuel du maître. 65 p. br. 1 —
Troisième degré:
A. Exercices écrits. Manuel de l'élève. 109 pag. cart. — 55
B. Exercices oraux et solutions des exercices écrits. Manuel du maître. 91 pages. broch. 1 20

Exercices arithmétiques et calcul des dimensions à l'usage des écoles primaires du canton de Berne. Second degré. A. Exercices écrits. Manuel de l'élève. 2e édition. In-8°. Bienne, Librairie scolaire Jacob. 1887. Cart. — 45

— de la dévotion au sacré coeur de Jésus à l'usage de la confrérie établie à Semur en Brionnais et confirmée par N. S. P. le Pape Pie VII. Nouvelle édition augmentée de diverses prières inédites de la soeur Marguerite-Marie Alacoque. 16. (Mit 1 Lithogr. u. Titel in Golddr.) Notre-Dame-Des-Eremites 846, Benziger frères. 8 ngl

Exercices, divers, de Dévotion à S. Antoine de Padoue etc. 8. Lps. Weidmann. 743.

Exercices für Sr. Königl. Majestät von Großbritannien und Chur-Fürstl. Durchl. zu Braunschweig-Lüneburg Teutsche Dragoner- und Cavallerie-Regimenter. Hannover 1751. 8°.
Dass. u. d. T.: Exercier-Reglement für die Chur-Braunschweig.-Lüneburgische Cavallerie. 1787.
Dass. u. d. T.: Exercice für die Cavallerie des Kgl. Großbrit.-Hannov. Armee. (Mit) Anh. 1817—26.
Dass. Abt. 4. 5. 1826.
Dass. u. d. T.: Exerzier-Reglement für die Kavallerie der Kgl. Hannov. Armee. (Mit) Anh. 1845.

Exercices élémentaires de langue française; à l'usage des écoles primaires de l'Alsace; d'après la méthode de Seidenstücker; par un Instituteur de Strasbourg. 12. Strasbourg 841, Ve. Levrault. 1/6 ₰

Exercices grammatical ..., s. Exercises

— intérieurs pour honorer la vie patience de N. S. J. C. Wien. Trattner. 11 gl

— intérieurs pour honorer les mystères de N. S. J. C. II T. 12. Wien 777. Trattner. 16 gl

— journaliers de piété de S. M. l'Impératrice Reine. 8. Köln, Rommerskirchen. 8 gl

— journaliers et autres pratiques de piété. 8. Augsb. 781. Rieger. 12 gl

Exercices de lecture pour les élèves de sténographie d'après le système Gabelsberger-Geiger, s.: Lesebuch zur Übung in engl. u. französ. Stenographie.

— de mémoire, ou recueil de poésies extraites des meilleurs auteurs français anciens et contemporains, avec explications. Ouvrage offert à la jeunesse des colléges et des écoles; par M. Kartscher et G. Stieffelius. 18. Berl. 832. Plahn. 16 gl

Exercices de Mémoire à l'usage des écoles élémentaires. 12. Strassburg 834. Levrault. 1/8 ₰

— méthodiques sur la prononciation et la lecture allemande. — Systematische Uebungen zur richtigen Aussprache und Uebersetzung des Deutschen. 8. (Mit 18 color. Abbild. auf 6 Taf.) Genève 844, Kessmann. relié. 1/3 ₰

Exercices, petites, de piété, ou recueil de prières propres à chaque chrétien. 32. (287 S. m. e. Steintaf. u. e. lith. Titelbl.) Einsiedeln 873. Wyss, Eberle & Co. — 40

Exercices de piété pour les femmes enceintes. gr. 8. Wien 776. Trattner. 2 gl

— de piété pour les infirmes, les malades, les convalescens etc. gr. 8. Wien 773. Trattner. 1 ₰ 8 gl

— de piété propres à tous les âges. 12. Basle, Tourneisen. 791.

— de piété propres à chaque chrétien. Nouv. Edit., ornée de 36 tableaux de la Messe. 32. Notre-Dame des Ermites 838. (Regensbourg, Manz) 1/6 ₰

Exercices de piété pour le soulagement des âmes du purgatoire. Traduit de l'allemand. Einsiedeln 867. Benziger. 16. (288 S. u. 3 Holzschn.) 5½ ngr

Exercices Praeliminaire, de la grammaire française, ecrits pour les enfans allemande de l'âge de 6 à 10 ans. gr. 12. Neustadt a/H. 844, Gottschick. 1/4 ₰

— pratiques de langue française à l'usage des écoles primaires. 8. (143 S.) Luxemburg 872. Heintze. — 75

Exercices pratiques de traduction, s.a. Uebungsstücke, praktische, zum Uebersetzen.

—— pratiques de traduction d'après la méthode de Seidenstücker. Par un ancien instituteur. 4—8. Edition. — Praktische Uebungsstücke zum Uebersetzen nach Seidenstücker's Methode. Von einem ehemal. Schullehrer. 4—8. Aufl. gr. 12. (132 S.) Strassburg 856—60, Wwe. Berger-Levrault und Sohn.

— de prononciation de grammaire et de construction, par Catel et Mad. Genlis. 2 Vol. 8. Berlin 799. (Leipzig, Fr. Fleischer.) 1⅓ ₰

Exerci(e)r . . . s. E x e r z i e r . . .

Exercise journalier . . . , s. E x e r c i c e

Exercises, grammatical, for Englishmen and Americans, who intend to learn german. gr. 8. Hamburg, Hoffmann und Campe. 817.

— grammatical, for Englishmen and Americans, who intend to learn german. gr. 8. Hamb. 818. (Campe). 12 gl.

Exercitatio academica de conciliis Apostolorum. [Salisburgi] 1778. V: *Kleimayrn, Joh. Damasc.* (Hr)

Exercitatio De Cometa anni 1723 . . . Ingolstadii 1724. V: *Grammatici, Nicaise & Joseph Schreier.* (So) (Jes)

Exercitatio critico-literaria. Freistadii [Jenae] 1708. V: *Schwindel, Gg Jac.* (Wr)

Exercitationis grammaticae specimina, edd. seminarii philologorum Bonnensis sodales. gr. 8. (61 S.) Bonn 881. Marcus. n. 1. 20

Exercitatio historico-moralis de iuramentis. S. l. 1732. V: *Burgsdorf, Carl Glob von.* (Myl)

Exercitatio historico-moralis de iuramentis in qua post generalem illorum considerationem primorum potissimum christianorum doctrina disquiritur eorumque moralitas examinatur. Halae Sax. 1732. V: *Burgsdorff, Carl Gottlob.* (KGBerlin I, 908)

Exercitatio juris antiq. de agrimensoribus Romanor. 8. Lps. Comt. f. Lit. 771.

Exercitatio physico-mathematica habenda . . . a Michaele Zerwes alumno Coll. Hungar. die XVII. Aug. 1835. S. l. V: *Bertrand, Joseph.* (Jes)

Exercitatio sive Specimen de Causa gravitatis cui adjecta sunt nonnulla de Originibus Rerum tam quam Fundamenta Physices novae antatheisticae. Anno 1728. V: *Bachstrom, Joh. Friedrich.* (Euph XV)

Exercitationes dramaticae . . . Viennae 1746. V: *Roys, Frans Xaver.* (So) (Jes)» Graecii 1748. V: *Barbieri, Carl.*« (So) (Jes)

Exercitationum subcisivarum Francofurtensium. III Tml. 8. Frft. 717.

Exercitationum Francofurtensium, quibus selecta argumenta juridica, medica, moralia, historica et mathematica tractantur. Tomi III. sectio II. Francof. ad Viadr. Joh. Godofr. Conradi. 8. 1722.

Exercitationes Idiomatis Hungarici secundum regulas Epitomes concinnatae, in usum gymnasiorum regni Hungariae. 8. Ofen, (Landes). 9 gl.

Exercitationes, latinae, grammaticae et rhetoricae studiosis propositae. (Von Thom. Vallauri.) Aug. Taurinorum 857. (München, Franz.) 8. (1 Bl., 179 S.) nn. 15 ngl.

Exercitationes oratoriae in triplici causarum genere. Viennae 1742. V: *Focky, Anton.* (Jes)

Exercitationes, Viennensium Poetarum, scholasticae . . . Viennae 1722. V: *Kaschutnig, Anton.* (Jes) (So)

Exercitationes poeticae. Graecii 1714. V. *Präschern, Johann Bapt.* (Jes)

Exercitationes poeticae de bello et pace. Viennae 1746. V: *Neupeck, Joseph.* (Jes)

Exercitationes poeticae carmine vario. Graecii 1723. V: *Haim [Haimb, Heim], Joseph.* (Jes)

— praxeos causalis clinico-medicae. Decad. VIII. c. Ind. 8. Isenaci, Wittekind. 748.

Exercitationes, ab Illustrissima Viennensi Rhetorica in Theatro exhibitae . . . Viennae 1738. V: *Dollenz, Carl.* (Jes)

Exercitationes ab Illustrissima Viennensi Rhetorica nuper in publico pronunciatae . . . [Viennae] 1745. V: *Jagerhuber, Ignaz.* (Jes) (So)

Exercitationes rhetoricae. Graecii 1715. V: *Präschern, Johann Bapt.* (Jes)

Exercitationes Rhetorico-Poeticae. Viennae 1747. V: *Neupeck, Joseph.* (Jes)

Exercitationes societatis Latinae Jenensis. Ed. Hallbauer. Jen. 741 sq. 2 Tom. 8. 16 gr. Vgl. *Acta* — welche die Fortsetzungen sind.

EXERCITATIONES SOCIETATIS LATINAE quae Ienae est, publicatae ab eius directore FRIDERICO ANDREA HALLBAVERO.: (Vol. I.) Lipsiae 1741. Impensis Caspari Henr. Fuchsii. 8°. vulgatae ab eius directore FRIDERICO ANDREA HALLBAVERO.: Vol. II. Ib. 1743. —

Exercitationes theatrales. Graecii 1728. V: *Kislinger, Franz Xaver.* (Jes)

Exercitationes theatrales Rhetorum Viennensium . . . Viennae Austriae 1709. V: *Rechbach, Johann.* (Jes) (So)

Exercitationis, s. E x e r c i t a t i o.

Exercitationum, s. E x e r c i t a t i o n e s.

Exercitia devotionis sacerdotalis sive preces ante et post missam. Ex missali et breviario rom. deprompta, additamentisque aliquot aucta per L. H. 8. (63 S.) Augsburg 879. Schmid's Verl. — 60

Exercitia, Marsch und Pflichten der Regiments-Chargen St. Petersburg 1756. 8°. (Russ. und deutsch.)

Exercitia oratoria a Suada ludente in Scenam data. Viennae 1704. V: *Wibmer, Friedrich.* (Jes)

— pietatis. 12. Köln 779. Haas et S. 8 gr

Exercitia christianae pietatis. 12. Insbr. 806. Wagner. 12 gr

— christianae pietatis ad usum serenissimae Hungariae et Bohemiae reginae. 12. maj. Würzb. Stahel. 765.

— quotidiana pietatis in usum Augustae. 12. Wien 750. Trattner. 5 gr

— religionis in us. studios. juventutis (ab Jh. Noblitz). 12. Prag 795. (G. Haase S.) 4 gr Dass. 12. Znaim N. A. 828. (Wien, Beck). 3 gr Schrbp. 4 gr

— religionis in usum juvent. 12. Prag. Widtmann. 805.

Exercitia Religionis, in usum studiosae juventutis. Editio VI. Pragae, G. Haas. 815.

Exercitia, Scholastica Parnassi Graecensis. Graecii 1718. V: *Kaschutnig, Anton.* (Jes)

— (selecta pietatis) in usum juventutis academ. congesta. 12. Grätz 797. Miller. 4 gr

Exercitia Spiritualia primae hebdomadae, ad mentem S. Iguatii de Loyola cum suis instructionibus ... Ingolstadii 1727. V: *Zetl, Paul.* (so)

Exercitia spiritualia juxta methodum S. Ignatii Loyolae a sacerdote soc. Jesu jam pridem exarata et edita. Nova editio. gr. 12. (VIII u. 396 S.) Viennae 651, Libr. Mechitarist. 18 ngr

Exercitia spiritualia, juxta mentem et methodum S. Ignatii, ad usum Clericorum ... Friburgi Brisg. 1765. V: *Kroust, Joh. Michael.* (so) (Jes)

Exercitia spiritualia in sacra octo dierum solitudine ex textu et juxta methodum sancti patris Ignatii. Et duo tridua. Ad pium usum sacerdotum ac religiosorum a sacerdote Soc. Jesu. Pressburg 862. (Harms.) gr. 8. (212 S.) n. 14 ngr

Exercitia spiritus cujuscumque status et ordinis ... Lucernae 1775. V: *Zweiffel, Jac.* (Jes)

— in usum Augustae. 12. Wien 771. Trattner. 6 gr

— in usum Francisci I. 12. Wien 759. Trattner. 3 gr

Exercitien, die geistlichen, des heil. Ignatius mit Zusätzen und Erläuterungen aus den Schriften des heil. Franz von Sales. Hrsg. von Jacob Brucker. 12. (VI, 460 S.) Innsbruck 885, Vereinsbuchhandlung. *

Exercitien- und Gebetbuch für alle Christgläubigen ... Bregenz 1900. V: *Tischler, Franz* (nicht: *Thaler, Kassian*). (Margr)

Exercitien-Reglement 1749, für die Infanterie. Schiedamm 1751.

Exercitii-Reglement für gesammte Kaiserlich Königliche Cavallerie-Regimentor. 4. Wien 1769.

Exercitium Canonicum. Aug. Trevir. 1781. V: *Haubs, Franz Anton.* (MGT)

Exercitium des löblichen General Graf Wallisschen Regiments zu Fuss sambt dessen Kriegs-Gebräuchen. Dero Römisch-Kayserlichen Majestät mir anvertrauten Graf Wallisschen Regiments zu Fuss. Exercitium, mit allen andern Regiments-Gebräuchen in allen vorfallenden Gelegenheiten wie folgt. (Mit 1 Titelkupfer: dem Bildnisse des Obersten Georg Olivier Graf von Wallis und 14 Tafeln.) Geben Salo den 4. December 1704. Fol. Salo 1704.

— — (Andere Ausgabe.) (Donation Liechtenstein.) Fol. Salo 1705.

Exercitium ... f. d. Inf. ... Weimar 1764.

Exercitium für die sämmtlich-kaiserlich-königliche Infanterie. Gegeben zu Wien in Oesterreich den 1. Juli 1769. Signirt Joseph und Moritz Graf v. Lacy. 4. Wien 1769.

Exercitium f. e. Inf. Regiment. 8. Würzb. Kierner. 777.

Exercitium militare für die Infanterie. München 1723.

Exercitium moralis christianae de Sacramentis ... Augustae Trev. 1778. V: *Weber, Peter Joseph.* (MGT)

Exercitium super pater noster, hrsg. v. Paul Kristeller, s. a. Veröffentlichungen der geograph. Gesellschaft.

Exercitium Super Pater Noster nach der ältesten Ausg. d. Bibliothèque Nat. zu Paris in 8 Lichtdrucktaf. hrsg. von Paul Kristeller. Berlin: B. Cassirer 1908. (7 S.) 2°
— Graphische Gesellschaft. **Veröffentlichung.** 6. [illegible]

Exercitium zu Pferd u. zu Fuß vor sammentliche Cuirassiers u. Dragoner-Rgter. T. 2. (Mehr nicht vorhanden.) München 1758.

Exercitium pietatis christiano-catholicum oratorium, statui unicuique accomodatum, maxime autem juventutis studiosae. 12. Landishuti, Storno. 818.

Exercitium pietatis christiano-catholicum oratorium, statui unicuique accommodatum, maxime autem juventutis studiosae. 12. Landsh. 819. Storno; (a. P. Schmitz in Köln). 6 gr

Exercitium mit d. Picke, üb. das, s. Wallhausen.

Exercitium practicum Virtutum Theologicarum Omnibus Hominibus Adultis Necessitate Medii, et Praecepti Ad aeternam suam Salutem absolute necessarium ... Constantiae 1729. V: *Zech, Franz Xaver.* (Jes)

— praeparationis ad mortem. 8. Wien 773. Trattner. 3 gr

Exercitium piae praeparationis ad mortem ... Lincii 1764. V: *Zehentner, Ignaz.* (Jes)

— quotidianum studiosae juventutis, praxin exhibens, praecipua diei opera pie ac rite celebrandi. 18. Mainz 775. (Streng in Frkf.) 1 gr

— spirituale per novem dies in honorem gloriosi principis et episcopi Genevensis S. Francisci Salesi. 8. Augsb. 761. Rieger. 1 ℛ

Exercitium via crucis. gr. 16. (11 S.) Würzburg 885. Bucher. n. — 20

Exercitus, Magnus Turcarum, ad Martinestiam fusus ab Austracis Duce Principe a Sachsen-Coburg Sociis Russorum Cohortibus Carmen Epinicium. [Viennae] 1789. V: *Stein, Anton Joseph.* (GGR VI/548, Nr. 25/2) (BiblPort)

Exercizio breve della via Crucis o strada dolorosa della appasion Jesu al Calvario. 12. Münch. 791. Weber. 2 ℛ

Exerzier . . .

Exercir-Aufgaben mit den vollständig angegebenen Aviso und Kommando zum Compagnie-, Divisions- und Bataillons-Exerciren. Von K. E. Wien 862. Seidel & Sohn. 16. (VII, 40 S.) n. 4 ngr.

Exerzir- und Schützendienst, Der, der preussischen Infanterie. Auf Grund des Exerzir-Reglements vom 3. August 1870 und der Allerhöchsten Kabinets-Ordre ddo. 19. März 1873 lexikalisch bearbeitet. Für jüngere Officiere und Officiers-Aspiranten der Infanterie zum praktischen Gebrauche und zur Belehrung. Mit vielen Holzschn. und einer Commando-Tabelle. kl. 8. Potsdam 1873.

Exerzier- u. Schützendienst, der, der preußischen Infanterie. Auf Grund d. Exerzier-Reglements vom 3. Aug. 1870 u. der allerhöchsten Kabinets-Ordre d. d. 19. April 1873 lexikalisch-bearb. Für jüngere Offiziere u. Offizier-Aspiranten der Infanterie zum pract. Gebrauch u. zur Belehrg. Mit vielen (eingedr.) Holzschn. u. e. Kommando-Tabelle. 8. (VI, 175 S.) Potsdam 875. Döring. n. 3. —

Exerziren, das, einer Eskadron zu Fuß. Auszug aus dem Exerzir-Reglement für die Kavallerie der königl. preuß. Armee vom 5. Mai 1855. Bearb. durch Otto Wilh. v. R. Potsdam 869. Döring. 8. (2 Bll., 40 S.) n. 10 ngr.

— das, einer Escadron zu Pferde. Ein Auszug aus dem Exerzir-Reglement für die Kavallerie der königl. preuß. Armee vom 5. Mai 1855. Bearb. durch Otto Wilh. v. R. Ebend. 869. 8. (IV, 128 S.) n. 20 ngr.

Exerzieren, das, der Eskadron zu Pferde. Zusammenstellg. der wichtigsten Grundsätze, auf denen das Exerzieren der Eskadron zu Pferde beruht, in Fragen u. Antworten f. den Gebrauch des Kavallerie-Unteroffiziers. (80 S.) 16. Berlin 905. G. Heinicke. n n. — 25

Exerciren zu Fuss für die k. sächs. Feld-Artillerie. 8. Dresden 1853.

Exerciren, Das, der Fuss- und halbberittenen Artillerie in Batterie etc. 8. Dresden 1853.

Exerciren, das, der königlich preußischen Infanterie wie es jetzt ist. Nach dem Exercir-Reglement und den ergangenen neuern Bestimmungen bearb. von einem activen Offizier. Mit einem alphabetischen Register. Berlin 863. Schindler. 8. (XV, 272 S.) n. 20 ngr.

Exerziren, das, der Kavallerie zu Fuss u. zu Pferde, in der Eskadron u. im Regiment. Kommando-Tabelle nach dem Exerzir-Reglement vom 5. Juli 1876. 16. (31 S.) Burg 882. Hopfer. n. — 40

Exerzieren, das, zu Pferd nach dem neuesten Reglement. Mit 16 lith. Taf. in Farbendr. 8. (46 S.) Augsburg 873. Rieger. — 75

Exercier-Manipulation mit dem Batterie-Geschütze. 4. (1840?)

Exerzier-Regeln zum Eskadron-Exerzieren zu Pferde. Für Zugführer, Flügelunteroffiziere u. Mittelreiter. Zsgest. von e. Eskadron-Chef (B. v. S.). Berlin: Liebel 1907. (17 S.) 8° [ℨ.] (07. 4830

Exerzier-Regeln zum Eskadronexerzieren zu Pferde f. Zugführer, Unteroffiziere u. Mittelreiter. Mit e. Auszug f. die Ausbildg. zu Fuß in der „geöffneten Ordng." aus dem Exerzier-Reglement f. die Kavallerie vom 8. 4. 09 f. Zug- u. Gruppenführer. Von B. v. S. 2. Aufl. (32 S.) 16. Berlin 909. Liebel. — 35

Exercir-Reglement. Dresden 1777. 1853.

Exercir-Reglement. Wien 1806. — 1851; 1854; 1857; 1861; 1864. — 1875/78. Teil 1. 2.
— — 1879; 1887; 1898/99.

Exerzir-Reglement. Berlin 1812—1847.
— — 1870. Neuabdr.

Exerzir-Reglement. T. 1—3. Dresden 1841.

Exercir-Reglement. Wien 1859.
— — 1878. T. 1—4.
— — 1886—1904.

Exerzier-Reglement. München 1872—1889.

Exerzier-Reglement. Mit Signalen. (Mit 1 Entw.) München 1873—1895.

Exercir-Reglement. Die Griffe und die Chargirung mit dem Infanterie-Gewehr M/71 nach dem Exerzir-Reglement vom Jahre 1870 und den laut Allerhöchster Ordre vom 26. Juni 1873 für die Handhabung des genannten Gewehrs genehmigten Abänderungen. 8. Berlin 1874.

Exerzir-Reglement T. 1–3. (T. 1: Soldat.-Schule.) Zürich 1876.
— — T. 4 (Rgts- u. Brig.-Schule). Bülach 1878.
— — T. 4 mit Anh. Bern 1887.

Exerzir-Reglement. Entw. Berlin 1884. 1886.

Exerzir-Reglement. (Mit 1 Entw.) Berlin 1890—1904.

— — 1897. (Entwurf.) übs. v. Grzesicki. Wien 1897.
— — Bearb. v. Küster. Leipzig 1899.
— — Ausg. 1900. übs. v. Grzesicki. Wien 1902.

Anhang z. Exerz.-Regl. (Ausbildung m. Gew. M/71). München 1877.

Neu abgeändertes Exercir-Reglement für die K. K. Cavallerie. Dresden 1786. 8°. (Verm. Jähns.)
Dass. u. d. T.: Allerneuestes Exercir-Reglement für die gesammte K. K. Kavallerie. Frankfurt 1796. (Cv 8010—5)
Dass. u. d. T.: Exercir-Reglement für die k. k. Cavallerie. Wien 1806. 4°.
Dass. 1851. 8°.
Dass. 1854. 1857. 1861. 1864. 1870. 1875—78.
Dass. 2. Aufl. 1879.
Dass. 3. Aufl. T. 1. 2. 1887.

— oder kurze u. deutl. Anweis. zur gründl. Erlernung des Exercirens. Bearb. für d. bewaffnete Bürgercorps zu Hanau. 12. Hanau 830. Edler. 4 ℛ Velinp. 7 ℛ

Exerzier-Reglement f. d. Art. m. e. Vorschrift (1854) z. Paradeaufstellung u. f. d. Vorbeimarsch. Berlin 1812—1854.
— — 1849—1856: Entw. z. Abschn. 1—6 d. Exerz.-Regl.
— — 1867: Entw. z. Abschn. 1. 2. 4. 5 d. Exerz.-Regl. m. Anh.

Exercierreglement für die Artillerie. T. 1–4. Darmstadt 1820. 1821.

Exercier-Reglement für die Artillerie. Abt. 2, Abschn. 1. 4. 5. o. O. u. J. 4°. (Lithogr.)
Dass. (vollständig) u. d. T.: Exercir-Reglement für die Artillerie der Kgl. Hanrov. Armee. Hannover 1843. 8°.

Exercir-Reglement für Artillerie. (2 Hefte in Manuskript mit 1 lithographierten Kopie. — Dabei 1 Bogen: M. S. Exerciren mit einer Batterie-Division und einer Batterie-Halbdivision, wie selbes im J. 1852 mit den Batterien des bestandenen vierten Armeekorps zu Theresienstadt in Böhmen vorgenommen wurde.) (Donation Liechtenstein.) 8. Wien 1852.

Exercir-Reglement für die Artillerie der K. Hannoverschen Armee. gr. 8. (Mit 5 lith. Taf. u. Not.) Hannover 843, Helwing. n. 1⅔ ₰

Exerzir-Reglement für die Artillerie der preuß. Armee. Berlin 1812. 8°.
Dass. Entwurf zum 4. u. 5. Abschn. 1867.
Dass. u. d. T.: Exerzir-Reglement für die Feld-Artillerie. 1877.
Dass. 1889. 1892. 1899.

Exercier-Reglement für d. Großh. Badische Artillerie. 1r u. 3r Thl. mit Plan. 8. Karlsr. 813. Müller. 1 ₰

Exerzier-Reglement für die eidgenössische Artillerie. (Luzern) 1818. 8°.
Dass. u. d. T.: Exerzier-Reglement für die schweizer. Feldartillerie. Bern 1897.

— für die eidgenössische Artillerie. — Feldgeschützschule. Von der eidgenöss. Militairaufsichtsbehörde vorläufig genehmigte Ausg. 12. Zürich 840. Orell, Füßli u. Comp. n. ⅓ ₰

Exercir-Reglement für die eidgenössische Artillerie. Batterieschule. Laut Beschluss des hohen eidgenössischen Bundesrathes vom 18. August 1865 eingeführt. kl. 8. Aarau 1865.
— — 5. Th. Brigadeschule. Laut Beschluss des h. eidgenössischen Bunderathes vom 18. August 1865 eingeführt. kl. 8. Aarau 1865.

Exercir-Reglement für die grossherzoglich hessische Artillerie, nebst Plänen. I. Th. Die Bedienung des Feldgeschützes. (2 Taf.) II. Th. Die Bedienung des Belagerungs- und Festungsgeschützes. III. Th. Die Manöver mit bespannten Batterien für die Fuss- und reitende Artillerie. (4 Taf. und 1 Beilage.) IV. Th. Die mechanischen Manöver mit den Geschützen mit und ohne Hebung. (Mit 1 Taf.) (3 Bde.) 8. Darmstadt 1820–1821.

— f. d. Großh. Hess. Artillerie. 1r—4r Thl. in 2 Bden. 8. Darmst. 820. Leske. 1 ₰ 14 gr

Exercir-Reglement für die churfürstlich-hessische Artillerie. (Mit 5 Beilagen und 1 Bd. Pläne mit 19 Taf. und den dazu gehörenden Erklärungen.) (2 Bde.) 8. Kassel 1822.

Exercir-Reglement für die k. k. Artillerie. Wien 1850. 8°.
Dass. 1866. 1871. 1878.
Dass. 2. Aufl. T. 1—3. 1886—89.

Exercir-Reglement für die k. k. Artillerie. 7 Abthlgn. 16. Wien 871, k. k. Hof- und Staatsdruckerei. *
Inhalt:
Abthl. 1. Ausbildung zu Fuß. — Gymnastische Uebungen zu Fuß. Einzeln * 40 Pf.
" 2. Ausbildung im Reiten und Fahren. — Gymnastische Uebungen zu Pferd. Einzeln * 40 Pf.
" 3. Ausbildung beim Feldgeschütze. Einzeln * 40 Pf.
" 4. Ausbildung beim Gebirgsgeschütze. Einzeln * 40 Pf.
" 5. Ausbildung beim Batterie- und Küsten-Geschütze. Einzeln 40 Pf.
" 6. Ausbildung der Chargen. — Leitfaden für die Ausbildung der Recruten. — Stellung und Exerciren der Stabs- und Oberofficiere. — Trompeten-Signale. Einzeln * 30 Pf.
" 7. Ausbildung und Führung von Batterien. Einzeln * 30 Pf.

Exerzir-Reglement für die k. k. Artillerie. 1—4. Thl. 8. Wien 878. k. k. Hof- u. Staatsdruckerei. n. 3. —
1. (XIX, 159 S. m. eingedr. Holzschn.) n. — 60
2. (XIV, 395 S. m. eingedr. Holzschn.) n. 1. 20
3. (V, 233 S. m. eingedr. Holzschn.) n. — 80
4. (VI, 86 S. m. eingedr. Holzschn.) n. — 40

Exercier-Reglement (E—5) für die k. k. Artillerie. 1.—4. Th. 1878. Anhang zum 1. Th. 1884. (4 Bde.) 8. Wien 1878 und 1884.

— — 2. Aufl. I. Th. 1886. Beigeb.: 1. Nachtrag 1887. 2. Nachtrag 1889. 3. Nachtrag 1889. II. Th. 1886. Beigeb.: 1. Nachtrag 1889, 2. Nachtrag 1891, 3. Nachtrag 1894. III. Th. 1889. (Mit 4 Taf.) (3 Bde.) 8. Wien 1886—1894.
— — 3. Auflage des 1. Th. 8. Wien 1891.

Exercir-Reglement f. die k. k. Artillerie. 1. u. 2. Thl. 2. Aufl. d. Reglements vom J. 1878. 8. (Mit eingedr. Fig.) Wien, Hof u. Staatsdruckerei. n. 2. 60
1. (XXI, 210 S.) n. 1. — 2. (XIV, 426 S.) n. 1. 60

Exercier-Reglement für die k. k. Artillerie. III. Thl. 2. Auflage. 8. (VII, 293 S. mit 4 Tafeln) —.60
Wien: Hof- und Staatsdruckerei 1889

Nachtrag, 4., zum Exercier-Reglement für die k. u. k. Artillerie. II. Theil. 8. (64 S.)
Wien: Hof- und Staatsdruckerei 1898. —.15

Exercier-Reglement f. die k. u. k. Artillerie. (Entwurf.) I. u. III. Thl. 8. Wien 899. (Hof- u. Staatsdruckerei) n. 1. 70
I. Exercieren zu Fuss. (VIII, 157 S.) n. — 80
III. Feld-Artillerie. (V, 159 S. m. 1 Taf.) n. — 90

Exerzierreglement f. die k. u. k. Artillerie. IV. Tl. Festungsartillerie. 2. Heft. Belagerungs- u. Festungsgeschütze. (XI, 324 S.) 8. Wien 904. (Hof- u. Staatsdruckerei.) n. 2. 50

Exerzierreglement f. die k. u. k. Artillerie. Entwurf. III. Tl. Feld- u. Gebirgsartillerie. 1—4. Heft. 8. Wien, (Hof- u. Staatsdruckerei). 4. —
1. Die Feldkanone. (V, 80 S. m. Fig. u. 1 Taf.) 908. 1. 20
2. Die Feldhaubitze. (V, 120 S. m. Fig. u. 1 Taf.) 907. 1. 50
3. Die Gebirgskanone. (IV, 125 S. m. Fig. u. 1 Taf.) 907. 1. —
4. Grössere Körper, Gefechtsweise der Artillerie, Ehrenbezeigungen u. Paraden. (IV, 63 S.) 907. — 30

Exercir-Reglement f. die Schleswig-Holsteinische Artillerie. 2. Abth.: Ausbildung zur Bedienung unbespannter Feld-Geschütze. gr. 12. (48 S.) Schleswig 850, Bruhn. n. 6 ngr (Die 1. Abthl. ist noch nicht erschienen.)

— f. reitende Artilleriedivisionen. Entwurf. (E. RA.) E-5-2. (Zu Abt. 5, Nr. 4635 vom J. 1909 — Normalverordnungsblatt f. das k. u. k. Heer, 43. Stück.) (XIII, 109 S. m. 2 Taf.) kl. 8. Ebd. 909. 1. —

K. Baierisches Exercier-Reglement. Abschn. 1. Wie d. Rekrouten dreßirt w. sollen. (Mehr nicht vorhanden.) Landsberg 1808.

— Bataillons-, f. d. Braunschw. Bürgergarde. 8. Braunschw. 831. (Vieweg). ...

— für d. Braunschweig. Bürgergarde. Zusammengestellt vom Hauptmann v. Röver. 8. Braunschw. 831. Vieweg. ...

⊙ Exerzier-Reglement für die Bürgergarde in Kiel. Kiel. 1848. 8°

Exercirreglement, für das Bürgermilitär im Königreich Bayern. gr. 4. Bamb. Lachmüller. 808.

— für d. Bürger-Militär im Königr. Baiern. In 3 Abschn., mit 1 Kpft. 8. Kempt., Dannheimer. 8 K

Exercir-Reglement für das sämmtliche Bürger-Militär der k. k. Haupt- und Residenzstadt Wien. 8. Wien 1831.

Das deutsche und das französische Exerzier-Reglement für die Infanterie im Ausz. zum Gebr. bei d. Gefechtsausbildung. Hrsg. von [Walter] v. Hülsen, Major. Berlin: Voss 1908. 127, 67 S. 8°

Exerzierreglement und Dienstreglement. II. T. [Taschenbibliothek für Offiziere der k. u. k. Fußtruppen.] 16°. (V, 109 und V, 110 S.) Pressburg: Heckenast 1904. K 2.60

Exercier- u. Dienst-Reglement f. d. eydgen. leichten Truppen. T. 1 (2. Aufl.). 2. Zürich 1806. 1807.

Exercierreglement für die Feldartillerie. T. 1–3. Wiesbaden 1835.

Exerzier-Reglement f. d. Feld-Art. Bd 1—3. (Unvollst.) Mit Abänd. München 1874—1875.
— — 1878: Desgl.
— — 1888: Entw.
— — 1889—1892: Vorschrift m. Abänd. 1906: Entw. T. 3. 4.

— für die Feld-Artillerie. Vom 23. Aug. 1877. 8. (XXIII, 309 u. Beilagen 30 S.) Berlin 877. Voß. n. 4. —

— f. die Feld-Artillerie. 12. (XI, 186 S.) Berlin 889. Mittler & Sohn. n. 1. 35; geb. n. 1. 75

Exerzir-Reglement f. die Feldartillerie. 12. (XI, 200 S.) Berlin 892. E. S. Mittler & Sohn. n. 1. 40; geb. n. 1. 80

Exerzier-Reglement f. d. Feldart. Bern 1897.

— f. d. Feldartillerie. 2. Thl. Ausbildg. a. unbespannten Geschütz. (Material C/96.) Entwurf. Jan. 1898. gr. 16. (48 S.) Berlin 898. E. S. Mittler & Sohn. n. — 35 (1 u. 2: n. 2. 40; geb. in Leinw. n. 2. 70)

— für die Feldartillerie. 12. (XI, 215 S.) Berlin 899. E. S. Mittler & Sohn. n. 1. 30; kart. n. 1. 50; geb. in Leinw. n. 1. 70

— dasselbe. 12. (XI, 215 S.) München 899. (Literarisch-artist. Anstalt.) Kart. n. 1. —

— dasselbe. 2. Thl. Ausbildung am unbespannten Geschütz. (Material C/96.) Entwurf. Jan. 1899. gr. 16. (49 S.) Berlin 899. E. S. Mittler & Sohn. n. — 35

— f. die Feldartillerie. (Ex. R. f. d. Fa. Vom 26. III. 1907.) (D.V.E. Nr. 414.) (X, 248 S. m. Fig.) kl. 8. Berlin 907. E. S. Mittler & Sohn. 1.30; geb. in Dermatoid 1. 70

— dasselbe. Mit Sachregister. (X, 248 u. 32 S. m. Fig.) kl. 8. Ebd. 907. 1.50; geb. in Dermatoid 1. 90

— für die Feldartillerie. (Ex. R. f. d. Fa.) Vom April 1907. (D. V. 61.) (X, 248 S. m. Fig.) kl. 8. München 907. (Th. Ackermann.) Geb. 1. 40

Exerzier-Reglement für die k. bayer. Feld-Artillerie:
I. Band. Ausbildung zu Fuß. (Mit Aenderungen.) München 1874. 8.
II. Band. IV. Theil. Reitunterricht. (Mit Abänderungen.) München 1874. 8.
II. Band. VII. Theil. Fahr-Unterricht. München 1874. 8.
III. Band. I. Theil. Ausbildung des Artilleristen zur Bedienung des Feldgeschützes. München 1874. 8. (Mit Abänderungen 1875.)
III. Band. II. Theil. Aufstellung und Bewegung einer Feld- und einer reitenden Batterie, dann mehrerer Feld- und reitenden Batterien. (Mit Abänderungen.) München 1875. 8.

Exerzier-Reglement für die japan. Feldartillerie. Tokio 1903. 8°. (Japan.)
Dass. Mannschaftsausg.

Exerzier-Reglement f. d. Feldkanone 96 n/A. Entw. München 1906.

— f. Feldkanonen- u. Feldhaubitzregimenter. Entwurf. (ER., FK. u. FH.) E—5—1. (XIII, 109 S. m. 2 Taf.) kl. 8. Wien 909. (Hof- u. Staatsdruckerei.) 1. —

— u. Feldreglement f. d. Landwehr, f. Röder, Grundlinien d. Treffenkunde.
(Mehrere Exercir-Reglements f. unt. Auszug.)

— für die Berliner Feuerwehr. Im dienstl. Auftrage bearb. Mit 62 in den Text gedr. Holzschn. gr. 8. (IV, 148 S.) Berlin 880. Springer. n. 2. 60

— für die Feuerwehren des Bezirksfeuerwehrverbandes von Chemnitz und Umgegend. 1. und 2. Aufl. 8. (64 S.) Chemnitz 875, (Focke.) **

— für den Reichenberger Feuerwehr-Gauverband. gr. 16. (84 S. m. 4 S. Musikbeilage.) Reichenberg 876. Jannasch. n. — 52

Exercir-Reglement für die Freiwilligen-Cavallerie-Regimenter. 8. Wien 1860.

Exerzir-Reglement f. d. Fußart. Bd 1. 2 (T. 1–6). München 1874—1877.
— — 1884. 1889: Desgl.
— — 1896: T. 3. Entw. (Schwere Art. d. Feldheeres.)
— — 1898. 1899. T. 3. Abschn. 1. 2. Entw.
— — 1900. T. 3. A. (Schw. Art. d. F.-H.)

Exerzir-Reglement für die Fuß-Artillerie. Berlin 1883. 8°.
Dass. 1889.
Dass. u. d. T.: Fuß-Exerzir-Reglement für die Fuß-Artillerie. 1891.
Dass. u. d. T.: Exerzier-Reglement für die Fußartillerie. T. 1. 3. 1906.

— für die Fuß-Artillerie. gr. 8. (162 S.) Berlin 883. Voß. 1. 50

— für die Fuß-Artillerie. 12. (IX, 113 S.) Ebd. 889. n. — 80; geb. n. 1. —

— dasselbe. 1. Thl. Ausbildung zu Fuß. 1891. Neuabdruck m. d. bis Juni 1897 erschien. Deckblättern u. sonst. Abändergn. 12. (IX, 119 S.) Ebd. (897) 898. n. — 80; kart. n. 1. —

— f. d. Fußartillerie. II. Thl. Ausbildg. a. Geschütz. Entwurf. 12. (VI, 98 S. m. Fig.) Ebd. 897. n. — 70; geb. in Leinw. n. 1. —

— f. die Fußartillerie. II. Thl. Ausbildung am Geschütz. Entwurf. (Neue Ausg.) 12. (VI, 132 S. m. Fig.) Ebd. 901. n. — 90; kart. n. 1. 10; geb. in Leinw. n. 1. 20

— dasselbe. 2. Thl., Ergänzgn., s.: Geschützbehandlung.

— für die Fußartillerie. I. Tl. Ausbildung ohne Geschütz vom 10. XII. 1906. (D. V. E. Nr. 200.) (VII, 59 S.) kl. 8. Berlin 906. E. S. Mittler & Sohn. —40; kart. —55; geb. in Leinw. — 80

— für die Fußartillerie. III. Tl. Die schwere Artillerie des Feldheeres. Vom 28. VI. 1906. Entwurf. (D. V. E. Nr. 201.) (IX, 120 S. m. Fig.) kl. 8. Berlin 906. E. S. Mittler & Sohn. n. — 80; kart. n. 1.—; geb. in Leinw. n. 1. 20

— dasselbe. (Ex. R. f. d. Fßa.) Vom 19. XI. 1908. (D.V. E. Nr. 200.) (X, 218 S. m. Fig.) kl. 8. Ebd. 908. 1.—; geb. 1. 30

Exerzier-Reglement für die k. bayer. Fuß-Artillerie:
I. Band. Ausbildung zu Fuß. Mit Abänderungen. München 1874. 8.
II. Band. II. Theil. Die Bedienung der 9cm. Kanone. Mit Abänderungen. München 1876. 8.
II. Band. III. Theil. Die Bedienung der 12cm. Kanone. Mit Abänderungen. München 1875. 8.
II. Band. IV. Theil. Die Bedienung der 15cm. Kanone. Mit Abänderungen. München 1876. 8.

— für die k. k. Fußtruppen, s. a. Militär-Vorschriften.

— für die k. k. Fuß-Truppen. 1862. Ebend. 862. gr. 8. (VI, 160 S. m. Holzschn.) nn. 20 ngr.

— für die k. k. Fußtruppen. 1862. gr. 8. (VI und 160 S. mit eingedr. Holzschn.) Wien 864. (Leipzig, Denicke.) * *

Exercir-Reglement für die kaiserlich-königlichen Fuß-Truppen. Wien 867. k. k. Hof- u. Staatsdruckerei. 8. (VI, 50 S. m. Holzschn.) n. 10 ngr.

Exercier-Reglement für die kaiserlich-königlichen Fußtruppen. Mit 23 in den Text eingedruckten Holzschnitten und 1 Plane. 16. 1868. (VI u. 150 S.) Wien, k. k. Hof- und Staatsdruckerei. In Leinwand gebunden. 30 kr.

Exercier-Reglement für die k. k. Fusstruppen. 1. Th. 1874. Beigeb.: Anhang. Specielle Bestimmungen für das Pionnir-Regiment. 2. Th. 1875. (Mit 9 Taf.) (2 Bde.) 8. Wien 1874—1885.

— — 1. Th. mit 1. u. 2. Nachtrag. 2. Aufl. des Reglements vom Jahre 1874. (Mit 1 Taf.) 2. Th. mit 1. Nachtrag. 2. Aufl. des Reglements vom Jahre 1875. (2 Bde.) 8. Wien 1880—1887.

— — (E—3) für die kaiserl. königl. Fusstruppen. 3. Aufl. des Reglement vom Jahre 1874. Beigeb.: 1. u. 2. Nachtrag. 8. Wien 1889—1893.

— für die kaiserlich-königl. Fußtruppen. 1. und 2. Thl. 8. Wien, k. k. Hof- und Staatsdruckerei. [1. Thl. (XVI, 255 S.) 874. * M 1.; 2. Thl. (VII, 67 S. mit 9 Stnt.) 875. * 40 Pf] *

— für die k. k. Fußtruppen. 1. u. 2. Thl. 8. Wien 880. k. k. Hof- u. Staatsdruckerei. n. 1. 40
1. 2. Aufl. des Reglements vom Jahre 1874. (XVI, 250 S. m. 1 Taf.) n. 1. —
2. 2. Aufl. des Reglements vom Jahre 1875. (IV, 73 S.) n. — 40

— f. die k. k. Fußtruppen vom J. 1889, s.: Militär-Vorschriften.

Nachtrag 1 vom Jahre 1893 zum Exercier-Reglement für die k. u. k. Fußtruppen vom Jahre 1889. 8. (7 S.) —.02
Wien: Hof- und Staatsdruckerei 1894

— — 1—2 vom Jahre 1893 zum Exercier-Reglement für die k. u. k. Fußtruppen vom Jahre 1893. 8. (3 S.) —.01
Wien: Hof- und Staatsdruckerei 1894

— III zu dem Exercier-Reglement für die k. u. k. Fußtruppen. 8. (11 S.) .02
Wien: Hof- und Staatsdruckerei 1898

Exercier-Reglement für die k. u. k. Fusstruppen. 3. Auflage des Reglements vom Jahre 1874. 8. (VII, 242 S.) —.50
Wien: Hof- und Staatsdruckerei 1898

E—3. Entwurf. Exercier-Reglement für die k. u. k. Fusstruppen. (Zu Abth. 5, Nr. 2502 vom Jahre 1901. — Normal-Verordnungsblatt für das k. u. k. Heer, 28. Stück.) Wien. 1901. Hof- und Staatsdruckerei. 8°. VII, 220 S. K 1.—

— — (E—3.) für die k. u. k. Fusstruppen (Zu Abth. 5, Nr. 2362 vom Jahre 1903 — N. V. Bl. für das k. u. k. Heer, 38. Stück.) 8. Wien 1903.

Exerzierreglement für die k. u. k. Fußtruppen. 8°. (VII, 223 S.) Wien: Hof- und Staatsdruckerei 1903. K 1.40

Exerzierreglement für die k. u. k. Fußtruppen. (Taschenausgabe.) [Taschenbibliothek für Offiziere der k. u. k. Fußtruppen.] 16°. (V, 109 S.) Pressburg: Heckenast 1904. K 1.50

— f. die k. u. k. Fusstruppen. Anh. Maschinengewehrabteilungen. Entwurf. (IV, 42 S. m. 8 Fig.) 8. Wien 908. (Hof- u. Staatsdruckerei.) — 25

— das, in der geschlossenen Gefechtsordnung für die königlich bayrische Infanterie. Bearb. für Landwehr-Offiziere, Unteroffiziere und Einjährig-Freiwillige von einem bayerischen Infanterie-Offiziere. kl. 8. (XVI, 208 S. mit 82 Holzschn.) München 868, Oldenbourg. *

Exercier-Reglement für die k. k. Genie-Truppen (siehe auch „Exercier-Reglement für die k. k. Fusstruppen", C m). (Mit 5 Taf. und 1 Skizze.) 8. Wien 1853.

— für die Geschütze der norddeutschen Bundes-Marine. 1. Thl. Berlin 870. Bernstein. 16. (VII, 90 S. u. 8 lith. Taff.) n. 10 ngr.

Exercier-Reglement für die kaiserlich-königliche Gränz-Infanterie. Wien, am 15. August 1808. Erzherzog Carl, Generalissimus. (Mit 31 Taf.) 4. Wien 1808.

— — für die Jäger der k. k. Armee. (Mit 31 Taf.) 4. Wien 1841.

Exercier-Reglement für die k. k. Jäger. (Entwurf.) (Mit 43 Taf.) (Manuscript.) Fol. Wien 1813.

— f. die k. k. Jäger. 1851. gr. 8. (XII u. 239 S. m. 13 lith. Taf. in gr. 4. u. qu. Fol., wovon 4 color. u. 5 Bl. Erklärg.) Wien. (Leipzig, Hübner.) n. 1⅙ ß

— japanisches, f. die Infanterie. (VI, 117 S.) kl. 8. Berlin 908. E. S. Mittler & Sohn. 1.40; geb. 1. 65

— dasselbe vom 8. XI. 1909. Mit Genehmigg. des kaiserl. japan. Kriegsministeriums übers. v. Beyer u. Stecher. (VII, 118 S.) kl. 8. Oldenburg (910). G. Stalling's Verl. 1.20; geb. 1. 65

Exercier-Reglement f. d. Inf. Abt. 1—5. Mit Beil. Hannover 1818—1823.

Exercir-Reglement f. d. Inf. Abt. 1—3. Mit Taf. Darmstadt 1819—1821.

Exerzier-Reglement f. d. Inf. Bd 1—4. Karlsruhe 1820.

Exercir-Reglement f. d. Inf. T. 1—3. Wiesbaden 1834.

Exercier-Reglement f. d. Inf. Hannover 1842. 1863.

Exercir-Reglement für die Infanterie. 1852. Kiel 1852.

— für die Infanterie 2c. vom 25. Februar 1847. Neuabdruck unter Berücksichtigung der bis zum 1. März 1867 ergangenen Abänderungen. Berlin 1867. 8.

— für die Infanterie 2c., unter Berücksichtigung der bis 3. August 1870 ergangenen Abänderungen. Berlin 1870. 8.

— für die Infanterie 2c. vom 25. Februar 1847. Neuabdruck unter Berücksichtigung der bis zum 1. März 1876 ergangenen Abänderungen. Berlin 1876. 8.

—— für die Infanterie. 12. (X, 208 S.) Berlin 888, Mittler und Sohn. **ℳ 1.10.; geb. **

— dasselbe. 12. (VIII, 190 S.) München 888. (Kaiser.) cart. n.n. 1.—

— f. die Infanterie. Abdr. v. 1889. 12. (X, 208 S. m. Abbildgn. u. Musikbeilagen.) Berlin 889. Mittler & Sohn. geb. n. 1.60

— dasselbe. Sach-Register. 12. (25 S.) Ebd. 890. — 15

— f. d. Infanterie. Sonderabdr. d. III. Thls. Für Spielleute bestimmt. Neuabdr. m. d. neuen Notirg. d. Signale v. Juni 1897. gr. 16. (II u. S. 143—208.) Berlin 897. E. S. Mittler & Sohn. — 30

— dasselbe. Vom 29. V. 1906. (D. V. E. Nr. 130.) (VIII, 150 S.) kl. 8. Berlin 906. E. S. Mittler & Sohn. Geb. in Leinw. n. 1.20

— dasselbe m. Anh. (Spielleute u. Musik.) (D. V. E. Nr. 130a). (VIII, 198 S.) kl. 8. Ebd. 906. Geb. in Leinw. u. geh. n. 1.50; Anh. allein n. — 30

— dasselbe m. Anh. u. Sachregister. (VIII, 198 u. 32 S.) kl. 8. Ebd. 906. Geb. in Leinw. u. geh. n. 1.60; Sachregister allein n. — 15

— für die Infanterie. (Ex. R. f. d. J.) (D. V. 158.) (VIII, 150 S.) kl. 8. München 906. (Th. Ackermann.) Geb. n. 2.—

— für die Infanterie. (Ex. R. f. J.) Vom 29. V. 1906. (D. V. E. Nr. 130.) Neuabdr. m. Einfügg. der bis August 1909 ergangenen Ändergn. (Deckblatt 1—78). (VIII, 198 u. 32 S. m. Abbildgn.) kl. 8. Berlin (910). E. S. Mittler & Sohn. 1.20; geb. 1.60

Auszug aus dem **Exerzier-Reglement** für die Infanterie. Für Offiziere u. Unteroffiziere. Zsgest. von Boysen, Hptm. im Inf.-Reg. Nr 72. 10. veränd. Aufl. auf Grund d. Veränd. d Exerz.-Rglts. vom August 1909. Berlin: Zuckschwerdt 1910. 62 S. 8° [illegible]

— für die Infanterie der königl. baierischen Armee. gr. 16. (XIX, 212 S. m. 8 Musikbeilagen in qu 4. u. 9 Steintaf. in qu. Fol.) München 872. (Kaiser. — Lindauer.) geb. n. 2.40

— für d. Infanterie d. königl. Großbrit.-Hannöv. Armee. 5 Abtheill., mit 16 Kpft. u. 1 B. Signale. gr. 8. Hannov. 818—23. Helwing. 4 ℛ

— für die Infanterie der Königlich-Hannoverschen Armee. gr. 8. (Mit 6 Steintaf. u. Musikbeil.) Hannover 842, Helwing'sche Hof-Buchh. n. 1 2/3 ℛ Schreibp. n. 2 1/4 ℛ — Anhang dazu. Gewehr-Exercice. gr. 8. Ebd. 843. n. 1/3 ℛ

— für die Infanterie der Königlich-Hannoverschen Armee. Hannover 863. Gebr. Jänecke. 8. (XV, 306 S. u. 25 lith. Taf.) n. 18 ngr.

Exerzier-Reglement für die Infanterie der kurhess. Armee. Cassel 1814. 8°.
Dass. (Mit) Atl. 1822.

Exerzir-Reglement für die Infanterie der Kgl. Preuß. Armee. Berlin 1811. 8°.
Dass. 1812.
Dass. 1847. (Mit) Nachtr. 1867.
Dass. 1870. 1876.
Dass. u. d. T.: Exerzir-Reglement für die Infanterie. 1888.
Dass. 1889. 1891. 1906. 1909.

— für die Infanterie der Kgl. Preuß. Armee. 8. (XII u. 228 S. nebst 2 Plänen u. 40 S. Noten in 4.) Berlin 847, Decker. 2/3 ℛ Velinpap. mit breitem Rande 1 1/2 ℛ

—— für die Infanterie der königl. preußischen Armee vom 25. Febr. 1847. Neuabdruck unter Berücksichtigung der bis zum 3. Aug. 1870 ergangenen Abänderungen. gr. 16. (XV, 235 S. mit 3 Beilagen 40 S. in qu. 4.) Berlin 871, v. Decker'sche Geh. Ober-Hofbuchdr.

— für die Infanterie der königl. preußischen Armee vom 25. Febr. 1847. Neuabdr. unter Berücksicht. der bis zum 1. März 1876 ergangenen Abändergn. 8. (XII, 226 S. m. 40 S. Musikbeilagen in qu. 4.) Berlin 876. v. Decker. 2.—

Exerzier-Reglement für die Infanterie der Kgl. Preuß. Armee v. 25. 2. 1847, Neuabdr. unt. Berücksicht. d. bis z. 1. 3. 1870 ergangenen Abänderungen, Berlin 1870 u. 1888, 225 u. 208 S., 16°. 2 Bde.

— für d. Großh. Badische Infanterie. Nebst e. Anhange zur Anweisung d. Scharfschützen. 4 Bde. Mit 44 Plänen u. Noten. 8. Karlsr. 814—20. Müller. 5 ℛ

Exerzier-Reglement für die Großh. Bad. Infanterie. Bd 1. 2. 3. Karlsruhe (c. 1815). 8°.
Dass. Bd 1—4. 1820.

—— für d. Großh. Badische Infanterie. 1—3. Bd. 8. (29 1/2 B. u. 44 lith. Pläne in qu. Fol. u. gr. 4.) Karlsruhe 832, (Müller.)

Exercir-Reglement f. die Großherz. Badische Infanterie. — Anhang. Provisorische Vorschrift für die Handhabung der Percussionsschloß-Gewehre beim Laden, Fertigmachen u. Abfeuern. gr. 12. Karlsruhe 841. (Müller'sche Hofb.) 1/8 ℛ

— für d. Herzogl. Braunschweig. Infanterie. 2 Thle. 8. Braunschw. 815. (Vieweg). 2 ℛ

Exercir-Reglement für die Herzogl. Braunschw. Infanterie. Braunschweig 1839. 8°.

Exerzir-Reglement für die Infanterie der 3ten Brigade 2ten Division 10ten Armeecorps des deutschen Bundesheeres. (Oldenburg-Hanseatische.) Mit Genehmigung Sr. Königl. Hoheit des Großherzogs v. Oldenburg u. der hohen Senate der drei freien Hansestädte Lübeck, Bremen u. Hamburg. Mit 8 Steintaf. gr. 8. Oldenburg 835. Schulzesche B. (Berndt.) 5/6 ℛ

Exercir-Reglement für die Kgl. Dän. Infanterie. Kiel 1852. 8°.

Exerzier-Reglement für die eidgenössische Infanterie. 1823. H. 1—3. o. O. 1826. 8°.
Dass. u. d. T.: Exerzir-Reglement für die eidgenössischen Truppen. T. 1—(4). Zürich, Bern, Brugg u. Solothurn 1868—69.
Dass. u. d. T.: Exerzir-Reglement für die schweizer. Infanterie. T. 1—4. Brugg u. Bülach 1876—78.

— das, der französischen Infanterie. [Grundlagen der Ausbildg. Soldatenschule, Kompagnieschule.] 12. (VIII, 251 S.) Hannover 889. Helwing's Verl. n. 2.—

— dasselbe. (2. Hft.) III. Die Bataillonsschule. IV. Die Regimentsschule. 12. (V, 130 S.) Ebd. 889. n. 1.20

— das, d. französ. Infanterie v. 1894. 12. (VIII, 240 S. m. Fig. u. 2 Taf.) Leipzig 895. Zuckschwert & Möschke. n. 3.—

Exerzierreglement, das, der französischen Infanterie v. 1904. Uebers. u. eingeleitet v. Karl Egli. (VIII, 150 S.) kl. 8. Berlin 905. Kuckschwerdt & Co. n. 2. —

Exercir-Reglement für die grossherzoglich-hessische Infanterie. 1. Abth. 1819 (mit 20 Kupfer-Taf., hievon 1—VIII mit Soldaten-Abbildungen). 2. Abth. Mit 32 Kupfer-Taf. 1820. 3. Abth. Mit 5 Kupfer-Taf. und Noten. 1821. (3 Bde.) 8. Darmstadt 1819—1821.

— für d. Großh. Hess. Infanterie. 3 Thle, mit vielen Kpf. gr. 8. Darmst. 819. Leske. 2 ℛ 8 gℊ

Exercir-Reglement für die kurfürstlich-hessische Infanterie. nebst Plänen. Mit 33 Taf., hievon 1—8 mit Soldaten-Abbildungen. (2 Bde.) 8. Cassel 1822.

Exercier-Reglement für die Landgräfl. Hess. leichte Infanterie. Darmstadt 1805. H: *Klipstein, Frdr. Leop.* (HS) (Adel)

Exersier-Reglement für die japan. Infanterie. Tokio 1898. 8°. (Japan.)
Dass. Mannschaftsausg.
Dass. von 1906 u. 07 deutsch. Berlin 1908.
Dass. deutsch von Beyer und Stecher. Oldenburg 1909.

Exercier-Reglement für die Infanterie der Insurrection des Adels von Ungarn. (Mit 9 Taf.) Auf höchsten Befehl Sr. k. k. Hoheit des Erzherzogs Palatinus entworfen. 8. Pest 1809.

Exercier-Reglement für die k. k. Infanterie. Wien 1807. 8°.
Dass. N. Aufl. (Mit) Atl. 1816. (Atl.: 1815.) 4° u. 2°.
Dass. u. d. T.: Exercier-Reglement für die k. k. Linien- und Grenz-Infanterie. 1851.
Dass. u. d. T.: Exercier-Reglement für die k. k. Fußtruppen. (Mit) Tafelbd. 1862.
Dass. 1867. 1868. 1874—73. 1889. 1903.
Dass. Ausz. 1838. 1846. Bd 1. 2.

Exercier-Reglement für die kaiserlich-königliche Infanterie. Erzherzog Carl, Generalissimus. (Beigeb.: Berichtigung der eingeschlichenen Fehler.) (2 Bde. mit 74 Taf.) 4. Wien, den 15. März 1807.

— — Neue Aufl. (Nachdruck.) (1 Bd. Text und 1 Bd. mit 74 Taf.) 4. Wien 1816.

Exercir-Reglement, das, für die k. k. Infanterie, eingetheilt in Exercir-Zetteln (Lectionen u. Entwürfe) nach der Instruction für die Lehr-Bataillons, mit allen Kommando-Worten, Hornsignalen, Trommelstreichen; Notizen ꝛc. Als Beilage die Marsch-Ordnung. Von K. Pesth 858. Geibel. 18. (3 Bl., 148 S. u. 3 Tab. in qu. 4. u. Fol.) n. 8 gℊ

Exercier-Reglement vor die Königl: Pohln: und Churfürstl: Sächßl: (!) Infanterie. Dresden 1751. 8°. (Verm. Jähns.)
Dass. u. d. T.: Exerzirreglement für die Churf. Sächs. Infanterie. 1804.
Dass. u. d. T.: Exerzir-Reglement für die Kgl. Sächs. Infanterie. T. 1—3. 1839. (Entwurf.)
Dass. T. 1—3. 1841.
Dass. T. 1—3. 1853.

— für d. russische Infanterie (Entwurf), nebst Anleitg. f. d. Verwendg. d. Infanterie im Gefechte. Erschienen Juni 1897. Vollinhaltl. übers. von Vict. Grzesicki. 8. (XXIV, 172 S. m. Fig u. 9 Taf.) Wien 897. L. W. Seidel & Sohn. n. 2. 40

— f. die russische Infanterie (Ustáw strojewój pjechótnoj sslúžby). Ausg. 1900. Vollinhaltlich übers. v. Vict. Grzesicki. 8. (VI, 144 S. m. Abbildgn. u. 10 Taf.) Wien 902. L. W. Seidel & Sohn. n. 3. —

— für die Königlich Sächsische Infanterie. 1853. (3 Thle.) Dresden. (Meinhold.) 8. (XII, 169; XII, 244; VIII, 96 u. 16 lith. S.) n. 2 ℛ

— f. die Schleswig-Holsteinische Infanterie. gr. 12. (XIV u. 160 S. m. 9 lith. Taf. u. 24 lith. S. Signale.) Schleswig 849. Bruhn. n. ⅔ ℛ

— für die schweizerische Infanterie. Beschluss der Bundesversammlg. vom 24. März 1876. gr. 16. (IV, 169 S.) Zürich 876. Orell, Füssli & Co. n. 1. —

Exerzir-Reglement für die schweizer. Infanterie vom 23. Dezember 1890 mit Erläuterungen, hrsg. von *J. Feiss*. In-8°. II, 162 S. Zürich, Art. Institut Orell Füssli. 1891 Cart. 1 50

Exercierreglement. Exerzier-Reglement für die Schweizerische Infanterie. Beschlüsse des schweiz. Bundesrates vom 23. Dezember 1890 und 15. April 1901. 3. Aufl. ([Mit Noten der] Trompeter-Signale.) VI + 136 S. 8. G[larus], D[aniel] H[efti], VI. 1901. [fr. —.50]

Exercir-Reglement für die Infanterie- und Kavallerie-Regimenter des Schwäbischen Kreißes. Stuttgart 1793. 8°.

Exercier-Reglement f. d. Cav. Hannover 1787.

Exercierreglement für die Kavallerie. T. 1.2. Mit Beilagen.— Darmstadt 1820.

Exercierreglement für die Kavallerie. Hannover 1845.

Exerzir-Reglement f. d. Kav. (Mit 1 Entw.) Berlin 1873—1895.

— für die Kavallerie, Abschnitt 5 d. Neuabdr. vom 9. Jan. 1873. Neubearbeitung zur versuchsweisen Einführg. 8. (47 S.) Berlin 874. v. Decker. n. — 50

— für die Kavallerie vom 5. Juli 1876. 8. (XXIV, 294 S., wovon 66 lith. u. 24 S. Musikbeilagen.) Ebend. 876. n. 5. —

— dasselbe vom 5. Juli 1876. Abänderungen bezw. Ergänzgn. 8. (6 Bl.) Ebend. 885. — 8

— das, der Kavallerie. Eine Studie v. P.-N. Mit 4 (eingedr.) Zeichngn. gr. 8. (23 S.) Berlin 885. Mittler & Sohn. n. — 60

Exercier-Reglement f. d. Cavallerie I.—II. Theil. 2. Aufl. 8. (I. Thl. XVI u. 338 S., II. Thl. VIII u. 123 S.) Wien, Hof- u. Staatsdruckerei. 69 kr. 1885.

— dasselbe. Vom 10. April 1886. 8. (XX, 243 S.) Ebend. 886. n.n. 2. —; geb. n.n. 2. 40

— f. die Kavallerie. Entwurf. 12. (X, 277 S. m. Fig.) Ebd. 893. n.n. 2. —; geb. in Leinw. n.n. 2. 40

— für d. Kavallerie. (1895.) 12. (XXII, 257 S. m. Fig.) Berlin 895. E. S. Mittler & Sohn. n. 1. 50; kart. n. 1. 80; geb. in Leinw. n. 2. —

— dasselbe. (Nach d. gleichnam. kgl. preuß. Vorschrift.) 12. (XII, 242 S. m. Abb.) München 895. (Th. Ackermann.) Kart. n. 2. —

Auszug aus dem Exerzier-Reglement für die Kavallerie. Zum Taschengebr. f. Unteroffiziere u. Mannschaften. Zsgest. von v. Unger ⟨Kurt⟩, Major im Generalstabe. Berlin: Liebel 1904. (103 S.) 8° [J.] 05. 735

Auszug aus dem Exerzier-Reglement für die Kavallerie vom 3. April 1909. Zum Taschengebrauch für Offiziere ... zsgest. von Kurt v. Unger, Oberst. 3. umg. Aufl. Mit 7 Bildern. Berlin: Liebel 1909. 99 S. 8° 10. 1942

— für die Kavallerie. (Ex. f. d. K.) (D. V. 367.) (XII, 222 S.) kl. 8. München 909. (Th. Ackermann.) Geb. 1. 50

— dasselbe. (Ex. R. f. d. K.) Vom 3. IV. 1909. (D. V. E. Nr. 299.) (XII, 214 S.) kl. 8. Berlin 909. E. S. Mittler & Sohn. 1.—; geb. 1.35 m. Beilage. (XII, 214 u. 52 S.) 1.80; geb. 1.60 m. Beil. u. Sachregister. (XII, 214, 52 u. 31 S.) 1.40; geb. 1.70; Beil. allein — 30; Sachregister allein — 15

Exercier-Reglement für die Kavallerie der Königlich Bayerischen Armee. Bamberg 1873. V: *Horadam*. (BMARSCH 293)

Exerzier-Reglement für die Kavallerie der k. bayer. Armee. Mit Berichtigungen. München 1873. 8.

— für die Kavallerie der Königl. Bayerischen Armee. 2. verb. Aufl. 16. (210 S.) Bamberg 874. Buchner in Comm. n. 1. 50

— — für die Kavallerie der k. bayer. Armee. München 1876. 8.

— [im Auszuge] für die Cavalerie der k. b. Armee. 16. (XXII, 237 S. m. 24 Steintaf.) Bamberg 877. Buchner. n. 2. —

— für die Kavallerie der K. Hannoverschen Armee. 12. (Mit 13 lith. Taf. u. Musikbeil.) Ebend. 844. n. 1 ₰

Exerzir-Reglement für die Kavallerie der preuß. Armee. Berlin 1812. 8°.
Dass. 1843. 4°. (Lithogr.)
Dass. 1847. 8°.
Dass. 1853. 1855. 1873—74. 1876. 1886.
Dass. 1893. Entwurf.
Dass. 1895. 1909.

Exercir-Reglement für die Cavallerie der königlich-preussischen Armee. (Mit 11 Beilagen.) 8. Berlin 1812.
— — (Neuabdruck.) 8. Berlin 1847.
— — (Neuabdruck.) (Mit 4 Taf.) 8. Berlin 1855.
— — Neuabdruck unter Berücksichtigung der durch Allerhöchste Cabinets-Ordre vom 9. Januar 1873 zur versuchsweisen Einführung genehmigten Abänderungen. (Mit 4 Taf.) kl. 8. Berlin 1872.
— — Abschnitt V des Neuabdrucks des Exercier-Reglements für die Cavallerie vom 9. Januar 1873. Neubearbeitung zur versuchsweisen Einführung. Allerhöchst genehmigt den 4. Juni 1874. kl. 8. Berlin 1874.
— — Vom 5. Juli 1876. Beigeb.: Abänderungen, bezw. Ergänzungen. 8. Berlin 1876—1885.
— — Neuabdruck. Vom 10. April 1886. (Mit 6 Taf.) 8. Berlin 1886.
— — Vom 16. September 1895. kl. 8. Berlin 1895.

— für d. Cavallerie d. Kön. Preuß. Armee. 8. Berl. 812. Decker. (Leipz., Cnobloch). 1 ₰ 12 ℊ

— für die Kavallerie der königl. preußischen Armee vom 5. Mai 1855. Neuabdruck unter Berücksicht. der durch Allerhöchste Cabinets-Ordre vom 9. Jan. 1873 zur versuchsweisen Einführg. genehm. Abändergn. 8. (XV, 168 S. m. 19 Musikbeilagen in qu. 4. u. 4 (color.) Steintaf. (in qu. Fol.) Berlin 873. v. Decker. 4. 50

— für die Kavallerie des Cantons Basel. gr. 8. Basel 822, Schweighäuser.

Exercier-Reglement für die Chur-Braunschweig-Lüneburgische Cavallerie von 1787. 8. Hannover 1787.

Exercir-Reglement für die eidgenössische Cavallerie. (Vom 18. Heumonat 1843.) 2. Aufl., herausgegeben mit Ermächtigung des schweizerischen Bundesrathes vom 27. Februar 1865. kl. 8. Winterthur 1865.

— f. die hessische Cavallerie, s.a. Reglement.

— für d. Großh. Hess. Cavallerie. 2 Bde Text u. 2 Bde Kpf. gr. 8. Darmst. 820. Leske. 4 ₰

Exercir-Reglement für die churfürstlich-hessische Cavallerie, nebst Plänen. (1 Bd. Text und 1 Bd. mit 42 Taf.) 8. Cassel 1822.

Exercir-Reglement für die Cavallerie der Insurrection des Adels von Ungarn. Auf höchsten Befehl Sr. k. k. Hoheit des Erzherzogs Palatinus entworfen. (Mit 8. Taf.) 8. Pesth 1809.

— — für die k. k. Cavallerie. Erzherzog Carl Generalissimus. (Mit 46 Taf.) 4. Wien 1806.

— f. die k. k. Kavallerie. 1851. gr. 8. (VIII u. 200 S. m. 16 lith. Taf. in gr. 4. u. qu. Fol.) Wien. (Leipzig, Hübner.) n. 1⅙ ₰

Exercir-Reglement für die k. k. Kavallerie 1857. Wien, 1857. Aus der k. k. Hof- und Staatsdruckerei. (IV. 98. S. 8.) (Enthält 6 Pläne kl. Querf.)

Exercir-Reglement für die kaiserlich-königliche Cavallerie, ergänzt und berichtigt nach den hierüber ergangenen hohen Weisungen. Wien 861. Seidel & Sohn. 16. (VIII, 152 S.) n. 16 ngr

— für die k. k. Cavallerie. Ebend. 862. gr. 8. (VIII, 99 S.) nn. 10 ngr

—— für die k. k. Cavallerie. gr. 8. (VIII und 99 S.) Wien 864. (Leipzig, Denicke.) **

— für die k. k. Kavallerie. 1. u. 2. Thl. 8. Wien 875. k. k. Hof- u. Staatsdr. n. 1. 20
1. (XVI, 338 S. m. eingedr. Holzschn.) n. — 90. — 2. (101 S.) n. — 30

Exerzir-Reglement für die K. K. Kavallerie. 2. Aufl. T. 1. Wien 1870. 338 S. m. Abb.

Exercier-Reglement (E—1 u. 2) für die k. k. Cavallerie. 3. Aufl. I. Th. (E—1) u. II. Th. (E—2) Mit 1 Figurentaf. N.-V.-B. f. d. k. k. Heer 4. Stück ex 1887. Beigeb.: I. Th. 1. u. 2. Nachtrag. II. Th. 1. Nachtrag. (2 Bde.) 8. Wien 1887—1891.

Exercier-Reglement (E—1 und 2) für die k. u. k. Cavallerie. 4. Auflage. I. Th. (E—1.) Beigeb.: Nachtrag 1. (1900). 2. (1904.) II. Th. (E—2.) Beigeb.: Nachtrag 1. (1904.) (2 Bde.) 8. Wien 1898—1900.

— f. die k. u. k. Kavallerie. Anh. Maschinengewehrabteilungen. Entwurf. (IV, 43 S. m. 3 Fig. im Text u. auf 1 Taf.) 8. Wien 908. (Hof- u. Staatsdruckerei.) — 30

— für d. Kurhess. Cavallerie. 8. Marb. 814. Krieger. 1 ₰ 8 ℊ bei Luckhardt 1 ₰

Exercir-Reglement d. schweizer. Kav. Aarau 1878.

— kleines, f. die Infanterie. Auszug f. Unteroffiziere u. Mannschaften. gr. 16. (VIII, 140 S.) Potsdam 884. Döring. n. 1. —

— für d. Communalgarden. Mit 4 lithogr. Plänen. 8. Dresd. 832. (Leipz., Dürr; a. Fr. Fleischer). 8 ℊ

— für die Communalgarden. 8. (Mit 3 lithogr. Taf.) Dresden 844. (Leipzig, Teubner.) n. 6 ngr.

Exerzir-Reglement f. die Communalgarden. Im Auftrag d. K. Sächs. General-Commando's der Communalgarden. Neue, vielfach verm. Ausg. 8. (IV u. 96 S.) Leipzig 848, Teubner. baar ⅙ ₰

Exercir-Reglement f. Cürassiers, Dragoners u. Husaren. Cassel 1796.

Exercier-Reglement für d. Linien-Inf. Wien 1844.

Exercir-Reglement für die eidgenossische Linien- und leichte Infanterie. (2 Bde.) Basel 1804.

Exercier-Reglement für die Linien- u. Grenz-Inf. Wien 1851. — 1854.

Exercier-Reglement für die k. k. Linien-Infanterie. (Mit 20 Taf.) 8. Wien 1844.

— f. die k. k. Linien- u. Grenz-Infanterie. 1851. gr. 8. (XII u. 259 S. m. 17 lith. Taf. in gr. 4. u. Fol., wovon 4 color. u. 7 Bl. Erklärung.) Wien 851. (Leipzig, Hübner.) baar n. 1⅙ ₰

Exercir-Reglement für die k. k. Linien- und Gränz-Infanterie. (Neu-Abdruck.) 8. Wien 1853.

— für Luftschiffer. Entwurf. (17. X. 1901.) (D. V. E. No. 371.) 12. (145 S.) Berlin 901. E. S. Mittler & Sohn. n. 1. –; kart. n. 1. 20

Exerzier-Reglement f. Luftschiffer. Entw. München 1902.

— für Luftschiffer vom 8. X. 1903. (D. V. E. No. 371.) (X, 138 S.) 12. Berlin 903. E. S. Mittler & Sohn. n. 1. —; kart. n. 1. 20

— f. Marine-Geschütze. Nr. I, II, IV—XIV, XVI—XVIII, XX—XXIV, XXIX—XXXIII. 8. Berlin 887—889. Mittler & Sohn. n.n. 12. 75

I. Für die 30,5 cm Kanone L|22 in Pivot-Laffete C|76. (35 S.) n.n. — 50
II. Für die 26 cm Kanone L|22 u. die 26 cm Ring-Kanone L|22 in Pivot-Laffete C|76. (38 S.) n.n. — 50
IV. Für die 26 cm Ring-Kanone L|22 in Thurm-Laffete C|74. (36 S.) n.n. — 50
V. Für die 26 cm Ring-Kanone L|22 in Thurm-Laffete C|76. (35 S.) n.n. — 50
VI. Für die 26 cm Ring-Kanone L|20 in Rahmen-Laffete C|75. 84. (42 S.) n.n. — 50
VII. Für die 24 cm Kanone L|30 in Pivot-Laffete C|84. (38 S.) n.n. — 50
VIII. Für die 24 cm Kanone L|30 in Rahmen-Laffete C|84. (40 S.) n.n. — 50
IX. Für die 24 cm Kanone L|20 in Pivot-Laffete C|85. (41 S.) n.n. — 50
X. Für die 24 cm Kanone L|20 in Rahmen-Laffete C|76. 84. (42 S.) n.n. — 50
XI. Für die 21 cm Kanone L|30 in Pivot-Laffete C|84. (35 S.) n.n. — 50
XII. Für die 21 cm Ring-Kanone L|19 in Thurm-Laffete C|68. (33 S.) n. — 50
XIII. Für die 21 cm Ring-Kanone L|19 in Rahmen-Laffete C|73. (41 S.) n.n. — 50
XIV. Für die 21 cm Ring-Kanone L|19 in Rahmen-Laffete C|68, 21 cm Ring-Kanone L|22 in Rahmen-Laffete C|69, 21 cm Ring-Kanone L|19 bezw. L|22 in Rahmen-Laffete C|69 für rückwärtige Zurrstellung. (56 S.) n. — 75
XVI. Für die 15 cm Kanone L|22 in Halb-Rahmen-Laffete C|77 u. die 17 cm Ring-Kanone L|20 in Halb-Rahmen-Laffete C|75. (42 S.) n.n. — 50
XVII. Für die 15 cm Kanone L|30 in Rahmen-Laffete C|83. (39 S.) n.n. — 50
XVIII. Für die 15 cm Kanone L|30 in Mittel-Pivot-Laffete C|83. (36 S.) n.n. — 50
XX. Für die 15 cm Kanone L|22 u. 15 cm Ring-Kanone L|22 m. Bleiführung in Rahmen-Laffete C|82 und für die 15 cm Kanone L|22 in Mittel-Pivot-Laffete C|82. (45 S.) n.n. — 50
XXI. Für die 15 cm Kanone L|22 u. die 15 cm Ring-Kanone L|22 in Rahmen-Laffete C|68 und die 15 cm Mantel-Kanone L|22 m. Bleiführung in Rahmen-Laffete C|72. (40 S.) n.n. — 50
XXII. Für die 15 cm Kanone L|22 u. die 15 cm Ring-Kanone L|22 in Rahmen-Laffete C|68 für Pfortenwechsel und die 15 cm Mantel-Kanone L|22 in Rahmen-Laffete C|72 f. Pfortenwechsel [Mittschiffs-Zurrstellung]. (42 S.) n.n. — 50
XXIII. Für die 15 cm Kanone L|22 u. 15 cm Mantel-Kanone L|22 in Rad-Laffeten. (41 S.) n.n. — 50
XXIV. Für die 12,5 cm Ring-Kanone L|23 in Rad-Laffete. (40 S.) n.n. — 50
XXIX. Für die 10,5 cm Kanone L|35 in Pivot-Laffete C|86 und Mittel-Pivot-Laffete C|81. 87. (36 S.) n.n. — 50
XXX. Für die 8,7 cm Kanone L|24 in Gelenk-Laffete. (28 S.) n. — 40
XXXI. Für die 8 cm leichte u. schwere Stahl-Kanone L|25 in leichter und schwerer Rad-Laffete. (29 S.) n. — 40
XXXII. Für die 8 cm Boots-Kanone L|20 in Landungs- u. Boots-Laffete. (35 S.) n.n. — 50
XXXIII. Für die 3,7 cm Revolver-Kanone. (7 S.) n. — 20

— f. die Marine-Geschütze. XXXIV—XXXVI. 12. Ebd. n. 1. 30

XXXIV. Für die 8,8 cm Schnelllade-Kanone L/30 in 8,8 cm Mittel-Pivot-Laffete C/89. (17 S.) 892. n. — 40
XXXV. 12,5 cm Ring-Kanone L/23 in Rahmen-Laffete C/89. (39 S.) 892. n. — 50
XXXVI. Für die 6 cm Boots-Kanone L/21 in Landungs- u. Boots-Laffete. (39 S.) 894. n. — 40

f.: Exerzir-Reglements f. die Schiffs-Geschütze.

— für Marine-Geschütze. Nr. I—XVIII und XXI—XXXII. 8. Ebendas. **

Inhalt:

Nr. I. Für die 30,5 cm Kanone L/22 in Pivot-Laffete C/76. (35 S.) 887. ** 50 Pf.
" II. Für die 26 cm Kanone L/22 und die 26 cm Ring-Kanone L/22 in Pivot-Laffete C/76. (38 S.) 887. ** 50 Pf.
" III. Für die 26 cm Kanone L/22 und die 26 cm Ring-Kanone L/22 in Drehscheiben-Laffete C/76. 887. ** 50 Pf.
" IV. Für die 26 cm Ring-Kanone L/22 in Thurm-Laffete C/74. (36 S.) 887. ** 50 Pf.
" V. —— dass. — C/76. (35 S.) 887. ** 50 Pf.
" VI. Für die 26 cm Ring-Kanone L/20 in Rahmen-Laffete C/75. 84. (42 S.) 887. ** 50 Pf.
" VII. Für die 24 cm Kanone L/30 in Pivot-Laffete C/84. (38 S.) 887. ** 50 Pf.
" VIII. Für die 24 cm Kanone L/30 in Rahmen-Laffete C/84. (40 S.) 887. ** 50 Pf.
" IX. Für die 24 cm Kanone L/20 in Pivot-Laffete C/85. (41 S.) 887. ** 50 Pf.
" X. Für die 24 cm Kanone L/20 in Rahmen-Laffete C/76. 84. (42 S.) 887. ** 50 Pf.
" XI. Für die 21 cm Kanone L/30 in Pivot-Laffete C/84. (35 S.) 887. ** 50 Pf.
" XII. Für die 21 cm Ring-Kanone L/19 in Thurm-Laffete C/68. (33 S.) 888. ** 50 Pf.
" XIII. Für die 21 cm Ring-Kanone L/19 in Rahmen-Laffete C/73. (41 S.) 887. ** 50 Pf.
" XIV. Für die 21 cm Ring-Kanone L/19 in Rahmen-Laffete C/68, 21 cm Ring-Kanone L/22 in Rahmen-Laffete C/69, 21 cm Ring-Kanone L/19 bezw. L/22 in Rahmen-Laffete C/69 für rückwärtige Zurrstellung. (56 S.) 887. * 75 Pf.
" XV. 1. Für die 17 cm Ring-Kanone L/25 in Rahmen-Laffete C/73 für rückwärtige Zurrstellung und 2. für die 17 cm Ring-Kanone L/25 in Rahmen-Laffete C/75 für Pfortenwechsel. 887. ** 60 Pf.
" XVI. Für die 15 cm Kanone L/22 in Halb-Rahmen-Laffete C/77 und die 17 cm Ring-Kanone L/20 in Halb-Rahmen-Laffete C/75. (42 S.) 887. ** 50 Pf.
" XVII. Für die 15 cm Kanone L/30 in Rahmen-Laffete C/83. (39 S.) 888. ** 50 Pf.
" XVIII. Für die 15 cm Kanone L/30 in Mittel-Pivot-Laffete C/83. (36 S.) 888. ** 50 Pf.
" XIX. Für die 15 cm Kanone L/22 und die 15 cm Ring-Kanone L/22 in Rahmen-Laffete C/68 und die 15 cm Mantel-Kanone L/22 mit Bleiführung in Rahmen-Laffete C/72. (40 S.) 887. ** 50 Pf.
" XXII. Für die 15 cm Kanone L/22 und die 15 cm Ring-Kanone L/22 in Rahmen-Laffete C/68 für Pfortenwechsel und die 15 cm Mantel-Kanone L/22 in Rahmen-Laffete C/72 für Pfortenwechsel [Mittschiffs-Zurrstellung]. (42 S.) 887. ** 50 Pf.
" XXIII. Für die 15 cm Kanone L/22 und 15 cm Mantel-Kanone L/22 in Rad-Laffeten. (41 S.) 887. ** 50 Pf.
" XXIV. Für die 12,5 cm Ring-Kanone L/23 in Rad-Laffete. (40 S.) 887. ** 50 Pf.
" XXV. Für die 12,5 cm Ring-Kanone L/23 in Rahmen-Laffete C/84. 887. ** 50 Pf.
" XXVI. Für die 12,5 cm Ring-Kanone L/23 in Halb-Rahmen-Laffete C/79. 887. ** 50 Pf.
" XXVII. Für die 12,5 cm Ring-Kanone L/23 in Rahmen-Laffete C/70. 74, für Pfortenwechsel und in Rahmen-Laffete C/74 für Pfortenwechsel (Mittschiffs-Zurrstellung). 887. ** 50 Pf.
" XXVIII. Für die 12,5 cm Ring-Kanone L/23 in Pivot-Laffete C/70. 77, Mittel-Pivot-Laffete C/70 und Mittel-Pivot-Laffete C/70. 82. 887. ** 50 Pf.
" XXIX. Für die 10,5 cm Kanone L/35 in Pivot-Laffete C/86 und Mittel-Pivot-Laffete C/81. 87. (36 S.) 888. ** 50 Pf.
" XXX. Für die 8,7 cm Kanone L/24 in Gelenk-Laffete. (28 S.) 887. * 40 Pf.
" XXXI. Für die 8 cm leichte und schwere Stahl-Kanone L/25 in leichter und schwerer Rad-Laffete. (29 S.) 887. * 40 Pf.
" XXXII. Für die 8 cm Boots-Kanone L/20 in Landungs- und Boots-Laffete. (35 S.) 887. ** 50 Pf.

—— für Marine-Geschütze. Nr. XX, XXXIII u. XXXIV. 8. Berl., Mittler u. Sohn. ** 1 10

XX. Für die 15 cm Kanone L/22 u. 15 cm Ring-Kanone L/22 m. Bleiführung in Rahmen-Laffete C/82 u. f. die 15 cm Kanone L/22 in Mittel-Pivot-Laffete C/82. (45 S.) 889. ** — 50. — XXXIII. Für die 3,7 cm Revolver-Kanone. (7 S.) 889. ** — 20. — XXXIV. Für die 8,8 cm Schnelllade-Kanone L/30 in 8,8 cm Mittel-Pivot-Laffete C/89. (17 S.) 892. ** — 40.
I.—XIX, XXI—XXXII. Ebd. 1887,88. ** 15 15.

Exercier-Reglement für die k. und k. Marine-Truppen. Genehmigt mit Allerhöchster Entschliessung vom 3. Mai 1893. Herausgegeben mit M. N. V. Bl. 21. St. ex 1893 P. K. M. S. Nr. 1145 ex 1893. Beigeb.: 1. 2. 3. Nachtrag. 8. Wien 1893.

Entwurf. Exerzir-Reglement für Maschinengewehr-Abtheilungen. ⟨M. G. E. R.⟩ *Berlin: E. S. Mittler & Sohn 1902.* (VIII, 122 S.) 8° [F.] (D. V. E. No 44.)
(02. 4750

Exerzier-Reglement f. Maschinengewehr-Abteilungen. München 1902. 1904.

— für Maschinengewehr-Abteilungen (M. G. E. R.) vom 1. IX. 1904. (D. V. E. No. 44.) (VIII, 132 S. m. Fig.) kl. 8. Ebd. 904. n. — 75; kart. n. 1. —

— für Maschinengewehre u. Vorschrift üb. Packg. u. Beschirrung d. Infanterie-Maschinengewehrabteilungen. (Ausführliche Besprechg.) (13 S. m. 4 Fig.) gr. 8. Wien 908. L. W. Seidel & Sohn. — 60
Sonderabdruck aus „Streffleurs milit. Ztschr.“

Exerzir-Reglement für das k. k. Militär-Fuhrwesens-Corps. Wien 1874. 8°.
Dass. u. d. T.: Exerzir-Reglement für die k. k. Train-Truppe. 1885.
Dass. 2. Aufl. 1892.
Dass. Entwurf. 1905.

— für das k. k. Militär-Fuhrwesens-Corps. 1—5 Abth. 8. Wien 874. k. k. Hof- u. Staatsdruckerei. n. 3. —

I. 1. Ausbildung zu Fuß. 2. Gymnastische Uebgn. zu Fuß. (95 S.)
II. 1. Ausbildung im Reiten u. Fahren. 2. Gymnastische Uebgn. zu Pferd. (171 S.)
III. 1. Ausbildung der Chargen. 2. Leitfaden f. die Ausbildg. der Rekruten. 3. Stellung u. Exerzieren der Stabs- u. Oberoffiziere 4. Horn-Signale. (53 S.)
IV. Ausbildung m. dem bespannten Fuhrwerke in der Zugformation. (31 S.)
V. Ausbildung u. Führung v. Eskadronen. (IV, 26 S.)

Exercier-Reglement, das neue, für sämmtliche Fußtruppen der k. k. Armee. Im Auszuge. Von E. v. U. Wien 862. (Leipzig, R. Hoffmann.) 8. (IV, 84 S.) n. 10 ngr.

— das neue, f. die Infanterie, s.a. Militär-Wochenblatt. 1906. Beiheft 7.

Das neue Exerzier-Reglement für die Infanterie. Berlin: E. S. Mittler & Sohn 1806. (S. 238–288.) 8° [Umschlagt. F.]
— Militär-Wochenblatt. 1906, Beih. 7.

— das neue, f. die Kavallerie, s.a. Militär-Wochenblatt. 1909.

Das neue Exerzier-Reglement für die Kavallerie. Berlin: Mittler 1909. S. 146–212. 8°
(Militär-Wochenblatt. 1909, Beiheft 4. 5.)

Neues Exerzier-Reglement. Übs. v. Ursyn-Pruszynski. Prag 1896.

Exercir-Reglement, neues, f. d. zukünftige vermauschelte Daitschland. 16. (3 S.) Kaiserslautern 887. A. Gotthold's Verl. — 10

Exercier-Reglement, neues, f. d. kaiserl. russische Cavallerie. Ausg. v. J. 1896. Aus d. Russ. übers. von Ritter v. Ursyn-Pruszynski. 2 Bde. 8. (641 S. m. Abb. u. 4 Beilagen.) Prag 896. (Wien, C. v. Hölzl.) n. 4. —

— neuestes, f. d. Infanterie und f. das Milit. aller Länder ꝛc. 2 Thle. gr. 8. Frankfurt, Jäger. 804.

Exercir-Reglement, Neuestes königlich-schwedisches, für das Fussvolk. Aus dem Schwedischen übersetzt von L. v. Klein, Lieut. im Reg. Sachsen-Gotha. Mit 15 Kupfertaf. 8. Göttingen 1722.

Herzogl. Pfalzzweybrückisches Exercier-Reglement vor das Herzogl. Leibgarde-Rgt. Zweibrücken 1791.

Exercier-Reglement zu Pferde und zu Fuss für die hamburger Dragoner-Compagnie. O. O. 1810. V: *Böhme, Andreas Ludw. von.* (A) (schr)

Exerzir-Reglement f. d. Pion. München 1875—1887.

Exercier-Reglement für die Pionniere. 8. Berlin 1886.

— für die Pioniere. 8. (X, 121 S.) Berlin 887. Mittler & Sohn. n.n. — 75; cart. n.n. — 95

Exercier-Reglement für die k. k. Pionniere. (Mit 6 Taf.) 8. Wien 1853.

Exercier-Reglement für die schweizer. Positionsartillerie. Entwurf. Bern 1896. 8°.

Provisorisches Exercir-Reglement für d. Art. Bd 1.2. Wien 1856.

Exercierreglement. Provisorisches Exerzier-R' für die Schweizerische Feldartillerie. 1905. Entwurf. 262 S. 8. [Bern,] St[ämpfli] & Cie, II. 1905.

Exercir-Reglement, provisorisches, für die k. k. leichte Cavallerie. 1862. Wien 862. (Leipzig, Denicke.) gr. 8. (52 S.) nn. 5 ngr.

Exercir-Reglement, Provisorisches, für die grossherzoglich badische Reiterei. I. Th. Erklärungen, allgemeine Grundsätze und Aufstellung. II. Th. Unterricht des Reiters und Abrichtung der Remonten. III. Th. Escadronsunterricht. IV. Th. Regimentsunterricht. V. Th. Linien-Evolutionen. (5 Bde. Text in 12. und 1 Bd. mit 60 Taf., Signalen und 2 Schemas in 8.) Karlsruhe 1831.

—— provisor., f. d. Großhrzgl. Badische Reiterei. 5 Thle. 12. (39⅓ B.) u. 1 Bd. Pläne u. Signale. 4. (1 B. u. 69 Stnt.) Karlsruhe 831, Braun.

Exercir-Reglement für die königl. sächsische Reiterei. 8. Dresden 1853.

— mit besond. Rücksicht auf Handhabung der Pike, Büchse u. kurzen Flinte, bearb. nach d. Reglement der Communalgarde f. Sachsen (von F. W. Chalybäus). 2. Aufl. 8. (IV u. 43 S. m. 1 lith. Taf. in qu. Fol.) Chemnitz 848. (Defoy.) ¼ ßf

Sonderabdruck aus dem Exerzir-Reglement und der Schiessvorschrift für die Infanterie. Neuabdruck unter Berücks. d. Schiessvorschrift f. d. Inf. vom 16. Nov. 1899. Für Mannschaften bestimmt. *Berlin: E. S. Mittler & Sohn 1900.* (85 S.) 8° [F.]

— für Schiffsgeschütze. Nr. 34, 39 u. 40. 8. Berlin 895. E. S. Mittler & Sohn. n.n. 1. 10

34. Für d. 8,8 cm Schnelllade-Kanone L/30 in 8,8 cm Mittel-Pivot-Laffete C/89. (Neudr.) (21 S.) n. — 40
39. Für d. 24 cm Kanone L/35 in Mittel-Pivot-Laffete C/88. 93 u. C/90. (39 S.) n.n. — 50
40. Für d. 5 cm Schnelllade-Kanone L/40 in 5 cm Torpedoboots-Laffete C/92. (19 S.) n. — 20

—— für die Schiffs-Geschütze der kaiserl. Marine. 16. (IX, 272 S. mit 1 Stnt. und Musikbeilage.) Berlin 877, Mittler und Sohn. geb. mit Schließe *
—— dass. — Neuer Abdr. 16. (IX, 272 S.) Ebendas. 878. geb. *

Exerzir-Reglement f. d. Train. Bd 1—3. München 1875—1877.
— — 1887—1894: Desgl.
— — 1905: Entw.

—— für den Train. Als Entwurf gedruckt. gr. 8. (X, 128 S. mit 13 Stnt.) Berlin 884, Mittler und Sohn. *

—— für den Train. Abgeänderter Entwurf. 8. (X, 130 S. mit 3 Taf.) Ebendas. 886. **

— f. den Train. 8. (XII, 130 S. m. 11 Fig. u. 3 Taf.) Ebd. 887. n.n. 1. —

— dasselbe. 12. (IX, 92 S.) Ebd. 890. n. — 80; cart. n. 1. —

Exerzir-Reglement für den Train. Neuabdr. unter Einfügung d. neuen Notirung d. Signale v. Juni 1897. *Berlin: E. S. Mittler & Sohn 1894.* (IX, 103 S.) 8° [F.]

— für den Train vom 8. XII. 1904. Entwurf! (D. V. E. Nr. 256) X, 131 S. m. Fig.) kl. 8. Berlin 904. E. S. Mittler & Sohn. n. 1. —; kart. n. 1. 20

— für den Train. Entwurf! (D. V. 315.) (X, 131 S.) kl. 8. München 905. (Th. Ackermann.) Kart. n. 1. 50

— für den Train (Ex. R. f. d. Tr.) vom 19. XII. 1907. (D. V. E. Nr. 256.) (125 S.) kl. 8. Berlin 907. E. S. Mittler & Sohn. — 70; geb. in Leinw. 1. —

Exerzier-Reglement für den k. bayer. Train:
I. Band. Ausbildung zu Fuß.
I. Theil. Unterricht im Turnen und Voltigiren.
II. „ Signale und deren Gebrauch. München 1875. 8.
II. Band. Kenntniß, Behandlung und Rüstung der Dienstpferde.
I. Theil. Veterinär-Unterricht. München 1875. 8.
III. Band. Ausbildung zu Pferd im Fahren.
I. Theil. Reitunterricht.
II. „ Unterricht und Uebungen im Fahren. München 1875. 8.

— für die k. k. Train-Truppe. 8. (XVI, 285 S. m. eingedr. Fig. u. 2 Taf.) Wien 885. Hof- u. Staatsdruckerei. n. 1. 80

— — (E—6) für die k. und k. Train-Truppe. 2. Auflage des Reglement vom Jahre 1885. (Zu Abth. 5, Nr. 3178 vom Jahre 1892, N.-V.-Bl. für das k. und k. Heer, 39. Stück.) 8. Wien 1892.

Exercier-Reglement (E—6.) für die k. und k. Train-Truppe. 1892. (Ergänzung.) Beigeb.: Horn- (Trompeten-) Signale. 1898 und Nachtrag 1. 1899. 8. Wien 1898—1899.

— f. die k. u. k. Traintruppe. (Entwurf.) (XII, 324 S. m. Abbildgn. u. 2 Taf.) 8. Wien 905. (Hof- u. Staatsdruckerei.) n. 1. 60

— f. die k. u. k. Traintruppe. (XII, 326 S. m. Abb. u. 2 Taf.) 8. Wien 907. (Hof- u. Staatsdruckerei.) 1. 60

Exercir-Reglement für die eidgenössischen Truppen. 1. Soldatenschule. Beigeb.: Abänderungen vom 5. April 1859. 2. Plotons- und Compagnieschule. 3. Bataillonschule. 4. Brigadeschule. (Mit 13 Taf.) 5. Anleitung für den leichten Dienst. (Nach Beschluss der schweiz. Bundesversammlung vom 26. Heumonat 1856.) (5 Bde.) 8. Bern 1857—1859.

— — 2. Aufl., herausgegeben mit Ermächtigung des schweizerischen Bundesrathes vom 24. März 1865. kl. 8. Willisau 1865.

— — Beschluss der Bundesversammlung vom 22. December 1868. 1. Th. Soldatenschule. 2. Th. Kompagnieschule. 3. Th. Bataillonsschule. 4. Th. Tirailleurschule. (4 Bde.) kl. 8. Zürich, Bern, Brugg, Solothurn 1868—1869.

— — 2. Auflage. kl. 8. Brugg 1872.

Exerzier-Reglement für die eidgenössischen Truppen.
II. Theil. Compagnieschule.
III. Bataillonsschule. III. Aufl. Brugg 1875. 8.

— neu verändertes, d. k. k. Cavallerie. gr. 8. Dresd. Walther. 786.

— f. die Volkswehr des Großherzogth. Oldenburg. br. 8. (74 S.) Oldenburg 848, Schulze. 1/4 ℛ︀

— f. die Wehrmänner zu Wiesbaden. 1. Thl.: Soldaten- u. Compagnie-Schule. 12. (46 S.) 2. Thl.: Bataillons-Schule. 12. (68 S.) Wiesbaden 848, Kreidel. (1. n. 1/6 ℛ︀ 2. n. 6 ngr) n. 11 ngr

Exerzir-Reglements f. die Küstengeschütze. 17 Hfte. 8. (Mit Fig.) Berlin 893. E. S. Mittler & Sohn. n. 7. —
1. Für die 9 cm Stahl-Kanone L/22 in Laffete C/64. (38 S.) n. — 40
2. Für die 12,5 cm Ring Kanone L/23 in 12,5 cm Belagerungs-Laffete C/88. (36 S.) n. — 40
3. Für die schwere 12 cm Kanone in schwerer 12 cm Laffete. (37 S.) n. — 50
4. Für die 8,7 cm Kanone L/24 in 8,7 cm Feld-Laffete. (28 S.) n. — 40
5. Für die 9 cm Bronze-Kanone in 9 cm Laffete C/61. (36 S.) n. — 40
6. Für die 9 cm Stahl-Kanone m. Keilverschluß C/64 in 9 cm Laffete C/64. (36 S.) n. — 40
7. Für die 12 cm Marine-Eisen-Kanone m. Keilverschluß in 12 cm aptirter Laffete C/61. (37 S.) n. — 50
8. Für die aptirte 12 cm Bronze-Kanone in 12 cm Laffete C/61. (36 S.) n. — 40
9. Für die 12 cm Bronze-Kanone C/61 u. die 12 cm Bronze Kanone C/73 in 12 cm Laffete C/64. (36 S.) n. — 40
10. Für die 21 cm Ring-Kanone L/22 in Minimalschartenlaffete in Panzer-Batterien. (37 S.) n. — 50
11. Für den Panzerdrehthurm m. e. 28 cm Ring-Kanone L/22. (40 S.) n. — 40
12. Für den Panzerdrehthurm m. 2 15 cm Ring-Kanonen L/23. (37 S.) n. — 50
13. Für e. Panzerdrehthurm m. 2 28 cm Ring-Kanonen L/22 in Minimal-Scharten Laffeten. (41 S.) n. — 50
14. Für die glatte 15 cm Eisen Kanone Salut-Geschütz. (13 S.) n. — 20
15. Für die glatte 9 cm Kanone in eiserner Kasematten-Laffete. (13 S.) n. — 20
16. Für die 15 cm Mantel-Kanone L/22 in der 15 cm apt. Kst. L. I. f. M. K. L/22 u. 15 cm apt. Kst. L. II. u. III. — 15 cm Ring-Kanone L/22 in der 15 cm apt. Kst. L. I. f. M. K. L/22 u. der 15 cm apt. Kst. L. IV. — 15 cm Kanone L/22 in der 15 cm apt. Kst. L. I. f. K. L/22 u. 15 cm apt. Kst. L. IV. (24 S.) n. — 40
17. Für die 21 cm Ring-Kanone L/22 in 21 cm Kst. L. C/69. Nr. I, II u. III, 21 cm Ring-Kanone L/22 in 21 cm Kst. L. C/70 u. C/79, 21 cm Kanone L/22 in 21 cm Kst. L. C/85 u. 21 cm apt. Kst. L. C/69, 21 cm Kanone L/35 in 21 cm Kst. L. C/85, 24 cm Ring-Kanone L/22 in 24 cm Kst. L. C/69, 28 cm Ring-Kanone L/22 in 28 cm Kst. L. a./C. u. n./C., 28 cm Kanone L/22 in 28 cm Kst. L. n./C. u. 28 cm Kanone L/35 in 28 cm Kst. L. C/85. (41 S.) n. — 60

— f. die Schiffs-Geschütze. XXXVII u. XXXVIII. 8. Ebd. 894. à n. — 40
XXXVII. Für die 5 cm Schnelllade-Kanone L/40 in 5 cm Mittel-Pivot-Laffete C/90. (20 S.)
XXXVIII. Für die 10,5 cm Schnelllade-Kanone L/35 in 10,5 cm Mittel-Pivot-Laffete C/91. (21 S.)
s.: Exerzir-Reglement f. die Marine-Geschütze.

Exercir-Schule, kurze, für die neu errichtete deutsche Volkswehr. Nach d. K. baier. Reglement zunächst f. die Wehrmänner des Fürstenth. Schwarzburg-Rudolstadt bearb. 8. (IV u. 27 S.) Rudolstadt 848, Renovanz. — 2. unveränd. Aufl. 8. (IV u. 27 S.) Ebd. 848. n. 2 ngr

Exercir-Vorschrift. Mit Beil. Stuttgart 1819.

Exerzier-Vorschrift. Mit Beil. Stuttgart 1820. 1822. — — 1847—1850: Provisorische Exercier-Vorschrift. T. 1—4.

Exercir-Vorschrift für die k. württembergische Artillerie. Sammt Plänen. (6 Bde.) 8. Stuttgart 1824.

Exerzir-Vorschrift für die Königlich Württembergische Artillerie. Ludwigsburg 861—63. (Basel, Balmer & Riehm.) 16.
Inhalt: 2. Thl.: A. Bedienung der gezogenen vierpfünder Kanone durch reitende Artillerie. (68 S.) n. 4 ngr — B. Bedienung der gezogenen sechspfünder Kanone durch Fußartillerie. (71 S.) n. 4 ngr — C. Bedienung der zwölfpfünder Kanone u. siebenpfünder Haubitze durch Fußartillerie. (80 S.) n. 4 ngr — D. Bedienung und Handhabung der Festungs-Geschütze. (137 S.) n. 12 ngr
4. Thl. Uebungen mit bespannten Feldgeschützen. (386 S.) n. 24 ngr

Exerzir-Vorschrift für die Königl. Württembergische Artillerie. 2. Thl. D. 2. Abth. u. 3. Thl. Ludwigsburg 864, 65. (Basel, Riehm.) 16. n. 1 ℛ︀ 4 ngr
2. Thl. D. 2. Abth.: Handhabungs-Arbeiten bei den Festungs-Geschützen. (S. 189—389.) n. 14 ngr
3. Thl.: Uebungen der Artillerie zu Pferd ohne Geschütze. Fahrübungen. (328 S.) n. 20 ngr

Exercier- und Dienst-Vorschrift für die Land-Militz und die daraus gestalteten Scharfschützen- und Jäger-Corps. 2. verbess. Aufl. (Mit 1 Beilage.) 8. Donaueschingen 1800.

Exercier- u. Dienst-Vorschrift nebst Waffenlehre für Bürgergarden. (Vom Ober-Lieut. v. Storkloff.) 8. Ulm 835. (Nübling.) 1/3 ℔

Exercir-Vorschrift mit dem k. k. Feldgeschütz. 3. Aufl. Wien 1848. 8°. (1. Aufl 1809.)

Exercier-Vorschrift mit dem k. k. ordin. Feld- und Cavallerie-Geschütze sowohl im einzelnen als in Batterien. (Mit 3 Taf.) 8. Wien 1809.

— - mit dem k. k. Feldgeschütz, sowohl einzeln als in Batterien. (2 Bde.) (Lithogr.) (Mit 10 Taf.) 8. (Wien 1830.)

Exercir-Vorschrift für die Kgl. Württemb. Infanterie. (Mit) Abänd. u. Tafelbd. Stuttgart 1819—30. 8°.
Dass. u. d. T.: Provisorische Exercir-Vorschrift. T. 1—5.
Dass. u. d. T.: Exercir-Vorschrift. Bd 1. 2. (-T. 1—6). 1857.

Exercir-Vorschrift f. d. (?) Communalgarden, zu dem, mittelst allerhöchst. Mandats, v. 29. Nov. 1830, bekannt gemachten Regulative gehörig. gr. 8. (1½ B.) Dresden 831. (Leipzig, Fr. Fleischer.)

Exercier-Vorschrift für die Landwehr in Oesterreich ob und unter der Enns. kl. 8. Wien 1808.

Exercier-Vorschrift für die Landwehre in den oesterreichischen Staaten. Aus dem k. k. Infanterie-Exercier-Reglement ausgezogen. 8. Wien 1809.

Exercier-Vorschrift, Provisorische, für die Batterien der k. k. österreichischen Feld-Artillerie. 1. Abtheilung. Bewegungen mit einer Batterie. (Mit Tafeln zur Erklärung des Textes.) (Donation Liechtenstein.) 8. Wien 1850.

Exercier-Vorschrift für die königlich-württembergische Reiterei. (1 Bd. Text und 1 Bd. mit 29 Taf.) 8. Stuttgart 1822.

Exerzier- u. Dienst-Vorschriften d. freiwill. Feuerwehr München. gr. 8. (XII, 147 S. m. 95 Abb.) München 896. Münchner Handelsdruckerei & Verlagsanst. M. Poeßl. n. 2. 80; kart. n. 3. 20

Exercir-Zettel No. IV. Mit 2 Cavallerie-Batterien A, B, und 2 fahrenden C und D. (Lithographiert.) (1 Karte in 1 Schuber.) (Donation Liechtenstein.) 8. (Wien) 1839.

Exercir-Zettel für die Ausbildung der k. k. Fußtruppen in der geschlossenen Ordnung vom Gliede bis zum Bataillon. Wien 868. Literar.-artist. Anstalt. 16. (79 S.) 5 ngr

EXERZITIEN, Galante, des Pater Benedikt. O. J. ca. 1890. Quer-8°. 80 Bl. Leinen.
Gute Wiedergaben von 80 zusammengehörigen humoristisch-erotischen Zeichnungen im Stile des Münchener Künstlers Friedr. Aug. v. Kaulbach (geb. 1850 als Sohn des Friedr. Kaulbach). Fr. A. Kaulbach zeichnete auch die Kneipzeitung für die Münchener Allotria. Von hohem künstlerischen Wert und bezauberndem Humor.

Exeterbuch, s. Hicketier, Fritz.

The Berlin Industrial **Exhibition** 1896. '(Open from May 1st to October 15th)'. [Prospekt.] (October 1895.) *(Berlin: [Dr. v.] O. v. Holten 1895.)* (14 S., 1 Bl.) 1 Bd quer-8. [97. 7166

Berlin, Allgemeine Elektricitäts-Gesellschaft, Exhibition of the — at the World's Columbian Exposition. Chicago 1893. Berlin [o. J.]

German Educational **Exhibition**. Worlds fair St. Louis. 1904. (1—5.) *Berlin 1904: W. Bärenstein.* 5 Bde 8°
1. Universities and other Scientific Institutions.
2. Chemistry. (Vorr.: Prof. Dr. C[arl] Harries.)
3. Scientific instruments. (Vorr.: Prof. St[ephan] Lindeck.)
4. Medicine. (Vorr.: R[obert] Kutner.)
5. Elementary and Advanced Education. (Vorr.: L[eopold] Bahlsen.)
[Umschlagt.:] St. Louis 1904 German Educational Exhibition. [04. 13467

Exhibition, the international, for music and the drama, Vienna 1892. Ed. by A. J. Hipkins, Morris Steinert, Siegm. Schneider. Only authorized by the Exhibitions-Committee, the Special- and the International-Committees. Fol. (VI, 335 S. m. Fcsms. u. 82 Lichtdr.) Wien 894. M. Perles. Geb. in Leinw. m. Goldschn. n. 60. —

Exhibition univ. London 1851. catal. of articles in the Swiss Department. St. Gall 1851.

Exhibition univ. London 1862, official catalogue of the mining and metallurgical products in the Zollverein department. Berlin 1862.

Exhibition univ. Philadelphia 1876, swiss catalogue. Winterthur 1876.

Exhibition univ. Wien 1873. official catalogue of the british section at the Vienna univ. exhibition.

Exhortatio atque invitatio, Ad Bibliothecam et museum Imperialis Naturae Curiosorum instruendum officiosa. Norimbergae 1731. V: *Baier, Joh. Jac.* (EB)

Exhortatio ad plebem christianam, s.: Grimm, Wilh.

Exhorten

Exhorden im Beichtstuhl u. am Krankenbette. gr. 8. Prag 814. (Enngenberger). 16 gr Hbd. Pr. 12 gr

Exhorten, (kurze) im Beichtstuhl und am Krankenbette. gr. 8. Prag, Hartmann. 814.

Exjesuit, ein. Eine Selbstbiographie. Neu hrsg. von J. B. Kempf. Regensburg 867. Pustet. 8. (208 S.) 12 ngr

Exiles, Antoine François Prévost d' s. Prévost d'Exiles. [10. 3166

Exilium barbarismi e latino sermone, sive de proprietate et elegantia latini sermonis l. 3. Colon. 731. 8.

Exilium melancholiae od. weltl. Gesangbuch. Eine Sammlung humorist. Lieder u. Gedichte aus den Fliegenden Blättern. Mit den Orig.-Holzschn. 8. (XII u. 312 S.) München 851, Braun & Schneider. 1 ℔

Eximirten, die, und die Commüne. Ein Beitrag zur Würdigung des meklenburg. Städtewesens und der landständ. Vertretungspflicht. gr. 8. Parchim 840, Hinstorff'sche Hofbuchh. 1/4 ℔

Existenz, doch die, u. Wirkung d. Teufels auf dieser Erde, (angebl. v. ... Riede). 8. Berl. 776. Nottmann. 6 gr

EXISTENZEN, Dunkle. 3 Bdchn. Altona, Verlagsbureau, 1865. 8°. (7 Mk. 50 Pfg. Adolf Weigel, 1907.)
Inh.: In der Dröge. — Ein Portrait. — Aus den Papieren eines Geistlichen. — 70, 225 u. 85 SS. (Jedes Bdchn. mit Spezialtitel.)
— — Dasselbe. Ibid. 1866. (Nur neuer Titel.) 8°.
— — Dasselbe. Bdchn. 4. Ibid. (187*). 8°.
Inh.: Nach dem Magdalenenstift. (1—4: 1½ Rthl. Fischhaber u. A.)
— — Dasselbe. Bdchn. 5. Ibid. 1873. 12°. (1 Mk. 50 Pfg. Alfr. Lorentz, Lpz., 1895.)
Inh.: Nur eine Biermamsell. (Lebenslauf einer Kellnerin.)
— — Dasselbe. 6 Bdchn. Ibid. 1873. 12°. (5 Mk. 80 Pfg. Th. Ackermann, München, 1883.)

Existenzen, dunkle. 4. Bdchn. Nach dem Magdalenenstift. 16. (188 S.) Altona 873. Verlagsbureau. 1. 50

— dasselbe. 5. Bdchn. 2. Hft. Nur e. Biermamsell. 16. (96 S.) Ebend. 874. n. — 75

Zur Existenzfrage der evangel. Landeskirchen in Deutschland. gr. 8. Basel, Bahnmaier's Verlag. 1875 1. 25

Existenzkampf, der, der Frau im modernen Leben. Seine Ziele u. Aussichten. Zwanglos erschein. Hefte, hrsg. v. Gust. Dahms. 1. u. 2. Hft. gr. 8. Berlin 895. R. Taendler. à n. — 60
1. Die Frau im Staats- u. Gemeindedienst. Von Gust. Dahms. 1. u. 2. Tauf. (31 S.)
2. Der Frauenberuf im Theater. Von Paul Schlenther. 1.—5. Tauf. (S. 33—60.)

Existenzkampf, der, d. Frau im modernen Leben. — S. Ziele u. Aussichten. Zwanglos erschein. Hefte, hrsg. v. Gust. Dahms. 3.—10. (Schluß-)Hft. gr. 8. Berlin, R. Taendler. à n. — 60
3. Die Ehefrage im Deutschen Reich. Von Max Haushofer. 3. Tauf. (S. 61—105.) 895.
4. Die Frau im Kunstgewerbe. Von Geo. Buß. (S. 107—141.) 895.
5. Die Rechtsstellung d. Frau. Von Emilie Kempin. 3. Tauf. (S. 143—179.) 895.
6. Die Frauen i. d. Musik. Von Karl Krebs. 3. Tauf. (S. 181—210.) 895.
7. Die Frau i. Handel u. Gewerbe. Von Jul. Meyer u. J. Silbermann. 3. Tauf. (S. 245—283.) 895.
8. Die Frauen i. d. Kunst. Von Geo. Voß. (S. 211—244.) 895.
9. Die Frauen i. d. Litteratur u. d. Presse. Von Max Osborn. III. Tauf. (S. 245—292.) 896.
10. Herrenmoral u. Frauenhalbheit. Von Käthe Schirmacher. 1.-III. Tauf. (S. 293—331.) 896.

Existenz-Recht der Kirche. Erste Satire. 16. (22 S.) Frankfurt a M. 873. Winter. n. — 50

Exkorporationen

Excorporationen, eine Monatsschrift. Dresd. u. Leipz. 1791—93. H: *Albrecht, Johann Friedrich Ernst.* (GGr) (MGT) (BrMm) (Ky)

Excorporationen, eine Monatsschrift, (v. Jo. Fr. Er. Albrecht). 2 Jahrgg. zu 22 Stücken. gr. 8. Dresden 791 u. 92. (W. Rauck in Leipz.) 3 Bde 8 ℛ Hbg. Pr. 4 ℛ Neue, auf 1793, 5 Stcke. 8. Prag. 2 ℛ

— —, **Neue** (von Demselben). Jahrg. 1793, Heft 1—6 (soviel ersch.). Prag und Leipzig, Albrecht & Co., 1793—94. Gr. 8°. (Heft 1—4 in Warmbrunn.)
6 Hefte waren in der Bibl. Bülov. II. p. 119.

Exkursion . . . , s.a. Excursion . . .

Exkursion durch die lehnsgräflich Frijs'schen Forsten am Vejle-Fjord, das Revier Brahetrolleborg, die Umgegend v. Kopenhagen, das Petersgaardske Revier. U. St. o. A. 30 S. 1 Tab. 4 Kt. (Autogr.). P.

Exkursion nach Helgoland und Hamburg am 13.—17. Juni 1905. Sonderabdruck aus Nr. 161 der „Greifswalder Zeitung" vom 12. Juli 1905. Greifswald. 1905. 8°.
Mit einer Karte von Helgoland (1 : 60000) als Vignette auf dem Umschlag.

Exkursion nach Süd-Schweden ⟨Schonen⟩ am 20.-24. Mai 1902. Mit e. Uebersichtskarte d. Exkursionsgebietes u. Karten des Kullen u. d. Halbinsel Falsterbo. *Greifswald 1902: J. Abel.* (15 S.) 8° [Umschlagt.:] 19. Exkursion d. Geogr. Gesellschaft in Greifswald. [03. 14464 9

Exkursionen, botanische, und pflanzengeographische Studien in der Schweiz. Hrsg. v. C. Schröter. 1.—6. Heft. gr. 8. Zürich, A. Raustein. n. 16.40
1. Botanische Exkursionen im Bedretto-, Formazza- u. Bosco-Tal. Von C. Schröter u. M. Rikli. Mit 10 Taf. (III, 94 S.) 904. n. 2.40
2. Forstliche Vegetationsbilder aus dem südlichen Tessin. Von B. Freuler. Mit 18 vom Verf. aufgenommenen Photographien auf 9 Taf. (III, 24 S.) 904. n. 1.20
3. Beiträge zur Ökologie der Felsflora. Untersuchungen aus dem Curfirsten- u. Sentisgebiet. Von Max Oettli. Mit 4. Taf. (171 S.) 905. n. 3.20
4. La flora legnosa del Sottoceneri (Cantone Ticino meridionale.) Von Arnoldo Bettelini. Diss. (213 S. m. 7 Taf. u. 1 Karte.) Bellinzona. 904. n. 4.80
5. Die Eibe (Taxus baccata L.) in der Schweiz. Von Paul Vogler. Mit einer Verbreitungskarte u. 2 Taf. nach photograph. Aufnahmen. [Aus: „Jahrb. d. St. Gall. naturwiss. Gesellsch."] (56 S.) 905. n. 2.40
6. Die prähistorischen Pflanzenreste Mitteleuropas m. besond. Berücksicht. der schweizerischen Funde. Von E. Neuweiler. [Aus: „Vierteljahrsschrift der naturforsch. Gesellsch. Zürich".] (111 u. Nachtrag 2 S.) 905. n. 2.40

Exkursionen. Die Exk' der Deutschen geologischen Gesellschaft im südlichen Schwarzwald, im Jura und in den Alpen. August 1907: 1. Exkursionsberichte. Von ... C[arl] Schmidt, A[ugust] Buxtorf, H[einrich] Preiswerk. Hierzu 2 Textfiguren; 2. Zur Tektonik der Zentralschweizerischen Kalkalpen. Von Herrn A[ugust] Buxtorf. Hierzu Tafel 12 u. 13 u. 1 Textfigur. Sonderabdruck aus der Zeitschrift der Deutschen geol' Ges', Band 60, Jahrg. 1908, Heft 1 und 2. S. 125—197. 8. [Berlin, J. G. Cotta Nachfolger Zweigniederlassung.]

Exkursionen in die Umgebung Wiens. a. Sandsteingebiet d. Wienerwaldes. Von Prof. Dr. Adolf Cieslar. b. Kalkgebiet bei Mödling u. d. Brühl. Von Dr. August v. Hayek. c. Donau-Auen bei Wien. Von Dr. August Ginzberger. Mit Taf. Wien: Selbstverl. d. Organisationskomitees 1905. (15 S.) 4°(8°)
— Führer zu d. wissenschaftl. Exkursionen d. 2. internat. bot. Kongresses, Wien 1905. 5. [05. 10934]

Berg- und hüttenmännische Exkursionskarte für die Umgegend von Aachen. Darmstadt. 1876.

Exkursionskarte von Burgdorf und dem Emmenthal in Reliefbearbeitung. Masst. 1:50,000. Hrsg. v. Verkehrs- u. Verschönerungsverein Burgdorf. Bern: Geogr. Kartenverl. [1906]; (Geogr. Anst. H. Kümmerly & Frey). (1 Kartenbl. 62×76cm mit Legende.) [Rückt. lith.] [kol.] [07. 64..]

Excursionskarte. Exk'-K' des Bezirkes Einsiedeln. Hrg. von der Kartographia Winterthur A.-G. Masstab 1:50000. 1 Bl. fol., *zus.-gefaltet mit Titel* 8. *Aufdruck:* Komm. Geographischer Kartenverlag Bern, Bern und Leipzig, [1907]. [aufgezogen fr. 3.—]
Titel auf dem Blatt: Karte des B' E'. Masstab 1:50000. 533/383 mm. Kartographia Winterthur A. G.

Exkursions-Karte des Bezirkes Einsiedeln. Hrsg. von d. Kartographia Winterthur. Maßst. 1:50,000. [Bern & Leipzig: Geogr. Kartenverl. Bern 1907.] (1 Kartenbl. 37×52 cm.) [Rückt. lith.] [kol.] [Kopft.:] Karte d. Bezirkes Einsiedeln. [07. 10630]

Excursionskarte. Mitteltoggenburgische Exk'-K'. Masstab 1:25,000, erstellt vom eidgenössischen topographischen Bureau in Bern. 1 Bl. quer-fol., *zus.-gefaltet mit Titel* 8. Verlag der Verkehrssektionen Wattwil und Lichtensteig (1904). fr. 1.—
Titel auf dem Blatt: M' Exkursionskarte. [Hrg. durch die] Schweizerische Landestopographie, Bern. Masstab 1:25000. 498/716 mm. Ueberdruck 1904. — *Rückseite des Bl. mit Text und Ansichten.*

Excursionskarte. Exk' St. Gallen, Speicher, Trogen ... s. [Wagner, Emil].

Excursionskarte. Exkursions-K' von St. Moritz und Umgebung. Masstab 1:25,000. 1 Bl. quer-fol., *zus.-gefaltet mit Titel* 8. Chur und St. Moritz, Manatschal Ebner & Cie., [1905]. [fr. —.50]
Titel auf dem Blatt: Exkursionsk' von St. Moritz und U'. Masstab 1:25000. 235/354 mm. Mit Bewilligung der Schweiz. Landestopographie nach den offiziellen Karten bearbeitet. Ergänzt und kontrolliert: P[eter] Bonorand K.-G. Colorina. Lith. Manatschal Ebner & Cie. Chur.

Excursionskarte. Exk' des Wynenthales, Kt. Aargau. Hrg. vom Verkehrsverein Wynenthal und Umgebung. 1 Bl. fol., *in illustr. Umschlag* 8. (Zürich, Art. Institut Orell Füssli) — *Aufdruck:* ⟨Krauss & Brack⟩, Aarau —, [1904]. [fr. 1. —]
Titel auf dem Blatt: Exk' des W'. Hrg. vom V' W' und U'. Masstab 1:35,000. 612/345 mm. Zürich, Art. I' Orell Füssli. — *Rückseite des Bl. bedruckt.*

Exkursions-Liederbuch f. Berg- u. Hüttenleute. Hrsg. v. den Studierenden der kgl. Bergakademie zu Clausthal. 2., verm. Aufl. 16. (VIII, 90 S.) Clausthal 892. H. Uppenborn. Geb. in Leinw. n. 1.—

Exkursions-Liederbuch f. Berg- u. Hüttenleute. Unt. Mitwirkg. v. R. Beck hrsg. v. Studier. d. kgl. Bergakademie zu Freiberg. 12. (80 S.) Freiberg 898. Craz & Gerlach. n. — 80

Exkursions-Liederbuch f. Berg- u. Hüttenleute. Hrsg. v. dem Verbande der Studierenden der kgl. Bergakademie zu Clausthal. 3., verm. u. verb. Aufl. gr. 16. (VIII, 96 S.) Clausthal 902. H. Uppenborn. Geb. in Leinw. n. 1.—

Exkursions-Liederbuch f. Berg- u. Hüttenleute. Unter Mitwirkg. von R. Beck hrsg. von Studierenden der königl. Bergakademie zu Freiberg. 2. Aufl. (80 S.) 16. Freiberg 905. Craz & Gerlach. n. — 80

Exler, Karl, Grundzüge d. Elektrotechnik. gr. 8. (VII, 850 S. m. 503 Fig.) Wien 895. (Spielhagen & Schurich.) n. 10. —

Exler, Karl, üb. elektrische Kraftübertragung m. besond. Berücksicht. des Wechsel- u. Drehstromes. [Aus: „Mittheilgn. üb. Gegenstände d. Artillerie- u. Genie-Wesens".] gr. 8. (56 S. m. Fig.) Wien 892. (C. Helf's Sort.) n. — 50

— Reactions-Schema f. die qualitative Analyse. Aufsuchung der häufiger vorkomm. Basen. (Methode Dr. Hlasiwetz.) 58×68 cm. Lith. u. kolor. Wien 894. F. Deuticke. n. 1. —

Exler, K., Schiessschule der Handfeuerwaffen u. Maschinengewehre. Mit 8 Taf., e. Beilage u. zahlreichen Beispielen. (VIII, 230 S. m. 13 Tab.) gr. 8. Wien 905. (L. W. Seidel & Sohn.) n. 5. —

— die elektrische Vorfeldbeleuchtung u. deren Anwendung im Festungskriege. gr. 8. (III, 207 S. m. 3 Fig. u. 16 Taf.) Wien 894. (L. W. Seidel & Sohn.) n.n. 8. 50

Ex-libris. Zeitschrift f. Bücherzeichen — Bibliothekenkunde u. Gelehrtengeschichte. Organ d. Ex-libris-Vereins zu Berlin. Hrsg.: G. A. Seyler. 1. Jahrg. Oktbr. — Decbr. 1891. gr. 4. (16 S. m. Abbildgn.) Berlin.
Wird nur vom Verein selbst ausnahmsweise abgegeben.

— dasselbe. Hrsg.: Wolfg. Mecklenburg. 2.—4. Jahrg. 1892—1894. à 4 Nrn. (à ca. 20 S. m. Abbildgn. u. Taf.) gr. 4. Berlin. (Görlitz, C. A. Starke.) à Jahrg. n. 15. —; f. Vereinsmitglieder n. 12. —

Ex-libris. Zeitschrift f. Bücherzeichen-, Bibliothekenkunde u. Gelehrtengeschichte. Organ d. v. Frdr. Warnecke begründ. Ex-libris-Vereins zu Berlin. Hrsg.: Hans Brendicke. 5.—8. Jahrg. 1895—1898. à 4 Hfte. (à ca. 4 Bog. m. Abb., Bildn. u. [z. Tl. farb.] Taf.) gr. 4. Berlin. (Görlitz, C. A. Starke.) à Jahrg. n. 15. —; f. Vereinsmitglieder n. 12. —
Herausgeber d. 5. Jahrg. war Wolfg. Mecklenburg.

Ex-libris. Zeitschrift f. Bücherzeichen-, Bibliothekenkunde u. Gelehrtengeschichte. Organ des v. Frdr. Warnecke begründeten Ex-libris-Vereins zu Berlin. Hrsg.: Hans Brendicke. 9.—12. Jahrg. 1899—1902. à 4 Hfte. gr. 4. Berlin. (Görlitz, C. A. Starke) à Jahrg. n. 15. —; f. Vereinsmitglieder à Jahrg. n. 12. —
9. (VI, 130 S. m. Abb. u. 10 Taf.) — 10. (V, 104 S. m. Abb. u. 10 Taf.) — 11. (VI, 134 S. m. Abb. u. 14 Taf.) — 12. (VIII, 212 S. m. Abb. u. 16 Taf.)

Ex-libris. Zeitschrift für Bibliothekzeichen, Bücherkunde u. Gelehrtengeschichte. Organ des von Frdr. Warnecke begründeten Ex-libris-Vereins zu Berlin. Hrsg.: Hans Brendicke. 13.—16. Jahrg. 1903—1906. à 4 Hefte. (204, 207, 195 u. 206 S. m. Abbildgn. u. 17, 17, 17 u. 19 Taf.) Lex.-8. Berlin. (Görlitz, C. A. Starke.) à Jhrg. n.n. 15. —; für Vereinsmitglieder n. 12. —

Ex-libris. Zeitschr. f. Bücherzeichen, Bibliothekenkde. u. Gelehrtengesch. Register z. Bd. 1—16 (1891—1906), hrsg. v. Exlibris-Verein zu Berlin. (II, 101 S.) Lex. 8. Görlitz, C. A. Starke. 6. —

Ex-libris, Buchkunst u. angewandte Graphik. Hrsg. v. Ex-libris-Verein zu Berlin. Schriftl.: E. v. Brauchitsch. 17—20. Jahrg. Nebst: Mitteilgn. d. Exlibris-Vereins zu Berlin. 1—4. Jahrg. 1907—1910. à 4 Hefte. (à ca. 40 u. 16 S. m. z. Tl. eingeklebten Abbildgn. u. Taf.) Lex. 8. Berlin (Magdeburg, Heinrichshofen's Sort.) Jahrg. 17, 18 à nn 15. —; Jahrg. 19, 20 à nn 20. —

Ex libris-Gesellschaft, österreich. I—IV. Publikation. (68, 81, 79 u. IV, 79 S. m. Abb. u. 7, 14, 15 u. 7 Taf.) Lex. 8. Wien 903—06. (G. Szelinski.) à 20. —
II. III. Red.: Alfr. Dillmann, IV. Red.: Karl Andorfer.

Exlibris-Kunst. I. 15 Exlibris-Zeichngn. (v. Gadso Weiland). (15 Bl.) gr. 8. Magdeburg-Wilhelmstadt (Wilhelm Raabestr. 4 II) (910). C. Loeffel. 2. —

Aus der Ex-libris-Sammlung der Bibliothek des Börsenvereins der deutschen Buchhändler. 65 meist unveröffentl. Blätter auf 50 Taf. *Leipzig: Börsenver. d. dtsch. Buchhändler 1897.* (6 Bl., 50 Taf.) 1 Bd 4. (97.1008

Exner u. der schwarze Friedrich. 8. Bresl., Buchheister. 2 gl

— des Räuberhauptmanns, Leben, Thaten rc. 8. Bresl., Buchheister. 5 gl

Exner: Elementare Auflösung der numerischen Gleichungen des fünften Grades mit einer Unbekannten. 20 S. – Progr. Hirschberg 1859.

Exner: Elementare Auflösung der numerischen Gleichungen des zweiten, dritten, vierten und fünften Grades mit einer Unbekannten. Zs. 48 S.–Hirschberg, Progr. 1853, 1859

Exner: Elementare Auflösung der numerischen Gleichungen des zweiten, dritten und vierten Grades mit einer Unbekannten. 28 S. – Progr. Hirschberg 1853.

Exner: Auflösung der numerischen Gleichungen aller Grade mit einer Unbekannten, entwickelt an der Gleichung des 6. Grades. 32 S.–Hirschberg, Progr. 1866

Exner, A. H., China. Skizzen v. Land u. Leuten m. besond. Berücksicht. kommerzieller Verhältnisse. Mit 1 Portr. in Stahlst., 6 Farbendr.-Bildern, 17 autotyp. Illustr., e. Plane v. Peking etc. Lex.-8. (VII, 298 S.) Leipzig 889. T. O. Weigel Nachf. geb. n. 20. —

— die Einnahmequellen und der Credit Chinas, nebst Aphorismen über die deutsch-ostasiat. Handelsbeziehgn. gr. 8. (71 S.) Berlin 887. Asher & Co. n. 2. —

Exner, A. H.: Japan. Skizzen von Land und Leuten mit besonderer Berücksichtigung kommerzieller Verhältnisse. Mit einem Portrait in Stahlstich, vielen in lithographischem Farbendruck ausgeführten Bildern und autotypischen Illustrationen, mehreren Lichtdrucken, einem japanischen Lackbilde, einem Plane der Stadt Tokio u. s. w. Leipzig 1891. XIV, 208 S. 8°.

Exner, Adf., die praktische Aufgabe der romanistischen Wissenschaft in Staaten mit codificirtem Privatrecht. Akademische Antrittsrede. Zürich 869. Meyer & Zeller. gr. 8. (23 S.) 7½ ngr

Exner, Adf., der Begriff der höheren Gewalt [vis major] im römischen u. deutschen Verkehrsrecht. gr. 8. (86 S.) Wien 883. Hölder. n. 2. —

Exner, Adolf, Ueber politische Bildung. Inaugurationsrede, gehalten am 22. October 1891. Gr.-8. (37 S.) —.40
Prag: F. Tempsky 1891.

Exner, Adf., üb. politische Bildung. Rede, geh. bei Übernahme der Rektorswürde an der Wiener Universität. 3. Ausg. gr. 8. (VII, 35 S.) Leipzig 892. Duncker & Humblot. n. 1. —

Exner, Adf., Erinnerung an Brinz. Vortrag. gr. 8. (28 S.) Wien 888. Hölder. n. 1. —

Exner, Adf., Grundriß zu Vorlesungen über Geschichte u. Institutionen des römischen Rechts. gr. 8. (VIII, 179 S.) Wien 882. Manz. n. 4. —

— Grundriß zu Vorlesungen üb. Geschichte u. Institutionen d. römischen Rechts. 2. Ausg. gr. 8. (VIII, 172 S.) Wien 885. Manz. n. 4. —

— Grundriß zu Vorlesungen üb. Geschichte u. Institutionen d. römischen Rechts. 3. Ausg. gr. 8. (VIII, 172 S.) Wien 891. Manz. n. 4. —

Exner, Adf., das österreichische Hypothekenrecht, s.: Hypothekenrecht, deutsches.

— das Institut der Pfandrechtspränotation in Oesterreich. Ein Beitrag zu dessen Kritik u. Reform. [Aus der „Allgem. österreichischen Gerichtszeitung."] Wien 868. Manz. gr. 8. (57 S.) n. 12 ngr.

— Kritik d. Pfandrechtsbegriffes nach römischem Recht. gr. 8. (VII, 193 S.) Leipzig 873. Breitkopf & Härtel. 3. 75

Exner, Adf., die Lehre vom Rechtserwerb durch Tradition nach österreichischem und gemeinem Recht. gr. 8. (XII und 370 S.) Wien 867, Manz' Verlag. *

—— das Publizitätsprinzip. Studien zum oesterreichischen Hypothekenrecht. gr. 8. (VIII, 143 S.) Wien 870, Manz. *

Exner, Alexander

— und Kotrtsch Gustav: Chemische Analyse der Frauenquelle in Baden. S. 52. II. 873 . . . . vgr.
Separatabdruck

Exner, A., üb. die Untersalpetersäure. [Mit 2 (eingedr.) Holzschn.] [Aus „Sitzungsber. d. k. Akad. d. Wiss."] Lex.-8. (5 S.) Wien 872. (Gerold's Sohn.) n. — 20

Exner, Alfr., Anwendg. d. Engelmann'schen Bacterienmethode auf d. Untersuchung thier. Gewebe. [Aus: „Sitzungsber. d. k. Akad. d. Wiss."] gr. 8. (8 S.) Wien 897. (C. Gerold's Sohn.) n. — 20

Exner, Alfr., s.: Arbeiten aus dem Gebiete der klin. Chirurgie.

— Bericht über die bisher gemachten Erfahrungen bei Behandlung v. Carcinomen u. Sarkomen m. Radiumstrahlen. (24 S.) gr. 8. Wien 903. (A. Hölder.) n. — 50

— zur Kenntnis der biologischen Wirksamkeit der durch den Magneten ablenkbaren u. nicht ablenkbaren Radiumstrahlen. (4 S. m. 1 Fig.) gr. 8. Ebd. 904. n. — 20

— u. Guido Holzknecht, die Pathologie der Radiumdermatitis. (8 S.) gr. 8. Ebd. 903. n. — 20
3 Sonderabdrucke aus: „Sitzungsber. d. k. Akad. d. Wiss."

Exner, Bjarne: Das Berufsgeheimnis des Arztes gemäß § 300 des Str.G.B. Heidelberg: Heidelberger Verlagsanst. u. Dr. 1909. 62 S. 8°
Heidelberg, Jur. Diss. v. 30. Aug. 1909, Ref. v. Lilienthal
[Geb. 14. April 83 Berlin; Wohnort: Heidelberg; Staatsangeh.: Preußen; Vorbildung: Luisen-Gymn. Berlin Reife O. 04; Studium: München 2, Berlin 6, Heidelberg 1 S.; Rig. 3. Aug. 09.] [U 10. 1859

Exner, C.: Ueber das Krümmungswachstum eines schiefen Schnittes einer Fläche. 11 S. 4° – Troppau, OG., Progr. 1871.

Exner, C.: Ueber eine Naturerscheinung und deren einfache Erklärung. S. 28ff. – Troppau, OG., Progr. 1872.

Exner, Eph. Ad., Schicksale der Familie Grau; e. Lstspl. 8. Brünn 792. Gastl. 6 gr.

Exner, Emil

Exner, E., d. Gebühren d. preuß. Gerichtsvollziehers. Zusammenstellg. d. reichs- u. landesgesetzl. Gebührenvorschriften, nebst e. Anh., enth. d. Bestimmgn. üb. d. Abänderg. d. Geschäftsanweisg. f. Gerichtsvollzieher u. üb. d. Behandlg. d. Postsendgn. im Bereiche d. Justizverwaltg. M. Erläutergn. gr. 8. (VIII, 128 S.) Berlin 896. A. Mauck & Co. n. 2. 20; kart. n. 2. 50

Exner, Emil, der Gerichtsvollzieherdienst in Preußen, s.a. Guttentag's Sammlung preußischer Gesetze. Nr. 35.

Der Gerichtsvollzieherdienst in Preußen. Zusammenstellung der auf d. Dienst- u. Geschäftsverhältnisse d. Preuß. Gerichtsvollzieher bezügl. neuesten Vorschriften: Textausg. mit Anm. u. Sachreg. von Emil Exner, Amtsger.-Sekr. a. D. *Berlin: J. Guttentag 1904.* (XV, 529 S.) 8° [F.]
— Sammlung, Guttentag'sche, Preuß. Gesetze. No 35. [04. [illegible]

— d. Schreibwesen b. d. preuß. Justizbehörden. Zusammenstellg. d. in Bezug auf d. gerichtl. Kanzleiwesen, d. Verminderg. d. Schreibwerks u. d. schriftl. Verkehr d. Justizbehörden erlass. Vorschriften unter Berücksicht. d. neuesten minister. Verfüggn. m. e. Anh. üb. d. Gerichtsdeutsch. M. Anmerkgn. gr. 8. (VII, 98 S.) Hoyerswerda 896. Ebd. n. 1. 60

— Wechsel u. Wechselprotest. Ein Beitrag zur Beförderg. der Kenntnis v. der Wechselgesetzgebg. in Laienkreisen u. bei den zur Erhebg. v. Wechselprotesten berufenen Beamten, insbesondere den Gerichtsvollziehern. 2. Aufl. der ursprünglich u. d. T. „Das Verfahren bei der Aufnahme v. Wechselprotesten" erschienenen Broschüre. (2. bis 4. Taus.) (68 S.) gr. 8. Görlitz 903. (R. Rother.) n. 1. 20

Exner, Dr. F. W., Beiträge zur Geschichte der Gewerbe u. Erfindungen Oesterreichs von der Mitte des 18. Jahrhunderts bis zur Gegenwart. Wien 1873. 2 Bde. 8°. 1. Reihe: Rohproduktion u. Industrie. 2. Reihe: Ingenieurwesen, wissenschaftliche und musikalische Instrumente, Unterricht.

Exner F. W. die Tapeten- und Buntpapierindustrie. Mit Atlas. (Schauplatz der Künste und Handwerke 25) Weimar 186[illegible]

Exner, Felix M., über die Absorptionsspectren der seltenen Erden im sichtbaren u. ultravioletten Theile des Spectrums. gr. 8. (15 S.) Wien 899. (C. Gerold's Sohn.) n. — 30

— u. Rud. Pöch, phonographische Aufnahmen in Indien u. Neu-Guinea, s.: Bericht der Phonogramm-Archivs-Kommission der kaiserl. Akad. d. Wissenschaften in Wien. V.

— und Pöch Rudolf, Dr.: 5. Bericht der Phonogramm-Archivs-Kommission der Kaiserl. Akademie der Wissenschaften in Wien. Phonographische Aufnahmen in Indien und in Neu-Guinea. S. 114. IIa. 907 . . . . —.20
Separatabdruck

Exner, Fel. M., über e. Beziehung zwischen Luftdruckverteilung u. Bewölkung. (18 S. m. 3 Fig. u. 2 Taf.) gr. 8. Wien 903. (A. Hölder.) n. — 70

— über Druck u. Temperatur bewegter Luft. (22 S.) gr. 8. Ebd. 905. n. — 50
2 Sonderabdrucke aus: „Sitzungsber. d. k. Akad. d. Wiss."

— Über die Entstehung von Barometerdepressionen höherer Breiten (mit 2 Textfiguren). S. 120. IIa. 911 . . . . —.90
Separatabdruck

Exner, Fel. M., Ergebnisse einiger Temperaturregistrierungen im Wolfgangsee. (21 S. m. 6 Fig.) gr. 8. Wien 908. A. Hölder. — 90

— Grundzüge e. Theorie d. synoptischen Luftdruckveränderungen. (I—III. Mitteilg.) (76 S. m. 25 Fig.) gr. 8. Ebd. 5. 55
I. (78 S. m. 25 Fig.) 906. 3. 20
II. (38 S. m. 3 Fig. u. 3 Taf.) 907. 1. 25
III. (42 S. m. 4 Fig.) 910. 1. 10
4 Sonderabdr. aus „Sitzungsber. d. k. Akad. d. Wiss."

— Messungen der tägl. Temperaturschwankungen in verschiedenen Tiefen des Wolfgangsees. gr. 8. (18 S. m. 3 Fig.) Ebd. 900. n. — 50
3 Sonderabdrucke aus: „Sitzungsber. d. k. Akad. d. Wiss."

— Meteorologische Optik, s.: Pernter, J. M.

Exner, Fel. M., Registrierungen des luftelektrischen Potentials auf dem Sonnblick[1], s.: Conrad, Vict.

— Über eigentüml. Temperaturschwankungen v. eintägiger Periode im Wolfgangsee. (18 S. m. 3 Fig.) gr. 8. Ebd. 908. — 65
2 Sonderabdr. aus „Sitzungsber. d. k. Akad. d. Wiss."

— zur Theorie der vertikalen Luftströmungen. (25 S. m. 2 Fig.) gr. 8. Wien 903. (A. Hölder.) n. — 60
Sonderabdruck aus: „Sitzungsber. d. k. Akad. d. Wiss."

— Zur Theorie der Tageshelle. (23 S.) gr. 8. Wien 909. A. Hölder. — 70

— Versuch e. Berechnung d. Luftdruckänderungen von e. Tage zum nächsten. gr. 8. (19 S. m. 5 Fig.) Ebd. 902. n. — 60

—— Über den Wärmeaustausch zwischen der Erdoberfläche und der darüber fließenden Luft. mit einem Anhang über die Ausbreitungsgeschwindigkeit kalter Luft (mit 4 Textfiguren). S. 120. IIa. 181 . . . . K 1.70
Separatabdruck

— Über monatliche Witterungsanomalien auf der nördlichen Erdhälfte im Winter (mit 5 Karten und 4 Textfiguren). S. 122. IIa. 1165 . . . . 2.60
Separatabdruck

Fr. Exner üb. Nominalismus u. Realismus. (Aus d. Abhandll. d. böhm. Gesellsch. d. Wiss. V. Folge Bd. 2. besond. abgedr.) *Prag*, Borrosch u. André in C. 842. gr4° 6*gl*

Fr. Exner: die Psychol. d. Hegel. Schule, beurth. *Lpz.*, F. Fleischer. 842. gr8° 16*gl* — 2s Heft. Erwieder. d. Herren K. Rosenkranz u. J. E. Erdmann. 844. gr8° 18*gl*

Exner, Fr., über Leibnitzens Universal-Wissenschaft. gr. 4. (5 B.) Prag 843. (Borrosch u. André.) *
Aus: Abhandlungen der k. böhm. Gesellsch. d. Wissenschaften besond. abgedruckt.

Exner, Franz

Exner, F., üb. die Abhängigkeit der Elasticität d. Kautschuks v. der Temperatur. [Mit 2 (eingedr.) Holzschn.] [Aus: „Sitzungsber. d. k. Akad. d. Wiss."] Lex.-8. (13 S.) Wien 874. (Gerold's Sohn.) n. — 30

Exner, Frz., üb. die Abhängigkeit der atmosphärischen Elektricität vom Wassergehalte der Luft. [Mit 5 Holzschn.] [Aus: „Sitzungsber. der k. Akad. der Wiss."] Lex.-8. (57 S.) Wien 887. (Tempsky.) n. 1. —

— über e. Anwendung d. Eiscalorimeters, s.: Röntgen, W. C.

— üb. transportable Apparate zur Beobachtung der atmosphärischen Elektricität. [Mit 8 (eingedr.) Holzschn.] [Aus: „Sitzungber. d. k. Akad. d. Wiss."] Lex.-8. (17 S.) Ebd. 887. n. — 40

Exner, Frz., üb. unsere Atmosphäre, s.: Vorträge d. Vereines zur Verbreitung naturwissenschaftlicher Kenntnisse in Wien.

Exner, Frz., über die galvanische Ausdehnung der Metalldrähte. Lex.-8. (30 S. mit 2 eingedr. Holzschn.) Wien 875, (Gerold's Sohn.) *

— [1]) Beiträge zur Kenntnis der atmosphärischen Elektrizität: 1. Messungen des Potentialgefälles in Oberägypten (mit 2 Textfiguren). S. 108. IIa. 371 . . . . 1.—
Separatabdruck

EXNER, Franz

Beiträge zur Kenntnis der atmosphärischen Elektricität. VII. Ueber die tägliche Periode der Luftelektricität von Prof. Franz Exner. (Mit 8 Textfiguren.) (Aus den Sitzungsberichten der kaiserl. Akademie der Wissenschaften in Wien. Mathem.-naturw. Classe. Bd. CX. Abth. II a. April 1901.) Wien. 1901. In Comm. Gerold's Sohn. Gr.-8°. 16 S. K —.40

—— Beobachtungen über atmosphärische Electricität in den Tropen. I. u. II. Lex.-8. Wien, (Tempsky.) [I. (24 S.) 889. * — 50; II. (53 S. m. 4 Textfig.) 890. * 1 —.] * 1 50

— weitere Beobachtungen üb. atmosphärische Elektricität. [Mit 7 Holzschn.] [Aus: „Sitzungsber. d. k. Akad. d. Wiss."] Lex.-8. (24 S.) Ebd. 888. n. — 60

—— Bestimmung der Temperatur, bei welcher das Wasser ein Maximum seiner Dichtigkeit hat. Lex.-8. (13 S.) Wien 874, Gerold's Sohn. *

— Bestimmung des Verhältnisses zwischen elektrostatischer und elektromagnetischer absoluter Einheit. S. 86. II. 108 . . . . vgr.
Separatabdruck

Exner, Frz., zur Charakteristik der schönen u. hässlichen Farben. (22 S. m. 5 Fig.) gr 8. Wien 902. (A. Hölder.) n. — 60

— über die Diffusion der Dämpfe durch Flüssigkeitslamellen. [Ausgeführt im physikal. Cabinete der Wiener Universität.] [Aus: „Sitzungsber. d. k. Akad. d. Wiss."] Lex.-8. (24 S.) Ebend. 877. n. — 40

—— über den Durchgang der Gase durch Flüssigkeitslamellen. [Ausgeführt im physikal. Cabinete der Wiener Universität.] Lex.-8. (37 S. mit 3 eingedr. Holzschn.) Wien 874, (Gerold's Sohn.) **

Exner, Frz., die Ehrenbeleidigung durch falsche Anzeige, s.: Abhandlungen, fünf strafrechtliche.

— u. Guido Goldschmiedt, über den Einfluss der Temperatur auf das galvanische Leitungsvermögen der Flüssigkeiten. [Ausgeführt im physikal. Cabinete der Wiener Universität.] 1. Abhandlung. [Mit 4 (lith.) Taf. u. 2 (eingedr.) Holzschn.] [Aus: „Sitzungsber. d. k. Akad. d. Wiss."] Lex.-8. (21 S.) Ebend. 877. n. 1. 20

— — dasselbe. 2. Abhandlung. [Mit 5 (lith.) Taf. (auf 4 Bl.)] Lex.-8. (11 S.) Ebend. 878. n. 1. —

— über den Einfluss der Temperatur auf das galvanische Leitungsvermögen d. Tellur. [Ausgeführt im physikal. Cabinete der Wiener Universität.] [Aus: „Sitzungsber. d. k. Akad. d. Wiss."] Lex.-8. (28 S.) Ebend. 876. n. — 40

— über die Elektrolyse des Wassers. [Ausgeführt im physikal. Cabinete der Wiener Universität.] [Aus: „Sitzungsber. d. k. Akad. d. Wiss."] Lex.-8. (27 S.) Ebend. 878. n. — 40

— über galvanische Elemente, die nur aus Grundstoffen bestehen u. über das elektrische Leitungsvermögen v. Brom u. Jod. [Ausgeführt im physikal. Cabinete der Wiener Universität.] [Aus: „Sitzungsber. d. k. Akad. d. Wiss."] Lex.-8. (30 S.) Ebend. 881. n.n. — 50

Exner, Frz., über einige auf die Contacttheorie bezügliche Experimente. [Ausgeführt im physikal. Cabinete der Wiener Universität.] [Aus: „Sitzungsber. d. k. Akad. d. Wiss."] Lex.-8. (6 S.) Wien 882. (Gerold's Sohn.) n. — 20

— zur Frage nach der Natur der galvanischen Polarisation. [Aus: „Sitzungsber. d. k. Akad. d. Wiss."] Lex.-8. (11 S.) Ebend. 880. n.n. — 25

Exner, Frz., u. E. Haschek, üb. d. ultravioletten Funkenspectra d. Elemente. I.–XII. Mittheilg. [Aus: Sitzungsber. d. k. Akad. d. Wiss.“] Lex.-8. Wien (C. Gerold's Sohn). n. 15. 40
I. Enth. d. Spectra v. Ag, Cu, Mn, Wo, Mo, Pt, Pd, Ir, Rh. (54 S.) 895. n. 1.—
II. (48 S. m. 5 Taf.) 896. n. 2.—
III. (72 S. m. 5 Taf.) 896. n. 2. 40
IV. Enth. d. Spectra v. Ru u. Os. (34 S. m. 1 Taf.) 896. n. 1.—
V. Enth. d. Spectra v. Ni u. Co. (25 S. m. 2 Taf.) 896. n. 1.—
VI. (18 S.) 897. n. —40
VII. Die Spectra v. Pb, Zn, Sn, Cd, Al, Mg. (15 S. m. 6 Taf.) 897. n. 1. 90
VIII. Die Spectra v. Te, Hg, Bi, Sb, C. (20 S. m. 2 Taf.) 897. n. 1.—
IX. Die Spectra v. K, Na, Ba, Bo, Fe. (27 S. m. 2 Taf.) 897. n. 1. 10
X. Enth. die Spectra v. Ca, Sr, Li, Cr. (26 S. m. 2 Taf.) 897. n. 1.—
XI. Enth. die Spectra v. Rb, Cs, Va. (25 S. m. 2 Taf.) 898. n. 1. 10
XII. Enth. d. Spectra v. Au, Tl. (21 S. m. 4 Taf.) 898. n. 1. 50

— **u. E. Haschek,** über die ultravioletten Funkenspectra der Elemente. (XIII.—XX. Mittheilg.) gr. 8. Wien (C. Gerold's Sohn). n. 7. 80
XIII. (Enth. die Spectra v. Ta, Zr.) (25 S. m. 4 Taf.) 898 n. 1. 50
XIV. (Enth. das Spectrum v. U.) (46 S.) 899. n. —80
XV. (Enth. die Spectra v. Nb, Th.) (35 S.) 899. n. —70
XVI. (Enth. die Spectra v. Si, Be, Te, In, Ce, La, Nd, Pr, Ge, Ga.) (51 S. m. 2 Taf.) 899. n. 1. 50
XVII. (Enth. die Spectra v. Y, Er, Yb.) (29 S.) 900. n. —60
XVIII. (Enth. die Spectra v. Sc, Sa, Gd.) (67 S.) 900. n. 1. 20
XIX. (Enth. das Spectrum v. Ho.) (21 S.) 901. n. —50
XX. (Enth. die Spectra v. Tm, As, Se, S, P, O, N, H, Fl, Cl, Br, J, Ra, Po.) (24 S.) 901. n. —50
Sonderabdrucke aus: „Sitzungsber. d. k. Akad. d. Wiss.“

— — das Funken- u. Bogenspectrum des Europiums. gr. 8. (16 S.) Ebd. 902. n. —40
Sonderabdruck aus: „Sitzungsber. d. k. Akad. d. Wiss.“

Exner, Frz., über Gesetze in Naturwissenschaft u. Humanistik. Inaugurationsrede, geh. am 15. X. 1908. (45 S.) Lex. 8. Wien 909. A. Hölder. 1. 30

Exner, Frz., über die Grundempfindungen im Young-Helmholtz'schen Farbensystem. gr. 8. (21 S. m. 5 Fig.) Ebd. 902. n. —60
Sonderabdruck aus: „Sitzungsber. d. k. Akad. d. Wiss.“

— **u. Sigm. Exner,** die physikalischen Grundlagen der Blütenfärbungen. (55 S. m. 2 Fig. u. 1 Taf.) gr. 8. Wien 910. A. Hölder. 2. 20.

— **u. P. Czermak,** über unipolare Induction. [Mit 2 Holzschn.] [Aus: „Sitzungsber. d. k. Akad. d. Wiss.“] Wien 886. (Tempsky.) n.n. —25

Exner, Frz., die Commandos zur Quadrille française [die Contre-Tänze], Quadrille à la cour u. e. genaue Beschreibg. zur Erlerng. d. Walzers, besonders f. den Laien geeignet. 16. (43 S.) Königshütte 883. (Neiße, Huß.) n. —50

— zur Contacttheorie. [Aus: „Sitzungsber. d. k. Akad. d. Wiss.“] Lex.-8. (11 S.) Ebd. 887. n.n. —25

— **u. E. Haschek,** über Linienverschiebungen in den Spektren v. Ca, Sn u. Zn. (23 S.) gr. 8. Ebd. 906. n. —65
2 Sonderabdrucke aus: „Sitzungsber. d. k. Akad. d. Wiss.“

— über Lösungsfiguren an Krystallflächen. [Aus: „Sitzungsber. d. k. Akad. d. Wiss.“] Lex.-8. (9 S.) Wien 874. (Gerold's Sohn.) n. —20

Exner, Frz., Messungen des Potentialgefälles in Oberägypten, s.a. Beiträge zur Kenntniss d. atmosphär. Elektricität. I.

Messungen des Potentialgefälles in Oberägypten von Dr. Franz Exner. Mit 2 Textfiguren. Aus den Sitzungsberichten der kaiserl. Akademie der Wissenschaften in Wien. Mathem.-naturw. Classe; Bd. CVIII. Abth. II.a. März 1899. Wien. 1899. In Comm. Gerold's Sohn. Gr.-8°. 51 S. fl. —.50

— über e. neue Methode zur Bestimmung der Grösse der Moleküle. Lex.-8. (30 S.) Wien 885. (Gerold's Sohn.) n.n. —45

Exner, Franz [Oberl. Dr.]: Die Milch, ihre Verfälschung und deren Nachweis. Neustadt O.-S., Raupach'sche Buchdr., *1892*; 3—17 S. 4.
Neustadt Ob.-Schl., k. G, OP 1892 (196)

Exner, Franz, u. Eduard Haschek

— — [1]) Mitteilungen aus dem Institut für Radiumforschung: 1. Über das Bogen- und Funkenspektrum des Radiums. S. 120. IIa. 967 . . . . „ —.30
Separatabdruck

— — [2]) — 19. Spektroskopische Untersuchung des Joniums. S. 121. IIa. 1075 . . „ —.20
Separatabdruck

— über die Natur der galvanischen Polarisation. [Ausgeführt im physikal. Cabinete der Wiener Universität.] [Aus: „Sitzungsber. d. k. Akad. d. Wiss.“] Lex.-8. (49 S.) Ebend. 878. n. —80

— über die tägliche Periode der Luftelektricität, s.: Beiträge z. Kenntnis d. atmosphär. Elektricität. VII.

Exner, Frz., zur Photometrie der Sonne. [Aus: „Sitzungsber. d. k. Akad. d. Wiss.“] Lex.-8. (12 S.) Wien 886. (Tempsky.) n.n. —25

— über die galvanische Polarisation des Platin's in Wasser. [Mit 2 (eingedr.) Holzschn.] [Ausgeführt im physikal. Cabinete der Wiener Universität.] [Aus: „Sitzungsber. d. k. Akad. d. Wiss.“] Lex.-8. (22 S.) Ebend. 878. n. —40

— das Publizitätsprinzip. Studien zum oesterreich. Hypothekenrecht. Ebend. 870. gr. 8. (VIII, 143 S.) n. 1 40

— Über Radiumforschung. Vortrag, geh. in der feierl. Sitzg. der kaiserl. Akademie d. Wiss. am 30. V. 1910. (24 S.) 8. Ebd. 910. —70

— **u. E. Haschek,** zur Spektroskopie der seltenen Erden. (8 S.) gr. 8. Ebd. 910. —80

— **u. J. Tuma,** Studien zur chemischen Theorie der galvanischen Elemente. Aus dem physikal. Cabinete der k. k. Universität in Wien. [Mit 15 Textfig.] [Aus: „Sitzungsber. d. k. Akad. d. Wiss.“] Lex.-8. (41 S.) Ebd. 888. n. —90

— die Theorie des galvanischen Elementes. Ausgeführt im physikal. Cabinete der Wiener Universität. [Mit 10 (eingedr.) Holzschn.] [Aus: „Sitzungsber. d. k. Akad. d. Wiss.“] Lex.-8. (49 S.) Ebend. 880. n. —80

— zur Theorie der inconstanten galvanischen Elemente. [Ausgeführt im physikal. Cabinete der Wiener Universität.] [Aus: „Sitzungsber. d. k. Akad. d. Wiss.“] Lex.-8. (19 S.) Wien 879. (Gerold's Sohn.) n. —40

Exner, Frz., zur Theorie des Volta'schen Fundamentalversuches. [Ausgeführt im physikal. Cabinete der Wiener Universität.] [Aus: „Sitzungsber. d. k. Akad. d. Wiss.“] Lex.-8. (28 S.) Wien 880. (Gerold's Sohn.) n. —40

— elektrochemische Untersuchungen. (I.—IV. Mittheilg.) [Aus: „Sitzungsber. d. k. Akad. d. Wiss.“] gr. 8. Wien, (F. Tempsky). n. 3. 50
I. (28 S. m. 5 Textfig.) 891. n. —60. — II. (75 S. m. 30 Textfig.) 892. n. 1. 70. — III. (21 S. m. 4 Textfig.) 892. n. —60. — IV. (28 S. m. 3 Fig.) 894. n. —60.

Exner Franz, Dr.: Untersuchungen über die Härte in Kristallflächen. Eine von der Kaiserlichen Akademie der Wissenschaften in Wien gekrönte Preisschrift. Wien 1873. 8° . . . . 6.—

— über die Ursache der Elektricitätserregung beim Contact heterogener Metalle. [Ausgeführt im physikal. Cabinete der Wiener Universität.] [Aus: „Sitzungsber. d. k. Akad. d. Wiss."] Lex.-8. (21 S.) Ebend. 879. n. — 40

— über die Ursache u. die Gesetze der atmosphärischen Elektricität. [Mit 1 (lith.) Taf.] Lex.-8. (64 S.) Ebend. 886. n. 1. 50

Exner, Franz, u. Eduard Haschek

— — Über die Verschiebung der Spektrallinien. (19 S.) gr. 8. Ebd. 907. — 60
3 Sonderabdr. a. „Sitzungsber. d. bayer. Akad. d. Wiss."

— weitere Versuche über die galvanische Ausdehnung. [Ausgeführt im physikal. Cabinete der Wiener Universität.] [Aus: „Sitzungsber. d. k. Akad. d. Wiss."] Lex.-8. (28 S.) Ebend. 877. n.n. — 50

— Vorlesungen üb. Elektricität, geh. an der Universität zu Wien. gr. 8. (VII, 450 S.) Wien 888. Deuticke. n. 14. —

Exner, Franz, u. Eduard Haschek

— — Wellenlängen-Tabellen f. spektralanalytische Untersuchungen auf Grund der ultravioletten Bogenspektren der Elemente. 2 Tle. (II, 89 u. 213 S.) gr. 8. Wien 904. F. Deuticke. n. 25. —

— — Wellenlängen-Tabellen f. spektral-analytische Untersuchungen auf Grund der ultravioletten Funkenspektren der Elemente. 2 Tle. gr. 8. (IV, 83 u. 269 S.) Wien 902. F. Deuticke. n. 16. —

— Das Wesen der Fahrlässigkeit. Eine strafrechtl. Untersuchg. (V, 234 S.) gr. 8. Wien 910. F. Deuticke. 5. —

Exner, Frz. S., die Stellung der Studierenden auf der Universität. Eine Rede. gr. 8. Prag 837. Haase u. Söhne. 1/6 Thlr.

Exner, Franciscus (Xaverius) *(geb. Alt-Gersdorf in Schles. 11. 5. 1838)*: De fossilibus resinis et salibus organicis fossilibus imprimis de mellite. Vratislaviae (1864). (58 S.) 8°
Breslau, Phil. Diss. v. 13. Aug. 1864

Exner, Gust. Der Rösselsprung als Zauberquadrat. Eine kombinatorische Aufgabe. 28 S. Progr. *Hirschberg* 1876.

Exner, Gustavus *(geb. Maiwaldau bei Hirschberg in Schles. [9. 7.] 1811)*: De schola Aeschyli et trilogiarum ratione. Vratislaviae (1840). (59 S.) 8° *[Buchausg. 1841 bei Hirt in Breslau.]*
Breslau, Phil. Diss. v. 16. [vielmehr 25.] Juni 1840

Exner, H. F., s. Uebungsblätter für Planzeichner.

Exner, Hans: Die Beziehungen zwischen Brandenburg-Preussen und Polen von 1640—48. Ostrowo (1908): Hoffmann. 33 S. 4°
Ostrowo, k. G OP 1908 (219) [S 08. 85

Exner, Hans: Brandenburg-Preussen und Polen in den Jahren 1648—49. Ostrowo (1910): Hoffmann. 17 S. 4°
Ostrowo, k. G OP 1910 (237) [S 10. 100

Exner, Hans, das Offizierskorps des kgl. sächsischen 7. Infanterie-Regiments „König Georg" Nr. 106. Als Beitrag zur Regimentsgeschichte hrsg. (72 S.) gr. 8. Dresden 910. (C. Heinrich.) 1. 50

Schlesische Sagen. Im Auftr. d. Breslauer Prüfungs-Ausschusses f. Jugendschriften hrsg. von Heide **Exner**. Buchschmuck von Arnold Busch-Breslau. 4.–6. Taus. Breslau: Priebatsch [1905]. (112 S.) 8° [F.] [04. 3544 2

Exner, Heide, schlesische Sagen. Im Auftrage d. Breslauer Prüfungs-Ausschusses f. Jugendschriften hrsg. Buchschmuck v. Arnold Busch. 7—11. Taus. (112 S. m. Abb.) 8. Breslau (909). Priebatsch. Kart. 1. —

Exner, J. A., siehe: Zusammenstellung der in Sachsen erlassenen Gesetze ꝛc. die Einrichtung der Landes-Immobiliar-Brandversicherungs-Anstalt betreff.

Exner, J. Posidon., neuntägige Andacht, zur Maria d. Hausmutter genannt. Mit Bildnissen. 8. Wien 822. Wimmer. 2 gr. ill. 3 gr.

— Anleit. zur kathol. Lehrart. gr. 8. Wien 794. v. Mösle. 8 gr.

— d. 7 Busspsalmen, erklärt. 8. Wien 796. Doll. 6 gr.

— d. heil. Christnachtmette, oder d. Christ in d. Adventszeit. 8. Wien 803. Gerold. 8 gr.

— s. Claud. Fleury, Katechismus.

— christl. Gedanken für jeden Tag des Monats; aus d. Französ. 8. Wien 799. Pichler. 4 gr.

EXNER: Die erklärte und verdeutschte Messe. Oedenburg 1792.

— erklärende u. verdeutschte Messe an Sonn- u. Festtagen. 8. Wien 792. Augsb. 799. Bürglen. 12 gr.

— Samml. einzelner Gedanken über verschied. Gegenstände für Verstand u. Herz. 8. Wien 799. Pichler. 12 gr.

— christl. Sittenlehre, e. Erklärung d. 5 Hauptstücke im k. k. Normalkatechismus. 2 Bdchen. 8. Wien 794. Al. Doll. 16 gr.

— Unterricht über die Einricht. und vorzügl. Gebr. d. kathol. Kirche. 8. Wien, Doll. (a. Liebeskind in Leipzig.) 793.

— Unterr. über d. Einrichtung u. vorzügl. Gebräuche d. kathol. Kirche. 8. Wien 793. v. Mösle. 16 gr.

— Unterr. in d. Grundwahrheiten d. Religion. 8. Wien 802. v. Mösle. 1 Thlr. 4 gr.

— Verhalten e. Christen in den gewöhnl. Verrichtungen d. Lebens. 8. Wien 799. Pichler. 4 gr.

Exner, Johs., Leier u. Schwert. Ein patriot. Festspiel zum Gedächtnis an Theodor Körner f. Gesang u. Deklamation m. Lichtbild. u. szen. Darstellgn. Musikalische Bearbeitg. v. J. Schmalohr. Textbuch.) (19 S.) 8. Berlin-Groß-Lichterfelde (907). Ch. F. Vieweg. — 30

Exner, Karl, Bemerkung üb. die Lichtgeschwindigkeit im Quarze. Lex.-8. (5 S.) Wien 885. (Gerold's Sohn.) n. — 20

Exner, Karl: Üb. d. Beugung d. Lichtes durch e. ebenes Doppelgitter. *Wien 1893.*
in: Xenia Austriaca. Bd 2. [97. 3761

— über die durch zahlreiche, unregelmässig vertheilte Körperchen hervorgebrachten Beugungserscheinungen. [Mit 8 Holzschn.] Lex.-8. (35 S.) Ebend. 885. n. 1. —

Exner, Karl, zur Beziehung zwischen den atmosphär. Strömungen u. der Scintillation. gr. 8. (15 S.) Wien 900. (C. Gerold's Sohn.) n. — 30

Exner, Karl, über das Funkeln der Sterne u. die Scintillation überhaupt. [Mit 11 (eingedr.) Holzschn.] [Aus: „Sitzungsber. d. k. Akad. d. Wiss."] Lex.-8. (44 S.) Wien 882. (Gerold's Sohn.) n.n. — 90

— zur Genesis der richtigen Erklärung der Scintillationserscheinungen. gr. 8. (51 S. m. 3 Fig.) Ebd. 901. n. 1. —
2 Sonderabdrucke aus: „Sitzungsber. d. k. Akad. d. Wiss."

— über die kleinen Höfe und die Ringe behauchter Platten. [Aus: „Sitzungsber. d. k. Akad. d. Wiss."] Lex.-8. (12 S. m. 1 Taf.) Ebd. 889. n. — 50

Exner K.: Interferenzen diffusen Lichtes. 14⁰. Troppau 74. Progr

— über die Quetelet'schen Interferenzstreifen. [Mit 1 (lith.) Taf. (in qu. 4.)] [Aus: „Sitzungsber. d. k. Akad. d. Wiss."] Lex.-8. (10 S.) Ebend. 875. n.n. — 50

— Über Interferenzstreifen, welche durch zwei getrübte Flächen erzeugt werden. S. 72. II. 675 . . . . K —.20 Separatabdruck

Exner, K., üb. e. Consequenz d. Fresnel-Huyghens'schen Principes. [Mit 2 Textfig.] [Aus: „Sitzungsber. d. k. Akad. d. Wiss."] Lex.-8. (4 S.) Wien 889. (Tempsky.) n. — 20

Exner, Karl, über die Curven des Anklingens u. des Abklingens der Lichtempfindungen. Mit 1 Holzschn. [Aus d. Sitzungsber. d. k. Akad. d. Wiss.] Wien 870. (Gerold's Sohn.) gr. 8. (5 S.) n. 2 *ngr.*

— Karl Über eine Maschine zur Auflösung höherer Gleichungen. 10 S. Progr. G. IX. Bez. *Wien* 1881.

Exner, Karl, üb. die Maxima u. Minima der Winkel, unter welchen krumme Flächen v. Radien-Vectoren durchschnitten werden. [Mit 1 (lith.) Taf.] [Aus d. Sitzungsber. d. k. Akad. d. Wiss.] Lex.-8. (10 S.) Wien 871. (Gerold's Sohn.) n. — 40

— über die Maxima u. Minima der Winkel, unter welchen Curven von Radien durchschnitten werden. Mit 7 Holzschn. [Aus d. Sitzungber. d. Akad. d. Wiss.] Ebend. 868. gr. 8. (11 S.) 3 *ngr.*

Exner, Carl (Steinseiffen / Schles.), De mercurio dulci novaque eum adhibendi methodo. Dissert. med. Bln. (A. Petsch) 1. X. 1830. 36 S. mit Biogr. (M.: B. Ende.) (4.50) 8304
Oppon.: J. G. Heinen, E. Glasser, F. Kuepper. — Gew.: E. v. Sandreczki-Sandraschütz.

Exner: Mathematische Miscellen: 1. Eine Aufgabe über Rollbewegung. 2. Eine Aufgabe über Maxima und Minima. 3. Über das Wesen der Elemente der Linien u. Flächen. 4. Über einen Satz von Meusnier. Zs. 14 S. 8°. – Wien ak.G., Progr. 1868.

Exner, Karl Miscellen aus der Schulphysik. 8 (S. 3 – 5). Progr. Staatsg. im IX. Bezirk *Wien* 1889.

Exner, Karl, u. W. Villiger, über das Newton'sche Phänomen der Scintillation. (1. Mittheilg.) (47 S.) gr. 8. Wien 902. (A. Hölder.) n. — 90

— — dasselbe. (II. Mitteilg.) (19 S. m. 1 Fig) gr. 8. Ebd. 904. n. — 50
2 Sonderabdrucke aus: „Sitzungsber. d. k. Akad. d. Wiss."

Exner, Karl, über die Frauenhofer'schen Ringe, die Quetelet'schen Streifen und verwandte Erscheinungen. Lex.-8. (29 S. mit 2 lithogr. Taf.) Wien 877, (Gerold's Sohn.) *

Exner, K., üb. die Scintillation. Eine Monographie. [Aus: „Repertorium d. Physik".] gr. 8. (66 S. m. 13 Abbildgn.) Prag 891. F. Tempsky. — Leipzig, G. Freytag. n. 2. —

— üb. e. Scintillometer. [Aus: „Sitzungsber. d. k. Akad. d. Wiss."] Lex.-8. (5 S.) Ebd. 888. n. — 16

— über die polarisirende Wirkung der Lichtbeugung. [1. Mittheilung.] [Aus: „Sitzungsber. d. k. Akad. d. Wiss."] Lex.-8. (14 S. mit 8 Textfig.) Ebd. 890. n. — 50

— üb. die polarisirende Wirkung der Lichtbeugung. [2. Mittheilg.] [Aus: „Sitzungsber. d. k. Akad. d. Wiss."] Lex.-8. (10 S.) Ebd. 892 n. — 30
(1 u. 2.: n. — 80)

Exner, Kurt [aus Posen]: Beitrag zur Histologie der Prostata-Carcinome ... Greifswald, Druck v. J. Abel, 1892; 31 S. 8.
Greifswald, Med. Fak., Inaug.-Diss. v. 8. Aug. 1892

Exner, Ludw., s.: Protokoll d. österr. Metallarbeiter-Congresses in Brünn.

Exner, Mor., d. Antheil d. königl. sächsischen Armee am Feldzuge geg. Rußland 1812. N. amtl. Unterlagen bearb. Mit 2 Schlachtenbildern (in Lichtdr.) u. 6 Skizzen u. Plänen auf 3 (lith.) Taf. gr. 8. (VII, 172 S.) Leipzig 896. Duncker & Humblot. n. 4. —

Exner, Mor., die Antheilnahme der königl. sächsischen Armee am Feldzuge gegen Oesterreich u. die kriegerischen Ereignisse in Sachsen im J. 1809. Nach amtl. Unterlagen bearb. gr. 8. (V, 135 S. m. 6 z. Tl. farb. Taf.) Dresden 894. W. Baensch. 4. 50; geb. n. 5. 50

Exner, M. Die französische Armee in Krieg u. Frieden. Berlin 1889. 170 S.
— — Forts. u. d. T.: Einteilung u. Friedensunterbringung der französischen Armee am 1. Okt. 1890. Mit 1 Krt. 1890. 64 S.
— — 2. Aufl. 1894.

Exner, die französische Armee in Krieg u. Frieden. gr. 8. (X, 170 S.) Berlin 889. Mittler & Sohn. n. 3. —

— die französische Armee in Krieg u. Frieden. 2., neu bearb. Aufl. gr. 8. (XII, 197 S.) Berlin 894. E. S. Mittler & Sohn. n. 3. 60

Exner, der Dienst der französischen Armee im Felde. Bearb. auf Grund d. Reglements vom 26. Oktbr. 1883 u. der neuesten Dienstvorschriften. gr. 8. (IV, 70 S.) Berlin 884. Mittler & Sohn. n. 1. 40

— Eintheilung u. Friedensunterbringung der französ. Armee am 1. Oktbr. 1890. Nebst Angaben üb. Bewaffnung. u. Artillerie-Material, Friedenspräsenz- u. Kriegsstärke u. e. alphabet. Verzeichniß d. Quartierstandes. Zugleich Fortsetzg. des Werkes: „Die französische Armee in Krieg und Frieden". Mit e. farb. Uebersichtskarte der Eintheilg. u. Garnisonirg. der französ. Armee. gr. 8. (64 S.) Ebd. 890. n. 1.75

Exner, Mor., s. Hepke: Frankreich

Exner, Karte der Truppenstandorte u. Armee-Eintheilung des franz. Heeres, s.: Heere u. Flotten, die, der Gegenwart.

— Katechismus d. deutschen Heerwesens. 2. Aufl. Völlig neu bearb. 12. (XIII, 265 S. m. 7 Abb. u. 1 Tab.) Leipzig 896. J. J. Weber. Geb. in Leinw. n. 3. —

— das neue Reglement vom 29. Juli 1884 üb. das Exerciren u. die Manöver der französischen Infanterie, s.a. Beiheft zum Militär-Wochenblatt.

Exner. Das neue Reglement vom 29. Juli 1884 über das Exerziren und die Manöver der französischen Infanterie. Unter Beifügung der wichtigsten Angaben aus der officiellen Publicatio : „Quelques indications pour le combat". Beihft. z. „Milit.-Wochenblatt". Berlin 1885.

Exner, Mor., zehn Vorträge üb. Kriegführung, Heerwesen u. vaterländische Kriegsgeschichte, geh. in den Räumen der Gehe-Stiftg., auf Veranlassg. der wissenschaftl. Leitg. derselben. (XI, 206 S. m. 5 lith. Karten.) gr. 8. Dresden 903. C. Heinrich. n. 5. —; geb. n. 6. —

— d. Weg z. Einjährig-Freiwilligen u. z. Offizier d. Beurlaubtenstandes i. Armee u. Marine, s.a. Weber's illustr. Katechismen.

Exner, der Weg zum Einjährig-Freiwilligen u. zum Offizier d. Beurlaubtenstandes in Armee u. Marine. 12. (XVIII, 179 S.) Leipzig 891. J. J. Weber. Geb. in Leinw. n. 2. —

Exner, Oscar [prakt. Arzt aus Berlin]: Über Brüche der Tibia an ihrem oberen Ende .... Berlin, Buchdr. v. Gustav Schade (Otto Francke) (1888); 31 + 1 S. 8°
Berlin, Med. Fak., Inaug.-Diss. v. 28. Apr. 1888

Exner, Oskar, Rechtsanwalt: Die rechtliche Natur des Safevertrages und die Zwangsvollstreckung in den Safeinhalt. Greifswald 1907: F. W. Kunike. (38 S.) 8°
Greifswald, Jur. Fak., Ref. Frommhold, Diss. v. 20. Juni 1907
[Geb. 28. Apr. 77 Oppeln; Wohnort: Tost O.-S.; Staatsangeh.: Preußen; Vorbildung: Gymn. Oppeln Reife M. 95; Studium: Breslau 8, Halle 1 S.; Rig. 11. Febr. 07.]

Exner, P., Lehrerleben, s.: Grüttner, A.

Exner, Rob., s.: Propaganda

Exner, Rob., moderne Reklame. Separat-Abdr. bemerkenswerther Fachartikel, Feuilletons u. Notizen üb. Reklamemittel u. Reklamekniffchen der verschiedensten Art, aus der Fachzeitschrift „Die Reklame". 2. Taus. gr. 8. (104 S.) Zittau 892. R. Exner. 1. 50

Exner, Rudolf [aus Neustadt in Ober-Schles.]: Zur Multiplicität primärer Carcinome ... Neustadt O.-S., Buchdr. „Neust. Zeitg", *1894*; 26 S., 1 Bl. 8.
München, Med. Fak., Inaug.-Diss. v. 1894

Exner, Sigmund

Exner, Sigm., über Ammoniakentwickelung aus faulendem Blute. [Aus dem physiolog. Institute der Wiener Universität.] Lex.-8. (16 S.) Wien 870, (Gerold's Sohn.)

Exner, Sigm., Entwurf zu e. physiologischen Erklärung der psychischen Erscheinungen. 1. Thl. gr. 8. (VIII, 380 S. m. 63 Abbildgn.) Wien 894. F. Deuticke. n. 11. —

Exner, Sigm., die mangelhafte Erregbarkeit der Netzhaut f. Licht v. abnormer Einfallsrichtung. Lex.-8. (6 S.) Wien 883. (Gerold's Sohn.) n. — 20

Exner, Sigm., üb. den Erregungsvorgang im Sehnervenapparate. [Aus „Sitzungsber. d. k. Akad. d. Wiss."] Lex.-8. (12 S. m. 1 Chromolith. in gr. 4.) Wien 872. (Gerold's Sohn.) n. — 80

— Ernst Fleischl v. Marxow, s.: Fleischl v. Marxow, Ernst, gesammelte Abhandlungen.

Exner, Sigm., über die Function des Musculus Cramptonianus. [Mit 1 (lith.) Taf. u. 1 (eingedr.) Holzschn.] [Aus: „Sitzungsber. d. k. Akad. d. Wiss."] Lex.-8. (10 S.) Wien 882. (Gerold's Sohn.) n. — 40

Exner, Sigm., die physikalischen Grundlagen der Blütenfärbungen, s.: Exner, Frz.

(**Exner**, Sigm[und].) Neues Bundeshaus: Gutachten über die akustischen Verhältnisse des Nationalratssaales. An das hohe Eidgenössische Departement des Innern, Bern. (Bern, den 28. Februar 1906.) 6 S. 8.

— die Innervation d. Kehlkopfes. Mit 3 Taf. Lex.-8. (56 S.) Ebend. 884. n. 2. —

— zur Kenntniss vom feineren Bau der Grosshirnrinde. [Mit 1 (lith.) Taf.] [Aus: „Sitzungsber. d. k. Akad. d. Wiss."] Lex.-8. (17 S.) Ebend. 881. n. — 80

— zur Kenntniss d. Graafschen Follikels u. d. Corpus luteum beim Kaninchen, s.: Call, E. L.

— zur Kenntniss der motorischen Rindenfelder. [Aus: „Sitzungsber. d. k. Akad. d. Wiss."] Lex.-8. (6 S.) Ebend. 881. n. — 20

— Leitfaden bei der mikroskopischen Untersuchung thierischer Gewebe. Mit 8 (eingedr.) Fig. in Holzschn. gr. 8. (VIII, 93 S.) Leipzig 878. Engelmann. 2. 25

— Leitfaden bei der mikroskopischen Untersuchung thierischer Gewebe. Mit 7 (eingedr.) Fig. in Holzschn. 2., verb. Aufl. gr. 8. (VIII, 96 S.) Leipzig 878. Engelmann. n. 2. 40

— kleine Mittheilungen physiologischen Inhaltes. [Aus: „Sitzungsber. d. k. Akad. d. Wiss."] Lex.-8. (11 S. m. e. Chromolith.) Wien 875. (Gerold's Sohn.) n. — 60

Exner, Sigm., die Moral als Waffe im Kampfe ums Dasein. Vortrag, geh. am 30. Mai 1892. 8. (33 S.) Wien 892. (F. Tempsky.) n. — 60

— über Lumen-erweiternde Muskeln. [Mit 3 (eingedr.) Holzschn.] [Aus: „Sitzungsber. d. k. Akad. d. Wiss."] Lex.-8. (9 S.) Wien 877. (Gerold's Sohn.) n.n. — 30

Exner, S., das Netzhautbild d. Insectenauges. [Mit 2 Taf. u. 7 Textfig.] [Aus: „Sitzungsber. d. k. Akad. d. Wiss."] Lex.-8. (53 S.) Wien 889. (Tempsky.) n. 1. 50

Exner, S: Nochmals das »Schweben« der Raubvögel. Bonn 1907

Exner, Sigm., über das Orientierungsvermögen der Brieftauben. (II. Mitteilg.) (28 S. m. 1 Fig. u. 2 Taf.) gr. 8. Wien 905. (A. Hölder.) n. — 75
Sonderabdruck aus: „Sitzungsber. d. k. Akad. d. Wiss."

— die Physiologie der facettirten Augen v. Krebsen u. Insecten. Eine Studie. Mit 7 lith. Taf., e. Lichtdr. u. 23 Holzschn. im Text. gr. 8. (VIII, 206 S.) Wien 891. F. Deuticke. n. 14. —

— die Physiologie des Fliegens u. Schwebens in den bildenden Künsten. Vortrag, geh. im österr. Museum für Kunst u. Industrie am 5. Jan. 1882. Mit 4 (eingedr.) Holzschn. gr. 8. (37 S.) Wien 882. Braumüller. n. 1. —

— Physiologie der Grosshirnrinde, s.: Handbuch der Physiologie.

Exner, Sigm[und]. Rapport de M. Sigm. E', professeur de physiologie à Vienne sur l'acoustique défectueuse de la salle du Conseil national. Au Département fédéral de l'Intérieur, Berne. (Berne, le 28 février 1906.) 6 p. 8.

— Schablone d. menschlichen Gehirns zur Eintragung v. Sectionsbefunden. In 2 Taf. m. 12 Abbildgn. gr. 4. (6 Doppeltaf. m. 1 S. Text.) Wien 888. Braumüller. n.n. 1. —

Exner, S: Über das »Schweben« der Raubvögel. Bonn 1906

— über den zentralen Sehakt, s.: Beilage, wissenschaftliche, zum 17. Jahresbericht der philosoph. Gesellschaft an der Universität Wien.

Exner, Sigm., über das Sehen v. Bewegungen u. die Theorie d. zusammengesetzten Auges. [Mit e. (lith. u. color.) Taf.] [Aus: „Sitzungsber. d. k. Akad. d. Wiss."] Lex.-8. (35 S.) Wien 875. (Gerold's Sohn.) n. — 80

— u. Hans Januschke, die Stäbchenwanderung im Auge v. Abramis brama bei Lichtveränderungen. (12 S. m. 4 Fig.) gr. 8. Wien 906. (A. Hölder.) n. — 55

— üb. die menschliche Stimme, s.a. Vorträge d. Vereines zur Verbreit. naturwissenschaftl. Kenntnisse in Wien.

Exner, Prof. Sigmund, Ueber die menschliche Stimme. Vortrag, gehalten den 13. November 1889. Mit 1 Tafel und 2 Abbildungen. 8. (40 S.) In Comm. —.30
Wien: Hölzel 1890.

— fortgesetzte Studien über die Endigungsweise der Geruchnerven. 3. Abhandlung. [Mit 2 Taf. in Lichtdr.] [Aus: „Sitzungsber. d. k. Akad. d. Wiss."] Lex.-8. (51 S.) Wien 878. Gerold's Sohn. n. 1. 50 (1—3: n. 4. 70)
Ist Fortsetzung von: Exner, S., weitere Studien über die Structur der Riechschleimhaut bei Wirbelthieren.

— weitere Studien üb. die Structur d. Riechschleimhaut bei Wirbelthieren. [Mit 3 (photolith.) Taf.] [Aus „Sitzungsber. d. k. Akad. d. Wiss."] Lex.-8. (35 S.) Ebend. 872. n. 2. —

Exner, Sigmund (Hrsg.), s. Tagblatt der 66. Versammlung dt. Naturforscher und Aerzte . . .

— Untersuchungen über die Localisation der Functionen in der Grosshirnrinde des Menschen. Mit Unterstützung der kaiserl. Akademie der Wissenschaften zu Wien hrsg. Mit 25 (lith. u. Kpfr.-)Taf. gr. 8. (IX, 180 S.) Wien 881. Braumüller. n. 20. —

Exner, Sigmund, Untersuchungen über Brown's Molecularbewegung. (Aus dem physiologischen Institute der Wiener Universität. Vorgelegt in der Sitzung am 21. Juni 1867.) (Aus dem LVI. Bde. der Sitzb. d. K. Akad. d. Wissensch., II. Abth., Juni-Heft, Jahrg. 1867.)

— Untersuchungen üb. die Riechschleimhaut d. Frosches. [Mit 2 (lith.) Taf. (in gr. 4.)] [Aus d. Sitzungsber. d. k. Akad. d. Wiss.] Lex.-8. (19 S.) Ebend. 871. n. 1. 20

Exner, Prof. Sigmund, Untersuchungen über die Socialisation der Functionen in der Grosshirnrinde des Menschen. gr. 8. (VII u. 180 S.) mit 25 Tafeln. geh. 10 fl.
Wien: Braumüller 1881.

Exner, Sigm., u. Hans Januschke

— — das Verhalten des Guanintapetums v. Abramis brama gegen Licht u. Dunkelheit. (22 S. m. 1 farb. Taf.) gr. 8. Ebd. 905. n. — 70
2 Sonderabdrucke aus: „Sitzungsber. d. k. Akad. d. Wiss."

— durch Licht bedingte Verschiebungen d. Pigmentes im Insectenauge u. deren physiologische Bedeutung. [Aus: „Sitzungsber. d. k. Akad. d. Wiss."] Lex.-8. (9 S. m. 1 Taf.) Wien 889. (Tempsky.) n. — 50

— negative Versuchsergebnisse üb. das Orientirungsvermögen der Brieftauben. [Aus: „Sitzungsber. d. k. Akad. d. Wiss."] Lex.-8. (14 S.) Wien 893. (F. Tempsky.) n. — 40

— über die physiologische Wirkung der Iridectomie. [Aus „Sitzungsber. d. k. Akad. d. Wiss."] Lex.-8. (9 S.) Ebend. 872. n. — 20

—— über die zu einer Gesichtswahrnehmung nöthige Zeit. Lex.-8. (32 S. mit eingedr. Holzschn. und 2 Stnt in qu. 4.) Wien 869. (Gerold's Sohn.) *
Sitzungsberichte der k. Akademie der Wissenschaften, besonders abgedruckt.

— (Hrsg.), s. Centralblatt für Physiologie.

Internationale Gemeinschaftsarbeit auf technischen Gebieten. Fest-Vortrag geh. in München 1910 von K. u. K. Wirkl. Geh. R., Präs. Dr. W[ilhelm] Exner. (München 1910: Bruckmann.) 20 S. 8° [Umschlagt.]
(Deutsches Museum. Vorträge u. Berichte. H. 6.) [illegible]

Exner, Wilh. Frz., der Antheil Oesterreichs an den technischen Fortschritten der letzten 100 Jahre. 2 Donnerstag-Vorlesgn. geh. im Winter-Semester 1873—1874. gr. 8. (49 S.) Wien 874. Braumüller. n. 1. 20

Exner, Wilh. Frz., der Aussteller u. die Ausstellungen. Erörterungen über den Nutzen der letzteren; geschichtliche Notizen; Rathschläge für die Sicherung d. Ausstellungsgutes, Zweckmäßigkeit u. Schönheit der Exposition rc. Ein Buch für Gewerbtreibende, Industrielle, Künstler rc. Mit 15 in den Text eingedr. Figg. (in Holzschn.) Weimar 866. B. F. Voigt. 8. (X, 152 S.) 27 ngr.

Exner, W. F., Der Aussteller u. die Ausstellungen. Erörterungen über den Nutzen der letzteren, geschichtliche Notizen, Rathschläge für die Sicherheit des Ausstellungsgutes etc. Mit 15 Fig. i. Text. Weimar 1866. 8°. Hiezu als Supplement: Die neuesten Fortschritte im Ausstellungswesen in Beziehung auf Sicherheit, Zweckmässigkeit etc. Mit 7 Abbild. Weimar 1868. 8°.

Exner, W. F., der Aussteller u. die Ausstellungen. Erörterungen üb. den Nutzen der letzteren; geschichtl. Notizen; Rathschläge f. die Sicherheit des Ausstellungsgutes, Zweckmäßigkeit u. Schönheit der Exposition rc. 2. verb. vollständ. Ausg. Mit vielen in den Text eingedr. Figuren. gr. 8. (XVI, 418 S. m. 1 Tabelle in qu. Fol.) Weimar 873. B. F. Voigt. 4. 20

Exner, Wilh. Frz., Johann Beckmann, Begründer der technologischen Wissenschaft. Vortrag, geh. im k. k. österreich. Museum f. Kunst u. Industrie. Mit (Holzschn.-) Portr. 8. (IV, 59 S.) Wien 878. Gerold's Sohn. n. 1. 60

Exner, Wilhelm Franz. Beiträge zur Geschichte der Gewerbe und Erfindungen Oesterreichs von der Mitte des XVIII. Jahrhunderts bis zur Gegenwart. 2 Bde. Wien 1873. 8°.

Exner W. F.
— u. **Lauböck G.:** Bericht üb. die Weltausstellung in Paris 1878. H. 2. Die mechanische Holzbearbeitung . . . Wien 1879. 66 S. 2 Tvl. P.

EXNER, Wilhelm Franz: Das Biegen des Holzes, ein für Möbelfabrikanten, Wagen- und Schiffbauer wichtiges Verfahren. Mit besonderer Rücksichtnahme auf die Thonet'sche Industrie. - Weimar 1876. 32 S. - 2. Aufl. ebd. 1880. 35 S., 2 Taf. - 4. Aufl. neubearb. u. erw. v. Georg Lauboeck u. d. T.: Das Biegen des Holzes, ein für Möbelfabrikanten, Wagen- und Schiffbauer, Böttcher und andere wichtiges Verfahren. Mit besonderer Rücksichtnahme auf die Thonet'sche Industrie. - Leipzig 1922. VIII, 113 S., üb. 110 Abb. - (Die Werkstatt Bd. 53)

— das Biegen d. Holzes, e. f. Möbel-, Wagen- u. Schiffbauer wicht. Verfahren. Mit besond. Rücksichtnahme auf die Thonet'sche Industrie, nach e. im k. k. österr. Museum f. Kunst u. Industrie geh. Vortrag. Mit Holzschn. im Text u. 2 (lith.) Fig.-Taf. (in qu. Fol.) gr. 8. (VII, 32 S.) Weimar 876. B. F. Voigt. 1. 20

— das Biegen des Holzes, e. f. Möbelfabrikanten, Wagen- u. Schiffbauer wichtiges Verfahren. Mit besonderer Rücksichtnahme auf die Thonet'sche Industrie, nach e. im k. k. österr. Museum f. Kunst u. Industrie geh. Vortrage. Mit Holzschn. im Text u. 2 (lith.) Fig.-Taf. 2., rev. (Titel-)Aufl. gr. 8. (VII, 35 S.) Weimar (1876) 880. B. F. Voigt. 1. 20

Exner, Wilh. Frz., das Biegen d. Holzes, e. f. Möbelfabrikanten, Wagen- u. Schiffbauer, Böttcher etc. wichtiges Verfahren. Mit besond. Rücksichtnahme auf die Thonet'sche Industrie. 3., neubearb. u. erweit. Aufl. v. Geo Lauboeck. gr. 8. (VI, 80 S. m. 8 Foliotaf.) Weimar 893. B. F. Voigt. 3. —

— (Rev.), s. Chevandier u. Wertheim: die mechanischen Eigenschaften des Holzes.

Exner, technische Eigenschaften der Hölzer, s.: Handbuch der Forstwissenschaft.

— die neuesten Fortschritte im Ausstellungswesen in Beziehung auf Sicherheit, Zweckmäßigkeit u. Schönheit; geschichtliche u. sachliche Notizen über temporäre Industrie- u. Arbeiterausstellungen, sowie über Gewerbsmuseen rc. Mit Benutzung der bei der Pariser Ausstellung 1867 gewonnenen Erfahrungen dargestellt u. gesammelt. Ein Supplement zu desselben Verf. Schrift: „Der Aussteller u. die Ausstellungen." Mit 7 Abbildungen (Holzschn. im Text). Ebend. 868. 8. (XII, 146 S.) 27 ngr.

— allgemeine deutsche Gewerbe- u. Industrie-Ausstellung zu Wittenberg. Notizen gesammelt für die mariabrunner Ingenieur-Lehrkanzel. [Aus der Monatschrift d. österreich. Reichsforstvereins.] Mit 6 (lith.) Taff. Wien 869. (Braumüller.) gr. 8. (34 S.) n. 5 ngr.

Exner W. das k. k. technologische Gewerbemuseum in Wien im ersten Viertel-Jahrhundert seines Bestandes. 1879-1904. (324 S 13 T) Wien 1904

— Groß-Paris u. die Geschichte der Arbeit in Frankreich u. England, s. Ausblicke nach dem Westen.

— — Die Handsägen u. Sägemaschinen. Weimar 1878—81. I. Descriptiver Theil. Text mit 181 eingedruckten Holzschn. 8°. Atlas von 43 Foliotafeln gezeichnet von F. Walla. gr. 4°. II. Dynamischer Theil. Text 8°. Atlas von 7 Tfln. gr. 4°.

Exner, Dr. W. F., Die Hausindustrie Oesterreichs. Ein Commentar zur hausindustriellen Abtheilung auf der land- und forstwirtschaftlichen Ausstellung in Wien 1890. gr. 8°. Wien, Hölder, 1890.

Exner, Wilh. Frz., die mechanischen Hilfsmittel d. Stein-Bildhauers. Ein gemeinfasslicher Vortrag, geh. im k. k. österr. Museum f. Kunst u. Industrie in Wien. Mit 3 (lith.) Taf. Lex.-8. (30 S.) Wien 877. Spielhagen & Schurich. n. 2. 50

— das Holz als Rohstoff für das Kunstgewerbe. Zwei Vorträge gehalten im k. k. oester. Museum für Kunst u. Industrie in Wien. Weimar 869. B. F. Voigt. gr. 8. (35 S.) 6 ngr.

— u. G. Lauböck, die mechanische Holzbearbeitung, deren Hilfsmittel u. Erzeugnisse, s.a. Bericht über die Weltausstellung in Paris 1878.

Exner u. Lauboeck, Die mechanische Holzbearbeitung, deren Hilfsmittel u. Erzeugnisse. Mit 7 Illustrationen im Text u. 2 Tfln. (Bericht über die Pariser Weltausstellung 1878 mit Unterstützung der k. k. österr. Commission herausgegeben. 2. Heft.) Wien 1879. 8°.

— Holzbearbeitungs-Maschinen, s.a. Ausstellungs-Bericht, officieller.

EXNER, W. F.: Holzbearbeitungs-Maschinen. (Offic. Ausstellungs-Bericht, herausgeg. durch die Gen. -Direction der Wiener Weltausstellung 1873.)- Wien 1874. 54 S., 33 Taf.

— Holzhandel u. Holzindustrie der Ostsee-Länder, s.: Marchet, G.

— die Industrie d. Böhmerwaldes. Vortrag geh. im k. k. österr. Museum f. Kunst und Industrie am 2. Febr. 1872. [Aus „Wochenschrift f. Wissenschaft u. Kunst."] gr. 8. (15 S.) Wien 872. Roßner in Comm. n. — 60

Exner, Wilh. Frz., das k. k. polytechnische Institut in Wien, seine Gründung, seine Entwickelung und sein jetziger Zustand. Wien 861. Förster. gr. 8. (90 S.) n. 12 ngr.

—— die Kunsttischlerei vom technologischen Standpunkte. Zwei Vorträge, gehalten in Wien. gr. 8. (III, 34 S.) Weimar 870, B. F. Voigt.

Exner, Wilh. Franz (Red.), s. Mittheilungen des technol. Gewerbemuseums.

Exner: Polytechnische Originalmittheilungen. S.15-22, –Elbogen OR., Progr. 1863

— F. Walla u. Ed. Hanausek, die Rigi-Bahn. [System Riggenbach — Näff — Zschokke.] Mit Benutzg. d. J. H. Kronauer'schen Berichtes nach eigenen Aufnahmen in ihrem gegenwärt. Zustande geschildert. [Aus dem Wiener „Techniker".] gr. 8. (20 S. m. 3 Stein-taf. in Fol.) Wien 872. Gronemeyer in Comm. n. 1. 60

— Streben nach Tüchtigkeit in den producirenden Ständen Frankreichs u. Englands, s.: Ausblicke nach dem Westen.

— Studien üb. das Rothbuchenholz. gr. 8. (142 S. m. Tab.) Wien 875. (Faesy & Frick.) n. 3. 20

Exner, Wilh., Studien über die Verwaltung des Eisenbahnwesens mitteleuropäischer Staaten. (IV, 158 S. m. 3 Tab.) gr. 8. Wien 906. O. Maass' Söhne. 4. —

— Tapeten u. Buntpapier, s.: Ausstellungs-Bericht, officieller.

— die Tapeten- u. Buntpapierindustrie, s.a. Schauplatz, neuer, der Künste &c.

Exner, Dr. W. F., Die Tapeten- u. Buntpapierindustrie für Fabrikanten und Gewerbtreibende sowie für techn. Institute. Mit Vorwort von Karmarsch. Weimar 1869. Text 8°. Atlas von 8 Tfln. Maschinenzeichnungen u. 7 Tfln. von 44 Mustern q. Form.

Exner, W. F. Die Tapeten- u. Buntpapier-Industrie auf der Pariser Welt-Ausstellung 1867. Wien 1867. 8.

Exner, W. F., Hans Hauenschild, Geo. Lauboeck u. Ed. Schmitt, d. Technik d. wichtigeren Baustoffe, s.a. Handbuch d. Architektur.

Die Technik der wichtigeren Baustoffe. Von Dr. W[ilhelm] F[ranz] Exner, Prof. in Wien, † Hans Hauenschild, Prof. in Berlin, Hugo Koch, Prof. in Berlin-Charlottenburg, Georg Lauboeck, Prof. in Wien, Dr. Eduard Schmitt, Prof. in Darmstadt. 3. Aufl. Mit 81 Abb. Stuttgart: A. Kröner 1905. (S. 59–316.) 4°(8°)
— Hochbaukunde, Allgemeine. Bd 1, H. 1.
— Handbuch d. Architektur. T. 1, Bd 1, H. 1. [illegible]

— die mechanische Technologie d. Holzes. Zunächst f. techn. u. forstl. Hochschulen. Mit vielen Taf. u. Holzschn. 1. Bd. A. u. d. T.: Die mechanischen Eigenschaften d. Holzes. Eine Abhandlg. vorgelegt der Akademie der Wissenschaften in Paris v. E. Chevandier u. G. Wertheim. Revidirt u. übers. v. Wilh. Frz. Exner. 1. Hälfte. Mit 2 (lith.) Taf. (in gr. 8. u. qu. 4.) gr. 8. (IV, 123 S.) Wien 871. Braumüller. n. 2. 60

— das moderne Transportwesen im Dienste der Land- u. Forstwirthschaft. Für Agricultur- u. Forst-Ingenieure, Eisenbahnbauer u. Industrielle. Mit e. Atlas von 15 (lith.) Folio-Taf., enth. 131 Fig. gr. 8. (X, 222 S.) Weimar 877. B. F. Voigt. 7. 50

— dasselbe. 2., unveränd. (Titel-)Aufl. gr. 8. (XII, 222 S. m. eingedr. Holzschn.) Ebend. 880. 4. —

Exner, Dr. W. F., Der mechan. technolog. Unterricht in England, Frankreich, Belgien, in der Schweiz u. in Deutschland. Als Manuscript gedruckt. Krems 1868. 8°.

— Untersuchung der Eigenschaften des Papiers. Wien 1864

Exner W, das technische Versuchswesen, dessen Bedeutung für die industrielle Praxis, der Wissenschaft und der Staatsverwaltung. (26 S) Wien 1893

— Werkzeuge u. Maschinen zur Holz-Bearbeitung, deren Construction, Behandlung u. Leistungsfähigkeit. Ein Hand- u. Lehrbuch f. Holz-Industrielle, Maschinen-Ingenieure u. Forstleute. In 3 Bdn. 1. Bd. A. u. d. T.: Die Handsägen u. Sägemaschinen. Descriptiver Thl. Mit e. aus 43 (lith.) Fol.-Taf. besteh. Atlas, gezeichnet von Ferd. Walla u. 181 in den Text eingedr. Holzschn. gr. 8. (XXIII, 549 S.) Ebend. 878. 24. —

— dasselbe. 2. Bd. A. u. d. T.: Die Handsägen u. Sägemaschinen. Dynamischer Thl. Mit e. aus 7 (lith.) Fol.-Taf. besteh. Atlas. gr. 8. (VIII, 136 S.) Ebend. 881. 4. —

Exner, W. F., u. Carl Pfaff, Werkzeuge u. Maschinen zur Holz-Bearbeitung, deren Konstruktion, Behandlg. u. Leistungsfähigkeit. Ein Hand- u. Lehrbuch f. Holz-Industrielle, Maschinen-Ingenieure u. Forstleute. [In 3 reich illustr. Bdn.] 3. Bd. gr. 8. Weimar 883. B. F. Voigt. 12. — (cplt.: 40. —)
Die Werkzeuge u. Maschinen zur Holz-Bearbeitung, ausschliesslich der Sägen, also der Aexte, Beile, Stech- u. Stemmzeuge, Bohrer, Hobel u. der hauptsächlichsten zur Bearbeitg. d. Holzes gebräuchl. Maschinen. Von Carl Pfaff, unter Mitwirkg. v. W. F. Exner. Mit e. aus 30 (lith.) Folio-Taf. besteh. Atlas u. 79 in den Text eingedr. Holzschn. (XII, 294 S.)

Exodi particula, et Leviticus, graece, e cod. MS. Bibl. coll. Pauli. Lips. a Jh. Fr. Fischer. 8maj. Leipz. 767. Kummer. 8 gr.

Exodus, der. [Aus: „Biblia hebraica ed. Hahn".] gr. 8. (76 S.) Leipzig 895. E. Bredt. — 75

Exofficio in Neuabdera. Für die Bühne bearbeitet. Ein Seitenst. z. „Wolfsjagd." 8. Zürich 837. (Wirz-Widmer.) n. 1/2 ngr

*Exorcismi potentissimi. 4. Aufl. Clagenfurti, Stücklberger (?). 1750.

Exorcismus, vom, daß solcher nicht nothwendig. 8. 738.

Exordium Apostolici Ungariae regni ... S. l. 1729. V: *Hedri, Anton.* (Jes)

Exoteren, oder das Neueste u. Anziehendste aus der Unterhaltungs-Literatur des Auslandes, in freien Uebertragungen von Th. Hell u. seinen Freunden. Monatsschrift für d. J. 1835 u. 1836. (Als Fortsetz. der Monatsschrift Salmigundis.) gr. 16. Dresden u. Leipzig, Arnold. à J. 6 ngr

Expectorationen, s.a. Expektorationen

Expectorationen. Ein Kunstwerk und zugleich ein Vorspiel zum Alarcos. 1803. V: *Kotzebue, Aug. Frdr. Ferd. v.* (Wr) (GGr) (Voss. Ztg. 1902 Sonntagsbeil. Nr. 40-42.)

Expectorationen. E. Vorspiel z. Alarcos. 8. Berl. Quien. 803.

Expectorationen; Vorspiel zum Allarcos. 8. Berl. 803. (Schnuphase in Altenb.) 8 gr.

Expectorationen, Jüdische, über raffinirtes Makeln. O. O. [18??]. V: *Müller, Johann Ernst Friedrich Wilhelm.* (MGT)

— jüdische, über raffinirtes Makeln, u. über d. Kunst, eine Messe kapores machen zu helfen. 12. Leipz. 820. Mag. f. Ind. 4 gr.

— eines kathol. Pfarrers beim Hinblicke auf d. Organisirung d. neuen Dom-Kapitel im Königreiche Baiern. 8. Landsh. 821. Thomann. 3 gr.

Expeditio Caroli III. in Hispanias. Graecii 1706. V: *Picher [Picker], Johann.* (Jes)

Expedition, Die, oder: Die Hochzeit nach dem Tode. Lustspiel in drei Aufz. [nach Charles Collé]. O. O. 1782. V: *Heyne, Chn. Leber.* (GGr)

— d.; od. d. Hochzeit nach d. Tode. Lustsp. in 3 A. v. Collé u. Anton Wall. 8. Lpz. Dyk. 781.

Expedition, the Babylonian, of the University of Pennsylvania. Series A: Cuneiform Texts. Ed. by H. V. Hilprecht. Vol. III, part. 1; VI, part. 1 and 2; vol. VIII, part. 1; X, XIV, XV; vol. XVII, part. 1 and vol. XX, part. 1. 31,5×24 cm. Philadelphia. (Erlangen, R. Merkel.) nn 223. 25

Clay, Alb. T., business documents of Murashû Sons of Nippur, dated in the reign of Darius II. (424—404 b. C.). (XIX, 98 S. m. 72 u. 16 Taf.) 904. (Vol. X.) nn 25. —
— Documents from the temple-archives of Nippur, dated in the reigns of Cassite Rulers (complete dates). 72 plates of autograph texts. 15 plates of half-tone reproductions. (XI, 87 S.) 906. (Vol. XIV.) nn 25. —
— dasselbe. 72 plates of autograph texts. 12 plates of half-tone reproductions. (XI, 68 S.) 906. (Vol. XV.) nn 25. —
— Legal and commercial transactions, dated in the Assyrian, Neo-Babylonian and Persian periods chiefly from Nippur. 72 plates of autograph texts. 9 plates of halftone reproductions. (IX, 85 S.) 908. (Vol. VIII part. 1.) nn 25. 50
Hilprecht, H. V., mathematical, metrological and chronological tablets from the temple library of Nippur. 30 plates of autograph texts and 15 plates of phototype illustrations. (XVII, 70 S.) 906. (Vol. XX part. 1.) nn 21. 25
Myhrman, David W., sumerian administrative documents dated in the reigns of the kings of the 2. dynasty of Ur from the temple archives of Nippur, preserved in Philadelphia. 70 plates of autographed texts and 12 plates of halftone illustr. (XII, 146 S.) 910. (Vol. III part. 1.) nn 25. 50
Poebel, Arno, Babylonian legal and business documents from the time of the first dynasty of Babylon, chiefly from Nippur. 60 plates of autographed texts and 10 plates of halftone illustrations. (XVI, 164 S.) 909. (Vol. VI part. 2.) nn 25. 50
Radau, Hugo, letters to Cassite kings from the temple archives of Nippur. 68 plates of autograph texts, 12 plates of halftone reproductions. (XV, 174 S.) 908. (Vol. XVII part. 1.) nn 25. 50
Ranke, Herm., Babylonian legal and business documents from the time of the first dynasty of Babylon chiefly from Sippar: 71 plates of autographed texts and 13 plates of half-tone illustrations. (IX, 79 S.) 906. (Vol. VI part. 1.) nn 25. —

Expedition, the Babylonian, of the University of Pennsylvania. Series D: Researches and treatises. Ed. by H. V. Hilprecht. Vol. I, III, IV and vol. V. Fasc. 2. gr. 8. Philadelphia. (Erlangen, R. Merkel.) nn 88. 15

Hilprecht, H. V., the excavations in Assyria and Babylonia. With 122 illustr. and 2 maps. (XX, 577 S.) 904. (vol. I.) Geb. nn 10. 50
Hinke, Wm. J., a new boundary stone of Nebuchadrezzar I. from Nippur. With a concordance of proper names and a glossary of the Kudurru Inscriptions thus far published. With 18 halftone illustr. and 35 drawings. (XXVII, 323 S.) 907. (vol. IV.) nn 14. 90
Radau, Hugo, Nin-Ib. The determiner of fates according to the great Sumerian epic Lugal-e ug Me-lâm-bi Nergál from the temple library of Nippur. „Eckley Brinton Coxe, junior. fund". (X, 73 S. m. 5 Taf.) 910. (vol. V part. 2.) nn 4. 25
Ranke, Herm., earli Babylonian personal names from the published tablets of the so-called Hammurabi dynasty (b. C. 2000). (XIV, 255 S.) 905. (vol. III.) nn 8. 50
II u. V, 1 sind noch nicht erschienen.

Expedition, die deutsche, in Ost-Afrika 1861 und 1862, s.a. Mittheilungen aus J. Perthes geographischer Anstalt.

Expedition, die deutsche, in Ost-Afrika etc. s.a. Petermann, A. Mittheilungen aus Justus Perthes geogr. Anstalt

Die deutsche **Expedition** in Ost-Afrika, 1861 und 1862. Zusammenstellung der astronomischen, hypsometrischen und meteorologischen Beobachtungen und der trigonometrischen und itinerarischen Aufnahmen von Theodor von Heuglin, Kinzelbach, Munzinger und Steudner im ost-ägyptischen Sudan und den nord-abessinischen Grenzlanden. Nebst einem allgemeinen Bericht von Werner Munzinger über den Verlauf und seine Betheiligung an der deutschen Expedition von Massua bis Kordofan, 1861 und 1862. Mit vier Originalkarten, einer Ansicht und einem Gebirgspanorama in Farbendruck. Gotha 1864. VI, 46 S., 2 Tf. = Ergänzungsheft zu Petermann's Geographischen Mittheilungen. No. 13. 8°.

Die französische **Expedition** gegen Mexico. (Mit) Beil. Berlin 1863. 8°. (Bh. z. M. W. B.)

Expedition, die geheime; Lstspl. 8. Bresl. 759. Pietsch. 2 gr.

Expedition der Kaiserlichen Russischen Geographischen Gesellschaft.
Beobachtungen der russischen Polarstation an der Lenamündung. Th. 1. Astronomische und magnetische Beobachtungen 1882—1884. Bearbeitet von V. Fuss, F. Müller und N. Jürgens. Herausgegeben unter Redaktion von A. von Tillo. Anhang: 1) 3 Portraits, 2) Beschreibung der Lena-Expedition von A. Bunge, 3) 2 Karten, 4) 14 Bilder und 5) ein Plan. 1895. — Th. 2. Meteorologische Beobachtungen. Bearbeitet von A. Eigner. Herausgegeben unter Redaktion von R. Lenz. Mit einer Ansicht, 14 Diagrammen, einer Karte und einem Plan. 1886—1887.
Beobachtungen der russischen Polarstation auf Nowaja Semlja. Th. 1. Magnetische Beobachtungen. 1891. Th. 2. Meteorologische Beobachtungen. Bearbeitet von K. Andrejeff. Herausgegeben unter Redaktion von R. Lenz. Mit einer Ansicht, 11 Diagrammen, 2 Karten und einem Plan. 1886. St. Petersburg 1886—1895. 4 Bde. 4°.

Expedition, Th. v. Heuglin's, nach Inner-Afrika zur Aufhellung der Schicksale Eduard Vogel's und zur Vollendung seines Forschungswerkes. Gotha 1860. V: *Petermann, August.* (EB)

Expedition, the, of Humphry Klinker. II Vol. 8. Altb (Acad. Hdl. in Jena.) 785.

Expedition, die k. k. österreichisch-ungarische, nach Indien, China, Siam u. Japan 1868–1871. Zur Erforschg. der Handels- u. Verkehrsverhältnisse dieser Länder m. besond. Rücksicht auf den österreich. Handel. Hrsg. im Auftrage d. k. k. Handelsministeriums in Wien von Karl v. Scherzer. 2. Aufl. 19 Lfgn. gr. 8. (418 S. u. Anh. 494 S. m. eingedr. Holzschn., 3 Steintaf. in gr. 8. u. qu. 4., wovon 1 color. u. e lith. u. color. Karte in Imp.-Fol.) Stuttgart 873. Maier. à — 75

Kolonial-Wirtschaftliches Komitee... PFLANZENPATHOLOGISCHE EXPEDITION NACH WESTAFRIKA. Bericht I. (Berlin 1904. Gedruckt in der Königlichen Hofbuchdruckerei von E. S. Mittler & Sohn. Ohne bes. Titelblatt.) 8°.

Expedition S. M. Schiff 'Pola' in das Rothe Meer . . . '(Oct. 1895 – Mai 1896.)' Besonders abgedr. a. d. . . . Denkschr. d. math.-naturwiss. Classe d. Kaiserl. Akad. d. Wiss. Nördl. Hälfte. *Wien: K.-k. Hof- u. Staatsdr.: in Comm. bei C. Gerold's Sohn 1898.* 4.
(Berichte d. Comm. f. oceanographische Forschgn.) Imp. 6ııı

Expedition S. M. Schiff „Pola" in das Rothe Meer südliche Hälfte. (September 1897 — März 1898.) Beschreibender Theil verfasst, von Paul Edler von Pott. Mit 1 Karte und 4 Tafeln mit photographischen Ansichten. (Berichte der Commission für oceanographische Forschungen.) Wien 1899. 54 S., 4 Tf., 1 Krt. 4°.

Expedition S. M. Schiff „Pola" in das Rothe Meer. Südliche Hälfte. (September 1897 — März 1898.) Wissenschaftliche Ergebnisse. XVIII. Physikalische Untersuchungen. Ausgeführt von Josef Luksch. Mit 5 Tafeln und 1 Textfigur. (Berichte der Commission für oceanographische Forschungen.) ([S.-A.] Denkschriften der Mathematisch-Naturwissenschaftlichen Classe der Kaiserl. Akademie der Wissenschaften. Bd. 69.) Wien 1900. 62 S. 4°.

Expedition, die preussische, nach Ost-Asien. Nach amtlichen Quellen. 1. Bd. Mit 12 (photolith.) Illustr. u. 2 Karten (in Lex.-8. u. Fol.) Berlin 864. v. Decker. Lex.-8. (XXIII, 352 S.) n. 4 Thlr

— — 2. Bd. Mit 12 (photolith.) Illustr. Ebend. 866. Lex.-8. (X, 375 S.) n. 4 Thlr

— dasselbe. Nach amtl. Quellen. 3. u. 4. Bd. Lex.-8. Ebend. 873—75. à 12. —; geb. à n.n. 13. —
3. Mit 1 (lith.) Karte (in Fol.) (XI, 426 S.)
4. Mit 24 Illustr. (photolith. Taf.) u. 1 (chromolith.) Karte in (Fol.) (VIII, 448 S.)

— — Botanischer Thl.: Die Tange. Bearb. von G. v. Martens. Mit 8 Steintaff. Ebend. 866. Lex.-8. (III, 152 S.) n. 2 Thlr

— — Zoologischer Thl. Bearb. von Ed. v. Martens. Ebend. Lex.-8.
1. Bd. 1. Hälfte. 865. (192 S.) 1 Thlr 10 ngr
2. Bd.: Die Landschnecken. 867. (XII, 447 S. u. 22 lith. Taff.) n. 8 Thlr 20 ngr
2. Hälfte des 1. Bds. erscheint später.

Expedition, die preussische, nach Ost-Asien. Zoologische Abth. Bearb. von E. v. Martens. 1. Bd. 2. Hälfte. Lex.-8. (XII u. S. 193—412 m. 15, zum Theil color. Steintaf.) Berlin 877. v. Decker. n. 12.50
(1. u. 2. Bd.: n. 42. 50)

— — Ansichten aus Japan, China u. Siam. Im Auftrage der königl. Regierung hersg. von A. Berg. 2–7. Heft (à 6 lith. u. photolith. Bll. u. 3 Bll. Text). Ebend. 865–70. gr. Fol. Jedes Heft n. 8 Thlr

— die preussische, nach Ost-Asien. Ansichten aus Japan, China u. Siam. Im Auftrage der königl. Regierg. hrsg. v. A. Berg. 8—10. Hft. Imp.-Fol. (à 4 Photolith. in Tondr., 2 Chromolith. in Oel u. 3 Bl. Text in deutscher, engl. u. franz. Sprache.) Berlin 872. 73. v. Decker. à n. 24. —

Expedition, Die, des Deutschen Seefischerei-Vereins in das nördliche Eismeer vom Jahre 1899. Berlin 1900. V: *Herwig.* (Berl)

Die **Expedition** der Sektion für Küsten- und Hochseefischerei in der östlichen Ostsee (vom 13. bis 25. September 1881). Untersuchung des Planktons sowie der Thiere und Pflanzen des Meeresbodens. Mit 1 Tafel. (Berlin. 1890.) Siehe in: 6. Bericht der Commission zur wissenschaftl. Untersuchung der deutschen Meere in Kiel. Jg. 17–21. Heft 2. Fol.

— Ernst Sieglin. Ausgrabungen in Alexandria, unter Leitg. v. Thdr. Schreiber u. unter Mitwirkg. v. Frdr. Wilh. Frhrn. v. Bissing, Gius. Botti, Ernst R. Fiechter, Ferd. Noack, Alfr. Schiff, Aug. Thiersch u. Herm. Thiersch hrsg. v. Ernst Sieglin. 1. Bd. 2 Tle. 45×33 cm. Leipzig, Giesecke & Devrient.
In 2 Leinw.-Bdn. m. Goldschn. 150. —
1. Nekropole, die, v. Kôm-esch-Schukâfa. Ausgrabungen u. Forschgn. Hrsg. v. Ernst Sieglin, bearb. v. Thdr. Schreiber unter Mitwirkg. v. Frdr. Wilh. Frhrn. v. Bissing, Gius. Botti, Ernst R. Fiechter, Vict. Gardthausen, Jean Paul Richter, Aug. Thiersch. Text- u. Tafelbd. (XVI, 407 S. m. Abbildgn. u. 70 Taf. m. VII S. u. 7 Bl. Text.) 908.

Expedition Stanley, die, 1887—1889, dargestellt nach den vorlieg. Briefen Stanley's, Emin Pascha's, Casati's u. a. v. J. S. Mit den Bildnissen Stanley's u. Emin Pascha's, nebst 1 Karte. gr. 8. (96 S.) Frankfurt a/M. 890. Lahr, M. Schauenburg. n. 1. —

Expedition, südarabische. Veröffentlicht v. der kaiserl. Akademie der Wissenschaften. I.–IV. Bd. gr. 4. Wien, A. Hölder. Kart. n. 106. —
I. Die Somali-Sprache. Von Leo Reinisch. I. Texte. (VIII, 287 S.) 900. n. 18. —
II. Dasselbe. II. Wörterbuch. (VI, 540 S.) 902. n. 45. —
III. Die Mehri-Sprache in Südarabien. Texte u. Wörterbuch. Von Alfr. Jahn. (IX, 281 S. m. Abbildgn.) 902. n. 22. —
IV. Die Mehri- u. Soqotri-Sprache. Von Dav. Heinr. Müller. I. Texte. (XI, 226 S.) 902. n. 21. —

Expedition, südarabische. Veröffentlicht v. der kaiserl. Akademie der Wissenschaften. V. Bd. 1. Tl. u. VI. Bd. gr. 4. Wien, A. Hölder. Kart. n. 52. 40
V, 1. Die Somali-Sprache. III. Grammatik. Von Leo Reinisch. (VIII, 126 S.) 903. n. 10. 40 (I—III: n. 73. 40)
VI. Die Mehri- u. Soqotri-Sprache. II. Soqotri-Texte. Von Dav. Heinr. Müller. (XVI, 392 S.) 905. Kart. n. 42. — (I. u. II.: n. 63.—)
Bd. I—IV. Ebd. 900—902. Kart. n. 106. —.

— **südarabische.** Hrsg. v. der kaiserl. Akademie der Wissenschaften. VII—IX. Bd. 31×24,5 cm. Wien, A. Hölder. Kart. 49. 60
Hein, Wilh., Mehri- u. Ḥadrami-Texte, gesammelt im J. 1902 in Gischin. Bearb. u. hrsg. v. Dav. Heinr. Müller. (XXVIII, 200 S.) 909. (Bd. IX.) Kart. 20. —
Müller, Dav. Heinr., die Mehri- u. Soqotri-Sprache. III. Šhauri-Texte. (X, 168 S.) 907 (Bd. VII.) Kart. 15. —
Rhodokanakis, N., der vulgärarabische Dialekt im Ḍofâr (Ẓfâr). I. Prosaische u. poetische Texte, Übersetzg. u. Indices. (X, 144 S.) 908. (Bd. VIII.) Kart. 14. 60

Die **Expedition** zur physikalisch-chemischen und biologischen Untersuchung der Nordsee im Sommer 1872. Die Resultate der Beobachtungen an den Stationen der deutschen Ostsee- und Nordsee-Küsten in den Jahren 1872, 1873. Das Ergebniss der statistischen Ermittelungen über den Betrieb der Seefischerei. Mit 1 Seekarte, 16 Kupfertafeln und 9 Karten zur Fischereistatistik. Berlin. 1875. Siehe in: 2. Jahresbericht der Commission zur wissenschaftl. Untersuchung der deutschen Meere in Kiel. Jg. 2 und 3. Fol.

Die **Expedition** zur physikalisch-chemischen und biologischen Untersuchung der Ostsee im Sommer 1871 auf S. M. Avisodampfer Pommerania nebst physikalischen Beobachtungen an den Stationen der preussischen Ostseeküste. Mit 1 Seekarte und 1 Tafel Abbildungen. Berlin. 1873. Siehe in: 1. Jahresbericht der Commission zur wissenschaftl. Untersuchung der deutschen Meere in Kiel. Jg. 1. Fol.

Expeditionen, die holländischen, gegen Atschin. In ihren Hauptumrissen historisch kurz dargestellt v. e. in der holländisch.-ostind. Colonial-Armee sich befind. Militär. 8. (31 S.) Leipzig 875. O. Wigand. — 50

Expeditionen, russische, zur Beobachtung d. Venusdurchgangs 1874. II. Abth. No. 1. Bearbeitung der photographischen Aufnahmen im Hafen Possiet von B. Hasselberg. Imp.-4. (II, 96 S.) St. Petersburg 877. Leipzig, Voss' Sort. n. 2. 70

Expeditiones, Felices duorum Daciae Vojvodarum adversus Barbaros. Carmine Epico. Claudiopoli 1744. V: *Muszka, Anton.* (Jes)

Expeditions, Les premieres, de Charlemagne Pendant sa jeunesse . . . Berl. et Gött. 1745. V: *Du-Fresne de Francheville, Jos.* (Milchs) (ML)

Expeditions-Calender, königl. sächsischer, s. Canzlei- und Judicial-Calender.

Expektorationen, s.a. Expectorationen

Expektorationen über den Sonntag. Aus der Pfalz. Von Fritz von Mutterstadt. Landau 861. Kaußler. 16. (IV, 175 S.) 7½ ngr.

Expenditur extractus dissertationis Samuelis Verenfelsii de jure magistratus in conscientias . . . S. l. 1790. V: *Mollik, Tobias.* (Pk)

Expenditur locus Theocriti Idyll. XVII. 137. Gotting. 1825. V: *Mitscherlich, Chph Wilh.* (Hoff)

Expenduntur ethicae confessionis Augustanae causae atque rationes. Gött. 1830. V: *Lücke, Gottfried Chn Frdr.* (Winer)

Exper, F. M.: Beiträge zur Kenntnis der atmosphärischen Elektrizität, s. Conrad, Viktor

Experience, the, of life; or, aunt Sarah by the author of „Amy Herbert", s.: Collection of brit. authors.

Experiences, Actual, of a sick room. By L. v. H. Translated . . . by M. E. Kaiserswerth [1900]. V: *Hackewitz, Lili v.* (Berl)

Société des lettres, sciences et arts, et d'agriculture de Metz. EXPÉRIENCES FAITES SUR DIFFÉRENTES CHARRUES en octobre 1826. Metz. 1826. Lamort, imprimeur de la société. 8°.

Expériences et observations des eaux minérales en Allemagne, trad. par de Lacoste. 8. Berl. 752. 1 ß 12 gl.

Expériences de tir exécutées en Suisse avec des canons de position dans le mois de mai 1882. *** „Revue d'artillerie". Septembre 1882.

Experimenta chemica cum gummi resinis nonnullis instituta. S. l. [ca. 1790]. V: *Delius, Heinrich Friedrich von.* (BB)

Experimental-Ehen. Ein „Document humain" als Beitrag zur Eherechtsreform. Von e. Versuchsobjekt. (63 S.) gr. 8. München 906. E. Reinhardt. n. 1.—

Experimentalphysik. 2. verb. Aufl. Berlin 1900. V: *Hauser, Carl.* (Berl)

Experimental-Physiker, der praktische. Nach Experimental science v. Geo. M. Hopkins. Hrsg. unter Mitwirkg. v. Weiler, Schirlitz, Schwartze, Taschek u. Rosenberg v. der Redaktion der „Praktischen Physik", Chef-Red.: M. Krieg. Mit mehr als 600 Illustr., Fig., Skizzen etc. (In ca. 20 Lfgn.) 1. Lfg. gr. 8. (32 S.) Magdeburg 890. Faber'sche Buchdr. n. — 75

Experimental-Physiker, der praktische. Hilfs- u. Handbuch zum Experimentieren u. Anfertigen v. Apparaten, Maschinen etc. Für weitere Kreise bearb. nach „Experimental science" v. Geo. M. Hopkins u. hrsg. unter Mitwirkg. v. Weiler, Schirlitz, Schwartze, Rosenberg u. Taschek v. M. Krieg. Mit 456 Fig., Taf. u. Skizzen. 2.—15. (Schluss-)Lfg. gr. 8. (XX u. S. 33—452.) Magdeburg, Expedition der praktischen Physik. à n. — 75 (kplt.: n. 11.25; geb. in Leinw. n.n. 13.25

Experimentator u. Modellbauer, der, s.: Bibliothek des Lehrmittel-Universum.

Experimente, chymische, e. Gesellschaft im Erzgebirge. 6 Stücke. 8. Berl. 753—59. Lange. 12 gl.

Experimente üb. Hin- u. Rückflug der Militär-Brieftauben. Mit Genehmigg. d. Verf. aus dem Ital. übers. u. m. e. Einleitg. versehen v. Fellmer. 12. (32 S.) Berlin 889. F. Luckhardt. n. — 60

— 1000, s. Mackenzie.

Experimente, 1000, der Physik u. Chemie zur Unterhaltung u. Belehrung; aus d. Engl., herausgeg. v. C. G. Kühn. 16 bis 96 Heft. Mit Steindr. u. Holzschn. gr. 8. Leipzig 822, Ind.-Compt. jedes Heft

Experimentier-Buch, chemisches, s.a. Taschenbücher, illustr., f. die Jugend. 25. Bd.

Chemisches Experimentier-Buch. Hrsg. von d. Red. d. Guten Kameraden. Mit 42 Abb. 2. Aufl. Stuttgart, Berlin, Leipzig: Union [1905]. (138 S.) 8° [F.]
— Taschenbücher, Illustrierte, f. d. Jugend. 25. [illegible]

Expertenbericht über gut bewirthschaftete Alpen in den Amtsbezirken Saanen, Ober- und Niedersimmenthal. 1871. Bern 1871. V: *Flückiger, D. & N. Gfeller.* (Cat. d. Stadtbibl. Zürich. Zürich 1864—97.)

Expertenbericht über die schwimmenden Eisenbahnen in Schottland. [Bern 1856.] V: *La Nicca, Rich. & Alexander Kocher.* (BSchwLk V, 9 b) (Catzür)

Expertenbericht u. Entwurf eines Gesetzesvorschlags üb. das Münzwesen, m. einem Vorworte in Form eines Begleitschreibens von Speiser in Basel, an den Bundesrath der schweizer. Eidgenossenschaft. [Amtliche Ausg.] gr. 8. (114 S. m. 5 lith. Tab. in Fol.) Bern 849. Zürich, Schultheß. ⅓ ß

Experten-Bericht betreffend die Frage einer Alpenbahn über die Grimsel. Bern 1865. V: *Gränicher, Gust., Emile Ganguillet & Ernest Dapples.* (BSchwLk V, 9 h) (Zuwzür)

Expertenbericht betreffend den Gebäudeeinsturz in der Aeschenvorstadt Basel . . . [Zürich 1901.] V: *Geiser, Arnold, Wilh. Ritter & Frz Schüle.* (Zuwachsverz. d. Bibl. in Zürich 1898 ff., 6.)

Expertenbericht über die Rechnungs- und Cassaführung . . . der städtischen Verwaltung Zürich. Zürich 1888. V: *Cramer-Wyss, Hnr. & Eduard Guyer-Freuler.* (Cat. d. Stadtbibl. Zürich. Zürich 1864—97.)

Expertenbericht der Hr. v. Schulthess und Scholder in Zürich, betreffend die Geschäftsführung der Alpina in Luxburg und Sonthofen. Erstattet an die Untersuchungskommission zu Handen der Aktionäre am 24. März 1876. II und 59 S. 8. Frauenfeld, J. Huber.

Expertenbericht über das Wasserversorgungsprojekt an den Tit. Gemeinderath von Glarus. Glarus 1878. V: *Bürkli-Ziegler*, *Arn.*, *Alb. Heim* & *Casp. Weinmann.* (Zuwachsverz. d. Bibliotheken in Zürich 1898 ff., 8.)

Expertenberichte betreffend die Kauf- Kornhaus- und Hafen-Verhältnisse in Rorschach. 1852.

Experten-Gutachten über die Frage des Weiterbetriebs der . . . schweizerischen N.-O.-B.-gesellschaft. [Basel 1901.] V: *Erismann*, *Löffler* & *Jäggi.* (Zuwachsverz. d. Bibliotheken in Zürich 1898 ff.)

Experten-Gutachten über die Juragewässerkorrektion. [Bern 1863.] V: *La Nicca*, *Rich.* & *Gg Bridel.* (Cat. d. Stadtbibl. Zürich. Zürich 1864—97.)

Experten-Gutachten, Die, über partielle Juragewässer-Korrektion . . . Bern 1855. V: *La Nicca*, *Richard.* (AARK)

Experten-Gutachten über die Moratoriumslinien der schweizerischen Nordostbahn. Bern 1886. V: *Koller*, *Glieb*, *M. Buri* & *Jul. Grandjean.* (Zuwachsverz. d. Bibliotheken in Zürich 1898 ff., 8.)

Experten-Gutachten betr. die Organisation der kantonalen Krankenanstalt in Aarau. Verfasst von den HH. Prof. Cloetta, Dr. Sonderegger u. Dr. O. Kappeler. Gr.-in-fol., 8 S. Aarau, H. R. Sauerländer. 1886

Experten-Gutachten über die Projektirung und Devisirung des sogen. reduzirten Nezes der Gotthardbahn. [Bern 1878.] V: *Bridel*, *Gustav*, *Ernst Dapples* & *Glieb Koller.* (Zuwachsverz. d. Bibliotheken in Zürich 1898 ff.)

Experten-Gutachten betreffend verschiedene in Untersuchung gezogene Quellwasser. Erstattet der erweiterten Wasser-Commission der Stadt Zürich als Auftraggeberin. I. Gutachten der Herren Prof. Dr. A. Heim, Dr. C. Kramer, Dr. G. Lunge und Stadt-Chemiker Bertschinger betreffend die Quellen im hintern Wäggithal. In-8°, 43 S. Druck von Ulrich & Cie. im Berichthaus. 1893.

Expertengutachten, den Zustand der Bernischen Staatsbahn bei der Uebergabe an die Jurabahn sowie die Schätzung des Rollmaterials der Staatsbahn betreffend. [Biel 1874.] V: *Bridel*, *Gustav.* (BSCHWLK V, 9 h)

Expertise über die Reform des Grundgesetzes für Erwerbs- und Wirtschaftsgenossenschaften. Wien 1896.

Expertus, Just., s.: Denkschrift, e., zur Frage der Gehaltsaufbesserung des katholischen Klerus.

Expiated, s.: Collection of brit. authors.

Explanatio elementorum ad Instituta juris civilis . . . Graecii 1786. V: *Tiller*, *Franz Alois.* (MGT)

Explanatio, Inscriptionis Hersellensis Ubio-Romanae, ad . . . Jacobum S. R. J. Baronem Walbot de Bassenheim. Coloniae 1745. V: *Hartzheim*, *Joseph.* (Jes) (ML) (SO)

Explanatio Thren I. 9 qua simul Musis Coburgensibus indicatur Jo Martini Schwesingeri . . . Oratio latina . . . Coburg 1735. V: *Schwartz*, *Joh. Conrad.* (Jöcher)

Explicatio, Anaglyphi Vaticani. Tübingae 1865. V: *Michaelis*, *Adolph.* (Cat. d. Stadtbibl. Zürich. Zürich 1864—97.)

Explicatio, brevis fabularum Babrii, ad secundam edit. Jh. Fr. Boissonadii. 12. Parisiis 845, Didot fratres. n. 12 ngl

Explicatio Catechismi catholici pro faciliori instructione mutorum, surdorum atque infantium. 8. Augsb. 787. Doll. (Landsh., Krüll). 9 gl.

Explicatio inscriptionis obscurae in amuleto insculptae. Heidelb. [1832]. V: *Köpp*, *Ulr. Frdr.* (Choulant)

Explicatio, Jurium Hungariae in Russiam minorem . . . praevia. Vindobonae 1772. V: *Benczur*, *Joseph.* (BrMm) (Pk)

Explicatio libri primi Pentateuchi. Fulda, 1745, 16°, 652 S.

Explicatio loci I Cor. VII, 17 . . . Curiae 1779. V: *Kirsch von Kirschenstein*, *Georg Wilhelm.* (MGT) (Fiker)

Explicatio, Loci Lucianei de historia conscribenda c. 45 . . . Jenae 1792. V: *Schütz*, *Chn Gfried.* (MGT)

Explicatio loci Paullini ad Galatas c. I v. 10 . . . Curiae 1781. V: *Kirsch von Kirschenstein*, *Georg Wilh.* (MGT) (Fiker)

Explicatio, Nova nummi in colonia Karthagine Africana percussi . . . Lipsiae 1742. V: *Richter*, *Joh. G.* (Barbier) (Lipsius)

Explicatio nummi Augusti aenigmatici. S. l. 17?? V: *Schott*, *Joh. Carl.* (Myl)

Explicatio s. Scripturae Novi Testamenti ex ss. patribus collecta. Bamberg. 1750.

Explicatio, Verae Nestorii de unione naturarum in Christo sententiae . . . Jenae 1793. V: *Schmid, Johann Wilhelm.* (Winer) (MGT) (ML)

Die Regel des hl. Benediktus [Benedictus Sanctus] erklärt in ihrem geschichtlichen Zusammenhang und mit besonderer Rücksicht auf das geistige Leben [**Explication** ascétique et historique de la Règle de St Benoît]. Freiburg im Br.: Herder 1907. (XV, 554 S.) 8° [F.] 1907. 1906

— et détail exact des manoeuvres faites par un corps de troupes Prussiennes. 4. Berl. 753. Voss. 1 ß 12 ℛ

Explication historique d'un Tableau en relief. S. l. 1752. V: *Lafont, Sam.* (ML)

Explication de jeux de tarots. 12. Dresd. 787. Richter. 22 ℛ

Kurtze und succincte Explication [Explikation] zweyer zu Illustrirung der im vergangenen 1715 Jahr an dem 3. Maji vorgefallenen Sonnen-Finsterniß gehöriger Tabellen, in welchen dieselbe so, wie sie sich auf unsern Erdboden, oder als eine Erd-Finsterniß praesentirte, vorgestellet worden, von I.M.H.A.V. Leipzig 1716: Fleischer. 18 S. 8°

Explication d'une medaille enigmatique d'Auguste. Berolini 1711. V: *Schott, Johann Carl.* (Myl) S. a. Nr. 2703.

Explication des objects trouvés dans le caveau de l'Empereur et Électeur palatin Ruprecht III. . . . Heidelberg 1844. V: *Graimberg, Carl Graf von.* (BrMm)

— de XI Plans pour servir à la Description de Dresd. 4. Dresd. Walther. 807.

Explication des renvois de l'Estampe enluminée qui représente la vue perspective du St. Gotthard . . . Bâle 1792. V: *Wyttenbach, Jacob Samuel.* (MGT)

— survenues entre les Cours de Vienne et de France au sujet des Rassemblemens d'armée des Emigrans franç. dans l'Elector. de Trèves. 4. Vienne, Degen. 792.

— d'un tableau en relief. 4. Dresd. 752. Walther. 12 ℛ

Explicatur inscriptionum graecarum, s. W. C. L. Clarisse.

Explicatur Platonica corporis mundani fabrica . . . Heidelb. 1809. V: *Boeckh, Aug.* (Hoff)

Explikation, s. Explication

Explorers, modern, hrsg. v. F. J. Wershoven, s.: Textausgaben französ. u. engl. Schriftsteller f. den Schulgebrauch. 86. Bd.

Die Explosion auf der Blackwell „A" Winning colliery bei Alfreton in Derbyshire am 11. November 1895. Essen, 1896. 6 S.

Die Explosion | am Bord der Hammonia. | Die | unglückliche Reise | eines Hamburger Schiffes, und die | schrecklichen Erlebnisse und Schicksale | der Mannschaft desselben, von denen | nur drei in ihr Vaterland zurück- | kehrten. | Eine wahre Begebenheit.
o. O., o. J., 8 S., 185 × 110.
LBO Bänkelsängerlit. I, 52.

Die Explosion in Bremerhaven | oder | der Massen-Mörder | William Thomas. | Nebst einem schönen Liede. | Druck und Verlag von Carl Hermann Müller in Berlin, | Münzstr. 3. (Fig.: *Raddampfer mit Segeln,* 87 × 100) | Die furchtbare |
o. J., 4 Bl. n. n., 180 × 110.
LBO Bänkelsängerlit. II, 49.

Die Explosion | des Lloyd-Dampfers »Mosel«. | Hundertfacher Mörder | Thomasson. – Bremerhaven. | (Fig.: *Porträt eines bärtigen Mannes,* 90 × 82) | Ausführlich beschrieben und mit einem Liede versehen. | Druck und Verlag von H. A. Kahlbrock. Hamburg, Hütten 63.
o. J., 4 Bl. n. n., 176 × 113.
LBO Bänkelsängerlit. II, 48.

Export. Organ des Centralvereins f. Handelsgeographie u. Förderung deutscher Interessen im Auslande. Red.: G. Winckler. 1. Jahrg. Octbr.—Decbr. 1879. 13 Nrn. (à $^1/_2$—$^3/_4$ B.) gr. 4. Berlin. Leipzig, Friese in Comm. n. 2. 50

— dasselbe. Red.: G. Martin. 2. u. 3. Jahrg. 1880 u. 1881. à 52 Nrn. (à $^1/_2$—$^3/_4$ B.) gr. 4. Ebend. à Jahrg. n. 10. —

— dasselbe. Red.: E. Gönner. 4. Jahrg. 1882. 52 Nrn. (à $^1/_2$—2 B.) gr. 4. Ebend. n. 12. —

Export. Organ d. Centralvereins f. Handelsgeographie u. Förderg. deutscher Interessen im Auslande. Red.: E. Gönner. Hrsg. v. R. Jannasch. 5—8. Jahrg. 1883—1886. à 52 Nrn. (à $^1/_2$—2 B.) gr. 4. Berlin, Walther & Apolant. à Jahrg. n. 12. —

Export. Organ d. Centralvereins f. Handelsgeographie u. Förderg. deutscher Interessen im Auslande. Red.: E. Reiche. Hrsg.: R. Jannasch. 9.—12. Jahrg. 1887—1890. à 52 Nrn. (à $^1/_2$—2 B.) gr. 4. Berlin, (Walther & Apolant, Verl.). à Jahrg. n. 12. —

Export. Organ d. Centralvereins f. Handelsgeographie u. Förderg. deutscher Interessen im Auslande. Red.: E. Reiche. Hrsg.: R. Jannasch. 13. Jahrg. 1891. 52 Nrn. (à $^1/_2$—2 Bog.) gr. 4. Berlin, H. Walther. n. 12. —

— dasselbe. Red.: A. Bajetto. Hrsg.: R. Jannasch. 14.—16. Jahrg. 1892—1894. à 52 Nrn. (à $^1/_2$—2 Bog.) gr. 4. Ebd. à Jahrg. n. 12. —

Export. Organ d. Centralvereins f. Handelsgeographie u. Förderg. deutscher Interessen i. Auslande. Red.: A. Bajetto. Hrsg.: R. Jannasch. 17.—20. Jahrg. 1895—1898. à 52 Nrn. (à 2 Bog.) gr. 4. Berlin (H. Walther). à Jahrg. n. 12. —; einz. Nrn. n. — 40
Redakteur d. 20. Jahrg. ist O. Heidke. — Kann auch vierteljährlich bezogen werden.

Export. Organ des Centralvereins f. Handelsgeographie u. Förderg. deutscher Interessen im Auslande. Red.: Otto Heidke. Hrsg.: R. Jannasch. 21.—24. Jahrg. 1899—1902. à 52 Nrn. gr. 4. (à ca. 16 S.) Berlin, Verlag d. Export. à Jahrg. n. 12. —

Export. Organ des Centralvereins f. Handelsgeographie u. Förderg. deutscher Interessen im Auslande. Red.: Otto Heidke. Hrsg.: R. Jannasch. 25.—28. Jahrg. 1903—1906. à 52 Nrn. (706, 796, 822 u. 954 S.) 4. Berlin. (Leipzig, R. Friese.) à Jhrg. n. 12. —

Export. Organ d. Centralvereins f. Handelsgeographie u. Förderg. deutscher Interessen im Auslande. Red.: Otto Heidke. Hrsg.: R. Jannasch. 29—32. Jahrg. 1907—1910 à 52 Nrn. (à ca. 16 S.) 32×24,5 cm. Berlin. Leipzig, R. Friese. à Jhrg. 12. —

— Praktische Winke f. den Absatz deutscher Erzeugnisse auf dem Weltmarkte. Mit e. (chromolith.) Flaggenkarte. 16. (15 S.) Leipzig 880. Bornhard in Comm. n. — 20

Der Deutsche Export nach den Tropen und die Ausrüstung für die Kolonien. Ein ill. Handbuch f. Reisende ... Unter Mitw. hervorrag. Fachleute hrsg. von Gustav Meinecke. 1. Berlin: Deutscher Kolonial-Verl. 1900. 8°

Export, deutscher. Handels-, Industrie- u. polytechn. Mitteilgn. (Monats-Rundschau d. „Brücke z. Heimat".) Jahrg. 1908—1910 à 12 Nrn. (à ca. 32 S. m. Abbild.) Lex. 8. Leipzig, J. J. Weber. à Jahrg. 6. —
Vergl.: Brücke zur Heimat. — In engl. Sprache u. d. T.: „Energy", in span. Sprache u. d. T.: Comprador, el.

— der, der einzelnen Handels-Firmen Rigas im J. 1901. (2 S.) 49×70 cm. Riga (902). (E. Bruhns.) n.n. 2. 85

Der Export nach Russland aus dem Bezirk der Handelskammer zu Halberstadt unter Berücksichtigung des deutsch-russischen Handelsvertrages 1894. Bearbeitet im Sekretariat der Handelskammer. Halberstadt 1894.

Export-Adressbuch u. Führer durch die Oberstein-Idarer, Gablonz u. Turnauer Edelstein-, Halbedelstein- u. Glasstein-Schleifereien u. -Handlungen, sowie der Bijouterie- u. Kettenfabrikation in diesen Orten. Nach persönl. Angaben der einzelnen Firmen an Ort u. Stelle bearb. u. hrsg. (148 S.) 8. Leipzig 904. W. Weisske & Co. Kart. n. 3. —

Export-Adressbuch des Prager Handelskammer-Bezirks. Prag 1893

— d. Reichenberger Kammer-Bezirkes. Lex.-8. (IX, 189 S.) Reichenberg 892. (Wien, Manz.) n. 7. 20

Neues Export-Adressbuch des Deutschen Reiches. Redaktion J. Löwinski. Berlin: R. Schröder (1910). Getr. Pag. 8°

Export-Adressbuch für den Orient. Enthält: Exportfirmen vom Orient. Exportfirmen aus Belgien, Deutsches Reich, Oesterreich-Ungarn u. d. Schweiz. Red. u. hrsg. v. D. Spitzer. gr. 8. (XXVIII, 544 S.) Wien 890. (Perles.) n. 8. —

Export-Adressbuch f. den Orient, Süd-Russland u. Kaukasus. 1891/92. Orient-Ausg. Enthält: Import- u. Exportfirmen vom Orient, Süd-Russland u. Kaukasus, Persien, Egypten, Staaten v. Nord-Afrika, sowie Export-Firmen aus dem Deutschen Reich u. Oesterreich-Ungarn. Red. u. hrsg. v. D. Spitzer. gr. 8. (XX, 283 S.) Wien 892. (M. Perles.) n. 8. —

— dasselbe. 1893/94. 8. Ausg. Enth.: Export- u. Import-Firmen aus Belgien, Deutschem Reiche (Elsass-Lothringen), Niederlande u. der Schweiz, nach dem Orient, Süd-Russland u. Kaukasus. Red. u. hrsg. v. D. Spitzer. gr. 8. (XLVI, 304 S.) Ebd. n. 8. —

Export-Adressbuch f. d. Orient, Russland u. Kaukasus. 10. Ausg. 1897/98. — Guide pour le commerce avec l'Orient, Russie et Caucase. Ausgabe v. mitteleurop. Ex- u. Import-Firmen. Enth.: Ex- u. Import-Firmen Belgiens, des Deutschen Reiches m. Elsass-Lothringen, der Niederlande, der Schweiz u. Italiens, m. Nachtrag Oesterreich-Ungarn. Red. u. hrsg. v. D. Spitzer. gr. 8. (LXXVIII, 668 S.) Wien 897. (M. Perles.) n. 10. —

Export-Adressbuch für den Orient, Russland und Kaukasus. 12. Ausgabe. Redigirt und herausgegeben von D. Spitzer. 1899/1900. Wien. Selbstverlag des Herausgebers. In Comm Perles. Gr.-8°. LXXXII, 558 S. Cart. fl. 8.—
(Mit deutschem, französischem und russischem Titel.)

Export-Adressbuch f. den Orient, Russland u. Kaukasus. 13. Ausg. 1901/2. Ausg. v. mitteleurop. Ex- u. Import-Firmen. Enth.: Ex- u Import-Firmen Belgiens, des Deutschen Reiches m. Elsass-Lothringen, der Niederlande, Italiens, d. Schweiz, Dänemarks, Schwedens u. Norwegens m. Nachtrag Oesterreich-Ungarn. — Guide pour le commerce avec l'Orient, la Russie et le Caucase. Red. u. hrsg. v. D. Spitzer. gr. 8. (CXXI, 712 u. 502 S.) Wien (M. Perles.) Kart. n. 18. —

Export-Adressbuch f. den Orient, Russland u. Kaukasus. 15. Ausg. Ausg. v. mitteleurop. Ex- u. Import-Firmen. Enth.: Ex- u. Import-Firmen des Deutschen Reiches m. Elsass-Lothringen, der Niederlande, Belgiens, Italiens, der Schweiz, Dänemarks, Schwedens, Norwegens u. m. Nachtrag Oesterreich-Ungarn. — Guide pour le commerce avec l'Orient, Russie et Caucase. Red. u. hrsg. v. D. Spitzer. (CLXIII, 1262 S.) gr. 8. Wien (906). (M. Perles.) Kart. n. 18. —

— d. Schweiz f. 1895. Red. v. E. Hartung. (Neue [Titel-]Ausg.) gr. 8 (XXVI, 159 u. 196 S.) Zürich (895) 896. C. Schmidt. 3. —; geb. 4. —

Export-Adressen-Handbuch des Deutschen Reiches, Österreich-Ungarns u. der Schweiz, hrsg. v. Theophil Weber. Jahrg. 1906. (314, 114, 106, 44 u. 29 S.) gr. 8. Leipzig, Th. Weber. Geb. in Leinw. n. 10. —

Export-Adressen-Handbuch des Deutschen Reiches, Österreich-Ungarns u. der Schweiz, hrsg. v. Theophil Weber. Jahrg. 1910. (413, 70, 55, 324, 227, 230 u. 32 S.) gr. 8. Leipzig, Th. Weber. Geb. in Leinw. 15. —

Export-Atlas [Schlagwort]

Export-Atlas, s.: Atlanten. Freytag.

Export: Export-Beilage v. Neue Zürcher-Zeitung.

Exportblatt, allgem. deutsches. Organ d. Exportvereins f. d. Königr. Sachsen. Hrsg. u. Chefred.: A. Kutschbach. 1. Jahrg. Febr. 1898 — Jan. 1899. 24 Nrn. (à 8 S. m. Abb.) Fol. Leipzig (Elsterstr. 9). R. Pudor. n. 6. —
Kann auch vierteljährlich bezogen werden.

Exportblatt, allgemeines deutsches. Organ des Exportvereins f. das Königr. Sachsen, verbunden m. dem Mess- u. Export-Musterlager zu Leipzig (Inhaber: R. Pudor). (Hrsg. u. Chefred.: A. Kutschbach.) 2. Jahrg. Febr. 1899—Jan. 1900. 24 Nrn. Fol. (à ca. 12 S. m. Abbildgn.) Leipzig (Reichsstr. 2). R. Pudor. n. 6. —

Export- u. Industrieblatt, österreichisch-ungarisches. Fachzeitschrift f. die Interessen des Exports u. der heim. Industrie. Hrsg. Otto Hilfreich. Red.: Eduard H. Rottmann. 1.—3. Jahrg. 1904—1906. à 24 Nrn. (à ca. 16 S. m. Abbildgn.) gr. 4. Wien, G. Szelinski. à Jhrg. n. 20. —

Exportbonification (Die französische) auf Zuckerfabrikate und ihre Folgen für die deutsche Zuckerindustrie. Braunschweig 1876.

Export-Compass, s. Export — Kompass

[J.] (Oesterr.-Ungar. Export-Ver.) Die Export-Enquête des Oesterreichisch-ungarischen Export-Vereines (am) 14. u. 15. April 1898. Wien: Selbstv. d. Ver.; (Dr. r. F. Jasper) 1898. (325 S.) 1 Bd 8.

Exporteur. Zeitschrift f. die Interessen d. Handels u. der Industrie. Vereinsorgan der Fabrikanten u. Exporteure. Red. v. E. Richter. In 3 Ausgaben (deutsch, französisch u. spanisch). Jahrg. 1884. 12 Nrn. in jeder Ausg. (2½ B.) Fol. Hamburg, (Hoffmann & Campe Verl.). Für alle 3 Ausgaben n. 10. —; je 1 Ausg. n. 4. —

Exporteur, Zeitschrift für die Interessen des Handels und der Industrie. Vereinsorgan der Fabrikanten u. Exporteure. Red. v. E. Richter. In 3 Ausgaben (deutsch, französisch u. spanisch). 3.—6. Jahrg. 1886—1889. 12 Nrn. in jeder Ausg. (à Nr. 2½ Bog.) Fol. Hamburg, (Hoffmann & Campe, Sortiments-Buchh.). à Jahrg. für alle 3 Ausg. n. 10. —; für je 1 Ausg. n. 4. —

Exporteur. Zeitschrift für die Interessen des Handels u. der Industrie. Vereinsorgan der Fabrikanten u. Exporteure. Redig. v. E. Richter. In 3 Ausgaben (deutsch, französisch u. spanisch). 6.—9. Jahrg. 1889—1892. à Jahrg. 12 Nrn. in jeder Ausg. (à Nr. 2½ Bog.) Fol. Hamb., (Hoffmann u. Campe, Sort.). Für alle 3 Ausg. à Jahrg. * 10 —; für je 1 Ausg. à Jahrg. * 4 —

Exporteur. Internat. Offertenblatt f. d. Interessen d. Handels u. d. Industrie. Red. von T. H. E. v. Döhren. 10.—13. Jahrg. 1895—1898. à 24 Nrn. (à 8 S.) Fol. Hamburg, Pontt & v. Döhren. à Jahrg. n. 5. —
Kann auch vierteljährlich bezogen werden.

Exporteur. Internationales Offertenblatt f. die Interessen des Handels u. der Industrie. 16.—18. Jahrg. (1899—1901.) à 24 Nrn. Fol. (à 8 S.) Hamburg (Bergstr. 13). Pontt & v. Döhren. à Jahrg. n.n.n. 5. —
Nicht mehr im Buchhandel.

Exporteure, die, Deutschlands u. der Niederlande. Praktisches Handbuch f. die Interessen d. deutschen Ausfuhrhandels. Uebersichtlich zusammengestellt v. Otto Burghagen. gr. 8. (IX, 294 S.) Hamburg 893. Franke & Scheibe. 3. —; geb. in Leinw. 3. 50

Exporteur-Verzeichniss, nach Bestimmungsländern u. Artikeln alphabetisch geordnetes, zu dem Hamburger Handels-Adressbuch. gr. 8. (VIII, 172 S.) Hamburg 893. Alsterdamm 5, L. Oberstedt. In Leinw. kart. n. 5. —

Deutsches Exportfirmen-Adressbuch. Hrsg. vom Exportbureau d. Deutschen Exportbank, Berlin. 27. Aufl. *Berlin 1900: Pass & Garleb.* (CIII, 276 S.) 8° [00. 893]

Deutsches Exportfirmen-Adreßbuch. Hrsg. v. Exportbureau d. Deutschen Exportbank, Berlin. 30. Aufl. *Berlin 1903: Paß & Garleb.* (CXX, 352 S.) 8° [04. 40]

Deutsches Exportfirmen-Adreßbuch. Hrsg. v. Exportbureau d. Deutschen Exportbank A.-G. Berlin. 32. Aufl. Berlin 1905: Paß & Garleb. (CXXVI, 384 S.) 8° [05. 8439]

Exportfirmen-Adressbuch, deutsches. Hrsg. vom Exportbureau der deutschen Exportbank A.-G., Berlin. 33. Aufl. (CXLI, 860 S. m. 1 farb. Karte.) gr. 8. Leipzig 906. (R. Friese.) n. 5. —

Export-Firmen-Adressbuch d. Deutschen Reiches, Oesterreich-Ungarns u. d. Schweiz pro 1896/97 m. Inhaltsverzeichn. 3. Aufl. 3 Bde. gr. 8. Leipzig 896. W. Malende. In 1 Bd. geb. n.n. 15. —; in 2 Bde. geb. n. 16. —
1. u. 3. Deutsches Reich u. Schweiz. (480 u. 111 S.) n. 10. —
2. Oesterreich-Ungarn. (357 S.) n. 6. —

Export-Firmen-Lexikon, deutsches, hrsg. v. Theophil Weber. Jahrg. 1905/6. (314 u. 114 S.) gr. 8. Leipzig 905. Th. Weber. Geb. in Leinw. n. 10. —

Export-Firmen-Lexikon, österr.-ungarisches, hrsg. v. Theophil Weber. Jahrg. 1908/9. (III, 230 S.) gr. 8. Leipzig 908/09. Th. Weber. Geb. in Leinw. 10. —

Export-Hand-Adressbuch v. Deutschland 1890. Hrsg. v. W. J. Schmidt. 1. Jahrg. gr. 8. (VII, 56, XXXII, 256, 329, 64 u. schwarzes Blatt 7 S.) Berlin 890. N. Auguststr. 92, Schmidt & Gelbrecht. geb. n. 20. —

Export-Hand-Adressbuch v. Deutschland 1892. Gegründet v. W. J. Schmidt. 3. Jahrg. gr. 8. (LVIII, 706, 447 u. 9 S.) Berlin, Export-Hand-Adressbuch-Verlag. Geb. in Leinw. n. 10. —

— dasselbe 1893/94. Mit Sachregister u. Inhalts-Uebersicht in deutscher, engl. u. span. Sprache. 4. Jahrg. gr. 8. (VIII, 427 u. 699 S.) Berlin, P. Stankiewicz. Geb. in Leinw. n. 10. —

— dasselbe, nebst General-Zoll-Tarif aller Staaten u. Kolonien 1894/95. Mit Sachregister u. Inhalts-Uebersicht in deutscher, engl. u. span. Sprache. 5. Jahrg. gr. 8. (XXIII, 378, 271 u. 552 S.) Ebd. Geb. in Leinw. n. 10. —

Export-Hand-Adressbuch v. Deutschland, nebst General-Zoll-Tarif aller Staaten u. Kolonien 1896/97. Bearb. v. H. Klinckmüller. M. Sachreg. u. Bezugsquellen-Nachweis in deutscher, engl. u. span. Sprache. 6. Jahrg. gr. 8. (XXIII, 404, 304, 583 u. Schwarzes Blatt 20 S.) Berlin 896. [P. Stankiewicz.] Laubsch & Everth. Geb. in Leinw. n. 10. —

— dasselbe. 1898/99. 7. Jahrg. gr. 8. (XXIII, 398, 370, 547 u. Schwarzes Blatt 20 S.) Ebd. 898. Geb. in Leinw. n. 10. —

Export-Hand-Adressbuch v. Deutschland. Internationales Welthandels-Adressbuch. 1902/1903. 9. Ausg. Mit Schlüssel- u. Branchen-Verzeichnis in französ., engl. u. span. Sprache. (VII, 298, 500 u. 490 S.) gr. 8. Berlin (902). Laubsch & Everth. Geb. in Leinw. n. 10. —

Export-Hand-Adressbuch v. Deutschland. Internationales Welthandels-Adressbuch. 1904/1905. 10. Ausg. Mit Schlüssel- u. Branchen-Verzeichnis in französ., engl. u. span. Sprache. (VI, 304, 525 u. 555 S.) gr. 8. Berlin (904). Laubsch & Everth. Geb. in Leinw. n. 10. —

Export-Hand-Adressbuch v. Deutschland. Internat. Welthandels-Adressbuch. 1907/1908. 12. Ausg. Mit Schlüssel- u. Branchen-Verzeichnis in französ., engl. u. span. Sprache. (VI, 608 u. 538 S.) gr. 8. Berlin (907). Laubsch & Everth. Geb. in Leinw. 10. —

— **v. Oesterreich-Ungarn 1892.** Hrsg. v. W. J. Schmidt. 1. Jahrg. gr. 8. (XXXI, 706; 395, 16 u. 9 S.) Fiume, Export-Hand-Adressbuch, W. J. Schmidt. Geb. n. 20. —

Export-Handbuch der Börsen-Halle. Hamburgs Handel und Verkehr. Hamburg 1886

Export-Handbuch, deutsches, f. Brasilien, nebst Adressbuch deutscher Geschäftsleute, Handwerker etc. in den wichtigsten Küstenstaaten. (VI, 184 u. LXXXII S.) gr. 8. Berlin 906. H. Paetel. n. 6. —

Export-Handbuch f. das Deutsche Reich. Ein Nachschlagebuch über die Leistungsfähigkeit der deutschen Industrie. Nach durchweg neuen Orig.-Angaben hrsg. Probeheft. gr. 8. (VI, 69 S.) Leipzig 877. H. Voigt. n. 1. —

Export-Jahrbuch 1891—92. Hrsg. vom k. k. österreich. Handels-Museum. gr. 8. (XX, 293 S.) Wien 893. (Leipzig, A. Lorentz.) 5. 50; geb. 6. —

Export-Jahrbuch. Sonderausg. des Hamburger Adressbuches, neue Aufl., s.a. Jahrbuch f. den Ex- u. Import Hamburgs.

Export-Jahrbuch. Sonderausg. des Hamburger Adressbuches (gegr. 1787) für den Handgebrauch des Exporteurs. 1901. 2. Jahrg. hoch 4. (III, 118 u. 240 S.) Hamburg (Speersort 11), Hermann's Erben. Geb. in Leinw. n. 4. —

Export Implement Age: vol. 1—15, no. 6, Sept. 1899—Mar. 1907.

Monthly. Published in English, German, French and Spanish; each issue, vol. 1—15, contains 4 pages in German, and some notices and advertisements in German. Sub-title: An Independent Journal, devoted exclusively to the Export Trade in Agricultural Machinery, Pumps, Wind Mills, Farm Tools, and Supplies (slight variations). Notice in no. 1, page 28: For circulation in foreign countries only. Large quarto, each issue ca. 64 pages; many illustrations, including diagrams, etc. Published by Nolan Publishing Co., W. P. Nolan, President & Director, 1899—1907.

Philadelphia, PA

Export-Industrie, die, im Bezirke der Handels- u. Gewerbekammer in Olmütz. [Aus: „Jahresbericht der Olmützer Handels- u. Gewerbekammer".] gr. 8. (11 S.) Olmütz 890. (Hölzel.) n. — 40

Exportindustriezweige in den einzelnen Handelskammerbezirken Deutschlands. Hrsg. vom Deutschen Handelstag. Berlin, 1910. 189 S

Export-Journal. Internationaler Anzeiger f. Buchhandel u. Buchgewerbe, Papierindustrie, Schreibwaaren- u. Lehrmittelhandel. 1.—4. Jahrg. August 1887—Juni 1891. à 12 Nrn. gr. 4. (à Nr. ca. 24 S.) Leipzig, Hedeler. à Jahrg. n.n. 4. —

Export-Journal. Internationaler Anzeiger f. Buchhandel u. Buchgewerbe, Papierindustrie, Schreibwaaren- u. Lehrmittelhandel. (In deutscher, französ. u. engl. Sprache.) 5.—8. Jahrg. Juli 1891 – Juni 1895. à 12 Nrn. (à ca. 3 Bog.) gr. 4. Leipzig, G. Hedeler. à Jahrg. n.n.n. 4. —

Export-Journal. Internat. Anzeiger f. Buchhandel u. Buchgewerbe, Papierindustrie, Schreibwaaren- u. Lehrmittelhandel. (In deutscher, französ. u. engl. Sprache.) 9.—12. Jahrg. Juli 1895—Juni 1899. à 12 Nrn. (à ca. 2 Bog.) gr. 4. Leipzig, G. Hedeler. à Jahrg. n.n.n. 4. —

Export-Journal. Internationaler Anzeiger f. Buchhandel u. Buchgewerbe, Papier-Industrie, Schreibwaaren u. Lehrmittel. (In deutscher, französ. u. engl. Sprache.) 13.—16. Jahrg. Juli 1899—Juni 1903. à 12 Nrn. gr. 4. (à ca. 16 S.) Leipzig, G. Hedeler. à Jahrg. n.n.n. 4. —

Export-Journal. Internationaler Anzeiger f. Buchhandel u. Buchgewerbe, Papierindustrie, Schreibwaaren u. Lehrmittel. (In deutscher, französ. u. engl. Sprache.) 17.—19. Jahrg. Juli 1903—Juni 1906. à 12 Nrn. (à ca. 12 S.) gr. 8. Leipzig, G. Hedeler. à Jhrg. n.n.n. 4. —

— dasselbe. 20. Jahrg. Juli 1906—Febr. 1907. 8 Nrn. (à ca. 16 S.) gr. 8 Ebd. à Nr. n. — 40
Erscheint nicht mehr.

Export-Journal, internationales. Organ f. d. Interessen d. deut. Industrie etc. Kirchhain. Jährlich 12 Nrn.

— internationales. Organ f. die Interessen der deutschen Industrie u. d. Ausfuhrhandels. 9. Jahrg. 1890. 12 Nrn. (B.) gr. 4. Kirchhain i. d. Lausitz 890. Zahn & Baendel. n. 3. —

— internationales. Organ f. die Interessen der deutschen Industrie u. d. Ausfuhrhandels. 10.—13. Jahrg. 1891—1894. à 12 Nrn. (Bog.) gr. 4. Kirchhain i. d. Lausitz. Zahn & Baendel. à Jahrg. n. 3. —

Exportkalender Norwegens f. 1905. Hrsg. vom Auskunftsbureau Norwegens f. Handel u. Gewerbe. (In norweg., engl., deutscher, französ., span. u. russ. Sprache.) (LXXXXIII, 267 S.) gr. 8. Kristiania 905. A. Cammermeyer. Geb. in Leinw. n. 11. 25

Exportkalender, der, Norwegens f. 1909. Hrsg. vom Auskunftsbureau Norwegens f. Handel u. Gewerbe. (In norweg., engl., deutscher, französ., span. u. russ. Sprache. (LXXXV, 324 S.) gr. 8. Kristiania, J. W. Cappelen. Geb. in Leinw. 11. 50

Export-Kompagnie, die, f. Oesterreich-Ungarn, das Deutsche Reich u. die Schweiz. 8. (59 S.) Zürich 889. Verlags-Magazin. n. — 80

Export-Compass 1888. Commercielles Jahrbuch f. die Interessenten d. österreichisch-ungar. Ausfuhr-Handels. Hrsg. v. A. Dorn. gr. 8. (X, 335 S.) Wien, (Gerold's Sohn). geb. n. 6. —

— dasselbe. 1889. 2. Jahrg. gr. 8. (XII, 494 S.) Wien, Volkswirthschaftl. Verlag. A. Dorn. geb. n. 6. 60

— dasselbe. 1890. 3. Jahrg. gr. 8. (XL, 439 S. m. Abbildgn.) Ebd. 890. geb. n. 8. —

Export-Compass 1891 u. 1892. Commercielles Jahrbuch f. die Interessenten d. österreichisch-ungar. Ausfuhr-Handels. 4. u. 5. Jahrg. Hrsg. v. Alex. Dorn. gr. 8. (XVI, 457 S. m. Abbildgn.; XV, 418 S. m. Abbildgn.) Wien, Volkswirtschaftl. Verlag, A. Dorn. Geb. in Leinw. à Jahrg. n. 8. —

— dasselbe. 1893. 6. Jahrg. gr. 8. (XVI, 616, 25, 48 u. 19 S. m. Abbildgn.) Ebd. Geb. in Leinw. n. 12. —

— dasselbe. 1894. 7. Jahrg. gr. 8. (X, 260, 302, 22 u. 46 S. m. Abbildgn.) Ebd. Geb. in Leinw. n. 10. —

Export-Compass 1895. Commerc. Jahrbuch f. d. Interessenten d. österr.-ungar. Ausfuhr-Handels. 8. Jahrg. Hrsg. v. Alex. Dorn. gr. 8. (XXVIII, 230; 288, 22 u. 23 S.) Wien 895. Volkswirtschaftl. Verlag, A. Dorn. Geb. in Leinw. n. 10. —

— dasselbe. 1896. 9. Jahrg. gr. 8. (XXX, 255; 290, 18 u. 75 S.) Ebd. 896. Geb. in Leinw. n. 10. —

— dasselbe. 1897/98. 10. Jahrg. gr. 8. (XVI, 213; 294, 14 u. 89 S.) Ebd. 897. Geb. in Leinw. m. Metallecken n. 10. —

Export-Compass 1898/99. Commercielles Jahrbuch f. die Interessenten des österreichisch-ungar. Ausfuhrhandels. 11. Jahrg. Hrsg. v. Alex. Dorn. gr. 8. (XIV, 186, 285, 12 u. 20 S.) Wien, Volkswirtschaftl. Verlag A. Dorn. Geb. in Leinw. n. 10. —

— dasselbe 1900. 12. Jahrg. gr. 8. (XX, 200, 308, 13 u. 218 S.) Ebd. Geb. in Leinw. n. 12. 50

— dasselbe 1901. 13. Jahrg. gr. 8. (XV, 241, 376, 14 u. 76 S.) Ebd. Geb. in Leinw. n. 13. 50

— dasselbe 1902, nebst „Adressbuch der Spediteure". Commercielles Jahrbuch f. die Interessenten des österreichisch-ungar. Ausfuhrhandels. 14. Jahrg. gr. 8. (XVI, 218; 286 u. 147 S.) Ebd. Geb. in Leinw. n. 13. 50

Export-Compass 1903. Commercielles Jahrbuch f. die Interessenten des österreichisch-ungar. Ausfuhrhandels. 15. Jahrg. (XXII, 227, 361, 22 u. 370 S.) gr. 8. Wien, Volkswirtschaftl. Verlag A. Dorn. Geb. in Leinw. n. 13. 50

— dasselbe. 1905. 16. Jahrg. (LXXIII, 400 S.) gr. 8. Ebd. Geb. in Leinw. n. 10. —

— dasselbe. 1906. 17. Jahrg. (CXXVI, 890 S.) gr. 8. Ebd. Geb. in Leinw. n. 10. —

Export-Kompass. 1907. XVIII. Jahrg. Gr.-8°. (CXXXIX, 404 S.) Ebd. geb. K 12.—

Export-Kompaß. 1908—1909. Kommerzielles Jahrbuch für die Interessenten des österr.-ungar. Ausfuhrhandels. XIV. Jahrg. Gr.-8°. (CXXXVIII, 384 S.) geb. K 12 –

Export-Kompass 1910 (Einbd. 1909—10). Kommerzielles Jahrbuch f. d. Interessenten des österreich. u. ungar. Ausfuhrhandels. 20. Jahrg. (CLVII, 850 S.) gr. 8. Wien 910. Volkswirtschaftl. Verl. A. Dorn. Geb. in Leinw. 10. —

Export-Reklame, die. I—III. kl. 8. Berlin-Schöneberg, Buchholz & Weisswange. à — 50
I. Wie muss e. erfolgr. Export-Katalog od. Prospekt beschaffen sein? (12 S.) (910.)
II. Erfahrungen, prakt., von denen der Erfolg im Exportgeschäft abhängt. (16 S.) (910.)
III. Wie schützt man sich im Exportgeschäft gegen unlautere Konkurrenz u. Preisschleuderei? (16 S.) (910.)

Export-Revue, deutsche. Unter Mitwirkg. hervorrag. Fachmänner aus Wissenschaft u. Praxis hrsg. v. Alb. Blom. Red. des techn. Tls.: G. Schwarz. 1. Jahrg. Juni 1901—Mai 1902. 4 Nrn. gr. 4. (IV, 366 S. m. Abbildgn. u. 2 Taf.) Stuttgart, Deutsche Verlags-Anstalt. 5. —

— dasselbe. Eine Halbmonatsschrift f. den deutschen Export. Unter Mitwirkg. hervorrag. Fachmänner aus Wissenschaft u. Praxis hrsg. v. Alb. Blom. Chefred.: Herm. Albrecht. Mit Beilage (f. Deutschland): Der Welthandel. 2. Jahrg. April 1902—März 1903. 24 Nrn. (IV, 836 S. m. Abbildgn.) Ebd. n. 10. — englische Ausg. u. d. T.: German Export Review zu gleichen Preisen.

Export-Revue, deutsche. Eine Halbmonatschrift f. den Export. Unter Mitwirkg. hervorrag. Fachmänner aus Wissenschaft u. Praxis hrsg. u. red. v. Alb. Blom. Mit Beilage (f. Deutschland): Der Welthandel. 3. bis 5. Jahrg. April 1903—März 1906. à 24 Nrn. (à ca. 32 u. 8 S. m. Abbildgn.) gr. 4. Stuttgart [Deutsche Verlags-Anstalt.] Berlin, H. Paetel. à Jhrg. n. 10. —

— dasselbe. Mit Beilage (f. Deutschland): Der Welthandel. Red.: Aug. Etienne. 6. Jahrg. April 1906—März 1907. 24 Nrn. (à ca. 40 u. 16 S. m. Abbildgn.) 4. Berlin. H. Paetel. n. 10. —; englische Ausg. u. d. T.: German Export Review u. span. Ausg. u. d. T.: Revista de la exportación alemana zu gleichem Preise.
Erschien bis Oktober 1906 noch in Stuttgart.

Export-Revue, deutsche. Eine Halbmonatsschrift f. d. deutschen Export. Begründet v. Alb. Blom. Red.: Alb. Ohnstein. 10. Jahrg. April 1910—März 1911. 24 Nrn. (à ca. 48 S. m. Abbildgn.) 81×23,5 cm. Berlin, Deutsche Export-Revue 10.—; engl. Ausg. u. d. T.: German Export Review u. span. Ausg. u. d. T.: Revista de la exportación alemana zu gleichem Preise; m. d. Beilage f. Deutschland, Österreich-Ungarn u. d. Schweiz: Deutsche Export-Revue. Eine Wochenztg. f. Exportpolitik m. Handels-, Industrie-, Schiffahrts-, Kolonial-u. Finanz-Berichten. Red.: i. V. Erich Everth. 10. Jahrg. (à ca. 12 S. u. 8 S. in Lex 8.) 41×29,5 cm. 12. —

— österreichisch-ungarische. Organ f. die Interessen des Aussenhandels u. des Auswandererwesens. Hrsg. u. Red.: Adf. Schwarz. 1. Jahrg. 1902. 12 Nrn. Lex.-8. (à ca. 48 S.) Wien (Beck'sche Hofbuchh.). n.n. 12. —

— österreichisch-ungarische. Organ f. die Interessen des Aussenhandels u. des Auswandererwesens. Hrsg. u. Red.: Adf. Schwarz. 2.—5. Jahrg. 1903—1906 à 12 Nrn. (à ca. 40 S.) Lex.-8. Wien (Beck'sche Hofbuchh). à Jhrg. n.n. 12. —

— österreichisch-ungarische. Organ f. d. Interessen d. Aussenhandels u. d. Auswandererwesens. Hrsg. u. Red.: Adf. Schwarz. 6—9. Jahrg. 1907—1910 à 12 Nrn. (488, 480, 468 u. 448 S.) Lex. 8. Wien (Beck'sche Hofbuchh.) à Jahrg. nn 12. —

Schweizer Export-Revue — Der Economist
Schweizer Export-Revue - Revue Suisse d'Exportation - Swiss Export-Review
Schweizer Export-Revue und Import-Zeitung
v. Der Economist.

Export-Schlüssel, erster, f. den Weltverkehr in Textil-Erzeugnissen. 1892. (In deutscher, engl. u. französ. Sprache.) 8. (36 S.) Apolda 892. Internationales Textil-Bureau. Kart. n. 1. 50

Export-Zeitung, deutsche. Allgemeiner Anzeiger f. deutsche Industrie u. Export m. der Beilage: Internationaler Industrieführer (Firmentafel). Organ f. den Welthandelsverkehr. 13. Jahrg. 1894. 12 Nrn. (à ca. 3 Bog.) Fol. Berlin, G. Schuhr. n. 4. —

Export-Zeitung, deutsche. Allgem. Anzeiger f. deutsche Industrie u. Export m. d. Beilage: Internat. Industrieführer (Firmentafel). Organ f. d. Welthandelsverkehr. Red.: Hugo Roetschor. 14.—17. Jahrg. 1895—1898. à 12 Nrn. (à 12 S. m. Abb.) Fol. Berlin [G. Schuhr.] Deutsche Export-Zeitung, J. Theurer. à Jahrg. n. 4. —
Redakteur d. 17. Jahrg. ist H. Troll.

Export-Zeitung, deutsche. Allgemeiner Anzeiger für Deutschlands Industrie u. Export. Centralorgan f. den Welthandelsverkehr. Hrsg.: J. Theurer. 18. u. 19. Jahrg. 1899 u. 1900. à 24 Nrn. gr. 4. (à ca. 16 S. m. Abbildgn.) Berlin, Verlag der deutschen Export-Zeitung. à Jahrg. n. 8. —

— f. Elektrotechnik. Organ zur Förderg. der Interessen d. Exporthandels u. der Industrie auf dem gesammten Gebiete der Elektrotechnik, sowie zur Verbreitg. d. Verständnisses elektr. Anlagen u. Apparate in Deutschland u. in allen transatlant. Ländern. Hrsg.: Fred. C. Jenkins; wissenschaftl Mitarbeiter: Frdr. Vogel u. A. Voller. 1. Jahrg. 1891. 24 Nrn. (à 4—4½ Bog. in deutscher, engl. u. span. Sprache m. Abbildgn. u. farb. Taf.) Hamburg, (Boysen & Maasch). n. 12. —
Erschien nicht weiter.

Exposé de quelques circonstances nouvelles et intéressantes qui éclaircissent l'affaire de la succession de Bavière et particulièrement l'origine de la convention du 3. Janvier 1778 et la négociation de S. M. le roi de Prusse avec S. A. S. le comte Palatin duc de Deux-Ponts. A Berlin 1778. 4.

Exposé de la conduite administrative et militaire de Mr. le Maréchal Davoust à Hambourg, en réponse à son mémoire. gr. 8. Hamb. 815. Perthes et B. 16 gG

Exposé de la conduite de la Cour de Hesse-Cassel . . . S. l. 1758. V: *Hein, Levin Georg Friedrich.* (ML)

Exposé sur la confiscation des propriétés privées des Grisons. Coire 1814 *s.* [Salis-Marschlins. Carl Ulysses von].

Exposé d'une correspondance contraire aux intérets du roi que quelques personnes de la cour de Dresde ont entretenue avec les ennemis de Sa Majesté. Berlin 1757. (8 S.)

Exposé de la demande de Sa Majesté le Roi de Prusse, Prince Souverain de Neuchâtel & Valengin, contre la Ville et Bourgeoisie dudit Neuchâtel, portée au Tribunal de Leurs Excellences de la Ville & République de Berne, avec les deux arrêts. rendus par Leurs Excellences du Senat le 3me Décembre 1767, et par Leurs Excellences du Conseil Souverain, le 21me, 22me & 23me Janvier 1768. 4. Berne.

Exposé de la Diète Fédérale au Peuple Suisse. (Berne, le 4 Novembre 1847.) 8. *s. l.*

Exposé des droits de Sa Majesté le Roi de Prusse sur le Duché de Pomérellie . . . Berl. 1772. V: *Herzberg, Ewald Frdr. Graf von.* (Holz) (ML)

Exposé de la nouvelle église selon les révélations de Dieu à Eman. Swedenborg suivi du resumé des oeuvres d'Eman. Swedenborg. Traduction du suédois en français. Lex.-8. (801 S.) Basel 868, Schweighauser'sche Buchh. *

Exposé de l'état actuel de l'établissement d'éducation fondé à Dessau. Leipzic 1785. V: *Kolbe, Carl Wilh.* (Ky)

— de l'état actuel de l'établissement d'éducation fondé à Dessau. 8. Leipz. 785. W. Vögel. 3 gl

Exposé de l'état de l'instruction publique dans le Royaume de Saxe. Dresde 1867.

Exposé über ein Exposé der dänischen Regierung, in welchem nachzuweisen versucht wird, dass die Erlasse welche die gemeinsame Regierung nach ihrer am 22. October 1848 erfolgten Einsetzung bekannt gemacht hat, mit den Bestimmungen der Waffenstillstandsconvention im Widerspruch stehen. o. O. (10. Nov. 1848.) 4°.

Exposé fidèle de l'ordre de succession établi dans le Bourgraviat de Nuremberg ou dans les principautés de Brandebourg en Franconie. Berlin 1778. 4.

Exposé betreffend die Finanzirung und Ausführung der Bahnlinie Rapperswyl-Wattwyl. Rapperswyl 1895. V: *Bühler-Honegger, Joh. Heinrich.* (Cat. d. Stadtbibl. Zürich. Zürich 1864—97.)

Exposé historique de l'ancienne constitution et du gouvernement du Zuric. Zuric 1809. V: *Schulthess, Joh.* (Cat. d. Stadtbibl. Zürich. Zürich 1864—97.)

Exposé historique des faits concernant la neutralité Helvetique. 1797. V: *Haller, Carl Ludwig von.* (MGT)

— historique des finances des Pays-Bas, s. Darstellung d. Niederländ. Finanzen.

Exposé Des Injustices Que Les Protestans Ont Souffertes Des Princes De La Maison D'Autriche. [Francof. 1757.] V: *Kahle, Ludwig Martin.* Ü: *Formey, Samuel.* (Preussische Staatsschriften. III. 1892. S. 249, 253.)

Exposé des gemeinsamen Kriegsministeriums zur Begründung der Heeresvorlage für 1872. Wien 1871. 4°.

Exposé de la manière inouie, dont les troupes Russiennes, Autrichiennes et Saxonnes ont dévasté la Marche de Brandebourg, ainsi que des cruautés, qu'elles ont exercées dans l'expédition qu'elles ont faite au mois d'octobre 1760 sur la ville de Berlin. 1760. 4. (14 Seiten.)

— des maux de la Hollande. gr. 8. Lps. Kühn. 796.

Exposé des motifs du projet d'instruction pour la députation (du canton de Genève) à la Diète extraordinaire convoquée à Zurich le 24 février 1845. Lu au Grand Conseil dans la séance du 7 février 1845. [*Suivi du*] Projet d'instr'.... Présenté par le Conseil d'État au Grand Conseil en Février 1845.) 8. *s. l.*

Exposé des motifs qui ont déterminé la conduite de S. A. S. électorale palatine de Bavière envers la cour impériale de Vienne. gr. 8. Würzbourg 1805.

— des motifs qui ont determiné la conduite de S. A. S. Elect Palat. de Bavière envers la cour Impériale de Vienne. 4. Regensb. 806. Reitmayr. 10 gl

Exposé des motifs, qui ont engagé Sa Majesté le Roi de Prusse à faire marcher, Ses troupes vers les États de l'Impératrice Reine d'Hongrie et de Bohême. Berlin 1756. V: *Friedrich II., König von Preußen.* (Preussische Staatsschriften. III. Berlin 1892. S. 146.)

Exposé des motifs, qui ont engagé Sa Maiesté le Roi de Prusse ... S. l. 1778. V: *Herzberg, Ewald Frdr. Graf v.* (Ml.)

— des motifs qui ont engagé Sa Maj. le Roi de Prusse à s'opposer au démembrement de la Bavière. gr. 4. Berl. 778. (Rottmann). 12 gl

Exposé des motifs, qui ont obligé Le Roi, de donner des trouppes auxiliaires à L'Empereur. [1744]. V: *Friedrich II., König von Preußen.* (Preussische Staatsschriften. Bd. I. Berlin 1877. S. 432ff.)

Exposé Des Motifs, Qui Ont Obligé Sa Majesté Le Roi De Prusse A Prevenir Les Dessins De La Cour De Vienne. Berlin 1756. V: *Friedrich II., König von Preußen.* (Preussische Staatsschriften. III. Berlin 1892. S. 146.)

[franz.] Exposé prélable des motifs qui engagent Sa Maj. le Roi de la Grande-Bretagne, en qualité d'Électeur de Brunswick-Lünebourg, à reprendre les armes contre l'Armée de France marchant de nouveau contre la sienne. — Dat. Stade 26. novembre 1757. 5 Bl.

Exposé préliminaire des droits de la couronne de Bohème ... Vienne 1772. V: *Benczur, Joseph.* (Pk)

Exposé preliminaire des droits de la couronne de Hongrie sur la Russie Rouge et sur la Podolie, ainsi que de la Couronne de Bohème sur les Duchés d'Osietzim et de Zator. gr. 4. Wien 773. Trattner. 20 gl

— de qualités particul. des poëles de Mayence de nouvelle invention, conc. la salubrité, la commodité et l'économie etc. gr. 8. Mainz 826. (Streng). 1 Thl 8 gl

Exposé de la Situation du Militaire Hanovrien dans les Mois de May, Juin & Juillet, 1803. [Hannover 1806.] V: *Wallmoden-Gimborn, Johann Ludwig Graf von.* (Mitth. Dr. H. Bäsecke.)

Exposé üb. d. Stand d. öffentl. Schulw. im Königr. Sachsen. Mit Ausstell.-Kat. Dresden 1867

— succint des droits imprescriptibles et des prétentions légitimes de Sa Majesté l'Empereur sur plusieurs places hollandaises. gr. 8. Wien 784. Trattner. 4 gl

Exposé der Torfkoks-Industrie-Akt.-Ges., Berlin (Patente Ziegler). Berlin (1903)

Expositio brevis, juris sacrae regiae majestati Prussiae, circa templum ad sic dictam Lindam Marianam competentis. o. O. 1725.

Expositio, Brevis, iurium Magnae Britanniae Regis ... Hannov. 1744. V: *Strube, David Georg.* (ML)

Expositio (brevis) specialiorum Bullae Jubilaei universalis pro anno 1826 particularum, in usum Confessariorum jubilarium perpetua ratione facultatum vi Jubilaei ipsis concessarum habita. 12. Augsb., Doll. 2 g.

Expositio casuum reservatorum in dioecesi Brixinensi ... Brixinae 1888. V: *Egger, Franz.* (Margr)

Expositio casuum reservatorum in dioecesi Brixinensi, edita jussu et auctoritate celsissimi ac reverendissimi episcopi Simonis. 8. (XII, 117 S.) Brixen 888. Weger. n. — 80

Expositio, Cavssarum, Qvae Serenissimo Borvssorvm Regi Necessitatem Imposvervnt Praeveniendi Avlae Viennensis Proposita. Berolini Anno MDCCLVI. V: *Friedrich II., König von Preußen.* Ü: *Kahle, Ludwig Martin.* (Preussische Staatsschr. III. Berlin 1892. S. 147.)

Cerebri et nervorum distributionis expositio. Duisb. 8°. 1786

Expositio, Civitatem Gedanensem decreto tribunalitio ... non teneri. Gedani 1763. V: *Lengnich, Gottfried.* (ML)

Expositio documentis munita earum curarum quas summus pontifex Pius IX. assidue gessit in eorum malorum levamen quibus in ditione Russica et Polona ecclesia catholica afflictatur. E latinis ephemeridibus excerpta. Lex.-8. (IV, 236 S.) Romae 870. (Regensburg, Pustet.) n. 5. —

Expositio jurium eorum, qui dissidentium nomine veniunt summarumque potestatum etc. 4 Bresl. 767.

Expositio iurium S. Majestatis Regis Borussiae in Ducatum Pomerelliae...S. l. 1772. V: *Herzberg, Ew. Frdr. Graf v.* (Holz)

Expositio Ss. Missae atque rubricarum seu Catechismus liturgicus. Juxta dictata R. D. J. Mohren, Canonici ad S. Cunibertum. Cura Maria del Monte. I—V. 8maj. Augustae Trevirorum 844, 45, Lintz. Subscr.-Pr. à 5/12 ℛ

Expositio SS. Missae atque rubricarum seu catechismus liturgicus. Juxta dictata R. D. J. Mohren. Cura Maria del Monte. VI. gr. 8. (S. 481—636 u. XXXVIII S.) Augustae Trevir. 847, Lintz. 5/12 ℛ (compl. 2 1/2 ℛ)

— utriusque observationis et transitus Veneris etc. 4. Lps Hartknoch. 769.

Expositio, Officii misse Sacriq. canonis. S. l. et a. V: *Gruner, Vinc.* (Aark)

Expositio sincera status legalis Centenae Palatinae et Nobilium Craichgoviae ... S.l. 1780. V: *Venningen, Carl Phil. v.* (ML)

Expositio Tituli de renuntiatione breviter digesta. Aug. Trevir. 1782. V: *Haubs, Franz Anton.* (MGT)

Expositio, Ulterior, pro Illustrissimo ... Duce Curlandiae ... Fernere Erklärung von Seiten des ... Herzogs von Curland ... Warschau 1766. V: *Tottien, Chph Ant.* (R-N)

L'Exposition agricole de l'Autriche, s.: Collectiv-Ausstellung, die österreich. landwirthschaftl.

Exposition allemande de l'enseignement à l'Exposition universelle de Bruxelles 1910. 1. Berlin: Weidmann 1910. 8° [11. 1079]

Exposition familière de la doctrine de l'église cathol. 12. Wien 810. Schaumburg. 16 g.

Exposition Fidèle, Des Droits Incontestables De La Maison Royale De Prusse Et Electorale De Brandebourg, Sur plusieurs Principautés, Duchés et Seigneuries De La Silesie. 1740. V: *Ludewig, Johann Peter von.* Ü: *Naudé, Duhan de Jandun, Jacques Egide & Heinrich Podewils.* (Preuss. Staatsschriften. I. Berlin 1877. S. 99.)

Exposition Fidele Et Succincte, Des Procedés Irreguliers, Et Des Attentats, Du Prince & Evêque De Liege contre les droits incontestables de Sa Majesté Le Roi de Prusse en qualité De Seigneur De La Libre et Franche Baronie De Herstal. 1740. [Berlin.] V: *Vockerodt, Johann Gotthelf & Heinrich Podewils.* (Preussische Staatsschr. I. Berlin 1877. S. 20ff.)

Exposition historique des causes du mécontentement de l'Oberland Bernois et de la marche des évènemens dans cette contrée, en Août 1814. Traduite de l'allemand [par Daniel-Alexandre Chavannes]. 8. *s. l.*

Exposition Historique du Droit De Son Altesse Royale. Le Duc Regnant (Charles Fréderic) de Schleswig-Holstein etc. etc. à la Succession de Juliers, Cleves et Bergues etc. etc. A Schiffbeck. 1739. 4° k.

Exposition industrielle de Berlin 1896. [Prospekt.] (Octobre 1895.) *(Berlin: [Dr. v.] O. v. Holten 1895.)* (14 S., 1 Bl.) 1 Bd quer-8. [97. 7169]

[Kopft.:] Exposition industrielle de Berlin 1896. [Prospekt.] (Juillet 1895.) *(Berlin: [Dr. v.] O. v. Holten 1895.)* (4 Bl.) 1 Bd 4. [97. 7168]

l'Exposition internationale des arts décoratifs moderne à Turin, s.: Ausstellung, I. internationale, f. moderne dekorative Kunst in Turin.

Exposition internationale de Milan 1906. Liste des récompenses décernées aux exposants suisses et à leurs collaborateurs. ([Publié par le] Commissariat général suisse) = Internationale Ausstellung in Mailand 1906. Verzeichnis der Auszeichnungen, ... Schweizerischen Ausstellern ... zuerkannt.... II + II + 94 p. 8. Berne, H. Jent, 1907.

E x p o s i t i o n internationale de Milan, 1906. Suisse. 8. 1907.

Groupe 13. Appareils pour chemins de fer, moteurs, voitures, etc., pour la traction électrique. Rapport présenté au Département fédéral du Commerce par Th[éodore] T u r r e t t i n i.... 4 p. Berne, Rösch & Schatzmann.

Groupes 16 et 17. Matériel pour la traction électrique. R' prés' au Dép' f' du C' par le D[r] E(d[ouard]) T i s s o t.... 16 p. B', W. Wälchli.

Groupe 20. Télégraphie et téléphonie. R' prés' au Dép' f' du C' par Ch[arles]-Eug[ène] G u y e.... 27 p. Neuchâtel, L.-A. Borel.

Groupe 27. Horlogerie. R' prés' au Dép' f' au C' par A(ntoine) M u l l e r.... 10 p. Berne, W. Wälchli.

Groupe 27. Horlogerie. R' spécial sur la décoration de la boîte de montre prés' au Dép' f' du C' par Georges H a n t z.... 10 p. B', Rösch & Schatzmann.

Groupe 41. Arts décoratifs: Peintures et plastiques, vitres, céramiques, etc.; Appareils d'éclairage et de chauffage; Meubles, ameublements. R' prés' au Dép' f' du C' par Georges H a n t z.... 23 p. B', Rösch & Schatzmann.

Groupe 44. Orfèvrerie, bijouterie. R' prés' au Dép' f' du C' par Gaspard G a y.... 7 p. B', Rösch & Schatzmann.

Groupes 57 et 59. Engins pour la pêche; aquiculture, pisciculture, etc. R' prés' au Dép' f' du C' par Eug[ène] F o n j a l l a z.... 5 p. B', Rösch & Schatzmann.

Groupe 63. Produits laitiers. R' prés' au Dép' f' du C' par la Commission spéciale et les membres du jury pour l'exposition des pr' l' = Gruppe 63. Milchprodukte.... [Avec 2 planches.] 28 p. Berne, K. J. Wyss. *s. auch* A u s s t e l l u n g.

Groupe 75. Produits farineux, boulangerie et pâtisserie, sucres et confiserie, condiments et stimulants. R' présenté au Dép' f' du C' par A[lfred] B u r n i e r.... 7 p. B', Rösch & Schatzmann.

Groupe 77. Vins. R' prés' au Dép' f' du C' par Gustave F o n j a l l a z..., Charles P e r r i e r ... [et] Joseph R i b o r d y.... 12 p. Neuchâtel, L.-A. Borel.

Groupes 78 et 79. Sirops et liqueurs; spiritueux divers; alcools d'industrie; boissons diverses. R' prés' au Dép' f' du C' par Oswald G r o s j e a n.... 6 p. Berne, W. Wälchli.

Groupe 83. Photographie. R' prés' au Dép' f' du C' par H(ermann) L i n c k ... et D[r] R[udolf]-A[rchibald] R e i s s.... 22 p. B', W. Wälchli.

Groupe 84. Instruments de musique. R' prés' au Dép' f' du C' par Hermann T h o r e n s.... 14 p. Neuchâtel, L.-A. Borel.

s. auch A u s s t e l l u n g.

Exposition internationale Nancy 1909. Guide franco-allemand. Deutsch-französ. Führer durch Nancy u. die Ausstellg. (197 S. m. Abb. u. 1 Plan.) 8. Colmar (909). (Strassburger Druckerei u. Verlagsanst., Filiale Colmar.) — 50

Exposition de Léopol 1894 sous l'auguste patronage de sa Maj. l'empereur François Joseph I. XXVIII. Littérature. Académie des sciences de Cracovie. 8. (16 S.) Krakau 891. (Buchh. d. poln. Verlags-Gesellschaft.) n. — 20

Exposition des Motifs Fondés sur le droit des gens universellement Reçu, Qui ont determiné Le Roi, Sur Les Instances Réitereés De Ses Sujets Commerçants Par Mer, A Mettre Arrêt Sur les Capitaux, Que Sa Majesté Avoit Promis De Rembourser Aux Sujets De La Grande Bretagne, En Vertu Des Traités de Paix De Breslau Et De Dresde, Et A Procurer Sur Les Dits Capitaux A Ses Sujets Susmentionnés Le Dedommagement Des Pertes, Que Leur Ont Causé Ses Depredations Et Les Violences Des Armateurs Anglois Exercés Contre Eaux En Pleine Mer. A Berlin 1752. B: *Cocceji*, *Samuel von*. (Preussische Staatsschriften. II. Berlin 1885. S. 451.)

Exposition nationale suisse Genève 1896. Rapport administratif, publié au nom du comité central par *Paul Pictet*. Accompagnée de 2 plans et de 23 planches. 4°. 258 p. Genève et Bâle, Georg & Co. 10 —

Exposition nationale suisse. Genève 1896. Rapport technique, publié par ordre du Haut Conseil fédéral par *Alf. Cartier*. In-4°. 896 p. Genève et Bâle, Georg & Cie. 10 —

Exposition de la nature de la communauté des biens entre époux ... Lüb. 1811. V: *Villers*, *Carl Frz Dominik Ritter v.* (KY) (MGT)

— des operations faites en Lapponie, pour la détermination d'un arc du méridian en 1801, 2 et 3, rédigée par J. Suanberg et publié par l'acad. des Sciences. gr. 8. Stockholm. (Leipz., Kummer). 1 ₰ 16 ℛ

— des principes et de la discipline de l'unité évangélique des frères de la Confess. d'Augsbourg. 8. Münster 794. Kupferberg in Mainz. 14 ℛ

Exposition des principes et de la discipline de l'unité ... des freres de la confession d'Augsbourg ... Neuwied 1794. V: *Loretz*, *Johann*. (EB)

Exposition des produits de l'industrie de toutes les nations à Paris 1855. Royaume de Wurttemberg. Catalogue descriptif. Stuttgart, Metzler. 4. (2 Bl., 52 S.) n. 4 ℛ

Exposition Sommaire Des Droits De Sa Majesté Le Roy De Prusse Sur Herstal. à Ratispone ... 1740. V: *Voltaire*, *François Marie Arrouet*. (Preussische Staatsschriften. I. Berlin 1877. S. 39.)

Exposition succincte de la conduite que S. A. S. Electeur de Saxe a tenu à l'égard de la succession allodiale de Bavière ... Dresde 1778. V: *Gräfe*, *Carl Rud.* (MGT)

— succincte de l'état actuel et de la constitution de l'unité des frères évangéliques. 8. Barbi. Kummer in Leipz. 3 ℛ

— de la nouvelle théorie de la physiognomique de Gall à Vienne. 8. Leipz. 802. Magazin f. Ind. 8 ℛ

Exposition universelle à Paris de 1867. Candidature de l'asile des jeunes ouvriers à Darmstadt. 4° (Darmstadt 1867)

— — Catalogue spécial du Grand-Duché de Hesse. Darmstadt 1867

— — Entwürfe verschiedener Architekten. 69 Bl Phot. v. P Petit. fol Paris 1867

— — Les exposants du Grand-Duché de Bade. Karlsruhe 1867

Exposition universelle de Vienne 1873. Suisse, s.a. **Welt-Ausstellung, Wiener.**

Exposition universelle Vienne 1873, catalogue générale de la section espagnole. Vienne 1873.

Exposition universelle Vienne 1873, catalogue raisonné de l'exposition égyptienne. Vienne 1873.

Exposition universelle Vienne 1873, catalogue de la république orientale de l'Uruguay. Vienne.

— — Rapport administratif du commissaire général de la Suisse. Schaffhausen 1874

Exposition universelle 1878, s.a. **Weltausstellung, internationale 1878 in Paris.**

Exposition universelle Paris 1878, catalogue suisse. Zurich 1878.

Exposition universelle Paris 1878. Musée autrichien des arts appliqués à l'industrie, école des arts industriels. Vienne.

Exposition u n i v e r s e l l e internationale de 1889 à Paris.

— — 48 Blätter photographische Ansichten. 38 Bl. 4°, 10 Bl. fol. In Mappe.

Exposition universelle de 1900, à Paris. Empire d'Allemagne. Catalogue des travaux et objets exposés dans la classe hygiène par le Kaiserliches Gesundheitsamt. Berl. 1900. 131 S.

Expos. univ. de Paris 1900. Exposition collective de l'industrie allemande des produits chimiques. Trad. par Georges Freyss. Bln '00. VIII, 221 S.

Exposition universelle de 1900 à Paris. Liste des récompenses décernées aux exposants suisses et à leurs collaborateurs. — Verzeichnis der Preise für die schweizerischen Aussteller und ihre Mitarbeiter. ([Publié par le] Commissariat général suisse. 1902 mars 20.) 6 p. fol. [Berne, Jent & Co.]

Exposition universelle [de] Paris 1900. Suisse. 8. 1901. Classe 23. Production et utilisation mécaniques de l'électricité. Rapport ... par Prof. W[alther] Wyssling. Suppléant du Jury de la classe 23.... Traduction revue par l'auteur. (Tirage spécial de la Revue de l'Electricité. 10e année....) II + 57 p. Berne. Office polytechnique d'édition.

s. auch Weltausstellung.

World's Columbian Exposition 1893. Ausstellungs-Katalog der Gussstahlfabrik Friedr. Krupp, Essen a. d. Ruhr (Rheinpreussen). Essen a. d. Ruhr 1893. — Dazu: Statistische Angaben über die Krupp'sche Gussstahlfabrik etc. [1 Heft.] 8.

Exposition-Album, the Columbian, s.: **Weltausstellungs-Album, das.**

Exposition-Graphic, the (Chicago). A quartorly ed. of the Graphic. An illustr. weekly newspapor. Dovoted to the worlds Columbian exposition. Deutsche Ausg. Red.: Adf. G. Vogeler. 1. Jahrg. Nr. 1—4. Fol. (176 u. IV S. m. 2 Beilagen.) Chicago 892. 893. (Leipzig, K. F. Koehler's Bar-Sort.) à Nr. n. 2. 60

EXPOSITIONS DES PRODUITS de l'industrie et de l'horticulture du département de la Moselle, ouvertes à Metz, à l'occasion de la 5e session du congrès scientifique de France, du 1er au 20 Septembre 1837. Metz. 1837. 8. Lamort, imprimeur ... 8°.

Exposizione Dei Motivi Che obligano Il Re Di Dare Delle Truppe Ausiliarie All'Imperatore. [Frankf. a. M. 1743.] V: *Friedrich II., König von Preußen.* (Preuss. Staatsschriften. I. Berlin 1877. S. 939.)

Expreß. Lemberger Intelligenz- und Annoncen-Blatt. Erscheint vom 7. Mai 1863 täglich mit Ausnahme der den Sonn- und Festtagen folgenden. In polnischer und deutscher Sprache. Verantwortlicher Redacteur: J. Adam. Lemberg, Redaction. 1865 6 fl.

Express. Herausg. u. verantwortlicher Redacteur J. Schiek. Erscheint vom 22. März 1865 täglich mit Ausnahme des Sonntags. gr. 4. Prag, Schik. 1865. Monatlich für Prag 70 kr. Mit Postversendung 1 fl. 10 kr.

Express: 1881—1883?

Weekly. Edited by Samuel Richie, 1881-82; Peter Rupp, 1882—83.
Racine, WI

Express

① Bieler Stadtanzeiger und Hauptanzeigeblatt für Biel, das Seeland und den Jura - Feuille d'annonces principale pour la ville de Bienne, le Seeland et le Jura ④ Bieler Tagblatt und Seeländer Bote: Journal du Jura ⑤ 1. 2. 1890—19. 7. 1955 ⑥ 2° ⑦ wöchentlich 6× ⑧ Biel: E. Andres (1. 2. 1890—31. 5. 1905), Andres & Kradolfer (1. 6. 1905—30. 9. 1917), Andres & Cie. ab. 1. 10. 1917), Andres AG ⑨ Das interessante Blatt. Fortgesetzt durch: Sonntagsblatt des »Express«; Der Roman der Woche. Literarische Beilage des Express (ab 1915); La Feuille intéressante. Journal hebdomadaire instructif et récréatif. Fortgesetzt durch: La Feuille du dimanche de »l'Express«; Le Le Roman de la semaine. Supplément de l'Express ⑩ Express AG Biel ⑪ E. Andres sen. (1. 2. 1890—31. 5. 1905), E. Andres jun. zusammen mit Gottlieb Kradolfer (1. 6. 1905—20. 3. 1917). Darauf getrennte Redaktion: deutscher Teil: A. Schönberger (22. 3. 1917—31. 12. 1925). Werner Bourquin (1. 1. 1918—31. 12. 1931), Dr. Otto Zinniker (1. 1. 1932). Dr. P. Schaffroth; französischer Teil: Alcide Villars (22. 3. 1917—9. 1. 1936). Emil Andres (4. 1. 1936—31. 8. 1936 und weiter als Redaktor des deutschen Teils). Georges Duplain (1. 9. 1936—31. 12. 1942), J.-P. Maurer (ab 1. 1. 1943) ⑫ politisch neutral ⑬ BGSZ: 889, 959—961, 973; 50 Jahre Express, Buchdruckerei Andres & Cie. 1890—1940 ⑭ Be: L, St ⑮ Deutsch und französisch. Zuerst Annoncenblatt. Noch im ersten Jahre mit einem lokalen Nachrichtenteil ausgestattet. Ausbau des Blattes zwischen 1905 und 1917.

Express. Müllhaupt's internationaler Eisenbahn-Führer in französ., deutscher, engl. u. italien. Sprache. Mit 3 Karten. In-12°. 40 S. Bern, Müllhaupt's geogr. Kunst-Institut. Leinwd. 1 25
1890 Fürs Ausland Mk. 1 20

L'Express. International-Eisenbahn-Führer Schweiz-Europa. Winter-Saison 1891/92. 12. (32 u. 96 S. m. 2 Karten.) Bern, Müllhaupt. n. — 60

(G.) Pillmeyer's **Express.** Posthandbuch in Registerform. Bearb. von H. Walfort, Postsekr. Ausg. f. Osnabrück. Jg. 1. *Osnabrück: G. Pillmeyer 1902.* 8° [Ant. u. F.] [03. 6441 7

Toledo Express, Die, 1853-1903. Goldenes Jub ... Toledo, 1903.

Wöchentliche Express: 1870?—1918?

Weekly edition of TOLEDO EXPRESS. Title varies: EXPRESS UND NACHRICHTEN [in 1889]. For Saturday edition, see TOLEDO EXPRESS. Circulation: 1875, 840 (est.); 1880, 1000; 1890, 5500; 1900, 11,250; 1910, 10,000; 1915, 11,208; 1918, 10,000.
Toledo, OH

Expreß-Gütertarif samt einschlägigen Tarifbestimmungen f. die Städte Aalen, Altensteig, Balingen, Biberach, Böblingen, Brackenheim, Calw, Ebingen, Freudenstadt, Gmünd, Göppingen, Güglingen, Hall, Hechingen, Heidenheim, Heilbronn, Isny, Kirchheim u. Teck, Lauffen a. N., Leutkirch, Metzingen, Münsingen, Nagold, Nürtingen, Ravensburg, Reutlingen, Rottweil, Schwenningen, Tübingen, Tuttlingen, Ulm, Urach. Imp.-4. (68 S. m. Registerzungen.) Stuttgart 901. Greiner & Pfeiffer. n. 1. 50; geb. n. 2. —

Expropriation, Die. Eine Darstellung für die Grundbesitzer der Steiermark ... Graz 1873. V: *Horstig, F. R. v.* (JOANSTYRA)

Expropriations-Codex, neuester, oder vergleichende Darstellung der wichtigsten ältern u. neuern Gesetze u. Verordnungen über Enteignung, Kanal- u. Straßenbau, Eisenbahnen u. dgl. 3 Abthl. gr. 8. Nürnberg 837. Riegel u. Wießner. 1 1/8 Rthl.

Expropriationsgesetz, hamburgisches, nach der Fassung vom 27. IX. 1899. Text-Ausg. m. Einleitg. u. Sachregister. 16. (IV, 49 S.) Hamburg 899. Boysen & Maasch. Kart. n. — 80

Expropriationsgesetz, Sächsisches, od. die Abtretung d. Grundeigenthums bei im Königr. Sachsen anzulegenden Eisenbahntracten, nach den darüber erschien. Gesetzen bearbeitet u. mit Hinzufügung rationell-landwirthschaftl. Erläuterungen etc. systemat. dargest. v. e. Cameralisten. 8. Leipz. 836. Günz. 5/12 Rthl.

Expropriationsgesetz für die Herzogthümer Schleswig-Holstein. Neustadt 861. (Kiel, Akadem. Buchhdlg.) gr. 8. (24 S.) n. 6 ngr.

Expropriationsgesetz, das, zum Zwecke der Herstellung u. des Betriebes von Eisenbahnen vom 18. Febr. 1878. Mit e. ausführl. alphabet., nach Schlagwörtern abgefaßten Sach-Register. 8. (40 S.) Prag 878. Mercy. n. — 60

Exs, Heinrich Wilhelm (Luckau/Laus.), Vindiciae L. 1. §. 2. D. de justitia et jure. Präs. Georg Stoph. Wiesand. Lpz. (Langenheim) 5. IX. 1764. 14 S. (4.20) 8395
Gew.: Joh. Heinr. v. Heringen (Ottenhausen).

— — De proxenetis. Diss. jur. Präs. Hieronymus Friedrich Schorch. Erfurt (H. R. Nonne) 28. I. 1766. 30 S. (4.50) 8396
Gew.: Christian Gotthelf Gutschmid.

— Johann Heinrich (Caula/Laus.), De articulis elisivis. Exercit. jur. Präs. Jo. Heinrich Berger. Wittbg. (Chn. Schrödter) 15. VII. 1696. 30 Bl. mit Widm. v. Präs. (5.50) 8397

— — Dasselbe. o. O. 1721. 24 Bl. (5.—) 8398

— — Dasselbe. Ed. III. Jena (J. B. Heller) 1741. 60 S. (5.—) 8399

— — Observationes forenses. Disput. jur. Präs. Gottfried Suevus. Wittbg. (Chn. Schroedter) 2. VI. 1701. 56 S. (5.—) 8400

Exsequiarum ordo. De exsequiis adultorum et ordo sepeliendi parvulos. Ex novo manuali rituum dioecesis Herbipolensis. 8. (20 S.) Würzburg 902. V. Bauch. Geb. in Ldr. m. Goldschn., in Futteral n.n. 1. 50

Exss, Hermann [aus Tres-Bocas in Chile]: Zur Casuistik und Diagnostik der Aortenstenose. . . . Berlin, Buchdr. v. Gustav Schade (Otto Francke) (1889); 28 S. + 1 Bl. 8°
Berlin, Med. Fak., Inaug.-Diss. v. 14. Nov. 1889

— Johann Heinrich August (Luckau/Laus.), De vomitu sympathico haud raro perutili. Disp. med. Präs. Traugott Carl August Vogt. Wittbg. (A. Ch. Charisius) 12. IV. 1802. 23 S. (4.—) 8402
Gew.: Joh. Gottlob Nathusius.

Exsul, s.: Kraftübertragung, psychische.

Exsuperantii opusculum a C. Bursian recogn. 1868. VIII, 5 S. 4°. Gal. 1868.

Extasis, geheime, od. Abhandl. großer u. natürl. Geheimnisse. 8. Coburg 797. (Riemann). 8 gl

Extension der unterm 9. Juni 1752 ergangenen Anordnung und des Reglements wegen derer Materialien und Waaren, welche die Materialisten und Gewürzhändler zugleich mit den Apothekern führen und feil bieten mögen, auf die vormals gemeinschaftlichen Districte des Herzogthums Holstein. sub dato Glückstadt, den 2. März 1778. Glückstadt. o. J. 4°.

(Société des Tramways lausannois.) **Extension** de la concession du réseau des tramways électriques à Lausanne et de Lausanne à Lutry. 8. [Berne, C.-J. Wyss,] 1901.
Message du Conseil fédéral. (Du 18 décembre 1901.) 11 p.
Arrêté fédéral. (Du 20 décembre 1901.) 3 p.

Extension des in der Verordnung für die Städte, Aemter und Landschaften des Herzogthums Holstein etc. vom 25. Juli 1781. vorgeschriebenen Verfahrens in liquiden auf klare Hand und Siegel beruhenden Sachen, auf die unter den Obergerichten des Herzogthums Holstein etc. unmittelbar stehenden Personen. Sub dato Glückstadt, 26. Julii, 1782. Glückstadt. o. J. 4°.

Extension der allerhöchsten Königlichen **Verordnung** vom 30. Januar 1780 (so statt: 1708) wegen der Collecten-Sammlungen auf das ganze Herzogthum Holstein. s. d. Glückstadt d. 3. Novb. 1789. Glückstadt. o. J. 4°.

Extension der unterm 23. August 1737 ergangenen **Verordnung**, dass die Ehe eines Adulteri cum Adultera verboten seyn solle, auf den vormals Grossfürstlichen und gemeinschaftlichen Antheil des Herzogthums Holstein. Sub dato Glückstadt, den 10. Julii, 1782. Glückstadt. (1782.) 4°.

Extension der unterm 8. December 1766 in dem damaligen Königl. Antheil des Herzogthums Holstein etc. wegen der Ungültigkeit der ausser der ordentlichen Parochie heimlich erschlichenen Copulationen ergangenen **Verordnung** auf die vorhin grossfürstliche und gemeinschaftliche Antheile. S. d. Glückstadt, d. 6. Novb. 1786. Glückstadt. o. J. 4°.

Extension der, wegen Einschränkung des überflüssigen Gebrauchs der Eide, in dem jederzeit einseitig gewesenen Königlichen Antheil des Herzogthums Holstein etc. unterm 11. Decb. 1758 ergangenen Verordnung, auf die klösterlichen und adelichen Districte des Herzogthums Holstein. s. d. Glückstadt d. 26. Jul. 1796. Glückstadt. o. J. 4°.

Extension der Verordnung vom 4ten Januar 1734, nach welcher Pförtner- Amts- Stadt- und Landdiener in jederzeit Königlich gewesenen Antheil des Herzogthums Holstein, für ehrliche Leute zu halten sind, auf das ganze Herzogthum. sub dato Glückstadt, den 2ten Januar, 1784. Glückstadt. o. J. 4°.

Extension der **Verordnung**, wie es mit den Heyrathen zwischen Evangelisch-Lutherischen und Römisch-Katholischen hinkünftig gehalten werden solle, auf die vormals gemeinschaftlichen und grosfürstlichen Distrikte des Herzogthums Holstein. sub dato Glückstadt, den 6ten December, 1781. Glückstadt. o. J. 4°.

Exter, Aug., d. deutsche bürgerl. Einfamilienhaus. E. Sammlg. v. Entwürfen deutscher Architekten f. Einfamilienhäuser d. gebild. Mittelstandes. Als Ergebnisse e. v. ihm veranstalt. Wettbewerbes hrsg. (In 6 Abthlgn.) 1.—4. Abth. gr. Fol. Leipzig, Baumgärtner. In Mappe n. 52. —
1. Häuser m. 3 Zimmern u. Küche. M. 8 Taf. in Chromolith., 4 Taf. in Lichtdr. u. 18 Taf. in Photolith. (VIII S. Text.) 898. n. 18. —
2. Häuser m. 4 Zimmern, Küche u. Kammer. M. 4 Taf. in Chromolith. u. 8 Taf. in Photolith. (VIII S. Text.) 899. n. 8. —
3. Häuser m. 5 Zimmern, Küche u. Kammer. M. 9 Taf. in Farbendr., 2 Taf. in Lichtdr. u. 9 Taf. in Photolith. (VIII S. Text.) 899. n. 14. —
4. Haus m. 5 Zimmern, Küche u. mehreren Kammern. Mit 4 Taf. in Chromolith. u. 14 Taf. in Photolith. (VII S. Text.) 899. n. 12. —

Exter, Aug., das deutsche bürgerliche Einfamilienhaus. Eine Sammlg. v. Entwürfen deutscher Architekten f. Einfamilienhäuser des gebildeten Mittelstandes. Als Ergebniss e. v. ihm veranstalteten Wettbewerbes hrsg. 5. u. 6. (Schluss-)Abth. gr. Fol. Leipzig, Baumgärtner. In Mappe n. 32. —
5. Haus m. wohnlicher Diele, 5 Zimmern, Küche u. Kammern. Mit 7 Taf. in Chromolith., 2 Taf. in Lichtdr. u. 11 Taf. in Photolith. (VIII S. Text.) 899. n. 14. —
6. Haus m. wohnlicher Diele, 6 Zimmern, Küche u. Kammern. Mit 12 Taf. in Chromolith. u. 18 Taf. in Photolith. (VIII S. Text.) 899. n. 18. —
1.—4. Abth. Ebd. 898. 899. In Mappe n. 52. —.

Exter, Aug., Villen-Colonie Pasing. 2. Aufl. gr. 4. (22 Taf. m. 3 S. Text.) München 893. L. Finsterlin, Verl. n. 2. —

— Villencolonie Pasing-München. (3. Aufl.) qu. 4. (16 Taf. m. 2 S. Text.) Ebd. 894. n. 2. —

Exter, Bernhard Heinrich (Kork, Grafschaft Hanau-Lichtenberg)
De actione Mercurii in Syphilitide.
Giessae 1794.

Exter, F. C., Progr. Von der Armuth Homers. Zweibr. 777. 4.

Exter, Fr., († d. 11. Decbr. 1787.) Samml. von Pfälzischen Medaillen, Schaumünzen u. and. gold. u. silb. Münzen z. Erläut. d. Geschichte der Kurfürsten u. Pfalzgrafen d. sogen. alten Kurlinie. 2 Bde. 4. Zweibr. 759—75. (Löffler in Manh.) 6 ß

LEBENSUMSTANDE des Ritters Ferdinand von St. Urbain (von *Friedrich Exter*). Nürnberg 1770.
Anon.-Lex. III. p. 32 (nach Meusel). — Rar!

Exter, Johann Eberhard von. Kurtze Nachricht was von der unter dem Nahmen Hieronymi Bahr herumgeflogenen Charteque zu halten, so derselbe wieder das von meinem seeligen Kinde Christlieb Leberecht geschriebene und von Herrn Prof. August Herman. Francken zu Halle edirte Büchlein aus boßhafftigem und vergälleten Gemüthe ausgeschüttet. Zerbst, gedr. mit Müllers Schrifften, 1709. 32 S.

Exter, Johann Ludolph von (Bremen), Justitia et benignitas legum Germanicarum erga peregrinos examinata. Präs. Friedrich Wilhelm Pestel. Rinteln (J. G. Enax) 20. IX. 1754. 44 S. (5.—) 8403

Exter, Jh. Ldw., Grundzüge einer Apologie des Sonntags u. der öffentl. Gottesverehrung. Nebst e. Anhange über Leichenpredigten. gr. 8. Marburg 833. Elwert. 1/4 ℛ

Exter, Karl Aug., das ewige Leben. Wahrheit in Dichtung. Zerbst 855. Römer. 8. (32 S.) 7 1/2 ℊℊ; Velinp. 10 ℊℊ

Exterde, Ernst Bar., Sammluug der wichtigeren österreichischen Gesetze, Verordnungen u. Erlässe im Forstwesen, nebst e. Anh. üb. Forstlehranstalten, Forstvereine u. Forst- u. Domänen-Directionen. gr. 8. (XV, 488 S.) Wien 875. Gerold's Sohn. n. 15. —

— Sammlung der wichtigeren österreichischen Gesetze, Verordnungen u. Erlässe im Jagdwesen u. Vogelschutz, nebst e. Anh., enth. das ungar. u. das kroat. Jagdgesetz. gr. 8. (XVI, 228 S.) Ebend. 877. n. 6. —

Extermann, Eduard [pr. Arzt aus Wasselnheim i. E.]: Ueber Castration bei Myomen ... Strassburg i. E., Buchdr. C. Goeller, 1893; 75 S., 1 Tab. 8.
Strassburg, Med. Fak., Inaug.-Diss. v. 1893

Exterminium, Peccati, maxime ad quod natura vel consuetudo magis inclinat ... Dilingae 1721. V: *Hevenesi, Gabr.* (Jes) (So)

Externstein, Der, zur Zeit des Heidenthums in Westfalen. Detmold 1879. V: *Schierenberg, G. Aug. B.* (JStBbH)

Externsteine [sachl. OW]

Externsteine, Die. Fest-Programm zu Winckelmann's Geburtstage am 5. Dec. 1858 ... Bonn 1858. V: *Braun, Joh. Wilh. Jos.* (Bücher-Samml. d. hist. Ver. v. u. f. Oberbayern. Münch. 1867.) (ZuWZür)

Externsteine [Schlagwort]

Externsteine, s.: Wesergebiet.

Extra-Beilage, Die, zum Franckfurter Journal Nr. 73 »Ob Symbol, ob Bibel?« und ihre Entgegnung. Frankfurt a. M. 1846. V: *Hadermann, N.* (StBFrankf I, 102)

Extrabeilage zum Mainzischen Religionsjournal ... Nürnberg 1782. V: *Ruef, Caspar.* (MGT)

(E x t r a b l a t t, dat.) Wien den 15. Nov. 1757. Zumalen der der König in Preussen ... O. O. u. Dr. (Wien 1757). 1 Bl. 4°. 8.—
Vorsichtiger Bericht über die Schlacht bei R o ß b a c h am 5. Nov. 1757.

Extra-Blatt. Aufruhr in Sachsen für die Anerkennung der Reichs-Verfassung. Zu haben bei S. Löwenherz. 1 Bl. Fol.
Flugblatt. Berlin, 27. April 1849.

Extra-Blatt Nr. 1. die neuesten, verbürgten Nachrichten aus Wien und vom ungarischen Kriegsschauplatz enthaltend. Druck von C. Lindow. 1 Bl. Fol.
Flugblatt. Berlin, 27. April 1849.

Extra-Blatt. Revolution in Dresden! Barricaden. Verlag von L. Schlesinger. 1 Bl. Fol.
Flugblatt. Berlin, 5. Mai 1849.

Extra-Blatt Nr. 1.—4. Allerneueste Nachrichten aus Dresden und Paris. Zu haben bei S. Löwenherz. 1 Bl. Fol.
Flugblatt. Berlin, 6. Mai 1849.

Berner Extrablatt
③ Quartier-Anzeiger für die Bezirke Mattenhof etc. ⑤ 1906 ⑥ 2° ⑧ Bern: E. Karl-Ryser ⑫ Anzeigeblatt mit Textteil ⑬ BGSZ: 973.

Extrablatt der Freude der Königlich priv. Berliner Zeitung von Staats- und gelehrten Sachen. Im Verlage Vossischer Erben. 2 Bl. 4.
Flugblatt. Berlin, 20. März 1848.

Extrablatt, humoristisches. Actuelles Flugblatt f. Humor u. Satire. Hrsg.: Leo Wulff. Oktbr.—Dezbr. 1903. Etwa 18 Nrn. (à 8 S. m. Abbildgn.) Fol. Berlin, Verlag des Humorist. Extrablattes. à Nr. — 05
Erscheint nicht mehr.

Extrablatt. – I l l u s t r i e r t e s Münchener Extrablatt.– 1896–10.IV.1905.
Fortges. u. d. T.: Bayerische Zeitung.

Extrablatt zu Nr. ... der neuen Oberrheinischen Mannigfaltigkeiten
v. Neue Oberrheinische Mannigfaltigkeiten.

Extra-Blatt zu Deutschen Reform. (Bericht über das Gefecht bei Waghäusel.) Deckersche Geheime Ober-Hofbuchdruckerei. 1 Bl. Fol.
Flugblatt. Berlin, 24. Juni 1849.

Schweizer Extrablatt: Schweizer Illustriertes Extrablatt
① Wochenblatt zur Unterhaltung und Belehrung ⑤ 15. 12. 1888—1891—? ⑥ 4° ⑦ Wochenblatt ⑧ Zürich: Jacques Bollmann (1888—1889—?); Wädenswil: A. Stutz (?—8. 8. 1891—30. 4. 1891—?) ⑩ A. Gall, Zürich (1888—1889?), Jean Frey, Zürich (1890—9. 0. 1891), Otto Erb, Zürich (16. 5. 1891—30. 4. 1891—?) ⑪ A. Gall, Dr. Thießing (1888—1889—?) ⑫ Unterhaltungsblatt mit illustrierten Berichten über Tagesereignisse ⑭ Be: L (1888—1889) ⑮ Seit 1890 Beilage zum Blatt »Der Hausfreund« (Zh).

Extra-Blatt zum Preußischen Staats-Anzeiger. (Nachrichten über den Aufstand in Iserlohn u. Elberfeld.) 1 Bl. Fol.
Flugblatt. Berlin, 18. Mai 1849.

Wichtiges Extrablatt. Bürgerkrieg in Neapel. Druck von E. Litfaß. 1 Bl. Fol.
Flugblatt. Berlin, 18. Mai 1848.

Höchst wichtiges Extrablatt: Aufruhr in Cöln. Druck von Marquardt u. Steinthal. 1 Bl. Fol.
Flugblatt. Berlin, 13. Sept. 1848.

Extrablatt der allgemeinen preußischen Zeitung über die Einnahme Schleswigs. Deckersche Geh. Ober-Hofbuchdruckerei. 2 Bl. Fol.
Flugblatt. Berlin, 25. April 1848.

Extra-Blatt der Allgemeinen Preußischen Zeitung vom 28. Februar 1848. Mittags. (Inhalt: Ausbruch der Februar-Revolution in Paris.) Gedruckt in der Deckerschen Geh. Ober-Hofbuchdruckerei. 1 Bl. 4.
Flugblatt. Berlin, 28. Febr. 1848.

Extrablatt zur Deutschen Allgemeinen Zeitung. (Nachrichten vom Aufstande in Dresden.) Leipzig. Druck und Verlag von F. A. Brockhaus. 1 Bl. Fol.
Flugblatt. Berlin, 6. Mai 1849.

Extra-Blatt zur Constitutionellen Zeitung (über die Wahl Friedrich Wilhelms IV. zum deutschen Kaiser). Gedruckt bei J. Sittenfeld. 1 Bl. Fol.
Flugblatt. Berlin, 12. März 1849.

Extra-Blatt der Königlich privilegirten Berlinischen Zeitung von Staats- und gelehrten Sachen Nr. 119 Dienstag den 23. Mai 1848 im Verlage Vossischer Erben (Redacteur C. F. Lessing) gewidmet. Vereins-Buchdruckerei. 1 Bl. 4.
Flugblatt. Berlin, 23. Mai 1848.

Extra-Blatt der Zeitung der katholischen Schweiz
v. Luzerner Zeitung (III).

Extra-Blätter zum Wiener-Diarium von 1778—1779. 4.

Extrablätter: Monatliche Extrablätter
① Über die Friedensbestrebungen im In- und Ausland; für Freiheit, Friede und Fortschritt (ab 1897) ⑤ Januar 1896—Dezember 1898 ⑥ 8° ⑦ Bern: Steiger & Cie. ⑩ ein allgemein schweizerisches Initiativkomitee ⑪ Pfr. Michel, Samaden, Pfr. Gétaz, Biel, Frl. C. Sturzenegger, Wolfhalden, später Bern, A. Siebert, Bern ⑮ politisch neutral ⑬ BGSZ: 70; Monatliche Extrablätter, Nr. 1, Januar 1896 und Nr. 2, Februar 1896 ⑭ Be: L ⑮ Ab Nr. 7, Juli 1896 trägt die Zeitung den Vermerk: Gratisbeilage zum »Freien Rätier«. — Auch Gratisbeilage des »Berner Kunstfreund«.

Extrablätter der Schlesischen Zeitung, der allgemeinen Oder-Zeitung, der Hildesheimschen Zeitung, der Zeitung für das deutsche Volk, der Weser-Zeitung vom 20. und 21. März. (Nachrichten über den Berliner Aufstand enthaltend.)
Flugblatt. Berlin, 19. März 1848.

EXTRA-CABINET. O. O. u. J.
Verboten v. L.-G. Graz, 14. Juli 1877. § 516.

[Autogr.] **Extra-Circular** [des Hamburger Mutterbundes an die Engbünde, Dat.:] Hamburg 1844. 35 S. 2⁰ [Kopftit.]

cf. HZC. 126 (1848) S. 40—57; 127 (1849) S. 48 bis 61.

Als Beil. z. No 122 b. der Zirkelkorrespondenz des Hamburger Engbundes erschienen. Enth. den Entwurf zu der Verfassungsurkunde des Engbundes. Mit Vorw. u. Geschichte des Engbundes von J. F. Siemers u. Verzeichnis der Engbünde.

Extract, s.a. Extrakt

Acten-mäßiger Extract der in der gräfflichen Rantzauischen Bluht-Sache ergangenen Inquisition. Glückstadt 1727.

Acten-mässiger Extract der in der Gräfflichen Rantzauischen Bluht-Sache ergangenen Inquisition. Glückstadt. 1727. Boi: Versuch einer Nachricht von dem Nahmen der Ranzowischen Familie v. Johann Friedrich Noodt. Schleswig. 1733. 4⁰ k.

EXTRACKT derjenigen Articuln und Diplomatum welche in Religions-Sachen in dem löbl. Königreich Hungarn sind errichtet worden Ihro Kön. Maj. . . 1742 übergeben. o. O. o. J. (1742). o. Dr. 85, 3 S. - 210 mm

— derj. Artikel, welche in Religionssachen in Ungarn 1742. übergeben worden. Lat. u. Deutsch. 8. Nrnb. Monath, 743.

Extract Eines Briefes. Aus Husum vom 22 Maj. 1713. von einem guten Freund der mit dabey gewesen, und eigentlich gesehen, wie der Herr Graf Stenbock mit seiner unterhabenden Armee sich an Ihro Königl. Majest. (Friedrich IV.) von Dännemarck als Kriegs-Gefangenen ergeben etc. etc. etc. Hamburg. bey Hinrich Heuss nebst der Banco. o. J. 4⁰ k.

Extract e. Briefes aus Husum von einem der dabey gewesen u. gesehen wie Graf Stenbock mit seiner Armee sich als Krigs-Gefangene ergeben. 4. Hamburg 1713.

Extract eines Briefes aus Tönningen, d. 15. Febr. 1713. 4.

Extract eines Briefes aus d. kön. Dän. Krieges-Schiff Printz Wilhelm, vor Ancker liegende in der Kióges Bucht, d. 1. October 1712. 4.

Extract einiger Briefe aus Pohlen, im Julio 1712. 4

Extract etlicher Dissertationen Bannizae und Ikstaetts Proffs. zu Würzburg. Tübingen Sept. 1737. V: *Jochmann, Carl Gustav.* (Kat. der ständ. Bibl. Stuttg. 1907. S. VIII.)

Extract aus einem alten Familien-Verzeichniß von der **Franck'**schen Familie aus der Stadt Wilster. Schwerin. 1896. 8⁰.

⊙ **Extract** aus dem Firmen-Protocoll der Stadt Kiel vom 22. Sept. bis 27. Novbr. 1863 aus 445 aufgenommenen Protocollen (Kiel. 1863.) 8⁰

Extract Der zwischen Ihr. Kön. Maj. (Friedrich IV.) von Dennemarck und Ihr. Hoch-Fürstl. Durchl. (Herzog Friedrich IV.) von Hollstein-Gottorff geschlossenen Friedens-Articul: Abgehandelt und zum Schluss gebracht zu Traventhal, den 18. Aug. 1700. o. O. u. J. 4⁰ k.

Extract der hochfürstlich würtembergischen Generalrescripte, welche nach Anleitung des hochfürstlich würtembergischen Landrechts und der Landesordnungen . . . zusammengetragen worden sind. Stuttgart 1738—43. N. A. 1755—57. V: *Hochstetter, Joh. Heinrich.* (Schletter, Handb. d. jurist. Litt. Grimma 1843. S. 251.) (Kat. der ständ. Bibl. Stuttg. 1907. S. 129.)

— der hochfürstl. Würtemberg. Generalrescripte. 2 Thle. 8. Stuttg. 755. Steinkopf. 1 ₰ 12 K

Extract der Haupt-Relation des Herrn Generalen v. Nadasdy von der Belagerung der Festung Schweidnitz. O. O., Dr. u. J. (Wien 1757). 2 Bl. 4⁰. Kart.

Eroberung von Schweidnitz am 12. Nov. 1757. Beiliegt eine Liste der Verluste in der Schlacht bei Moys bei Görlitz am 7. Sept. 1757 (etwas beschädigt).

Extract derer in einem an die anietzo . . . Kais. Majestät Franciscum I. . . . überreichten Exhibito klagbar angebrachten . . . illegalitäten . . . O. O. 1753. V: *Spesshardt, Chph Joh. Wilh. Reichsfreih. v.* (Holz)

Extract der Capitulation, welche zwischen dem Kayserl. commandirenden General Printzen Eugenio v. Savoyen u. denen beyden französischen General-Lieutenants Mrs: de S. Pater u. de Chauville, wegen Ausräumung aller noch übrigen Plätze in Italien getroffen worden. o. O. 1707. 3 S.

Extract Stadt Regensburgischer Cassae-Buchs über weitere Einnahm und Ausgab der zur Kriegs Operation verwilligten 30 Römer-Monath. Dictatum Ratisbonne die 18. Aug. 1757 per Moguntinum. (8. u. 4 S.)

— der Commandowörter bei der Infanterie, verbunden mit dem Regulativ des kleinen Dienstes derselben. 8. Dresd. 793. Walther. 3 K

Extract des Niederrheinisch-Westphälischen Kreisdirektorial-Protokolls . . . Köln 1790. V: *Dohm, Chn Conr. Wilh. v.* (Ky)

— des Niederrhein.-Westphäl. Kreisdirektorial-Protokolls vom 31. Dec. 1789 u. 1. Jan. 1790, (v. Chr. K. W. v. Dohm). 8. Köln 790.

Extract. – C u r i e u s e r Extract Derer Neuesten Zeitungen. –
Rostock. – 23.II.1711–1758.
Fortges. u. d. T.: Extract Derer Neuesten Zeitungen.

KURZER Extract der Gnadenreichen uralten Erz-Bruderschaft Jesu und Mariae des allerheiligsten Rosen-Kranz. Wie solcher als ein Gott und Mariae höchst-wohlgefällige Andacht zu verrichten seye. Auch vielfältiger von Ihro Päbstl. Heiligkeit verlyhenen Ablassen, Gnaden und geistlichen Freyheiten, welche alle von dem nunmehro glorwürdigst regierenden Kirchen-Haupt Clemens dem XIII. auf ein neues vermehret, bestättiget und kräftiget worden. Allen Brüdern und Schwestern ernannter heil. Erz-Bruderschaft zu sicherem Unterricht in diese Form verfasset, und in Druck verfertiget. Ofen 1768. Gedr. bey Leop. Franz Landerer. 48 S. - 16⁰

Extract d'ilg Memorial d'ils Paupers Tribulaus Vaschins a Cunnembers d'ilg miez Cumin grond dad Ortenstein, a las hundreivlas baselgiadas a Cumins dad unna ludeivla Ligia da la Casa da Dieu; tuccont tiers: ilg mazament a boing da saung, ch'ei daventau a Tumelg d'ils 20/31. d'avust, a tuccont tiers las scartiras d'ilg Travers, ch'el ha laschau ir or par unna justificatiun da quel. 4. *s. l.* [1766].

Extract von allerhand Novellen, in gebundener Rede. [Leipz. 1730.] V: *Henrici, Chn Frdr.* (BGE)

Extract a. d. Polizeyordnung Fürstl. Braunschw. Lüneb. Theils. gr. 8. Hannov. Helwing. 765.

Extract aus unsers Conferenz-Schreibers Johann Jacob Müllers geführten Protocoll bey der fünften Versammlung der Gemeine Gottes im Geist, Gehalten in Germantown 1742, den 6ten April und folgende Tage: *Nebst einer Vorrede an die ehrwürdige Conferenz aller Arbeiter bey der Kirche Jesu Christi in Pennsylvania. Philadelphia, Pa.: B. Franklin 1742. S. 93—102.*

Extract aus Blainville's Reisen, den Zustand v. Nürnberg betreffend. 8. Schwab. 765. Endters. 5 gr

Extract der von Gen. Feld-Marsch. Gr. von Lascy abgestatteten Relation vom 30. Aug., nebst Capitulation der Schwed. Armee. (1 B.) 4.

Extract der von Gen. Feld-Marsch. Gr. von Lascy abgestatteten Relationen v. 22. u. 23. Aug. 1742. (1 B.) 8.

Extract von allerhand Sachen aus dem Reiche der Gelehrsamkeit . . . O. O. 1753. V: *Neumeister, Erdmann.* (Schr)

Extract e. Schreibens aus d. Köngl. Schwed. Cantzeley. v. 13/23. Juli 1702. (½ B.) fol.

Extract eines Schreibens aus dem Lager des Prinzen Heinrichs Königl. Hoheit bey Nimes. 4. 2 S.

Extract Schreibens aus Stralsund von der misglückten Muscovitischen Descente auf Rügen d. 16. Sept. 1712. 4.

Extract e. Schreibens aus dem Haupt-Quartier Tilse, 3. Oct. 1757. (2 Bl.) 4.

Extract, tabellarisch, a. d. K. K. Stempelpatent, v. 5ten October 1802. 8. Prag, Diesbach. Rthlr.

— der neuesten Weltbegebenheiten, v. 1754—55, mit Register. 8. Nürnb. 756. 1 rß 8 gr

Extract Derer Neuesten Zeitungen. –
Rostock. –1758–1762.
Vorh. u. d. T.: Curieuser Extract Derer Neuesten Zeitungen.
Fortges. u. d. T.: Auszug der Neuesten Zeitungen.

Extracte Liefländischer Protocollen in Sachen des fanatischen Unfugs . . . Frankf. 1715. V: *Caspari, Gg.* (R-N) (Myl)

Extracte der merkwürdigsten Verordnungen . . . [Riga 1821.] H: *Bulmerincq, Johann Valentin von.* (R-N)

Extracts, elegant of the best Engl. Poets, s. a. Jh. Frz. Arnold.

Extracts, Elegants, in prose. Berlin 1800. V: *Beresford, James.* (ErschDL)

Extracts, elegant, from the best engl. Authors, Vol. I. in prose 1 rß Vol. II. in verse 1 rß 4 gr 8. Berl. 800 u. 801. Mylius. 2 rß 4 gr Postp. 2 rß 20 gr

Extracts, Elegants, in verse, selected from the best poets . . . Berol. 1801. II: *Beresford, James.* (MGT) (ErschDL) (Gi)

Extracts, elegant, from the most celebrated british poets. By Gleim. 8. (VIII und 240 S.) Leipzig 856, Mendelssohn. *

Extracts from the german literature, collected et transl. by L. Herrig. 12. Braunschw. 841, Lucius. n. 1/3 rß

Extract-Schreiben aus dem Kayserl. Feldlager vor Belgrad vom 2. Aug. 1717. (7.) 4.

Extract-Schreiben des Feldm. Grafen von Flemming an S. M. den König von Pohlen. Berlin 25 Juli 1713. 4.

Extract Schreibens aus. d. k. Schwed. Hauptquartier zu Bielevitz, d. 21/31. Mart. 1702. 4

Extractum ex rituali romano continens: communio infirmorum, sacramentum extremae unctionis, ritus benedictionis apostolicae, ordo commendationis animae et in exspiratione. 16. (69 S.) Regensburg 898. F. Pustet. n. — 40; geb. in Ldr. m. Goldschn. n. 1. —

Extractus, Genuinus, Actorum in Sachen der Burg Gelichausen contra Chur-Pfaltz und Hanau. O. O. 1728. V: *Wolfart, Johann Daniel.* (Stri)

Extractus legum de statu ecclesiastico catholico in regno Hungariae latarum. S.l. 1792. V: *Hajnóczy, Joseph.* (SzMJ)

Extractus Portfolii. I. et II., s. Fragmente aus d. Leben.

Extractus protocolli der ger. und vollk. Loge zur Einigkeit [in Frankfurt a. M.], vom 23. May 5800. In Sachen der Wohlthätigkeits-Anstalt zur Unterstützung der Bildung der Jugend. [Dat.:] Frankfurt a. M. 1805. 2 Bl. 2° [Kopftit.]
Betr. die zum Gesetz erhobene Bestimmung einer Unterstützung der Anstalt durch die Mitglieder der Loge.

Extractus Kays. Reichs-Hofraths-Protocolli rerum resolutarum vom 9. Junii –30. Oct. 1750 i. S. zu Hohenlohe Neuensteinischer Linie contra zu Hohenloh Waldenburgischer Linie. o. O. [Novbr. 1750.

— benignarum resolutionum normalium in objectis publico-ecclesiasticis editarum ad annum 1833 inclusive productus. Editio III. novissima. 8. Tirnau 834. Wachter. 7/8 rß

Extractus benignarum normalium resolutionum in publico-ecclesiasticis ad Annum usque 1844 inclusive editarum, ordine materiarum digestus. Editio IV. novissima. Et. s. tit.: Egyházi Köz-Ugyekben 1844-ig kibocsátott kegyelmes királyi rendelmények, kivonatban eloadva. A negyedik legujabb latin kiadás után. gr. 8. Tirnau 846, Wachter. n. 1 rß 8 ngr

Extractus Actenmässigen . . . Responsi Juris, der Hochfürstl. Würtemb. Juristen-Facultät zu Tübingen in Sachen weyland S. T. Herrn Phil. Jac. Hallers von Hallerstein . . . contra dessen Herrn Geschlechts-Agnaten . . . O. O. 1722. V: *Marperger, Paul Jacob von.* (Will) (Schr)

Extractus summarius Actorum primae et secundae instantiae . . . in Sachen Gabriel, Melchior und Joh. Fischer . . . O. O. 1754. V: *König von Königsthal, Georg Gustav.* (Holz) (ML) (Will)

Extrafahrt, die Swinemünder. Leporello-Album. qu. 12. (10 Bildertaf. m. 10 Bl. Text.) Swinemünde 891. H. Dehne. n. — 30

Extrait du catalogue de la bibliothèque ancienne de la Ville de Vienne en Autriche. Vienne 1751. H: *Lambacher, Philipp Jacob.* (EB)

Extrait de la chronique de Sempad, s. Mémoires de l'Academie Impériale des Sciences de St.-Pétersbourg.

Société suisse d'Assurances générales sur la vie humaine (à Zurich). Extrait du 43e et 44e et 45e compte rendu des opérations. Exercice de 1900 et de 1901 et de 1902. 15 et 15 et 20 p. 4. Zurich, Zürcher & Furrer, 1901 et 1902 et 1903.

Extrait de la correspondance officielle du gén. de division Laroche sur la diversion opérée en fructidor an VII [Aug. — Sept. 99.] par l'armée du Rhin. (32) 4. Cologne s. a.

Extrait du dictionnaire historique de P. Bayle. Berl. 765. 2 Vol. 8. 2 rthl. 12 gr.

Extrait, concernant la famille de Diesbach. Tiré en partie des Chroniques de M. Michel Stettler, imprimées à Berne l'année 1627. De M. Jacques Grasser, Imprimées à Bâle l'année 1626. dans son Traité des Actions Heroïques, & les plus remarquables des Suisses. Et de Mr. [François-Adam] Vogel.... de même que de plusieurs Archives. 8. Fribourg en Suisse 1749.

— d'histoire naturelle, av. fig. 12. Bern, Soc. Typ. 803.

av. fig. ill.

Extrait d'une lettre d'un Officier Prussien, du Camp de Trantenau, ce 8 d'Octobre 1745.

Extrait d'une Lettre de Stockholm. [1749]. V: *Vockerodt, Joh. Gotthilf.* (Preussische Staatsschriften. II. Berlin 1885. 202 ff.)

— de la Littérature de ce tems contem. ce qu'il y a de plus curieux dans les Journaux de France. VII Parties. 8. Merseb.

— de Mémoire d'un jeune militaire. 8. Berl. Rellstab. 784.

Extrait des mémoires d'un médicin; p. B. Fribourg 1848. V: *Arbuthnot, John.* H: *Berchtold, J. J.* (Zuwachsverz. d. Bibl. Zürich 1898 ff. 8.)

Extrait des mémoires de Madame Roland avec des notes particulièrement à l'usage des écoles par Charles Aug. Mayer. 8. (X u. 344 S.) Oldenbourg 850, Schulze. 1/3 ₰

Extrait de »Metz Littéraire«. Feuiquières devant Thionville (Mai 1639). Fragment. Metz 1854. V: *Abel, Charles.* (Pr)

Extrait de Moliere. Halberstadt 1778. Ü: *Fischer, Gottlob Nathanael.* (ML) H: *Villaume, Pierre.* (MGT)

— de Molière. (av. le Tit. la petite Thalie.) 8. Berl. Wever. 778.

— du Moniteur franç. d. 24. Avril et de 2. Mai 1809, 2 Cah. Leipz., Tauchnitz. 6 gr.

Extrait des oeuvres de Mr. Gellert. Züllichau 1768. H: *Toussaint, Franç. Vinc.* (Ky)

Extrait des oeuvres de Mr. Gellert, (par Toussaint). II Tom. 8. Züllichau 768. Frommann in Jena. 20 gr.

Extrait du portefeuille d'un illustre personage du 19e siècle. Leipzig 1829. V: *Gustafsson, G. A. (= Gustav IV. Adolph König v. Schweden).* (Ky)

— du portefeuille d'un illustre personage du 19e siècle. Deux contes publiés d'après les manuscrits autographes (du Colonel Gustafsson). 12. Leipzig 829. (Melzer.) 3/8 ₰

— du Portefeuille d'un illustre personnage (Gustavson) du XIXe siècle. Deux contes, publ. d'après le manuscrits autogr. gr. 12. Leipz. 829. Zirges. 9 gr.

Extrait des procedures tenues En Mars & Avril 1701. Par Mr le Prince de Conty, contre Madame la Duchesse de Nemours; Avec La Sentence des Requêtes du Palais, là-dessus rendue; et La Copie des Actes antérieurement signifiés. 4. *s. l.*

Ebernach: **Extrait du procès-verbal de l'installation de la r.·. ▭ .·. de St.-Jean, sous le titre distinctif de l'Union, à l'O.·. d'Ebernach, sur la Moselle, arrondissement de Coblence, département de Rhin et Moselle, faite par Jorry, accompagné des ff.·. Lebon et Rieff. Trav.·. d'app.·. du 25º.·. j.·. du 6e.·. m.·. d.·. l.·. d.·. l.·. V.·. L.·., 5807, le 25 août 1807. o. O. [1807]. 8 S. 4º**

Société suisse d'utilité publique des femmes (Commission des domestiques). Extrait du règlement concernant la distribution de primes aux employées et aux domestiques du sexe féminin ayant servi fidèlement leurs maîtres et vivant dans le ménage de ces derniers. (1901 mai 28.) [4 p.] 8.

Extrait du règlement pour les examens fédéraux de médecine. (Du 11 décembre 1899.) II + 30 p. 8. ([Berne, C.-J. Wyss,] 1901.)

— du règlement, concernant l'exercice et les manoeuvres de l'infanterie, du 1. April 1791. Ecole du soldat. Ecole du peloton. 8. Quedlinb., Basse. 8 gr.

Extrait du réglément, concern. l'Exercice et les Manoeuvres de l'Infanterie. nouv. Edit. 8. Brunsv. Pluchart. 813.

Extrait du règlement général de police sur les mines pour l'Alsace-Lorraine. s.: Auszug aus der allgem. Bergpolizei-Verordnung f. Elsaß-Lothringen.

Extrait du réglement provisoire sur l'instruction à pied et à cheval dans les réglements d'artillerie. Approuvé le 15. Juillet 1835 par M. le Ministre Secrétaire d'Etat de la guerre. — Instruction à pied. Mit 4 Steintaf. 32. Paris et Strasbourg 836. Levrault. $^{1}/_{3}$ ß

— le même. — Instruction à cheval. Mit 7 Steintaf. 32. le même 836. $^{5}/_{12}$ ß

— le même. — Conduite des Voitures. Mit 4 Steintaf. 32. le même 836. $^{1}/_{6}$ ß

Extrait Des Remarques De La Cour de Prusse Concernant le droit de succession à L'Ostfrise. Traduit de l'Allemand. A Berlin 1746. Ü: *Formey, Johann Heinrich Samuel.* (Preuss. Staatsschriften. Berlin. II. 1885. S. 375.

Extrait de la réponse que la Cour de Berlin à faite sur un écrit publie par la Cour de Vienne sous le titre d'Information contre les prétentions du Roi de Prusse touchant les quatre duchés de la Silésie. [Anno 1741.] V: *Cocceji, Samuel von.* (Preuss. Staatsschriften. Bd. I. Berlin 1877. S. 140.)

— — de Sellerie. Eine interessante Ehegeschichte .... (c. 1880). (Mk. 1—.)
In Oesterreich confiscirt.

EXTRAIT de Sellerie. Eine intereſſante Ehegeſchichte. Wien, Emil Karl Fiſcher, Drucker A. Th. Engelhardt, 1885. 8°.
Beſchlagnahmt.

Extraits de l'Art pour tous, encyclopédie de l'art industriel & décoratif. Armes et armures ... Paris, librairie des imprimeries réunies [um 1880].
Tit., 1 Bl.; 60 Taf. m. franz., deutschem und engl. Text. 2°.
Die Taf. entnommen Jg. 8—16 der Zeitschrift L'Art pour tous.

Extraits divers de divers auteurs. S. l. 1776. H: *Wetzel, Joh. Adam Jac. Ludw.* (MGT) (Fiker)

Extraits des enquêtes et des pièces officielles publiées en Angleterre par le parlement, depuis l'année 1833 jusqu'à ce jour; accomp. de remarques; par Mrs. Rubichon et L. Mounier. 5. Vol. Des manufactures et de la condition des ouvriers empl. hors de l'agriculture dans la Grande-Bretagne et en Irlande. gr. in-8. Vienne 843, Gerold. — le même. 6. Vol. Des beaux arts; de l'éducation; de la pauvreté; de la justice criminelle; de l'armée; dans la Grande-Bretagne et en Irlande. gr. in-8. le même 843. 5. et 6. Vol. 4 ß

Extrakt, s.a. Extract

Extrakt eines Berichts von dem Fortifications-Bau der Stadt Straßburg 1683. o.O. 1724. 8°.

Extrakt aus dem Reglement für die Bibliothek der königl. preuss. vereinigten Hallischen und Wittenbergschen Universität zu Halle. [Am Ende:] Berlin 20. May 1823. Ministerium der Geistlichen Unterrichts- und Medic. Angelegenheiten. (gez.) v. Altenstein. Halle (1823): Ruff. 16 S. 8° (4°)

Extramundana. Von C. Felix Tandem. 8. (IV, 319 S.) Leipzig 883. Haessel. n. 5. —; geb. n. 6. —

Extra-Ordinari-Zeitung
v. Mittwochs-Zeitung.

Extra-Ordinari-Zeitungen
v. Newe Vnpartheysche Zeitung vnd Relation.

Extra Post: 1889—? New York, NY
Semi-monthly. Edited & published by Wilhelm Diescher. Circulation: 1000.

Extrapost: Die Extrapost
① Organ der Freunde der Finanzreform ⑤ 8. 4. 1893—10. 5. 1895 (11 Nummern) ⑥ 2° ⑦ wöchentlich 1× ⑧ Solothurn: Josef Gaßmann, Sohn ⑩ Freunde der solothurnischen Finanzreform ⑫ freisinnig ⑬ BGSZ: 1060 ⑭ So: Z, St ⑮ Das Blatt erschien während der Abstimmungskampagne über die solothurnische Finanzreform, über die am 7. 5. 1893 abgestimmt wurde.

Extrapost, Jenaische politische, für den Bürger und Landmann ... O.O. 1783. V: *Hörschelmann, Frdr. Ldw. Ant.* (MGT)

Extrapost, literariſches; aus d. Engl. 8. Leipz. 771. Schwickert. 16 gl.

— die, für Stadt und Land 1797. 6. Stck. 8. Lpz. Linke. (à 1 gr.)

„Extrapost für Stadt und Land, macht allerlei, was nützt, bekannt", Leipzig 1795.

Extrapoſt-Ordnung für das Großherzogthum Naſſau vom 27. Februar 1812. Frankfurt a. M. 1 Heft. Fol.

Kurfürſtlich Heſſiſches Extrapoſt-Reglement v. 14. Oktober 1815. 1 Heft. Fol.

Die Extrapost-Reiserouten von Berlin nach den bedeutendsten Orten Europas nebst einem Auszuge aus den preussischen Extrapost-Verordnungen und Angabe der Zahlungssätze etc. Berlin 1837.

Extra-Schalt- und Schelt-Tageblatt, Fliegendes, zum 29. Februar im ersten Jahre der neuesten Neufränkischen Republik. Ein Pariser Spiegel mit einem Berlinisch-deutschen Nachrede. Friedrich-Wilhelmstadt 1848. (Aus dem Neuen Jahrbuche für deutsche Sprache u. Altertumskunst, Bd. VII, besonders abgedruckt.) Berlin 1848. V: *Hasper.* (WFDV 25)

Extrato- und Ruf-Büchlein, das wahre, echte, welches auf vieljähr. Erfahrung und Berechnung gegründet, die beste Anleitung gibt, wie man im Lottospielen ſicher gewinnen muß. Mit einem Anh. 8. (16 S.) (Leipzig 862.) Steyr, Gilhofer. *

Grosse Loge von Hamburg. Extra-Trauerloge am 24. November 1910. Nekrolog für Carl Wiebe. [Hamburg 1910.] 6 S. 8°.

Extra-Vorläufer zu Nr. 18 des Eidgenossen von Luzern
v. Der Eidgenosse (Lu).

EXTRAWURST, Illustrirte. Nr. 00001. Verlag v. M. G. V. Beethoven, Druck bei Franz Schöler.
Verboten vom L.-G. Wien, 15. Jänner 1895. § 516.

Extra-Zeitung. Auß Ulm, vom 31. Julij und 1. Augusti, sowie Thonaustrom, vom 3. Augusti 1703. (Betr. d. Gefecht bei Munderkingen bzw. die Kämpfe in Tirol im letzten Drittel des Juli.) Ulm 1703. 8 S.

EXTRA-ZEITUNGEN, Samstägige, auss Wienn, Paris, Madritt, vnd andern Orthen mehrers etc. Mitbringend was weiter Neues in diesen Orthen vorbeygegangen. München den 24. Juni 1719. 4°. 4 unbez. Bll. — Dieselbe. Vom 29. May 1728. 4°. 4 unbez. Bll. (Zus. 2 Mk. 80 Pfg. Friedr. Klüber, 1898.) Ungemein seltene alte Zeitungen.

Extra-Zeitungen (betr. Seeschlacht bei Messina). Wien 1718. 8°.

Extrem u. gemäßigt, besprochen von einem bayr. Veteranen. 16. (26 S.) Würzburg 877. Woerl. n. — 10

Extremadura — Provincia — ex originalibus D. T. Lopez curaverunt Homann. Heredes 1791. 1: 625,000. 1 Bl.

Extreme, die, Novelle v. dem Verfasser der Alltagsgeschichte. Aus d. Dän. von Aug. v. Keltsch. kl. 8. Leipzig 842, Kollmann. 1½ ℳ

Extreme, die pacificirten, od. des Teufels Menschenwerdung. 8. Leipz. 816. (Knobloch). 6 ℳ

Extremis: In Extremis
v. Nouvelles de l'Association Chrétienne d'Etudiants de la Suisse Romande — Nachrichten aus der christlichen Studentenvereinigung der deutschen Schweiz.

Exul, eine Gründergeschichte. gr. 8. (32 S.) Berlin 873. Beck in Comm. n. — 30

Exulanten, die. Eine erzgebirgische Dorfgeschichte von K—l S—sch. Zwickau (857.) Verlhdlg. d. Volksschriften-Vereins. 8. (182 S.) 10 ngr

Exulantenlieder, österreichische, s. a. Knapp, Alb.

Exulantenlieder, österreichische, evangelischer Christen aus der Zeit des 30jähr. Krieges. Mit geschichtl. Vorwort und einem Anhang ähnl. Lieder hrsg. von Alb. Knapp. 16. (75 S.) Stuttgart 861, J. F. Steinkopf. *

Die Epitome [Opusculum de Marii, Lepidi ac Sertorii bellis civilibus] des Julius Exuperantius. Hrsg. von Gustav Landgraf u. Carl Weyman. *Leipzig: B. G. Teubner 1902.* (20 S.) 8° [02. 560 10

Exuviae sacrae costantinopolitanae. Fasciculus documentorum minorum, ad byzantina lipsana in Occidentem saeculo XIII° translata, spectantium, et historiam quarti belli sacri imperiique gallo-graeci illustrantium. I. et II. gr. 8. (CCXXIV, 196 u. XX, 399 S.) Genevae 877. 78. (Leipzig, Harrassowitz.) n. 30. —

Exuviæ sacræ constantinopolitanæ. Fasciculus documentorum minorum ad byzantina lipsana in Occidentem sæculo XIII translata spectantium, historiam quarti belli sacri imperiique gallo-græci illustr. I. in-8°. Genevæ. (Leipzig chez Harrassowitz et Paris chez Leroux) 17 50
Imprimé pour la Soc. des textes de l'Orient latin.

Exuviae sacra constantionopolitanæ, fasciculus docum. ecclesiastic., ad byzantina lipsana in Occidentem saeculo XIII° transl., &c. Ps. II. 8°. Genevae; (Leipzig, Harrassowitz; — Paris, Ernest Leroux).

Exzesse, über die, zu Karlsruhe am 5. Septbr. 1843 und deren mittelbare Veranlassung. Lex.-8. Karlsruhe 843, Macklot. 1¾ ngr

EY, EY, es ist doch kein Narredey, sondern ein gemeiner Brauch, dass der Junge Gesell seiner Liebsten, der Mann dem Weib etc. zu der Osters-Zeit verehret ein Rothes Ay. Solches wird einem jeden zu einem lustigen Oster-Märl (so!) verehret von dem Wohlbekannten. O. O. 1707. 2 Bll. Fol. (8 Mk. Jacques Rosenthal, c. 1903.) Höchst selten!

Ey Herr Je! das möcht ich haben! Ein neues Bilderbüchlein für kleine Mädchen, mit 25 Kpf. 8. Leipz. 811. Zehl. 20 ℳ

Ey welche Thiere! ein kleines ABC-Spiel. Helmstädt 822. Fleckeisen. 4 ℳ

Ey, Adf., Gedichte. 12. (VI, 134 S. m. Bildnis.) Leipzig 895. Renger. Geb. in Leinw. m. Goldschn. n. 3. —

Ey, Adf., Gedichte e. Großvaters. (V, 96 S.) 8. Berlin 903. A. Hofmann & Co. Geb. in Leinw. n. 2. 50

Ey, Adf., Gedichte e. Großvaters. 2. verm. Aufl. 3. Tauf. (VI, 104 S.) 8. Berlin 908. A. Hofmann & Co. Geb. 2. 50

Ey, Ad., Hübich. Eine Harzmär. schmal gr. 8. (46 S.) Hannover 900. M. & H. Schaper. Geb. n. 1. —

Von kleinen und großen Menschen. Gedichte von Adolf Ey. Berlin: A. Hofmann 1910. XIII, 64 S. 8° [10. 1758

Ey, A., english poets, s.: Readings, english.

Aus allerlei Schubladen. Gedichte von Adolf Ey. Berlin: A. Hofmann & Co. 1906. (117 S.) 8° [F.] [08. 158]

Ey, Aug., Harzbuch oder der Geleitsmann durch den Harz. Mit 24 Stahlst. u. 1 (lith. u. color.) Harzkarte (in Fol.). 854. (XII, 416 S. u. lith. Titel.) — 2. verm. u. verb. Aufl. Goslar 855. Brückner. 8. (X, 499 S. u. lith. Titel.) n. 1 ℳ

Ey, Aug., Harzmärchenbuch oder Sagen und Märchen aus dem Oberharze. Gesammelt und herausg. Stade 862. Steudel. 8. (VIII, 221 S.) n. 16 ngr

– Harzschtreitzel oder Harzgedichte. Mit än Bild (Stahlst. in 4.). Clausthal 863. Grosse. 8. (VIII, 90 S.) n. 8 ngr

Ey, C. Beitrag zur Geognosie. Eisenach. 1843.

Ey, C. Fragmente, betreffend die Markscheidekunst. Riechelsdorf. 1843.

Ey, C. Versuche über die Besetzart der Löcher bei Gestein-Sprengarbeiten in Bergwerken. Eisenach. 1841.

Ey, Friedrich, Referendar: Die Vollziehung der Wandelung nach dem BGB. Gera-Untermhaus 1908: Köhler. VIII, 43 S. 8°
Erlangen, Jur. Diss. v. 2. Okt. 1908, Ref. Binder
[Geb. 20. Apr. 83 Gera; Wohnort: Gera; Staatsangeh.: Reuß j. L.; Vorbildung: Gymn. Gera Reife O. 03; Studium: München 4, Kiel 1, Jena 2, Halle 1 S.; Rig. 25. Juni 08.] [U 09. 676

Ey, J. M. R., Mittheilungen über die Auswanderung der preußischen Lutheraner nach Süd-Australien, sowie über Entstehung und Entwickelung der australisch-luth. Kirche. 8. (102 S.) Adelaide i. Südaustr. 1880. Dresden 882. H. J. Naumann in Comm. n. 1. 20

Ey, Jul. Ad., Ilse. Eine Harzmär. 8. (IV, 66 S.) Leipzig 887. Renger. geb. n. 2. —

Ey, Luise, illustr. Führer durch Lissabon, s.: Woerl's, Leo, Reisehandbücher.

— Nova grammatica allemã, s.: Prévôt, José.

— Neue portugies. Konversations-Grammatik. (Methode Gaspey-Otto-Sauer.) (X, 464 S. m. 2 farb. Karten.) 8. Heidelberg 910. J. Groos. Geb. in Leinw. 4.80; Schlüssel. (85 S.) Geb. 1.60

— Kleine portugiesische Sprachlehre, s.: Kordgien, G. C.

— u. Gust. Rollin, Taschenwörterbuch d. portugies. Sprache, s.: Langenscheidt's Taschenwörterbücher.

Ey, Louise, Taschenwörterbuch der portugiesischen u. deutschen Sprache. Mit Angabe der Aussprache nach dem phonet. System d. Methode Toussaint-Langenscheidt. II. Tl. Deutsch-Portugiesisch. (XVI, 456 S.) kl. 8. Berlin-Schöneberg (904). Langenscheidt's Verlag. Geb. in Leinw. n. 2. —
Tl. 1 ist noch nicht erschienen.

Methode Toussaint-Langenscheidt. Taschenwörterbuch der portugiesischen und deutschen Sprache. Mit Angabe d. Aussprache nach d. phonet. System d. Methode Toussaint-Langenscheidt. (1: von Gustav Rolin, Prof.) Zsgest. von Louise Ey. T. 1. 2. Berlin: Langenscheidt (1904-[10]). 8°

1. Portugiesisch-Deutsch. [1910.] [Nebent.:] Diccionário portátil das linguas portuguêsa e alemã ... por Luiza Ey. Lisbôa: Fereira & Oliveira.
2. Deutsch-Portugiesisch. (1904.)

(Langenscheidts Taschenwörterbücher f. Reise, Lektüre u. Konversation.) [10.1668]

Eyássi [Schlagwort]

Eyássi, s.: Kolonialkarten, Kiepert, R.

Eyb, Albrecht von, s.a. **Fey, Julius.**

Eyb, Albr. v. Deutsche Schriften, s. Schriften s. german. Philol..

Eyb, **F. J., Diss. chem. med. de semimetallis. 8 maj. Wien 783. (Heubner). 8 gr**

v. Eyb, Ritter Ludwig, Denkwürdigkeiten brandenburgischer Fürsten, s.a. **Quellensammlung f. fränk. Gesch. 1. Bd.**

Eyb, Ritter Ludwig's v., Denkwürdigkeiten brandenburgischer (hohenzollerischer) Fürsten. Mit einem aus Archivalien des ehemal. brandenburg. geh. Haus- und Staatsarchive verfaßten histor. Commentare hrsg. von Constant. Höfler. gr. 8. (VII und 151 S.) Bayreuth 849, Buchnersche Buchh. *

Wurde mit dem Umschlagstitel: Quellensammlung für fränkische Geschichte 2c. 1. Bd., ausgegeben.

Eyb, Otto Frhr. v., die Münzen und Medaillen der Stadt München, so wie jene, welche auf diese Stadt Bezug haben. Zum 1. Male chronolog. geordnet u. grösstenth. neu beschrieb. (Ausschn. aus d. oberbayer. Archiv, Bd. 35: 1875.) 8°. Cart. Etw. benützt.
57 S. M. 2 Taf. Abbild.

Eybe's, Albrecht v., Ehestandsbüchlein, s.a. **Sammlung altdeutscher Werke.**

— — *Albrecht v. Eybe's* Ehestandsbüchlein. Sprachlich erneuert und mit Vorwort von K. Müller. Sondershausen 1879. 16°. 91 S.

Eybe, Hieron. Hartwig (Hamburg)
Dissertatio juridica inauguralis de interpretatione legati ad pias causas in formula dubia.
Giessae 1. Okt. 1743: E.H. Lammers. (8), 54 S. 4°
pro licentia summos in utroque jure honores capessendi.

Eybe, Hieronymus Hartwig (Hamburg), De symposiarcha ejusque magisterio disserit et viris Joh. Heinr. Zander (Mecklbg.), Joh. Jac. u. Bernh. Fried. Quistorp (Rostock), Erich Sim. Heinr. v. Seelen (Lübeck) summos in philos. honor. gratul. Lpz. (Langenheim) 3. IV. 1742. 4 Bl. (3.—) 8404

— Johann (Hamburg), De singularibus juris statutarii Hamburgensis circa tutelam occas. p. III. tit. VI. stat. Hamb. Diss. jur. Götting. (F. A. Rosenbusch) 18. IX. 1778. 28 S., tlws. dtsch. (4.80) 8406

Eybel, der in sieben Bitten entlarvte. 8. Augsburg, Doll. 784.

Eybel, Joseph Valentin

— adumbratio studii jurisprudentiae tam generatim consideratis quam speciatim. II Ptes. 8 maj. Wien 773, 74. Kurzböck. 1 rþ 20 gr

— s. Buchdruckergesell.

— Collectio selectarum lucubrationum jurisprudentiam ecclesiast. illustrantium. XIII Ptes in 8. Wien 774—77. (Heubner). 12 gr

— Corpus jur. pastoralis novissimi seu celebres ecclesiast. leges. III Ptes. 8 maj. Wien 766. (Heubner). 20 gr

Eybel, Jos. Val.: Corpus jur. pastoralis noviss. etc., celebres eccl. leges, quas sacri antistites ecclesiae cath. publ. pastoral. literis recentiori hoc aevo in suis dioecesibus edidere, ad illustr. historiam et theoriam jur. canon. noviss. in collect. redactae. *Wien*, Kurzböck. (Heubner.) 776—77. 3 P. 8. (18 Gr.)

— Einleit. in das kathol. Kirchenrecht; aus d. Latein. 4 Thle. gr. 8. Wien 782. (Heubner). 4 rþ 16 gr

— *Dessen* Einleitung in d. kathol. Kirchenrecht. Aus d. Lat. 4 Thle. *Wien*, Trattner. 782. gr. 8. (4 Thl. 16 Gr.)

— Etwas von den Wahlen der Religionslehrer. gr. 8. Wien 781. (Heubner.) 8 gr

— s. Gimpelinsel.

— s. Göttergespräche

— s.a. Hauspostille, christkathol. nützliche.

— Hauspostille. 6 Theile. gr. 8. Wien, Wucherer, (Guara in Linz.) 1784—788.

— s.a. Heiligen, Die.

§ **HEILIGEN**, Die, nach den Volksbegriffen (von *Jos. Val. Eybel*, 1741—1805). 4 Bde. Leipzig 1791. 8°. (In München: Polem. 952 d, 4 voll.; auch im British Museum.)
Stellenw. derb. 500, 540, 496 u. 536 SS. Cplt. nicht häufig. (6 Mk. Kühl, Berlin, c. 1882; jetzt theurer!) — Anon.-Lex. II. p. 272 hat „Leipzig und Linz 1791" (nach Meusel, Kayser, Wurzbach).

— — Dasselbe. 2. Aufl. 4 Bde. Ebd. 1792. 8°. (10 Mk. Franz Teubner, Bonn, 1894:)
Teufel, denen es übel bekommen, die es aber nicht eingestehen. — Die betrübte Mutter. — Die Schwester Bibiana. — Das Altarblatt. — Die Träume. — Der Postwagen. — Die Spitalweiber. — Der Wirth beim blauen Herrgott. — Der Klosterpoet. — Teuflische Pralereien. — Der Herr Dechant auf der pfärrlichen Visitation. — Der Steinmetz. — Die Mägde. — Die verwittwete Frau Pflegerin. — Die öffentl. Theilbietung. — Die Lebkuchen oder der vernünftige Knab.

— introductio in jus ecclesiast. Catholicorum. IV Tom. in II Voll. 8 maj. Wien 777—79. (T. I. Ed. n. 778.) (Heubner). 3 rþ

Eybel, Jos. Val.: Introd. in jus eccles. cath. *Wien*, Kurzböck. 777—79. 4 T. gr. 8. (4 Thl.)

— s.a. Kapitel, Sieben.

CAPITEL, Sieben, von Klosterleuten (von *Joseph Valentin Eybel*). Wien 1782. (In Aarau, Kantons-Bibl.)
Anon.-Lex. I. p. 300 hat irrig „1732".

Eybel, Joseph Valentin u. Johann Nep. Dankesreither, Lucubratio canonica exhibens notiones de natura, ortu et progressu electionum personarum ecclesiasticarum. Wien (Jos. Kurzböck) 4. IX. 1774. 11 Bl., 167 S. (6.50) 8407

— Oratio funebris ad exequias Josephi a Rieger, S. R. J. Equitis, dicta. 8. Wien 776. Ghelen. 6 gr

— ordo principiorum jurisprudentiae ecclesiast. II Ptes. 8 maj. Wien 775, 76. (Heubner). 16 gr

— Qu'est-ce que le Pape? trad. de l'Allem. 8. Wien 783. Gräffer. 6 gr

— s. Rechtslehre f. d. Volk.

— neue Samml. deutsch verfaßter auserlef. Werke kath. Schriftsteller. 3 Stücke. gr. 8. Wien 778. (Heubner). 1 rþ

— Samml. deutsch. verfaßt. auserl. Werke kathol. Schriftst. 3 Stck. gr. 8. Wien, Camesina. 777.

— gesammelte kleine latein. Schriften; aus d. Latein. von W. A. Heinze. 3 Stücke. gr. 8. Linz 781—83. Academ. B.

— was enthalten die Urkunden von der Ohrenbeichte? gr. 8. Wien 784. (Heubner). 6 gl

v. Eybel, Jos. Val., († d. 30. Juni 1805.) was ist Ablaß? gr. 8. Wien 782. (Heubner). 4 gl

(EYBEL, JOSEPH VALENTIN:) Was ist der Pabst? Nach dem Wiener Exemplar. Preßburg 1782: Bey Joh. Mich. Landerer. 40 S. - 8°

WAS ist der Papst? (Vf.: *Joseph Valentin Eybel.*) Mit Dispensation der k. k. Büchercensur-Kommission. Wien 1782. (Im British Museum.)

Anon.-Lex. IV. p. 377 (nach Meusel, Kayser, Petrik, Sommervogel u. Karajan).

Lateinische Gegenschrift: Quid est Papa? refutatio libri Germanici, auct. *F. M. X. ab Indagine* (i. e. *G. N. Fischer*). Romae et Dessaviae (Berolini). 1782. (Weller, fing. Dr.)

— was ist der Pabst? gr. 8. Wien, Camesina. 782.

(Eybel, Jos. Val.): Was ist der Bischof? *Wien.* 782. 8. — (Latein. u. d. Tit.): Quid est episcopus? *ib.* eod. 8.

(EYBEL, JOSEPH VALENTIN:) Was ist ein Bischof?: Von Eibel. Nach dem Wiener Exemplar. Pressburg 1782: Bey Joh. Mich. Landerer. 46 S. - 8°

— was ist ein Bischoff? gr. 8. Wien 782. (Heubner). 3 gl

— was ist ein Pfarrer? 8. Wien 782.

— was ist von den Ehedispensen zu halten? Nichts mehr, als was Religion, Recht, Nutzen, Klugheit u. Pflicht fordern. gr. 8. Wien 781. (Heubner). 8 gl

Eyben, Ant., Gust. Putze u. E. Tormer, Touren-Verzeichnis des Teplitzer Gebirgsvereins. Angabe der im Vereinsgebiete markierten u. m. Wegweisern versehenen Wegstrecken nebst Entferng. in Kilometern u e. Orientierungs-Karte. 12. (29 S. m. farb. Wegemarken.) Teplitz-Schönau 900. (A Becker.) n.n. — 50

— **Huldr.,** De mandatis. sine clausula. Diss. Neudruck: Helmstedt (Schnorr) 1749. 52 Seiten. (4.50) 8409

Eyben, Huld. ab, scripta de jure civ. et feudali aucta ab I. N. Hertio. Fol. Argent. Treuttel. 708.

(v. **Eyben, Huld.**) Syntagma historicum de Gunthero Schwarzburgico. 4. Wetzlar 1695. — 4. ib. 1703.

v. **Eyberg,** K., s. a. Liberg, u. setze hinzu: Wagner. 9 gl

Eyberg, K. v., Tyrols Vertheidigungen gegen die Franzosen in den Jahren 1796—797. gr. 8. Insbruck, Wagner. 798.

Eybert, Aurel., die Märtyrer der Freimaurerei Spaniens im Jahre 1853. Mit einer historischen Skizze der Verfolgungen des Maurerthums auf der Iberischen Halbinsel seit Philipp V. bis auf die jetzige Zeit. Deutsch bearb. mit Seitenblicken auf den Zusammenhang der antimaurerischen Verfolgungen in Frankreich, Deutschland und andern Ländern von Ch. G. Tröbst. Weimar 854. Voigt. gr. 8. (XVI, 76 S.) 12½ ngl

Eybeschitz, Gabriel (Dresden), Commentationis de succorum humanorum salibus dulcibus pars I. Präs. Johann Gottfried Leonhardi. Wittbg. (A. Ch. Charisius) 1. III. 1790. 29 S. (4.50) 8410
Gew.: Friedr. Ludw. Wurmb (Grossenfurra).

Eybisch, A., das neutestamentliche Hohelied der Liebe, s. a. Predigt-Hausschatz, evangelischer.

[F.] Das neutestamentliche Hohelied der Liebe. 1. Kor. 13, 1—13. Passionspred. am Estomihi-Sonntage, geh. v. A. Eybisch, evang. Pfarrer zu Bingerbrück. *Halle a. S.: E. Strien [1899].* (18 S.) 1 Bd 8.
= Predigt-Hausschatz, Evangelischer. No 8. [99 1742]

Eybisch, Hugo, Anton Reiser. Untersuchgn. zur Lebensgeschichte v. K. Ph. Moritz u. zur Kritik seiner Autobiographie, s. a. Probefahrten. 14. Bd.

Eybisch, Hugo: Anton Reiser. Untersuchungen zur Lebensgeschichte von K. Ph. Moritz und zur Kritik seiner Autobiographie. 1. Moritz' Lebensgang von 1756—1778. ⟨Nach den Quellen.⟩ Leipzig: Voigtländer 1909. VII, 85 S. 8° ¶(Ersch. vollst. als: Probefahrten. Bd 14.)

Leipzig, Phil. Diss. v. 11. Juni 1909, Ref. Köster, Sievers

[Geb. 11. Sept. 84 Heiligenwald, Reg.-Bez. Trier; Wohnort: Kreuznach; Staatsangeh.: Preußen; Vorbildung: Landesch. Pforta Reife O. 03; Studium: Gießen 2, Tübingen 1, Leipzig 3, Berlin 3, Leipzig 3 S.; Rig. 17. Febr. 09.] [U 09. 2953

Anton Reiser. Untersuchungen z. Lebensgeschichte von K. Ph. Moritz u. z. Kritik seiner Autobiographie. Von Hugo Eybisch. Leipzig: Voigtländer 1909. VII, 338 S. 8°
(Probefahrten. Bd 14.) [09. 15551

Eychmüller, Hans: Aus d. med. Poliklinik in Tübingen. ⟨Vorst.: Müller.⟩ Ueber die Herz- und Gefässwirkung des Digalens bei gesunden und kranken Menschen. Berlin 1909: Schumacher. 23 S. 8° ¶(Aus: Berliner klin. Wochenschr. 1909, Nr 37.)

Tübingen, Med. Diss. v. 5. Febr. 1910, Ref. v. Romberg

[Geb. 6. Febr. 84 Ulm a. D.; Wohnort: Tübingen; Staatsangeh.: Württemberg; Vorbildung: Gymn. Ulm Reife Juli 02; Studium: Tübingen 5, Kiel 2, Tübingen 3 S.; Coll. 21. Juli 09; Approb. 1. Febr. 10.] [U 10. 4154

Eyck, der Brüder van, Biographie u. Charakteristik, s.: Eisenmann, O.

Eyck, Hubert van, u. Jan van Eyck (1366?—1426) (1370?—1440). gr. Fol. (40 Lichtdr.-Taf. m. IV S. Text.) Haarlem (900—902). H. Kleinmann & Co. 48.—
Erschien auch in 4 Lfgn. à 12.—.

Eyck, Erich, die Arbeitslosigkeit u. die Grundfragen der Arbeitslosen-Versicherung, s. a. Flugschriften d. deutsch. Volksparteí. 3. Hft.

Eyck, Erich, Die Arbeitslosigkeit und die Grundfragen der Arbeitslosenversicherung. Flugschriften der Deutschen Volkspartei, Heft 3. 8°. Frankfurt a. M. 1899.

Eyck, Erich, Kommentar zum Gesetz gegen den unlaut. Wettbewerb, s.: Pinner, Alb.

Eyck, Erich, Referendar in Berlin: **Der Vereinstag deutscher Arbeitervereine 1863—1868.** Ein Beitrag zur Entstehungsgeschichte der deutschen Arbeiterbewegung. T. 1. *(Berlin 1904: G. Reimer.)* (36 S.) 8° ¶Enthält nur Kap. 1 u. 2 d. eingereichten Arbeit; erschien vollst. 1904 bei G. Reimer in Berlin.]

Berlin, Phil. Diss. v. 27. Febr. 1904

Eyck, Erich, der Vereinstag deutscher Arbeitervereine 1863—1868. Ein Beitrag zur Entstehungsgeschichte der deutschen Arbeiterbewegung. (V, 102 S.) gr. 8. Berlin 904. G. Reimer. n. 1.50

Eyck, Jan van, der Mann m. der Nelke, s.: Meisterbilder fürs deutsche Haus. 92. Bl.

Eyck-Album. Das Altarwerk Hubert's van Eyck in St. Bavo zu Gent, nebst Lebensskizze Johann's und Hubert's und Schilderung der Kunstart beider Brüder von H. G. Hotho. Berlin 862. Schauer. gr. 4. (54 S. u. 16 Photogr.) 17 ngl

Eycleshymer, Alb. C., and James M. **Wilson,** Normal plates of the development of Necturus maculosus, s.a.: Normentafeln z. Entwicklungsgeschichte d. Wirbeltiere.

Normal Plates of the development of Necturus maculosus. By Albert C. **Eycleshymer** and James M. Wilson. With 3 pl. Jena: Fischer 1910. 50 S. 4°
(Normentafeln z. Entwicklungsgeschichte d. Wirbeltiere. H. 11.) (10. 10737

Eydam, H. (Hrsg.), s. Zeitschrift, Allgemeine, für Pharmacie, Pharmakologie und Toxologie.

Eydam, J., die Erscheinungen der Elektricität u. des Magnetismus in ihrer Verbindung mit einander. Nach den neuesten Entdeckungen im Gebiete des Elektro-Magnetismus u. der Induktions-Elektricität, für Freunde der Naturwissenschaften u. besonders für Aerzte ausführlich dargestellt. Mit 60 Abbild. gr. 8. Weimar 843, Hoffmann. 1⅓ ₰

Eydam, Immanuel (Jena), Prosopalgiae pathologiam. Diss. med. Jena (Bran) 23. VI. 1826. 16 S. (3.50) 8411
Gew.: Joh. Chn. Stark, Wilh. Carl Friedr. Succow, Fried. Sigism. Voigt.

[Über das Bild des einst vollendeten Menschheit-Baues. Von Joh. David Eydam.] [Weissenfels 1844.] 4 Bl. 4⁰ (Rundschreiben d. L. z. d. drei weissen Felsen, Weissenfels vom 24. Juni 1844.)

Eydam's, Paul, Ratgeber f. die Praxis. Eine Sammlg. techn. Auskünfte f. Techniker, Werkmeister sowie Gewerbetreibende. (XVI, 176 S.) kl. 8. Berlin 909. H. Meusser. Geb. in Leinw. 2.50

Eydam, W., Gesundheitslehre f. Haus u. Schule. Allgemein verständlich ausgearb. gr. 8. (IX, 78 S. m. 7 Abbildgn.) Braunschweig 891. F. Vieweg & Sohn. n.n. — 90; kart. n.n. 1. —

Eydam, W., Ozon u. seine Beziehungen zur Influenza. Verbesserung der Luft in den Wohnräumen durch künstl. Ozon. gr. 8. (40 S.) Leipzig 901. B. Konegen. n. 1. —

Eydam, W.: Samariterbuch für Jedermann. Allgemeinverständl. Anl. zur ersten Hilfeleistung bei Unglücksfällen. 2. Aufl. Braunschweig 1890. 80 S.
— — 5. Aufl. 1892.

— Samariterbuch f. Jedermann. Allgemeinverständliche Anleitg. zur ersten Hilfeleistg. bei Unglücksfällen. 3.—5., verb. Aufl. 12. (VIII, 80 S. m. 73 Abbildgn.) Braunschweig 891. 892. O. Salle. Geb. in Leinw. n. 1. —

Eydam (W.), Samariterbuch für Jedermann. Allgemein verständliche Anleitung zur ersten Hilfeleistung bei Unglücksfällen. Braunschweig 1894. 8.

Samariterbuch für Jedermann. Allgemeinverständl. Anleitung zur ersten Hilfeleistung bei Unglücksfällen von Dr. med. W. **Eydam,** pr. Arzt in Braunschweig. 7. verb. Aufl. Mit 69 Abb. *Berlin: O. Salle 1898.* (VIII, 80 S.) 8° [F.] (10. 7846

— Samariterbuch f. Jedermann. Allgemeinverständliche Anleitg. zur ersten Hilfeleistg. bei Unglücksfällen. 8. verb. Aufl. Mit 69 Abbildgn. 12. (VIII, 80 S.) Berlin 901. O. Salle. Geb. in Leinw. n. 1. —

Eydam, W., Samariterbuch f. Jedermann. Allgemeinverständl. Anleitg. z. ersten Hilfeleistg. bei Unglücksfällen. 9. verb. Aufl., bearb. v. Tägtmeyer. (VIII, 80 S. m. 69 Abbildgn.) kl. 8. Berlin 908. O. Salle. Geb. in Leinw. 1. —

Eydt, Joh. Andr. (Hildburghausen), Particulae quaedam physico medicae. Diss. med. Präs. Heinr. Friedr. Delius. Erlangen (Kunstmann) April 1786. 22 S. (4.50) 8412

Eydt, Johann Andreas: Particulae quaedam physico-medicae. 22 S., gbd.

Erlangae: (Walther) 1786
(Adversaria argumenti physico-medici, Fasc. 5,21)

JB 1.608

Eydtgnoß s. Eidgenoss.

Eydtkuhnen [Schlagwort]

Eydtkuhnen-Dirschau, s.: Automobilkarten. Mittelbach.

Eye, A. v., Classisches Alterthum und Christliche Zeit. Diss. 1848. 76 S.

Eye, A. v., Atlas der Culturgeschichte. 55 Taf. in Stahlst. nebst erläut. Texte. [Aus: „Bilder-Atlas. 2. Aufl."] qu. Fol. (51 S.) Leipzig 875. Brockhaus. n. 15. —; geb. n. 19. —

— die Braut v. Cypern. Lustspiel in 5 Aufzügen. 8. (135 S.) Nürnberg 870. Soldan. n. 1. 60

Eye, A. v., Beatrice Cenci. Trauerspiel in 5 Aufzügen. 8. (148 S.) Berlin 881. F. Luckhardt. n. 2. —

Eye, A. v., Albrecht Dürer in seiner Bedeutung f. unsere Zeit, s.: Sammlung gemeinnütziger Vorträge.

Eye, A. v. Albrecht Dürer, Sammlung gemeinnütziger Vorträge.

— Erläuterungen zu Albrecht Dürer's kleiner Passion in Holzschn. facsimilirt v. C. Deis. 16. (58 S.) Eichstett 873. Krüll. n. — 50

— dasselbe. gr. 8. (58 S.) Ebend. 873. n. — 75

— Johanna Gray. Trauerspiel in 5 Aufzügen. 8. (181 S.) Berlin 881. F. Luckhardt. n. 2. —

— u. P. E. **Börner,** die Kunstsammlung v. Eug. Felix in Leipzig. Katalog. Nebst e. Atlas m. 36 Taf. in Lichtdr. v. A. Naumann (in Fol.). Lex.-8. (XII, 174 S.) Leipzig 880. T. O. Weigel. geb. n.n. 75. —
Herabgesetzter Preis n.n. 30. —

— u. P. E. **Börner,** die Kunstsammlung von Eugen Felix in Leipzig. Katalog. Nebst einem Atlas mit 36 Taf. in Lichtdr. 2., unveränd. Ausg. Leipzig 885. Hiersemann. [75. —] n. 30. —

Eye, A. v., Albrecht Dürer's Leben u. künstlerische Thätigkeit in ihrer Bedeutung f. seine Zeit u. die Gegenwart. Fol. (III, 136 S. m. Bildnis in Heligrav. u. 1 Chromogr.) Wandsbek 892. Kunstanstalt (vorm. G. W. Seitz), A.-G. Geb. in Calico. n. 20. —; in Ldr. n. 25. —

Eye, A. v., Leben und Wirken Albrecht Dürer's. Nördlingen 860. Beck. gr. 8. (VI, 526 S. u. 1 Tab. in Fol.) n. 2 ₰ 5 ngr.

v. **Eye, A.,** Leben u. Wirken Albrecht Dürer's. 2. durch e. Anh. verm. Ausg. Nördlingen 869. Beck. gr. 8. (VI, 533 S. u. 1 Tab. in 4.) n. 1 ₰ 15 ngr.

— d. Räthsels Lösung. Sonette. gr. 16. (VI, 160 S.) Leipzig 891. W. Spohr. n. 1. 50

— die Meisterwerke der Kupferstecherkunst, s. Meisterwerke, die.

— eine Menschenseele. Spiegelbild aus dem 18. Jahrhundert. Ebend. 863. gr. 8. (VII, 255 S.) n. 1 Thlr. 10 ngr.

— das germanische Museum. Wegweiser durch dasselbe für die Besuchenden. 2 Thle. Nürnberg 853. Literar.-artist. Anstalt d. german. Museums. gr. 8. nn. 9 ngr.
1. Thl.: Literatur und Kunst. Haus am Paniersberge. (47 S. u. 1 Holzschn.) nn. 5 ngr.
2. Thl.: Kunst und Alterthum. Thurm am Thiergärtner-Thor. (20 S. u. 4 Holzschn. in 4.) n. 4 ngr.

Eye, A.v.(Red.), s. Pionier.

— das Reich d. Schönen. gr. 8. (626 S.) Berlin 878. Wasmuth. n. 10. —

— die neue Weltanschauung. 1. Hft. gr. 8. Ebd. 891. n. — 60
Verwirklichung der frohen Botschaft. (IV, 82 S.)

— Wesen u. Werth d. Daseins. Untersuchungen zur Feststellg. e. Gesammtbewußtseins der Menschheit. gr. 8. (III, 276 S.) Berlin 870. Deutsch Verl.-Institut. n. 4. —

— Wesen u. Werth d. Daseins. Untersuchungen zur Feststellg. e. Gesammtbewußtseins der Menschheit. 2. Aufl. gr. 8. (VI, 310 S.) Berlin 886. Allg. Verlags-Agentur. n. 4. —; geb. n. 5. —

— Wesen u. Werth d. Daseins. Untersuchungen zur Feststellung eines Gesamtbewußtseins d. Menschheit. 2. Aufl. gr. 8. (VII, 310 S.) Ebd. 890. * 4 —; geb. * 5 —

Eye, Albt v., Deutschland vor 300 Jahren in Leben und Kunst, aus seinen eigenen Bildern dargestellt. Erläutert u. herausg. Lf. 1. 2. Mit Holzschnitttafeln in Tondr. Leipzig, T. O. Weigel, 1857. Fol. . . . . (D.)

— und Jac. Falke, Gallerie der Meisterwerke altdeutscher Holzschneidekunst, s. Gallerie.

— und Jac. Falke, Kunst und Leben der Vorzeit von Beginn des Mittelalters bis zu Anfang des 19. Jahrhunderts in Skizzen nach Originaldenkmälern für Künstler u. Kunstfreunde zusammengestellt u. herausg.; gez. u. rad. von Willib. Maurer. 36 Hefte. Nürnberg 855—58. Bauer u. Raspe. gr. 4. Jedes Heft von 8 Kpfrtaf. u. 8 Bl. Text n. 15 ngr.

Eye, A. v. & Jacob Falke. Kunst und Leben der Vorzeit vom Beginn des Mittelalters bis zu Anfang des 19. Jahrhunderts in Skizzen nach Original-Denkmälern. Zweite nach chronologischer Reihenfolge zusammengestellte Ausgabe in drei Bänden ... Nürnberg, Bauer & Raspe, Julius Merz 1858—1862 ...
3 Bde. 4°.
I: Vom Beginn des Mittelalters bis Ende des 15. Jahrhunderts. 1858: Vortit., Tit., 3 Bl.; 96 z. T. kol. Taf., 96 Bl. Text.
II: Vom Ende des fünfzehnten bis zur Mitte des sechzehnten Jahrhunderts. 1860: Vortit., Tit., 2 Bl.; 96 z. T. kol. Taf., 96 Bl. Text.
III: Von der Mitte des sechzehnten bis zum Anfang des neunzehnten Jahrhunderts. 1862: Vortit., Tit., 2 Bl.; 96 z. T. kol. Taf., 96 Bl. Text.
Erste Auflage 1855 bis 1858.

— und Jac. Falke, Kunst und Leben der Vorzeit vom Beginn des Mittelalters bis zu Anfang des 19. Jahrhunderts in Skizzen nach Original-Denkmalern. 2. nach chronolog. Reihenfolge zusammengestellte Ausg. in 3 Bdn. (à 6 Hefte.) Nürnberg 859—61. Bauer & Raspe. gr. 4. Jedes Heft von 16 Kpfrtaf. u. 16 Bl. Text n. 1 Thlr.

— u. Jac. Falke, Kunst u. Leben der Vorzeit vom Beginn des Mittelalters bis zu Anfang des 19. Jahrh. in Skizzen nach Orig.-Denkmälern. 2. nach chronolog. Reihenfolge zusammengestellte Ausg. 3. Bd. 6. (letztes) Heft. Nürnberg 865. Bauer & Raspe. 4. (16 Kpfrtaff. u. 16 Bll. Text.) n. 1 Thlr.

— — 3. verb. Aufl. in 3 Bdn. Ebend. 868, 69. 4. (216 Kpfr.- u. lith. Taff. mit erklär. Text.) n. 18 Thlr.

Eye, August v.

von Eye, A.: Der Auswanderer. Winke und Weisungen für Ansiedler in den deutschen Colonien Süd-Brasiliens. Nach eigenen Erfahrungen zusammengestellt. Mit sieben Landschaftsbildern und einer Karte von Henry Lange. Berlin 1855. VII, 152 S. 8°.

Eye, A[ugust] von: Der Auswanderer. Winke und Weisungen für Ansiedler in den dt. Colonien Südbrasiliens. — Bln: Allg. Verl.-Agentur 1885. VII, 152 S. mit 7 Bild. und 1 Kt.

— die Deutschen in Brasilien, s.a. Sammlung gemeinnütziger Vorträge.

Eye, A[ugust] von: Die Dtn in Brasilien. — Prag: Dt. Verein zur Verbreitung gemeinnütziger Kenntnisse (1884). 22 S. (Sammlung gemeinnütziger Vorträge Nr 99.)

A. von EYE, Führer durch das Museum des Königlich Sächs. Alterthums-Vereins im Königl. Palais des Grossen Gartens zu Dresden. Im Auftrage des Directoriums nach den früheren Ausgaben neu bearbeitet. ib. (1879.) Wilhelm Baensch. 8°.

Führer durch das Museum des Königlich Sächs. Alterthumvereins im Palais d. Königl. Grossen Gartens zu Dresden von Otto Wanckel, Geh. Oberbaurath a. D. Neubearb. d. von Dr. A[ugust] v. Eye im J. 1879 hrsg. Führers. *Dresden: Alterthumver. 1895.* (XIII, 144 S.) 8° (00. 379)

Eyer, H. C., die Union Choral Harmonie, enth.: drei u. vierstimmig ausgesetzte Melodien, m. deutschem u. englischem Texte; sowohl zum Gebrauche beim öffentl. Gottesdienste aller christl. Confessionen, als auch f. Singschulen u. Privatgesellschaften. 6. verm. u. verb. Ausg. — The Union choral harmony, consisting of sacred music, with German and English lines. 6. edition. qu. 4. (XVI u. 192 S.) Philadelphia 852. (Schäfer & Koradi.) n. 2 Thlr.

Eyer, H. C., die Union Choral Harmonie, enth. drei- und vierstimmig ausgesetzte Melodien, mit deutschem und engl. Texte; sowohl zum Gebrauche beim öffentl. Gottesdienste aller christl. Confessionen, als auch für Singschulen und Privatgesellschaften. — The Union Choral Harmony, consisting of sacred Music. 12. verm. und verb. Aufl. qu. 4. (XVI, 192 S.) Philadelphia 868, Schäfer und Koradi. cart.

Eyer, Carl: Über das spectrochemische Verhalten und über die Raumerfüllung einiger Stickstoffverbindungen. Heidelberg 1910: Rößler & Herbert. 72 S. 8°
Heidelberg, Naturw.-math. Diss. v. 24. Mai 1910, Ref. Curtius
[Geb. 9. Sept. 84 Ludwigshafen a. Rh.; Wohnort: Ludwigshafen; Staatsangeh.: Bayern; Vorbildung: Realgymn. Mannheim Reife M. 04; Studium: Heidelberg 8 S.; Rig. 20. Dez. 09.] [U 10. 2189

Eyer, Philipp, die Eisenemaillierung. (IV, 53 S. m. Abbildgn.) 8. Leipzig 907. F. Stoll jr. Geb. in Leinw. 3.60

Eyer, Philipp: Die Zusammensetzung der Emailleglasuren. Berlin 1908

Eyerel, A. Die Pfuscherei i. d. Arzneikunst u. die Bildung d. meisten dtsch. Ärzte. Breslau 1801.

— dass., s.a. Eyrel, A.

Eyerel, Joseph

Eyerel, Jos. l., († ...) Annalen d. österr. Litt. 18 Hft. 8. Wien 781. (Heubner). 8 Kr.

— s. Beitr. zur Geschichte der Kinderpocken.

— Beytr. z. Gesch. der Kuh- und Kinderpocken. 8. Wien, Ant. Doll (Liebeskind in Lpz.) 800.

— s. G. Benkoe, Ephemeriden.

— s. Blumenbach, Physiologie.

— s. Brera, Anatripsologie.

Eyerel, Joseph (Übers.):

s.: Brown, John: Lehrbegriff der Brownischen Arzneylehre. (Elementa medicinae. Dt.) Wien: 1796

JB 2.566

Eyerel, Joseph (Übers.u.Comm.):

s.: Canella, Benigno: Wahrnehmungen über die Ursachen, die Beschaffenheit und die Heilart der Lungensucht. (Osservazioni teorico-pratiche intorno le ragioni, la natura e la cura della polmonare tisichezza. Dt.) Wien: 1795

JB 2.329

Eyerel, Joseph (Hrsg.):

s.a. Chronik, Medicinische. Bd 1-4. Wien: 1793-94.

JB 6.043

— u. v. Sallaba, medicin. Chronik. I. 1. 2. II — III. 1 — 3. IV. 1 4 Hft. gr. 8. Wien 793 — 95. Pazowsky. 4 Rthl 6 gr

— commentarii in M. Stolli aphorismos de cognoscendis et curand. febribus. VI Tom. 8 maj. Wien 788 — 93. Beck. 7 Rthl 12 gr Dass., deutsch 3 Thle. gr. 8. Ebd. 789 — 91. Ebd. 3 Rthl

Eyerel, Joseph: Commentaria in Maximiliani Stollii aphorismos de cognoscendis et curandis febribus. Tom.1 - 6, gbd.

Vindobonae: Wappler 1788 - 1793

JB 6.559

Eyerel, Joseph: Darstellung der neuesten Theorien und Erfahrungen über die Natur und Heilart der syphilitischen Krankheiten. 171 S. gbd.

Wien: 1802
(Schwediauer, F(ranz Xaver): Vollständige Abhandlung über die Zufälle...und die Behandlung der venerischen Krankheiten. (Traité complet sur les symptomes...et le traitement des maladies syphilitiques. Dt.) Übers.von J.Eyerel. Suppl.)

JB 4.651/Suppl.

— Darstell. der neuesten Theorien rc., über die syphilit. Krankheiten. gr. 8. Wien 802. (Rohrmann u. Schw.) 16 gr (vergl. Swediaur von d. Lustseuche, 3r Thl.)

Eyerel, Joseph (Ed.):

s.: Dissertationes medicae in Universitate Vindobonensi habitae ad morbos chronicos pertinentes et ex Max(imiliani) Stollii...praelectionibus potissimum conscriptae. Vol.1 - 4. Viennae: 1788 - 1792

JB 2.176

— dissertat. med. vide Stoll.

— s. Nitl. Fontana, Tageb.

Eyerel, Joseph (Ed.):

s.: Frank, Johann Peter: De curandis hominum morbis epitome. Lib.7. Viennae Austriae: 1805

JB 2.211/7

Eyerel, Joseph (Übers.):

s.: Frank, Johann Peter: Kleine Schriften praktischen Inhalts, Aus dem Lateinischen. Wien: 1797

JB 6.572

Eyerel, Joseph (Ed.):

s.: Haën, Anton de: Opuscula quaedam inedita. Accedunt historiae morborum a Stollio in collegio clinico Haenii annis 1770 -72 consignatae. Pars 1 - 2. Vindobonae: 1795

JB 2.108

— s. Hautesierk, Samml.

Eyerel, Joseph: Kommentar über Stoll's Fieberlehre. (Commentaria in Maximiliani Stollii aphorismos de cognoscendis et curandis febribus. Dt.) Bd 1 - 3, gbd.

Wien: Wappler 1789 - 1791

JB 2.175

— s. J. Lomm, commentarii

Eyerel, Joseph (Übers.u.Comm.):

s.: Michell, Jan(us) Petersen: Abhandlung von den Nervenkrankheiten. (Dissertatio physico-medica de causis, indole et therapia morborum nervosorum. Dt.) Eine von der Gesellschaft der Künste und Wissenschaften zu Utrecht gekrönte Preisschrift. Wien: 1798

JB 4.488

Eyerel, Joseph (Übers.u.Comm.):

s.: Michell, Janus Petersen: Semiotisch-praktische Abhandlung über die Mitleidenheit der Geschlechtstheile mit dem Kopfe. (De mirabili, quae caput inter et partes generationi dicatas intercedit, sympathia. Dt.) Wien: 1804

JB 4.489

— Miscellen. (Herausgegeben) 1s Heft. 8. Dessau 782. Gelehrten Buchh.

Eyerel, Joseph (Übers.u.Comm.):

s.: Monteggia, G(iovanni) B(attista): Praktische Bemerkungen über die venerischen Krankheiten. (Annotazioni pratiche sopra i mali venerei. Dt.) Wien: 1798

JB 4.670

(EYEREL Josef). Netto fünf Vögel! Ein Wintermährchen als Stoll krank war. o. V. o. O. (Wien) 1787. 1 vol. 40 S.

— observationes med. var. argum. Syll. I — VI. 8. Wien 786. Blumauer. (W. Nauck in Leipz.) 1 Rthl 8 gr

Eyerel, Joseph: Observationes medicae varii argumenti. Praemittitur methodus examinandi aegros. Sylloge 1 - 4, 6, gbd.

Syll.1 -4: Viennae: Blumauer 1794
Syll.6: Viennae et Lipsiae: Wucherer 1786

JB 6.570

— observationes medicae var. argum. Syll. VI. 8. Vien. Wucherer. (Sommer, Lps.) 794.

Eyerel, Joseph (Übers.):

s.: Reil, Johann Christian: Klinische Denkwürdigkeiten medizinisch-praktischen Inhalts. (Memorabilia clinica medico-practica. Dt.) Wien: 1799 - 1800

JB 2.293

– s. G. Ganti, Untersuchung.

Eyerel, Joseph (Übers.):

s.: Schwediauer, F(ranz Xaver): Vollständige Abhandlung über die Zufälle, die Wirkungen, die Natur, und die Behandlung der venerischen Krankheiten. (Traité complet sur le symptomes, la nature et le traitement des maladies syphilitiques. Dt.) Bd 1-3. Wien: 1798 - 1802

JB 4.651

Eyerel, Joseph (Übers.):

s.: Stoll, Maximilian: Aphorismen über die Erkenntniß und Behandlung der Fieber. (Aphorismi de cognoscendis et curandis febribus. Dt.) Wien: 1787

JB 2.174

Eyerel, Joseph (Ed.):

s.: Stoll, Maximilian: Orationes academicae. Nova editio. Vindobonae: 1815

JB 2.178

Eyerel, Joseph (Ed.):

s.: Stoll, Maximilian: Praelectiones in diversos morbos chronicos. Vol.1 - 2. Vindobonae: 1788 - 1789

JB 2.177

Eyerel, Joseph (Ed.):

s.: Stoll, Maximilian: Ratio medendi in nosocomio practico Vindobonensi. (Pars 4-7). Viennae Austriae: 1789 - 1790

JB 2.171/4-7

– s. Thaut, Abhandlung.

Eyerel, Jos. U., s.a. Thucydides, von der Pest in Athen.

Joseph Eyerel Thucydides von der Pest in Athen, aus dem Griechischen übersetzt, mit Zusätzen und Anmerkungen und mit einem Anhang über die Pest in Egypten während den französischen Feldzügen v. Paul Assalini. Wien 1810. 8.

– s. G. A. J. Tillet, Entwürfe.

Eyerel, Joseph (Übers.):

s.: Trécourt: Chirurgische Abhandlungen und Wahrnehmungen. (Mémoires et observations de chirurgie. Dt.) Leipzig: 1777

JB 3.261

– s. X. Walilen, tract.

Über die Beziehungen des Kopfumfangs zur Körperlänge und zur geistigen Entwicklung. Untersuchungen von Dr. G[eorg] Eyerich, Oberstabsarzt, u. Dr. L[eopold] Loewenfeld, Nervenarzt. Wiesbaden: J. F. Bergmann 1905. (55 S.) 4°(8°) [05. 8330]

Eyerkabinett, s. a. Eierkabinett.

Eyerkabinett. 1ste u. 2te Lief. nebst Erklärung. 50 Abbild. 8. Gotha, Steudel. 811. (à 4 Rthlr.)

Eyermann, Henr. Maximil. (geb. Beeskow 8. 11. 1790): De pemphigo chronico. Berolini (1820). (39 S.) 8°
Berlin, Med. Diss. v. 26. Febr. 1820

Eyermann, Konrad [aus Landau in d. Pfalz]: Die Stellung der offenen Handelsgesellschaft im Prozesse ... Würzburg, F. Scheiner, kgl. bayer. Hoflief., 1897; 33 S. 8.
Erlangen, Jur. Fak., Inaug.-Diss. v. 1897

Eyermann, Wilh. H., die Dampfturbine. Ein Lehr- u. Handbuch für Konstrukteure u. Studierende. Mit 153 Abbildgn. im Text, sowie 6 Taf. u. e. Patentverzeichnis. (VIII, 212 S. m. 1 Beilage zu Taf. II.) gr. 8. München 906. R. Oldenbourg. Geb. in Leinw. n. 9.—

Eyerol, das Hochzeitgeschenk. Eine Posse in zwei Aufzügen. gr. 12. Heidelberg 840. Groos. 1/3 ℛ

Eyerplaz, Halecius

— — Der possierliche Marcolphus. 1747. (In Carlsruhe: Qb 942.)

EYERPLAZ, Halecius (ps.), Der in allen Wissenschaften erfahrene Pickelhering. 1720.
Weller, Lex. Pseud. p. 186. — Höchst selten.

Eyersbusch (Hrsg.), s. Zeitschrift, Dtsch., für Tiermedizin u. vergleich. Pathologie

Eyferth, Bruno

Eyferth, B., die einfachsten Lebensformen. Systematische Naturgeschichte der mikroscop. Süsswasserbewohner. Mit 5 Taf. Abbildungen in Lichtdr. nach den Orig.-Zeichngn. d. Verf. Photogr. u. Druck von Wilh. Hoffmann in Dresden. gr. 4. (IV, 104 S.) Braunschweig 878. Gebr. Haering. cart. n. 12. —

Eyferth, B., die einfachsten Lebensformen d. Thier- u. Pflanzenreichs. Naturgeschichte der mikroskop. Süsswasserbewohner. 2. verm. u. umgearb. Aufl. Mit 7 Taf. Abbildgn. in Lichtdr. nach Orig.-Zeichngn. d. Verf. Photogr. u. Druck v. Roemmler & Jonas in Dresden. gr. 4. (III, 130 S.) Braunschweig 885. Goeritz & zu Putlitz. geb. n. 16. —

Eyferth's, B., einfachste Lebensformen des Tier- u. Pflanzenreiches. Naturgeschichte der mikroskop. Süsswasserbewohner. 3., vollst. neubearb. u. verm. Aufl. v. Walth. Schönichen u. Alfr. Kalberlah. Mit üb. 700 Abbildgn. auf 16 Taf. in Lichtdr. nach Zeichngn. v. A. Kalberlah. gr. 8. (VII, 556 S.) Braunschweig 900. B. Goeritz. n. 20. —

Eyferth's, B., einfachste Lebensformen des Tier- u. Pflanzenreiches. Naturgeschichte d. mikroskop. Süsswasserbewohner. 4., vielfach verb. u. erweit. Aufl. v. Walt. Schoenichen. Mit üb. 700 Abb. auf 16 Taf. in Lichtdr. nach Zeichngn. v. A. Kalberlah, zahlr. Abb. im Text u. 2 Porträts. (VIII, 584 S.) gr. 8. Braunschweig 909. B. Goeritz. 22.—; geb. in Leinw. 23.60; auch in 22 Lfgn. à 1. —

— Schizophyten u. Flagellaten. Suppl.-Hft zu der systemat. Naturgeschichte der mikroskop. Süsswasserbewohner. Mit 2 Taf. Abbildgn. in Lichtdr. nach Zeichngn. d. Verf., Photogr. u. Druck v. Wilh. Hoffmann in Dresden. gr. 4. (III, 22 S.) Ebend. 879. n. 3. 40

— die mikroskopischen Süsswasserbewohner in gedrängter Uebersicht vorgeführt. Mit 1 Lichtdr.-Taf. von Gemoser & Waltl in München. gr. 8. (60 S.) Ebend. 877. n. 1. 60

Eyff, C. E., allgemeiner Wohnungs-Anzeiger von Danzig, s. Wohnungs-Anzeiger.

Eyff, E., Wohnungs-Anzeiger von Danzig, s. Wohnungs-Anzeiger.

Eyff, Max

Eyff, M., d. Physikatsexamen. Gang d. Prüfg. u. prakt. Ratschläge f. dieselbe. gr. 8. (20 S.) Berlin 895. R. Schootz. n. — 80

Eyff, Max *Robert* [pr. Arzt in Nimptsch]: Über die Verbreitungsweise der Influenza nach den Ergebnissen der Epidemie 1889/90. ... Breslau, Druck d. Bresl. Gen.-Buchdr., 1891; 38 S., 1 Bl. 8°
Breslau, Med. Fak., Inaug.-Diss. v. 5. Aug. 1891

van Eyffern, Jh., wahrhafte kalifornische Geschichten u. geistreiche mystische Gespräche mit dem Präsidenten von Heerrauch. Ans Licht gestellt durch Kanne. 8. Nürnb. 820. Campe. 8 gr.

Eyfferth, Max (geb. Berlin 5. 3. 1848): Der Begriff der Zeit. Berlin (1870). (36 S.) 8° • Vollst. ersch. u. d. T.: Ueber die Zeit. Berlin: Henschel 1871.
Berlin, Phil. Diss. v. 29. Juli 1870

Eyfferth, Max, üb. die Zeit. Philosophische Untersuchg. Mit 18 (eingedr.) Holzschn. gr. 8. (VIII, 133 S.) Berlin 871. München, Th. Ackermann. n. 2. 40

Eyfrig, Rudolf, praktischer Arzt in Aumund i. Hann.: Beitrag zur Diagnose des Wurmfortsatzes als Bruchinhalt. Leipzig (1906): B. Georgi. (28 S.) 8°
Leipzig, Med. Fak., Ref. Trendelenburg, Diss. v. 8. Mai 1906
[Geb. 7. März 77 Eibenstock; Wohnort: Aumund; Staatsangeh.: Sachsen; Vorbildung: Gymn. Grimma Reife O. 96; Studium: Erlangen 5, Leipzig 5 S.; Coll. 8. Mai 06; Approb. 8. Juni 01.]

v. d. *Eyk*, S. Speyert, carmen de natura. 4 maj. Leyd. 810. Luchtmans. 12 gr.

— Poëma, de ingenii humani praestantia etc. 4 maj. Leyden 808. Luchtmans. 16 gr.

Eyk-Sprenger, v. Auf tausend Meter Höhe. Engelberg beim Vierwaldstätter-See. Aus d. Holländ. übers. durch *M. Wagner*. In-8°. 92 S. Berlin, Verlag von Georg Nauck (Fritz Rüke). Mk. 1 —
1893

Eykemeyer, s. a. Eickemeyer.

Eykemeyers, Rudolph, Denkschr. üb. d. Einnahme von Mainz d. d. Franz. 1792, mit Anm. v. Laukhard. 8. Hamburg. Willaume. 800.

Eyken, s. a. Sachsenspiegel.

Heinrich van Eyken. Zwei Gesänge. Op. 16. No 1. 2. *Berlin: Dreililien [1902]*. 2 Bde 4°
1. Die Geister am Mummelsee. (E. Mörike.)
2. Lied der Walküre. (F. Dahn.)
[illegible]

Verlorenes Leben. Lieder e. fahrenden Schülers aus d. Roman 'Der Liedermacher' von Julius Stinde. Für e. Singstimme mit Klavier komp. von Heinrich van Eyken. Op. 18. *Berlin: Dreililien [1902]*. (15 S.) 4°
[illegible]

Drei Lieder für eine mittlere Stimme mit Klavierbegl. komp. von Heinrich van Eyken. Op. 17. 1–3. *Berlin: Dreililien [1902]*. 3 Bde 4°
1. Auf den Gassen d. Heimat. (Jugend.) 2. Trost. (Theodor Storm.)
3. Keen Graff is so breet. (Claus Groth.)
[illegible]

Judiths Siegeslied. Gedicht von Felix Dahn. Für e. mittlere Frauenstimme mit Orchester komp. von Heinrich van Eyken. Op. 20. [Klavierausz.] *Berlin: Dreililien [1902]*. (11 S.) 4°
[illegible]

van Eyken, Jh., der vollkommene Ziegler, oder gründliche Anweisung zur besten u. vortheilhaftesten Fabrikation der gangbarsten Ziegelarten, nebst Anleitung zur zweckmäßigsten Anlage guter Ziegeleien. Nach dem Holländ. Mit 4 lith. Taf. gr. 12. Dresden 843, Bromme. 1/2 ₰

Eyl, Adolf, Medizinalpraktikant a. Lüneburg: Über einen Fall von Hämangio-Endotheliom. München 1907: Hübschmann. (31 S.) 8°
München, Med. Fak., Ref. v. Angerer, Diss. v. 24. Dez. 1907
[Geb. 21. Nov. 72 Lüneburg; Wohnort: Lüneburg; Staatsangeh.: Preußen; Vorbildung: Gymn. Lüneburg Reife O. 94; Studium: Jura Tübingen, Berlin, Göttingen, zus. 7, Med. München 10 S.; Coll. 24. Dez. 07; Approb. 9. Dez. 07.]

Eyl, Adolf, die Molkenanstalt zu Bad-Rehburg. gr. 12. (9 B.) Hannover 844, Hahn'sche Hofbuchh.

Eylandt, Aem., Observationes microscopicae de musculis organicis in hominis cute obviis. Dissertatio inauguralis anatomico-physiologica. Accedit tab. lith. gr. 4. (40 S.) Mitaviae 850, Reyher. 18 ngr

Eylandt, Thdr., de acidorum sumptorum vi in urinae acorem. Dissert. inaug. Dorpati Livon. 854. (Mitau, Reyher.) gr. 8. (31 S.) 10 ngr

Eylardi, Leopold: Ansprache an die Schüler, gehalten bei der Kaiserjubiläumsfeier der Anstalt am 1. Dezember 1908. 6 S. 8.
K. k. Staats-Gymn. mit deutscher Unterrichtssprache *Prag*, Progr. *Neustadt*, Stephansgasse 1909.

Eylau [Schlagwort]

Eylau, Pr. Karte des Kreises Pr. Eylau im Reg.-Bez. Königsberg. Hrsg. v. der kartogr. Abteilg. der königl. preuss. Landesaufnahme 1906. Aufgenommen vom königl. preuss. Generalstab 1860—68. Rekognoszierungen 1887—88. Einzelne Nachträge. 1 : 100,000. 58×50 cm. Farbdr. Berlin (R. Eisenschmidt). n.n. 2. —; ermäss. Preis n.n. 1. 50

Eylau [Verf.]

Eylau, Carrie, s. Eylau, Wilhelm

Eylau, Ehmer v., von Herz zu Mund. Lieder. 8. (VIII, 200 S.) Karlsruhe 888, Gebr. Pollmann. *

Eylau, Franz Wilhelm Ferdinand (Merseburg), Nonnulla de porrigine et de tinea asbestina. Dissert. med. Halle (Heynemann) 8. IV. 1852. 31 S. mit Biogr. (M.: E. Heimbach.) (4.—) 8413
Oppon.: A. Maylaender, I. Hartisch. — Gew.: E. Blasius, Fel. v. Baerensprung.

Eylau, Gust. Otto, zur Chronologie der Corintherbriefe. 4. (24 S.) Landsberg 873. (Schäffer & Comp.) n. 1. —

Eylau, zur Chronologie der Pastoralbriefe. gr. 8. (54 S.) Landsberg a/W. 885. (Schaeffer & Co.) n. 1. 20

Eylau, Hugo, Generalregister, s.: Zeitschrift f. die gesamte Strafrechtswissenschaft.

Eylau, Otto, die preuß. Ausführungsgesetze usw. zu dem bürgerlichen Gesetzbuche u. den Reichs-Justizgesetzen, s.: Busch, L.

Eylau, Wilh., u. Carrie Eylau, der musikal. Lehrberuf. (154 S. m. 2 Bildnissen.) kl. 8. Leipzig 906. R. Voigtländer. Kart. n. 2. —;
engl. Ausg. (154 S. m. 2 Bildnissen.) n. 2. —

Eyle, Edg., der Festredner, s.: Für frohe Stunden. 4. Hft.

Eyle, Petrona, aus Buenos-Aires: Ueber Bildungsanomalien der Ohrmuschel. Zür. Orell Füssli Cie Dr. 1891. 60 S., 4 Tab., 4 Taf. 8°.
Zürich, Med. Diss. [v. 3. März 1891].

Eyle, Wilh., ein Stündchen in d. Küche. Humorist.-musikal. Ensemble v. A. Stahlheuer. Musik v. E. Text. 8. (15 S.) Leipzig (896). E. Eulenburg. — 30

— ein Stündchen bei Dr. Zapp. Humorist. Ensemble-Scene v. Alex Lommer. Musik v. E. Op. 46. Textbuch. 8. (24 S.) Ebd. (896). — 60

Eylenbergk

— Johann Caspar (Naumb.), De jure carnificum. Präs. Andreas Mylius. Lpz. (Joh. Georgi) 28. XII. 1682. 12 Bl. (5.—) 8416

— — Dasselbe. Vulgo vom Scharff= und Nach= Richtern. Ed. II. o. O. 1716. (4.80) 8417

Eylenburg, Richard, Referendar: Die Rechte des Versprechensempfängers aus Verträgen auf Leistung an Dritte. Breslau 1909: Jungfer. 42 S. 8°

Breslau, Jur. Diss. v. 21. Sept. 1909, Ref. Meyer, Schott

[Geb. 29. Juni 81 Waldenburg i. Schl.; Wohnort: Breslau; Staatsangeh.: Preußen; Vorbildung: Gymn. Fraustadt Reife O. 03; Studium: München 2, Genf 1, Breslau 6 S.; Rig. 3. Dez. 07.] [U 10. 481

Eylenburg, Walter, Referendar in Breslau: Das Landfrachtrecht des alten und neuen Handelsgesetzbuchs in seinen Abweichungen. Breslau 1906: Th. Schatzky. (69 S.) 8° [J.]

Breslau, Jur. Fak., Ref. Dahn-Leonhard, Diss. v. 18. Juni 1906

[Geb. 11. Dez. 80 Trautenau; Wohnort: Breslau; Staatsangeh.: Preußen; Vorbildung. Gymn. Waldenburg Reife O. 01; Studium: München 2, Breslau 5 S.; Rig. 21. Dez. 04.]

Eylenfeldt, Louise, Trost u. Hülfe bei Krebsleiden. Ein Wort zur Beherzigg. 8. (16 S.) Letschin 887. (Leipzig, Ehrlich.) Vertlebt. n. 1.—

Eylenstein, Heinrich Theophil (Weimar), De judicibus atque advocatis nec non caussis eos removendi ab officio et foro. Diss. jur. Präs. Johann Andreas Hoffmann. Jena (Schill) 4. XI. 1752. 38 S. (4.80) 8418
Widm. v.: Präs., Gg. Gottlieb Wagner (Sangerhausen), Carl Adolph Wachler (Gotha; dtsch.), C. W. Oemler.

Eylenstein, Henr. Gottl.: Tractatio juris criminalis de jure circa urphedam. Germ. Vom Recht der Urphede. Jenae 1754.

Eyler, E., s. a. Osten, M.

Osten, M. [= E. Eyler]. *Glühwürmchen.* Erzählungen für artige kleine Kinder von Mary Osten (Emilie Eyler). Mit 9 [hand]colorirten [lithogr.] Bildern von Prof. Hosemann. Berlin, Winckelmann und Söhne [1859]. 2 Bl. 164 S. Kl.-8°. Etw. bestoß. mehrfarb. Or.-Karton. 30.—
Brilobr. S. 149. ★ Originalausgabe eines der reizendsten Hosemann-Bücher. — Vereinz. winz. Flecken.

Eylers, s. Magazin von Festpredigten

Eylert. Rede über unsere Pflichten in Beziehung auf Armenpflege. *Hanau.* 1799

Eylert, Fr. R., s. Eylert, Rulemann Friedrich

Eylert, Friedrich. Eine deutsche Marseillaise. Berlin, L. Schlesinger 1848. 8 S. 8.
Flugblatt. Berlin, 1848/49.

Eylert, Frdr., eine deutsche Marseillaise. gr. 8. (7 S.) Berlin 851, L. Schlesinger. 1/12 ß

Eylert, Friedrich. Der 19. Maerz 1848. An Friedrich Wilhelm IV., den geliebten König eines freien Volkes. Berlin, E. Litfaß. 2 Bl. 8.
Flugblatt. Berlin, 1848/49.

Eylert, H., Der Sextant. Eine Studie über die Resultate aus der Prüfung von 700 Reflektions-Instrumenten auf der Seewarte. (Aus dem Archiv der Deutschen Seewarte, IV. Jahrg., 1881, No. 4.) Hamburg 1881.

Eylert, Jh. Rul. Ldw.

— 1. Etwas, noch, üb. Aufklärung. — Freund d. grauen Mannes.

Eylert, Jh. Rul. Ldw., († d. 1. Sept. 1813.) zwei Predigten üb. die Geburt u. Menschwerdung Gottes. gr. 8. Hagen 1795.

– s. Was ist wahrer Geist d. Protestantismus

Eylert, Carl, Prof.: Heimatsinn und Vaterlandsliebe. Rede z. Feier d. Geburtstages Sr. Maj. d. Kaisers am 27. Jan. 1905. Zeitz 1906: R. Jubelt. (S. 17—24.) 4° [J.]
Zeitz, k. Stifts-G P 1906 (313)

Eylert, Rulemann Friedrich

Eylert, d. J., Fr. Rul., die weise Benutzung d. Unglücks. Predigten gehalten in den J. 1809 u. 10. gr. 8. Berl. 810. Amelang. 1 ß 16 Gr

Eylert, d. J., Fr. Rul., Betrachtt. über die lehrr. u. trostreiche Wahrheit des Christenthums bei d. letzten Trennung d. Unsrigen. Auch u. d. T.: üb. Geistesheiterkeit u. Gemüthsruhe. 1r u. 2r Thl. 8. Dortm. 803. Mallinkrodt. 1 ß 8 Gr 2r u. 3r Thl. 8. Braunschw. 805. Reichard. 2 ß 2e Aufl. 806. 3e A. gr. 8. Magdeb. 818. Heinrichshofen. 1 ß 18 Gr

Eylert, Rulemann Friedr., Betrachtungen üb. d. lehrr. u. trostvollen Wahrheiten d. Christenthums bei d. letzten Trennung v. d. Unsrigen. 4., verb. u. verm. Aufl. gr. 8. (31¾ B.) Magdeburg 834, Heinrichshofen.

Eylert, Rulem. Fr., Betrachtungen üb. die lehrreichen u. trostvollen Wahrheiten des Christenthums bei der letzten Trennung von den Unsrigen. 5. unveränd. Aufl. gr. 8. (XVI u. 484 S.) Magdeburg 848, Heinrichshofen. 2⅓ ß

— üb. Bibelgesellschaften u. die Vereinigung der Völker durch das Band des Christenthums. gr. 8. Berl. 810. Rücker. 6 Gr

— — über Bibelgesellschaften und die Vereinigung der Völker durch das Band des Christenthums. gr. 8. Berlin, Rucker. 819.

— das Bild der christl. Liebe zu Gott. Eine Predigt. 2e Aufl. gr. 8. Frankf. a. d. O. 832. Hoffmann. 4 Gr

— offener Brief an den Königl. Regierungs= u. Schulrath zu Potsdam Herrn F. L. Striez als Antwort auf sein Sendschreiben an die Herren Geistlichen zu Berlin u. Potsdam. 3. Aufl. 8. Potsdam 845, Riegel. n. 1/6 ß

Eylert, R., üb. d. Charakteristische der Parabeln Jesu; vor dess. Homilien üb. d. Parabeln Jesu. Hall. 1818. 8.

Eylert, Rulem. Fr., Charakter=Züge u. histor. Fragmente aus d. Leben des Königs v. Preußen Friedrich Wilhelm III. Gesammelt nach eigenen Beobachtungen u. selbst gemachten Erfahrungen. 1. Thl. 2. durchges. Aufl. gr. 8. Magdeburg 843, Heinrichshofen. n. 2 ß pro 2 Thle. n. 4 ß — 3. durchges. Aufl. gr. 8. Ebend. 843. n. 2 ß — 4. unveränd. Aufl. gr. 8. Ebend. 844. n. 2 ß pro 2 Thle. n. 4 ß — 2. u. 3. Thl. in à 2 Abtheil. gr. 8. Ebend. 844—46. 2. Thl. n. 2 ß 3. Thl. n. 3½ ß (I—III. n. 7½ ß) — dass. Wohlfeile Ausgabe für das Volk. 1.—5. Liefg. gr. 8. Ebend. 844. à n. 1/6 ß

— Charakterzüge aus dem Leben des Königs v. Preußen Friedr. Wilh. III. Wohlf. Ausg. f. d. Volk. 2. Bd. 5 Lfgn. u. 3. Bd. 5 Lfgn. gr. 8. (380 u. 368 S.) à Lfg. n. 1/6 ß (cpl. n. 2½ ß)

Eylert, R. Fr., Charakterzüge aus dem Leben des Königs von Preußen Friedrich Wilhelm III. Gesammelt nach eigenen Beobachtungen und selbstgemachten Erfahrungen. Wohlfeile (Titel) Ausg. 3 Bde. (in 15 Liefgn.) Magdeburg 863. Heinrichshofen. gr. 8. Jede Liefg. 3¾ ngr.

— Clemens v. Alexandrien als Philosoph u. Dichter. Ein patristischer Versuch. gr. 8. Leipz. 832. Hartmann. 9 Gr

Eylert, F. R., de Clemente Alex. ejusque philosophia. Erlang. 1828. 4.

— Ermunterung z. Kampf wider den nachtheiligen Einfluß unsers Zeitgeistes. 2e Aufl. gr. 8. Berl. 819. Rücker. 6 Gr

Eylert, Friedr. Rulemann, der Gang der ersten Menschen zum Baume d. Erkenntniß, u. d. Hingang Christi zum Kreuz. Eine Fasten=Pred. gr. 8. (1½ B.) Lissa 835, Günther.

— zur Gedächtniß=Feier des hochsel. Königs v. Preußen Friedrich Wilhelm III. Drei Reden. gr. 8. Berlin u. Potsdam 840, Stuhrsche Buchh. 1/4 ß

— Gedächtnißfeier d. Königin Luise von Preußen, eine Stiftungsschrift mit dem Bildnisse d. Königin. gr. 8. Potsd. 812. Horvath. 2 Thlr 6 Gr

Eylert, R., Gedächtnißfeier d. Königin Luise von Preußen, eine Stiftungsschrift mit dem Bildnisse d. Königin. 8. Potsdam, Horvath. 816.

— über Geistesheiterkeit, Gemüthsruhe. Predigten. 2 Thle. 8. Braunschw. 805. Vieweg. 2 Thlr

— die Gottesfurcht des christl. Soldaten im Lager. Worte der Ermahnung über Psalm 34. V. 8. an die Truppen des dritten Armee-Corps beim Beginn des Manövers im Jahre 1832. gr. 8. Berl. 832. L. Oehmiake. 1 Gr

— Homilien üb. die Parabeln Jesu. gr. 8. Halle 806. 2e A. 819. Renger. 1 Thlr 12 Gr

— das eiserne Kreuz. Sechs Reden, gehalten zu Potsdam bei der Jahresfeier der Leipziger Schlacht, bei der Todtenfeier der gefallenen Krieger u. der Einweihung der Gedächtnißtafeln des eisernen Kreuzes. 8. Berl. 817. Mittler. 8 Gr

— Leben Friedrichs des Großen, s.a. Volks-Bibliothek, wohlfeilste.

Eylert, Frdr. Rul. Leben Friedrichs des Grossen. (16 B.) 8. Hamburg 1840. 0,50.

— geistliche Lieder für gläubige Christen. 1e Spende. (Januar — Juni.) gr. 8. Berlin 834. Rücker. ½ Thlr

— Lithurgie in zwei Reden bei d. Krönungs- u. Ordensfeier. gr. 8. Berl. 821. Rücker. 6 Gr

— s. Magazin von Fest- u. Gelegenheitspredigten.

— Predigt, gehalten bei d. Feier des Krönungs- u. Ordensfestes d. 24. Jan. 1819. 8. Berl. 819.

— Predigten üb. Bedürfnisse uns. Herzens u. Verhältnisse unsers Lebens ꝛc. 8. Halle 813. Renger. 1 Thlr 8 Gr

— Predigten, Reden u. Lieder, zunächst für Militair-Gemeinden. gr. 8. Berlin 834. Mittler. 1 Thlr

Eylert, Rulem. Fr., Rede, geh. im Namen d. evangel. Landeskirche u. ihrer Deputirten bei der Erbhuldigung Sr. Maj. des Königs von Preußen Friedrich Wilhelm IV. den 15. Octbr. 1840. Auf vielseit. Verlangen dem Abdruck übergeben. 8. Berlin u. Potsdam 841, Stuhr'sche Buchh. n. $^1/_{12}$ Thlr

— Rede, gehalten am 3. Aug. 1832, bei der Feier des Allerhöchsten Geburtsfestes Sr. Majestät des Königs von Preußen Friedrich Wilhelm III. vor der 5ten Division der Königl. Preuß. Armee. gr. 8. Frankf. a. d. O. 832. (Hoffmann). 4 Gr

Eylert, Rulemann Friedr., Rede, gesprochen in d. Capelle d. kgl. Schlosses bei d. Feier d. Krönungs- u. Ordensfestes am 17. Jan. 1841. gr. 8. (1 B.) Berlin u. Potsdam, Stuhrsche Buchh. Thlr.

— Rede u. Gebet bei d. Einweihung des Denkmals auf d. Schlachtfelde zu Kulm den 30. Aug. 1817, mit einer Abbildung des Denkmals. 8. Leitmeritz 818. (Arnold in Dresden). 3 Gr

— moralisch-religiöse Rede bei der Geburtsfeier des Königs Friedrich Wilhelm III., gehalten am 3. August. gr. 8. Hamm 799. Schulz. 2 Gr

— Rede: wie wollen wir unsern König empfangen? Eine Bitte an seine Mitbürger. 8. Potsdam, Horvath. 809.

— zwei Reden in der Domkirche in Berlin gehalten. gr. 8. Berl. 821. Rücker. 6 Gr

Eylert, F. R., Rückblicke auf Amerika, oder: Bekenntnisse eines ausgewanderten Poeten. 3 Bde. 8. Braunschweig 841, 42, G. C. E. Meyer sen. 4 Thlr

— ein Schatz des Evangeliums, in 11 Betrachtt. 8. Elberf. 804. Schönian. 1 Thlr

— der Feier wichtiger Tage in d. vaterl. Geschichte, zwei Predigten. 8. Potsd. 816. (Horvath). 8 Gr

— u. W. Jonas, das gute Werk der Union gegen des Predigers Claus Harms in Kiel Erklärung „Einer wider sieben u. achtzig." gr. 8. Potsdam 846, Stuhr'sche B. n. $^1/_6$ Thlr

— üb. den Werth u. die Wirkung der f. die evangel. Kirche in den Königl. Preuß. Staaten bestimmten Liturgie u. Agende, nach d. Resultate einer 10jähr. Erfahrung. Ein Beitrag zur 300jähr. Jubelfeier der Uebergabe d. Augsburg. Confession. gr. 8. Potsdam. 1e u. 2e Aufl. 830. Riegel. 22 Gr

— Worte der Belehrung u. des Trostes, über den jetzigen Gang d. Dinge. 8. Potsdam 808. Horvath. 20 Gr

Eyles, A. [Assistenzarzt zu Düsseldorf]: Ein Beitrag zur Radikal-Operation der Hernien. . . . Düsseldorf, gedr. bei L. Voss & Cie., k. Hofbuchdr., 1889; 36 S. 8°
Heidelberg, Med. Fak., Inaug.-Diss. v. [12. Febr.] 1889

Eyles, Johann Christoph (Ostfriesland), De odio ingratitudinis. Disp. jur. Rector Otto Verbruggen. Groningen (Joh. v. Velsen) 26. VIII. 1723. 72 S. (5.50) 8419
Gew.: Haro Joach. v. Closter (Dornum, Petckum).

— **Johann Heinrich** (Dornum/Ostfriesl.), De traditione symbolica. Diss. jur. Präs. Johann Gottfried Schaumburg. Wittbg., 24. III. 1727. Lpz. 1746. 56 S. (5.—) 8420

Eyles, Jul., 300 landwirthschaftliche Vorschriften, Mittel u. Recepte für die Haus- u. Feldwirthschaft, den Gartenbau, Viehzucht ꝛc. Gesammelt aus vielen landwirthschaftl. Zeitschriften u. anderen dergl. wissenschaftlichen Schriften neuerer Zeit. Mannheim 866. Schneider. 8. (XI, 92 S.) 7½ ngr.

Eyles, Peter Martin [aus Nennig]: Kritische Untersuchungen über die Verdauung der Eiweisskörper im Darmkanal und ihre Resorption durch die Darmwand (z. Th. nach einer von der med. Fakultät in Strassburg mit dem Preise gekrönten Schrift). Strassburg. Buchdruckerei H. L. Kayser. 1877. 8. 50 S.

Eylmann, Erhard [aus Krautsand]: Beitrag zur Systematik der Europäischen Daphniden . . . . (Sep.-Abdr. aus den „Berichten d. naturforsch. Ges." zu Freiburg i. B. Bd. II. Heft 3.) Freiburg i. B., Verl. v. J. C. B. Mohr (Paul Siebeck) (1886); 1 Bl. + 88 S. [ohne 3 dazu gehörige Taf.] 8°.
Freiburg i. B., Phil. Fak., Inaug.-Diss. v. 1886.

Eylmann, E., Beitrag zur Systematik der europäischen Daphniden. [Aus: „Berichte der naturforschenden Gesellschaft zu Freiburg i/Br."] gr. 8. (88 S. m. 3 Steintaf.) Freiburg i. Br. 887. J. C. B. Mohr. n. 5. —

Eylmann, Erh., die Eingeborenen der Kolonie Südaustralien. Mit 36 Lichtdr.-Taf., 8 Fig. im Text, 1 Tab. u. 1 Übersichtskarte. (28, 494 S. m. 18 Bl. Erklärgn.) Lex. 8. Berlin 908. D. Reimer. 40.—; geb. in Halbfrz. 45. —

Eylmann, Erhard [Dr. phil. aus Krautsand (Hannover)]: Ein Fall von myelogenem Alveolärsarkom. . . . Würzburg, Paul Scheiner's Buchdr., 1889; 66 S. 8°
Würzburg, Med. Fak., Inaug.-Diss. v. 1889

Eyma, Xavier, Excentricités américaines. 16. (195 S.) Leipzig 860, A. Dürr. *

Eyma, X., le trone d'argent. Scène de la vie américaine. 2 vols. Naumburg 857. Exped. d. Bibliothèque choisie. 16. (160; 142 S.) 20 ngr.

Adam sin Adämken. Ein Lebensbild von A[lfred] Eymann. Melle: Haag [1907]. 37 S. 8°
(Eymann: Aus d. Osnabrücker Lande.) A 11.7097

Eymann, Alfred [approb. Arzt aus Ankum (Hannover)]: Ueber die Combination von Phthise und Herzfehler.... Ankum, Druck v. B. A. Ricke, 1880; 24 S. 8°.
Würzburg, Med. Fak., Inaug.-Diss. v. 1880.

Eymann, Alfr., ein Tag a. d. Leben e. Landarztes. Blicke ins Landleben. (Aus d. Osnabrücker Lande.) Buchschmuck v. Frz. Hecker. (118 S.) 8. Osnabrück (908). G. Pillmeyer. 1.80; Liebh.-Ausg., geb. in Ldr. 4.50

Eymann, Hnr. Er., Erzielung einer zweifach. Kartoffel-Ernte. 8. Hagen u. Iserlohn 844, Thieme u. Butz. Verkl. n. 1/3 ₰

Eymann, Otto, approb. Arzt: Über Blasenscheidenfisteln mit Einschluß der Blasen- und Ureter-Cervixfisteln. *Greifswald 1903: J. Abel.* (68 S.) 8°
Greifswald, Med. Diss. v. 9. Mai 1903

Eymann, Otto, das Wassergesetz f. d. Königr. Bayern vom 23. III. 1907. Erläut. v. E. (2 Bde.) (VIII, 567 u. XIII, 961 S.) 8. Ansbach 908. C. Brügel & Sohn.
Geb. in Leinw. 14. —

Eymar, Bürger, Charakteristik Dolomieu's, s. Dolomieu's Tagebuch.

Eymar, A., grammaire française redigée d'après la méthode du P. Girard avec traduction allemande interlinéaire. Französische Grammatik verfaßt nach der Methode des P. Girard 2c. 1. partie. Wien 867. (Lechner.) 8. (67 S. u. 1 Tab. in Fol.) n. 10 ngr.

Eymard, Pet. Julien

Eymard, die hl. Eucharistie. Auszug aus d. Schriften d. E., d. Gründers d. Gesellschaft d. allerheil. Sakramentes (Eucharistiner). I.—IV. Serie. Übers. u. hrsg. v. Joh. Künzle. 8. Lindau 898. J. Lutz. n. 8. —
Geb. in Leinw.
- I. D. wirkl. Gegenwart. N. d. 7. Aufl. (194 S.) n. 1.20
- II. D. hl. Kommunion. N. d. 8. Aufl. (XV, 296 S.) n. 2.—
- III. Geistl. Uebgn. z. d. Füßen Jesu in d. hl. Eucharistie. Nach d. 6. Aufl. (VIII, 296 S.) n. 2. —
- IV. D. Eucharistie u. d. christl. Vollkommenheit. N. d. 5. Aufl. (XII, 328 S.) n. 2.80

Eymard, Pet. Julian. Jesus ist wahrhaftig da! 15 kleine Betrachtgn., übers. v. F. Ratte. 16. (172 S. m. 1 Bild.) Dülmen 889, Laumann. * — 50

Eymard, Monat zu Ehren des hl. Joseph, des ersten u. vollkommensten Anbeters Jesu Christi. Auszug aus den Schriften des Diener Gottes E. Mit e. Anh. v. Gebeten zu Ehren des hl. Joseph. (280 S. m. Titelbild.) 16. Buchs 906. Verlag des Emmanuel.
Geb. in Leinw. n. 1.20

— **Monat Mariä.** Uns. Lieben Frau v. allerheiligsten Sakramente. Betrachtgn., entnommen d. Schriften des ehrwürd. E. Nach d. 5. Aufl. d. französ. Ausg. ins Deutsche übertr. v. e. Priester d. Erzdiöcese Köln. 12. (154 S.) Feldkirch 896. Ebd. Geb. in Leinw. n.n. 1.10

— **Monat Mariä**, Unserer Lieben Frau vom Allerheiligsten Sakramente. Betrachtungen, entnommen den Schriften des Dieners Gottes E. Nach der 5. Aufl. der französ. Ausg. ins Deutsche übertr. v. e. Priester der Erzdiözese Köln. 2., v. den Vätern vom Allerheiligsten Sakramente in Bozen rev. Aufl. (154 S.) kl. 8. Ebd. (904).
Geb. in Leinw. n. 1. —

Eyme, Adolf, aus Zorge: Ueber eine neue Additionsreaktion der Carbodiimide. *Berlin (1901): E. Ebering.* (47 S.) 8°
Berlin, Phil. Diss. v. 5. Aug. 1901

Eyme, H., Ansprache zur Feier d. Sedantages, geh. auf dem Marktplatze zu Harzburg. 8. (9 S.) Harzburg 888. Stolle. — 25

Eymer, A., aeltere Umgebung von Frankfurt a. M. Nach Orig.-Zeichnungen. Photogr. von C. Abel. qu. 4. (24 Blatt.) Frankfurt a. M. 867, Keller. In Mappe *

Eymer, August, a. Allendorf a. W.: Versuche über die Abhängigkeit der Dielektricitätsconstante von mechanischen und thermischen Einwirkungen. Marburg 1906: R. Friedrich. (43 S.) 8°
Marburg, Phil. Fak., Ref. Birt, Diss. v. 12. Nov. 1906
[Geb. 16. Sept. 82 Allendorf a. d. Werra; Wohnort: Allendorf; Staatsangeh.: Preußen; Vorbildung: Realgym. Kassel Reife O. 02; Studium: Marburg 3, München 1, Marburg 5 S.; Rig. 19. Mai 05.]

Eymer, Heinrich: (Aus d. Frauenklin. d. Univ. Heidelberg. Dir.: v. Rosthorn.) Beitrag zur Lehre von den Lymphangioendotheliomen des Eierstocks. Mit 2 Taf. Berlin 1909: Schumacher. 27 S. 8° ¶(Aus: Archiv f. Gynäkol. Bd 88, H. 1.)
Heidelberg, Med. Diss. v. 1909, Ref. v. Krehl
[Geb. 13. Juni 83 Frankfurt a. M.; Wohnort: Heidelberg; Staatsangeh.: Preußen; Vorbildung: Kaiser-Friedrichs-Gymn. Frankfurt Reife O. 02; Studium: Marburg 1, Heidelberg 4, München 2, Heidelberg 3 S.; Coll. 31. Juli 08; Approb. 21. Sept. 08.] [U 09. 1953

Eymer, Carolus, Francofurtanus ad Moenum: De adpositorum apud poetas romanos usu. Marpurgi Cattorum 1905: Knauer Francofurtanus. (72 S.) 8°
Marburg, Phil. Fak., Ref. Birt, Diss. v. 19. Mai 1905
[Geb. 14. Juni 81 Frankfurt a. M.; Wohnort: Frankfurt; Staatsangeh.: Preußen; Vorbildung: Friedr.-Gymn. Frankfurt a. M. O. 00; Studium: Marburg 5, Heidelberg 1, Marburg seit O. 03; Rig. 20. Dez. 04.]

Eymer, W[enzel]: Über Collectanea zur Liviuslectüre. S. 3—17. 8.
Progr. K. k. Staats-Obergymn. *Leitmeritz i. B.* 1901.

Eymer, W[enzel]: Gutachten des Fürsten Gundacker von Liechtenstein über Edukation eines jungen Fürsten und gute Bestellung des Geheimen Rates. S. 3—28. 8.
Progr. K. k. Staats-Obergymn. *Leitmeritz i. Böhm.* 1905.

Eymer, W., Zur Horaz-Lektüre. S.-A. 1889. 7 S.

Eymer, W., Graf Franz Josef Kinsky als Pädagog. Ein Beitrag zur Geschichte der Erziehg. u. d. Unterrichtes in Österreich. gr. 8. (IV, 64 S.) Prag 887. Dominicus. n. 1.20

— (Hrsg.), s. Kinsky, Franz Josef: Pädagog. Schriften.

Eymer, Wenzel: [Schulrat Direktor a. D. Heinrich Klutschak † 23. Febr. 1910.] S. XVIII—XIX. 8.
Progr. K. k. Staats-Obergymn. *Leitmeritz i. Bö.* 1910.

Eymer, Wenzel D. G. Morhof und sein Polyhistor. Ein Beitrag zur Lehre vom Bildungswesen. (Umschlagtitel: ... Polyhistor.). 8 (88 S.). Progr. K. k. deutsches Staatsg. *Budweis* 1893.
Auch in Xenia Austriaca VIII (1893).

Eymer, Wenzel: D. G. Morhof u. sein Polyhistor. E. Beitr. z. Lehre vom Bildgswesen. *Wien 1893.*
in: **Xenia Austriaca.** Bd 2. [97. 3063

Eymer, Wenzel: Reiseerinnerungen aus Italien und Griechenland. 8 (S. 3—37). 8 (S. 3—16).
Progr. K. k. deutsches Staatsg. *Budweis* 1896. 1897.
1. In der Argolis. 2. Im Albanergebirge. 3. In den Marken und der Romagna. — 1. In den Häfen Athens. 2. In einer Sommerfrische bei Athen. 3. Auf dem Vesuv.

Eymer, Wenzel Reiseskizzen aus Italien und Griechenland. 8 (S. 3—48). Progr. K. k. deutsches Staatsg. *Budweis* 1894.
1. Fiesole bei Florenz. 2. An der Tibermündung. 3. Auf Capri. 4. Paestum und Salerno. 5. Von Brindisi nach Athen. 6. Auf der Akropolis zu Athen. 7. Durch den Canal von Korinth. 8. Auf dem Schlachtfelde von Marathon. 9. Auf der Südspitze Attikas.

— lateinische Übungssätze zur Casuslehre aus Cornelius Nepos u. Q. Curtius Rufus. Im Anschluß an die latein. Schulgrammatik v. A. Scheindler zusammengestellt u. zum Theile aus anderen Schulautoren ergänzt. gr. 8. (IV, 46 S.) Prag 889. Tempsky. — Leipzig, Freytag. n. — 60

Eymes, ..., († ...), s. Randel.

Eyn, Rainer W., offener Brief an Herrn Doctor Karl Lueger, Bürgermeister d. Haupt- u. Residenzstadt Wien. gr. 8. (5 S.) Wien 897. „Austria“ F. Doll. — 14

Eynard, Charles s. Rovéréa, F(erdinand) de. Mémoires. Berne... 1848.

Eynard, Karl, des großen Arztes August Tissot's Leben. Mit bisher ungedruckten Briefen vieler bedeutenden Männer seiner Zeit. Aus d. Französ. gr. 8. Stuttgart 843, Steinkopf'sche Buchh. 1 ℔

Eynatten, Frhr. v., Anleitung zum Kriegsspiele. s.: Meckel.

Sechs kleine Klavierstücke comp. von H. v. Eynatten. *Berlin: Freie Musikal. Vereinig. 1900.* (7 S.) 4° [00. 6047

Eynatten, Karola v.

— Student Annchen. Eine Erzählung f. junge Mädchen. Mit 4 Autotyp. nach Orig. v. Fritz Bergen. (284 S.) gr. 8. Stuttgart (903). Levy & Müller. Geb. in Leinw. n. 4. 50

Eynatten, Carola v., Aennili, s.a. Bibliothek f. junge Mädchen.

[F.] Aennili. Erzählg v. Carola v. Eynatten. M. 3 ganzseit. Tonbild. u. 10 Textill. v. O. Maehli. *M. Gladbach & New York: A. Riffarth [1897].* (142 S., 3 Taf.) 1 Bd 8.
— Bibliothek für junge Mädchen. Bdch. VI. [98. 4374

— d. Armins-Brüder. Erzählg. f. d. reif. Jugend u. d. Volk. M. 2 Abb. in Photograv. gr. 8. (272 S.) Regensburg 896. Nationale Verlagsanstalt. n. 3. —; geb. in Leinw. n. 4. —; m. Goldschn. n. 4. 50

— Kandidat Brätling. Roman. (298 S.) 8. Bremerhaven 903. L. v. Vangerow. n. 4. —; geb. in Leinw. n. 5. —

Eynatten-Dirking, Carola v., Anita's Brautstand, s.: Sunlicht-Roman-Bibliothek. 2. Bd.

Eynatten, Carola Freiin v., Chiffre A. B. C., s.: Künast's Reise-Bibliothek.

— die echte Christin u. ihr Wirken. gr. 8. (86 S.) Minden 888. Hufeland. n. 1. 10; geb. m. Goldschn. n. 2. 20

Eynatten, Carola v., Burg Degenstein. Eine Erzählg. f. junge Mädchen. Mit 8 Tonbildern v. Hugo L. Braune. 8. (232 S.) Leipzig 901. F. Hirt & Sohn. 3. —; geb. in Leinw 4. —; in Damast 4. 50

(S) Eynatten, Carola v., Burg Degenstein. 901. (KVL 31.) Jetzt: Berlin, Heilbrunn & Co.

— Burg Degenstein. Eine Erzählg. f. junge Mädchen. Mit 8 Tonbildern v. Hugo L. Braune. 2. Aufl. (232 S.) 8. Leipzig 903. F. Hirt & Sohn. n. 3. —; geb. in Leinw. n. 4. —

— 's Dorli. E. Erzählg. a. d. Schwarzwalde. 8. (150 S. m. 2 farb. Bild.) Baden-Baden 895. P. Weber. Kart. n. 2. 50

Gräfin Hanna's Ehe. Roman von Carola v. Eynatten. Erfurt: F. Kirchner [1907]. (405 S.) 8° [F.] [07. 1540] 8

Eynatten, Carola Freiin v., Eifelsagen, Sagen u. Geschichten. 8. (IV, 219 S.) Trier 891. Stephanus. n. 2. —; geb. n.n. 2. 80

— Feldberg-Geschichten. (88 S. m. Abbildgn.) kl. 8. Heidelberg (910). L. M. Waibel & Co. 1. —

— die Frau in Haus u. Welt. Ein prakt. u. moral. Führer f. Frauen u. Jungfrauen. 2. Aufl. 12. (138 S.) Leipzig 888. C. A. Koch. geb. n. 2. 50

— Die Frau im Kampfe ums Dasein. Ratgeb. f. erwerbsbedürft. Frauen. (96 S.) 8. Warendorf 910. J. Schnell. 1. 20

— d. Fuchs v. Eiach. D. Jugend erz. M. Orig.-Ill. v. A. C. Baworowski, Hugo Frdr. Hartmann, Hans Mützel. — Aus stürm. Zeit. E. Erzählg. a. d. 7jähr. Krieg. — In nord. Meeren. Erlebn. v. Walfischfängern. gr. 4. (II, 280 S. u. 8 Farbdr.) Elberfeld 897. S. Lucas. Geb. 3 —

Eynatten, Carola von, und Frau Dr. A. Judex.

— — f. die Gattin. [Von „Fürs Haus“ 1. Tl.] gr. 8. (III, 124 S.) Ebd. 888. n. 1. 60; geb. n. 2. 40

— die letzten Gothen. Eine Erzählung aus dem Ausgange des ostgoth. Reiches. Mit 14 Orig.-Bildern. — Maximilian, der letzte Ritter v. Brabant. Eine Erzählung f. die Jugend. Mit 4 Orig.-Bildern. (III, 248 S.) Lex.-8. Elberfeld (901). S. Lucas. Geb. n. 3. —

— Harzsagen. Sagen u. Geschichten. 8. (III, 179 S.) Weimar 889. Künast & Co. n. 2. —; geb. n. 3. —

— Harzsagen. Sagen u. Geschichten. 2. Aufl. (III, 179 S.) 8. Leipzig (904). B. Francke. n. 1. 50; geb. in Leinw. n. 2. —

— u. Frau A. Judex, fürs Haus, e. nützlicher Ratgeber. Für die Gattin. Für die Hausfrau. Der tägl. Tisch. 10 Lfgn. gr. 8. (VI, 472 S.) Zürich 887. 888. Schröter & Meyer. à n. — 50 (cplt.: n. 5. —; geb. n. 6. —)

— — für die Hausfrau. [Von: „Fürs Haus“ 2. Tl.] gr. 8. (III u. S. 127—225.) Ebd. 888. n. 1. 30; geb. n. 2. 20

— Klein-Sarolta, s.: Jugendbücherei des Vereins kathol. deutscher Lehrerinnen.

— Liesels Compagnon. Eine Erzählg. f. junge Mädchen. Mit 4 Autotypien nach Originalen v. O. Meyer-Wegner. gr. 8. (312 S.) Stuttgart (901). Levy & Müller. Geb. in Leinw. n. 4. 50

— aus deutschen Landen. Sagen, Märchen u. Geschichten. Mit 5 Farbendr.-Bildern nach Aquarellen v. Fritz Bergen. gr. 8. (192 S.) Wesel 892. W. Düms. Geb. n. 2. —; geb. in Leinw 3. —

— Mariensagen. gr. 8. (155 S.) München 890. Literar. Institut v. Dr. M. Huttler. n. 1. 60; geb. n. 2. 50

— Menschenschicksale. Aus d. Papieren e. Samariterin. 1. u. 2. Aufl. (IV, 153 S.) 8. Stuttgart 909. M. Kielmann. 2. —; geb. in Leinw. 3. —

Eynatten, C. v., Pereat Austria! Geschichte e. Zukunftsrevolution in Österreich-Ungarn. (257 S.) 8. Leipzig (909). Leipziger Verlags- u. Kommissionsbuchh. 3. —; geb. 4. 50

— Rheinsagen. Sagen u. Geschichten. 8. (IV, 197 S.) Weimar 890. Künast & Co. n. 2. —; geb. n. 3. —

— um den Rosenstein. — Der arme Junker. 2 Erzählgn. f. die Jugend. Mit 8 Orig.-Zeichngn. v. R. Edler u. G. Quantmeyer. gr. 4. (IV, 277 S.) Elberfeld (898). S. Lucas. Geb. n. 3. —

— Brandenburger Sagen. Sagen u. Geschichten. 8. (III, 186 S.) Leipzig 893. B. Franke. n. 1. 50; geb. in Leinw. n. 2. —

— deutsche Sagen u. Geschichten. 8. (III, 238 S.) Bonn 890. Hanstein. n. 3. —; geb. n. 4. —

— deutsche Sagen u. Geschichten. 2. (Titel-)Aufl. 8. (III, 238 S.) Bonn 893. P. Hanstein. n. 1. 80; geb. in Leinw. m. Goldschn. n. 2. 80

— Sagen, Märchen u. Geschichten. Mit (3) Farbendr.-Bildern nach Aquarellen v. Fritz Bergen. (192 S.) 8. Wesel (906). W. Düms. Geb. 1. 25

— die Geschwister Saldern. Erzählung. Mit 3 ganzseit. Tonbildern u. 10 Textillustr. v. W. Schäfer. (Bibliothek f. junge Mädchen [im Alter von 12—16 Jahren].) 8. (154 S.) Würzburg (902). F. X. Bucher. Geb. in Leinw. n. 1. 20

Eynatten-Dirking, Carola v., Schwarzwaldkinder, s.a. Jugend-Bücherei des Vereins katholischer deutscher Lehrerinnen.

— Schwarzwaldkinder. Erzählung. Für die Mittelstufe. (Jugend-Bücherei des Vereins kathol. deutscher Lehrerinnen.) (160 S. m. 1 Abbildg.) 12. Münster 904. Alphonsus-Buchh. Geb. n. — 80

— Schwarzwaldsagen. 8. (V, 256 S.) Emmendingen 889. Dölter's Verl. n. 2. 80

— Schwarzwaldsagen. Neue (Titel-)Ausg. 8. (256 S.) Emmendingen 892. A. Dölter. n. 2. 80

— Margitas Stolz. Eine Erzählg. f. junge Mädchen. Mit 4 Autotyp. nach Originalen v. O. Meyer-Wegner. gr. 8. (280 S.) Ebd. (902). Geb. in Leinw. n. 4. 50

Eynatten, Carola von und Frau Dr. A. Judex.

— — der tägliche Tisch. [Von „Fürs Haus" 3. Tl.] gr. 8. (III u. S. 229—460.) Ebd. 888. n. 3. 20; geb. n. 4. —

— für unsere Töchter. Eine Mitgabe f. junge Mädchen bei ihrem Eintritt in das Leben. Mit Titelbild nach e. Aquarell v. Elisabeth Erber. 8. (VIII, 296 S.) Weimar 892. Züngst & Co. Geb. in Leinw. n. 4. 50

— Försters Töchterlein. Roman. (224 S.) 8. Gotha (905). Verlagsanstalt u. Druckerei (H. Bartholomäus). n. 1. —

Eynatten, Carola Freiin v., wollt ihr glücklich sein? Handbuch f. junge u. angeh. Eheleute. 8. (80 S.) Berlin 888. Hampel. n. 1. —

— Wollt Ihr glücklich sein? Handbuch f. Verlobte u. Eheleute. 2. Aufl. 8. (55 S.) München 897. A. H. Müller. n. 1. —

[F.] Aus vergangenen Zeiten. Sagen u. Geschichten f. d. Jugend v. Carola Freiin v. **Eynatten**. M. zahlr. Orig.-Ill. *Münster i. W.: A. Russell (1896)*. (2 Bl., 98 S., 1 Bl.) 1 Bd 8. [96. 4387

— der Zug nach Süden. Mit 12 Orig.-Illustr. Lex.-8. (244 S.) Elberfeld (902). S. Lucas. Geb. in Leinw. n. 3. —

Eynern, Ernst v.

Eynern, E. v., kritische Betrachtungen zur Reform der Kommunalsteuern. [Aus: „Elberfelder Zeitg."] 8. (22 u. 3 S.) Elberfeld 892. S. Lucas. — 25

Friedrich v. Eynern. Ein bergisches Lebensbild, zugleich e. Beitrag z. Geschichte d. Stadt Barmen. Dem Andenken s. Vaters gewidmet von Ernst v. **Eynern**. Elberfeld 1901: Baedekersche Buchdr. (109 S.) 8° [F.] Aus: Zeitschrift d. Bergischen Geschichtsvereins. Bd 35. Jg. 1901. [07. 101

Eynern, E. v., Geschichte des Sattelhofes Eynern und der Familie Eynern. Als Manuscript gedruckt. 1883. 4.

Eynern, Ernst v., 20 Jahre Kanalkämpfe. Ein Beitrag zur Geschichte des deutschen Parteiwesens. Nach den Verhandlgn. des preuß. Landtags in den J. 1882 bis 1901 zusammengestellt. gr. 4. (165 S.) Berlin 901. (Deutscher Verlag.) 3. —

Eynern, Ernst v., die Neuconservativen im Westen u. die „rheinisch-westfälische Post". 8. (31 S.) Elberfeld 876. Bädeker. n. — 50

Eynern, E. v., zur Reform d. direkten Steuern in Preußen. Gegen die Selbstdeklaration. 8. (III, 74 S.) Barmen 889. Wiemann. n. 1. —

— wider die Socialdemokratie u. Verwandtes. gr. 8 (VII, 137 S.) Leipzig 874. O. Wigand. n. 2. —

von Eynern, Fritz [aus Barmen]: Condensation von Acetessigester mit bernsteinsaurem Natrium .... Strassburg, Univ.-Buchdr. v. J. H. Ed. Heitz (Heitz & Mündel), 1887; 32 S. 8°.
Strassburg, Math.-Naturw. Fak., Inaug.-Diss. v. 1887.

Eynern, Walth. v., s.a. **Walther, Frdr.**

Zur Verurteilung des Zahnarztes Herrn Manfred Prinz durch die Elberfelder Strafkammer. Eine Rechtfertigungsschrift von Friedrich Walther ⟨Walter v. **Eynern**⟩. (Elberfeld [1905]: Martini & Grüttefien.) 12 S. 8° [06. 3638

Eynern, Wilhelm H(elmuth) von, Referendar: Die Haftung der Aktien-Emittenten nach § 203 des Handels-Gesetz-Buches. Bonn: Dauben 1910. VI, 48 S. 8°
Heidelberg, Jur. Diss. v. 8. März 1910, Ref. Heinsheimer
[Geb. 22. Juni 87 Bonn; Wohnort: Bonn; Staatsangeh.: Preußen; Vorbildung: Städt. Gymn. Bonn Reife O. 05; Studium: Heidelberg 3, Berlin 1, Bonn 3 S.; Rig. 21. Dez. 09.] [U 10. 1860

Eyrainer, Anton (Pseud.), s. Thomas, Peter

Eyraud, s.a ***Eiraud***.

Eyraud, A., Uebungen f. Landschaftzeichner. 8 Blätter in Steindruck. 4. Magdeb., Creutz. 819.

Eyraud, C. A., Bibliopolische Charte von Deutschland. Entworfen den 1. Juli 1818. 4. Aufl. Fortgeführt bis zur Oster Messe 1848 und bereichert mit verschiedenen Notizen. Neuhaldensleben u. Gardelegen, Eyraud, 1848. Lith. u. kolor. 36 Zoll Rhein. hoch u. 25 Zoll breit. Roy.-Fol. (1/3 Rt.)

Eyrbiggia **Saga, sive Eyranorum historia quam mandante et impensis faciente P. E. Suhm auxit etc. C. J. Thorkelin. 4 maj. Kopenh. 787. Bonnier; (a. Schubothe). 2 ₰ 8 ℛ Schrbp. 5 ₰**

Eyrbyggja Saga herausg. von Gudbr. Vigfusson. Mit 1 (lith.) Karte (in 4.) Leipzig 864. Vogel. 8. (LIV, 145 S.) n. 1 ₰ 10 ngr.

Eyrbyggja-Saga, hrsg. v. Hugo Gering, s.a: **Saga-Bibliothek, altnord.**

Eyrbyggja Saga hrsg. v. Hugo Gering. *Halle a. S.: Niemeyer 1897.* (XXX, 264 S.) 1 Bd 8.
= **Saga Bibliothek, Altnordische.** [No] 6. [97. 3758 II.

Eyre, Archib., sie soll ihn erziehen, s.a. **Kürschner's Bücherschatz.**

Sie soll ihn erziehen (The Girl in waiting). Humorist. Roman von Archibald **Eyre**. Einzig berecht. Übers. von M. W. Sophar. Mit Ill. von L. Berwald. Berlin, Leipzig: Hillger [1900]. 128 S. 8°
(Kürschners Bücherschatz. Nr 676.) [00. 13916

Eyre, James, die Heilbarkeit von Magenkrankheiten durch das Silberoxyd oder die merkwürdige Heilkraft dieses Präparates bei Indigestion, Dyspepsie (Verdauungsschwäche), Magenkrampf, Gastrodynie etc. Nach der 3. Originalausg. deutsch von Ad. Mannrath. Weimar 857. Voigt. 8. (XV, 103 S.) 12½ ngr

Eyre, Jane, die Waise von Lowood. Nach dem Engl. der Currer Bell. 2 Bde. 1. Aufl. 1854. und 2. Aufl. 8. (278 S.) Altona 855, Hellbutt.

Eyre, J[ohn] Vargas, a. London: Zur Natur der farbigen Verbindungen aus Succinylobernsteinsäureester und ihrer Salze. Weida i. Thür. 1905: Thomas u. Hubert. (42 S.) 8°
Leipzig, Phil. Fak., Ref. Hantzsch, Beckmann, Diss. v. 10. Jan. 1906
[Geb. 11. April 80 London; Wohnort: London; Staatsangeh.: England; Vorbildung: Finsbury Technical College London Diplom 00; Studium: Würzburg 2, Leipzig 4 S.; Rig. 27. Okt. 05.]

Eyrel, A., die Pfuscherei in d. Arzneikunst u. die Bildung d. Aerzte beleuchtet. gr. 8. Bresl. 801. Schall. 4 gl

— dass., s.a. Eyerel, A.

Eyrel, Frz., Physiologie der menschlichen Tonbildung nach den neuesten Forschungen gemeinfaßlich dargestellt. Ein praktisches Handbuch zur Ausbildung der Stimme und Sprache aller Menschen. Mit 38 in den Text gedr. Fig. (in Holzschn.) Leipzig 860. Brockhaus. gr. 8. (XXII, 383 S.) n. 2 ₰ 15 ngr

Eyrich, Chr. Gph. Jak., († d. 12. Febr. 1814.) medicin. Almanach f. das Landvolk aufs J. 1782, 83. 8. Nürnb.

Eyrich, Geo. Libor.

Eyrich, G. L., Das Buch Job in deutschen Hexametern. Würzburg, 1824.

Eyrich, Geo. Libor., († d. 22. Febr. 1826.) tentamen historicum circa diversas de spe et exspectatione, quam Jobus Cap. XIX, 25. sibi facit, opiniones et sententias. 8. Würzb. 791.

Eyrich, Hermann [app. Arzt aus Tuttlingen]: Zur Kenntniss der verrucösen Aortitis. . . . (Aus: Beiträge z. patholog. Anat. u. allg. Pathol. Bd. V.) Jena, Gustav Fischer, 1889; 20 S. 8°
Tübingen, Med. Fak., Inaug.-Diss. v. 1889

Eyrich, Jh. Lhrd.

— s. Abhandll. d. fränk. Bienengesellsch. — Jh. P. Baumer.

Eyrich, Jh. Lhrd., († d. 1. Sept. 1784.) gründlicher Beitrag u. Unterricht zur Verbesserung der Klotzbeuten-Bienenzucht. 8. Nürnb. 774. Zeh. 2 gl

— Bienenkalender od. prakt. Handleitung, wie durchs ganze Jahr die Zucht in Körben d. Natur der Bienen gemäß herzurichten ist. 8. Nürnb. 780.

— vernunft- u. erfahrungsmäßiger Entwurf d. vollkommensten Bienenpflege f. alle Landesgegenden, mit Kpf. 8. Uffenh. 768. 2e Aufl. 8. Frankf. 767. 3e Aufl. 8. Nürnb. 771. 4e Aufl. 8. Ebd. 774. Zeh. 6 gl

Eyrich J. L.: Vernunft- u. erfahrungsmässiger Entwurf d. vollkommensten Bienenpflege für alle Landesgegenden ... Frankf. u. Leipz. 1768. 62 S. 1 Tvl. P.
— — 4. verm. u. verb. Aufl., m. Tit.: Der fränkischen Gesellschaft vernunft- (etc.). Nürnb. 1771. 78 S. 1 Tvl.

— geprüfte Nachricht von d. Winterung der Bienen, aus d. gesellschaftl. Versuchen zusammengetragen. 8. Nürnb. 774. Zeh. 5 gl

— Plan der fränkischen physikal.-ökonom. Bienengesellschaft zur Errichtung d. Schwarm- u. Magazin-Bienen u. zur Erleichterung d. Bienenzucht überhaupt ꝛc. 8. Ansb. 768. Gassert. 12 gl

J. L. Eyrich, Unterricht zur Verbesserung der Klotzbruten-Bienenzucht.
1774 Nürnberg

Eyrich, Carl, das Glas-Firmaschild. Anleitung zur rationellen Behandlung aller einschläg. Arbeitsweisen. (VII, 85 S.) 8. Leipzig 905. Jüstel & Göttel. n. 1.—

Eyrich, Carl, Organisation u. Buchführung im Maler-Gewerbe. 8. (IV, 37 S.) Leipzig 902. Jüstel & Göttel. n. 1.—

— kaufmännische Organisation im Handwerk. Ein Lehr- u. Hilfsbuch für die gesamten Kontorarbeiten des Handwerkers. (VI, 132 S. m. 1 Tab.) gr. 8. Leipzig 903. C. E. Poeschel. Geb. in Leinw. n. 2. 40

Eyrich, Louis, die neuen Maaße u. Gewichte in Baden. Das Gesetz vom 24. November 1869 nebst Tabellen zur bequemen Vergleichung der neuen Maaße u. Gewichte des Großherzogthums mit den seitherigen u. mit denen anderer Staaten mit erklärenden Beispielen. 1. u. 2. Aufl. Mannheim 870. Schneider. gr. 8. (26 S.) 4½ ngr

Eyrich, Louis, die neuen Maaße & Gewichte in Baden Das Gesetz vom 24. Novbr. 1869 nebst Tabellen zur bequemen Vergleichg. der neuen Maaße u. Gewichte d. Großherzogth. m. den seither. u. m. denen anderer Staaten m. erklär. Beispielen. gr. 8. (29 S.) Straßburg 872 Schneider. — 45

Eyrich, Theodor [app. Arzt aus Tuttlingen]: Ein Fall von Carcinom des Ovariums ... Tübingen, F. Pietzcker, 1895; 28 S. 8.
Tübingen, Med. Fak., Inaug.-Diss. v. 1895

Eyriès, J. B., Malerische Reise in Asien und Afrika. (Aus dem Französischen von Dr. A. Diezmann.) Leipzig 1811.

Eyring, Elias Martin

Eyring, El. Mart., Anschauen d. Herrn, od. abgezogene Rede d. Welt. 8. Coburg. Ahl. 715.

— de rebus Franciae orientalis sub Anton Rotenhanio. 4. Lps. 740.

— dass., s.a. Eyring, Ludwig Salomon

Eyring, Elias Martin. Vita Ernesti Pii, ducis Saxoniae. 8. Lipsiae 1704. — 8. ib. 1710.

Eyring, Hugo, aus Höchst a. M.: Über die Behandlung des vorgeschrittenen Carcinoma uteri mit dem ferrum candens. *Erlangen 1899: E. Th. Jacob.* (40 S.) 8°
Erlangen, Med. Diss. v. 19. Juli 1899

Eyring, Jeremias Nicolaus

Eyring, Jer. Nicl., († d. 27. Apr. 1803.) literar. Almanach der Deutschen auf d. J. 1775—77, in 25 Stücken. gr. 8. Götting. 777—80. Vandenhöck u. R. 5 ₰ 10 gl

— literar. Annalen d. Gottesgelehrsamkeit, 1r Zeitraum 1778—80. 8. Nürnb. 782. Grattenauer. (Lauffer in Lpz.) 1 ₰ 12 gl

— einige Betrachtt. über den Zustand des Schulwesens in Göttingen vor d. J. 1780 ꝛc. 4. Götting. 786.

Eyring, J. N., Chrestomathia tragica, Aeschylus, Sophocles, Euripides. Götting. 762. 8. 1 rthlr.

— Chrestomathia tragica. 8. Götting. 762. Bossigel. 1 ₰

— s. Diodorus.

— Jeremias Nicolaus (Göttingen), Disputatio ex historia litteraria virtutes historicorum antiquorum et recentium comparans. Präs. Johann David Michaelis. Göttingen (J. H. Schulz) Okt. 1762. 56 S. (4.—) 8424

—Gedanken z. Vertheidigung derer, die ohne Reichthum studiren. 4. Götting. 761.

— — De cultus populorum tribus generibus. Ad duas orat. in gymnas. Göttingen (Hager/E. D. Alberti) 8. IV. 1767. 26 S. (3.50) 8426
Carl Fried. Matth. List, Gg. Aug. Oppermann. Ad duas orat. in gymnas. Goetting.

— s. Gesner, J. M.: Biographia.

— s. Heumann, Ch. A.: Conspectus.

—pädagogisches Jahrbuch, oder Beschreib. von Erziehungsanstalten. 6 Stcke. 8. Gött. 779—80. Vandenhöck u. R. 1 ₰ 6 gr.

Jerem. Nicol. Eyring Literatur der Arzneigelehrsamkeit auf 1775 bis 1777. Götting. 1779. 8.

— — u. **Phil. Anton Friedrich Martini** (Coburg), De historiae universalis apud Graecos Romanosque et nostros jam scriptores diversa ratione. Disp. philos. Götting. (Victor Bossigel) 18. II. 1764. 30 S. (4.80) 8425
Gew.: Joh. Clamer August Frh. v. Busch.

—synopsis histor. literariae sive Orientis, graeca, romana, item aliarum linguarum scriptis cultarum, literatura tabulis synchron. exhibita. III Ptes. 4. Götting. 783. Vandenhöck u. R. 2 ₰ 8 gr.

— **Ludw. Salomon**, Commentatio de rebus Franciae orientalis sub Antonio episcopo Bambergensi. Jena (Chn. Franz Buch) 30. XII. 1739. 84 S., tlws. dtsch. (6.50) 8430
Gew.: Joh. Georg Frh. v. Rotenhan (Eyrichshof . . .).

— dass., s.a. Eyring, Elias Martin

Van Eys, W. J. Proverbes basques-espagnols. Refranes y Sentencias comunes en Bascuence, declaradas en Romance. Réédités d'après l'Unicum de 1596 conservé à la Bibliothèque de Darmstadt. In-8º carré. 70 p. Genève et Bâle, Georg & Co. 1896. 5 —
*** Tiré à 100 expl. sur papier de Hollande.

Eysank v. Marienfels, Josef

— Einige Aufgaben aus der analytischen Geometrie. 23. Wien IV. R. 02.
Progr.

Eysank v. Marienfels Josef: Ein specieller Fall eines Dreieckes mit rationalen Seiten. (2). Troppau R. 96.
Progr.

EYSCHEN, J. F. de M. Baron d' (sol), L'amour demasqué par la discrètion (!), ou Précautions de Sagesse contre un des plus grands malheurs des honnêtes Gens, par —, au depens de l'Auteur. Francfort & Leipsic (Nuremb., Lochner). 1733. (Auch titulo: Die durch kluge Einsicht Entlarvte Liebe, Oder Veranstaltung der Weißheit . . . .) Mit Titelkpf. 8º. (Französ. u. deutsch.) Sehr selten! (In Wolfenbüttel.)

Eyschen, Paul

Eyschen, P., das Staatsrecht d. Großherzogth. Luxemburg, s.a. Handbuch d. öffentlichen Rechts.

Eyschen, das Staatsrecht d. Grossherzogt. Luxemburg, s.a. Recht, das öffentliche, der Gegenwart. XI.

Das Staatsrecht des Grossherzogthums Luxemburg, bearb. v. P. **Eyschen.** Freiburg i. B. 1890. = Handbuch des Oeffentlichen Rechts der Gegenwart. Hrgg. v. H. Marquardsen. Bd. 4, Halbbd. 1, Abth. 4. B. 8º m.

Das Staatsrecht des Großherzogtums Luxemburg. Von Dr. [P.] **Eyschen.** Tübingen: Mohr 1910. VI, 231 S. 4º(8º)
(Das öffentliche Recht d. Gegenwart. Bd 11.) (m. 2831

Eysel, Hermann [med. cand. aus Cassel]: Ueber einen Fall von Carcinoma Vulvae bei Prolapsus Uteri . . . . Erlangen, Druck d. Univ. Buchdr. v. E. Th. Jacob (1886); 13 S. 8º.
Erlangen, Med. Fak., Inaug.-Diss. v. März 1886.

Eysel, Johann Philipp

Joannes Philippus Eyselius [Eysel]: De Calculo renum et vesicae. [Resp.:] Johannes Andreas Wendelin. Erfordiae (1717:) Grosch. 48 S. 8º
Erfurt, Med. Diss. v. 8. Mai 1717

Johannes Philippus Eyselius [Eysel]: De Casu herniae scrotalis, gangraena et passione iliaca comitibus. [Resp.:] Hermannus Andreas Seyfferth. Erfordiae (1717:) Grosch. 20 S. 8º
Erfurt, Med. Diss. v. 12. Apr. 1717

Eyselius, J. Ph., Diss. de cephalalgia periodica. Erf. 4º. 1703

Eysel, J. Ph., De comate somnolento, observato et curato. Erf. 4º. 1704

Eyselius, J. Ph., Diss. de convulsione et spasmo. Erf. 4º. 1716

—, De convulsione tonica. Erf. 4º. 1708

Gladbach. A. praes. Eysel, J. Ph.: De ebrietate assidua, hydropis causa. 20. 4º. Erfurt. 1701.

Eyselius, Jo. Phil., resp. Jo. C. **Bauer**, De febre syncopali. 20 pp. Erf. 4º. 1716

Eysel, J. P., resp. S. **Lange**, De fuga daemonum. 24 pp. Erf. 4º. 1714

Eyselius, J. Ph., Diss. de furore uterino. Tobsucht der Weiber. Erf. 4º. 1. ed. Erf. 1694. 4º. 1713

—, resp. J. M. **Lehmann**, Diss. de furore uterino, Tobsucht der Weiber. 24 pp. Erf. 4º. (1. ed. 1694.) 1715

—, resp. **Waltherus**, Rarissimus affectus glossagra, das Zungen-Zipperlein. Erf. 4º. 1701

Eysel, J. Ph., Diss. de gutta serena. Erf. 4º. 1701

Joannes Philippus Eyselius [Eysel]: De Haemoptysi. [Resp.:] Samuel Gottfried Regemann. ([Erfurt] 1711:) Grosch. 8 Bl. 8º
Erfurt, Med. Diss. v. 15. Sept. 1711

Eysel, J. Phil.. Diss. de hydrophobia. Erf. 4º. 1705

Eysel, Jo. Phil., resp. J. M. **Rosner**, De incubo. 11 l. Erf. 4º. 1708

Eyselius, Jo. Ph., Diss. de incubo. Erf. 4º. 1798

—, Diss. de curanda hydropicorum ischuria. Erf. 4º. 1716

Eyselius, J. Phil., resp. Chr. G. **Gerber**, De melancholia hypochondriaca. 31 pp. Erf. 4º. 1715

Eyselius, J. Ph., Diss. de naevis maternis, von den Muttermahlen. Erf. 4°. (Imaginatio.)
1709

Eyselius, Io. Ph., opera medica et chirurgica, 8. Erfurt, Adami. 718. Rthlr.

Eyselius, J. Ph., Diss. de apoplexiae praeservatione et curatione. Erf. 4°.
1712

—, De principiis motus et sensus. Erf. 4°. 1715

Eysel, J. Ph., resp. Dan. G. Neuhof, De satyriasi. 32 pp. Erf. 4°.
1711

Joannes Philippus Eyselius [Eysel]: De venae Sectione infelici. [Resp.:] Godofredus Gellert. ([Erfurt] 1712:) Grosch. 23 S. 8°

Erfurt, Med. Diss. v. 7. Sept. 1712

Eyselius, J. Ph., resp. D. L. Ebersbach, De somno excedente. 32 pp. Erf. 4°. 1707

—, Diss de stupore. Erf. 4°. 1704

Joannes Philippus Eyselius [Eysel]: Vulnus ventriculi duplicatus non lethale. [Resp.:] Johannes Fridericus Föckler. Erfordiae (1716:) Groschius. 20 S. 8°

Erfurt. Med. Diss. v. 4. Apr. 1716

EYSEL, J. P.: Die wundernswürdige Weidenrose. - Erfurt 1711

Eysel, Willy [app. Arzt aus Göttingen]: Extragenitale Syphilisinfektion bei Glasbläsern, beobachtet an 12 Fällen ... Göttingen, Druck d. Dieterich'schen Univ.-Buchdr., 1896; 47 S. 8.
Göttingen, Med. Fak., Inaug.-Diss. v. [14. Febr.] 1896

Eyselein, Osc., zur Organisation der öffentlichen Gesundheitspflege im Herzogth. Braunschweig [Einführung von Ortsgesundheits-Räthen]. Hygieinisch-statist. Bearbeitg. gr. 8. (IV, 124 S.) Berlin 880. Gutmann. n. 2.40

Eyselein, Osc., Tisch f. Nervenkranke, s.a. Wiel, Jos., diätetische Behandlung der Krankheiten d. Menschen.

Eyselein, Oscar, Dr. med., Tisch f. Nervenkranke. (Dr. Jos. Wiel's Diätetische Behandlung der Krankheiten des Menschen. IV. Bd.) gr. 8. (IX u. 267 S.) Karlsbad, Hans Feller. 2 fl., eleg. geb. 2 fl. 50 kr. 1883.

Eysell, Adolf (Waldau/Cassel), Ueber toedtliche Ohrkrankheiten. Diss. otolog. Halle (Lipke) 26. VI. 1872. 32 S. mit Biogr. (M.: C. Schaub.) (4.—) 8432
Oppon.: H. Wilmer, F. Wemhoff.

Eysell. Georg Friedrich

Eysell, G. Fr.: 1. Actenstücke auf die Gründung des Gymnasiums bezüglich. 22 S. 8°.– 2. Das 300 jähr. Jubiläum des Gymnasiums. 40 S. 8°.– Hersfeld, Progr. 1870, 71.

Eysell, Geo. Fr., Demosthenes a suspicione accept. ab Harpalo pecuniae liberatus. Diss. inaug. 8maj. Marburgi 836. Elwert. 1/4 Thlr.

Eysell, Geo. Fr. u. C. Weismann, ausgewählte Dialoge Lucians für den Gebrauch einer Tertia erklärt. gr. 8. Cassel 841, Fischer. 2/3 Thlr.

Eysell: Gesch. d. Jungfrau v. Orleans. 5 Hfte. Rinteln (1857 - 63). 1863.
Schul-/Univ.- Schrift

Eysell, Geo. Frdr., Johanna d'Arc, genannt die Jungfrau von Orleans. Ihre Jugend, ihre Thaten und ihre Leiden, getreu nach den Quellen, unter stetem Hinweis auf dieselben und mit Benutzung der besten Hülfsmittel dargestellt. Regensburg 864. Manz. gr. 8. (VIII, 711 S.) 3 Thlr. 9 ngr.

Eysell, Geo. Frdr., Johanna d'Arc, genannt die Jungfrau von Orleans rc., (kleine Ausg.) Vollständiger Text aus des Verfassers größerem Werke. Ebend. 864. gr. 8. (IV, 579 S.) 2 Thlr. 9 ngr.

Eysell, G. F., Schiller's Jungfrau von Orleans, erklärt, s.a. Erläuterungen zu den Meisterwerken der deutschen Litteratur.

Eysell, G. Fr.: Schiller's Jungfrau von Orleans, neu erklärt und nach ihrem christlichen Gehalte gewürdigt. I. Th. S. 25 - 102. 8°.– Hersfeld, Progr. 1870.

Eysell, Geo. Frdr., Schillers Jungfrau v. Orleans, neu erklärt. gr. 8. (IV, 364 S.) Hannover 886. Meyer. n. 3. —

Eysell, G. F., Variae lectiones, quas ex codice Justini Marburgensi nunc primum collato exscripsit. Pr. 1840. VI, 86 S. 4°.

— s. Lucian's Dialoge.

Eysell, G. Fr., üb. Göthes Torquato Tasso. Abhandlung. gr. 8. (109 S.) Rinteln 849, Bösendahl. 12 ngr.

Eysell-Kilburger, Clara [Pseud.], s. a. Bluethgen, Klara

Eysell(-Killburger), Clara, Aus d. Art geschlagen, s.a. Friedrich's Bücherei.

Eysell, Clara, aus der Art geschlagen. Novellen. 8. (III, 180 S.) Leipzig 893. W. Friedrich. n. 2. —

Eysell-Kilburger, C., (Frau Vict. Blüthgen), vom Baume der Erkenntnis. Eine Zinnowitzer Saison-Novelle. 2. Aufl. (64 S.) 8. Wolgast (906). Zinnowitz, F. Cleppien. n. — 50
1. Aufl. (64 S.) 904. n. — 75.

Eysell-Kilburger, Clara (Frau Vict. Blüthgen), Brillanten u. andere heitere Geschichten, s.: Reclam's Novellen-Bibliothek.

— Brillanten u. and. heitere Geschichten, s.: Universal-Bibliothek.

— das böse Buch, s.: Eckstein's moderne Bibliothek.

— Dilettanten des Lasters. Roman. 8. (294 S.) Leipzig (902). H. Seemann Nachf. n. 3. —; geb. n. 4. —

— Dreiklang, s.: Erzähler, deutsche. 12. Bd.

— zwischen zwei Ehen. Roman. (238 S.) 8. Chemnitz (905). A. Becker. n. 2. 50; geb. n. 3. 50

— Geburtstags-Vorbereitungen, s.: Danner's, G., Damen-Bühne.

— Neue Gedichte. (132 S.) 8. Berlin 907. C. A. Schwetschke & Sohn. 2. —; geb. 3. —

— Gute Kameraden. D. weiße Kleid. Frau Hedwig. Im Sonnenschein. Illusion perdue. Die Ichform, s.a. Kürschner's Bücherschatz.

[F.] Gute Kameraden. D. weisse Kleid. Frau Hedwig. Im Sonnenschein. Illusion perdue. D. Ichform. Novellen v. Clara Eysell-Kilburger. M. Ill. v. Martin Ränike. *Berlin, Eisenach, Leipzig: H. Hillger [1898].* (128 S.) 1 Bd 8.
= Bücherschatz, Kürschners. No 61. [98. 4693]

— Klänge aus e. Jenseits. Ein Mysterium. gr. 8. (122 S.) Leipzig 902. H. Seemann Nachf. n. 3. —; geb. n. 4. —

— Liebesleute, s.: Eckstein's Miniaturbibliothek.

— meine Frau hintergeht mich, s.: Thalia.

— In Seeleneinsamkeit. Gedichte. 8. (VI, 99 S.) Erfurt 898. E. Moos. n. 2. —; geb. n. 3. —

[F.] In Seeleneinsamkeit. Gedichte v. Clara **Eysell-Kilburger**. 2. Aufl. *Leipzig. Erfurt, Zürich: E. Moos 1898.* (4 Bl., 99 S., 1 Taf.) 1 Bd 8. 98.5775 IIa

— im Sonnenschein, s.: Thalia.

— Spätsommer. Stiefmama, s.: Hesse's, Max, Volksbücherei.

— Humorist. Streifzüge, s.: Schumann's stonograph. Losostoffsammlg.

— Tintentropfen. 200 Aphorismen. 8. (V, 85 S.) Erfurt 898. E. Moos. n. 1. —; geb. n. 2. —

— wenn die Flocken fallen, s.: Aufführungen f. Weihnachten u. Neujahr. Nr. 9.

— Wenn die Schatten wachsen. Roman. (169 S.) gr. 8. Dresden 903. C. Reißner. n. 2. 50; geb. n. 3. 50

Eysen, Heinrich: Das Weib in den Werken des Michelangelo Buonarroti. Eine kunsthistorisch-litterar. Studie. *Breslau 1902: H. Fleischmann.* (82 S.) 8° ¶(Erscheint vollst. in München.)
Breslau, Phil. Diss. v. 7. Mai 1902

Eysen, Johannes, appr. Arzt a. Hamburg, Assistenzarzt im 8. Rhein. Inf.-Reg. Nr. 70: Über die Behandlung des traumatischen pulsierenden Exophthalmus. Berlin (1908): G. Schade. (41 S.) 8°
Berlin, Med. Fak., Ref. Bier, Diss. v. 8. Jan. 1908
[Geb. 23. Aug. 82 Hamburg; Wohnort: Saarbrücken; Staatsangeh: Preußen; Vorbildung: Gymn. Hannover Reife O. 01; Studium: Berlin 10 S.; Coll. 6. Jan. 08; Approb. 14. April 07.]

Eysenbach, Will., a practical grammar of the German language and introduction to conversation for the use of schools and private students. Leipzig 870. O. Wigand. 16. (XXIII, 327 S.) n. 20 ngr.

Eysenbach, Wilh., a practical grammar of the german language and introduction to conversation for the uso of schools and private studonts. 2. od. gr. 16. (XVI, 327 S.) Leipzig 878. O. Wigand. geb. n. 2. —

Eysenbach, Will., a practical Grammar of the German Language and Introduction to Conversation for the use of schools and private students. 2d edit. 12. (XVI, 327 S. mit lithogr. Schrifttaf.) Leipzig 880, O. Wigand. *

Eysenbach, William, a practical grammar of the german language with introduction to conversation for the use of schools and private students. 3d edit. Corrected and improved by a Supplementary, alphabetical german english and english german vocabulary by A. C. Büttner. 8. (XIV, 346 S.) Leipzig 887, O. Wigand. *

Eysenbach's Grammatik d. deutschen Sprache f. Engländer. Schlüssel zu den Uebgn., bearb. v. A. M. v. Blomberg. 12. (107 S.) Leipzig 885. O. Wigand. geb. 1. 20

Eysenbeck, Rud., d. deutsche Samengärtner, s. J. Ch. Gotthard.

Eysenblätter, Hugo, Geschichte d. Stadt Heiligenbeil. gr. 8. (III, 107 S. m. 1 Taf.) Königsberg 896. Gräfe & Unzer, Sort. n. 1. 50

Eysener, Theophil Casimir (Delitzsch), De sanguinis temperie optima conservanda et restauranda. Diss. med. Präs. Gg. Ernst Stahl. Halle, Febr. 1706. 32 S. (5.—) 8434
Widm. v.: Chn. Thomasius, Fr. Hoffmann, J. D. Gohl (Halle), Gottfr. Meyer, C. F. Meyer, Chrn. Aug. Thomas (dtsch.).

Eysenhardt, Karl Wlh., Diss. inaug. de accurata plantarum comparatione, adnexis observationibus in floram Prussicam. 4maj. Königsb. 826. (Bornträger). 8 gl.

Eysenhardt, C. W., de structura renum, observationes microscopicae. c. tab. aen. 4maj. Berolini, Dümmler, 818.

Carolus Wilhelmus Eysenhardt: De structura renum Observationes microscopicae. Berolini (1818:) Petsch. 17 S. 4°
Berlin, Med. Diss. v. 21, Juli 1818

Eysenhardt K. W.: Die Gattung *Phragmidium*, u. *Puccinia potentillae* in Bezug auf Bildungsgesetze erläutert. 1828. [Rostr. Saml.].

Eyser, J. Farrago, Gedichte. Der Liebestrank, Posse. StL and NY. 1876.

Eysert, Anton [Oberl.]: Über die „Erziehung zur Freiheit". Montabaur, Buchdr. v. A. Sauerborn (1889); S. 3–17; 4°
Montabaur, Kaiser Wilhelms-G, OP 1889 (369)

Eysert, Anton, über die Quellen für die jüdische Geschichte in der letzten Zeit vor Christus. Montabaur, 1878, 18 S., Gymnas.-Programm.

Eysert, Leopold: Die Antheilnahme der Schule an den Geschicken des Allerhöchsten Kaiserhauses im Jahre 1898. 8 (S. 3—18).
Progr. K. k. zweites Staatsg. im II. Gemeindebezirke *Wien* 1899.
Die Gedächtnisfeier vom 20. September 1898 aus Anlass des Ablebens weiland Ihrer Majestät der Kaiserin Elisabeth. Die Schulfeier vom 2. December 1898 aus Anlass des fünfzigjährigen Regierungsjubiläums Seiner Majestät des Kaisers Franz Joseph I.

Eysert, Leop. Über die Echtheit des Prologes in Euripides Ion. 24 S. 8. **Progr.** Neust. G. *Prag* 1880.

Eysert, Leopold: Erzherzog Rainer-Feier. S. 59—61, 1 Taf. 8.
K. k. Erzherzog Rainer-Gymn. im II. Gemeindebezirke *Wien* 1907.
Progr.

Eysert, Leopold Über die „Erziehung zur Freiheit". 4 (S. 3—17).
Progr. Kaiser Wilhelms-G. *Montabaur* 1889 (369).

Eysert, Leopold: Der siebzigste Geburtstag Seiner Majestät des Kaisers und die Verleihung des Namens „Erzherzog Rainer-G." im Rahmen einer Schulfeier. S. 3—10, 1 Portr. 8.
Progr. K. k. Erzherzog Rainer-Gymn. *Wien* 1901.

—: Haydn-Aspernfeier. S. 39—42. 8.
K. k. Erzherzog Rainer-Gymn. im II. Gemeindebezirke *Wien* 1909.
Progr.

—: Kaiser-Jubiläumsfeier. S. 37—39. 8.
Progr.

—: Schulrat Heinrich Koziol †. (Umschlagtitel: ... Nachruf.) S. 33 bis 39. 8.
K. k. Erzherzog Rainer-Gymn. im II. Gemeindebezirke *Wien* 1903.
Progr.

Eysert, Leopold und Paudler, *Amand* Nachruf an die im Jahre 1890 gestorbenen Directoren des Gymnasiums Karl Proschko und Prior Cajetan Posselt. 8 (S. 37—55).
Progr. K. k. Staats-Ober-G. *Böhm.-Leipa* 1891

Eysert, Leopold Nachruf an den k. k. Regierungsrath und Gymnasial-Director Dr. Franz Pauly. (Umschlagtitel: Dr. Franz Pauly. Nekrolog.) 8 (S. XXVI--XLV).
Progr. Deutsch. Neustädt. Staats-Ober-G. (am Graben) *Prag* 1886.

Euripides. Eysert, Leopold Rhesus im Lichte des Euripideischen Sprachgebrauches. 8 (S. 3—36). II. Theil. (Voces Euripideae.) 8 (S. 3—40).
Progr. K. k. Staats-Ober-G. *Böhm.-Leipa* 1891. 1893

: [Die Schulfeier anläßlich der goldenen Hochzeit I. K. Hoheiten des Erzherzogs Rainer und der Erzherzogin Marie.] S. 73—76. 8.
Progr. K. k. Erzherzog Rainer-Gymn. *Wien* 1902.

EYSFARTH, Christ. Sigism.: Dissertatio physica de morbis plantarum, Respondente Müller. - Lipsiae 1723. 6 Bg.

Eysinga, s: **Bergh vom Eysinga.**

Eyslein, Jo. Gottfried (Meissen), De eruditis singularis cujusdam libri amatoribus. Exercit. altera histor.-crit. Präs. Jo. Friedr. Sommerlatte (Mühlberg/Misn.). Lpz. (I. Titius) 16. IX. 1716. 36 S. (5.—) 8435
Gew.: Ernst Michael Brehm.

Künstlerblut. Operette in 1 Vorspiel u. 2 Akten von Leo Stein u. Carl Lindau. Musik von Edmund **Eysler**. [Textbuch.] Leipzig: J. Weinberger [1906]. (38 S.) 8° [F.] [07. 4832

Pufferl, Operette in 3 Acten von I[gnaz] Schnitzer u. Sigm. Schlesinger. Musik von Edmund **Eysler**. [Textbuch.] Leipzig: J. Weinberger [1905]. (40 S.) 8° [F.] [06. 16187

Eysler, Dr. Max, Lehrbuch der Geschichte für österreichische Mädchenlyzeen. I. Band: Altertum. Wien 1910. F. Tempsky. Geb. K 2.70.

Eysler, Rob., zuckersüsse Bitterkeiten. Illustrationen u. Buchschmuck von Stef. Krotowski. (87 S.) gr. 8. Berlin (907). Harmonie. n. 2. —; geb. n. 3. —

Eysler, Rob., das Gänschen. Die feine Familie. Zwei satir. Gedichte. Vorgetragen auf E. v. Wolzogen's „Ueberbrettl". gr. 8. (8 S.) Berlin (901). (Verlag des kleinen Witzblattes.) — 50

— das Gänschen u. andere lieblose Gedichte, s.a. Brettl- u. Theater-Bibliothek, bunte. XIV.

Das Gänschen und andere lieblose Gedichte von Robert Eysler. 8. Aufl. *Berlin: Harmonie [1903].* (27 Bl.) 8° [F.]
— Brettl- u. Theater-Bibliothek, Bunte. 14. ⟨Ser. B, Bd 2.⟩ [04. 3304

Das Gänschen u. andere lieblose Gedichte von Robert Eysler. 10. Aufl. Berlin: Harmonie [1904]. (31 Bl.) 8° [F.]
— Brettl- u. Theater-Bibliothek, Bunte. 14. ⟨Ser. B. Bd 2.⟩ [04. 1303 11

— die Hochzeit. Komödie in 4 Aufzügen. (Theater-Bibliothek Harmonie.) (80 S.) 8. Berlin (903). Harmonie. n. 2. —; geb. n. 3. —

— Klein-Geld. Skizzen. 8. (V, 105 S.) Dresden 899. E. Pierson. n. 1. 50

Eysolat, A., die Mutter als Kinderärztin, s.: Elberskirchen, J.

Eysold, August Gregorius (Übers.u.Comm.):

s.: Lauverjat, (Théodore Étienne): Neue Methode den Kayserschnitt zu machen und Vergleichung dieser Operation mit der Schaambeintrennung. (Nouvelle Méthode de pratiquer l'opération césarienne, et parallèle de cette opération et de la section des os pubis. Dt.) Leipzig: 1790

JB 3.819

Eysoldt, Wolf

Eysoldt, W., Bandwurmkur. Verordnungszettel-Block. 1. u. 2. Aufl. qu. gr. 8. (48 Bl.) Mersoburg 893. P. Steffenhagen. n. — 90

Eysoldt, Wolf [appr. Arzt aus Königstein i. S.]: Aus dem Kieler physiologischen Institut. Ein Beitrag zur Frage der Fettresorption .... Mit einer lithographirten Tafel. Kiel, Verl. v. Lipsius & Tischer, 1885; 16+2 S. u. 1 Taf. 8°.
Kiel, Med. Fak., Inaug.-Diss. v. 14. Okt. 1885.

— kurzes Lehrbuch der inneren Krankheiten m. besond. Berücksicht. ihrer Erkennung u. Behandlung. 2 Abtlgn. gr. 8. (XII, 872 S. nebst Register der Arzneimittel u. Receptvorschriften. 12. 14 S.) Ebd. 894. à n. 7. 50 (kplt.: n. 15. —; geb. n. 17. —)

— Verhaltungsmassregeln f. Lungenkranke. Verordnungszettel-Block. 1. u. 2. Aufl. qu. gr. 8. (50 Bl.) Ebd. 893. n. 1. 20

— dasselbe f. chron. Magenkranke. Verordnungszettel-Block. 1. u. 2. Aufl. qu. gr. 8. (50 Bl.) Ebd. 893. n. 1. 20

— Vorschriften f. Tripperkranke. Verordnungszettel-Block. 1. u. 2. Aufl. qu. gr. 8. (50 Bl.) Ebd. 893. n. — 80

Eyß, Ernst Frhr. v., Wagners Keller. Roman. (529 S.) 8. Wiesbaden 907. H. Staadt. 4.50; geb. 5. 50

Eyssel, Oskar [app. Arzt aus Zell bei Würzburg]: Beitrag zum feineren Bau der Oberkiefercarcinome. ... Würzburg, Druck d. Bonitas-Bauer'schen k. b. Hofbuchdr., 1890; 18 S. 8°
Würzburg, Med. Fak., Inaug.-Diss. v. 1890

Eyßelein, Adph., patriotische Gedichte aus den Kriegsjahren 1870/71. 8. (IV, 224 S.) Nürnberg 871. Schrag. 2. 1[illegible]

Eyssell, Erich, Lebensbrot fürs Mannesherz. Predigten. (IV, 145 S.) gr. 8. Schkeuditz 903. W. Schäfer. n. 2. —; geb. in Leinw. n. 2. 50

— Momentbilder aus dem Zuchthause. Kinder der Sünde. (141 S.) kl. 8. Berlin (904). G. Schuhr. n. 1. 20

Eyssen, Ed[uard]: Daniel Hopfer von Kaufbeuren, Meister zu Augsburg 1493 bis 1536. *Heidelberg 1904: K. Rößler.* (73 S.) 8°
Heidelberg, Phil. Diss. v. 1904

Eyssen, Hermann, a. Frankfurt a. M.: Zur Konstitution der Imidprodukte aus Äthoxylcumalindicarbonsäureester mit Ammoniak und Alkylaminen. Weida i. Th. 1908: Thomas & Hubert. (86 S.) 8°
Leipzig, Phil. Fak., Ref. Hantzsch-Beckmann, Diss. v. 16. März 1908
[Geb. 5. April 84 Frankfurt a. M.; Wohnort: Leipzig; Staatsangeh.: Preußen; Vorbildung: Klinger-Oberrealsch. Frankfurt a. M. Reife O. 03; Studium: Freiburg i. B. 3, Leipzig 9 S.]

Eyssenhardt, A., Predigt zur 300jähr. Jubelfeier der Reformation in Berlin, gehalt. gr. 8. Berlin 840. Eyssenhardt. 1/12 ℛ

Eyssenhardt, Frz., Aosta u. s. Alterthümer, s.a. Sammlung gemeinverständl. wissenschaftl. Vorträge.

[F.] Aosta und seine Alterthümer. Von Franz Eyssenhardt. *Hamburg: Verlagsanst. u. Dr. A.-G. 1896.* (34 S.) 8.
— Sammlung gemeinverständl. wiss. Vorträge. N. F. Ser. 10. H. 240. [96. 3348

Eyssenhardt, Fr. (Hrsg.), s. Apuleius, Madaurensis: Metamorphoseon libri XI.

Eyssenhardt, Frz. Arzneikunst u. Alchemie im 17. Jahrh., s.a. Sammlung gemeinverständlicher wissenschaftlicher Vorträge.

EYSSENHARDT, FRANZ.
* Arzneikunst und Alchemie im siebzehnten Jahrhundert. Hamburg, 1890. pp. 32, 8vo.
Sammlung gemeinverständlicher Vorträge herausgegeben von Rud. Virchow und Wilh. Wattenbach, No. 96. Treats chiefly of Francesco Giuseppi Borri and his adventures. *Cf.* Borri, F. G., *in Section IV.*

Eyssenhardt, Franz (geb. Berlin 6. 3. 1838): Commentationis criticae de Marciano Capella particula. Berolini (1861). (32 S.) 8°
Berlin, Phil. Diss. v. 1. Juni 1861

Eyssenhardt, Franz, die Homerische Dichtung, s.a. Sammlung gemeinverständl. wissenschaftl. Vorträge.

Eyssenhardt, F., Die homerische Dichtung. Gel. 1875. 80 S.

Eyssenhardt, Franc., epistula urbica (ad Joa. Classenum). gr. 4. (10 S.) Hamburg 879. (Nolte.) n.n. 1. 20

Eyssenhardt, Fr., Nicandri Nucii fragmentum ex cod. Ambros. exscr. Pr. 1882. 12 S. 4°. 1.20

Eyssenhardt, Frz., Friedrich d. Große. Denkwürdigkeiten aus seinem Leben, nach seinen Schriften, seinem Briefwechsel u. d. Berichten seiner Zeitgenossen zusammengestellt. 2. Aufl. Neubearb. u. ergänzt v. Geo. Winter. 2 Bde. (XIII, 560 u. V, 619 S.) 8. Leipzig 910. F. W. Grunow. 9.—; geb. in Leinw. 12. —

Eyssenhardt, Franz Franz Hermann Genthe, geb. 2. April 1838, gest. 30. Juni 1886. 4 (S. 10—15 der Schuln.).
Progr. Gelehrtensch. des Johanneums *Hamburg* 1887 (673).

— Hadrian u. Florus, s.: Sammlung gemeinverständlicher wissenschaftlicher Vorträge.

Eyssenhardt, F., die italienischen Handschriften der Stadtbibliothek. I. Lex.-8. (82 S.) Hamburg 901. (L. Gräfe & Sillem.) n. 2. —
Sonderabdruck aus: „Jahrb. d. hamburg. wiss. Anst."

— d. spanischen Handschriften d. Stadtbibliothek. [Aus: „Jahrb. d. hamburg. wissenschaftl. Anstalten".] Lex.-8. (21 S.) Hamburg 897. (L. Gräfe & Sillem.) n. — 80

— s. Historia miscella.

Eyssenhardt, Frz., Italien. Schilderungen alter u. neuer Dichter, zusammengestellt. 8. (IV, 386 S.) Hamburg 890. Gräfe. n. 5. —

Eyssenhardt, Frz., aus dem geselligen Leben des 17. Jahrh., s. Sammlung gemeinverständlicher wissenschaftlicher Vorträge.

Eyssenhardt, Franc., lectiones panegyricae. Berlin 867. 4. (24 S.) n. 10 ngr.

– s. Macrobius

— u. A. v. **Dommer,** Mittheilungen aus der Stadtbibliothek zu Hamburg. I—III. gr. 8. Hamburg 884—86. (Nolte.) n.n. 4. 20
1. (48 S.) n.n. 1. —. — 2. (99 S.) n.n. 1. 20. — 3. (136 S.) n.n. 2. —

— **Mittheilungen aus der Stadtbibliothek zu Hamburg.** IV—VII. 1887. 1888. 1889. 1890. gr. 8. Hamburg, (Herold'sche Buchhdlg., Verlag). n. 8. 80 (I—VII.: n. 18. —)
IV. (109 S.) n. 2. —. V. (94 S.) n. 2. —. VI. (125 S.) n. 2. 40. VII. (108 S.) n. 2. 40.

— **Mittheilungen** aus der Stadtbibliothek zu Hamburg. VIII—XI. (Schluss.) gr. 8. Hamburg, (Herold's Verl.). n. 9. 60 (kplt.: n.n. 22. 60)
VIII. (92 S.) 891. n. 2. 40. — IX. (80 S.) 892. n. 2. 40. — X. (82 S.) 893. n. 2. 40. — XI. (IV, 130 S.) 891. n. 2. 40. Fortsetzung erscheint im Jahrbuch der hamburgischen wissenschaftlichen Anstalten.

— Barthold Georg Niebuhr. Ein biograph. Versuch. gr. 8. (IV, 286 S.) Gotha 886. F. A. Perthes. n. 5. —

— **Koemisch u. Romanisch.** Ein Beitrag zur Sprachgeschichte. gr. 8. (XI, 205 S.) Berlin 882. Bornträger. n. 3. 60

— die Verschwörung gegen Venedig im J. 1618, s.: Sammlung gemeinverständl. wissenschaftl. Vorträge.

— **Severetta Zalugi,** s.a. Sammlung gemeinverständl. wissenschaftl. Vorträge.

Severetta Zalugi. Von Franz Eyssenhardt. *Hamburg: Verlagsanst. u. Dr. 1900.* (48 S.) 8° [F.]
— Sammlung gemeinverständl. wiss. Vorträge. N. F. Ser. 15. H. 352. [oo. 11]60

Eyssenhardt, Heinrich, Gesammelte Blätter. Den Wahlmännern zur National-Versammlung in Frankfurf am Main gewidmet vom Verfasser. (Berlin.) 16 S. 8°.

Eyssenhardt, ..., (Cammer-Gerichts-Assessor), Justinian's Digesten nach Drittheilen, Partes, Büchern, Titeln u. Fragmenten, mit Rücksicht auf die vorjustinianischen Werke über das Recht. Ein civilistischer Beitrag. gr. 8. Leipzig 845, Kummer. 5/6 Thlr.

Eyssenhardt, Hnr., Zur Erinnerung an Gustav Hugo. Beitrag zur Geschichte der Rechts-Wissenschaft. gr. 8. Berlin 845. (Leipzig, Kummer.) n. 1/6 Thlr.

Eysser, G. Chr., was ist Asthenie u. Hypersthenie? 2e Aufl. 8. Nürnb. 816. Zeh. 9 gr.

Eyssert, A. Ueber die „Erziehung zur Freiheit". Montabaur, Kaiser Wilh.-G., 1889. 14 S. 4. Progr.

Eysvogel, Fr. Gottl., neu eröffn. Magazin, od. Samml. von allerh. rar. Künst. und Wissensch. 2 Thle. 8. Bamb. Göbhard. 756.

Eystrup [Schlagwort]

Eystrup, s.: Preussen. Messtischblätter.

Eytel, Herm., der Psalter in modernem Gewande. Stuttgart 862. Oetinger. 8. (XVI, 367 S.) n. 1 Thlr. 2 ngr.

— der Psalter in deutschen Liedern. 2. Ausg., eingeführt durch Karl Gerok. Ebend. 864. 8. (XVI, 367 S.) n. 1 Thlr. 2 ngr.; geb. n. 1 Thlr. 12 ngr.

Eytel, Johann Jakob

– PREDIGTEN ÜBER FEST- UND FEYERTÄGLICHE EVANGELIEN. Als Anhang zu den Predigten über das Vater Unser. Hrsg. von J.J. Eytel. – Tübingen: Fues 1822. 169 S.

– PREDIGTEN ÜBER DAS VATERUNSER. – Tübingen 1806.

Eytel, J. Jak., Predigten über das Vaterunser, nebst einigen andern Gelegenheitspredigten. 8. Ulm. 1e—3e A. 821. Ebner. 18 gr.

Eytel, Julius [pr. Arzt aus Göppingen (Württemberg)]: **Ein Fall** von **Beckenabscess nebst Bemerkungen über die Eiterwanderungen** im **Becken.** ... **Strassburg,** Univ.-Buchdr. v. J. H. Ed. Heitz (Heitz & Mündel), 1888; 37 S. 8°
Strassburg, Med. Fak., Inaug.-Diss. v. 1888

Eytelwein, F. A., s. Eytelwein, Johann Albrecht

Eytelwein, Johann Albrecht

— über die Anlage u. Einrichtung von ländlichen Kartoffel-Branntwein-Brennerei-Gebäuden nach den in neuerer Zeit bei diesen Bau-Ausführungen gemachten Erfahrungen. Mit 4 Zeichnn. gr. 8. Berlin 836. Reimer. 1 1/4 Thlr.

Eytelwein, J. A., Anleitung zur Auflösung der höheren numerischen Gleichungen. Berlin 1837. 4°.

– s. Anleitung, Blitzableiter.

Eytelwein, Jh. Albr., Anleitung zur Ermittelung der Dauer u. Unterhaltungs-Kosten der Gebäude, u. zur Bestimmung der Bau-Ablosungs-Kapitalien u. jährl. Renten. Zum Gebrauche fur Baumeister, Kameralisten, Oeconomie-Commissarien rc. gr. 8. Berl. 831. Reimer. 14 gr.

— Anweisung zur Auflösung d. höhern numerischen Gleichungen mit einer oder mehrern unbekannten Größen. gr. 4. Berlin 837. Reimer. 11/12 Thlr.

Eytelwein, J. A., praktische Anweisung zur Bauart der Faschinenwerke und der dazu gehörigen Anlagen an Flüssen und Strömen. 2te Aufl. gr. 4. Berlin, Reimer. 818.

— prakt. Anweisung zur Construction der Faschinenwerke und den dazu gehörigen Anlagen an Flüssen u. Strömen, nebst einer Anleitung zur Veranschlagung dieser Bauart. Mit 8 Kpfr. gr. 4. Berlin 800. (Leipzig, Fr. Fleischer.) 2 2/3 Thlr.

— **prakt. Anweis. zur Construktion der Faschinenwerke u. der dazu gehörigen Anlagen an Flüssen u. Strömen, mit 3 Kpft. gr. 4. Berl. 800. 2e Aufl. 817. Reimer. 2 Thlr. 16 gr.**

— Anweisung zur Wasserbaukunst s.a. D. Gilly.

Eytelwein, F. A. und Gilly. Pracktische Anweisung zur Wasserbaukunst. Berlin 1802—8. 4 Hefte. 4.

— — prakt. Anweis. z. Wasserbaukunst rc. 1s 2s Heft. Mit Kupfern in Fol. 2te Aufl. Ebendas. 817 u. 818. à 3 Rthlr. 8 Gr.
— — Dessen 3s Heft. N. A. Ebend. 821.

— prakt. Anweis. zur Wasserbaukunst. 4s Hft. Vom Bau d. Schiffahrtsschleusen. N. Aufl. Mit 11 Kpfrtaf. gr. 4. Berlin 824, Reimer.

– s. Anweisung, wie ökonom. u. militär. Situationskarten zu zeichnen sind u. setze hinzu: (v. J. A. Eytelwein).

— Aufgaben, größtentheils aus d. angewandten Mathematik, zur Uebung d. Analysis, mit Kpf. gr. 8. Berl. 793. Maurers B. 14 gr.

— **Bemerkungen über die Anlage u. Einrichtung der Salz-Magazine in den verschied. Provinzen des preuß. Staats. Mit 9 Zeichnn. u. 1 Tab. gr. 8. Berlin 834. Reimer. 1 1/4 Thlr.**

— Bemerkk. über die Wirkungen u. Anwendungen des Stoßhebers (Bélier hydraulique). Nebst e. Reihe v. Versuchen rc. dieser Wasserhebungsmaschine, mit 3 Kpft. gr. 4. Berl. 805. Reimer. 1 Thlr. 16 gr.

Eytelwein, Jh. Albr., Beschreibung der Erbauung u. Einrichtung einer vereinigten Brauerei und Branntweinbrennerei auf dem Lande, mit 4 Kprtaf. erläutert. gr. 4. Berlin 802. (Leipzig, Fr. Fleischer.) $1\frac{1}{2}$ Thlr.

— Beschreib. d. Erbauung u. Einrichtung e. vereinigten Brauerei u. Branntweinbrennerei auf d. Lande, mit 4 Kpft. gr. 8. Berl. 802. Köchly. 1 Thlr. 12 gGr.

Eytelwein. F. A. Bestimmung der Wassermenge eines Stromes. 4.

— s. Buat, . . . , Grundlehren.

— s. Buchholz, G.G.H.: Versuch.

— s. Gilly: Anleitung

— Grundlehren der höhern Analysis. 2 Bde. Mit 1 Tafel. gr. 4. Berl. 825. Reimer. 11 Thlr. Fein P. 12 Thlr. 12 gGr.

—— Grundlehren der höheren Analysis. Thl. 1. 2. Berlin 1834. 4.

— Handbuch der Hydrostatik. Mit vorzügl. Rücksicht auf ihre Anwendung in d. Architektur. Mit 6 Kpft. gr. 8. Berl. 826. Reimer. 1 Thlr. 14 gGr. Velinp. 2 Thlr.

— Handbuch der Mechanik fester Körper, und der Hydraulik. Mit 5 Kpfrtaf. u. 60 Holzschn. gr. 8. Berlin 801. (Leipzig, Fr. Fleischer.) 3 Thlr.

— Handbuch der Mechanik fester Körper u. der Hydraulik, mit 5 Kpf. u. 60 Holzschn. gr. 8. Berl. 801. 2e Aufl. 822. Köchly. 3 Thlr.

Eytelwein, J. A., Handbuch der Mechanik fester Körper u. der Hydraulik. Mit vorzügl. Rücksicht auf ihre Anwendung in der Architektur aufgesetzt. 3. mit e. Anhange verm. Aufl. Herausgeg. von A. Frhrn. von Forstner. Mit 60 Holzschn. u. 6 Kupfertaf. gr. 8. Leipzig 842, Fr. Fleischer. 3 Thlr.

— Handbuch der Perspektive, (1r, od. prakt. Thl., enth. Regeln zum Auftragen perspektiver Zeichnn. 2r, od. theoret. Thl., enth. Beweise für die Regeln des 1sten). Mit 18 Kpft. gr. 4. Berl. 810. Reimer. 5 Thlr. 8 gGr.

Handbuch der Statik fester Korper. Mit vorzügl. Rücks. auf ihre Anwendung in der Architektur. Aufgesetzt von J[ohann] A[lbrecht] Eytelwein. Bd 1–3. Berlin: Realschulbuchh. 1808. 8°

Bd 1: 1808.
Bd 2: 1808.
Bd 3: Eytelwein: Theorie derjenigen transcendenten krummen Linien, welche vorzüglich bei statischen Untersuchungen vorkommen. 1808.

— Handbuch der Statik fester Körper. Mit vorzügl. Rücksicht auf ihre Anwendung in der Architektur. 3 Bde. Mit 22 Kpft. gr. 8. Berl. 808. 2e Aufl. 832. Reimer. 7 Thlr. 12 gGr.

— s. Michelotti, hydraul. Versuche.

— s. Tafeln z. Bestimmung d. Inhalts.

Theorie derjenigen transcendenten krummen Linien, welche vorzüglich bei statischen Untersuchungen vorkommen. Von J[ohann] A[lbrecht] Eytelwein. Berlin: Realschulbuchh. 1808. X, 198 S. 8°

(= Eytelwein: Handbuch der Statik fester Körper. Bd 3.)

Eytelwein, Jh. Albr., Vergleichungen aller in d. Preuß. Staaten eingeführten Maaße u. Gewichte. gr. 8. Berl. 798. 2e A. 810. Reimer. 18 gGr. Nachtrag dazu. gr. 8. Ebd. 817. 3 gGr.

— s. Zeichenbuch, geometr. perspektivisches.

Eyth, …, (Schulmeister,) s. Verfertigung der im gemein. Leben vorkomm. schriftl. Aufsätze.

Eyth, D., Auflösungen der Aufgaben in dem praktischen Rechenbuche. gr. 8. (62 S.) Nördlingen 852, Beck'sche Buchh.

Eyth, D., praktisches Rechenbuch zum Gebrauche für Mittel- und Oberklassen in Volksschulen und andern niedern Lehranstalten sowie zum Privatunterricht. gr. 8. (VIII und 331 S.) Nördlingen 851, Beck'sche Buchh.

Eyth, Eduard

E(yth), Ed., Bilder in Rahmen. Gedichte. 3. Ausg. 32. (160 S.) Heidelberg 856, K. Winter. *

Eyth, Ed., kleines lateinisches Elementarbuch, nach einer völlig neuen Methode bearb. 8. (Mit 1 Tab.) Stuttgart 842, Belser'sche Buchh. $\frac{1}{3}$ Thlr.

— s. C. A. Eschenmayer, Conflict zwischen Himmel u. Hölle.

— Gedichte. 8. Ebend. 843. 1 Thlr.

Eyth, Ed., Gedichte. 2. verm. Ausg. 8. (XIV u. 386 S.) Stuttgart 851, Belser. 1 Thlr.

—— die uralte Gegenwart oder Homers Ilias im Versmaß der Urschrift nach neuen Grundsätzen der Prosodie. 1. Thl. 8. (XL und 215 S.) Stuttgart 851, Belsersche Buchh.

— die alte Geschichte, systematisch geordnet, u. in latein. Memorialversen für Gelehrtenschulen u. Gymnasien bearb. 12. Basel 841, Spittler. $\frac{1}{6}$ Thlr.

—— mnemonische Geschichtstafeln zum Gebr. f. Lehranstalten. 1. Aufl. ($2\frac{1}{4}$ B.) u. 2., verb. u. verm. Aufl. Lex.-8. ($2\frac{3}{4}$ B.) Stuttgart 844, Belsersche Buchh. à * 5 Ngr. In Parthien von 12 u. mehr Explrn. *

Eyth, Ed., mnemonische Geschichtstafeln zum Gebrauche für Lehranstalten u. zum Selbstunterricht. 3. verb. u. verm. Aufl. Im Anschluß an die in Württemberg amtlich eingeführten Zeittafeln für den Unterricht in der Geschichte in den oberen Klassen der Gelehrten- u. Realschulen. Stuttgart 866. Belser's Verlag. gr. 8. (52 S.) 9 ngr.

Eyth, Ed., Gnomon zu Homers Odyssee Rhapsodie I. Tübingen 864. (Fues' Sortihdlg.) 4. (28 S.) n. 10 ngr.

— Harfenklänge aus dem alten Bunde. (Gedichte.) s. a. dessen: Classiker u. Bibel. 4 Bdchn.

—— Harfenklänge aus d. alten Bunde. (Gedichte.) 8. ($21\frac{3}{4}$ B.) Basel 838, [Bahnmaier'sche Buchh.]
Vgl. Eith.

Eyth, Ed., Hilarolypos, eine Samml. kleinerer griech. Gedichte. 1s Bdchn. 16. Tübing. 831. (Osiander). 8 gGr.

Eyth, Ed., Classiker und Bibel in den niederen Gelehrtenschulen, Reden an Lehrer u. gebildete Väter. 1s u. 2s Bdchn. gr. 16. Basel 838, 39. Spittler. (à $\frac{7}{12}$ Thlr.) $1\frac{1}{6}$ Thlr. — 3s Bdchn. (Mit d. Anhange: Hilarolypos. 2e verm. Aufl. 8. Ebd. 840. $\frac{5}{6}$ Thlr. — 4s Bdchn. A. u. d. T.: Harfenklänge aus d. alten Bunde. 8. Ebd. 838. 1 Thlr.

—— Lexilogi particula prima s. de Graecorum littera Δ quaestio etymologica. 4maj. (24 S.) Heilbronnae 848. (Tubingae, Fues' Sortimentsh.)

Eyth, E. Nachricht. üb. d. evangel.-theolog. Seminar i. Blaubeuren v. 1865—69. Ebda 1869. 4.

—— die Sage vom Odysseus nach Homer. In Reimen bearb. 3 Bdchn. (24 Bücher.) M. 9 lith. Abbildn. gr. 12. ($28\frac{1}{4}$ B.) Karlsruhe 834, 36, Braun. à 16 Gr.

Eyth, Eduard, s. Sophokles: Aiax

Eyth, Eduard (Hrsg.), s. Sophokles: Oedipus

—— Ueberblick der Weltgeschichte vom christlichen Standpunkte. 8. (IV und 250 S.) Heidelberg 853, K. Winter. *

Eyth, Ed., Ueberblick der Weltgeschichte vom christliche Standpunkte. 2. Ausg. 8. (VI, 257 S.) Heidelberg 872 C. Winter's Univ.-Buchh. 2. –

Eyth, G., Andachtsbuch für Gebildete. Mit 6 Kpfr. 8. Augsburg 840. v. Jenisch u. Stagesche Buchh. $\frac{3}{4}$ Thlr.

— die Blumensprache, oder der Blumen höhere Bedeutung, nebst religiösen Naturbetrachtungen. Ein Bildungsbuch für das blühende Alter. (N. wohlf. Ausg.) gr. 8. Augsburg 838. v. Jenisch u. Stage. $\frac{7}{8}$ Thlr.

— vollständige Darstellung aller weibl. Geschäfte im Hause, in d. Küche u. im Garten. Ein Hand- u. Hausbuch für Mütter u. Jungfrauen. (N. wohlf. Ausg.) gr. 8. Augsburg 838. v. Jenisch u. Stage. 7/8 ₰

— der Jüngling, seine Bildung und sein Beruf als Deutscher. 2e Aufl. gr. 8. Augsburg 839. v. Jenisch u. Stage. 7/8 ₰

Eyth, Heinr., Bilderbuch z. Nachzeichnen. Kindl. Bilder aus einf. Strichen m. Versen u. Sprüchen. Erdacht u. gemacht u. d. Jugend geweiht. gr. 4. (18 S.) Eßlingen 898. J. F. Schreiber. Geb. n. 1. 80

Eyth, Heinr., der elementare Freihand-Zeichenunterricht. Lehrgang f. den Klassenunterricht im Zeichnen. Mit e. Stufenfolge v. Figuren u. beigedruckten Erläutergn. I. Das Zeichnen im Linien- u. Punktnetz. 4. (40 S. m. eingedr. Fig. u. 1 Steintaf.) Leipzig 884. Seemann. n. 2. 40

Eyth, H., ein Gang durch die Gemäldesammlung der Karlsruher Kunsthalle. Beschreibung v. Gemälden alter u. neuer Meister u. Einführg. in das Verständnis derselben. Ausgewählt u. verf. (96 S. m. 6 Abbildgn. u. 1 Plan.) 8. Karlsruhe 902. G. Braun'sche Hofbuchdr. n. — 75

Ein Gang durch die Gemäldesammlung der Karlsruher Kunsthalle. Beschreibung von Gemälden alter u. neuer Meister u. Einführung in deren Verständnis. Ausgew. u. verf. von H[einrich] Eyth. Mit 1 Pl. 2. nach d. neuesten Stand d. Galerie erw. Aufl. Karlsruhe: Braun (1909). 144 S. 8°
[Umschlagt.:] Bilder-Galerie Karlsruhe. H. Eyth. Führer durch d. Sammlung.

— moderne **Hand-Arbeiten** aus Holz, Metall u. aus anderem Material. Vorlagen f. Schule u. Haus. (In 6 Heften.) 1. u. 2. Heft. (Je 6 Blatt.) 4. Leipzig (904.) Seemann & Co. à Hft. n. — 80
I. Holz. — II. Metall.

Eyth, H., Lehrplan f. den Zeichenunterricht an den Volksschulen der Haupt- u. Residenzstadt Karlsruhe. Neue Ausg., besorgt durch E. Idler. gr. 4. (24 autogr. S.) Karlsruhe 889. A. Bielefeld's Buchhdlg. n.n. 1. —

— **Malblock** zur Zeichenschule. (10 Bl. u. 4 S. Text m. farb. Abbildgn.) gr. 4. Heilbronn (902). Baier & Schneider. Geb. n. — 60

— **Vorlagen** aus d. Gebiete d. klass. antiken Ornaments f. den Freihandzeichenunterricht, s.: **Wagner**, E.

— **Zeichen-Schule.** Vorlagen m. Übungs-Aufgaben f. die Selbstbeschäftigg. im Hause, wie f. den ersten Unterricht in der Schule. 12 farb. Blätter u. e. Schieferkarton m. gesetzlich geschütztem Vordruck zum ersten Üben, samt Griffel u. Bleistift. 2. Aufl. Mit Text auf dem Umschlag. gr. 4. Ebd. 902. n. 1. 20

— d. **Zeichenunterricht** in d. bad. Volksschulen. D. Behandlg. d. amtl. Zeichenvorlagen im Massenunterr. E. Handbuch f. d. Klassenlehrer. Lex.-8. (73 S. m. 282 Fig.) Karlsruhe 897. L. Gloeckner. n. 3. 50

Eyth, Heinr., der Zeichenunterricht in d. badischen Volksschulen. Ein Handbuch f. d. Klassenlehrer m. 110 erläut. Zeichngn. (III, 44 S.) 8. Bühl 907. Konkordia. 1. 20

— dasselbe. 2. Taus. (IV, 48 S.) Lex. 8. Ebd. 908. 1. 50

(Eyth, J. A.): Der **Bauer** als Pferdearzt oder Arzneybuch für d. Krankheiten d. Pferde ... nebst 2 Anh. I. Über d. Behandlung d. Viehes, das bey einer Überschwemmung lange im Wasser ohne Nahrung stund; II. Von d. Krankheiten d. Hunde. Strassburg, Frankfurt a. M. 1802. XVI, 324 S.

Eyth, Jh. Andr.

— vollst. Anleit. zur Decimalrechnung f. alle Stände in allen Maaßen, Gewichten u. Münzen. gr. 8. Frankf. 804. Jäger. 3 ₰ 12 ℛ Dass. 8. Zwickau, Schumann. 3 ₰ 12 ℛ u. Karlsr., Braun; a. Müller. 3 ₰ 12 ℛ

— Anleit., wie man Steuern u. Anlagen ohne Brüche u. doch so umlegen kann, daß in d. Recapitulation kein Kreuzer zu viel u. zu wenig kommt. gr. 8. Karlsr. 809. Müller. 8 ℛ

Eyth, Jh. Andr., fertige Decimalrechnungen oder Taschenbuch f. Banquiers ꝛc. 8. Straßb. 802. Eck. 1 ₰ 16 ℛ

— decimalische Zins-Tabellen zu allen Geldsorten u. zu allen Procenten. gr. 8. Karlsr. 812. Müller. 6 ℛ

Eyth, Karl, u. Frz. Sales **Meyer**, die Dekorationsmalerei m. besond. Berücksicht. der kunstgewerblichen Seite. (Das Malerbuch.) Mit 100 Volltaf. u. 453 weiteren Fig. im Text. 2 Bde. gr. 4. (VII, 487 S.) Leipzig 894. E. A. Seemann. n. 20. —; geb. in Leinw. n.n. 23. 50; auch in 10 Lfgn. à n. 2. —

Eyth, Karl, u. Frz. Sales Meyer, d. Dekorationsmalerei m. bes. Berücksicht. d. kunstgewerbl. Seite. (D. Malerbuch.) M. 108 Volltaf. u. 453 weit. Fig. im Text. 2., durchgeseh., in d. Taf. verm. Aufl. 2 Bde. gr. 4. (VII, 423 u. VIII S.) Leipzig 896. E. A. Seemann. n. 20. —; geb. in Leinw. n. 24. —; auch in 10 Lfgn. à n. 2. —

— u. Frz. Sales **Meyer**, die Dekorationsmalerei m. besond. Berücksicht. der kunstgewerblichen Seite. (Das Malerbuch.) Mit 112 Volltaf. u. 453 weiteren Fig. im Text. 3., durchgesch., in den Taf. verm. Aufl. 2 Bde. gr. 4. (VII, 420 u. VIII S.) Ebd. 899. n. 20. —; geb. in Leinw. n. 24. —

Das farbige Malerbuch. Ergänzung zu Eyth u. Meyers Malerbuch. Unter Mitw. von Fachgenossen hrsg. von **Karl Eyth**, Prof. in Karlsruhe. Lfg 1. *Leipzig & Berlin: E. A. Seemann 1900.* 4°

Eyth, Karl, das farbige Malerbuch. Ergänzung zu Eyth u. Meyers Malerbuch. 96 Taf. gr. 4. Leipzig 900. 901. E. A. Seemann. In Leinw.-Mappe n. 32. —
Erschien auch in 6 Lfgn. à n. 5. —.

Eyth, Karl, das farb. Malerbuch, Fortsetzg. s.: Göhler, Herm.

— **Das Ornament d. Malers.** Vorlagen f. Gewerbeschulen u. gewerbl. Fortbildungsschulen. 80 Taf. in farb. Lichtdr., ausgewählt u. gezeichnet. Hrsg. v. grossh. Landesgewerbeamt, Abt. II, in Karlsruhe. I. Heft. (15 Taf.) 44,5×30,5 cm. Nebst Begleitwort. (4 S.) 33×21,5 cm. Karlsruhe (907). (A. Bielefeld.) 10. —

Eyth, Ludw., der Bez. Künzelsau in alter u. neuer Zeit. Ein Beitrag zur Volks- u. Heimatkunde, den Freunden d. Heimatgeschichte dargereicht. (X, 222 S. m. 37 Abbildgn.) 8. Schwäb. Hall (909). W. German. 3.20; geb. 3.50

Eyth, Max, das Agricultur-Maschinenwesen in Aegypten nach seinen Hauptbestandtheilen dargestellt. Mit 7 (lith.) Taff. Zeichngn. (in 4.) Stuttgart 867. Metzler. Lex.-8. (IV, 96 S.) n. 2 ₰

Eyth, Max, s.: **Bericht** üb. die Prüfung v. Locomobilen.

Eyth, Max v., Binnenschiffahrt u. Landwirthschaft, s. a. **Verbands-Schriften** des deutsch-österr.-ungar. Verbandes f. Binnenschiffahrt. Nr. 43.

Binnenschiffahrt und Landwirthschaft. Von **Max v. Eyth**, Kgl. Württ. Geh. Hofr. Vortrag zu Ulm 1899. *Berlin: Siemenroth & Troschel 1899.* (32 S.) 8°
= Deutsch-Oesterr.-Ung. **Verband** f. Binnenschiffahrt. Verbands-Schriften. No 43.

— **Blut u. Eisen**, s.: **Volksbücher**, Wiesbadener.

Eyth, Max, die Entwicklung des landwirtschaftlichen Maschinenwesens in Deutschland, England u. Amerika. [Aus: „Journ. f. Landw."] gr. 8. (40 S.) Berlin 893. P. Parey. n. 1. —

Eyth, Max: Feierstunden. 3. Aufl. Heidelberg 1904

Eyth, Max, Feierstunden. 4. Ausg. (IX, 815 S.) 8. Heidelberg 904. C. Winter, Verl. Geb. in Leinw. n. 4. —

— Feierstunden. 8. verm. Aufl. (VIII, 643 S.) 8. Heidelberg (908). C. Winter, Verl. Geb. in Leinw. 5. —

— Geld u. Erfahrung, s.: Hausbücherei d. deutschen Dichter-Gedächtnis-Stiftung.

— die königl. landwirthschaftliche Gesellschaft in England u. ihr Werk, s.a. Sammlung v. Vorträgen.

Eyth, Max: Die Königliche Landwirtschaftliche Gesellschaft von England (Royal Agricultural Society of England) und ihr Werk. Heidelberg 1883 (= Sammlung von Vorträgen. Bd 9. H. 8/9)

— Hindernisse der deutschen Binnenschiffahrt. (24 S) München 1900

Der Kampf um die Cheopspyramide. Eine Gesch. u. Geschichten aus d. Leben e. Ingenieurs von Max Eyth. Bd 1. 2. *Heidelberg: C. Winter 1902.* 2 Bde 8° [F.] [01. 1105]

— der Kampf um die Cheopspyramide. Eine Geschichte u. Geschichten aus dem Leben eines Ingenieurs. 2 Bde. 2. Aufl. (4.—6. Taus.) (III, 421 u. III, 419 S.) 8. Ebd. 906. n. 6. —; geb. n. 8. —

— Der Kampf um die Cheopspyramide. Eine Geschichte u. Geschichten aus dem Leben e. Ingenieurs. 2 Bde. 3. u. 4. Aufl. 7—12. Taus. (III, 421 u. III, 419 S.) 8. Heidelberg 908. 10. Carl Winter. 6. —; geb. in Leinw. 8. —

— lebendige Kräfte. Sieben Vorträge aus dem Gebiete der Technik. (VII, 284 S. m. Abbildgn.) 8. Berlin 905. J. Springer. n. 4. —; geb. in Leinw. n. 5. —

— Lebendige Kräfte. Sieben Vorträge aus d. Gebiete d. Technik. 2. Aufl. (VI, 284 S. m. Abbildg.) 8. Berlin 908. J. Springer. Geb. in Leinw. 5. —

— Lehrjahre. Für Fortbildungsschulen u. d. Oberklasse d. Volksschulen im Einvernehmen m. d. Jugendschriften-Prüfungsausschüssen Groß-Berlins u. d. Prov. Brandenburg hrsg. v. Ost. Hübner. 1—10. Taus. (96 S.) 8. Heidelberg 910. Carl Winter. Geb. in Leinw. — 60

Eyth Mv, Mathematik und Naturwissenschaft der Cheopspyramide. (23 S) Ulm 1901

Eyth, Max, Mönch u. Landsknecht. Erzählung aus dem Bauernkrieg. gr. 8. (223 S.) Heidelberg 881. C. Winter. n. 3. —; geb. n. 4. —

— Mönch u. Landsknecht. Erzählung aus dem Bauernkrieg. 2. Aufl. 8. (223 S.) Heidelberg 886. C. Winter. n. 3. —; geb. n. 4. —

— der blinde Passagier, s.: Volksbücher der deutschen Dichter-Gedächtnis-Stiftung. 10. Heft.

— Der blinde Passagier, s.: Volksschriften, Münchener.

Eyth, Max, Hinter Pflug u. Schraubstock. Skizzen a. d. Tagebuch e. Ingenieurs. 2. Aufl. 2 Bde. 8. (306 u. 337 S.) Stuttgart 899. Deutsche Verlags-Anstalt. n. 6. —; geb. n.n. 8. —

— hinter Pflug u. Schraubstock. Skizzen aus dem Taschenbuch e. Ingenieurs. 4. Aufl. 2 Bde. 8. (306 u. 337 S.) Stuttgart 902. Deutsche Verlags-Anstalt. n. 6. —; geb. in Leinw. n.n. 8. —

— hinter Pflug u. Schraubstock. Skizzen aus dem Taschenbuch e. Ingenieurs. 6. Aufl. 2 Bde. (306 u. 337 S.) 8. Stuttgart 902. Deutsche Verlags-Anstalt. n. 6. —; geb. in Leinw. n.n. 8. —

— dasselbe. 7.—15. Aufl. (Volksausg. in 1 Bde.) (Je 524 S.) 8. Ebd. (905. 906.) n. 4. —; geb. in Leinw. n. 5. —

— Hinter Pflug u. Schraubstock. Skizzen aus d. Tagebuch e. Ingenieurs. (Volksausg. in 1 Bde.) 17—60. Aufl. (Je 524 S.) 8. Stuttgart (906—10). Deutsche Verlags-Anstalt. 4. —; geb. in Leinw. 5. —

Eyth Mv, ein Pharao i. Jahrhundert d. Dampfes. (39 S) Stuttgart 1898

— der Schneider v. Ulm. Geschichte e. zweihundert Jahre zu früh Geborenen. 2 Bde. 1. bis 8. Tauf. (399 u. 455 S. m. je 1 Titelbild.) 8. Ebd. 906. n. 8. —; geb. n. 10. —

— Der Schneider v. Ulm. Geschichte e. zweihundert Jahre zu früh Geborenen. 2 Bde. (Mit je 1 Titelbild nach Handzeichngn. d. Verf. 6—12. Tauf. (399 u. 455 S.) 8. Ebd. 907—10. 8. —; geb. in Leinw. 10. —

— dasselbe. Volksausg. (2 Tle. in 1 Bde.) (320 u. 363 S.) 8. Ebd. (910). 4. —; geb. 5. —

Eyth's, Max, gesammelte Schriften. Mit e. Bildnis d. Verf. u. e. Geleitwort v. Konr. Gans Edlem Herrn zu Putlitz. 6 Bde. 8. Stuttgart, Deut. Verlags-Anstalt. — Heidelberg, Carl Winter. (Auslieferung durch d. Deutsche Verlags-Anstalt.) à 5. —; geb. à 6. —

1. Hinter Pflug u. Schraubstock. Skizzen aus dem Taschenbuch e. Ingenieurs. (XIX, 558 S.) (909).
2. Der Schneider v. Ulm. Geschichte e. 200 Jahre zu früh Geborenen. (800 S.) (909.)
3. Der Kampf um die Cheopspyramide. Eine Geschichte u. Geschichten aus d. Leben e. Ingenieurs. (741 S.) (909.)
4. Feierstunden. (621 S.) (909.)
5. Im Strom unsrer Zeit. 1. u. 2. Tl. Wanderbuch e. Ingenieurs. In Briefen. Mit 1 Bildnis d. Verf. u. e. Einführg. v. A. u. Lili du Bois-Reymond. (XV, 664 S.) (909.)
6. Im Strom unsrer Zeit. 3. Tl. Meisterjahre. Aus d. Briefen e. Ingenieurs. Mit e. Anh.: Aus Max Eyth's Freundesbriefen. Mit e. Vorwort von Ritterschafts-R. v. Freier-Hoppenrade. (VIII, 534 S.) (910.)

Eyth Mv, d. Spreng. d. eisern. Tors u d. freie Donauschiffahrt. (31 S) Stuttgart 1900

— Dasselbe. Vortrag zu München 1901. (15 S) 4° München 1901

— im Strom unserer Zeit. Aus Briefen e. Ingenieurs. 3 Bde. 8. neu bearb. Aufl. des Wanderbuchs e. Ingenieurs. gr. 8. Heidelberg, C. Winter, Verl. à n. 5. —; geb. in Leinw. à n. 6. —

1. Lehrjahre. (XII, 418 S. m. 32 Abbildgn. u. 4 farb. Taf.) 904.
2. Wanderjahre. (VIII, 470 S. m. 32 Abb. u. 4 farb. Taf.) 904.
3. Meisterjahre. (VIII, 527 S. m. Abbildgn. u. 4 Farbdr.) 905.

— Im Strom unserer Zeit. Aus Briefen e. Ingenieurs. 3 Bde. 8. Heidelberg, C. Winter, Verl. à 5. —; geb. in Leinw. à 6. —

1. Lehrjahre 10—12. Tauf. 5. Aufl. d. Wanderbuchs e. Ingenieurs. (XII, 354 S. m. 30 [3 farb.] Vollbildern.) (910.)
2. Wanderjahre. 7—9. Tauf. 4. Aufl. d. Wanderbuchs e. Ingenieurs. (VIII, 406 S. m. 30 [4 farb.] Vollbildern). (907.)
3. Meisterjahre. 2. Aufl. (5—7. Tauf.) (VIII, 475 S. m. 30 [4 farb.] Vollbildern.) 909.

Eyth, M., Vergangenheit u. Zukunft d. Wanderausstellgn. d. deutschen Landwirtschafts-Gesellschaft, s.a. Arbeiten d. deutschen Landwirtschafts-Gesellschaft.

[F.] Vergangenheit und Zukunft der Wanderausstellungen der Deutschen Landwirtschafts-Gesellschaft. Vortr. geh. in d. Hauptversammlg am 20. Febr. 1896 v. Geh. Hofr. M[ax] Eyth. M. d. Bilde d. Vfs. *Berlin: Dr. v. Gebr. Unger 1896.* (2 Bl., 19 S., 1 Portr.) 1 Bd 8.
— Arbeiten d. deutschen Landwirtschafts-Gesellschaft. H. 15.

Eyth, Max, Vollmar. Historisch-romantisches Gedicht. Leipzig 863. Grunow. 8. (VI, 245 S.) n. 1 *ꝛ* 6 *ngr.*

— Vollmar. Historisch-romantisches Gedicht. 2. Ausg. Leipzig 865. Grunow. 8. (VI, 245 S.) 27 *ngr.*

Eyth, Max, Volkmar. Historisch-romant. Gedicht. 3. Ausg. 16. (VI, 245 S.) Heidelberg 876. C. Winter's Univ. Buchh. geb. m. Goldschn. n. 4. -

— der Waldteufel. 16. (VIII, 182 S.) Heilbronn 878. Henninger. n. 2. 40

Eyth, Max, der Waldteufel. 2. Ausg. 16. (182 S.) Heilbronn 883. Henninger. n. 1. 20; geb. n. 2. —

— Wanderbuch e. Ingenieurs. In Briefen. 4 Bde. gr. Ebend. 871—76. n. 15. 8

1\. 2. Europa. — Afrika u. Asien. (VII, 347 S.) — Amerika. (I' 247 S. m. e. lith. Karte.) n. 8. ·
3\. Novellen. Nebst e. Anh. v. Gedichten. (VI, 205 S.) n. 3.
4\. Aus drei Welttheilen. (VIII, 318 S.) n. 4.

— Wanderbuch eines Ingenieurs. In Briefen. 5. Bd. Aus Nah u. Fern. gr. 8. (XII, 271 S.) Heidelberg 879. C. Winter. n. 4. 80 (1—5.: n. 20. 80)

— Wanderbuch e. Ingenieurs. In Briefen. 6. (Schluß-) Bd.: Fremde u. Heimath. gr. 8. (VII, 288 S.) Heidelberg 884. C. Winter. n. 4. 20 (cplt.: n. 25. —)

— dasselbe. 2. Ausg. 6 Bde. 8. Ebend. 886. à n. 4. —; geb. à n. 5. —

1\. Europa, Afrika, Asien. VIII, 360 S.)
2\. Amerika. (IV, 256 S. m. 1 lith. Plan.)
3\. Novellen. (205 S.)
4\. Aus drei Welttheilen. (VIII, 318 S.)
5\. Aus Nah u. Fern. (XII, 271 S.)
6\. Fremde u. Heimath. (VII, 288 S.)

— Wanderbuch e. Ingenieurs. 3. Ausg. 3 Feierstunden. Erzählungen, Dramatisches u. Lyrisches. (Der Novellen 2. Aufl.) 8. (III, 315 S.) Heidelberg 893. C. Winter. n. 4. —; geb. in Leinw. n. 5. —

— das Wasser im alten u. neuen Aegypten. Vortrag, geh. am 17. Jan. 1891 im Klub der Landwirthe zu Berlin. Mit 2 Blatt Kartenskizzen. gr. 8. (37 S.) Berlin 891. P. Parey. n. 1. —

Eyth, M. v. (Hrsg.), s. Weltall und Menschheit.

Eyth, R., Erinnerungen an Wilhelm Mercy. 8. Rotweil 829. Herder. 1 ℔

—— Splitter, die geg. d. Strom schwimmen. Od. flücht. Bemerkn. üb. d. Vorfälle in Frankreich. 8. ... Rotweil 830, Herder.

Eythau, ..., s. Gelegenheitsreden f. Landvolk.

Ezdorf, s. Etzdorf.

Ezechiel Judaeus

°Ἐξεχιήλου τοῦ τῶν ἰουδαϊκῶν τραγῳδιῶν ποιητοῦ ἐξαγωγὴ καὶ Φίλωνος τοῦ Πρεσβυτέρου Ἱεροσόλυμα. Ezechiel des jüd. Trauerspieldichters Auszug aus Egypten u. Philo d. Ält. Jerusalem. Nach ihren Fragmenten herausg., übers. u. commentirt von L. M Philippson. gr. 8. Berl. 830. List. 12 gr

Ezechieli et christian. poetarum reliquiae dramat., s. Euripides, fragmenta.

Ezechiel Propheta

Ezechiel. Aus d. Hebräischen, mit Anmerkk. von J. K. Volborth. 8. Gotting. 787. Brose; (a. Centr.-Cpt. in Leipz.) 16 gr

— u. Daniel; aus d. Hebr., Chaldäischen u. Griech. übers. u. erklärt v. T. A. Dereser. gr. 8. Frankf. a. M. 810.

The book of the Prophet Ezekiel [Ezechiel]. Crit. ed. of the Hebrew text. With notes by C[rawford] H[owell] Toy, prof. in Harvard Univ. *Leipzig: J. C. Hinrichs; Baltimore: Johns Hopkins pr. 1899.* (116 S.) 4°
— Books, The sacred, of the Old Testament. P. 12. [illegible]

The Book of the prophet Ezekiel [Ezechiel]. A new Engl. transl. with expl. notes and pictorial ill. by C[rawford] H[owell] Toy. Leipzig: Hinrichs [usw.] 1904. VIII, 208 S. 4°(8°)
(The sacred Books of the Old and New Testaments. [Biblia, engl.] P. 12.) [illegible] 1454 4

— Das Buch des Propheten Ezechiel herausgegeben von Carl Heinrich Cornill. Leipzig 1886.

Das Buch Ezechiel übers. und erkl. von Richard Kraetzschmar, Privatd., Marburg. *Göttingen: Vandenhoeck & Ruprecht 1900.* (XV, 302 S.) 8°
— Handkommentar z. Alten Testament. Abt. 3, Bd 3, T. 1. [illegible]

Das Buch Ezechiel auf Grund der Septuaginta hergestellt, übers. u. krit. erkl. von G[ustav] Jahn. Leipzig: E. Pfeiffer 1905. (XX, 362 S.) 8° [illegible]

— Liber Ezechielis. Textum masoreticum ... expressit ... S. Baer. Cum praefatione Francisci Delitzsch et glossario Ezechielico-Babylonico Friderici Delitzsch. Lipsiae 1884.

Des Proph. Ezechiels Cap. 38 u. 39 Triumph-Lied über die Niederlage des Gog u. Magog, bey Gelegenheit der Russischen Niederlage bey Zorndorf d. 25. u. 26. August 1758 erkläret. (Mit und nebst Anmerkungen.) Franckfurth u. Leipzig 1758. 4. (4 Bl.)

REFORM-BILDER aus Schilda. Durchaus ohne Anspielungen. 2. Theil. Von *Habakuk Ezechiel.* Mit Abbild. (Lübeck) 1849. 8°. 24 S. (1 Mk. 75 Pfg. Paul Graupe, Berlin, 1911.)

Ezius, ein Singspiel vorgestellet auf der Königl. Prager Schaubühne im Herbste des Jahres 1772 unter der Verwaltung des Herrn Joseph Bustelli. Prag. V: *Metastasio, Pietro.* (BIBLPORT)

Ezmann, W., der wohlmeinende Rathgeber bei Magenleiden und Verdauungsbeschwerden. Naumburg 862. Regel. 16. (54 S.) n. 7½ ngr

Eznik v. Kolb, Wardapet: Wider die Sekten, s. a. Bibliothek der alten armen. Literatur. I.

Des Wardapet **Eznik** von Kolb Wider die Sekten. Aus d. Armen. übers. u. mit Einl., Inhalts-Übersichten u. Anm. vers. von Joh. Michael Schmid, Pfarrer in Frohnstetten ... *Wien: Mechitharisten-Congreg. 1900.* (X, 209 S.) 8°
— **Bibliothek** d. alten armenischen Literatur. Bd 1. [illegible]

Ezobi, Jos., Musar Haskel, adscribed to R. Hai Gaon and Shir Ha-Kearah (to which for the first time is added the dedicatory epistel). New ed. revised and enlarged with notes by M. Steinschneider. (In hebr. Sprache.) 12. (VI, 45 S.) Berlin 860. [Asher & Co.] M. Poppelauer. Kart. n. 2. —

Ezold, Hans, Tagebuch e. 100tägigen Reise (eines Altenburger Bauers) d. Süddeutschland u. die Schweiz, im Sommer 1825. gr. 8. Altenb. 832. (Schnuphase). 1 ℔ 8 gr

Ezop, s. Aesopus u. Esopus

Ezopa Bayki, s. Esopus: Bayki.

Ezour-Vedam, ou ancien commentaire du Vedam etc. II Tom. 12. Basel 778. Serini. 1 ℔ 4 gr

— oder der alte Commentar über den Vedam, von e. Braminen aus d. Samskretan. ins Franz. u. aus diesem ins Deutsche übers. von Jh. Ith. 2 Thle. 8. Bern 779. Typogr. Soc. 2 ℔ Dass. mit folg. neuem T.: die Sittenlehre der Braminen, oder die Religion d. Indianer ꝛc. 8. Bern u. Leipz. 794.

[**Ezour-Vedam.**] Die Sittenlehre der Braminen oder die Religion der Indianer. Uebersetzt von I. Ith. Bern und Leipzig 1794.

Ezquerra del Bayo, J., Geognostische Übersichtskarte von Spanien. Erläutert von G. Leonhard. [Ohne Maßstab.] Stuttgart, 1851. Mit 29 S. Text.

Ezra

Ezrae libri, s.: Libri Danielis etc.

Ezwalina Bruchstücke einer Gesch. d. Schulwesens im ehem. Polen. 18 S. .. Progr. Posen 1825

Ezwalina Von den Schulen im ehemal. Polen, namentlich im Posenschen. 21 S. Progr. Posen M. 1837

Ezzelino, Tyran von Padova. Trauerspiel in 5 Aufz. von L. Kruse. 8. Stuttgart, Cotta. 821.

Ezzos Gesang v. den Wundern Christi u. Notkers „Memento mori“, in phototyp. Fcsm. der Strassburger Handschrift hrsg. von K. A. Barack. Imp.-4. (4 Lichtdr.-Taf. m. 2 S. Text.) Strassburg 879. Trübner. cart. n. 4. —

Himmel und Hölle, das Schluszlied der vier Evangelia nach **Ezzo's** Redaktion v. [Gustav] Luppe. Kiel. 1877. 4°. Realsch.-Progr.

Der **Ezzoleich.** Mit Einleitung und erklärenden Anmerkungen herausgegeben von Johann Baptist Krallinger. 8 (30 S).
Progr. Kgl. Rg. *München* 1895.

www.ingramcontent.com/pod-product-compliance
Lightning Source LLC
LaVergne TN
LVHW080754300926
849162LV00008BA/1810